U0897926

建筑施工质量控制技术

马虎臣　马振州　编著

中国建筑工业出版社

图书在版编目（CIP）数据

建筑施工质量控制技术/马虎臣，马振州编著．—北京：
中国建筑工业出版社，2007
ISBN 978-7-112-08868-3

Ⅰ．建… Ⅱ．①马…②马 Ⅲ．建筑工程-工程施工-质
量管理-质量控制 Ⅳ．TU712

中国版本图书馆 CIP 数据核字（2006）第 153656 号

该书从贯彻落实科学发展观，建设创新型国家的高度，本着为市场服务和为建筑行业服务的宗旨，对建筑工程施工质量的质量控制理论、质量控制基本方法、措施和内容等进行了描述。是广大建筑行业工程技术人员、工程监理、质量管理等人员开拓创新的指南、解决疑难问题的良医、事业有成的得力助手。

该书共有十章，内容新颖、鞭辟入里、图文并茂、通俗易懂、专业性强，具有一定的理论性、实用性和可操作性，是当前行业急需的技术参考书。该书还可作为建筑技术培训的教材。

责任编辑：周世明
责任设计：郑秋菊
责任校对：沈 静 刘 钰

建筑施工质量控制技术
马虎臣 马振州 编著

*

中国建筑工业出版社出版、发行（北京西郊百万庄）
新 华 书 店 经 销
北京密云红光制版公司制版
北京蓝海印刷有限公司印刷

*

开本：787×1092毫米 1/16 印张：40¼ 字数：998千字
2007年2月第一版 2007年2月第一次印刷
印数：1—3000册 定价：**89.00**元
ISBN 978-7-112-08868-3
（15532）

（邮政编码 100037）

本社网址：http://www.cabp.com.cn
网上书店：http://www.china-building.com.cn

前　言

雄关漫道真如铁，而今迈步从头越。

今天的中国，正站在新的历史起点上，高举自主创新的旗帜，全面贯彻落实科学发展观，以昂首阔步全面建设小康社会和努力建设创新型国家的姿态走向未来。在当前，我国的现代化建设日新月异，基础设施建设突飞猛进，高速公路四通八达，城市中楼群鳞次栉比，高层超高层建筑高耸云端；社会主义新农村建设正稳步推进。因此可以说，我国人民正在从事的社会主义现代化建设事业规模宏大，前程似锦，催人奋进。

国家的基础设施建设，城市、村镇中的工业、民用建设事业和建设工程质量是关乎国计民生的千秋大业，关系到国家昌盛、人民幸福、社会安定，影响着国民经济的健康发展。所以，确保建设工程质量是建设工作的永恒主题，是创建和谐社会和四化建设成功与否的关键。

综观全国建设工程质量，较前有了较大提高和发展，涌现了以鲁班奖为代表的一批优质工程。但是，我们还应清晰地看到，全国各地的建筑工程质量还很不平衡，部分工程还存在一定的质量问题，有的还相当严重：楼塌、房倒、桥坍、路陷、环境污染等质量事故还不断发生，它不但影响经济发展，还给建设小康社会和构建和谐社会带来负面影响。

进入21世纪，我国的建筑施工质量验收规范进行了全面更新。新的规范对施工质量提出了更高的要求，新的要求催生了许多新工艺、新设备、新材料。在这些“新”的形势下，就更需要以新的姿态、新的管理理念、新的施工技术、新的质量控制方法去统领建筑施工的全过程，使建筑工程这一特殊的产品在质量、安全和使用功能上更趋完美，在全面建设小康社会的征程中作出应有的贡献。

为了与新规范保持同步，为了有效地控制建筑工程的施工质量，为国家的经济建设和人民的安居乐业保驾护航，在全面落实科学发展观和总结过去质量教训的基础上，根据质量管理的实际经验，特编著了《建筑施工质量控制技术》一书。旨在为建筑工程质量的提高，普及质量控制技术，进而推动建筑施工技术的全面升级，促使广大建筑工程技术人员的知识更新与技术进步。

全书共有10章。从施工质量控制知识、质量保证体系的构成、质量控制基本方法和技术，分别对建筑材料质量的控制、建筑施工、建筑安装工程、钢结构构件的制作、钢结构安装质量控制进行了详细描述和介绍。并插入了近200余张图片和300个表格及实例。

本书从开章到收尾，始终贯穿以“质量”为主轴线的“控制”技术理念；加之由浅入深的说理，通俗易懂的语言，简明直观的图表，力求使读者真切地感到质量控制的重要意义和具体的控制措施。本书内容丰富、知识面广、层次分明、图文并茂、通俗易懂，具有较强的理论性、实用性、指导性和可操作性，是广大建筑施工人员、质量管理人员、质量检验员、施工员、监理员的良师益友，是质量控制技术方面简明而实用的参考书目。

在创编《建筑施工质量控制技术》一书的过程中，受到了全国各地建设主管部门和建筑业协会、焦作市质量监督站、温县建委、温县质量监督站，材料检测机构、热心的建筑施工企业给予了极大的鼓励和支持，并提供了大量的有参考价值的相关资料，对此，一并表示衷心的感谢。

但是，由于编者的知识水平有限，编著中难免有遗漏和不妥之处，敬请广大的同仁和读者提出宝贵意见，共同为建筑工程施工质量的提高，为建设创新型国家和全面建设小康社会的宏伟目标贡献我们的力量。

目　录

第一章　施工质量控制基础知识

在全面建设小康社会的征程中，我国经济高速发展，人民生活水平不断提高，科学技术突飞猛进，建筑活动与建筑技术日新月异。科学技术的突飞猛进，促使现代科学出现了既高度分化又高度结合的发展趋势。并且由于建筑领域新材料层出不穷，新工艺、新设备广泛应用，这就需要建筑领域的工程技术人员、管理人员不断地拓宽自己的知识面，加强建筑施工质量控制技术，为提高建筑工程施工质量打下扎实的理论基础。

第一节　建筑工程的特点与质量要求

我们知道，建设工程包括了混凝土结构工程、钢结构工程等整个建筑结构工程、市政工程、交通、水利等土木工程，它是建筑设计、建筑施工和设备安装等部门的劳动成果。建筑工程是建设工程中的一个组成部分，包括有各类工业与民用建筑，如住宅、商场、写字楼、办公楼、体育馆、展览馆、工业厂房等单位工程。这些工程竣工后，可以完整地、独立地形成不同功能的生产能力或使用价值。但是一幢再漂亮的楼房及一个完整的单位工程产品，如果没有一定的质量保证，这一特殊的建筑产品就失去了它应有的价值和存在的意义。因而建筑工程质量便是这一建筑产品生产能力和使用价值的“防护大堤”。建筑施工的参与者对建筑施工质量进行控制、检测检验与验收，就是对建筑质量“防护大堤”的有效防护和监视，因“千里之堤，溃于蚁穴”。在这种情况下，每位建筑工程的管理人员、施工人员和质量检测人员就必须对建筑工程的质量形成和其内容有所了解和认识，这样才能在质量控制的过程中抓住关键环节，把握其质量命脉，才能对症下药，才能有效地治理建筑工程中的质量“通病及痼症”。

下面，就对建筑工程的特点与质量要求作一简述。

一、建筑工程的特点

建筑工程是一种产品，但同其他工业产品相比，有着如下的独特性。

(一) 强烈的社会性

建筑工程这一产品受当地的技术发展水平和经济条件影响较大，而且还受当时的社会、政治、文化、风俗、传统等因素的综合影响。这些因素对结构形式、建筑造型、装饰风格和设计标准均有较大影响。一些重要的有特征的建筑产品往往还超越了它的价值，成为珍贵的艺术品，代表着特定的历史背景。因此我国各民族的建筑就形成了不同历史时期的不同风貌、具有明显特色的地方建筑风格，所以说它具有一定的社会性。

(二) 投资规模大

一个普通的建筑工程，工程造价高达几百万元；大型的工程项目，造价高达上千万元，甚至上亿元人民币。这样巨大的投资规模，表明了建筑工程要占用和消耗巨大的土地资源，大量的钢材、水泥等建筑材料和无限的人力资源。这就意味着，建筑产品与国民经济、人们的工作和生活息息相关，尤其是重要的建筑产品，可直接影响到国计民生。建筑产品不仅造价巨大，而且可以长期消费。

（三）单一性

建筑工程的单一性，就是说它不像其他工业产品那样，对同一类型的产品可以批量生产。这是因为每一建筑工程或建筑物，都与其周围环境紧密结合。由于地理环境、地基承载力的变化、用户对使用功能的不同要求，只能单独地设计与生产。

（四）群体性

建筑工程往往由一组不同功能的建筑物、构筑物所组成，发挥着它的总体作用，来满足人类生活和社会活动的需要。例如在住宅工程中，就不能只有主体工程，还要有水、电、暖、卫工程；一个工厂只有厂房不能进行产品生产，而且要有室内的设备和室外的供电线路安装，形成整体后才能进行生产。这些均表明了建筑工程的群体性。

（五）固定性

建筑工程不像一般工业产品能在室内的生产流水线上进行生产，它只能在规划的地点进行施工建造，形成总体后，就一直固定在原地位而不能移动。即使现代施工技术的发达，能使建筑工程进行移位，但是该建筑产品的整体还是固定不变的。

（六）协作性

建筑产品的形成则是由建筑设计、建筑施工、设备安装等工程所进行的劳动组合。其中每一工艺、每一工序，都是由多种性质完全不同的工种及技术作为一项系统工程，经过计划、协作和相互配合，才能进行正常而有序的施工活动。就单独的建筑工程这一产品而言，每一分项工程都具有一定的协作性：如钢筋混凝土工程，就是钢筋加工同混凝土的浇筑而成的协作工程；钢结构工程中，构件制作和构件安装就是密不可分的协作工程。

（七）预约性

各类建筑工程在未建造前，根据所设定的建筑功能，经过地质勘察后，才能进行图纸设计。图纸设计完成后，才能进行工程的概预算、确定工期、材料的品种与性能、确定质量要求和编制施工组织设计。并且对该单位工程的论证、对施工单位、监理单位的选择或采用的招、投标方式都体现了建筑工程的预约性。

（八）复合性与复杂性

在一个建筑工程中，有多个分部工程，每个分部工程中还有许多分项工程和检验批。在每个分项工程中，还有不尽相同的施工工艺，这些均表明了建筑工程的复合性。而且每一工程从项目论证、地质勘察、设计、材料供应、测量放线、土方开挖、各工种施工到工程结束，耗用劳动力、设备资源众多，在施工中所产生的问题也相应地显得繁多；同时由于工期较长，还要受到气候、露天作业、交叉施工、高空作业等影响，施工及管理难度大，质量监控比较复杂，并且施工记录资料、材料的出厂合格证、材料的见证检测、设计变更、质量评估及验收资料等也都体现了建筑工程的复杂性。

二、钢结构工程的特点

钢结构作为一个经济发展和国民经济发展的产物，是世界各国建筑业正逐步推广和应用的一种结构形式。它与其他的结构材料相比，无论是结构的性能、使用功能及经济效益、社会效益，都具有较大的优越性。其具体表现是：

（一）钢结构的重量轻

钢结构的容重虽然较大，但与其他建筑材料相比，它的强度却高得多，因而当承受的荷载和条件相同时，钢结构要比其他类型结构轻。主要表现在：

恒荷载轻：采用轻质围护结构，恒荷载及地震作用大幅度减小，基础形式简单，对地基要求低，抗震性能达到了加强。

构件截面小：它采用新的设计理论、高强度钢材、新结构体系，承重构件截面小，用钢量低。

因此，钢结构工程与钢筋混凝土的深基、胖柱、肥梁、重盖结构相比，这一“轻”字表现得更为突出，因为，对于无吊车梁的工业和民用建筑，轻钢结构的钢材用量一般为 $20\sim50kg/m^2$，因此，它更适用于一些地基较为松软的地区。

（二）钢材的塑性和韧性好

我们知道，对于建筑构件来讲，要求构件在受力破坏时应为塑性破坏，不得产生脆性破坏，或称为突然性破坏。而钢材由于其延伸性高，说明了它的塑性良好。这样钢结构工程一般不会因偶然超载或局部超载而突然破坏。并且由于它的韧性好，则使钢结构对动力荷载适应性较强。因此可以说，钢材的塑性和韧性对钢结构工程安全可靠度提供了充分的质量保证。

（三）钢结构制作简便，施工安装周期短

钢结构工程由各种 H 型钢、C 型钢、角钢或圆钢等型材所组成，制作简单。大量的钢结构构件均在专业化的制造厂中制作而成，质量可靠、精确度高。并且钢结构工程与同面积的钢筋混凝土工程工期相比，则是它的 1/4 ~ 1/3，因此，钢结构工程施工工期短是其最具有竞争力的特征。而且，钢结构构件的连接均采用螺栓与焊接连接，这样就具有施工方便之特点。

（四）跨度大，结构占有面积较小

因为钢材具有得天独厚的物理属性，可以建造大跨度、大空间的建筑，并且可以灵活地隔断空间。由于大跨度的结构，减少了钢柱、梁、墙、隔断等占有面积，等于增加了单位使用面积。钢结构的占有面积可比同类钢筋混凝土结构的占有面积减少约 25%。这实际上是增加了建筑物的使用价值，增加了投资者的经济效益。

（五）符合国家的“绿色、环保、节能”的环保理念

钢结构工程的应用，使墙体围护材料也得到了改变，由于黏土砖被淘汰，保护了我们有限的土地资源，也减少了开山挖石烧水泥，有利于生态环境的保护，而且在安装施工现场，由于采用整体装配式连接，大大降低了混凝土搅拌、砌筑砂浆的搅拌、混凝土的养护等作业环境的工作量，限制了粉尘的污染，减少了建筑垃圾，降低了施工噪声。在节能方面，98%以上的钢结构构件可以重新回收利用，既节约了材料，又节约了能源，符合绿色环保和可持续发展的原则。

（六）钢结构工程的弊端

世界间一切事物都是一分为二的，钢结构工程虽具有以上的种种优势，但也存在着如下的缺点：

1. 钢结构的耐热性好，但防火性差

当钢材受热超过200℃时，材质就发生变化，抗拉、抗压强度降低，达到600℃时，钢材进入塑性状态失去承载能力。

2. 钢结构耐腐蚀性差

钢材在潮湿环境中，特别是处于腐蚀介质的环境中容易锈蚀。所以涂装质量一定要严格控制，而且在使用期间还需定期进行维护。

三、建筑工程的质量要求

建筑工程是为了满足人们日常生活和社会活动和各种需要的物质条件，这样就必须具有一定的使用价值和质量要求，否则就失去了这一产品的存在意义。

根据以上条件，每一建筑工程必须具有如下质量特征：

（一）可靠性

可靠性是要求每一个工程在规定的设计周期时间内和规定的使用条件下，具有完成人们预定功能的能力。对一个建筑工程来讲，它必须具有坚实可靠的承载能力，足以承担它所负载的人与物的重量，风、雨、雪和地震、水灾的冲击、浸泡等自然的侵袭，使人们在其内部空间的生活和生产活动时具有一定的安全感。这种可靠性，一方面来自设计质量，另一方面是施工质量及所使用的建筑材料质量，还应包括材料检验、施工检测和验收评定的工作质量。

（二）适用性

任何建筑工程，在保证可靠性的前提下，还应满足使用要求，这就是建筑工程的适用性。如住宅工程的适用性，一方面应满足人们居住和休息的要求，另一方面还应有一定的使用面积，具有多种功能的内部空间，来满足人们娱乐、健身、学习和进行人际交流会客的场所；再者，为了保障人们的生活和身心健康，还应具有通风透光的结构条件。在现代建筑中，为了满足人们方便、舒适的享受现代生活，因此各类建筑必须结构合理、造型美观、装饰典雅、设施齐全的建筑特色；在公共建筑中，为了便于残肢人的生活和社会活动，还具有残肢人手推车过往的楼梯通道。建筑工程的适用性，主要是由使用方提出使用功能后再由设计者来完成的。

并且在当前，建筑业的高速发展，也推动了智能建筑的发展。通信技术、网络技术、智能控制技术、监控防范和报警技术得到了广泛的应用。建筑智能化可以使建筑艺术、生活情趣、生活理念与信息技术、电子技术等现代高科技达到完美结合。智能建筑为用户提供了更安全、更舒适、更方便的适用性条件。

（三）耐久性

建筑工程投资巨大，要求它具有耐久性。所谓耐久性，就是必须达到设计的使用年限，并且还应经受水、火和自然灾害的侵袭，以及在各种使用环境中的酸、碱、盐等化学物质的侵蚀。耐久性能的高与低，同设计水平、建筑材料质量和施工制作质量有着极大的关系。如水泥的碱骨料反应，是导致混凝土结构破坏的大敌；浇筑混凝土时，钢筋保护层过薄，混凝土内的钢筋就容易锈蚀，直接影响到结构的耐久性；在钢结构工程中，钢柱、钢梁等主要承重构件的耐火极限过低或者是钢构件表面除锈质量等级不符合要求，以及油漆层过薄，都可直接影响到工程的耐久性。因此可以说，耐久性好的工程，它的使用价值也就越高，社会效益和经济效益就越高。

（四）经济性

经济性同建筑工程的可靠性、适用性、耐久性以及智能化的高低有着密切的联系。也就是在满足各种质量特征的前提下，杜绝大的浪费。对建筑工程进行质量控制，实际上就是经济性的一种表现。在建筑设计中应遵循“安全、经济”的设计原则，在满足安全的要件下降低各种材料用量；施工企业应加强内部管理，不断地采用新材料、新工艺、新设备，合理组织施工，促使建筑成本下降；在施工过程中应按照图纸和施工质量标准进行施工，保证施工质量，避免返工和返修。但是不得偷工减料、以次充好，或不遵守价格规律，低价承揽工程项目。

第二节　建筑工程质量的形成与影响因素

我们知道，搞建设，功在当代，利在千秋。工程质量关系到国家昌盛、民族振兴；工程质量，人命关天，质量责任，重于泰山。建筑工程是为了满足人们日常生活和生产、工作活动及各种需要的物质条件，这样就必须具有一定的使用价值和质量要求。那么，建筑工程质量是怎样形成的呢?

一、建筑工程质量的形成

建筑产品的形成过程，也是其工程质量的形成过程。它主要分布在这个工程项目的设计、制作、施工、检验、验收这几个阶段中。

（一）设计质量是建筑工程质量的关键

对建筑工程的结构设计，是根据决策阶段确定好的质量目标和水平，使其具体化的过程。在这个过程中，选用什么形式的基础，采用什么样的结构，采用什么样的材料以及施工设备、工艺和技术等设计方案；在具体的设计过程中，还又存在着计算假定与设计计算的错误，这些都将决定着该工程的功能和质量。由此可见，设计阶段是建筑工程质量形成的关键。也就是说，没有高质量的设计，就没有高质量的建筑工程产品。而高质量的设计与设计单位的资质和从事设计的设计人员的业务素质有密切关系。并且现代化的计算机设施和相关设计软件也对设计质量起着重大影响。

（二）施工质量是工程质量的保证

施工阶段，是施工企业按照所设计的蓝图，把工程实物形态建造出来。在这个阶段中，采用先进高效的施工设备和技术熟练的技术人员，按照相应的施工工艺进行施工组合，形成一个新的结构，建筑质量也就同时形成。施工阶段中，检验批质量是分项工程质量的关键；分项工程质量是分部工程质量的基础，分部工程质量则是单位工程质量的保证。它们之间紧密相扣，如果其中有脱节现象产生，则会形成质量隐患。决定施工质量的关键，一是该企业的资质、生产设备、检测设备、工人素质、施工工艺和施工技术。二是该项目经理是否具有一定的施工组织能力和协调能力。三是质量监理工程师和质量检验人员是否能按照施工验收规范做好检查验收工作。

（三）工程质量的验收是对工程质量的把关

在建筑工程中，除了对每一检验批的质量检测验收外，还要进行基槽的验收、主体结构的验收、单位工程竣工后的竣工验收。这三大部分验收，是项目发包单位、项目承包单位、监理单位、设计单位一起共同进行的质量验收。通过这些质量验收活动，看其施工安装质量是否达到国家的验收评定标准或合同约定的要求。因此可以说，质量验收是建筑工程质量的把关活动，是对建设项目负责的具体表现。

（四）质量保修是工程质量保证的延续

当对单位工程竣工验收合格后，工程才能交付使用。但是，并不是说该工程没有存在质量问题。用户在使用过程中经过一段时间的考验，隐蔽在工程中这样和那样的质量问题就会逐渐暴露出来。这时，为了使用户达到满意，项目承包单位与发包单位按照《建筑法》的有关规定，签订“质量保修书”，对相关部位的保修年限用合同的形式确定下来。将来产生质量问题时，就可按合同的约定进行质量保修，使该工程质量达到有效地延续。

二、影响建筑工程质量的因素

从质量形成的不同阶段我们可以看出，各个阶段既是质量形成的阶段，又是影响工程质量的主要环节。但是，不论在任何阶段内，都存在着人、设备、工艺、材料和环境诸因素对工程质量的影响，并且还存在着异常性和偶然性。

（一）人员因素

这里所说的“人”是一个总的概括，它包括了三个层次的内容：第一是直接参与建筑工程项目的决策者、指挥者、组织者、领导者等。这些基本上均是领导级别的人员。但是每一位领导人的领导能力、决策能力、调配能力及指挥能力等水平的发挥程度都存在着很大差异；第二是直接参与建筑工程施工的操作者。如工程设计人员、施工操作人员、材料采购人员、社会监理工程技术人员等。这些人员的思想品德、技术素质、体力状况、业务知识、熟练程度，以及受手工操作过程中偶然失误等，均会在操作的各个阶段、各个工种中不可避免地产生技术失误和操作失误，影响建筑工程质量。第三就是建筑工程中的各类检验、检测人员。这些人员由于对质量标准的理解和掌握程度、检验方法、技术运用、抽检数量等方面的差异存在，也会造成由于把关不严、错检、漏检的质量问题。

（二）材料因素

在建筑工程中，所用材料品种繁多，常用的主要有钢材、粘结材料、焊接材料、墙体材料、装饰装修材料等，还有许多成品、半成品或大量的建筑配件。这些材料大多数都是从外厂购进或者是在销售单位处购进。这些材料的质量性能和质量指标一旦达不到产品标准或设计要求，就会影响到建筑工程的结构质量。特别是轻钢结构构件在制作的过程中，还讲究材料的匹配。如焊接材料与钢材级别的匹配、连接螺栓与连接件的匹配等。因此，对建筑结构中的见证检测是保证建筑工程质量的科学手段。

（三）施工工艺

施工工艺和施工方案，是进行科学施工的措施和方法，它对建筑工程质量影响较大。这里所说的施工工艺，不是单纯指施工阶段中的施工工艺，而包括了决策艺术、设计程序、施工技术、验评程序、检测方法等。先进科学的施工工艺，对建筑结构工程质量的提高会有很大的作用。衡量工艺是否先进的条件就是看其能否提高工作效率，能否提高和改善结构质量，是否能降低生产成本，缩短工作过程，是否有机动的应变能力。

（四）机械设备

机械设备是保证建筑工程质量的基础和必要的物质条件，是现代企业的象征。这里包括有设计常用的计算机和设计软件，施工机械、办公器具等。还有电脑自动化在质量检测中的应用和超声波的探伤检测等，这些设备和设施不光是现代化建设中和质量管理中不可缺少的装置。并且它还能有效地降低劳动强度和提高工作效率，提高建筑工程的产品质量。

但是设备不是万能的，由于设备性能的误差和影响，以及工艺参数的设置误差，也照样会影响建筑工程质量。所以，不断地更新设备、检修设备、定期地校核计量器具，保证设备的完好率及准确性，才能使这些设备和设施更好地为建筑工程质量服务。

(五) 环境因素

由于建筑工程施工工期长，加之露天施工环境的影响，所以它就不可避免地要经过一年四季气候条件的变化。并且大风、暴雨、寒流、冰冻对工程质量都会带来较大影响，材料质量也会随之波动，施工设备不能正常发挥，这种因素会给施工带来一系列的连锁反应，对工程质量的影响尤为突出。

另外，国家政策、各地社会经济发展环境、社会的安定等因素均对建筑工程质量也有较大影响。

第三节　建筑结构通用符号

在建筑工程施工的全过程中，经常应用的技术性资料主要是建筑规范、标准、规程，建筑手册、计算程序、设计文件、工艺符号以及检验检测等技术资料。而建筑结构通用符号却是这些资料中不可缺少的一个组成部分。对建筑工程进行质量控制，首先就得掌握好建筑结构的通用符号，才能使质量控制工作达到快捷、方便和统一。

一、基本概念

(一) 建筑结构领域中常用的量

在建筑结构领域中，都离不开“量”的概念。1984 年 2 月四个国家的权威组织给“量”定出了这样一个定义：“量是现象、物体和物质的可以定性区别和定量确定的一种属性”。而建筑领域中常用的量大都属于物理量，因此可以说：“物理量是物理现象，可以定性区别和定量确定的一种属性”。具体来说，在建筑结构领域中常用的物理量又可分为力学量、空间量、热学量。力学量中有力、力矩、应力、强度、弹性模量、抵抗矩等；空间和时间量如长度、宽度、高度、面积、体积、速度、时间；热学量有温度等。

(二) 量制

物理量都有计量单位。所有物理量都能以一个纯数与一个计量单位来表示，这个纯数就称为量的数值。在全部物理量中选择一组相互独立的物理量，而使其他的物理量均可通过它们来定义和表达，这种物理量我们就称之为基本量。选用不同的基本量，就构成了不同的量制。如对于力学量，工程单位量制中以长度、力、时间为基本量，而国际单位量制中以长度、质量、时间为基本量。

二、通用符号

（一）符号的组成

建筑结构设计的符号由主体符号或主体符号带上、下标构成。主体符号一般代表物理量；上、下标代表物理量或物理量以外的术语、说明语，用以进一步表示主体符号的涵义。

主体符号规定以一个字母表示；上、下标可以采用一个字母、缩写词、数字或其他标记表示。上标在一般情况下应尽量不用，必须采用时上标一般采用一个，下标可采用一个或多个。当采用一个以上的下标时，可根据表示材料种类、受力状态、部位、方向、原因、性质的次序排列。当各下标连续书写其涵义可能混淆时，各下标之间应加逗号，如 $f_{\mathrm{cu,k}}$。

建筑结构设计的符号，应按规定选用大写拉丁字母、小写拉丁字母、大写希腊字母。符号的书写应按下列规定：

（1）代表物理量的主体符号，必须采用斜体字母。

（2）代表物理量以外的术语和说明语的上、下标，必须采用正体字母。

（3）上、下标的数字必须采用正体，但代表数字的符号一般采用斜体字母。

（二）主体符号及其代表意义

（1）用大写拉丁字母（斜体）表示的主体符号及意义可按表1-1的规定。

大写拉丁字母（斜体）表示的主体符号 **表1-1**

符号	意义
A	偶然作用、面积
B	梁的截面弯曲刚度，双弯矩
C	作用效应系数（有量纲例外）
D	板和壳的截面弯曲刚度
E	地震作用、弹性模量、能
F	作用、力
G	永久作用（恒荷载等）、重力、剪变模量
H	水平分力
I	惯性矩
J	转动惯量
K	构件刚度（有量纲例外）、有量纲系数
L	楼面活荷载、动量矩
M	力矩、弯矩
N	轴向力
O	（不用作主体符号）
P	预加力
Q	可变作用（活荷载等）、荷载
R	抗力、合力、反力
S	作用效应、雪荷载、面积矩
T	扭矩、温度、设计基准期（属量纲例外）、周期（属量纲例外）
U	（供选用）
V	竖向分力、剪力、体积
W	风荷载、抵抗矩、功
X	平行于 x 轴的力、基本变量
Y	平行于 y 轴的力
Z	平行于 z 轴的力

（2）用小写拉丁字母（斜体）表示的主体符号及意义可按表1-2的规定。

小写拉丁字母（斜体）表示的主体符号　**表 1-2**

符　　号	意　　义
a	几何参数、距离、加速度
b	宽度
c	粘聚力、保护层厚度
d	直径、深度、厚度
e	偏心距
f	材料强度、频率、矢高
g	分布永久作用（分布恒荷载等）、重力加速度
h	高度
i	回转半径
j	日数
k	有量纲系数
l	长度、跨度
m	单位长度或宽度上的弯矩（属量纲例外）、质量
n	单位长度或宽度上的法向力
o	（不用作主体符号）
p	压强、动量
q	分布可变作用（分布活荷载等）
r	半径
s	分布雪荷载、地基变形量、间距
t	单位长度或宽度上的扭矩（属量纲例外）、时间、薄构件的截面厚度
u	平行于 x 轴的位移、周边长度
v	平行于 y 轴的位移、单位长度或宽度上的剪力、速度
w	平行于 z 轴的位移、分布风荷载
x	坐标
y	坐标
z	坐标、力臂

（3）用小写希腊字母（斜体）表示的主体符号及意义按表 1-3 的规定。

小写希腊字母（斜体）表示的主体符号　**表 1-3**

符　　号	意　　义
α	角度、角加速度、比率、系数
β	可靠指标、角度、高厚比、比率、动作用系数、系数
γ	分项系数、剪应变、重力密度、抵抗矩塑性系数
δ	外摩擦角、系数
ϵ	线应变、偏心率
ξ	相对坐标 x/l、比率、系数
η	相对坐标 y/l、系数
ζ	相对坐标 z/l、阻尼率、系数
θ	角度、角位移
ι	（不采用）
κ	（尽可能不用）
λ	长细比、比率、系数
μ	摩擦系数
ν	泊松比
o	（不采用）
π	（仅用于数学上）
ρ	配筋率、质量密度、作用效应比值
σ	正应力
τ	剪应力
υ	（不采用）
φ	内摩擦角、角度、稳定系数
χ	（尽可能不用）
ψ	相对湿度、折减系数
ω	角速度、圆频率

(三) 上、下标的符号表示及意义

上、下标符号分为上、下标，表示作用效应和抗力的上、下标，以及由缩写词形成的上、下标。上、下标与主体符号的涵义相同时，应采用主体符号的字母。

1. 小写拉丁字母或标记表示的一般上标及意义应符合表1-4的规定。

2. 用小写拉丁字母或数字表示的一般下标及意义应符合表1-5的规定。

一般上标及意义　　表1-4

符号	意义	符号	意义
′	受压部位的、施工阶段的	l	左面的
o	实测的	*r*	右面的
c	计算的	*t*	顶部的
s	静态的	*b*	底部的
d	动态的		

注：1. 一般小写拉丁字母和标记等也可以用作一般上标；

2. 上标一般不准采用纯数字，以免同幂次相混淆；当需要采用数字作上标时，必须另加符号和标记，如在数字外加括弧等。

一般下标及意义　　表1-5

符号	意义
a	锚固的、型钢
b	粘结的、梁、排架、螺栓
c	受压的、结构的、徐变的、曲率的、组合的、角部的、混凝土、柱
d	设计的
e	最终的（指时间）、端部的、爆炸的
f	失效的、摩擦的、基础、框架、翼缘
g	毛的、胶合的、地面的
h	水平的
i	起始的（指时间）、撞击的
j	节点、缝
k	标准的
l	损失的、长期的、液化的、液体
m	受弯的、平均的、材料的、砌体
n	净的
o	坐标原点的、形心的、孔洞的
p	主要的、极轴的、预应力钢筋、桩、纵波
q	准级的
r	铆钉
s	可靠的、试件的、短期的、收缩的、地基变形的，钢筋、板、横波
t	受拉的、温度的、木材
u	极限的
v	受剪的、竖向的、体积的
w	焊接的、钢丝、墙、腹板
x	*x*轴方向的
y	*y*轴方向的、屈服的
z	*z*轴方向的
0	计算取得的、换算的
1，2，…	（供选用）

注：上表意义栏内表示非物理量的术语或说明语，不带“的”字的是术语，带“的”字的是说明语。

3. 拉丁字母表示的表示作用、作用效应和抗力的下标按表 1-6 的规定。

表示作用、作用效应和抗力的下标　　表 1-6

符　　号	意　　义	符　　号	意　　义
A	偶然作用	P	预加力
B	双弯矩	Q（q）	可变作用（活荷载等）、荷载
E	地震作用	R	抗力
F	作用、力	S（s）	作用效应（雪荷载）
G（g）	永久作用（恒荷载），重力	T	温度
L	楼面活荷载	T（t）	扭矩
M（m）	力矩、弯矩	V（v）	剪力
N（n）	轴向力	W（w）	风荷载

注：1. 本表字母均代表物理量，一般用于说明主体符号所代表的物理量的起因或性质。
2. 当需要明确表示分布的作用和作用效应时，符号采用括号中的小写字母。

4. 常用数学符号和专用符号应符合表 1-7 的规定：

常用数学符号和专用符号　　表 1-7

符 号	意　　义	符 号	意　　义
Σ	求和	σ	总体标准差
Π	求积	m	样本平均值
Δ	差值、增值	s	样本标准差
e	自然对数的底；2.71828...	k	均值系数
exp	以 e 为底的指数函数	δ	变异系数
π	圆周率：3.14159	S	钢材强度等级
P（·）	事件的概率	T	木材强度等级
N	总体容量	C	混凝土强度等级
n	数目，样本容量	M	砖、石、砌块、砂浆强度等级
i	序数	Φ	直径（钢筋、铆钉）
j	序数	[ ]	容许的
p	概率值	+	正、受拉
μ	总体平均值	−	负、受压

三、计量单位和单位制

(一) 计量单位

通过上面内容的介绍，我们对物理量已经有了明确的概念，如果术语是物理量的“名”，符号代表它的“形”的话，那么计量单位就决定了这一物理量的“量”。

那么，什么是计量单位呢？

就是在同一类量中，选出某一特定的量（通常其数值为 1），用来定量表示同类量的值，这一特定的量就称为计量单位。

计量单位可分为基本单位、辅助单位和导出单位三类。

基本单位是计量单位中选定作为构成其他计量单位的基础单位。国际上通用的基本单位有 7 个，如表 1-8 的所示。国际单位制的辅助单位，其名称和符号应符合表 1-9 的规定。

基 本 单 位 表 1-8

量的名称	单位名称	单位符号	量的名称	单位名称	单位符号
长度	米	m	电流强度	安［培］	A
质量	千克（公斤）	kg	物质的量	摩［尔］	mol
时间	秒	s	发光强度	坎［德拉］	cd
热力学温度	开［尔文］	k			

导出单位是由基本单位按一贯性原则，以相乘或相除而构成的单位，如表 1-10 规定。

国际单位制的辅助单位 表 1-9

量 的 名 称	单 位 名 称	单 位 符 号
平 面 角	弧 度	rad
立 体 角	球面度	st

导 出 单 位 表 1-10

量 的 名 称	单 位 名 称	单 位 符 号	表 式 示 例
频 率	赫［兹］	Hz	S^{-1}
力、重力	牛［顿］	N	$Kg·m/s^2$
压强、应力、材料强度弹性模量、剪变模量	帕｛斯卡｝	Pa	N/m^2
能、功	焦［耳］	J	N·m
功 率	瓦［特］	W	J/s
摄氏温度	摄氏度	℃	—

（二）单位制

单位制是一组基本单位与导出单位的总体。

根据《中华人民共和国计量法》第一章第三条的规定，国家采用国际单位制，并且强调了“国际单位制计量单位和国家选定的其他计量单位，为国家法定计量单位”。

国际单位制是如何发展和构成的呢?

国际单位制是在“米”制基础上逐步发展起来的一种简单、实用、科学的单位制，国际上简称 SI。它是由 1960 年第 11 届国际计量大会（CGPM）通过和推荐的，国际标准化组织（ISO）于 1969 年正式颁布国际标准：《国际单位制的使用建议》。现在，国际单位制已被世界上绝大多数国家所采用。

四、我国法定计量单位的构成

我国法定计量单位，是由国际单位制和国家选定的非国际单位制所构成。

与建筑结构有关的国家选定的非国际单位制单位，其名称和符号应符合表 1-11 的规定。

国家选定的非国际单位制单位 表 1-11

量的名称	单位名称	单位符号	换算关系
时间	分	min	1min = 60s
	[小]时	h	1h = 60min = 3600s
	天（日）	d	1d = 24h = 86400s
平面角	[角]秒	(″)	1″ = （π/648000） rad
	[角]分	(′)	1′ = 60″ = （π/10800） rad
	度	(°)	1° = 60′ = （π/180） rad
旋转速度	转每分	r/min	1r/min = （1/60） s^{-1}
质量	吨	t	1t = 10^3kg
体积	升	L，(l)	1L = 1dm^3 = $10^{-3}m^3$

注：1. 升的符号中小写字母为备用符号；

2. 角度单位秒、分、度的符号，当处于数字之后时不加括号。

由国际单位制的基本符号、国际单位制的辅助单位、国际单位制中具有专门名称的导出单位和国家选定的非国际单位制单位，按物理量之间的关系，以相乘、相除的表现格式构成组合形式的单位。

组合形式的单位一般由两个以上单位构成；也可由一个单位与数学符号或数字指数构成。

建筑结构领域常用的组合形式的单位，其名称和符号应符合表 1-12 的规定。

常用的组合形式的单位 表 1-12

量的名称	单位名称	单位符号	量的名称	单位名称	单位符号
面积	平方米	m^2	动量矩	千克二次方米每秒	kg·m^2/s
体积、容积	立方米	m^3	转动惯量	千克二次方米	kg·m^2
面积矩、抵抗矩	三次方米	m^3	角速度	弧度每秒	rad/s
惯性矩	四次方米	m^4	角加速度	弧度每二次方秒	rad/s^2
速度	米每秒	m/s	线分布力	牛顿每米	N/m
加速度	米每二次方秒	m/s^2	面分布力	牛顿每平方米	N/m^2
线密度	千克每米	kg/m	体积分布、重度	牛顿每立方米	N/m^3
面密度	千克每平方米	kg/m^2	力矩、弯矩、扭矩	牛顿米	N·m
密度	千克每立方米	kg/m^3	双弯矩	牛顿二次方米	N·m^2
动量	千克米每秒	kg·m/s			

注：本节各表均摘自《建筑结构设计通用符号、计量单位和基本术语》（GBJ 83—85）。

第四节 建筑结构中的各类符号表示法

建筑结构详图是指导建筑工程施工的依据，所以，掌握结构详图中的各类符号代表的意义，则是对建筑工程结构质量控制的基础。

一、混凝土结构中钢筋符号表示法

(一) 钢筋一般表示法

1. 一般钢筋

一般钢筋在图纸上的表示方法如表 1-13 的规定。

一般钢筋表示方法　　表 1-13

序号	名称	图例	序号	名称	图例
1	钢筋横截面	●	6	无弯钩的钢筋搭接	
2	无弯钩的钢筋端部		7	带半圆弯钩的钢筋搭接	
3	带半圆形弯钩的钢筋端部		8	带直钩的钢筋搭接	
4	带直钩的钢筋端部		9	花篮螺丝钢筋接头	
5	带丝扣的钢筋端部		10	机械连接的钢筋接头	

2. 钢筋网片的表示方法

钢筋网片的表示方法如表 1-14 的规定。

钢筋网片的表示方法　　表 1-14

序号	名称	图例
1	一片钢筋网平面图	W-1
2	一行相同钢筋网平面图	3W-1

3. 预应力钢筋

预应力钢筋的表示方法见表 1-15 的规定。

预应力钢筋表示法　　表 1-15

序号	名称	图例
1	预应力钢筋或钢绞线	
2	后张法预应力钢筋断面 无粘结预应力钢筋断面	
3	单根预应力钢筋断面	
4	张拉端锚具	
5	固定端锚具	
6	锚具的端视图	
7	可动联结件	
8	固定联结件	

4. 钢筋的焊接接头

钢筋的焊接接头标注法如表 1-16 中的规定。

钢筋的焊接接头标注法 **表 1-16**

序号	名称	接头形式	标注方法
1	单面焊接的钢筋接头		
2	双面焊接的钢筋接头		
3	用帮条单面焊接的钢筋接头		
4	用帮条双面焊接的钢筋接头		
5	接触对焊的钢筋接头		
6	坡口平焊的钢筋接头	60° b	60° b
7	坡口立焊的钢筋接头	b 45°	45° b
8	用角钢或扁钢做连接板焊接的钢筋接头		
9	钢筋或螺（锚）栓与钢板穿孔塞焊的接头		

(二) 钢筋的画法

钢筋的画法见表 1-17 中的规定。

钢 筋 的 画 法 **表 1-17**

序号	说明	图例
1	在结构平面图中配置双层钢筋时，底层钢筋的弯钩应向上或向左，顶层钢筋的弯钩则向下或向右	（底层） （顶层）
2	钢筋混凝土墙体配双层钢筋时，在配筋立面图中，远面钢筋的弯钩应向上或向左，而近面钢筋的弯钩向下或向右。（JM 近面，YM 远面）	JM YM JM YM JM YM JM YM

续表

序 号	说 明	图 例
3	每组相同的钢筋、箍筋或环筋，可用一根粗实线表示，同时用一两端带斜短划线的横穿细线，表示其余钢筋及起止范围	
4	图中所表示的箍筋、环筋等若布置复杂时，可加画钢筋大样及说明	或
5	若在断面图中不能表达清楚的钢筋布置，应在断面图外增加钢筋大样图	

注：以上表 1-13～1-17 均摘自《建筑结构制图标准》(GB/T 50105—2001)。

（三）钢筋、钢丝束及钢筋网片的标注

钢筋、钢丝束及钢筋网片的标注应按下列规定：

1. 钢筋、钢丝束的说明应给出钢筋的代号、直径、数量、间距、编号及所在位置，其说明应沿钢筋的长度标注在相关钢筋的引出线上。

2. 钢筋网片的编号应标在对角线上。网片的数量应与网片的编号标注在一起，见表 1-14 序号 2。但是，如果是简单的构件，钢筋种类较少可不编号。

（四）钢筋在平面、立面、剖面中的表示方法

钢筋在平面、立面、剖面中的表示方法应按下列规定：

1. 钢筋在平面的配置应按图 1-1 所示的方法表示。当钢筋标注的位置不够时，可采用引出线标注。引出线标注钢筋的斜短划线应为中实线或细实线。

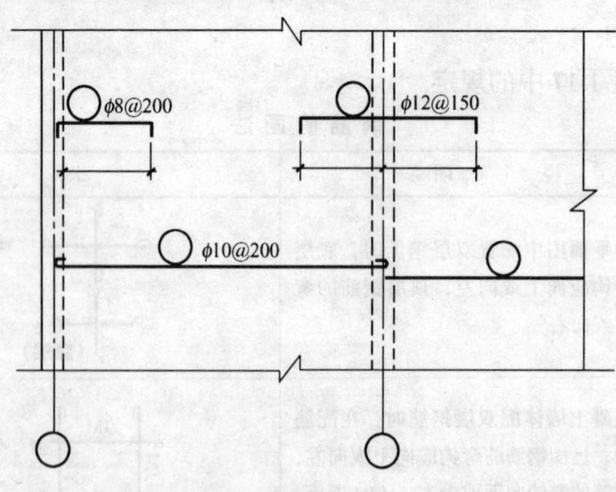

图 1-1 钢筋在平面图中的表示方法

2. 当构件布置较简单时，结构平面布置图可与板配筋平面图合并绘制。

3. 平面图中的钢筋配置较复杂时，可按表1-17中序号3的方法绘制，如图1-2所示。

4. 钢筋在立面、断面中的配置，应按图1-3所示的方法表示。

5. 在混凝土构件上设置预埋件时，可在平面图或立面图上表示，引出线指向预埋件，并标注预埋件的代号，如图1-4所示。

6. 在混凝土构件的正、反面同一位置均设置相同的预埋件时，引出线为一条实线和一条虚线并指向预埋件，同时在引出横线上标注预埋件的数量及代号，如图1-5所示。

7. 在混凝土构件的正、反面同一位置设置编号不同的预埋件时，引出线为一条实线和一条虚线并指向预埋件。引出横线上标注正面预埋件代号，引出横线下标注反面预埋件代号，如图1-6所示。

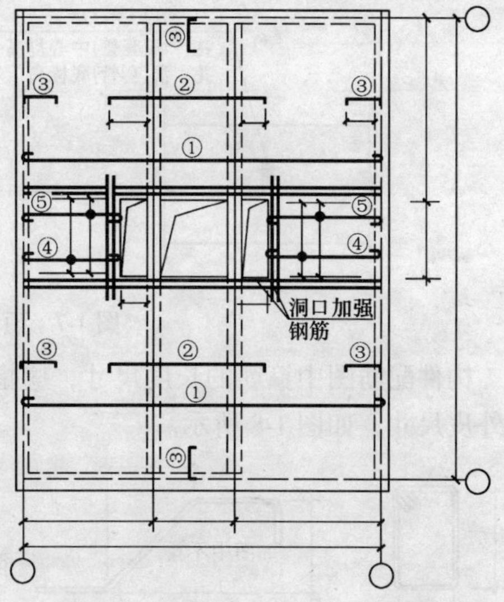

图1-2　配筋较复杂的结构平面图

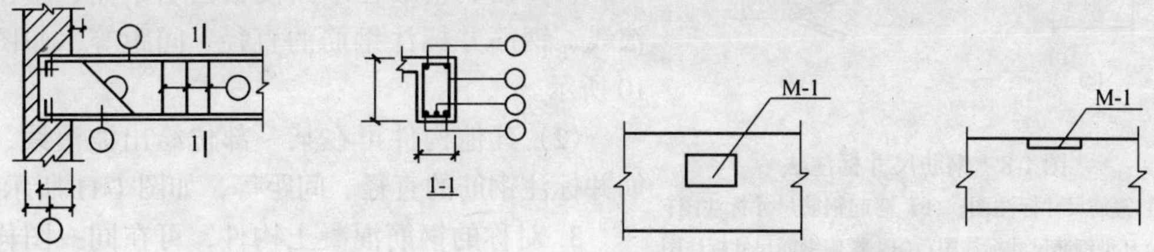

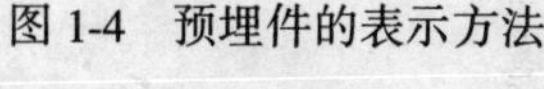

图1-3　钢筋在立面断面中的表示　　　图1-4　预埋件的表示方法

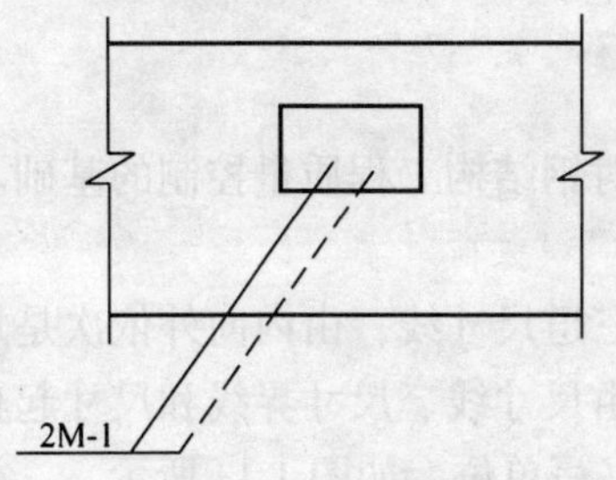

图1-5　同一位置正、反面预埋件均相同的表示方法

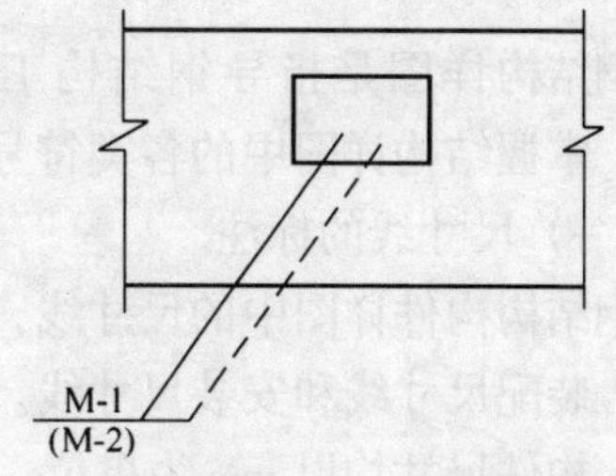

图1-6　同一位置正、反面预埋件不相同的表示方法

8. 在构件上设置预留孔、洞或预埋套管时，可在平面或断面图中表示。引出线指向预留（埋）位置，引出横线上方标注预留孔、洞的尺寸，预埋套管的外径。横线下方标注孔、洞（套管）的中心标高或底标高，如图1-7所示。

（五）构件配筋尺寸的标注

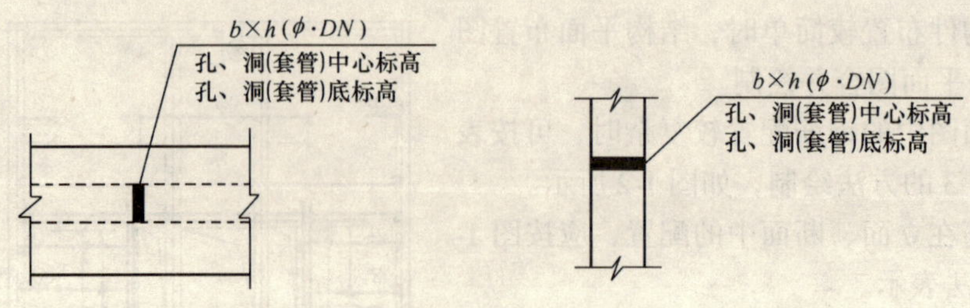

图 1-7 预留孔、洞的表示方法

构件配筋图中箍筋的长度尺寸，应指箍筋的里皮尺寸。弯起钢筋的高度尺寸应指钢筋的外皮尺寸，如图 1-8 所示。

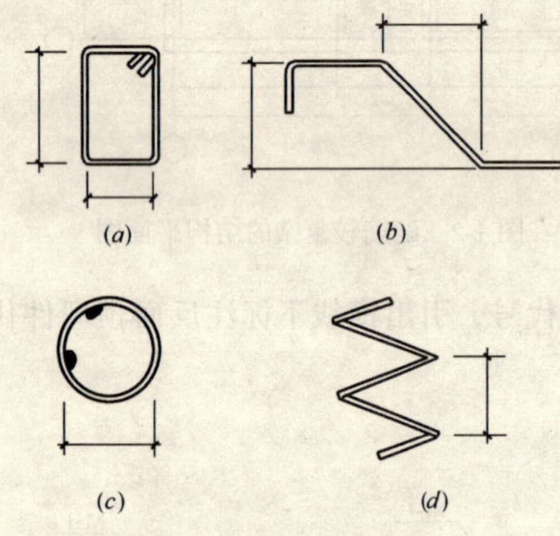

图 1-8 钢筋尺寸标注法

(a) 箍筋尺寸标注图；(b) 弯起钢筋尺寸标注图；
(c) 环型钢筋尺寸标注图；(d) 螺旋钢筋尺寸标注图

(六) 钢筋的简化表示方法

当钢筋混凝土构件处于下列条件时，可采用简化的表示方法。

1. 当结构构件对称时，钢筋网片可用一半或 1/4 表示，如图 1-9 所示。

2. 钢筋混凝土构件配筋较简单时，可按下列规定绘制配筋平面图：

(1) 独立基础在平面模板图右下角，绘出波浪线、钢筋并标注钢筋的直径、间距等，如图 1-10 所示。

(2) 其他构件可在某一部位绘出波浪线、钢筋并标注钢筋的直径、间距等，如图 1-11 所示。

3. 对称的钢筋混凝土构件，可在同一图样中一半表示模板，另一半表示配筋，如图 1-12 所示。

二、钢结构详图中的各类符号表示法

钢结构详图是指导钢结构工程施工的依据，
所以，掌握结构详图中的各类符号代表的意义，则是对钢结构工程质量控制的基础。

(一) 尺寸线的标注

钢结构构件详图中的尺寸线，一个构件基本上为三道尺寸线，由内向外依次是加工尺寸线、装配尺寸线和安装尺寸线。详图的尺寸线分别由尺寸线、尺寸界线和尺寸起止点所组成。构件尺寸均以 mm 为单位，且尺寸标注时不再书写单位，如图 1-13 所示。

当构件图形相同，仅零件布置或构件长度不同时，可以一个构件图形及多道尺寸线来表示 A、B、C、D……等多个构件，但是最多不能超过五个。

(二) 焊缝符号表示法

在钢结构工程中，详图中焊缝符号表示方法应按照《焊缝符号表示法》(GB 324—88) 的规定执行。其主要表示示例有如下内容：

1. 基本规定

(1) 焊缝的指引线。指引线由一条实线、一条虚线的基准线和箭头所组成。线型均为细线。

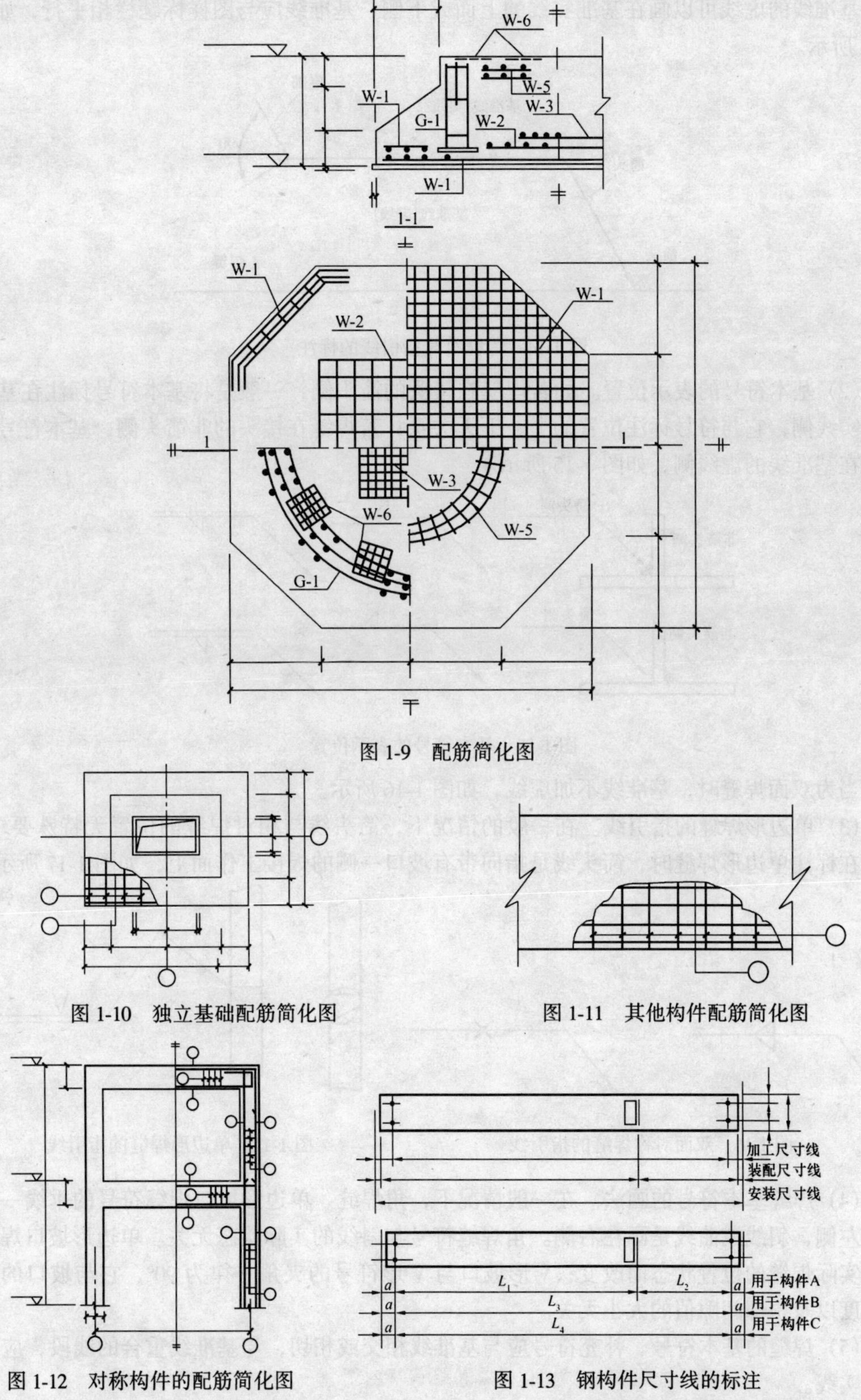

图 1-9 配筋简化图

图 1-10 独立基础配筋简化图

图 1-11 其他构件配筋简化图

图 1-12 对称构件的配筋简化图

图 1-13 钢构件尺寸线的标注

基准线的虚线可以画在基准实线的上面或下侧，基准线应与图样标题栏相平行，如图1- 14所示。

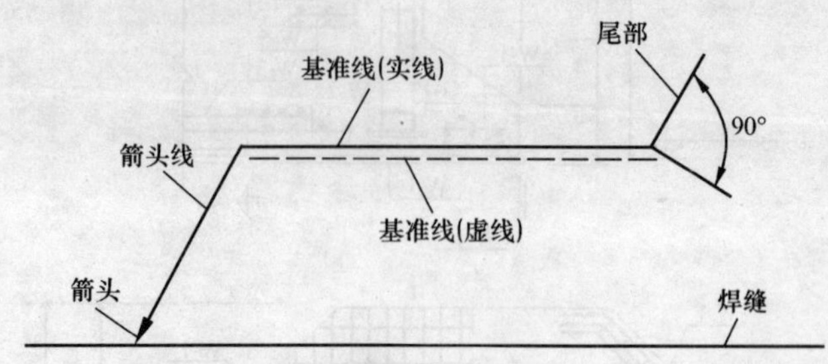

图 1-14 焊缝符号指引线的标注

(2) 基本符号的表示位置。如若焊缝在接头的箭头侧，一般是将基本符号标注在基准线的实线侧，它与符号标注位置的上、下无关系；若焊缝在接头的非箭头侧，基本符号是标注在基准线的虚线侧，如图 1-15 所示。

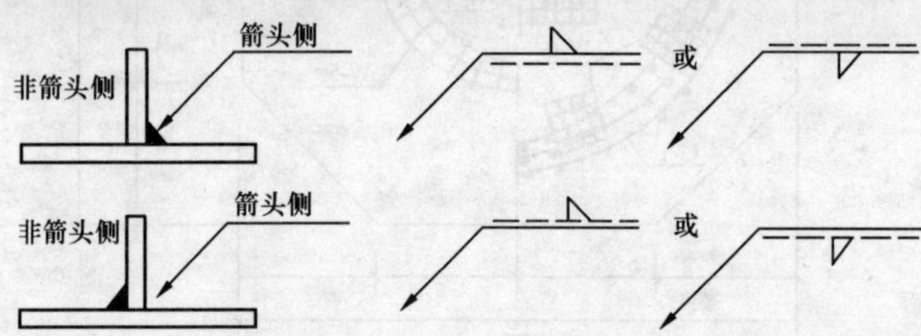

图 1-15 基本符号的表示位置

当为双面焊缝时，基准线不加虚线，如图 1-16 所示。

(3) 单边形焊缝的指引线。在一般的情况下，箭头线与相对焊缝的位置无特殊要求，但是在标注单边形焊缝时，箭头线是指向带有坡口一侧的焊接工作面上，如图 1-17 所示。

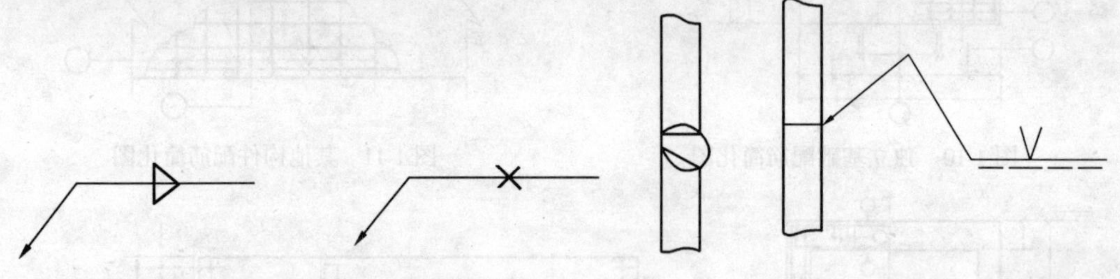

图 1-16 双面对称焊缝的指引线　　图 1-17 单边形焊缝的指引线

(4) 焊缝基本符号的画法。在一般情况下，角焊缝、单边形坡口焊缝符号的垂线一律画在左侧，斜线或曲线是画在右侧。角焊缝符号与斜线的实际状态无关。单边形坡口焊缝不随实际焊缝的位置状态而改变；V 形坡口与 V 形符号的夹角一律为 90°，它与坡口的实际角度以及根部间隙值的大小无关。

(5) 焊缝的基本符号、补充符号应与基准线相交或相切，与基准线重合的线段，应画成粗实线。

焊缝的基本符号、辅助符号和补充符号一律为粗实线，但尾部符号除外。尺寸数字原

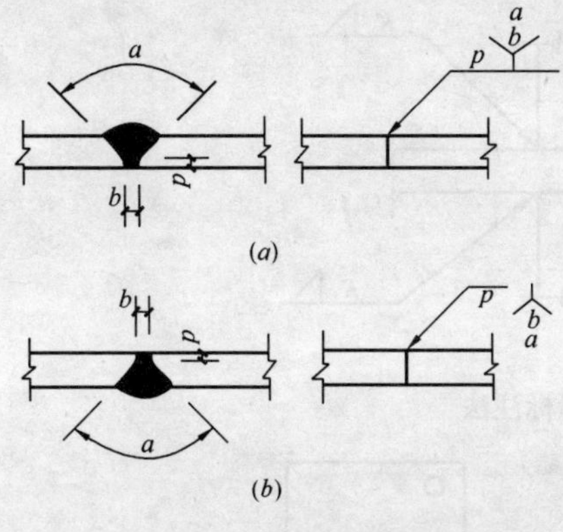

图 1-18　单面焊缝的标注法

则上为粗实线，尾部符号为细实线。尾部符号主要用以标注焊接工艺、方法等内容。

2. 常用焊缝表示方法

(1) 单面焊缝的表示法

单面焊缝的表示一般采用下列方法：

①当箭头指向焊缝所在的一面时，图形符号和尺寸均标注在横线的上方；当箭头指向焊缝所在的另一面时，图形符号和尺寸则标注在横线的下方，如图 1-18 所示。

②表示环绕工件周围的焊缝时，其围焊焊缝符号为圆圈，绘在引出线的转折处，并标出焊角尺寸 K 值。

(2) 双面焊缝的标注方法

双面焊缝的标注，在横线的上、下两边都标注符号和尺寸。上边表示箭头一面的符号和尺寸，下方表示另一面的符号和尺寸。当两面的焊缝尺寸相同时，只需在横线的上方标注焊缝的符号和尺寸，如图 1-19 所示。

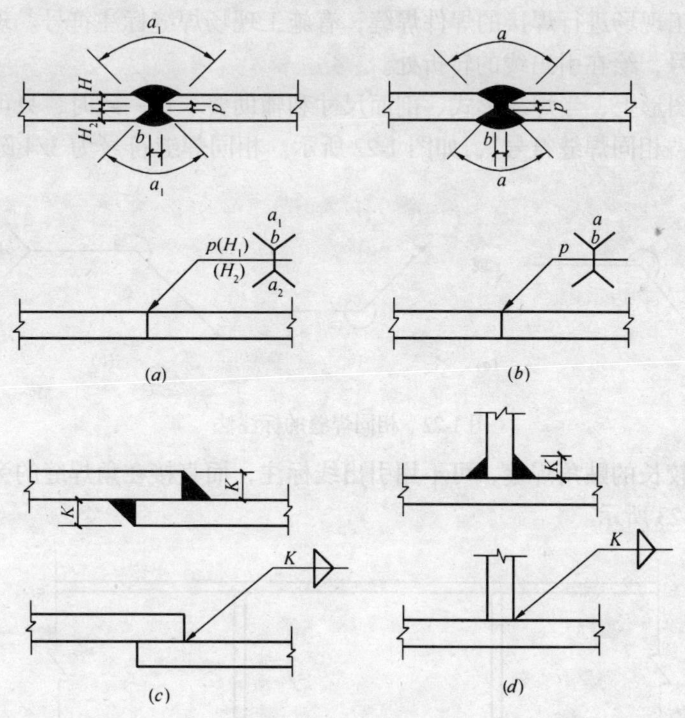

图 1-19　双面焊缝的标注法

但是应注意，3 个和 3 个以上的焊件相互焊接的焊缝，是不准作为双面焊缝进行标注，其焊缝符号和尺寸应分别标注，如图 1-20 所标注的示例。

(3) 相互焊接的两个焊件，当只有 1 个焊件带坡口时，引出线箭头必须指向带坡口的焊件，如图 1-21 所示。

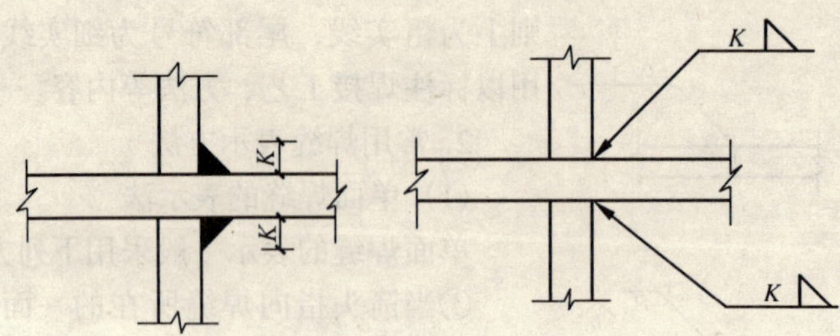

图 1-20 三个以上焊件的焊缝标注法

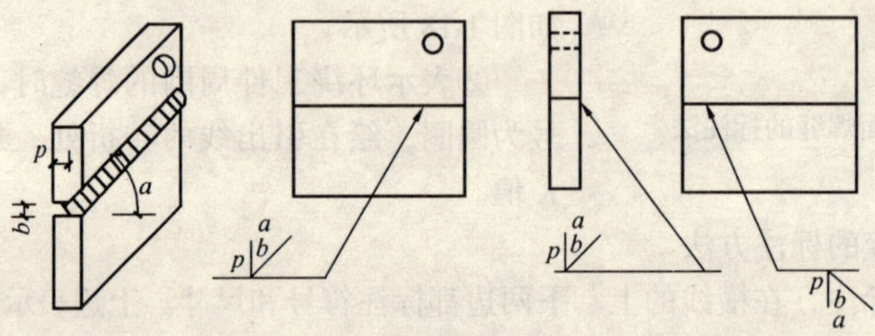

图 1-21 1个焊件带坡口的焊缝标注

（4）需在施工现场进行焊接的焊件焊缝，有施工现场焊缝标注符号。现场焊缝符号为涂黑的三角形旗号，绘在引出线的转折处。

（5）在同一图形上，当焊缝形式、剖面尺寸和辅助要求均一致时，只可选择一处标注代号，并应注明“相同焊缝符号”，如图 1-22 所示。相同焊缝符号为 3/4 圆弧，绘在引出线的转折处。

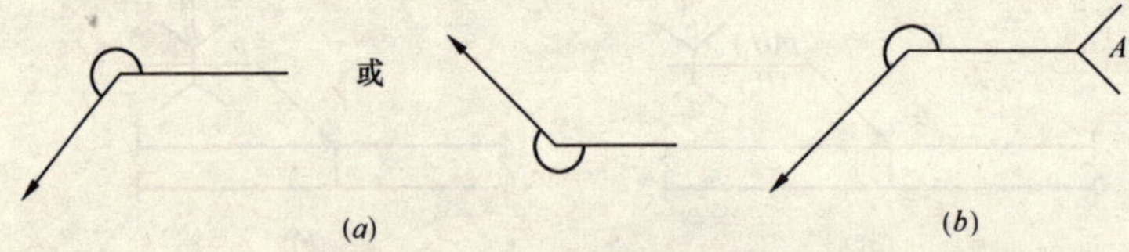

图 1-22 相同焊缝的标注法

（6）图形中较长的贴角焊缝，可不用引出线标注，而直接在角焊缝的旁边标出焊脚尺寸 K 值，如图 1-23 所示。

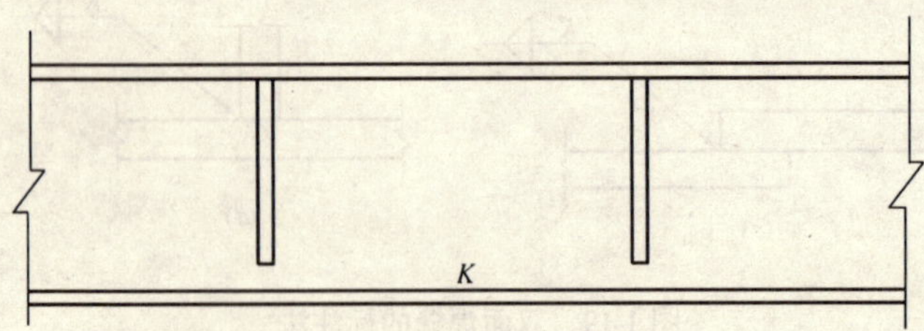

图 1-23 较长焊缝的标注法

（7）当焊缝分布不规则时，在标注焊缝符号的同时，宜在焊缝处加中实线来表示可见焊缝，或加细栅线来表示不可见焊缝，标注方法如图 1-24 所示。

（8）在连接长度内仅局部区段有焊缝时，符号标注在这一焊缝区段内，如图 1-25 所示。

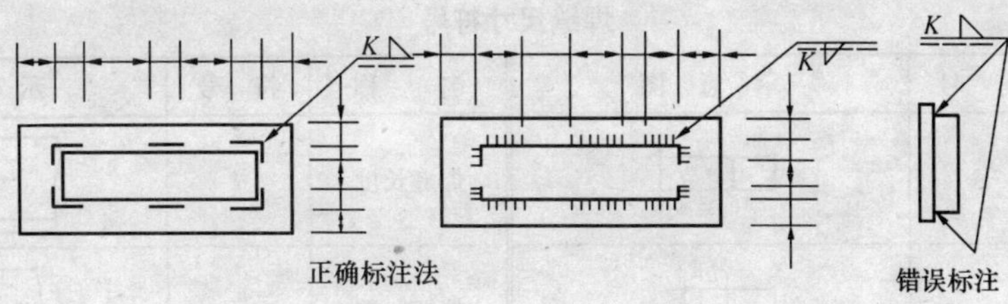

图 1-24　不规则焊缝的指引与标注

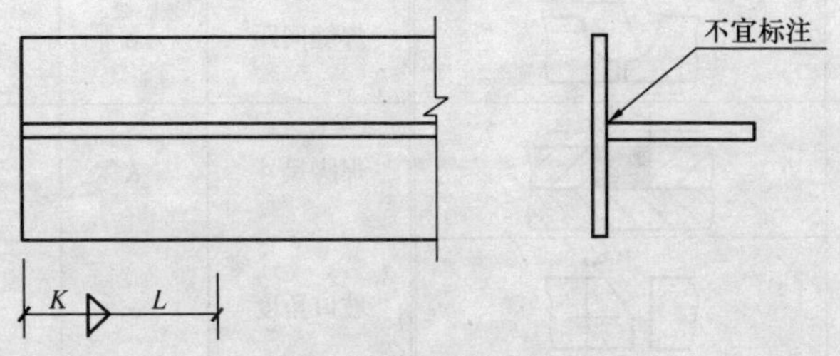

图 1-25　局部焊缝的标注法

(9) 相互焊接的两个焊件，当为单面带双边不对称坡口焊缝时，引出线箭头必须指向较大坡口的焊件，如图 1-26 所示。

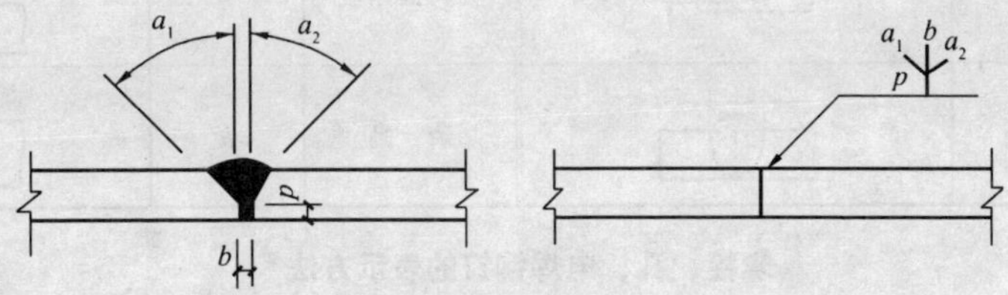

图 1-26　单面不对称坡口焊缝的标注

(10) 熔透角焊缝的符号标注，参看图 1-27 的标注方式。熔透角焊缝的符号为涂黑的圆圈，绘在引出线的转折处。

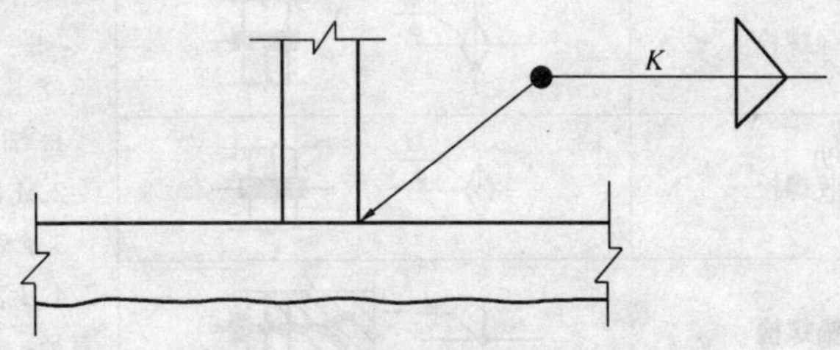

图 1-27　熔透角焊缝的标注法

(三) 焊缝尺寸表示方法

焊缝尺寸符号的表示方法按表 1-18 的规定。

(四) 螺栓、孔、电焊铆钉的表示方法

在钢结构工程中，常用的连接方法主要有螺栓连接、焊接连接和铆钉连接等方法。这些连接方式在施工图中是如何表示的呢？表 1-19 中就是螺栓、各类螺栓孔、焊接和铆钉的表示方法。

焊缝尺寸符号 表 1-18

名称	符号	示意图	名称	符号	示意图
工件厚度	δ	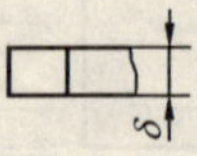	焊缝长度	l	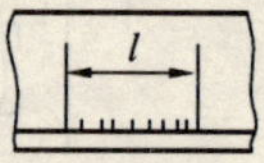
根部间隙	b	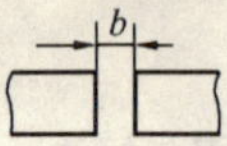	焊缝段数	n	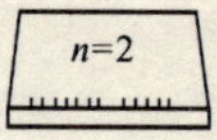
根部半径	R	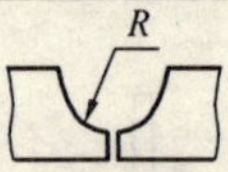	焊缝间距	e	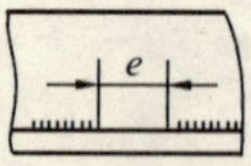
熔核直径	d	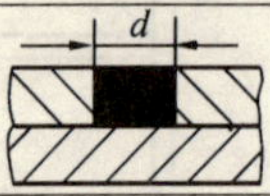	焊脚尺寸	K	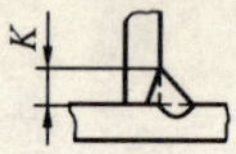
钝边	p	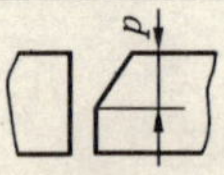	坡口角度	α	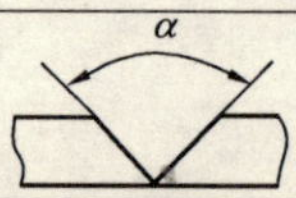
相同焊缝数量	N	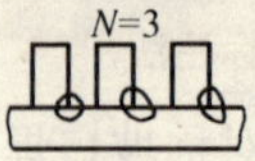	坡口深度	H	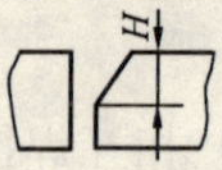
焊缝有效厚度	S	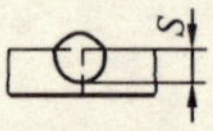	坡口面角度	β	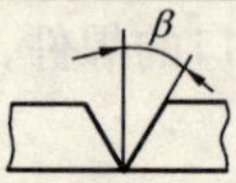
焊缝宽度	C	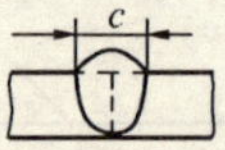	余高	h	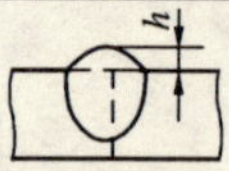

螺栓、孔、电焊铆钉的表示方法 表 1-19

序号	名称	图例	说明
1	永久螺栓	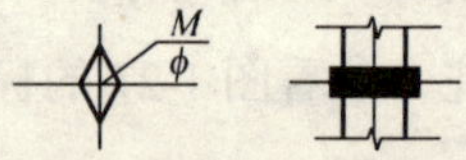	1. 细"+"线表示定位线 2.M 表示螺栓型号 3.ϕ 表示螺栓孔直径 4.d 表示膨胀螺栓、电焊铆钉直径 5. 采用引出线标注螺栓时，横线上标注螺栓规格，横线下标注螺栓孔径
2	高强螺栓	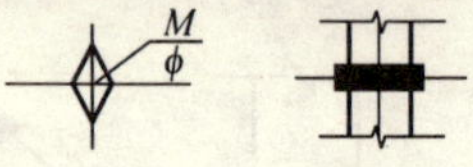	
3	安装螺栓	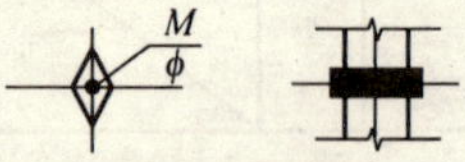	
4	胀锚螺栓	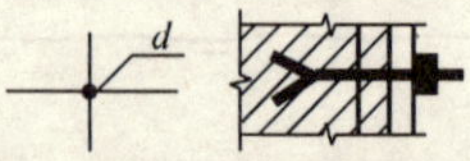	
5	圆形螺栓孔	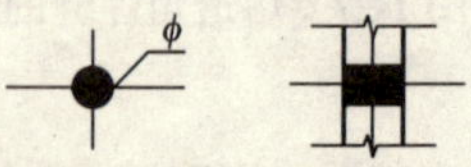	
6	长圆形螺栓孔	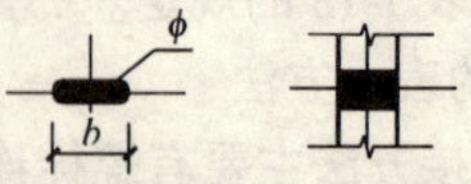	
7	电焊铆钉	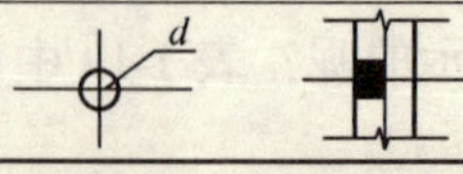	

第五节　钢材的性能

钢材作为结构材料，与其他材料相比，有着明显的综合优势。这些优势，就是钢材的主要性能。而在钢筋混凝土工程和钢结构工程中，从结构应用和质量控制的角度，关注材料性能的有力学性能和工艺性能。因为前者需要满足结构的承载力、刚度、耐疲劳等功能，后者则应符合加工制作过程的工艺要求。

一、钢材的力学性能

钢材的力学性能，是表示钢材在外力的作用下，能满足强度、塑性和韧性的行为表现。

1. 钢材强度

钢材的强度分抗拉强度、抗压强高、剪切强度及弯曲强度等几种。但以抗拉强度作为最基本的强度值，抗拉强度是通过拉伸试验得到的。因此，钢材抗拉的性能可通过拉力试验的应力—应变曲线来阐明。如图 1-28 所示。

(1) 弹性阶段（$O \rightarrow B$）

从图 1-28 可以看出，此阶段由 OA、AB 两部分组成。OA 是直线段，说明了应力与应变成正比例关系。也就是说，倘若卸去拉力荷载，试件仍能恢复到原来的长度，这样的变形就称为弹性变形，对应的应力也就称为比例极限。当应力超过比例极限后，应力与应变开始失去正比关系，图形由直线过渡到微弯曲线 AB 段，这时钢材仍具有弹性，仍具有恢复变形的能力，对应 B 点的应力则称为弹性极限，所以就把 OB 段称为弹性阶段。

钢筋混凝土工程及钢结构工程中的各类结构和钢构件，大部分是在拉力作用下工作的，所以，就必须使钢材在弹性范围内进行工作。

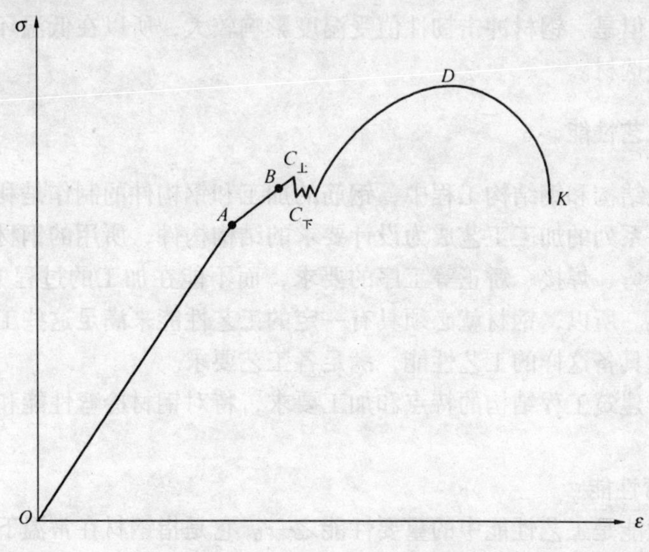

图 1-28　钢材的应力-应变曲线

(2) 屈服阶段（$B \rightarrow C$）

当应力超过B点应力后，如果卸去拉力，试件的变形不能完全消失，这表明已出现塑性变形，达到屈服阶段状态。这时，应力在一个极小的范围内波动，而应变却迅速增长，说明钢材已暂时失去抵抗变形的能力。但是在 $B-C$ 段中，出现有 $C_{上}$ 和 $C_{下}$ 小段，$C_{上}$ 点对应的应力称为屈服上限，$C_{下}$ 点对应的称为屈服下限，由于 $C_{下}$ 点的应力比较稳定，容易测量，故在钢材的拉伸试验中以 $C_{下}$ 点为屈服点，用 σ_s 表示。

钢材达到屈服强度后，尽管材料尚未破坏，但变形过大，已不能满足使用上的要求。

(3) 强化阶段（$C \rightarrow D$）

在屈服阶段以后，试件抵抗塑性变形的能力重新得到了提高，曲线 CD 逐步上升，进入了弹塑性变形阶段，最高点 D 对应的应力为抗拉强度或极限强度，用 σ_b 表示。

(4) 颈缩阶段（$D \rightarrow K$）

当应力达到 D 后，在试件的某一断面处急剧缩小，这种现象就称为颈缩。颈缩时，颈缩处的应变迅速加大，应力却随之下降，直至试件断裂。颈缩现象的出现，以及颈缩区的伸长和横向收缩，是反映钢材塑性性能的重要标志。

通过上面的应力—应变曲线和颈缩破坏的过程可以看出，钢材有两种性质各异的破坏形式，这就是塑性破坏和脆性破坏。

塑性破坏是由于变形过大，应力达到了极限强度后发生的。这种破坏在破坏前将出现很大变形很容易及时发现和采取适当的补救措施。

而脆性破坏则相反，破坏前变形很小。一般情况下，平均应力小于屈服强度时，断裂便从应力集中处开始。这种破坏没有预兆，破坏突然发生，无法及时觉察和采取补救措施，因此，这种破坏是危及生命财产的主要破坏形式，在结构中必须避免的。

2. 冲击韧性

所谓冲击韧性，就是钢材在荷载作用下吸收机械能和抵抗断裂的能力，反映钢材在动力荷载下的性能。在冲击试验中，击断试件所需的功能越大，冲击韧性就愈高，材料韧性越好，不易脆断。但是，钢材冲击韧性值受温度影响较大，所以在低温环境中，一定要对冲击韧性进行试验选材。

二、钢材的工艺性能

在钢筋混凝土结构和钢结构工程中，钢筋的加工和钢构件的制作是利用不同规格、厚度的钢材，经过一系列的加工工艺成为设计要求的结构构件，所用的钢材也就必须满足这些切割、剪切、折弯、焊接、矫正等工序的要求，而不能在加工的过程中出现钢材断裂、开裂、脆断等现象。所以，钢材就必须具有一定的工艺性能来满足这些工艺要求。低碳钢和低合金结构钢就具备这样的工艺性能，满足各工艺要求。

在这里，结合建筑工程结构的特点和加工要求，特对钢材冷弯性能和可焊性进行重点控制。

1. 钢材的冷弯性能

钢材的冷弯性能是工艺性能中的重要性能之一。它是指钢材在常温下承受弯曲变形的能力，用所能承受的弯曲程度来表示。弯曲程度是通过试件弯曲的角度和弯心直径的比值区分的。在对钢材试验时，钢材技术标准对各号钢材冷弯时弯曲角度和弯心直径都做了严格规定。试验时，试件弯曲处不出现裂缝、断裂或分层，即认为冷弯性能合格。通过对钢材冷弯性能的测试，可反映出钢材塑性的质量，同时还可揭示出钢材内部的各种质量缺陷。

2. 钢材的焊接性能

钢材的焊接性能，是指钢材在一定的焊接工艺条件下，能经受住焊接时所发生的热周期性作用而不产生裂缝和热效应，且焊接后机械性能不低于原有性能，这种形成焊接的能力称为焊接性能。焊接性能良好的钢材，其焊接后的焊缝接头牢固可靠，硬脆性倾向小。

钢材的焊接性能与钢材中所含的化学成份有着直接的关系。含碳量高，将使焊件硬脆性增加；当含碳量低于0.25%时，碳素钢就会表现出良好的焊接性。

第六节　影响钢材力学性能的因素

在钢筋混凝土结构和轻钢结构中，常用的钢材主要有热轧钢、碳素结构钢、低合金结构钢、高强度钢等。

碳素结构钢，按含碳量的大小，它可分为低碳钢、中碳钢和高碳钢。一般情况下，当含碳量在0.03%～0.25%的，称为低碳钢；含碳量在0.26%～0.60%之间的称为中碳钢，含碳量为0.60%～2.00%的则称为高碳钢。含碳量越高，钢材的强度越高，在建筑结构中，主要使用的就是低碳钢。

碳素结构钢用于一般受弯钢结构构件，这样可以充分利用钢材的强度。

低合金结构钢，也就是在碳素结构钢中添加一种或多种少量的合金元素，从而提高其强度、耐腐蚀性、耐磨性和耐冲击性的一种结构用钢。低合金结构钢的含碳量一般少于0.20%，以便于钢材的加工与焊接。

低合金结构钢对钢结构构件的强度、挠度和稳定三个主要指标比较容易均衡地得以发展，因此，在建筑结构中，采用低合金结构钢，可比碳素结构钢节约20%左右的钢材。

但是，建筑工程所用的钢材，不论是碳素结构钢还是低合金结构钢，都是含碳量小于0.25%的铁碳合金，其中铁是最基本的元素，约占化学成份的98%或更高值，剩下的仅为百分之几的其他元素，对钢材均有正反两面的作用，既有增强钢材强度的功效，同时又对钢材的塑性、韧性存在着不利影响。

一、钢材化学成份的影响

在碳素结构钢中，常有的化学成分为碳、硅、锰、硫、磷五元素。其中碳是形成钢材强度的主要元素，并直接影响钢材的可焊性。

1. 碳。如果碳的含量增加，可以提高钢材的屈服强度和抗拉强度，但却会降低钢材的塑性和韧性，特别对负温下的冲击韧性影响较大。同时，钢材的耐腐蚀性能、冷弯性能和疲劳强度都会显著下降，并使钢材的焊接性能达到恶化，对低温脆断增加了潜在的危险性。

2、硅。它通常作为脱氧剂加入碳素钢中，使纯铁体的晶粒变细而均匀，用以获得质量较高的镇静钢。适量的硅可使钢材强度大为提高，而对塑性、冷弯性能、冲击韧性和焊接性均无显著不良影响。

3. 锰。锰是一种弱脱氧剂。锰与铁、碳的化合物能溶解于纯铁体和碳化铁体中，起着强化纯铁体和珠光体的双重作用。适当的锰量可以有效地增加钢材的强度、硬度和耐磨性，同时又能消除硫、氧对钢材的热脆影响，改善钢材的热加工性能和冷脆倾向。如含量过高，将会形成冷裂纹现象。

4. 硫和磷。这两种元素均属于杂质，是有害元素。硫的存在可能导致钢材的热脆现象，降低钢材的塑性、冲击韧性和抗锈蚀性。磷元素虽然可提高钢材的强度的抗锈能力，但会严重降低钢材的塑性、冷弯性能、冲击韧性和焊接性能。

低合金结构钢中的合金元素以锰、钒、铌、钛和铬、镍等为主。钒、铌、钛等元素全属于添加元素，都能明显提高钢材强度，细化晶粒和改善焊接性能。为改善低合金结构钢的性能，尚允许加入少量钼和稀土元素，可改善其综合性能。

二、钢材缺陷的影响

钢材缺陷包括表面质量、内部缺陷的化学成分偏析等。

在《热轧钢板表面质量的一般要求》（GB /T 14977—94）国家标准中，对热轧钢板表面缺陷种类、缺陷的深度和影响面积、修整的要求及钢板厚度的限度都作了明确规定，主要有如下九种典型缺陷。

1. 轧入氧化铁皮、凹坑：这是轧制钢板表面上的伤痕，由于热轧和加工前或加工期间氧化铁皮清除不充分所致。

2. 凹陷和凸起。这主要由轧辊或夹持辊破损造成，可按一定间隔距离分布或无规则分布。

3. 鳞片皮。这是由于钢锭表面的冷溅、鳞片皮以及结疤清理不干净，轧制形成的不规则鳞片状的细小表面缺陷。

4. 划伤和沟槽。主要原因是轧件和设备之间相对运动摩擦造成的机械损伤，可能有轻微的翻卷，很少含有氧化铁皮。

5. 气泡。由于冶炼、浇铸过程中脱氧不良所造成。

6. 热拉裂。这种缺陷出现在钢坯加工的过程中，与钢种、坯料的内应力或不利的成型条件有关。

7. 夹杂。这种缺陷沿轧制方向延伸，并随机分布。主要是钢材表面上的非金属夹杂物，尺寸和形状各不相同。

8. 裂纹。这是轧件的冷却过程中产生的应力所造成，在表面范围分布的缺陷。

9. 结疤和疤痕。这种缺陷主要是形状和程度不同的表面重叠部分，不规则地分布在轧件的整个范围，而且仅局部与基体金属相连。在结疤中还有较多的非金属夹杂物或氧化铁皮。

三、浇注和轧制过程的影响

1. 浇注的影响

在当前，我国生产的建筑结构钢主要由氧气转炉和平炉来冶炼。在冶炼的过程中，就会生成有氧化铁及其固溶体等杂质。这些杂质的产生，均会增加钢的热脆性，使钢材的轧制性能破坏。

在冶炼将要结束时，钢水中含氧量较高，浇注前需对钢水进行脱氧，使之与氧化铁反应生成氧化物后随钢渣排出。由于所用的脱氧方法、脱氧剂的种类和数量不同，最终的脱氧结果也将产生较大差别，这种差别也就影响着钢材的力学性能。

如果向冶炼的钢水罐中投入锰元素作为脱氧剂时，由于锰脱氧能力较弱，不能充分脱氧，致使氧、氮和一氧化碳等气体从钢水中逸出，形成了沸腾钢。由于沸腾钢浇铸钢锭时冷却快，氧、氮等气体来不及全部逸出而藏在钢锭中，使钢质的构造和晶粒粗细不匀。因此，沸腾钢的塑性、韧性和可焊性均比较差，时效敏感并易变脆，轧成的钢板或型钢中常有夹层和偏析现象。

如果同时用硅和锰元素作为脱氧剂，可使钢水中的氧分子减少到不能再析出一氧化碳的程度，氮元素中有大部分元素和硅等化合成稳定的氮化物。并且在脱氧的过程中，还会产生很大的热量，钢材冷却慢，气体容易逸出，浇注时钢锭铸模内液面不静，故称镇静钢。这类材质中含有较少的有害氧化物，所以组织致密、气泡少，偏析度小。在冶炼工艺相同时，镇静钢的屈服强度、抗拉强度和冲击韧性，均比沸腾钢高，冷脆性和时效敏感性较小，焊接性和抗锈蚀性能较好。

2. 轧制的影响

钢的轧制是在1250℃左右的高温下进行，使钢具有很好的塑性和锻焊性能。在辊轧压力作用下，钢锭中的小气泡、裂纹、疏松等缺陷熔合起来，使金属组织更加致密。轧制还可以破坏钢锭的铸造组织，使钢的晶粒变细，并能消除显微组织缺陷。所以，在钢材组织和力学性能两方面，轧制钢材均优于原来的钢锭。而且，轧制压缩比较大、材料压轧得较薄的小型钢材，其强度、塑性和冲击韧性都比较好。

四、钢材硬化的影响

引起钢材的硬化，主要有下列三种情况：

1. 时效硬化

在高温的状态下，熔化于铁中的少量碳和氮，随着时间的增长逐渐从纯铁体中析出，形成自由的碳化物和氮化物微粒，散布在晶粒的滑动面上，阻碍滑移，遏制纯铁体的塑性变形发展，从而使钢材的强度提高，塑性和韧性下降，这种现象就是时效硬化，这种硬化时间很长。

2. 冷作硬化

在冲孔和机械剪切等冷加工的过程中，钢材产生很大的塑性变形，从而提高了屈服强度和抗拉强度但却降低了塑性的冲击韧性，增加了脆断破坏的危险。

3. 应变时效

当钢材产生一定的塑性变形后，晶体中的固溶氮和碳将更容易析出，时效硬化便会加速进行。这样，应变时效便是应变硬化的复合作用。特别是在高温的作用下，应变时效发展特别迅速，仅需数小时便可完成。所以，我们先使钢材产生10%左右的塑性变形，再加热至250℃并保温1h，然后在空气中冷却，这种方法在热矫正中经常用到。

五、钢材的疲劳影响

钢材在连续反复荷载的作用下，当应力低于抗拉强度，甚至低于屈服强度，钢材就会产生破坏，这种现象就是钢材的疲劳。这种破坏，钢材并无明显的变形和局部收缩，它和脆性破坏一样，是一种突然发生的断裂性破坏。

虽然从宏观表面上看疲劳破坏是突然发生的，但实际上是钢材内部经历长期的发展过程才出现的。在荷载的不断反复作用下，总会在应力高峰附近或钢材内部质量薄弱处的个别点上，首先出现塑性变形、硬化而逐渐形成一些微观裂纹，往后裂纹数量增加并连接起来发展成为钢材内部的裂缝。在这种情况下，截面受到了削弱，应力集中现象急速加剧，最终，由于钢材晶体内的结合力抵抗不了高峰集中应力而突然破坏。

第七节 数据与数理统计

数据，就是实事求是反映客观事实存在的资料和数字，这是现代质量管理和质量控制和数理统计中的一大特点。

一、数据的种类

在对施工质量控制活动中，同我们接触最多的就是数据。没有数据就没有质量统计和质量控制，没有正确的数据，也就没有正确的质量评价结果，因此可以说，数据与质量控制息息相关。

平常看起来数据真是五花八门，如各种建筑材料的力学性能指标、钢材的化学指标、建筑材料见证检测结果、质量检验中的各类检验数字；建筑施工图上各建筑结构尺寸等等。但实际归纳起来，数据也只有如下两类。

1. 计量值数据

计量值数据是一种连续可读取的数据。例如对钢梁的长、宽、高几何尺寸的量测，就会有 14m、10m、0.3m、0.4m、0.6m 等数据；在万能试验机上对钢材进行拉力试验，结果可能有 80kN、90kN 、120kN 等数据反映。

2. 计数值数据

计数值数据是以 0，1，2，3，……，n 进行计数得到的数据。顺序号 1、2、3，……，n 等顺序数就是计数值数据；再如 1 个单位工程，四个分部工程，15 个不合格点等数字也都属于计数值数据。计数值数据还可以进一步区分为计件数据与计点数据。计件数据是按单个、单件等计算的数据。计点值数据经常是按“点”来计数的，如对高强度螺栓抽检的节点数。但是，我们在进行数理统计计算时，往往有许多结果是按百分率来表示的，这时就要依据给出数据计算公式的分子判断其是计量值数据还是计数值数据。当分子是计量值数据时，则求得的百分数为计量值数据；当为计数值数据时，即使得到的百分数不是整数，也属于计数值数据。

二、数据的准确度与精确度

我们在质量管理与质量统计中，力求数据准确和数据计算结果达到精确，这样才能使控制对象具有正确的评定结论。为了说明数据的准确度，我们先来看一下什么叫有效数字。例如 383.4，有四位有效数字；0.048 有两位有效数字等等。这样可以看出，从 1 个数左边第一个非零数字开始直到最右边的正确数字都称为该数的有效数字。也就是在数字左边第一个非零数字之前的所有零都不是有效数字，但位于最后一个非零数字之后的所有零却为有效数字。如2500，有效数字就是四位。这样，1个数的准确度是指该数所含有效数字的位数。1个数的精确度则是指该数最后1个可靠数字相对于小数点的位置。例如，在对高强度螺栓连接副扭矩系数的平均值，标准偏差小于或等于0.01，也就是精确度为2位小数，也称精确到2位小数。

为了进一步说明数字的准确度和精确度的差别，我们再来比较一下这三个数字：0.0468、0.00468、4.68。在这三个数字中，0.0468有三位有效数字，精确度为四位小数；0.00468，也是有三位的有效数字，但精确度为五位小数；4.68同样有三位有效数字，但精确度却为二位小数。这就说明，准确度与小数点的位置无关，而精确度则直接由小数点的位置决定。有时为了确定1个数的准确度和精确度，就需要检查全部数字，特别是最后几位数字的可靠性。如果末位或后几位数字是不可靠的，就应该把这些不可靠的数字舍去。如38.5600，因后两位数字没有意义或称不可靠，应舍去，改为38.56。但是在某些特定的条件下，为了保持数位的一致性，常常还会把没有意义的数字保留。

三、数字的修约规则

众所周知的"四舍五入"是古典而又具有传统性的数字取舍法则，但是这种取舍误差过大，而这种误差就是人为的一种误差。我们在取舍数字时，要求取舍的误差越小越好，最为理想的平均误差为零。具体分析"四舍五入"法则的误差，很明显是由"五入"这一点引起的。如果对之进行修正，则舍入后的平均误差就为零。在数理统计中，数字的取舍修约按下列规定：

(1) 若第 $n+1$ 位以下的小数小于第 n 位的第一个单位的1/2时，则舍去。也就是拟舍去部分的最前一位数字为1、2、3、4时则舍去。例如58.54，要求修约为整数时为58，有两位有效数字，要求精确到小数点一位时，则为58.5。

(2) 若第 $n+1$ 位以下的数大于第 n 位的一个单位1/2时，则第 n 位增加一个单位。这一法则也称为"六入"。就是拟舍去部分的最前一位数字为6、7、8、9时则进1。如702.689这六位有效数字，现修约为小数点一位数字时为702.7，精确为小数点两位时为702.69。

(3) 若第 $n+1$ 位以下的数恰好等于第 n 位的1/2时，则当第 n 位的数为0、2、4、6、8时，第 $n+1$ 位以下的数舍去；当第 n 位的数为1、3、5、7、9时，第 n 位增加一个单位。也就是拟舍去的最前一位数字为5，则前一位数字为奇数则进1，为偶数则舍去。如3.75这三位有效数字，现精确一位小数点则为3.8，因舍去的前一位7为奇数则进1；对3.65这三位有效数值修约为小数点一位数字时则为3.6。

四、数理统计

所谓数理统计就是应用概率论的基本理论，根据试验或观察得到的数据，对研究对象的规律性做出合理的估计和判断。

(一) 数理统计的作用

在质量控制和检验中，运用数理统计方法，有如下的作用：

1. 可提供质量特征的数据

例如，我们对高强度螺栓的施工扭矩的检验，决不可能为了掌握一批产品的好坏而将整批螺栓产品逐一加以检验，而只能抽取几件代表产品进行试验，获取数据，并通过这些数据的分析对该批产品的几何尺寸、外观外表、结构性能等质量特征做出推断，看其是否能达到国家规定的标准。

2. 比较工程质量与验收评定标准间的差异

由建筑工程施工质量、钢结构的安装质量、材料的检测、试验而获得的数据，是建筑工程质量和建筑材料实际质量的客观反映。这时就可通过对这些数据同国家的验收规范规定的相应条文及数据相比较，看其是否达到国家规范或标准的规定。

3. 分析影响工程质量的因素

数理统计不是单纯地为了统计而统计，即使统计方法虽然不能直接处理和解决工程质量问题，但它却是处理和解决质量问题的先决条件和保证。因为对检测得到的数据进行分析与对比，就能从工程质量和建材质量的波动中找出影响工程质量和建材质量的因素，进而就能消除这些因素而使质量得到保证。

（二）数据统计特征值

1. 平均值（$\overline{x}$）

它是一群数据的代数和除以数据总个数（n）所得出的结果，是表示数据集中位置的一种算术平均法。由此可以看出，平均数作为一组数据的代表，它反映了这组数据取值的平均水平，具有简单明了的特点，因而在质量控制和其他行业的数理统计中得到广泛的应用。

平均值的计算公式如下所示：

$$\mu(\overline{x}) = \frac{1}{n}(x_1 + x_2 + \cdots + x_n) = \frac{1}{n}\sum_{i=1}^{n} x_i$$

在这里，当计算的平均值为母体时应用字母 μ；对于子样的平均值常用 $\overline{x}$ 来表示。

2. 中位数（$\tilde{x}$）

作为一组数据代表常用的量，除了平均数还有中位数。将数据 x_1、x_2、…，x_n 按大小顺序排列，分别 n 为奇数或 n 为偶数的情况下，称居中的 1 个数或居中的两个数的平均数为这组数据的中位数。

如一组数据按大小顺序排列后为 5、7、9、11、13，其中位数就是 $\tilde{x}=9$。如一组数据按大小顺序排列后为 12、14、16、18、20、22，这时中位数应为 $\tilde{x}=\frac{1}{2}\times(16+18)=17$。

3. 标准偏差（s）

为了给出标准偏差的概念，我们先来看一个实例：

有两个数控切割组，甲组切割翼缘板长度偏差值为 5、8、6、6、7、8mm；乙组切割翼缘板长度偏差值为 9、4、6、10、8、5mm。经计算后可以明显看出，如果按平均值来反映长度偏差的结果，都是一样的，但是甲组切割的偏差值集中，乙组切割的偏差值分散，也就是乙组的切割质量波动大。

那么，给定 n 个数据 x_1，x_2，…，x_n，如何来衡量这组数据集中或分散的程度呢？这时可用 $\frac{1}{2}\left[(x_1-\overline{x})^2+(x_2-\overline{x})^2+\cdots+(x_n-\overline{x})^2\right]=\frac{1}{n}\sum_{i=1}^{n}(x_i-\overline{x})^2$ 式来衡量。如果计

算的结果值较小，表示数据集中；计算的结果数值较大时，数据分散。我们称它为数据 x_1、x_2，…，x_n 的方差。方差的算术平方根就称为标准差。即：

$$s=\sqrt{\frac{\sum_{i=1}^{n}(x-\bar{x})^2}{n-1}}$$

当采用上式进行标准差（s）计算时，适用于子样 $n<50$ 的条件，当子样 $n>50$ 时，上式 $n-1$ 应改为 n。

4. 变异系数

在数理统计中，衡量一组数据集中、分散的程度，可用方差、标准偏差。在实际应用中，还必须将这些量同它们这组数的平均数联系起来，才能得出更为清晰的概念。例如我们测量 12m 高柱的标高偏差为 3mm；测量 10m 高柱的标高偏差为 1mm，这时，不能因 $1<3$ 就说明 10m 高柱的标高精度好。针对这一事例，就用变异系数来度量数据的波动性。

给定一组数据 x_1、x_2，…，x_n，它们的算术平均值为 $\bar{x}$，标准偏差为 s，称 $\frac{s}{|\bar{x}|}$ 为这组数据的变异系数。变异系数度量了数据的相对变异性，与数据的单位无关。

第八节 数据的分布特征

对建筑工程质量进行控制，实际上就是对建筑工程产品的特性和特征进行行数理统计，也就是在质量控制中运用各种数理统计方法对建筑工程施工过程中的各个阶段实行“数字”监控，从而保证与提高建筑工程质量。

在现实的建筑工程施工活动中，同一个建筑工人在同一施工条件下使用同种材料，所施工的质量特征绝对不会相同；同理，我们在质量验收中，执行同样的行业验收规范，也同样有不同的验收结论，这种现象就是我们所说的质量波动。造成质量波动的原因主要表现在人、材料、工艺、设备和环境条件的因素之中。但从数理的统计角度来讲，则是随机因素和系统因素。在质量控制和质量管理中，我们把随机因素称为偶然因素，把系统因素称为异常因素。偶然因素对建筑产品质量影响较小，在一定的科学技术条件下，硬要消除这些微小的质量波动和这类因素，没有一定的现实意义。而异常因素在建筑施工的过程中属少量存在，一旦出现，将会给建筑工程质量造成较大影响，由此可能引发恶性质量事故。可以说明，在偶然因素作用下，其质量特征数据基本是稳定的，大致呈不变均值及方差的正态分布；而在异常因素作用下，建筑工程质量的状态为异常状态，其质量特征的波动不呈现典型分布规律。这些就是我们运用数理统计方法进行质量控制的一条基本理论依据。

一、数据的正态分布

既然偶然因素所引起的质量特征呈正态分布，那么我们就来研究正态分布的特点。在建筑工程的质量统计中，许多随机变量都遵循着某种确定的分布规律。对于连续性的随机变量，也就是计量值的概率分布服从于正态分布。现在举个简单的例子来说明。

如在某建筑工地的地基工程中，设有一个钢筋网片，要求钢筋网片的长度为 20m。经对该网片长度量测后，共收集了50个数据，其中正好符合设计要求的有10个数据，而产生正、负偏差的达40个数据，而偏差值均在1~5mm范围内。这时我们把频数作为纵坐标，把误差数作为横坐标，以误差距为底宽，以频数为顶高，画出一个条形图，然后把图顶的各点用一条曲线连接起来，这条曲线就称为频率分布曲线。如图1-29所示。

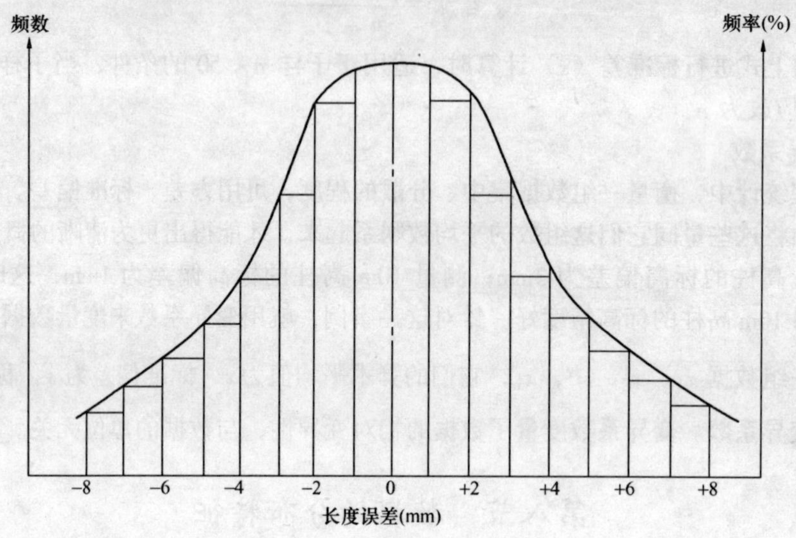

图1-29　频率分布曲线

从图1-29可以看出，它呈中间高、两边低，左右对称的形似钟状的对称曲线，数学上称这条曲线为正态分布曲线或频率分布曲线。其数学方程式为：

$$f(x)=\frac{1}{6\sqrt{\pi}}e^{-\frac{(x-\mu)^2}{2\sigma^2}}。$$

式中　x——分布抽取的随机样本的特征值（曲线的横坐标）；

e——自然对数的底，为2.718；

μ——正态分布的平均值（$-\infty<\mu<+\infty$）；

π——圆周率；

σ——正态分布的标准差，σ越大曲线越宽，数据越分散；σ越小，曲线越窄，数据越集中，正态分布就会成为图1-30形状。

正态分布曲线取决于两个参数μ和σ，这样，就产生了正态分布的特点，如图1-31所示。这就是：曲线经$x=\mu$这条直线为轴，左右对称；曲线以横坐标轴所围成的的面积等于1；曲线与直线$x=\mu\pm\sigma$所围成的面积占全部面积的68.3%，其概率为0.683；曲线与直线$x=\mu\pm2\sigma$所围成的面积占全部面积的95.4%，即概率为0.954；曲线与直线$x=\mu\pm3\sigma$所围成的面积99.7%，即概率为0.997，对μ的正偏差和负偏差的概率是相等的，并且靠近μ的偏差出现的概率大，远离μ的偏差出现的概率较小。

但是，根据多年的质量统计表明，在建筑工程中，即使在同一正常施工条件下，建筑工程这一特殊产品的质量特征值偏离质量标准$\pm3\sigma$的情况非常少，根据统计结果表明仅为0.3%；这就是所谓的3σ规则。但当质量特征值落在区间$\mu\pm3\sigma$以外时，应采取技术控制措施，否则将会产生质量事故。

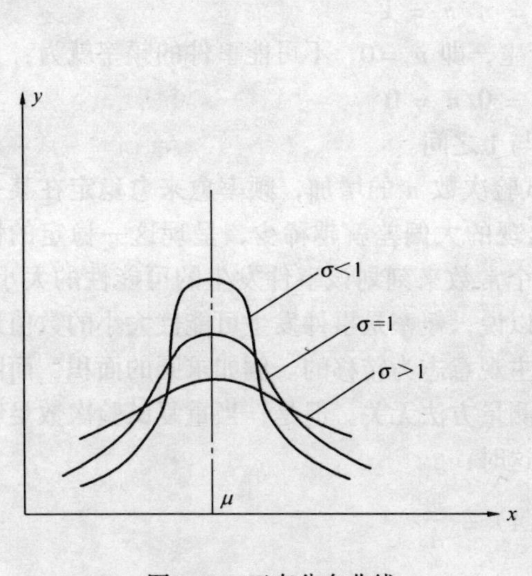

图 1-30 正态分布曲线

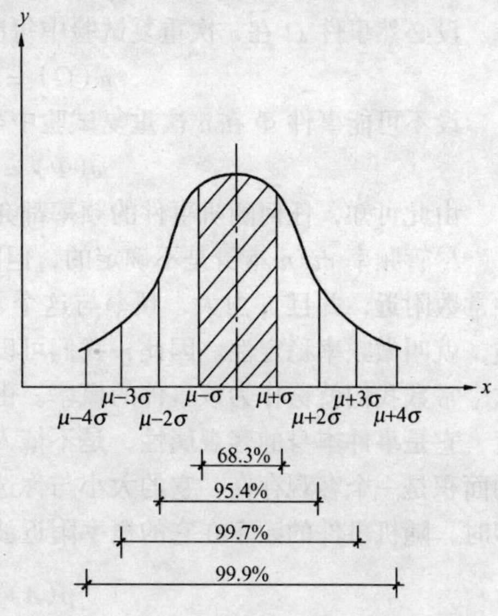

图 1-31 正态分布特点

二、数据的概率分布

(一）基本概念

在对建筑工程质量检测的过程中，广泛地存在着不确定现象。也就是在同样条件下进行施工活动或进行质量检测，其检测的结果都有不同之分，故我们收集的数据总是大小不等的，而这种数据的不均性就是散差的具体表现。如果我们把数据控制在一定范围内，数据间的散差就会有某种规律性，这就是数据的分布。

另外，我们在对某一工程进行验收时，利用投掷骰子进行抽取楼层和房间时，每次所投掷骰子的数总在 1~6 范围内，所以这种现象也就表现了数据分布的偶然性，这种偶然性也就称为随机现象。而随机现象的每一种表现或结果，就称为随机事件。在对检验批、分项工程质量进行随机抽样就是在这种现象上发展的。

(二）概率分布

我们知道，数理统计方法的根据就是概率论，而质量变化遵循的客观规律就是概率分布。在这里，我们先了解一下频数、频率和概率的基本概念，为质量检验和质量统计的实际应用打好基础。

从上面内容介绍我们有所了解，随机事件虽然是不确定的，但不是没有规律性。人类通过大量的社会活动和对事物发展规律的观察，随机事件却符合数理统计的规律性。这也是随机事件所具有的一种规律性。例如对混凝土抗压强度的检验，当采用同一种材料、同一种配合比，在同条件下养护和测试，虽然每天的测试结果不相同，但它们总是围绕着某一中心值在上下范围内波动。在这种情况下，我们把数据中相同变值出现的次数叫做频数，而把衡量某类型随机事件可以出现的数量标志，即该事件发生可能性的大小称为频率，也就是频数除以数据总个数的百分比。如果在 n 次重复试验中，事件 A 出现的次数 m 为事件 A 的频数，那么 m/n 就称为事件的频率 $w(A)$。即：

$$w(A) = m/n$$

设必然事件 Ω 在 n 次重复试验中每次都发生，即 $m = n$，那么必然事件的频率为：

$$w(\Omega) = m/n = n/n = 1$$

设不可能事件 Φ 在 n 次重复试验中都不产生，即 $n = 0$，不可能事件的频率就为：

$$w(\Phi) = m/n = 0/n = 0$$

由此可知，任何随机事件的频率都介于 0 与 1 之间。

尽管频率 m/n 本身是不确定的，但随着试验次数 n 的增加，频率愈来愈稳定在某一种常数附近，并且 n 愈大，频率与这个常数出现的大偏差就越稀少，呈现这一稳定的性质，就叫做频率稳定性。因此，我们可以用这个常数来刻划该事件发生的可能性的大小，这个常数我们就称作为该事件的概率。由此可以说，概率是事件发生可能性大小的数值量度，它是事件本身的客观属性，是不依人们的主观意志为转移的。例如求圆的面积，而圆的面积是一个客观存在，它的大小与你选用的测量方法无关。但是，当重复试验次数足够多时，随机事件的频率在它的概率附近波动，这时：

$$p(A) = w(A) = \frac{m}{n}$$

这样，任何一事件 A 的概率均满足下式要求：

$$0 < p(A) < 1$$

而且 $p(\Omega) = 1, p(\Phi) = 0$，也就是：

$$p(\Phi) < p(A) < p(\Omega)$$

但是，这里我们应该注意，随机事件的频率和概率是两个不同的概念，但它们之间关系密切。频率是概率的经验表现，它是随机事件在某一试验中出现的“量”，是波动的，并与进行试验的条件有关，概率又是频率的数学抽象，是描述随机事件在试验中所出现可能性的大小值，是客观存在的一个确定性数字。某些随机事件的概率可以通过直接计算求得，但在通常情况下，往往通过大量的重复试验，把其频率作为概率的近似值。

第二章　施工质量保证体系的构成

随着我国进一步的改革开放，建筑施工企业和其他工商业一样，必须依靠自身的力量，转换经营机制和质量管理模式，全面提高企业素质，进而提高企业的竞争能力。在这种情况下，建筑施工企业一方面要建立健全内部的质量管理体系，还要按照当前项目法施工的具体要求，建立项目法施工管理质量保证体系。这个体系是施工企业质量管理体系的有效延伸，是建筑施工质量管理的具体化、细节化和系统化。它是保证建筑施工质量的组织保证和必要条件。

第一节　质量体系及要素

随着科学技术和生产力的发展，必将对质量管理工作提出更高的要求。质量管理是全部管理职能的一个中心职能，它是对满足质量要求所需的职能和活动的管理，质量体系就是这一要求的具体实践和表现形式。

一、建立质量体系的目的和要求

1. 建立质量体系的目的

建筑企业的基本任务，就是通过优化设计、精心施工，向社会提供符合用户需要和国家规定的建筑产品和服务。所以，建筑产品必须达到以下5个方面的要求：

(1) 符合社会各项法律、法规和环境保护等政策要求；

(2) 符合相应的建筑专业施工规范的规定；

(3) 满足设计要求的功能和用途目的；

(4) 满足用户对建筑产品的质量要求；

(5) 企业能获得相应的劳动报酬。

为了达到上述要求，建筑企业就必须确立质量方针和制定出相应的质量目标。并且应对影响工程产品、技术方案、施工组织等进行有效地控制，保证该建筑产品的施工质量。

2. 建立质量体系的要求

建立质量体系必须遵照下列要求：

(1) 具有系统性。所谓系统性，就是对施工的全过程进行控制。其主要表现在初步控制、过程控制和合格控制。在这个要求中，要对全过程中的所有质量活动进行系统分析，以实现企业所制定的质量目标。

(2) 突出预防性。质量管理的基本准则就是以“预防为主”。建立质量体系就要突出预防理念，每项质量活动都要有计划、有程序、有措施、有落实，使质量活动处于受控状态，把质量缺陷消灭在形成的萌芽状态。

(3) 符合经济性。搞经营就要有利润，没有利润的劳动是无效劳动。所以在建立质量体系时，必须把经济利润建立在质量之上，使质量与经济达到高度的统一。

(4) 保持适用性。建立质量体系必须建立在企业的现有条件之上，不能脱离企业的经济、技术人员、设备、资质条件等。选择适当的体系要素和决定要素的程度，使质量体系具有先进性、适用性、有效性和可操作性。

二、质量体系要素

施工企业质量体系要素有如下内容：

(一) 施工企业的质量方针

(1) 质量方针；

(2) 质量目标。

(二) 质量体系的建立与运行

(1) 质量体系建立的依据和原则；

(2) 质量体系要素的建立；

(3) 质量体系文件；

(4) 质量体系运行。

(三) 质量计划与管理

(1) 优质结构工程的编制；

(2) 质量目标值的确定；

(3) 工程质量保证体系

(4) 工程质量控制点的设置；

(5) 预控和质量改进措施；

(6) 各项制度和职责。

(四) 资源配备

(1) 人员配备，包括项目经理、工长、专业技术人员、质检员、资料员等；

(2) 设备配备，包括制作、安装、起吊等设施；

(3) 各类技术规范、标准等。

(五) 施工前控制

(1) 项目部组建；

(2) 会审图纸；

(3) 施工组织设计的编制与审批；

(4) 工程材料、设备、劳动力、安全保证、计量器具的计划编制；

(5) 职工培训，进行技术交底；

(6) 做好三通一平工作；

(7) 办理好各类开工手续。

(六) 采购、外协件控制

(1) 采购计划编制；

(2) 各类物资进场验收；

(3) 不合格品的退换。

（七）施工过程控制

(1) 放线与复核；

(2) 水准点的控制；

(3) 施工材料、设备的应用控制；

(4) 工序控制，首件检验；

(5) 检验批、分项、分部工程的验收；

(6) 施工资料的控制；

(7) 设计变更、材料代换；

(8) 不合格工程的返修；

(9) 成品保护。

（八）质量验收

(1) 技术文件；

(2) 监理单位的质量评估；

(3) 竣工图；

(4) 其他记录资料。

（九）服务

(1) 与用户签订保修合同；

(2) 给用户讲清建筑功能；

(3) 用户信息反馈。

三、质量体系文件

质量体系文件是将企业质量体系的全部要素、要求和规定，系统地编制成各种书面文件，它是企业建立质量体系的依据，以满足质量体系的有效运行。

质量体系文件主要有如下内容：

1. 质量手册

质量手册是是阐明施工企业的质量政策、质量体系、质量实践的主要文件。质量手册是实施质量管理和质量控制的主要依据和遵循的法定程序。

质量手册由企业最高领导人（董事长）批准发布。

2. 质量计划

是建筑项目施工中所遵循的活动顺序的文件，它的主要内容有：应达到的质量目标；该项目在各阶段中责任和权限的分配；科学有效的作业指导书；有关相应的见证检验，抽样标准、试验频数；质量改进和质量预控措施。

3. 质量记录

质量记录是质量体系文件最为基础的内容，它是证明施工各阶段产品质量要求和质量体系运行有效的证据。它主要包括：施工日记、质量检验、见证试验、各类出厂合格证、质量评估报告等。其中各检验批、分项工程的质量检验表格应符合相应规范规定的统一格式。

4. 质量体系审核

质量体系审核，是对质量体系运行质量的全面考核和验证。它主要有审核计划、审核内容、审核方法、审核组织、审核结果的报告和纠正措施及处罚。

第二节 项目经理部的组织与构成

项目施工管理是以工程项目为对象，以项目经理负责制为基础，建立以项目经理为中心的全面质量保证体系。

项目施工管理就我国现阶段施工体制而言，一般是指工程项目的基础施工开始到单位工程的竣工验收直至交付建设方使用过程的经营管理活动。

一、项目规模的划分

划分好项目规模，是项目施工管理获得成功的基本保证，是选择项目经理的参考条件。所以在划分项目规模时则应本着“规模适度、方便管理、有利经营、效益突出”为原则。

划分项目规模时应该重点考虑以下因素：

(1) 考虑该项目的投资规模、建筑面积，发包方的要求。

(2) 要考虑该项目在社会上的影响程度及地理环境。

(3) 考虑工程项目的施工周期、施工质量要求，是国家鲁班奖呢？还是当地的优质结构等。

(4) 要考虑该项目是否有新的科技成果，其含量有多高。

(5) 应考虑项目结构是否复杂或有特殊要求。

二、项目经理的委托

建筑项目既是施工企业激烈竞争的对象，又是施工企业对外形象的具体展现，是施工企业占领建筑市场的有形广告。

项目经理部作为项目施工过程中施工企业的委托代理组织，他肩负着项目活动的独立性、特殊性和实现工程项目质量、经济的重大责任，是整个项目施工管理体制过程的组织者、管理者、协调者和最高决策者。

既然项目经理部在项目施工管理中占极其重要位置，项目作为施工企业管理的出发点和归宿点，这就要求项目经理部的项目经理，必须由丰富的施工经验和具有一定对外协调能力及经济核算意识的人来担任，从而使项目经理部形成以项目经理为中心的组织、协调、控制、指挥的管理保证体系。

委托的项目经理应具备以下条件：

1. 具有一定级别的资质

资质管理是我国的一种管理方式，所以项目经理必须是取得相应专业项目经理证书的人担任，并且他还不能超出项目经理证书上的级别。

2. 法律意识强

作为一名项目经理，必须对国家的诸如《建筑法》、《建筑工程质量管理条例》，以及环境保护法等各类法律法规有所掌握，并能正确执行。对国家的建筑施工规范能熟练操作应用。

3. 具备广泛的管理知识

项目施工是否能达到人们的预期目的，关键的一条是在项目施工管理中能否科学地把握住施工管理的内在因素。因为作为一名项目经理，要对所有参建人员进行管理，还要对施工工艺进行管理、质量检验管理、经济成本管理等。如没有一定的广泛的管理知识就会在某一工作中束手无策，从而导致项目施工管理活动处于不利地位。

4. 应有一定的组织能力

组织就是把各方因素的积极性充分地调动起来，形成一个有机的团体。因为建筑施工的不确定因素很多，特别是遇到棘手的问题时或特殊的事件时，项目经理应有指挥若定，处变不惊的心态。

5. 具有对外的协调能力

项目经理在施工活动的过程中，不但要和建设发包单位进行业务联系，并且还要与工程监理单位、建设主管部门及质量监督站，当地政府各职能部门进行联系。在有的地区和个别地方，由于外界环境的干扰，还要和工程所在地的所谓“地头蛇”进行接触。所以，项目经理必须有这方面的协调能力和一定的外交能力。

三、项目经理部人员构成及职责

(一) 项目经理部人员构成

项目经理部是一个有机的、单独活动的主体，是建筑施工企业经营管理活动水平的综合反映，所以项目经理部人员的构成，应以精干、高效为原则。

项目经理部的成员包括：项目经理、项目副经理、工程技术管理人员、合同预算人员、材料管理员、劳资管理员等。

项目经理部成员之间的业务专长应各有所侧重，构成优势互补的态势，以形成项目经理部在经营管理上的整体优势。

项目经理部人员的确定，除项目经理由企业根据项目规模的大小和发包方在招投标时所要求的相应资质等级选派外，其余人员均由项目经理在授权范围内提出组阁人员，报企业进行审批核准。但是，在项目经理部人员的选用上，一定要贯彻平等竞争，任人唯贤的原则，切不可盲目从事，否则将对企业造成不可挽回的影响。

(二) 项目经理职责

项目经理应对该项目施工负全部责任。

项目经理作为施工承包单位在项目施工过程中的委托代理人，必须为他所代表的国家整体利益和发包方、承包方、参施职工的利益的局部利益负责。

项目经理应在发包方授权范围内开展项目施工管理活动，并应对项目从基础开工到本单位工程全部竣工交付使用全过程经营管理活动的合法性负责。

项目经理负责对项目经理部成员及分包单位的合同履行情况进行阶段动态考核，并要为项目经理部成员的工作给予支持。

项目经理在项目施工管理阶段，要不断地完善施工管理过程中的质量保证体系，负责按工程特点的实际要求选择好项目经理部人员，并给他们定出应负的职责和权力。

项目经理可根据项目部成员的具体表现给予奖惩。

项目经理在履行合同职责过程中，应接受发包方对项目施工效益实现情况及为此而组织的经营管理活动的检查、监督、考核。

项目经理在工程竣工后，应及时提出述职申请审计报告，报告应包括如下内容：

1. 项目的名称、工程地理位置、结构类型和层数、建筑面积、开工时间和竣工日期。

2. 项目施工中各主要合同指标的完成情况，其包括经济指标、质量指标、安全指标。

3. 项目施工过程中取得的成功经验以及需要改进的薄弱环节。

第三节 施工组织设计

施工组织设计是以一个建设项目或建筑群体为编制对象，是从施工全局出发，根据施工过程中可能出现的具体条件，拟定建筑施工的具体方案，确定施工程序、施工流向、施工顺序、施工方法、劳动组织、技术组织措施，安排施工进度和劳动力、机具、材料、构件与各种半成品的供应，对场地的利用、水电能源保证等现场设施布置做出预先规划，以保障施工中的各种需要及变化，起到忙而不乱的效果。因此可以说，一个施工组织设计，就是一部建筑施工的设计宏图，是质量控制的一个主要手段。

在这节内容中，由于篇幅的限制，仅对编制的原则、编制的内容、施工方案的编制和进度计划的编制给予简要介绍。

一、编制的原则

1. 严格按照施工合同约定施工期限

施工合同，就是甲乙双方履行各自职责的法律条文。施工合同上所签订的施工期限，是制定施工组织设计的主要依据，编制施工组织的各项内容，就是围绕这个施工期限来进行的。一般建筑工程施工组织设计编制可按工种分别编制。由于钢结构施工期限比混凝土结构工程要短的多，所以在编制施工组织设计时，要结合工程特点一次性确定各构件的安装日期。

2. 合理安排安装程序

我们常说“有条不紊”。建筑工程是由许多工种来完成的，每一个工种的施工安装过程可以采用不同的施工方法和不同的施工机械及工具。如何把这些内容进行科学的安排，谁先谁后，就是要通过施工组织的设计，按照建筑工程的客观规律进行优化安排，使各工种、各工序之间的施工活动相互促进，紧密衔接，避免不必要的重复工作，加快施工进度。

在安排施工程序时，则应考虑如下几个重点：

(1) 要及时完成与建筑施工有关的各项准备工作。

(2) 要结合建筑施工之间的关系，安排好材料进场的先后次序。

(3) 在安排施工程序时，既要考虑空间顺序，也要考虑工种之间的顺序。空间顺序是解决施工流向的问题，它必须根据生产需要、缩短工期的要求来决定。工种顺序是解决时间上搭接的问题，它是使各工种之间要相互创造条件，充分利用工作面，争取施工时间。

3. 科学安排施工安装的进度计划

在安排进度计划时，可采用流水作业法和网络计划。这是结合工期、施工任务、机械设备、人员力量等客观因素进行安排的，它是实现合同工期的主要保证，是综合使用人力、物力的实施阶段。

按流水作业进度计划组织施工，它可以保证施工工作连续地、均衡地、有节奏地进行。

网络计划，能把施工对象的各有关施工过程组成一个有机的整体，能全面而明确地反映出各工序之间的相互制约和相互依赖的关系。

4. 合理安排交叉施工

建筑工程施工过程中，有的工序会相互重叠，如安排不当，则会造成人力、物力的浪费，并会直接影响到工程的进度。所以，合理安排交叉作业，是施工组织设计的一个主要内容。一定要结合综合施工的内容，分清施工项目的主、次关系，对人员、机械进行合理搭配。因此，科学的交叉作业是加快施工进度的主要措施。

5. 从工程的实际出发，作好人力、物力的综合均衡，组织均衡施工。

二、编制施工组织设计的内容

（一）概况

概况主要有如下内容：

1. 工程概况

在工程概况中，要简单介绍一下该工程的名称、发包承包单位、勘察设计单位、监理单位、地理位置、合同范围、施工工期、投资金额等。

2. 建筑设计概况

主要有建筑面积、结构层数、结构类型、建筑防火、防水防潮等特殊功能、设计周期等。

3. 结构设计概况

地质土层、地基基础、主体结构形式等。

4. 专业设计概况

主要有给排水、通风空调、电气、智能设计等。

（二）编制的依据

编制施工组织设计的依据主要是施工合同、施工图、主要法律法规、国家的验收规范等。

（三）施工组织部署

在施工组织部署中，主要有施工组织、质量目标、任务划分、施工总平面图、施工顺序及验收、劳动力组织、主要材料、机械设备计划，主要项目工程量，施工工艺流程。

（四）主要项目施工方法

这个内容是施工组织设计的主要内容，必须编细编全。其内容有：

流水段的划分、施工测量放线、土方工程、垫层防水、钢筋工程、模板工程、混凝土工程、屋面工程、门窗工程、装饰工程、水、电、暖、卫安装工程、智能建筑工程以及钢结构工程中的构件制作和安装等施工方法。

（五）技术管理措施

技术管理措施是施工方法的技术保障，也是保证施工质量的主要措施。主要有测量管理、施工试验、施工资料和其他技术措施。

（六）施工质量管理措施

主要应体现出质量目标、对各材料、工艺的质量控制、质量技术控制、验收及不合格质量的返修处理等。

（七）施工现场综合管理

施工现场的管理要以建设文明工地为目标，以方便施工为原则。主要是临时用电、消防保卫、场容场貌、文明建设、材料堆放、机械保管、环境卫生、成品保证。

（八）主要经济技术指标

其包括有施工工期、质量目标、文明施工目标、新技术应用目标、降低成本目标。

（九）施工安全

包括脚手架工程、机械设备的安全使用规程、结构吊装方案、劳保用品、特殊行业的职业病防治。

三、施工方案的编制

1. 编制施工方案的依据

施工方案就是施工时所采用的各类技术措施，它是施工质量的保证的关键，是完成各项施工内容的手段。编制施工方案的主要依据就是施工图纸、施工现场调查得来的资料和信息、施工质量验收规范、安全操作规程、施工机械性能等。

建筑施工方案现场调查的内容主要有：施工现场的现状；与安装工程有关的外部条件，如该工程是否在建设行政主管部门办理了质量监督手续，在当地是否有外部环境的干扰等。

2. 施工程序安排

施工程序体现了施工步骤上的客观规律性，组织施工时应符合这个规律性，它对保证施工质量、缩短工期、提高建筑效益均有很大意义。在安排施工程序中，工程特点、施工条件、使用要求等均对施工程序产生影响。一般情况下，安排施工程序时则应考虑如下几点：

（1）做好技术准备、现场施工准备、施工队伍及有关组织准备等各项准备后再开工。

（2）在考虑施工程序时，应按照先地面、后地上，先土建筑、后设备、先主体、后围护，先结构、后装修。对于钢结构工程，则应先地上、后空中，先竖向、后横向，先连接、后焊接等施工原则。

（3）要有合理的施工流向

合理的施工流向，是指平面和立体上的都要考虑建筑施工的质量保证与安全保证；要适当分区分段，要与材料、构件的运输方向不发生冲突，要适应主导建筑工程的合理施工顺序。

（4）要做到前有准备，后有收尾，上承下接，一气贯通。要把每个施工项目相互衔接，并且在交叉作业时互不影响，使整个建筑施工主线明确。每项施工项目完成后要及时报验，为下一工序施工提供时间。这样才能称得上是周密的安排。

3. 施工流水段的划分

划分流水段，目的是适应流水施工的要求。划分流水段时应注意如下四个方面：

（1）有利于结构的整体性。尽量利用建筑结构的伸缩缝、沉降缝、在平面上有变化的地方，以及留槎时而不影响质量的情况下进行划分。

(2) 尽量使各段工程量大致相等，以便组织等节奏流水、使施工均衡，连续而有节奏。

(3) 流水段的段数应与施工过程相协调，以主导施工过程为主形成工艺组合。

(4) 应有足够的工作面，并与劳动组织相适应。以机械施工为主的施工对象还应考虑机械的台班能力；混合结构、大模板现浇结构、全装配结构、钢结构吊装工程都要考虑吊装机械的能力。

4. 主要项目的施工方法

主要项目的施工方法是施工方案的核心，编制时首先要结合建筑工程的特点，找出哪些施工项目是关键性的项目，以便选择施工方法有针对性。选择施工方法时应遵循下面的原则：

(1) 应符合国家颁发的施工质量验收规范的有关规定。

(2) 可以满足施工工艺要求。

(3) 具有一定的先进性、科学性，并具有明显的经济性。

(4) 要与选择的安装机械及划分的流水段相结合。

5. 施工机械的选择

选择施工机械时应遵循“切实需要、经济合理”的原则，具体要考虑以下几点：

(1) 技术条件。包括机械的技术性能、工件效率、适用环境等。

(2) 经济条件。主要应考虑使用寿命、维修费用，租赁费用。

6. 技术组织措施

(1) 安全施工措施。建筑施工多为高空作业，所以，安全施工是建筑工程的首位。在编制施工方法时，必须建立在安全施工的基础上，一切都要围绕“安全”这两个字。就是要贯彻安全操作规程，对施工中可能发生的安全问题进行预测，提出预防措施和急救预案。

(2) 质量保证措施。在质量保证措施中，要把预防质量通病与施工关键部位的质量要求结合起来进行。如对模板安装、钢筋绑扎、钢梁、吊车梁的垂直度、高强度螺栓连接等技术要求，应制定出科学严密的施工方法，确保施工质量符合验收规范的要求。

(3) 降低成本措施。降低成本措施的制定应以预算为尺度，以本单位降成本计划为依据进行编制。这就要充分对劳动力、机械、耗材、进度等进行经济评价和制定相应的经济指标。在制定降成本措施时，要把降成本、施工质量、施工进度三者密切地结合起来，不能顾此失彼。

四、施工进度计划

施工进度计划是施工组织设计中一项非常重要的内容。它是在确定了施工方案的基础上，对各施工项目的延续时间及项目之间的搭接关系，工程的开工时间，竣工时间及总工期等做出的详细安排。

1. 施工项目的划分

施工项目是包括一定工作内容的施工过程，它是进度计划的基本组成单元。项目内容的多少，划分的粗细程度，应根据计划的需要来决定，以满足指导施工作业的需要。在编制进度计划时，凡是与工程对象施工直接有关的内容均应列入，非直接辅助性项目或其他项目可不列入。划分项目应与施工方案保持一致。

2. 确定工程量与项目延续时间

在确定工程量时应针对划分的每一个项目，套用施工预算的工程量，也可按照施工图纸及施工方案自行计算。每一项目的延续时间最好按正常情况确定，待编出初始计划并经过计算，结合实际施工条件来估算项目的延续时间。

3. 确定施工顺序

确定施工顺序，是为了按照施工技术和合理的组织关系，解决各项目之间在时间上的先后与搭接问题，以期做到安全施工、保证质量，争取时间，充分利用空间，实现安排工期的目的。在建筑工程中，施工顺序受施工工艺和组织两方面的制约。当施工方案确定后，项目之间的工艺顺序也就随之而确定了，如果违背这种关系，将会产生质量、安全事故，或者造成返工浪费。

在建筑施工中，人力、物力、机械等资源的组织和安排，需要与各项目之间形成先后的顺序关系，这种关系也称为组织关系。组织关系不是由工程本身决定的，而是人为的。组织方式不同，组织关系也就有差异。但是组织关系不是一成不变的，它不但可以调整，而且能按规律、按管理需要与管理水平进行优化，并将工艺关系和组织关系有机地综合起来，形成项目之间的合理顺序关系。

4. 流水作业的组织

流水作业是一种科学组织施工的方法，它建立在分工、协作大批量生产的基础上。施工进度计划的编制应当以流水作业原理为依据，以使建筑施工有鲜明的连续性、均衡性、节奏性。

流水作业施工的基本方式有三类，即等节奏流水、无节奏流水和异节奏流水。

等节奏流水是在组织流水的范围内，各专业队在各施工段上的流水节拍相等。在编制计划时，要尽量采用这种流水方式，因这种方式能保障施工人员工作的均衡、连续、有节奏。

无节奏流水是由于各施工段工程量的差异或工作面的限制，而安排的施工人数不相同，使各施工段的工作延续时间均无规律性。这时则应组织分别流水。分别流水作业允许施工面有空闲，但是要保证各施工过程施工连续作业。

异节奏流水是各专业队在各流水段上的工作延续时间保持不变，而不同的施工的工作延续时间却不一定相等。

一个单位工程的进度计划，在各分部工程之间，只能组织异节奏流水作业。在分部工程内的各分项工程之间，则可用上述三种流水作业。

这种计划模式是用横道图表来表示的。

5. 网络进度计划

网络进度计划，是利用网络计划原理进行编制的施工进度计划。因为它能把施工对象的各有关施工过程组成一个有机的整体，能全面明确地反映出各工序之间的相互制约和相互依赖的关系，能在工序繁多、错综复杂的计划中找出影响工程进度的关键工序。

网络进度计划编制的要点是：弄清逻辑关系，讲究排列方法，计算必须准确，线路关键突出，认真进行调整。

讲究排列方法，是为了使网络计划更加条理化和形象化。在绘图时应根据不同的施工内容灵活排列，以便简化层次，使各工序之间在工艺上及组织上的逻辑关系准确而清晰。

在排列方法上，同一条水平线上安排了某一段的项目，则称为流水段排列，同样还可以按工种排列、施工专业排列等。

绘制网络图主要用双代号。

绘制双代号网络图时，各项工作间的逻辑关系必须正确；重点突出、布局合理、层次清晰；密切相关的工作尽量安排在一处，关键线路要集中；尽量采用水平箭杆，减少虚箭杆，避免交叉箭杆，杜绝反向箭杆。

五、施工组织实例

为了使读者对编制施工组织设计有更清晰的认识，下面我们举一个钢结构工程的施工组织设计实例，供大家参考。

钢结构生产厂房施工组织设计

第一章　工　程　概　况

河南省××监狱狱政设施改扩建项目钢结构生产厂房工程，位于××市××路南；该工程由××××设计院设计，结构类型为双坡单层单跨承重门式钢结构工程，该项目为四个单位工程，每一工程纵长 80.48m，宽 20.48m，柱距 8m，建筑高度 5.8m，建筑面积 1648m^2。屋面采用 50 厚 V125 彩色夹芯压型复合板，表层彩色钢板厚度为 0.5mm。墙板采用 50 厚金属彩色夹芯复合压型板，表层彩色钢板厚度为 0.5mm。根据合同约定，实际总工期为 120 天，实际开工日期为施工合同签订以后。

第二章　编　制　依　据

1.《中华人民共和国建筑法》；《建设工程质量管理条例》；

2. 招标文件；

3. 钢结构建筑施工图纸；

4.《建筑地基基础工程施工质量验收规范》（GB 50202—2002）；

5.《混凝土结构工程施工质量验收规范》（GB 50204—2002）；

6.《砌体工程施工质量验收规范》（GB 50203—2002）；

7.《建筑地面工程施工质量验收规》（GB 50209—2002）；

8.《钢结构工程施工质量验收规范》（GB 50205—2001）；

9.《钢结构高强度大六角头螺栓、大六角螺母、垫圈与技术条件》（GB/T 1228—1231—91）；

10.《建筑工程施工质量验收统一标准》（GB 50300—2001）；

11.《钢结构高强螺栓连接的设计、施工及验收规程》（JGJ 182—91）；

第三章 质 量 目 标

依据招标文件，该工程的质量等级为合格工程，并根据招标要求创××市优质结构工程。

第四章 施工组织管理

其中包括有：组织机构、职责、各项制度、安全技术交底制度、环境保护管理制度(这五项内容略，在此只介绍质量检验制和质量例会制)。

六、质量检验制度

1. 为了保证地基基础工程、钢结构构件的生产制作、施工安装质量达到国家规范和设计文件的质量标准，实行质量检验制。

2. 质量检验必须建立在科学的技术手段和用数据说话的基础上。

3. 对土建施工、钢结构构件的生产制作、施工安装质量实行“自检、互检、专职检”相结合的三检原则。并要加强首件检验。

4. 日常对各工艺生产的构件应全数进行检验；构件出厂时，应按规范规定的抽检数量抽查验收，验收合格后方准出厂安装。

检验结束后，应对产品的质量等级进行标识，合格的应填写“质量合格证明书”；对可以返修合格的产品填报“质量返修通知单”，并对其返修后的质量进行跟踪监督检验。

5. 质量检验实行报验制。凡是对结构安装、安装精度影响较大的不合格产品，质量检验员应立即向主管经理和质量总监报告。不得隐瞒不报，否则将对责任人按《质量惩罚规定》进行处理。

6. 日常所用的各种检测工具和各类仪器仪表必须达到应有的精度，并是国家法定的、校准合格的计量器具。

所用的各类质量检验记录表格、质量验收记录表格等，纸的规格应为A4幅面；格式应符合GB 50300—2001的规定。

7. 质量检验时应边检验边记录，数据应准确、字迹应工整，做到不缺项。

安装工程中应按时对各分项工程进行质量检验，并认真填写检验批记录，做到检测准确、抽样科学、填写规范、术语标准。

8. 对于安全功能和见证的检验项目，一定要同工程监理人员密切配合。

9. 检测的各类数据修约，必须符合“四舍、六入、奇五入偶五舍”的规则，所用的计量单位必须是国家法定的计量单位。

10. 质量检验员应加强检验专业的学习，提高检测质量，不得弄虚作假；不能有错检、漏检情况的发生。

11. 各类检验资料应妥善收集整理，待生产、安装结束后，应按照相应的规定装订成册，报公司归档处理。

七、质量例会制度

1. 根据公司的实际，为保证质量管理体系的正常运行，公司实行质量例会制。

2. 质量例会的时间：每星期一下午5:00时准时召开。

3. 参加质量例会的人员：生产部、质检部、工程部和各班组长。当需解决其他质量问题时，可随时通知其他人员参加。

4. 质量例会的内容：主要解决制作安装中存在的各类质量问题。由各班组长和相关人员进行汇报本工艺中产生的各类问题。

5. 参加质量例会的人员，必须遵守下列纪律：

(1) 所有人员在星期一下午5:00准时参加；

(2) 参加例会的人员一律不得请假，但属于本人的婚、丧、嫁、病者例外；

(3) 各班组长无论上班或未上班均应无条件地参加；

(4) 参加例会的人员必须作会议记录；

6. 当参加例会的人员有下列情况者，给予如下处理：

(1) 凡是没有按时参加例会，迟到5分钟以上者，每次罚50元。

(2) 当连续三次迟到5分钟以上者，第三次按100元罚款。

(3) 凡是有婚、丧、嫁、病情况而没有用请假条请假者，均按缺会处理。每缺会一次按100元处罚。

(4) 凡是经检查没有记录会议记录的，每次罚10元。

第五章 施 工 工 期

一、工期安排一栏表

根据招标文件的约定，钢结构构件安装施工期间各工种工期安排见表1（表1略）。

二、保证工期的措施

(一) 总体工期的技术控制

本工程项目部将根据合同的约定对施工工期计划进行监控，采用“大滚动、小流水、动态管理”为基本点的“三级网络、四级计划、分级管理”的模式，确保工期按计划要求准时完成。

(二) 工期计划的分级管理

1. 三级网络

一级网络：由公司项目指挥部编制和控制工程总进度。

二级网络：阶段性网络。以一级网络为依据，各分施工段的阶段性网络，以此建立二级控制点，对各阶段工期实施控制。二级网络由项目经理部编制和管理。

三级网络：月度施工进度网络，根据近期施工情况及时调整施工进度，保证季度进度的实现。

2. 四级计划：是以二级网络为依据，按阶段、按时间分组地执行计划，可操作性强，时间概念强，易于检查。

一级计划：本工程建设总体计划。

二级计划：年度计划，据此提出当年度人力、机械、资金保证季度计划的实现。

三级计划：月计划，根据上月计划执行情况进行调整，以保证季度计划的实现。

四级计划：周计划，由施工队编制的作业计划，是月计划的保证。

网络计划的控制：其意义在于，在网络计划的执行过程中，通过落实技术组织措施、有效的施工组织，确保人员调配、材料供应、机械配置、资金调拨、技术准备满足计划周期内的需要，跟踪、检查计划的制定、执行、跟踪、反馈、修订、执行，来有效地控制网络计划执行，保证网络计划落实在实处。

(三) 工期技术组织措施

1. 组织措施

(1) 建立施工进度控制的组织体系

建立有效的组织体系是施工计划能否正确实施的前提保证。由项目经理作为本工程项目指挥长，统一指挥各专业工种之间的施工、协调、调度工作。对结构层的流水段确定进度目标，建立目标体系，并确定进度控制工作制度，并及时对影响进度的因素分析、预测、反馈，以便提出改进措施和方案，建立一套贯彻、检查、调整的程序。

(2) 成立精干高效的两级项目班子，确保指令畅通。

(3) 作好施工配合及前期施工准备工作，拟订施工准备计划，专人逐项落实。确保后勤保障工作的高质、高效。

(4) 在管理制度上合理安排施工进度计划，紧紧抓住关键工序不放，而用非关键工序去调整生产的平衡。

(5) 定期召开生产例会和质量例会

定期召开生产碰头会、生产例会、质量分析会，及时预控或解决工程施工中出现的进度、质量等问题，为下一步生产工作提前作好准备，使各专业队伍有条不紊地按总体计划进行。

2. 技术措施

(1) 采用均衡流水施工

流水施工是一种科学的施工组织方法，它的基本思路是运用各种先进的施工技术和施工工艺，压缩或调整各施工工序在一个流水段上的持续时间，实现均衡流水施工。本单位在以往的许多工程中均实施流水达到了工期短、质量高、投入少的综合效益。

(2) 采用长计划与短计划相结合的多级网络计划，对施工进度计划进行控制和管理，并利用计算机技术对网络计划实施动态管理，通过施工网络节点控制目标的实施来保证各控制点工期目标的实现，从而进一步通过各控制点工期目标的实现来确保总工期控制进度计划的实现。

第六章 设备的配置与调度

(本章内容略)。

第七章 施工顺序及验收安排

一、施工顺序

(一) 地基基础工程施工顺序

1. 定位放线

当施工现场满足施工条件时，应对施工的单位工程进行放线，并预先在相应轴线的延伸线上制作标准水准点。

放线结束后，应同有关部门进行验线，并做好验线记录。

2. 基础开挖

在放线的基础上，采用机械开挖基槽。

3. 验槽后，支垫层模板。

4. 浇筑垫层

并在浇筑现场取样制作垫层C10强度等级的试块。

5. 绑扎网片钢筋

对钢筋工程先进行取样检试。

6. 支放模板并开始浇筑基础混凝土，并制做试块。

7. 安插预埋螺栓和浇筑柱混凝土。

（二）钢结构安装施工顺序

1. 钢构件安装前，先对基础的标高、位置以及预埋地脚螺栓的数量、位置、直径进行复核。

2. 在对预埋螺栓和基础复查无误的情况下，安装所有钢柱。

3. 在边安装钢柱的同时，边进行校正柱子的垂直度和标高。

4. 柱子校正结束后开始组梁。

5. 吊装钢梁按两步进行，先吊装西边的8榀梁，然后再吊装东边的剩余梁。

6. 安装C型钢檩条及拉筋。

7. 安装屋面板、天沟及附件。

8. 安装墙梁、墙板及附件。

9. 安装门窗。

二、质量验收程序

1. 构件进入工地应对产品的尺寸进行验收。

2. 检验批及分项工程应报请建设单位技术负责人或监理工程师进行验收。

3. 分部工程报总监理工程师或建设单位项目负责人共同验收。

4. 单位工程完工后，在自检评定的基础上，向甲方提交工程验收报告。

5. 在提交验收报告7天内，甲方应组织人员进行工程竣工验收。过期不验者，视甲方验收合格。

6. 当同甲方或监理方对工程质量验收意见不一致时，应邀请市工程质量监督站进行协调处理。

第八章　劳动力组织

一、各工种人员分配

（一）地基基础工程

1. 测量放线8人；

2. 基础开挖20人；

3. 清理槽底15人；

4. 模板工程20人；

5. 钢筋工程6人；

6. 搅拌、配料4人；

7. 混凝土浇筑25人。

（二）钢构件安装

根据该工程结构的特点和该工程的工作量，共组织24人参加该工程的安装施工。其具体工种人员分配如下：

1. 辅助吊柱10人；

2. 安装柱20人；

3. 组梁20人；

4. 吊梁10人；

5. 安装梁12人；

6. 安檩条、拉筋20人；

7. 铺屋面板、墙面板18人；

8. 安天沟、附件6人；

9. 其他杂工2人。

（三）人员组织

1. 每天上班应按各工种的需用的人数进行具体落实到人。

2. 班前应加强职工的安全教育，使职工树立“安全第一、预防为主”的安全意识；制定安全目标，落实安全责任。

3. 落实各级人员的岗位责任，应按照“百年大计、质量第一”的方针，按照相应的施工工种进行技术交底，并对关键部位进行现场指导，要明确质量目标和技术标准，以及质量责任。

第九章 质量保证体系和施工方案

一、地基基础工程

（一）基础部分

采用精度为2S级的光学经纬仪和国家三、四等级水准测量仪，确保基础的轴线、标高在施工规范要求内。

1. 土方开挖

按图纸设计，基坑挖深为1.6m，采用机械开挖，在开挖中严禁撞击桩体。机械开挖后，人工将槽底清理整平。当发现其他异常现象时，应立即向监理工程师报告。

基槽开挖结束后，组织验槽。并按照梅花点状布局进行洛阳铲探孔，铲探深度为2m。并且做好铲探记录。

2. 土方回填

土方回填采用基坑挖出的原土进行回填，并采用15mm孔径过筛处理。每层虚铺厚度为300mm，压实厚度为200mm。土的含水率不得超过12%，回填密实度应达到95%。

（二）钢筋混凝土的施工

1. 在浇筑前应先进行混凝土的试配工作。在施工中严格按照混凝土配合比和施工规范浇筑混凝土。施工完毕后覆盖，24h以后洒水养护。

按照《混凝土结构工程施工质量验收规范》的要求做好混凝土试块的制作。

2. 混凝土的拌制：采用机械搅拌。搅拌机旁应有配合比配料单，并严格按照配料单的规定进行过磅称量。各种材料误差不能超出下列规定：

水泥：±2%；砂、石骨料：±3%；水：±2%

砂中的含泥量或泥块的含量不得大于3%。

骨料中的针、片状含量不得大于10%。

搅拌后的混凝土存放时间不得超过60min。

3. 垫层混凝土：厚度为100mm，侧模采用100mm的钢模。浇筑后应随浇筑随压光抹平，做到四楞八正。

当垫层混凝土强度达到1.2MPa后，方能在其上绑扎钢筋。

4. 柱的浇筑：当钢筋绑扎结束并经隐蔽验收后，方能浇筑柱的混凝土。

5. 在浇筑现场，按规定取样制作混凝土试块。

6. 钢筋进场应有出厂材质报告单，并在监理工程师的见证下取样检试。

7. 所有混凝土保护层必须用混凝土垫块或塑料卡进行绑扎。

8. 在绑扎钢筋时，各受力钢筋之间的接头应相互错开，在任一接头中心到长度为钢筋直径的35倍的区段内，有接头的受力钢筋截面面积不得超过受力钢筋总面积的50%。

9. 绑扎钢筋网片时，必须在垫层上弹出钢筋间距线。并为全数绑扎。松扣的数量不得超过3%。所有弯钩必须朝上。

（三）地面工程：素土夯实，100厚C10混凝土，素水泥浆结合层一遍，30厚C20细石混凝土随时浇筑随时抹光。

二、钢结构工程的安装

（一）放线定位

1. 根据图纸设计，用50m钢卷尺统量建筑物的总长、总宽，然后按设计开间标出柱的中心线。

2. 利用水准仪测量各基础顶面的标高，依次记录相应的标高值，并定出±0.000的准确位置。

3. 用经纬仪测出纵向墙壁的垂直线，定出横墙的标准线。

（二）柱子的安装与校正

1. 清除地脚螺栓上的残留水泥砂浆物，并用相应规格的扳牙进行过丝。

2. 根据标高的要求，先在地脚螺栓上拧上底面螺母。柱子起吊前，从柱底板向上500～1000mm处，划一水平线，以便安装固定前后作复查平面标高基准用。

3. 用吊车将钢柱吊放在地脚螺栓上，并压紧螺母。

吊装柱子时，应采用一点正吊，吊耳应放在柱顶处，起吊方法为旋转法。临时将柱子加固，达到安全后方可摘除吊钩。

4. 在水准仪观测下，调整柱的标高。

5. 用磁性线坠测出柱子大、小面的垂直度，并用钢尺复核两柱间的纵向、横向间距。它的校正方法采用缆风绳、千斤正反螺纹撑杆、大型撬杠、对钢柱施加拉、顶、撑或撬的垂直力和侧向力，同时采用不等厚垫铁，在柱、板与基础之间调整校正后用螺栓固定，并加双重螺母防松，柱子校正时还要注意风力和温度的影响。

6. 安装柱间支撑。

（三）梁的组装与安装

梁的组装与安装因受到施工条件的限制，采用两步组装与安装。

1. 在现场钢平台作好梁的拼接，并作好校正工作。

2. 吊点位置及吊装，钢梁起吊时离地500mm检查无误后再继续起吊。

3. 安装第一榀钢梁时，在松开吊钩前，作初步校正，对准钢梁基座中心与定位轴线就位，并调整钢梁垂直度及检查梁的侧向弯曲。

4. 第二榀钢梁同样吊装就位好后，不要放松吊钩，临时与第一榀钢梁固定，跟着安装支撑系统及部分檩条，最后校正固定的整体。

5. 从第三榀开始，在钢梁节点及上弦中点装上檩条后即可将钢梁固定，同时将钢梁校正好。

6. 安装用临时螺栓和冲钉，在每个节点上应穿入的数量必须进行计算决定，并符合下列规定：

(1) 不得少于安装孔总数的1/3。

(2) 穿两个临时螺栓。

(3) 冲钉穿入数量不宜多于临时螺栓的30%。

7. 安装高强螺栓时，构件的摩擦面保持干燥，不得在雨中作业。高强螺栓应顺畅穿入孔内，不得强行敲打；穿入方向一致，便于操作，并不得作临时安装螺栓用。高强螺栓的紧固：一般分两次进行，第一次为初拧，紧固至螺栓标准预拉力的60%~80%，第二次为终拧，紧固至螺栓标准预拉力，偏差不大于±10%。初拧、终拧均应采用电动扳手。

每组高强度螺栓的拧紧从节点中心向边缘施拧。当天安装的螺栓在当天终拧完毕，其外露丝扣不得少于2扣。

(四) 檩条的安装

1. 当钢柱、梁的标高校准后，方能安装C型檩条。

2. 安装C型檩条时，采用人工提升法。

3. C型檩条就位后，拧紧固定螺栓。并应保证檩条的平行度。

4. 每安装两根檩条后，应安装檩条拉筋。安装拉筋时不得将檩条拉变形。

(五) 屋面板的施工

1. 根据排板设计确定排板起始线的位置。在屋面板安装施工中，先在檩条跨度方向标出排板起始点，并应保证各个点与建筑物的纵线相垂直。

2. 第一块钢板固定就位后，在屋顶的较低端拉一根连续的准线，这根线和第一块屋面板成为引导线，使后续板能快速安装和校正。

3. 每块板应在同一檩条上固定3颗自攻钉。安装自攻钉时用力应均匀，不得使防水垫圈变形。

4. 天沟的封胶

(1) 天沟板：天沟板的搭接长度为200mm，封胶两道，并以防水铆钉连接，防水铆钉中心距40mm，排成两排，交错分布，铆钉要打在封胶线上，并在铆钉固定好后，在每颗铆钉上点注密封胶。

(2) 密封胶挤出时宽度应掌握在3mm左右，搭接处密封胶挤压后，宽度不超过25mm，每罐密封胶可挤长度约6m，封边中心距板边约12mm。

第十章 质 量 标 准

一、分项工程检验批质量标准

分项工程检验批合格质量标准应符合下列要求：

1. 主控项目必须符合建筑地基基础及钢结构工程施工质量验收规范合格质量标准规定。

2. 一般项目其检验结果应有80%及以上的检查点（值）符合地基基础及钢结构工程施工质量验收规范合格质量标准的要求，且最大值不超过其允许偏差值的1.2倍。

3. 质量检查记录、质量证明文件等资料应完整。

二、分项工程质量标准

1. 分项工程所含的各检验批均应符合建筑地基基础及钢结构工程施工质量验收规范合格质量标准。

2. 分项工程所含的各检验批质量验收记录应完整。

三、分部工程质量标准

1. 各分项工程质量均应符合合格质量标准；

2. 质量控制资料和文件应完整；

3. 有关安全及功能的检验和见证检测结果应符合建筑地基基础及钢结构工程施工质量验收规范相应合格质量标准的要求；

4. 有关观感质量应符合建筑地基基础及钢结构工程施工质量验收规范相应合格质量标准的要求。

四、单位工程质量标准

1. 单位工程所含分部工程的质量均应验收合格。

2. 质量控制资料应完整。

3. 单位工程所含分部工程有关安全和功能的检测资料应完整。

4. 主要功能项目的抽查结果应符合建筑地基基础及钢结构工程施工质量验收规范的规定。

5. 观感质量验收应符合要求。

五、不合格工程的处理

当工程施工质量不符合建筑地基基础及钢结构工程施工质量验收规范时，应按下列要求进行处理：

1. 经返工重做或更换构配件的检验批，应重新进行验收。

2. 经有资质的检测单位检测鉴定能够达到设计要求的检验批，应予以验收。

3. 经有资质的检测单位检测鉴定达不到设计要求，但经原设计单位核算认可能够满足结构安全和使用功能的检验批，可予以验收。

4. 经返修或加固处理的分项、分部工程，虽然改变外形尺寸但仍能满足安全使用要求，可按处理技术方案的协商文件进行验收。

第十一章　工程竣工验收时，应提供的资料

1. 工程竣工图纸及相关设计文件；

2. 施工现场质量管理检查记录；

3. 有关安全及功能的检验和见证检测项目记录；

4. 有关观感质量检验项目检查记录；

5. 分项工程检验批、分项工程、分部工程质量验收记录；

6. 隐蔽工程检验项目检查验收记录；

7. 原材料、成品质量合格证明文件；

8. 不合格项的处理记录及验收记录；

9. 其他有关文件和记录。

第十二章 现场安全保证体系

一、安全防护措施

1. 在施工现场的明显位置应悬挂安全标志和标识。

2. 所有施工人员必须进行入场安全教育，并考核合格后上岗。

3. 进入施工现场严禁穿拖鞋，并戴好安全帽和系好安全带。

4. 患有高血压、晕眩症的人员不得进行高空作业。

5. 施工人员严禁从高处向下投掷杆件、工具及其他物品。

6. 严禁攀登脚手架。

二、临时用电措施

1. 现场供电线路敷设必须严格按照安全用电的规定架空敷设。不得乱拉、乱接。

2. 现场配电应实行"三级配电"、"两级保护"，实现"一机、一闸、一箱、一漏"。所有配电箱的接地应良好。

3. 闸刀上的保险丝应按规定，不得利用铁丝、铜丝代替保险丝。漏电保护装置应工作良好，断电灵敏度高。

4. 电焊机应置于电焊棚内，当必须在现场施焊时，应对焊把线进行保护。

三、环境卫生措施

1. 职工伙房的环境条件应符合卫生主管部门的相关规定，应做到无鼠、无蝇、无蛛网。

2. 所用炊具和餐具应干净、卫生，摆放整齐有序。

3. 购置的蔬菜、物品不得随意放在地上。

4. 洗刷污水不得乱泼乱倒乱流，剩菜剩饭应倒入专用容器内。

5. 职工住宿的被子应叠放整齐，地面干净无味，空气清新。

6. 施工现场内不得随意大、小便。

7. 控制施工噪声，创造良好的施工环境。

××市钢结构建设有限公司××监狱项目部

2005年7月5日

第四节 质量控制点的设置

对建筑工程施工质量进行控制，就要做到有的放矢和有条不紊。要想达到这一要求，就要在制定质量控制计划时，根据该工程的结构特点、工艺要求、材料材质、关键部位预先设置出应该检查和验收的具体项目，这个预先设置的检查验收项目就称为"质量控制点"。

质量控制点的设置，是对建筑工程质量进行预控的有效管理方法，是质量体系构成的一个组成部分，它充分体现了质量控制工作“整体推进、重点突破”的管理策略。

一、设置控制点的理论基础

质量控制点的设置是建立在科学基础之上的质量管理理论。

1. 质量控制点是施工过程追求质量稳定的目标

在建筑施工的整个过程中，建筑工程质量在人、机械、材料、工艺和环境这五个因素的影响下，质量状况不停地发生变化，这就是工程质量的变异性。在这些因素中，包含着偶然性因素和异常性因素。偶然性因素始终存在于施工过程之中，对工程质量影响微小，质量受到的影响是随机性的；异常因素在施工过程中时隐时现，对工程质量影响较大。所以，在质量控制活动中，就应对影响建筑工程质量较大的因素进行控制和消除，保证建筑施工处于稳定状况，才能使工程质量得到保证。

2. 控制点的设置是预防为主的真实体现

建筑工程质量是在稳定的施工过程中同步形成的，而不是靠最终检验出来的。质量控制点的设置就是质量检验从“事后把关”，转变为“事前控制”，把管结果转变为管因素，真正达到预防为主的目的。

3. 控制点的设置是抓主要矛盾的基准点

我们说有的放矢，就是针对质量问题的重点而言。对建筑工程质量控制点的设置，就是有针对性地对施工过程中的异常因素进行控制。这一异常因素被控制住了，偶然因素的偶然性也就会随之消除。

4. 质量控制点的设置能起到承上启下的作用

控制点的设置，不是孤立的从某一道工序出发，而是从上下工序相互联系的关键点考虑，统盘分析施工全过程后产生的。所以，质量控制点的设置部位往往是上下道工序中的最重要的结构节点。对这个部位进行检查验收和预控，就是对上道工序的质量认可和对下道工序奠定基础，因此说它能起到承上启下的作用。

二、质量控制点的设置原则

设置质量控制点，就是依据该工程的施工图纸的设计，结合工程的结构特点、施工技术要求和质量目标，视其重要程度、复杂程度、薄弱环节以及影响因素和需要控制的质量特性，实行强化的质量检查验收手段，所以，它必须遵守下列原则：

(1) 设置质量控制点，必须对工程图纸进行审核，经过认真地全盘分析，由项目部专业技术人员拟定，经公司总工审查签证后，及时地同施工方案设计一并发送到监理单位、建设发包单位和项目部。

(2) 设置质量控制点，应结合对建筑工程质量有重大影响的材料或材料的关键性质量特征，如水泥的安定性、高强度螺栓连接板的抗滑移性、混凝土外加剂的适用性、泌水性、掺合量等，进行分类设置。

(3) 对质量功能有严重影响的关键性项目。如地基工程中的钎探深度；桩基的质量；钢结构工程中的焊缝内部缺陷、梁与柱连接的节点；钢筋混凝土工程中的钢筋节点、混凝土的浇筑接槎等。

(4) 在工艺上有特殊要求的参数和工种。如地下室的防水防潮；预应力钢筋的张拉程序、控制应力；滑模工艺；钢结构工程中的切割参数、埋弧焊焊接工艺参数，或首次在工程施工中使用的新工艺等。

(5) 对下道工序质量具有决定性影响的质量特征与部位。如模板的强度、支撑的面积与稳定性；钢筋网片的绑扎、隐蔽工程；钢结构工程中的高强度螺栓孔的精度、孔径等。

(6) 通过对以前施工质量的信息反馈，产生质量通病或质量事故频率过高、以及使用功能上常见问题等。如砌体工程中的组砌方法、留槎与接槎，防潮层的设置；水、电、暖、卫管道的安装质量；钢结构工程中的涂装质量，墙面板的搭接；屋面工程的渗漏等。

(7) 新工艺、新材料、新技术初次在工程中应用的部位。如滚动拉模施工法、螺纹钢筋接头的埋弧焊接；钢结构工程中首次使用的高强度螺栓、新的焊剂等。

三、控制点的设置

根据施工质量控制的需要确定质量控制点，可参考下列各项的内容。各地区还应结合当地工程质量分布的实际情况来灵活掌握。对质量控制点的设置，就是当设置的控制内容或是项目施工结束后，对该控制的内容或项目的质量状况进行检查验收，对发现的质量问题及时进行处理，否则不准进行下道工序的施工。

(一) 地基基础

1. 基槽验收

应着重检查地基的基底土质是否有异常情况，认真复验建筑物的放线尺寸是否正确，水平标高是否符合设计要求，基槽、基坑的边坡是否合格。

2. 地基

检查试夯或试桩记录、技术交底书面资料，现场有无异常情况。

3. 基础

(1) 对刚性基础应检查地基的隐检记录，材质说明书和见证检测报告，放大脚的尺寸是否符合要求。

(2) 对扩展基础、筏板基础、组合基础、箱形基础、壳体基础、独立基础等钢筋混凝土基础，应把钢筋的绑扎、混凝土的配合比通知单、模板工程的隐检和材质证明及复验报告单作为质量控制的重点。

(3) 对钢筋混凝土预制桩、灌注桩等桩基础，应重点检查预制桩的试桩记录、桩的制作偏差、混凝土试块的留置组数以及混凝土的强度评定是否符合标准要求；对灌注桩应检查混凝土配合比是否符合设计要求，试验桩的质量报告，材质报告和见证检验报告。

(4) 对钢结构基础，主要应检查验收预埋螺栓的相互间距、水平标高，混凝土的抗压强度值。

(二) 主体工程

1. 砖混结构工程首层砌筑

重点检查材质证明书和见证检测报告；地基和基础工程的隐检记录；砂浆配合比通知单以及组砌方法、接槎、拉结筋设置等是否符合施工要求。

2. 砖混结构首层圆孔板安装

主要检查板的出厂合格证；板的堵头、板的搁置长度，板底标高，板与板之间的嵌缝是否符合要求。

3. 框架结构工程首层混凝土浇筑

主要检查材质证明书和见证检验报告；混凝土配合比通知单；重点控制钢筋的绑扎、焊接的搭接长度；模板的支撑，各结构节点以及浇筑混凝土的留槎、接槎处理，各构件的几何尺寸。

4. 钢结构工程钢柱、钢梁安装的垂直度、间距、轴线；梁与梁、梁与柱连接板的接触面积；高强度螺栓的扭矩。

（三）装饰工程

它包括楼地面工程、门窗工程、装饰饰面工程和钢结构的防腐涂装工程

不论哪个工程，均应先做出样板间，经检验合格后方可进行大面积施工。

1. 建筑地面工程

对于要求有防水功能的建筑地面工程，应对地漏的安装；各种蹲便器、坐便器等卫生器具穿过楼板的下水管的安装；以及地面与墙角的相交处等部位的细部做法进行设置。

块状板式楼地面，应控制其纵、横线及表面平整度。

2. 门窗工程

应把安装的第一个门或窗作为质量控制点，并应重点检查下列各项目：

（1）检查铝合金、塑料门窗的“三性”的见证检验报告。

（2）门窗外框与墙体间缝隙的填塞。

（3）弹簧门的开启与关闭的角度及时间。

（4）门窗框安装的牢固程度及安装尺寸。

（5）铝合金、塑料门窗的固定间距。

（6）玻璃的安装质量。

3. 饰面工程

（1）饰面工程应把装饰的第一行饰面砖或板作为质量控制点。并应检查材料的色差、嵌缝的处理以及块与块之间的高低差和空鼓情况。

（2）当用涂料时，则应检查底层的处理；颜色是否均匀一致；是否有流坠等缺陷。

（3）钢结构工程的除锈质量是否达到相应等级；涂层厚度；防火涂料的检验报告。

（4）钢结构工程中的包角、包边的做法和窗楣的装饰质量。

（四）屋面工程

（1）重点检查防水材料的材质证明书和见证检测报告。

（2）屋面的排水坡度、防水卷材的搭接、泛水的施工质量。

（3）钢结构工程屋脊瓦的安装、自钻自攻钉的防帽。

（五）安装工程

1. 室内给排水工程

重点为管道的安装坡度及安装的牢固性，并应按照每一分支或系统进行通水、通球和水压试验。

2. 室内采暖安装工程

（1）管材材质证明书，所用的采暖器型号、伸缩器、减压器应有出厂合格证。

（2）检查坐标、标高和管道坡度，连接点、接口的严密性，设备、器具的安装牢

固性。

3. 电气安装工程

(1) 绝缘电阻、接地电阻的测试，避雷针的安装。

(2) 设备的调试、电器运行记录。

4. 电梯的安装

(1) 重点核查设备的出厂合格证，空载、满载和超载试运行记录。

(2) 曳引装置、导轨组装、轿厢层门的组装以及安装保护装置作为电梯安装质量控制点。

(六) 智能建筑

1. 电话安装

检查电线电缆的型号、规格是否合格，是否有产品合格证及“CCC”认证标志；测试导线绝缘电阻值，用户出线盒面板的偏差。

2. 有线电视

对用户终端的信号线、修理盒口、距地面高度、接线压接方法作为质量控制点。

3. 信息网络系统

计算机网络系统的检测记录和检测报告、系统试运行记录。

4. 安全防范系统

(1) 设备、器材的型号、规格应符合要求，并应对照检查验收。

(2) 应检查相关单位颁发的“三证”。

四、质量控制点的实施

质量控制点制定后，应按施工的先后顺序填入控制点的明细表 2-1 中，作为实施的依据和控制记录。

质量控制点一经公司总工批准，即为有效。

建筑工程质量控制点明细表 **表 2-1**

建设单位			施工单位		
工程名称			结构种类		
控制点序号	控制名称	质量要求	验收日期	验收结果	处理意见
1					
2					
3					
4					

制定人： 批准人： 批准日期：

对设置的质量控制点，应有详细的技术要求和相应的质量指标。当确定的控制点是采用新技术、新工艺和首次使用的新材料而无技术标准指导时，则应预先经过试验后，同建设发包单位和工程监理单位、施工单位共同确定该控制点的质量依据和验收方法。

在施工的过程中，当施工将要到控制点前，项目经理部应提前通知建设单位、监理单位和当地的质量监督单位到施工现场进行检查验收，当所施工的质量符合相关的验收规范规定时，由参验人员在质量控制明细表中签字，连同检验批质量记录表格作为质量验收的依据。

第五节　图纸会审与变更设计

图纸会审是在工程开工前的一次技术性活动，是质量控制的一个必须过程。在这个过程中，参建者必须要懂得设计的基本原理，才能掌握建筑结构的关键性部位和要害所在，并突出重点，弥补缺陷，为建筑施工创造有利条件，以确保建筑工程的施工质量。

设计人员不要把图纸会审看作是别人不给你面子，而是要虚心地接受来自各方的不同意见和建议，从而使设计的技术文件更加科学、合理、准确、无误，不断推动设计水平的提高。

一、图纸会审

我们大家都清楚，建筑施工图是建筑行业的交流语言，是指导工程施工的重要依据。但是任何一个设计单位，设计出来的图纸均可能有各种大大小小的问题。这些问题就会给施工质量造成一定的影响，甚至会造成恶性质量事故。所以为避免这类情况产生，保证设计图的正确性，就要对设计的图纸进行会审。

施工图纸的会审，一方面是设计单位向施工单位有关技术人员作设计意图的交底，另一方面对施工单位及建设单位在审查图纸过程中查出的问题予以答复解决的综合性技术工作，是一项极其严肃和重要的、不可缺少的质量控制活动。

施工图纸会审记录是图纸会审所作决定和变更设计的纪要，也是施工图纸的补充文件，是工程施工的依据之一。

图纸会审既然这么重要，所以就要有组织、有领导、有步骤地进行。

(一) 图纸会审的条件

图纸会审必须达到如下条件时方可进行：

1. 图纸设计已全面完成

建筑施工图和结构施工图的蓝图已全部晒出，其他专业施工图如没有晒出时，则不影响会审工作。

施工图纸的内容已符合下列规定：

(1) 建筑施工图。建筑施工图均由建筑平面图、立面图、剖面图和详图所组成。

建筑平面图的内容：有建筑的平面尺寸，轴线位置，内、外墙及隔墙的厚度，各种房间的用途，门窗洞口的大小，所用门窗的种类，楼梯间、走道和阳台的位置及做法。对于不同高差的地面，往往还有地面标高。

建筑立面图的内容：有房屋的外貌构造，外部装饰的做法，房屋的标高，门厅、台阶等位置。为了表达整个建筑物的外貌特征，一般还要绘制各个朝向的立面图。

建筑剖面图的内容：主要有每层的标高、窗台的高度、楼梯的高度、楼地面或顶棚的做法。

建筑详图的内容：包括建筑物某处的细部构造及做法。

(2) 结构施工图。结构施工图一般由基础图、结构平面图、结构剖面图和结构详图组成。

基础结构图：主要有房屋基础的具体构造，如轴线尺寸、基础深度、绝对标高；基础的大放脚的收退尺寸等。基础图还包括基础平面图、剖面图、大样图等。

在钢结构中，还有预埋螺栓的规格、预埋深度和相互间距。

结构平面图的内容：有房屋骨架的布置，如一般建筑的墙体厚度，使用材料，圈梁的位置，承重梁板的布置等；工业厂房的柱网分布，吊车梁，支撑的位置、屋架、屋面板的型号及布置等。

结构剖面图的内容：主要有现浇或预制框架结构的构造，排架结构柱的高度及牛腿标高，屋架下弦标高、吊车梁标高，围护结构的高度、厚度、标高尺寸等。

结构详图的内容：有柱、梁、屋架等构件的截面尺寸、细部尺寸、配筋及使用材料和强度等级等等。

2. 图纸已审查合法

所设计的图纸已经当地设计审查、抗震办、消防部门审核通过。

3. 已对图纸进行阅读

建设单位、监理单位和施工单位已对图纸进行了全面阅读，有的问题已经查出。

(二) 图纸会审的主要内容

图纸会审的主要内容有下面几种：

(1) 设计是否符合当前国家有关方针、政策和规定。

(2) 设计规模、内容是否符合上级主管部门批准的文件和建设单位合同约定的设计内容和要求。

(3) 建筑设计是否符合建筑方针，是否符合环境保护和消防安全的要求。

(4) 建筑平面布置是否符合核准的按建筑红线划定的详图和现场实际情况；是否提供符合要求的永久水准点或临时水准点位置。

地基设计与处理是否和原地下管道、管线有矛盾，是否影响相邻近的建筑物。

(5) 设计图纸中的说明是否齐全、清楚、明确；所用术语是否符合现行规范的规定。

(6) 结构、建筑、设备等图纸本身及相互之间有否错误和矛盾；图纸与说明之间是否有矛盾。

在钢结构工程中，零件、部件和构件的几何尺寸是否标注完整；相关构件的组合尺寸是否正确；节点是否清楚；材料栏内的零、部件数量是否符合工程的总需用量，是否和零件、部件详图相一致；构件之间的连接形式是否合理；加工、焊接符号是否齐全。

(7) 有无特殊材料要求，其品种、规格、数量能否满足要求。

(8) 设计是否符合施工技术装备条件。如需采用特殊技术措施时，技术上有无困难。

(9) 建筑物或构筑物的各部位尺寸、轴线位置、标高、预留孔洞及预埋件，大样图及做法说明有无错误和矛盾。

(三) 图纸会审的组织程序

根据对图纸审查的不同点，一般将图纸会审分内部预审和集体会审两个阶段。

1. 内部预审

施工图纸内部预审，是承包施工的公司将发包方转来的图纸分给公司的施工部、技术部、质检部、预算部，或者是项目经理部的各专业施工技术人员及相应的管理人员等自行阅读图纸，领会设计意图，明确质量要求，掌握结构要点，查出设计缺陷。在规定的时间，由公司的主管部门主持，各部门提出图纸中存在的问题，然后进行整理归类，以便会审时统一提出。

2. 会审

图纸会审一般是建设单位组织。并根据工程量的大小和工程的重要性，决定图纸会审参加的单位。设计单位交底，施工单位、监理单位必须参加的集体性活动。当工程项目规模较大、结构装修较为复杂或是国家的重点工程时，则要邀请当地的质量监督部门、设计审查单位和当地的优质结构办等相关人员参加会审。

图纸会审一般在建设发包单位或施工现场进行，由发包方主持会审。会审的程序是：

(1) 设计单位作设计交底。作设计交底时，一般由建筑施工图设计师和结构施工图设计师分别介绍。

(2) 参审单位意见。发表意见主要针对图纸的结构性、经济性、或者是环保要求、消防安全等方面提出自己的不同看法。

(3) 建设单位主持人从图纸的总说明开始，逐页征求各方提出的设计问题。

(4) 设计方、承包方、发包方或监理方共同对所提出的设计问题逐项进行记录。

(5) 由设计方对提出的问题逐项进行解释。能在会审现场答复解决的可对错误的地方进行修正，作为施工时的依据。现场不能答复，回去后可用设计变更的方式给予答复修正。

(6) 与会者统一意见后形成会审文件。

(四) 图纸会审记录要求

图纸会审记录应按如下要求：

(1) 图纸会审记录中应有如下内容：图纸会审记录中应有工程名称、会审日期、会审地点、参加会审的单位名称和人员姓名；并应有各方所提出的各类建设性的意见，以及解决办法等。

(2) 图纸会审结束后，由组织会审的单位对会审记录定稿打印，并由各单位签名加章后，各单位保存一份。发送会审记录的份数应与发送图纸份数相一致。

(3) 施工图纸会审提出的相关问题如涉及到设计单位需要补充或修改图纸的，应由设计单位负责在一定的时间内完成。

(4) 会审记录上的签名一定为手写签名，字迹要清楚。

(5) 会审记录也是工程施工的正式技术文件，不得在其上涂改或变更其内容。

(6) 图纸会审记录表格的格式，要符合国家规定的统一格式。

二、工程变更设计联系单

工程变更设计联系单，或技术核定单，是在施工过程，由于设计图纸本身的差错，设计图纸与实际条件不符，施工条件发生变化，发包方改变了建筑要求，建筑材料的品种规格在市场上严重缺货，或者因图纸会审时未能及时审出等情况下，决定对设计图纸部分内容进行修改而办理的变更设计记录。

进行工程变更设计时，必须严格执行技术核定制度。也就是工程变更必须经过有关部门在技术上、经济上、质量上和使用功能上充分研究、协商的制度，当各方取得一致意见后，形成文字材料，并由技术负责人进行签署。

工程变更设计联系单或技术核定单应按下列要求：

(1) 凡涉及建设规模、施工工艺、工程投资等重大设计变更，必须由建设单位报请原审批单位批准后，方可进行。

(2) 不得在施工图上直接修改签字的形式来代替变更设计联系单。如果预先征得设计单位同意，但设计单位未能及时办理设计联系时，可按实际情况进行执行，然后再给予补办变更设计联系单作为变更设计的正式资料。

(3) 工程变更设计联系单须经有关单位盖章，有关技术主管及经办人员签字后，方为有效。

(4) 所有工程变更设计资料，包括设计变更通知单、修图、补充图等，均是施工和竣工结算的依据之一，应规范整理后归入工程技术档案。

第六节 施工技术交底

建筑工程从定位放线开始，经过地基处理、砌筑、混凝土浇筑、结构吊装等一系列的工序过程，最后才能成为合格的产品。在这一复杂而综合性的施工过程中，要确保建筑工程的产品质量，就必须使每一名施工操作人员做到心中有数，掌握施工诸环节中的技术要求。技术交底，可使每位操作者明确所承担施工任务的特点、技术要求、施工工艺、技术参数、质量标准等，做到心中有数，保证建筑工程施工的顺利进行。所以说技术交底是向施工操作人员灌输技术要求的有效途径。

一般来讲，技术交底为“三级技术交底”。这里所说的技术交底，是指向基层施工操作者进行具体施工操作过程的详细技术内容的交待、说明和强调。

一、技术交底的条件与要求

进行技术交底时，必须具备下列条件：

(一) 技术交底的条件

1. 施工条件已经成熟

建设发包方在当地建设主管部门已全部办理了开工建设手续，与当地质量监督部门签订了质量监督合同，具有了“两证一书”的施工资格。

2. 施工图已开始启用

施工图纸已经到位，并已经过了图纸会审。

3. 各项施工保证条件已齐备

项目经理部已经成立，组织体系已经建立，施工现场各管理人员均已到位，施工人员已经确定到位。

4. 安全设施齐备，功能可靠

施工现场的安全网已经架设；临时用电和照明用电线路已规范敷设，用电设备接地符合要求；施工人员已经配备了安全防护用品；各施工危险地带已悬挂了警告标识等。

(二) 技术交底的要求

(1) 技术交底是一项技术活动，所以就要按照国家的施工技术要求或者本企业的质量手册中所规定的技术措施进行交底。

(2) 交底时，必须按照国家规定的法定计量单位和专用术语。

(3) 交底时，还应符合设计施工图中的各项技术要求和指标。

(4) 应和施工组织或施工方案相对应，并要相互联结，形成整体。要达到整体推进，重点突破的交底原则。

(5) 技术交底应有针对性，不要眉毛胡子一把抓。对某项工序或工艺，应详细说明怎么做，做什么，得到什么结果。

(6) 对不同层次的人员，交底的深度和细度应有所不同，要达到理解消化为前提。

(7) 要一抓到底，主抓落实。要避免光交底不落实的形式主义，要把实效同交底结合起来。

二、技术交底的内容

技术交底中必须有技术准备、工艺要求、工艺标准、注意事项这四个内容。现根据施工时的不同项目进行说明交底的内容。

1. 土方工程

各种放线定位标桩的位置与保护；地基土的性质与特点；地下水或地表水排除与处理方法；挖土的深度与基底土要求，挖土时对边坡的要求；分层夯实所铺虚土的厚度及夯实次数；安全操作要求。

2. 砌体工程

轴线位置，砌筑部位；各层的水平标高；门窗洞口的位置及尺寸；砂浆强度等级及配比要求，以及砂浆的流动性；砌筑时的砂浆饱满度；砌块的组砌方法；拉结筋的长度和放置位置；砌体的质量标准和安全操作事项。

3. 钢筋混凝土工程

(1) 模板工程

所浇筑混凝土构件的轴线、水平位置、标高、截面尺寸和形式；支模方案和技术要求；支承部位的强度和稳定性；拆模时的质量标准和要求；预埋件、预留洞的位置、标高、尺寸及固定方法；特殊部位的技术要求；质量验收标准和安全技术措施。

(2) 钢筋工程

钢筋的规格、品种、强度级别、直径、数量、接头形式和技术要求；钢筋保护层厚度；钢筋弯钩的大小和角度，安装时的弯钩朝向；钢筋加工时脆断的处理；钢筋绑扎与焊接时的搭接方式和搭接长度；焊接时的焊缝质量；绑扎钢筋时的点数；质量标准和安全措施。

(3) 混凝土工程

①混凝土的拌制时的技术交底内容：

所用水泥、砂、石子、外加剂等原材料的品种和技术参数，每种材料的用量，所需的混凝土强度等级；向搅拌机投料的顺序，搅拌第一盘料时的操作要求，各种材料用量的允许误差；每盘料搅拌的最短时间；当遇到突然停电时和发生机械故障时如何处理。

②混凝土的浇筑

混凝土从搅拌机中卸出到浇筑完毕的延续时间；泵送混凝土应注意的事项和输送温

度；浇筑混凝土时，自高处倾落的自由高度；混凝土浇筑层的厚度、浇筑期间的间歇时间；浇筑构件时应停歇的时间、施工缝的留置；混凝土试件的制作数量及技术要求。

③混凝土的振捣

振捣时所用的振捣器名称、型号；振动器移动的间距；插入混凝土内的深度；振捣混凝土时的质量标准及应注意的事项。

④混凝土的养护

混凝土的养护方法；当采用水养护时每天浇水的次数和相应时间；各种水泥养护的天数。

4. 架子工程

所用脚手架的材料品种、数量、型号、规格及其质量标准；架子的搭设方式；逐层升高技术措施和要求；垂直架杆与建筑物的距离与其垂直度；架子与建筑物的联接方式；拆除架子的顺序和注意事项；脚手架的质量标准及安全事项。

5. 钢结构工程

所用钢材的品种、规格、牌号及质量要求；钢构件的型号、数量、截面尺寸；制作放大样注意事项；切割、埋弧焊时的工艺参数；零、部件组焊时的相应位置、焊缝形式、质量标准；焊接材料的使用、烘焙；构件的除锈等级及防腐涂装工程所用的涂料名称、喷涂方法、间隔时间、涂膜厚度。

6. 结构吊装工程

当吊装混凝土结构构件时，要交清每一结构层所用构件的型号、重量、吊点位置；吊装设备的运行路线；吊装构件的先后顺序；吊装时的指挥信号；吊装时吊臂与高压线间的安全距离。

当吊装钢结构构件时，构件的吊点；如何保证吊索不磨损涂层；吊装薄腹构件时的稳定性。

7. 建筑地面工程

各部位的地面种类、工程做法；施工顺序；特种地面的施工工艺和方法；地面施工质量标准及施工时所注意的安全事项。

8. 防水屋面工程

防水材料的名称、型号、技术性能、特点、质量标准；防水基层的质量；防水材料相互搭接的宽度；防水屋面的施工质量标准；施工中应注意的安全事项。

9. 建筑装饰工程

室外、室内装饰的种类、等级、做法和要求；门窗工程时的固定方法、玻璃的品种及厚度；成品保护措施；建筑装饰的质量标准；高空作业时的安全注意事项。

三、技术交底的层次

施工技术交底一般有下列三个层次：

1. 书面交底

采用书面交底是技术交底常用的一个方法，因为书面交底主要是工程技术负责人向各施工班组负责人和技术工人所进行的一个交底层次，这个交底不仅是工程技术资料中不可缺少的项目，而且是分清技术责任的重要依据，所以具有比较重要的作用。

这种交底的依据，就是按照施工组织设计或施工方案的设计原则和要求，结合当前施工项目，参照国家或企业标准，详细写出书面技术交底资料一式五份，逐一发送到相应人员手中。相应人员接到书面交底后，则应在交底记录上签字。

2. 组织交底

组织交底则是把所有接底的人员全部组织起来，一齐进行交底，有的也称作会议交底。这种交底是施工单位的技术负责人向本公司的各部门、专业施工队和相应的施工负责人进行的一种全方位的交底。这种交底是交底者将事先准备好的交底内容，向大家进行技术性介绍与交待，提出相应的施工方案和要求。然后再由技术管理部门、质量安全部门对施工方案中的重点、施工质量技术措施、安全措施逐一做细化说明，提出具体要求，并将执行中的难点或关键性部位由大家研究确定。各接底人员对有不理解、不明确的地方可以当面提出，共同讨论。最后形成共识，并作为施工时的技术依据。

3. 操作交底

这是最终的交底形式，也是直接向施工操作工人的交底。因为任何一项施工项目均是通过他们来完成的。这种交底主要交出施工方法、操作要求、质量要求、安全事项。该交底形式一般有两种表现形式：一种是口头交底，它主要用在不是很重要的施工项目，或者是他们最为专业的施工项目；另一种是书面交底，主要是在关键性部位，或者是新材料、新工艺在该工程上第一次使用时的交底。

上面三种交底层次构成了施工技术控制的整体，但是在当前，由于质量标准越来越高，发包方的质量要求档次也逐步提高。在此情况下，还采取了一种样板示范的交底形式，它是建立在示范带动和最为直接有效的交底方法。

这种样板示范的交底，主要是在细节部位、建筑装饰工程中先进行样板间的制作，该样板间的质量标准必须高于国家验收标准，真正起到样板的作用。在样板间施工过程中，所有相对施工项目的专业技术人员和技术操作人员应在现场观摩，掌握实际的操作要领、步骤、方法、质量标准。然后可以直接操作，看其是否能达到所要求的质量指标。

四、技术交底应注意的事项

技术交底是一项科学严谨的技术管理活动，不得有任何形式主义和走过场的不良倾向。

(1) 技术交底中，应严格执行国家的各类验收规范、规程和质量标准，不得以任何理由来降低质量标准。

(2) 要严格遵守交底的程序。公司组织的技术交底、书面交底或者是样板示范交底都应有详细的技术交底记录。记录的内容均应有交底的日期、参加交底的人员和接底的人员、交底的详细内容和技术性决定，各方人员应签字齐全。

(3) 交底与落实相结合。技术交底是手段，提高施工质量是目的。所以，千万不要认为进行过技术交底就万事大吉、高枕无忧了，而是要不断地进行施工现场的检查和验收，发现问题及时处理。特别应把“首件检验”作为技术交底的检查重点。

(4) 不要把技术交底的内容固定化。每一项单位工程其结构形式、所用材料、施工工艺、质量要求是不同的，所以不能把技术交底搞成千篇一律，而是要有针对性。

(5) 技术交底要全面。在有的技术交底中，有的只交待重要的部位、重要的结构，而对有些次要的部位和结构不理睬、不过问，这样你就有可能在“小河沟里翻船”。如有些预留洞、预埋件、变形缝等。这些地方是技术交底容易被遗忘的项目，但如果这些位置发生错误，则会造成全部返工。

五、技术交底实例

下面我们以钢构件制作的技术交底为例，使大家对技术交底有一个更深刻、系统地理解。

钢结构H型钢制作技术交底　　仅供参考

工程名称：云峰公司钢结构工程

交底类型：零部件制作

交底名称：气割H型翼缘板、腹板

交底时间：05.7.8

交底人：王洪祥　接底人：吴天成　审核人：郑朝阳

交底内容：

一、施工前的准备

1. 采用气割工艺对H型钢翼缘板、腹板进行切割下料前，应组织全体人员认真地审阅图纸，特别应对异型截面构件的尺寸、部位理解清楚。发现施工图标注不清的，应及时向车间主任进行反映。

2. 认真地核对施工图中标定的零件数量。

3. 严格查对所用钢材的牌号、规格、厚度。

4. 气割前还应充分考虑焊缝的收缩余量和二次下料时的加工余量。一般情况下，以每米焊缝收缩1mm计；当钢板厚度较大，焊脚高度大于12mm时，可按每米收缩1.5~2mm计算。

5. 应调整割矩的最佳位置，割矩、割嘴应与板材表面垂直，其不垂直度不大于板厚的4%，且不大于2mm。

6. 根据板材厚度要求和参与切割的割矩数量确定氧气的供给量。并且应保证切割的氧气瓶内压力要大于2MPa。

二、自动切割技工应具备的条件

1. 自动切割技工应是有焊工证书，合格的气焊、气割技工，必须懂得气割和气焊的基本知识，掌握气焊、气割基本操作技法。

2. 自动气割技工应对集中供气系统的原理和管路的布置、各类阀体、各类仪表的结构原理，以及安全供气规范等有基本的了解和掌握。

3. 自动气割技工应对所使用的割矩构造原理有充分的了解和掌握，并能掌握一定的维护和维修的技能。

4. 自动气割技工应充分掌握气割工艺参数，并且能对工作中出现的各种质量缺陷做出正确判断，迅速采取措施，予以消除的技能。

三、切割工艺参数

1. 预热火焰能率：火焰能率太大，会使切口上缘产生连续珠状钢粒，甚至熔化成圆角。火焰能率主要取决于割矩和割嘴的大小，割矩大小和割嘴号码可根据工件厚度进行选择。氧-乙炔射吸式割矩型号及参数见表1。

氧-乙炔射吸式割矩型号 表1

割矩型号	G01~30			G01~100		
割嘴号码	1	2	3	1	2	3
割嘴孔径（mm）	0.7	0.9	1.1	1.1	1.3	1.6
切割厚度（mm）	3~10	10~20	20~30	10~25	25~30	30~100
氧气压力（MPa）	0.2	0.25	0.3	0.3	0.4	0.5
乙炔压力（MPa）	0.001~0.1					

2. 氧气压力：主要根据工件厚度确定切割氧气压力大小。如气割过程缓慢，会在切口处形成粒渣，甚至无法割穿；切割氧气压力太大，不但浪费氧气，而且使切口变宽，切口表面粗糙。氧-乙炔的切割参数见表2所示。

氧-乙炔的切割参数 表2

切割板厚度（mm）		<10	10~20	20~30
割嘴气孔直径（mm）		0.5~1.5	0.8~1.5	1.2~1.5
割嘴号码		1	1	2
气体压力	氧气	0.1~0.3	0.15~0.34	0.19~0.37
	乙炔	0.02	0.02	0.02
切割速度（mm/min）		450~800	360~600	350~480

3. 切割速度：切割工件时一定要掌握好切割速度。因为切割速度合适时，火焰和熔渣以接近于垂直方向喷向工件的底面，切口质量好；切割速度太慢时，会使切口上缘熔化、切口过宽，切割速度太快时，后拖量太大，甚至割不透。

4. 割嘴离工件表面的距离：预热火焰心一般离开工件表面2~4mm。当工件厚度较大时，由于预热火焰能率较大，距离可适当增大一些，以免因割嘴过热和喷溅的熔渣堵塞割缝而引起回火。

5. 割嘴的倾斜角：一般割嘴应垂直于工件表面，直线切割。当工件厚度小于20mm时，割嘴可向切割方向的反方向后倾20°~30°。

6. 汇流排供氧的工作程序按下列要求：

开启汇流排参与切割的氧气阀体，使各瓶氧气压力达到平衡；

开启管路阀体，观察氧气压力；开启减压阀，调节将进入输出管路的氧气压力为1~1.5MPa，随切割板材厚度的大小而选取适宜压力。板厚时选大值，板薄时取小值。

7. 启动切割大车，运行至待切板材端部，对端部5mm处进行加热，待加热至900~1000℃（发白光）时，启动切割大车进行切割。

四、气割变形的控制

1. 自动切割机在一次切割时，钢板最边上的一条应有一个切割工艺边，这个边的宽度视被切割钢板厚度而定。一般厚度小于10mm时，预留10mm为佳；厚度大于10mm时，留15mm左右，这样，就使被切割的条料每边受热均匀，冷却速度大致相等，也就控制了工件的变形。

2. 当翼缘板宽度小于180mm时，除了执行第1条的切割工艺边方法外，还应采取端部留30mm连体，长度每隔2m留一连体。总长度切割完成后，用手工气割将连体切开。这是解决侧弯曲变形最为有效的方法。

五、质量标准

1. 钢材切割面应无裂纹、分层和大于1mm的缺陷。

2. 气割的允许偏差应符合下列规定：

零件的宽度、长度，允许偏差为±3mm；

切割面的平面度，允许偏差为0.05t，且不应大于2.0mm；

割纹的深度，允许偏差为0.3mm；

局部缺口深度，允许偏差为1.0mm。

3. 对气割工件的允许偏差检验时，应按切割面数抽查10%且不应少于3件。检验时应用钢尺、塞尺进行。

4. 当对钢工件进行矫正后，不应有明显的凹面或损伤，划痕深度不得大于0.5mm，且不应大于该钢材厚度负允许偏差的1/2。

5. 钢板矫正后，钢板的局部平面度应符合下列要求：

当钢板厚度小于或等于14mm时，允许偏差为1.5mm；

当钢板厚度大于14mm时，允许偏差为1.0mm。

六、注意事项

1. 气割前必须检查确认整个气割系统的设备和工具全部运转正常，并确保安全。

2. 气割中应注意以下几点：

①气压稳定，不漏气。

②压力表、速度计等正常无损。

③机体行走平稳，使用轨道时要保持平直和无振动。

④割嘴气流畅通无阻，无污染。

⑤割矩的角度和位置准确。

3. 气割时应正确选择工艺参数。

4. 切割时应调节好氧气射流的形状，使其达到并保持轮廓的清晰、风线长和射力高。

5. 气割时，必须防止回火。

第七节 施工质量控制记录

对建筑施工质量进行控制，不是纸上谈兵，而是要通过一定的技术手段和一定的技术措施才能达到控制的目的。而施工质量控制记录，就是对这些技术手段和技术措施在质量控制活动中的真实记载，是评价施工质量和对施工质量进行验收的主要依据，也是进行质量追溯的有力凭证。质量控制记录的内容有好多种，如检验批质量验收记录，分项工程质量验收记录就是其中的表现形式，但它属于验收类的记录。在这里仅对施工过程中的施工记录给予介绍。

一、隐蔽验收记录

隐蔽工程是指在施工过程中，上一道工序完成后，将被下一道工序所覆盖，导致无法再去检查或者无法观测到的工程项目。

隐蔽工程验收记录，是指参加隐蔽工程验收的有关人员，对所检验工程同意验收而办理的可追溯性的记录，它是工程竣工验收所必需的、重要的技术资料之一。

（一）隐蔽工程验收的内容

1. 地基工程

(1) 钎探记录。一般情况下，采用直径为 $\phi22 \sim 25$ 的圆钢制作，钢钎长度为 1.8～2.0m，锥尖呈 60°，然后用 8 磅或 10 磅锤，将钢钎垂直地打入土内。打钎时，举锤离钎顶 500～700mm，并记录每打入土层 300mm 深时的锤击数。

当采用轻型动力触探仪检验时，检验深度与间距应符合表 2-2 的规定。

轻型动力触探仪检验深度和间距（m） **表 2-2**

排列方式	基槽宽度	检验深度	检验间距
一排	<0.8	1.2	1.0～1.5 视地层复杂程度定
两排错开	0.8～2.0 中心	1.5	
梅花型	>2.0	2.1	

(2) 槽底土质。槽底土质是根据验槽观察来决定，主要内容有：

①基底是否已挖至所设计的土层；

②检查基底土有无局部过松软或过硬的地方；

③查看基底地有无局部含水异常现象。

(3) 地槽尺寸和标高。主要是检查槽底的槽宽、标高是否符合设计要求。检查的槽底宽度的方法是由槽的中心线向两边量测；对槽底的标高检查应用尺子由基槽两边的水平桩向槽底量测。

(4) 槽底的地貌异常。主要包括有古井、墓坑、古河等异常情况的处理。该处理方案均应由设计单位提出。

(5) 地下水的处理。当基底处于地下水位以下时，应进行水泵抽水和井点排水，降低地下水位，以保证基底不被水浸泡。如被水浸泡的则不予办理验收手续。

(6) 试桩记录。打试桩主要是了解桩的贯入深度，持力层的强度，桩的承载力以及在施工过程中可能遇到的各种问题。经过试桩。可以校核拟定的设计是否完善；并为确定打桩方案及打桩的技术要求，保证质量措施提供依据。

(7) 打桩记录。打桩记录是桩基工程重要的隐蔽工程验收记录，包括钢筋混凝土预制桩的检查验收记录和施工记录及各类灌注桩的施工记录。

2. 钢筋混凝土工程

(1) 钢筋混凝土基础。

钢筋混凝土基础的隐蔽验收记录一般分两阶段进行。第一阶段，待模板拆除后，先验收基础的断面形式和尺寸，基顶标高，混凝土的外观质量。第二阶段，按混凝土的抗压强度推算其 28 天的抗压强度，如果符合要求后，方可办理验收手续。

(2) 钢筋工程。结构中所配置钢筋的类别、规格、形状、接头位置及预埋件，一般按照结构的层数或施工段进行隐蔽工程验收。验收的数量可按结构的个数或按混凝土的立方数。

(3) 装配式结构构件的接头处钢筋。其类别、规格、数量、位置、焊接、绑扎的质量及构件搁置长度等是否符合设计要求。

(4) 钢材的焊接。钢材的焊接内容主要有：

①焊条的品种：钢材焊接时，所用的焊条应符合设计要求。

②焊缝接头形式：包括钢筋对焊和钢结构构件的焊接，其接头形式主要有对接接头、帮条接头和搭接接头三种，应按设计和施工验收规范进行验收。

③焊缝几何尺寸。焊缝几何尺寸包括有长度、宽度、焊脚的宽度、焊缝余高等。验收焊缝几何尺寸应按《钢筋焊接及验收规范》(JGJ 18—2003) 和《钢结构工程施工质量验收规范》(GB 50205—2001) 的规定和设计要求。

④焊缝的外观质量。对电弧焊接头、焊缝表面应平顺，不得有裂纹，明显的咬边、凹陷、焊瘤、夹渣及气孔。对点焊的构件，焊点无脱落、漏焊、气孔、空洞以及明显的烧伤现象；对接接头，接头轴线的偏移，其距离不得大于 $0.1d$，同时不得大于 2mm。

3. 砌体工程

砌体工程的隐蔽验收主要是基础砌体，它分两个阶段：第一阶段先验收基础的断面形式和尺寸，组砌方法，基顶标高及砌体的外观质量；第二阶段则是砂浆的抗压强度。

4. 地面工程

(1) 地面下的地基。检查地面下的填土或结构被破坏的土是否符合设计要求，回填土前是否进行了清底、夯实；橡皮土或者是结构被破坏的土是否进行了更换；回填土是否分层夯实，每层回填的厚度；标高是否符合设计要求。

(2) 防护层做法是否符合要求。防护层主要有防水层和隔热层。对于防水层主要记录其所用的材料、施工方法及防水层与墙、污水地漏、管道和其他构筑物的接合处是否达到设计要求。对于隔热层应验收隔热材料是否分层铺设、拍实；材料及铺设厚度是否合格。

5. 保温隔热工程

主要验收记录保温隔热材料是否满足设计对导热系数的要求及保温层的厚度是否符合设计要求。

6. 防水工程

防水工程验收的项目主要是：将被土、水、砌体或其他材料所覆盖的防水部位及管道、设备穿过防水层处的质量。

主要验收找平层的厚度，平整度、坡度及防水构造节点处理情况。检查组成结构或各种防水层的原材料、制品及配件是否符合质量标准，防水层的做法是否达到抗渗、强度和耐久性的要求。

7. 建筑安装工程

(1) 给排水、采暖、卫生工程

检查验收管道的管径、走向、坡度、各种接口、卡架、防腐保温及水压和灌水试验情况。

(2) 通风与空调工程

检查管道的规格、材质、位置、标高、走向、防腐保温的质量状况；验收阀门的型号、规格、耐压强度和严密性试验结果，位置和进出口方向。

(3) 建筑电气、智能建筑工程

检查验收接地体的规格、材质、埋设深度、防腐做法、垂直和水平接地体的间距，接地体与建筑物的距离，接地干线与接地网的连接；检查各类暗设电线管路的规格、位置、标高、功能要求；接头焊接质量；直埋电缆的埋深、走向、坐标、起止点、电缆的规格型号、接头位置等。

(4) 电梯工程

主要验收曳引机基础、导轨支架、承重架电气盘柜基础。

(二) 隐蔽工程验收要求

隐蔽工程验收时，应详细填写被验收的检验批工程、分项、分部工程名称；被验收部位的轴线、规格和数量。如有必要，需做简图或文字说明。

每次检查验收的隐蔽工程项目，如符合设计和规范要求，参加检查验收人员应及时签字，并由主验收单位在检查验收意见栏内填上“同意验收”字样，并有验收意见。

如果在检查验收中，发现不符合设计要求或不符合验收规范要求之处，应立即进行纠正或返工，并在纠正后重新组织验收。

隐蔽工程验收应由施工方的项目经理部提出，建设发包单位工地代表、监理工程师等人参加。如为地基验槽时，则应有地质勘察、设计单位参加。必要时也可邀请地方质量监督站或优质结构办的人员参加。

二、预检记录

预检记录，是施工单位在施工前或施工过程中，对所施工的质量和施工人员的作业质量首先进行的检查和复核，是防止施工差错，保证施工质量，预防工程质量事故发生的一项重要的、有效的技术管理工作，是质量控制的有效技术措施。

预检的内容：

1. 建筑的定位放线

对建筑的定位放线施工质量的预检，主要包括龙门桩上的轴线尺寸是否与工程测量定位的轴线尺寸相一致，以及龙门桩的标高是否与现场的水准点标高相一致。

龙门桩一般设立在离建筑物定位桩 2m 的地方。四角处的龙门桩上应分别画出墙身、基础的中心线、边线及标高。

龙门桩标高的测定、轴线测至龙门桩上的投点，容许偏差一般为 ± 5mm；龙门桩顶面的轴线钉子的间距，相对误差不得超过 1/2000。

2. 基础灰线

基础灰线就是基槽上口开挖线。其施工方法是在龙门桩顶面轴线钉子的间距检查合格后，经轴线钉子为准，将龙门桩上的墙身中心线垂直引到地面上，再在地面上用线绳拉出基槽的边线，并沿线绳撒上白灰粉。对其进行预检，就是灰线的距离是否与基础宽度或经放坡后的基槽宽度相一致。

3. 桩基的定位

对桩基进行预检，就是根据龙门桩的轴线或控制网的控制点，对所定桩位尺寸的检查。

4. 模板安装质量

模板支设完成后，应及时对安装模板的轴线、断面尺寸和标高进行预检，凡有不符合之处，均应进行纠偏处理或返工重做。

5. 装配式构件的安装

对装配式构件的安装质量进行预检，主要是检查构件的型号是否正确，构件在支座上的搁置长度是否符合要求，构件安装后的标高是否达到设计要求。

6. 现浇构件钢筋的安装质量

主要检查钢筋、箍筋、架立筋、预埋件的规格、数量、间距、混凝土保护层厚度，位置等。

7. 砌体的轴线尺寸和皮数杆

当砌完基础或每一楼层砌筑第一皮砖后，应对砌体的轴线进行预检。

对皮数杆的预检，主要是检查皮数杆上的竖向尺寸标志，如砌块灰层的厚度、洞口、构件、门窗等其他结构尺寸。

8. 楼梯、钢结构的大样图

楼梯、钢结构节点、各尺寸间的关系比较复杂。所以必须对楼梯、钢结构构件预先画出大样图，并对之进行预检，预检合格后，方能支模或下料制作。

9. 主要管道、管沟的标高和坡度

对这些安装项目进行预检，应按设计要求，逐楼层、逐项进行预检。

三、打试桩记录

对于钢筋混凝土预制桩、锤击沉管灌注桩、振动沉管灌注桩、静力压桩、钢结构桩等的施工记录，主要应记录如下内容：

(一) 预制桩施工记录

预制桩施工记录的主要内容有：

(1) 工程名程：填写单位工程名称。

(2) 自然地面标高和桩顶设计标高：一般按相对±0.000标高填写。桩的规格及长度：按实际验收填写。

(3) 桩锤类型及冲击部分和桩帽重量：按采用实际桩锤的机械型号填写。

(4) 接桩类型：有焊接接桩、法兰接桩和硫磺胶泥锚接。按其采用的接桩实际类型填写。

(5) 桩入土每m锤击次数：按实际分别填写，一般记录至最后3阵（以10击作为1阵）之前。

(6) 桩最后入土每100mm锤击次数：一般记录最后3阵每入土100mm的锤击数。

(7) 总锤击数：桩入土每m锤击次数与桩最后入土每100mm锤击次数之和。

(8) 平均落距：一般按最后3阵的实际落距取平均值。根据规定，用落锤和单动汽锤打桩时，最大落距宜大于1000mm。

(9) 最后贯入度：最后3阵每10击的平均沉入量。通常记录为最后3阵每100mm的平均击数。

(10) 垂直偏差：用吊线和尺量检查，一般不大于 $H/100$。桩顶标高，应用拉线和尺量或用水准仪量测。

(二) 振动沉管灌注桩施工记录

(1) 工程名称：按单位工程名称。

(2) 打桩机及锤类型：按实际使用的振动装置填写；根据沉管的沉入深度，选择激振力为多少吨的振动锤。

(3) 桩的类型：主要有端承桩和摩擦桩，看其属哪一种。

(4) 配筋情况：主指钢筋笼。配筋的规格、直径、间距等情况。

(5) 桩的长度：应有设计长度和实测长度。

(6) 桩管规格及长度：指桩管的断面尺寸和长度。

(7) 混凝土强度等级：按设计所定。

(8) 自然地面标高：一般填写相对标高。

(9) 沉管时间：按实际沉管时间记录。

(10) 最后贯入度：最后 2 个 2min 平均每分钟的贯入深度。

(11) 最后电源：用电流表测定。应使电源电压保持正常时，测量贯入速度。

(12) 灌注混凝土量：以体积计，各次混凝土灌注量。

(13) 沉管长度：自然地面以下桩管的入土深度。

(14) 拔管时间：桩管内灌注混凝土后，先振 5~10s，再开始拔管，并且要边振动边向上拔管，每拔出 500~1000mm，停拔振动 5~10s。

(15) 桩顶离地面高度：桩顶标高减去自然地面高度之差。

(16) 密实系数：也称充盈系数，也就是实际灌注混凝土体积与设计计算体积之比，密实系数不得小于 1。

对于其他桩基的施工记录可根据规范要求参考以上所介绍的记录内容进行填写。

四、结构验收记录

结构验收记录是指结构施工完毕后，分层、分段由设计、发包方、监理方、承包方，以及质量监督部门共同参加验收并签字的记录。验收时，主要是对单位工程质量的主控项目资料进行核查，对已经完工的结构进行观感检查，并对核查出来的问题进行处理，目的是消除结构质量隐患。

结构验收主要有两方面的内容，主要是：

1. 主控项目资料的验收

结构验收时，主要应系统地核查主控项目中的资料，如钢材、水泥、焊接材料、防水材料以及钢结构构件的防火涂料等产品的材质报告、产品出厂合格证和见证检测报告。混凝土、建筑砂浆配合比通知单；以及验收规范所规定的验收项目。

填写时，如果各主控项目中的质量保证资料齐全、完整，可在相应的栏内填写“符合要求”或“同意验收”等字样。

在验收这些资料时，一方面要查其资料的抽样程序和所代表的批量是否符合要求，另一方面还应查看其资料是否有代表性、真实性。

2. 结构观感质量验收

结构观感验收，是通过验收人员的手、眼和利用一般简单的检测工具，对施工结束的结构工程进行全面宏观观察和检测得出的一种评价结论。如砌体的垂直度、构件在支座上的搁置长度、吊车梁或钢结构屋架的垂直度以及高强度螺栓连接面的接触面积等。

五、结构吊装记录

结构吊装记录，是混凝土结构和钢结构工程中结构吊装施工的主要记录。其主要记录的内容有：

(1) 所安装的混凝土构件和钢结构构件的型号、外观质量和结构性能以及尺寸偏差均应符合设计要求。

(2) 吊装构件支承结构上的标志中心线、标高等控制尺寸。

(3) 结构吊装所用的机械名称和型号。

(4) 吊装构件的吊点、吊索与构件之间的夹角。

(5) 构件吊装就位后在支承座上的长度、接缝处理情况。

第三章　质量控制的基本方法

质量是企业的生命、质量是企业的经济命脉、质量是占领市场的重要法宝，这已经成为大家的共识和企业管理的理念。

质量控制，是质量管理活动中的一个重要组成部分，是建筑工程施工工艺管理中的中心环节，它也是建筑施工企业保证和提高建筑产品质量的一套完整的活动体系，同时又是一门内容丰富的质量管理科学。因此，要控制好建筑工程的施工质量，就要结合相应的施工工艺，采用相应的控制方法，这样才能收到事半功倍的控制效果。

第一节　建筑工程图纸的阅读法

在建筑工程中，不管是钢筋混凝土结构还是钢结构工程；不论是建造高楼大厦，还是建造简易的一层工业厂房；无论是建筑工程还是桥梁、水利等工程，都要预先绘制出能够完整表达这些建筑物或构筑物的图样，然后才能按照此图样进行施工活动。这些用来准确表达建筑物造型、结构节点、施工要求等内容的图样，称为建筑工程图。

建筑工程图是进行工程施工的重要依据，是建筑工程上通用的技术语言。在质量管理活动中，工程图是进行工程报建，指导正确施工，进行质量控制、工程监理、质量验收的基本资料和原始依据。所以每名质量管理人员都必须掌握阅读工程图的技能和方法，才能保证在施工质量控制中做到准确无误。

建筑工程图是由建筑施工、结构、给排水、采暖通风和电气等专业施工图所组成。各专业施工图又分为设计基本图、详图两部分（钢结构的施工图中就是钢结构设计图和结构详图）。基本图表明全局性内容；详图则表明某一构件或某一局部的详细尺寸和材料做法等。为了便于查找，工程图纸按照规定的顺序进行编排。它的编排顺序是：图纸目录、设计总说明、建筑施工图、建筑结构施工图，水、暖、电施工图等。钢结构工程的图纸编排的顺序是：图纸目录、钢结构设计总说明、结构布置图、构件详图、安装节点图或安装施工图。各工程图纸的编排一般是全局性图在前，说明局部的图在后；先施工的图在前，后施工的在后；重要的图纸在前，次要的图纸在后。

阅读建筑工程图的步骤是：先看图纸目录，后看详图；先看建筑施工图，后看结构施工图，先看平面、立面、剖面图，后看详图；先看图样，后阅文字；先看整体，后观局部。

阅读的方法是：一要掌握正立投影与侧投影等高；正立投影与水平投影等长；水平投影与侧投影等宽的“三等”投影原理。二要熟悉建筑工程的基本构造；三要牢记各种图的图例和标注符号；四要把建筑工程图内的各专业图联系起来综合地阅读；五要在阅读过程中，紧密地同实际结合起来。

一、房屋建筑图的表示

(一) 图标

图标是用来表明图纸名称、工程名称、设计单位等有关内容的标题栏，它的作用是便于查找所需的图纸。常见的图标格式如表 3-1 所示。

根据要求，还要在图纸上标示《工程设计施工图出图专用章》和相应的注册建筑师的标志章。

图 标 格 式 表 3-1

(设计单位名称栏)			工程名称	
			项 目	
审 定			设计号	
审 核			图 别	
设 计			图 号	
制 图			日 期	

(二) 比例

比例是指图形与实物相对应的线性尺寸之比。由于建筑物形体较大，图纸幅面有限，所以施工图一般是用缩小比例进行绘制。一般情况下，一个图样应选用一种比例。根据专业制图的需要，同一图样可选用两种比例。常用比例可按表 3-2 的规定。

常 用 比 例 表 3-2

建筑施工图常用比例		建筑结构施工图常用比例	
图 名	常用比例	图 名	常用比例
总平面图	1:500 1:1000 1:2000	结构平面及基础平面图	1:50 1:100 1:200
断面图	1:10 1:20 1:100 1:200	圈梁、管沟平面图	1:200 1:500
平面图、立面图、剖面图	1:50 1:100 1:200	结构详图	1:10 1:20 1:50
次平面图	1:300 1:400		
详 图	1:10 1:20 1:50		

(三) 图线与线型

在各类建筑图纸中，根据制图时的线型来表示不同建筑性质的轮廓、结构等，所以，要进行图纸的阅读就必须掌握图线的各种用途。图纸中的线型一般按表 3-3 中的规定。

线 型 分 类 表 表 3-3

种 类	线 型	线宽	一 般 用 途
粗实线	▬▬▬	b	在总图制图中，用在新建建筑物 ±0.00 高度的可见轮廓线和新建的铁路、管线。 在建筑结构专业制图中，主要用在螺栓、主钢筋线、结构平图中的单线结构构件线、图名下横线、剖切线
中实线	━━━	$0.5b$	在总图制图中，用在场地、区域分界线、用地红线、建筑红线、尺寸起止符号等。 在建筑结构专业制图中，主要用在结构平面图及详图中剖到或可见的墙身轮廓线、基础轮廓线、钢结构轮廓线、箍筋线等

续表

种类	线 型	线宽	一 般 用 途
粗虚线	▬ ▬ ▬ ▬ ▬	b	在总图制图中，用在新建建筑物、构筑物的不可见轮廓线。 在建筑结构专业制图中，主要用在不可见钢筋、螺栓线、结构平面图中的不可见的单线结构构件线及钢支撑线
中虚线	— — — — —	0.5b	在总图制图中，用在计划扩建建筑物、预留地、铁路、道路、围墙、管线的轮廓线。 在结构专业制图中，用在结构平面图中的不可见构件、墙身轮廓线及钢构件轮廓线
粗点划线	▬ · ▬ · ▬	b	在建筑专业的图样中，用在起重机或是吊车的轨道线。 在建筑结构专业的制图上，主要表示柱间支撑、垂直支撑、设备基础轴线图中的中心线
细点划线	—·—·—·—·—	0.25b	在图样中，用作分水线、中心线、对称线、定位轴线。
折断线	——∧∨——	0.25b	在图样中均作为断开界线
波浪线	∿∿∿	0.25b	在图样中均作为断开界线。 在给排水专业的平面图中作为水面线、局部构造层次范围线、保温范围线

(四) 定位轴线

平面图上的定位轴线，是用细点划线来表示，编号注写在轴线端部的圆内，圆用细实线绘制，直径为 8mm，详图上可增大至 10mm。

平面图上定位轴线的编号，宜标注在图样的下方与左侧。横向编号用的是阿拉伯数字，从左至右顺序编写；竖向编号用大写拉丁字母从下自上的次序编写。但拉丁字母中的 I、O、Z 不得用于轴线编号。定位轴线也有采用分区编号，编号的注写形式为分区号——该区轴号，如 (1-1)，(1-2)，(2-3)，(2-5) 等等。当有附加轴线时，编号用的是分数表示，分母表示前一轴线的编号，分子表示的则是附加轴线的编号，编号顺序用的是阿拉伯数字。

(五) 尺寸及单位

图样上的尺寸，包括尺寸界线、尺寸起止符号和尺寸数字四要素所组成。图样上的尺寸单位，除标高及总平面图以“m”为单位外，其余的均以“mm”为单位。半径的尺寸线，一端从圆心开始，另一端画箭头指至圆弧，半径数字前均加有半径符号“R”；标注圆的直径尺寸时，直径数字前应加有符号“ϕ”在圆内标注的直径尺寸线应通过圆心，两端有箭头指至圆边。

(六) 标高

标高是指以某点为基准的相对高度。施工图中使用的标高有绝对标高和相对标高两种。

标高的基准面以我国山东青岛市的黄海平面为标高零点测出的高度称为绝对标高；而标高的基准面是根据需要自行选定这类标高称为相对标高。在建筑图上一般均用相对标高，即把房屋底层室内地面定为相对标高的零点，标注为 ±0.000。标高的尺寸均以“m”为单位，注写到小数点后第三位，在总平面图中，注写到小数点第二位。

(七) 索引符号

索引符号的用途是便于把若干局部或构件的具体位置和尺寸以及构造作法表达清楚。

通过索引符号一是便于阅图时找到有关图纸，二是反映基本图与详图、详图与详图之间，以及有关图之间或相互关系。

索引出的详图，如与被索引的图样同在一张图纸内，应在索引符号的上半圆中用阿拉伯数字注明该详图编号，并在圆的下半部中画一条水平细线来表示，如图 3-1 所示。

索引出的详图，如与被索引的图样不在同一张图纸内，它是在索引符号的下半圆中用阿拉伯数字注明该详图所在图纸的序号，如图 3-2 的索引符号。

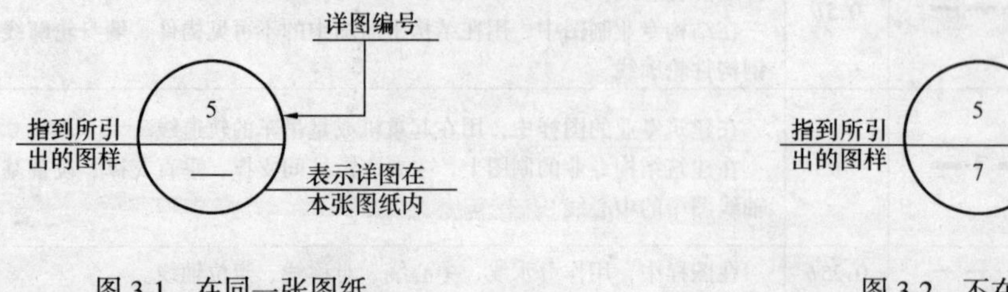

图 3-1　在同一张图纸内的索引符号

图 3-2　不在同一张图纸的索引符号

索引出的详图采用的是标准图，在索引符号水平直径的延长线上加注有该标准图的编号，如图 3-3 所示。

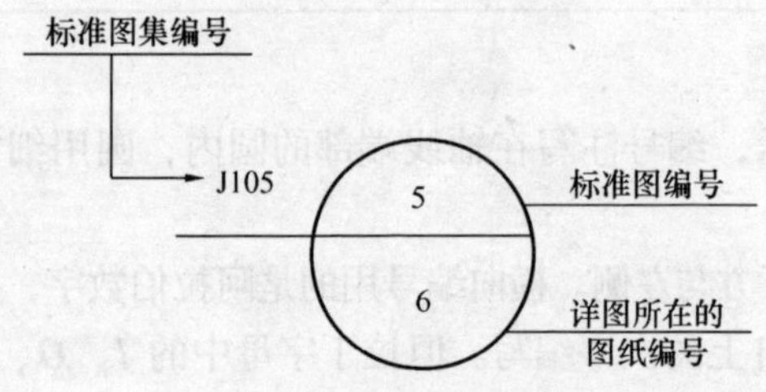

图 3-3　采用标准图的索引符号

索引符号如用于索引剖视详图，应在被剖切的部位绘制剖切位置线，并以引出线引出索引符号，引出线所在的一侧应为投射方向。

索引符号的引出线一般用细实线绘制，采用水平方向的直线，与水平方向成 30°、45°、60°、90°的直线，或经上述角度再转折为水平线。文字说明宜注写在水平线的上方，也可注写在水平线的端部。索引详图的引出线，应与水平直径线相连接。

二、建筑施工图的阅读

用来表示建筑物的内部布置、外形、装修、构造情况和施工要求的图纸叫做建筑施工图。简称建施图，按顺序编号为：建施 1、建施 2、…建施 n。它包括总平面图、建筑平面图、立面图、剖面图和建筑详图。

(一) 总平面图的阅读

1. 总平面图的用途

总平面图表示单位工程的总体布局。主要表示原有和新建建筑物的位置、标高、地形、地貌、道路布置等，作为新建建筑物定位、放线、验收以及施工总平面布置的依据。

2. 基本内容

总平面图中的内容主要有如下几项：

(1) 表明新建区域内的总体布局、占地面积、各建筑物及构筑物的位置、道路、管网的布置等。

(2) 确定建筑物的平面位置，根据原有的建筑或规划红线定位。

(3) 表明建筑物首层地面的相对标高，室外地坪、道路的相对标高，表达挖、填土方情况，指明地面坡度及排雨水方向。

(4) 用指北针表示建筑物的朝向，有时用风向玫瑰图表示常年风向频率和风速。

(5) 根据工程的实际需要，有的还有水、暖、电等管线总平面图、各种管线综合布置图、道路纵横剖面图等。

3. 看图要点

(1) 了解工程性质、图纸所用比例，阅读文字说明，掌握设计意图。

(2) 了解建设地段的地形，查看建设用地范围、建筑物的布置、道路布置、四周环境。

(3) 当地形复杂时，要了解地形地貌及水文地质情况。

(4) 了解新建建筑物的室内外高差、道路标高、坡度及地面排水方向。

(5) 查看建筑物与管线走向的关系，管线引入建筑物的具体位置。

(6) 查找建筑物定位的依据。

(二) 平面图的阅读

建筑平面图，是假想沿水平方向剖切建筑物后由上向下观察而得到的建筑图样。在图样上，凡是被切到的部分，如墙体、柱等的轮廓线画成粗实线；没有被剖切到但是能观察到的部分则用的是细实线；被遮盖的构件或在剖切线上面的轮廓线是用虚线表示的。因此在阅读图纸时，应对各种线型的含义给予充分的理解和注意。

1. 平面图的表示方法

(1) 楼层表示法。在一般民用建筑中，平面图的名称常用楼层层次数序来表示。建筑物有几层，就要有几个平面图，但如果房间的大小、结构、布局、数量完全一样的情况下，则可以只用一个平面图来表示，这种表示方法称为“标准层平面图”。

(2) 标高表示法。在工业建筑或内部空间比较复杂的民用建筑中，则需用各层平面的标高表示平面图的名称，如标高 5.00 平面图等。

2. 平面图的阅读

(1) 查明标题，了解工程性质，查看绘图比例，通过底层平面图的指北针或风玫瑰图了解建筑物的朝向。

(2) 掌握建筑物的形状和内部墙体的分隔情况，内部房间的布置、入口、走道、楼梯的位置，以及相互之间的联系。

(3) 查看图中定位轴线的编号及其间距尺寸，了解墙体和柱等承重构件所在的位置及房间大小尺寸，然后再看其他细部尺寸。在平面图中，尺寸标注是通过定位轴线和尺寸表示的。外墙尺寸一般分为三道标注：最外一道为总体尺寸，表示该建筑物的总长度和总宽度；中间一道是轴线尺寸，表示房间的进深及开间尺寸；里边一道表示门窗洞口、窗间墙、柱等细部尺寸。

(4) 查看地面及楼层的标高。

(5) 根据门窗的图例符号及编号，从图中掌握门窗的位置、类型及其数量。平面图上门的图例表示其开启方向及位置，窗的图例只表示其所在位置，开启方向在立面图上表示。在图中，门的代号为 M，后面注以编号，如 M-1、M-2、M-3、……；窗的代号是 C，后面注以编号，如 C-1、C-2、C-3、……。同一种编号的门窗其构造和各部尺寸相同。门窗的构造式样可根据具体编号去查阅标准图集。在图上，通常采用门窗表来具体反映门窗的种类、尺寸、数量及所在标准图集的编号。

(6) 平面图上反映其他有关专业对土建的预留孔、洞槽的要求。如设备、管道安装孔，通风管穿墙体、穿楼板孔洞，在墙体上暗装消防栓的洞槽等。阅读时要了解洞、孔的位置和尺寸大小。

(7) 依据平面图上剖切符号、索引符号的数量和位置，可了解剖面图的数量、位置、类型及剖视方向；局部详图的数量、位置及详图所在的图纸、图集编号。

(8) 阅读图纸时，还应根据图例符号找出建筑物的其他细部构造。如室外台阶、散水、坡道、落水管、明沟等位置和尺寸。

(三) 建筑立面图的阅读

对建筑物前、后、左、右各个立面所作的正投影图，叫作建筑立面图。它主要表明建筑立面外表的构造和装修的做法。

1. 立面图的表示方法

立面图的名称，通常有以下三种表示方法：

(1) 按位置分，有正立面图、背立面图和侧立面图。

(2) 按照建筑物朝向来命名，称为南立面图、北立面图、东立面图、西立面图。

(3) 按轴线分，可分别称为①~⑩轴线立面图，A~G轴线立面图等。

2. 立面图的阅读要点

(1) 查看图纸名称和绘图比例，了解该图是哪个立面的投影，以便和平面图对照阅读。

(2) 查看建筑物的立面外形，确定屋顶形式和门窗、屋檐、台阶、阳台、雨水管的位置和形状。

(3) 了解建筑物和部位的标高。

(4) 从立面图中，了解窗扇的开关方向。在图中，用窗格内单根实斜线表示的，窗扇向外开启；窗格内用单根虚斜线表示的，窗扇向内开启。斜线的交点处表示窗扇的铰链所在侧。

(5) 了解房屋外墙装饰装修的做法和分格形式等。通常从引出线和文字说明来了解外墙的装修做法，如粉刷、面砖、油漆等装修材料的类型、颜色等。

(四) 建筑剖面图的阅读

建筑剖面图是假想用一个垂直于纵向、横向墙体的剖切平面，将建筑体剖切后投影所得到的图样。剖面图表明了建筑物的层数、总高度、各层高度及各部位的标高和具体尺寸；表明了各层楼板、梁的位置及与墙体、柱的连接关系；反映了屋顶的形式、坡度及楼梯的概况。当剖面图上不能详细表达的地方，有时引出索引号另画详图表示。

当剖面图比例小于或等于1:50时，砖砌体不画剖面线而在底图背涂红表示，晒成蓝图时为浅蓝色。在比例小于或等于1:100的剖面图中钢筋混凝土构件，可不画剖面符号而在底图上涂黑表示，晒成蓝图时呈深蓝色。剖面图中如画出钢筋时，可不画剖面符号。

剖面图通常选择在能显露出房屋内部结构和构造比较复杂、有变化、有代表性的部位，因此，在阅读剖面图时应注意以下几点：

(1) 剖面图与平面图有着“宽相等”的关系，他们共同反映建筑物宽度方向的尺寸，凡被剖切到的墙体、柱、梁都应与平面图上的轴号相一致。在剖面图下面都注有图名，如

Ⅰ-Ⅰ剖面图、Ⅱ-Ⅱ剖面图等，因此在阅读时可根据剖面图的图名和轴线，可在平面图上找到被剖切的位置。所以，在阅读剖面图时应同平面图结合起来看，这样可了解墙体的厚度、材料，各房间长、宽、高尺寸、门窗洞口尺寸。

(2) 剖面图与立面图有着“高平齐”的对应关系，他们共同反映建筑物的高度尺寸。两种图上的门窗洞口、楼面标高、檐口、室内地坪等的标高都是一致的，因此应把剖面图和立面图结合起来阅读，来了解房屋立面上的建筑施工特点和要求。

(3) 应查看剖面图各部的标高和尺寸，当屋顶为坡屋面时，是采用三角形来表达，并在角边标注数字，如 1 2，即表示坡度为 1∶2；为平屋顶时，屋面坡度一般是用符号“$i=\%$”表示，如1.5%即表示坡度为1.5%，箭头指的是流水方向。

（五）建筑详图的阅读

从建筑的平面图、立面图、剖面图，虽然可以反映建筑物的外形、平面布置及内部构造等情况，但是所用绘图的比例都很小，对于房屋许多局部构造和施工要求等均无法表达清晰。所以，为了满足建筑施工的需要，对于建筑物细部、构件等用比较大的比例将其形状、结构大小、材料和做法详细地表达出来的图样，就叫做建筑详图。该种图是施工图的重要组成部分，是平面图、立面图、剖面图的补充和延续，两者之间均是通过索引符号来反映的。

1. 外墙剖面详图的阅读

外墙详图实际上是建筑剖面图的局剖放大图，它表达房屋的屋面、楼面、地面的构造，楼板与墙体的连接，门窗顶、窗台和散水等处的构造情况。

2. 楼梯详图及阅读

楼梯的构造较为复杂，需要另画详图表示。楼梯详图主要表示楼梯的类型、结构形式、各部位的尺寸及装修做法。

(1) 楼梯平面图。楼梯平面图是距地面1m能上能下沿水平方向剖切所画的图。一般每一楼层均应画一个楼梯平面图。如果在多层的建筑中各层的楼梯位置、楼梯段数、踏步数量和大小尺寸完全相同时，可绘制标准层平面图。楼梯平面图中，除注有楼梯间的开间和进深尺寸，楼地面和休息平台面的标高尺寸外，还注出了各细部的详细尺寸。如：在楼梯平面图中注有 13×280=3000 的尺寸，它表示该楼梯有 13 个踏步，每个踏步宽为280mm，楼梯段长度为3640mm。

(2) 楼梯剖面图。楼梯剖面图主要反映各层楼梯的层数及休息平台的位置、楼梯段的段数、楼梯踏步数以及楼梯的类型和结构形式。

(3) 楼梯踏步、栏杆、扶手详图。楼梯踏步、栏杆、扶手详图是在楼梯剖面的基础上，再用较大比例绘制的楼梯详图。

楼梯踏步详图反映了踏步的截面形状、大小、使用材料及面层做法。

栏杆和扶手详图主要表达栏杆及扶手的形式、大小、使用材料及踏步的连接等情况。

3. 门窗详图

门窗详图，一般都有预先绘制好的各种不同规格的标准图。在施工图中，只要说明该图所在标准图集中的编号，就不必在施工图中另画详图。

门窗详图一般用立面图、节点详图、截面图以及五金表和文字说明来表达。

(1) 立面图。门窗立面图表明窗的形式、开启方式和方向，主要尺寸和节点索引标志。立面图上有三道尺寸表示：第一道是窗口尺寸，它和平面图中窗洞口的尺寸是一致的；中间一道是窗框外包尺寸；第三道为窗扇尺寸。

立面图所用比例较小。立面图上的线型，除轮廓线用粗实线表达外，其余均为细实线。

(2) 节点详图。节点详图所用比例较大，能充分表明窗的各部件断面用料、断面形状、用料尺寸、安装位置、窗扇与窗框的连接关系等。

(3) 截面图。用大比例将各不相同的窗料截面形状单独画出，注明截面上各截口的尺寸。在标准图集上，往往将截面图与节点详图结合画在一起。

三、结构施工图的阅读

所谓结构，是指建筑物中的承重骨架体系，它是由各种结构构件组成。结构施工图就是用来表示各种承重构件的布置、形状、大小、材料、构造及其相互关系的图样。同时，它还反映给排水、通风采暖、电气安装等专业对结构的要求。结构施工图简称结施图按顺序编号为：结施 1；结施 2；…结施 n。

(一) 基础结构施工图的阅读

基础结构施工图是反映相对标高 ±0.000 以下结构的图纸，它是进行放线、基槽、基坑开挖、砌筑基础、进行质量验收的技术依据，是质量控制的主要项目。

1. 基础平面图

基础平面图主要表示基础的平面布置、定位轴线及基础类型、管沟位置和基础剖面图的剖切位置等。

在基础平面图中一般只画两条粗实线和两条细实线。粗实线表示被剖切到的墙身轮廓线，细实线表示未被剖切到但能看到的基础底面轮廓线。

2. 基础详图

基础详图是在基础平面图的基础上进行垂直剖切形成的。它反映了基础在垂直方向的构造状况。基础详图的数量由基础构造形式的变化来确定，几种不同构造部位都应有独立

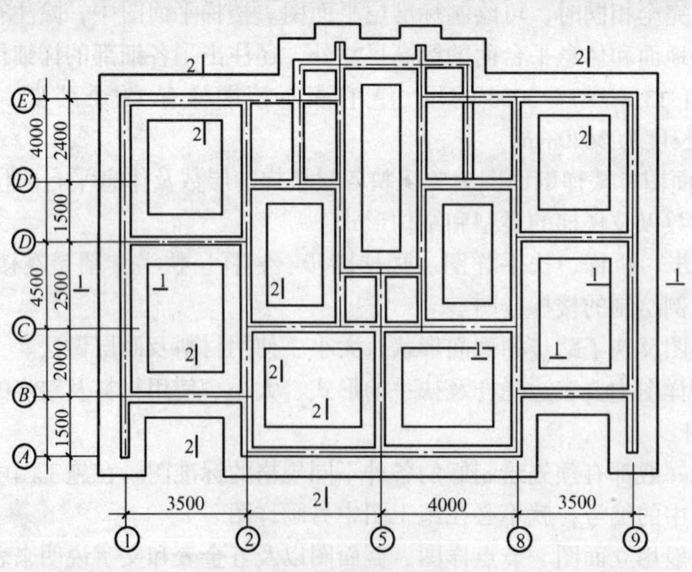

图 3-4　基础平面图

的详图。基础详图主要表示基础内部的详细构造和具体尺寸。

3. 基础结构施工图的阅读

图 3-4 和图 3-5 分别是某单位住宅楼的基础平面图和基础详图。从图中可以看出有以下内容：

本工程的基础为条形基础，从平面图的剖切符号可知该基础有 1-1、2-2 两种基础断面形式。两种基础均为不等高大放脚，每步宽为 60mm，高为 120（60）mm；垫层材料为三七灰土，宽度分别为 1400mm 和 1200mm，三七灰土的厚度均为 300mm，垫层底标高为 -1.500m；室内地面标高为 ±0.000，室外地面标高为 -0.5m；防潮层设在室内外地面之间，低于室内地坪 60mm 处。为了加强基础的整体性和建筑物的抗震能力，设置了断面为 240mm×240mm 的地圈梁，地圈梁内的受力钢筋为 4Φ12（表示为 4 根热轧Ⅰ级钢筋、直径为 12mm），箍筋 ϕ6@200（表示箍筋直径为 6mm 的热轧Ⅰ级钢筋，箍筋间距为 200mm），梁底在 -0.85m 标高处，并沿基础墙连续设置。

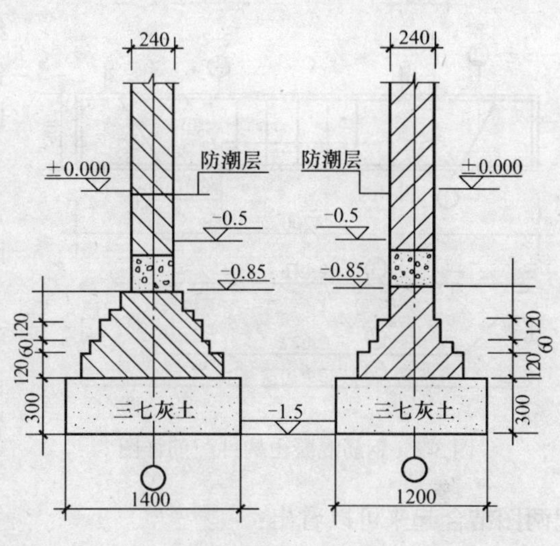

图 3-5　基础详图

（二）钢筋混凝土结构图的阅读

1. 钢筋混凝土结构图的内容

(1) 结构布置平面图

结构布置平面图，表示了混凝土承重构件的布置、类型、数量或钢筋的配置，如图 3-6 所示。

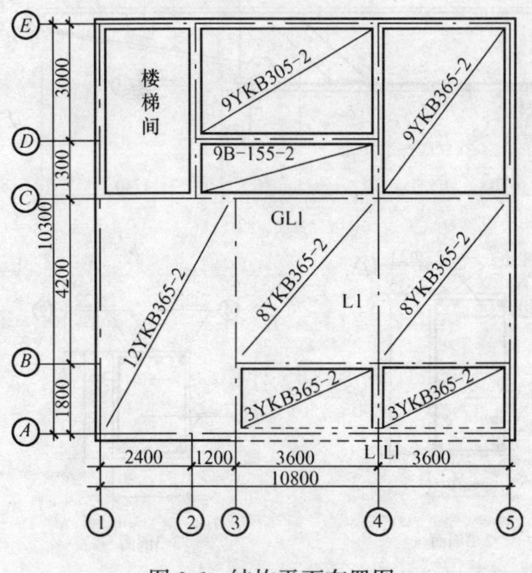

图 3-6　结构平面布置图

在图 3-6 中，我们可以看出，在④轴线上设有 L1，在 A 轴线上的③～⑤轴线间为连系梁；在 C 轴线上的③～④轴线上设有过梁；每间设有预应力圆孔板，板的宽度为 500mm，荷载等级为 2 级。并且有每间的间距和跨度。

(2) 构件详图

构件详图又分为配筋图、模板图、预埋件详图及材料用量表。配筋图包括有立面图、截面图和钢筋详图。它着重表达构件内部的钢筋配置、形状、数量和规格。模板图只用于较为复杂的结构，以便于模板的制作和安装。构件详图见图 3-7。

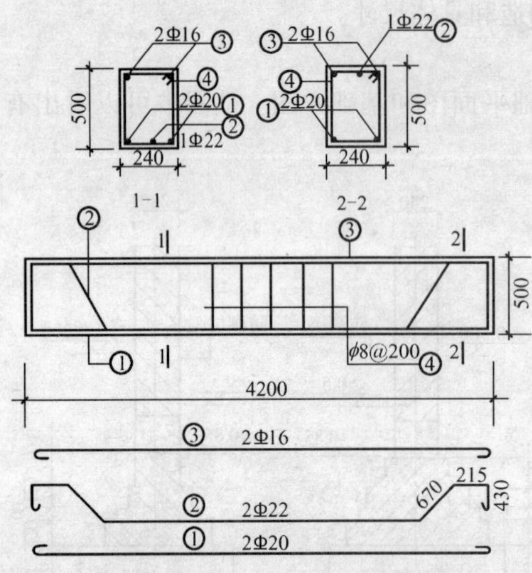

图 3-7 钢筋混凝土构件配筋详图

2. 钢筋混凝土结构图的图示特点

为了突出表示钢筋的配置状况，在构件的立面图和截面图上，轮廓线用细实线画出，图中不画材料图例，在立面图内用粗实线和在截面图中用黑圆点来表示钢筋，并对钢筋的类别、数量、直径、长度及间距等加以标注，如上图 3-7。

3. 钢筋混凝土构件图的阅读

对于钢筋混凝土构件图的阅读，我们以图 3-8 的钢筋混凝土梁为例进行阅读。

从图 3-8 可以看出，该图为钢筋混凝土梁的结构详图，它由立面图、截面图和钢筋详图所组成。立面图表示了梁的轮廓，梁内钢筋的配置，支座以及轴线编号等；截面图表达了梁的断面形状和钢筋的排列位置。现把两图结合起来可以看出：

该梁为钢筋混凝土简支伸臂梁，梁全长为 8480mm，伸臂长度为 1740mm；梁的宽度为 240mm；梁高：在两支座间梁高为 500mm，伸出部分高分别为 350 ~ 150mm；梁在支座的支承长度为 240mm，梁内共有五种不同类型的钢筋。其中①号钢筋是 2 Φ 25（2 是代表 2 根，Φ为Ⅱ级钢筋符号，25 代表钢筋直径。下同），两端有伸入支座的锚固长度和半圆弯钩，放在梁的底部两边侧；②号钢筋为 2 Φ 22，是梁的弯起钢筋，也是伸臂梁的受拉钢筋，两端均有半圆弯钩，放在梁的底部，①号钢筋的中间；③号钢筋和⑤号钢筋分别为 2 Φ 16 和 2 Φ 12，③号钢筋为梁的架立筋，两端均有半圆弯钩，放在梁的上部，其右端与④号钢

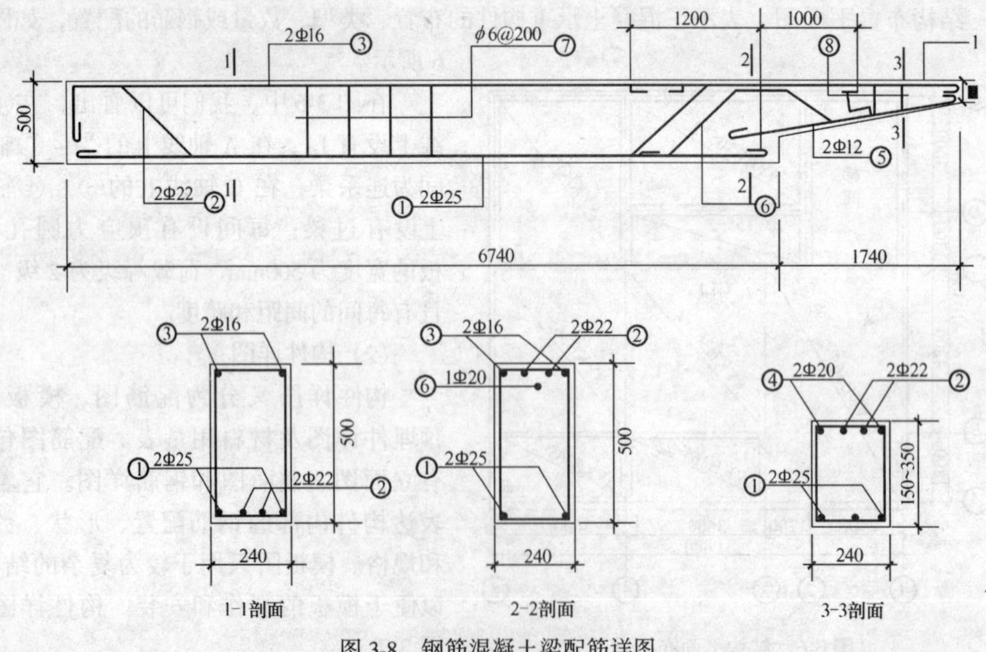

图 3-8 钢筋混凝土梁配筋详图

筋相搭接，搭接长度为150mm；④号钢筋为2Φ20，安放在伸臂梁的上部两边侧，同②号钢筋共同组成伸臂梁的受力钢筋，它的左端按要求伸入至简支梁内，并同③号架立筋并排相连；⑤号钢筋在伸臂梁的底部，为伸臂梁的架立筋或受压筋；⑥号钢筋是1Φ20，它又称为元宝筋、鸭筋和构造筋，放在简支梁和伸臂梁结合的中部，用以承受梁体支座上部产生的集中荷载；⑦号和⑧号筋分别是简支梁和伸臂梁的箍筋，所用的材料均为热轧Ⅰ级光圆钢筋，直径为6mm，箍筋间距为200mm，并且箍筋的未端有135°的弯钩。

为了便于下料和钢筋的加工，特将每根钢筋的形状分别画出，并标上长度尺寸，如表3-4中内容。

钢筋混凝土梁配筋单　　**表3-4**

钢筋编号	简　　图	直径（mm）	下料长度（mm）	根数
①	6690　150	25	7140	2
②	175　265　635　4810　635　1840	22	8492	2
③	150　5425	16	5683	2
④	3155	20	3355	2
⑤	1960	14	2092	2
⑥	400　566　340　348　200	20	2014	1
⑦	210　462	6	1298	33
⑧	210　312~112	6	998~598	9

第二节　建筑安装工程图的阅读法

建筑安装工程图包括室内、外给水排水工程图、室内通风、采暖工程图、电气工程图等。在这里只介绍有关建筑安装工程图的阅读，望读者谅解。

一、室内给水排水施工图的阅读

（一）平面图的阅读

室内给水排水管道平面布置图是室内给水排水工程施工图中最基础和极重要的图样。常用的比例有1:50和1:100两种。它主要表达室内给水排水管道和卫生器具或用水设备的平面布置，图中的线条是示意性的，所以，在阅读平面图时应掌握如下的主要内容及注意事项。

1. 给水排水管的平面位置、走向、定位尺寸

在给水排水系统中，给水引入管通常自用水量最大或不允许间断供水的建筑物位置处引入，这样可使大口径管道最短，供水可靠。给水引入管上安装阀门，阀门如果设在室外阀门井内，在平面图上就能清晰完整地表示出来，这样你就可以看出阀门的型号及与建筑物的相对距离。污水排出管与室外总管的连接，是通过检查井过渡连接的，要了解排出管的长度，即是墙体距检查井的长度。在检查井中，为避免排出管埋设过深产生污水倒流，排出管与检查井上的排水管管顶标高相同。

在平面图上，给水引入管和污水排出管都标有系统编号，编号和管道种类分别写在直径为8mm的圆内，并通过圆心划一条水平线，水平线上标注管道种类，如给水系统一般用文字“给”或用汉语字母“J”来表示；污水排出系统用“污”或汉语字母“W”来表示。水平线下用阿拉伯数字注明系统编号。

2. 用水设施的类型、数量、安装位置

在平面图中，卫生器具、用水设施通常是用图例画出来的，这种图例只能说明器具和设施的类型，而不能具体表示各部尺寸及构造，因此，在阅图时必须结合相关详图，了解这些器具和设施的构造、安装要求和具体尺寸。

3. 管的平面位置、管径尺寸及各主管的编号

从平面图上可以清楚地查明管路是明装还是暗装方式，以确定其施工方案。当每个系统内立管较少时，仅在引入管处进行系统编号，只有当立管较多时，才在每个立管处进行编号，立管编号的标注方法与系统编号基本相同。

4. 查明消防栓的位置及要求

阅读平面图时，还要注意消防栓给水管道的具体位置、口径大小及消防栓的形式。消防栓是装在消防箱内，消防箱底距地面1.35m。

5. 给水计量装置

在给水管路上都要安装供水计量的水表，这时要查清水表的型号、安装位置，以及水表前后阀门的设置情况都要一目了然。

（二）系统轴测图

给水排水管道系统轴测图，通常按系统画成轴测斜投影图，主要表明给水、排水管道上、下层之间，前后左右之间的立体走向。在系统轴测图上，均标注了各管道的直径、立管编号、管道安装标高、坡度等。而卫生器具不画出来，只画出龙头、冲洗水箱等符号。用水设备如锅炉、水箱、热交换器等也只画出示意性的立体图，并在支管上注以文字说明。下面，我们以图3-9来阅读其主要内容：

(1) 在阅读给水管道系统图时，一般按引入管、干管、立管、支管及用水设备的顺序进行。阅读时应查明给水管道系统的具体走向，主干管的敷设形式，管径及其变化情况，阀门的设置，引入管、干管及各支管的标高等。

(2) 阅读排水管道系统图时，一般按卫生器具或排水设备的存水弯、器具排水管、排

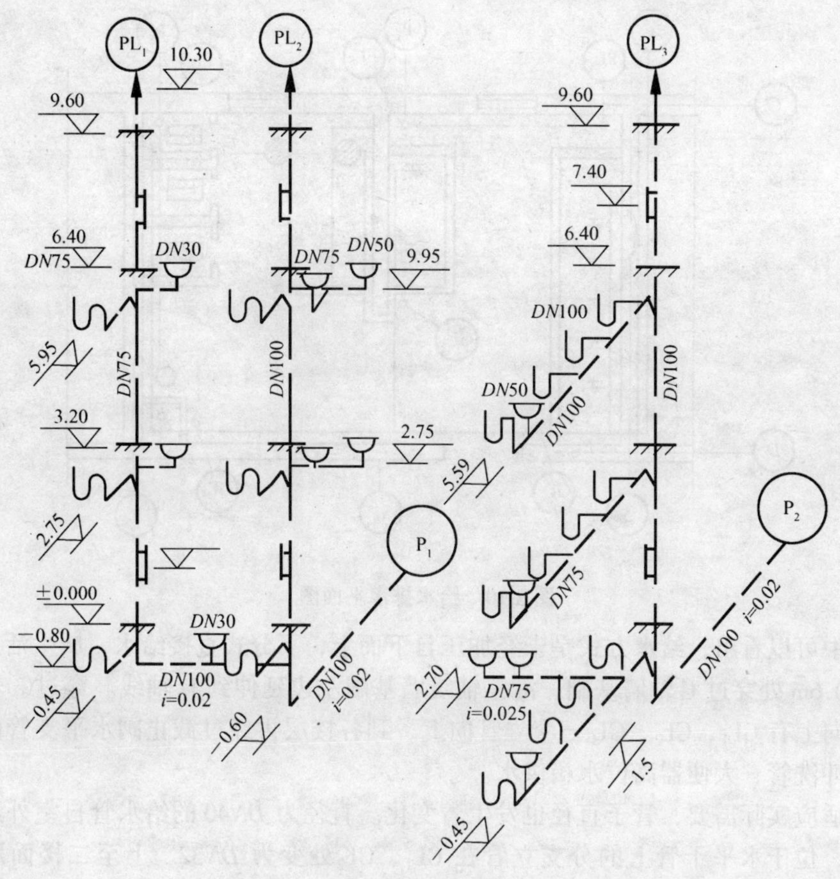

图 3-9　排水系统图

水横管、立管、排出管的顺序进行。阅读时结合平面图及说明，确定管材及管件是否符合设计要求。排水管为保证排水通畅，根据管道敷设的位置往往选用 135°曲管和 45°丁字管。

(3) 系统轴测图上对各楼层标高都有注明，阅读时可依此分清楚管路是属于哪一楼层的。如图 3-9 中 PL_1上所标注的 – 0.45m 的埋深，3.2m、6.4m、9.6m 的楼层标高等。

(三) 详图

室内给水排水施工详图，主要表达有管道节点、水表、消防栓、开水炉、卫生器具、过墙套管、排水设备等安装图。这些图均是用正投影法画出来的。图线上均有详细尺寸，可供安装和质量检查时直接使用，也是质量控制的主要依据。

(四) 给水排水施工图的阅读

阅读给水排水施工图，首先应熟悉和掌握图例符号和其代表的内容，其次还应阅读设计说明，这些说明都是遵循施工验收规范的内容。阅读时应把平面图与系统轴测图对照进行。

1. 给水系统施工图的阅读

阅读给水系统施工图时，应按照供水的来源，也就是从引入管开始，循着水流的方向进行。现结合图 3-9 系统图和图 3-10 室内给水排水平面图来了解图纸表达的实际意义：

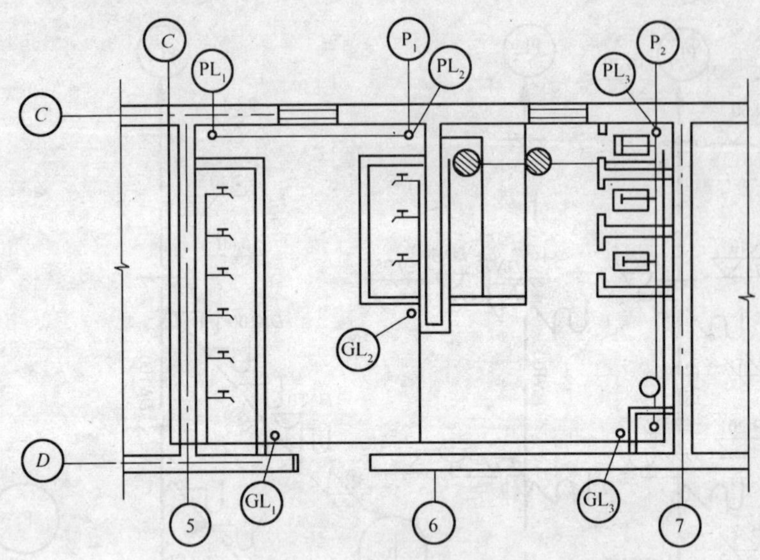

图 3-10　给水排水平面图

从图中可以看出，给水方式是未经加压自下而上，下分式直接给水，属生活用水。入户管在 - 0.6m 处穿过 C 轴墙基础，沿⑤轴线墙基础左边延伸到 D 轴线。穿过⑤轴线墙基础的干管向上有 GL_1、GL_2、GL_3三个立管向上，到各楼层再经过截止阀水平支管向用水水嘴、小便冲洗管、大便器高位水箱供水。

为了适应实际需要，管子直径也发生着变化。直径为 *DN*40 的给水管自室外经截止阀进入室内，位于水平干管上的分支立管在 GL_1、GL_2处变为 *DN*32，上至二楼面后又变成 *DN*25，水平分支管的管径均为 *DN*20。GL_3立管管径为 *DN*25，上至二层后变为 *DN*20，向各高位水箱供水支管的供水管直径均为 *DN*15。

截止阀的布置为：每根立管出地面后均设一件截止阀控制各立管的供水系统，在每层楼距地面 1m 高引出支管处也设一个截止阀，但 GL_3立管是距地面 2.5m 高处引出支水管，供给其他水池的水嘴处，又从 2.5m 降至距地面 1.0m。

根据供水系统图可以看出，供水管直接向用水设备供水，是由粗直径管逐渐变为细直径管，这主要是考虑水压力的输送损失而采取的措施，它可以使各供水点均保证有足够的水压力。

2. 排水施工图的阅读

阅读排水系统施工图时，常从卫生器具开始，沿水流方向经支管、横管、立管汇合到排出管。所以要读清污水管道流经的方向、管道汇合位置，各管段的管径、标高、坡度、坡向、检查口、清扫口、地漏等位置，以及风帽的形式。

现还以上面两图为例，来了解图纸表达的实际内容。本工程排水方式为自流式，各楼层洗涤后的污水、废水经存水弯管，地面积水经地漏口流入支管，经横管进入立管 PL_1、PL_2、PL_3，最后在地面以下 - 1.5m 处经 P_1、P_2管排出室外。

排出管的管径：PL_1管径及其相连接的各横向管均是 *DN*75 的管径，此管在地面以下 - 0.45m处经 *DN*100 横管汇入 PL_2立管。PL_1和 PL_2两立管管径均为 *DN*100，与 PL_2立管相连

接的横管管径也是 *DN*100，这两个立管在地面以下 -1.5m 处经 *DN*100 排出管按 2% 的坡度排出室外。上述排水管管径的选择是根据排污水量的大小考虑的。

此外，在每根立管距地面 1m 高处还设置有检查口，以备排水管路堵塞时做疏通之用。在屋顶上部距屋面 700mm 处，也就是在 10.30m 标高处有通气管，是三根排水立管从室内向上延伸的部分，其作用是将排水系统中的臭气排入大气之中，通气管的顶部还有风帽，是为防止鸟类在管中做巢堵塞臭气排放的设施。

我们在阅读给水排水施工图时，一方面要严格控制管道的管型和材料，另一方面还要严格控制安装的坡度、坡向、检查口的位置和地漏的安装是否符合设计要求或验收规范的规定。

二、室内通风图的阅读

通风是用人工方法把室外新鲜空气经过过滤、加热后用风机经风管送入各房间内，同时把室内的废气排出室外，保持建筑物内的空气新鲜和洁净，并维持室内一定温度的全套设施就称为通风系统；室内采暖，就是不断地向室内供给一定热量，以补偿室内热量的损耗，来维持室内需要的温度。

（一）通风施工图的阅读

通风施工图包括平面图、剖面图、系统图。各类安装细节约有详图和标准图集。在阅读通风施工图前，首先应把建筑物的布置情况了解清楚。风机房位置与主体建筑物的方位、水平设备层的布置、竖井的情况等，这样在阅读时可更加清晰。

1. 通风平面图

现在以图 3-11 来说明通风平面图中包括的基本内容：

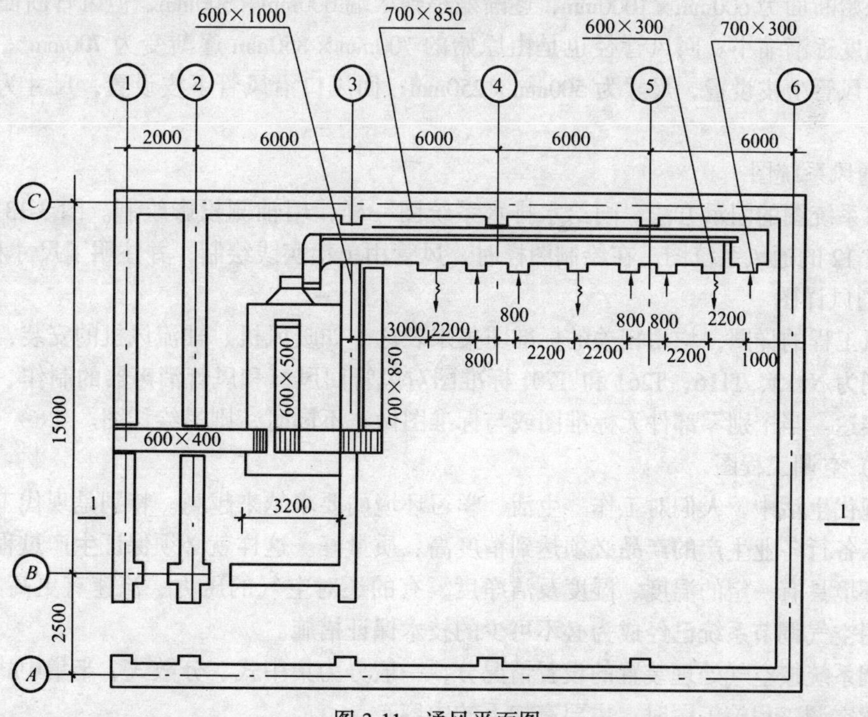

图 3-11　通风平面图

从图 3-11 中可以看出，室内进风口及排风口都设在靠 C 轴线的外墙一边；风道尺寸与墙面距离，设备与墙面的距离等；它共有 3 个送风口和 5 个回风口，风道均是明装形式。

2. 通风剖面图

在通风平面图上，虽然可以看出风道的安装位置，却无法了解其安装的高度，这时就要看其剖面图。图 3-12 是沿Ⅰ-Ⅰ剖面切开而绘制的剖面图。从这个图上可以看出，送风管道的上表面距室内屋顶 150mm，中心标高为 4.00m，回风管道下表面距地面 150mm。室外进风口中心标高为 3.5m。

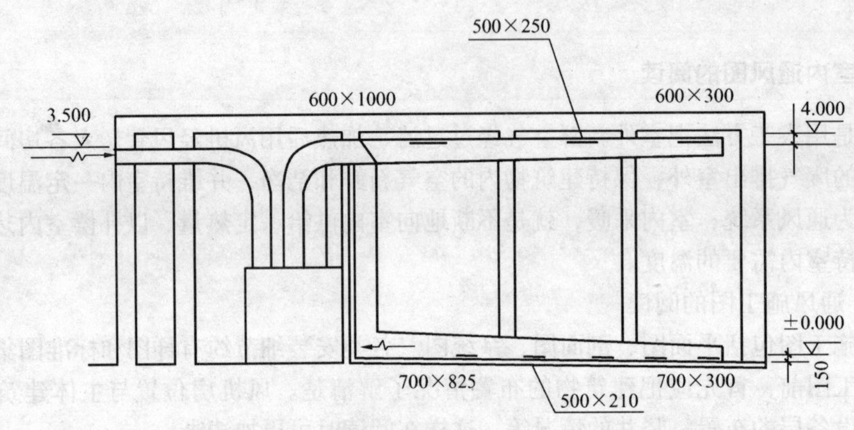

图 3-12 通风剖面图

并且从剖面图上还可以看出管道的截面形状，该例通风管断面为方形，并且断面由大到小，原始断面为 600mm × 1000mm，逐渐缩小到尽端 600mm × 300mm，但风管断面的宽度不变，高度逐渐缩小。回风管径也是由原始的 700mm × 850mm 逐渐变为 700mm × 300mm。送风口沿风管上皮设置，尺寸为 500mm × 250mm；回风口沿风管下皮设置，尺寸为 500mm × 210mm。

3. 通风系统图

通风系统图的图示方法，同给水排水系统图一样，用轴侧投影绘制。图 3-13 为图 3-11 和图 3-12 的通风系统图。在绘制图样时，风管用单粗实线绘制，并注明了尺寸和设备。

4. 通风详图

通风工程的详图，均用相关的标准图集来表达。如暖风机、轴流风机的安装，其标准图集分别为 N113、T116；T261 和 T701 标准图对风管回风口和风管消声器的制作、安装均有详图表达。当个别零部件无标准图或与标准图做法不同时，则另绘详图。

（二）空调工程图

在现代生活中，人们对工作、生活、学习环境的要求越来越高。特别是现代工业的发展，要求各行各业生产的产品必须达到精度高、质量好。这样就必须保证生产过程中周围的空气环境具有一定的温度、湿度及洁净度，有的还对空气的压力、流速有更高的要求。所以采用空气调节系统已经成为必不可少的技术保证措施。

空调系统按空气处理装置的设置情况分，一般分为集中式、分散式、半集中式空调系统。阅读空调工程施工图时，主要有如下的内容：

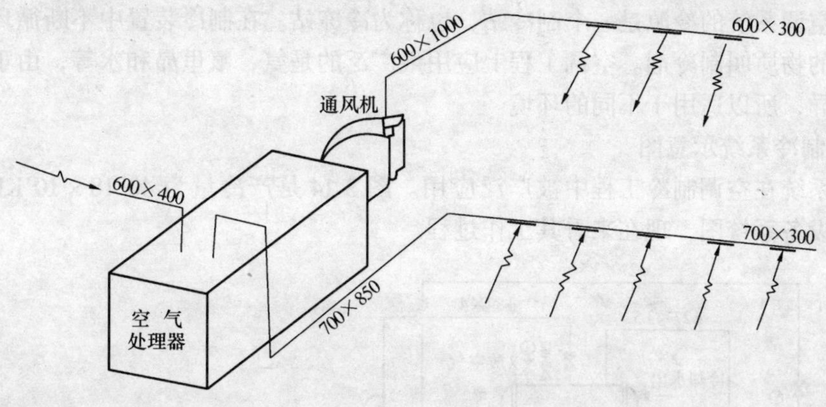

图 3-13　通风系统图

1. 集中式空调室示意图

在集中式空调室中，空气由百叶窗进入之后经过滤器除去灰尘和杂物，冬季时还要进行第一次加热，与部分回风混合在一起进入淋水室，喷淋加湿，提高空气的相对湿度。在淋水室的后部设有挡风板，它的功能就是把空气中的水分子挡落下来，为提高空气温度可再次与室内回风混合由二次加热器加热，由风机经风管送入室内。在夏季，则要关掉一、二次加热器，淋水室采用冷冻水喷淋，使室外空气温度下降，在喷淋室下部有水槽和循环水泵使冷水不断循环加压，由于特制的喷嘴功能，可使水呈雾状效果，可均匀地加湿空气。

在空调系统中，由于离心式风机有很强的噪声和振动，就必须对风机的基础作减振处理，在风道上也要采取相应的减振措施。

空调风道多采用保温措施，为的是保持送风温度，并可防止风道表面冷却结露。常用的保温结构由防腐层、保温层、防潮层和外防护壳组成。

2. 诱导空调系统示意图

诱导空调系统属半集中式空调设施。它由一次风系统、诱导器和二次水系统三个主要部分组成。和一般的集中式空调系统一样，一次风系统如前所述，这里只介绍通过卧式诱导器的空调系统。诱导器是诱导空调系统的末端装置和重要组成部分。它由外壳、热交换器和诱导空气的部件所组成。由于诱导器能在房间内就地回风，从而使集中处理室内风量减少了，空调机房里占地少，风机耗电量少。诱导空调系统最适用于多层、多房间且是同时使用的如商场、旅馆、办公楼等公共建筑及某些工业建筑。

3. 风机盘管系统

风机盘管空调系统也叫风机盘管机组，它也是半集中空调系统，由空调冷冻机房联系的室内末端装置。其工作原理是：机组内不断循环所在房间的室内空气，使它通过冷冻水或热水的盘管，空气被冷却或加热，保持房间温度。机组内有过滤器可净化室内污浊的空气，而保持盘管不被尘埃堵塞。机组还能除去房间湿气，盘管表面的凝结水滴入下部的水盘内，不断地被排入下水道中。

风机盘管机组包括风机、电机、盘管、空气过滤器等。安装方式可以是明装、暗装、半暗装三种。

（三）制冷工程图

用于空调系统的冷源是一个制冷站，也称为冷冻站。在制冷装置中不断循环工作实现制冷效果的物质叫制冷剂。空调工程上应用最广泛的是氨、氟里昂和水等，由于制冷剂性质上的差异，所以适用于不同的环境。

1. 氨制冷系统示意图

这个系统在空调制冷工程中被广泛应用。图 3-14 是产冷量为 40.18×10^5KJ/h 的单机空调制冷设备系统图，现在来看其工作过程。

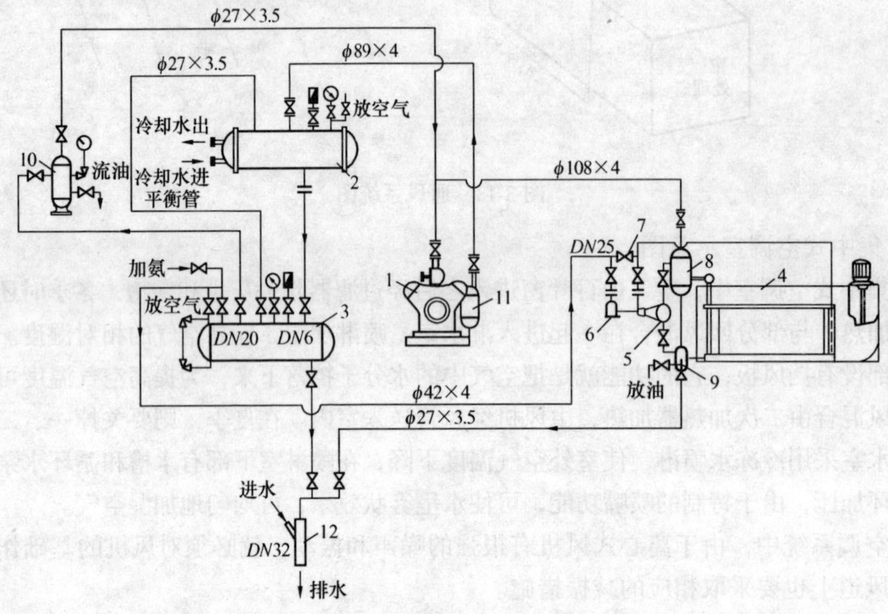

图 3-14　氨制冷系统示意图

1—压缩机；2—冷却器；3—氨贮器；4—冷水箱；5—浮球阀；6—氨过滤器；7—调节阀；8—氨液分离器；9—油包；10—贮油器；11—氨分离器；12—紧急泄氨阀

由制冷压缩机吸气管将氨液分离器中的低温低压氨气吸到低压缸内进行压缩。从压缩机出来的氨气已是高温高压的气体了。由高压缸排气管送到氨油分离器，为了防止润滑油进入后边的设备中，就要将其中夹带的少量润滑油分离出来。氨气从氨油分离器出来之后被送入冷凝器中。高温高压的氨气在冷凝器中与冷却水进行热量交换，把热量传递给冷却水，自身冷凝为液氨并不断地被贮存到贮液器中。高压氨液从贮液器排出，经氨过滤器除去固体杂质，经氨浮球阀节流降压进入蒸发器。低温低压的液氨在蒸发器排管中不断地吸收空调回水的热量，制出空调所需的冷冻水。液氨此时气化为低温低压氨气又被压缩机吸回，形成周而复始不断循环。

2. 氟里昂制冷系统

氟里昂制冷的工艺流程是：压缩机吸入低压的氟里昂蒸气，压缩后成高温高压气体经油分离器把润滑油分离出去，然后进入冷凝器冷凝为低温液体。氟里昂液体从冷凝贮液器底部出来经过滤干燥器将所含水分和杂质除掉，再经过电磁阀进入热交换器中，它与从蒸发器出来的低温低压气体进行热交换，使氟里昂液体过冷，过冷的液体通过热力膨胀阀节流降压并经液体分离器将氟里昂液体均匀地送往蒸发器。低温的氟里昂液体在蒸发器中吸

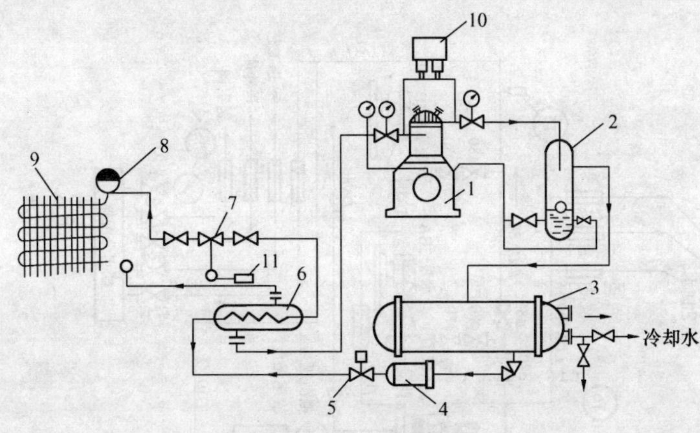

图 3-15　氟里昂制冷系统

1—压缩机；2—油分离器；3—贮液器；4—过滤干燥器；5—电磁阀；6—气液热交换器；7—热力膨胀阀；8—液体分离器；9—蒸发器；10—压力继电器；11—感温元件包

收流过蒸发器表面空气的热量，汽化成为低温低压的气体，让它再通过气液交换器后，重新被压缩机吸收而不断循环，达到降低空气温度之目的，如图 3-15 所示。

制冷系统中的电磁阀安装在冷凝器和蒸发器之间的管路上，有时装在热力膨胀阀边上，用来控制供液管的自动启闭。

热力膨胀阀装在靠近蒸发器前的供液管上，它的感温元件包固定在紧靠蒸发器出口的管路上。热力膨胀阀除了有节流降压作用外，还能通过感温元件包所受到低压气体的温度高低自动调节进液量，以保证蒸发器工作的稳定性。

3. 施工图的阅读

我们来看图 3-16，它是氨制冷系统图，从图上我们可以看出有两台 4V-12.5 型氨压缩机，一台 ZA-1 型氨贮液器，一台 LZ-40 型盐水箱，两台 3BA-9 型盐水泵和一台盐水分配器布置在机房内。两台 044-50 立式冷凝器，一台 TY-219 贮油器，一只 017-32 泄氨阀，一只 016-165 不凝性气体分离器和一台 4BA-12 冷水泵布置在室外。

在图中，高压氨气管道用 AQ 作代号；不凝性气体管道的代号用 B 表示；放油管用代号 Y 表示；氨贮液器上的安全阀放空管代号 FK；压缩机的冷却水进水管代号用 S 表示；冷却水的排水管道代号用 X 表示。

制冷系统的控制仪表，一般分就地安装和仪表盘集中安装两部分。测温仪表代号是 T；测压仪表代号为 P，并注有编号，如仪表盘上的氨低压表 P_{14}、电接点压力表 P_{12}等。

在管径方面，总管管径为 $D108\times4$，由东向西穿过机房 1 号轴线墙引至室外，靠近冷凝器处登高，再水平分支成两路转弯，管径为 $D76\times3$；高压氨气管径为 $D76\times3$；液氨管的管径 $D57\times3$，两台冷凝器的液氨管汇合后，自西向东敷设，至不凝性气体分离器附近分成两路，一路继续向前进入机房，加装阀门后接入氨液贮液器，另一路管径 $D25\times3$，垂直向下，至不凝性气体分离器下转弯，加装平动调节阀后，从不凝性气体分离器底部接入。不凝性气体管道自立式冷凝器接出，管径 $D25\times3$，绕过冷凝器自西向东，至不凝性气体分离器附近弯下，在不凝性气体分离器中部接入。

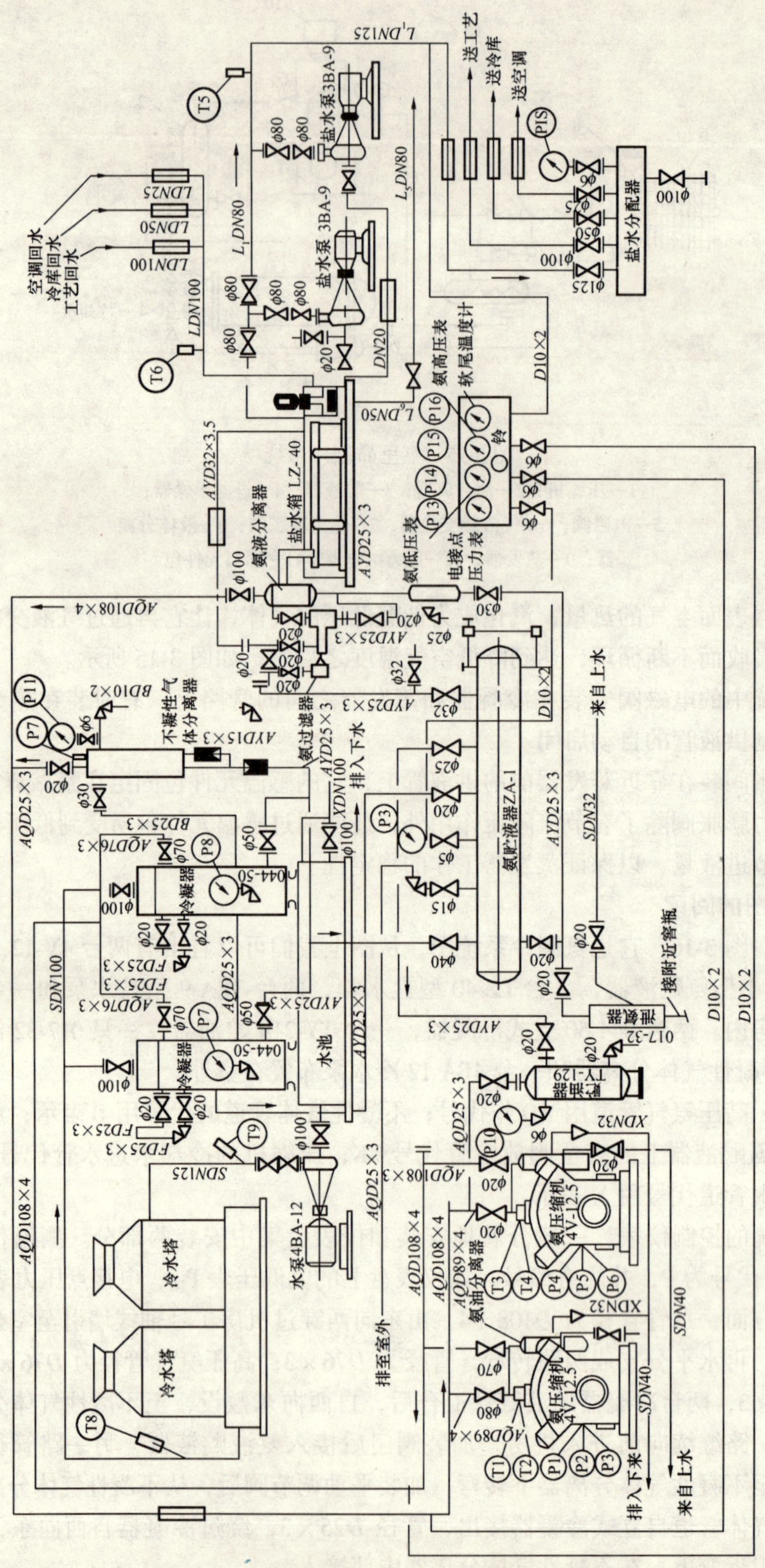

空调回水
冷库回水
工艺回水
LDN25
LDN50
LDN100
盐水泵3BA-9
盐水泵 3BA-9
送工艺
送冷库
送空调
盐水分配器
盐水箱 LZ-40
氨液分离器
氨高压表
氨低压表
软尾温度计
电接点压力表
铃
不凝性气体分离器
氨过滤器
排入下水
氨贮液器ZA-1
来自上水
集油器
接附近窨瓶
立式冷凝器
水池
冷水塔
水泵4BA-12
氨压缩机 4V-12.5
氨油分离器
排至室外
排入下水
来自上水

图 3-16 氨制冷系统图

供液管自氨贮液器垂直向上接出至设计标高处，水平敷设由北向南走下，管径 $D\times 3.5$，至盐水箱边折向东。氨气管管径 $D108\times 4$，至标高处转弯自南向北，到压缩机上空分支成两路向下进入氨压缩机气口进入压缩机。泄氨管有两路，管径均是 $D25\times 3$。一路从盐水箱蒸发排管底部接出，至泄氨器上方垂直下落与泄氨器连接；另一路从氨贮液器底部接出，并与来自盐水箱蒸发排管的泄氨管连接接到泄氨器。氨贮液器上的安全阀放空管，管径 $D25\times 3$。从安全阀接出后，到沿外墙向上高出屋面为止。

冷冻盐水供应管道分三路从盐水分配器接出。第一路是工艺冷冻盐水，管径 $DN100$；第二路是冷冻库用冷冻盐水，管径 $DN50$；第三路是空调用冷冻盐水，管径为 $DN25$。它们的回水管管径分别是工艺 $DN100$、冷库 $DN500$，空调 $DN25$。

三、采暖施工图的阅读

在这里主要介绍热水采暖施工图的阅读。

（一）采暖施工图的基础知识

1. 采暖的形式

建筑室内采暖方式可分为局部采暖和集中采暖两种方式。局部采暖由火坑、火炉、暖风器等就地产生热量，供一个或几个房间取暖；集中采暖由热电厂、中央空调机、锅炉供给蒸汽、热风、热水，通过各管道送到各个房间的散热器中，所以集中采暖可分为蒸汽采暖、热风采暖、热水采暖三种。

蒸汽采暖是以蒸汽为热媒，蒸汽流经散热器时，将热量散放到采暖的房间。但由于蒸汽采暖的房间温度升得快、降温也快，并且蒸汽极易产生不良气味和容易烫伤人体，故民用建筑很少应用。以热水为媒介采暖的为热水采暖，热水流经散热器时将热量散发到采暖房间。按热水在系统中循环方式的不同，可分为自然循环和机械循环两种方式。前者是利用热水轻、冷水重的原理，在未加任何外力条件下热水自然循环流动，所以自然循环热水采暖也称为重力循环热水采暖。后者是利用水泵产生的压力，强制热水在采暖系统内循环流动。热水由热水锅炉供给，供水温度一般为 95℃，回水温度为 70℃。当前应用最广泛的就是热水采暖。但在现代公共建筑、高标准的宾馆、商场等均采用热风采暖，它是由热风作为热媒，由中央空调机产生热风经管道、风机盘管输送到采暖的房间而达到采暖目的。

2. 采暖施工图表达的主要内容

(1) 设计说明。采暖施工图中的设计说明，主要有建筑物的采暖面积，热源种类，热媒参数，系统形式，系统总热负荷，进出口压力差，散热器形式及安装方式，管道敷设方式，水压试验参数等。此外还说明需要参考的有关专业的施工图图号或采用的标准图集或其他需要说明的问题。

(2) 采暖平面图。采暖平面图中管道系统用单线绘制而成；采暖入口的具体尺寸，为管中心至所邻墙面或轴线的距离。平面图还具体反映建筑施工图中与采暖有关的墙、柱、门窗、楼梯、轴线号，注明有开间尺寸、室内外地面标高，首层上右角绘有指北针；采暖干管设在哪一楼层上，采暖立管位置及编号，管道管径规格，安装尺寸起始、终点的标高；散热器的位置，还注明有片数、长度，其标注的方式为：柱式散热器只注明数量；圆翼形散热器注有根数、排数，如 3×2，表示共有两排，每排 3 根。光管散热器注有管径、长度、排数，如 $D108\times 3000\times 4$，$D108$ 为管直径，3000 为管长，4 排。串片式散热器标注有长度、排数，如 1.0×3。前者表示散热器的长度，后者表示其排数。并且当采暖入口有两处以上时，平面图上还分别标注有各入口的热量与系统阻力。

(3) 采暖系统图。采暖系统图是用轴测投影，把采暖系统从建筑物里取出来用单线绘制而成。系统图同相对应的平面图采用的是相同比例，它可以直观地反映系统的三维空间关系。从系统图可以看出：采暖管道的去向、坡度、坡向、管径及管径变化的位置、管道间的连接方式；是单管还是双管，是上供下回，还是下供上回；管路中阀门、采暖设备的安装位置、规格、型号等内容。

(4) 详图。当采暖平面图和系统图上表达不清楚或不易说明的地方常用详图来表达。

(二) 采暖施工图的阅读

阅读采暖施工图时，首先应掌握采暖施工图中的有关图例，清楚它们所代表的内容。阅读时，应查明建筑物内散热器的平面布置、种类、片数及散热器的安装方式；了解水平干管的布置方式及阀门、支架、补偿器等的平面位置和型号、干管直径；通过立管编号查明系统立管的数量和布置位置；查明热媒入口及入口地沟情况，当有热媒入口节点图时，平面图上注有节点图的编号，阅读时可按给定的编号查找热媒入口节点详图进行。例如图 3-17 所示的是某住宅楼采暖施工底层平面图。

从图 3-17 中可以看出该住宅楼的长度和宽度尺寸，热水口管从室外架空引入楼梯间，沿⑥轴线处的主管向上输送，主管直径为 *DN*50，共有 10 个立管；供水干管和回水干管上分别有 5 个固定支架；除卫生间和⑧号单管系统的散热器不在窗台下外，其余的均设置在窗台底下。根据设计说明，各层散热器顶部距地面为 900mm，但②号单管的各层散热器安装标高均距地面 1600mm。

在阅读轴测图时，应查看管道的连接，各段管径的大小、坡度、坡向，水平管道和设备的标高，以及立管编号等。了解散热器类型、规格及片数。应查明设备的构造、底部或顶部的标高。查清热媒入口处各种设备、材料、仪表、阀门之间的相互联系，同时应查明热媒的来源、坡向等，图 3-18 就是上例的系统轴测图。

从图中可以清楚地看到，沿⑥轴线处的主管送到 7 楼顶层圈梁中心处的 *DN*50 横管，

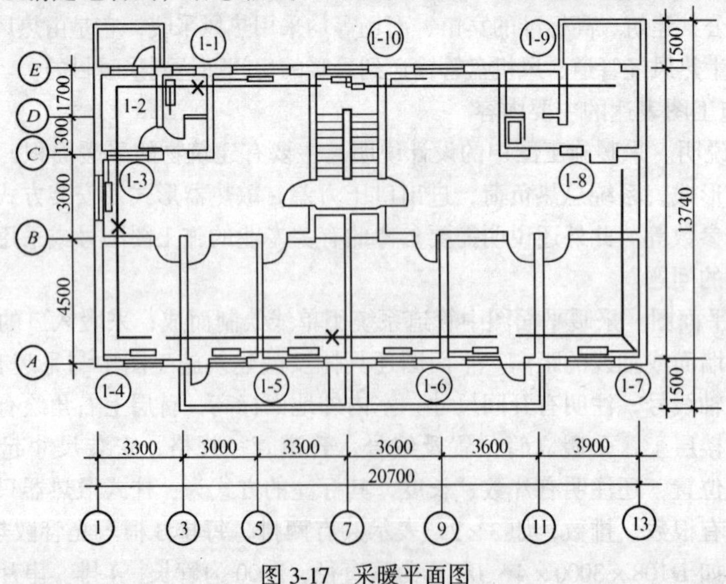

图 3-17　采暖平面图

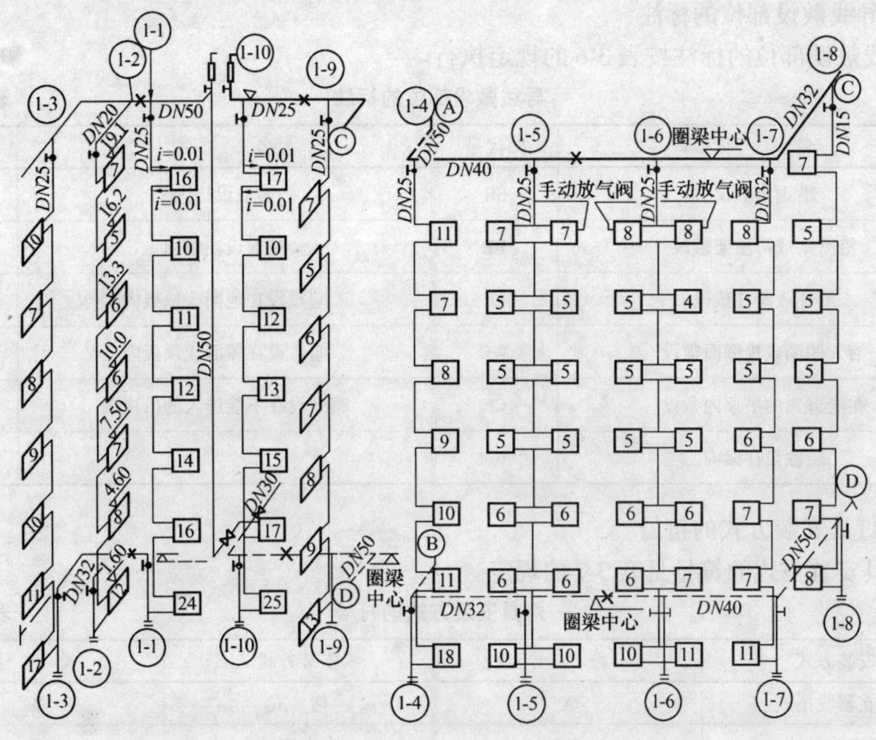

图 3-18　采暖系统轴测图

再从横管分配到各组供热单管。热水从上向下流经各楼层散热器，最后经过底层散热器后折向上汇合到底层圈梁中心处的回水管，又架空出户。热水入户管到顶层横管，管径为 *DN*50。④号至⑥号处管径变为 *DN*40；⑥号至⑨号为 *DN*32；⑨号至⑩号为 *DN*25。位于轴线②、③、④、⑦、⑨轴线的下分式单管直径为 *DN*20；位于①、⑤、⑥、⑩号轴线的单管直径为 *DN* 25；位于⑧轴线单管直径为 *DN*15。回水横管从①号至⑩号管径从 *DN*25 逐渐增大为 *DN* 32、*DN*40、*DN*50 等几个不同管段。从系统图还可以看出，每组单管从供水横管分支后，进入回水横管前各设有一个截止阀，热水入户前和回水出户后，各安有一个闸阀，并且出户管还多设一个自动排气阀。从平面图和系统图中还可以看出，底层和顶层各房间安装的散热器片数均比其他房间的多，并且底层比顶层的多。

四、电气施工图的阅读

(一) 电气施工图的符号

1. 导线敷设方式的标注

导线敷设方式的标注见表 3-5 的规定。

导线敷设方式的标注　　**表 3-5**

名　称	代　号	名　称	代　号
导线或电缆穿焊钢管敷设	SC	用钢线槽敷设	SR
穿电线管敷设	TC	用电缆桥架敷设	CT
穿硬聚氯乙烯管敷设	PC	用瓷夹板敷设	PL
穿阻燃半硬聚氯乙烯管敷设	FPC	用塑料夹敷设	PCL
用瓷瓶或瓷柱敷设	K	穿蛇皮管敷设	CP
用塑料线槽敷设	PR		

2. 导线敷设部位的标注

导线敷设部位的标注按表 3-6 的规定执行。

导线敷设部位的标注 表 3-6

名 称	图代号	名 称	图代号
沿钢索敷设	SR	暗敷设柱内	BC
沿屋架或跨屋架敷设	BE	暗敷设在墙内	CLC
沿柱或跨柱敷设	LE	暗敷设在地面或地板内	WC
沿天棚面或顶棚面敷设	WE	暗敷设在屋面或顶板内	CC
在能进入的吊顶内敷设	CE	暗敷设在不能进入的吊顶内	ACC
暗敷设在梁内	ACE		

3. 灯具安装方式的符号

灯具安装方式的符号见表 3-7 的规定。

灯具安装方式的符号 表 3-7

安装方式	符 号	安装方式	符 号
自在器线吊式	X	弯 式	W
固定线吊式	X1	台上安装	T
防水线吊式	X2	吸顶嵌入式	DR
人字线吊式	X3	墙壁嵌入式	BR
链吊式	L	支架安装式	J
管吊式	G	柱上安装式	Z
壁吊式	B	座装式	ZH
吸顶式	D		

4. 常用灯具类型的符号

常用灯具类型的符号见表 3-8 所示。

常用灯具类型的符号 表 3-8

灯具名称	符 号	灯具名称	符 号
普通吊灯	P	工厂一般灯具	G
壁 灯	B	荧光灯灯具	Y
花 灯	H	隔爆灯	G 或专用代号
吸顶灯	D	水晶底罩灯	J
柱 灯	Z	防水防尘灯	F
卤钨探照灯	L	搪瓷伞罩灯	S
投光灯	T	无磨砂玻璃罩万能型灯	W_w

5. 弱电电气图中常用符号

弱电电气图中常用的符号如表 3-9 所示。

弱电电气图中常用的符号　表 3-9

序　号	类　别	名　称	符　号	说　明
1	传输线路	电　话	F	
		电报和数据传输	T	
		视频通路	V	
		传输线路	S	电视无线电广播
2	电信插座	电　话	TP	
		电　传	TX	
		传声器	M	
		电　视	TV	
		调　频	FM	
		调幅中波	MW	
		调幅短波	SW	又可分为 SW_1、SW_2等
		扬声器		采用扬声器图形符号
3	电信设备	电　视	TV	
		广　播	BC	
		数据终端	DTE	
		光中继器	O-REP	

6. 导线类型表示法

导线类型表示法如表 3-10 所示。

导线类型表示法　表 3-10

导 线 名 称	符　号	导 线 名 称	符　号
铝芯聚氯乙烯绝缘线	BLV	铜芯聚氯乙烯护套线	BVV
铝芯聚氯乙烯护套线	BLVV	铜芯橡皮线	BX
铝芯橡皮线	BLX	铜芯橡皮软线	BXR
铝芯氯丁橡皮线	BLXF	铜芯氯丁橡皮线	BXF
铜芯聚氯乙烯绝缘线	BV	铜芯聚氯乙烯通信广播线	HBV
铜芯聚氯乙烯绝缘软线	BVR	铜芯聚氯乙烯电话配线	HPV

7. 照明灯具安装表示法

在平面图上，照明灯具的安装表示常有两种表示方法，一个是一般的标注方法，其表示为：$\alpha - b\dfrac{C \times d \times L}{e}f$；另一个是灯具吸顶的安装方法，其表示为：$\alpha - b\dfrac{C \times d \times L}{-}$

式中　α——灯数；

b——型号和编号；

C——每盏照明灯具的灯泡数；

d——灯泡容量（W）；

e——灯泡安装高度（m）；

f——安装方式；

L——光源种类。

（二）电气施工图的阅读

1. 识图的步骤

(1) 应了解电气施工顺序，掌握常用图例和代号及其表示方法。

(2) 了解电气工程图中的照明系统图、照明平面图、施工详图中的主要内容，熟悉各线路的敷设方式和部位，以及其连接方式。

(3) 查清电气设备的位置、配线方式及走向，安装电气的位置、高度，穿线管的材料、导线的规格型号和截面面积等。

2. 阅读实例

下面以某单位的住宅楼电气施工图为例逐一进行阅读。

阅读设计说明。本住宅楼电源由沿路架空线路从二楼引入，电压是380/220V，三相四线制供电入户。照明配电箱采用标准型XMZ，并暗装于墙内，箱底距楼地面高度为1400mm。电源在建筑物入户处，设有重复接地线装置，重复接地电阻小于10Ω。在配电线路中，除注明以外者，一律采用半硬PVC管暗装，导线型号采用BLV—500铝芯聚氯乙烯绝缘线，除了注明截面外，一律采用2.5mm铝芯导线。灯具开关全部暗装于墙内，采用普通扳把开关，距楼地面高1400mm；居室内采用接地暗装插座，距地面1800mm；厨房采用单相三孔暗装插座，距地面300mm，每个插座容量为60W。

阅读平面图3-19。从平面图可以看出，每单元是一梯两户对称式住宅，每户室内电器安装和布局也是对称的。室内导线采用半硬塑料管沿顶棚和墙壁内暗敷，型号是BV铝芯聚氯乙烯绝缘线，耐压为500V，截面面积2.5mm^2；配电盘内装有两只电表和两只插瓷保

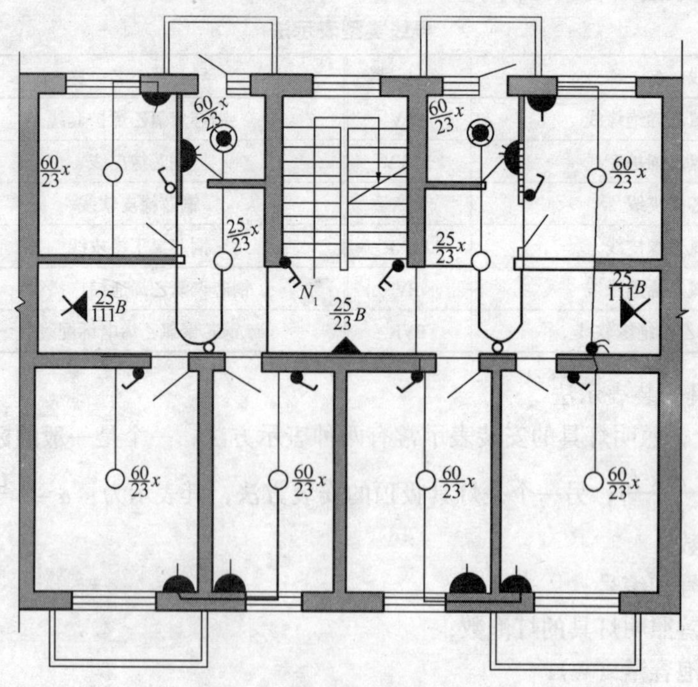

图3-19　电气安装平面图

险装置；每间卧室内设一只线吊式功率60W的白炽灯，安装高度为2300mm，暗装一个单相三孔插座，安装高度距地面为1800mm；每个厨房内配有一只线吊式功率为60W的防水防尘灯，距楼地面高度为2300mm，暗装一个单相三孔插座，距地面高度为300mm；卫生间内门的上方，装有一只25W的壁灯；门厅中，距地面2300mm处，安装有一只25W线吊式白炽灯；楼梯间均安装一只25W白炽壁灯，距地面2300mm。

在系统图3-20中，电源导线BX-500×（10×3+6×1）从二层中间单元引入楼梯间内XM2-2配电箱，导线截面10mm²的三根铜芯橡皮绝缘线和一根6mm²铜芯橡皮绝缘线，穿过ϕ32的钢焊管沿墙壁暗敷。系统中还明显地反映出，总配电箱与中间单元的单元配电箱合在一个配电箱XM2-2内，由中间单元配电箱中又引出两条干线到一单元和三单元的配电箱XM1-2和XM3-2。每层设置的分配电盘，由两只DD28型、电压220V、电流为2A的单相电度表与两只为2A，分两个回路控制两个住户用电。从XM2-2配电箱引向分配电盘的支线的导线规格型号和敷设方式与干线相同。XM2-2内还有一个三相胶盖闸刀，型号为HK_1-60/3，熔断丝电流40A；另有一个控制二单元干线的三相胶盖闸刀，型号为HK_1-30/3，熔断丝电流10A。

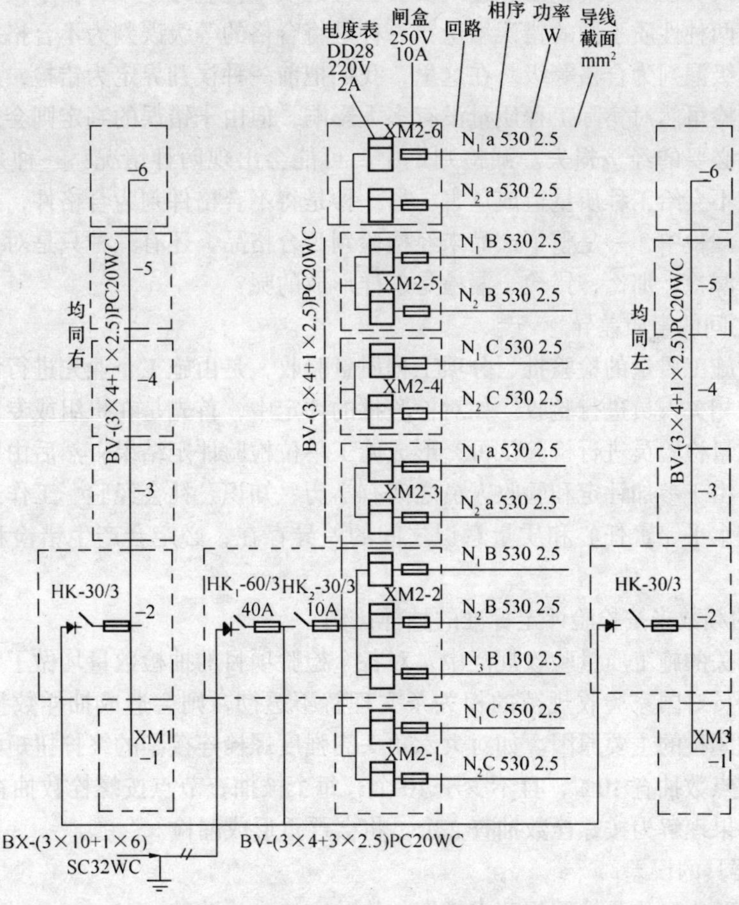

图3-20　电气安装系统图

第三节　质量检验误差与考核方法

在当前建筑企业中，质量检验人员面对最多的质量检验就是建筑施工和安装的检验批、分项工程质量的检验评定工作。监理工程师在监理活动中，也要结合相应的检验项目进行质量复检工作。但是，无论是建筑结构和钢结构企业中的质量检验员，还是监理工程师，对检验批、分项工程质量等级的评定和验收都是采用规定的检验方法和手段去检验被检项目的质量特征，并将检验评定的结果同验收评定规范相比较，才能确定其质量等级。但是从客观存在的因素分析，由于人与人之间的学历、检验方法运用、对标准的理解和掌握程度等方面存在着一定的差距，所以得出的检验结果就不可能一致。由于这些差距的影响，就不可避免地产生错检、漏检等情况，就会产生检验偏差。由此可见，对质量检验人员进行质量检验准确率的考核显得尤为重要。

一、形成错检、漏检的因素

质量检验人员在对建筑施工和建筑安装工程的质量检验评定中，由于误检和漏检最终结果可能产生两种性质不同的错误结论：一种是将合格的等级误判为不合格等级；另一种是将不合格等级漏判为合格等级。在这里，我们把前一种误判界定为错检，后一种漏判界定为漏检。错检虽然对实际工程质量没有多大影响，但由于错误的判定则会造成返工，给施工者造成不必要的经济损失。漏检判定中，可能会出现两种情况：一种是合格件的漏检，这种漏检不会给工程质量造成危害。另一种是将不合格件判为合格件，会给工程质量造成隐患。在漏检中，一是整个产品未经检验判为合格品，还有一种只是对一个产品的某个检验项目的漏检。那么，错检、漏检是怎样形成的呢？

1. 人员之间的素质差异

现在，对施工质量的检验批、分项工程质量验收，是由施工企业先进行评定，再由监理或建设单位相关人员进行验收。如对检验批的评定中，首先是在班组或专业工长自评的基础上，由质量检验员进行检验认可，形成施工单位检验评定结果，然后由监理工程师进行验收签字。由于参加评定和验收人员之间有学历、知识、社会经验、工作经验、检验方法之间的技术水平、责任心和质量意识之间的差异存在，必定会产生错检和漏检的检验误差。

2. 抽检的频数未按检验评定标准的抽样比例

在各个相关的施工质量验收规范中，对各个检验项目的抽检数量均做了明确规定。但是，由于质检员对国家验收规范的相关条文理解不透彻，则会造成抽样数量未按规定执行。这是造成漏检的主要原因。如对大六角头高强度螺栓连接副的终拧扭矩的检查，检验数量是应按节点数抽查10%，且不少于10个；每个被抽查节点按螺栓数抽查10%，且不少于2个。如果理解为按螺栓数抽查2个，将会严重形成漏检。

3. 计量器具的误差

在质量检验中，均是按照规范中规定的检验方法去检验的。

但是所用的检测工具如游标卡尺、千分尺、钢卷尺、尼龙卷尺、磁性测厚仪、钢筋保护层测定仪等。如果这些检测仪器的精确度或准确度产生偏差，那么被检验的对象就一定会产生检验误差。

即使检验仪器无误差，在使用中如果使用方法不对也照样会产生误差。

如对钢卷尺的使用，参与同一单位工程施工检测时，必须用同一牌号、同一规格的钢卷尺。并且在使用的过程中，一方面在实际使用时，应以实际温度与标准温度进行温差换算，另一方面还应注意钢卷尺制造厂规定的拉力标准，检测空间距离超过 10m 以上者，则应使用拉力计数器和夹具配合钢卷尺使用。最为重要的还有钢卷尺的垂度纠正，因为用钢卷尺测量距离时，尺的中央会产生垂度，从而会影响测量的精度，因此，必须根据实量的读数减去垂度纠正数，才是正确的实际距离。

二、准确率的考核办法

为了不断提高质量检测人员的业务素质及工作质量，保证其质量检验活动的公正性和准确率，唯一有效的途径就是定期对质量检验人员进行检验准确率的考核。在考核时，主要检验质量检验人员的工作量、检验数据记录的准确性、及时性、完整性、有效性。

对质量检验人员检验准确率的考核办法，通常有下列两种：

1. 准确率考核法

考核准确率应按下列公式计算：

$$\text{检验准确率}(\%) = \frac{d-k}{d-k+b} \times 100\%$$

式中 d——检验人员检验出的不合格品数；

k——复核检验时从不合格品数中检验出的合格品数，就是错检数；

b——复核检验时从合格品数中检验出的不合格数，即漏检数。

例 某市建设主管部门，为了提高检验员的检验质量，特对某一建筑钢结构施工企业的两名质检员进行考核。甲检验员从焊接的连接板项目中检查的不合格项数为 10 个，乙检验员检验的不合格项数为 12 个。经考核员复查后，在甲检验的 10 项不合格项目中有 2 项为合格；在甲检验认为是合格的项目中又查出 6 个不合格项。在乙检验员检验的 12 个不合格中复查出 4 项合格，在认为合格的项中查出 2 项不合格。甲、乙两检验员检验的准确率各为多少?

解 根据公式和例题中所给出的条件：则

$$\text{甲检验准确率} = \frac{d-k}{d-k+b} \times 100\%$$

$$= \frac{10-2}{10-2+6} \times 100\% = 57\%$$

$$\text{乙检验准确率} = \frac{d-k}{d-k+b} \times 100\%$$

$$= \frac{12-4}{12-4+2} \times 100\% = 80\%$$

根据考核结果可以明显看出，甲检验员的检验准确率低，乙检验员的检验准确率较高。如果把准确率达到 90%以上的定为优秀检验员，80%以上的为合格检验员，80%以下的为不合格检验员，则该企业的质量检验员均为不合格检验员。

2. 错检百分率考核法

各企业的专职质检员，对建筑施工和安装各检验批的质量进行检验，主要的目的是确定该分项工程是否合格的主要依据，并是能否进入下道工序的关键。为了对质检员的检验质量进行考核，也可采用错检百分率的方法对质量检验人员的检验准确率进行考核。考核的公式是：

$$错检百分率(\%) = \frac{k}{n - d - b + k} \times 100\%$$

式中　d、k、b 同上；

n——为总共检验的总项数。

例　某企业按照年度考核计划，对质检员检验的某一个钢筋混凝土结构工程施工质量进行考核，发现70项中有5项不合格，又从评定合格分项中查出不合格项4项，并在不合格分项中查出5个合格分项，其错检率是多少？

解　根据题中给出的条件可知，$n = 70$，$d = 5$，$b = 4$，依据错检百分率公式，则：

$$错检百分率 = \frac{k}{n - d - b + k} \times 100\%$$

$$= \frac{5}{70 - 5 - 4 + 5} \times 100\% = 7.6\%$$

该错检百分率为7.6%。

三、提高检验准确率的措施

提高质检员检验的准确率，是减少企业经济损失，有效占领市场的主要法宝。提高质检员检验的准确率，可按下列措施执行：

1. 各企业应不断健全和完善本单位的质量体系，建立健全各项规章制度，制定各种奖惩措施，增进质检人员的工作积极性。

2. 加强对质检人员的教育和培训，提高质检人员的道德素质和业务素质。学习国家有关的建筑法规、规范、标准、检测技术、数理统计与抽样检验的有关知识。

3. 质检人员应努力学习相关的检测技术，遵守检测程序和方法，严格按照规范规定的检验数量进行抽取。

4. 定期对质检人员进行业务考核，增进他们的责任心。

5. 应按国家对计量器具管理的规定，在一定时间内对所有的计量器具进行校正或标定，保证检测器具或检测设施的准确率和完好率。

6. 在检测过程中，应按照检测程序和检验技术，对检测的数据记录应清楚、计算应准确、修约应规范。

第四节　焊工的施焊资格

在《钢筋焊接及验收规程》和《建筑钢结构焊接技术规程》中，均规定了从事焊接施工的焊工必须持有焊工考试合格证，才能上岗操作。作为特殊专业的工种，其操作技术和资格对焊接质量起到保障作用，并直接影响到结构的安全及可靠性。因此，从事钢筋焊接和钢结构工程焊接的各类人员必须是取得资格认证、持证上岗的人员，而且还应按其持证允许范围进行施工。

一、一般规定

先培训后上岗，是各项工作的基本要求。从事钢筋和钢结构焊接的焊工也不例外，必须经过相关考核程序，领取相应证书后才能从事焊接工作。因此《钢筋焊接及验收规程》和《建筑钢结构焊接技术规程》对焊工考试作了如下规定。

1. 凡从事建筑结构焊接和钢结构构件制作和安装施工的焊工，应进行理论知识考试和操作技能考试。

操作技能考试包括熔化焊手工操作技能基本考试、附加考试、定位焊考试和机械操作技能考试；取得熔化焊手工操作技能基本考试和附加考试合格的焊工，均应认定为具备相应的定位焊操作资格。

2. 焊工资格考试的焊接工艺方法分类应符合下列规定：

① 手工操作技能。主要有手工电弧焊；熔化极气体保护焊；药芯焊丝自保护焊；非熔化极气体保护焊。

② 机械操作技能。包括有埋弧焊；熔化极气体保护焊；电渣焊，包括丝极、板极和熔嘴电渣焊；气电立焊；栓钉焊。

3. 焊工考试应由施工企业的焊工技术考试委员会组织和管理，其组成和职责应符合下列要求：

① 企业焊工技术考试委员会应由企业主管经理、技术负责人和技术管理、安全、教育、劳资等部门的代表、焊接主管工程师、中高级检验人员、考试监督人员等组成，实际操作技能考试监督人员应由熟练焊工或焊接技师担任。考试委员会可设办事机构主持日常工作。

② 企业焊工技术考试委员会应报经国家主管部门授权的上级管理机构认证、审批。

③ 企业焊工技术考试委员会的职责为：确定报考项目及试题；监督考试过程；评定考试结果；核实免试及延长有效期资格；提供试件焊接工艺；建立健全焊工考试档案管理制度；监督记录焊工生产合格率并纳入焊工档案管理。

4. 焊工经理论知识考试合格后方可参加操作技能考试。

5. 考试时所用焊接试板在焊前、焊后均不得进行包括热处理、锤击、预热、后热在内的任何处理，当然另有规定的除外。

焊接试板上所开的坡口应光洁平整，并清除其表面上的水、油污、锈蚀等杂物。考试前应将试板上打上焊工代码钢印和考试项目标识。

6. 除机械操作技能考试外，考试试板不得加引弧板、引出板；考试试板必须按考试规定的位置放置且不应刚性固定。

7. 考试焊工应独立进行各项操作。焊接开始后不得随意更换试板，不得改变焊接方向和焊接位置。

8. 考试用的焊条、焊剂应按规定烘干，随用随取。焊丝必须清除油污、锈蚀等污物。采用手工电弧焊，进行定位焊时应使用直径为 3.2mm 的焊条，其他考试项目焊接材料的规格应符合工艺评定的要求。

9. 单面坡口或双面坡口要求全焊透的焊缝，可清根或清根后打磨。

10. 考试过程中，不得对层间和表面焊缝进行打磨或修补，但焊后应将焊接渣滓、飞溅物等清除干净。

二、考试内容及分类

焊工资格考试包括理论知识考试和操技能考试。

(一) 理论知识考试内容

理论知识考试应以焊工必须掌握的基础知识及安全知识为主要内容，并应按申报焊接方法、类别对应出题，内容范围应符合下列规定：

1.《焊接与切割安全》(GB 9448) 规定的焊接安全知识。

2.《焊缝符号表示方法》(GB 324) 和《气焊、手工电弧焊用气体保护焊坡口的基本形式和尺寸》(GB 985) 规定的焊缝符号识别能力。

3.《钢结构外形尺寸》(GB 10854) 规定的焊缝外形尺寸要求。

4.《金属焊接及钎焊方法在图样上的表示代号》(GB 5185) 要求的焊接方法表示代号。

5. 所报考试焊接方法的特点：焊接工艺参数、操作方法、焊接顺序及其对焊接质量的影响；

6.《焊接质量保证、钢熔化焊接头的要求和缺陷分级》(GB/T 12469) 规定的焊接质量保证、缺陷分级。

7. 建筑钢结构的焊接质量要求。

8. 要掌握和熟悉与报考类别相适应的焊接材料型号、牌号及使用、保管等方面的知识。同样应掌握报考类别的钢材型号、牌号标志和主要合金成分、力学性能及焊接性能。

9.《金属熔化焊焊缝缺陷分类》(GB 6417) 规定的焊接缺陷分类及定义、形成原因及防止措施的一般知识。

10. 焊接应力变形、变形产生原因、防止措施及热处理的一般知识；并应懂得焊接热输入与焊接规范参数的换算及热输入对性能影响的一般关系。

(二) 操作技能考试

操作技能考试应以检验焊工的操作技能为原则，以检验焊工遵循工艺指令能力及完成致密焊缝能力为主。其分类认可范围应符合表 3-11 的规定：

1. 手工操作技能基本考试

手工操作技能各种考试的适应范围，主要是钢材的强度级别、焊条类型、试件板厚、焊缝类别和焊接位置。考试合格的一般适用认可范围是：

钢材强度级别高的可适用于低级别钢材；碱性焊条可适用于酸性焊条；试件板厚 25mm 以下可适用于 3 倍以内板厚，试件板厚大于、等于 25mm 时适用板厚不限；试件管径小于、等于 60mm 时，适用的管径不限；管径大于 60mm 时，只能适用于相同或更大的管径；钢板及钢管试件立、横、平焊位置可以按顺序适用；立焊加仰焊两个焊接位置可以适应于平、横、立、仰所有位置；各种焊接位置不带垫板的坡口全焊透焊缝考试可适用于带垫板的试件；各种焊接方法的考试一般不能互相适用。

操作技能考试分类及适应认可范围　　表 3-11

考试分类	焊接方法分类	类别号	认可范围
焊工手工操作技能基本考试 焊工手工操作技能附加考试 焊工手工操作技能定位焊考试	药皮焊条手工电弧焊	1	1
	实芯焊丝气体保护焊	2-1	2-1、2-2
	药芯焊丝气体保护焊	2-2	2-1
	药芯焊丝自保护焊	3	3
	非熔化极气体保护焊	4	4
机械操作技能考试	埋弧焊	5	5
	管状熔嘴电渣焊	6-1	6-1
	丝极电渣焊	6-2	6-2
	板极电渣焊	6-3	6-3
	气电立焊	7	7
	实芯焊丝气体保护焊	8-1	8-1、8-2、8-3
	药芯焊丝气体保护焊	8-2	8-2、8-3
	药芯焊丝自保护焊	8-3	8-3
	一般栓钉焊	9-1	9-1、9-2
	穿透栓钉焊	9-2	9-2

注：多极焊考试合格可代替单极焊考试，反之不可。

手工操作技能考试试板尺寸应符合图 3-21 的规定，坡口形式应符合表 3-12 的要求；管材试管对接尺寸应符合图 3-22 的规定，坡口形式应按表 3-13 中的规定。

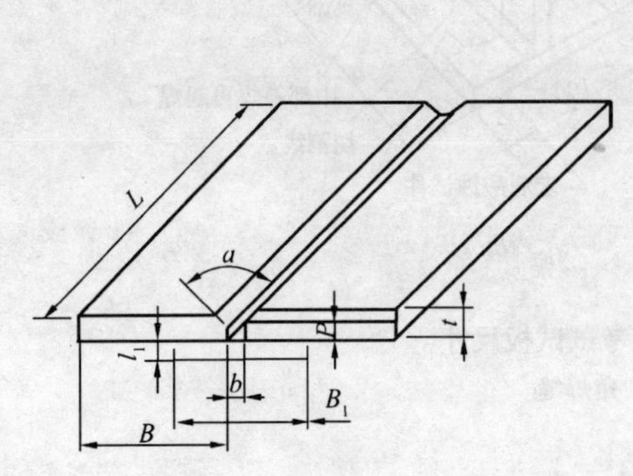

图 3-21　手工考试试板尺寸

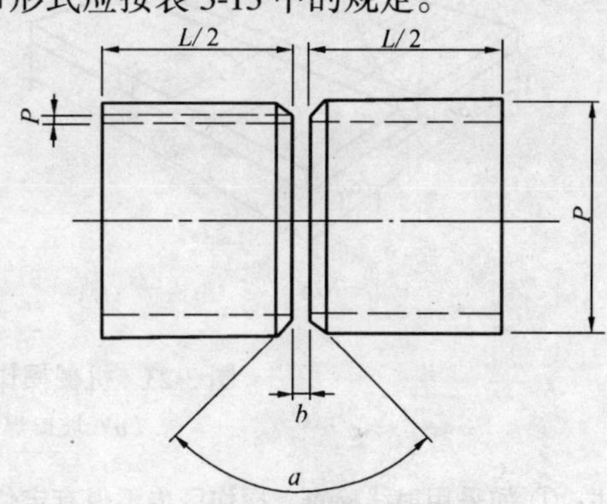

图 3-22　管材试管对接尺寸

板材对接试件和坡口尺寸　　表 3-12

试件厚度 t（mm）	试件长度 L（mm）	试件宽度 B（mm）	垫板尺寸 $B_1\times t_1$（mm）	坡口尺寸					
				角度 α（°）		间隙 b（mm）		钝边 p（mm）	
				不带垫板	带垫板	不带垫板	带垫板	不带垫板	带垫板
$8\leqslant t<25$	≥200	≥110	50×6	60±2.5	45±2.5	1~2	6±1	≤2	≤1
≥25	≥250	≥120		60±2.5	45±2.5	1~2	6±1	≤2	≤1

管材对接试件和坡口尺寸　　表 3-13

试件厚度 t（mm）	试件长度 L（mm）	试件宽度 B（mm）	垫板尺寸 $B_1\times t_1$（mm）	坡口尺寸					
				角度 α（°）		间隙 b（mm）		钝边 p（mm）	
				不带垫板	带垫板	不带垫板	带垫板	不带垫板	带垫板
$8\leqslant t<25$	≥200	≥110	50×6	60±2.5	45±2.5	1~2	6±1	≤2	≤1
≥25	≥250	≥120		60±2.5	45±2.5	1~2	6±1	≤2	≤1

2．机械操作技能考试

机械操作技能考试分类与适应范围主要内容是：机械操作焊工经某一钢材考试合格后，其允许焊接的钢种与手工操作基本考试的规定相同；在机械操作技能考试中所用的焊接材料、保护介质应根据被焊钢材种类按焊接工艺文件选配，焊工考试不做规定；焊接方法及焊接位置之间不能相互适应。对于钢材厚度、管材外径及适应范围按如下规定：对接坡口焊时，如埋弧焊试件板厚大于或等于24mm，电渣焊试件板厚大于或等于38mm，栓焊材厚大于或等于12mm时，实际操作适应厚度不限。管材外径大于或等于108mm时，适应管径大于等于89mm；坡口焊可适应于角焊，反之不可。

考试试件尺寸及坡口形式，应按如下规定：埋弧自动焊及熔化极气体保护焊操作工考试试板的尺寸应按图3-23所示。对于外径小于600mm管材的考试试件尺寸可根据产品形式和焊接工艺指导书要求由主考单位自行确定。

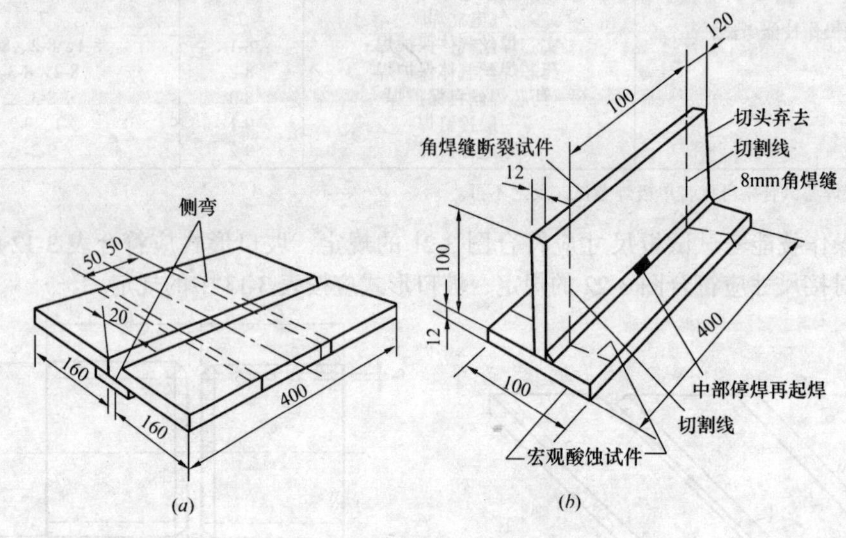

图3-23 机械操作技能考试试板尺寸

（a）坡口焊；（b）角焊缝

注：① 如采用射线检查，探伤区内不得有定位焊缝；

② 垫板厚度10~12mm，当不去掉垫板做射线探伤时，宽度最小为80mm，否则为40mm。

三、质量检验方法及合格标准

对于手工操作技能基本考试试件的检验方法及合格标准按下列规定：

① 焊缝外观检查。对手工操作技能考试的试件，应用5倍放大镜进行表面质量的检查。当表面质量合格后方可进行其他项目的检验。其表面质量应符合下面规定：焊缝边缘应圆滑平缓过渡到母材，焊缝外观尺寸应符合表3-14的规定；焊缝表面不得有裂纹、夹渣、气孔、未熔合和焊瘤；咬边和表面凹陷深度不大于0.5mm。对接焊缝两侧咬边总长度不大于焊缝全长的15%，且不大于25mm；焊后试板的角变形不大于3度；焊缝错边量不大于10%板厚，且不大于2mm。

焊缝外观尺寸要求 **表3-14**

试板种类	焊缝余高		焊缝高低差		焊缝宽度	
	F、IG	其他位置	F、IG	其他位置	比坡口增宽	每侧增宽
板	0~3	0~4	≤2	≤3	2~4	1~2
管	0~2	0~3	≤1.5	≤2.5	2~3	1~2

② 射线及超声波检查。采用射线检查，质量不低于现行国家标准《钢筋焊接及验收规范》（JGJ 18—2003）、《钢熔化焊对接接头射线照相和质量分级》（GB 3323）中Ⅱ级或Ⅱ级以上的规定；采用超声波检验应符合现行国家标准《钢焊缝手工超声波探伤方法和探伤结果分级》（GB 11345）中 BI 级的规定。

③ 冷弯检测。按照规定，将试样放在压力试验机上进行冷弯检测，这时弯芯直径为冷弯试样厚度的 3 倍，弯曲角度为 180°，对Ⅲ、Ⅳ类钢材，按母材标准对冷弯的要求进行。经冷弯试验，试件拉伸面任意方向上不得有长度大于 3mm 的裂纹或其他缺陷，单个试件裂纹及其他缺陷总长不得大于 7mm，各项检验为全部合格。

对于机械操作技能考试试件的检验方法，坡口对接焊除焊缝外形尺寸要求以外，其他与手工操作技能基本考试相同。其检验方法及合格标准按下列规定：

① 焊缝外形尺寸。焊缝外形尺寸按下面要求执行：

对接焊缝余高：0 ~ 4mm；

焊缝宽度比坡口宽度每侧增宽：1 ~ 3mm；

角接焊脚尺寸的差值：$\Delta h_f \leqslant 3$；

角接焊脚尺寸的不对称：$\leqslant 1 + 0.1h_f$。

② 焊缝内部无损检测：检测前应将背面垫板用机械方法加工除去。射线探伤应符合现行国家标准《钢熔化焊对接接头射线照相和质量分级》（GB 3323）中Ⅱ级或Ⅱ级以上的规定；超声波探伤应符合国家现行标准《钢焊缝手工超声波探伤方法和探伤结果分级》（GB 11345）中 BI 级的规定。

③ 冷弯曲检测。做冷弯曲检测时，冷弯曲试样表面任意方向裂纹及其他缺陷单个长度不大于 3mm，单个试件裂纹及其他缺陷总长不大于 7mm，各项检验合格。

第五节　焊接工艺评定

焊接工艺评定，是通过对焊接接头的力学性能或其他性能的试验，证实焊接工艺规程的正确性和合理性的一种程序。是评定施工焊接单位是否能焊出符合有关规程和产品技术所要求的焊接接头，验证焊接单位制定的有关焊接指导性文件是否合适，是制定工艺规程技术文件的依据，是证明钢筋焊接和钢结构工程所采用的焊接工艺能满足结构使用性能要求的见证性技术文件，并是给质量监督管理部门进行开工审批、施工过程监理、竣工验收的必备性文件。因此凡属于以下情况之一者，应进行焊接工艺评定：

国内首次应用于钢结构工程的钢材和首次应用于钢结构工程的焊接材料；

设计规定的钢材类别、焊材、焊接方法、接头形式、焊接位置、焊后热处理制度以及施工单位所采用的焊接工艺参数、预热处理、后热处理措施等各种参数组合条件为该工程施工企业首次采用的。

焊接工艺评定应由结构制作、安装企业根据所承担钢结构的设计节点形式、钢材类别、规格、采用的焊接方法、焊接位置等，制定焊接工艺评定方案，拟定相应的焊接工艺评定指导书，按照《钢筋焊接及验收规程》和《建筑钢结构焊接技术规程》的相关要求规定施焊试件、切取试样，并进行检测。

一、焊接工艺评定规则

1. 采用不同焊接方法的评定结果不得互相代替。

2. 不同钢材的焊接工艺评定应符合下列规定：

① 不同类别钢材的焊接工艺评定结果不能互相代替；

② Ⅰ、Ⅱ类同类别钢材中当强度和冲击韧性级别发生变化时，高级别钢材的焊接工艺评定结果可代替低级别钢材；而Ⅲ、Ⅳ类同类别钢材中的焊接工艺评定结果不得相互代替；不同类别的钢材组合焊接时应重新评定，不能用单类别钢材的评定结果代替。

3. 接头形式变化时应重新评定，但十字形接头评定结果可代替T形接头评定结果，全焊透或部分焊透的T形或十字形接头对接与角接头组合焊缝评定结果可代替角焊缝评定结果。

4. 评定合格的试件厚度在工程中适用的厚度范围应符合表3-15的规定。

评定合格的试件厚度与工程适用厚度范围 **表3-15**

焊接方法类别号	评定合格试件厚度 t（mm）	工程适用厚度范围	
		板厚最小值	板厚最大值
1、2、3、4、5、8	≤25	$0.75t$	$2t$
	>25	$0.75t$	$1.5t$
6、7	不限	$0.5t$	$1.1t$
9	≥12	$0.5t$	$2t$

5. 板材对接的焊接工艺评定结果适用于外径大于600mm的管材对接。

6. 如果施工企业已具有同等条件焊接工艺评定资料时，可不必重新进行相应项目的焊接工艺评定试验。

7. 焊接工艺评定结果不合格时，应分析原因，制定新的评定方案，按原步骤重新评定，直到合格为准。

二、重新进行工艺评定的规定

当发生下列情况时，则应重新进行工艺评定：

（一）焊条手工电弧焊接时，下列条件之一发生变化，应重新进行工艺评定：

① 焊条熔敷金属抗拉强度级别发生变化；

② 由低氢型焊条改为非低氢型焊条；

③ 焊条直径增加1mm以上。

（二）熔化极气体保护焊接时，下列条件之一发生变化时，应重新进行工艺评定：

① 实芯焊丝与药芯焊丝的相互变换；药芯焊丝气体保护焊接与自保护的变换；

② 单一保护气体类别的变化；混合保护气体的混合种类和比例的变化；

③ 保护气体流量增加25%以上或减少10%以上的变化；

④ 焊炬手动与机械行走的变换；

⑤ 按焊丝直径规定的电流值、电压值和焊接速度的变化分别超过评定合格值的10%、7%和10%。

（三）埋弧焊时，下列条件之一发生变化，应重新进行工艺评定：

① 焊丝钢号变化；

② 焊剂型号变换；

③ 多丝焊与单丝焊的变化；

④ 添加与不添加冷丝的变化；

⑤ 电流种类和极性的变化；

⑥ 按焊丝直径规定的电流值、电压值和焊接速度变化分别超过评定合格值的10%、7%和15%。

(四) 各种焊接方法时，下列条件之一发生变化，应重新进行工艺评定：

① 坡口形状的变化超出规程规定和坡口尺寸变化超出规定允许偏差；

② 板厚变化超出表3-15规定的适用范围。

③ 有衬垫改为无衬垫；清根改为不清根；

④ 规定的最低预热温度下降15℃以上或最高层间温度增高50℃以上；

⑤ 当热输入有限制时，热输入增加值超过10%；

⑥ 改变了施焊位置的；

⑦ 焊后热处理的条件发生变化。

三、试件及检验试样的制备与试验

(一) 试件制备

1. 评定焊接工艺的试件制备应符合下列要求：

(1) 选择试件厚度应符合评定试件厚度对工程构件厚度的有效适用范围；

(2) 母材材质、焊接材料、坡口形状和尺寸应与工程设计图的要求一致；试件的焊接必须符合焊接工艺指导书的要求。

(3) 试件的尺寸应满足所制备试样的取样要求。板材对接接头试件及试样应符合图3-24的要求；板材角焊缝和T形对接与角接试件及宏观、弯曲试样见图3-25的规定；斜T形接头应符合图3-26的规定；板材十字形角接及对接与角接组合试件应符合图3-27的规定；管材对接接头试件及试样应按图3-28的规定。

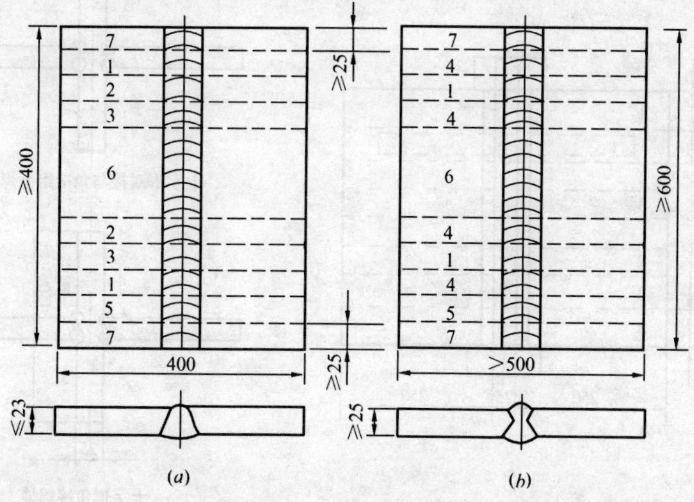

图3-24 板材对接接头试件

(a) 不取侧弯试样时；(b) 取侧弯试样时

1—拉力试件；2—背弯试件；3—面弯试件；4—侧弯试件；5—冲击试件；6—备用；7—舍弃

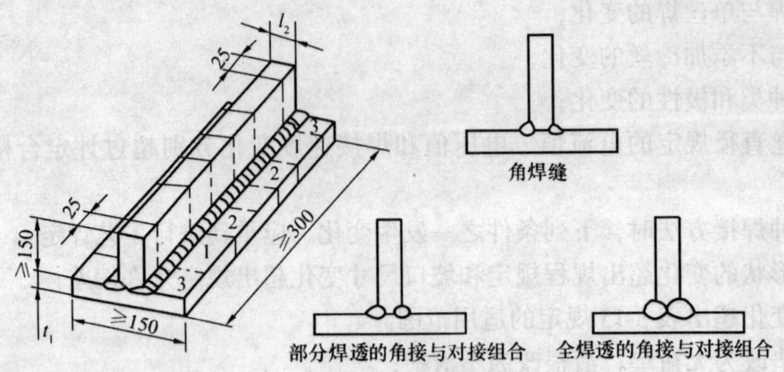

图 3-25 板材角焊缝试件

1—宏观酸蚀试样；2—弯曲试样；3—舍弃

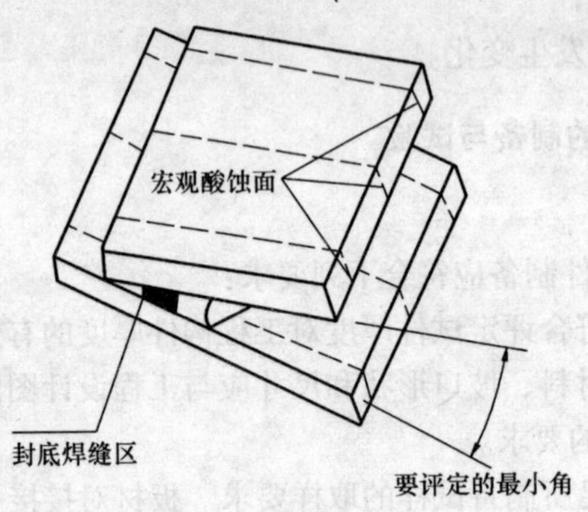

图 3-26 斜 T 型接头

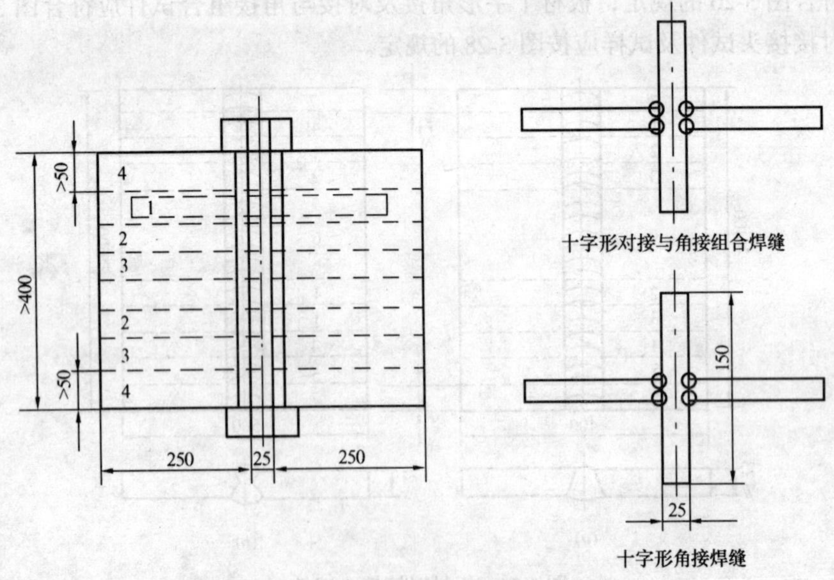

图 3-27 板材十字形角接及对接与角接组合

1—宏观酸蚀试件；2—拉伸试样；3—弯曲试样；4—舍弃

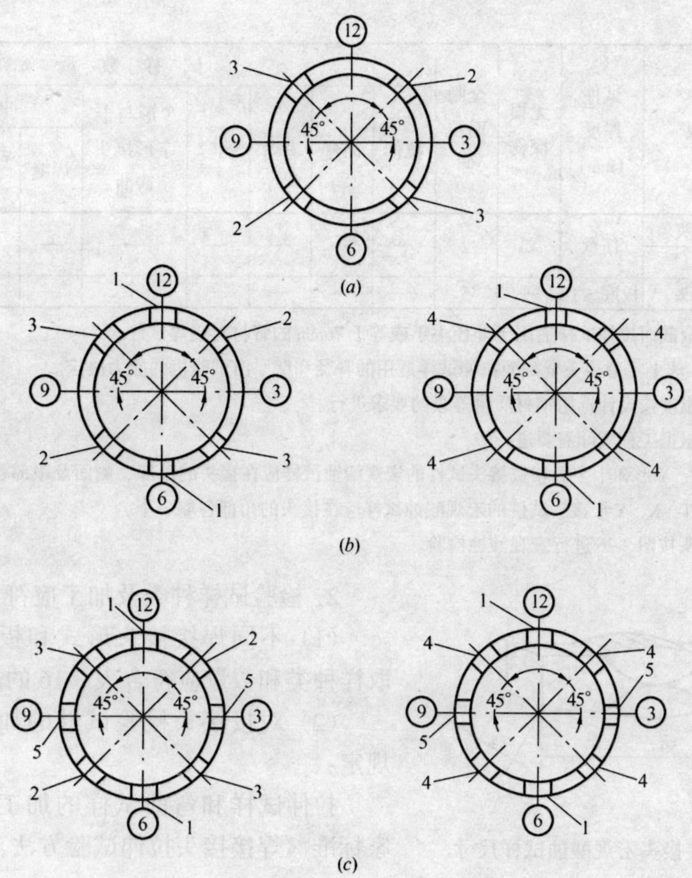

图 3-28　管材对接接头试件

(a)拉力试样为整管时弯曲试样的位置；(b)不要冲击试验时；(c)要冲击试验时

1—拉伸试样；2—面弯试样；3—背弯试样；4—侧弯试样；5—冲击试样

检验类别和试样数量　　表 3-16

母材形式	试件形式	试件厚度(mm)	无损探伤	全断面拉伸	试样数量							
					拉伸	面弯	背弯	侧弯	T形与十字形接头弯曲	冲击		宏观酸蚀及硬度
										焊缝	热影响区粗晶区	
板、管	对接接头	<14	要	管	2	2	2	—	—	3	3	—
		≥14	要	—	2	—	—	4	—	3	3	—
板、管	板T形、斜T形和管T、K、Y形角接接头	任意	—	—	—	—	—	—	板2	—	—	板2、管4
板	十字形接头	≥25	要	—	2	—	—	—	2	3	3	2

续表

母材形式	试件形式	试件厚度（mm）	无损探伤	全断面拉伸	试样数量							
					拉伸	面弯	背弯	侧弯	T形与十字形接头弯曲	冲击		宏观酸蚀及硬度
										焊缝	热影响区粗晶区	
管-管	十字形接头	任意	要	2	—	—	—	—	—	—	—	4
管-球												2
板-焊钉	栓钉焊接头	板底≥12	—	5	—	—	—	—	5	—	—	—

注：1. 管材对接全截面拉伸试样适用于外径小于或等于 76mm 的管材对接焊试件。
2. 管-管、管-球十字形接头全截面拉伸试样适用的管径和壁厚由试验机的能力决定。
3. 冲击试验温度按设计选用钢材质量等级的要求进行。
4. 硬度试验根据工程实际需要进行。
5. 管材 T、K、Y 形和十字形相贯接头试件的宏观酸蚀试样应在接头的趾部、侧面及跟部各取一件；矩形管接头全焊透 T、K、Y 形接头试件的宏观酸蚀试样应在接头的角部各取一个。
6. 斜 T 形接头按图 3-26 进行宏观酸蚀检验。

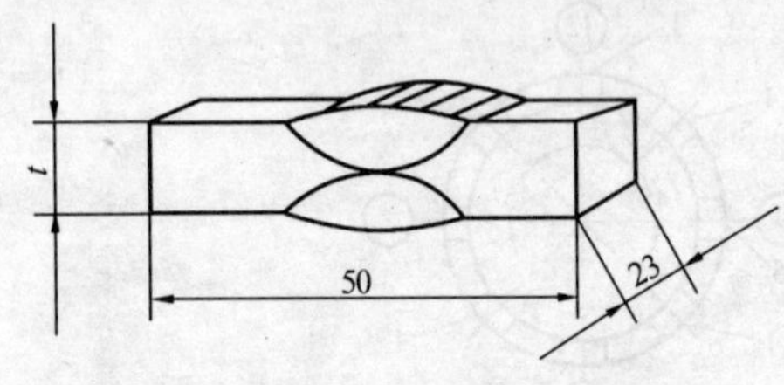

图 3-29 对接接头宏观酸蚀试样尺寸

2. 检验试样种类及加工应符合下列规定：

(1) 不同焊接接头形式和板厚检验试样的取样种类和数量应符合表 3-16 的规定。

(2) 对接接头检验试件的加工应符合下列规定：

拉伸试样和弯曲试样的加工应符合现行国家标准《焊接接头拉伸试验方法》(GB 2651) 和《焊接接头弯曲及压扁试验方法》(GB 2653) 的规定。全截面拉伸试样按试验机的能力和要求加工；加工弯曲试样时，应用机械方法去除焊缝加强高或垫板至与母材齐平，试样受拉面应保留母材原轧制表面；

冲击试样的加工应符合现行国家标准《焊接接头冲击试验方法》(GB 2650) 的规定。其取样位置应位于焊缝正面并尽量接近母材原表面；

宏观酸蚀试样的加工应符合图 3-29 的要求。每块试样应取一个面进行检验，任意两检验面不得为同一切口的两侧面。

(3) T 形角接头宏观酸蚀试样的加工应符合图 3-30 的要求。

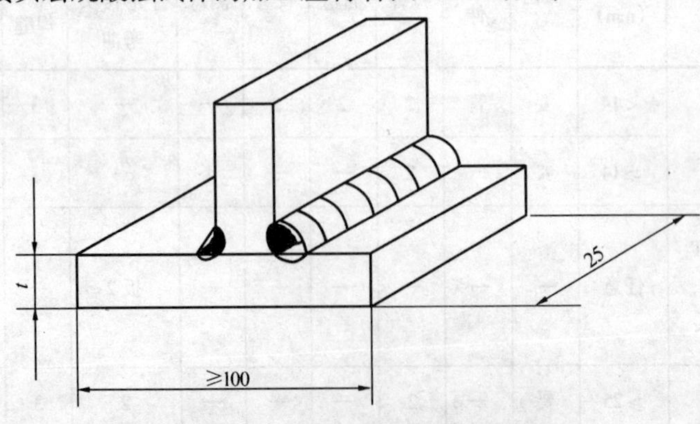

图 3-30 角接接头宏观酸蚀试样尺寸

(4) 十字形角接接头检验试样的加工应符合下列要求：

接头拉伸试样的加工应符合图 3-31 的要求。

接头弯曲试样的加工应符合图 3-32 的要求。

接头宏观酸蚀试样的加工应符合图 3-33 的要求。每块试样应取一个面进行检验，任意两检验面不得为同一切口的两侧面。

(二) 试件和试样的试验与检验

焊接工艺评定试验项目和方法，原则上应完全按照焊接工艺评定标准，不得任意增加或缩减试验项目，也不得任意改变实验方法，否则就失去了工艺评定的合法性和合理性。

1. 试件的外观检验应符合下列要求

对于对接接头、角接接头、T 形接头：用不小于 5 倍放大镜检查试件表面，不得有裂纹、未焊透、未熔合、焊瘤、气孔、夹渣等缺陷；焊缝咬边总长度不得超过焊缝两侧长度的 15%，咬边的深度不得超过 0.5mm；焊缝外形尺寸应符合表 3-17 的要求。

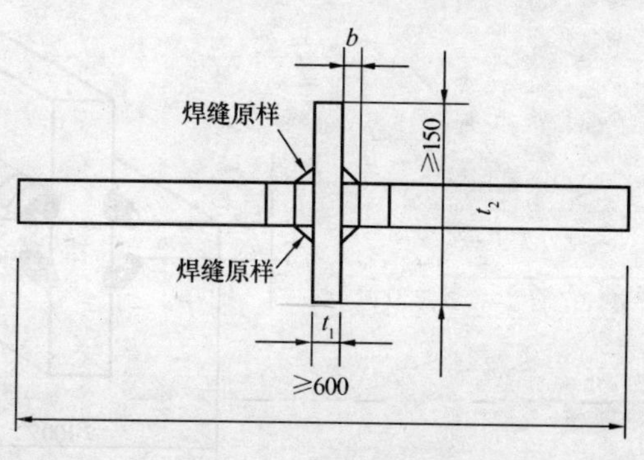

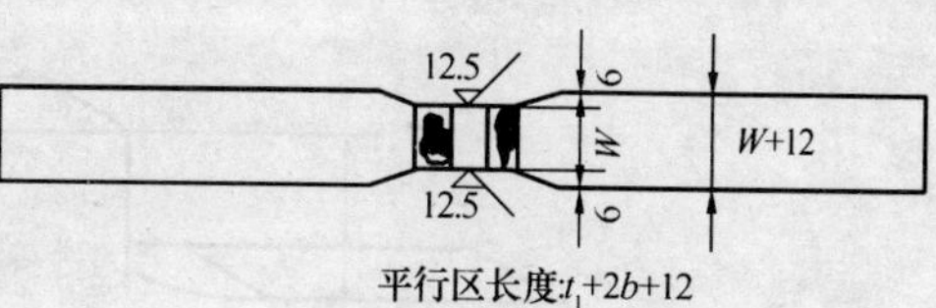

图 3-31 十字形接头拉伸试样示意图

t_2—试验材料厚度；b—根部间隙；

$t_2<36$mm 时 $W=35$mm，$t_2\geqslant36$ 时 $W=25$mm；

平行区长度：$t_1+2b+12$。

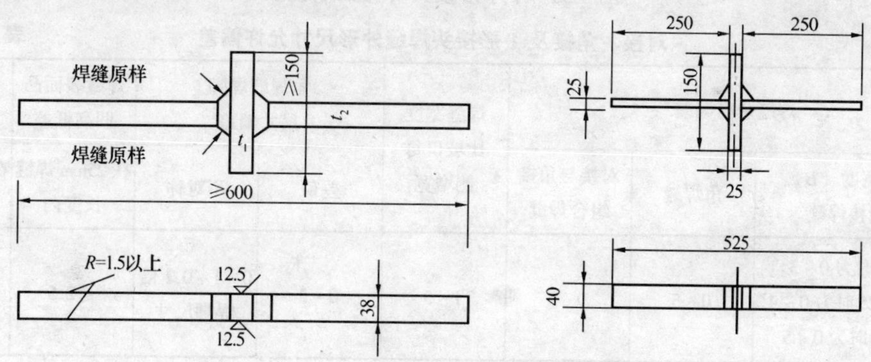

图 3-32 十字形接头弯曲试样示意图

2. 试件的无损检测

试件的无损检测可用射线或超声波方法进行。射线检测应符合现行国家标准《钢熔化焊对接接头射线照相和质量分级》(GB 3323) 的规定，焊缝质量不低于Ⅱ级；超声波探伤应符合《钢焊缝手工超声波探伤方法和探伤结果分级》(GB 11345) 的规定，焊缝质量不低于 BI 级。

3. 试样的力学性能及宏观酸蚀试验方法

试样的拉伸试验、弯曲试验、冲击试验等力学性能及宏观酸蚀试验均应符合相应试验方法的规定。

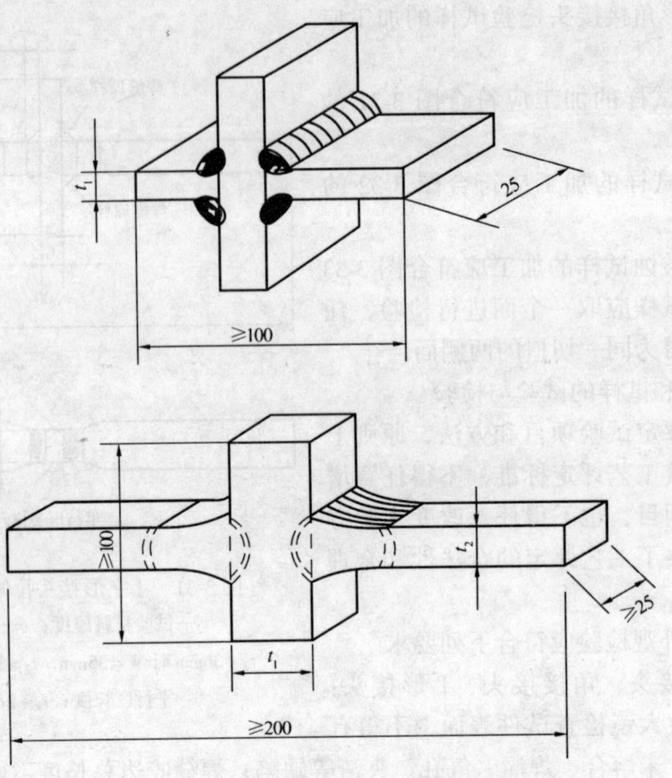

图 3-33 十字形接头宏观试样示意图

对接、角接及 T 形接头焊缝外形尺寸允许偏差 表 3-17

焊缝余高偏差			焊缝宽度比坡口每侧增宽	角焊缝焊脚尺寸偏差		焊缝表面凸凹高低差	焊缝表面宽度差
不同宽度（B）的对接焊缝	角焊缝	对接与角接组合焊缝		差值	不对称	在 25mm 焊缝长度内	在 150mm 焊缝长度内
$B<15$ 时为 0~3，$15\leqslant B\leqslant 25$ 时为 0~4，$25<B$ 时为 0~5	0~3	0~5	1~3	0~3	0~1+0.1 倍焊脚尺寸	≤2.5	≤5

（三）试样检验的规定

试样的检验应符合下列规定：

1. 接头位伸试验

对接接头母材为同钢号时，每个试样的抗拉强度值应不小于该母材标准中相应规格规定的下限值。对接接头母材为两种钢号组合时，每个试样的抗拉强度应不小于两种母材标准相应规定下限值的较低者；

十字接头、栓钉焊接头拉伸时，应不断于焊缝。

2. 接头弯曲试验

(1) 对接接头弯曲试验时，试样弯至 180°后应符合下列规定：

各试样任何方向裂纹及其他缺陷单个长度不大于 3mm；各试样任何方向不大于 3mm

的裂纹及其他缺陷的总长不大于7mm；四个试样各种缺陷总长不大于24mm，但边角处非熔渣引起的裂纹不计。

(2) T形及十字形接头弯曲试验时，弯至左右侧各60°时应无裂纹及明显缺陷。

(3) 栓钉焊接头弯曲试验试样，弯曲至30°后焊接部位应无裂纹。

3. 冲击试验

焊缝中心及热影响区粗晶区各三个试样的冲击功平均值应分别达到母材标准规定或设计要求的最低值，并允许一个试样低于以上规定值，但不低于规定值的70%。

4. 宏观酸蚀试验

试样接头焊缝及热影响区表面不应有肉眼可见的裂纹、未熔合等缺陷。

四、焊接工艺评定报告

焊接工艺评定试验完成后，需将试验结果填入焊接工艺评定报告中。通常为便于对照，还应事先编制一份焊接工艺评定指导书作为焊接工艺评定报告的附件。

一份完整的焊接工艺评定报告应记录评定试验时所需用的全部重要参数，其内容应包括如下各部分：

1. 评定报告编号及相对应的设计书编号；

2. 评定项目名称；

3. 评定试验采用的焊接方法，焊接位置；

4. 所依据的产品技术标准；

5. 试件的坡口形式、实际坡口尺寸；

6. 试件焊接接头焊接顺序和焊缝的层次；

7. 试件母材金属的牌号、规格、类别号，如采用非法规和非标准材料，则应列出实际的化学成分化验结果和力学性能的实测数据。

8. 焊接试件所用的焊接材料，列出牌号、规格以及该批焊接材料入厂复试结果，包括化学成分和力学性能。

9. 评定试件焊接前实际的预热温度、层间温度和后热温度。试件焊接后热处理的实际加热温度和保温时间。

10. 记录试件在焊接过程中的实际使用的焊接电流、电弧电压、焊接速度等焊接参数。

11. 试样力学性能的检验结果，主要应注明试样编号、试样形式、检验报告的编号和实测试样的接头强度和抗弯性能以及其他性能的检测结果。

12. 评定结论，是合格或是不合格。

13. 编制校对、审核人签名齐全。

14. 为了保证工艺报告的正确性和合法性，公司领导应有批准指示。

焊接工艺评定报告的格式应符合《建筑钢结构焊接技术规程》(JGJ 81—2002) 附录B的规定或参照表3-18的格式。

建筑钢结构焊接工艺评定报告格式 **表 3-18**

建筑钢结构焊接工艺评定报告

编　　号：________

编　　制：________

焊接责任

技术人员：________

批　　准：________

单　　位：________

日　　期：____年____月____日

焊接工艺评定报告目录　　表 3-18.1

序号	报　告　名　称	报告编号	页数
1			
2			
3			
4			
5			
6			
7			
8			
9			
10			
11			
12			
13			
14			
15			
16			
17			
18			
19			
20			

焊接工艺评定报告 **表 3-18.2**

共 页 第 页

工程名称			评定报告编号				
委托单位			工艺指导书编号				
项目负责人			依据标准	建筑钢结构焊接技术规程（JGJ 81）			
试样焊接单位			焊接日期				
焊工		资格代号		级别			
母材钢号		规格		供货状态		生产厂	

化学成分及力学性能

	C (%)	Mn (%)	Si (%)	S (%)	P (%)	σ_S (MPa)	σ_b (MPa)	δ_s (%)	Ψ (%)	A_{kv} (J)
标 准										
合格证										
复 验										
碳当量						公式				

焊接材料	生产厂	牌号	类别	直径（mm）	烘干制度（℃×h）	备注
焊 条						
焊 丝						
焊剂或气体						

焊接方法		焊接位置		接头形式	
焊接工艺参数	见焊接工艺指导书		清根工艺		
焊接设备型号			电源及极性		
焊后热处理					

评定结论：本评定按《建筑钢结构焊接技术规程》（JGJ 81）规定，根据工程情况编制工艺评定指导书、焊接试件、制取并检验试样、测定性能，确定试验记录正确，评定结果为：________。焊接条件及工艺参数适用范围按本评定指导书规定执行。

评 定		年 月 日	评定单位： （签章）
审 核		年 月 日	
技术负责		年 月 日	年 月 日

焊接工艺评定指导书　　　　**表 3-18.3**

共　页 第　页

工程名称					指导书编号						
母材钢号			规格		供货状态			生产厂			
焊接材料	生产厂		牌号		类型	烘干制度（℃×h）			备注		
焊　条											
焊　丝											
焊剂或气体											
焊接方法					焊接位置						
焊接设备型号					电源及极性						
预热温度（℃）			层间温度		后热温度及时间（min）						
焊后热处理											
接头及坡口尺寸图					焊接顺序图						
焊接工艺参数	道次	焊接方法	焊条或焊丝		焊剂或保护气	保护气流量	电流（A）	电压（V）	焊接速度	热输入	备注
			牌号	Φ（mm）							
技术措施	焊前清理				层间清理						
	背面清根										
	其他：										
编制		日期	年　月　日		审核			日期	年　月　日		

注：上表中的保护气流量单位为 l/min；焊接速度是 cm/min；热输入是 kJ/cm。

焊接工艺评定记录表 **表 3-18.4**

共 页 第 页

工程名称			指导书编号		
焊接方法		焊接位置		设备型号		电源及极性	
母材钢号		类别		生产厂	
母材规格				供货状态	

<table>
<tr><td rowspan="9">接头尺寸及焊道次顺次</td><td rowspan="9"></td><td colspan="5">焊接材料</td></tr>
<tr><td rowspan="3">焊条</td><td>牌 号</td><td></td><td>类 别</td><td></td></tr>
<tr><td>生产厂</td><td></td><td>批 号</td><td></td></tr>
<tr><td>烘干温度（℃）</td><td></td><td>时 间（min）</td><td></td></tr>
<tr><td rowspan="2">焊丝</td><td>牌 号</td><td></td><td>规格（mm）</td><td></td></tr>
<tr><td>生产厂</td><td></td><td>批 号</td><td></td></tr>
<tr><td rowspan="3">焊剂或气体</td><td>牌 号</td><td></td><td>规格（mm）</td><td></td></tr>
<tr><td>生产厂</td><td></td><td></td><td></td></tr>
<tr><td>烘干温度（℃）</td><td></td><td>时间（min）</td><td></td></tr>
</table>

焊 接 工 艺 参 数

道次	焊接方法	焊条焊丝直径（mm）	保护气体流量（l/min）	电流（A）	电压（V）	焊接速度	热输入（kJ/cm）	备 注

施焊环境	室内/室外	环境温度（℃）			相对湿度	%
预热温度	℃	层间温度	℃	后热温度	时间（min）	
后热处理						

技术措施	焊前清理		层间清理	
	背面清根			
	其 他			

焊工姓名		资格代号		级别		施焊日期	年 月 日
记 录		日期	年月日	审核		日期	年 月 日

焊接工艺评定检验结果 **表 3-18.5**

共 页第 页

非破坏性检验				
试验项目	合格标准	评定结果	报告编号	备注
外观				
X光				
超声波				
磁粉				

拉伸试验	报告编号				弯曲试验	报告编号			
试样编号	σ_S（MPa）	σ_b（MPa）	断口位置	评定结果	试样编号	试验类型	弯心直径 D（mm）	弯曲角度	评定结果
							$D=a$		
							$D=a$		
							$D=a$		
							$D=a$		

冲击试验	报告编号			宏观酸蚀	报告编号
试样编号	缺口位置	试验温度（℃）	冲击功 A_{KV}（J）	评定结果：	
				硬度试验	报告编号
				评定结果：	

其他检验：

检验		日期	年 月 日	审核		日期	年 月 日

第四章　质量控制常用技术

在建筑工程的整个施工环节中，技术是质量的保证，质量是技术的反映，质量与技术是密不可分的质量管理要素。没有一定的质量控制技术，施工质量就无法得到保证，质量控制也只是纸上谈兵。所以掌握质量控制技术是搞好施工质量控制的关键。

第一节　质　量　检　验

在质量控制和质量检测中，对工程中所用的材料、成品等的特性进行测量、检查、试验和计量，并将这些特性与规定的标准进行比较，以确定其符合性的活动，这样的质量管理活动就叫做质量检验。更确切地说，就是使用各类技术手段或方法，测量工程各分项工程和建材产品的质量特性，并将测量的结果，与相应的产品质量标准进行比较，从而判断该产品是否合格。因此可以说，检验是检测、比较和判断的总称。

一、质量检验的目的

建筑工程的产品形成是一个复杂的动态过程。在施工的全过程中，由于会受到各种不利因素的影响，建筑工程产品就不可避免地、不同程度地存在着质量波动。这个质量波动，就是通过质量检验活动，进行发现、比较和纠正。这样，检验的目的有两个方面的内容：一是对上道工序实行质量的检验；另一是判断工序或生产过程是否正确，这是属于控制性质的检验。具体地讲，它包括以下几个方面的内容：

1. 做出符合性判断，区分合格品或不合格品

对工程产品质量做出符合性的判断，可以采用全数检验或抽样检验的方式，这是质量管理活动中应用最为广泛的质量保证手段。

2. 实行质量控制

就是在施工过程中，对分项工程实行抽查判定工序是否正常，以便采取必要的质量改进措施。这类检验的直接目的不是判断产品是否合格，而是判定工序生产状态是否正常的一种质量管理活动。例如企业中的自检、互检和交接检。

3. 提供重要的质量信息

对施工质量进行控制，质量检验的结果是重要的信息资源，它综合地反映了施工企业的技术水平，社会监理或质量监督单位的管理水平。即能全面地反映建筑产品的质量，也综合反映了各个部门的工作质量。它可为今后企业的技术进步和质量控制工作的完善和提高提供可靠的信息。

二、质量检验的职能

1. 把关的职能

质量把关是检验工作的最基本的职能。也就是通过检验，以便做到不合格的原材料不准使用；不合格上道工序不准转入下道工序；不合格的工程不准交付使用。这样，就可以杜绝不合格的材料进入施工现场，避免工程质量事故的发生。

2. 预防的职能

对工程质量的检验，决不能作为一项单纯的事后把关，应立足于发现和剔除不合格的分项工程，把不合格的因素消灭在发生以前。因此，应通过不同形式的检验，对检验的数据进行统计分析，找出质量发生的原因，掌握质量变异的规律，以便采取预防和纠正的措施，杜绝质量事故的发生。

3. 监督验证的职能

根据《中华人民共和国建筑法》第六十一条的规定："建筑工程竣工经验收合格后，方可交付使用；未经验收或验收不合格的，不得交付使用"。所以对竣工的建筑工程按照相应的程序规定进行竣工验收，来确定其是否能交付使用，这一质量管理活动就是验证。

三、检验的类别

(一) 按施工的不同阶段分

1. 施工前的检验

工程中所用的建筑材料，如钢材、水泥、砌体材料、防水材料、焊接材料等，是影响工程质量的重要因素。而在工程未进行正常的施工前，应对建筑材料的质量特性进行检验，以防不合格的材料误入工地；另外，还应对施工工艺的参数、设备性能进行检验；对进入施工现场的预制构件和其他外协件进行检验；对样板间的制作、砂浆及混凝土配合比的检验；在钢结构工程中，应对焊接的钢构件进行探伤检验、高强度螺栓和连接板的抗滑移试验等。

2. 施工阶段的检验

这个阶段是工程质量的形成阶段，所以，也是检验活动最为频繁的阶段。在这个阶段中，应对检验批质量、分项工程质量进行验收性的检验；对隐蔽工程质量、结构部位的质量、质量控制点的质量进行严格检验，保证这些项目的质量必须符合验收规范的要求；并且还应对混凝土抗压强度、砂浆抗压强度、防水材料进行检验；钢结构工程中还要对切割面的质量，焊缝的外观、尺寸、形状，构件的几何尺寸等进行检验，保证施工阶段的施工质量。

施工阶段的检验主要有施工单位对各施工工种的自检、互检和交接检验。钢结构构件制作时更要加强首件检验，因为首件检验是防止整批不合格或报废构件产品产生的一道检验程序。

(1) 自检、互检和交接检。工程质量验收是生产、安装班组在施工过程中的自我检查。自我检查就是按照施工操作工艺要求，边操作边检查，将相关质量要求及尺寸偏差控制在规定的界限内。当该工艺或该工种工作完成后，由承担检验批、分项工程的工种人员对所施工的工种项目进行相互检查，这样有利于发现问题后及时整改，使工程质量达到合格标准。所谓交接检验，是各班组、各工种之间在本工序完毕之后，下一道工序开始之前，共同对本工序质量进行检查，一方面可划分质量责任，另一方面看是否能进入下道工序的施工，因此，它可起到把关和相互监督的作用。

(2) 专职检验。施工班组组织自检、互检、交接检合格后，由单位工程的项目专业质量检查员对检验批的质量进行检查评定，并共同在检验批评定记录表格上签署意见，作为向下一道工序交接的依据。

3. 监督验证的检验

这种检验也称竣工检验，是给工程产品发放通行证的关键性检验。根据《建筑工程施工质量验收统一标准》（GB50300—2001）规定，“单位工程完工后，施工单位应自行组织有关人员进行检查评定，并向建设单位提交工程验收报告”。“建设单位收到工程验收报告后，应由建设单位（项目）负责人组织施工（含分包单位）、设计、监理等单位（项目）负责人进行单位（子单位）工程验收”。这个验收就是对工程质量的最终验证，看其质量是否达到国家标准的“合格”质量等级。

(二) 按检验性质分

1. 质量性能检验

这种检验主要是对产品性能的检验，观其是否达到相应标准的规定。如对水泥的物理、化学性能的检验；对钢材的力学性能、延伸率、弯曲性能的检验；高强度螺栓的扭矩检验等。

2. 耐久性能检验

这种检验是对某种材料在长时间的条件下是否能保持原有性能的检验。如对防水材料的检验，油漆、镀膜玻璃等耐久性的检验；钢结构工程中的除锈等级检验和防火涂料的各种性能检验等。

3. 功能性检验

也就是观察某种设备的特定性能是否达到原定的功能要求。如对避雷器的安装质量检验；给排水管道的安装质量检验；电梯安装的各种保护开关的质量检验等。

(三) 按被检验物的破损程度分

1. 破损检验

也称破坏性检验。如对混凝土试块、砂浆试块的抗压试验；水泥强度的抗折、抗压试验；钢材的拉力检验等；有时对结构构件的结构性能检验也属于破损检验。

破损检验的显著特点是不能实行全检，只能进行甚至是小样本的抽检。如对预制混凝土构件的结构性能检验，检查的数量：应按同一工艺正常生产不超过1000件且不超过3个月的同类型产品为一批；并且在每批中应随机抽取一个构件作为试件进行检验。

2. 半破损检验

这种检验只造成检验体表面的局部损伤，而对结构的整体不造成影响，也不降低其使用价值，也不危害结构安全。所以这种检验也称局部破损检验法。如采用钻芯法、拔出法对混凝土强度的鉴定检验等。

3. 无损检验

这是在不破坏检验体内部结构和使用性能条件下的一种科学检验方法。如回弹法对混凝土结构的施工强度检验，超声波对钢结构构件焊缝内部缺陷检验，电磁波对涂层厚度的检验等。

(四) 按检验数量分

1. 全数检验

全数检验，就是逐件对全部产品进行100%的检验。这种检验只适用于检验项目少、数量少的成品。如在安装工程中，对室内给水附属设备水箱的油漆检验；室外煤气工程中伸缩器位置的检验等。

2．抽样检验

抽样检验，就是按照国家验收评定标准的规定，从一个批量中或一个工程的部位中随机抽取若干件建筑材料和部分分项工程的质量进行检验，根据检验结果，与产品标准规定进行比较，以确定该批产品是否合格。这种检验方法是质量控制中应用最多而又广泛的一种方法。抽样检验还有两种类型：

(1) 直接对检验的对象给出了一个检验的定量数。如对主体工程中砂浆饱满度的检查，每步架抽取不少于3处；对配电箱、配电盘只抽取5台的检验等。

(2) 一方面给出了检验数量的百分比，另外还规定了最少的检验数量。如对点焊网片的质量检验，按同一类型产品抽查5%，但均不应少于3件的检验数量；对灌注桩的允许偏差的检验，按灌注桩的数量抽查10%，但不少于3根等。

(3) 在建筑工程施工质量抽样检验中，结合检验项目的特点，特对检验批质量检验的抽样方案选择作了如下规定：

1）计量、计数或计量——计数等抽样方案。

2）一次、二次或多次抽样方案。

3）根据生产连续性和生产控制稳定性情况，尚可采用调整型抽样方案。

4）对重要的检验项目，可以采用简易快速的检验方法时，可选用全数检验方案。

5）经实践有效的抽样方案。

四、抽样检验的样本

在质量检验的过程中，为了掌握某一工程部位的质量状况，不可能对整体的工程结构构件逐一地进行全数检验，只能依据标准的规定，从整体结构中抽取部分项目进行检验。在这种情况下，就引出了总体、个体与样本。

总体，又叫母体，是研究对象的全体。由于总体所包含个体的数量很大，甚至无限大，所以总体可分为有限总体和无限总体。例如一个单位工程，不论其工期有多长，但它必定有一个竣工的日期，因此它是有限总体。建设工程中所用的建筑材料，不光是以前的工程中应用，现在的工程还在应用，而且以后的建设工程还将使用，所以它也可以称为无限总体。

组成总体的每一个基本单位称为个体。它可以是一个，也可以由几个组成。例如一个单位工程，是由几个分部工程组成。如把单位工程看作是一个总体，那么分部工程则是组成单位工程的个体。再如对建筑工程中砌筑砂浆强度的检验，是由6个试块组成一个检验组，这6个试块的数量则是组成检验组的个体。

从上述可知，既然我们不可能对组成母体的个体逐一全部地进行检验，这样，我们只能从母体中抽取一部分个体进行研究，从而推断出母体的质量状况。从总体中抽取一部分个体就称为样本，组成样本的每一个个体称为样品。样本中所含样品的数目叫做样本大小或样本含量。例如对挤密桩的允许偏差的检验，应按总桩数抽检5%，这5%就是样品数，也是样本含量；再如对砂子的质量进行检验，以400m^3或6000t作为一个验收批，这是母体；在料堆上取样时，应在不同部位抽取大致相等的砂共8份，这是砂的个体；然后在8份砂子的混合体中抽取不同的数量进行不同项目的检验则称为样本。

综上所述，从数理统计的角度讲，所谓总体是一个随机变量，所谓样本就是 n 个相互独立且与总体有相同分布的随机变量 x_1、x_2、……、x_n。这里的 n 则是样本的容量。

第二节 非破损检测技术

在质量控制和质量检验活动中，利用声、光、电等检测技术在不破坏内部结构和使用性能的情况下，来检验有关检验对象性能方面的物理量，推断其强度、缺陷等的测试技术，就称为非破损检测技术。

非破损检测与破损检测法相比，具有如下的特点：

(1) 非破损检测法具有较强的灵活性和机动性，能适应不同条件下的检测和新旧建筑物上的鉴定检测。

(2) 不破坏建筑结构构件的外表及内部结构，不影响其使用功能，且简便快速。

(3) 能直接在建筑物上进行全面检测，比较直观和真实地反映被检物体结构的真实质量特性。

(4) 获得的质量信息非常广泛。如混凝土内部的孔洞、疏松、开裂、冻害；钢结构构件焊缝内部缺陷、涂层的厚度等，这些均是破坏性检测无法得到的。

(5) 可进行连续测试和重复测试，使检测的结果具有良好的可比性。

在建筑工程的施工质量控制和质量检测中，常用回弹法、声速法、钻芯法及拔出法等非破损检测工具对建筑工程结构或混凝土的强度进行检测；利用钢筋保护层测定仪对钢筋在混凝土结构中的保护层厚度进行测定；利用超声波对钢结构构件的焊缝缺陷进行检验；采用厚度仪对漆膜厚度进行检测等，均是非破损检验方法，其种类繁多，不能一一介绍。在这里以回弹法、钻芯法对混凝土的强度测定和超声波对焊缝质量检验作一介绍，其他非破损检测法应按照其使用方法进行。

一、回弹检测技术

(一) 检测要求

1. 应具备的技术资料

利用回弹仪检测混凝土结构构件强度时，应具备下列技术资料：

(1) 工程名称、设计单位、建设单位和施工单位的名称。

(2) 结构构件的名称、数量、外形尺寸、外表形状以及混凝土的强度等级。

(3) 水泥的品种，出厂合格证或复验报告单；骨料的种类及级配检测报告；混凝土配合比通知单。

(4) 施工过程中混凝土组成的各种材料的计量记录；混凝土的浇筑、养护日期等记录资料。

(5) 必要的结构施工图和施工日记；以及该结构构件的隐蔽验收记录等。

(6) 申请检测单位的申请报告，并应详细说明检测的原因。

2. 检测批量的规定

检测结构构件混凝土强度可采用单个及批量两种类型，其适应范围及构件数量应符合下列要求：

（1）单个检测：适用于单个结构或构件的检测；

（2）批量检测：适用于在相同生产工艺条件下，混凝土强度等级相同，原材料、配合比、成型工艺、养护条件基本一致，且龄期相近的同类结构或构件。

按批量进行检测的构件，抽检的数量不得少于同批构件总数的 30%，且构件数量不得少于 10 件。并且在抽检构件时，应随机抽取并使所选构件具有一定的检测代表性。

3. 检测测区的确定

每一结构或构件的测区应符合下列要求：

（1）每一结构或构件测区数不应少于 10 个，对某一方向尺寸小于 4.5m 且另一方向尺寸小于 0.3m 的构件，其测区数量可适当减小，但不应少于 5 个。

（2）相邻两测区的间距应控制在 2m 以内，测区距结构构件边缘距离，不宜大于 0.5m。

（3）测区应选在使回弹仪处于水平方向，检测混凝土结构构件的侧面。当条件受到限制时，可检测混凝土结构构件的顶面和底面。并且测区应选在结构构件的两个对称侧面上，也可选在同一可测面上，且应均匀分布，但应避开预埋件。测区面积应控制在 $0.04m^2$ 范围。

（4）检测面应为原状混凝土面，并应清洁平整，不应有疏松层、浮浆、油污及蜂窝、麻面、露筋等缺陷。必要时可用手砂轮消除疏松层和其他杂物，但不得留下粉末和碎屑等物。

（5）对于回弹仪弹击时产生颤动的薄腹、小型构件应设置支撑，并应固定牢固。

（6）结构构件的测区应有清晰的明显编号，必要时可在记录纸上描述测区布置示意图和结构构件的外观质量分布图。

（二）回弹值测量

利用回弹仪检测结构构件时，回弹仪的轴线应始终垂直于结构或构件的混凝土检测面，均匀缓慢施加压力，准确无误地读数，并快速地使回弹仪复位。

检测点宜在所测结构构件的测区范围内均匀分布，相邻两测点的净距一般不宜小于 20mm，测点距构件边缘或外露钢筋、预埋件的距离一般不小于 30mm。测点不应在气孔或外露的石子表面上。同一测点，只准弹测一次，每一测区应记录 16 个回弹值，回弹值读数应精确至 1 的整数。

当回弹值测量完毕后，应在有代表性的位置上测量碳化深度值，测点表面不应少于构件测区数的 30%，取其平均值为该构件每测区的碳化深度值。当碳化深度值极差大于 2.0mm 时，应在每测区测量碳化深度值。

测量碳化深度值时，可用合适的工具在被检测的结构构件的测区表面形成直径约为 15mm 的孔洞，其深度应大于所估计的混凝土碳化深度。然后除净孔洞中的粉末和碎屑，但不得用水擦洗，然后立即用浓度为 1% 的酚酞酒精溶液滴入孔洞的内壁边缘上，然后用深度尺测量已碳化与未碳化混凝土交界面至混凝土表面的距离。最少应量测三次和三个不同部位，取其平均值。该平均值即为混凝土的碳化深度值。每次读数应精确至 0.5mm。

当用酚酞酒精溶液滴在孔洞的内壁边缘上时，已经碳化的混凝土部位不变色，而未碳化部位的混凝土会变为紫红色。

泵送混凝土制作的结构或构件的混凝土强度的检测应符合下列规定：

(1) 当碳化深度值不大于2.0mm时，每一测区混凝土强度换算值应按表4-1中的规定执行。

泵送混凝土测区混凝土强度换算值的修正值 表4-1

碳化深度值（mm）	抗压强度值（MPa）				
0.0; 0.5; 1.0	f^c_{cu}（MPa）	≤40.0	45.0	50.0	55.0～60.0
	K（MPa）	+4.5	+3.0	+1.5	0.0
1.5; 2.0	f^c_{cu}（MPa）	≤30.0	35.0	40.0～60.0	
	K（MPa）	+3.0	+1.5	0.0	

注：1. 表中未列入的$f^c_{cu,i}$值应用内插法求得其修正值，精确至0.1MPa。
2. 本表摘自《回弹法检测混凝土抗压强度技术规程》(JGJ/T23—2001)。

(2) 当碳化深度值大于2.0mm时，可按下面规定执行：

当检测条件与测强曲线的适用条件有较大差异时可采用同条件试件或钻取混凝土芯样进行修正，试件或钻取芯样数量不少于6个。计算时，测区混凝土强度换算值应乘以如下的修正系数：

$$\eta = \frac{1}{n}\sum_{i=1}^{n} f_{cu,i}/f^c_{cu,i} \quad (1)$$

或

$$\eta = \frac{1}{n}\sum_{i=1}^{n} f_{cor,i}/f^c_{cu,i} \quad (2)$$

式中 η——修正系数，精确到0.01；

$f_{cu,i}$——第 i 个混凝土立方体试件（边长为150mm）的抗压强度值，精确到0.1MPa；

$f_{cor,i}$——第 i 个混凝土芯样试件的抗压强度值，精确到0.1MPa；

$f^c_{cu,i}$——对应于第 i 个试件或芯样部位回弹值和碳化深度值的混凝土强度换算值，可按《回弹法检测混凝土抗压强度技术规程》(JGJ/T23—2001) 中的"测区混凝土强度换算表"规定的采用；

n——试件数。

（三）回弹值计算与强度换算

1. 回弹值计算

(1) 测区平均回弹值计算。计算测区平均回弹值时，应从该测区的16个回弹值中剔除3个最大值和3个最小值，然后将余下的10个回弹值按下式计算：

$$R_m = \frac{\sum_{i=1}^{10} R_i}{10}$$

式中 R_m——测区平均回弹值，精确至0.1；

R_i——第 i 个测点的回弹值。

(2) 非水平方向检测混凝土浇筑侧面时，应按下列公式修正：

$$R_m = R_{ma} + R_{a\alpha}$$

式中 R_{ma}——非水平方向检测时测区的平均回弹值，精确至0.1；

$R_{a\alpha}$——非水平方向检测时回弹值的修正值。

非水平方向检测时回弹值的修正值应按表4-2的规定。

(3) 回弹仪水平方向检测混凝土浇筑表面或底面时，应按下式进行修正：

$$R_m = R_m^t + R_a^t$$

$$R_m = R_m^b + R_a^b$$

式中 R_m^t、R_m^b——水平方向检测混凝土浇筑表面、底面时，测区的平均回弹值，精确至0.1；

R_a^t、R_a^b——混凝土浇筑表面、底面回弹值的修正值。

不同浇筑面上回弹值的修正值应按表4-3的规定取用。

(4) 如检测时回弹仪非水平方向测试，并且测试面也不是混凝土的浇筑侧面，则应先按表4-2对回弹值进行角度修正，然后再按表4-3对修正后的值再进行浇筑面修正。

2. 混凝土强度的计算

混凝土结构构件的强度换算值，可按所求得的平均回弹值 R_m 和平均碳化层深度值 d_m 决定。

(1) 平均值及标准差

由各测区的混凝土强度换算值可计算得出结构或构件混凝土的强度平均值。当测区数不少于10个时，还应计算强度标准差。

非水平方向回弹值的修正值 **表4-2**

R_{ma}	检测角度							
	向上				向下			
	90°	60°	45°	30°	-30°	-45°	-60°	-90°
20	-6.0	-5.0	-4.0	-3.0	+2.5	+3.0	+3.5	+4.0
21	-5.9	-4.9	-4.0	-3.0	+2.5	+3.0	+3.5	+4.0
22	-5.8	-4.8	-3.9	-2.9	+2.4	+2.9	+3.4	+3.9
23	-5.7	-4.7	-3.9	-2.9	+2.4	+2.9	+3.4	+3.9
24	-5.6	-4.6	-3.8	-2.8	+2.3	+2.8	+3.3	+3.8
25	-5.5	-4.5	-3.8	-2.8	+2.3	+2.8	+3.3	+3.8
26	-5.4	-4.4	-3.7	-2.7	+2.2	+2.7	+3.2	+3.7
27	-5.3	-4.3	-3.7	-2.7	+2.2	+2.7	+3.2	+3.7
28	-5.2	-4.2	-3.6	-2.6	+2.1	+2.6	+3.1	+3.6
29	-5.1	-4.1	-3.6	-2.6	+2.1	+2.6	+3.1	+3.6
30	-5.0	-4.0	-3.5	-2.5	+2.0	+2.5	+3.0	+3.5
31	-4.9	-4.0	-3.5	-2.5	+2.0	+2.5	+3.0	+3.5
32	-4.8	-3.9	-3.4	-2.4	+1.9	+2.4	+2.9	+3.4
33	-4.7	-3.9	-3.4	-2.4	+1.9	+2.4	+2.9	+3.4
34	-4.6	-3.8	-3.3	-2.3	+1.8	+2.3	+2.8	+3.3

续表

R_{ma}	检测角度							
	向上				向下			
	90°	60°	45°	30°	-30°	-45°	-60°	-90°
35	-4.5	-3.8	-3.3	-2.3	+1.8	+2.3	+2.8	+3.3
36	-4.4	-3.7	-3.2	-2.2	+1.7	+2.2	+2.7	+3.2
37	-4.3	-3.7	-3.2	-2.2	+1.7	+2.2	+2.7	+3.2
38	-4.2	-3.6	-3.1	-2.1	+1.6	+2.1	+2.6	+3.1
39	-4.1	-3.6	-3.1	-2.1	+1.6	+2.1	+2.6	+3.1
40	-4.0	-3.5	-3.0	-2.0	+1.5	+2.0	+2.5	+3.0
41	-4.0	-3.5	-3.0	-2.0	+1.5	+2.0	+2.5	+3.0
42	-3.9	-3.4	-2.9	-1.9	+1.4	+1.9	+2.4	+2.9
43	-3.9	-3.4	-2.9	-1.9	+1.4	+1.9	+2.4	+2.9
44	-3.8	-3.3	-2.8	-1.8	+1.3	+1.8	+2.3	+2.8
45	-3.8	-3.3	-2.8	-1.8	+1.3	+1.8	+2.3	+2.8
46	-3.7	-3.2	-2.7	-1.7	+1.2	+1.7	+2.2	+2.7
47	-3.7	-3.2	-2.7	-1.7	+1.2	+1.7	+2.2	+2.7
48	-3.6	-3.1	-2.6	-1.6	+1.1	+1.6	+2.1	+2.6
49	-3.6	-3.1	-2.6	-1.6	+1.1	+1.6	+2.1	+2.6
50	-3.5	-3.0	-2.5	-1.5	+1.0	+1.5	+2.0	+2.5

注：1. R_{ma}小于20或大于50时，均分别按20或50查表。

不同浇筑面上回弹值的修正值 **表 4-3**

R_m^t 或 R_m^b	表面修正值 (R_a^t)	底面修正值 (R_a^b)	R_m^t 或 R_m^b	表面修正值 (R_a^t)	底面修正值 (R_a^b)
20	+2.5	-3.0	35	+1.0	-1.5
21	+2.4	-2.9	36	+0.9	-1.4
22	+2.3	-2.8	37	+0.8	-1.3
23	+2.2	-2.7	38	+0.7	-1.2
24	+2.1	-2.6	39	+0.6	-1.1
25	+2.0	-2.5	40	+0.5	-1.0
26	+1.9	-2.4	41	+0.4	-0.9
27	+1.8	-2.3	42	+0.3	-0.8
28	+1.7	-2.2	43	+0.2	-0.7
29	+1.6	-2.1	44	+0.1	-0.6
30	+1.5	-2.0	45	0	-0.5
31	+1.4	-1.9	46	0	-0.4
32	+1.3	-1.8	47	0	-0.3
33	+1.2	-1.7	48	0	-0.2
34	+1.1	-1.6	49	0	-0.1

注：R_m^t 或 R_m^b 小于20时，按20查表，大于50时均为0。

平均值及强度标准差按下列公式求得：

$$m f_{cu}^{c}=\frac{\sum_{i=1}^{n} f_{cui}^{c}}{n}$$

$$s f_{cu}^{c}=\sqrt{\frac{\sum_{i=1}^{n}\left(f_{cu}^{c}\right)^{2}-n\left(m f_{cu}^{c}\right)^{2}}{n-1}}$$

式中 mf_{cu}^{c}——结构或构件测区混凝土强度换算值的平均值，精确至0.1MPa；

n——对于单个检测的构件，取一个构件的测区数；对于批量检验的构件，取被抽检构件测区数之和；

sf_{cu}^{c}——结构或构件测区混凝土强度换算值的标准差，精确至0.01MPa。

(2) 构件混凝土强度推定值 $f_{cu.e}$，应按下列公式确定：

1) 当该结构或构件测区数少于10个时：

$$f_{cu.e}=f_{cu.min}^{c}$$

2) 当该结构或构件的测区强度值中出现小于10MPa时：

$$f_{cu,e}<10\text{MPa}$$

3) 当该结构或构件测区数不少于10个或按批量检测时，应按下列公式计算：

$$f_{cu,e}=mf_{cu}^{c}-1.645\, sf_{cu}^{c}$$

式中 $mf_{cu.min}^{c}$——该批每个构件中最小的测区混凝土强度换算的平均值，精确至0.1MPa。

(3) 按单个构件检测的规定

对于按批量检验的构件，当该批构件混凝土强度标准差出现下列之一时，则该批构件应全部按单个构件检测：

1) 当该批构件混凝土强度平均值小于25MPa时；

$$sf_{cu}^{c}>4.5\text{MPa}$$

2) 当该批构件混凝土强度平均值不小于25MPa时；

$$sf_{cu}^{c}>5.5\text{MPa}$$

二、钻芯法检测技术

钻芯法也称钻取芯样检测法，它是用专用的钻机，直接从结构上钻取芯样，进行抗压试验，根据芯样的抗压强度推定结构混凝土立方体抗压强度的一种局部破损检测方法。

钻芯法检测混凝土强度主要用于下列情况：

(1) 对试块抗压强度测试结果有怀疑时；

(2) 因材料、施工或养护不良而发生混凝土质量问题时；

(3) 混凝土遭受冻害、火灾、化学侵蚀或其他损害时；

(4) 需要检测旧的建筑物的混凝土强度时；

(5) 发生工程质量事故时，需对混凝土的强度进行鉴定时。

钻芯法适用于测定普通混凝土的强度，对于干容重低于 1900kg/m^{3}的轻骨料混凝土和混凝土强度等级低于 C10 的结构或构件，不宜采用钻芯法检测。

(一) 芯样选取

钻取芯样的位置应选在结构受力较小的部位。结构的危险断面、应力集中部位、构件中的混凝土的浇筑接头处、主钢筋所在部位不能进行钻取。并且还应考虑芯样的代表性，不能在一个受力区内集中取样。

芯样尺寸的大小与骨料粒径有关，一般情况下，不小于骨料粒径的 3 倍，任何情况下不小于骨料的 2 倍，芯样的高度应根据芯样的直径来确定，一般宜采用芯样直径的 1.0 倍为芯样高度。

钻取芯样的数量取决于检测的目的和要求，检测的对象为单个构件时，一般不少于 3 个，对较小的构件可取 2 个；对批量混凝土作评价时，被取芯样的构件不少于该批构件总数的 30%，构件数不少于 4 个，芯样总数不少于 10 个，每个构件上的取芯数不少 2 个。

(二) 混凝土强度推定

芯样试件的混凝土强度换算值：

芯样经试验测得的芯样强度，要换算成相应于测试龄期的、边长为 150mm 的立方体试块的抗压强度。芯样试件的混凝土强度换算值，由下列公式求得：

$$f_{cu}^{C} = \alpha \frac{4F}{\pi d^2}$$

式中 f_{cu}^{C}——芯样试件混凝土强度换算值，精确至 0.1MPa；

F——芯样试件抗压试验得到的最大压力（N）；

d——芯样试件的平均直径（mm）；

α——不同高径比的芯样试件混凝土强度换算系数。应按表 4-4 的规定采用。

芯样试件混凝土强度换算系数 表 4-4

高径比 h/d	1.0	1.1	1.2	1.3	1.4	1.5	1.6	1.7	1.8	1.9	2.0
系数 α	1.00	1.04	1.07	1.10	1.13	1.15	1.17	1.19	1.21	1.22	1.24

当高度和直径均为 100mm 或 150mm 芯样试件的抗压强度测试值，可直接作为混凝土的强度换算值。单个构件或单个构件的局部区域，可取芯样试件混凝土强度换算值中的最小值作为其代表值。

三、超声波探伤检测

对钢结构构件的焊接质量检查，是钢结构施工质量控制中的一项关键环节，因而《钢结构工程施工质量验收规范》中就明确地规定了"设计要求全焊透的一、二级焊缝应采用超声波探伤进行内部缺陷的检验。"这种检测工作必须是在外观质量检查完成后进行。

(一) 超声波探伤的基本原理

超声波是指频率高于 20kHz，人的耳朵听不见的声波，而金属探伤所用的超声波频率在 0.5~5MHz。

超声波探伤的基本原理是：超声探头将电脉冲转换成声脉冲，声脉冲借助于声耦合介质传入到金属中，如果金属结构内部存有缺陷，则发送的超声波信号一部分就会在缺陷处被反射回来，返回到原来的方向，再次用探头接收该超声波且将声脉冲信号转换为电脉冲信号，测量该信号的幅度及其传播时间就可评价焊件中缺陷的严重程度及其具体位置。

对于焊缝探伤来说，主要采用脉冲反射式直接接触法垂直探伤和斜角探伤两种方法进行。

垂直探伤法是指声波垂直于工件表面进入工件的探伤方法。在钢结构工程中，主要用于T型焊缝、角焊缝的检测，特别有利于发现T型和角焊缝中的未焊透或层状撕裂等内部缺陷。

斜角探伤法是利用声波的折射特性使超声波倾斜入射到焊件中的一种探伤方法。它有利于检测裂纹、未焊透等危险性缺陷，是焊缝检测采用的主要方法。一般来讲，在选择探头角度时除以上所述考虑缺陷的性质、取向外，主要是依据工件的厚度。

（二）钢结构焊接接头的探伤要点

1. 直线形对接接头

对接接头是钢结构焊接中最重要的接头形式，绝大部分直线对接接头采用全焊透焊接，要求焊缝与母材等强度，探伤的要求也比较高。

在检测时，整个焊缝截面包括热影响区至少应从两个方向进行扫描，所用探头的波束角应垂直于熔合面10°的范围以内。其具体措施如下：

（1）采用双面双侧或单面双侧扫描。

（2）采用两种或两种以上的折射角的探头进行探测。

（3）厚板窄小间隙焊，应考虑采用串列法探测的方法。

（4）为了提高检测的准确率和缺陷量，应以70°或K2.5的探头探测为主。

（5）为提高单面焊未焊透的检测率，应选择45°的探头探测。

（6）为提高坡口未熔合的检出率，应选择波束方向与坡口面接近垂直的探头折射角。

2. T型接头

对于全熔透或部分熔透的单面焊或双面焊T型接头进行超声波探伤时，应根据探伤面的可接性确定扫描方式。

3. 探伤比例的计算方法

探伤比例的计算方法应按以下原则确定：

（1）对工厂制作焊缝，应按每条焊缝计算百分比，且探伤长度应不小于200mm，当焊缝长度不足200mm时，应对整条焊缝进行探伤；

（2）对施工现场的安装焊缝，应按同一类型、同一施焊条件的焊缝条数计算百分比，探伤长度应不小于200mm，并应不少于1条焊缝。

（三）缺陷的定量

焊缝超声波探伤的目的，就是检验出焊缝缺陷，并对缺陷定量与定位。

缺陷定量即测量缺陷的波幅和指示长度。缺陷的波幅通常用缺陷最大反射波幅来表示，一般以波峰所在的区域表示或表示为SL＋ndB。缺陷的指示长度有多种测量方法，但在工程中一般采用6dB法或端点峰值法测长。当缺陷反射波只有一个高点或高点起伏小于4dB时采用6dB法，当缺陷反射波峰起伏变化含有多个高点时，采用端点峰值法。

（四）质量等级及缺陷分级

一、二级焊缝的质量等级及缺陷分级应符合表4-5的规定：

一、二级焊缝的质量等级及缺陷分级 **表 4-5**

焊缝质量等级		一 级	二 级
内部缺陷 超声波探伤	评定等级	Ⅱ	Ⅲ
	检验等级	B级	B级
	探伤比例	100%	20%

四、回弹法检测实例

某市有一装配车间，预制了10架预应力混凝土屋架，混凝土强度等级为C30，但安装后，发现其中一架构件的抗压强度为13.2MPa，所以该建设单位特向当地监督站提出申请，用回弹法对10架构件的混凝土强度进行检测。

1. 检测方案：将每个屋架作为一个测区，但由于该构件已经安装到位，所以回弹仪只能向下测屋架的表面和向上测构件的底面。并把屋架编号，1~5号屋架，测区在屋架表面，6~10号屋架，测区在屋架底面。测点间距为60mm。每架屋架测16个点。

2. 按检测顺序将检测的回弹值填入检测原始记录表4-6中。

回弹值原始记录 **表 4-6**

工程名称：装配车间

编号		回弹值 R_i																	碳化深度（mm）
构件	测区	1	2	3	4	5	6	7	8	9	10	11	12	13	14	15	16	Σ	
预应力混凝土屋架	1	28	31	24	24	26	33	30	30	31	27	23	25	26	26	26	27	27.1	0.5
	2	26	22	20	25	27	27	28	29	33	34	28	28	30	31	32	27	28.1	
	3	24	24	25	29	27	34	30	31	27	23	23	25	25	25	26	32	26.3	
	4	30	30	30	30	33	31	29	30	29	30	31	28	30	33	25	24	29.9	
	5	30	35	31	30	30	29	28	27	22	25	26	30	29	31	31	31	29.5	
	6	37	26	35	35	36	35	28	30	30	33	33	28	33	34	28	28	32.6	
	7	33	34	33	33	30	29	31	29	27	27	24	29	29	31	31	29	30.0	
	8	30	33	32	31	31	36	31	30	30	29	28	27	30	30	29	29	30.1	
	9	25	29	29	29	29	30	33	31	35	33	31	34	32	33	33	26	31.0	
	10	22	28	28	37	29	39	29	30	29	30	29	37	34	36	25	26	29.4	

试件表面	表面、底面均干燥	回弹仪	型号	HT-225S	回弹仪检定号：040826
			编号	0420688	
测试向度	向上、向下		定值	81	测试员证号：454258

测试：张杰　　记录：王军　　计算：钱瑞　　测试日期：05.4.26

3. 分别计算10架屋架的平均回弹值（计算过程略），并把计算结果按测区序号填入强度计算表4-7中。

4. 根据回弹仪的测试角度和测定面进行回弹值的修正，并查强度换算表，将换算结果填入相应的表格中。

5. 计算混凝土的强度平均值和标准差：

$$mf^{c}_{cu} = 20.7\text{MPa}$$

$$sf^{c}_{cu} = 7.5\text{MPa}$$

构件混凝土强度计算表　　**表 4-7**

构件名称及编号：屋架上弦

项目 \ 测区		1	2	3	4	5	6	7	8	9	10
回弹值	测区平均值	27.1	28.1	26.3	29.9	29.5	32.6	30.0	30.1	31.0	29.4
	角度修正值	+3.7	+3.6	+3.7	+3.5	+3.5	−4.7	−5.0	−5.0	−4.9	−5.1
	角度修正后值	30.8	31.7	30.0	33.4	33.0	27.9	25	25.1	26.1	24.3
	浇筑面修正值	+1.4	+1.3	+1.5	+1.2	+1.2	−1.7	−2.5	−2.5	−2.4	−2.1
	浇筑面修正后值	32.2	33.0	31.5	34.6	34.2	26.2	22.5	22.6	23.7	22.2
测区强度（MPa）		26.1	27.4	24.4	30.2	29.4	17.4	12.8	12.9	14.2	12.4
强度计算（MPa）$n = 10$		$mf^{c}_{cu} = 20.7$				$sf^{c}_{cu} = 7.5$			$f^{c}_{cu.min} = 12.4$		
使用测区强度换算表名称：JGJ/T23—2001 统规						备注：不满足要求					

测试：张杰　　计算：钱瑞　　复核：李明　　日期：2005.4.26

6. 确定混凝土强度的推定值。根据规定，$f^{c}_{cu.min} = 12.4\text{MPa}$，所以不满足要求。

第三节　预制构件质量检验方法

预制混凝土构件，是建筑工程中应用较为广泛的装配式构件。预制构件产品的质量好坏，会对建筑工程质量造成直接影响，因此加强对预制混凝土构件的质量加以控制，也是对工程质量的一种保证措施。对预制混凝土构件质量进行控制，就是按照《混凝土结构工程施工质量验收规范》对构件产品的几何尺寸，外观外表质量和结构性能等产品特征和特性进行检验和验收。这样，一方面可以对构件产品质量做出正确判定，另一方面还可对存在的质量问题加以正确地分析，制定改进措施，不断提高产品质量。

一、构件产品质量等级的标准

根据《建筑工程施工质量验收统一标准》（GB50300—2001）和《混凝土结构工程施工质量验收规范》（GB50204—2002）的规定，预制混凝土构件产品质量等级的评定分为二类和两个质量等级。

构件生产中所用的模板、钢筋和构件三个检验批和分项的质量等级评定为第一类。通过对这三个检验批和分项的质量等级评定，来考核生产班组的制作质量。

1. 检验批合格质量标准是：

(1) 主控项目质量经抽样检验合格；

(2) 一般项目的质量经抽样检验合格；当采用计数检验时，除有专门要求外，一般项目的合格点率应达到80%及以上，且不得有严重缺陷；

(3) 具有完整的施工操作依据和质量验收记录。

2. 分项工程合格质量标准是:

(1) 分项工程所含的检验批均符合合格质量的规定。

(2) 分项工程所含的检验批的质量验收记录完整。

对构件产品出厂时的质量等级评定为第二类。这是质量检验部门根据钢筋、混凝土、构件和结构性能的试验、检验资料，评定每个检验批构件的质量等级。

当钢筋、混凝土、构件和结构性能分项质量均符合质量验收规范“合格”质量等级时，则该批构件质量评为合格等级。

当钢筋、混凝土和结构性能三个分项符合质量验收规范“合格”质量等级时，该批构件的质量等级应为合格。

对检验合格的预制混凝土构件应做出标志，并在出厂时出具“构件合格证”交付使用单位。当对预制混凝土构件检验而未达到质量验收规范的规定时，应及时进行处理。

二、预制构件的质量要求

1. 主控项目

(1) 预制构件应在明显部位标明生产单位、构件型号、生产日期和质量验收标志。构件上的预埋件、插筋和预留孔洞的规格、位置和数量应符合标准图或设计要求。

(2) 预制构件的外观质量不应产生表4-8中规定的严重缺陷。

(3) 预制构件不应有影响结构性能和安装、使用功能的尺寸偏差。对超过尺寸允许偏差且影响结构性能和安装、使用功能的部位，应按技术处理方案进行处理，并重新检查验收。

预制构件外观质量缺陷　　表4-8

名　称	现　象	严重缺陷	一般缺陷
露筋	构件内部钢筋未被混凝土包裹而外露	纵向受力钢筋有露筋	其他钢筋有少量露筋
蜂窝	混凝土表面缺少水泥砂浆而形成石子外露	构件主要受力部位有蜂窝	其他部位有少量蜂窝
孔洞	混凝土中孔穴深度和长度均超过保护层厚度	构件主要受力部位有孔洞	其他部位有少量孔洞
夹渣	混凝土中夹有杂物且深度超过保护层厚度	构件主要受力部位有夹渣	其他部位有少量夹渣
疏松	混凝土中局部不密实	构件主要受力部位有疏松	其他部位有少量疏松
裂缝	缝隙从混凝土表面延伸至混凝土内部	构件主要受力部位有影响结构性能或使用功能的裂缝	其他部位有少量不影响结构性能或使用功能的裂缝
连接部位缺陷	构件连接处混凝土缺陷及连接钢筋、连接件松动	连接部位有影响结构传力性能的缺陷	连接部位有基本不影响结构传力性能的缺陷
外形缺陷	缺棱掉角、棱角不直、翘曲不平、飞边凸肋等	清水混凝土构件有影响使用功能或装饰效果的外形缺陷	其他混凝土构件有不影响使用功能的外形缺陷
外表缺陷	构件表面麻面、掉皮、起砂、沾污等	具有重要装饰效果的清水混凝土构件有外表缺陷	其他混凝土构件有不影响使用功能的外表缺陷

2．一般项目

（1）预制构件的外观质量不宜有一般缺陷。对已经出现的一般缺陷，应按技术处理方案进行处理，并重新检查验收。

（2）预制构件的尺寸偏差应符合表 4-9 的规定。

预制构件尺寸的允许偏差 **表 4-9**

项	目	允许偏差（mm）
长度	板、梁	+10，-5
	柱	+5，-10
	墙板	±5
	薄腹梁、桁架	+15，-10
宽度、高（厚）度	板、梁、柱、墙板、薄腹梁、桁架	±5
侧向弯曲	板、梁、柱	l/750 且≤20
	墙板、薄腹梁、桁架	l/1000 且≤20
预埋件	中心线位置	10
	螺栓位置	5
	螺栓外露长度	+10，-5
预留孔	中心线位置	5
预留洞	中心线位置	15
主筋保护层	板	+5，-3
	梁、柱、墙板、薄腹梁、桁架	+10，-5
对角线差	板、墙板	10
表面平整度	板、墙板、梁、柱	5
预应力构件预留孔道位置	墙板、梁、薄腹梁、桁架	3
翘曲	板	l/750
	墙板	l/1000

注：1. l 为构件长度（mm）。

2. 检查中心线、螺栓和孔道位置时，应沿纵、横两个方向量测，并取其中的较大值。

3. 对形状复杂或有特殊要求的构件，其尺寸偏差应符合标准图或设计的要求。

三、重复检验评定的规定

因为预制混凝土构件产品在制作的全过程中，会受到人、材料、设备、环境等因素的影响而会产生质量波动。但是这些大多数产品通过返修处理后还会达到质量验收规范的要求，所以，质量验收规范依此对部分分项质量做出了重新检验的规定。

1．构件外观质量和尺寸允许偏差

根据验收规范的规定，预制构件的外观质量不应有严重缺陷和不应有影响结构性能和使用功能的尺寸偏差。对已经出现的严重缺陷和超出尺寸偏差且影响结构性能、使用功能的部位，应由施工单位提出技术处理方案，并经监理、建设单位认可后进行处理。对经处理的部位应重新进行验收。

重新验收时，可按下列规定进行：

当第一次对构件外观质量和尺寸允许偏差检验评定后，当检查的合格点率小于80%但不小于60%时，可从该批构件中再随机抽取同样数量（同一工作班、同一班组生产的同类型构件为一个检验批，在该批构件中应随机抽查5%，但不少于3件）的构件，对检验中不合格点率超过30%的项目进行第二次检验，并应按下列公式计算出本次检验的合格点率，最后用第一次、二次检验的结果重新计算该批构件外观质量检查的合格点率。

格件外观合格点率按下式计算：

$$\eta = \beta\left(1 - \frac{n_g + 3n_s}{n_t}\right) \times 100\%$$

式中　η——检验批构件外观质量检查的合格点率；

n_g——不符合外观质量要求中“不应有”检查点数；

n_s——不符合外观质量要求中“不宜有”项目的检查点数；

n_t——检查总点数；

β——为检验批构件的产品率。β值应按下式计算：

$$\beta = \left(1 - \frac{m_d}{m_t}\right) \times 100\%$$

式中　m_d——为该批构件中经检查剔除的有影响构件结构性能或安装使用性能缺陷的构件数；

m_t——为检验批构件的总数。

2. 构件尺寸合格点率

构件尺寸合格点率α按下式计算：

$$\alpha = \beta\left(1 - \frac{n_g + 2n_s}{n_t}\right) \times 100\%$$

式中　α——为检验批构件尺寸偏差检查的合格点率；

n_g——为不符合构件允许偏差要求，但未超过该项允许偏差值1.5倍的检查点数；

n_s——超过构件尺寸允许偏差值1.5倍的检查点数；

n_t——为检查总点数。

当对构件的尺寸偏差检查后，合格点率小于80%且不小于60%时，可在该批构件中再随机抽取同样数量的构件，对检验中不合格点率超过30%的项目进行二次检验，并应按上边公式，用两次检验的结果重新计算其合格点率。

四、结构性能检验

结构性能检验，就是按照一定的加载程序和方法，对混凝土结构构件的变形性能、裂缝发展性能、承受荷载性能进行实际的加载试验，观察试验构件的变形、裂缝产生和发展，以及其破坏形态和最终的破坏荷载，判断该结构构件是否能满足正常使用条件下的要求和有足够的安全储量，从而来评定该批构件的结构性能是否能达到产品标准规定的检验指标。

（一）对检验构件的要求

（1）进行结构性能检验时，应用随机抽样的方法抽取所检的构件产品。所抽检的构件产品，必须是同一钢筋类别、同一混凝土强度等级、同一结构形式的同类型产品，并且所抽检的构件应在 3 个月的生产期限内，并未超过 1000 件的同类型产品。

（2）结构构件应在气温较稳定的环境下进行检验，不宜在 0℃以下气温中进行试验。对于在 0℃以下气温中存放的构件，抽样后应先移入具有 0℃以上气温的环境中。

（3）蒸汽养护出池后的构件，因混凝土性能尚未处于稳定状态，所以应冷却至常温后方可进行试验。

（4）构件在结构性能检验前，应准确量测其实际几何尺寸，并应检查外观外表质量，所有的缺陷均应在构件上标出。

（二）支承方式

预制混凝土板、梁和桁架等一般简支构件，检验时应一端采用铰支承，另一端采用滚动支承。铰支承可采用角钢、半圆型钢或焊于铁板上的圆钢作支座；滚动支承应采用圆钢作支承的支座。在安装铰支座、滚动支座时，各支座的轴线应彼此平行并垂直于试验结构构件的试验跨度。如图 4-1 所示。

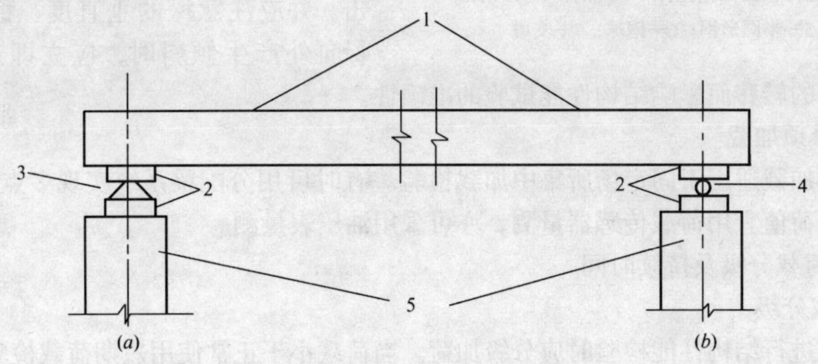

图 4-1　构件试验支承方式

1—构件；2—钢垫板；3—角钢；4—圆钢；5—支墩

四边支承或四角支承的简支双向板，其支承方式应能保证支承处的构件能自由转动，支承面可相对水平移动，如图 4-2 所示。

当试验构件承受较大集中力或支座反力时，应对支承部位进行局部受压验算。

为保证构件与支承面间紧密结合，钢垫板与构件、钢垫板与支墩间应用砂浆垫平。

构件支承的中心线位置应符合设计图纸、图集的规定，并按下列步骤进行试件的放线：

（1）先测量出构件的中心线和轴线，以此为基准来确定支座线、加载线和仪表的量测位置点。

（2）由中心线各向两侧量取 1/2 板跨长度，定出支座线。

（3）按加载方式的要求，量 1/4 跨度的均布加载区格线或 1/6 跨度的三分点加载线。

（4）在支座线的中心和板的跨中两侧定出仪表的量测位置点。

（三）加载方法

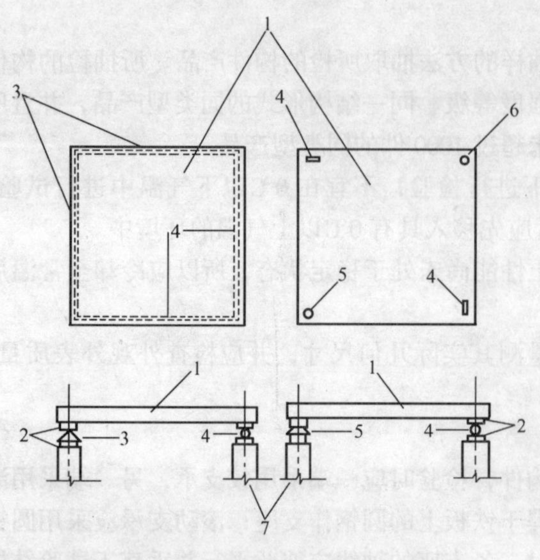

图 4-2 双向板试验支承方式
1—构件；2—钢垫板；3—角钢；4—圆钢；5—半圆形钢；6—钢球；7—支墩

加载方法应根据设计图纸规定的加载要求、构件类型、设备条件等进行合理选择。当按不同形式荷载组合进行（包括均布荷载、集中荷载、水平荷载、垂直荷载等）检验时，各种荷载应按比例增加。

常用的加载方法主要有下列两种：

1. 荷重块加载

这种方法主要适用于流动性的结构性能检验。它主要利用砖块、混凝土块、铁砝码、袋装水泥等进行加载。这种加载方式适用于均布加载检验法。荷重块应按所划区格成垛堆放，垛与垛之间不宜小于 50mm，以免形成拱作用。在放置荷重块时应轻拿轻放，不得产生相互撞击。并应注意垛的垂直度、稳定性。当垛向外产生倾斜时，应立即进行纠正，防止加荷力的转移而影响结构性能试验的准确性。

2. 千斤顶加载

千斤顶加载适用于固定场所集中加载检验。有时可用分配梁系统实现多点集中加载。千斤顶的加荷值宜用荷载传感器量测，亦可采用油压表量测。

（四）荷载分级及持续时间

1. 荷载分级

构件在进行结构性能检验时应分级加荷。当荷载小于正常使用短期荷载检验值时，每级荷载不宜大于该荷载值的 20%；当荷载值大于该检验荷载值时，每级荷载不宜大于该荷载值的 10%；当荷载值接近抗裂荷载检验值时，每级荷载不宜大于该荷载值的 5%；当荷载接近承载力荷载检验值时，每级荷载不宜大于承载力检验荷载设计值的 5%。

对仅作挠度、抗裂或裂缝宽度检验的构件应分级加荷。

作用在构件上的试验设备的重量及构件自重应作为第一次加载的一部分。

为了检查试验装置的稳定性、可靠性和检查测定仪表的运转情况，构件在正式分级加荷前应进行预压试验。在预压过程中，为了使构件保持弹性受压状态，并防止构件在预压过程中产生裂缝，预压荷载不宜太大。根据各地提供的经验资料表明，预压荷载不宜大于正常使用短期荷载检验值的 20%。当试验装置和各仪表经预压后符合要求时，应把荷载全部卸除，然后把仪表指针调至零位，再进行正式加载检验。

2. 荷载的持续时间

当每级荷载完成后，应保持 10 ~ 15min；在正常使用短期荷载检验值下，应持续 30min。在持续时间内，应仔细地观察裂缝的产生及发展，观察钢筋有无滑移以及仪表的运转情况等，在持续时间结束时，观察并记录各仪表上的读数。

（五）承载力的测定

对构件进行承载力检验时，应加载至构件出现表 4-10 所列承载能力极限状态的检验标志。当在规定的荷载持续时间内出现表 4-10 检验标志之一时，应取本级荷载值与前一级荷载值的平均值作为该构件承载力检验荷载的实测值；当在规定的荷载持续时间结束后出现检验标志之一时，应取本级荷载值作为其承载力检验荷载实测值。

构件的承载力检验系数允许值（γ_u） **表 4-10**

<table>
<tr><th>受力情况</th><th colspan="2">达到承载能力极限状态的检验标志</th><th>$[\gamma_u]$</th></tr>
<tr><td rowspan="5">轴心受拉、偏心受拉、受弯、大偏心受压</td><td rowspan="2">受拉主筋处的最大裂缝宽度达到 1.5mm，或挠度达到跨度的 1/50</td><td>热轧钢筋</td><td>1.20</td></tr>
<tr><td>钢丝、钢绞线、热处理钢筋</td><td>1.35</td></tr>
<tr><td rowspan="2">受压区混凝土破坏</td><td>热轧钢筋</td><td>1.30</td></tr>
<tr><td>钢丝、钢绞线、热处理钢筋</td><td>1.45</td></tr>
<tr><td colspan="2">受拉主筋拉断</td><td>1.50</td></tr>
<tr><td rowspan="2">受弯构件的受剪</td><td colspan="2">腹部斜裂缝达到 1.5mm，或斜裂缝末端受压混凝土剪压破坏</td><td>1.40</td></tr>
<tr><td colspan="2">沿斜截面混凝土斜压破坏，受拉主筋在端部滑脱或其他锚固破坏</td><td>1.55</td></tr>
<tr><td>轴心受压、小偏心受压</td><td colspan="2">混凝土受压破坏</td><td>1.50</td></tr>
</table>

注：1. 热轧钢筋系指 HPB235 级、HRB335 级、HRB400 级钢筋。
2. 本表摘自《混凝土结构工程施工质量验收规范》（GB50204—2002）。

当受压构件采用试验机或千斤顶加荷时，承载力检验荷载实测值应取构件直至破坏的整个试验过程中所达到的荷载最大值。

（六）挠度测定

测定构件的挠度可用百分表、位移传感器、水平仪、拉线和尺量等进行量测。接近破坏时的挠度量测可改用直板尺、水平仪、拉线和尺量等方法量测。

在检验的过程中应量测构件跨中位移和支座、支墩的沉陷量，对宽度较大的构件，应在每一量测截面的两边或两肋布置量测点，并取其量测结果的平均值作为该处的位移值。量测后，将结果记入记录表中。

（七）裂缝的产生与发展

结构构件进入抗裂阶段试验时，应在加载过程中仔细观察和判别试验结构构件第一次出现的垂直裂缝或斜裂缝，并在构件上绘出裂缝位置，标出相应的荷载值。也就是，当在规定的荷载持续时间内出现第一道垂直裂缝时，应取本级荷载值与前一级荷载的平均值作为其开裂荷载实测值；当在规定的荷载持续时间结束后产生第一道裂缝时，应取本级荷载值作为其开裂荷载的实测值。

如果试验中未能及时观察到正截面裂缝的出现，可取荷载-挠度曲线上转折点的荷载值作为构件开裂荷载实测值。

观察裂缝的出现，可用放大倍率不低于四倍的放大镜，或根据位移计的表针突然变化或荷载-挠度曲线来判别。

在裂缝的发展过程中，裂缝宽度可用 0.05mm 的精度刻度放大镜或裂缝宽度检验卡等进行量测。对于正截面的裂缝，应量测受拉主筋处的最大裂缝宽度。当确定受弯构件受拉主筋处的裂缝宽度时，应在构件侧面量测；对斜截面裂缝，应量测腹部斜裂缝的最大裂缝宽度。如果有许多条裂缝时，应量其中最宽者。

（八）结构性能检验指标

1. 承载力检验

构件承载力应按下列规定进行检验：

（1）当按现行国家标准《混凝土结构设计规范》GB50010 的规定进行检验时，应符合下列公式的要求：

$$\gamma_u^0 \geqslant \gamma_o[\gamma_u] \tag{1}$$

式中 γ_u^0——构件的承载力检验系数实测值，即试件的荷载实测值与荷载设计值（均包括自重）的比值；

γ_o——结构重要性系数，按设计要求确定，当无专门要求时取 1.0；

$[\gamma_u]$——构件的承载力检验系数，按表 4-10 的规定取用。

（2）当按构件实配钢筋进行检验时，应符合下式的要求：

$$\gamma_u^0 \geqslant \gamma_o\eta[\gamma_u] \tag{2}$$

式中 η——构件承载力检验修正系数，根据现行国家标准《混凝土结构设计规范》GB50010 按实配钢筋的承载力计算确定。

承载力检验的荷载设计值是指承载能力极限状态下，根据构件设计控制截面上的内力设计值与构件检验的加载方式，经换算后确定的荷载值（包括自重）。

2. 构件的挠度应按下列规定进行检验：

（1）当按现行国家标准《混凝土结构设计规范》GB50010 规定的挠度允许值进行检验时，应符合下式的要求：

$$\alpha_S^0 \leqslant [\alpha_s] \tag{3}$$

$$[\alpha_s] = \frac{M_k}{M_q(\theta - 1) + M_k}[\alpha_f] \tag{4}$$

式中 α_s^0——在荷载标准值下的构件挠度实测值（mm）；

$[\alpha_s]$——挠度检验允许值；

$[\alpha_f]$——受弯构件的挠度限值，按现行国家标准《混凝土结构设计规范》GB50010 确定；

M_k——按荷载标准组合计算的弯矩值；

M_q——按荷载准永久组合计算的弯矩值；

θ——考虑荷载长期作用对挠度增大的影响系数，按现行国家标准《混凝土结构设计规范》GB50010 确定。

（2）当按构件实配筋进行挠度检验或仅检验构件的挠度、抗裂或裂缝宽度时，应符合下列公式的要求：

$$\alpha_s^0 \leqslant 1.2\alpha_s^c \tag{5}$$

同时还应符合公式（3）的要求。

式中 α_s^c——在荷载标准值下按实配钢筋确定的构件挠度计算值，按现行国家标准《混凝土结构设计规范》GB50010 确定。

正常使用极限状态检验的荷载标准值是指正常使用极限状态下、根据构件设计控制截面上的荷载标准组合效应与构件检验的加载方式经换算后确定的荷载值。

注：直接承受重复荷载的混凝土受弯构件，当进行短期静力加荷试验时，α_s^c 值应按正常使用极限状态下静力荷载标准组合相应的刚度值确定。

3. 预制构件的抗裂检验应符合下列公式的要求：

$$\gamma_{cr}^0 \geqslant [\gamma_{cr}] \tag{6}$$

$$[\gamma_{cr}] = 0.95\,\frac{\sigma_{pc} + \gamma f_{tk}}{\sigma_{ck}} \tag{7}$$

式中　γ_{cr}^0——构件的抗裂检验系数实测值，即试件的开裂荷载实测值与荷载标准值（均包括自重）的比值；

$[\gamma_{cr}]$——构件的抗裂检验系数允许值；

σ_{pc}——由预加力产生的构件抗拉边缘混凝土法向应力值，按现行国家标准《混凝土结构设计规范》GB50010 确定；

γ——混凝土构件截面抵抗矩塑性影响系数，按现行国家标准《混凝土结构设计规范》GB50010 计算确定；

f_{tk}——混凝土抗拉强度标准值；

σ_{ck}——由荷载标准值产生的构件抗拉边缘混凝土法向应力值，按现行国家标准《混凝土结构设计规范》GB50010 确定。

4. 预制构件的裂缝宽度检验应符合下式的要求：

$$\omega_{s,max}^0 \leqslant [\omega_{max}] \tag{8}$$

式中　$\omega_{s,max}^0$——在荷载标准值下，受拉主筋处的最大裂缝宽度实测值（mm）。

$[\omega_{max}]$——构件检验的最大裂缝宽度允许值（mm），应按表 4-11 规定取用：

构件的最大裂缝宽度允许值（mm）　　**表 4-11**

设计要求的最大裂缝宽度限值	0.2	0.3	0.4
$[\omega_{max}]$	0.15	0.20	0.25

（九）预制构件结构性能的检验结果应按下列规定验收

1. 当试件结构性能的全部检验结果均符合承载力、挠度、抗裂和裂缝宽度的检验要求时，该批构件的结构性能应通过验收。

2. 当第一个试件的检验结果不能全部符合上述要求，但又能符合第二次检验的要求时，可再抽取两个试件进行检验。第二次检验的指标，对承载力及抗裂检验系数的允许值应取预制构件承载力和抗裂检验规定的允许值减 0.05；对挠度的允许值应取挠度检验规定允许值的 1.10 倍。当第二次抽取的两个试件的全部检验结果均符合第二次检验的要求时，该批构件的结构性能可通过验收。

3. 当第二次抽取的第一个试件的全部检验结果已能符合全部检验指标的要求时，则该批构件的结构性能可通过验收。

但是，在复式检验时，所抽检的每一个试件必须完整地取得承载力、挠度、抗裂三项检验结果。不得因某一检验项目达到第二次抽样检验指标要求后就中途停止试验，而不再对其余项目进行检验，以免形成漏判。但由于量测精度所限，故不再对裂缝宽度检验作第二次抽样检验。

（十）结构性能检验实例

为使读者对结构性能检验有一个系统性的了解，牢固掌握构件试验时的参数和加载程序，下面结合实例来计算分析。

例：某监督站对跨世纪预制构件厂生产的预应力混凝土空心板进行结构性能检验，该批构件的规格是 y—kBa395—2。构件自重 G_{k1} 为 1.91kN/m^2（不包括板灌缝重），混凝土强度等级为 C30，8φ5 冷拔丝，生产时间已有 60 余天，求均布荷载加载下的试验参数。

解：1. 检验指标的选定

因该厂是按照《预应力混凝土空心板》（GB14040—93）全国通用图集生产制作，依据该图集给定的检验参数：

正常使用条件下荷载检验值：

$$Q_s = 5.86\text{kN} / \text{m}^2$$

正常使用条件下挠度允许值：

$$[\alpha_s] = 9.01\text{mm}$$

正常使用条件下抗裂检验系数：

$$[\gamma_{cr}] = 1.25$$

承载力检验荷载设计值：

$$Q_d = 7.55\text{kN/m}^2$$

抗裂检验系数允许值：

$$[Q_{cr}] = 7.33\text{kN/m}^2$$

2. 加载方案与程序

因空心板为受弯构件，所以采用一边角钢、一边为辊轴的简支支承试验装置，并采用四区格均布加载方式；试验用黏土砖作为加载物，黏土砖单块重 24.5N；在两端的支座处各放置一个千分表，以观察支座处的沉降变形；在构件的跨中安放一个 0～30mm 的千分表，以观察构件的受荷变形。

因构件的计算跨度 $l_o = 3.9 - 0.12 = 3.78$m，每区格的长度 l 为：

$$\text{区格长度 } l = \frac{l_0}{4} = \frac{3.78}{4} = 0.945\text{m}$$

(1) 加载开始时间

结构性能检验于上午 8:00 时开始，持荷时间为 10min，包括每级加荷时间 3min，共计 13min。

(2) 加载值的计算

正常使用极限状态下的加载值按下式计算：

$$Q_i = KQ_s - G_{k1}$$

式中 Q_i——每级的加载值；

K——加载系数；

G_{k1}——构件自重标准值；

Q_s——荷载检验值。

因为正常使用极限状态时每级加载为 Q_s的 20%，所以，每级加载值为：

$$Q_1 = 0.2Q_s - G_{k1} = 0.2 \times 5.86 - 1.91 = -0.74\text{kN/m}^2;$$

$$Q_2 = 0.4Q_s - G_{k1} = 0.4 \times 5.86 - 1.91 = 0.434\text{kN/m}^2;$$

$$Q_3 = 0.6Q_s - G_{k1} = 0.6 \times 5.86 - 1.91 = 1.606\text{kN/m}^2;$$

$$Q_4 = 0.8Q_s - G_{k1} = 0.8 \times 5.86 - 1.91 = 2.778\text{kN/m}^2;$$

$$Q_5 = Q_s - G_{k1} = 5.86 - 1.91 = 3.95\text{kN/m}^2。$$

此后，每级加载系数为 0.1，各级计算结果如加载程序检验表 4-12 中的数字。

承载力极限状态下的加载值按下式计算：

$$Q_i = K'Q_d - G_{k1}$$

式中　K'——承载力检验时的荷载系数；

Q_d——承载力检验荷载的设计值。

按照图集中承载力检验系数允许值 1.35、1.40、1.45、1.50 计算，那么承载力每级加载值则为：

$$Q_1 = K'Q_d - G_{k1} = 1.35 \times 7.55 - 1.91 = 8.28\text{kN/m}^2;$$

$$Q_2 = K'Q_d - G_{k1} = 1.40 \times 7.55 - 1.91 = 8.66\text{kN/m}^2;$$

$$Q_3 = K'Q_d - G_{k1} = 1.45 \times 7.55 - 1.91 = 9.04\text{kN/m}^2;$$

$$Q_4 = K'Q_d - G_{k1} = 1.50 \times 7.55 - 1.91 = 9.42\text{kN/m}^2;$$

加载检验程序方案　　**表 4-12**

荷载等级	时间（时、分）	加载系数	加载值（kN/m²）	每格砖块数		检验内容
				加载	累计	
0	8:00	$K=0$	—	—	—	检查仪表调零
—	—	0.2	−0.74	−14	−14	轮空不计
1	:13	0.4	0.434	8	8	开始加载
2	:25	0.6	1.606	23	31	
3	:38	0.8	2.778	23	54	
4	:50	1.0	3.950	22	76	挠度检验
5	9:05	1.1	4.536	12	88	
6	:20	1.187	5.049	9	97	
7	:50	1.25	5.415	8	105	抗裂检验
8	10:00	1.35	6.001	11	116	
9	:13	1.45	6.587	11	127	
10	:26	1.55	7.173	11	138	
11	:40	$K'=1$	7.754	12	150	
12	:53	1.35	8.280	10	160	系数 1.35 的检验
13	11:00	1.40	8.660	7	167	系数 1.40 的检验
14	:20	1.45	9.040	7	174	系数 1.45 的检验
15	:33	1.50	9.420	8	182	系数 1.50 的检验
16	:45	1.55	9.790	8	190	系数 1.55 的检验

$$Q_5 = K'Q_d - G_{k1} = 1.55 \times 7.55 - 1.91 = 9.79\text{kN/m}^2。$$

3. 每区格加载物的个数计算

为了方便结构性能检验，缩短计算时间，所以应按照所用加载物块的实际情况，将每区格所用的加载块（指单块重量相同的加载块）预先计算出来，然后填入加载程序表中，试验时按表中块数进行加载即可。每区格所加的加载物块数 n，按下式计算：

$$n = \frac{\text{构件计算宽度（}b\text{）} \times \text{区格长度（}l\text{）} \times Q_i}{\text{加载单块重}}$$

因该例所用的加载物为黏土砖，所以每区格各级加载黏土砖的块数，可参看该例加载程序表 4-12。

但是对于结构性能检验，我们不能检验到承载力检验系数 1.5 时，就算检验已告结束。这只是为了单纯的检验，而不能对该构件的实际承载能力做出判断。因此，所有的结构性能检验都必须加载至构件的破坏，并得出有关结构性能的相关结论；构件的实际承载能力；构件承载力的安全储量以及构件的破坏形态分析等，并在报告中给予注明。

第四节 混凝土强度评定法

对混凝土强度进行统计评定，就是在统计数学和概率论的基础上，确保混凝土强度的质量，保证建筑工程中混凝土结构构件的可靠性。它也是质量控制中不可缺少的一项方法。

所谓混凝土强度，是将施工现场的混凝土装入特定试模中，经过定期的养护，在试验机上进行抗压试验及计算后所得。但在实际的应用中，混凝土具有两种性质不同的强度概念，这在部分质量管理人员中还存在着糊涂的认识。一种混凝土强度叫做标准养护强度。它是按标准规定的立方体试件，在温度为20℃±3℃、相对湿度在90%以上的标准养护箱或养护池中养护28天后经试验所得到的强度。这节中所讲的评定法就是对这种混凝土强度的统计评定。对这种强度进行评定的最明显特点，就是以验收批为界限，视其是否达到该等级混凝土应有的强度质量，以评定其合格与否。另一种称工艺强度，也就是在混凝土施工过程中，为满足预制混凝土构件出池、吊装、预应力钢筋的张拉或放张以及现浇混凝土的拆模等工艺要求的强度。这种强度的试块是放置在同一混凝土制作的结构构件旁，以同样自然条件进行养护，因此又称为同条件养护强度。这种强度不参与混凝土强度评定，只根据每组试块的抗压强度看其是否满足工艺要求的强度。

一、混凝土抗压试块的制作与取值

（一）混凝土抗压试块的制作

混凝土抗压试块的取样制作应符合下列规定：

1. 混凝土抗压试块制作时的试样应在混凝土浇筑地点随机抽取，不得有弄虚作假现象。

2. 抗压试块的取样频率为：

（1）每 100 盘，但不超过 100m³的同配合比的混凝土，取样次数不得少于1 次；

（2）每工作班拌制的同配合比的混凝土不足 100 盘时，其取样次数不得小于 1 次；

（3）当一次连续浇筑超过 $1000m^3$ 时，同一配合比的混凝土每 $200m^3$ 取样不得少于 1 次；

（4）每一楼层、同一配合比的混凝土，取样不得少于一次；

（5）在预制构件的生产中，为加强材料和制作检验的措施，在特定条件下，每 $5m^3$ 同配合比混凝土取样为 1 次。

在这里应注意一个问题，也就是取样次数的量不是取样试件组数的量，实际应为每次若干组。根据要求，一般每次取样的组数不得少于 2～3 组。

每次试件取样的混凝土应在同一盘的混凝土中取样制作。对于商品混凝土或预拌混凝土，应在生产厂内，待运输到施工现场时还应按规定抽样检验。混凝土试件的制作应根据《普通混凝土力学性能试验方法》规定的方法进行。制作好的试件经脱模后应及时进行编号，并按标准的方法进行养护。

（二）混凝土抗压试块的取值

1. 立方体试件抗压强度值

当混凝土试件养护至 28d 时，应在试验机上进行抗压强度试验，并按下式计算每一试件的立方体抗压强度值 f_{cu}：

$$f_{cu}=\frac{F}{A}$$

式中　f_{cu}——混凝土立方体抗压强度值（精确至 0.1MPa）；

F——破坏时的荷载（N）；

A——试件的受压面积（mm^2）。

2. 每组的强度代表值

当每一组 3 个试件的抗压强度值经试验计算得出后，应把所得的三个立方体抗压强度值归为一个值，这就是该组的强度代表值。

每组的强度代表值按下列规定确定：

（1）取三个试件强度的算术平均值作为每组试件的强度平均值；

（2）当一组试件中强度的最大值或最小值与中间值之差超过中间值的 15%时，取中间值作为该组试件的强度代表值；

（3）当一组试件中强度的最大值和最小值与中间值之差均超过中间值的 15%时，该组试件的强度不作为评定的依据。

但是，在实际的检验工作中，往往是根据混凝土中所用的石子粒径来选择混凝土试模的大小。对于边长为 150mm 的立方体试件，每组的强度代表值可按上列规定确定；然而对于非标准尺寸的试件，尚应进行强度的折算。对边长为 100mm 的立方体试件折算系数为 0.95；对边长为 200mm 的立方体试件，折算系数取 1.05。

二、混凝土强度的评定方法

根据混凝土评定标准的规定，混凝土的检验评定应分批进行。这就要求构成同一验收批的混凝土质量状态应保持一致，也就是混凝土的强度等级应相同；所评定的混凝土龄期相同，所用的混凝土配合比应相同；混凝土的搅拌方法、运输条件、浇捣方式等生产工艺条件应基本相同。

混凝土每一验收批的批量和样本的容量大小，除应满足混凝土生产量所需制作试件组数外，还应满足不同的统计评定方法的要求。

（一）标准差已知统计评定

当混凝土的生产条件在较长时间内能保持一致，并且同一品种混凝土的变异性保持相对稳定时，应在连续的三组试件组成一个验收批，混凝土的标准差可用前期统计所得的标准差作为评定混凝土强度的依据。这时混凝土的强度应同时满足下列内容要求：

$$m_{f_{cu}} \geqslant f_{cu,k} + 0.7\sigma_o$$

$$f_{cu,min} \geqslant f_{cu,k} - 0.7\sigma_o$$

当混凝土强度等级不高于 C20 时，其强度的最小值则应满足下式规定：

$$f_{cu,min} \geqslant 0.85 f_{cu,k}$$

当混凝土强度等级高于 C20 时，其强度的最小值则应满足下式规定：

$$f_{cu,min} \geqslant 0.9 f_{cu,k}$$

式中 $m_{f_{cu}}$——同一验收批混凝土立方体抗压强度的平均值（MPa）；

$f_{cu,k}$——混凝土立方体抗压强度标准值（MPa）；

$f_{cu,min}$——同一验收批混凝土立方体抗压强度的最小值（MPa）；

σ_o——验收批混凝土立方体抗压强度标准差（MPa）。

验收批混凝土强度的标准差，应根据前三个月检验期内，总批量不少于 15 批，同一品种混凝土试件的强度值按下式计算：

$$\sigma_o = \frac{0.95}{m}\sum_{i=1}^{m}\Delta f_{cu.i}$$

式中 $\Delta f_{cu,i}$——第 i 批试件立方体抗压强度中最大值与最小值之差，即：$\Delta f_{cu,i} = (f_{cu.max,i} - f_{cu.min,i})$；

m——用以前确定验收批混凝土立方体抗压强度标准差的数据总批数。

例 某一框架结构工程，所用的混凝土强度等级为 C30。为了保证工程质量，他们连续抽取了 4 组混凝土抗压试件，每组的强度代表值分别为：36.3MPa、35.6MPa、34.2MPa 和 35.8MPa，并且根据以前统计资料表明，C30 强度等级的标准差为 3.4MPa，现对该批混凝土的强度进行评定。

评定步骤如下：

1. 计算验收界限

（1）平均值验收界限：

因混凝土的强度等级为 C30，所以 $f_{cu,k}$ = 30MPa，强度标准差 σ_o = 3.4MPa，则：

$$[m_{f_{cu}}] = f_{cu,k} + 0.7\sigma_o = 30 + 0.7\times3.4 = 32.4\text{MPa}$$

（2）最小值验收界限：

它应符合两个条件要求：

$$[f_{cu,min}] = f_{cu,k} - 0.7\sigma_o = 30 - 0.7\times3.4 = 27.6\text{MPa}$$

因混凝土强度等级为 C30，所以同时还得满足下列条件：

$$[f_{cu,min}] = 0.9 f_{cu,k} = 0.9\times30 = 27\text{MPa}$$

这里，应取这两个验收界限值中的最大值作为该批混凝土验收界限的最小值，则

$[f_{cu,min}]$ 就为 27.6MPa。

2. 检验评定

（1）批的平均强度：

$$m_{f_{cu}} = \frac{1}{4} \times (36.3 + 35.6 + 34.2 + 35.8)$$
$$= 35.5\text{MPa} > [m_{f_{cu}}] = 32.4\text{MPa}$$

（2）批中的最小值：

因四组强度代表值的最小值 $f_{cu,min} = 34.2$MPa 大于最小值验收界限值 $[f_{cu,min}] =$ 27.6MPa

所以，该批混凝土强度满足要求。

（二）标准差未知统计评定

当混凝土的生产条件在较长时间内不能保持一致，且混凝土强度变异性不能保持稳定时，或在前一个检验期内的同一品种混凝土没有足够的数据用以确定验收批混凝土强度标准差时，应由不少于 10 组的试件组成一个验收批，其强度应同时满足下列公式的要求：

$$m_{f_{cu}} - \lambda_1 S_{f_{cu}} \geqslant 0.9 f_{cu,k}$$
$$f_{cu,min} \geqslant \lambda_2 f_{cu,k}$$

式中　$S_{f_{cu}}$——同一验收批混凝土立方体抗压强度的标准差，可按下式计算：

$$S_{f_{cu}} = \frac{\sum_{i=1}^{n} f_{cu,i}^2 - nmf_{cu}^2}{n = 1}$$

式中　$f_{cu,i}$——第 i 组混凝土试件的立方体抗压强度值；n 为一个验收批混凝土试件的组数。

当 $S_{f_{cu}}$ 的计算小于 $0.06 f_{cu,k}$时，取 $S_{f_{cu,k}}$ 等于 $0.06 f_{cu,k}$。

λ_1、λ_2——为合格判定系数，应按表 4-13 的规定采用。

合格判定系数　　**表 4-13**

试件组数	10 ~ 14	15 ~ 24	≥25
λ_1	1.70	1.65	1.60
λ_2	0.90	0.85	0.85

例　某一商品混凝土搅拌站，根据需要，连续抽取 C40 混凝土强度等级的试件 12 组。每组的强度代表值分别为：44.8、46.0、45.2、45.5、44.0、40.5、46.4、45.9、45.6、46.1、45.6、45.4MPa，现评定该批混凝土强度是否合格。

评定步骤如下：

1. 求批混凝土强度平均值

$$m_{f_{cu}} = \frac{1}{n}\sum_{i=1}^{n} f_{cu,i}$$
$$= \frac{1}{12}(44.8 + 46.0 + 45.2 + 45.5 + 44.0 + 40.5$$
$$+ 46.4 + 45.9 + 45.6 + 46.1 + 45.6 + 45.4)$$
$$= 45.1\text{MPa}$$

2. 求强度标准差

$$S_{f_{cu}}=\sqrt{\frac{\sum_{i=1}^{n}f_{cu,i}^2-nmf_{cu}^2}{n-1}}$$

$$=\sqrt{\frac{(44.8^2+46.0^2+45.2^2+\cdots+45.4^2)-12\times45.1^2}{12-1}}$$

$$=0.85\text{MPa}$$

因 $S_{f_{cu}}$ 的计算值小于 $0.06f_{cu,k}=0.06\times40=2.4$MPa，所以 $S_{f_{cu}}$ 取 2.4MPa。

3. 求验收界限

选合格判定系数。根据已知条件可知：

$$\lambda_1=1.70;\lambda_2=0.90$$

平均值的验收界限：

$$[m_{f_{cu}}-\lambda_1 S_{f_{cu}}]=0.9f_{cu,k}=0.9\times40=36\text{MPa}$$

也就是：

$$[m_{f_{cu}}]=0.9f_{cu,k}+\lambda_1 S_{f_{cu}}$$

$$=0.9\times40+1.7\times2.4=40.1\text{MPa}$$

最小值验算界限为：

$$[f_{cu,min}]=\lambda_2 f_{cu,k}$$

$$=0.9\times40=36\text{MPa}$$

4. 混凝土的强度评定

平均值评定条件为：

$$m_{f_{cu}}-\lambda_1 S_{f_{cu}}=45.1-1.7\times2.4=41\text{MPa}$$

这样：$m_{f_{cu}}-\lambda_1 S_{f_{cu}}>[m_{f_{cu}}-\lambda_1 S_{f_{cu}}]=41>36$

或者：$m_{f_{cu}}>[m_{f_{cu}}]=45.1\text{MPa}>40.1\text{MPa}$

最小值评定条件：

$$f_{cu,min}=40.5\text{MPa}>[f_{cu,min}]=36\text{MPa}$$

5. 评定结论

因平均值和最小值评定条件均符合 GBJ107 的规定，所以，该批混凝土强度评为合格。

（三）非统计评定法

对零星生产的预制构件或现场搅拌量不大的混凝土，可采用非统计评定的方法对混凝土的强度进行评定。

采用非统计法评定混凝土强度时，应由试件组数少于 10 组的同一品种混凝土组成一个验收批，这时，该批的混凝土强度必须同时满足下列两个条件要求：

$$m_{f_{cu}}\geqslant1.15f_{cu,k}$$

$$f_{cu,min}\geqslant0.95f_{cu,k}$$

例 某预制构件厂，在同一品种混凝土中抽取了 5 组 C30 混凝土试件，各组的强度代表值分别为 31.2、33.5、29.8、34.0、32.6MPa，现用非统计法评定该批混凝土强度是否合格。

评定步骤如下：

1. 计算验收条件界限

(1) 平均值验收界限

$$[m_{f_{cu}}] = 1.15 \times 30 = 34.5\text{MPa}$$

(2) 最小值验收界限

$$[f_{cu,min}] = 0.95 f_{cu,k} = 0.95 \times 30 = 28.5\text{MPa}$$

2. 计算批混凝土强度平均值和确定批中的最小值

(1) 平均值的计算

$$m_{f_{cu}} = \frac{1}{n}\sum_{i=1}^{n} f_{cu,i} = \frac{1}{5} \times (31.2 + 33.5 + 29.8 + 34.0 + 32.6) = 32.2\text{MPa}$$

(2) 批中的最小值

$$f_{cu,min} = 29.8\text{MPa}$$

3. 评定结论

因 $m_{f_{cu}} = 32.2\text{MPa} < [m_{f_{cu}}] = 34.5\text{MPa}$，所以，该批混凝土的强度不满足评定条件要求，也就是该批混凝土的强度为不合格。

三、不合格混凝土的处理

当对混凝土强度进行评定后，如其结果满足统计法或非统计法评定条件的要求时，则该批混凝土强度为合格；对混凝土强度不合格的结构构件，应用回弹仪、超声波等检测技术对之重新进行检测，如还不符合质量要求的，或低于95%强度保证率时，则应采取拆除或补强处理。

第五节　建筑物沉降与变形观测

我们都很清楚，所有的建筑物和构筑物均是建造在地基之上的，由于随着其上部荷载的不断增加，再高质量的地基也将产生沉降，仅仅是我们平时没有感觉罢了。这种变形是正常的，是不可阻挡的。但是，如果建筑物建筑在软地、湿陷性黄土等地基之上，地基就会产生不均匀的沉降与变形。如果这种变形过大，沉降速度过快，就会导致建筑物发生倾斜、裂缝甚至倒塌。根据大量的沉降观测资料表明：在设计、施工正确无误的情况下，一般 3~4 层的砖混结构房屋的沉降量为 200~500mm；5~6 层的沉降量达 500~700mm；而大型构筑物及高层建筑物，其沉降量可高达 1000mm。因此，做好建筑物的沉降观测，是掌握地基变形的动态观测活动。

一、沉降观测水准点的设置

建筑物的沉降观测是根据建筑物附近的水准点进行观测的。所以，这些水准点必须布置合理、坚固稳定和安全。并且为了对水准点进行相互校核，水准点的数目不应少于3个，而且在布置水准点时还应考虑下列因素。

水准点应尽量与沉降观测点相接近，其距离应在30～50m，以保证观测的精度；水准点在布置时应远离铁路、公路和受震区域的不安全地带，避免埋设在低洼积水及松软土地带；为防止水准点受到冻胀的影响，水准点的埋深至少要在冰冻线以下0.5m。在一般的情况下，可以利用施工时使用的水准点作为沉降观测的水准点。

水准点的帽头宜用铜材或不锈钢材制作；水准点的埋设应在开挖基槽或基坑前15天完成。水准点可按要求采用深埋式或浅埋式，但每一观测区域内，至少应设置一个深埋式水准点。深埋式水准点和浅埋式水准点的构造按图4-3和图4-4所示。

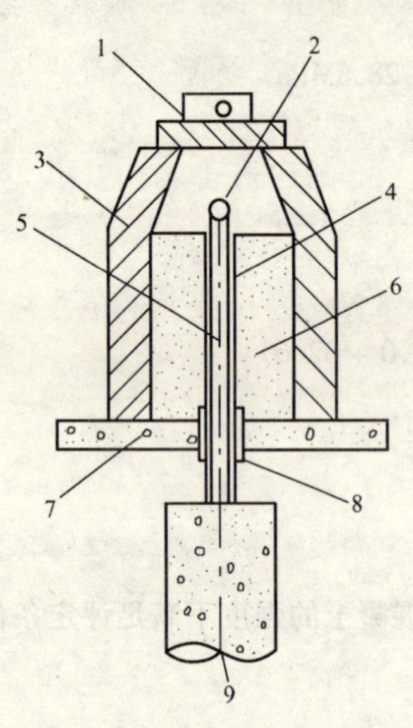

图4-3 深埋式水准点

1—生铁盖或混凝土盖；2—水准基点头部；3—保护井的壁；4—保护套管；5—水准基点支承钢管；6—干炉渣；7—混凝土底板；8—油毡二层；9—灌注混凝土桩

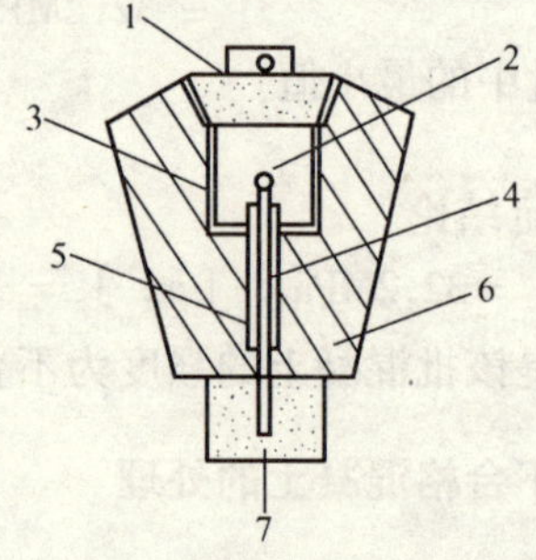

图4-4 浅埋式水准点

1—混凝土盖；2—水准基点头部；3—护壁；4—水准基点支承管；5—套管；6—填土；7—混凝土

二、观测点的布置与形式

观测点的位置和数量，应根据地基与基础的构造、荷载以及工程地质和水文地质的情况而定。高层建筑物应沿其周围每隔15～30m设一观测点；砖墙承重的各观测点，一般可沿墙每隔8～12m长设置一个观测点。设置观测点的位置，应选择在建筑物的转角处、纵横墙的交接处及纵墙和横墙的中央位置；建筑物的沉降缝的两侧也应设置观测点。当建筑物的宽度大于15m时，内墙也应设置观测点；框架式结构的建筑物，应在每个柱基或部分柱基上设置观测点；烟囱、水塔、油罐、炼油塔及其他类似构筑物的观测点，应沿其周边对称设置。总之，观测点应设置在能表示沉降特征的地点。

观测点的设置，本身应牢固稳定，确保点位安全，做到长期保存不变形；观测点的上部都必须为突出的半球形状或有明显的突出之处，与柱身和墙身保持一定的距离；能保证在其点上能垂直置尺和良好的通视功能。所有的观测点应以1:100～1:150的比例尺绘出平面图，并按序进行编号，以便进行观测和记录。

三、沉降观测的方法和规定

1. 沉降观测的时间和次数

沉降观测的时间和次数，应根据工程性质、工程进度、地基土质情况及基础荷载增加情况来决定。

在施工期间的观测时间与次数应按下列规定：

(1) 较大荷载增加后，如基础浇筑、回填土回填、柱子安装、砖墙每砌筑一层、设备安装就位、烟囱每增高 15m 时，均应进行观测。

(2) 当基础附近地面荷载突然增加，夏季暴雨后形成基础附近大量积水，在其周围大量挖土方或进行爆破工程等情况下均应进行观测。

(3) 因其他原因，施工期间中途中断施工时间过长，应在停工时复工前进行观测。

建筑物或构筑物竣工投产后的观测

当工程投入使用后，沉降观测还应连续进行。观测时间的间隔，可按前次观测的沉降量的大小及沉降速度而定。一般情况下，第一年每季度应观测一次；第二年每半年观测一次；三年及三年后每年观测一次，直到沉降稳定后为止。

2. 沉降观测工作的要求

(1) 在进行沉降观测时，宜采用精密水准仪和钢水准尺进行观测。要求仪器的望远镜放大率不得小于 24 倍，气泡的灵敏度不得大于 15″/2mm。可采用适合四等水准测量的水准仪。

(2) 沉降观测是一项较为长期的系统性观测工作，为保证观测结果的准确性，应作到四定：一是固定观测人员和整理计算观测结果；二是固定专一的观测水准仪；三是使用固定的水准点；四是按规定的日期、方法及路线按编号进行观测。

按固定的路线进行观测，是因为施工或其他原因的影响，造成观测时的通视困难，因此对观测点较多的建筑物进行观测前，应到现场进行勘察、规划和确定安放仪器的位置，选定若干的稳定沉降观测点或其他固定点作为临时水准转点，并与永久水准点组成环路。最后，根据选定的临时水准点，设置仪器的位置以及观测路线，绘制成观测路线图，以后每次按此路线图进行沉降观测。

(3) 沉降观测点首次观测的高程值是以后各次观测用以比较的根据，因此必须提高初次观测的精度和读数的准确度，如有条件的话，最好采用 N2 或 N3 类型的精密水准仪进行首次高程测定。同时每个沉降观测点首次高程观测，应在同期进行两次观测后确定。

(4) 作业中应遵守的规定：

① 观测应成像清晰，稳定后进行读数。

② 仪器距前、后视水准尺的距离要用皮尺丈量，或者用视距法测量，视距一般不超过 50m，前、后视距应尽可能相等。

③ 前、后视观测所用的水准尺应为同根水准尺。

④ 前视各点观测完毕后，应回视后视点，最后应闭合于水准点上。

⑤ 为保证读数的记录准确无误，观测员应向记录员读报两次所测读数，记录员也应向观测员返回读数，无误后方可记录。

3. 沉降观测结果的整理

每次观测结束后，要检查复核记录及计算是否正确，精度是否合格，并进行误差分配，然后将观测高程列入沉降观测表4-14中，计算相邻两次观测之间的沉降量，并注明观测日期和其他情况。

沉降观测记录表 **表4-14**

<table>
<tr><td rowspan="4"></td><td rowspan="4">观测点
编号</td><td colspan="3">第 次</td><td colspan="3">第 次</td><td colspan="3">第 次</td></tr>
<tr><td colspan="3">年 月 日</td><td colspan="3">年 月 日</td><td colspan="3">年 月 日</td></tr>
<tr><td rowspan="2">标高
（m）</td><td colspan="2">沉降量（mm）</td><td rowspan="2">标高
（m）</td><td colspan="2">沉降量（mm）</td><td rowspan="2">标高
（m）</td><td colspan="2">沉降量（mm）</td></tr>
<tr><td>本次</td><td>累计</td><td>本次</td><td>累计</td><td>本次</td><td>累计</td></tr>
<tr><td>沉降观测
结果表</td><td></td><td></td><td></td><td></td><td></td><td></td><td></td><td></td><td></td><td></td></tr>
<tr><td colspan="2">工程状态</td><td colspan="3"></td><td colspan="3"></td><td colspan="3"></td></tr>
<tr><td colspan="2">观测员</td><td colspan="3"></td><td colspan="3"></td><td colspan="3"></td></tr>
<tr><td colspan="2">记录员</td><td colspan="3"></td><td colspan="3"></td><td colspan="3"></td></tr>
</table>

单位：（盖章） 单位负责人：

为了更清楚地表示沉降、时间、荷载之间的相互关系，还要画出每一观测点的时间与沉降量的关系曲线，以及时间与荷载的关系曲线，如图4-5所示。

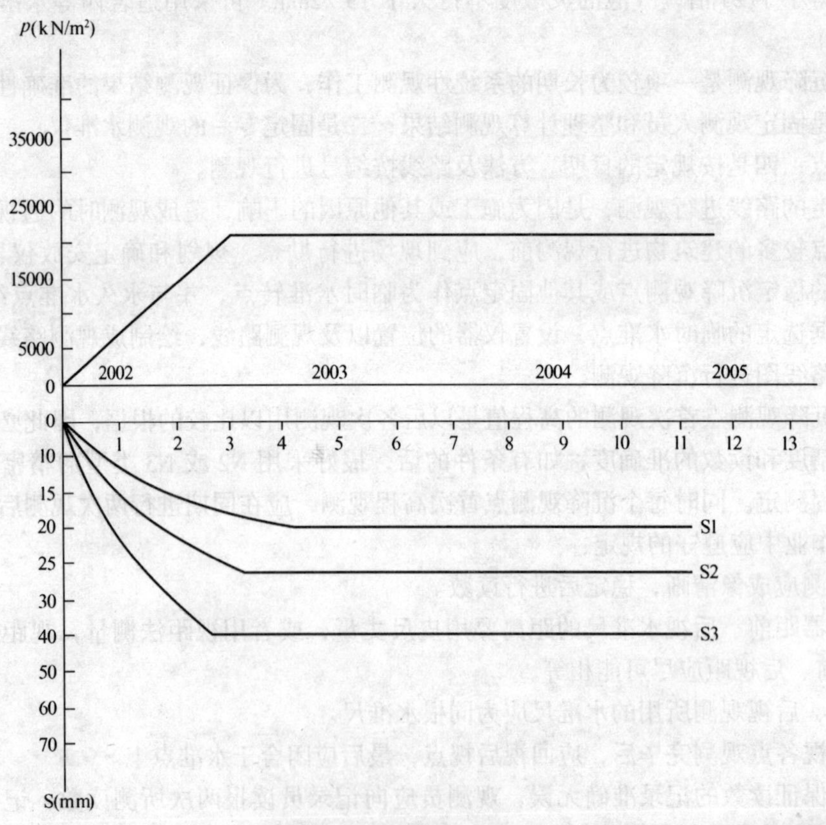

图4-5 沉降曲线图

S1—最小沉降量；S2—平均沉降量；S3—最大沉降量

时间与沉降量的关系曲线，系以沉降量 S 为纵轴，时间 T 为横轴，根据每次观测日期和每次下沉量按比例画出各点，然后将坐标中的各点连接起来，并在曲线一端注明观测点号。时间与荷载的关系曲线，系以荷载为纵轴，用 P 表示，时间 T 为横轴，根据每次观测日期和每次荷载画出各点，然后将各点连接起来。

四、建筑物的倾斜观测

对建筑物的倾斜观测，首先要在被观测的建筑物上设置上、中、下三点标志，作为观测点，各点应位于同一垂直视准面内。观测时，经纬仪的位置距离建筑物应大于建筑物的高度，瞄准上标志点，用下倒镜法向下投点，如果所投点与中、下标志点不重合，则说明建筑物已发生倾斜。如果以 a 表示投点与下标志点之间的水平距离，也就是建筑物的倾斜值，用 H 表示建筑物的高度，则其倾斜度为：

$$i = \frac{a}{H}$$

高层建筑物的倾斜观测，必须分别在互成垂直的两个方向上进行。

当测定的对象为圆形构筑物时，首先要求得顶部中心对底部中心的偏距。为此，可在构筑物的底部放一平钢板，或木板，用经纬仪将顶部边缘两点投影到钢板或木板上而取其中心点，钢板或者木板上两投影的中心点之间的距离就是顶部中心偏离底部中心的距离。同法，可测出与其垂直的另一方向上顶部中心偏离底部中心的距离。再用矢量相加的方法，即可求得该构筑物的倾斜值。即：

$$C = \sqrt{a^2 + b^2}$$

式中 C——倾斜值；

a——第一次测得的顶部中心偏离底部中心的距离；

b——垂直于另一面的偏离距。

这时，构筑物的倾斜度就为：

$$i = \frac{C}{H}$$

五、砌体裂缝的观测

因地基的不均匀沉降、温度应力、结构超载因素的影响下，砌体很容易产生斜裂缝、竖向裂缝、水平裂缝和不规则裂缝。裂缝的产生不仅影响建筑物的外观，有的则会对建筑结构的强度、刚度、稳定性和整体性降低和削弱。因此，一旦发现砌体裂缝，就应定期观测，及时分析，采取必要的应急措施。

当建筑物的墙体产生裂缝，除了要增加地基沉降观测的频数外，还应进行裂缝变化的动态观测。为了观测裂缝的发展情况，应在裂缝处设置观测标志。设置观测的标志原则，就是当裂缝开展时标志就能相应的开裂或变化，正确地反映建筑物裂缝发展情况。设置裂缝观测的标志最为简单的有石膏饼标志、白铁皮标志。

石膏饼标志。用厚 10mm，宽约 50 ~ 80mm 的石膏板，在裂缝两边固定牢固；或采用石膏浆抹在裂缝的两侧，厚为 8 ~ 10mm，宽在 50mm 左右，或抹成圆饼状。当裂缝发展时，石膏板或石膏饼也随之开裂，从而可直观地观察到裂缝的发展动态。

白铁皮标志。取一块150×150mm的正方形白铁皮，固定在裂缝的一侧，并使其的一个边和裂缝的边缘相对齐。另一片取50×200mm，固定在裂缝的另一侧，并使其中一部分紧贴相邻的正方形白铁皮的表面上。当两块白铁皮固定好后，在其表面均匀涂上红色油漆。如果裂缝继续发展，两白铁皮将逐渐拉开，露出正方形白铁皮上原被覆盖没有涂油漆的部分，其宽度就是裂缝加大的宽度。

第六节 混凝土配合比设计

在建筑工程中，混凝土的应用越来越广泛，混凝土的强度等级也愈来愈高。混凝土的质量对混凝土建筑结构和混凝土建筑构件质量影响较大，混凝土的质量则取决于混凝土配合比的设计质量。而混凝土的配合比设计，主要是控制配合比中的水灰比、含砂率及单位用水量这些设计参数的科学选择。

一、普通混凝土配合比设计的目的

在建筑工程中，对混凝土结构和混凝土构件的抗压强度检验均为28天以后，在这种情况下，为了保证混凝土的质量，这就要求在施工前应进行混凝土的试配和试验，以保证工程结构和构件的混凝土强度在28天后能符合所设计的混凝土强度等级要求。这样就达到了“预防为主”的质量控制目的，弥补了“死后验尸”的不足。并且，由于混凝土中所用的水泥、砂、石子和外加剂等材料质量波动较大，直接影响着混凝土的强度和各种性能，为了优化这些材料的组合，避免施工时使用材料的盲目性，设计混凝土配合比时就应达到下列目的：

1. 设计的混凝土配合比应满足强度等级的要求

因为混凝土本身是一种非匀质材料，以及各种组成材料的质量、施工条件、外界环境等都会影响施工的混凝土强度。所以，在设计混凝土配合比时，所设计的混凝土抗压强度值必须大于施工所要求的强度等级。

2. 混凝土配合比应满足耐久性的要求

由于混凝土的结构构件处在不同的工程部位和不同的使用环境条件下，不利的条件会对混凝土的质量造成意想不到的影响，降低混凝土结构的使用寿命。因此，在设计混凝土配合比时，应根据结构的不同部位和不同的使用环境条件，充分考虑混凝土的耐久性。

3. 配合比设计应满足施工时的和易性

对混凝土和易性的要求，由混凝土浇筑时的坍落度来确定。混凝土和易性的设计，主要是根据混凝土的运输距离、振动方式、钢筋配制的疏密程度、施工时的温度来决定；混凝土拌合物的和易性还取决于水泥、砂、石子和外加剂的种类、质量特征和相对含量等。

4. 配合比的设计应遵循经济、合理的原则

也就是在设计混凝土配合比时，在综合考虑混凝土各项性能满足质量指标的同时，还要达到经济、合理。

二、混凝土配合比设计参数选择

混凝土配合比是指组成混凝土各材料之间的用量比例关系。在设计时就必须根据混凝

土的技术要求、原材料性能等具体条件进行设计参数的优化选择，经过科学计算、试配、调整，完成混凝土配合比的设计。

1. 信息收集

在设计混凝土配合比之前，首先收集以下的信息资料：

(1) 组成混凝土材料的质量特性、特征、使用时注意事项、检验报告等。如石子的粒径、规格、压碎指标、相对密度、级配等。

(2) 施工图设计要求和参数。施工图纸给定的混凝土强度等级、是否有抗渗要求；工程的特征、结构类型、结构构件所处的部位和外界环境；构件的几何尺寸、钢筋排列位置及疏密情况等。

(3) 作业条件。也就是混凝土的搅拌方式、运输条件、运输距离、振捣方式、养护方法和气候、环境条件等。

(4) 其他要求。也就是对混凝土而言，是否是装饰混凝土，是否有着色要求，是处在严寒地区还是处于寒冷地区，是否掺有掺合料和外加剂。

2. 设计混凝土配合比强度的确定依据

我们已经知道，由于混凝土的不均匀性和施工现场条件的差异和变动，混凝土的抗压强度、和易性总是在一定的范围内产生质量波动，混凝土的设计计算，就是要消除这些异常因素，来保证施工时混凝土的各项质量指标符合施工要求。要想保证混凝土的施工配制强度，就要根据《混凝土结构工程施工质量验收规范》(GB50204—2002) 使混凝土抗压强度具有95%的保证率。设计混凝土配合比的依据就是遵照《普通混凝土配合比设计规程》(JGJ55—2000) 的规定进行配合比设计。

混凝土的配制强度应按下式计算确定：

$$f_{cu,o} \geqslant f_{cu,k} + 1.645\sigma$$

式中　$f_{cu,o}$——混凝土配制强度，MPa；

$f_{cu,k}$——混凝土立方体抗压强度标准值，MPa；

σ——混凝土强度标准差，MPa。混凝土强度标准差，宜根据同类混凝土统计资料计算确定，并应符合下列规定：

计算时，强度试件组数不应少于25组；当混凝土强度等级为C20和C25级，其强度标准差计算小于2.5MPa时，计算配置强度用的标准差应取不小于2.5MPa；当混凝土强度等级等于或大于C30级，其强度标准差计算值小于3.0MPa时，计算配制强度用的标准差应取不小于3.0MPa；当无统计资料计算混凝土强度标准差时，其强度标准差可按表4-15中的数据取用。

混凝土强度标准差 σ 取值表　　**表 4-15**

混凝土强度等级	低于C20	C20～C35	高于C35
强度标准差 σ	4.0	5.0	6.0

当按统计资料计算混凝土强度标准差时，应采用下列公式：

$$\sigma = \sqrt{\frac{\sum_{i=1}^{n} f_{cu,i}^2 - n\mu_{fcu}^2}{n-1}}$$

式中 $f_{cu,i}$——统计周期内同一品种混凝土第 i 组试件的强度值，MPa；

μ_{fcu}——统计周期内同一品种混凝土几组强度的平均值，MPa；

n——统计周期内同一品种混凝土试件的总数。

上述所说的“同一品种混凝土”系指混凝土强度等级相同，且生产工艺和配合比基本相同的混凝土。

3. 水泥的选择

对水泥的选择主要是对水泥的品种和强度等级的选择。因为水泥是一种无机粉状水硬性胶凝材料，是组成普通混凝土的主要材料，它在混凝土配合比中占着主导地位和作用。在配合比设计时，首先要考虑水泥的品种。水泥的品种很多，选择时一方面应结合结构的特点和所处环境，另一方面应根据《混凝土质量控制标准》（GB50164）的规定，或按表4-16规定选用。

水泥品种的选用 表 4-16

工程特点及所处环境		优先选用	可以使用	不得使用
环境条件	在普通气候环境中的混凝土	普通水泥	矿渣、火山灰、粉煤灰水泥	
	在干燥环境中的混凝土	普通水泥	矿渣水泥	火山灰、粉煤灰
	在高温高湿环境中的混凝土	矿渣水泥	普通、火山灰、粉煤灰水泥	
	严寒地区的露天混凝土；寒冷地区处于水位升降范围的混凝土	普通水泥等级≥32.5	矿渣水泥等级≥32.5	火山灰、粉煤灰
	严寒地区处于水位升降范围的混凝土	普通水泥等级≥32.5		火山灰、粉煤灰、矿渣水泥
工程特点	厚大体积混凝土	粉煤灰、矿渣水泥	普通、火山灰水泥	硅酸盐水泥
	要求快硬混凝土	硅酸盐水泥	普通水泥	矿渣、火山灰
	高强度、大于C40的混凝土	硅酸盐水泥	普通水泥、矿渣水泥	火山灰、粉煤灰水泥
	有抗渗要求的混凝土	普通水泥、火山灰水泥		矿渣水泥
	有耐磨性要求的混凝土	硅酸盐水泥、普通水泥	矿渣水泥等级≥32.5	火山灰、粉煤灰水泥

当水泥品种选定后，再确定该品种水泥的强度等级。水泥强度等级是影响混凝土强度的决定性因素，水泥强度等级选择的依据是施工图设计的混凝土强度等级高低。一般情况下，可参照表4-17的规定选择。

水泥强度等级选择 表 4-17

混凝土强度等级	≤C10	C15～C25	C30～C40	≥C45，≤C60
水泥强度等级	32.5	32.5，42.5	42.5，52.5	52.5，62.5

4. 水灰比的确定

在混凝土配合比设计中，水灰比是配合比设计中的一个重要参数，它对混凝土的抗压强度影响较大，一般条件下，水灰比愈小，混凝土强度愈高，但是和易性差；水灰比愈大，混凝土的强度就低，但和易性有所提高。

水灰比的确定，主要由设计的混凝土强度、水泥的强度、骨料品种等因素来决定，它们之间的关系可用下式来表达：

$$\frac{W}{C}=\frac{\alpha_a}{f_{cu,o}+\alpha_a\cdot\alpha_b\cdot f_{ce}}$$

式中 $\frac{W}{C}$——水灰比；

$f_{cu,o}$——混凝土配制强度，MPa；

f_{ce}——水泥 28d 实测值，MPa；当无水泥 28d 抗压强度实测值时，式中的 f_{ce} 可按 $f_{ce}=\gamma_c\cdot f_{ce,g}$ 确定。式中的 γ_c 是水泥强度等级值的富余系数，可按实际统计资料确定；$f_{ce,g}$ 是水泥强度等级值，MPa。

α_a、α_b——回归系数。回归系数的确定，一是根据所使用的水泥、骨料，通过试验由建立的水灰比与混凝土强度关系式确定；二是当不具备上述试验统计资料时，其回归系数可按表 4-18 数据采用。

回归系数 α_a、α_b 选用表 **表 4-18**

系数 \ 石子品种	碎石	卵石
α_a	0.46	0.48
α_b	0.07	0.33

但是要注意：所设计最大混凝土的水灰比值不得超过表 4-22 的规定。

5. 坍落度的选择

坍落度是混凝土配合比设计的前提条件，设计时，应根据工程结构、施工条件来确定，或按表 4-19 的规定进行选择。

浇筑混凝土时的坍落度选择 **表 4-19**

结构类型	坍落度值（mm）
基层或地面垫层、无配筋的大体积结构	10~30
板、梁和大型及中型截面的柱子等	30~50
配筋密列的结构（薄壁、筒仓、细柱等）	50~70
配筋特密的结构	70~90
泵送混凝土	80~100

注：本表系用机械振捣混凝土坍落度，当采用人工插捣时坍落度值可适当增加。

6. 石子最大粒径的选择

选择石子粒径，应根据结构构件的截面尺寸和钢筋排列密度以及输送混凝土的方法而定。选择时应遵守下列原则：

(1) 石子的最大粒径不得大于结构构件截面最小尺寸的 1/4；

(2) 石子的最大粒径不得大于钢筋间最小净距的 3/4;

(3) 对预制混凝土实心板的石子粒径，允许采用最大粒径为 1/2 板厚的颗粒级配，但不得大于 50mm;

(4) 当为泵送混凝土时，石子的最大粒径与输送管内径之比：碎石不宜大于 1:3；采用卵石时不宜大于 1:2.5。

7. 用水量的选用

每立方米混凝土用水量的确定，应符合下列规定：

(1) 干硬性和塑性混凝土的用水量。水灰比在 0.40～0.80 范围时，根据骨料的品种、粒径及施工要求的混凝土拌合物稠度，其用水量可以按表 4-20、表 4-21 的规定选取。

干硬性混凝土的用水量（kg/m^3） 表 4-20

拌合物稠度		卵石最大粒径（mm）			碎石最大粒径（mm）		
项目	指标	10	20	40	16	20	40
维勃稠度（s）	16～20	175	160	145	180	170	155
	11～15	180	165	150	185	175	160
	5～10	185	170	155	190	180	165

塑性混凝土的用水量（kg/m^3） 表 4-21

拌合物稠度		卵石最大粒径（mm）				碎石最大粒径（mm）			
项目	指标	10	20	31.5	40	16	20	31.5	40
坍落度（mm）	10～30	190	170	160	150	200	185	175	165
	35～50	200	180	170	160	210	195	185	175
	55～70	210	190	180	170	220	205	195	185
	75～90	215	195	185	175	230	215	205	195

注：1. 本表用水量系采用中砂时的平均取值。采用细砂时，每立方米混凝土用水量可增加 5kg；采用粗砂时，则可减少 5～10kg。

2. 掺用各种外加剂或掺合料时，用水量应相应调整。

3. 表 4-20、4-21 摘自《普通混凝土配合比设计规程》(JGJ55—2000)。

(2) 水灰比小于 0.40 的混凝土以及采用特殊成型工艺的混凝土用水量应通过试验确定。

(3) 流动性和大流动性混凝土的用水量宜按下列步骤计算：

1) 以表 4-21 中坍落度 90mm 的用水量为基础，以坍落度每增大 20mm 用水量增加 5kg，计算出未掺外加剂时的混凝土的用水量；

2) 掺外加剂的混凝土用水量可按下式计算：

$$m_{wa} = m_{wo}(1 - \beta)$$

式中 m_{wa}——掺外加剂混凝土每立方米混凝土的用水量，kg;

m_{wo}——未掺外加剂混凝土每立方米混凝土的用水量，kg;

β——外加剂的减水率，%。应经试验确定。

8. 计算水泥用量

水泥用量可用下列两个公式计算：

（1）利用水灰比计算：$m_{co}=m_{wo}\div\frac{W}{C}$

（2）利用灰水比计算：$m_{co}=m_{wo}\times\frac{C}{W}$

式中　m_{co}——每立方米混凝土的水泥用量，kg/m^3；

m_{wo}——每立方米混凝土的水用量，kg/m^3；

$\frac{W}{C}$——水灰比。

混凝土中的水泥用量不宜过多也不能过少。水泥用量过多时，易导致混凝土结构的收缩而产生裂缝；水泥用量过少，不能保证结构构件的强度和耐久性。所以，当计算的水泥用量超过550kg/m^3时，可以改选高一级别强度等级的水泥；当计算的水泥用量低于表4-22的规定时，应按表中用量采用。

混凝土的最大水灰比和最小水泥用量　表4-22

环境条件		结构物类别	最大水灰比			最小水泥用量kg		
			素混凝土	钢筋混凝土	预应力混凝土	素混凝土	钢筋混凝土	预应力混凝土
干燥环境		正常的居住或办公用房内部件	不规定	0.65	0.60	200	260	300
潮湿环境	无冻害	高湿度的室内部件；室外部件；在非侵蚀性土和（或）水中的部件	0.70	0.60	0.60	225	280	300
潮湿环境	有冻害	经受冻害的室外部件；在非侵蚀性土和（或）水中且经受冻害的部件；高湿度且经受冻害的室内部件	0.55	0.55	0.55	250	280	300
有冻害和除冰剂的潮湿环境		经受冻害和除冰剂作用的室内和室外部件	0.50	0.50	0.50	300	300	300

注：1. 当用活性掺合料取代部分水泥时，表中的最大水灰比及最小水泥用量即为替代前的水灰比和水泥用量。

2. 配制C15级及其以下强度等级的混凝土，可不受本表限制。

9. 选择砂率

混凝土中的含砂率，是指砂在混凝土的砂石总量中所占的百分率。对含砂率的确定主要是根据骨料的种类和石子粒径的大小以及水灰比，结合实际经验来选择。如果在混凝土配合比设计时，选择的砂率过小，就不能保证骨料间的结合面处有足够的砂浆层，并会降低混凝土的流动性、粘聚性、保水性；砂率过大，骨料的空隙率和总表面积都会增大，这样就得增加水泥用量；如果在水泥用量不变的情况下，降低了水泥砂浆的润滑作用，混凝土的强度则会降低。因此，在配合比的设计中，应当选择一个合理的砂率值，使其在水和水泥用量的一定条件下，使混凝土的各项质量指标和技术指标均能达到标准要求。

在选择砂率时，如果没有历史资料可参考时，混凝土砂率的确定应符合下列规定：

（1）坍落度为10～60mm的混凝土砂率，可根据骨料品种、粒径及水灰比按表4-23的规定选取。

混凝土的砂率（%） 表 4-23

水灰比 W/C	卵石最大粒径（mm）			碎石最大粒径（mm）		
	10	20	40	16	20	40
0.40	26~32	25~31	24~30	30~35	29~34	27~32
0.50	30~35	29~34	28~33	33~38	32~37	30~35
0.60	33~38	32~37	31~36	36~41	35~40	33~38
0.70	36~41	35~40	34~39	39~44	38~43	36~41

注：1. 本表数值系中砂的选用砂率，对细砂或粗砂，可相应地减少或增大砂率；

2. 只用一个单粒级粗骨料配制混凝土时，砂率应适当加大；

3. 对薄壁构件，砂率取偏大值。

(2) 坍落度大于 60mm 的混凝土砂率，可经试验确定，也可在表 4-23 的基础上，按坍落度每增大 20mm，砂率增大 1%的幅度予以调整。

(3) 坍落度小于 10mm 的混凝土，其砂率应经试验确定。

10. 计算砂和石子用量

对砂和石子用量的计算，可采用重量法和体积法。

(1) 当采用重量法时，应按下式计算：

$$m_{co} + m_{go} + m_{so} + m_{wo} = m_{cp}$$

$$\beta_s = \frac{m_{so}}{m_{go} + m_{so}} \times 100\%$$

式中 m_{co}——每立方米混凝土的水泥用量，kg；

m_{go}——每立方米混凝土的粗骨料用量，kg；

m_{so}——每立方米混凝土的细骨料用量，kg；

m_{wo}——每立方米混凝土的水用量，kg；

β_s——砂率，%；

m_{cp}——每立方米混凝土拌合物的假定质量，kg，其值可取 2350~2450kg。

(2) 当采用体积法时，应按下式计算：

$$\frac{m_{co}}{\rho_c} + \frac{m_{go}}{\rho_g} + \frac{m_{so}}{\rho_s} + \frac{m_{wo}}{\rho_w} + 0.01\alpha = 1$$

$$\beta_s = \frac{m_{so}}{m_{go} + m_{so}} \times 100\%$$

式中 ρ_c——水泥密度，kg/m^3，一般取 2900~3100kg/m^3；

ρ_g——粗骨料的表观密度，kg/m^3；

ρ_s——细骨料的表观密度，kg/m^3；

ρ_w——水的密度，kg/m^3，取 1000kg/m^3；

α——混凝土的含气量百分数，在不使用引气型外加剂时，α 可取 1。

三、混凝土配合比设计计算实例

例 某寒冷地区有一高层框架结构工程，混凝土框架梁的截面尺寸为 200mm ×

500mm，钢筋间的净距为25mm，采用机械振捣，坍落度要求为40~50mm，设计混凝土的强度等级为C30，现由市建筑材料检测中心对之进行配合比设计。

设计过程如下：

1. 已知条件

(1) 检测中心对本地区C30混凝土标准差进行统计后取5.5MPa。

(2) 要求采用粗砂，碎石骨料，连续级配。

(3) 要求使用42.5强度等级普通硅酸盐水泥，根据对水泥强度试验可知，水泥的实际抗压强度为44.0MPa。

(4) 构件所处环境为无冻害室内构件。

2. 试配强度

$$f_{cu,o} = f_{cu,k} + 1.645\sigma = 30 + 1.645 \times 5.5 = 39.0\text{MPa}$$

3. 求水灰比

$$\text{依据}\ W/C = \frac{\alpha_a \cdot f_{ce}}{f_{cu,o} + \alpha_a \cdot \alpha_b \cdot f_{ce}} = \frac{0.46 \times 44}{39.0 + 0.46 \times 0.07 \times 44} = 0.5$$

对照表4-22，$0.5<0.60$，最大水灰比符合要求

4. 确定石子的最大粒径

按照工程的特点和有关规定可知：

(1) 验算构件最小截面条件：$200 \times 1/4 = 50$mm；

(2) 验算钢筋间净距条件：$25 \times 3/4 = 18.8$mm；

所以石子的最大粒径应为20mm。

5. 确定用水量

根据上面计算结果和坍落度要求，查表4-21，用水量为195kg/m³。

6. 水泥用量的计算

$$m_{co} = 195 \div W/C = 195 \div 0.5 = 390\text{kg/m}^3,$$

对照表4-22，最小水泥用量满足规定要求。

7. 含砂率

对照水灰比的计算结果，查表4-23为35%。

8. 计算砂、石用量

(1) 用重量法计算

假定混凝土每立方米的质量 $m_{cp}=2400$kg，则：

$$m_{co} + m_{go} + m_{so} + m_{wo} = m_{cp} = 2400$$

将水泥和水的用量代入：

$$390 + m_{go} + m_{so} + 195 = 2400\text{kg}$$

$$m_{go} + m_{so} = 1815\text{kg}$$

因为 $\beta_s = \frac{m_{so}}{m_{go} + m_{so}} \times 100\% = 35\% = 0.35$，则：$m_{so}/1815 = 0.35$。

所以，$m_{so}=635$kg，这样 $m_{go}=1815-635=1180$kg。

(2) 体积法

已知水泥的密度 $\rho_c=3100\text{kg/m}^3$；砂的表观密度 $\rho_s=2600\text{kg/m}^3$；石子的表观密度 $\rho_g=$

2750kg/m^3；水的密度 $\rho_w = 1000$kg/m^3，因不掺外加剂，$\alpha = 1$。根据 $\frac{m_{co}}{\rho_c} + \frac{m_{go}}{\rho_g} + \frac{m_{so}}{\rho_s} + \frac{m_{wo}}{\rho_w} + 0.01\alpha = 1$，

将上面条件代入，则：

$$\frac{390}{3100} + \frac{m_{go}}{\rho_g} + \frac{m_{so}}{\rho_s} + \frac{195}{1000} + 0.01 = 1。$$

所以砂石总重为：$\frac{m_{so}}{2600} + \frac{m_{go}}{2750} = 0.669$，　　(1)

因砂率 $\beta_s = 35\%$，则：

$$\frac{m_{so}}{m_{go} + m_{so}} \times 100\% = \beta_s = 35\%,$$

$$m_{so} = 0.35 m_{so} + 0.35 m_{go}, \qquad (2)$$

经计算，$m_{so} = 0.54 m_{go}$

将（2）式代入（1）式：

$$\frac{0.54 m_{go}}{2600} + \frac{m_{go}}{2750} = 0.669$$

$$m_{go} = 1174\text{kg/m}^3$$

这样：$m_{so} = 0.54 \times 1174 = 634$kg/m^3。

每立方米混凝土各材料用量（也就是初步配合比）：

水泥∶砂∶石子∶水 = 390∶634∶1174∶190 = 1∶1.63∶3.01∶0.49。

9. 配合比的试配与调整

当混凝土初步配合比设计结束后，应进行试配和调整，这是配合比设计的最关键环节，进行试配和调整，就是通过采用施工时的各种原材料，结合设计的初步配合比，来检验混凝土的工作性能和抗压强度是否符合施工要求。

(1) 和易性不符合时的调整

经过对试配的混凝土拌合物坍落度进行测定，如不能满足设计要求时，应在保证水灰比不变的前提下进行调整。

若混凝土坍落度过大，则应减少水和水泥的用量。如果砂浆过多而引起坍落度过大时，就要相应地降低砂率。若混凝土坍落度过小，就增加水和水泥用量。如因砂浆不足以包裹石子，引起粘聚性差和离析时，则应加大砂率。

(2) 抗压强度不符合要求的调整

检验所设计的混凝土抗压强度是配合比设计的一项内容，决不可忽视。检验设计的混凝土抗压强度时，最少应采用 3 个不同的配合比。一个按所设计的初步配合比，另两个配合比的水灰比值应分别比初步配合比增加和减少 0.05。每种配合比应按标准制作 1 组试件，标准养护 28d 进行抗压试验。如果强度结果不符合设计要求时则应进行调整。在条件准许的情况下，每种配合比可制作两组试件，一组按《早期推定混凝土强度试验方法》进行快速测定，一组按标准试验方法进行检验，但应以 28d 的抗压强度为准。假设对上例的配合比进行试配和调整后，其坍落度和强度符合设计要求，则所设计的初步配合比以调整

后的配合比作为施工配合比的依据和标准。

(3) 密度不符的调整

所设计的混凝土配合比，各种材料的总量不一定能符合施工使用的混凝土实际密度，这时还应对其的密度进行调整，其调整的方法就是首先计算出密度调整系数 ψ，即：

$$\psi = \frac{实际密度}{计算密度}$$

然后将混凝土配合比中每项材料用量乘以调整系数 ψ，就得出了配合比中的实际材料用量。设上例中的体积法的计算密度为 2393kg/m³，而测得的实际密度为 2480kg/m³，因此，$\psi = 1.036$，那么调整后的各种材料用量为：

$$水泥 = 390 \times 1.036 = 404\text{kg/m}^3;$$
$$砂子 = 634 \times 1.036 = 657\text{kg/m}^3;$$
$$石子 = 1174 \times 1.036 = 1216\text{kg/m}^3;$$
$$水 = 195 \times 1.036 = 202\text{kg/m}^3。$$

调整后的基准配合比为：

$$水泥:砂:石子:水 = 404:657:1216:202 = 1:1.63:3.01:0.5$$

10. 施工配合比的计算

设计的混凝土配合比经试配调整后，所得的基准配合比还不能直接用于实际的施工中去。因为配合比中的砂和石子均是干燥状态下（砂的含水率小于 0.5%，石子的含水率小于 0.2%），而施工现场的砂和石子的含水率均大于试配时所用材料的含水率，所以，只有根据实际对配合比进行实际调配后，才能成为拌制混凝土时的参照数据。

设上例施工现场砂的含水率为 5%，石子的含水率为 2%，则施工现场的配合比各材料的用量分别为：

$$m'_{co} = m_{co} = 404\text{kg/m}^3;$$
$$m'_{so} = 657 \times (1 + 0.05) = 690\text{kg/m}^3;$$
$$m'_{go} = 1216 \times (1 + 0.02) = 1240\text{kg/m}^3;$$
$$m'_{wo} = 202 - (690 - 657) - (1240 - 1216) = 145\text{kg/m}^3。$$

这时，混凝土施工时的水泥:砂:石子:水的关系是

$$404:690:1240:145 = 1:1.71:3.07:0.36。$$

11. 每盘搅拌材料的计算

对搅拌机每盘搅拌的材料计算，应根据搅拌机的容量，是每盘搅拌一袋水泥还是搅拌两袋水泥。当采用散装水泥时，也要对各种材料进行称量，这样才能保证各种材料用量的准确性。

设上例施工现场的搅拌机型号为 JZ350，每次可以搅拌 100kg 水泥，这样根据施工配合比，每盘材料的用量分别为：

$$水泥 = 1 \times 100 = 100\text{kg/m}^3;$$
$$砂子 = 100 \times 1.71 = 171\text{kg/m}^3;$$
$$石子 = 100 \times 3.07 = 307\text{kg/m}^3;$$
$$水 = 100 \times 0.36 = 36\text{kg/m}^3。$$

第七节 建筑砂浆配合比设计

在建筑工程中，建筑砂浆是用量大、用途广的一种建筑材料。它是由胶凝材料、水和细骨料所组成。建筑砂浆是砌筑砂浆、抹灰砂浆、防水砂浆、装饰砂浆的总称。因此建筑砂浆的质量如何，对砌体的强度、粉刷、装饰等工程质量影响较大。所以，在建筑工程的施工质量控制中，它同混凝土一样受到同等重视。在这一节中，我们就根据《砌筑砂浆配合比设计规程》(JGJ 98—2000）的规定，来介绍砂浆的配合比设计计算，为砌体质量的控制打好基础。

砌筑砂浆硬化后应有足够的强度，因为它在砌筑和装饰工程中的主要作用就是粘结、衬垫和传递应力，所以砂浆不但应有良好的和易性，而且还应具有一定的抗压强度。砂浆的抗压强度等级用抗压极限强度的数值和 M 来表示，常用的强度指标分别为 M20、M15、M10、M7.5、M5、M2.5，这些均是设计砂浆配合比的主要参数。

一、砌筑砂浆的材料及技术条件

砌筑砂浆配合比的设计，是由取得试验资格的材料检测机构承担此项任务。它是根据建筑图纸要求，结合工程类别及砂浆应用部位的设计要求，选定砂浆强度等级，按所用材料的性质用计算方法求得。

砌筑砂浆的设计值计算，就是求出每立方米砂浆中的水泥、白灰膏（粉)、细骨料等材料的用量。对于用水量可通过计算，也可在满足稠度的条件下，逐步加水试配的方法确定。

1. 材料要求

砌筑砂浆所用的水泥，其强度等级应根据砂浆等级进行选择。水泥砂浆采用的水泥，不宜大于 42.5 强度等级；混合砂浆采用的水泥，不宜大于 52.5 强度等级。

砌筑砂浆中所用的细骨料，应结合不同的砌体材料进行选择。当采用烧结普通砖砌体时应用中砂；毛石砌体时宜用粗砂。砂中的含泥量不应超过 5%；强度等级为 M2.5 的混合砂浆，砂的含泥量不应超过 10%。

生石灰熟化成石膏时，应用孔径不大于 3mm × 3mm 的丝网过滤，熟化时间不得少于 7d；磨细生石灰粉的熟化时间不得小于 2d。沉淀池中贮存的石灰膏，应采取防止干燥、冻结和污染的措施。严禁使用脱水硬化的石灰膏。

制作电石膏的电石渣应用孔径不大于 3mm × 3mm 的丝网过滤，检验时应加热至 70℃ 并保持 20min，没有乙炔气味后方可使用。

消石灰粉不得直接用于砌筑砂浆。

石灰膏、电石膏或者是粘土膏试配时的稠度，应为 120 ± 5mm。

砌筑砂浆中掺入的砂浆外加剂，应具有法定检测机构出具的该产品砌体强度型式检验报告，并以砂浆性能试验合格后方可使用。

2. 技术条件

在砌筑砂浆中，水泥砂浆拌合物的密度不宜小于 1900kg/m^3；水泥混合砂浆拌合物的密度不宜小于 1800kg/m^3。

砌筑砂浆稠度、分层度、试配的抗压强度必须同时符合要求。砌筑砂浆的稠度应按表4-24的规定选取。

砌筑砂浆的稠度选用表 **表4-24**

砌体种类	砂浆稠度（mm）	砌体种类	砂浆稠度（mm）
烧结普通砖砌体	70~90	空斗墙、筒拱	50~70
轻骨料混凝土小型空心砌块砌体	60~90	普通混凝土小型空心砌块砌体	
烧结多孔砖、空心砖砌体	60~80	加气混凝土砌块砌体	
烧结普通砖平拱式过梁	50~70	石砌体	30~50

砌筑砂浆的分层度不得大于30mm。

水泥砂浆中水泥用量不应小于200kg/m^3；水泥混合砂浆中水泥和掺合料总量为300~350kg/m^3。

具有冻融循环次数要求的砌筑砂浆，经冻融试验后，质量损失率不得大于5%，抗压强度损失率不得大于25%。

砂浆试配时应用机械搅拌。搅拌时间，应自投料结束算起，并应符合：水泥砂浆和水泥混合砂浆，不得小于120s；掺有粉煤灰和外加剂的砂浆，不得小于180s。

二、砌筑砂浆配合比设计

（一）混合砂浆配合比设计

1. 确定试配强度

砂浆的试配强度，可按下式确定：

$$f_{m,o} = f_2 + 0.645\sigma,$$

式中 $f_{m,o}$——砂浆的试配强度，精确至0.1MPa；

f_2——砂浆的设计强度（即砂浆抗压强度平均值），MPa；

σ——砂浆现场强度标准差，精确至0.01MPa。现场强度标准差按下式计算求得：

$$\sigma = \sqrt{\frac{\sum_{i=1}^{n} f_{m,i}^2 - N\mu_{fm}^2}{N-1}}$$

式中 $f_{m,i}$——统计周期内同一品种砂浆第 i 组试件的强度；

μ_{fm}——统计周期内同一品种砂浆 N 组试件强度的平均值；

N——统计周期内同一品种砂浆试件的总组数，$N \geqslant 25$。

当不具有近期统计资料时，其砂浆现场强度标准差可按表4-25规定取用。

砂浆强度标准差选用值 **表4-25**

施工水平 \ 砂浆强度等级	M2.5	M5.0	M7.5	M10.0	M15.0	M20.0
优 良	0.50	1.00	1.50	2.00	3.00	4.00
一 般	0.62	1.25	1.88	2.50	3.75	5.00
较 差	0.75	1.50	2.25	3.00	4.50	6.00

2. 计算水泥用量

每立方米砂浆中的水泥用量应按下式计算：

$$Q_c = \frac{1000(f_{m,o} - \beta)}{\alpha f_{ce}}$$

式中 Q_c——每立方米砂浆的水泥用量，精确至1kg；

$f_{m,o}$——砂浆的试配强度，精确至0.1MPa；

f_{ce}——水泥的实测强度，精确至0.1MPa；在无法取得水泥的实测强度值时，可采用$f_{ce} = \gamma_c \cdot f_{ce,k}$公式来计算。$f_{ce,k}$是水泥的强度等级对应值；$\gamma_c$是水泥强度等级值的富余系数，该值应按实际统计资料确定，当无统计资料时γ_c可取1.0。

α、β——砂浆的特征系数，其中$\alpha = 3.03$，$\beta = -15.09$。如果各地区有试验资料能确定时，也可采用本地区的统计系数，但统计用的试验组数不得少于30组。

3. 水泥混合砂浆的掺加料用量

(1) 水泥混合砂浆中的掺加料主要有石灰膏、砂子等，其用量可按下式计算：

$$Q_D = Q_A - Q_c$$

式中 Q_D——每立方米砂浆的掺加料用量,精确至1kg;石灰膏使用时的稠度为120±5mm;

Q_A——每立方米砂浆中水泥和掺加料的总量，精确至1kg；宜在300~350kg之间；

Q_c——每立方米砂浆中的水泥用量，精确至1kg。

(2) 每立方米砂浆中的砂子用量，应按干燥状态的堆积密度值作为计算值，kg。所谓干燥状态是指含水率小于0.5%。

(3) 每立方米砂浆中的用水量，根据砂浆稠度等要求可在240~310kg之间选用。

但是，混合砂浆中的用水量，不包括石灰膏中的水；当采用细砂时用水量取上限值；当采用是粗砂时，用水量取下限值；稠度小于70mm时，用水量可小于下限值；如果施工现场气候炎热或干燥季节，可酌情增加用水量；如是所用的砌筑材料吸水率较大时，则应增加用水量。

(二) 水泥砂浆配合比选用

水泥砂浆材料用量可按表4-26选用。

每立方米水泥砂浆材料用量表 **表4-26**

强度等级	每立方米水泥用量 kg	每立方米砂子用量 kg	每立方米砂浆用水量 kg
M2.5~M5	200~230	$1m^3$砂子的堆积密度值	270~330
M7.5~M10	220~280		
M15	280~340		
M20	340~400		

注：1. 此表所用水泥强度等级为32.5，如大于32.5级水泥用量宜取下限值；
2. 试配强度应按上述的砂浆试配强度要求执行。

三、配合比的试配与调整

1. 试配与调整的原则

当砂浆的初步配合比确定后，则应进行试配。试配时应采用工程中实际使用的材料；搅拌方法应与生产时使用的方法相同。按计算的初步配合比进行试拌，应测定其拌合物的稠度和分层度，若不能满足要求时，则应调整用水量或掺加料，直至符合要求为止，然后确定为试配时的砂浆基准配合比。

试配时至少应采用三个不同的配合比，其中一个是所设计的基准配合比，其他两个配合比的水泥用量应按基准配合比分别增加及减少10%。在保证稠度、分层度合格的条件下，可将用水量或掺加料用量作相应地调整。

对三个不同的配合比进行调整后，应按照《建筑砂浆基本性能试验方法》的规定成型试件，测定砂浆强度；并选定符合试配强度要求的且水泥用量最低的配合比作为施工时的砂浆配合比。

2．建筑砂浆的稠度测定

(1) 砂浆的稠度试验

砂浆拌合物硬化前就具有良好的和易性，这样砂浆容易在粗糙的砖石底面上铺设均匀的薄层，且能与底面紧密粘结。所以设计的砂浆配合比必须满足这一性能要求。砂浆的和易性包括了稠度和保水性这两个方面的指标。对砂浆的稠度试验，通常用砂浆稠度仪来测定它的沉入度。测定时，将试配的三个配合比分别拌成砂浆拌合物，一次装入盛浆容器中，使砂浆表面低于容器约10mm左右，用捣棒自容器中心向边缘插捣25次，然后轻轻地将容器摇动并敲击5~6次，使砂浆受震后表面平整，再将容器置于稠度测定仪的支座上，拧松试锥滑杆的固定螺栓，使滑杆下移，当试锥尖端与砂浆表面刚刚接触时，拧紧固定螺栓，使齿条侧杆下端刚接触滑杆上端，并将稠度仪上的指针调至零位。这时按动秒表，同时拧松固定螺栓，使试锥滑杆在自重作用下沉到砂浆中18s，然后立即固定螺栓，从刻度盘上读出下沉值，并要精确到1mm，这个测定值就是砂浆稠度值。砂浆稠度值的确定，是以两次试验结果的算术平均值，但当两次试验结果之差大于20mm时，则应重新取样进行试验。

(2) 砂浆的分层度

砂浆的分层度，就是砂浆的保水性能试验。测试时，是在砂浆稠度试验的基础上，再将拌制好的砂浆一次装入分层筒内，等装满后，用木棒在分层筒四周相等的四个不同部位轻击一次，将沉降后的分层筒随时装满，并用抹刀抹平。静置30min后去掉上节200mm厚的砂浆，将剩余的100mm砂浆倒入拌合锅内搅拌2min，再按试验稠度方法测出稠度，前后测得的稠度之差即为该砂浆的分层度值（mm）。分层度值在10~20mm之间。当分层度值接近零值时，砂浆易干缩裂缝，就要进行调整。当两次分层度值测定的结果之差大于20mm时，则应重新试验。

3．砂浆强度测定

对砂浆进行强度测定，就是验证所设计的砂浆配合比的强度是否符合设计要求的砂浆强度等级。试验方法如下：

(1) 砂浆试块的制作

将吸水性较好的新闻纸预先铺在吸水率不小于10%、含水率不大于20%的粘土砖上，然后将70.7mm×70.7mm×70.7mm的无底立方体试模放在铺好的新闻纸上。向试模内一次注满砂浆，用捣棒均匀由外向内按螺旋方向插捣25次，并使砂浆高出试模6~8mm；静放 10~30min 或当砂浆表面开始出现麻斑状态时，将高出试模的砂浆顶面削去抹平，然后放在 20±5℃温度环境中停置。

(2) 将制作的试件放置 24±2h 后进行编号拆模，然后放入标准养护室（箱）内，试件之间的距离不应小于 10mm，并应根据砂浆的不同类型调节标准养护室（箱）内的温度和湿度，当为混合砂浆时，温度为 20±3℃，相对湿度 60%~80%；当为水泥砂浆或掺有微沫剂砂浆时，温度为 20±3℃，相对湿度在 90%以上。

(3) 当试件养护至 28d 时，应取出试件进行抗压强度试验。试验前应擦干试件表面水分，量测试件的实际尺寸，检查外观是否有裂缝、掉角、缺边现象，然后将试件放在试验机上进行均匀加压。加压速度：当砂浆的试配强度等级为 M5 或 M5 以下时，加压加速为 0.5kN/s；当大于 M5 时，速度为 1.5kN/s。

(4) 砂浆试块的抗压强度应按下式计算：

$$f_2 = \frac{N}{A}$$

式中　f_2——砂浆的设计强度，精确至 0.1MPa；

N——加载压力，N；

A——试件的受压面积，mm^2。

应以 6 个试件的算术平均值作为该组试件的抗压强度值。当 6 个试件的最大值或最小值与平均值之差超过 20%时，应以中间 4 个试件的平均值作为该组试件的抗压强度值。

当测得的抗压强度值与施工图设计要求的砂浆强度不符时，则应进行调整。

当测得的砂浆强度值低于设计要求的砂浆强度等级时，可相应地增加水泥或石灰粉（膏）的用量；过大时，则应减少水泥用量。当试配调整符合要求时，试配单位则应出具配比通知单。

四、砌筑砂浆配合比设计实例

例　某建筑工地，为了保证砌体质量，决定让该市建材检测中心为其进行 M10 水泥混合砂浆的配比设计。

该单位为检测中心提供的水泥为 42.5 强度等级的普通硅酸盐水泥，中砂，堆积密度为 1450kg/m³，含水率为 4%；石灰膏的稠度为 90mm；施工企业的施工水平为一般。

解　根据提供的材料和测定结果，水泥的实际强度为 45MPa。

(1) 计算砂浆的试配强度。因 $f_2=10\text{MPa}$，强度标准因没有统计资料，所以查表 4-25，$\sigma=2.5\text{MPa}$，则：

$$f_{m,o} = f_2 + 0.645\sigma = 10 + 0.645 \times 2.5 = 11.6\text{MPa}。$$

(2) 计算水泥用量。因 $\alpha=3.03$，$\beta=-15.09$，则：

$$Q_c = \frac{1000(f_{m,o} - \beta)}{\alpha f_{ce}} = \frac{1000 \times (11.6 + 15.09)}{3.03 \times 45} = 196\text{kg/m}^3。$$

(3) 计算石灰膏用量。这里设定砂浆中胶结材料和掺加料的总量 Q_A 为 330kg/m³，则：

$$Q_o = Q_A - Q_c = 330 - 196 = 134\text{kg/m}^3。$$

因为石灰膏稠度为 90mm，现换算为 120mm，则换算系数为 0.95，这样：

$$134 \times 0.95 = 127.3\text{kg/m}^3。$$

(4) 根据砂子堆积密度和含水率，计算砂用量：

$$Q_s = 1450 \times (1 + 0.04) = 1508\text{kg/m}^3。$$

(5) 根据调配砂浆稠度，用水量选 280kg/m³。

砂浆试配时各种材料用量比例为：

水泥:石灰膏:砂:水 = 196:127.3:1508:280 = 1:0.65:7.69:1.43。

然后根据上面计算的配合比进行试配与调整，待砂浆的稠度、分层度以及强度均符合要求时，确定该配合比即是施工现场的使用配合比。

第八节　工程质量事故的综合分析法

对于工程质量事故实事求是地进行科学地分析，找出工程质量事故发生的原因，一方面可为事故的处理提供可靠的依据，另一方面是总结经验教训，预防质量事故重复发生。

通过对大量的质量事故进行调查与分析就可以发现，虽然每次的质量事故类型各不相同，但是发生事故的原因有不少相同或相似之处。大量的资料表明，事故的发生往往是多种因素构成，其中最基本的因素主要有社会条件、自然环境、人员素质、材料质量。社会条件、自然环境是构成工程质量事故的直接因素。

一、工程质量事故的特点

所谓工程质量事故，就是指该工程的施工质量达不到相关的建筑专业施工质量验收规范要求，其建筑结构的功能达不到《建筑结构设计统一标准》(GBJ 68) 的规定，也就是：

(1) 不能承受正常施工和正常使用时可能出现的各种作用；

(2) 在正常使用时不具有良好的工作性能；

(3) 在正常维护下已失去足够的耐久性；

(4) 在偶然事件发生时与发生后，不能保持整体的稳定性而发生的各种墙倒屋塌事故。

但是在这里，我们应把质量事故同质量问题和质量通病区别开来。我国明确确定：凡是工程质量达不到合格标准的工程，必须进行返修加固或报废处理，由此而造成直接经济损失在 5000 元（含 5000 元）以上的称为工程质量事故；经济损失低于 5000 元的则称为质量问题。但是，对质量问题也应特别注意，因为有些质量事故未发生前只表现出一般的质量问题，但随着建筑物时间的推移和外作用力的不断增加，质量缺陷变为质量问题，质量问题则会转换为质量事故，这就是产生工程质量事故的可变性。例如在混凝土结构中产生的微裂缝，随着环境湿度、温度的变化，或随着荷载的逐渐增大和持荷时间的推移，使裂缝不断增大，当超出结构材料极限能力的作用下，结构便会破坏而塌落。所以，消除质量通病及质量缺陷，是减少工程质量事故的有效措施。

二、工程质量事故的类别

工程质量事故按事故原因、发生时期、造成的危害可分为若干类别。这里只介绍工程质量事故造成人员伤亡或直接经济损失和事故性质这两大类别。

(一) 按人员伤亡或经济损失分

这里包括一般和重大质量事故两类。

1989年国家建设部颁布的《工程建设重大事故报告和调查程序规定》中对重大质量事故规定如下：

1. 一级重大事故

(1) 死亡30人以上；

(2) 直接经济损失300万元以上。

2. 二级重大事故

(1) 死亡10人以上，29人以下；

(2) 直接经济损失100万元以上，不满300万元。

3. 三级重大事故

(1) 死亡3人以上、9人以下；

(2) 重伤20人以上；

(3) 直接经济损失30万元以上而不满100万元。

4. 四级重大事故

(1) 死亡2人以下；

(2) 重伤3人以上，19人以下；

(3) 直接经济损失10万元以上，不满30万元。

而一般工程质量事故，则指造成重伤2人以下或造成直接经济损失10万元以下者。

(二) 按事故性质分

1. 变形事故

包括结构受力或施工工艺不当所引起的建筑结构倾斜、扭曲过大等变形事故。

2. 开裂事故

主要有砖、石砌体的开裂，混凝土结构的裂缝等。

3. 倒塌事故

指建筑物整体或局部倒塌而造成的人员伤亡和经济损失。

4. 结构或构件承载力不足引起的事故

结构构件因混凝土强度不足或因所配置的钢筋截面未达到设计要求，以及超载使用所引起的质量事故。

5. 地基与基础失稳或不均匀沉降而造成的质量事故

主要是地基承载力不足或地下水位过高，以及给排水管道渗漏使地基土液化而丧失承载力而引起的变形、开裂及倒塌的质量事故。

三、工程质量事故的综合分析

(一) 社会条件对工程质量的影响

所谓社会条件就是指社会在不同的历史发展中对工程质量的影响，这是社会发展的消极因素。如58年时的大跃进，66年开展的文化大革命，均对工程质量造成了巨大影响。这里所说的社会条件，是指当时法律不健全的条件下对工程质量的影响。

1. 违反基本建设程序

基本建设程序，是规范建筑市场的保证条件，是基本建设工作必须遵循的先后次序。

但是在某些阶段，某些单位在本位主义的影响下，对各类新建、改建和扩建以及利用世行代款的工程项目，不作可行性研究，开工前不到建设主管部门进行报建，不到质量监督部门办理监督手续。这样，使所建工程处于监督之外，形成质量隐患，造成质量事故。

2. 违法承接工程任务

按照《中华人民共和国建筑法》第七条的规定："建筑工程开工前，建设单位应当按照国家有关规定向工程所在地县级以上人民政府建设行政主管部门申请领取施工许可证。"但有的建设单位，违反国家法令法规规定，私招乱雇施工企业进入市场；有些达到规定的招投标项目，也不进行招、投标活动，形成私相授受，营私舞弊，不能形成建筑市场的公开、公正、公平的竞争局面。

并且部分无资质的施工企业或施工资质比较低的施工企业，将自己挂靠在有资质或高资质施工单位名下，成为名符实不符的"合法"施工企业。这也是近几年质量滑坡，倒塌事故连续发生的一个明显因素。

3. 工程竣工私自交付使用

依据《中华人民共和国建筑法》第六十一条的规定："建筑工程竣工经验收合格后，方可交付使用；未经验收或验收不合格的，不得交付使用。"但有些单位违反建筑法的规定，将未验收的工程或验收不合格的工程私自交付用户进行使用，使工程质量事故得到了扩展和延伸。

（二）人为事故

1. 政府官员的腐败

有些政府官员，对当地的建设工程项目作为自己的财源，一方面为无资质的施工企业介绍工程，从中收取贿赂，出卖自己的权力；另一方面不按建筑程序规定，进行出头说情，出卖自己的人格。有的地方偏离当地的经济发展轨道大兴土木，并把这些项目作为："为民工程"、"重点工程"进行保护，自己从中进行渔利。这些腐败现象的产生，是导致质量事故发生的罪魁祸首。

2. 勘察、设计方面的人为事故

(1) 地质勘察不全面，有的工程开工前不认真进行地质勘察，盲目地估计地基承载力，造成过大的不均匀沉降，导致结构裂缝或倒塌。有的虽然进行了地质勘察，但是勘察时钻孔间距过大，钻孔的深度不够，不能全面地反映地层的实际情况和不能查清较深层的地质情况。并且有的地质勘察报告不准确，不详细，导致基础设计的选值错误。

(2) 结构稳定性不足。对于没有间隔墙、柱，或间隔墙、柱相距较远的大跨度建筑物，设计时缺少抵抗水平力的建筑结构措施，这样就会在大风冲击作用下导致结构比较薄弱的部位产生质量事故。对于阳台、雨篷、挑檐等悬挑结构，如果设计时未考虑平衡措施和可靠的连接构造以保证结构的稳定性，就容易造成整体倾斜或坍落。

在钢结构工程中，有的盲目追求超大跨度的开间，形成柱间距偏大；对于抗风柱，不是采用弹性联接，设计时缺少抵抗水平推力的建筑结构措施，这样就会在大风的冲击荷载作用下产生质量事故。

(3) 设计计算错误。这种人为的事故，是指在设计中，结构设计计算简图与受力情况不符，设计计算假定与施工情况不符等。如在砖混结构设计中，混凝土梁支承在窗间墙上，梁与墙的连接点一般应按铰接进行内力计算。但是当梁较大时，梁垫应设计为与窗间墙同宽、同厚或与梁高相等。如果梁垫与梁一起浇筑成整体，这种梁与墙的连接可能接近刚性节点，这时仍按铰接设计，就会产生较大弯矩，其与轴向荷载共同作用下，则砖墙就会因承载力不足而产生质量事故。

(4) 荷载计算错误。如有的设计漏算结构自重；有的屋面荷载未考虑平屋面上找坡层的厚度而少算了荷载；采用钢筋混凝土挑檐时，不计算对砖墙产生的弯矩。这些计算错误，将使墙、柱出现裂缝、倾斜、甚至破坏倒塌。

(5) 内力计算错误。这类错误大多发生在超静定结构的计算中，诸如把连系梁当作简支梁计算支座反力，造成部分框架内力计算值偏小而导致结构破坏的质量事故。

3. 施工管理不严，导致质量事故

(1) 施工管理不严，一是不进行图纸会审，不了解设计意图就仓促开工；二是不进行施工组织设计和技术交底，使施工人员心中没底；三是施工过程中不遵守有关施工规范的规定或不按验评标准检查验收；四是对不合格的分项工程不进行返工处理，导致质量隐患的产生。

(2) 粗制滥造。这些均表现在：砌砖工程中为了抢进度，砌砖高度超过限定值，砂浆饱满度严重不足，通缝严重；在砖混结构中，圈梁下的砖不是丁砖砌筑，混凝土接槎时不用水冲洗，不用水泥浆作粘结层；砖柱采用包心砌法；房心回填土和基础回填土不分层夯实；楼、地面垫层不按规定施工，水泥砂浆面层不是三遍成活等。

在钢结构工程中，基础预埋螺栓位移较大，不标注水平标高和轴位线；檩条两端固定点缺少紧固件，拉条螺母不紧固或者焊接；柱的安装垂直度超过规范要求；泛水件、各包角附件安装不齐整；焊缝外观不良等。

(3) 偷工减料。在混合砂浆中任意减少水泥用量，降低砂浆强度等级；厕浴间不按规定作防水处理；在梁和柱的节点处不进行箍筋加密；在钢筋混凝土工程中任意扩大箍筋间距，缩短钢筋的搭接长度；屋面工程中，不作防水卷材屋面的保护层等。

在当前钢结构工程中，有的人为了蝇头小利，就私自组织几个人进行结构安装。并且在安装工程中偷工减料严重。本来为2.5mm厚度的C型钢被更换为2.0mm厚；把H型构件的翼缘板和腹板厚度进行缩小。还有的在安装面板时，紧固件间距过大，有的随意不安装隅撑、连系杆。焊接桁架的钢管直径不符合设计要求，有的对屋面板接缝部位不涂密封胶，造成屋面漏水等。

4. 使用不当

每个建筑物都具有它的设计功能及极限承载能力，如果超出了它的设计功能和极限承载能力时，也会产生质量事故。

在建筑物的使用过程中，有的任意在原来建筑物屋面上安装生活设备，加大屋面荷载；有的任意在原建筑物上增加层数，造成结构破坏；有的在承重墙体上任意开洞，改换门窗位置；有的为了扩大室内面积，私自拆除室内隔墙等。这些均是造成质量事故的直接人为因素。

(三) 建筑材料质量低劣

1. 钢材

钢材所引起的工程质量事故，一方面是钢材本身材质方面的问题，另一方面是没有把好钢筋加工质量和检验关。其主要表现为：

钢材的品种、规格未按设计要求进行选用。有的进口钢材没有材质说明书和未经质量检验就应用到工程的结构构件中。

钢材的抗拉强度、屈服强度、延伸率未进行检验就在工程中进行使用，造成结构构件的承载力因钢材质量问题而达不到设计要求。有的在焊接时焊结性能不良又不进行化学分析，导致构件脆断事故的产生。

有的在钢筋冷拉、冷拔或冷轧的加工过程中，不按规定进行加工，导致冷加工后的钢材质量指标和直径达不到标准规定；有的冷加工后的钢材未经时效处理就直接进行使用等。

2. 水泥

水泥是混凝土和砂浆的胶凝材料，所以，当水泥的质量指标达不到标准规定时，就会引起严重的质量问题或导致质量事故的产生。其主要表现为：

(1) 水泥安定性不良和有害物成分含量过高。某市一居民2003年4月建了一座300m^{2}的2层砖混结构楼房，使用当地小水泥厂生产的水泥做水磨石地坪。两个月后，水磨石面层在房屋的中部向上凸起200mm，并在凸起的同时，把地坪水平位置上的砌体砖向外挤出50mm左右，楼房屋底层砖砌体均产生了20mm宽、2/3层高的裂缝；粉刷外墙的水泥砂浆面上也鼓起了蘑菇泡，新建小楼基本达到报废程度。经对水泥质量进行检验，水泥安定性达不到标准要求，并且水泥成分中含有高量的氢氧化钙和水化铝酸钙，导致了水磨石膨胀性破坏。

(2) 水泥的强度达不到标准规定。由于水泥的强度达不到规定，所以配制的混凝土或砂浆的强度也就达不到所设计的强度等级，这样就会导致质量问题或质量事故的产生。某地一构件生产企业，在露天台座上生产了250余块空心板，但到放松钢丝时，因混凝土没有握裹住钢丝，钢丝均产生了滑移被抽出。后对水泥进行复验，42.5强度等级水泥的抗压强度仅达到24MPa。

(3) 袋装水泥重量严重不足。某地市政公司施工队在浇筑混凝土路面时，称量袋装水泥的重量在40~45kg范围内，但因发现及时，才未影响工程质量。

(四) 自然灾害的影响

自然灾害的影响可以归纳两种类型。一是不可抗御的破坏性自然灾害，如飓风、地震、洪水、山体滑波、火山爆发以及空中突然落下的陨石等。另一种是酷暑、严寒、冰冻等可以防备的自然灾害。这些自然灾害均可对建筑物或施工中的质量造成危害和影响。

从以上的综合分析可以说明，无论任何工程质量事故或重大事故，原因往往是多方面的。那么，我们在进行质量事故分析时，应从那方面入手呢?

在分析质量事故时，首先必须找出质量事故发生的原点，也就是事故发生的初始点，它在质量事故分析中具有关键作用，它是一系列独立事故原因集合起来后形成的质量事故的爆发点。事故的原点可以反映出质量事故的直接原因。所以，我们在事故的分析中，调查与分析事故发生时的原点非常重要。

事故原点找到后，就可围绕事故原点对事故现场上各种迹象进行分析，把事故发生、发展和最终形成质量事故的过程逐步揭示出来。但是，任何一个事故原因都有其起源事件。所以，我们在质量事故的分析中，查找事故的原点，是为了分析事故的直接原因，再通过质量事故的起源事件，是发现更深层的事故发生的本质原因。这是对工程质量事故原因分析的主要方法之一，是必须遵循的逻辑推理法则。

四、工程质量事故的处理

依据对工程质量事故的综合分析，运用相适应的技术手段和措施，对工程质量事故及时进行处理，才能保证建筑物、构筑物的可靠性、安全性、耐久性及满足使用功能的要求；才能有效地防止事故的继续恶化；才能为正常的施工创立有利条件和环境。

（一）处理质量事故应具备的条件

工程质量事故的处理具有复杂性、危害性、技术难度大的特点。它不仅涉及到结构安全和建筑功能等方面的技术问题，而且还会牵连到社会的安定、单位之间关系和责任人员的政纪、法纪的处理问题。这样可以说，质量事故的处理是一项综合性的，并且具有高度责任性的技术工作。所以，处理质量事故时必须具备如下条件。

(1) 参加处理质量事故或重大事故的工作人员应具有为国为民的高度责任感和良好的思想品质，不能对事故责任单位和责任人抱有私怨及打击报复心理；还应具有全面的建筑技术专业知识、法律常识和丰富的社会经验。

(2) 质量事故调查取证充足、齐全；记录真实、可靠；分析有理、有据；对事故描述全面而公正。

(3) 具有能切实反映该工程实际质量状况的、与施工有关的各类技术资料。如地质勘察报告、设计图、建筑材料试验报告、施工记录、隐蔽验收记录等。

(4) 具有真实的事故调查分析报告。主要应包括事故发生时的情况、事故的性质、事故原因、事故评估等。

(5) 有明确的处理措施和目的。要求措施科学、方案细致周密而切实可行及最终达到的标准。

（二）事故处理方案

确定质量事故处理方案，必须掌握事故的性质和其变化规律，并应结合事故调查分析报告和征得设计、施工单位意见后才能作出一致的处理方案。

在确定处理方案时，为了确保处理工作顺利进行和处理效果，可采用下列两种方法来确定最佳处理方案。

1. 共同论证法

事故处理的组织单位，应召集设计、建设、施工单位有关人员和邀请有关专家、学者对处理方案进行论证。在论证的过程中，应充分发扬民主、集思广议、共同策划。在取得大家共识的基础上，达成一致的处理方案。

2. 对比法

这是一种比较常用的方法。同类型和同一性质的事故可选用多种不同处理方案。这样可先设计多种处理方案，然后结合当地的资源情况、施工条件等来确定最佳处理方案。如：结构或构件承载能力达不到要求，就可采用改变结构构造的类型来减少结构内力、结构卸荷或结构补强等不同的处理方案。经对比后，那种方案具有较高的处理效果，并又便于施工时，就可确定该种方案为处理时的处理方案。

第五章　常用建筑材料的质量控制

在建筑工程中的建筑钢材、粘结材料、砌体材料、以及钢结构工程中所用的高强度螺栓、彩板、保温材料等，是建筑工程施工中的重要物资基础。建筑材料的质量，是保证建筑结构和建筑功能质量的首要条件。如果没有这些材料，建筑师就无法将设计的“纸上产品”变为有使用价值的建筑实体；结构工程师如果不了解建筑材料的各种性能，就无法准确地确定建筑结构和构件尺寸、材料用量，也就创造不出先进的结构造型。而建筑材料的质量和性能，则必须通过对材料的检测、科学地计算和分析，才能正确地了解和使用这些材料。

第一节　建筑用砂的质量控制

砂子在建筑工程和预制构件的生产中，是组成混凝土的砂浆的主要材料，在混凝土中，它不但能填充石子间的空隙，形成界面水泥砂浆层，而且还能降低水泥的水化热；在砂浆中并能起到一定的润滑作用。

一、砂子的质量指标

从全国各地的资源分布来看，主要有天然砂和人工砂两大类型。由自然风化、水流搬运和分选、堆积形成的粒径小于4.75mm的岩石颗粒均称为天然砂；由机械破碎、筛分而成的，粒径小于4.75mm的岩石颗粒则称为人工砂。河砂、海砂、山砂等就是天然砂。河砂颗粒圆滑，比较洁净，质量优于海砂和山砂；而人工砂是经过机械破碎后经筛分所得，质量较高。在当前的混凝土工程中，通常是把天然砂和人工砂混合起来，成为当前建筑工程和预制构件生产应用最多的一种材料。

（一）颗粒级配

在混凝土的拌合物中，必须有足够的水泥砂浆来包裹石子颗粒表面，并填实石子颗粒间的空隙，为了节约水泥和增加混凝土的密实度，就要减少砂子的总表面积及空隙率。但不论何种砂，在相同的质量条件下，粗砂的颗粒数量少，总表面积较小；反之，细砂的颗粒数量多，总表面积就较大，两种粒径颗粒的砂掺用，空隙减少，多种粒径的砂互相搭配，空隙会更小。由此可见，为了达到节省水泥，提高混凝土的密实性，就必须使大小不同的砂粒进行配合使用。这就是用筛分析法，来确定砂粒的粗细程度和砂粒间的级配。

砂的颗粒级配应处于表5-1中的任一级配区内。

（二）砂的细度模数

通过砂的筛分试验后，就可根据计算结果得出砂的细度模数 M_x（或 μ_f）。其范围应符合下列要求：

粗砂：3.7～3.1

中砂：3.0～2.3

细砂：2.2～1.6

砂的颗粒级配 表5-1

累计筛余（%）＼级配区 方筛孔	1	2	3	累计筛余（%）＼级配区 方筛孔	1	2	3
9.50mm	0	0	0	600μm	85～71	70～41	40～16
4.75mm	10～0	10～0	10～0	300μm	95～80	92～70	85～55
2.36mm	35～5	25～0	15～0	150μm	100～90	100～90	100～90
1.18mm	65～35	50～10	25～0				

注：1. 砂的实际颗粒级配与表中所列数字相比，除4.75mm和600μm筛档外，可以略有超出，但超出总量应小于5%；

2. 1区人工砂中150μm筛孔的累计筛余量可以放宽到100～85，2区人工砂中150μm筛孔的累计筛余量可以放宽到100～80，3区人工砂中150μm筛孔的累计筛余量可以放宽到100～75。

当采用1类级配区砂子时，应提高砂率，并保持足够的水泥用量，以满足混凝土的砂浆的和易性；采用2类级配区砂子时，应适当降低含砂率，保证混凝土的强度。

根据国标《建筑用砂》GB/T 14684—2001规定，砂按技术要求分为Ⅰ、Ⅱ、Ⅲ3类。

配制混凝土时，Ⅰ类砂子适用于强度等级大于C60的混凝土；Ⅱ类砂子适用于强度等级为C30～C60及有抗冻、抗渗或其他要求的混凝土；Ⅲ类砂适用于强度等级小于C30的混凝土和建筑砂浆。

对于泵送混凝土用砂，宜选用细度模数 M_x 为3.0～2.3的中砂。

（三）砂子中的含泥量和泥块含量

砂子中的含泥量是指砂子的粒径小于0.08mm的尘屑；泥块的含量是指成团的淤泥和黏土块。这类泥土杂质，对混凝土拌合物的和易性，硬化混凝土的抗冻、抗渗和收缩等性能均有一定的影响，并且对高强度混凝土的影响更大。因此，砂中的含泥量和泥块含量必须加以控制。

天然砂中的含泥量和泥块含量必须符合表5-2的规定。

天然砂中的含泥量和泥块含量 表5-2

项目	指标		
	Ⅰ类	Ⅱ类	Ⅲ类
含泥量（按质量计）（%）	<1.0	<3.0	<5.0
泥块含量（按质量计）（%）	0	<1.0	<2.0

对于人工砂的石粉含量和泥块含量应符合表5-3的规定：

人工砂中的石粉和泥块含量 表5-3

	项目			指标		
				Ⅰ类	Ⅱ类	Ⅲ类
1	亚甲蓝试验	MB值<1.40或合格	石粉含量（按质量计）（%）	<3.0	<5.0	<7.0
2			泥块含量（按质量计）（%）	0	<1.0	<2.0
3		MB值≥1.40或不合格	石粉含量（按质量计）（%）	<1.0	<3.0	<5.0
4			泥块含量（按质量计）（%）	0	<1.0	<2.0

对于C10及C10以下的混凝土用砂，应根据水泥强度等级，含泥量、泥块含量和石粉含量可适当放宽。

(四) 砂的坚固性

用硫酸钠溶液检验，试样经5次循环后，其质量损失应符合表5-4的规定。

砂的坚固性指标 表5-4

项 目	指 标		
	Ⅰ 类	Ⅱ 类	Ⅲ 类
质量损失（%）<	8	8	10

(五) 压碎指标

人工砂子采用压碎指标法进行试验，压碎指标值应小于表5-5的规定。

人工砂的压碎指标 表5-5

项 目	指 标		
	Ⅰ 类	Ⅱ 类	Ⅲ 类
单级最大压碎指标（%）<	20	25	30

(六) 砂中有害物的含量标准

砂中的有害物含量，当超过标准要求时，它不但会影响混凝土和砂浆的耐久性和强度，而且一些有机物、硫化物及硫酸盐还会对水泥有腐蚀作用。所以有害物的含量应符合表5-6的规定。

有 害 物 的 含 量 表5-6

项 目	指 标		
	Ⅰ 类	Ⅱ 类	Ⅲ 类
云母（按质量计）（%）<	1.0	2.0	2.0
轻物质（按质量计）（%）<	1.0	1.0	1.0
有机物（比色法）	合格	合格	合格
硫化物及硫酸盐（按SO_3质量计）（%）<	0.5	0.5	0.5
氯化物（以氯离子质量计）（%）<	0.01	0.02	0.06

注：以上各表均摘自《建筑用砂》（GB/T 14684—2001）。

二、砂子检验取样方法

质量检查员在施工现场进行质量管理活动时，应按照实际用砂的数量，结合下列验收规定对进场的砂子进行质量检验。

(一) 组批规则

按同分类、同规格、适用等级及日产量每600t为一批，不足600t亦为一批，日产量超过2000t，按1000t为一批，不足1000t亦为一批。

(二) 取样方法

每一验收批的取样方法应按下列规定执行。

(1) 在料堆上取样时，取样部位应均匀分布。取样前先将取样部分表面铲除，然后从不同部位抽取大致等量的砂8份，组成一组样品。

(2) 从皮带运输机上取样时，应在皮带运输机机尾的出料处定时抽取大致等量的砂4份，组成一组样品。

(3) 从大型运输工具上直接取样时，应从不同的部位和深度抽取大致等量的砂8份，组成一组样品。

(4) 若上面各项若有一项检验不合格时，则应从同一批产品中加倍取样，对不符合标准要求的项目进行复检。复检后，该项指标符合标准要求时，可判该类产品为合格，否则按不合格处理。

(5) 取样时可由施工单位质检员或材料试验单位的材料试验人员进行。当配制的混凝土有特殊要求的，则由试验员在监理工程师的见证下进行取样。

(三) 每组样品的取样数量

单项试验的最少取样数量应符合表5-7的规定。做几项试验时，如果确能保证试样经一项试验后不致影响另一项试验的结果，可用同一试样进行几项不同的试验。

单项试验的取样数量 **表5-7**

序　号	试验项目		最少取样数量（kg）
1	颗粒级配		4.4
2	含泥量		4.4
3	石粉含量		6.0
4	泥块含量		20.0
5	云母含量		0.6
6	轻物质含量		3.2
7	有机物含量		2.0
8	硫化物与硫酸盐含量		0.6
9	氧化物含量		4.4
10	坚固性	天然砂	8.0
		人工砂	20.0
11	表观密度		2.6
12	堆积密度与空隙率		5.0
13	碱骨料反应		20.0

(四) 样品的处理

砂的样品缩分可用下列二种方法中的一种方法。

(1) 用分料器法：将样品在潮湿状态下拌合均匀，然后使样品通过分料器，取接料斗中的其中一份再次通过分料器。重复上述过程，直至把样品缩分到试验所需数量为止。

(2) 人工四分法。将所取样品放于平板之上，在潮湿状态下拌合均匀，并堆成厚度为20mm的圆饼状；然后沿圆饼上面互相垂直的两条直径把圆饼分成大致相等的4份，取其对角的两份重新拌匀，再堆成圆饼；重复上述过程，直至缩分后的砂量符合试验项所需数量为止。

但堆积密度、人工砂坚固性检验所用试样可不经缩分，在拌合均匀后直接进行试验。

三、砂子的质量检验方法

为了有效地控制砂子的质量，保证配制的混凝土质量、砌筑砂浆和装饰砂浆的质量，下面将经常性的砂子质量检验给予介绍，未介绍的项目可按《建筑用砂》GB/T 14684—2001 规定的方法进行。

（一）砂子的颗粒级配

本法主要测定砂的颗粒级配和细度模数。

1. 砂试样的制备

将砂样按缩分法进行缩分，并将试样缩分至约 1100g，放在烘箱中于（105±5）℃下烘干至恒量，取出冷却至室温后，筛除大于 9.5mm 的颗粒（并算出其筛余百分率），分为大致相等的两份备用。

所谓恒量，系指试样在烘干 1~3h 的情况下，其前后质量之差不大于该项试验所要求的称量精度。

2. 试验步骤

精确称量烘干的试样 500g，精确到 1g。将试样倒入按孔径大小从上到下组合的套筛上，然后进行筛分。

将整套筛装入摇筛机上固定紧，筛分时间为 10min；然后取出套筛，再按筛孔大小顺序，在洁净的浅盘上逐个进行手筛，直至每个筛全部筛选完为止。在进行手动筛选时，直至每分钟筛出量不超过试样总量的 0.1%时为止，并将筛下的砂料装入下一号筛子中。

如没有摇砂机时，可用手摇法进行。

称出各号筛的筛余量，精确至 1g，试样在各号筛上的筛余量不得超过下式计算出的结果。

$$G = \frac{A \times d^{1/2}}{200}$$

式中　G——在一个筛上的筛余量（g）；

A——筛面面积（mm^2）；

d——筛孔尺寸（mm）。

当计算值超过上式要求时则应按下列方法之一处理。

（1）将该粒级试样分成小于按上式计算出的量，分别筛分，并以筛余量之和作为该号筛子的筛余量。

（2）将该粒级及以下各粒级的筛余混合均匀，称出其质量，精确至 1g。再用四分法缩分为大致相等的两份，取其中一份，称出其质量，精确至 1g 继续筛分。计算该粒级及以下各粒级的分计筛余量时应根据缩分比例进行修正。

3. 计算结果与评定

（1）计算分计筛余百分率：各号筛的筛余量与试样总量之比，（精确至 0.1%）。

（2）计算累计筛余百分率：该号筛的筛余百分率加上该号筛以上各筛余百分率之和，（精确至 0.1%）。筛分后，如每号筛的筛余量与筛底的剩余量之和同原试样质量之差超过 1%时，须重新试验。

4. 砂子的细度模数 M_x 计算

砂子的细度模数 M_x 按下式计算：

$$M_x = \frac{A_2 + A_3 + A_4 + A_5 + A_6 - 5A_1}{100 - A_1}$$

式中 A_1、A_2、A_3、A_4、A_5、A_6——分别为4.75mm、2.36mm、1.18mm、600μm、300μm、150μm筛的累计筛余百分率。

M_x——细度模数（精确至0.01）。

累计筛余百分率取两次试验结果的算术平均值，精确至1%。细度模数取两次试验结果的算术平均值，精确至0.1；如两次试验的细度模数之差超过0.20时，须重新试验。

（二）砂的表观密度

1. 试样制备

按表5-7规定的数量进行取样，并将试样缩分至660g，放在烘箱中于（105±5）℃下烘干至恒量，等冷却至室温后，分为大致相等的两份备用。

2. 试验步骤

(1) 称取烘干的试样300g，精确至1g。将试样装入容量瓶，注入冷开水至接近500mL的刻度处。

(2) 用手旋转摇动容量瓶，使砂子充分摇动，排除气泡，塞紧瓶盖，静置24h。然后用滴管小心加水至容量瓶500mL刻度处，塞紧瓶塞，擦干瓶外水分，称出其质量，精确至1g。

(3) 倒出瓶中的水和试样，将瓶子的内外表面洗净，再向瓶内注入冷开水至500mL刻度线，塞紧瓶塞，擦干净瓶外水分，称出其质量，精确至1g。但加的冷开水温度应在第一次水温的±2℃的范围内。

3. 按下式计算砂的表观密度 ρ_o（精确至10kg/m³）

$$\rho_o = \left(\frac{G_0}{G_0 + G_2 - G_1}\right) \times \rho_{水}$$

式中 G_o——试样烘干的质量（g）；

G_1——试样、水及容量瓶总质量（g）；

G_2——水及容量瓶总质量（g）；

$\rho_{水}$——水的密度（1000kg/m³）；

ρ_o——砂的表观密度（kg/m³）。

以两次试验结果的算术平均值作为测定值，如两次结果之差大于20kg/m³时，应重新试验。

（三）砂子的含泥量

1. 试样制备

将样品在潮湿状态下用四分法缩减去约1100g，置于温度为（105±5）℃的烘箱中烘干至恒量，冷却至室温后，分为大致相等的两份备用。

2. 试验步骤

(1) 取烘干的试样一份置于容器中，并注入饮用水，使水面高出砂平面约150mm，充分拌混均匀后，浸泡2h，然后用手在水中淘洗砂样，使泥尘与砂粒分离，把混水缓缓倒入1.18mm及75μm的套筛上，滤去小于75μm的颗粒。但应注意，在整个试验过程中应避免砂粒丢失。

(2) 再次加水，重复上述过程，直到容器内洗出的水清澈为止。

(3) 用水淋洗剩余在筛上的细粒，并将 75μm 筛放在水中，使水面略高于筛子中砂粒的上表面，来回摇动，以充分洗掉小于 75μm 的颗粒，然后将两只筛子的筛选余下的颗粒和清洗容器中已经洗净的试样一并装盘，置于（105±5)℃的烘箱内烘干至恒量，取出冷却至室温后，称试样的质量，精确至 0.1g。

3. 砂的含泥量计算

砂的含泥量 Q_a按下式计算（精确至 0.1%）

$$Q_a = \frac{G_o - G_1}{G_o} \times 100$$

式中　Q_a——砂的含泥量（%）；

G_o——试验前烘干试样的质量（g）；

G_1——试验后烘干试样的质量（g）。

以两个试验结果的算术平均值作为砂的含泥量的测定值。

（四）泥块含量的控制

1. 试样制备

按规定进行取样，并将试样缩分至约 5000g，放在烘箱中于（105±5)℃下烘干至恒量，待冷却至室温后，筛除小于 1.18mm 的颗粒，分为大致相等的两份备用。

2. 试验步骤

(1) 称取试样 200g，精确至 0.1g。将试样倒入淘洗容器中，注入清水，使水面高于试样面约 150mm，充分搅拌均匀后，浸泡 24h。然后用手在水中碾碎泥块，再把试样放在 600μm 筛上，用水淘洗，直至容器内的水目测清澈为止。

(2) 将保留下来的试样小心地从筛中取出，装入浅盘后，放在烘箱中于（105±5)℃下烘干至恒量，待冷却至室温后，称出其质量，精确至 0.1g。

3. 结果计算与评定

泥块含量 Q_b按下式计算，精确至 0.1%：

$$Q_b = \frac{G_1 - G_2}{G_1} \times 100$$

式中　Q_b——砂子中的泥块含量（%）；

G_1——1.18mm 筛筛余试样的质量（g）；

G_2——试验后烘干试样的质量（g）。

（五）砂的坚固性试验法

1. 硫酸钠溶液的配制

在 1L 水中（水温 30℃左右），加入无水硫酸钠 350g，或结晶硫酸钠 750g，一边加入一边用玻璃棒搅拌，使其溶解并饱和。然后冷却至 20～25℃，在此温度范围内静置 48h，即为试验用溶液，其密度应为 1.15g/cm³。

2. 试验步骤

(1) 按照规定的质量取样后，并将试样缩分至约 2000g。将试样倒入容器中，用水浸泡，淋洗干净后，放入（105±5)℃的烘箱内烘干至恒量，冷却至室温后，筛除大于 4.75mm 及小于 300μm 的颗粒，然后按颗粒级配的规定筛分成 300～600μm，600～1.18mm，1.18～2.36mm 和 2.36～4.75mm4 个粒级备用。

(2) 称取各粒级试样各 100g。将不同粒级的试样分别装入网篮，并浸入盛有硫酸钠深液的容器中，溶液的体积应不小于试样总体积的 5 倍。网篮浸入溶液时，应上下升降 25 次，以排除试样的气泡，然后静置于该容器中，网篮底面应距容器底面约 30mm，网篮之间距离应不小于 30mm，液面至少高于试样表面 30mm，溶器温度应保持在 20～25℃。

(3) 浸泡 20h 后，把装试样的网篮从溶液中取出，放在（105±5）℃的烘箱中烘烤 4h，这时，第一次循环结束。待试样冷至 20～25℃时，开始第二次循环，从第二次开始，浸泡和烘干时间均为 4h，共循环 5 次。

(4) 待第五次循环完毕后，用清洁的温水淋洗试样，直至淋洗试样后的水加入少量氯化钡溶液不出现白色浑浊为止，洗过的试样放在烘箱中于（105±5）℃下烘干至恒量。待冷却至室温后用孔径为试样粒级下限的筛过筛，称出各粒级试样试验后的筛余量，精确至 0.1g。

3. 试验结果的计算

(1) 试样中各粒级颗粒的分计重量损失百分率 P_i 应按下式计算，精确至 0.1g：

$$P_i = \frac{G_1 - G_2}{G_1} \times 100$$

式中　P_i——各粒级试样质量损失百分率（%）；

G_1——各粒级试样试验前的质量（g）；

G_2——各粒级试样试验后的筛余量（g）。

(2) 试样的总质量损失百分率 P 按下式计算，精确至 1%。

$$P = \frac{\alpha_1 P_1 + \alpha_2 P_2 + \alpha_3 P_3 + \alpha_4 P_4}{\alpha_1 + \alpha_2 + \alpha_3 + \alpha_4}$$

式中　α_1、α_2、α_3、α_4——分别为各粒级质量占试样总质量的百分率，（原试样中筛除了大于 4.75mm 及小于 300μm 的颗粒）（%）；

P_1、P_2、P_3、P_4——分别为各粒级试样质量损失百分率（%）；

P——试样的总质量损失率（%）。

（六）砂子中的云母含量检测

1. 试样的制备

按照规定进行取样，并将试样缩分至约 150g，放在烘箱中于（105±5）℃下烘干至恒量，待冷却至室温后，筛除大于 4.75mm 及小于 300μm 的颗粒备用。

2. 试验步骤

称取试样 15g，精确至 0.01g。将试样倒入搪瓷盘中摊开，在放大镜下用钢针挑出全部云母，称出云母质量，精确至 0.01g。

3. 结果计算与评定

云母含量 Q_c 按下式计算，精确至 0.1%：

$$Q_c = \frac{G_2}{G_1} \times 100$$

式中　Q_c——云母含量（%）；

G_1——300μm～4.75mm 颗粒的质量（g）；

G_2——云母质量（g）。

云母含量取两次试验结果的算术平均值作为结果，精确至0.1%。

（七）硫化物和硫酸盐含量

1. 试样制备

按照相关规定进行取样，并将试样缩分至约150g，放在烘箱中于（105±5)℃下烘干至恒量，待冷却至室温后，粉磨后全部通过75μm筛，成为粉状试样。再按四分法缩分至30~40g，放在烘箱中于（105±5)℃下烘干至恒量，待冷却至室温后备用。

2. 试验步骤

(1) 称取粉状试样1g，精确至0.001g。将粉状试样倒入300mL烧杯中，加入20~30mL蒸馏水及10mL稀盐酸，然后放在电炉上加热至微沸5min，使试样充分分解后取下，用中速过滤纸过滤，用温水洗涤10~12次。

(2) 加入蒸馏水调整滤液体积至200mL，煮沸后，搅拌滴加10mL浓度为10%的氯化钡溶液，并将溶液煮沸数分钟，取下静置至少4h（此时溶液体积就保留在200mL)，用慢速滤纸过滤，用温水洗涤至氯离子反应消失（用1%硝酸银溶液检验）。

(3) 将沉淀物及滤纸一并移入已恒量的瓷坩埚内，灰化后在800℃高温炉内灼烧30min，取出瓷坩埚，在干燥器中冷却至室温后，称出试样质量，精确至0.001g。如此反复烧灼，直至恒量。

3. 结果计算

水溶性硫化物和硫酸盐含量 Q_c（以 SO_3计）按下式计算得出，精确至0.1%：

$$Q_c = \frac{G_2 \times 0.343}{G_1} \times 100$$

式中　Q_c——水溶性硫化物和硫酸盐含量（%）；

G_1——粉磨试样质量（g）；

G_2——灼烧后沉淀的质量（g）。

硫化物和硫酸盐含量取两次试验结果的算术平均值，精确至0.1%。若两次试验结果之差大于0.2%时，须重新试验。

（八）砂子的含水率

1. 试验步骤

(1) 将自然潮湿状态下的试样用四分法缩分至约1100g，拌匀后分为大致相等的两份备用。

(2) 称取一份试样的质量，精确至0.1g。将试样倒入已知质量的烧杯中，放在烘箱中于（105±5)℃下烘至恒量。待冷却至室温，再称出其质量，精确至0.1g。

2. 结果计算

含水率 Z 按下式计算：

$$Z = \frac{G_2 - G_1}{G_1} \times 100$$

式中　Z——含水率（%）；

G_1——烘干后的试样质量（g）；

G_2——烘干前的试样质量（g）。

含水率取两次试验结果的算术平均值，精确至0.1%；两次试验结果之差大于0.2%

时，须重新试验。

四、砂子试验结果计算实例

（一）砂子的筛分计算

例 1 某预制构件厂需配 C30 强度等级的混凝土来生产空心板，现取砂试样 500g，用标准筛按先大后小顺序进行筛分，筛分结果是：4.75mm 孔径筛的分计筛余量为“0”；2.36mm 孔径筛分计筛余量为 100g；1.18mm 孔径筛分计筛余量为 50g；600μm 孔径筛分计筛余量为 125g；300μm 孔径筛分计筛余量 100g；150μm 孔径筛分计筛余量 90g。现求砂在各号筛上的累计筛余百分率 A 值及砂的细度模数 M_x。

解 1. 累计筛余百分率 A（%）

（1）根据各号筛上的筛余量，首先计算各号筛的分计筛余百分率（%）。根据题中给出的筛余量，则：

$$a_1 = 0;$$

$$a_2 = \frac{100}{500} \times 100 = 20;$$

$$a_3 = \frac{50}{500} \times 100 = 10;$$

同理：$a_4 = 25$、$a_5 = 20$、$a_6 = 18$。

（2）根据分计筛余百分率 a 值，累计筛余百分率 A 值分别为：

$$A_1 = 0;$$

$$A_2 = 0 + 20 = 20;$$

$$A_3 = 20 + 10 = 30;$$

同理：$A_4 = 55$、$A_5 = 75$、$A_6 = 93$。

2. 细度模数 M_x的计算，根据公式：

$$M_x = \frac{(A_2 + A_3 + A_4 + A_5 + A_6) - 5A_1}{100 - A_1}$$

$$\frac{(20 + 30 + 55 + 75 + 93) - 5 \times 0}{100 - 0} = 2.73。$$

根据计算结果，该砂属中砂范围。

（二）砂子的含水率计算

例 2 某建筑工地，为了调整混凝土配合比中的砂子用量，需对砂的含水率进行检验。砂子在未烘干前试样重为 500g。经检验烘干后为 450g，其含水率为多少？

解 根据题中的已知条件，砂子的含水率 Z 则为：

$$Z = \frac{G_2 - G_1}{G_1} \times 100 = \frac{500 - 450}{450} \times 100 = 11.1,$$

该砂的含水率为 11.1%。

（三）砂子含泥量计算

例 3 为了保证配制 C30 强度等级混凝土质量，某商品混凝土搅拌站需对砂子的含泥量进行检验。烘干砂子试样重为 500g。经检验后的砂子干重为 475g，其含泥量为多少？

解　根据题意和公式，其含泥量 Q_a为：

$$Q_a = \frac{G_0 - G_1}{G_0} \times 100 = \frac{500 - 475}{500} \times 100 = 5\%$$

根据规定，因配制的混凝土为 C30，属Ⅱ类级别，其相应的含泥量指标应小于 3%，但该砂中的含泥量已超出 3%的规定，所以进行冲洗后方可使用。

（四）砂子的坚固性指标的计算

例 4　一特殊环境下的地下混凝土工程，为保证混凝土的耐久性，对所用的砂进行了坚固性检验。检验前 300～600μm，600μm～1.18mm，1.18～2.36mm 和 2.36～4.75mm 试样重分别为 100g；经 5 次烘干后，各粒径重分别为 90g；88g；86g；83g。并在筛除小于 300μm 及大于 4.75mm 颗粒后的原试样中所占的百分率分别为 9%、15%、23%、18%。现求各粒级颗粒的分计质量损失百分率 P_i和总质量损失百分率 P。

解　1. 计算各粒级质量损失百分率 P_i。根据题中给定的已知条件，则：

$$P_1 = \frac{G_1 - G_2}{G_1} \times 100 = \frac{100 - 90}{100} \times 100 = 10\%;$$

$$P_2 = \frac{100 - 88}{100} \times 100 = 12\%$$

同理：$P_3 = 14\%$、$P_4 = 17\%$。

2. 计算试样总量损失百分率 P

根据计算公式和上面计算结果，则：

$$P = \frac{\alpha_1 P_1 + \alpha_2 P_2 + \alpha_3 P_3 + \alpha_4 P_4}{\alpha_1 + \alpha_2 + \alpha_3 + \alpha_4}$$

$$= \frac{0.09 \times 0.1 + 0.15 \times 0.12 + 0.23 \times 0.14 + 0.18 \times 0.17}{0.09 + 0.15 + 0.23 + 0.18} = 14\%。$$

根据计算结果：各粒级颗粒的分计重量损失分别为：$P_1 = 10\%$；$P_2 = 12\%$；$P_3 = 14\%$；$P_4 = 17\%$。总重量损失 P 为 14%。超出了标准规定的指标值。

第二节　石子的质量检验

石子是混凝土中的粗骨料，其质量的高低对混凝土的抗压强度具有较大影响。按其成因归纳可分为天然卵石和人工碎石两类。卵石表面光滑，空隙率及总表面积较小，组成混凝土拌合物的和易性较好，但与水泥砂浆的粘结力较差。碎石是由坚硬的岩石经机械破碎而成，表面粗糙，与水泥砂浆粘结力强，是比较常用的粗骨料。

根据《建筑用卵石、碎石》GB/T 14685—2001 的规定，卵石、碎石按技术要求分为Ⅰ类、Ⅱ类、Ⅲ类三个类别。Ⅰ类石子应用于强度等级大于 C60 的混凝土；Ⅱ类石子宜用于强度等级 C30～C60 及抗冻、抗渗或其他要求的混凝土；Ⅲ类用于强度等级小于 C30 混凝土。

一、石子的质量要求

（一）颗粒级配

石子颗粒并不都是相等的粒径和相同的粒形。它是由大大小小和形状不同的颗粒所组成。石子颗粒级配的优劣，不仅影响混凝土的技术性能，也会影响水泥用量。根据《建筑用卵石、碎石》（GB/T 14685—2001）的规定，碎石和卵石共分六种连续粒级及五种单粒级的石子级配。当石子的自然级配经试验后，不能满足级配要求的，应进行人工调整来改变自然级配，以保证混凝土的质量指标和满足工程结构的要求。

石子的颗粒级配应符合表 5-8 的规定。

石子的颗粒级配　　表 5-8

累计筛余（%） 方筛孔（mm） 公称粒径（mm）		2.36	4.75	9.50	16.0	19.0	26.5	31.5	37.5	53.0
连续粒级	5～10	95～100	80～100	0～15	0					
	5～16	95～100	85～100	30～60	0～10	0				
	5～20	95～100	90～100	40～80	—	0～10	0			
	5～25	95～100	90～100	—	30～70	—	0～5	0		
	5～31.5	95～100	90～100	70～90	—	15～45	—	0～5	0	
	5～40	—	95～100	70～90	—	30～65	—	—	0～5	0
单粒粒级	10～20		95～100	85～100						
	16～31.5		95～100		85～100			0～10	0	
	20～40			95～100		80～100			0～10	0
	31.5～63				95～100			75～100	45～75	
	40～80					95～100			70～100	

（二）石子中的针、片状颗粒含量

石子颗粒的长度大于该颗粒所属相应粒级的平均粒径 2.4 倍者称为针状颗粒；当石子厚度小于平均粒径的 0.4 倍者称为片状颗粒。平均粒径是指该粒级上下限粒径的平均值。

根据经验，针、片状颗粒主要在 40mm 以下的碎石中分布较广，尤其是用变质岩中的板岩粉碎的石子，针、片状颗粒最多。

针、片状颗粒对混凝土的拌合物和易性有着明显的影响，并且对高强度等级的混凝土和干硬性混凝土影响更大。当针、片状颗粒含量达到 25% 时，高强度等级的混凝土坍落度约减少 12mm，而中、低强度等级的则减少 5～6mm；并且高含量的针、片状石子颗粒还会对混凝土强度造成一定影响。所以，石子中的针、片状颗粒的含量应符合表 5-9 的规定。

针、片状颗粒的含量　　表 5-9

项　目	指　标		
	Ⅰ 类	Ⅱ 类	Ⅲ 类
针、片颗粒（按质量计）（%）＜	5	15	25

（三）石子中含泥量和泥块含量

在碎石中，主要含有非粘性的石粉；卵石子的含泥量和河卵石中的泥块含量较多。为了保证混凝土的强度，石子中的含泥量和泥块含量均应符合表 5-10 的规定。

含泥量和泥块含量　　表 5-10

项　　目	指标		
	Ⅰ　类	Ⅱ　类	Ⅲ　类
含泥量（按质量计）（%）	<0.5	<1.0	<1.5
泥块含量（按质量计）（%）	0	<0.5	<0.7

（四）石子的坚固性

碎石和卵石的坚固性应用硫酸钠溶液法检验，试样经 5 次循环后，其质量损失应符合表 5-11 的规定指标。

坚 固 性 指 标　　表 5-11

项　　目	指标		
	Ⅰ　类	Ⅱ　类	Ⅲ　类
质量损失（%）<	5	8	12

（五）石子中的有害物质含量

石子中的硫化物和硫酸盐含量，以及卵石中有机杂质等有害物质的含量应符合表 5-12 的规定。

有害物质含量指标　　表 5-12

项　　目	指标		
	Ⅰ　类	Ⅱ　类	Ⅲ　类
有　机　物	合　格		
硫化物及硫酸盐（按 SO_3 质量计）（%）<	0.5	1.0	1.0

（六）强度（压碎指标）

石子的压碎指标值应符合表 5-13 的规定。

压碎指标值（%）　　表 5-13

项　　目	指标		
	Ⅰ　类	Ⅱ　类	Ⅲ　类
碎石压碎指标 <	10	20	30
卵石压碎指标 <	12	16	16

（七）表观密度、堆积密度、空隙率

石子的表观密度应大于 2500kg/m^3；堆积密度大于 1350kg/m^3；空隙率小于 47%。

二、检验规则

1. 石子验收批的确定

(1) 供货单位应向购货单位提供石子合格证及质量检验报告。其检验项目主要有：颗粒级配、含泥量、泥块含量、针片状含量。

(2) 购货单位应按同产地、同规格、适用等级及日产量每 600t 为一验收批，不足 600t 的亦按一批计。日产量超过 2000t，按 1000t 为一批，不足者亦按一批。日产量超过 5000t，则按2000t为一批，不足2000t的亦为一批。

2. 判定规则

对石子检验（含复验）后，如所检验项目的指标符合指标规定的，可判该产品合格。

如果检验后若有一项性能指标不符合《建筑用卵石、碎石》要求的，则应从同一批产品中加倍取样，对不符合标准要求的项目进行复检。复检后，该项指标符合要求的，可判该类产品合格，仍然不符合要求的，则该批产品为不合格。

三、石子的取样与缩分

（一）验收批的取样

(1) 在料堆上取样时，取样部位应均匀分布。取样前先将取样部位表面铲除，然后从不同料堆的顶部、中部和底部抽取大致等量的石子15份组成一组样品。

(2) 从皮带运输机上取样时，应在皮带运输机尾的出料处用接料器定时抽取大致等量的石子8份，组成一组样品。

(3) 从火车、货船、汽车上取样时，应从不同部位和深度抽取大致等量的石子16份，组成一组样品。

（二）每组样品的取样数量

单项试验的最少取样数量应符合表5-14的规定。做几项试验时，如确实能够保证试样经一项试验后不致影响另一项试验的结果，可用同一试样进行不同项目的试验。

（三）试样的处理

单项试验取样数量 **表5-14**

序号	试验项目	不同最大粒径（mm）下的最少取样数量（kg）						
		9.5	16.0	19.0	26.5	31.5	37.5	63.0
1	颗粒级配	9.5	16.0	19.0	25.0	31.5	37.5	63.0
2	含泥量	8.0	8.0	24.0	24.0	40.0	40.0	80.0
3	泥块含量	8.0	8.0	24.0	24.0	40.0	40.0	80.0
4	针片状颗粒含量	1.2	4.0	8.0	12.0	20.0	40.0	40.0
5	有机物含量	按试验要求的粒级和数量取样						
6	硫酸盐和硫化物含量							
7	坚固性							
8	岩石抗压强度	随机选取完整石块锯切或钻取成试验用样品						
9	压碎指标	按试验要求的粒级和数量取样						
10	表观密度	8.0	8.0	8.0	8.0	12.0	16.0	24.0
11	堆积密度与空隙率	40.0	40.0	40.0	40.0	80.0	80.0	120.0
12	碱骨料反应	20.0	20.0	20.0	20.0	20.0	20.0	20.0

将所取样品置于平板之上，在自然状态下拌合均匀，并堆成锥体，然后沿互相垂直的两条直径把锥体分成大致相等的四份，取其中对角线的两份重新拌均匀，再堆成锥体。重复上述过程，直至把样品缩分到试验所需为止。

四、石子质量检验方法

(一) 石子的颗粒级配

1. 试样的数量

按表 5-14 的规定进行取样，并将试样缩分至略大于表 5-15 规定的数量，烘干或风干后备用。

颗粒级配试验所需试样数量　　表 5-15

最大粒径（mm）	9.5	16.0	19.0	26.5	31.5	37.5	63.0
最少试样质量（kg）	1.9	3.2	3.8	5.0	6.3	7.5	12.6

2. 试验步骤

(1) 按表 5-15 的规定称取试样一份，精确至 1g。将试样倒入按孔径大小从上到下组合的套筛上，然后进行筛分。

(2) 将套筛置于摇筛机上，摇 10min；取下套筛，按筛孔大小顺序再逐个用手筛，筛至每分钟通过量小于试样总量 0.1%为止。通过的颗粒并入下一号筛中，并和下一号筛中的试样一起过筛，这样顺序进行，直至各号筛全部筛完为止。当筛余颗粒的粒径大于 19mm 时，在筛分的过程中，可以用手指拔动石子颗粒。

(3) 称取各号筛的筛余量，精确至 1g。

3. 试验结果计算与评定

(1) 计算分计筛余百分率：各号筛的筛余量与试样总质量之比，计算精确至 0.1%。

(2) 计算累计筛余百分率：该号筛的筛余百分率加上该号筛以上各分计筛余百分率之和，精确至 1%。筛分后如每号筛的筛余量与筛底的筛余量之和同原试样质量之差超过 1%时，须重新试验。

(3) 根据各筛的累计筛余百分率，评定该试样的颗粒级配。

(二) 含泥量试验

1. 试样制备

按表 5-14 的规定取样，并将试样缩分至略大于表 5-16 规定的数量，放在烘箱中于 (105±5)℃下烘干至恒量，冷却至室温后分为大致相等的两份备用。

含泥量试验所需试样数量　　表 5-16

最大粒径（mm）	9.5	16.0	19.0	26.5	31.5	37.5	63.0
最少试验数量（kg）	2.0	2.0	6.0	6.0	10.0	10.0	20.0

2. 试验步骤

(1) 按表 5-16 的规定数量称取试样一份，精确到 1g。将试样放入淘洗容器中，注入饮用水，使水面高出石子表面 150mm，用手在水中淘洗颗粒，使尘屑、淤泥和黏土与较粗颗粒分离，并使之悬浮或溶解于水。缓缓地将浑浊液倒入 1.18mm 及 75μm 的套筛上，滤去小于 75μm 的颗粒。试验前筛子的两面应先用水湿润。在整个试验过程中应注意避免大于 75μm 颗粒流失。

(2) 再次向容器中注入清水，重复上述过程直至洗出的水清澈为止。

(3) 用水淋洗剩余在筛上的细粒，并将 75μm 筛放在水中来回摇动，以充分洗除小于 75μm 的颗粒。然后，将两只筛上剩留的和清洗容器中已洗净的试样一并装入浅盘，置于烘干箱中于（105±5)℃下烘干至恒量。取出冷却至室温后，称取试样烘干后的质量，精确至 1g。

3．含泥量的计算

含泥量 Q_a的计算按下式进行，精确至 0.1%：

$$Q_a = \frac{G_1 - G_2}{G_1} \times 100$$

式中 Q_a——含泥量（%）；

G_1——试验前烘干试样的质量（g）；

G_2——试验后烘干试样的质量（g）。

以两次试样试验结果的算术平均值作为测定值，精确至 0.1%。

（三）泥块含量的试验

1．试样的制备

按规定对石子进行取样，并将试样缩分至略大于表 5-16 规定的数量，放在烘箱中于（105±5)℃下烘干至恒量。取出冷却至室温后，筛除小于 4.75mm 的颗粒，分为大致相等的两份备用。

2．试验步骤

(1) 按表 5-16 中规定数量称取试样一份，精确至 1g。将试样倒入淘洗容器中，注入清水，使水面高于试样上表面。充分搅拌均匀后，浸泡 24h。然后用手在水中碾碎泥块，再把试样放在 2.36mm 筛上，用水淘洗，直至容器内的水目测清澈为止。

(2) 保留下来的试样小心地从筛中取出，装入搪瓷盘后，放在烘箱中于（105±5)℃下烘干至恒量，待冷却至室温后，称出其质量，精确到 1g。

3．泥块含量结果计算

泥块含量 Q_b按下式计算，精确至 0.1%：

$$Q_b = \frac{G_1 - G_2}{G_1} \times 100$$

式中 Q_b——泥块含量（%）；

G_1——4.75mm 筛筛余试样的质量（g）；

G_2——试验后烘干试样的质量（g）。

以两个试样结果的算术平均值作为测定值，精确至 0.1%。

（四）针片状颗粒含量

1．试样制备

按照取样规定采取试样，并将试样缩分至略大于表 5-17 规定的数量，烘干或风干后备用。

针片状颗粒含量试验所需试样数量 **表 5-17**

最大粒径（mm）	9.5	16.0	19.0	26.5	31.5	37.5	63.0
最少试样质量（kg）	0.3	1.0	2.0	3.0	5.0	10.0	10.0

2. 试验步骤

(1) 按表 5-17 规定数量称取试样一份，精确至 1g。然后按表 5-18 规定的粒级按颗粒级配的规定进行筛分。

针片状含量试验的粒级划分及其相应的规准仪孔宽或间距（mm）　表 5-18

石子粒级	4.75～9.50	9.50～16.0	16.0～19.0	19.0～26.5	26.5～31.5	31.5～37.5
片状规准仪相对应孔宽	2.8	5.1	7.0	9.1	11.6	13.8
针状规准仪相对应间距	17.1	30.6	42.0	54.6	69.6	82.8

(2) 按表 5-18 规定的粒级分别用规准仪逐粒检验颗粒，长度大于针状规准仪上相应间距者，为针状颗粒；颗粒厚度小于片状规准仪上相应孔宽者，为片状颗粒。称出其总质量，精确至 1g。

(3) 石子粒径大于 37.5mm 的碎石可用卡尺检验针片状颗粒，卡尺口的设定宽度应符合表 5-19 的规定。

卡尺卡口的设定宽度（mm）　表 5-19

石子粒级	37.5～53.0	53.0～63.0	63.0～75.0	75.0～90.0
检验片状颗粒的卡尺卡口设定宽度	18.1	23.2	27.6	33.0
检验针状颗粒的卡尺卡口设定宽度	108.6	139.2	165.6	198.0

3. 结果计算

针片状颗粒含量 Q_c 按下式计算，精确至 1%：

$$Q_c = \frac{G_2}{G_1} \times 100$$

式中　Q_c——针片状颗粒含量（%）；

G_1——试样的质量（g）；

G_2——试样中所含针片状颗粒的总质量（g）。

（五）石子的坚固性试验

1. 试样制备

(1) 硫酸钠溶液的制备：在 1L 水温为 30℃左右的水中，加入无水硫酸钠 350g，或结晶硫酸钠 750g，边加入边用玻璃棒搅拌，使其溶解并饱和。然后冷却至 20～25℃，在此温度下静置 48h，即为试验所用溶液，其密度应为 1.15～1.174g/cm^3。

(2) 按照规定采取试样，并将试样缩分至可满足表 5-20 规定的数量，用水淋洗干净，放在烘箱中于（105±5）℃下烘干至恒量，待冷却至室温后，筛除小于 4.75mm 的颗粒，然后按颗粒级配的规定进行筛分后备用。

坚固性试验所需的试样数量　表 5-20

石子粒级（mm）	4.75～9.50	9.50～19.0	19.0～37.5	37.5～63.0	63.0～75.0
试样量（g）	500	1000	1500	3000	3000

2. 试验步骤

(1) 按表 5-20 规定数量称取试样，精确至 1g，将不同粒级的试样分别装入网篮，并浸入盛有硫酸钠溶液的容器中，溶液的体积应不小于试样总体积的5倍。网篮浸入溶液时，应上下升降25次，以排除试样的气泡，然后静置于该容器中，网篮底面应距容器底面约30mm，网篮之间距离应不小于30mm，液面至少高于试样表面30mm，溶液温度应保持在20~25℃。

(2) 浸泡20h后，把装试样的网篮从溶液中取出，放在烘箱中于(105±5)℃下烘4h，至此，完成了第一次试验循环，待试样冷却至20~25℃后，再按上述方法进行第二次循环。从第二次循环开始，浸泡与烘干时间均为4h，共循环五次。

(3) 最后一次循环后，用清洁的温水淋洗试样，直至淋洗试样后的水加入少量氯化钡溶液不出现白色浑浊为止，洗过的试样放在烘箱中于(105±5)℃下烘干至恒量，待冷却至室温后，用孔径为试样粒级下限的筛过筛，称出各粒级试样试验后的筛余量，精确至0.1g。

3. 结果计算

(1) 各粒级试样质量损失百分率P_i按下式计算，精确至0.1%：

$$P_i = \frac{G_1 - G_2}{G_1} \times 100$$

式中 P_i——各粒级试样质量损失百分率(%)；

G_1——各粒级试样试验前的质量(g)；

G_2——各粒级试样试验后的筛余量(g)。

(2) 试样的总质量损失百分率P按下式计算，精确至1%：

$$P = \frac{\alpha_1 P_1 + \alpha_2 P_2 + \alpha_3 P_3 + \alpha_4 P_4 + \alpha_5 P_5}{\alpha_1 + \alpha_2 + \alpha_3 + \alpha_4 + \alpha_5}$$

式中 α_1、α_2、α_3、α_4、α_5——分别为各粒级质量占原试样总质量的百分率(%)；

P_1、P_2、P_3、P_4、P_5——分别为各粒级试样质量损失百分率(%)；

P——试样的总质量损失率(%)。

(六) 压碎指标

1. 试样制备

按采样规定进行采取试样，风干后筛除大于19.0mm及小于9.50mm的颗粒，并除去针片状颗粒，分为大致相等的三份备用。

2. 试验步骤

(1) 称取试样3000g，精确至1g。将试样分两层装入圆模内，每装完一层试样后，在底盘下面垫放一直径为10mm的圆钢，将筒按住，左右交替颠击地面各25次，两层颠实后，平整模内试样表面，盖上压头。

但是要注意以下2个事项：

①当试样中粒径在9.5~19.0mm之间的颗粒不足时，允许将粒径大于19.0mm的颗粒破碎成粒径在9.5~19.0mm之间的颗粒用作压碎指标值试验。

②当圆模装不下3000g试样时，以装至距圆模上口10mm为准。

(2) 把装有试样的模子置于压力机上，开动压力试验机，按1kN/S速度均匀加荷至200kN并稳荷5s，然后卸荷。取下加压头，倒出试样，用孔径2.36mm的筛筛除被压碎的细粒，称出留在筛上的试样质量，精确至1g。

3. 结果计算

压碎指标值 Q_e按下式计算，精确至0.1%：

$$Q_e = \frac{G_1 - G_2}{G_1} \times 100$$

式中 Q_e——压碎指标值（%）；

G_1——试样的质量（g）；

G_2——压碎试验后筛余的试样质量（g）。

压碎指标值取三次试验结果的算术平均值，精确至1%。

（七）表观密度

1. 试样制备

按照采样规定采取试样，并缩分至大于表5-21规定的数量，风干后筛除小于4.75mm的颗粒，然后洗刷干净，分为大致相等的两份备用。

2. 试验步骤

表观密度试验所需试样数量 **表5-21**

最大粒径（mm）	小于26.5	31.5	37.5	63.0	75.0
最少试样质量（kg）	2.0	3.0	4.0	6.0	6.0

(1) 取试样一份装入吊篮，并浸入盛水的容器中，液面至少高出试样表面50mm。浸水24h后，移放到称量用的盛水容器中，并用上下升降吊篮的方法排除气泡，吊篮每升降一次约1s，升降高度为30～50mm。

(2) 吊篮浸在水中测定水温，然后准确称出吊篮及试样在水中的质量，精确至5g。称量时，盛水容器中水面的高度由容器的溢流孔控制。

(3) 提起吊篮，将试样置于浅盘中，放入（105±5)℃的烘箱中烘干至恒量。取出待冷却至室温后，称出其质量，精确至5g。

(4) 称取吊篮在同样温度的水中质量，精确至5g。称量时盛水容器的水面高度仍由溢流孔控制。

试验时各项称量可以在15～25℃范围内进行，但从试样加水静止的2h起至试验结束，其温度变化不应超过2℃。

3. 表观密度的计算

石子表观密度 ρ_0应按下式计算，精确至10kg/m³：

$$\rho_0 = \left(\frac{G_0}{G_0 + G_2 - G_1}\right) \times \rho_水$$

式中 ρ_0——表观密度（kg/m³）；

G_0——烘干后试样的质量（g）；

G_1——吊篮及试样在水中的质量（g）；

G_2——吊篮在水中的质量（g）；

$P_水$——1000kg/m³。

以两次试验结果的算术平均值作为测定值，如两次试验结果之差值大于20kg/m³时，应重新取样进行试验。对颗粒材质不均匀的试样，如两次试验结果之差超过20kg/m³，可取四次试验结果的算术平均值。

五、石子试验实例

(一) 石子的颗粒级配

例1　某电厂有一框架结构工程，用5~40mm连续粒级的碎石配制C40强度等级的混凝土，要求对石子进行颗粒级配试验。因其最大颗粒为40mm，所以称取了8000g石子试样，用53.0、37.5、19.0、9.5、4.75大小不同的五种筛进行筛分，各号筛余量分别为2、385、2615、3926、1072g，求各号筛的分计筛余百分率及累计筛余百分率。

解　1. 各号筛的分计筛余百分率：

如设53.0mm筛为$筛_1$、37.5mm筛为$筛_2$、19.0mm筛为$筛_3$、9.5mm筛为$筛_4$、4.75mm筛为$筛_5$、根据各号筛上的筛余量，则：

$$筛_1\ 分计筛余百分率 = \frac{2}{8000} \times 100 = 0\%$$

$$筛_2\ 分计筛余百分率 = \frac{385}{8000} \times 100 = 4.8\%$$

$$筛_3\ 分计筛余百分率 = \frac{2615}{8000} \times 100 = 32.7\%。$$

同理：$筛_4 = 49.1\%$；

$筛_5 = 13.4\%$。

2. 累计筛余百分率的计算

根据以上计算结果，则：

$筛_1 = 0 = 0\%$；

$筛_2 = 0 + 4.8 = 4.8\%$；

$筛_3 = 0 + 4.8 + 32.7 = 37.5\%$；

$筛_4 = 0 + 4.8 + 32.7 + 49.1 = 86.6\%$；

$筛_5 = 0 + 4.8 + 32.7 + 49.1 + 13.4 = 100\%$；

对照表5-8级配范围和累计筛余百分率计算的结果，该石子级配符合连续粒级5~40mm级配范围要求。

(二) 石子含泥量计算

例2　某工地从外地采购来一批5~40mm河卵石来配制Ⅱ类强度等级的混凝土。从外表看其含泥量过多，为保证配制混凝土的强度，特对该批石子的含泥量进行检验。检验前两组烘干试样质量均为5000g，经检验后第一组石子质量为4956g，第二组质量为4968g，求其含泥量？

解　根据题中给定的已知数据和计算公式得：

$$Q_1 = \frac{G_1 - G_2}{G_1} \times 100 = \frac{5000 - 4956}{5000} \times 100 = 0.9\%$$

$$Q_2 = \frac{G_1 - G_2}{G_1} \times 100 = \frac{5000 - 4968}{5000} \times 100 = 0.64\%$$

$$Q_a = \frac{0.9 + 0.64}{2} = 0.77$$

因Ⅱ类强度等级的要求指标是小于 1%，两次试验计算结果为 0.77%。由于 0.77% < 1%，所以该批石子含泥量符合要求。

(三) 石子针、片状颗粒含量的计算

例 3　某一工程购进一批粉碎石子，要用在 C30 强度等级的混凝土吊车梁中，特送样到该市建材检测室中进行质量检验。检验时，从 10kg 的石子试样中挑选针、片状颗粒的总重为 2250g，求其针、片状颗粒含量。

解　因石子试样总重为 10kg，挑出针、片状颗粒重 1250g，则针、片状颗粒含量 Q_c 为：

$$Q_c = \frac{G_2}{G_1} \times 100 = \frac{1250}{10000} = 12.5$$

因指标要求是小于 15%，所以该石子中的针、片状颗粒的含量符合规定。

(四) 石子压碎指标值的计算

例 4　某一工程，要求检测石子的强度，该检测中心却只有压碎指标检测设备，来间接地推测该石子的岩石强度。试验时，共称取 10～20mm 石子 9000g，每次试验用 3000g。第一次压碎筛余后的试样重 2580g；第二次压碎筛余后为 2620g；第三次为 2540g，该石子的压碎指标是多少?

解　根据题意和公式要求，则：

$$Q_{e1} = \frac{G_1 - G_2}{G_1} \times 100 = \frac{3000 - 2580}{3000} \times 100 = 14.0\%$$

$$Q_{e2} = \frac{G_1 - G_2}{G_1} \times 100 = \frac{3000 - 2620}{3000} \times 100 = 12.7\%$$

$$Q_{e3} = \frac{G_1 - G_2}{G_1} \times 100 = \frac{3000 - 2540}{3000} \times 100 = 15.3\%$$

该批石子的压碎指标值为：

$$Q_e = \frac{1}{3} \times (0.14 + 0.127 + 0.153) \times 100 = 14.0\%$$

第三节　水泥质量检验方法

水泥在建筑工程和预制构件生产及商品混凝土生产中，是最常用的一种水硬性胶凝材料。由于水泥品种和水泥强度等级的多样化，水泥的性能和技术要求又有较大的差异，应用的环境条件又有不同的要求，所以，在使用的过程中，水泥质量的优劣，将对混凝土和砂浆的质量特性产生重要影响。因此，质量检查员应严格地按照标准的要求，对水泥质量进行检验。水泥的使用不但应有水泥生产单位的出厂合格证，而且还必须经见证检验合格后方可使用。

一、工业和民用建筑中通用水泥的技术指标

(一) 通用水泥的主要性能

(1) 硅酸盐水泥。它是由硅酸盐水泥熟料 (0～5)% 石灰石或粒化高炉矿渣及适量石

膏磨细而制成的水硬性胶凝材料。硅酸盐水泥有两种类型：一种是不掺其他混合材料的称为Ⅰ类硅酸盐水泥，代号为P·I；一种是在硅酸盐水泥粉磨时，掺量不超过水泥质量5%的石灰石或粒化高炉矿渣的称为Ⅱ型硅酸盐水泥，代号为P·Ⅱ。根据《硅酸盐水泥、普通硅酸盐水泥》（GB 175—1999）的规定，它的强度等级分42.5、42.5R、52.5、52.5R、62.5、62.5R六个。

硅酸盐水泥凝结时间短，水化时放热集中，并且快硬、早强，其硬化速度和早期强度较高，而且抗冻性好，耐磨能力好。但水化热较大，对外加剂的作用比较敏感。这种水泥适用于快硬早强工程；配制高强度等级的混凝土。不宜用于大体积混凝土工程及受化学侵蚀和压力水作用的结构。其包装上的印刷字体的颜色为红色。

(2) 普通硅酸盐水泥。这种水泥是在硅酸盐水泥熟料中加入6%~15%的混合材料及适量石膏磨细而成。其代号为P·O。新标准中，强度等级为32.5、32.5R、42.5、42.5R、52.5、52.5R六个。

普通硅酸盐水泥同硅酸盐水泥相比，早期强度增进率稍有减少；抗冻、耐磨性稍差；低温凝结时间稍有延长；抗硫酸盐侵蚀能力有所增强。这种水泥适用于地上、地下及水中的混凝土，钢筋混凝土和预应力混凝土结构，包括受冻融循环及早期强度要求较高的工程。不宜用在大体积及受化学侵蚀和压力水作用的结构。其外包装上的印刷字体亦为红色。

(3) 矿渣硅酸盐水泥。由硅酸盐水泥熟料和粒化高炉矿渣及适量石膏磨细而成。所掺入的粒化高炉矿渣，按质量计为20%~70%，它的代号为P·S。

这种水泥凝结时间长，早期强度低，后期强度增长高；水化热低；耐热性、耐水性较好；抗硫酸盐侵蚀性好；但其保水性、抗冻性差、干缩性较大，常有泌水现象。它适用于地上、地下及水中的混凝土、钢筋混凝土和预应力混凝土结构及抗硫酸盐侵蚀的结构；大体积混凝土；蒸养混凝土。不适用于对早期强度要求较高的工程；经常受冻融交替作用和在低温环境中硬化的工程。其包装字体为绿色。

(4) 火山质硅酸盐水泥。这种水泥是在硅酸盐水泥熟料和火山质混合材料中加入适量石膏磨细而成的水泥，其代号为P·P。水泥中火山灰质混合材料掺量按质量百分比计为20%~50%。

该水泥具有较强的抗硫酸盐侵蚀能力和保水性及水化热低等优点；但需水量大、低温凝结慢、干缩性大、抗冻性差。它适用于地下和水中的混凝土、钢筋混凝土结构；大体积混凝土和蒸养混凝土，有抗渗要求的混凝土。不适用于受反复冻融及干湿变化作用的结构；处于干燥环境中的结构，早期强度要求高的结构。其包装字体为黑色。

(5) 粉煤灰硅酸盐水泥。在硅酸盐熟料中掺入0~40%粉煤灰及适量石膏磨细而成的水硬性胶凝材料，代号为P·F。

此种水泥性能与火山质水泥基本接近，但粉煤灰水泥的早期强度发展较慢、需水性小。它最适于地上、地下及水中的混凝土结构、抗硫酸盐侵蚀和大体积混凝土结构。不适用于对早期要求强度较高的混凝土结构。外皮包装字体为黑色。

上述矿渣、火山灰、粉煤灰三种水泥新标准的强度等级分为32.5、32.5R、42.5、42.5R、52.5、52.5R六个。

(6) 复合硅酸盐水泥

凡由硅酸盐水泥熟料、两种或两种以上规定的混合材料，适量石膏磨细制成的水硬性胶凝材料，称为复合硅酸盐水泥，代号 P·C。水泥中混合材料总掺量按质量百分比计应大于 15%，但不超过 50%。

它的强度等级有 32.5、32.5R、42.5、42.5R、52.5、52.5R。

另外还有一种砌筑水泥。这种水泥是由一种或一种以上的水泥混合材料，加入适量硅酸盐水泥熟料和石膏，经磨细制成的工作性较好的水硬性胶凝材料，称为砌筑水泥，代号为 M。

砌筑水泥主要用于砌筑和抹面砂浆，不应用于混凝土结构。该种水泥只分为 12.5 和 22.5 两种强度等级。在这节内容中，读者只对砌筑水泥有一个简单的概念就可以。

（二）水泥的技术指标

1. 技术指标

硅酸盐水泥、普通硅酸盐水泥、矿渣硅酸盐水泥、火山灰质、粉煤灰硅酸盐和复合水泥的技术指标见表 5-22。

通用水泥的技术指标　　表 5-22

技术指标 项目 \ 品种		水泥品种						
		P·Ⅰ	P·Ⅱ	P·O	P·S	P·P	P·F	P·C
强度	比表面积（m^2/kg）	>300		—	—	—	—	—
	80μm 筛筛余（%）	—		≤10				
凝结时间	初凝时间	不得早于 45min						
	终凝时间	不迟于 390min		不迟于 10h				
安定性		用沸煮法检验必须合格						
氧化镁		水泥中≤5.0%，安定性合格后放宽至 6.0%			熟料中≤5.0%，安定性合格后放宽至 6.0%			
三氧化硫		水泥中≤3.5%			≤4%	水泥中≤3.5%		
不溶物（%）		≤0.75	≤1.5	—	—	—	—	—
烧失量（%）		≤3.0	≤3.5	≤5.0	—	—	—	—

2. 通用水泥的强度指标

水泥强度等级按规定龄期的抗压强度和抗折强度来划分，各强度等级水泥的各龄期强度不得低于表 5-23 的规定。

常用水泥的强度指标（MPa）　　表 5-23

品种	强度等级	抗压强度		抗折强度	
		3d	28d	3d	28d
硅酸盐水泥	42.5	17.0	42.5	3.5	6.5
	42.5R	22.0	42.5	4.0	6.5
	52.5	23.0	52.5	4.0	7.0
	52.5R	27.0	52.5	5.0	7.0
	62.5	28.0	62.5	5.0	8.0
	62.5R	32.0	62.5	5.5	8.0

续表

品种	强度等级	抗压强度		抗折强度	
		3d	28d	3d	28d
普通水泥	32.5	11.0	32.5	2.5	5.5
	32.5R	16.0	32.5	3.5	5.5
	42.5	16.0	42.5	3.5	6.5
	42.5R	21.0	42.5	4.0	6.5
	52.5	22.0	52.5	4.0	7.0
	52.5R	26.0	52.5	5.0	7.0

3. 通用水泥质量等级

通用水泥质量等级分为优等品、一等品、合格品。

优等品：水泥产品标准必须达到国际先进水平，且水泥实物质量水平与国外同类产品相比达到近5年内的先进水平。

一等品：水泥产品标准必须达到国际一般水平，且水泥实物质量水平达到国际同类产品的一般水平。

合格品：按我国现行水泥产品标准组织生产，水泥实物质量水平达到产品标准的要求。

通用水泥的实物质量水平是根据3d抗压强度、28d抗压强度和终凝时间进行划分的。通用水泥的实物质量应符合表5-24的规定。

通用水泥的实物质量 **表5-24**

项目 \ 等级 / 品种			优等品		一等品		合格品
			硅酸盐、普通硅酸盐、复合、石灰石水泥	矿渣、火山灰、粉煤灰水泥	硅酸盐、普通硅酸盐、复合水泥	矿渣、火山灰、粉煤灰水泥	通用各水泥
抗压强度（MPa）	3d，不小于		24.0	21.0	19.0	16.0	符合通用水泥各品种技术要求
	28d	不小于	46.0	46.0	36.0	36.0	
		不大于	$1.1\bar{R}$	$1.1\bar{R}$	$1.1\bar{R}$	$1.1\bar{R}$	
凝结时间（h:min）	不大于		6:30	6:30	6:30	8:00	

注：$\bar{R}$为同品种同强度等级水泥28d抗压强度上月平均值，至少以20个编号平均，不足20个编号时，可二个月或三个月合并计算。对于62.5和大于62.5强度等级的水泥，28d抗压强度不大于$1.1\bar{R}$的要求不作规定。

二、水泥质量检验（复验）方法

（一）水泥的取样及一般规定

1. 取样规则

(1) 散装水泥。对同一水泥厂生产的同期出厂的同品种、同强度等级的水泥，以一次进入使用场地的同一出厂编号的水泥为一批，且一批的总量不超过500t。随机地从三个罐车中采取等量的水泥，混合均匀后，称取不少于12kg的水泥试样。

(2) 袋装水泥。对同一水泥厂生产的同期出厂的同品种、同强度等级的水泥，以一次进入使用场地的同一出厂编号为一批，且一批的总量不得超过200t，取样时可从20个以上不同部位取等量样品，使样品具有一定的代表性，取样的总数应不少于12kg。

(3) 将水泥试样等分为两份，一份用于检验，一份密封保存三个月，以备复查使用。

2. 一般规定

(1) 水泥试样应充分搅拌均匀后，通过0.08mm方孔筛，并记录其筛余量。

(2) 进行水泥试验时，试验室温度应为17～25℃，相对湿度应大于50%。养护箱温度为(20±3)℃，相对湿度应大于90%。

(3) 水泥试样、标准砂、拌合用水及试模的温度均与室温相同。

(4) 标准砂的质量应符合《水泥强度试验用标准砂》现行国家标准规定。

进行各项内容试验时，所用的检验仪器应符合其相应标准的要求。

(二) 水泥标准稠度用水量试验方法

1. 水泥净浆的拌制

标准稠度用水量的测定，可用"标准法"和"代用法"两种方法之一，如发生争议时应按标准法为准。

用水泥净浆搅拌机搅拌，搅拌锅和搅拌叶片先用湿布擦拭，将拌和水倒入搅拌锅内，然后在5～10s内小心地将称好的500g水泥试样倒入净浆搅拌机的搅拌锅内，并要防止水和水泥溅出；拌合时，先将搅拌锅放在搅拌机的锅座上，升至搅拌位置，启动搅拌机，低速搅拌120s，停拌15s，同时将叶片和锅壁上的水泥浆刮入锅中间，接着快速搅拌120s停机。

2. 标准稠度用水量的测定：

(1) 标准法。拌合结束后，立即将拌好的净浆装入已置于玻璃底板上的试模中，用小刀插捣，轻轻振动数次，刮去多余净浆；抹平后迅速将试模和底板移到维卡仪上，并将其中心定在试杆上，降低试杆直至与水泥净浆表面接触，拧紧螺栓1～2s后，突然放松螺栓，使试杆垂直自由地沉入水泥净浆中。在试杆停止沉入或释放试杆30s时，记录试杆距底板之间的距离，升起试杆后，立即擦拭干净；整个操作应在搅拌后1.5min内完成。以试杆沉入净浆并距底板6mm±1mm的水泥净浆为标准稠度净浆。其拌和水量为该水泥的标准稠度用水量，按水泥质量的百分比计。

(2) 代用法测定。采用代用法测定水泥稠度用水量时，可用调整用水量和不变用水量两种方法的任一种。

采用调整水量方法时，拌合用水量按经验找水；采用不变水量方法时，拌合水用量为142.5mL。

它的测定方法是：水泥净浆拌合结束后，立即将拌制好的水泥净浆装入锥模中，用小刀插捣，轻轻振动数次，刮去多余的净浆，抹平后迅速放到试锥下面固定的位置上，将试锥降至净浆表面，拧紧螺栓1～2s后突然放松，使试锥垂直自由地沉入水泥净浆中。到试锥停止下沉或释放试锥30s时记录试锥下沉深度。整个过程应在搅拌后1.5min内完成。

用调整水量方法测定时，以试锥下沉深度 28mm ± 2mm 时的净浆为标准稠度净浆，其拌合水量为该水泥的标准稠度用水量，按水泥质量的百分比计。如下沉深度超出范围需重新称取试样，调整水量，重新试验，直至达到 28mm ± 2mm 为止。

用不变水量方法测定时，根据测得的试锥下沉深度，按下式或仪器上对应标尺计算得到标准稠度用水量 P。

$$P = 33.4 - 0.185s$$

当试锥下沉深度小于 13mm 时，应改用调整水量法测定。

（三）凝结时间的测定

1. 试件的制备

在准备测定前，应调整好凝结时间测定仪的试针接触玻璃板时，使指针对准零点。

将制成的标准稠度净浆立即一次装入试模，振动数次后沿上面刮平，然后放入蒸汽养护箱内。记录以标准稠度用水量加水时的时间，作为凝结时间的起始时间。

2. 初凝结时间的测定

试件在湿汽养护箱内养护至加水后 30min 时进行第一次测定。测定时，从养护箱内取出试模放到试针下，使试针与净浆表面接触，拧紧螺栓，1 ~ 2s 后突然放松，使试针垂直自由地沉入试模净浆中，观察试针停止下沉或释放试针 30s 时指针的读数。当试针沉至距底板 4mm ± 1mm 时，即为水泥达到初凝状态；由水泥全部加入水中至初凝状态的时间为水泥的初凝时间，用“min”表示。

3. 终凝时间的测定

为了准确地观测试针沉入的状况，在终凝针上安装一个环形附件，在完成初凝时间测定后，立即将试模连同浆体经平移的方式从玻璃板上取下，翻转 180°，直径大端向上，小端阳向下放在玻璃板上，再放入湿气养护箱中继续养护，临近终凝时间每隔 15min 测定一次，当试针沉入试体 0.5mm 时，即环形附件开始不能在试体上留下痕迹时，为水泥达到终凝状态。这时由水泥全部加入水中至终凝状态的时间即为水泥的终凝时间，以“min”表示。

但应注意，在最初测定的操作时应轻轻扶持金属柱，使其徐徐下降，以防试针撞弯，但结果以自由下落为准；在整个测试过程中试针沉入的位置至少要距试模内壁 10mm。临近初凝时，每隔 15min 测定一次。临近终凝时也每隔 15min 测定一次，到达初凝或终凝时应立即重复测一次，当两次结论相同时，才能定为到达初凝或终凝状态。每次测定不能让试针落入原针孔，每次测试完毕须将试针擦拭干净并将试模放回湿气养护箱内，整个测试过程要防止试模受振。

（四）安定性的测定

安定性的测定可用标准法和代用法两种方法之一。当有争议时应以标准法为准。

1. 标准法

(1) 试件的制备：

将预先准备好的雷氏夹放在已稍擦油的玻璃板上，并立即将已经制好的标准稠度净浆一次装满雷氏夹，装入净浆时一只手轻轻扶持雷氏夹，另一只手用宽约 10mm 的小刀插捣数次，然后抹平，盖上涂有微油的玻璃板，接着立即将试件移至湿气养护箱内养护 24h ± 2h。

(2) 沸煮

① 调整好沸煮箱内的水位，使能保证在整个沸煮过程中都能超过试件，不需要中途添补试验用水，同时又能保证在 30±5min 内升至沸腾。

② 脱去玻璃板取下试件，先测量雷氏夹指针端间的距离（A），精确至 0.5mm，接着将试件放入沸煮箱水中的试件架上，指针朝上，然后在 30±5min 内加热至沸并恒沸 180±5min。

(3) 结果判别

沸煮结束后，关闭电源，立即放掉沸煮箱中的热水，打开箱盖，待箱体冷却至室温后，取出试件进行判别。

量测沸煮后雷氏夹两指针尖端的距离（C），精确至 0.5mm，当两个试件沸煮后增加距离（$C-A$）的平均值不大于 5.0mm 时，水泥安定性为合格；当两个试件的（$C-A$）值相差超过 4mm 时，则应用同一样品水泥重做试验。再如此，则该水泥安定性为不合格。

2. 代用法

(1) 试件的制作

将制好的标准稠度净浆取出一部分并分成两等份，使之成为球形，放在预先准备好的玻璃板上，轻轻振动玻璃板并用湿布擦拭过的小刀由边缘向中央抹成直径 70~100mm、中心厚约 10mm、边缘渐薄、表面光滑的试饼，接着将试饼放入湿气养护箱内养护 24h±2h。

(2) 沸煮

调整好沸煮箱内的水位，使能保证在整个沸煮过程中都能超过试件，不需要中途添补试验用水，同时又能保证在 30±5min 内升至沸腾。

脱去玻璃板取下试饼，在试饼无缺陷的情况下，将试饼放在沸煮箱水中的箅板上，然后在 30min±5min 内加热至沸并恒温 180min±5min。

(3) 结果判别

沸煮结束后，立即放掉沸煮箱中的热水，打开箱盖，待箱体冷却至室温，取出试件进行判别。目测试饼未发现裂缝，用钢直尺检查也没有弯曲的试饼为安定性合格，反之为不合格。当两个试饼判别结果有矛盾时，该水泥的安定性为不合格。

(五) 水泥胶砂强度检验方法

检验水泥胶砂强度的设备、仪器应符合有关标准的规定

1. 试件的成型

(1) 胶砂质量的配合比为：一份水泥、三份标准砂、1/2 水（水灰比为 0.5）。每锅胶砂的拌合量应为三条试体所需的数量，每锅各种材料需用量应符合表 5-25 的规定。

每锅胶砂的材料数量 表 5-25

水泥品种 \ 材料量	水　泥	标　准　砂	水
硅酸盐水泥	450±2	1350±5	225±1
普通硅酸盐水泥			
矿渣硅酸盐水泥			
粉煤灰硅酸盐水泥			
复合硅酸盐水泥			
石灰石硅酸盐水泥			

按规定的试验条件称量水泥、标准砂和洁净的饮用水。

(2) 把拌合水加入搅拌锅内，再加入水泥，把锅放在固定架上，上升至固定位置。

然后立即开动搅拌机，低速搅拌 30s 后，在第二个 30s 开始的同时均匀地将砂子加入。当各级砂是分装时，从最粗粒级开始，依次将所需的每级砂量加完。把机器调至高速再搅拌 30s。

(3) 停拌 90s，在第 1 个 15s 内用一个胶皮刮具将叶片和锅壁上的胶砂刮入锅中间。在高速下继续搅拌 60s。各个搅拌阶段，时间误差应在 ± 1s 以内。

(4) 将空试模和模套固定在振实台上，用一适当勺子直接从搅拌锅里将胶砂分二层装入试模，装第一层时，每个槽里约放 300g 胶砂，用大播料器垂直架在模套顶部沿每个模槽来回一次将料层播平，接着振实 60 次。再装入第二层胶砂，用小播料器播平，再振实 60 次。移走模套，从振实台上取下试模，用一金属直尺以近似 90°的角度架在试模模顶的一端，然后沿试模长度方向以横向锯割动作慢慢向另一端移动，一次将超过试模部分的胶砂刮去，并用同一直尺以近乎水平的情况下将试体表面抹平。

在试模上作标记或加字条标明试件编号和试件相对于振实台的位置。

当使用代用的振动台成型时，先将试模和下料漏斗卡紧在振动台的中心。将搅拌好的全部胶砂均匀地装入下料漏斗中，开动振动台，胶砂通过漏斗流进试模。振动 120s ± 5s 停车。振动完毕，取下试模，用刮平尺刮去高出试模的胶砂并抹平，接着在试模上作标志或用字条表明试件编号。

2. 脱模前的处理

立即将做好标记的试模放入雾室或湿箱的水平架子上养护，湿空气应能与试模各边接触。养护时不应将试模放在其他试模之上。一直养护到规定的脱模时间取出脱模。脱模前，用防水墨汁或颜料笔对试体进行编号和做其他标志。二个龄期以上的试体，在编号时应将同一试模中的三条试体分在二个以上龄期内。

3. 脱模

对于 24h 龄期的，应在破型试验前 20min 内脱模；对于 24h 以上龄期的，应在成型后 20 ~ 24h 之间脱模。

4. 水中养护

将做好标记的试件立即水平或竖直放在 20℃ ± 1℃水中养护，水平放置时刮平面应朝上。

试件应放在不易腐烂的箅子上，并彼此间保持一定间距，以让水与试件的六个面接触。养护期间试件之间间隔或试体上表面的水深不得小于 5mm。

每个养护池内只养护同类型的水泥试件。

除 24h 龄期或延迟至 48h 脱模的试体外，任何到龄期的试体应在试验前 15min 从水中取出。揩去试体表面沉积物，并用湿布覆盖至试验时为止。

5. 强度试验

(1) 试体龄期是从水泥加水搅拌开始试验时算起。不同龄期强度试验在下列时间内进行。

1d 龄期：24h ± 15min；

2d 龄期：48h ± 30min；

3d 龄期：72h ± 45min；

7d 龄期：7d ± 2h；

28d 龄期：28d ± 8h。

（2）抗折强度试验

① 擦去试件表面附着的水分和砂粒。

② 将试体一个侧面放在试验机支撑圆柱上，试体长轴垂直于支撑圆柱，通过加荷圆柱以 50N/s ± 10N/s 的速率均匀地将荷载垂直地加在棱柱体相对侧面上，直至折断。

保持两个半截棱柱体处于潮湿状态直至抗压强度试验。

（3）抗压强度试验

利用抗折的半截棱柱体进行抗压试验。半截棱柱体中心与压力机压板受压中心差应在 ± 0.5mm 内，棱柱体露在压板外的部分约有 10mm。

在整个加荷过程中以 2400N/s ± 200N/s 的速率均匀地加荷直至破坏。

6. 结果计算

（1）抗折强度的计算

抗折强度 R_f 按下式计算：

$$R_f = \frac{1.5F_f L}{b^3}$$

式中　R_f ——水泥抗折强度（MPa）；

F_f ——折断时施加于棱柱体中部的荷载（N）；

L——支撑圆柱之间的距离（mm）；

b——棱柱体正方形截面的边长（mm）。

抗折强度以一组三个棱柱体抗折结果的平均值作为试验结果。当三个强度值中有超出平均值 ± 10% 时，应剔除后再取平均值作为抗折强度试验结果。计算精确至 0.1MPa。

（2）抗压强度计算

抗压强度 R_c 按下式计算：

$$R_c = \frac{F_c}{A}$$

式中　R_c——抗压强度值（MPa）；

F_c——破坏时的最大荷载（N）；

A——受压部分面积（mm^2）（为 $1600mm^2$）。

以一组三个棱柱体上得到的六个抗压强度测定值的算术平均值为试验结果。如六个测定值中有一个超出六个平均值的 ± 10% 时，应剔除该值，而以剩下五个的平均数为结果。如果五个测定值中再有超过它们平均数的 ± 10% 的，则此组结果作废。

三、水泥胶砂强度计算实例

（一）抗折强度计算实例

例 1　有一工程，需对 42.5 强度等级的矿渣水泥进行 28 天抗折试验，经该市建材检测中心进行检测，在抗折试验机上的试验结果分别为：A 块加荷至 2770N 时断裂，B 块加荷至 2800N 时断裂，C 块也加荷至 2750N 断裂，求该组试块的抗折强度？

解 已知支撑圆柱之间的距离为100mm，棱柱体正方形截面的边长是40mm，根据抗折强度计算公式，则：

$$R_{fA}=\frac{1.5F_fL}{b^3}=\frac{1.5\times2770\times100}{40^3}=6.5\text{MPa}$$

$$R_{fB}=\frac{1.5F_fL}{b^3}=\frac{1.5\times2800\times100}{40^3}=6.6\text{MPa}$$

$$R_{fC}=\frac{1.5F_fL}{b^3}=\frac{1.5\times2750\times100}{40^3}=6.4\text{MPa}$$

这样，三组的平均值则为：

$$R_f=1/3\times(6.5+6.6+6.4)=6.5\text{MPa}$$

根据计算结果，该组试块的抗折强度为6.5MPa，符合矿渣水泥42.5强度等级抗折强度指标，所以，该水泥28d抗折强度为合格。

例2 某试验单位接到某工地普通硅酸盐水泥试样，该水泥强度等级为42.5，要求检测28d的抗折强度。试验单位按标准检验后的结果分别为：Ⅰ块加荷至3400N时断裂，Ⅱ块加荷至3050N时断裂，Ⅲ块加荷至3150N时断裂，现求该水泥的抗折强度？

解 已知支撑圆柱之间的距离为100mm，棱柱体正方形截面的边长是40mm，根据题中给定的条件，则：

$$R_{f\text{Ⅰ}}=\frac{1.5F_fL}{b^3}=\frac{1.5\times3700\times100}{40^3}=8.7$$

$$R_{f\text{Ⅱ}}=\frac{1.5F_fL}{b^3}=\frac{1.5\times3050\times100}{40^3}=7.1$$

$$R_{f\text{Ⅲ}}=\frac{1.5F_fL}{b^3}=\frac{1.5\times3150\times100}{40^3}=7.4$$

该组试块的抗折强度平均值为：

$$R_f=1/3\times(8.7+7.1+7.4)=7.7\text{MPa}$$

因为Ⅰ组试块的抗折强度值超过平均值7.7的±10%＝8.7，所以该组试件应以另两组的平均值为该水泥的抗折强度值。经计算为7.3MPa。所以该批水泥的抗折强度符合要求。

例3 某一框架结构工程，使用普通62.5强度等级水泥，现需作28d抗折强度试验。经标准制作、养护、抗折试验，Ⅰ号试块加载至3200N断裂，Ⅱ号试块加载至3400N断裂，Ⅲ号试块加载至3350N断裂，该组的抗折强度是否符合要求？

解 普通62.5强度等级水泥28d的抗折强度指标为8MPa，支撑圆柱之间的距离为100mm，棱柱体正方形截面的边长是40mm，根据题中给定的条件，则：

$$R_{f\text{Ⅰ}}=\frac{1.5F_fL}{b^3}=\frac{1.5\times3200\times100}{40^3}=7.5$$

$$R_{f\text{Ⅰ}}=\frac{1.5F_fL}{b^3}=\frac{1.5\times3400\times100}{40^3}=8.0$$

$$R_{f\,I} = \frac{1.5F_fL}{b^3} = \frac{1.5 \times 3350 \times 100}{40^3} = 7.9$$

该组试块平均值为：

$$R_f = 1/3 \times (7.5 + 8.0 + 7.9) = 7.8\text{MPa}$$

因该组试块的抗折强度值低于强度指标值（$7.8 < 8.0$），所以，该水泥抗折强度不合格。

(二) 抗压强度计算

这里我们还以抗折实例中的例 1 为例。将抗折试验断裂后的 6 个试件，分别在压力试验机上进行抗压试验，试验结果分别为：1 号试块加载至 83kN 时破坏，2 号加载至 75kN，3 号加载至 70kN，4 号加载至 73kN，5 号加载至 71kN，6 号加载至 77kN。求该组的抗压强度？

解　已知试件的受压面积为 40mm^2，则各块抗压强度分别为：

$$R_{c1} = \frac{F_C}{A} = \frac{83 \times 1000}{1600} = 51.9$$

$$R_{c2} = \frac{F_C}{A} = \frac{75 \times 1000}{1600} = 46.9$$

同理：$R_{c3} = 43.8$；$R_{c4} = 45.6$；$R_{c5} = 44.4$；$R_{c6} = 48.1$

$$R_c = 1/6 \times (51.9 + 46.9 + 43.8 + 45.6 + 44.4 + 48.1) = 46.8$$

因 R_{c1}的抗压强度值大于平均值的 $\pm 10\% = 51.5$，所以应剔除，以剩下的五组重新计算平均值，经计算后得 45.8MPa，所以该批水泥的抗压强度符合要求。

第四节　混凝土外加剂质量控制

随着科学技术的发展，在建筑工程中，对其所使用的混凝土性能不断提出新的要求。实践证明，采用混凝土外加剂对满足这些要求是十分有效的技术手段，并且它已逐渐成为混凝土必不可少的第五大组成材料。

但是由于当前市场上外加剂种类繁多，鱼目混珠，直接影响了混凝土的质量，因此做好外加剂质量的控制，不但是控制了混凝土的质量，而且也是控制混凝土结构构件质量的有效措施。

一、外加剂的分类

混凝土外加剂的分类通常有以下两种分类方法

(一) 按外加剂的主要作用分类

不同外加剂功能各异，也有的一种外加剂具有多种功能。其分类为：

1. 影响和易性

这种外加剂主要是改善混凝土或砂浆流动性、操作性。主要有减水剂、引气剂、加气剂、保水剂等。

2. 调节凝结硬化速度

此类外加剂的功能主要可以加速或降低混凝土在递增凝结硬化时的速度。主要包括有缓凝剂、早强剂、速凝剂等。

3. 改善物理力学性能

这些外加剂可以改善、提高混凝土的强度，防止混凝土受冻害、使二次浇筑混凝土时不致产生收缩裂缝等。主要有引气剂、防水剂、抗冻剂、膨胀剂等。

4. 改善化学反应

在混凝土中掺入一定的外加剂后，可有效地控制混凝土中钢筋的腐蚀，延长钢筋的使用寿命。一般有阻锈剂。

5. 服务功能

如脱模剂、引气剂等，它可以使模板脱模顺利，不损坏混凝土结构外表，或者可以调节混凝土或砂浆中的气体含量。

（二）按外加剂化学成分分类

1. 无机物外加剂

在这种外加剂中，包括某些金属单质的铝粉、锌粉；某些如氧化物铁黄、氧化铁红类的氧化物；某些氢氧化物和某些盐类的外加剂等。

2. 有机物外加剂

这种外加剂多属于表面活性物质，易溶解于液体，具有湿润、乳化、分散、起泡等作用。这类外加剂中采用的表面活性剂多属于亲水性或称水溶性表面活性剂。

二、混凝土外加剂的选择

（一）外加剂的选用原则

混凝土外加剂，可以改善混凝土拌合物的和易性，调节凝结时间，改善可泵性，改变硬化混凝土强度发展速率，提高耐久性。但选择使用不当也会带来麻烦或造成工程质量问题。所以，使用时应根据外加剂的特性、特点，结合使用目的，经济费用综合考虑使用的品种。

但是我们一定要注意，严禁使用对人体产生危害、对环境产生污染的外加剂。

掺外加剂混凝土所用的水泥应是通用的水泥品种，但不论和哪一品种水泥掺合时，或者是两种不同品种外加剂复合使用时，应检验外加剂与水泥、外加剂与外加剂的适应性及相容性，符合要求的方可使用。

外加剂的掺量应以胶凝材料总量的百分比来表示，或以 mL/kg 胶凝材料表示。

（二）外加剂的品种选择

各类品种的减水剂进入施工现场后，应对其 pH 值、密度、减水率以及要求检验的项目进行质量检验，合格后方可入库、使用。

1. 普通减水剂及高效减水剂

这类减水剂主要有木质素磺酸盐类、多环芳香族磺酸盐类、水溶性树脂磺酸盐类脂肪族类等。

(1) 适用范围

普通减水剂及高效减水剂可用于素混凝土、钢筋混凝土、预应力混凝土，并可制备高强度性能混凝土。

普通减水剂宜用于日最低气温5℃以上施工的混凝土，不宜单独用于蒸养混凝土；高效减水剂宜用于日最低气温0℃以上施工的混凝土。

(2) 外加剂的施工控制

减水剂掺量应结合生产商提供的推荐掺量、气温高低、施工要求，通过试验确定最佳掺量。

减水剂以溶液掺入时，溶液中的水量应从拌合水中扣除，并且液体型减水剂应与拌合水同时加入到搅拌机中；粉剂类减水剂应与胶凝材料同时加入搅拌机中；需两次添加外加剂时，应通过试验确定每次的添加量。

掺普通减水剂、高效减水剂的混凝土采用自然养护时，应加强初期养护；采用蒸汽养护时，混凝土应具有必要的结构强度才能升温，蒸养制度应通过试验确定。

2. 引气剂及引气减水剂

这类减水剂主要指：松香树脂类、烷基和烷基芳烃磺酸盐类、脂肪醇磺酸盐类、皂甙类等。

(1) 适用范围

这类减水剂可用于抗冻性混凝土、抗渗性混凝土、抗硫酸盐混凝土、泌水严重的混凝土、轻骨料混凝土、高性能混凝土及有饰面要求的混凝土。

这类减水剂不宜用于蒸养混凝土及预应力混凝土。

(2) 外加剂的施工控制

抗冻性要求高的混凝土，必须掺引气剂或引气减水剂。其掺量应根据混凝土的含气量要求通过试验确定。掺引气剂及引气减水剂混凝土的含气量，不宜超过表5-25规定的数据；对抗冻性要求高的混凝土，应采用表5-26规定的含气量数值。

混凝土含气量　　表5-26

粗骨料最大粒径（mm）	20	25	40	50	80
混凝土含气量（%）	5.5	5.0	4.5	4.0	3.5

引气剂及引气减水剂配制溶液时，必须充分溶解后方可使用。溶液配成使用时应先加入拌合水中。

引气剂可与减水剂、早强剂、缓凝剂等复合使用。配制溶液时若产生絮凝或沉淀等现象，应分别配制溶液并分别加入搅拌机中。

施工时，当材料、配合比、施工条件发生变化时，应重新试验外加剂掺量，严格控制混凝土的含气量。

掺引气剂及引气减水剂的混凝土，必须采用机械搅拌，搅拌时间及搅拌量应通过试验确定。搅拌出料到浇筑时的停放时间不宜过长。采用插入式振捣时，振捣时间不应超过20s。

检验混凝土含气量时，应在搅拌机出料口进行取样，对含气量有设计要求的混凝土，应每间隔一定时间进行含气量检测。

3. 缓凝外加剂

缓凝外加剂的品种主要有：糖类、木质素磺酸盐类、羟基羧酸及其盐类、无机盐类

(1) 适用范围

缓凝剂、缓凝减水剂及缓凝高效减水剂可用于大体积混凝土、碾压混凝土、炎热气候条件下施工的混凝土、大面积浇筑混凝土、避免冷裂缝产生的混凝土，需较长时间停放或长距离运输的混凝土、滑模施工或拉模施工的混凝土等。

缓凝剂、缓凝减水剂及缓凝高效减水剂宜用于日最低气温5℃以上施工的混凝土，不宜单独用于有早强要求的混凝土及蒸汽养护的混凝土。

(2) 施工质量控制

缓凝剂、缓凝减水剂及缓凝高效减水剂的品种及掺量应根据环境温度、施工要求的凝结时间、运输距离、停放时间、强度等级来确定。

缓凝剂、缓凝减水剂及缓凝高效减水剂以溶液掺加时计量必须准确，使用时加入拌合水中。难溶和不溶物较多的应采用干掺法并延长混凝土搅拌时间30s。

使用缓凝剂、缓凝减水剂及缓凝高效减水剂的混凝土浇筑振捣后，应及时抹压并始终保持混凝土表面潮湿，终凝后浇水养护。当气温较低时，应加强保温保湿养护。

4. 早强剂及早强减水剂

早强剂及早强减水剂的品种主要有：强电解质无机盐类、水溶性有机化合物等。

(1) 适用范围

早强剂及早强减水剂适用于蒸养混凝土及常温、低温和最低温度不低于－5℃环境中施工的有早强要求的混凝土工程。炎热环境条件下不宜使用早强剂、早强减水剂。

掺入混凝土后对人体产生危害或对环境产生污染的化学物质严禁用作早强剂。含有六价铬盐、亚硝酸盐等有害成分的早强剂严禁用于饮水工程及食品相接触的工程。硝铵类严禁用于办公、居住等建筑工程。

在使用这类外加剂时，下列结构中严禁采用含有氯盐配制的早强剂及早强减水剂：

预应力混凝土结构；相对湿度大于80%环境中使用的结构、处于水位变化部位的结构、露天结构及经常受水淋、受水流冲刷的结构；大体积混凝土；直接接触酸、碱或其他侵蚀性介质的结构；经常处于温度为60℃以上的结构，需经蒸养的钢筋混凝土预制构件；有装饰要求的混凝土，特别是要求色彩一致的或是表面有金属装饰的混凝土；薄壁混凝土结构、中级和重级工作制吊车的梁、屋架、落锤及锻锤混凝土基础等结构；使用冷拉钢筋或冷拔低碳钢丝的结构；骨料具有碱活性的混凝土。

在下列结构中严禁使用含有强电解质无机盐类的早强剂及早强减水剂：

与镀锌钢材或铝铁相接触部位的结构，以及有外露钢筋预埋铁件而无防护措施的结构；使用直流电源的结构以及距高压直流电源100m以内的结构。

(2) 施工控制

常用早强剂的掺量限值应符合表5-27的规定：

粉状早强剂和早强减水剂直接掺入混凝土干料中时，在原搅拌时间的基础上，应延长搅拌时间30s。

早强剂的掺量限值 表5-27

混凝土种类	使用环境	早强剂名称	掺量限值（水泥质量%）不大于
预应力混凝土	干燥环境	三乙醇胺	0.05
		硫酸钠	1.0

续表

混凝土种类	使用环境	早强剂名称	掺量限值（水泥质量%）不大于
钢筋混凝土	干燥环境	氯离子［Cl⁻］	0.6
		硫酸钠	2.0
		与缓凝减水剂复合的硫酸钠	3.0
		三乙醇胺	0.05
	潮湿环境	硫酸钠	1.5
		三乙醇胺	0.05
有饰面要求的混凝土		硫酸钠	0.8
素混凝土		氯离子［Cl⁻］	1.8

常温及低温下使用早强剂或早强减水剂的混凝土采用自然养护时宜使用塑料薄膜覆盖或喷洒养护液。终凝后应立即浇水潮湿养护。最低气温低于0℃时除塑料薄膜外还应加盖保温材料。最低气温低于－5℃时应使用防冻剂。

5. 防冻剂

防冻剂的主要品种有：强电解质无机盐类、水溶性有机化合物类、有机化合物与无机盐复合类、复合型类。

(1) 适用范围

含亚硝酸盐、碳酸盐的防冻剂严禁用于预应力混凝土结构。

下列结构中严禁使用强电解质无机盐的防冻剂：

预应力混凝土结构；相对湿度大于80%环境中使用的结构、处于水位变化部位的结构、露天结构及经常受水淋、受水流冲刷的结构；大体积混凝土；直接接触酸、碱或其他侵蚀性介质的结构；经常处于温度为60℃以上的结构，需经蒸养的钢筋混凝土预制构件；有装饰要求的混凝土，特别是要求色彩一致的或是表面有金属装饰的混凝土；薄壁混凝土结构、中级和重级工作制吊车的梁、屋架、落锤及锻锤混凝土基础等结构；使用冷拉钢筋或冷拔低碳钢丝的结构；骨料具有碱活性的混凝土。

含强电解质无机盐防冻剂严禁在下列结构中使用：

与镀锌钢材或铝铁相接触部位的结构，以及有外露钢筋预埋铁件而无防护措施的结构；使用直流电源的结构以及距高压直流电源100m以内的结构。

含有六价铬盐、亚硝酸盐等有害成分的防冻剂严禁用于饮水工程及食品相接触的工程，严禁食用。

含有硝铵、尿素等产生刺激性气味的防冻剂，严禁用于办公室、居住等建筑工程。

有机化合物类防冻剂可用于素混凝土、钢筋混凝土及预应力混凝土工程。

(2) 施工质量控制

① 防冻剂的选用应符合下列规定：

在日最低气温为0～－5℃，混凝土采用塑料薄膜和保温材料覆盖养护时，可采用早强剂或早强减水剂；

在日最低气温为－5～－10℃、－10～－15℃、－15～－20℃，采用上款保温措施时，应分别采用规定温度为－5℃、－10℃、－15℃的防冻剂。

② 掺防冻剂混凝土所用的原材料，应符合下列规定：

宜选用硅酸盐、普通硅酸盐水泥；粗细骨料必须清洁，不得含有冰雪等冻结物及易被冻裂的物质。

③ 掺防冻剂的配合比，应符合下列规定：

含引气组分的防冻剂混凝土的砂率，比不掺外加剂混凝土的砂率可降低2%～3%；混凝土水灰比不得超过0.6，水泥用量不宜低于300kg/m^3，重要承重结构、薄壁结构的混凝土水泥用量可增加10%，大体积混凝土的最少水泥用量应根据实际情况而定。强度等级不大于C15的混凝土，其水灰比和水泥用量可不受此限制。

④ 掺有防冻剂混凝土采用的原材料，应结合当时的气温情况，按下面规定进行处理：

气温低于－5℃时，可用热水拌合混凝土；水温高于65℃时，热水应先与骨料拌合，再加入水泥；气温低于－10℃时，骨料可移进暖棚或采取加热措施。骨料冻结成块状时应加热处理，加热温度不得大于65℃，但应避免灼烧。

⑤ 掺防冻剂混凝土拌合物的搅拌，应遵守下列要求：

严格控制防冻剂的掺量和水灰比；搅拌第一盘时，应用热水或蒸汽冲洗搅拌筒，并且每盘的搅拌时间应比常温时延长50%；拌合物的出机温度，严寒地区不得低于15℃，寒冷地区不得低于10℃。入模时的温度，严寒地区应控制在10℃以上，寒冷地区应控制在5℃以上。

⑥ 掺防冻剂混凝土的养护，应符合下列规定：

在负温条件下养护时，不得浇水，混凝土浇筑后，应立即用塑料薄膜及保温材料进行覆盖，严寒地区应加强保温工作。覆盖的效果是在覆盖的第二天早上查看塑料薄膜下是否结霜，如果结霜，则应加强保温措施。

当混凝土温度降到规定温度时，混凝土强度必须达到受冻临界强度；当最低气温不低于－10℃时，混凝土强度不得小于3.5MPa；当最低温度不低－15℃时，混凝土强度应达到4.0MPa；当最低温度不低于－20℃，其强度应大于5.0MPa。

拆模后，混凝土的表面温度与环境温度之差大于20℃时，应采用保温材料进行覆盖保护。

6. 膨胀剂

膨胀剂的品种主要有硫铝酸钙类、氧化钙类、硫铝酸钙-氧化钙类。

(1) 适用范围

补偿收缩性混凝土：地下、水中、海水中、隧道构筑物、除大坝以外的大体积混凝土、渗漏补修回填槽等。

填充用膨胀混凝土：结构后浇带、隧洞堵头、钢管与隧道之单质填充、钢结构柱底的二次浇筑等。

灌浆用膨胀砂浆：机械设备的底座灌浆、地脚螺栓的固定、梁柱接头、构件补强加固等。

自应力混凝土：仅用于常温下使用的自应力钢筋混凝土压力管。

(2) 施工质量控制

① 掺有膨胀剂混凝土所采用的原材料应符合下列规定：

所用的膨胀剂应符合产品标准要求；拌制膨胀混凝土的水泥应符合通用水泥国家标准，不得使用硫铝酸盐水泥、铁铝酸盐水泥和高铝水泥。

② 设计掺有膨胀剂混凝土的配合比应符合下列要求：

设计补偿收缩混凝土时，水泥、膨胀剂和掺合料的总量不得低于300kg/m^3；用于有抗渗要求的补偿收缩混凝土的水泥用量不小于320kg/m^3，当掺有掺合料时，其水泥用量不应小于280kg/m^3；

设计填充用膨胀混凝土时，其总量不得低于350kg/m^3。水胶比不宜大于0.5。

③ 补偿收缩混凝土的膨胀剂掺量不宜大于12%，不宜小于6%；填充用膨胀混凝土膨胀剂掺量不宜大于15%，不宜小于10%。

④ 膨胀剂可与其他外加剂复合使用，但应有较好的适应性，膨胀剂不应与氯盐类外加剂复合使用。

⑤ 粉状膨胀剂应与混凝土其他材料一起投入搅拌筒，拌合时间应延长30s。

⑥ 膨胀混凝土浇筑时应遵守下列规定：

在计划区段内应连续浇筑，不得中断；混凝土浇筑以阶梯式推进，浇筑间隔时间不得超过混凝土的初凝时间；不得产生漏振、欠振和过振；混凝土终凝前，可采用机械抹面或人工抹压。

⑦ 混凝土养护应符合下列规定：

对于大体积混凝土和大面积板面混凝土，表面抹压后用塑料薄膜覆盖。待混凝土硬化后，可采用蓄水养护或用其他草苫、湿麻袋覆盖，保持混凝土表面潮湿，养护时间不应少于14d。

对于墙体等不易保水的结构，应在顶部设水管喷淋，拆模时间不应少于3d，拆模后应加强浇水养护，养护时间不应少于14d。

冬期施工时，混凝土浇筑后，应立即用薄膜和保温材料覆盖，养护期不应少于14d。对于墙体，带模板养护不应少于7d。

⑧ 灌浆用膨胀砂浆的施工应按下列规定进行质量控制：

灌浆用膨胀砂浆的胶凝材料加砂比应为0.14～0.16，搅拌时间不宜少于3min。

膨胀砂浆不得使用机械振捣，宜用人工插捣排除气泡，每个部位应从一个方向浇筑。

膨胀砂浆的养护期不应少于7d。在养护期间内，如最低气温低于5℃时，应采取保温湿养护措施。

第五节　建筑钢材的质量检验

钢材是建筑工程结构和钢结构构件的重要组成材料，钢材的技术性质如何，对这些结构和构件的可靠性、耐久性有直接影响。所以，对钢材质量进行检验，是保证结构安全的必要措施。但由于钢材的型号、品种繁多，所以，在这节中，仅对建筑工程中常用的建筑钢筋、钢板的质量检验项目和方法作一介绍。对其他试验内容及方法可参照国家有关试验标准进行。

一、各类钢材的力学性能

（一）钢筋

1. 热轧带肋钢筋

(1) 热轧带肋钢筋的力学性能

钢筋混凝土用热轧带肋钢筋的力学性能应符合表 5-28 的规定。

热轧带肋钢筋的力学性能 **表 5-28**

牌 号	公称尺寸(mm)	屈服点 σ_s (MPa)	抗拉强度 σ_b (MPa)	δ_5 (MPa)
		不小于		
HRB335	6~25 28~50	335	490	16
HRB400	6~25 28~50	400	570	14
HRB500	6~25 28~50	500	630	12

(2) 热轧带肋钢筋的弯曲性能

热轧带肋钢筋按表 5-29 规定的弯心直径弯曲 180°后，钢筋受弯曲部分不得产生裂纹。

热轧带肋钢筋的弯曲性能 **表 5-29**

牌 号	公称直径 α (mm)	弯 心 直 径
HRB335	6~25 28~50	3α 4α
HRB400	6~25 28~50	4α 5α
HRB500	6~25 28~50	6α 7α

2. 热轧光圆钢筋

热轧光圆钢筋的力学性能和工艺性能应符合表 5-30 的规定。

热轧光圆钢筋的力学性能和工艺性能 **表 5-30**

表面形状	钢筋级别	强度等级代号	公称直径(mm)	屈服点 σ_s (MPa)	抗拉强度 σ_b (MPa)	伸长率 δ (%)	冷弯 d—弯芯直径 α—钢筋公称直径
				不小于			
光 圆	Ⅰ	R235	8~20	235	370	25	180° $d=\alpha$

注：表 5-26、5-27 摘引至《钢筋混凝土用热轧带肋钢筋》(GB 1499—1998)。

3. 冷拉钢筋

冷拉钢筋是采用热轧钢筋，按照一定的加工方法加工而成。它的Ⅰ级钢筋适用于钢筋混凝土结构的受拉钢筋；Ⅱ、Ⅲ、Ⅳ级钢筋可用于预应力混凝土的预应力筋。它的力学性能见表 5-31。

冷拉钢筋的力学性能　　表 5-31

钢筋级别	钢筋直径 (mm)	屈服点（MPa）	抗拉强度（MPa）	伸长率（δ_{10}）（%）	冷弯	
		不小于			角度	直径
Ⅰ	≤12	≥280	370	11	180°	3d
Ⅱ	≤25	450	510	10	90°	3d
	28～40	430	490	10	90°	4d
Ⅲ	8～40	500	570	8	90°	5d
Ⅳ	10～28	700	835	6	90°	5d

4. 冷轧带肋钢筋

冷轧带肋钢筋的力学性能和工艺性能应符合表 5-32 的规定。

冷轧带肋钢筋的力学性能和工艺性能　　表 5-32

牌号	σ_b（MPa）不小于	伸长率（%）不小于		弯曲试验 180°	反复弯曲次数	松弛率初始应力 $\sigma_{con}=0.7\sigma_b$	
		δ_{10}	δ_{100}			1000h，% 不大于	10h，% 不大于
CRB550	550	8.0	—	$D=3d$	—	—	—
CRB650	650	—	4.0	—	3	8	5
CRB800	800	—	4.0	—	3	8	5
CRB970	970	—	4.0	—	3	8	5
CRB1170	1170	—	4.0	—	3	8	5

注：表中 D 为弯心直径，d 为钢筋公称直径

5. 低碳钢热轧圆盘条

(1) 建筑用盘条的力学性能和工艺性能

建筑用盘条的力学性能和工艺性能应符合表 5-33 的规定：这类钢筋主要用于箍筋、圈梁、楼梯等非承重结构或构件。

建筑用盘条的力学性能和工艺性能　　表 5-33

牌号	力学性能			冷弯试验 d＝弯心直径 α＝试样直径
	屈服点 σ_s（MPa）	抗拉强度 σ_b（MPa）	伸长率 δ_{10}（%）	
	不小于			
Q215	215	375	27	$d=0$
Q235	235	410	23	$d=0.5\alpha$

(2) 拉丝用盘条的力学性能和工艺性能

拉丝用盘条的力学性能和工艺性能应符合表 5-34 的规定：

拉丝用盘条的力学性能和工艺性能 **表 5-34**

牌号	力学性能		冷弯试验 180° d = 弯心直径 α = 试样直径
	抗拉强度 σ_b（MPa）	伸长率 δ_{10}（%）	
Q195	不大于 390	不小于 30	$d=0$
Q215	不大于 420	不小于 28	$d=0$
Q235	不大于 490	不小于 23	$d=0.5\alpha$

注：表 5-33、5-34 摘引至《低碳钢热轧圆盘条》（GB/T 701—1997）。

（二）预应力钢筋

1. 预应力钢丝的力学性能

预应力钢丝的力学性能应符合表 5-35 的规定：

预应力钢丝的力学性能 **表 5-35**

公称直径（mm）	屈服强度 σ_s（MPa）	抗拉强度 σ_b（MPa）	伸长率（%）$L=100$	反复弯曲 次数，180°	反复弯曲 弯曲半径（mm）
	不小于				
4.00	1250	1470	4	3	10
	1330	1570			
5.00	1420	1670		4	15
	1500	1770			
6.00	1300	1570			
	1420	1670			

2. 预应力钢绞线的力学性能

预应力钢绞线的力学性能应符合表 5-36 的规定：

预应力钢绞线的力学性能 **表 5-36**

钢绞线结构	钢绞线公称直径（mm）	强度等级（MPa）	整根钢绞线的最大负荷（kN）	屈服负荷（kN）	伸长率（%）
			不大于		
1×7 标准型	9.50	1860	102	86.6	3.5
	11.10		138	117.0	
	12.70		184	156.0	
	15.20	1720	239	203.0	
		1860	259	220.0	
1×7 模拔型	12.70	1860	209	178.0	
	15.20	1820	300	255.0	

（三）钢板

1. 建筑用优质碳素钢的力学性能

建筑用优质碳素钢的力学性能应按表 5-37 的规定：

建筑用优质碳素钢的力学性能　　**表 5-37**

牌　号	力　学　性　能		
	屈服点 σ_s（MPa）	抗拉强度 σ_b（MPa）	伸长率 δ_5（%）
15	225	375	27
20	245	410	25
15Mn	245	410	26
20Mn	275	450	24

2. 碳素结构钢的力学性能和工艺性能

（1）碳素结构钢的力学性能应符合表 5-38 的规定：

碳素结构钢的力学性能　　**表 5-38**

牌　号	等　级	力　学　性　能						
		屈服点 σ_s（MPa）						抗拉强度 σ_b（MPa）
		钢　板　厚　度（mm）						
		≤16	＞16～40	＞40～60	＞60～100	＞100～150	＞150	
		不　小　于						
Q195	—	（195）	（185）	—	—	—	—	315～390
Q215	A	215	205	195	185	175	165	335～410
	B							
Q235	A	235	225	215	205	195	185	375～460
	B							
	C							
	D							
Q255	A	255	245	235	225	215	205	410～510
	B							
Q275	—	275	265	255	245	235	225	490～610

（2）碳素结构钢的工艺性能应符合表 5-39 的规定：

碳素结构钢的工艺性能　　**表 5-39**

牌　号	等　级	伸　长　率 δ_5						冲击性能	
		钢板厚度（mm）						温　度（℃）	V 型冲击功（J）
		≤16	＞16～40	＞40～60	＞60～100	＞100～150	＞150		
		不　小　于						不　小　于	
Q215	A	31	30	29	28	27	26	—	—
	B							20	27
Q235	A	26	25	24	23	22	21	—	
	B							20	27
	C							0	
	D							－20	

续表

牌 号	等 级	伸 长 率 δ_5						冲击性能	
		钢板厚度（mm）						温 度（℃）	V型冲击功（J）
		≤16	>16~40	>40~60	>60~100	>100~150	>150		
		不 小 于							不 小 于
Q255	A	24	23	22	21	20	19	—	—
	B							20	27
Q275	—	20	19	18	17	16	15	—	—

3. 低合金高强度结构钢

低合金高强度结构钢的力学性能应符合表 5-40 的规定：

低合金高强度结构钢的力学性能 **表 5-40**

牌 号	质量等级	屈服点 σ_s（MPa）				抗拉强度 σ_b（MPa）
		厚 度（mm）				
		≤16	>16~35	>35~50	>50~100	
		不 小 于				
Q295	A	295	275	255	235	390~570
	B					
Q345	A	345	325	295	275	470~630
	B					
	C					
	D					
	E					
Q390	A	390	370	350	330	490~650
	B					
	C					
	D					
	E					
Q420	A	420	400	380	360	520~680
	B					
	C					
	D					
	E					
Q460	C	460	440	420	400	550~720
	D					
	E					

二、钢材外观及尺寸检验方法

钢材购置后，首先就是对钢材进行全面验收，其内容主要有：

1. 查验出厂合格证或材质报告

所有建筑工程中应用的钢筋、钢板、型钢或成型的H型钢等，均应附有合格的质量检验证明书。所以，钢材进厂后，质检员就要对检验证明书中的钢号、规格、批号、炉号等内容进行核查，看其是否符合设计文件和国家标准的要求。

但是，由于建筑施工单位每次购进的数量有限，不可能都在钢材生产单位购进，这样，钢材检验证明书可能是销售单位提供的复印件。在这种情况下，就一定要求销售单位在其上面加盖单位公章。如果时间上还有差别的话，还应由销售单位的法定代表人在其上面签写销售时间并加盖代表人的印章，这样的材质书才为有效。

如果钢材是由国外进口的产品，钢材的质量证明书和钢材性能检测报告应有相应的中文文本，且质量指标不得低于我国有关标准的要求。

2. 查看外观质量和钢材的实际尺寸

如果质量检验人员对上述内容核查无误后，接着查看其外观质量和实际尺寸。

查看钢筋外观质量时，钢筋应平直、无损伤，表面不得有裂纹、油污、颗粒状或片状老锈。查看钢板时，表面是否有裂缝、结疤、气泡和夹层；是否有锈蚀；局部缺陷和机械损伤；钢材表面的锈蚀、麻点、划伤等深度不得大于钢材厚度最大负偏差值的1/2；并要查看断口处是否有夹层、分层等缺陷。

当外观质量符合要求的条件下，检测钢材的实际尺寸。检测尺寸时应采用统一的、校验合格的测量器具。如量测长度时，应用钢卷尺，量测厚度时，则应使用千分尺，不得使用游标卡尺。

（1）带肋钢筋的尺寸检测

检测钢筋实际尺寸时，带肋钢筋内径的测量应精确至0.1mm，带肋钢筋肋高的测量采用测量同一截面两侧肋高平均值的方法，即测量钢筋的最大外径，减去该处内径，所得数据的一半为该处的肋高，应精确至0.1mm。检测带肋钢筋的横肋间距，也应采用平均肋距的方法。即测取钢筋一面上第1个与第11个横肋的中心距离，该数据除以10即为横肋间距，精确至0.1mm。

（2）钢板尺寸检测

量测钢板厚度时，检测点距边缘应大于或等于40mm。钢板厚度的允许偏差应符合表5-41的规定；钢板长度的偏差应符合表5-42的规定。

钢板厚度的允许偏差　　**表5-41**

公称厚度（mm）	下列宽度的厚度允许偏差（mm）				
	600~750	700~1000	1000~1500	>1500~2000	>2000~2300
>5.5~7.5	+0.20 -0.50	+0.20 -0.60	+0.25 -0.60	+0.40 -0.60	+0.45 -0.60
>7.5~10	+0.20 -0.80	+0.20 -0.80	+0.30 -0.80	+0.35 -0.80	+0.45 -0.80
>10~13	+0.20 -0.80	+0.20 -0.80	+0.30 -0.80	+0.40 -0.80	+0.50 -0.80

续表

公称厚度（mm）	下列宽度的厚度允许偏差（mm）									
	>1000 ~1200	>1200 ~1500	>1500 ~1700	>1700 ~1800	>1800 ~2000	>2000 ~2300	>2300 ~2500	>2500 ~2600	>2600 ~2800	>2800 ~3000
>13~25	+0.20 -0.80	+0.20 -0.80	+0.30 -0.80	+0.40 -0.80	+0.60 -0.80	+0.80 -0.80	+0.80 -0.80	+1.00 -0.80	+1.10 -0.80	+1.20 -0.80
>25~30	+0.20 -0.90	+0.20 -0.90	+0.30 -0.90	+0.40 -0.90	+0.60 -0.90	+0.80 -0.90	+0.90 -0.90	+1.00 -0.90	+1.10 -0.90	+1.20 -0.90
>30~34	+0.20 -0.90	+0.30 -0.90	+0.30 -0.90	+0.40 -0.90	+0.60 -0.90	+0.80 -0.90	+0.90 -0.90	+1.00 -0.90	+1.20 -0.90	+1.30 -0.90
>34~40	+0.30 -1.10	+0.40 -1.10	+0.50 -1.10	+0.60 -1.10	+0.70 -1.10	+0.90 -1.10	+1.00 -1.10	+1.10 -1.10	+1.30 -1.10	+1.40 -1.10
>40~50	+0.40 -1.20	+0.50 -0.90	+0.60 -1.20	+0.70 -1.20	+0.80 -1.20	+1.00 -1.20	+1.10 -1.20	+1.20 -1.20	+1.40 -1.20	+1.50 -1.20
>50~60	+0.60 -1.30	+0.20 -1.10	+0.80 -1.30	+0.90 -1.30	+1.10 -1.30	+1.10 -1.30	+1.10 -1.30	+1.20 -1.30	+1.30 -1.30	+1.50 -1.30

注：本表摘自《热轧钢板和钢带的尺寸、外形、重量允许偏差》（GB/T 709—88）。

钢板长度的允许偏差 表 5-42

公称厚度（mm）	钢板长度（mm）	允许偏差值（mm）	公称厚度（mm）	钢板长度（mm）	允许偏差值（mm）
≤4	≤1500	+10	>16~60	>2000	+15
	>1500	+15		>2000~6000	+30
>4~16	≤2000	+10		≤6000	+40
	>2000~6000	+25	>60	所有长度	+50
	>6000	+30			

三、钢材检验试样的制作与抽取

为了使钢材力学性能试验结果具有代表性，取样与检验的数量，取样的部位，检验的项目应按相应标准规定的要求进行。

（一）钢筋的取样

钢筋一般以同一牌号、同一炉号、同一规格、同一交货为一批，每批重量不大于60t。

(1) 热轧光圆、带肋钢筋的取样，应从每批中任选两根钢筋，从每一根钢筋距端头不少于50mm处切取拉伸试样1个，弯曲试样1根。共计拉伸试件2个，弯曲试件2个。

(2) 预应力混凝土用钢筋，在每检验批中任意抽取3盘，从每盘钢丝的任一端截取1根试样进行屈服强度、抗拉强度、伸长率试验；如有一项检验不合格时，对应盘报废。再从未试验过的盘中抽取双倍试样对该不合格项进行复检，若仍不合格，该批报废。

(3) 钢板及型材的取样拉伸、弯曲各为 1 个，常温和低温冲击试样各为 3 根。

(二) 型钢样坯的切取

1. 样坯的切取

取样时，试件样坯应在外观及尺寸合格的钢材上进行。在切取试件样坯时，应防止因受热、加工硬化作用变形而影响其力学性能及工艺性能。各类工字钢、槽钢、角钢、T 型钢及钢板应按照图 5-1 所示的部位切取拉伸、弯曲和冲击样坯。热轧 H 型钢应在翼缘板的 1/4 处沿轧制方向切取拉伸、弯曲和冲击试样的样坯，如图 5-2 所示。在各种型钢上切取冲击试样时，应在一侧保留表面层，冲击试样缺口轴线垂直于该表面层，如图 5-3 所示。

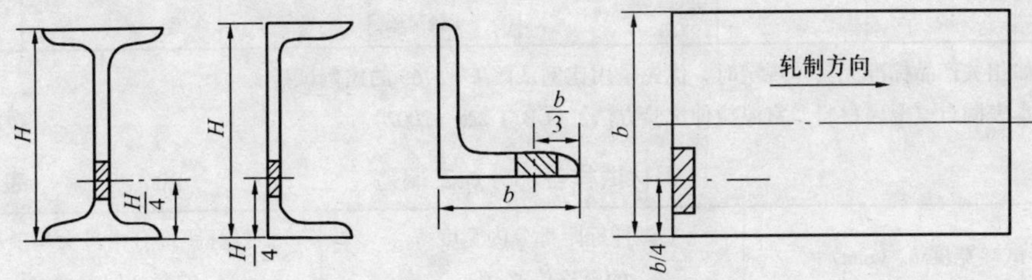

图 5-1　各种型材取样部位

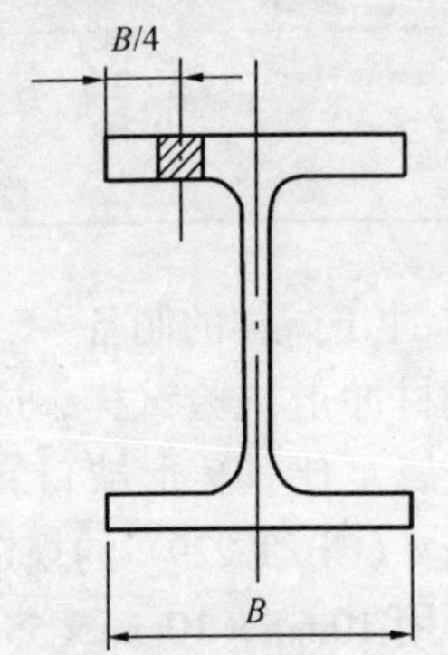

图 5-2　H 型钢取样部位

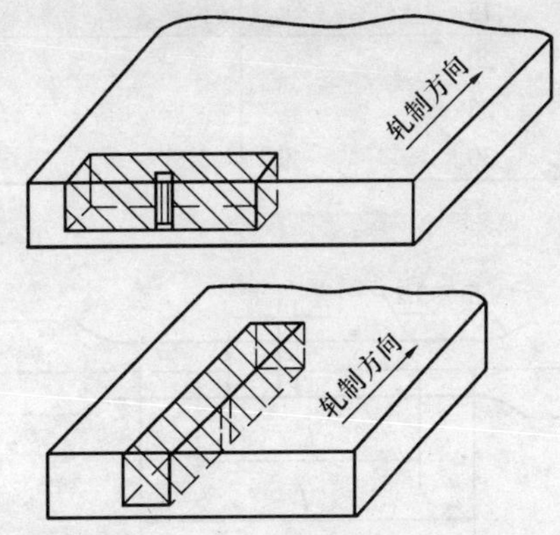

图 5-3　冲击试样取样部位

从厚度小于或等于 25mm 的钢板上取下的样坯应加工成保留原表面层的矩形拉力试样。厚度大于 25mm 时，根据板厚，加工成圆形比例试样。

板厚小于 30mm 时，弯曲样坯厚度为钢材厚度。

2. 拉伸试件的制备

钢板拉伸试样的制备、形状和尺寸应按《钢及钢产品，力学性能试验取样位置及试样制备》(GB/T 2975—1998) 的规定，或应符合表 5-43 的规定。拉伸试样的截面形状有圆形、矩形、异形以及不经加工的全截面。对全截面试样原始横截面面积可根据规定，以名义或实测尺寸进行计算。而根据与原始截面积的关系，试样分为比例试样和定标距两种。板材试样适用于厚、薄板材，采用矩形截面，试样宽度与产品厚度有关，分有 10、12.5、15、20、25、30mm 六种，试样厚度一般为轧制厚度，尽可能采用短比例试样。

钢材试样各部分机加工偏差应按表 5-44 的规定；矩形试件的形状及侧边加工粗糙度

应按图 5-4 所示。圆形试件的形状见图 5-5。

矩形横截面比例试样 表 5-43

b（mm）	r（mm）	$K = 565$			$K = 11.3$		
		L_o（mm）	L_o（mm）	试样编号	L_o（mm）	L_o（mm）	试样编号
12.5	$\geqslant 12$	$5.65\sqrt{S_o}$	$\geqslant L_o + 1.5\sqrt{S_o}$ 仲裁试验：$L_o + 2\sqrt{S_o}$	P7	$11.3\sqrt{S_o}$	$\geqslant L_o + 1.5\sqrt{S_o}$ 仲裁试验：$L_o + 2\sqrt{S_o}$	P07
15				P8			P08
20				P9			P09
25				P10			P010
30				P11			P011

注：1. 如相关产品标准无具体规定时，优先采用比例系数 $k = 5.65$ 的比例试样。

2. 本表摘自《金属材料 室温拉伸试验方法》（GB/T 228—2002）。

钢材试样各部分加工偏差 表 5-44

矩形试样宽度 b_o（mm）	试样标距部分内宽度 b_o 的允许偏差（mm）	试样标距部分内最大与最小宽度 b_o 的允许偏差值（mm）
10 12.5 15	±0.2	0.1
20 25 30	±0.5	0.2

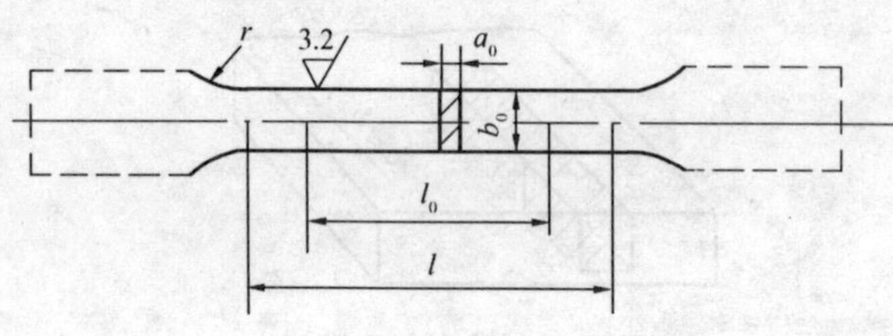

图 5-4 矩形试件形状及粗糙度

3. 冲击试样的制备

钢材冲击试验试样，应遵守国家《金属夏比（V 形缺口）冲击试验方法》（GB/T 229）的规定。标准规定，用 10mm × 10mm × 55mm 带有 V 形缺口的试样为标准试样。试样可以保留一或两个轧制面，缺口的轴线应垂直于轧制面，缺口底部应光滑，无与缺口轴线相平行的明显划痕，试样尺寸及偏差见图 5-6 所示。

4. 金属弯曲试样的制备

钢材的弯曲试验是将一定形状和尺寸的试样放置于弯曲试验的装置上，用规定直径的弯心将试样弯曲到所要求的角度后，然后卸除试验压力检查试样承受变形的能力。

钢结构金属弯曲试样为板状试样，板厚小于 25mm 时，试样厚度与所检材料厚度相同，试样的宽度为其厚度的 2 倍，但不得小于 10mm；当

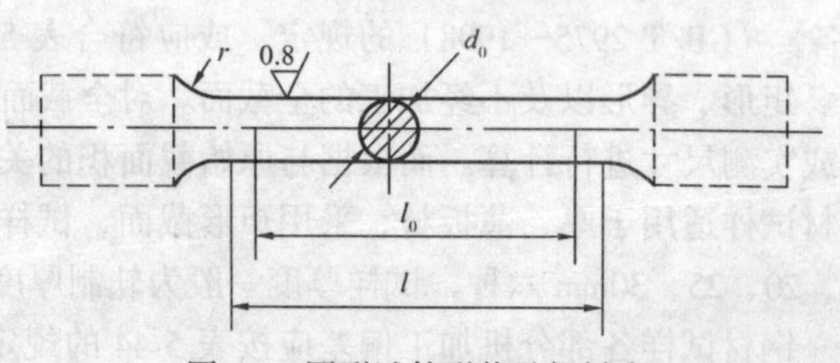

图 5-5 圆形试件形状及粗糙度

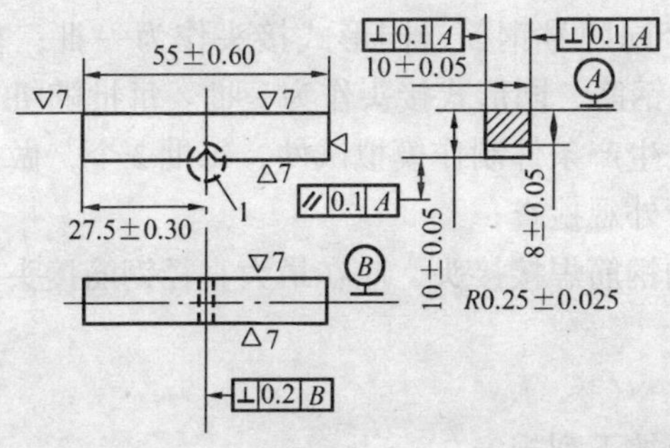

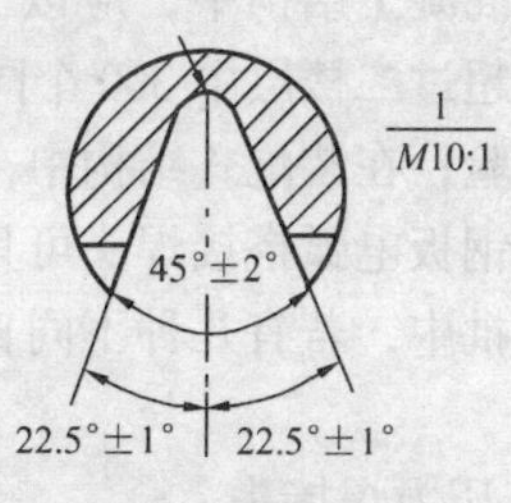

图 5-6 冲击试样

材料厚度大于 25mm 时，试样厚度加工成 25mm，可保留一个原表面，宽度加工成 30mm。试样长度根据试样厚度和弯曲试验装置来定，长度 $L \approx 5\alpha + 150$mm。

5. 反复弯曲试样的制备

根据《金属材料 厚度等于或小于 3mm 薄板和薄带 反复弯曲试验方法》（GB/T 235—1999）规定，试样厚度应为薄板或薄带产品的厚度，并保留两个原表面。

机加工的试样其宽度应为 20 ~ 25mm；对于厚度小于 20mm 的薄带产品，试样宽度应为原产品的全宽度。试样长度约 150mm。

并根据《金属材料 线材 反复弯曲试验方法》（GB/T 238—2002）的规定，线材试样应尽可能平直，但在试验时，在其弯曲平面内允许有轻微的弯曲。

当试样产生弯曲时，可以用手矫直。在用手不能矫直时，可在木材、塑料材料或铜的平面上用相同材料的锤头矫直。但在矫直过程中，不得损伤线材表面。

有局部硬弯的线材不应矫直。

（三）钢筋的焊接接头取样

1. 焊接骨架和焊接网

焊接骨架和焊接网的试件抽取，应按下列要求：

凡钢筋牌号、直径及尺寸相同的焊接骨架和焊接网应视为同一类型制品，且每 300 件作为一批，一周内不足 300 件的亦应按一批计算；

外观检查应按同一类型制品分批检查，每批抽查 5%，且不得少于 5 件；

力学性能检验的试件，应从每批成品中切取；切取过的试件制品，应补焊同牌号、同直径的钢筋，其每边的搭接的长度不应小于 2 个孔格的长度；

当焊接骨架所切取试件的尺寸小于规定的试件尺寸，或受力钢筋直径大于 8mm 时，可在生产过程中制作模拟焊接网片，从中切取试件；

由几种直径钢筋组合的焊接骨架或焊接网，应对每种组合的焊点作力学性能检验；

热轧钢筋的焊点应作剪切试验，试件应为 3 件；冷轧带肋钢筋焊点除作剪切试验外，尚应对纵向和横向钢筋作拉伸试验，试件各为 1 件。剪切试件纵筋长度应大于或等于 290mm，横筋长度应大于或等于 50mm；拉伸试样纵筋长度应大于或等于 300mm；

焊接网剪切试件应沿同一横向钢筋随机切取；

切取剪切试件时，应使制品中的纵向钢筋成为试件的受拉钢筋。

2. 钢筋电弧焊接头

钢筋电弧焊接头的试件抽取应按下列规定：

在现浇混凝土结构中，应以300个同牌号钢筋、同形式接头作为一批；在房屋结构中，应在不超过二楼层中300个同牌号钢筋、同形式接头作为一批。每批随机切取3个接头做拉伸试验；在装配式结构中，可按生产条件制作模拟试件，每批3个，做拉伸试验；

钢筋与钢板电弧搭接焊头可只进行外观检查；

在同一批中，若有几种不同直径的钢筋焊接接头，应在最大直径钢筋接头中切取3个试件。

3．电渣压力焊接头

钢筋电渣压力焊接头的试件抽取应按下列规定：

在现浇混凝土结构中，应以300个同牌号钢筋、同形式接头作为一批；在房屋结构中，应在不超过二楼层中300个同牌号钢筋接头作为一批；当不足300接头时，仍应作为一批。每批随机切取3个接头做拉伸试验；

在同一批中，若有几种不同直径的钢筋焊接接头，应在最大直径钢筋接头中切取3个试件。

4．钢筋闪光对焊接头

钢筋闪光对焊接头的试件抽取应按下列规定：

在同一台班内，由同一焊工完成的300个同牌号、同直径钢筋焊接接头应作为一批。当同一台班内焊接的接头数量较少，可在同一周之内累计计算；累计仍不足300个接头时，应按一批计算；

力学性能检验时，应从每批接头中随机切取6个接头，其中3个接头做拉伸试验，3个做弯曲试验；

焊接等长的预应力钢筋时，可按生产同等条件制作模拟试件；

封闭环式箍筋闪光对焊接头，以600个同牌号、同规格的接头作为一批，只做拉伸试验。

5．钢筋气压焊接头

钢筋气压焊接头的试件抽取应按下列规定：

在现浇混凝土结构中，应以300个同牌号钢筋、同形式接头作为一批；在房屋结构中，应在不超过二楼层中300个同牌号钢筋接头作为一批；当不足300接头时，仍应作为一批。每批随机切取3个接头做拉伸试验；

在柱、墙的竖向钢筋连接中，应从每批接头中随机切取3个接头做拉伸试验；在梁、板的水平钢筋连接中，应另切取3个接头做弯曲试验。

在同一批中，若有几种不同直径的钢筋焊接接头，应在最大直径钢筋接头中切取3个试件。

6．预埋件钢筋T形接头

预埋件钢筋T形接头的试件抽取应按下列规定：

该种接头作外观检查时，应从同一台班内完成的同一类型预埋件中抽查5%，且不得少于10件；

当进行力学性能检验时，应以300件同类型预埋件作为一批。一周内连续焊接时，可累计计算。当不足300件时，亦应按一批计算；应从每批预埋件中随机切取3个接头做拉伸试验，试件的长度应大于或等于 200mm，钢板的长度和宽度均应大于或等于 60mm。

四、钢材检验的评定结果

(一) 外观质量

1. 钢筋

钢筋应平直、无损伤，表面不得有裂纹、油污、颗粒状或片状老锈。

(1) 热轧光圆钢筋表面凸块和其他缺陷的深度和高度不得大于所在部位尺寸的允许偏差，其直径允许偏差和不圆度应符合表 5-45 的规定。

光圆钢筋的直径允许偏差和不圆度 **表 5-45**

公称直径 (mm)	直径允许偏差 (mm)	不圆度 (不大于) (mm)
≤20	±0.40	0.40

(2) 低碳钢热轧圆盘条表面应光滑，不得有裂纹、折叠、耳子、结疤。盘条不得有夹杂及其他缺陷。

2. 钢板的表面有锈蚀、麻点或划痕等缺陷时，其深度不得大于该钢板厚度负允许偏差的 1/2；钢板端边或断口处不得有分层、夹渣等缺陷。

3. 焊接骨架外观质量检查结果，应符合下列要求：

每件制品的焊点脱落、漏焊数量不得超过焊点总数的 4%，且相邻两焊点不得有漏焊及脱落；量测焊接骨架的长度和宽度，并应抽查纵、横方向 3～5 个网格尺寸，其允许偏差应符合表 5-46 的规定。

焊接骨架的允许偏差 (mm) **表 5-46**

<table>
<tr><th colspan="2">项 目</th><th>允许偏差</th><th colspan="2">项 目</th><th>允许偏差</th></tr>
<tr><td rowspan="3">焊接骨架</td><td>长 度</td><td>±10</td><td rowspan="2">受力主筋</td><td>间 距</td><td>±15</td></tr>
<tr><td>宽 度</td><td>±5</td><td>排 距</td><td>±5</td></tr>
<tr><td>高 度</td><td>±5</td><td colspan="2">骨架箍筋间距</td><td>±10</td></tr>
</table>

当外观质量检查不符合上述要求时，应逐件检查，并剔除不合格品。对不合格品经修整后，可提交二次验收。

4. 焊接网外观质量检查结果应符合下列要求：

焊接网的长度、宽度及网格尺寸的允许偏差均为 ±10mm；网片两对角线之差不得大于 10mm；

焊接网交叉点开焊数量不得大于整个网片交叉点总数的 1%，并且任一根横筋上开焊点数不得大于该根横筋交叉点数的 1/2；焊接网最外边钢筋上的交叉点不得开焊；

焊接网组成的钢筋表面不得有裂纹、折叠、结疤、凹坑、油污及其他影响使用的缺陷。

5. 闪光对焊接头外观质量检查应符合下列要求：

接头处不得有横向裂纹；

与电极接触处的钢筋表面不得有明显的烧伤；

接头处的弯折角不得大于3°；

接头处的轴线偏移不得大于钢筋直径的0.1倍，且不得大于2mm。

6. 钢筋电弧焊接头外观检查，应符合下列规定：

焊缝表面应平整，不得有凹陷或焊瘤；

焊接接头区域不得有肉眼可见的裂纹；

咬边深度、气孔、夹渣等缺陷允许值及接头尺寸的允许偏差，应符合表5-47的规定。

坡口焊、熔槽帮条焊和窄间焊接头的焊缝余高不得大于3mm。

电弧焊接头尺寸偏差及缺陷允许值 表5-47

名称		单位	接头形式		
			帮条焊	搭接焊 钢筋现钢板 搭接焊	坡口焊 窄间隙焊熔 槽帮条焊
帮条沿接头中心线的纵向偏移		mm	0.3d	—	—
接头处弯折处		o	3	3	3
接头处钢筋轴线的偏移		mm	0.1d	0.1d	0.1d
焊缝厚度		mm	$^{+0.05d}_{0}$	$^{+0.05d}_{0}$	—
焊缝宽度		mm	$^{+0.1d}_{0}$	$^{+0.1d}_{0}$	—
焊缝长度		mm	−0.3d	−0.3d	—
横向咬边深度		mm	0.5	0.5	0.5
在长2d焊缝表面上的气孔及夹渣	数量	个	2	2	—
	面积	mm^2	6	6	—
在全部焊缝表面上的气孔及夹渣	数量	个	—	—	—
	面积	mm^2	—	—	—

注：d为钢筋直径（mm）。

7. 电渣压力焊接头外观质量检查结果，应符合下列规定：

四周焊包凸出钢筋表面的高度不得小于4mm；

钢筋与电极接触处，应无烧伤缺陷；

接头处的弯折角不得大于3°；接头处的轴线偏移不得大于钢筋直径的0.1倍，且不得大于2mm。

8. 钢筋气压焊接头外观质量检查结果应符合下列要求：

接头处的轴线偏移不得大于钢筋直径的0.15倍，且不得大于4mm；当不同直径钢筋焊接时，应按较小钢筋直径计算；当大于上述规定时，但在钢筋直径的0.30倍以下时，可加热矫正；当大于0.30倍时，应切除重焊；

接头处的弯折角不得大于3°；当大于规定值时，应重新加热矫正；

镦粗直径不得小于钢筋直径的1.4倍；当小于上述规定值时，应重新加热镦粗；

镦粗长度不得小于钢筋直径的1.0倍，且凸起部分平缓圆滑；当小于上述规定值时，应重新加热镦长。

9. 预埋件外观质量检查应符合下列规定：

① 手工电焊接头的外观检查：当采用 HPB235 钢筋时，角焊缝不得小于钢筋直径的 0.5 倍；采用 HRB335 和 HRB400 钢筋时，焊脚不得小于钢筋直径的 0.6；焊缝表面不得有肉眼可见裂纹；钢筋咬边深度不得超过 0.5mm；钢筋相对钢板的直角偏差不得大于 3°。

② 埋弧压力焊接头的外观检查：四周焊包凸出钢筋表面的高度不得小于 4mm；钢筋咬边深度不得超过 0.5mm；钢板应无焊穿，根部应无凹陷现象；钢筋相对钢板的直角偏差不得大于 3°。

③ 预埋件外观检查结果有 3 个接头不符合要求时，应全数检查，并剔出不合格品。不合格接头经补焊后可提交二次验收。

(二) 力学性能检测

1. 钢筋或钢板

钢筋或钢板经拉伸试验、弯曲试验或反复弯曲试验后，其力屈服强度、抗拉强度、伸长率和弯曲试验以及反复弯曲次数均应符合相应的产品标准要求。否则为不合格。

2. 焊接接头的力学性能试验

(1) 拉伸试验

① 钢筋闪光对焊接头、电弧焊接头、电渣压力焊接头、气压焊接头拉伸试验结果均应符合下列规定：

3 个热轧钢筋接头试件的抗拉强度均不得小于该牌号钢筋规定的抗拉强度；RRB400 钢筋接头试件的抗拉强度均不得小于 570MPa；

至少有 2 个试件断于焊缝之外，并应呈延性断裂；

当达到上述 2 项要求的，应评定该批接头为抗拉强度合格。

当试验结果有 2 个试件抗拉强度小于钢筋规定的抗拉强度，或 3 个试件均在焊缝或热影响区发生脆性断裂时，则一次判定该批接头为不合格。

② 预埋件接头拉伸试验结果，3 个试件的抗拉强度均应符合下列规定：

HPB235 钢筋接头不得小于 350MPa；

HRB335 钢筋接头不得小于 470MPa；

HRB 400 钢筋接头不得小于 550MPa。

③ 当试验结果有 1 个试件的抗拉强度小于规定值，或 2 个试件在焊缝或热影响区发生脆性断裂，其抗拉强度均小于钢筋规定抗拉强度的 1.10 倍时，应进行复验。

复验时，应再切取 6 个试件。复验结果，当仍有 1 个试件的抗拉强度小于规定值，或有 3 个试件断于焊缝或热影响区，呈脆性断裂，其抗拉强度小于钢筋规定抗拉强度的 1.10 倍时，应判定该批接头为不合格。

(2) 弯曲试验

当试验结果，弯至 90°，有 2 个或 3 个试件（含焊缝和热影响区）未发生破裂，应评定该批接头弯曲试验合格。

当 3 个试件均发生破裂，则一次判定该批接头为不合格品。

当有 2 个试件发生破裂，应进行复验。

复验时，应再切取 6 个试件。复验结果，当有 3 个试件发生破裂时，应判定该批接头为不合格。

五、钢筋的化学分析试验

凡是从国外进口的热轧变形钢材必须有物资供应部门提供的出厂质量保证书和商检证明，并应根据保证书中的机械性能、化学成分、可焊性能等技术内容进行验收。当使用的进口热轧变形钢筋无质量保证书时，必须按钢筋的力学性能试验方法进行质量检验，并且分批进行化学分析试验（当采用国内生产的热轧变形钢筋时，如果在工艺性能方面达不到标准要求时，也应进行化学分析试验）。

钢筋的化学分析，主要有碳的测定、硫的测定、磷的测定、锰和硅的测定。当需要进行化学分析时，可参照国家标准《钢铁及合金中碳量的测定》、《钢铁及合金中硫量的测定》、《钢铁及合金中磷量的测定》、《钢铁及合金中锰量的测定》和《钢铁及合金中硅量的测定》进行，这里不再介绍。

第六节 砌墙砖的质量控制

在一般工业与民用建筑中，砌体约占整个建筑物质量的1/2，所以，砌墙砖是房屋建筑工程中常用的建筑材料。现在使用的砌墙砖主要有烧结普通砖、蒸压灰砂砖、粉煤灰砖等。根据墙体的功能可知，它不但在房屋结构中起到围护的作用，在砖混结构中还起到承重作用。这一承重作用，就是砌墙砖来完成的。因此，对砌墙砖的质量进行检验，是保证房屋结构安全的主要措施。

一、砌墙砖的质量指标

这里主要以烧结普通砖为例来介绍其质量指标及试验方法。

1. 烧结普通砖的尺寸偏差

烧结普通砖的尺寸偏差应符合表5-48的规定。

普通砖的尺寸允许偏差（mm） **表5-48**

公称尺寸	优等品		一等品		合格品	
	样本平均偏差	样本极差≤	样本平均偏差	样本极差≤	样本平均偏差	样本极差≤
240	±2.0	6	±2.5	7	±3.0	8
115	±1.5	5	±2.0	6	±2.5	7
53	±1.5	4	±1.6	5	±2.0	6

注：本表摘自《烧结普通砖》（GB 5101—2003），下同。

2. 烧结普通砖的外观质量

烧结普通砖的外观质量应符合表5-49的规定。

3. 烧结普通砖的强度等级

烧结普通砖的强度等级应符合表5-50的规定。

4. 抗风化能力

(1) 风化区的划分

风化区是用风化指数进行划分。风化指数是指日气温降至负温或负温升至正温的每年平均天数与每年从霜冻之日起至消失霜冻之日止这一期间降雨总量的平均值的乘积。

砖的外观质量（mm）　　表 5-49

项目			优等品	一等品	合格品
两条面高度差		≤	2	3	4
弯曲		≤	2	3	4
杂质凸出高度		≤	2	3	4
缺棱掉角的三个破坏尺寸		不得同时大于	5	20	30
裂纹长度	a. 大面上宽度方向及其延伸至条面的长度		30	60	80
	b. 大面上长度方向及其延伸至顶面的长度或条顶面上水平裂纹的长度		50	80	100
完整面		不得少于	二条面和二顶面	一条面和一顶面	—
颜色			基本一致	—	—

注：凡有下列缺陷之一者，不能称为完整面：

1. 缺损在条面或顶面上造成的破坏尺寸同时大于 10mm × 10mm；
2. 条面或顶面上裂纹宽度大于 1mm，其长度超过 30mm；
3. 压陷、粘底、焦花在条面或顶面上的凹陷或凸起超过 2mm；区域尺寸同时大于 10mm × 10mm。

烧结普通砖的强度等级（MPa）　　表 5-50

强度等级	抗压强度平均值 f≥	变异系数 $\delta \leqslant 0.21$	变异系数 $\delta > 0.21$
		强度标准值 f_k≥	单块最小抗压强度值 f_{min}≥
MU30	30.0	22.0	25.0
MU25	25.0	18.0	22.0
MU20	20.0	14.0	16.0
MU15	15.0	10.0	12.0
MU10	10.0	6.5	7.5

风化指数大于等于 12700mm 为严重风化区；风化指数小于 12700mm 为非严重风化区。全国风化区的划分如表 5-51 的规定。

风化区的划分　　表 5-51

严重风化区		非严重风化区			
序号	地区	序号	地区	序号	地区
1	黑龙江省	1	山东省	14	广西壮族自治区
2	吉林省	2	河南省	15	海南省
3	辽宁省	3	安徽省	16	云南省
4	内蒙古自治区	4	江苏省	17	西藏自治区
5	新疆维吾尔族自治区	5	湖北省	18	上海市
6	宁夏回族自治区	6	江西省	19	重庆市
7	甘肃省	7	浙江省		
8	青海省	8	四川省		
9	陕西省	9	贵州省		
10	山西省	10	湖南省		
11	河北省	11	福建省		
12	北京市	12	台湾省		
13	天津市	13	广东省		

(2) 严重风化地区 1～5 序号地区的砖必须进行冻融试验，其他地区的抗风化性能应符合表 5-52 规定时可不做冻融试验，否则，必须进行冻融试验。

抗 风 化 性 能　　**表 5-52**

<table>
<tr><th rowspan="3">砖 种 类</th><th colspan="4">严重风化区</th><th colspan="4">非严重风化区</th></tr>
<tr><th colspan="2">5h 沸煮吸水率（%）≤</th><th colspan="2">饱和系数≤</th><th colspan="2">5h 沸煮吸水率（%）≤</th><th colspan="2">饱和系数≤</th></tr>
<tr><th>平均值</th><th>单块最大值</th><th>平均值</th><th>单块最大值</th><th>平均值</th><th>单块最大值</th><th>平均值</th><th>单块最大值</th></tr>
<tr><td>黏土砖</td><td>18</td><td>20</td><td rowspan="2">0.85</td><td rowspan="2">0.87</td><td>19</td><td>20</td><td rowspan="2">0.88</td><td rowspan="2">0.90</td></tr>
<tr><td>粉煤灰砖</td><td>21</td><td>23</td><td>23</td><td>25</td></tr>
<tr><td>页岩砖</td><td rowspan="2">16</td><td rowspan="2">18</td><td rowspan="2">0.74</td><td rowspan="2">0.77</td><td rowspan="2">18</td><td rowspan="2">20</td><td rowspan="2">0.78</td><td rowspan="2">0.80</td></tr>
<tr><td>煤矸石砖</td></tr>
</table>

注：粉煤灰掺入量按体积比小于 30% 时，按黏土砖规定判定。

(3) 经冻融试验后，每块砖样不允许出现裂纹、分层、掉皮、缺棱、掉角等到冻坏现象；质量损失不得大于 2%。

5. 泛霜

样砖经过泛霜试验后，其质量应符合下列规定：

优等品：无泛霜；

一等品：不允许出现中等泛霜；

合格品：不允许出现严重泛霜。

6. 石灰爆裂

样砖经过石灰爆裂试验后，其质量应符合下列规定：

优等品：不允许出现最大破坏尺寸 2mm 的爆裂区域；

一等品：最大破坏尺寸大于 2mm 且小于等于 10mm 的爆裂区域，每组样砖不得多于 15 处；不允许出现最大破坏尺寸大于 10mm 的爆裂区域；

合格品：最大破坏尺寸大于 2mm 且小于等于 15mm 的爆裂区域，每组砖试样不得多于 15 处。其中大于 10mm 的不得多于 7 处；不允许出现最大破坏尺寸大于 15mm 的爆裂区域。

二、砌墙砖的质量检验

(一) 检验批及抽样

1. 检验批

砌墙砖的检验批按 3.5 万块砖的数量作为一个批次，不足 3.5 万块者也按一批计。

当砖进入施工现场，应按每一结构楼层的用砖量作为一个验收批。

2. 抽样

外观质量的试样应采用随机抽样的方法，在该检验批的产品堆垛中抽取。

尺寸偏差检验和其他检验项目的样品用随机抽样方法从外观质量检验后的样品中抽取。

3. 抽样数量

各检验项目的抽样数量按表 5-53 执行。

抽 样 数 量 （块） 表 5-53

序号	检 验 项 目	抽样数量	序号	检 验 项 目	抽样数量
1	外观质量	50（n_1-n_2-50）	5	石灰爆裂	5
2	尺寸偏差	20	6	吸水率和饱和系数	5
3	强度等级	10	7	冻 融	5
4	泛 霜	5	8	放射性	4

（二）尺寸及外观质量检测

1. 尺寸测量

对砌墙砖的几何尺寸及表面缺陷测量时应用专用的工具—砖用卡尺，分度值为 0.5mm。

砖的尺寸偏差检测样品数为 20 块。

几何尺寸测量。长度应在砖的两个大面长度的中间处分别测量两个尺寸；宽度应在砖的两个大面宽度的中间处分别测量两个尺寸；高度应在两个条面的中间处分别测量两个尺寸。当测量处有凸出时，可在其旁边测量，但应选择不利的一侧。并分别以长、宽、高方向尺寸以两个测量值的算术平均值表示，精确至 0.5mm。

砖尺寸样本偏差是非曲直 20 块试样同一方向 40 个测量尺寸的算术平均值减去其公称尺寸的差值；样本极差是抽检的 20 块试样中同一方向 40 个测量尺寸中最大测量值与最小测量值之差值。

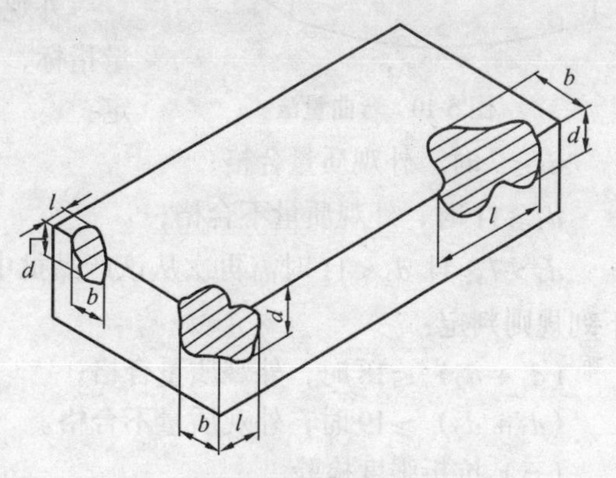

图 5-7 缺棱掉角破坏尺寸量法

2. 外观质量检查

（1）检查方法

1）缺棱掉角。缺棱掉角在砖上造成的破损程度，是以破损部分对长、宽、高三个棱边的投影尺寸来度量，称为破坏尺寸。如图 5-7 所示。

2）缺损破坏面。缺损造成的破坏面，系指缺损部分对条、顶面（空心砖为条、大面）的投影面积，如图 5-8 所示。空心砖内壁残缺及肋残缺尺寸，以长度方向的投影尺寸来度量。

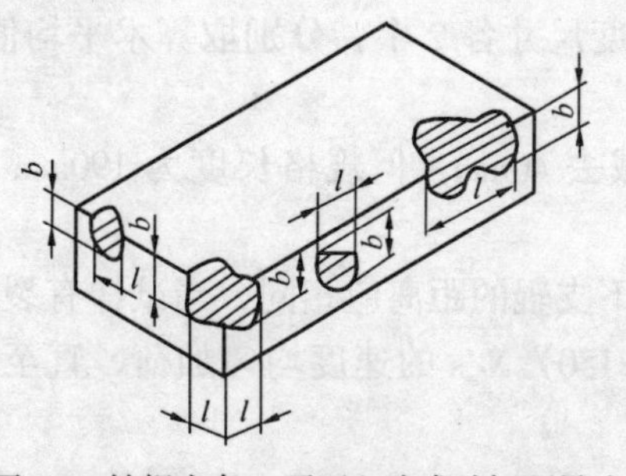

图 5-8 缺损在条、顶面上造成破坏面量法

3）裂纹。裂纹分为长度方向、宽度方向和水平方向三种，以被测方向的投影长度表示。如果裂纹从一个面延伸至其他面上时，则累计其延伸的投影长度。如图 5-9 所示。

当多孔砖的孔洞与裂纹相通时，则将孔洞包括在裂纹内一并测量。

裂纹长度以在三个方向上分别测得的最长裂纹作为测量结果。

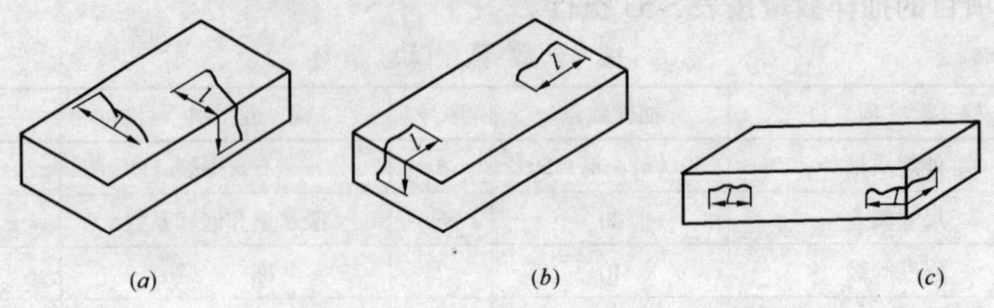

图 5-9　裂纹长度量法

（a）宽度方向量法；（b）长度方向量法；（c）水平方向量法

4）弯曲。弯曲分别在大面和条面上测量。测量时将砖用卡尺的两支脚沿棱边两端放置，择其弯曲最大处将垂直尺推至砖面，如图 5-10 所示。但不应将因杂质或碰伤造成面的凹处计算在内。

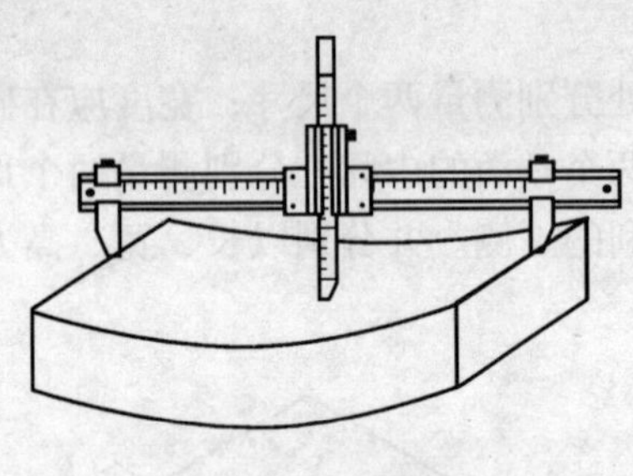

图 5-10　弯曲量法

以弯曲中测得的较大值作为测量结果。

5）杂质凸出高度。杂质在砖面上造成的凸出高度，以杂质距砖面的最大距离表示。测量时将砖用卡尺的两支脚置于凸出两边的砖平面上，以垂直尺测量。

(2) 外观质量的判定

外观质量的判定采用二次抽样方案，根据外观质量指标，检查出其中不合格品数 d_1，按下列规则判定：

$d_1 \leqslant 7$ 时，外观质量合格；

$d_1 \geqslant 11$ 时，外观质量不合格；

$d_1 > 7$，且 $d_1 < 11$ 时需再次从该产品批中抽样 50 块检验，检查出不合格品数 d_2，按下列规则判定：

$(d_1 + d_2) \leqslant 18$ 时，外观质量合格；

$(d_1 + d_2) \geqslant 19$ 时，外观质量不合格。

（三）抗折强度检验

1. 试样处理

当检测的试样为非烧结砖时，则应放在温度为（20±5）℃的水中浸泡 24h 后取出，用湿布拭去其表面水分进行抗折强度试验。

2. 试验步骤：

(1) 按照量测尺寸的规定，测量试样的宽度和高度尺寸各 2 个，分别取算术平均值，精确至 1mm。

(2) 调整抗折夹具下支辊的跨距为砖规格长度减去 40mm。但规格长度为 190mm 的砖，其跨距为 160mm。

(3) 将试样大面平放在下支辊上，试样两端面与下支辊的距离应相同，当试样有裂缝或凹陷时，应使有裂缝或凹陷的大面朝下，以（50～150）N/s 的速度均匀加荷，直至试样断裂，记录最大破坏荷载 P。

3. 结果计算与评定

每块试样的抗折强度 R_c按下式计算，精确至0.01MPa。

$$R_c = \frac{3PL}{2BH^2}$$

式中 R_c——抗折强度（MPa）；

P——最大破坏荷载（N）；

L——跨距（mm）；

B——试样宽度（mm）；

H——试样高度（mm）。

试验结果以试样抗折强度的算术平均值和单块最小值表示，精确至0.01MPa。

（四）抗压强度试验

1．试样制备

（1）普通制样

1）烧结普通砖的普通制样。将10块试样切断或锯成两个半截砖，断开的半截砖长不得小于100mm，如果不足100mm，应另取备用试样补足。

在试样制备平台上，将已断开的两个半截砖放入室温的净水中浸泡10min后取出，并以断口相反方向叠放，两者中间抹以厚度不超过5mm的用强度等级32.5的普通硅酸盐水泥调制成稠度适宜的水泥净浆粘结，上下两面用厚度不超过3mm的同种水泥浆抹平。制成的试件上下两面须相互平行，并垂直于侧面。

2）多孔砖、空心砖制样。当试验多孔砖、空心砖时，试件制作采用坐浆法操作。即将玻璃板置于试件制备台上，其上铺一张湿的垫纸，纸上铺一层厚度不超过5mm的、用强度等级32.5的普通硅酸盐水泥调制成稠度适宜的水泥净浆，再将试件在水中浸泡10～20min，在钢丝网架上停放3～5min后，将试样受压面平稳地放在水泥浆上，在另一受压面上稍加压力，使整个水泥层与砖受压面相互粘结，砖的侧面应垂直于玻璃板。待水泥浆适当凝固后，连同玻璃板翻放在另一铺纸放浆的玻璃板上，再进行坐浆，用水平尺校正好玻璃板的水平。

3）非烧结砖的制样。同一块试样的两半截砖切断口相反叠放，叠放部分不得小于100mm，如果不足100mm时，应剔除后另取备用试样补足。

（2）模具制样

将烧结普通砖切断成两半个截砖，断面应平整，断开的半截砖长度不得小于100mm，如不足100mm的，应另取备用试样补足。

将已断开的半截砖放入室温的净水中浸20～30min后取出，在钢丝网架上停放20～30min，以断口相反方向装入制作模具中。用插板控制两个半截砖间距为5mm，砖大面与模具间距3mm，砖断面、顶面与模具间垫以橡胶垫或其他密封材料，模具内表面涂油或脱模剂。

将经过1mm筛的干净细砂2%～5%与强度等级为32.5或42.5的普通硅酸盐水泥用砂浆搅拌机调制砂浆，水灰比为0.5～0.55左右。

将装好砖样的模具置于振动台上，在砖样上加少量水泥砂浆，将电源控制开关接通，边振动边向砖缝及砖模缝间加入水泥砂浆，加浆及振动过程为0.5～1min。关闭电源停止振动，稍作静置，将模具上表面刮平整。

普通制样和模具制样两种方法可并行使用。

2. 养护

普通制样法制成的抹面试件应置于不低于10℃的不通风室内养护3d；模具制样的试件连同模具在不低于10℃的不通风室内养护24h后脱模，再在相同条件下养护48h进行试验。

3. 试验步骤

测量每个试件连接面或受压面的长、宽尺寸各两个，分别取其平均值，精确至1mm。

将试件平放在加压板的中央，垂直于受压面加荷。加荷时应均匀平稳，不得发生冲击或振动。加荷速度以4kN/s为宜，直至试件破坏为止，记录其最大破坏荷载P。

4. 结果计算

每块试样的抗压强度R_p按下式计算得出，精确至0.01MPa。

$$R_p = \frac{P}{LB}$$

式中 R_p——抗压强度（MPa）；

P——最大破坏荷载（N）；

L——受压面的长度（mm）；

B——受压面的宽度（mm）。

5. 等级评定

试验结果经试样抗压强度的算术平均值和标准值或单块最小值表示，精确至0.1MPa。其表示方法有下列两种：

(1) 平均值-标准值方法评定

变异系数$\delta \leqslant 0.21$时，按强度指标表中抗压强度平均值$\overline{f}$、强度标准值f_k评定砖的强度等级。强度标准值按下式计算：

$$f_k = \overline{f} - 1.8s$$

式中 f_k——强度标准值（MPa），精确至0.1；

$\overline{f}$——10块试样的抗压强度平均值（MPa），精确至0.01；

s——10块试样的抗压强度标准差（MPa），精确至0.01，其计算公式是：

$$s = \sqrt{\frac{1}{9}\sum_{i=1}^{10}(f_i - \overline{f})^2}$$

式中 f_i——单块试样抗压强度测定值（MPa），精确至0.01。

(2) 平均值-最小值方法评定

变异系数$\delta > 0.21$时，按强度指标中抗压强度平均值$\overline{f}$、单块最小抗压强度值f_{min}评定砖的强度等级，单块最小抗压强度值精确至0.1MPa。变异系数δ按下式计算：

$$\delta = \frac{s}{\overline{f}}$$

当低于MU10时，该批砖判为不合格。

（五）冻融试验

冻融试验的砖试样为5块。

1. 试验步骤

用毛刷清理试样表面，将试样放入鼓风干燥箱中在105±5℃下干燥至恒量。称其质量 G_o，并检查外观，将缺棱掉角和裂纹作标志。

其恒量标准为：在干燥过程中，前后两次称量相差不超过0.2%，前后两次称量时间间隔为2h。

将试样浸在10～20℃的水中，24h后取出，用湿布拭去表面水分，以大于20mm的间距大面侧向立放于预先降温至－15℃以下的冷冻箱中。

当箱内温度再次降至－15℃时开始计时，在－15～－20℃下冻结，烧结砖冻结3h；非烧结砖冻结5h。然后取出放入10～20℃的水中融化，烧结砖不少于2h；非烧结砖不少于3h。如此为一次冻融循环。

每5次冻融循环，检查一次冻融过程中出现的冻裂、缺棱、掉角、剥落等破坏情况。冻融过程中，发现试样的冻坏程度超过外观质量规定时，应继续试验至15次冻融循环结束为止。

15次冻融结束后，检查并记录试样在冻融过程中的冻裂长度，缺棱掉角和剥落等破坏情况。

经15次冻融循环后的试样，放入鼓风干燥箱中，在105±5℃下干燥至恒量，称其质量 G_1。烧结砖若未发现冻坏现象，则可不进行干燥称量。

将干燥后的试样，（非烧结砖再在10～20℃的水中浸泡24h），然后再进行抗压强度试验。

2. 结果计算与评定

(1) 强度损失率

冻融后的强度损失率 P_m 按下式计算，精确至0.1%。

$$P_m = \frac{p_o - p_1}{p_o} \times 100$$

式中　P_m——强度损失率（%）；

P_o——试样冻融前强度（MPa）；

P_1——试样冻融后强度（MPa）。

(2) 质量损失率

质量损失率 G_m 按下式计算，精确至0.1%。

$$G_m = \frac{G_o - G_1}{G_o} \times 100$$

式中　G_m——质量损失率（%）；

G_o——试样冻融前干质量（g）；

G_1——试样冻融后干质量（g）。

冻融试验的结果以试样抗压强度、抗压强度损失率、外观质量或质量损失率表示与评定。

（六）石灰爆裂试验

1. 试样

试样为未经过雨淋或浸水，且近期生产的砖样。

2. 试验步骤

将试样平行侧立于蒸煮箱内的箅子板上，试样间隔不得小于 50mm，箱内水面应低于箅板上板 40mm。

加盖蒸 6h 后取出。

检查每块试样上因石灰爆裂（含试验前已出现的爆裂）而造成的外观质量缺陷，记录其尺寸。

3. 结果评定

以试样石灰爆裂区域的尺寸最大者表示，精确至 1mm。

（七）泛霜试验

1. 试样

烧结普通砖、烧结多孔砖用整块砖，烧结空心砖用 1/2 块或 1/4 块，可以用体积密度试验后的试样从长度方向的中间处锯取。

2. 试验步骤

清理试样表面，然后放入 105±5℃鼓风干燥箱中干燥 24h，取出冷却至常温。

将试样顶面或有孔洞的面朝上分别置于浅盘中，往浅盘中注入蒸馏水，水面高度不低于 20mm。用透明材料覆盖在浅盘上，并将试样暴露在外面，记录时间。

试样浸在盘中的时间为 7d，开始 2d 内经常加水以保持盘内水面高度，以后则保持浸在水中即可。试验过程中要求环境温度为 16～32℃，相对湿度 35%～60%。

7d 后取出试样，在同样的环境条件下放置 4d。然后在 105±5℃鼓风干燥箱中干燥至恒量。取出冷却至常温，记录干燥后的泛霜程度。7d 后开始记录泛霜情况，每天一次。

3. 结果评定

泛霜程度划分如下：

无泛霜：试样表面的盐析几乎看不到；

轻微泛霜：试样表面出现一层细小明显的霜膜，但试样表面仍清晰；

中等泛霜：试样部分表面或棱角出现明显霜层；

严重泛霜：试样表面出现起粉、掉屑及脱皮现象。

（八）吸水率和饱和系数试验

1. 试样

烧结普通砖用整砖，烧结多孔砖可用 1/2 块，烧结空心砖可用 1/4 块，可从体积密度试验后的试样上锯取。

2. 试验步骤

清理试样表面，然后置于 105±5℃鼓风干燥箱中干燥至恒量，称其干质量 G_0。

将干燥试样浸在温度为 10～30℃的水中至 24h。

取出试样，用湿毛巾拭去表面水分立即称量。称量时，试样表面毛细孔渗于秤盘中水的质量亦应计入吸水质量中，所得质量为浸泡 24h 的湿质量 G_{24}。

将浸泡 24h 后的湿试件侧立放入蒸煮箱的箅子板上，试样间距不得小于 10mm，注入清水，箱内水面应高于试样表面 50mm，加热至沸腾，沸煮 3h，饱和系数沸煮 5h，停止加热冷却至常温。

称量沸煮 3h 的湿质量 G_3，饱和系数称量沸煮 5h 的湿质量 G_5。

3. 结果计算与评定

结果计算有下列四种：

（1）常温水浸泡 24h 试样吸水率 W_{24}按下式计算，精确至 0.1%。

$$W_{24} = \frac{G_{24} - G_o}{G_o} \times 100$$

式中 W_{24}——常温水浸泡 24h 试样吸水率（%）；

G_o——试样干质量（g）；

G_{24}——试样浸水 24h 的湿质量（g）。

（2）试样沸煮 3h 吸水率 W_3按下式计算，精确至 0.1%。

$$W_3 = \frac{G_3 - G_o}{G_o} \times 100$$

式中 W_3——试样沸煮 3h 吸水率（%）；

G_3——试样沸煮 3h 的湿质量（g）。

（3）每块试样的饱和系数 K 按下式计算，精确至 0.001。

$$K = \frac{G_{24} - G_o}{G_5 - G_o}$$

式中 K——试样饱和系数；

G_5——试样沸煮 5h 的湿质量（g）。

吸水率、饱和系数均以试样的算术平均值表示。

三、砖强度等级的评定实例

例：某建筑工地质检员在外观质量合格的样砖中抽取 10 块进行抗压强度见证试验。试样由市材料试验中心制作。各砖试样的抗压强度分别 18.0、17.2、17.8、19.4、15.3、14.8、13.6、16.0、18.3、16.4MPa。

现评定该批砖的强度等级。

解（1）平均值的计算

$$\bar{f} = 1/10 \times (18.0 + 17.2 + 17.8 + \cdots\cdots + 16.4) = 16.7\text{MPa}$$

（2）强度标准差 S 的计算

$$S = \sqrt{\frac{1}{9}\sum_{i=1}^{10}(f_i - \bar{f})^2}$$

$$= \sqrt{\frac{(18 - 16.7)^2 + (17.2 - 16.7)^2 + (17.8 - 16.7)^2 + \cdots\cdots + (16.4 - 16.7)^2}{9}}$$

$$= 1.79\text{MPa}$$

（3）变异系数 δ 计算

$$\delta = S/\bar{f} = 1.79 / 16.7 = 0.11 < 0.21$$

所以：$f_k = f - 1.8s = 16.7 - 1.8 \times 1.79 = 13.5\text{MPa}$

根据计算结果可知，因变异系数 $\delta < 0.21$，所以应按平均值-标准值方法评定砖的强度

等级。对照表 5-22，因强度平均值为 16.7，强度标准值为 13.5，这样该批砖的强度等级应为 MU15。

第七节 建筑防水材料的质量控制

建筑防水材料是建筑功能材料的一种。随着我国国民经济的发展和建筑结构功能的需求，以及人们对建筑居住环境的要求，建筑防水材料已由过去单纯的石油沥青材料，已发展到现代的高分子防水材料。并且品种、材料功能及使用年限也均有了长足发展。建筑工程的屋面防水、地下防水工程，由于受到施工质量、外界气候变化的影响，以及防水材料本身的质量问题，屋面渗漏已成为全国工程质量中的顽症，也是人们最为敏感和关注的一个质量问题。因此，对防水材料进行质量检验，是保证屋面工程、地下防水工程质量和耐久性的主要技术措施。

一、防水材料的质量指标

(一) 塑性体改性沥青防水卷材

该种防水卷材统称为 APP 卷材。按胎基分为聚酯胎（PY）和玻纤胎（G）两类。

1. 外观质量

成卷卷材应卷紧卷齐，端面里进外出不得超过 10mm；成卷卷材在 4～60℃任一产品温度下展开，在距卷芯 1000mm 长度外不应有 10mm 以上的裂纹或粘结；卷材表面必须平整，不允许有孔洞、缺边和裂口，矿物质粒度应均匀一致并紧密地粘附于卷材表面；每卷接头处不应超过 1 个，较短的一段不应少于 1000mm，接头应剪切整齐，并加长 150mm。

2. 厚度

聚酯胎卷材：3mm、4mm；

玻纤胎卷材：2mm、3mm 和 4mm。

3. 物理力学性能

塑性体改性沥青防水卷材的物理力学性能应符合表 5-54 的规定。

塑性体改性沥青防水卷材的物理力学性能 表 5-54

序号	胎基		PY		G	
	型号		Ⅰ	Ⅱ	Ⅰ	Ⅱ
1	可溶物含量（g/m²）≥	2mm	—		1300	
		3mm	2100			
		4mm	2900			
2	不透水性	压力（MPa）≥	0.3		0.2	0.3
		保持时间（min）≥	30			
3	耐热度（℃）		110	130	110	130
			无滑动、流淌、滴落			
4	拉力（N/50mm）≥	纵向	450	800	350	500
		横向			250	300

续表

序号	胎基		PY		G	
	型号		Ⅰ	Ⅱ	Ⅰ	Ⅱ
5	最大拉力时延伸率（%）≥	纵向	25	40	—	
		横向				
6	低温柔度（℃）		－5	－15	－5	－15
			无裂纹			
7	撕裂强度（N）≥	纵向	250	350	250	350
		横向			170	200

注：本表摘自《塑性体改性沥青防水卷材》（GB 18243—2000）。

（二）弹性体改性沥青防水卷材

该种防水卷材统称为SBS卷材。按胎基分为聚酯胎（PY）和玻纤胎（G）两类。

1. 外观质量与厚度

外观质量与厚度均同塑性体改性沥青防水卷材。

2. 物理力学性能

弹性体改性沥青防水卷材物理力学性能应符合表5-55的规定。

弹性体改性沥青防水卷材的物理力学性能 表5-55

序号	胎基		PY		G	
	型号		Ⅰ	Ⅱ	Ⅰ	Ⅱ
1	可溶物含量（g/m²）≥	2mm	—		1300	
		3mm	2100			
		4mm	2900			
2	不透水性	压力（MPa）≥	0.3		0.2	0.3
		保持时间（min）≥	30			
3	耐热度（℃）		90	105	90	105
			无滑动、流淌、滴落			
4	拉力（N/50mm）≥	纵向	450	800	350	500
		横向			250	300
5	最大拉力时的延伸率（%）≥	纵向	30	40	—	
		横向				
6	低温柔度（℃）		－18	－25	－18	－25
			无裂纹			
7	撕裂强度（N）≥	纵向	250	350	250	350
		横向			170	200

注：本表摘自《弹性体改性沥青防水卷材》（GB 18242—2000）。

（三）聚氯乙烯防火卷材

1. 尺寸偏差

长度、宽度偏差不小于规定值的95%。

其厚度偏差应符合表5-56的规定。

聚氯乙烯防火卷材厚度偏差值（mm） 表5-56

厚度	允许偏差	最小单值
1.2	±0.10	1.00
1.5	±0.15	1.30
2.0	±0.20	1.70

2. 外观质量

卷材的接头不多于一处，其中较短的一段长度不少于1.5m，接头应剪切整齐，并加长150mm；卷材表面平整、边缘整齐，无裂纹、孔洞、粘结、气泡和疤痕。

3. 理化性能

(1) N类无复合层的卷材理化性能应符合表5-57规定。

N类无复合层的卷材理化性能 表5-57

<table>
<tr><th>序号</th><th colspan="2">项目</th><th>Ⅰ型</th><th>Ⅱ型</th></tr>
<tr><td>1</td><td colspan="2">拉伸强度（MPa）≥</td><td>8.0</td><td>12.0</td></tr>
<tr><td>2</td><td colspan="2">断裂伸长率（%）≥</td><td>200</td><td>250</td></tr>
<tr><td>3</td><td colspan="2">热处理尺寸变化率（%）≤</td><td>3.0</td><td>2.0</td></tr>
<tr><td>4</td><td colspan="2">低温弯折性</td><td>-20℃无裂纹</td><td>-25℃无裂纹</td></tr>
<tr><td>5</td><td colspan="2">抗穿孔性</td><td colspan="2">不渗水</td></tr>
<tr><td>6</td><td colspan="2">不透水性</td><td colspan="2">不透水</td></tr>
<tr><td>7</td><td colspan="2">剪切状态下的粘合性（N/mm）≥</td><td colspan="2">3.0或卷材破坏</td></tr>
<tr><td rowspan="4">8</td><td rowspan="4">热老化处理</td><td>外观</td><td colspan="2">无起泡、裂纹、粘结和孔洞</td></tr>
<tr><td>拉伸强度变化率（%）</td><td rowspan="2">±25</td><td rowspan="2">±20</td></tr>
<tr><td>断裂伸长率变化率（%）</td></tr>
<tr><td>低温弯折性</td><td>-15℃无裂纹</td><td>-20℃无裂纹</td></tr>
<tr><td rowspan="3">9</td><td rowspan="3">耐化学侵蚀</td><td>拉伸强度变化率（%）</td><td rowspan="2">±25</td><td rowspan="2">±20</td></tr>
<tr><td>断裂伸长率变化率（%）</td></tr>
<tr><td>低温弯折性</td><td>-15℃无裂纹</td><td>-20℃无裂纹</td></tr>
</table>

(2) L类及W类卷材理化性能

L类纤维单面复合及W类织物内增强的卷材理化指标应符合表5-58的规定。

(四) 阻燃型防水卷材

这种卷材抗拉强度高、抗撕裂强度好，耐酸碱、耐腐蚀，抗渗透性强，粘结性能好，在一定条件下可用于防火工程。

这种卷材主要用于建筑物屋面，地下建筑，卫生间，水塔，及地下铁道、隧道等地下工程的防水抗渗等。

它的厚度为1.2mm，采用401氯丁胶粘剂，掺入胶粘剂量15%~20%的甲苯稀释后使用。它的理化指标应符合表5-59的规定。

L 类及 W 类的卷材理化性能　　表 5-58

<table>
<tr><th>序　号</th><th colspan="2">项　　目</th><th>Ⅰ 型</th><th>Ⅱ 型</th></tr>
<tr><td>1</td><td colspan="2">拉力（N/cm）≥</td><td>100</td><td>160</td></tr>
<tr><td>2</td><td colspan="2">断裂撕长率（%）≥</td><td>150</td><td>200</td></tr>
<tr><td>3</td><td colspan="2">热处理尺寸变化率（%）≤</td><td>1.5</td><td>1.0</td></tr>
<tr><td>4</td><td colspan="2">低温弯折性</td><td>－20℃无裂纹</td><td>－25℃无裂纹</td></tr>
<tr><td>5</td><td colspan="2">抗穿孔性</td><td colspan="2">不渗水</td></tr>
<tr><td>6</td><td colspan="2">不透水性</td><td colspan="2">不透水</td></tr>
<tr><td rowspan="2">7</td><td rowspan="2">剪切状态下的粘合性（N/mm）≥</td><td>L 类</td><td colspan="2">3.0 或卷材破坏</td></tr>
<tr><td>W 类</td><td colspan="2">6.0 或卷材破坏</td></tr>
<tr><td rowspan="4">8</td><td rowspan="4">热老化处理</td><td>外　观</td><td colspan="2">无起泡、裂纹、粘结、孔洞</td></tr>
<tr><td>拉力变化率（%）</td><td rowspan="2">±25</td><td rowspan="2">±20</td></tr>
<tr><td>断裂伸长率变化率（%）</td></tr>
<tr><td>低温弯折性</td><td>－15℃无裂纹</td><td>－20℃无裂纹</td></tr>
<tr><td rowspan="3">9</td><td rowspan="3">耐化学侵蚀、人工气候加速老化</td><td>拉力变化率（%）</td><td rowspan="2">±25</td><td rowspan="2">±20</td></tr>
<tr><td>断裂伸长率变化率（%）</td></tr>
<tr><td>低温弯折性</td><td>－15℃无裂纹</td><td>－20℃无裂纹</td></tr>
</table>

注：表 5-4、5-5 摘自《聚氯乙烯防水卷材》（GB 129522—2003）。

JS-18 阻燃防水卷材的理化性能　　表 5-59

序　号	项　　目	性能指标
1	抗拉强度（MPa）≥	5.0
2	断裂伸长率（%）≥	100
3	热处理尺寸变化率（%）≤	3.0
4	低温弯折性（－20℃）	无裂纹
5	抗渗透性（0.2MPa，1h）	不透水
6	紫外线老化（50℃，1000W，200h）	无裂纹
7	防火性	具有自熄功能

（五）沥青防水卷材

1. 沥青防水卷材外观质量

沥青防水卷材外观质量应符合表 5-60 的规定。

2. 沥青防水卷材的理化性能

沥青防水卷材的外观质量　　表 5-60

项　目	外 观 质 量 要 求
孔洞、硌伤	不允许
露胎、涂盖不均	不允许
折纹、折皱	距卷芯 1000mm 以外，长度不应大于 100mm
裂　纹	距卷芯 1000mm 以外，长度不应大于 10mm
裂口、缺边	边缘裂口小于 20mm，缺边长度小于 50mm，深度小于 20mm，每卷不应超过 4 处
接　头	每卷不应超过 1 处

沥青防水卷材的理化性能应符合表5-61的规定。

沥青防水卷材的理化性能　　表5-61

项目		性能指标	
		Ⅰ型	Ⅱ型
纵向拉力　25±2℃时（N）		≥340	≥400
耐热度　85±2℃（2h）		不流淌，无集中性气泡	
柔性　18±2℃		绕20mm圆棒无裂纹	绕25mm圆棒无裂纹
不透水性	压力（MPa）	≥0.10	≥0.15
	保持时间（min）	≥30	≥30

（六）高聚物改性沥青防水涂料

高聚物改性沥青防水涂料的理化性能应符合表5-62的要求。

高聚物改性沥青防水涂料的理化性能　　表5-62

项目		理化指标
固体含量（质量分数%）≥		43
耐热度　80℃、5h		无流淌，起泡和滑动
柔度　-10℃		3mm厚，绕20mm圆棒无裂纹、折断
不透水性	压力（MPa）≥	0.1
	保持时间（h）≥	30　不渗透
延伸（mm）20±2℃ ≥		4.5

二、沥青防水卷材的质量检验

现在，建筑工程中常用的防水材料，有石油沥青防水卷材，改性沥青防水卷材，高分子防水材料等。但不论防水材料的品种有多繁杂，但它们均具有一定的材料共性。

（一）试件的切取

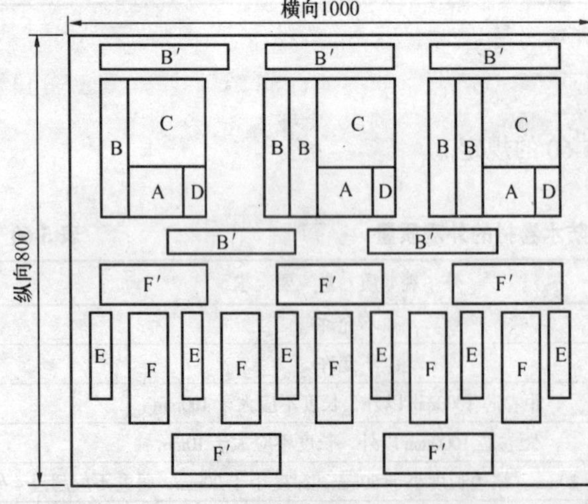

图5-11　试样切取部位示意图

1. 取样批量与抽样数量

应对进入现场的防水材料，按同一品种、牌号和规格的卷材为一批取样。

抽验的数量为：以同类同型的10000m^{2}卷材为一批；不满10000m^{2}也可作为一批。在该批产品中随机抽取5卷（如为PVC卷材抽取3卷）进行尺寸偏差和外观检查，在上述检查合格的样品中任取一卷，在距外层端部500mm处截取3m进行理化性能检验。

2. 试件尺寸、数量和部位

将取样的一卷卷材切除距外层卷头2500mm后，顺纵向截取长度为800mm的全幅卷材试样两块。一块作物理性能检验，另一块备用。

按图5-11所定的部位及表5-63规定的尺寸和数量切取试件。

试件尺寸和数量　　表5-63

试验项目	试件代号	试件尺寸（mm）	数量，个
可溶物含量	A	100×100	3
拉力和延伸率	B、B′	250×50	纵、横向各5
不透水性	C	150×150	3
耐热度	D	100×50	3
低温柔度	E	150×25	6
撕裂强度	F、F′	200×75	纵、横向各5

（二）标记、厚度和外观质量检验

1. 标志

卷材按下列顺序标记：防水卷材名称、型号、胎基、上表面材料、厚度和产品标准号。

如3mm厚砂面聚酯胎Ⅰ型塑性体改性沥青防水卷材标记为：

APP　　Ⅰ　　PY　　S3　　GB18243

2. 厚度

量测卷材厚度时，使用10mm直径接触面，单位面积压力为0.02MPa，分度值为0.01mm的厚度计测量，保持时间5s。沿卷材宽度方向截取50mm宽、1000mm长的卷材一条，在宽度方向测量5点，距卷材长度边缘150mm±15mm向内各取一点，在这两点中均分取其余3点。对砂面卷材必须清除浮砂后再进行测量，记录测量值。计算5点的平均值作为该卷材的厚度。以所抽取卷材数量的卷材厚度的总平均值作为该批产品的厚度，并报告最小值。

3. 外观质量检验

将卷材立放于平面上，用一把钢板尺平放在卷材的端面上，用另一把最小分度值为1mm的钢板尺垂直伸入卷材端面最凹处，测得的数值即为卷材端面的里进外出值。然后将卷材展开按外观质量要求检查。沿宽度方向截取50mm宽的一条，胎基内不应有未被浸透的条纹。

（三）物理力学性能检验

1. 可溶物含量

（1）萃取方法

按照试样切取部位和试件尺寸的规定，切取三块试件 A，分别用滤纸包好并用棉线捆扎后，分别称量。

将滤纸包置于萃取器中，用四氯化碳或苯为溶剂，溶液剂量为烧瓶容量1/2～2/3进行加热萃取，直至回流的溶剂呈浅色为止，取出滤纸包，使吸附的溶剂预先挥发，放入预热至105～110℃的电热干燥箱中干燥1h，再放入干燥器内冷却至室温，称量滤纸包。

(2) 可溶物含量计算

可溶物含量 A 按下式计算：

$$A = K(G - P)$$

式中 A——可溶物含量（g/m^2）；

K——系数，$K = 100$（l/m^2）；

G——萃取前滤纸包的质量（g）；

P——萃取后滤纸包的质量（g）。

(3) 判定

以三个试件可溶物含量的算术平均值作为卷材的可溶物含量的测定值。如平均值达到标准规定的质量指标，则判定该项指标合格。

2. 拉力及最大拉力时的延伸率（APP、SBS 材料）

(1) 拉力试验机

拉力试验机能同时测定拉力与延伸率，测力范围 0～2000N，最小分度值不大于 5N，伸长范围能使夹具间距（180mm）伸长 1 倍，夹具夹持宽度不小于 50mm。

(2) 试验方法

按照试样切取部位和试件尺寸的规定，将切取的试件 B、B' 放置在 23℃ ± 2℃温度下不少于 24h。

校准试验机，拉伸速度 50mm/min，将试件夹持在夹具中心，不得歪扭，上下夹具间距离为 180mm。

启动试验机，至试件拉断为止，记录最大拉力及最大拉力时的伸长值。

(3) 结果计算

分别计算纵向或横向 5 个试件拉力的算术平均值作为卷材纵向或横向拉力，单位为 N/50mm。

最大拉力时延伸率 E 按下式计算：

$$E = \frac{100(L_1 - L_0)}{L}$$

式中 E——最大拉力时延伸率（%）；

L_1——试件最大拉力时的标距（mm）；

L_0——试件初始标距（mm）；

L——夹具间距离，180mm。

(4) 判定

分别计算纵向或横向 5 个试件最大拉力时延伸率的算术平均值作为卷材纵向或横向延伸率。其算术平均值符合产品质量标准的规定时，才判为该项合格。

3. PVC 防水卷材的拉伸试验

第一、N 类卷材拉伸试验

(1) 试验步骤

按照规定截取纵向、横向为 120 × 25mm 尺寸的试件各 6 个，并制作成如图 5-12 所示的 N 类哑铃型试样，作为拉伸试验试件。

将拉伸速度调至（250 ± 50）mm/min，夹具间距约 75mm，标线间距离 25mm，并测出

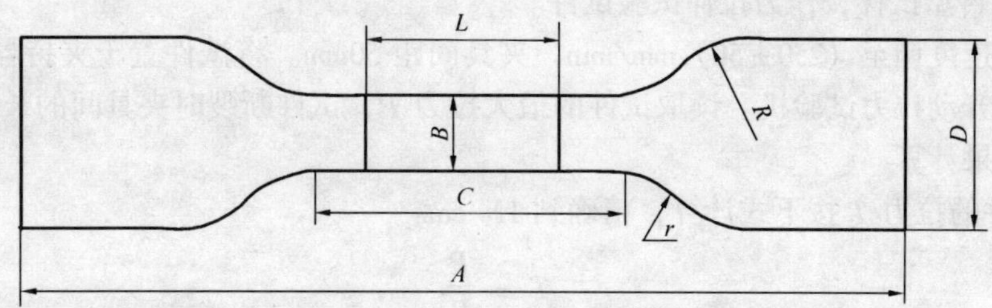

图 5-12　N类哑铃型试件（mm）

A—总长，最小值 115；B—标距段的宽度，6 ± 0.4；C—标距段的长度 33 ± 2；
D—端部宽度 25 ± 1；R—大半径 25 ± 2；r—小半径 14 ± 1；L—标距线间距离

试件厚度。

将试件置于夹持器中心夹紧，不得歪扭，开动拉力试验机。读取试件的最大拉力 P，试件断裂时标线间的长度 L_1，若试件在标线外断裂，数据作废，用备用试件补做。

（2）计算与判定

① 试件的拉伸强度 TS 按下式计算，精确至 0.1MPa。

$$TS = \frac{P}{B \times d}$$

式中　TS——拉伸强度（MPa）；

P——最大拉力（N）；

B——试件中间部位宽度（mm）；

d——试件厚度（mm）。

② 试件断裂伸长率 E 按下式计算，精确到 1%。

$$E = \frac{100(L_1 - L_0)}{L_0}$$

式中　E——断裂伸长率（%）；

L_0——试件起始标线间距离，25mm；

L_1——试件断裂时标线间距离（mm）。

分别计算纵向或横向 5 个试件的算术平均值作为试验结果。

第二、L类、W类卷材拉伸试验

（1）试验步骤

按照规定截取纵向、横向为 120mm × 25mm 尺寸的试件各 6 个，并制作成如图 5-13 所

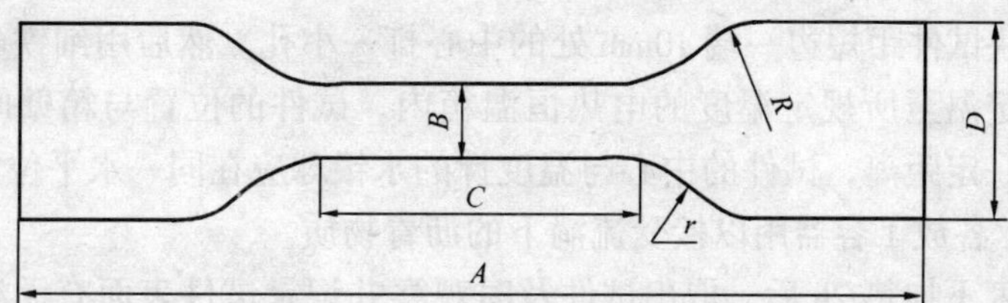

图 5-13　L、W类哑铃型试件（mm）

A—总长，120；B—平行部分宽度，10 ± 0.5；C—标距段长度，40 ± 0.5；
D—端部宽度，25 ± 0.5；R—大半径，25 ± 2；r—小半径，14 ± 1

示的 N 类哑铃型试样，作为拉伸试验试件。

将拉伸速度调至（250±50）mm/min，夹具间距 50mm。将试件置于夹持器中心夹紧，不得歪扭，开动拉力试验机。读取试件的最大拉力 P，试件断裂时夹具间的长度 L_3。

(2) 结果计算

① 试件的拉力 T 按下式计算，精确到 1N/cm。

$$T = \frac{P}{B}$$

式中 T——试件拉力（N/cm）；

P——最大拉力（N）；

B——试件中间部位宽度（cm）。

② 试件的断裂伸长率 E 按下式计算，精确 1%。

$$E = \frac{100(L_3 - L_2)}{L_2}$$

式中 E——断裂伸长率（%）；

L_2——试件起始夹具间距，50mm；

L_3——试件断裂时夹具间距（mm）。

分别计算纵向或横向 5 个试件的算术平均值作为试验结果。

4. 不透水性试验

当卷材上表面作为迎水面时，上表面是砂面、矿物粒料时，下表面为迎水面。下表面材粒为细砂时，在细砂面沿密封圈一圈去除表面浮砂，然后涂一圈 60～100 号热沥青，涂平冷却 1h 后检测不透水性。

(1) 试件的安放

将三个试件分别置于三个透水盘试座上，涂盖材料薄弱的一面接触水面，并注意“O”形密封圈应固定在试座的槽内，试件上盖上金属压盖或油毡透水测试仪的探头，然后通过夹脚将试件压紧在试座上。

(2) 压力保持

打开试座进水阀，通过水缸向装好的透水盘底座继续充水，当压力表达到指定压力时，停止加压，关闭进水阀和油泵，同时开动定时钟或油毡透水测定仪定时器，随时观察试件有无透水现象，并记录开始渗水时间。

当 3 个试件在规定的时间内无浸漏现象的则不透水性合格。

5. 耐热度试验

将切取的 3 块试件距短边一端 10mm 处的中心打一小孔。然后用细铁丝或回形针穿在小孔中，放入已定温至所规定温度的电热恒温箱内，试件的位置与箱壁间不小于 50mm，试件中间应保持一定距离，试件的中心与温度计的水银球应在同一水平位置上，距每块试件下端 10mm 处，各放 1 容器用以接受流淌下的沥青物质。

在规定的温度下加热 2h 后，取出试件及时观察并记录试件表面有无涂盖层滑动和集中性气泡。如无上述现象则判该卷材耐热度合格。

6. 低温柔度试验

(1) 试验方法

① A法，也称仲裁法。在不小于10L的容器中放入不与卷材起化学反应的冷冻液6L以上，将容器放入低温制冷仪，冷却至标准规定的温度。然后将试件与柔度棒或柔度板同时放入冷冻液体中，待温度达到标准规定的温度（Ⅰ型为-5℃；Ⅱ为-15℃）后至少保持0.5h。在标准规定的温度下，将试件于液体中3s内匀速绕柔度棒或柔度板弯曲180度。

② B法。将试件和柔度棒或柔度板同时放入冷却至标准规定温度（Ⅰ型为-5℃；Ⅱ为-15℃）的低温制冷仪中，待温度达到标准规定的温度后保持时间不少于2h，在标准规定的温度下，于低温制冷仪中将试件在3s内匀速绕柔度棒或柔度板弯曲180度。

(2) 试验步骤

厚度为2mm、3mm卷材采用半径（r）15mm柔度棒或柔度板；4mm厚的卷材采用半径（r）25mm柔度棒或柔度板。

6块试件中，3块试件的下表面及另外3块试件的上表面与柔度棒或柔度板接触。取出试件用肉眼观察，试件涂盖层有无裂纹。

如果试件上面无裂纹，则低温柔度合格。

7. 低温弯折性试验

对于PVC聚氯乙烯类的防水卷材，则应进行低温弯折性试验。其试验步骤为：

按照切取试件的规定切取100mm×50mm的试件2块，将试件的迎水面朝外，弯曲180度，使50mm宽的边缘重合、平齐，并固定。将弯折仪上下平板距离调节为卷材厚度的3倍。

将弯折仪翻开，把两块试件平放在下平板上，重合的一边朝向转轴，且距离转轴20mm。在设定温度（Ⅰ型为-20℃；Ⅱ型为-25℃）下将弯折仪与试件一起放入低温箱中，到达规定的温度后，放置1h。然后在标准规定温度下将上平板1s内压下，到达所调间距位置，在此位置保持1s后将试件取出。待恢复到室温后观察弯折处是否有断裂现象，或用6倍放大镜观察试件弯折处有无裂纹。

试验的2个试件均符合规定指标时，判定该项合格，若有一个试件不符合规定的指标时，则为不合格。

8. 撕裂度试验

(1) 试样制作

根据试件的取样规定，切取200mm×75mm纵、横向试件F、F′作为撕裂度试验用试件，并用切刀或模具将切取的试件裁制成如图5-14所示形状，然后在试验温度下放置不少于2h。

(2) 试验方法

校准试验机，拉伸速度50mm/min，将裁制的试件夹持在夹具中心，不得歪扭，上下夹具间距离为130mm。

启动试验机，至试件拉断为止，记录每个试件拉断时的最大拉力。

(3) 计算

分别计算纵向、横向5个试件拉力的算术平均

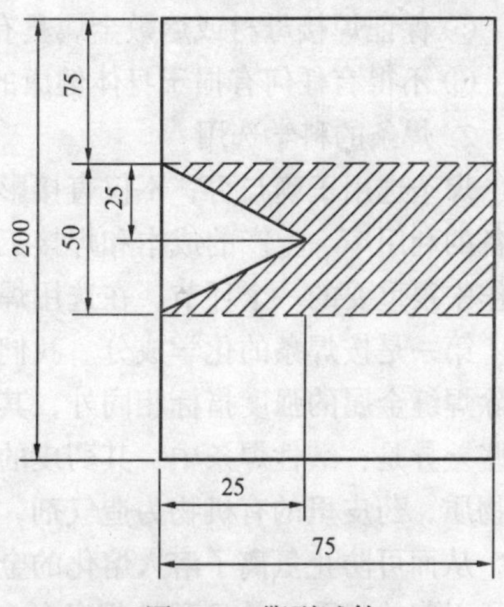

图5-14 撕裂试件

值作为卷材纵向或横向的撕裂强度（N)。

并且，在该项的试验中，6个试件至少5个试件达到标准规定指标时方可判定该项指标合格。

当试验的防水卷材结果所有物理力学试验项均符合质量标准时，则该批产品力学性能合格。若有一项指标不符合要求时，允许在该批产品中再随机抽取5卷，并从中任取1卷对不合格项进行单项复验。达到规定时，则判该批产品合格。

第八节 焊接材料的质量要求

在钢结构工程中，常用的连接方式主要有三种：一是焊接连接，二是铆钉连接，三是螺栓连接。而在当前的门式轻钢结构中，大多是采用焊接连接和螺栓连接。在这两种连接方式中，常用的材料则称为辅材，它们的质量状况如何，对结构质量有着直接的影响。因此，加强对这些辅材质量的监控，也是钢结构质量控制的主要组成部份。

一、焊接材料

焊条：

在相应的材料上涂上药皮，供手工电弧焊用的熔化电极称为焊条。焊条由药皮和焊芯组成。焊条规格是以焊芯直径来表示，常用的有 $\Phi2$、$\Phi2.5$、$\Phi3.2$、$\Phi4$、$\Phi5$ 几种规格，其长度一般在250~450mm之间。

1. 对焊条的基本要求

焊条是为焊接工艺服务的，因此，它必须是工艺性能良好，电弧稳定，飞溅物少，熔渣易脱落，焊接波纹美观，熔融深度较浅，并能达到全方位焊接。所以，焊条应具有：

① 在焊接过程中，电弧引燃应容易，并且燃烧平稳，断弧后再次引燃电弧容易。

② 焊接中，不应有较多烟雾，并不得有过多或较大的飞溅物。

③ 焊芯的熔化速度应稍快于焊条上药皮的熔化速度，能使焊芯的熔化端部形成喇叭形状。

④ 焊后焊缝成形正确，渣滓容易清除。

⑤ 保证焊接母材或熔敷金属具有一定的抗裂性和一定的物理性能和化学性能。

⑥ 不得有任何有损于身体健康的化学成分。

2. 焊条的科学选用

焊条选用正确与否，不仅直接影响到焊接接头的质量，还会影响到焊接的效率、焊接设备的利用率、生产的成本和焊接工人的身体健康等。因此可以说，选用焊条是焊接准备工作中很重要的一个环节。在选用焊条时，主要应结合焊接的条件和设计要求。

第一是按焊条的化学成分。我们知道，焊条中有酸性焊条和碱性焊条之分。这两种焊条除焊缝金属的强度指标相同外，其工艺性能、焊缝成形，以及其他指标均有较大差异。这些差异是：酸性焊条中，其药皮的主要成分是酸性氧化物及其在焊接时容易散放出带氧的物质，药皮里的有机物为造气剂，焊接时能产生保护性气体。此种焊条具有较强的氧化物，从而可防止氢离子溶入熔化的金属里。故这类焊条对铁锈不敏感，焊缝很少产生由氢分子引起的气孔。并且酸性焊条的工艺性能较好，引燃电弧容易，电弧稳定，交直流两用。但是由于焊缝金属中氧和氢的含量较高，熔敷金属的塑性、韧性较低，产生冷热裂纹的倾向也较高。

碱性焊条，其药皮的主要成分是碱性氧化物，并含有较多的铁合金作为脱氧剂和渗合金剂。因此，熔渣具有较强的还原能力，焊接过程中合金元素基本上不烧损，焊缝金属中硫、磷含量较低，熔敷金属的塑性、韧性较高。但这类焊条工艺性能较酸性焊条稍差，引燃电弧较困难，电弧稳定性差，只能采用短弧焊接，并且引弧处极易产生密集的蜂窝状的小气孔，焊接过程中飞溅现象较大；熔渣的流动性和覆盖性比酸性焊条差；焊缝表面鱼鳞纹粗糙、成形差。

第二是依据焊接材料的力学性能和化学成分要求。对于普通结构钢，通常要求焊缝金属与母材等强度，应选用抗拉强度稍高于母材的焊条；对于合金结构钢，通常要求焊缝金属的主要合金成分与母材金属相同或者与母材相接近；如果被焊接的结构刚性大，焊缝极易产生裂纹的不同情况下，可以选用比母材强度低一级的焊条；当测定母材中碳、硫、磷等元素含量较高时，焊缝容易产生裂纹，应选用抗裂性能好的碱性焊条。

第三是按照焊件的结构特点和受力状态。对结构形状复杂、刚性大及大厚度焊件，由于焊接中产生很大的应力，容易使焊缝产生裂纹，则应选用抗裂性能好的碱性焊条；对焊接部位难以清除干净的焊件，应选用氧化性能强，对铁锈、氧化皮、油污不敏感的酸性焊条；对于翻转困难的、焊缝又是非平焊位置的，应选用全位置焊接的焊条。

第四是根据焊件的工作性能和环境条件。对焊接的焊件设计有承受荷载和冲击性荷载的，要保证焊缝金属有较高的冲击韧性和塑性，则应选用碱性焊条；如焊接的焊件处于腐蚀介质的环境中，应依据介质的性质及腐蚀特征，选用相应的耐腐蚀性焊条；如构件处在高温或低温环境工作条件下时，则应选用相应的耐热钢或低温钢焊条。

第五是按照操作工艺性能。在满足焊接件性能要求的条件下，尽量选用工艺性能好的酸性焊条。

第六是结合施焊条件。在没有直流电源的情况下，而焊接结构构件又必须使用碱性焊条的，则应选用交直流两用碱性焊条。

二、焊丝

焊接时作为填充金属或同时用作导电的金属丝，称为焊丝。按焊丝结构不同可为实芯焊丝、和药焊丝；按焊接工艺可分为埋弧焊焊丝、气体保护焊焊丝等；按焊接材料不同可分为碳钢焊丝、低合金焊丝等。

1. 焊丝的质量要求

在钢结构工程中，焊丝是用来做电极填充材料，在焊接熔化后与焊缝熔为整体，成为焊缝的一个组成部分。由于焊丝的这个作用，因此，焊丝的质量必须符合现行国家标准《焊接用钢丝》（GB 1300）的规定及如下要求：

① 为保证焊接质量和焊接性能，焊丝中碳、硫、磷等有害含量尽可能少；

② 要含有必要的和一定比例的合金元素，能保证和满足熔敷金属的力学性能或其他性能；

③ 焊丝的外表和外观质量应良好，没有氧化皮、油污、锈斑等其他脏物及缺陷。

2. 焊丝的牌号

对于焊丝的牌号，根据焊丝的成分和用途的不同，可分为碳素结构钢和合金结构钢及不锈钢三大类。

焊丝牌号的前面用“H”表示焊接用焊丝，其后面牌号的表示方法与钢的一样，用元素符号和后面的数字来表示钢中的合金元素及其含量。

埋弧焊常用的焊丝直径有1.6mm、2mm、3mm、4mm、5mm、6mm共计六种。

二氧化碳气体保护焊常用的焊丝直径有0.8mm、0.9mm、1.0mm、1.2mm、1.6mm等。

三、焊剂

在钢结构焊接中，能够熔化形成熔渣和气体，对熔化金属起保护作用并进行冶金处理作用的颗粒状物质称为焊剂。焊剂是埋弧焊、电渣焊等使用的焊接材料，它的作用相当于焊条上的药皮。

1. 焊剂的种类

焊剂可按其制造方法、化学成分或酸、碱性进行分类，分类的原则是：

① 按焊剂的制造方法分类，可分为熔炼焊剂、烧结焊剂和陶质焊剂。

熔炼焊剂，是把各种原料按照配合比的要求配成炉料，在电炉或火焰炉中进行熔炼，得到要求的成分后再进行粒化，用这种方法生产的焊剂为熔炼焊剂。

烧结焊剂，先将湿润的材料制成一定尺寸的颗粒后，在700～900℃高温下烧结，出炉后再粉碎成一定大小的颗粒，这种方法生产的焊剂就称为烧结焊剂。

表5-64中是烧结焊剂与熔炼焊剂性能的比较，用户可根据焊剂的适用性、特性来选购焊剂。

熔炼焊剂与烧结焊剂的性能比较　表5-64

项目		熔炼焊剂	烧结焊剂
焊接工艺性能	大范围焊接性	焊道凸凹不平，易粘渣	焊道均匀，焊渣易脱
	吸潮性	比较小，可不烘焙	比较大，必须烘焙
	抗锈性	比较敏感	不敏感
	韧性	受焊丝成分和焊剂碱度影响大	比较容易得到高韧性
	成分波动	焊接规范变化时成分波动小，均匀	成分波动大，不易均匀
	多层焊性能	焊缝金属的成分变动小	焊缝成分波动较大
	合金添加剂	不可能	容易
	适用性	适用于单层、多层及低碳钢、高强度钢和耐热钢薄板的高速焊接等	适用于厚板的单层焊、单面焊、双面成型焊、低碳钢等

② 按化学成分分类，则以焊剂中的MnO、SiO_2和CaF_2含量多少分类。其主要成分含量和焊剂类型如表5-65中的规定。

③按焊剂的碱度分为碱性、酸性和中性焊剂。当碱度小于1.5时，为碱性焊剂；当碱度小于1.0时为酸性焊剂；在1.0至1.5之间的为中性焊剂。

2. 焊剂的作用

① 保护作用。焊剂熔化后变成为粘连状液体，覆盖在焊接区和焊缝上，既可防止外界空气侵入，对液态金属起机械保护作用，又可降低焊缝的冷却速度，改善焊缝成型。

按主要成分含量的焊剂分类　　表 5-65

按 SiO_2 含量		按 MnO 含量		按 CaF_2 含量	
焊剂类型	含量（%）	焊剂类型	含量（%）	焊剂类型	含量（%）
高　硅	>30	高　锰	>30	高　氟	>30
中　硅	10~30	中　锰	15~30	中　氟	10~30
低　硅	<10	低　锰	2~15	低　氟	<10
		无　锰	<2		

② 冶金作用。焊剂在焊接的过程中，通过冶金反应，有脱氧、渗合金和防止气孔的作用，并能向焊缝过渡有益的合金元素，改善熔敷金属的化学成分，提高焊缝金属的力学性能；根据要求向熔敷金属中渗入特殊的化学元素，使熔敷金属具有抗腐蚀、耐温性、耐磨性等各种特殊性能。

③ 可改善焊接工艺性。在焊接工艺性能中，要想引燃电弧容易、电弧稳定、焊后容易脱焊渣等，所以焊剂中应含有一定比例的稳定电弧剂及其他特殊成分，就可改善上述的焊接工艺性。

3. 对焊剂的要求

① 应符合焊接工艺的要求，具有引燃弧容易、电弧稳定的性能。

② 与焊丝配合，具有脱氧和渗透合金作用，保证焊件能获得要求的力学性能和其他特殊性能。

③ 缓解或减小在焊接过程中焊缝产生气孔和裂纹的倾向。

④ 熔渣应具有在高温下的密度，容易从熔池中浮出，使焊缝中不产生夹持渣滓现象和缺陷；并应有合适的熔点和粘度，能起到保护焊接部位，使焊缝利于形成。

⑤ 焊接凝固后有良好的脱渣滓性，在逐渐冷却的过程中，焊接渣滓能够自动地从焊缝的表面翘起脱落，或在轻微外力的作用下即从焊缝表面脱落。

⑥ 焊剂应具有一定的粒度和强度。

⑦ 在焊接的过程中，不得析出任何有害气体。

4. 焊剂的烘焙

为了保证焊接的质量，焊剂使用前应按规定进行烘焙，烘焙后放在保温箱中，做到随取随用。使用回收的焊剂时，应先筛去细粒、渣滓壳及其他杂物，再与新的焊剂混合均匀，重新烘焙后使用。不同类型的焊剂烘焙温度也不同。一般情况下，酸性熔炼焊剂在250℃烘焙 2h；中性、碱性及高碱性熔炼焊剂在 300~400℃烘焙 2h；烧结焊剂在 300~400℃烘焙 1~2h。

5. 焊剂与焊丝的匹配

常用焊剂及焊丝的匹配见表 5-66 中的规定。

焊剂及焊丝的匹配　　表 5-66

焊剂型号	颗粒度（mm）	用　途	配用焊丝
HJ130	0.45~2.5	低碳钢、高强度低合金钢	H10 Mn2
HJ230		低碳钢、高强度低合金钢	H08 MnA、H10 Mn2

续表

焊剂型号	颗粒度（mm）	用　途	配用焊丝
HJ250	0.3~2	低合金高强度钢	相应钢种焊丝
HJ330	0.45~2.5	低碳钢及高强度低合金钢的重要结构	H08 MnA、H10 Mn2
HJ350	0.45~2.5	低合金高强度钢的重要构件	Mn-Mo、Mn-si
HJ430	0.2~1.4	低碳钢及高强度低合金钢的重要构件	强度钢用焊丝
HJ431	0.45~2.5	低碳钢及高强度低合金钢的重要构件	H08A、H08MnA
HJ432	0.45~2.5	低碳钢及高强度低合金钢的重要薄板结构	H08A、H08MnA
HJ433	0.2~1.4	低碳钢	H08A
SJ101	0.45~2.5	低合金结构钢	H08A
SJ301	0.3~2	普通结构钢	H08Mn2、H08MnMOA
SJ401	0.3~2	低碳钢、低合金钢	H08MnMOA
SJ501	0.3~2	低碳钢、低合金钢	H08A、H10Mn2
SJ502	0.3~2	低碳钢、低合金钢	H08A、H08MnA

四、焊接用气体

焊接用气体有二氧化碳、氧气、乙炔、氮气、氢气、氩气等。二氧化碳、氮气、氢气、氩气是气体保护焊所用的保护气体，但主要是二氧化碳和氩气；氧气、乙炔等是以形成气体火焰进行气焊、气割的助燃和可燃气体。

各焊接用气体的性质如下：

1. 二氧化碳

它的化学分子式是 CO_2。二氧化碳是无色、无味、无毒的气体，具有氧化性，比空气密度大，来源广，成本低。

焊接时所用的二氧化碳，一般是将其压缩成液体储存于钢瓶内，液态二氧化碳在常温下容易汽化。气瓶内汽化的二氧化碳气体中的含水量，与瓶内的压力有关，当压力降低到0.98MPa时，二氧化碳气体中的含水量大为增加，便不能继续使用。焊接用二氧化碳气体的纯度应大于99.5%，含水量不超过0.05%，否则会降低焊缝的力学性能，焊缝也容易产生气孔。如果二氧化碳气体的纯度达不到标准，应进行提纯处理。

2. 氧气

在常温、常态下氧是气体，它的化学分子式是 O_2。氧气也是一种无色、无味、无毒的气体，比空气密度略大。氧气并且是一种化学性质极为活跃的气体，它能与许多元素化合生成氧化物，并放出热量。氧气本身不能燃烧，但却有强烈的助燃作用。

在气焊气割工艺中，常用的工业氧气分为两级，一级纯度氧气含量不低于99.2%，二级纯度氧气含量不低于98.5%。对于质量要求比较高的气焊应采用一级纯度的氧气；气割工艺时，氧气纯度不应低于98.5%。

3. 乙炔

乙炔是由碳化钙和水相互作用分解而得到的一种无色而带有特殊臭味的碳氢化合物，

其化学分子式是 C_2H_2，比空气密度小。

乙炔是一种可燃性气体，它与空气混合时所产生的火焰温度为2350℃，而与氧气混合燃烧时所产生的火焰温度为3000～3300℃，因此足以迅速熔化金属进行焊接和切割。乙炔是一种具有爆炸性的危险气体，使用时必须注意安全。

4. 氩气。

这种气体是一种无色、无味的惰性气体，不与金属起化学反应，也不溶解于金属，它的化学分子式为 Ar。且氩气比空气密度大25%，使用时气流不易漂浮散失，有利于对焊接区保护。氩弧焊对氩气的纯度要求很高，其纯度应达到99.99%。

第九节 高强度螺栓和摩擦面质量控制

当今建筑结构中，新的材料不断涌现，新的结构形式层出不穷，高强度螺栓和摩擦面就是钢结构工程中的娇娇者。这种连接形式的问世，不仅为建筑技术的提高和发展起到了促进作用，并为钢结构安装施工提供了方便，也对结构质量的提高提供了保障条件。

一、高强度螺栓的质量控制

1. 高强度螺栓的连接方式

在轻钢结构工程中，高强度螺栓连接已经发展成为与焊接并进的钢结构主要连接形式之一，它具有受力性能好、耐疲劳、抗震性能好、连接刚度高，施工简便等优点，成为钢结构安装工程中引人注目的连接材料。

高强度螺栓连接按其受力状况，可分为摩擦型连接、摩擦-承压型连接，承压型连接和张拉型连接等几种类型，其中摩擦型连接是当前钢结构工程中广泛采用的其本连接方式。

摩擦型连接的接头处，是采用高强度螺栓使两块连接板层夹紧，利用由此产生于连接板层间接触面间的摩擦力来传递外荷载。高强度螺栓在连接接头中只受拉而不受剪。由于拉力的作用，并由此给连接件之间施加了接触压力，这种连接应力传递圆滑，接头刚性好，其极限破坏状态即为连接接头滑移。我们平常所说的高强度螺栓连接，就是这种摩擦型连接。

对于高强度螺栓连接接头的承压型连接，当外力超过摩擦阻力后，接头发生明显的滑移，高强度螺栓杆与连接板孔壁接触并受力，这时外力靠连接接触面的摩擦力、螺栓杆剪切及连接板孔壁承压三方共同传递，其极限破坏状态为螺栓剪断或连接板承压破坏，该种连接承载力高，经济性能好，可以利用螺栓和连接板的极限破坏强度，但连接变形较大，一般用在非重要的构件连接中。

2. 高强度螺栓的种类

高强度螺栓从形状上分，有：大六角头高强度螺栓和扭剪型高强度螺栓两种。

按其性能等级分，有：8.8级和10.9级两种常用的品种。大六角头高强度螺栓有8.8级和10.9级，扭剪型高强度螺栓只有10.9级一种。

大六角头高强度螺栓连接副，含有一个螺栓、一个螺母、两个垫圈。螺栓、螺母、垫圈在组成一个连接副时，其性能等级要匹配。对大六角头高强度螺栓连接副匹配的要求是：当螺栓为 8.8 级时，螺母为 8H；螺栓为 10.9 级时，螺母为 10H。各等级的垫圈为 HRC35～45。

3. 高强度螺栓的复验

大六角头高强度螺栓连接副在出厂时，生产商应提供扭矩系数值及变异系数。同样，扭剪型高强度螺栓连接副在出厂时，生产商也应提供螺栓的预拉力及其变异系数。在进入施工现场安装前，需要对连接副进行预拉力的复验。

复验所用的高强度螺栓，应在施工现场待安装的螺栓批中随机抽取，每批应抽取 8 套连接副进行复验。所谓"批"是指同一性能等级、材料、炉号、螺纹规格、长度（当螺栓长度≤100mm 时，长度相差≤15mm；螺栓长度＞100mm 时，长度相差≤20mm，可视为同一长度）、机械加工、热处理工艺、表面处理工艺的螺栓为同批；同一性能等级、材料、炉号、螺纹规格、机械加工、热处理工艺、表面处理工艺的螺母为同批；同一性能等级、材料、炉号、规格、机械加工、热处理工艺、表面处理工艺的垫圈为同批；分别由同批螺栓、螺母、垫圈组成的连接副为同批连接副。

连接副紧固预拉力、扭矩系数复验用的计量器具应在试验前进行标定，误差不得超过 2%。

试验用的连接副试件只能做一次试验，不得重复使用。在紧固中垫圈发生转动时，应更换连接副重新试验。

当采用轴力计方法复验扭剪型高强度螺栓连接副时，应将螺栓直接插入轴力计中，紧固螺栓分初拧、终拧两次。初拧采用手动扭扳手或专用定扭电动扳手；初扭值为预拉标准值的 50%左右。终拧应采用专用电动扳手，至尾部梅花头拧掉，读出预拉力值。

扭剪型高强度螺栓连接副的预拉力平均值和标准差应符合表 5-67 的规定。

扭剪型连接副的预拉力平均值和标准差（kN） 表 5-67

螺栓直径（mm）	16	20	（22）	24
紧固预拉力的平均	99～120	154～186	191～231	222～270
标准偏差	10.1	15.7	19.5	22.7

大六角头高强度螺栓连接副扭矩系数复验时，应将螺栓穿入轴力计，在测出螺栓预拉力 P 的同时，应测定施加于螺母上的施拧扭矩值 T，并应按下式计算扭矩系数 K。

$$K = \frac{T}{P \times d}$$

式中 T——施拧扭矩（N·m）；

d——高强度螺栓的公称直径（mm）；

P——螺栓预拉力（kN）。螺栓预拉力值应符合表 5-68 的规定。

螺栓预拉力值范围 表 5-68

螺栓规格（mm）		M16	M20	M22	M24	M27	M30
预拉力值 P	10.9S	93～113	142～177	175～215	206～250	265～324	325～390
	8.0S	62～78	100～120	125～150	140～170	185～225	230～275

每组 8 套连接副扭矩系数的平均值应为 0.11～0.15，标准偏差小于或等于 0.010。

扭剪型高强度螺栓连接副当采用扭矩法施工时，其扭矩系数也按上述执行。

二、摩擦面的质量及试验

1. 基本要求

对于高强度螺栓连接，无论是摩擦型、还是承压型连接，连接板接触摩擦面的抗滑移系数是影响连接承载力的重要因素之一，对某一个特定的连接点，当其连接螺栓规格与数量确定后，摩擦面的处理方法及抗滑移系数值成为确定摩擦型连接承载力的主要参数，但是这个抗滑移系数值必须通过试验才能得出。

高强度螺栓生产制造商和安装施工单位，应分别经钢结构制造批为单位进行抗滑移系数试验。制造商可按分部工程划分规定的工程量每 2000t 为一批，不足 2000t 的可视为一批。选用两种或两种以上表面处理工艺时，每种处理工艺应单独检验，每批三组试件。

抗滑移系数试验应采用双摩擦面的二栓拼接的拉力试件，如图 5-15 所示。

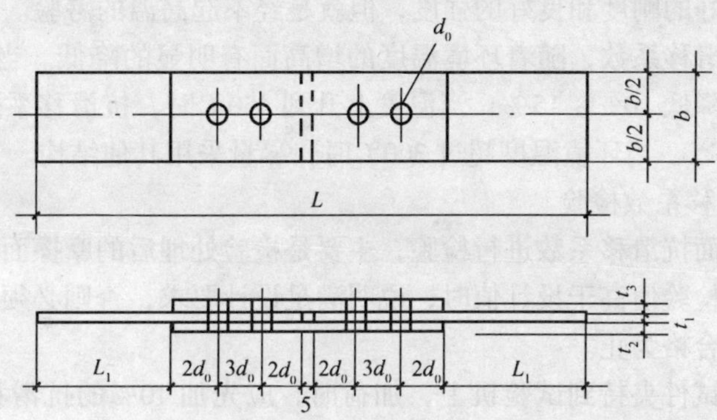

图 5-15　抗滑移试件的形式和尺寸

抗滑移系数试验用的试件由制造厂加工，试件与所代表的钢结构构件应为同一材质、同批制作、采用同摩擦面处理工艺和具有相同的表面状态，并应用同批同一性能等级的高强度螺栓连接副，在同一环境条件下存放。

试件钢板的厚度 t_1、t_2应根据结构工程中有代表性的板材厚度来确定，同时应考虑在摩擦面滑移之前，试件钢板的净截面始终处于弹性状态；宽度 b 可参照表 5-69 的规定取值，L_1应结合试验机夹具的要求确定，一般情况下为 100mm。试件表面应平整，无油污，孔和板的边缘无飞边、毛刺。

试件钢板的厚度　　**表 5-69**

螺栓直径 d	16	20	22	24	27	30
板宽 b	100	100	105	110	120	120

2. 影响摩擦面抗滑移系数的因素

影响摩擦面抗滑移系数的因素有如下几种：

(1) 摩擦面的处理方法。对摩擦面的处理通常有喷砂抛丸、化学处理和人工打磨等。这几种方法所得到的表面粗糙度略有不同，其摩擦面抗滑移系数有所变化。

(2) 生锈时间。摩擦面经处理后生锈的粗糙度普遍高于未生锈的摩擦面粗糙度，根据不同的处理方法一般要大10%～30%，最佳生锈时间为60d。

(3) 连接母材的钢材品种。从摩擦力的原理看，两个粗糙面相互接触时，接触面便会相互啮合，摩擦力就是所有这些啮合点的切向阻力的总和。但是由于连接钢材的强度和硬度的差别，克服摩擦力所做的功也会产生差别。对于高强度螺栓连接，有效抗滑面积是在3倍螺栓直径范围内，粗糙面的尖端，在螺栓紧固后发生了相互压入啮合，同时在相互接触的表面分子产生吸引力，因此钢材品种强度和硬度较高的，克服粗糙面所需的抗滑移摩擦力亦大，就是说摩擦面的抗滑移系数随着母材强度和硬度的增高而增大。对当前常用的Q235和Q345号钢来说，Q345号钢表面抗滑移系数要比Q235钢号高约20%左右。

(4) 连接板厚度。摩擦面抗滑移系数与连接板厚度成反比关系。也就是摩擦面抗滑移系数随连接板厚度的增加而减少。所以在设计时，只要连接板的厚度满足要求后不得随意增加板厚。

(5) 环境温度。我们大家都知道，除水结冰后外，任何物质都具有热胀冷缩的特点。钢结构虽然具有较好的刚度和良好的强度，但就是经不起高温的考验。试验表明，高强度螺栓连接摩擦面抗滑移系数，随着环境温度的增高而有明显的降低。当其在200℃时，抗滑移系数比常温时降低10%～15%；当温度上升到450℃时，抗滑移系数急剧下降，约为常温下的30%。所以，当环境温度超过300℃时，尽量采用其他结构。

3. 摩擦面抗滑移系数检验

对连接板摩擦面抗滑移系数进行检验，主要是检验处理后的摩擦面抗滑移系数是否能达到设计要求。当检验值高于设计值时，说明满足设计要求，否则必须重新对连接板摩擦面进行处理，直到合格为止。

在检验时，将试件夹持到试验机上，加荷时，应先加10%的抗滑移设计荷载值，停1min后再平稳加荷，加荷速度为3～5kN/s。直拉至滑移破坏，测出其滑移时的荷载，然后计算出抗滑移系数。抗滑移系数按下列公式进行计算：

$$\mu = \frac{N}{n \cdot \Sigma P_t}$$

式中 N——抗滑移荷载（kN）；

n——传力摩擦面数，$n=2$；

P_t——试件滑移一侧对应的高强度螺栓紧固轴力之和（kN）。

第六章　建筑工程施工质量控制

质量检查员或监理工程师对工程质量进行检查与控制，就是按照国家颁布的施工质量验收规范，利用技术、观感、检测、审查等手段，对施工过程中的关键部位、薄弱环节、重点工艺，以及结构构件、材料等质量进行预检和隐检。其主要目的就是消除质量通病，查除质量隐患，排除质量事故，保证结构安全。使所施工的工程质量达到国家验收规范所规定的“合格”质量等级标准。因此，在此章中将对结构施工和安装工程的质量控制作比较详细的介绍。

第一节　施工测量定位质量控制

一、工程测量定位放线

所谓工程定位，一般包括两方面的内容：一个是水平平面位置的定位，另一个是竖直平面中的标高定位。

根据施工场地上建筑物主轴线控制点或其他控制点，将建筑物外墙轴线的交点用经纬仪投测到地面所设定位桩顶顶面一固定点作为标志的测量工作，就称作工程水平平面位置定位。根据施工现场水准点控制标高点，推算±0.000标高，或根据±0.000标高与某建筑物、某处标高的相对关系，用水准仪和水准尺在供放线用的龙门桩上标出标高的定位工作，称为工程的竖直平面标高的定位工作。

(一) 工程水平平面定位

工程水平平面位置定位时，一般先用经纬仪进行直线定向，然后用钢尺沿视线方面逐步丈量出两点间所需的距离。水平平面位置定位主要有下列三种定位方法。

1. 根据建筑红线及定位桩点的定位

所谓建筑红线是当地建设部门依据当地的总体规划，在地面上测设的允许用地的边界点的连线，是不可超越的边界法定线。而定位桩点，系建筑红线上标有坐标值或标有与拟建建筑物成为某种关系值的桩点。

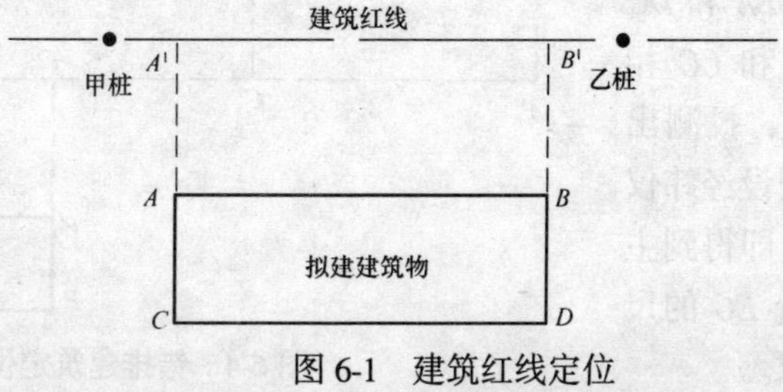

图 6-1　建筑红线定位

如图 6-1，是拟建建筑物主轴平行于建筑红线的定位示意图。

其定位的方法是：先将经纬仪安置在甲桩上，前视乙桩点中心，根据设计给定的关系数据及建筑物的尺寸，可定出 A^1和 B^1。将经纬度仪移至 A^1和 B^1点，即可定出轴线 AC 和 BD，最后量 AC 和 BD 的尺寸，以作核准。

2. 拟建建筑物与已有建筑物的相对定位

拟建建筑物与已有建筑物或者现存地面物体有相对关系的定位。设计图上给出的设计建筑物与旧建筑物或道路中心线的位置关系数据，一般可据此定出建筑物主轴线的位置。现在来介绍常见的定位方法。

(1) 拟建建筑物和已有建筑物并排在同一平面

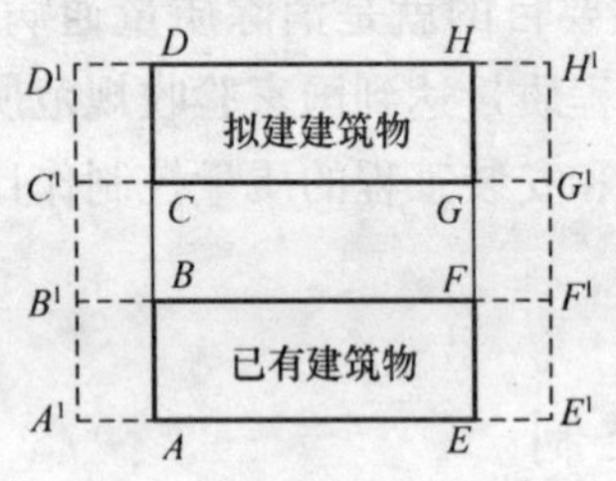

图 6-2 前后排列的定位

如果拟建建筑物与已有建筑物是前后并排时（图 6-2），为准确地测设出 AB 或者 EF 的延伸线 $ABCD$ 或 $EFGH$，首先应将 EA、FB 或 AE、BF 线延长至 AA^1、BB^1或 EE^1、FF^1，并且应使 $AA^1=BB^1$或 $EE^1=FF^1$，然后在 A^1或是 E^1点安设经纬仪，投测出 A^1B^1或者是 E^1F^1的延长线 C^1D^1或者是 G^1H^1，然后再将经纬仪安设在 C^1点和 D^1点，或者是 G^1点和 H^1点，投测垂线，得出主轴线 CG 和 DH，或者是 GC 和 HD。垂线测完后，再去丈量 CD 和 GH 的尺寸，以作校核。

(2) 拟建建筑物和已有建筑物同排在同一平面

拟建建筑物和已有建筑物同排在同一平面时（图 6-3），为准确地测出 AC 的延长线 $ACEG$，应先将 BA 和 DC 延长至 AA^1和 CC^1，并使 $AA^1=CC^1$，然后在 A^1安设经纬仪，投测出 A^1C^1的延长线 E^1G^1，再将经纬仪安设在 E^1点和 G^1点，即可得到主轴线 EG 和 FH，然后再丈量 EF 或 GH 尺寸，以作校核。

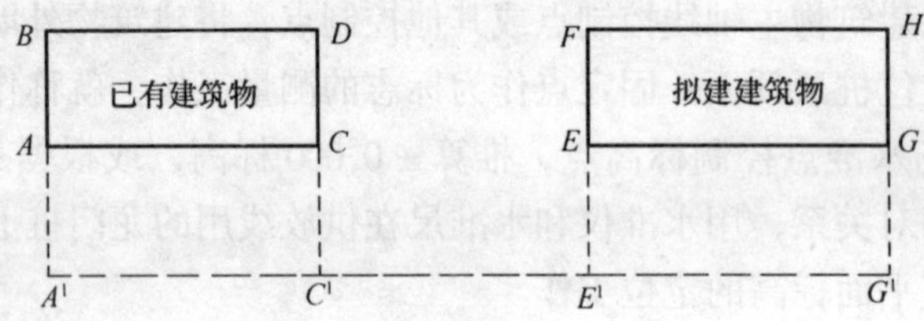

图 6-3 同排建筑定位

(3) 拟建建筑物和已有建筑物错排时的定位

当拟建建筑物和已有建筑物错排时，如图 6-4 所示，先将 BA 和 DC 延长至 AA^1和 CC^1，使 AA^1和 CC^1相等，然后在 A^1安设经纬仪，投测出 A^1C^1的延长线 F^1H^1，再安设经纬仪于 F^1和 H^1点，投测垂线，即得到主轴线 FE 及 HG，最后丈量 EG 的尺寸，看其是否符合设计要求。

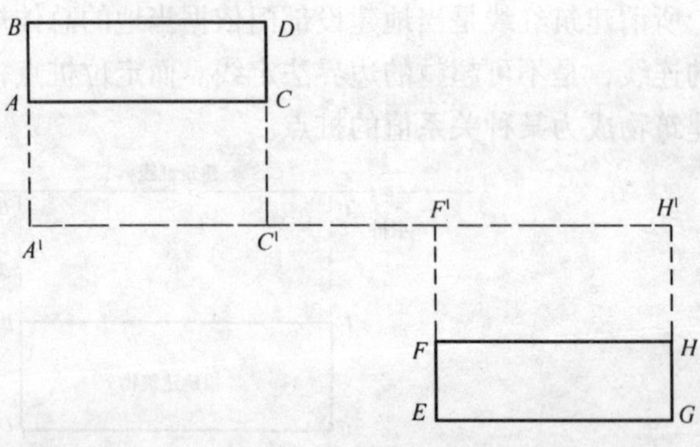

图 6-4 错排建筑定位

(4) 拟建建筑物的主轴线与道路中心线平行时的定位

当拟建建筑物的主轴线与道路中心线平行时，如图 6-5，应先测出道路中心线的 OM 和 OG，并在 OM 线上测量出拟建建筑的设计尺寸 B^1D^1，然后分别在 B^1 点和 D^1 点上安设经纬仪，根据设计给定的关系数据及建筑物的尺寸，即可投测出主轴线 AC 及 BD，最后丈量出 AC 的尺寸以作校核。

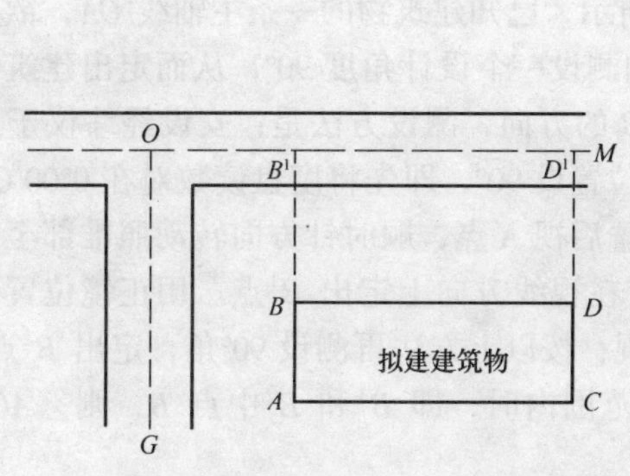

图 6-5 同道路中心平行的定位

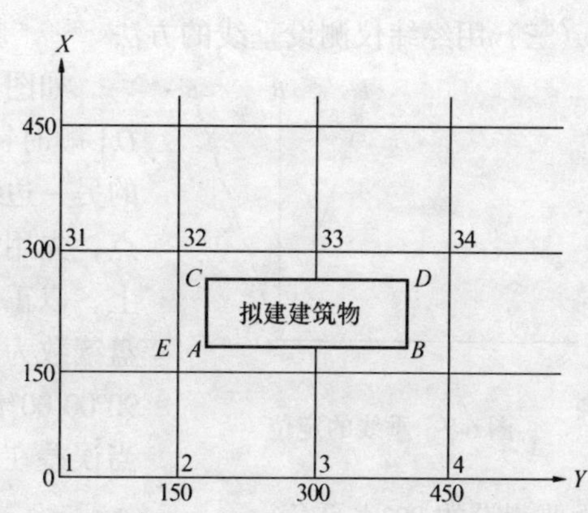

图 6-6 控制系统定位

3. 现场控制系统定位

所谓控制系统，系在建筑总平面图上由不同边长组成的正方形或矩形格网系统。其格网的交点，则称为控制点，如图 6-6 所示。

在现场已设置了边长为 150m 的方格网，其相交点分别为 1、2、3、……。设已知拟建建筑物的 A 点坐标为 $X=180\text{m}$，$Y=160\text{m}$，并且 AB 平行于 Y 轴，AC 平行于 X 轴，定位的方法就是：由方格网 2 点处向 32 点的方向用钢卷尺量取 180m，定出 E 点，将经纬仪放在 E 点，望远镜对准 32 点，设角度 x，顺时针旋转望远镜，使该读数为 $90°+x$，用钢卷尺从仪器对中点按望远镜视线方向量取 30m，这点就是建筑物 A 点平面位置，因 $AB /\!/ Y$ 轴，可在视线前方定出 B 点，两点连线即拟建建筑物的主轴线。

(二) 工程标高定位

设计 ±0.000 标高，有两种表示方法，一是绝对标高，另一是相对标高。其定位方法如下。

1. 绝对标高 ±0.000 的定位

施工图上一般均注明 ±0.000 相对标高值，该数据可从建筑物附近的水准控制点或大地水准点进行引测，并在供放线用的龙门桩上标出。

如拟建建筑的 ±0.000 相当于绝对标高的 105.23m，附近水准点的标高为 104.95m，将水准仪安放在水准点与建筑物龙门桩的中间，调平后，测出望远镜在水准点上的水准尺上的读数为 1.48m，则 $104.95+1.48-105.23=1.20\text{m}$。将水准尺下部靠着龙门桩，上下移动，使在望远镜中水准尺的读数为 1.20m，在水准尺底部用铅笔在龙门桩一侧画出横线，这个横线就是 ±0.000 的位置。

2. 相对标高 ±0.000 的定位

在有的施工图上，由于原有建筑比较多，或临街道较近时，往往在施工图上直接标注 ±0.000 的位置与某种建筑物或道路的某处标高相同或成某种关系，在 ±0.000 定位时，就可以由该处进行引测。如某拟建建筑物 ±0.000 与道路路边石高出 500mm，在标高定位时，先将水准尺放到路边石上，使水准仪安放在路边石与龙门桩的中间，整平后，用望远镜读出水准尺上的读数，然后将水准尺移至龙门桩，上下移动水准尺，当前读数与望远镜横丝相平时，在水准尺底部的龙门桩上画一条直线，然后用尺向上量测 500mm，即为相对标高 ±0.000 的定位线。

（三）用经纬仪测设垂线的方法

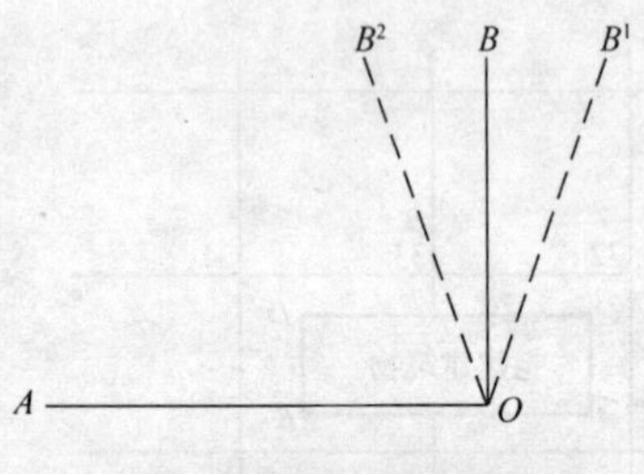

图 6-7 垂线的定位

如图 6-7 所示，已知建筑物的一条主轴线 *OA*，欲从 *OA* 顺时针方向测设一个设计角度 90°，从而定出建筑物的另一边线 *OB* 的方向，测设方法是：安设经纬仪于 *O* 点，先用正镜位置设 90°，即先将度盘读数对在 0°00′00″上，以正镜位置后视 A 点，顺时针方向转动照准部至度盘读数为 90°，在视线方向上定出 B^1点。用正镜位置以 90°00′00″作后视，按以上方法再测设 90°角，定出 B^2点，当误差在允许范围内时，即 B^1和 B^2中点 *B*，则∠*AOB* 即为要测设的 90°水平角。

二、工程定位的精度要求

（一）工程定位角度要求

1. 量距的精度

所谓精度，即指的是相对误差。往返量距之差与往返量距的平均值之比叫相对误差，一般用分子等于 1 的分数形式表示。

量距的精度，以往返丈量距离值的差数与平均值之比表示，其相对误差，在平坦地区应达到 1/3000；在起伏变化较大的地区要求达到 1/2000；在丈量困难地区不得大于 1/1000。

如要求校核某变化较大地区甲、乙两点间距丈量的精度，则需从甲至乙和从乙至甲进行丈量，若从甲至乙丈量的距离为 98.5m，从乙至甲丈量的距离为 98.48m，则

$$\frac{98.5-98.48}{(98.5+98.48)\times\frac{1}{2}}=\frac{0.02}{98.49}=\frac{1}{9849}<\frac{1}{2000}$$

因实际丈量精度小于要求精度，故甲、乙两点间距离丈量的精度符合要求。

2. 量角的精度

在使用中等精度的经纬仪定位时，常采用测回法定出已知数值的水平角。其量测的精度要求，用房屋定位边长的闭合边长的偏差值来核定。当边长小于 50m 时，其精度要求达到 1/4000；当边长大于 50m 时，其检验长度与设计长度的偏差不得大于 20mm。

（二）测量精度的保证条件

1. 工程平面位置定位

(1) 为防止仪器不均匀下沉对测角的影响，经纬仪三角架应安置稳固。并且不要用手扶摸三角架，四边要设防护标志，以防走动时碰动三角架。

(2) 在强烈太阳光下进行测设时，为了减少因强光照射水准仪不均匀受热造成的水平

度盘误差对测角的影响，应支撑遮阳伞。

(3) 为减少对中不准对测角的影响，应仔细做好对中工作，一般规定边长在100m以内时，对中偏差不得超过2mm。

(4) 为减少照准误差对测角的影响，应尽量照准目标底部。为使目标清晰，对光要仔细，并且要注意消除视差影响。

(5) 为消除视准轴不垂直横轴和横轴不垂直竖轴对测角的影响，一般应采用正、倒镜观测，取平均值作为观测成果。

(6) 在测设中，可采用变换度盘位置重复观测，这样可减少和消除度盘刻画不均匀和游标盘偏心对测角的影响，观测值应取两个游标读数的平均值。

2. 工程标高的定位

(1) 应经常对水准仪进行检验和校正，以保证水准仪的视准轴和水准管轴相平行。

(2) 为消除和减少因水准管轴不平行视准轴所产生的误差，水准仪应尽量安置在水准点与龙门桩的中部。

(3) 为保证视线在读数过程中保持水平，要求严格执行读数前定平水准管，读数后检查水准管气泡是否居中。

(4) 为保证读数准确，读数前要仔细对光，以消除视差影响。

三、工程定位资料的整理

定位工作结束后，应对定位资料及时进行整理。定位资料的内容有：工程的名称、建筑面积、建设单位、施工单位、监理单位、设计单位、定位依据、工程平面位置、标高定位示意图；建设、监理、设计单位预检意见；测量人员、预检人员签名；测量日期与预检日期等。

第二节 建筑地基工程的质量控制

地基一般是指建筑物或构筑物隐蔽在地下的墙体或柱体的扩大部分。它的作用是支承建筑物或构筑物的质量，以及建筑物、构筑物内所承载的人和其他物品的质量，并将这些总荷载通过基础直接传给土层。所以，地基和基础是共同保护建筑物、构筑物坚固、安全和耐久的结构。

由于地基的特殊作用和功能，所以要求它必须具备：

(1) 足够的强度。基础具有足够的强度后才能发挥其支承和传导荷载的作用，才能保证上部的墙体不产生裂缝和不均匀沉降。要求其有足够的强度，就必须保证地基的土质、基槽、基坑的宽度及标高和使用的材料质量符合设计和验收规范的规定。

(2) 良好的稳定性。稳定性是指地基与基础在承载后能表现出的沉降均匀性。这一指标就是对回填土质、回填夯实以及桩基质量等项目的质量控制来实现的。另外，沉降缝的合理设计也是稳定性的保证条件。

(3) 满足耐久性的要求。地基与基础结构构件是处在隐蔽状态下工作的结构，它会受到地下水位的影响，以及不良土层的土质影响而使其耐久性达不到设计要求。所以，所用的材料和其构造的质量必须达到设计和国家验收规范的规定。

根据地基与基础的功能和要求，在质量控制的过程中，就应对地基与基础工程的施工质量进行严格核验。并按下列项目进行质量控制。

一、土方工程的质量控制

(一) 土的工程分类

在建筑施工中，按土（石）开挖的坚硬程度或称难易程度，将土分松软土、普通土、坚硬土等八类。

一类土，也称松软土。略有黏性的砂土；粉土、腐植土及疏松的种植土。压实系数为0.5~0.6，质量密度为600~1500kg/m^3。

二类土，也称普通土，潮湿的黏性土和黄土；软的盐土和碱土；含有建筑材料碎屑；碎石、卵石的堆积土和种植土。压实系数为0.6~0.8，质量密度为1100~1600kg/m^3。

三类土，中等密实的黏性土或黄土；含有碎石、卵石或建筑材料碎屑的潮湿的黏性土或黄土。压实系数为0.8~1.0，质量密度为1800~1900kg/m^3。

四类土，或为砂砾坚土。坚硬密实的黏性土或黄土，含有碎石、砾石的中等密实性土或黄土；硬化的重盐土。压实系数为1.0~1.5，质量密度为1900kg/m^3。

五类土，或为软石类土。硬的石炭纪黏土；胶接不紧的砾岩土；中等坚实的页岩、泥灰岩；坚实的白垩。压实系数为1.5~4.0，质量密度为1200~2700kg/m^3。

六类土，坚硬的泥质页岩；坚实的泥灰岩；角砾状花岗岩；泥灰质石灰岩；砂岩；硅质胶结的砾岩；风化花岗岩；密实的石灰岩等。压实系数4~10。质量密度为2200~2900kg/m^3。

七类土，也称坚石类。有白云岩；粗面岩；坚实的石灰岩；大理石；辉绿岩；蛇纹岩；粗粒正长岩；中粗花岗岩等。压实系数10~18。质量密度为2500~2900kg/m^3。采用爆破方法开挖。

八类土，又属特坚石类。有坚实的细粒花岗岩；坚实的玢岩；角闪岩；石英岩；特别坚实的辉长岩等名称。压实系数18~25以上。质量密度为2700~3300kg/m^3。采用爆破方法开挖。

除此八类土外，还有特殊土，它们分别为：

湿陷性黄土，俗称六孔土。它的特征是：干燥时颜色呈淡黄色，稍湿时呈黄色。土在干燥状态下有较高的强度和较小的压缩性，遇到水后，土的结构发生迅速破坏，产生显著沉降，强度低，稳定性差。

膨胀土。在自然条件下，呈坚硬状态。这种土的强度较高，压缩性很小。它具有明显的失水收缩和吸水膨胀变形的特点，使建筑物、构筑物产生不均匀的升降，导致竖向裂缝。所以，该土是一种性质很不稳定，危害较大的物质。

软土，这是一种压缩性高，承载力低的土。属软塑到流塑状态的饱和黏性土。在这种土范围内开挖基坑、基槽时，施工前必须做好地面排水和降低地下水位工作，须待地下水位降到基底500~1000mm后，方可开挖。

盐渍土，也就是在土层内含有易溶盐大于0.5%的土。土干燥时，呈结晶状态；地基具有较高的状态，一旦浸水后变为液态，强度明显降低，压缩性增大。

(二) 工程的定位放线复核

待施工单位同建设单位对建筑物或构筑物定位放线后，主要应复核其定位桩的位置、轴线、方位。

定位桩的控制，是根据规划红线或建筑方格网，按设计总平面图规定来复核的。并按设计单位工程基础平面图对基坑、基槽的灰线进行轴线和几何尺寸的复核，并核查单位工程放线后的方位是否符合图纸规定的朝向，请参阅本章第一节。

(三) 土方开挖的控制

1. 人工挖土

基坑开挖时，两人操作间距应大于 3m；挖土面较大时，每人工作面不应小于 6m^2。挖土应由上而下、分层分段按顺序进行，严禁先挖坡脚或逆向挖土。

基坑开挖深度超过 1.5m 时，应按土质和深度放坡，当采取不放坡开挖时，应设临时支护。

基坑开挖深度超过 2m 时，必须在边沿设两道护身栏杆，夜间应设红色灯光标志。在雨期开挖基坑时，应距坑边 1m 远处挖截水沟或筑挡水堤，防止雨水灌入基坑淹泡或冲刷边坡；当基坑底部位于地下水位以下时，基坑开挖应采取降低地下水位措施。

2. 机械开挖

机械开挖基槽前，要对地下管线设施的位置和深度搞好调查，并做出一切标志。要编制挖方施工方案，确定开挖方式、路线、顺序、范围、边坡坡度、土方运输路线等。

多台挖掘机在同一作业面工作时，挖掘机间距应大于 10m；多台挖掘机在不同工作面挖掘时，应验算边坡的稳定性，上下台阶挖掘机应相距 30m 以上，挖掘机离下部边坡应有一定的安全距离以防造成翻车事故。

机械不得在输电线路和线路一侧挖掘，不论任何情况下，机械的任何部位与架空线路的最近距离应符合表 6-1 的规定。

挖掘机械与架空线路的安全距离 **表 6-1**

输电线电压（kV）	与架空线的垂直距离（m）	与水平安全距离（m）
1	1.3	1.5
1～20	1.5	2.0
35～110	2.5	4
154	2.5	5
220	2.5	6

遇到七级以上大风或雷雨、大雾天气时，各种挖方作业停止，并将臂杆降至 30°～45°。

施工过程中应跟踪检查平面位置、水平标高、边坡坡度、地下水位降低情况等，并随时观察周围的环境变化。

3. 开挖后的监控

土方开挖后，柱基、基坑、基槽基底的土质必须符合设计要求，并严禁扰动。

当土方开挖完成后，应进行验槽。验槽时，应由建设单位、监理单位、勘察设计单位、施工单位共同进行，并做好验槽记录。

(1) 特殊情况的验槽

验槽时遇到下列情况之一时，应进行专门的施工勘察。

① 工程地质条件复杂，详勘阶段难以查清时；

② 开挖工槽发现土质、土层结构与勘察资料不符时；

③ 施工中边坡失稳，需查明原因进行观察处理时；

④ 施工中，地基土受扰动，需查明其形状及工程性质时；

⑤ 为地基处理需进一步提供勘察资料时；

⑥ 建筑物、构筑物有特殊要求，或在施工时出现新的岩土工程地质问题时。

(2) 天然地基基础基槽检验内容应符合下规定：

① 基槽开挖后应检验如下内容，进行直接观察时，可用袖珍式贯入仪作为辅助手段。

核对基坑的位置、平面尺寸、坑底标高；

核对基坑土质和地下水情况；

坑穴、古墓、古井、防空掩体及地下埋设物的位置、深度、形状。

② 遇到下列情况之一时，应在基底普遍进行轻型动力触探：

持力层明显不均匀；

浅部有软弱下卧层；

有浅埋的坑穴、古墓、古井等，直接观察难以发现时；

勘察报告或设计文件规定应进行轻型动力触探时。

③ 采用轻型动力触探进行基槽检验时，检验深度及间距按表 6-2 的规定。

轻型动力触探检验深度及间距（m） **表 6-2**

排列方式	基槽宽度	检验深度	检验间距
中心一排	<0.8	1.2	1.0～1.5m，视地质复杂情况而定
两排错开	0.8～2.0	1.5	
梅花形	>2.0	2.1	

但是当基坑深处有承压水层，触探可能造成冒水涌砂时，或持力层为砾石层或卵石层，且其厚度符合设计要求的可不进行轻型动力触探。

当共同对探孔进行验收合格后，应及时用干砂将探孔灌注密实。

(3) 临时性挖方的边坡值应符合表 6-3 的规定。

基坑、基槽的边坡坡度 **表 6-3**

土的类别		边坡值（高:宽）
砂土（不包括细砂、粉砂）		1:1.25～1:1.50
一般性黏土	硬	1:0.75～1:1.00
	硬、塑	1:1.00～1:1.25
	软	1:1.50 或更软
碎石类土	充填坚硬、硬塑性黏土	1:0.50～1:1.00
	充填砂土	1:1.00～1:1.50

注：1. 设计有要求时，应符合设计要求；

2. 如采取降水或其他加固措施，可不受本表限制；

3. 开挖深度，对软土不应超过 4m，对硬土不超过 8m。

（四）回填土方的质量控制

1. 回填土方前，应对基底进行处理

基底的处理应按设计要求或应按下列规定进行：

(1) 在建筑物或构筑物地面下的填方或厚度小于500mm的填方，应清除基底上的草皮和垃圾。基底上的树根应拔出，清除坑穴内的积水、淤泥和杂物等，并应分层回填夯实。

(2) 当填方基底为耕植土或松土时，应将基底碾压密实后方可回填。在池塘、水田、沟渠上回填前，应根据实际情况采用排干、挖除淤泥或抛填石块、矿渣等方法进行处理。

(3) 在稳定的山坡上填方，当山坡坡度为1/10～1/5时，应清除基底上的草皮；坡度陡于1/5时，应将基底挖成阶宽不少于1000mm的阶梯状。

(4) 当基底的土为软土时，可采用换土或抛石挤淤等方法，或者软土层厚度较大时，应采用砂垫层、砂桩等方法进行加固。

基底处理完毕后，应对基底进行隐蔽验收，合格后，方可进行填方施工。

2. 填方的材料

(1) 砂土应采用质地坚硬的中、粗砂，粒径为0.25～0.5mm，可用于表层下的填料。

(2) 用粒径不大于每层铺厚2/3的碎石和爆破石渣，回填于表层下的填方工程。

(3) 用黏性土做回填时，土块的颗粒不应大于50mm，碎块草皮和有机质含量不大于8%。

(4) 采用其他材料做回填时，其质量应符合相应的规定。

填方施工过程中，应检查排水设施、每层填筑厚度、含水量控制和压实程度。填筑厚度及压实遍数应根据土质、压实系数及所用机械具确定，或符合表6-4的规定。

填土时的分层厚度及压实遍数 **表6-4**

压实机具	分层厚度（mm）	每层压实遍数	压实机具	分层厚度（mm）	每层压实遍数
平 碾	250～300	6～8	柴油打夯机	200～250	3～4
振动压实机	250～350	3～4	人工打夯	<200	3～4

铺土厚度的平整度可用小皮数杆进行控制，每10～20m设置一处。质检员对铺土厚度检查时，可用插针来进行，并作好记录。

3. 干土质量密度的取样

环刀法的取样数量，应按下列规定：

柱基回填，抽查柱基总数的10%，但不少于5个；基槽回填，每层按长度20～50m取样1组，但不少于1组；基坑和室内填土，每层按100～500m^{2}取样1组，但不少于1组。

（五）土方工程质量控制标准

1. 抽查的数量

对土方工程的允许偏差进行检查，检查数量应符合下列规定：

(1) 标高：柱基按总数抽查10%，但不少于5个，每个不少于2点；基坑每20m^{2}取1点，每坑不少于2点；基槽每20m取1点，但不少于5点；挖方、填方基层每30～50m^{2}取1点，但不少于5点。

(2) 长度、宽度和边坡陡坡：每20m取1点，每边不少于1点。

(3) 表面平整度：每30～50m^{2}取1点。

2．土方开挖的质量标准

(1) 土方开挖工程的质量检验标准应符合表6-5的规定。

土方开挖工程的质量检验标准 表6-5

项	序	项目	允许偏差或允许值（mm）					检验方法
			柱基基坑基槽	挖方场地平整		管沟	地（路）面基层	
				人工	机械			
主控项目	1	标高	-50	±30	±50	-50	-50	水准仪
	2	长度 宽度 (由设计中心线向两边量)	+200 -50	+300 -100	+500 -150	+100	—	经纬仪，用钢尺量
	3	边坡	设计要求					观察或用坡度尺量
一般项目	1	表面平整度	20	30	50	20	20	靠尺和塞尺量
	2	基底土性	设计要求					观察和土样分析

注：地（路）面基层的偏差只适用于直接在挖、填方上做地（路）面的基层。

(2) 当填方工程结束后，应检查其标高、边坡坡度、压实程度等，检验标准应符合表6-6的规定：

填土工程质量检验标准（mm） 表6-6

项	序	检查项目	允许偏差或允许值					检验方法
			桩基基坑基槽	场地平整		管沟	地（路）面基础层	
				人工	机械			
主控项目	1	标高	-50	±30	±50	-50	-50	水准仪
	2	分层压实系数	设计要求					按规定方法
一般项目	1	回填土料	设计要求					取样检查
	2	分层厚度及含水量	设计要求					水准仪及抽样
	3	表面平整度	20	20	30	20	20	用靠尺或水准仪

（六）应核查的技术资料

土方工程完工后，应对以下的技术资料进行核查：

(1) 地基验槽记录。

(2) 地基处理资料；钎探记录。

(3) 土方回填土质量密度测试报告。

(4) 技术复核预检记录及隐蔽验收记录。

(5) 土方分项工程质量检验评定表。

二、地基工程施工控制条件

对灰土地基、砂和砂石地基、土工合成材料地基、粉煤灰地基、强夯地基、注浆地基、预压地基，其地基强度或承载力必须达到设计要求的标准。其检验数量：每单位工程不应少于 3 点，1000m²以上工程，每 100m²至少要有 1 点；3000m²以上工程，每 300m²至少有 1 点。每一独立基础下至少应有 1 点，基槽每延 20m 应抽查 1 点。

对于水泥搅拌桩复合地基、高压喷射注浆桩复合地基、砂桩地基、振冲复合地基、土和灰土挤密桩复合地基、水泥粉煤灰碎石桩复合地基及夯实水泥土桩复合地基，其承载力检验，数量为总数的 0.5%～1%，但不少于 3 处。有单桩强度检验要求时，数量为总数的 0.5%～1%，但不少于 3 根。

基土钎探：

基础开挖结束后，应对基土进行钎探，其目的就是通过钢钎打入地基一定深度的击打次数，判断地基持力土质是否分布均匀、平面分布范围和垂直分布的深度。

1. 钢钎

钢钎为圆锥轻型动力触探器，穿心锤重 10kg，锥头直径 40mm，锥角 60°，触探杆直径 22～25mm，长度 1.5～2.0m/根。

2. 控制内容

基土已挖至设计基坑或基槽底标高，土层符合设计要求，表面平整，轴线及坑、槽宽度长度均符合设计要求。并根据设计图纸绘制触探孔位平面布置图，如设计无特殊规定时，可按表 6-7 的规定执行。

探孔排列及要求　　　　**表 6-7**

槽　宽（m）	排列方式	间　距（m）	深　度（m）
<0.8	中心一排	1.0～1.5	1.5
0.8～2.0	两排错开	1.0～1.5	1.5
>2.0	梅花形	1.0～1.5	2.0

确定钎探点布置及顺序编号，标出方向及重要控制轴线，防止错打或漏打。如为独立基础时，基础的四个角底必须设触探钎孔。

将触探杆锥尖对准孔位，再把穿心锤套在触探杆上，扶正触探杆，拉起穿心锤，使其自由下落，锤落距为 500mm，将探杆竖直打入土层之中。

将钎杆每打入土中 300mm 时记录一次击锤数。钎探深度应符合设计要求，如无设计要求时按表 6-7 规定执行。记录时应用带色铅笔或符号将不同锤击数的探孔分记清楚。在探孔平面布置图上，注明过硬或过软的孔号位置，以便验槽时分析处理。

施工中如发现触探进行不下去，应请示技术负责人或监理工程师后适当移位。

打完的钎孔，经过质量验收无误后，即可进行灌砂处理。灌砂处理时，每灌入 300mm 可用平头钢筋棒捣实一次。

三、灰土地基的质量控制

（一）灰土的质量控制

灰土的土料可采用地基槽挖出的黏性土，但不得含有机杂质，表面耕植土不宜采用，土的粒径不宜大于 15mm。如当石灰和水泥或是水泥替代灰土中的石灰时，各种材料及配合比应符合设计要求，灰土应搅拌均匀。

用作灰土的熟石灰粒径不宜大于 5mm，并不得夹有未熟化的生石灰块和含有过多的水分。

（二）灰土地基的控制内容

灰土的配料应按体积比进行，除设计有特殊要求外，一般为3:7或2:8；铺设灰土前，须进行验槽，合格后方可铺设灰土。铺设前并应将基坑、基槽内的积水、淤泥清除干净，待干燥后再铺。

灰土地基分段施工时，不得在转角、柱墩及承重窗间墙下接缝。上下相邻两层灰土的接缝间距不得小于 500mm，接缝处的灰土应充分夯实。

每层灰土的虚铺厚度应根据压实工具或夯具的重量来确定，一般为 250mm 左右；每层灰土夯打遍数，应根据设计的干土质量密度在施工现场试验确定，一般应不少于 4 遍。压实后的灰土 3 天内不得受水浸泡，同时也应防止日晒和雨淋。

（三）灰土地基质量检验标准

灰土地基质量检验标准应符合表 6-8 的规定。

灰土地基质量检验标准　　**表 6-8**

项	序	检 查 项 目	允许偏差或允许值		检 验 方 法
			单 位	数 值	
主控项目	1	地基承载力	设计要求		按规定方法
	2	配合比	设计要求		按拌和时的体积比
	3	压实系数	设计要求		现场实测
一般项目	1	石灰粒径	mm	≤5	筛分法
	2	土料有机质含量	%	≤5	试验室焙烧法
	3	土颗粒粒径	mm	≤15	筛分法
	4	含水量（与要求的最优含水量比较）	%	±2	烘干法
	5	分层度偏差（与设计要求比较）	mm	±50	水准仪

四、砂及砂石地基的质量控制

（一）材料质量控制

砂及砂石地基宜采用质地坚硬的中砂、粗砂、碎石、砾砂、卵石等材料。所用的材料内不得含有草根、垃圾等有机杂质。碎石或卵石的最大粒径不宜大于 50mm。

（二）施工质量控制内容

砂石的级配应根据设计的要求或试验确定。人工制作的砂石地基应拌制均匀后再行铺填捣实。

分段施工时，接头处应做成斜坡，每层错开 0.5～1m，并应充分捣实。在铺设砂及砂石时，如地基底面深度不一致时，应预先挖成阶梯形式或斜坡形式，再以先深后浅的顺序施工。

（三）砂及砂石地基质量检验标准

砂及砂石地基质量检验标准应符合表 6-9 的规定。

砂及砂石地基质量检验标准 **表 6-9**

项	序	检验项目	允许偏差或允许值		检验方法
			单位	数值	
主控项目	1	地基承载力	设计要求		按规定方法
	2	配合比	设计要求		检查拌和时的体积比
	3	压实系数	设计要求		现场实测
一般项目	1	砂石料有机含量	%	≤5	焙烧法
	2	砂石料含泥量	%	≤5	水洗法
	3	石料粒径	mm	≤100	筛分法
	4	含水量（与要求的最优含水量比较）	%	±2	烘干法
	5	分层度偏差（与设计要求比较）	mm	±50	水准法

五、土工合成材料地基的质量控制

土工合成材料地基又称聚合物地基，系在软地基中或边坡上埋设土工织物作为加筋使之形成弹性复合体，起到排水反滤、隔离、加固和补强等方面的作用，以提高土体承载力，减少沉降和增加地基的稳定。

（一）材料质量控制

施工前应对土工合成材料单位面积的质量、厚度、比重等物理性能、强度、延伸率以及土、砂石料等做检验。土工合成材料以 $100m^2$ 为一批，每批抽查 5%。

土工织物一般用无纺织成的，即将聚合物原材料投入经过熔融挤压喷出纺丝，直接平铺成网，然后用粘合剂粘合，热压粘合或针刺结合等方法将网连接成布。用于岩土工程的宽度为 2～18m；重量大于或等于 $0.1kg/m^2$；开孔尺寸为 0.05～0.5mm，导水性不论垂直向或水平向，其渗透系数 $k \geqslant 10^{-2}cm/s$；抗拉强度 10～30kN/m，高强度的可达到 30～100kN/m。

（二）施工质量控制内容

在铺设土工合成材料前应将基土表面压实、修整平顺均匀，其高低差不大于 50mm；清除杂物、草根，表面凹凸不平的可铺设一层砂找平，砂层垫层厚度不宜小于 300mm，且用中砂，含泥量不大于 5%。当做路基铺设，表面应有 4%～5%的坡度。

土工合成材料须按其主要受力方向铺设，铺放时应用人工拉紧，没有皱折，且紧贴下承层，应随铺随及时压固，以免被风掀起。铺放时两端应有余量，富余量每端不少于 1000mm，并按设计要求加以固定。

相邻土工合成材料的连接，对土工格栅可采用密贴排放或重叠搭接，用聚合材料绳或特种连接件连接。对土工织物或土工膜可采用搭接或缝接。

当采用搭接法时，搭接长度 300～1000mm。一般情况下采用 300～500mm。荷载大、地形倾斜、基层极软，不小于 500mm，水下铺放不小于 1000mm。

当采用缝合时，采用尼龙或涤纶线将土工织物或土工膜双道缝合，两道缝线间距 10～25mm。

土工合成材料铺放时，不得有大面积的损伤破坏，对小的裂缝或孔洞，应在其上缝补新材料，新材料的面积不小于破坏面积的4倍，边长不小于1000mm。

回填土工合成材料地基的回填料为中、粗砾砂或细粒碎石时，在距土工合成材料80mm范围内，最大粒径应小于60mm，当采用黏性土时，填料应能满足设计要求的压实度并不含有对土工合成材料有腐蚀作用的成分。对于黏性土，含水量应控制在最佳含水量的±2%以内，密实度不小于最大密实度的95%。回填土应分层进行，每层填土的厚度应随填土的深度及所选压实机械性能而定。一般为100～300mm，但第一层厚度不小于150mm。

施工过程中应检查回填料铺设厚度及平整度、土工合成材料的铺设方向、接缝搭接长度或缝接状况，土工合成材料与结构的连接状况等。

（三）土工合成材料地基质量检验标准

土工合成材料地基质量检验标准应符合表6-10的规定。

土工合成材料地基质量检验标准 表6-10

项	序	检查项目	允许偏差或允许值		检验方法
			单位	数值	
主控项目	1	土工合成材料强度	%	≤5	置于夹具上做位伸试验（结果与设计标准相比）
	2	土工合成材料延伸率	%	≤3	
	3	地基承载力	设计要求		按规定方法
一般项目	1	土工合成材料搭接长度	mm	≥300	用钢尺量
	2	土石料有机质含量	%	≤5	焙烧法
	3	屋面平整度	mm	≤20	用2m靠尺
	4	每层铺设厚度	mm	±25	水准仪

六、粉煤灰地基的质量控制

施工前应检查粉煤灰材料，并对基槽清底状况、地质条件予以检验。粉煤灰宜选用Ⅰ级或Ⅱ级粉煤灰，细度分别不大于12%和20%。

施工过程中应检查铺筑厚度、碾压遍数、施工含水量控制、搭接区碾压程度、压实系数等。

粉煤灰地基质量检验标准应符合表6-11的规定。

粉煤灰地基质量检验标准 表6-11

项	序	检查项目	允许偏差或允许值		检验方法
			单位	数值	
主控项目	1	压实系数	设计要求		现场实测
	2	地基承载力	设计要求		按规定方法
一般项目	1	粉煤灰粒径	mm	0.001～2.0	过筛
	2	氧化铝及二氧化硅含量	%	≥70	试验室化学分析
	3	烧失量	%	≤12	试验室烧结法
	4	每层铺筑厚度	mm	±50	水准仪
	5	含水量（与最优含水量比较）	%	±2	取样后试验室决定

七、强夯地基的质量控制

强夯法是用起重机械吊起重 8~30t 的夯锤，从 6~30m 高处自由落下，给地基土以强大的冲击能量的夯击，从而提高地基承载力。它适用于加固碎石土、砂土、黏性土、湿陷性黄土、素土及杂填土等地基。

(一) 施工质量控制内容

1. 单点夯试验

在施工现场附近或场地内，选择有代表性的适当位置进行单点夯试验。试验点数量根据工程的实际需要确定，一般不得少于 2 点。并依据夯锤直径，用白灰粉画出试验点中心位置及夯击圆界限。

在夯击试验点界限外两侧，以试验中心点为原点，对称等间距埋设标高施测基准桩，基准桩应埋设在一条直线上，直线通过试验中心点，桩间距一般为 1m。在远离夯击试验区外架设水准仪，进行各观测点的水准测量，并做好记录。

平稳起吊夯锤至设计夯击高度，释放夯锤自由平稳落下，用水准仪对基准桩及夯锤顶部进行水准高程观测，并做好试验记录。

2. 施工参数确定

完成试夯及检测后，经分析试验数据来确定施工参数。施工参数包括有夯击高度、单点夯击次数、点夯施工遍数及满夯夯击能量、夯击次数、夯点搭接范围、满夯遍数。

① 平均夯击能。一般对砂质土取 500~1000kJ/m^2；对黏性土取 1500~3000kJ/m^2。夯击能过小，加固效果差，夯击能过大对于饱和黏性土，会破坏土体，降低强度。

② 夯击点布置及间距。大面积地基，一般可采用梅花形或正方形网格排列；对于条形基础，夯点可成行布置；对工业厂房独立柱，可按柱网设置单夯点。夯击间距取夯直径的 3 倍，一般为 5~15m，在实际操作中，第一遍夯点的间距宜大，以便夯击能向深度传递。

③ 夯击遍数及击数。一般情况下为 2~5 遍。前 2~3 遍为间夯，最后一遍以低能量进行满夯。每夯击点的夯击数为 3~10 击，开始 2 遍夯击数宜多些，随后各遍数逐渐减小，最后一遍只夯 1~2 击。

④ 两遍之间的间隔时间。一般时间间隔为 1~4 周，对黏性土或冲积土常为 3 周，若无地下水或地下水位在 5m 以下，可采取间隔 1~2d，或采取连续夯击不需间隔。

(二) 强夯地基质量检验标准

强夯地基质量检验标准应符合表 6-12 的规定。

强夯地基质量检验标准 表 6-12

项	序	检查项目	允许偏差或允许值		检验方法
			单位	数值	
主控项目	1	地基强度	设计要求		按规定方法
	2	地基承载力	设计要求		
一般项目	1	夯锤落距	mm	±300	钢索设标志
	2	锤重	kg	±100	称重

续表

项	序	检 查 项 目	允许偏差或允许值		检 验 方 法
			单 位	数 值	
一般项目	3	夯击遍数及顺序	设计要求		计数法
	4	夯点间距	mm	±500	用钢尺量
	5	夯击范围（超出基础范围距离）	设计要求		用钢尺量
	6	前后两遍间隔时间	设计要求		

八、振冲地基质量控制

振冲法，又称振动水冲法，是以起重机吊起振冲器，启动潜水电机带动偏心块，使振动器产生高频振动，同时启动水泵，通过喷嘴喷射高压水流，在边振边冲的共同作用下，将振动器沉到土中的预定深度，经清孔后，从地面向孔内逐段填入碎石，使在振动作用下被挤密实，当达到密实度后，即可提升振动器，进行下一段的施工。它是一种快速、经济、有效的加固方法。

（一）材料质量控制

桩体材料：可用含泥量不大于5%的碎石、卵石、矿渣或其他性能稳定的硬质材料，不宜使用风化易碎的石料。常用的填料粒径为：30kW振冲器20～80mm；55kW振冲器30～100mm；75kW振冲器40～150mm。

褥垫层材料：宜用碎石，级配良好，最大粒径不大于50mm。

（二）施工质量控制内容

1. 试桩

正式施工前在护桩或建筑非主要部位进行试桩。它的主要目的是：验证和熟悉设计确定的加密技术参数处理效果；设试施工机具，掌握施工工艺；确定制桩顺序。

2. 振冲造孔顺序方法

排方法：由一端开始，依次逐步冲孔到另一端结束。

间隔法：同一排孔采取隔一孔冲一孔。

包围法：有的称为帷幕法，先冲外围2～3圈或外排孔，然后再冲内圈或内排孔，采取隔圈或隔排依次向中心区冲孔。

3. 冲孔

冲孔时应符合下列规定：振冲器应对准桩位，偏差应小于50mm。先开启高压水泵，振冲器端口出水后再启动振冲器，待运转正常后开始冲孔。冲孔过程中振冲器应处于悬垂状态，要求振冲器下放速度小于或等于振冲贯入土层速度。冲孔速度宜为0.5～2.0m/min。

冲孔深度控制。冲孔深度可以小于设计桩深300mm，在此深度的情况下开始填料，振冲器带着填料向下贯入到设计深度，并开始加密。

冲孔后一边提升振动器一边冲水直至孔口，再次下放到孔的底部，重复两三次扩大孔径，并使孔内泥浆变稀，使冲孔达到顺直通畅。

4. 填料

连续填料：在制桩过程中，振冲器留在孔内，连续向孔内填料，直至充满振冲孔。

间断填料：填料时，将振冲器提出孔口，注入500mm一定量填料后，再将振冲器放入孔内振捣填料。一般用于8m以内孔深的施工。

强迫填料：利用振冲器的自重和振动力将上部的填料输送到孔下部需要填料的位置。

5. 加密

加密是振冲地基的关键环节，必须认真地加以控制。加密控制标准可分为三种形式：

填料控制法：加密过程中按每延米填入填料的数量控制。这种控制方法可能会造成沿冲孔深度不同土层中存在填料不足或富填，加密不甚理想。

电流控制法：它是指振冲器的电流达到设计确定的加密电流值。设计确定的加密电流是振冲器空载电流加某一增量电流值。在施工中由于不同振冲器的空载电流有差值，加密电流应做相应调整。30kW振冲器加密电流宜为45~60A，75kW振冲器为70~100A。

综合指标法：这种方法是加密电流、留振时间、加密段长度三种指标作为加密控制指标，可使加密质量更具保证。在相同加密电流和留振时间条件下，加密段长度大小对加密效果起着关键作用，加密段长度短效果好，加密段长度大效果差。一般来讲，留振时间宜为5~15s，加密段长度宜为200~500mm，加密水压为0.1~0.5MPa。

6. 桩顶标高控制

为保证桩头密实，宜在槽底标高以上预留200~500mm厚土层，碎石桩施工应达到设计桩顶标高以上200~500mm。

加密结束，应先关闭振冲器，后关闭高压水泵。

7. 开槽挖土铺褥垫层

桩体完成后，应将桩顶预留的松散桩体挖除。挖除时可采挖掘机，桩间土预留200mm保护土层采用人工挖除。如无预留时应将松散桩头压实，压实系数要达到0.94~0.97。

加固区的振冲桩施工完毕，在振冲最上1m左右时，由于土覆压力小，桩的密度难以达到保证，所以应预挖去另做垫层处理。

（三）质量检验标准

振冲地基质量检验标准应符合表6-13的规定。

振冲地基质量检验标准　　表6-13

<table>
<tr><th rowspan="2">项</th><th rowspan="2">序</th><th rowspan="2" colspan="2">检查内容</th><th colspan="2">允许偏差或允许值</th><th rowspan="2">检验方法</th></tr>
<tr><th>单位</th><th>数值</th></tr>
<tr><td rowspan="5">主控项目</td><td>1</td><td colspan="2">填料粒径</td><td colspan="2">设计要求</td><td>抽样检查</td></tr>
<tr><td rowspan="3">2</td><td rowspan="2">30kW振冲器</td><td>密实电流（黏性土）</td><td>A</td><td>50~55</td><td rowspan="2">电流表读数</td></tr>
<tr><td>密实电流（砂土或粉土）</td><td>A</td><td>40~50</td></tr>
<tr><td>其他振冲器</td><td>密实电流</td><td>A</td><td>(1.5~2.0) A_0</td><td>电流表读数 A_0为空振电流</td></tr>
<tr><td>3</td><td colspan="2">地基承载力</td><td colspan="2">设计要求</td><td>按规定法</td></tr>
<tr><td rowspan="5">一般项目</td><td>1</td><td colspan="2">填料含泥量</td><td>%</td><td><5</td><td>抽样检查</td></tr>
<tr><td>2</td><td colspan="2">振冲器喷水中心与孔径中心偏差</td><td>mm</td><td>≤50</td><td rowspan="3">用钢尺量</td></tr>
<tr><td>3</td><td colspan="2">成孔中心与设计孔位中心偏差</td><td>mm</td><td>≤100</td></tr>
<tr><td>4</td><td colspan="2">桩体直径</td><td>mm</td><td><50</td></tr>
<tr><td>5</td><td colspan="2">孔深</td><td>mm</td><td>±200</td><td>量钻杆或重测</td></tr>
</table>

九、水泥土（喷浆）搅拌地基

（一）材料质量控制

水泥：应采用32.5强度等级的普通硅酸盐水泥和矿渣硅酸盐水泥。要求无结块，并且是强度和安定性检验合格的产品。

粉煤灰：宜选用Ⅰ级或Ⅱ级粉煤灰。

砂子：用中砂或粗砂，含泥量小于5%。

外加剂：经取样复验合格的三乙醇胺、氯化钙、碳酸钠或水玻璃等材料。掺入量应分别为水泥质量的0.05%、2%、0.5%、2%。也可采用木质素磺酸钙减水剂，掺入量为水泥质量的0.2%。

（二）施工质量控制内容

1．定桩位

按水泥土桩位平面图，测设桩位轴线、定位点，用ϕ25钢筋在桩位处扎入深度不小于300mm的孔，灌入白灰浆并插上钢筋标识桩位。所有桩位放完后应进行检查验收，办理预检手续。如在基坑内施工时，边坡应外扩不小于1000mm，以利边角桩的施工。

2．配制浆液

湿法施工时应先按照确定的配合比拌制浆液，浆液在灰浆搅拌机中应不断地搅拌，直至送浆前。搅拌浆液的水泥应过筛，制备好的浆液不得产生离析现象。

3．钻机就位

泥浆搅拌机移至桩位对中。为保证桩位的准确性，必须使用定位卡，桩位对中误差应不大于50mm。导向架和搅拌轴必须与地面垂直，垂直度偏差不得超过1.5%。

4．预搅拌

启动搅拌钻机，钻头边旋转边下沉钻进，钻至设计标高后停钻。

如为湿作业时，待深层搅拌机冷却水循环正常后，启动搅拌机放松起重机钢丝绳，使搅拌机沿导向加搅拌切土下沉，下沉速度可由电机的电流监测表控制。工作电流不应大于70A。

干法作业时，钻头钻进时喷射压缩空气，以免堵塞喷射口。当钻至距设计标高以上1.5m，应即时启动粉喷机提前进行粉喷作业。在地基土天然含水量小于30%土层中喷粉成桩时，应采用地面注水搅拌工艺。

预拌下沉时也可采用喷浆或喷粉的施工工艺，但必须确保全桩长上下至少再重复搅拌一次。湿法作业时，要先开动灰浆泵，证实浆液从喷嘴喷出时启动搅拌机向下旋转钻进，并连续喷射灰浆，钻进速度一般为1.0m/min，转速60r/min左右，喷浆压力控制在1.0～1.4MPa，喷浆量控制在30L/min，下沉到设计深度后喷浆30s再提升起。干法作业在钻进不小于500mm的深度再开启粉喷机进行喷粉作业。

为了保证桩体质量，当湿作业的搅拌头下沉到设计深度后，开启灰浆泵将浆液送入桩底，当浆液到达出浆口后，自桩底反向旋转，喷浆搅拌30s，再开始提升搅拌头，边喷浆边匀速搅拌提升。干法作业钻进下沉到设计深度后，开启粉喷机将粉体送入桩底，自桩底反向旋转，边喷粉边匀速搅拌提升。提升时，搅拌头每旋转一周，其提升高度不得超过16mm。搅拌头距地面300～500mm时关闭粉体发射器，停止向土体喷射加固材料。按照设计要求的次数，重复上述过程。如果喷浆或喷粉量已经达到设计要求后，只需复拌而不再喷浆或喷粉作业。

冬期施工时要求水泥浆进钻温度不得低于5℃。并且已施桩应做好保温工作，尤其是清除桩间保护土层后要及时地用岩棉被或草苫进行覆盖桩位。

（三）质量检验标准

水泥土（喷浆）搅拌桩地基质量检验标准应符合表6-14的规定。

水泥土（喷浆）搅拌桩地基质量检验标准　表6-14

项	序	检查项目	允许偏差或允许值		检验方法
			单位	数值	
主控项目	1	水泥及外加剂质量	符合出厂要求		检查合格证或抽样结果
	2	水泥用量	设计要求		查看流量表及泥浆配比
	3	桩体强度或完整性检验	设计要求		按规定方法
	4	地基承载力	设计要求		
一般项目	1	钻孔位置	mm	≤50	用钢尺量
	2	钻孔垂直度	%	≤1.5	经纬仪实测
	3	孔深	mm	±200	用钢尺量
	4	注浆压力	按设定参数指标		查看压力表
	5	桩体搭接	mm	>200	用钢尺量
	6	桩体直径	mm	≤50	开挖后用钢尺量
	7	桩身中心允许偏差		≤0.2D	挖后桩顶下500mm处用钢尺量。D为桩径

十、水泥粉煤灰碎石桩复合地基

该地基是近几年处理软弱地基的一种新方法，简称为CFG桩。它是在碎石桩的基础上掺入适量石屑、粉煤灰和少量水泥，加水拌和后制成具有一定强度的桩体。

（一）材料质量控制

水泥：应选用32.5强度等级的普通硅酸盐或矿渣硅酸盐水泥。

砂子：采用中砂或粗砂，含泥量不大于5%，且泥块含量不大于2%。

石子：碎石，粒径5～20mm，含泥量为大于2%。

粉煤灰：选用Ⅰ级或Ⅱ级粉煤灰，细度分别不大于12%和20%。

外加剂：泵送剂、早强剂、减水剂。根据施工需要通过试验确定。

（二）施工质量控制内容

1. 定位与钻孔

按照CFG桩位平面图，测设桩位轴线、定位点，用ϕ25钢筋在桩位处扎入深度不小于300mm的孔，并用白灰浆灌入孔内，用钢筋标识桩位。

桩机就位前进行孔位复核。进行预检时，钻尖与桩点偏移不得大于10mm，并采用双向锤法将钻杆调整垂直，慢速开孔。

钻进速度应根据土层情况来确定：杂填土、黏性土、砂卵石层为0.2～0.5m/min；素填土、黏性土、粉土、砂层为1.0~1.5m/min。施工前应根据试钻结果进行调整。钻出的土应随钻随清理，钻至设计标高时，应将钻杆导正器打开，以便清除钻杆周围的土。

钻到桩底设计标高时，由质检员终孔验收后，进行压灌混凝土。

2. 混凝土拌制和输送

根据设计的混凝土强度等级，按照试验单位提供的配合比配制混凝土，其坍落度应为180~200mm。冬期施工时，当气温低于-5℃应加适量防冻剂，并采用热水拌制，保证浇筑混凝土的温度不低于5℃。

当必须采用预拌混凝土要求时，不得在现场拌制混凝土。

混凝土泵与钻机间的距离一般在60m内为宜，并应尽量减少弯道。

混凝土的泵送尽可能连续进行，当钻机移位时，地泵料斗内的混凝土应连续搅拌，泵送时，应保持斗内混凝土的高度不得低于400mm。

3. 开槽挖土

CFG桩施工完毕，待桩体达到一定强度时可进入开槽施工。开槽施工采用人工挖槽方法，这样可有效地防止桩体和桩间土产生不良影响。如果桩顶预留土较多，开挖面积大可采用机械人工联合开挖，但是在开挖的过程中，不能对设计标高以下的桩体产生任何损害；对中高灵敏土，尽量避免扰动桩间土。

设计桩顶标高以上应预留50~100mm厚土层，待验槽合格后方可用人工开挖至设计标高处。

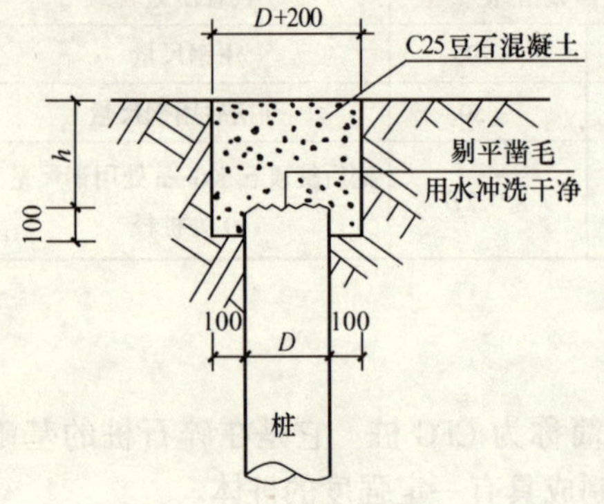

图6-8 接桩示意图

4. 桩头处理

基槽开挖至设计标高后，多余的桩头需要剔除。剔除时：应找出桩顶标高位置；采用钢钎等剔除工具沿桩周向桩心逐次剔除多余的桩头，直到设计的标高，并把桩顶凿成水平面状。

当桩头质量不符合要求时或者桩体断裂在设计标高以下时，必须采取补救措施。可采用C25强度等级的豆石混凝土接至设计桩顶标高，如图6-8所示。

桩头处理后，桩间土和桩头处应在同一平面。

5. 铺设垫层

桩头处理结束后即可进行垫层铺设。铺设垫层所用材料为级配砂石或是中、粗砂，限制最大粒径不超过30mm。垫层厚度一般为100~300mm。常用的是150~200mm。垫层的宽度要比基础宽度大，其宽出的部分不宜小于垫层的厚度。

垫层虚铺厚度可用下式进行控制：

$$H = \frac{h}{\lambda}$$

式中 H——垫层虚铺厚度（mm）；

h——设计垫层的厚度（mm）；

λ——夯实度，一般取0.87~0.9。

（三）水泥粉煤灰碎石桩复合地基检验质标准

水泥粉煤灰碎石桩复合地基检验质标准应符合表6-15的规定。

水泥粉煤灰碎石桩复合地基检验质标准　　表 6-15

项	序	检查内容		允许偏差或允许值 单位	数据	检验方法
主控项目	1	原材料		设计要求		产品合格证及见证检验结果
	2	桩　径		mm		用钢尺量或计算填料量
	3	桩身强度		设计要求		查 28d 试块强度
	4	地基承载力		设计要求		按规定的方法
一般项目	1	桩身完整性		按桩基检测技术规范		按桩基检测技术规范
	2	桩位偏差	满堂布桩		$\leqslant 0.40D$	用钢尺量
			条基布桩		$\leqslant 0.25D$	
	3	桩垂直度		%	$\leqslant 1.5$	用经纬仪测桩管
	4	桩　长		mm	+100	测桩管长度或垂球测孔深
	5	褥垫层夯填度			$\leqslant 0.9$	用钢尺量

第三节　桩基础及基坑工程质量控制

在建筑荷载比较大、地基的软弱土层比较厚，采用浅基础不能满足设计要求时，常采用桩基础。桩基础是由桩身和连接于桩顶的承台两部分组成。桩基础的作用是将上部结构的荷载通过桩身与桩尖传至深层较硬的地基持力层。它的最大功能就是能承受较大的荷载和减少建筑的不均匀沉降，而且还能对地基有挤密作用。

基坑工程是指建筑物地下部分施工时，需开挖基坑，进行施工降水和基坑周边的围护，确保正常、安全施工的一项综合性工程。

一、桩基础工程

(一) 桩的分类

桩基础是广义的深基础的一种结构形式，根据使用材料、构造形式和施工技术等条件的差异，有着不同的分类方法。

1. 按桩身材料分

按照桩身的使用材料，桩基础可分为钢筋混凝土桩、钢桩和组合材料桩。

2. 按承载性能分

① 摩擦型。这种桩是在极限承载力状态下，桩顶荷载全部或主要由桩侧阻力来承受。摩擦型桩又可分为纯摩擦桩和端承摩擦桩两类。前者桩尖部分荷载很小，一般不超过整个荷载的 10%；后者是桩顶荷载主要由桩侧阻力来承受，即在外荷载作用下，桩端阻力和侧壁摩擦力都同时发挥各自的作用。

② 端承型。端承桩分端承桩和摩擦端承桩。端承桩是指在极限承载力状态下，桩顶荷载由桩端阻力承受的桩，它不考虑桩侧摩擦阻力的作用。摩擦端承桩是指在极限承载力条件下，桩顶荷载主要由桩端阻力承受的桩。

3. 按制作工艺分

按照桩身制作时的方法，分为预制桩、灌注桩和搅拌桩。预制桩是预先制作成型，再采用施工机械沉入土中；灌注桩则与预制桩相反，它是在设计的桩位上先成孔，然后放入钢筋笼，再浇灌混凝土；搅拌桩有水泥搅拌桩和水泥粉体喷射搅拌桩等类型。

除了上面介绍的这三种外，还有按桩体对土体的影响程度分、桩径大小分、横截面形式、高承台和低承台桩等分类。

（二）一般规定

1. 桩位的放样

桩基轴位的放线，应以国家级三角网控制点引入，并应多次测量复合。桩基轴位的定位点，应设置在不受桩基础施工影响处。

为了控制桩基础施工的标高，应在施工地区附近设置水准基点，一般要求不少于两个。

依据设计详图中的桩位，按沉桩顺序将桩逐一排码编号，根据桩号所对应的轴线，按尺寸要求放桩位线。

桩位放样的允许偏差应符合下列规定：

群桩：20mm；

单排桩：10mm。

2. 桩基工程的桩位验收

桩基工程的桩位验收，除设计有规定外，应按下述要求进行：

当桩顶设计标高与施工现场标高相同时，或桩基础工程结束后，有可能对桩位进行检查时，桩基工程的验收应在施工结束后进行。

当桩顶设计标高低于施工现场地面的标高，送桩后无法对桩位进行验收时，对打入桩可在每根桩桩顶沉至场地标高时，进行中间验收，待全部桩施工结束，承台或底板开挖到设计标高后，再做最终验收。对于灌注桩可对护筒位置做中间验收。

3. 打入桩的桩位偏差

打（压）入的预制混凝土主桩、先张法预应力管桩、钢桩的桩位偏差，必须符合表6-16 的规定。斜桩倾斜度的偏差不得大于倾斜角正切值的 15%（倾斜角系桩的纵向中心线与铅垂线间的夹角）。

灌注桩的平面位置和垂直度的偏差应符合表 6-17 的规定。桩顶标高至少要比设计标高高出 500mm，桩底清孔质量按不同的成桩工艺有不同的要求，应按各桩的具体要求执行。每灌注 50m^3 时必须制作一组混凝土试件，小于 50m^3 的桩，每根桩必须有一组混凝土试件。

打入桩桩位的允许偏差（mm） **表 6-16**

序	项 目		允许偏差
1	盖有基础梁的桩	(1) 垂直基础梁的中心线	$100+0.01H$
		(2) 沿基础梁的中心线	$150+0.01H$
2	桩数为 1～3 根桩基中的桩		100
3	桩数为 4～16 根桩基中的桩		1/2 桩径或边长
4	桩数大于 16 根桩中的桩	(1) 最外边的桩	1/3 桩径或边长
		(2) 中间桩	1/2 桩径或边长

注：H 为施工现场地面标高与桩顶设计标高的距离。

灌注桩的平面位置和垂直度的偏差　表 6-17

序	成孔方法		桩径允许偏差（mm）	垂直度允许偏差（%）	桩位允许偏差（mm）	
					1～3 根、单排桩基垂直于中心线方向和群桩基础的边桩	条形桩基沿中心线方向和群桩基础的中间桩
1	泥浆护壁灌注桩	$D \leqslant 1000$mm	±50	<1	$D/6$，且不大于 100	$D/4$，且不大于 150
		$D > 1000$mm	±50		$100+0.01H$	$150+0.01H$
2	套管成孔灌注桩	$D \leqslant 500$mm	−20	<1	70	150
		$D > 500$mm			100	150
3	干成孔灌注桩		−20	<1	70	150
4	人工挖孔桩	混凝土护壁	+50	<0.5	50	150
		钢套管护壁	+50	<1	100	200

注：1. 桩径允许偏差的负值是指个别断面。
2. 采用复打、反插法施工的桩，其桩径允许偏差不受上表限制。
3. H 为施工现场地面标高与桩顶设计标高的距离，D 为设计桩径。

4. 桩的检验及抽样

工程桩应进行承载力检验。对于地基基础设计等级为甲级或地质条件复杂，成桩质量可靠性低的灌注桩，应采用静载荷载试验的方法进行检验，检验桩数不应少于总数的 1%，且不少于 3 根，当总桩数少 50 根时，可不少于 2 根。

对桩身质量进行检验，设计等级为甲级或地质条件复杂，成桩质量可靠性低的灌注桩，抽检数量不应少于总数的 30%，且不应少于 20 根；其他桩基工程的抽检数量不应少于总数的 20%，且不少于 10 根；对混凝土预制桩及地下水位以上且终孔后经过核验的灌注桩，检验数量不应少于总桩数的 10%，且不得少于 10 根，每个柱子承台下不得少于 1 根。

所有的主控项目应全部检验；对于一般项目，除已明确规定外，其他可按 20% 抽查，但混凝土灌注桩应全部检查。

二、静力压桩工程施工质量控制

这种结构适应于软土、填土及一般黏性土层，特别适合于居民稠密的地区沉桩。但不宜用于地下有较多孤石、障碍物或有 2m 的中密度以上夹砂层的地理条件。

（一）材料质量控制

1. 预制桩材料

钢筋：静压法沉桩时最小配筋率不宜小于 6%，主筋直径不宜小于 $\phi 14$，钢筋见证检测结果必须符合质量技术标准的规定。

混凝土：混强度等级不应低于 C30。

2. 施工材料

钢板：一般宜用低碳钢。

电焊条：电焊条应符合施工规范要求，一般采用 E43。

硫磺胶泥：配合比应通过试验确定。

(二) 施工质量控制内容

1. 定位及试桩

应对打桩附近有防震要求的建筑物采取防震措施。桩基的轴线桩的水准基点桩已设置完毕，并经过复验办理签证手续。每根桩的桩位已做了标志。在打桩施工区附近设置控制桩与水准点，不少于2个，其位置一般应距施工地点40m以外；轴线控制桩应设置在距外墙桩5~10m处，以控制桩基线及标高。

正式压桩前应先试桩，试桩数量不少于2根，以确定贯入度及桩长，并校验打桩设备和施工工艺技术措施是否符合要求。

2. 插桩及压桩

将预制桩吊至静压桩机夹具中，对准桩位，夹紧并放入土中，移动静压机调节桩垂直度，符合要求后将静压桩机调至水平并稳定。预制桩的混凝土抗压强度值应达到强度等级的70%时方可能起吊；达到设计强度值100%才准进行压桩施工。

当桩被吊到夹桩钳口后，将桩缓慢下降至桩尖离地面100mm为止，然后夹紧桩身，微调压桩机使桩尖对准桩位，并将桩压入土中500~1000mm，然后暂停下压，从两个正交侧面校正桩身垂直度，待将其偏差校正小于0.5%时方能正式压桩。

施压过程中应保证桩的轴心受压，始终保持桩帽、上下节桩、送桩的轴线重合，如有偏差，要及时调整。

压桩过程中应检查压力、桩的垂直度、接桩间歇时间，桩的连接质量及压入深度。

3. 桩的连接

如需接桩，可压桩顶离地面800~1000mm，用硫磺胶泥、砂浆锚接，一般在下部桩留ϕ50锚孔，上部桩顶应伸出锚筋，长15~20d，硫磺胶泥、砂浆接桩材料和锚接方法同锤击法，但接桩时避免桩端停在砂土层上。接桩表面应干净，浇筑时间不超过2min，上下桩中心线应对齐，偏差不大于10mm，节点矢高不得大于1‰桩长。

采用硫磺胶泥时，使上下两节桩保持200~250mm的间隙，在下节桩四侧箍上特制的夹箍，及时将熔融的硫磺胶泥注入预留孔内，直到溢出孔外至桩顶整个平面，送下上节桩使两端贴合，等硫磺胶泥自然冷却5~10min后，拆除夹箍继续压桩。

采用焊接接桩时，应先将四周点焊固定，然后对称焊接。

采用法兰接桩时，上下节桩之间应用石棉或纸衬垫，拧紧螺母，经过压桩机施加压力后再复拧一次，并将螺母焊接牢固。

4. 终止压桩

终止压桩时应按下列规定进行。

对于摩擦桩，应按设计桩长进行控制。这种控制方法是在施前先按设计桩长试压，待停置24h后，用与桩的设计极限承载力相等的终压力进行复压，如果桩在复压时几乎不动，即可依此进行控制。

对于端承摩擦桩或摩擦端承桩，按终压力值进行控制。对于桩长大于21m的端承摩擦桩，终压力值一般取桩的设计极限承载力。当桩的四周土质为黏性土时，终压力可按设计极限承载力的0.8~0.9倍取值；当桩的长度在14~21m时，终压力按设计极限承载力的1.1~1.4倍取值。当桩长小于14m时，终压力按设计极限承载力的1.4~1.6倍取值，其中对小于8m的超短桩，可按0.6倍取值。

超载压桩时，一般不宜采用满载荷连续复压的方法，但必要时可以进行复压，复压的次数不宜超过2次，且每次稳压时间不宜超过10s。

（三）质量检验标准

静力压桩的质量检验标准应符合表6-18的规定。

静力压桩的质量检验标准 表6-18

项	序	检查项目			允许偏差及允许值		检验方法
					单位	数值	
主控项目	1	桩体质量检验			按桩基检测技术规范		按桩基检测技术规范
	2	桩位偏差			按表6-15规定		用钢尺量
	3	承载力			按桩基检测技术规范		按桩基检测技术规范
一般项目	1	成品桩质量		外观	表面平整，颜色均匀，掉角深度<100mm，蜂窝面积小于总面积0.5%		观察
				外形尺寸	规范要求值		直观
				强度	满足设计要求		合格证或钻芯检验
	2	硫磺胶泥质量			设计要求		合格证及送检
	3	接桩	电焊接桩	焊缝质量	符合表6-22的规定		焊规检查
				焊后停歇时间	min	>1.0	秒表测定
			硫磺胶泥接桩	浇筑时间	min	<2	秒表测定
				浇后停歇时间	min	>7	
	4	电焊条质量			设计要求		查产品合格证
	5	压桩压力（有设计要求）			%	±5	查压力表读数
	6	接桩上下平面偏差			mm	<10	用钢尺量
		接桩节点弯曲矢高				<1/1000l	用钢尺量，l为两节桩长
	7	桩顶标高				±50	水准仪

三、混凝土预制桩质量控制

混凝土预制桩是建筑工程上应用最多的一种桩型，它适用于工业与民用建筑基础。它的最大优点就是能在工厂中制造，不占工期，质量易于保证，单桩承载力大，沉桩效率高等。

（一）施工质量控制

1. 桩的定位

桩基的轴线和标高均已测定正确，并经检查办理预检手续，桩基的轴线和高程的控制桩已设置正确。

根据轴线放出桩位线，并用白灰做出标志。

2. 试桩

正式施工前应进行试桩，其数量不少于2根，确定贯入度和校验打桩设备和检验技术措施。

3. 桩机就位

打桩机就位时，应对准桩位，保证垂直、稳定，确保在施工过程中不发生倾斜、移动。打桩前，应用两台经纬仪对打桩机的垂直度进行调整，使导杆垂直或达到设计要求的角度。

4. 插桩

桩尖插入桩位后，先用落距较小冷锤 1~2 次，桩入土一定深度，再调整桩锤、桩帽、桩垫及打桩机的导杆。10m 以内短桩可用铅垂线坠双向校正，10m 以上或打接桩必须用经纬仪双向校正；打桩时必须用角度仪测定，校正角度。桩插入土时的垂直度偏差不得超过 0.5%。

桩在打入前，应在桩的侧面或桩架上设置标尺，以便在施工中观测记录。

5. 打桩

用落锤或单动汽锤打桩时，锤的最大落距不宜超过 1000mm；用柴油锤打桩时，应使锤跳动正常。打桩时应采用重锤低击的方法。

打桩顺序可根据基础的设计标高，先深后浅；依据桩的规格是先大后小，先长后短。由于桩的密集程度不同，可由中间向两个方向对称进行或向四周扩展进行。

打入初期应缓慢地间断地试打，在确认桩中心位置及角度无误后再转入正常施打。

打桩过程中，遇到下列情况时应暂停施工，并及时同有关单位研究处理和制定方案。

① 贯入度剧变；

② 桩顶或桩身出现破碎或者是严重裂缝；

③ 桩身突然发生倾斜、位移或严重回弹。

6. 桩的连接

焊接接桩时，其预埋件表面应清洁，上下节之间的间隙应用铁片垫实焊牢。施焊时，先将四角点焊固定，然后对称焊接。焊缝质量应符合规定，不得产生焊缝变形。当温度为 0℃以下时须停止焊接作业，否则需采取预热焊接措施。

浆锚接桩法时，接头间隙内应填满熔化了的硫磺胶泥，硫磺胶泥的温度应控制在 145℃左右。接桩后应停歇至少 7min 后才能继续打桩。

接桩时，一般距地面 1000mm 左右进行。上下节桩的中心线偏移不得大于 5mm，节点弯曲矢高不得大于 1/1000 桩长。接桩处入土前应对外露铁件进行防腐处理。

接桩时，桩的接头应尽量避免在下述位置：

① 桩尖刚达到硬土层的位置；

② 桩尖将穿透硬土层位置；

③ 桩身承受较大弯矩的位置。

7. 检查验收

预制桩打入深度以最后贯入度及桩尖标高为准，如两者不能同时满足要求时，首先应满足最后贯入度。紧硬土层中，每根桩已打到贯入度要求，而桩尖标高进入持力层未达到设计标高，应根据实际情况与设计单位会商确定。一般要求继续击 3 阵，每阵 10 击的平均贯入度，不应大于规定的数值。

每根桩桩顶打至场地标高时应进行中间验收，待全部桩打完后，开挖至设计标高，做最后检查验收。

（二）混凝土预制桩的质量检验标准

1. 预制桩钢筋骨架质量检验标准

混凝土预制桩在现场预制时，应对钢材、骨架、混凝土强度进行检查；采用工厂生产的成品桩时，桩进入到施工现场后应进行外观及尺寸检查验收。

预制桩钢筋骨架质量检验标准应符合表6-19的规定。

预制桩钢筋骨架质量检验标准（mm）　　**表6-19**

<table>
<tr><th>项</th><th>序</th><th>检查项目</th><th>允许偏差及允许值</th><th>检查方法</th></tr>
<tr><td rowspan="4">主控项目</td><td>1</td><td>主筋距桩顶距离</td><td>±5</td><td rowspan="4">用钢尺量</td></tr>
<tr><td>2</td><td>多节桩锚固钢筋位置</td><td>5</td></tr>
<tr><td>3</td><td>多节桩预埋铁件</td><td>±3</td></tr>
<tr><td>4</td><td>主筋保护层厚度</td><td>±5</td></tr>
<tr><td rowspan="5">一般项目</td><td>1</td><td>主筋间距</td><td>±5</td><td rowspan="5">用钢尺量</td></tr>
<tr><td>2</td><td>桩尖中心线</td><td>10</td></tr>
<tr><td>3</td><td>箍筋间距</td><td>±20</td></tr>
<tr><td>4</td><td>桩顶钢筋网片</td><td>±10</td></tr>
<tr><td>5</td><td>多节桩锚固钢筋长度</td><td>±10</td></tr>
</table>

2. 钢筋混凝土预制桩的质量检验标准

施工中应对桩体垂直度、沉桩情况、桩顶完整状况、接桩质量等进行检查；对电焊接桩，重要工程应做10%的焊缝探伤检验。

钢筋混凝土预制桩的质量检验标准应符合表6-20的规定。

钢筋混凝土预制桩的质量检验标准　　**表6-20**

<table>
<tr><th rowspan="2">项</th><th rowspan="2">序</th><th rowspan="2" colspan="2">检查项目</th><th colspan="2">允许偏差及允许值</th><th rowspan="2">检查方法</th></tr>
<tr><th>单位</th><th>数值</th></tr>
<tr><td rowspan="3">主控项目</td><td>1</td><td colspan="2">桩体质量检验</td><td colspan="2">按基桩检测技术规范</td><td>按基桩检测技术规范</td></tr>
<tr><td>2</td><td colspan="2">桩位偏移</td><td colspan="2">按表6-15规定</td><td>用钢尺量</td></tr>
<tr><td>3</td><td colspan="2">承载力</td><td colspan="2">按基桩检测技术规范</td><td>按基桩检测技术规范</td></tr>
<tr><td rowspan="9">一般项目</td><td>1</td><td colspan="2">现场原材料质量</td><td colspan="2" rowspan="2">符合设计要求</td><td>查质保书及送检结果</td></tr>
<tr><td>2</td><td colspan="2">现场混凝土配合比</td><td>查称量及试块结果</td></tr>
<tr><td>3</td><td colspan="2">成品桩外形</td><td colspan="2">表面平整，颜色均匀，掉角深度 < 10mm，蜂窝面积小于总面积0.5%</td><td>直观检查</td></tr>
<tr><td>4</td><td colspan="2">成品桩裂缝</td><td colspan="2">深度 < 20mm，宽度 < 0.25mm，横向裂缝不超过边长的一半</td><td>裂缝测定仪</td></tr>
<tr><td rowspan="5">5</td><td rowspan="5">成品桩尺寸</td><td>横截面边长</td><td>mm</td><td>±5</td><td rowspan="5">用钢尺量
l为桩长</td></tr>
<tr><td>桩顶对角线差</td><td>mm</td><td><10</td></tr>
<tr><td>桩尖中心线</td><td>mm</td><td><10</td></tr>
<tr><td>桩顶平整度</td><td>mm</td><td><2</td></tr>
<tr><td>桩身弯曲矢高</td><td colspan="2"><1/1000l</td></tr>
</table>

续表

<table>
<tr><th rowspan="2">项</th><th rowspan="2">序</th><th rowspan="2" colspan="2">检 查 项 目</th><th colspan="2">允许偏差或允许值</th><th rowspan="2">检 查 方 法</th></tr>
<tr><th>单 位</th><th>数 值</th></tr>
<tr><td rowspan="8">一般
项目</td><td rowspan="4">6</td><td rowspan="4">电焊接桩</td><td>焊缝质量</td><td colspan="2">按钢桩施工质量标准</td><td>按钢桩施工质量检查</td></tr>
<tr><td>焊后停歇时间</td><td>min</td><td>>1.0</td><td>秒表测定</td></tr>
<tr><td>上下节平面偏差</td><td>mm</td><td><10</td><td>用钢尺量</td></tr>
<tr><td>节点弯曲矢高</td><td></td><td><1/1000l</td><td>用钢尺量，l 为桩长</td></tr>
<tr><td rowspan="2">7</td><td rowspan="2">胶接</td><td>胶泥浇筑时间</td><td>min</td><td><2</td><td>秒表测定</td></tr>
<tr><td>浇后停歇时间</td><td>min</td><td>>7</td><td>秒表测定</td></tr>
<tr><td>8</td><td colspan="2">桩顶标高</td><td>mm</td><td>±50</td><td>水准仪</td></tr>
<tr><td>9</td><td colspan="2">停锤标准</td><td colspan="2">设计要求</td><td>现场实测或查沉桩记录</td></tr>
</table>

四、钢桩施工质量控制

(一) 施工质量控制内容

施工前应检查进入现场的成品钢桩，成品桩的质量标准应符合表 6-21 的规定。

成品钢桩质量检验标准 **表 6-21**

<table>
<tr><th rowspan="2">项</th><th rowspan="2">序</th><th rowspan="2" colspan="2">检 查 项 目</th><th colspan="2">允许偏差及允许值</th><th rowspan="2">检 查 方 法</th></tr>
<tr><th>单 位</th><th>数 值</th></tr>
<tr><td rowspan="3">主控
项目</td><td rowspan="2">1</td><td rowspan="2">钢桩外径或断面尺寸</td><td>桩端</td><td></td><td>±0.5%D</td><td rowspan="2">用钢尺量
D 为外径或边长</td></tr>
<tr><td>桩身</td><td></td><td>±1D</td></tr>
<tr><td>2</td><td colspan="2">矢 高</td><td></td><td><1/1000l</td><td>用钢尺量，l 为桩长</td></tr>
<tr><td rowspan="5">一
般
项
目</td><td>1</td><td colspan="2">长 度</td><td>mm</td><td>+10</td><td>用钢尺量</td></tr>
<tr><td>2</td><td colspan="2">端部平整度</td><td>mm</td><td>≤2</td><td>用水平尺量</td></tr>
<tr><td rowspan="2">3</td><td rowspan="2">H 钢桩方正度</td><td>h>300</td><td>mm</td><td>Σ≤8</td><td rowspan="2">用钢尺量</td></tr>
<tr><td>h<300</td><td>mm</td><td>Σ≤6</td></tr>
<tr><td>4</td><td colspan="2">端部平面与桩中心线的倾斜角</td><td>mm</td><td>≤2</td><td>有水平尺量</td></tr>
</table>

注：表中 Σ 为桩两边不平整度之和。

施工中应检查钢桩的垂直度、沉入过程、电焊连接质量、电焊后的停歇时间、桩顶顶击后的完整情况。电焊焊缝质量除常规检查外，还应抽 10%焊缝做探伤检查。

桩施工结束后，要根据基桩检验技术标准和检验方法进行承载力检测。

(二) 钢桩施工质量检验标准

钢桩施工质量检验标准应符合表 6-22 的规定。

钢桩施工质量检验标准 **表 6-22**

<table>
<tr><th rowspan="2">项</th><th rowspan="2">序</th><th rowspan="2" colspan="3">检 查 项 目</th><th colspan="2">允许偏差或允许值</th><th rowspan="2">检 查 方 法</th></tr>
<tr><th>单 位</th><th>数 值</th></tr>
<tr><td rowspan="2">主控项目</td><td>1</td><td colspan="3">桩位偏差</td><td colspan="2">见表 6-15 规定</td><td>用钢尺量</td></tr>
<tr><td>2</td><td colspan="3">承载力</td><td colspan="2">按基桩检测技术规范</td><td>按基桩检测技术规范</td></tr>
<tr><td rowspan="11">一般项目</td><td rowspan="7">1</td><td rowspan="7">电焊接桩焊缝</td><td rowspan="2">上下节错口（mm）</td><td>外径≥700</td><td>mm</td><td>≤3</td><td rowspan="2">用钢尺量</td></tr>
<tr><td>外径＜700</td><td>mm</td><td>≤2</td></tr>
<tr><td colspan="2">焊缝咬边深度</td><td>mm</td><td>≤0.5</td><td rowspan="3">焊缝检测仪</td></tr>
<tr><td colspan="2">焊缝加强层高度</td><td>mm</td><td>2</td></tr>
<tr><td colspan="2">焊缝加强层宽度</td><td>mm</td><td>2</td></tr>
<tr><td colspan="2">焊缝外观质量</td><td colspan="2">无气孔、焊瘤、裂缝</td><td>直 观</td></tr>
<tr><td colspan="2">焊缝探伤检测</td><td colspan="2">满足要求</td><td>按设计要求</td></tr>
<tr><td>2</td><td colspan="3">电焊结束后停歇时间</td><td>min</td><td>＞1.0</td><td>秒表测定</td></tr>
<tr><td>3</td><td colspan="3">节点弯曲矢高</td><td></td><td>＜1/1000l</td><td>用钢尺量，l 为两节桩长</td></tr>
<tr><td>4</td><td colspan="3">桩顶标高</td><td>mm</td><td>± 50</td><td>水准仪</td></tr>
<tr><td>5</td><td colspan="3">停锤标准</td><td colspan="2">设计要求</td><td>用钢尺量或查沉桩记录</td></tr>
</table>

五、混凝土灌注桩

混凝土灌注桩按其成孔的不同可分为长螺旋钻成孔灌注桩、人工挖孔混凝土灌注桩和旋挖成孔灌注桩。长螺旋钻成孔灌注桩适用于建筑地下水位以上的一般黏性土、砂土及人工填土地基；人工挖孔灌注桩适用于直径 800mm 以上，地下水位较低的黏性土、粉质黏土、含少量砂、砂卵石的黏性土层，深度一般在 20 ~ 30m；旋挖成孔灌注桩适用于对噪声、震动、泥浆污染要求严的场地，多用于大型建筑物或构筑物基础、抗浮桩和基坑支护的护坡桩等。

（一）材料质量控制

水泥：宜用 32.5 强度等级的普通硅酸盐水泥，具有出厂合格证和检测报告。

砂：中砂或粗砂，含泥量不大于 5%。

石子：质地坚硬的碎石或卵石均可，粒径 5 ~ 35mm，含泥量不大于 2%。

钢筋品种、规格均应符合设计要求，并有出厂材质书和检测报告。

预拌混凝土：坍落度取 70 ~ 100mm，水下灌注时取 180 ~ 200mm，强度等级应在 C25 ~ C40 之间。

（二）施工质量控制内容

1. 长螺旋钻成孔

(1) 首先应对孔位进行定点，并设置测量基准线、水准基点，施工前已对桩位进行了预检。

(2) 钻孔。钻机就位后，调直机架挺杆，用对位圈对准桩位，合理选择和调整进钻参数，以电流表控制进尺速度，开机钻 500 ~ 1000mm 深时停机检查，正常后再继续施钻。达到设计深度后，使钻具在孔内空转数圈然后停钻、提钻。

钻孔过程中，遇孔内渗水、塌孔等情况时，可采取调整钻进参数，投入适量黏土球，上下抽动钻具等措施，保证钻进顺畅。在冻土层、硬土层钻孔宜采用高转速、小进尺、恒钻压钻进的施工方案。

(3) 成孔检查。用测锤测量孔深垂直度及虚土厚度。虚土厚度就是钻孔深度值减去测量的深度值，其厚度一般不应超过 100mm。如清孔过程中少量泥浆不易清除时，可投入 30～60mm 厚的石子插捣，以挤密土体。

当成孔检查合格后，做好施工记录。

(4) 吊放钢筋笼。对所制作的钢筋笼质量进行验收，一般螺旋钻成孔灌注桩的钢筋骨架，主筋不宜少于 6ϕ12～16mm，长度不小于桩长的 1/3～1/2，箍筋应用 ϕ6～8mm@200～300mm，混凝土保护层厚度为 40～50mm。

在吊放前，应将保护层垫块绑孔在钢筋笼上，钢筋笼起吊时不得在地上拖曳，吊入钢筋笼时要吊直扶稳，对准孔位缓慢下沉。当下放到设计标高时应立即固定。两段钢筋笼连接时应采用焊接。

(5) 灌筑混凝土。浇筑混凝土时落差超过 2m 时，应安放混凝土溜筒及导管，导管内径 200～300mm，每节长度 2m 左右最下一节管长应为 5m 左右。浇筑中应边浇筑并分层振捣密实，分层高度不得大于 1.5m，浇筑桩顶以下 5m 范围内的混凝土时，每次浇筑高度不得大于 1.5m。桩顶有插筋时，应垂直插入，防止插斜或插偏。浇筑混凝土至桩顶时，应适当超过设计标高 500mm 以上，以保证在凿除浮浆后，桩的标高不受影响。

按照规定，在施工现场制作混凝土抗压试块，每桩至少有一组试块。

2. 人工挖孔质量控制

(1) 放线定位。在场地三通一平的基础上，依据建筑物测量控制网的资料和基础平面布置图，测定桩位轴线方格控制网和高程基准点。确定好桩位中心，并以此为圆心，以桩身半径加上护壁厚度为半径画出上部的圆周。撒石灰线作为桩孔开挖的施工尺寸线。再沿桩中心位置向桩孔外引出四个桩中轴线控制点，用牢固木桩标定。全部结束后应办理预检手续，合格后方能开挖。

(2) 开挖第一节桩孔。人工开挖桩孔应从上至下逐层开挖，横向进展时，先挖中间部分的土方，然后扩及周边，要有效地控制桩孔截面尺寸。每节开挖的高度应根据土质条件及施工方案来定，一般为 1m 为宜。开挖完成后，应及时对孔径、桩位中心检测，无误后进行支护。每挖好一节，必须根据桩孔口上的轴线铅吊垂直、修边、使孔壁圆弧保持上下顺直一致。

(3) 支护壁模板。成孔后应设置井圈，优先采用现浇混凝土井圈护壁。当桩的直径不大，深度小，土质好，地下水位低的情况下也可以采用素混凝土护壁。土质较好的小直径桩护壁可不配置钢筋，但设计要求配置钢筋或遇到软弱土层需加设钢筋时应配置钢筋，然后安装护壁模板。护壁中水平环向钢筋不宜过多，竖向钢筋端部宜弯成 U 字形钩并打入挖土面以下 100～200mm，以便与下一节护壁钢筋相联结。

第一护壁以高出地坪 150～200mm 为宜，护壁厚度应经计算确定，没有计算时一般取 100～150mm。第一节护壁应比下面的护壁厚 50～100mm，一般取 150～250mm，护壁中心应与桩位中心相重合，偏差不大于 20mm，且任何方向二正交直径偏差不大于 50mm，桩孔垂直度不大于 0.5%。

(4) 浇灌第一节护壁。每挖一节以后，应立即浇灌护壁混凝土。浇灌时应用人工浇、人工插捣密实，不宜用振动棒。混凝土的强度等级不得小于 C20，坍落度应控制在 70~100mm。

第一节护壁浇筑完成后，应将孔中轴线控制点引到护壁之上，并进一步复核无误后，作为确定地下和下一节护壁中心的基准点，同时用水准仪把相对标高标定第一节孔圈护壁上。

(5) 检查桩位中心轴线。每节护壁做好后，必须将桩位十字轴线和标高测设在护壁上口，然后用十字线找中，吊铅垂向井底投设，以半径尺杆检查孔壁的垂直度和平整度。井深必须以基准点为依据逐根进行引测，保证桩孔轴线位置、标高、截面尺寸满足设计要求。

按以上工序重复下节挖土。

(6) 开挖底部。人工挖孔有桩底扩底和不扩底两种形式。挖扩底桩时应先将扩底部位桩身的圆柱筒挖好，再按照底部设计的尺寸、形状自上而下削土扩挖成型。

(7) 吊放钢筋笼。成孔后经验收合格，办理了隐检手续后应迅速封底，安放钢筋笼。安放钢筋笼前，应对钢筋笼验收，验收的内容主要有钢筋种类、间距、焊接质量、直径、长度、保护层厚度等。

吊放钢筋笼时要控制好钢筋笼的标高及保护层的厚度，防止钢筋笼变形。如果钢筋笼太长，可分段吊装，在孔口进行垂直焊接。大于 1.4m 桩的钢筋笼也可在孔内安装绑扎。

利用超声波等非破损检测仪器，准备预测桩身混凝土质量用的测管，也应在安放钢筋笼时进行预埋。

(8) 浇筑桩身混凝土。钢筋笼安放完毕并经验筋合格后，方可浇筑桩身混凝土。浇筑桩身所用的混凝土，应使用设计强度等级的预拌混凝土，浇筑前应检查其坍落度，并每桩留置一组混凝土试块。浇筑时用溜槽加串桶向井内送料；如用泵送混凝土时可直接将混凝土泵出料口移入孔内投料。

3. 旋挖成孔的质量控制

(1) 定桩位。桩位按要求定位后，用两根互相垂直的直线相交于桩点，并定出十字控制点，做好标识和保护。然后调整旋挖机钻机的桅杆，使之处于铅垂状态，让螺旋钻头对正桩位点。

(2) 埋设护筒。定出十字控制桩后，钻机开钻取土，钻至设计深度，进行护筒埋设。护筒宜采用 10mm 以上厚钢板制作，护筒直径应大于孔径 200mm 左右，周围用黏土填埋夯实，护筒中心偏差不得大于 50mm。测量孔深的水准点，用水准仪将高程引至护筒顶部并做好记录。

(3) 混浆制作。采用现场泥浆搅拌制作，宜先加水并计算体积，在搅拌下加入规定的膨润土、纯碱以溶液的方式在搅拌中徐徐加入，搅拌时间不少于 3min。

(4) 旋挖钻进成孔。为保证孔壁稳定，应视表土松散层厚度，孔口下入长度适当的护筒，并保证浆液面的高度，随泥浆损耗及孔深的增加，应及时向孔内补充泥浆，以维持孔内压力的平衡。遇到黏性土层，应选用较长斗齿及齿轮间距较大的钻斗以免糊浆。遇到硬土层时，如发现每回钻进深度太小，钻斗内碎渣量少，可换一个较小直径钻斗，先钻一小孔后再行扩孔。钻到砂砾层，可事先向孔内投入适量黏土球。

(5) 清孔。清孔时，一般用双层底捞砂钻斗，在不进尺的情况下，回转钻斗使沉渣尽可能地进入斗内。

(6) 安放钢筋笼及导管。钢筋笼不超过 29m 时可在地面一次成型，超过 29m 时应在孔口焊接。安放钢筋笼时用人工较好，但不可使钢筋笼产生永久变形；钢筋笼起吊应采用双点起吊。

导管连接要密封、顺直，导管下口离孔底约 300mm 即可，导管平台应平整，夹板牢固可靠。

(7) 浇筑混凝土。钢筋笼、导管安放后应进行隐检，合格后浇筑混凝土。初灌量应保证导管下端埋入混凝土面下不少于 800mm。隔水塞应具有良好的隔水性能，并能顺利排出。导管埋深保证 2~6m，随着混凝土面的上升，随时提升导管。为防止钢筋笼上浮应在孔口固定钢筋笼上端。当孔内混凝土进入钢筋笼 1~2m 时，应适当提升导管，减少导管埋深，增大钢筋笼在下层混凝土中的埋置深度。浇筑结束时，应控制桩顶标高，所浇筑的混凝土应超过设计桩顶标高 300~500mm，保证桩头质量。

(三) 质量验收标准

1. 钢筋笼质量检验标准

钢筋笼质量检验标准应符合表 6-23 的规定。

钢筋笼质量检验标准 (mm) 表 6-23

项	序	检 查 项 目	允许偏差及允许值	检 查 方 法
主控项目	1	主筋间距	±10	用钢尺量
	2	长 度	±100	
一般项目	1	钢筋材质检验	设计要求	抽样送检
	2	箍筋间距	±20	
	3	直 径	±10	用钢尺量

2. 混凝土灌注桩质量检验标准

施工中应对成孔、清渣、放置钢筋笼、灌注混凝土等进行全过程检查，其质量标准如表 6-24。

混凝土灌注桩质量检验标准 表 6-24

项	序	检 查 项 目	允许偏差或允许值		检 查 方 法
			单 位	数 值	
主控项目	1	桩 位	按表 6-16 规定		开挖前量护筒，开挖后量桩中心
	2	孔 深	mm	+300	只深不浅，用重锤测
	3	桩体质量检验	按基桩检测技术规范		按基桩检测技术规范
	4	混凝土强度	设计要求		试件报告
	5	承载力	按基桩检测技术规范		按基桩检测技术规范

续表

项	序	检查项目		允许偏差或允许值		检查方法
				单位	数值	
一般项目	1	垂直度		按表 6－17 规定		测套管，干施工时吊铅球
	2	桩径				井径仪，干施工时用钢尺量
	3	泥浆比重		1.15～1.20		距孔底 500mm 处取样，比重计测
	4	泥浆面标高		m	0.5～1.0	目测
	5	沉渣厚度	端承桩	mm	≤50	用沉渣仪或重锤测量
			摩擦桩	mm	≤150	
	6	混凝土坍落度	水下灌注	mm	160～220	坍落度仪
			干施工	mm	70～100	
	7	钢筋笼安装深度		mm	±100	用钢尺量
	8	混凝土充盈系数		>1		查每根桩的实际灌注量
	9	桩顶标高		mm	+30，－50	水准仪

六、基坑工程的质量控制

基坑工程是指建筑物或构筑物地下部分施工时，需开挖基坑，进行施工降水和基坑周边的围挡。它是岩土工程与结构工程相交叉的综合性强的系统工程。

（一）基坑的支护结构的类型

基坑支护结构，又称挡土墙、围护墙或围护结构等。它可分为以下几大类：

1. 排桩

采用队列式的支护桩作为主要挡土结构，其排列有稀疏排列或紧密排列，单排或双排布置；结构形式又分为悬臂结构、单支点结构、多支点结构等。

桩的结构材料有钢筋混凝土桩、钢桩和灌注桩。

2. 土钉墙

土钉墙是一种原位加固土技术，由被加固土、土钉及钢筋混凝土面层组成。土钉墙常采用成孔后插筋注浆或直接将土钉打入后注浆的施工方法，面层喷射混凝土施工而成。如果土钉墙与搅拌桩、旋喷桩或各种微型桩及预应力锚杆等结合，就形成了复合土钉墙壁结构。

3. 地下连续墙

采用成槽机械在泥浆护壁的情况下开挖土方，形成一定长度的狭长深槽，清槽后将钢筋笼吊放入槽内，用导管法浇灌水下混凝土，形成了一个单元槽段，各个槽段通过特殊接头相互连接，就形成了钢筋混凝土墙。根据地下连续墙与主体结构的连接形式可为分整体式、分离式、重壁式或独立式。

4. 水泥土桩墙

这种结构是采用深层搅拌桩或高压旋喷桩形成重力式挡墙，有时加设支撑以改善其受力状态，有的桩内插入钢筋、钢管、毛竹等材料以增加其刚度，形成加筋水泥土墙。

5. 重力式挡土墙

这种结构多在加固治理边坡时使用，主要有毛石挡墙、混凝土挡墙、水泥土挡墙。

6. 预应力锚杆

锚杆是一种埋入土层深处的受拉杆件，一端锚固于土层之中，另一端与工程构筑物相连，用以维持构筑物的稳定。锚杆一般不单独用于基坑支护工程，而是与排桩、地下连续墙等支护结构共同作用。

（二）基坑工程的施工验收规定

在基坑或基槽及管沟工程等开挖施工中，现场不宜进行放坡开挖，当可能对邻近建筑物或构筑物、地下管线、永久性道路产生危害时，可对基坑、基槽或管沟进行支护后再开挖。

土方开挖的顺序、方法必须与设计工况相一致，并遵循“开槽支撑，先撑后挖，分层开挖，严禁超挖”的原则。

基坑、基槽或管沟挖至设计标高后，应对坑底进行保护，经验槽合格后方可进行垫层施工。对于特大型基坑，宜分区分块挖至设计标高，分区分块及时浇筑垫层。必要时，可加强垫层。

基坑、基槽、管沟土方工程验收必须确保结构安全和周围环境安全为前提。当设计有指标时，以设计要求为依据，如无设计指标时，按表 6-25 的规定执行。

（三）排桩支护工程

基坑开挖时，对不能放坡或由于场地限制不能采取搅拌桩支护、开挖深度在 6～10m 左右时，采用的一种支护结构。它适用于基坑侧壁安全等级为一、二、三级的工程基坑支护。

基坑变形的监控值（cm） 表 6-25

基坑类别	围护结构墙顶位移监控值	围护结构墙体位移监控值	地面最大沉降监控值
一级基坑	3	5	3
二级基坑	6	8	6
三级基坑	8	10	10

注：1. 符合下列情况之一，为一级基坑：

① 重要工程或支护结构做主体结构的一部分；

② 开挖深度大于 10m；

③ 与临近建筑物，重要设施的距离在开挖深度以内基坑；

④ 基坑范围内有历史文物，近代优秀建筑，重管线需严加保护的基坑。

2. 三级基坑为开挖深度小于 7m，且周围环境无特别要求时的基坑。

3. 除一级和三级外的基坑属二级基坑。

4. 当周围已有的设施有特殊要求时，尚应符合这些要求。

1. 材料质量控制

（1）水泥：宜用 32.5 强度等级的普通硅酸盐水泥，具有出厂合格证和检测报告。水泥质量的允许偏差≤±2%。

（2）石子：宜使用材质坚硬、级配良好、5～40mm 的各种粒形石子，含泥量不大于 2%，其他质量符合标准规定。

(3) 砂子：宜使用含泥量≤±3%的中砂或粗砂。

(4) 钢材：主筋使用 HRB335、HRB400 级热轧带肋钢筋，箍筋为 $\phi6\sim8$ 圆钢，型钢应满足相关标准规定。

(5) 所用桩类的规格、型号按设计要求制作和选用。

2. 排桩墙施工顺序及测量放线

排桩墙一般采用间隔法组织施工。当一根桩施工完成后，桩机移到隔一桩位进行施工。疏式排桩墙宜采用由一侧向单一方向隔桩跳打的方式进行施工。密排式排桩墙宜采用由中间向两侧方向隔桩跳打的方式进行施工。双排式排桩墙先由前排桩位一侧向单一方向隔桩跳打，再由后排桩位中间向两侧方向隔桩跳打的方式进行施工。当施工区域周围有需要保护的建筑物或地下设施时，施工顺序应从被保护对象一侧开始施工，逐步背离被保护对象。

排桩墙测量，应按照排桩墙设计图在施工现场依据测量控制点进行。测量时应注意排桩形式和所采用的施工方法及顺序。桩位偏差，在轴线和垂直轴线方向均不应超过表 6-26 的规定，桩位放样误差 10mm。

桩位允许偏差（mm）　　**表 6-26**

序　号	项　　目		允许偏差
1	有冠梁的桩	垂直梁中心线	$100+0.01H$
2		沿梁中心线	$150+0.01H$

注：H 为施工现场地面标高与桩顶设计标高之差。

3. 钢板排桩墙的施工

(1) 钢板桩的检验

用于基坑支护的成品钢板桩如为新桩，可按出厂标准进行检验；重复使用的钢板桩使用前，应对其长度、宽度、厚度、高度进行检验，其质量应符合表 6-27 的规定。并且应查看有无表面缺陷，端头矩形比、垂直度和锁口形状等，如果有质量缺陷则必须进行矫正。对桩上影响打设的焊接件应全部割除，如有割孔、断面缺损等应进行补强。

重复使用的钢板桩检验标准　　**表 6-27**

序	检 查 项 目	允许偏差或允许值		检查方法
		单　位	数　值	
1	桩垂直度	%	<1	用钢尺量
2	桩身弯曲度		<2% l	用钢尺量，l 为桩长
3	齿槽平直度及光滑度	无电焊及毛刺		用 1m 长的桩段做通过试验
4	桩长度	不小于设计长度		用钢尺量

(2) 导架安装

为保证沉桩轴线位置的正确性和桩的竖直性，控制好桩的打入精度，防止板桩的屈曲变形和提高桩的贯入能力，需设置一定刚度的坚固导架。

打桩时导架的位置不应与钢板桩相碰，围檩桩不应随着钢板桩的打设而下沉和变形，导架的高度要适当，应有利于控制钢板桩的施工高度和提高功效。需用经纬仪和水准仪控制导架的位置和标高。

(3) 钢板桩焊接

由于钢板桩长度是定长尺度，因此在施工中常需焊接。为了保证钢板桩自身强度，接桩位置不可在同一平面上，必须采用相隔一根上下颠倒的接桩方法。

(4) 钢板桩的打设

①锁扣方式打设。钢板桩打设采用大锁扣扣打施工法和小锁扣扣打施工法。大锁扣扣打施工法是从板桩墙的一角开始，逐块打设，每块之间的锁扣并未扣死。这种工法简便迅速，但板桩有一定的倾斜度，不止水、整体性较差、钢板桩用量大，适用于强度较好透水性差，对围护系统要求精度低的工程；小锁扣扣打施工也是从板桩墙的一角开始，逐块打设，且每块之间的锁扣均要锁好。这种工法能保证施工质量，止水性好，支护效果较差，钢板桩用量也少。

② 单独打入和屏风式打设。单独打入法是从板桩墙的一角开始，逐块打设，直到工程结束。这种打入方法简便迅速，不需要辅助支架，但易使桩向一侧倾斜，误差积累后不易纠正。屏风式打入法是当前常用的一种施工方法。它是将 10~20 根钢板桩成排插入导架内，呈屏风状，然后再分批施打。这种工法可减少误差积累和倾斜，易于实现封闭合拢，保证施工质量。

③ 插桩。它是利用吊车将板桩吊至插桩点处进行插桩施工。插桩时锁口要对准，每插入一块即套上桩帽，上端加硬水垫，并轻轻地加以锤击。在打桩过程中，为控制板桩的垂直度，用两台经纬仪在两个方向加以控制。为防止锁口中心线平面位移，可在打桩行进方向的钢板桩锁口处设卡板，控制板桩位移。

钢板桩应分次打入，分次打入高度可在 5m 左右，待打至导梁高度，拆除导架后再打至设计标高。开始打设的第一、第二块钢板桩的打入位置和方向要确保精度，并可以起到样板导向的作用，在一般的情况下，每打入 1m 就要精测一次。

(5) 转角及封闭

由于施工和其他原因，可能会给钢板桩墙的最终封闭合拢施工带来一定困难，所以应采用下列方法进行纠正。

① 分别在长短边方向各打到离墙转角尚剩 8 块板桩时停止，测出至转角桩的总长度和由偏差而增加的尺寸；

② 根据水平方向增加的尺寸，将短边方向的围檩与围檩桩分开，再使用千斤顶向外顶出，进行轴线平移，经核对尺寸无误后再将围檩与围檩桩重新焊接牢固；

③ 在长边方向继续打设，到转角桩后，接着向短边方向打设两块；

④ 根据修正后轴线打设短边上的板桩。最后一块封闭板桩应在短边方向从端部算起的第三块板桩的位置上。

(6) 钢板桩的拔除

钢板桩的拔除应遵守下列规定：

① 对于封闭式钢板桩墙，拔桩开始点宜离开角桩 5m 以上，拔桩的顺序与打桩的顺序相反。

② 采用振动拔除时为了避免振动给施工中地下结构带来危害，可采用隔一根拔一根的跳拔法。振拔时，可先用振动锤将锁口振活以减少桩与土的粘结，然后边振边拔。

③ 对拔桩产生的桩孔，应及时回填以减少对邻近建筑物的影响，方法有振动挤实法和填入法，有时还需在振动时用水回灌，边振边拔并回填砂子。

(7) 灌注桩排桩墙

这种施工方法系在开挖基坑周围，用钻机钻孔，下钢筋笼，现场灌注混凝土成桩，形成桩排。桩的排列形式有间隔式、双排式和连续式。

灌注桩的间距、桩径、桩长、埋置深度，根据基坑开挖深度、土质、地下水位高低，以及所承受的土压力由计算确定。挡土桩的间距一般为 1~2m，桩直径为 0.5~1.1m，埋深为基坑深的 0.5~1.0 倍。桩的配筋根据侧向荷载由计算确定，一般主筋直径为 14~32mm，当为构造配筋，每根不少于 8 根，箍筋采用 ϕ8mm，间距为 100~200mm。

(8) 质量检验标准

① 灌注桩的质量检验标准

灌注桩的质量检验标准应按表 6-24 的规定执行。

② 混凝土板桩的质量检验标准

如果在工程中使用的是混凝土板桩，则混凝土板桩的质量检验标准应符合表 6-28 的规定。

混凝土板桩的质量检验标准 **表 6-28**

项	序	检查项目	允许偏差或允许值		检查方法
			单位	数值	
主控项目	1	桩长度	mm	+10，0	用钢尺量
	2	桩身弯曲度		<0.1%l	用钢尺量，l 为桩长
一般项目	1	保护层厚度	mm	±5	用钢尺量
	2	横截面相对两面之差	mm	5	
	3	桩尖对桩轴线的位移	mm	10	
	4	桩厚度	mm	+10，0	
	5	凹凸槽尺寸	mm	±3	

(四) 水泥土桩墙支护工程

水泥土桩墙支护工程，是利用水泥系列材料为固化剂，通过高压旋喷机在地基土中就地将原状土和固化剂或掺合料产生一系列的物理化学反应，形成具有一定强度、整体性和水稳定性的加固土圆柱体。

1. 材料质量控制

水泥：宜选用刚生产的32.5强度等级的普通硅酸盐水泥，具有出厂合格证和检测报告。若在有硫酸盐的区域施工要采用深层搅拌法加固，不应选用矿渣水泥。

砂子：含泥量小于5%的中砂或粗砂。

外加剂：塑化剂采用木质素磺酸钙，促凝剂采用硫酸钠、石膏，应有产品出厂合格证，掺量通过试验确定。

水泥土搅拌桩施工时必须按要求控制配合比，当用水泥砂浆作固化剂，其水泥砂浆配合比为 1:1~2，为提高流动性，可掺入 0.2%~0.25% 的木质素硫酸钙减水剂与 1% 硫酸钠和 2% 石膏；水灰比为 0.42~0.50。

旋喷采用的水泥浆水灰比为1~1.5:1，为消除离析，一般加入水泥用量3%的陶土、0.09%的碱，浆液宜在旋喷前1h以内配制。

2. 施工质量控制内容

(1) 水泥土搅拌法

施工时，先将深层搅拌机用钢丝绳吊挂在起重机上，用输浆胶管将储料罐砂浆泵与深层搅拌机接通，开通电机，搅拌机叶片相向而转，借设备自重，以0.38~0.75m/min的速度沉至要求的加固深度；再以0.3~0.5m/min的均匀速度提起搅拌机，与此同时开动砂浆泵，将砂浆从深层搅拌机中心管不断压入土中，由搅拌叶片将水泥浆与深层处的软土搅拌，边搅拌边喷浆直到提至地面，即完成一次搅拌过程。用同法再一次重复搅拌下沉和重复搅拌喷浆上提，即完成一根柱状加固体。

搅拌桩的桩身垂直度偏差不得超过1%，桩位的偏差不得大于50mm，成桩直径和桩长不得小于设计值。当桩身强度及尺寸达不到设计要求时，可采用复喷的方法补救。搅拌次数以一次喷浆、一次搅拌或二次喷浆，三次搅拌为宜，且最后一次提升搅拌应采用慢速提升。

施工停浆面一般应高出基础底面标高500mm，在基础开挖时，应将高出的部分挖去。

施工过程中因故停喷时，应将搅拌机下沉至停浆点以下500mm，待恢复供浆时，再喷浆提升。

搅拌桩施工完毕应养护14d以上才可开挖作业。基坑基底标高以上300mm应采用人工开挖。

(2) 旋喷法施工

深层搅拌机就位时应对中，最大偏差不得大于20mm，并且调平机械的垂直度，偏差不得大于1%桩长。喷浆时的提升或下沉速度不宜大于0.5m/min，输入水泥浆的水灰比不宜大于0.5，泵送压力宜大于0.3MPa，泵送量应在恒定状态。

水泥土墙应采取切割搭接法施工。应在前桩水泥土尚未固化时进行后序搭接桩施工。相邻桩的搭接长度不宜小于200mm。相邻桩喷浆工艺的施工时间间隔为大于10h。施工开始和结束的头尾搭接处，应采取加强措施消除搭接缝质量缺陷。

深层搅拌水泥土墙施工前，应进行成桩工艺及水泥浆的配合比试验以确定相应的水泥掺入比或水泥浆的水灰比。浆喷深层搅拌的水泥掺入量宜为被加固土重度的15%~18%；粉喷深层搅拌的水泥掺入量宜为被加固土重度的13%~16%。

采用高压喷射注浆桩，施工前应通过试喷浆试验，确定不同土层旋喷固结体的最小直径，高压喷射施工技术参数。高压喷射水泥浆的水灰比在1.0~1.5之间为宜。高压喷射注浆切割搭接缝宽度：对旋喷固结体和摆喷固结体不宜小于150mm；定喷固结体不宜小于200mm。

深层搅拌桩的高压喷注射浆桩，当设置插筋或H型钢时，桩身插筋应在桩顶搅拌或旋喷完成后及时进行，插入长度和露出长度等均应按计算和构造要求确定，H型钢靠自重下插到设计标高处。

深层搅拌和高压喷射桩水泥土墙桩的位移偏差不应大于50mm，垂直度偏差不宜大于0.5%。水泥挡土墙达到设计强度要求时，方能进行基坑开挖。一般气温条件下，应有28d以上龄期。

3. 质量检验标准

(1) 水泥土搅拌桩及高压喷射注浆桩的质量检验标准

水泥土搅拌桩及高压喷射注浆桩的质量检验标准应符合表 6－14 的规定。

(2) 加筋水泥土桩质量检验标准

加筋水泥土桩质量检验标准应符合表 6-29 的规定。

加筋水泥土桩质量检验标准 表 6-29

序	检查项目	允许偏差或允许值		检查方法
		单位	数值	
1	型钢长度	mm	± 10	用钢尺量
2	型钢插入平面位置	mm	10	用钢尺量
3	型钢插入标高	mm	± 30	水准仪
4	型钢垂直度	%	< 1	经纬仪

(五) 地下连续墙

地下连续墙是在地面上采用一种挖槽机械，沿着深开挖工程的周边轴线，在泥浆护壁条件下，开挖一条狭长的深槽，清槽后在槽内安放钢筋笼，然后用导管法浇筑水下混凝土，筑成一个单元槽体，作为截水、防渗、承重和挡土结构。

1. 材料质量控制

水泥：应优先选用 42.5 或 52.5 强度等级的普通硅酸盐水泥或矿渣硅酸盐水泥。出厂应有产品合格证和检测报告，进场应见证取样试验。

石子：石子最大粒径不应大于导管内径的 1/6 和钢筋最小间距的 1/4，且不大于 31.5mm，含泥量小于 2%，针片状含量不大于 5%，压碎指标值不小于 10%，石料的抗压强度不应小于所配制混凝土强度的 1.3 倍。

砂子：应采用粗砂或中砂，其细度模数应控制在 2.3～3.2 范围内。不得采用细砂。

钢筋：其品种、规格、级别应符合设计要求，出厂应有材质报告和出厂合格证，进场后应见证取样复试。钢筋表面应平直，无损伤表面不得有裂纹、油污、颗粒状或片状老锈。

编制的钢筋笼尺寸符合设计要求，并绑扎或焊接牢固。

膨润土、黏土：拌制泥浆使用的膨润土，细度应为 200～250 目，膨润率 5～10 倍，使用前应取样进行泥浆配合比试验。如采用黏性土制浆时，其黏粒含量应大于 50%，塑性指数大于 20，含砂量小于 5%。

掺合料：分散剂、增黏剂等选择和配方须经试验确定。

2. 施工质量控制内容

(1) 导墙施工

导墙一般采用现浇混凝土结构，也有设计采用工字钢、钢板、槽钢等组合结构。导墙是地下连续墙施工质量保证措施之一，必须确保其结构强度和精确尺寸。

导墙的深度一般为 1.2～2.0m，厚度为 200mm，顶面高出地面 150mm。导墙底面高出地下水位即可。导墙必须坐在密实的土层上，若土层松散、软弱应进行夯实和换填土。开挖导墙沟槽时，坑底严禁出水或进水渗泡，否则应采取有效的排水措施，导墙背面填土应分层夯实。

导墙施工的允许偏差应按下列规定进行控制：

① 导墙顶面应平整，允许偏差为±20mm；

② 导墙内壁面垂直度允许偏差为0.5%；

③ 内、外导墙之间的对称线应和地下连续墙中心轴线相重合，对称线允许偏差中心轴线±10mm；内外导墙间距应比地下连续墙设计厚度加宽50~60mm，其净距允许偏差±10mm。

当混凝土模板拆除后，应立即在两片导墙之间按1.5m间距上下同时加设支撑。

（2）槽段开挖

应按单元槽段全数检查挖槽的位置、深度、宽度和垂直度。挖槽应按单元槽段中的开挖段进行，每个单元槽段长度不应超过6m。挖槽的槽壁及接头均应保持垂直，接头处相邻两槽段的挖槽中心线，在任一深度的偏差值不得大于墙厚的1/3。槽段开挖结束后，应检查槽位、槽深、槽宽及垂直度，合格后方可进行清槽换浆。清槽换浆1h后，槽底（设计标高）以上200mm处的泥浆比重应不大于1.20，沉淀物淤积厚度不应大于200mm。

（3）泥浆的配制、稳定性

泥浆配制宜选用膨润土，使用前应取样进行泥浆配合比试验。在施工过程，应经常测试泥浆的性能和调整泥浆配合比，保证泥浆的稳定性。对新拌泥浆静置24h后，要测其性能指标；成槽过程中，每1h或每进尺3~5m时应测定一次泥浆比重及黏度；在清槽后，各测一次比重和黏度。其测定的各项性能指标应符合表6-30的规定。取样的部位：应在槽段底部、中部及上口；对失水量、泥皮厚度和pH值，应在每槽段的中部和底部各测一次。

泥浆的性能指标 表6-30

项次	项目	性能指标	检验方法
1	密度	1.05~1.25	密度计
2	黏度	18~25s	500cc/700cc漏斗法
3	含砂率	<4%	水洗
4	胶体率	>98%	量杯法
5	失水量	<30mL/30min	失水量仪
6	泥皮厚度	1~3mm/min	失水量仪
7	稳定性	≤0.02g/cm²	
8	静切力	10min为50~100mg/cm²	静切力仪
		1min为20~30mg/cm²	
9	pH值	7~9	试纸

（4）按单元槽段全数检查钢筋笼质量

钢筋笼的尺寸应根据单元槽段、接头形式等确定，钢筋笼应在制作台上成型，并预留插放混凝土导管的位置。分节制作的，应在制作台上预先进行试装配，接头处纵向钢筋的预留搭接长度应符合设计要求。为保证钢筋笼的保护层厚度和钢筋笼的形状不变形，在吊运过程中应采取措施使其有足够的强度。

钢筋的净距应大于3倍粗骨料粒径，为了确保混凝土保护层的厚度，可用钢筋或钢板定位垫块焊接在钢筋笼上，设置垫块时，在每个槽段前后两个面应各设置两块以上，其竖向间距约为5m。

(5) 连续墙的接头

施工接头应能承受混凝土的侧向压力，倾斜度应不大于0.4%。施工接头可用钢管、钢板、型钢、气囊、橡胶等材料制成，其结构形式应以方便于施工为原则。

单元槽段挖槽作业完毕后，应清除粘附于接头表面上的沉渣或胶凝质，以保证混凝土的灌注质量。

使用接头管接头时，要把接头管打入到沟槽底部，完全插入槽底。接头管的拔出，应在混凝土浇灌完毕后2~3h依次拔出。

(6) 浇灌混凝土

① 混凝土的选配。地下连续墙的混凝土是在护壁泥浆下灌注，需按水下混凝土的方法配制和灌注，所以应优先采用质量可靠的商品混凝土。

所用的混凝土应符合下列规定：

满足设计要求和抗压强度、抗渗性能及弹性模量等指标，水灰比不应大于0.6；用导管法灌注的水下混凝土应具有良好的和易性能，坍落度为190~220mm，扩散度为340~380mm，每立方米混凝土中水分最少用量为380kg，拌合物的含砂率不小于45%。

② 导管质量。导管壁厚不宜小于3mm，直径为250mm左右，导管使用前应进行试压，试压压力为0.6~1.0MPa。

③ 灌注混凝土应遵守的事项。灌注水下混凝土时应遵守下列规定：

开始灌注时，导管底端到孔底的距离应以能顺利排出隔水栓为宜，一般为300~500mm。开灌前料斗内必须有足以将导管的底端一次性埋入混凝土中800mm以上深度的储存量。混凝土灌注的上升速度不得小于2m/h，每个单元槽段的灌注时间不得超过如下规定：灌注量为10~20m^{3}时为≤3h；灌注量为20~30m^{3}时为≤4h；灌注量为30~40m^{3}时为≤5h；灌注量为>40m^{3}时为≤6h。

导管底端埋入混凝土面以下一般应保持在3m左右，严禁把导管底端提出混凝土面。

在水下混凝土灌注过程中，应有专人每30min测量一次导管埋深及管外混凝土面高度，每2h测量一次导管内混凝土面高度。

在一个槽段内同时使用两根导管灌注时，其间距不应大于3m，导管距槽端头不宜大于1.5m，各导管处的混凝土表面高差不宜大于300mm，混凝土应在终凝前灌注完毕，终浇混凝土面高度应高于设计标高500mm。

3. 质量检验标准

(1) 连接器件的检验

地下连续墙与地下室结构顶板、楼板、底板及梁之间连接可预埋钢筋或连接器件。对连接器件应抽样复验，检查的数量为：每500套为一个检验批，每批应抽查3件，其复验内容主要是外观、尺寸、抗拉强度。

(2) 试块的留置

对于水下混凝土，每50m^{3}地下墙应做一组试件，每槽段不得少于一组。

(3) 钢筋笼质量检验

钢筋笼的质量检验标准应符合表6-23的规定。

(4) 地下连续墙的质量检验标准

地下连续墙的质量检验标准应符合表 6-31 的规定。

地下连续墙的质量检验标准 **表 6-31**

项	序	检查项目		允许偏差或允许值		检查方法
				单位	数值	
主控项目	1	墙体强度		设计要求		试验报告或钻芯试压
	2	垂直度	永久结构		1/300	超声波测槽仪
			临时结构		1/150	
一般项目	1	导墙尺寸	宽度	mm	W+40	用钢尺量，W 为地下墙设计厚度
			墙面平整度	mm	<5	
			导墙平面位置	mm	±10	
	2	沉渣厚度	永久结构	mm	≤100	重锤测
			临时结构	mm	≤200	
	3	槽 深		mm	+100	
	4	混凝土坍落度		mm	180~220	坍落度仪
	5	钢筋笼尺寸		按表 6-23 规定		按表 6-23 规定
	6	地下墙表面平整度	永久结构	mm	<100	此为均匀黏土层，松散及易塌土层由设计确定
			临时结构	mm	<150	
			插入式结构	mm	<20	
	7	预埋件位置	水平向	mm	≤10	用钢尺
			垂直向	mm	≤20	水准仪

(六) 沉井与沉箱

沉井与沉箱，在当今工程建设和施工技术的发展下，应用越来越广泛，它在施工中表现出独特的优点：占地面积小，不需要支护结构，与大开挖相比较，挖土量少，对相邻建筑物的影响比较小，操作简便。

1. 材料质量控制

水泥：应选用32.5以上强度等级的普通硅酸盐水泥或矿渣硅酸盐水泥。应有出厂合格证和检测报告，进场后应见证取样复试。凡过期结硬受潮和复试不合格的水泥严禁使用。

砂子：选用质地坚硬的粗、中砂，含泥量不大于3%，不得含有泥块、草根等杂物。

石子：石子级配粒径以5~40mm组合为宜，最大粒径不宜大于50mm，含泥量不大于2%。

钢材：钢筋及钢材按设计选用，一般采用热轧带肋钢筋。出厂应有合格证书及材质报告，进场应见证取样复试，其质量必须符合相应的质量标准。

粉煤灰：级别不低于Ⅱ级，掺量不宜大于20%；硅粉掺量不应大于3%，其他掺合料的掺量应通过试验确定。

2. 施工质量控制内容

(1) 地质钻孔

沉井、沉箱是下沉结构，必须掌握确凿的地质资料，钻孔可按下列要求进行：

面积在 200m² 以下（包括 200m²）的沉井、沉箱，应有一个钻孔，其位置应在结构中心。

面积在 200m² 以上的沉井、沉箱，在四角（圆形为相互垂直的两直径端点）应各布置一个钻孔。

特大的沉井、沉箱可根据地形、地貌和水文地质情况增加钻孔。钻孔底标高应深于沉井的终沉标高。

每座沉井、沉箱应有一个钻孔提供土的各项物理力学指标、地下水位和地下含泥量资料。

(2) 沉井、沉箱的制作

沉井、沉箱的制作有一次制作和分节制作，地面制作及基坑中制作等方式。如果沉井、沉箱高度不是很大时可采用一次制作下沉方案，可减少接高作业工序；如沉井、沉箱高度较大时可分节制作，但尽量减少分节节数。

分节高度的确定应保证地基及其自身稳定性，并有适当重量使其顺利下沉，沉井的制作高度和基坑深度应根据计算确定，一般每节高度以 6～8m 为宜。

(3) 基坑开挖

沉井、沉箱一般采用地坑制作。地坑开挖的深度根据地质报告、地下水位、开挖的土方量综合考虑。当采用机械开挖时，一般预留 200mm 厚土方用人工清除，以免扰动地基土体。外围应留出 200～250mm 工作面，以便搭设脚手架及灌注混凝土施工。在开挖的过程中，还应根据土质类别确定放坡系数：对黏性土、粉质黏土，放坡系数取 0.33～0.75；对砂卵石类土，放坡系数取 0.5～0.75；对软质岩石，放坡系数取 0.1～0.35。

(4) 刃脚的支设

刃脚的支设可视沉井、沉箱重量、施工荷载和地基承载力情况，采用垫架法、半垫架法、土胎模或砖垫座等。较大、较重的沉井，在较软弱地基上制作，常采用垫架或半垫架法。垫架的作用是：使地基均匀承受沉井重量，避免在混凝土灌注过程中产生突然下沉，使刃脚裂缝；保持沉井位置不致倾斜和便于调整。这种方法是在刃脚处夯平地基或再铺设砂垫层，然后在其上铺 150mm×150mm 枕木或垫架，并且枕木应对称铺设。

对于重量轻、土质好的，可采用砖模和土胎模。

(5) 井、箱壁施工

井、箱壁模板采用钢组合式定型模板或木定型模组装而成，模板采用对拉螺栓紧固，当有防渗要求时，还应在对拉螺栓中间设钢板止水片，止水片与对拉螺栓必须满焊。

在支设好沉井一面模板后，即可进行钢筋绑扎，每节竖筋可一次绑扎到顶，在顶部用几道环向钢筋固定，水平筋可分段绑扎。竖筋与上一节井壁连接处伸出的插筋采用焊接或搭接方法进行连接，接头应错开，在 35d 并不小于 500mm 区域内或 1.3 倍的搭接长度区域内，接头面积的百分比不应超过 50%。为保证钢筋位置和保护层厚度，内外钢筋间应加设支撑筋，并在钢筋外侧加设保护层垫块。钢筋用挂线控制垂直度，用水平仪测量并控制水平度。

钢筋架设完成并经隐蔽验收合格后，方可浇筑混凝土。混凝土浇筑应分层进行。每层厚度应为振动棒作用部分长度的 1.25 倍，一般情况下为 300～500mm。为防止模板变形或地基不均下沉，浇筑时应从井、箱两侧对称进行，均衡下料，外壁和隔墙同时上升。每节沉井或沉箱的混凝土应一次连续浇筑，不得留施工缝。待下一节混凝土抗压强度达到设计要求的70%时，方可浇筑上一节混凝土。

(6) 沉井、沉箱的下沉

沉井下沉时的混凝土应具有一定的强度，第一节混凝土达到设计强度的100%，其上各节达到设计强度的70%后方可开始下沉。

沉井挖土下沉时，应分层、均匀、对称地进行，使其能均匀竖直下沉，不得有过大倾斜。由数个井孔组成的沉井，为使其下沉均匀，挖土时各井孔土面高度差不应超过1m。在软土层中以排水法下沉沉井，当沉井距设计标高2m时，应对下沉与挖土情况进行观测。采用泥浆润滑套减阻下沉的沉井，应设置套井，顶面应高出自然地面400mm左右，外围应回填黏土并分层夯实。

沉井位置、标高控制，是在沉井外部地面井壁顶部四周设置纵横十字中心线，水准基点，以控制沉井位置、标高。

沉箱自重小于下沉阻力，应采取降压强制下沉。降低的压力值不得超过原有工作压力的50%，每次强制下沉量，应在500mm内。沉放到设计标高后，应按要求填筑作业室，并采取压浆方法填实顶板与填筑物之间的缝隙。

(7) 沉井的封底

沉井下沉至设计标高，应继续观测沉降值，在8h内下沉量不大于10mm时方可封底。

干封底时：沉井基底土面应全部挖至设计标高；井内积水应尽量排干；混凝土凿毛处应洗涮干净；在软土层中封底时，为防止沉井的不均匀沉降，应分格对称进行；在封底和底板混凝土未达到设计强度前，应从封底以下的集水井中不间断抽水。停止抽水时，应考虑沉井的抗浮稳定性，并应采取相应的措施。

采用导管法进行水下混凝土封底，若基底为软土层时，应将井底浮泥清除干净，并铺碎石垫层。基底为岩基时，岩面处的沉积物及风化岩块尽量消除干净。浇筑水下封底混凝土时，混凝土凿毛处应洗涮干净，并在沉井全部底面积上连续浇筑混凝土；当井内有间隔墙时，应预先隔断分格浇筑。水下混凝土面平均上升速度不应小于0.25m/h，坡度不应小于1:5。当水下混凝土达到设计强度后，方可从井中抽水。

3. 沉井、沉箱的质量检验标准

沉井、沉箱的质量检验标准应符合表6-32的规定。

沉井、沉箱的质量检验标准　　表6-32

项	序	检查项目		允许偏差或允许值		检查方法
				单位	数值	
主控项目	1	混凝土强度		满足设计要求		查试验报告
	2	封底前的下沉稳定		mm/8h	<10	水准仪
	3	封底结束后的位置	刃脚平均标高	mm	<100	水准仪
			刃脚平面中心位移	mm	$<1\%H$	经纬仪，H为下沉总深度，$H<10$m时，控制在100mm之内
			四角中任何两角的底面高差	mm	$<1\%l$	水准仪，l为两角的距离，但不超过300mm，$l<10$m时，控制在100mm之内

续表

项	序	检查项目		允许偏差或允许值 单位	数值	检查方法
一般项目	1	原材料质量		符合设计要求		合格证及复试结果
	2	结构体外观		无裂缝、无蜂窝、空洞、不露筋		直观检查
	3	平面尺寸	长与宽	%	±0.5	钢尺量，最大控制在100mm之内
			曲线部分半径	%	±0.5	钢尺量，最大控制在50mm之内
			两对角线差	%	1.0	用钢尺量
			预埋件	mm	20	
	4	下沉过程中的偏差	高差	%	1.5~2.0	水准仪，但最大不超过1m
			平面轴线		<1.5%*H*	经纬仪，*H*为下沉深度，最大控制在300mm之内，此数值不包括高差引起的中线位移
	5	封底混凝土坍落度		mm	180~220	坍落度仪

注：主控制项目3的三项偏差可同时存在，下沉总深度，系指下沉前后刃脚的高差。

第四节　地下工程防水施工质量控制

地下工程防水是隐蔽在地面以下的工程结构。由于墙体和底板长期处于土层之中，常接近或低于地下水位，会经常受到地下水、潮气以及土中有害物的浸泡和侵蚀，而影响地下工程防水结构的耐久性。因此，对地下工程结构进行有效的防潮、防渗、防水，就显得格外重要。

一、地下工程防水等级

1. 地下工程防水等级标准

地下工程的防水等级，按围护结构的允许渗漏水量划分为四级。各级的防水标准是：

一级：不允许渗水，结构表面无湿渍。

二级：不允许渗水，结构表面有少量湿渍。

工业与民用建筑：总湿渍面积不应大于总防水面积（包括顶板、墙面、地面）的1/1000；任意100m^2防水面积上的湿渍不超过1处，单个湿渍的最大面积不大于0.1m^2。

其他地下工程：总湿渍面积不应大于总防水面积的6/1000；任意100m^2防水面积上的湿渍不超过4处，单个湿渍的最大面积不大于0.2m^2。

三级：有少量漏水点，不得有线流和漏泥沙。

任意100m^2防水面积上的漏水点数不超过7处，单个漏水点的最大漏水量不大于2.5L/d，单个湿渍的最大面积不大于0.3m^2。

四级：有漏水点，不得有线流和漏泥沙。

整个工程平均漏水量不大于2L/m^2·d；任意100m^2防水面积的平均漏水量不大于4L/m^2·d。

2. 适用范围

地下工程的防水等级，应根据工程的重要性和使用中对防水的要求按表6-33的选定。

各防水等级中的地下工程 表6-33

防水等级	适用范围
一级	人员长期停留的场所；因有少量湿渍会使物品变质、失效的贮物场所及严重影响设备正常运转和危及工程安全运营的部位；极重要的战备工程
二级	人员经常活动的场所；在有少量湿的情况下不会使物品变质、失效的贮物场所及其本不影响设备正常运转和工程安全运营的部位；重要的战备工程
三级	人员临时活动的场所；一般战备工程
四级	对渗漏水无严格要求的工程

注：本表摘自《地下工程防水技术规范》(GB 50108—2001)。

3. 防水方案的选定

对地下防水工程等级有所了解和掌握后，还必须对防水方案做到心中有数。

地下工程的防水方案，应根据使用要求、结构形式、施工工艺及材料等因素综合考虑。

(1) 对于没有自流排水条件而处于饱和土层或岩层中的工程，可采用下列防水方案：

防水混凝土自防水结构或钢、铸铁管筒或管片；

设置附加防水层，或采用注浆或其他防水措施。

(2) 对于没有自流排水条件而处于非饱和土层或岩层中的工程，可采用下列防水方案：

防水混凝土自防水结构、普通混凝土结构或砌体结构；

设置附加防水层或采用注浆或其他防水措施。

(3) 对于有自流排水条件的工程，可采用下列防水方案：

防水混凝土自防水结构、普通混凝土结构、砌体结构或锚喷支护；

设置附加防水层、衬套、采用注浆或其他防水措施。

(4) 当地下工程处在振动作用的条件时，应采用柔性防水卷材或防水涂料等防水方案。

(5) 如工程处在侵蚀性介质中时，应用耐侵蚀的防水砂浆、混凝土、卷材或防水涂料等防水方案。

地下防水工程的防水混凝土结构、各种防水层工程应在地基与基础结构验收合格后方能进行施工。

地下防水工程施工期间，应继续做好排水工作，地下水位应降至防水工程底部最低标高以下不小于300mm，直至防水工程全部完成；基坑周围的地面水必须排除或控制，不得流入基坑。

地下防水工程有防水混凝土结构、水泥砂浆防水层、卷材防水层等。

二、防水混凝土工程质量控制

防水混凝土结构是指以本身的密实性而具有一定防水能力的整体式混凝土或钢筋混凝土结构。它兼有承重、围护和抗渗功能，还可满足一定的耐冻融及耐侵蚀要求。防水混凝土适用于工业与民用建筑地下防水等级为 1～4 级的整体式防水混凝土结构。

（一）材料质量控制

防水混凝土所用的材料必须符合下列规定：

1. 水泥

宜采用 42.5 以上强度等级的水泥。

在不受侵蚀性介质和冻融作用时，宜采用普通硅酸盐水泥、火山灰质硅酸盐水泥、粉煤灰硅酸盐水泥。如采用矿渣硅酸盐水泥则必须掺用外加剂降低泌水率。

在受侵蚀介质作用时，应按介质的性质选用相应的水泥品种。

在受冻融作用时应优先选用普通硅酸盐水泥，不宜采用火山灰质硅酸盐水泥和粉煤灰硅酸盐水泥。

所用的水泥必须有出厂合格证，进入施工场地后，还应按批量及有关规定进行见证抽样检验，其质量指标必须符合相应的水泥产品标准要求。

2. 骨料

防水混凝土所用的砂、石子质量，经现场抽样检验，必须分别符合《建筑用砂》GB/T 14684—2001 和《建筑用卵石、碎石》GB/T 14685—2001 规定的质量指标。严禁使用碱活性骨料。

并且石子粒径为 5～40mm，泵送混凝土时石子的最大粒径应为输送管径的 1/4（碎石宜≤1/5 管径），且≤1/4 混凝土最小断面，≤3/4 受力钢筋最小净距。吸水率不大于 1.5%。

3. 掺合料和膨胀剂

当用补偿收缩混凝土时，防水混凝土中可掺入一定数量的粉煤灰、磨细矿渣粉、硅粉等掺合料。粉煤灰掺量不宜大于 20%；硅粉和其他材料的掺量应经试验确定。所用膨胀剂可按表 6-34 规定选用。

常用膨胀剂　表 6-34

名　称	主要成分	限制膨胀率	适　用　范　围
UEA 膨胀剂	明矾石、石膏	0.02%～0.05%	抗裂、防渗、接缝、填充用混凝土工程和水泥制品等
EA-L 膨胀剂	明矾石、石膏	0.05%～0.10%	适用于防水混凝土及防水砂浆
复合膨胀剂	CaO、明矾石、石膏	0.03%～0.07%	用于地下室、地铁、蓄水池、自防水屋面板、坝体后浇缝、梁柱接头等
YS-PNC 膨胀剂	钙矾石	0.02%～0.04%	有抗裂、抗渗性能，适用于接缝、填充混凝土工程和水泥制品等

（二）施工质量控制内容

1. 防水混凝土的配合比

防水混凝土的配合比应通过试验确定，配合比中的参数应符合下列规定：

每立方混凝土的水泥用量，不得少于 320kg，掺有活性掺合料时，水泥用量不得少于 280kg。

含砂率应在35%~40%以内，泵送时为38%~45%。

灰砂比宜为1:1.5~1:2.5。

水灰比不得大于0.55。

坍落度不宜大于50mm，防水混凝土采用预拌混凝土时，入泵坍落度为（120±20）mm，入泵前坍落度每小时损失值不大于30mm。并且预拌混凝土的缓凝时间应为6~8h。

2. 防水混凝土抗渗等级和强度

防水混凝土结构的抗渗性能，应以标准条件下养护的防水混凝土抗渗试块的试验结果评定，其结果必须符合设计要求。

抗渗试块的留置组数可视结构的规模和要求而定。但每单位工程不得小于两组。当按混凝土浇筑量确定试块组数时，$500m^3$以下的，应不得少于两组；每增加$250\sim500m^3$混凝土时应增加两组；如使用的原材料、配合比或施工方法有变化时，均应另行留置试块。

试块应在浇筑地点制作，其中一组应在标准养护池中养护，另一组应与现场相同情况下养护。

对于抗渗混凝土试块的抗压强度，必须符合设计要求。其制作、取样、试验、混凝土强度的评定应按照相应的标准规定内容进行。

3. 混凝土的浇筑

混凝土应分层连续浇筑，分层厚度为振捣器有效作用长度的1.25倍，一般情况下分层厚度为400~500mm。分层浇筑时，第二层防水混凝土浇筑时间应在第一层初凝前，将振捣器垂直插入混凝土中≥50mm，插入要迅速，拔出应缓慢。

4. 施工缝的留设

在技术保证的前提下，混凝土应连续浇筑，不得留施工缝。当确实需设施工缝时，应按如下规定：

墙体水平施工缝不宜留设在剪力与弯矩最大处，或底板与侧墙交接处，应留在高出底板表面不小于300mm的墙体上。拱、板墙结合的水平施工缝，宜留在拱、板墙接缝线以下150~300mm处，墙体有预留孔时，施工缝距边缘不少于300mm。

垂直施工缝应避开地下水和裂隙水较多的地段，并宜与变形缝相结合。

施工缝应为平缝形式，采用多道防水措施。

5. 混凝土接缝

当处理混凝土地下工程防水时，水平施工缝或垂直施工缝在浇筑混凝土前，应清除旧结构表面上的浮浆和杂物，先敷设一道净浆，再铺设30~50mm厚的1:1水泥砂浆（垂直缝可不进行），也可以涂刷混凝土界面处理剂，并及时浇筑混凝土。

施工缝采用遇水膨胀止水条时，止水条应牢固地安装在接缝表面或预留槽内，遇水膨胀止水条应具有缓胀能力，7d膨胀率不应大于最终膨胀率的60%。

采用中埋式止水带时，应确保位置准确，固定牢靠，严防混凝土施工时错位。

6. 穿墙管件

防水混凝土结构中有密集管群穿过外，预埋件或钢筋密集处，浇筑混凝土有困难时，应采用相同强度等级的抗渗细石混凝土浇筑；预埋大管径的套管或面积较大的金属板时，应在其底部开设浇筑振捣孔，以利排气。

固定设备用的锚栓等预埋件，应在浇筑混凝土前埋入。如必须在混凝土中预留锚孔时，预留孔底部须保留至少150mm厚的混凝土。当预留孔底部的厚度小于150mm时，必须采取局部加厚措施。

7. 支模铁件与止水片

防水混凝土结构施工时，固定模板用的钢丝和螺栓不宜穿过防水混凝土结构。结构内部设置的各种钢筋及绑扎钢丝，均不得接触模板。当必须采用对拉螺栓固定模板时，应在预埋套管或螺栓上加焊止水环。止水环的直径及环数应符合设计规定。若无设计规定时，止水环直径一般为80~100mm，且至少有一道止水环。

预埋套管加焊止水环的做法：套管采用钢管，其长度等于墙厚，兼具撑头作用，以保持模板之间的设计尺寸。止水环套在套管后应满焊密实。支模时在预埋套管中穿入对拉螺栓拉紧固定模板，拆模后将螺栓抽出，套管内用膨胀水泥砂浆封堵密实。

（三）施工质量验收标准

在质量检查时，应按混凝土外露面积每100m^{2}抽查一处，每处10m^2，且不少于3处，细部结构应全数检查。

1. 抗渗等级

连续浇筑混凝土500m^{3}应留置一组抗渗试件，且每项工程不得少于两组。

抗渗等级应符合表6-35的要求。主要是查看其试件的组数和试验结果。

防水混凝土的抗渗等级 **表6-35**

工程埋置深度（m）	设计抗渗等级	工程埋置深度（m）	设计抗渗等级
<10	P6	20~30	P10
10~20	P8	30~40	P12

2. 结构厚度

结构厚度应大于250mm，其允许偏差为+15mm、-10mm；迎水面钢筋保护层厚度应大于50mm，其允许偏差为±10mm。检查应用钢尺量测。

3. 坍落度

对混凝土坍落度的检查，每工作班至少检查两次，实测坍落度与要求坍落度之间的偏差不得超过表6-36的规定。

混凝土坍落度允许偏差（mm） **表6-36**

要求坍落度	允许偏差	要求坍落度	允许偏差
≥40	±10	≥100	±20
50~90	±15		

三、水泥砂浆防水层的质量控制

水泥砂浆防水层也称刚性抹面防水层。这种防水层是指用素灰、水泥浆和水泥砂浆等构成的防水层。它是利用抹压均匀、密实，并交替施工构成坚硬封闭的整体。具有较高（达2MPa以上）的抗渗能力，以达到阻止压力水的渗透作用。水受阻而产生的浮力、侧压力等，是依靠防水层同结构部分牢固结合而由结构部分来承揽。因此，在施工过程中，必须对防水层和结构之间的结合质量进行控制，保证防水层的抗渗能力。

水泥砂浆防水层可作为防水等级为1～3级地下防水工程多道设防中的一道防线。

(一) 材料质量控制

1. 水泥砂浆

水泥砂浆防水层包括普通水泥砂浆、聚合物水泥防水砂浆、掺外加剂和掺合料防水砂浆等。

水泥砂浆防水基层，其混凝土强度等级不应小于C15；砌体结构砌筑用的砂浆强度等级不应低于M7.5。

2. 水泥

选用32.5以上强度等级的普通硅酸盐和硅酸盐水泥。

3. 砂子

宜采用中砂。砂的颗粒坚硬、粗糙、洁净，不得含有杂物，含泥量不大于1%。

4. 聚合物乳液

外观无颗粒、异物和凝固物，固体含量大于35%。

5. 外加剂

砂浆外加剂可采用防水剂和膨胀剂进行改性。常用防水剂可参见表6-37中的内容。

常用防水剂的名称和性能 表6-37

名　称	主要成分	性　能	适用范围
氯化物金属盐类防水剂	氯化钙、氯化铝	与水泥和水起作用生成含水氯硅酸钙，氯铝酸钙等化合物，填补砂浆中空隙，增强防水性	防水砂浆，防水混凝土
金属皂类防水剂	硬脂酸、氢氧化钾、碳酸钠	有塑化作用，降低水灰比，在水泥浆中生成不溶性物质，堵塞毛细孔道，提高抗渗性	防水砂浆
氯化铁防水剂	三氧化铁和氯化亚铁	与水泥水化产物氢氧化钙作用，生成不溶于水的氢氧化铁等胶体，堵塞砂浆中微孔及毛细管道，提高抗渗性	防水砂浆、防水混凝土
水玻璃矾类防水促凝剂	硅酸钾	凝固速度快，应随配随用，拌好的要及时用完，常用有五矾、四矾、三矾等，其中五矾防水效是最佳	防水砂浆、堵漏
无机铝盐防水剂	铝和碳酸钙	掺入水泥砂浆和混凝土中，产生促进水泥构件密实的复盐，填充水泥砂浆和混凝土在水化过程中形成的孔隙及毛细孔通道，形成刚性防水	防水砂浆、防水混凝土

(二) 施工质量控制

1. 基层处理

水泥砂浆铺抹前，基层混凝土的抗压强度值不应小于15MPa，砌体结构砌筑用的砂浆强度等级不应低于M7.5。对基层表面进行处理，使其平整、粗糙、洁净，并提前冲水湿润，但应无积水。当基层表面有孔洞、缝隙时应用与防水层相同的砂浆填塞抹平，并应将预埋件、穿墙管四周预留凹槽内嵌填密封材料。

2. 防水砂浆配合比

普通水泥砂浆防水层的配合比应符合表6-38的规定。其他类配合比应符合所掺入材料的规定。

3. 砂浆拌制

防水砂浆不得采用人工搅拌，应用机械搅拌。拌制时，先将水泥、砂干拌均匀，然后再加水拌和，搅拌 1～2min。如掺外加剂或掺合料时，必须将外加剂掺入水泥、砂干拌均匀的混合料中，严禁将外加剂干粉直接掺入水泥砂浆中。

普通水泥砂浆防水层配合比　表 6-38

名　称	配合比（质量比）		水 灰 比	适用范围
	水　泥	砂		
水泥浆	1		0.55～0.60	水泥砂浆防水层的第一层
水泥浆	1		0.37～0.40	水泥砂浆防水层的第三、五层
水泥砂浆	1	1.5～2.0	0.40～0.50	水泥砂浆防水层的第二、四层

4. 防水层的设置

为保证防水层和结构之间的牢固结合，质量控制必须按下列要求，防水层构造做法如图 6-9 所示。

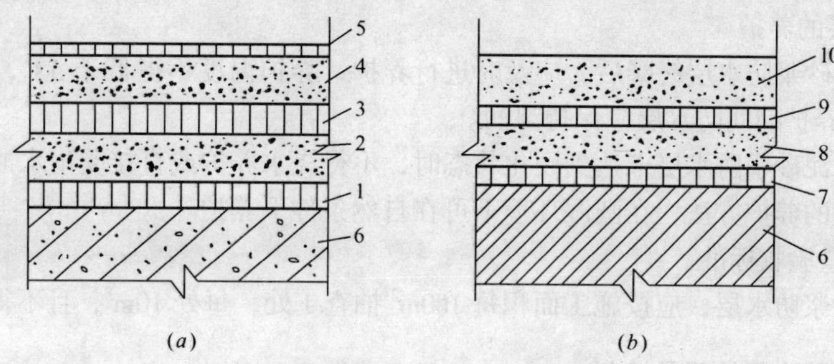

图 6-9　防水层的做法

（a）刚性多层防水层；（b）氯化铁防水砂浆防水层

1、3—素灰层；2、4—水泥砂浆层；5、7、9—基层；6—结构层；8—垫层；10—面层

迎水面基层的防水层一般采用五层抹面作法；背水面基层的防水层一般采用四层抹面作法。防水层分为内抹面防水和外抹面防水。地下结构物除考虑地下水渗透外，还应考虑地表水的渗透，所以，防水层的设置高度应高出室外地面平均数 150mm 以上。地下工程防水层一般情况下以一道防线为主，遇有特殊情况和防水要求较高时，可考虑两道或多道设防。

施工时，应先施工立体墙面，后施工地面，防水层之间应结合紧密，每层应连续施工。如要留槎时，应采用阶梯形槎，距离阴阳角处不小于 200mm，如图 6-10 所示。如为转角留槎时，应按图 6-11 所示做法。各层抹灰不得在同一位置上留槎，底层与面层应错开 15mm 以上。当从接槎处开始施工时，需在接槎处涂刷一道水泥浆，使接头结合密实。

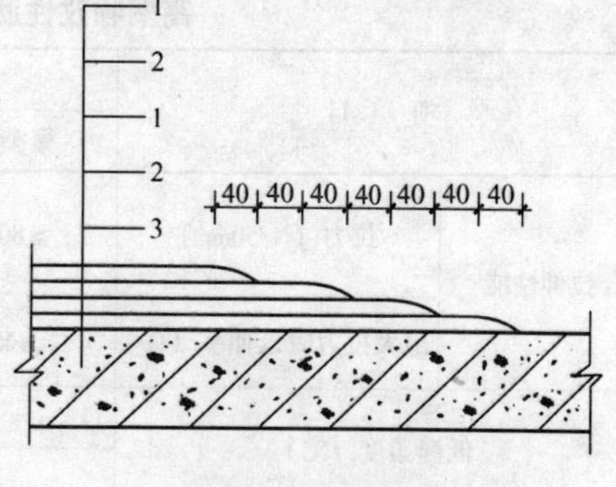

图 6-10　平面留槎

1—砂浆层；2—水泥浆层；3—围护结构

防水层的阴阳角处应做成圆弧形，阴角直径 50mm，阳角直径 10mm。

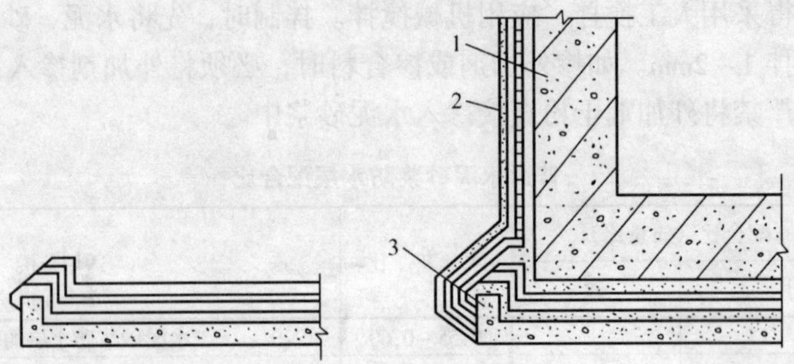

图 6-11　转角留槎

1—围护结构；2—水泥砂浆防水层；3—混凝土垫层

防水层的施工厚度与所用材料有关，聚合物水泥砂浆防水层厚度为 6～8mm；双层施工时为 10～12mm；掺有外加剂、掺合料等的水泥砂浆防水层厚度为 18～20mm。

5. 砂浆层的养护

普通水泥砂浆防水层终凝后，应及时进行养护，养护温度不得低于 5℃，养护时间不得少于 14d，养护期间防水层应保持湿润。

聚合物水泥砂浆防水层未达到硬化状态时，不得浇水养护或直接受雨水冲淋，硬化后应用干湿交替的养护方法，在潮湿环境下可在自然条件下养护。

（三）质量验收标准

对水泥砂浆防水层，应按施工面积每 100m² 抽查 1 处，每处 10m²，且不得小于 3 处。

四、卷材防水层的质量控制

卷材防水层主要有合成高分子卷材防水层、高聚物改性沥青卷材防水层、自粘橡胶沥青卷材防水层等。它适用于受侵蚀介质作用或受振动作用的地下工程。

（一）卷材质量控制

卷材防水层应选用高聚物改性沥青类或合成高分子类防水卷材，并应符合下列要求：卷材及其胶粘剂应具有良好的耐水性、耐久性、耐刺穿性、耐腐蚀性和耐菌性。

1. 高聚物改性沥青防水卷材

高聚物改性沥青防水卷材的主要物理性能应符合表 6-39 的规定。

高聚物改性沥青防水卷材的主要物理性能　　表 6-39

项　目		性　能　要　求		
		聚酯毡胎体卷材	玻纤毡胎体卷材	聚乙烯膜胎体卷材
拉伸性能	拉力（N/50mm）	≥800（纵横向）	≥500（纵向）	≥
			≥300（横向）	
	最大拉力时延伸率（%）	≥40（纵横向）		≥
低温柔度（℃）		≤－15		
		3mm 厚，$r=15$mm；4mm 厚，$r=25$mm，3s，弯 180°，无裂纹		
不透水性		压力 0.3MPa，保持时间 30min，不透水		

高聚物改性沥青防水卷材厚度不应小于3mm，单层使用时，厚度不小于4mm，双层使用时，总厚度不小于6mm。

2. 合成高分子防水卷材

合成高分子防水卷材的主要物理性能应符合表6-40的规定。

合成高分子防水卷材的主要物理性能 表6-40

项 目	性能要求				
	硫化橡胶类		非硫化橡胶类	合成橡胶类	纤维胎增强类
	JL_1	JL_2	JF_3	JS_1	
拉伸强度（MPa）	≥8	≥7	≥5	≥8	≥8
断裂伸长率（%）	≥450	≥400	≥200	≥200	≥10
低温弯折性（℃）	-45	-40	-20	-20	-20
不透水性	压力0.3MPa，保持时间30min，不透水				

合成高分子防水卷材单层使用时，厚度不小于1.5mm，双层使用时，总厚度不小于2.4mm。

3. 胶粘剂

粘贴各类卷材必须采用与卷材性相容的胶粘剂，胶粘剂的质量应符合下列要求：

(1) 高聚物改性沥青卷材间的粘结剥离强度不应小于8N/10mm；

(2) 合成高分子卷材胶粘剂的粘结剥离强度不应小于15N/10mm，浸水168h后的粘结剥离强度保持率不应小于70%。

4. 基层处理剂

基层处理剂，涂刷在水泥砂浆基层上，其性能应符合下列要求：

外观：黑褐色常温下呈液态并易于涂刷；

固体含量：≥40%；

干燥时间：≤2h。

(二) 施工质量控制

1. 铺贴法确定

卷材防水层的基面应平整牢固、清洁干燥。

铺贴高聚物改性沥青卷材应采用热熔法施工；铺贴合成高分子卷材应采用冷粘法施工。铺贴卷材严禁在雨天、雪天施工；五级风及其以上时不得进行施工；冷粘法施工气温不应低于5℃，热熔法施工气温不应低于-10℃。

2. 铺贴法要求

(1) 当采用热熔法或冷粘法施工时，应符合下列规定：

① 底板垫层混凝土平面部位的卷材宜采用空铺法或点粘法，其他与混凝土结构相接触的部位采用满粘法。

② 采用热熔法施工高聚物改性沥青防水卷材时，幅宽内卷材底表面加热均匀，不得过分加热或烧穿卷材。

采用冷粘法施工合成高分子卷材时，必须采用与卷材性质相兼容的胶粘剂，并应涂刷均匀。

(2) 铺贴立面卷材防水层时，应采取防止卷材向下滑移的措施：两幅卷材短边和长边的搭接宽度均不应小于 100mm，采用合成树脂类的热塑性卷材时，搭接宽度为 50mm，并采用焊接法施工，焊缝有效焊接宽度不应小于 30mm。采用双层卷材时，上下两层和相邻两幅卷材的接缝应错开 1/3～1/2 幅宽，且两层卷材不得相互垂直铺贴；卷材接缝必须粘贴封严，接缝口应用材质相容的密封材料封严，接缝宽度不小于 10mm；在立面与平面的转角处，卷材的接缝应留在平面上，距立面不小于 600mm。

同一层相邻两幅卷材的横向接缝，应彼此错开 1500mm 以上。

(3) 卷材搭接时也可采用对接方法，先在接缝处的接缝面垫上一块 300mm 宽的卷材条，两边卷材横向对接，接缝处用密封材料处理。

当使用带岩片保护层的高聚物改性沥青卷材短边需要搭接时，用喷灯烘烤卷材表面后，用铁抹子刮去搭接部位的页岩片，然后再搭接牢固。

(4) 采用外防外贴法铺贴卷材防水层时，应符合下列规定：

铺贴卷材应先铺平面，后铺立面，交接处应交叉搭接。从底面折向立面的卷材与永久性保护墙的接触部位，应采用空铺法施工。与临时性保护墙或围护结构模板接触的部位，应临时粘贴在保护墙或模板上，其顶端应临时固定。

主体结构完成后，铺贴立面卷材时，应先将接槎部位的各层卷材揭开，并将其表面清理干净。卷材接槎的搭接长度，高聚物改性沥青卷材为 150mm，合成高分子卷材为 100mm。卷材的甩槎、接槎应符合图 6-12、图 6-13 的做法。

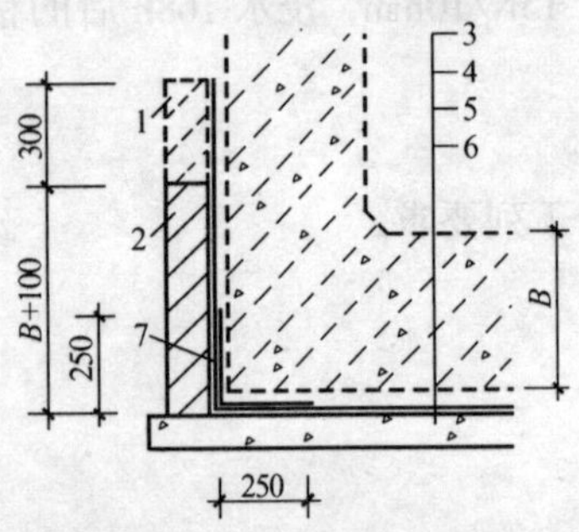

图 6-12 甩槎的做法

1—临时保护墙；2—永久保护墙；3—细石混凝土保护层；4—卷材防水层；5—水泥砂浆找平层；6—混凝土垫层；7—卷材加强层

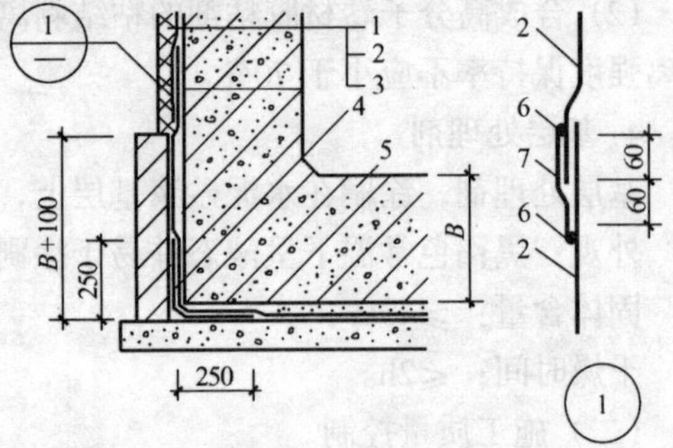

图 6-13 接槎的做法

1—结构墙体；2—卷材防水层；3—卷材保护层；4—卷材加强层；5—结构底板；6—密封材料；7—盖缝条

(5) 当施工条件受限制时，采用外防内贴法铺贴卷材防水层时应符合下列规定：

主体结构保护墙内表面应抹 1:3 水泥砂浆找平层，然后铺贴卷材，并结合卷材特性选用保护层；卷材应先铺立面，后铺平面。铺贴立面时，应先铺转角处，后铺大面。

(6) 卷材防水层经质量检查合格后，应及时做保护层，保护层应符合下列规定：

顶板卷材防水层上的细石混凝土保护层厚度不小于 70mm，防水层为单层卷材时，在防水层与保护层之间应设隔离层；底板卷材防水层上的细石混凝土保护层厚度不小于 50mm；侧墙卷材防水层应用软保护或铺设 20mm 厚的 1:3 水泥砂浆。

五、涂料防水层的质量控制

涂料的防水层包括无机防水涂料和有机防水涂料。无机防水涂料可选用水泥基防水涂料、水泥基渗透结晶型涂料。有机涂料可选用反应型、水乳型、聚合物水泥防水涂料。

无机防水涂料宜用于结构主体的背水面，有机防水涂料宜用于结构主体的迎水面。

(一) 材料质量控制

1. 选用原则

潮湿基层应选用与潮湿基面粘结力大的无机涂料或有机涂料，或采用先涂水泥基类无机涂料而后涂有机涂料的复合涂层。

冬期施工应用反应型涂料，温度不低于5℃。

埋置较深的重要工程、有振动或有较大变形的工程应选用高弹性防水涂料。

有腐蚀性的地下环境应选用耐腐蚀性较好的反应型、水乳型、聚合物水泥涂料并做刚性保护层。

采用有机防水涂料时，应在阴阳角及底板增加一层胎体增强材料，并增涂2~4遍防水涂料。

水泥基防水涂料的厚度应为1.5~2.0mm；水泥基渗透结晶型防水涂料的厚度不小于0.8mm；有机防水涂料根据材料的性能，厚度为1.2~2.0mm。

2. 有机防水涂料的性能

有机防水涂料的性能应符合表6-41的规定。

有机防水涂料的性能　表6-41

涂料种类	可操作时间(min)	潮湿基面粘结强度(MPa)	抗渗性(MPa)			浸水168h后拉伸强度(MPa)	浸水168h后断裂伸长率(%)	耐水性(%)	表干(h)	实干(h)
			涂膜(30min)	砂浆迎水面	砂浆背水面					
反应型	≥20	≥0.3	≥0.3	≥0.6	≥0.2	≥1.65	≥300	≥80	≤8	≤25
水乳型	≥50	≥0.2	≥0.3	≥0.6	≥0.2	≥0.5	≥350	≥80	≤4	≤12
聚合物水泥	≥30	≥0.6	≥0.3	≥0.8	≥0.6	≥1.5	≥80	≥80	≤4	≤12

注：1. 浸水168h后的拉伸强度和断裂延伸率是在浸水取出后只经擦干即进行试验所得的值。
2. 耐水性指标是指材料浸水168h后取出擦干即进行试验，其粘结强度及抗渗性的保持率。

3. 无机防水涂料的性能

无机防水涂料的性能应符合表6-42的规定。

无机防水涂料的性能指标　表6-42

涂料种类	抗折强度(MPa)	粘结强度(MPa)	抗渗性(MPa)	冻融循环
水泥基防水涂料	>4	>1.0	>0.8	>D50
水泥基渗透结晶防水涂料	≥3	≥1.0	>0.8	>D50

(二) 施工质量控制

1. 基层处理

涂料防水层施工前，先将基层表面的杂物、灰浆硬块、砂粒等清除干净，再用干净的湿布擦拭一次。基层表面的气孔、凹凸不平、蜂窝、缝隙等应进行修补处理。做到无浮浆、无水珠、不渗水。基层阴阳角应做成圆弧形，阴角直径宜大于 50mm，阳角直径应大于 10mm。

2. 附加层的做法

施工前应对穿墙管、变形缝等细部薄弱环节进行敷设附加层。做附加层时，一般是一布二涂增强涂层，也就是在两遍涂刷涂料中间加设一层聚酯无纺布或玻纤布。作业时均匀涂刷一遍涂料，将布紧贴在第一遍涂层上。在阴阳角处，将胎布剪成条状，在管根处胎布剪成块状或三角形紧贴于涂层面上，随铺布随刷第二遍涂料。第二遍涂刷应在第一遍涂料表干 12h 之后。两遍涂膜作业完成待 24h 后实干，才可进行大面积防水层施工。

3. 接缝宽度

在施工中，施工缝接缝宽度不得小于 100mm。对各层施工时，下一层涂层与上一层涂层相互垂直，并向相反方向进行涂刷。

4. 涂层保护层

有机防水涂料施工完毕后，应及时地做好保护层，保护层应符合下列要求：

底板、顶板应采用 20mm 1:2.5 水泥砂浆层和 40～50mm 厚的细石混凝土保护，顶板防水层与保护层之间宜设置隔离层。

侧墙背水面应采用 20mm 厚 1:2.5 水泥砂浆层保护。

侧墙迎水面宜选用软保护层或 20mm 厚 1:2.5 水泥砂浆层保护。

第五节 砌体工程施工质量监督

砌体工程包括砖砌体、石砌体、砌块砌体等类型。砌体在建筑结构中主要有三个作用：一是承受楼顶、楼层、人和使用的永久性荷载、可变性荷载以及本身的自重和风荷载，这是砌体的承重作用；二是由于砌体隔住了自然界中的风、雨和雪等自然气候的侵袭，防止了太阳光线的辐射，隔断了大气中的噪声和有害气体的干扰和影响，起到了保温、隔热、隔声和防害等作用，这是砌体的围护作用；三是为了改善室内的使用空间，可用墙体把房屋内部划分成若干不同功能的使用空间，这就是砌体的分隔作用。为了更好地发挥砌体的作用和功能，这就要求砌体的质量必须达到《砌体工程施工及验收规范》(GB 50203—2002) 的规定。要想达到规范要求，一方面施工单位应严格按照设计要求和施工规范规定进行精心施工；另一方面，质量检验人员必须按照验收规范的规定进行严格检验，消除质量隐患，保证砌体结构稳定、安全可靠。砌体施工质量控制等级应符合表 6-43 的规定。

砌体施工质量控制等级 表 6-43

项目	施工质量控制等级		
	A	B	C
现场质量管理	制度健全，并严格执行；非施工方质量监督人员经常到现场，或现场设有常驻代表；施工方有在岗专业技术管理人员，并持证上岗	制度基本健全，并能执行；非施工方质量监督人员间断地到现场进行质量控制；施工方有在岗专业技术管理人员，并持证上岗	有制度；非施工方质量监督人员很少作现场质量控制；施工方有在岗专业技术管理人员

续表

项　目	施工质量控制等级		
	A	B	C
砂浆、混凝土强度	试块按规定制作，强度满足验收规定，离散性小	试块按规定制作，强度满足验收规定，离散性较小	试块强度满足验收规定，离散性大
砂浆拌合形式	机械拌合；配合比计量控制严格	机械拌合；配合比计量控制一般	机械或人工拌合；配合比计量控制较差
砌筑工人	中级工以上，其中高级工不少于20%	高、中级工不少于70%	初级工以上

砌筑基础砌体前，应校核放线尺寸，其放线允许偏差应符合表6-44的规定。

放线尺寸的允许偏差（mm）　　**表6-44**

长度 L、宽度 B（m）	允许偏差	长度 L、宽度 B（m）	允许偏差
L 或 $B \leqslant 30$	±5	$60 < L$（或 B）$\leqslant 90$	±15
$30 < L$（或 B）$\leqslant 60$	±10	L（或 B）> 90	±20

一、砌筑砂浆的质量控制

1. 砂浆中的含泥量

砌筑砂浆中不得含有有害杂物。砂浆用砂的含泥量应满足下列要求：

对水泥砂浆和强度等级不小于M5的水泥混合砂浆，不应超过5%；

对强度等级小于M5的水泥混合砂浆，不应超过10%；

人工砂、山砂及特细砂，应经试配能满足砌筑砂浆技术条件。

2. 搅拌时间及延用时间

砂筑砂浆应用机械拌制，自投料完算起，搅拌时间应符合下列规定：

水泥砂浆和水泥混合砂浆不得少于2min；

水泥粉煤灰砂浆，掺用外加剂的砂浆不得少于3min；

掺用有机塑化剂的砂浆，应为3~5min。

砂浆应随拌随用，水泥砂浆和水泥混合砂浆应分别在3h和4h内使用完毕；当施工期间最高气温超过30℃时，应分别在拌成后2h和3h内使用完毕。对掺有缓凝剂的砂浆，其使用时间可根据实际延长。

3. 砂浆质量检验

凡在砂浆中掺入有机塑化剂、早强剂、缓凝剂、防冻剂等，应经检验和试配符合要求后，方可使用。有机塑化剂应有砌体强度的形式检验报告。

同一验收批砂浆试块抗压强度平均值必须大于或等于设计强度等级所对应的立方体抗压强度；同一验收批砂浆试块抗压强度的最小一组平均值必须大于或等于设计强度等级所对应的立方体抗压强度的0.75倍。

检查数量：每检验批且不超过250m³砌体的各种类型及强度等级的砌筑砂浆，每台搅拌机应至少抽检一次。制作试块时，应在搅拌机出料口随机抽取，并且同盘砂浆只应制作一组试件。

4. 原位检测

当施工中或验收时出现下列情况，可采用现场检测方法对砂浆和砌体强度进行原位检测或取样检测，并判断其强度：

砂浆试件缺乏代表性或试块数量不足；

对砂浆试件的试验结果有怀疑或有争议；

砂浆试件的试验结果，不能满足设计要求。

二、砖砌体工程的质量监督

（一）施工质量控制

1. 砌筑用砖

砌体工程中所用的砖，应有质量证明书，并应符合设计要求。砖材料进场后，应在见证抽取试样复验合格后方可使用。

砖的品种、强度等级必须符合设计要求，并应规格一致；用于清水墙、柱表面的砖，应边角整齐，色泽均匀；砌筑砖砌体时，砖应提前 1～2d 浇水湿润，烧结普通砖、多孔砖宜有 10%～15%的含水率；灰砂砖、粉煤灰砖含水率宜为 8%～12%。

2. 设皮数杆

在墙体的转角处设立皮数杆，纵轴墙体或横轴墙体，每 15～20m 之间应设一皮数杆，设皮数杆时，一般距墙角或墙皮 50mm。皮数杆应垂直、牢固、标高一致，皮数杆或皮数线均应进行复核和办理预检手续。皮数杆上应注明门窗洞口、拉结筋、圈梁等结构的尺寸标高。

3. 基础墙砌筑

根据皮数杆最下面一层砖的底标高，拉线检查基础垫层表面标高是否合适，当一层砖的水平灰缝大于 20mm 时，则应采用细石混凝土找平。

基础的组砌方法一般采用一顺一丁排砖法。砌筑时，必需达到里外咬槎、上下层错缝。

基础放大脚的盘底尺寸必须符合设计要求。如果是一层一退，里外均应砌丁砖；如是两层一退，一层为条砖，二层砌丁砖。如是盘砌墙角时，每次盘角高度不得超过五层砖。变形缝的墙角应按直角要求砌筑。

4. 墙体砌筑

(1) 盘角。砌筑墙体前应先盘砌墙体的四个大角，每次盘砌高度不超过五皮砖。新盘的大角及时进行吊、靠检测，如有偏差时及时进行修整。

(2) 挂线。砌筑砖墙厚度超过一砖厚时（240mm）应采用双面挂线，超过 10m 的长墙，中间应设支线点，小线要拉紧，每皮砖都要穿线看平，使水平灰缝均匀一致，平直通顺。水平灰缝的厚度应控制在 10mm，但不得小于 8mm，但也不得大于 12mm。

(3) 留槎与错缝。除构造柱外，砖砌体的转角处和交接处应同时砌筑。对不能同时砌筑而又必须留置的临时间断处应砌筑成斜槎，斜槎水平投影长度不小于高度的 2/3。

砌体接槎时，必须将槎处的表面清理干净，浇水湿润，并应填实砂浆，保持灰缝平直。

砖砌体应上、下错缝，内外搭砌，实心砌体宜采用一顺一丁、梅花丁或三顺一丁的砌筑形式。砖柱不得采用包心砌法。对于使用单排孔小砌块砌筑墙体时，应对孔错缝搭砌；使用多排孔小砌块砌筑墙体时，应错缝搭砌，搭接长度不应小于120mm。墙体的个别部位不能满足上述要求时，应在砌块砌体的灰缝中设置拉结钢筋网片，但竖向通缝仍不得超过两皮小砌块。

砖柱和宽度小于1m的窗间墙，应先用整砖砌筑；每层承重墙的最上一皮砖，240mm厚墙应是整砖丁砌；在梁和梁垫的下面、砖砌体的阶水平面上以及砌砖挑出的挑檐、腰线等均为整砖丁砌层。

(4) 施工洞口。留置的施工洞口侧边离交接处不应小于500mm，洞口净宽度不应超1m。施工洞口可留直槎，但必须为阳槎，并须设拉结筋，拉结筋的长度从留槎处算起每边不应小于1000mm，末端应有90°的弯钩。

(5) 预埋木砖、混凝土砖。在砌筑墙体时，户门框、外窗框处应预埋混凝土砖，室内门框采用预埋木砖。洞口高度在1.2m以内的，每边应放置两块预埋砖；高度在1.2～2.0m，每边放3块；高度在2～3m，每边放4块。预埋砖的放置位置一般在洞察口上、下边的四皮砖层处，中间按均匀分布。

(6) 构造柱。砌体中设有构造柱时，在砌砖前，先根据设计图纸将构造柱位置进行弹线，并把构造柱插筋处理顺直。砌筑砖墙时，与构造柱连接处应砌成马牙槎。每一个马牙槎沿高度方向的尺寸不应超过300mm，并且采用先退后进的砌筑方法。

(7) 拉结筋。在施工中，不能留斜槎时，除转角外，可留直槎，但直槎必须做成凸槎(或称阳槎)，并应加设拉结筋。拉结筋的数量为每120mm墙厚设置一根直径6mm的钢筋；间距沿墙高不得超过500mm；埋入长度从墙的留槎处算起，每边均不应小于1000mm；末端应有90°弯钩。拉结筋不得穿过烟道和通气道，如遇烟道或通气道时，拉结筋应分成两段沿孔道两侧平行设置。

隔墙与墙或柱不能同时砌筑而又不能留成斜槎时，可于墙或柱中引出凸槎。对于抗震设防区，灰缝中还应预埋拉结筋，其构造应符合上边规定，且每道墙不得少于2根。

(8) 脚手架眼的设置。在下列位置不得设置脚手架眼：

120mm厚的墙体和独立柱；

过梁上与过梁成60°角的三角形范围及过梁净跨度1/2的高度范围内；

宽度小于1m的窗间墙；

砌体门窗洞口两侧200mm和转角处450mm范围内；

梁或梁垫及其左右500mm范围内；

设计上不允许设置的部位。

(9) 砂浆饱满度。对于烧结普通砖砌体水平灰缝的砂浆饱满度不得小于80%；竖缝宜采用挤浆或加浆使砖缝灰浆饱满，不得出现透明缝。

质量检查人员对砂浆饱满度抽样检查时，应按每步架抽查不少于3处，每处掀起砌好的3块砖，用百格网检查砖底面与砂浆的粘结印迹面积，按3块砖的平均值评定砂浆饱满度。

(10) 清水墙的勾缝。墙面勾缝前，应清除墙面粘结的砂浆、泥浆和杂物等，并洒水湿润；开凿瞎缝，并对缺棱掉角的部位用与墙面相同颜色的砂浆修复齐整；将脚手架眼补砌严密。墙面勾缝应用细砂拌制 1:1.5 水泥砂浆进行勾缝。墙面勾缝应横平顺直、深浅一致、搭接平整并压实抹光，不得有丢缝、开裂、粘结不牢和污染墙壁面等现象。当设计对缝型无要求时，勾缝宜采用凹缝或平缝，凹缝深度为 4~5mm。

（二）砖砌体施工质量验收标准

1. 砌体的垂直度

砖砌体的位置及垂直度允许偏差应符合表 6-45 的规定。

砖砌体的位置及垂直度允许偏差（mm）　　表 6-45

项次	项　目			允许偏差	检　验　方　法
1	轴线位置偏移			10	用经纬仪和尺检查或用其他测量仪器检查
2	垂直度	每　层		5	用 2m 托线板检查
		全高	≤10m	10	用经纬仪、吊线和尺检查，或用其他测量仪器检
			>10m	20	

检查数量：轴线查全部承重墙柱；外墙垂直度全数查阳角，不应少于 4 处，每层每 20m 查一处；内墙按有代表性的自然间抽 10%，但不少于 3 间，每间不应少于 2 处，柱不少于 5 根。

2. 砖砌体的尺寸偏差

砖砌体的一般尺寸允许偏差应符合表 6-46 的规定。

砖砌体一般尺寸允许偏差（mm）　　表 6-46

项次	项　目		允许偏差	检验方法	抽　检　数　量
1	基础顶面和楼面标高		±15	水平仪和尺量	不应少于 5 处
2	表面平整度	清水墙、柱	5	用 2m 靠尺和塞尺	有代表性自然间 10%，但不少于 3 间，每间不少于 2 处
		混水墙、柱	8		
3	门窗洞口高、宽		±5	尺量	检验批洞口的 10%，且不少于 5 处
4	外墙上下窗口偏移		20	以底层为标准，用经纬仪或吊线	检验批的 10%，且不少于 5 处
5	水平灰缝平直度	清水墙	7	拉 10m 线和尺量	有代表性自然间 10%，但不少于 3 间，每间不少于 2 处
		混水墙	10		
6	清水墙游丁走缝		20	吊线和尺量	

三、石砌体工程的质量控制

（一）材料质量要求

(1) 石材。石砌体所用的石材应质地坚实，无风化剥落和裂纹。用于清水墙、柱表面的石材，色泽应均匀。毛石砌体中所用的毛石应呈块状，其中部厚度不宜小于 150mm，各种砌筑用料石的宽度、厚度均不宜小于 200mm，长度不宜大于厚度的 4 倍。

(2) 水泥、砂、砂浆的质量要求同砌砖工程

（二）施工质量控制

1. 毛石砌体

毛石砌体的灰缝厚度为 20～30mm，石块间不得有相互接触现象。石块间的空隙应先填塞砂浆后用碎石块嵌实。

砌筑毛石基础的第一皮石块应坐浆，并将大面向下。毛石基础的扩大部分，如做成阶梯形，上级阶梯的石块应至少压砌下级阶梯的 1/2，相邻阶梯的毛石应相互错缝搭砌。

毛石砌体的第一皮及转角处、交接处和洞口处，应用较大的平毛石砌筑。每个楼层，包括基础在内，砌体的最上一皮，也应用较大的毛石砌筑。

毛石砌体必须设置拉结石。拉结石应均匀分布，相互错开。毛石基础同皮内每隔 2m 左右设置一块拉结石；毛石墙每 0.7m^2 墙面至少设置一块，且同皮内的中距不应大于 2m。拉结石的长度，为基础宽度或墙厚等于或小于 400mm，应与宽度及厚度相等；如基础宽度或墙厚大于 400mm 时，可用两块拉结石内外搭接，搭接长度不应小于 150mm，且其中一块长度不应小于基础宽度或墙厚的 2/3。

毛石墙和砖墙相接的转角处和交接处应同时砌筑。转角处应自纵墙或横墙每隔 4～6 皮砖的高度引出不小于 120mm 与横墙相连。毛石和实心砖的组合墙中，毛石和实心砖同时砌筑，并每隔 4～6 皮砖用 2～3 皮丁砖与毛石砌体拉结砌合，空隙处应用砂浆填满。

毛石砌体每日筑墙不宜超过 1.2m 高。

2. 料石砌体

料石砌体的组砌形式应符合图 6-14 所示的形式。

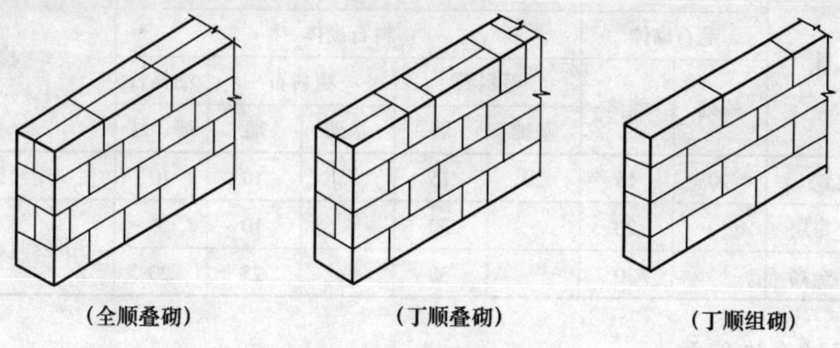

图 6-14　料石砌体组砌形式

料石砌体的灰缝厚度，应按料石的种类确定；细料石砌体不宜大于 5mm；半细料石砌体不宜大于 10mm；粗料石和毛料石砌体不宜大于 20mm。

料石基础砌体的第一皮应用丁砌座浆砌筑。阶梯形料石基础，上级阶梯的料石应至少压砌下级阶梯的 1/3。料石砌体应上下错缝搭砌。砌体厚度等于或大于两块料石宽度时，如同皮内全部采用顺组砌，每砌好两皮后，应砌一皮丁砌层；如同皮内采用丁顺组砌，丁砌石应交错设置，其中心间距不应大于 2m。

用料石作过梁，厚度为 200～450mm，净跨度不宜大于 1.2m，两端各伸入墙内长度不应小于 250mm。过梁上续砌墙时，其正中间石块不应小于过梁净跨度的 1/3，其两旁应砌不小于 2/3 过梁净跨度的料石。

石砌体的砂浆饱满度不应小于 80%。

料石墙体中不得留置脚手架眼。

3. 挡土墙

砌筑毛石挡土墙，应符合毛石砌体的质量规定外，还应符合下列规定：

毛石的中部厚度不宜小于200mm；每砌3～4皮为一个分层高度，每个分层高度应找平一次，外露面的灰缝厚度不得大于40mm，两个分层高度间的错缝不得小于80mm。

料石挡土墙宜采用同皮内丁顺相同的砌筑形式。当中间部分用毛石填砌时，丁砌料石伸入毛石部分的长度不应小于200mm。

砌筑挡土墙泄水孔的设置应符合下列规定：

泄水孔应均匀设置，在每米高度上间隔2m左右设置一个；泄水孔宜采用抽管方法留置；并应在泄水孔与土体间铺设长度各为300mm、厚20mm的卵石或碎石作疏水层。

挡土墙内侧回填土必须分层夯填，分层松土厚度应为300mm。墙顶土面应有适当坡度使水流向挡土墙外侧。

(三) 石砌体的质量检验标准

1. 轴线位置及垂直度允许偏差

对石砌体的轴线位置及垂直度允许偏差的检查，外墙按楼层（或4m高以内）每20m抽查一处，每处3延长米，但不少于3处；内墙按有代表性的自然间抽查10%，但不少于3间，每间不少于2处，柱子不少于5根。

石砌体的轴线位置及垂直度允许偏差应符合表6-47的规定。

石砌体的轴线位置及垂直度允许偏差（mm） 表6-47

<table>
<tr><th rowspan="4">项次</th><th rowspan="4" colspan="2">项　目</th><th colspan="7">允 许 偏 差</th><th rowspan="4">检验方法</th></tr>
<tr><th colspan="2">毛石砌体</th><th colspan="5">料石砌体</th></tr>
<tr><th rowspan="2">基础</th><th rowspan="2">墙体</th><th colspan="2">毛料石</th><th colspan="2">粗料石</th><th>细料石</th></tr>
<tr><th>基础</th><th>墙</th><th>基础</th><th>墙</th><th>墙、柱</th></tr>
<tr><td>1</td><td colspan="2">轴线位置</td><td>20</td><td>15</td><td>20</td><td>15</td><td>15</td><td>10</td><td>10</td><td>用经纬仪和尺量</td></tr>
<tr><td rowspan="2">2</td><td rowspan="2">墙面
垂直度</td><td>每层</td><td></td><td>20</td><td></td><td>20</td><td></td><td>10</td><td>7</td><td rowspan="2">用经纬仪、吊线和尺量</td></tr>
<tr><td>全高</td><td></td><td>30</td><td></td><td>30</td><td></td><td>25</td><td>20</td></tr>
</table>

2. 一般尺寸允许偏差

一般尺寸允许偏差的检验数量：外墙，按楼层（4m高以内）每20m抽查1处，每处3延米，但不应少于3处；内墙，按有代表性的自然间抽查10%，但不少于3间，每间不应少于2处，柱子不应少于5根。

石砌体一般尺寸允许偏差应符合表6-48的规定。

石砌体一般尺寸允许偏差（mm） 表6-48

<table>
<tr><th rowspan="4">项次</th><th rowspan="4">项　目</th><th colspan="7">允 许 偏 差</th><th rowspan="4">检验方法</th></tr>
<tr><th colspan="2">毛石砌体</th><th colspan="5">料石砌体</th></tr>
<tr><th rowspan="2">基础</th><th rowspan="2">墙</th><th colspan="2">毛料石</th><th colspan="2">粗料石</th><th>细料石</th></tr>
<tr><th>基础</th><th>墙</th><th>基础</th><th>墙</th><th>墙、柱</th></tr>
<tr><td>1</td><td>基础和墙砌体
顶面标高</td><td>±25</td><td>±15</td><td>±25</td><td>±15</td><td>±15</td><td>±15</td><td>±10</td><td>用水准仪和尺</td></tr>
<tr><td>2</td><td>砌体
厚度</td><td>+30</td><td>+20
-10</td><td>+30</td><td>+20
-10</td><td>+15</td><td>+10
-5</td><td>+10
-5</td><td>用尺检查</td></tr>
</table>

续表

项次	项目		允许偏							检验方法
			毛石砌体		料石砌体					
			基础	墙体	毛料石		粗料石		细料石	
					基础	墙	基础	墙	墙、柱	
3	表面平整度	清水墙、柱	—	20	—	20	—	10	5	细料石用 2m 靠尺和塞尺，其他用两直尺垂直于灰缝拉 2m 线检查
		混水墙、柱	—	20	—	20	—	15	—	
4	清水墙水平灰缝平直度		—	—	—	—	—	10	5	拉 10m 线和尺量

四、配筋砌体工程的质量控制

在砌体工程中配置的钢筋的规格、数量和搭接质量应符合设计要求，分布筋和箍筋的位置与主筋的连接应正确。钢筋之间应采用金属丝绑牢或进行焊接。

(一) 施工质量控制

1. 构造柱的构造配筋

在构造柱竖向受力主筋上画分箍筋间距，根据画线的位置，将箍筋套在受力钢筋上逐个绑扎，为防止骨架变形，应采用反十字扣或套扣，箍筋应与受力钢筋保持垂直，箍筋弯钩开口处，应沿受力钢筋错开放置。箍筋端头平直长度不小于 10d，弯钩角度不小于 135°。

在柱顶柱脚与圈梁钢筋交接的部位，应按设计规范要求和抗震要求加密柱的箍筋，加密范围一般在圈梁上下均不应小于 1/6 层高或 450mm，箍筋间距应按 6d 或 100mm 加密控制。钢筋绑扎接头应避开箍筋加密区，同时接头范围的箍筋加密 5d 且≤100mm。

底层构造柱竖筋与基础圈梁锚固。无基础圈梁时，埋设在柱根部混凝土座内，如图 6-15 所示。当墙体有管沟时，构造柱埋设深度应大于沟深。

构造柱钢筋必须与各层纵横墙的圈梁钢筋绑扎连接，形成一个封闭框架。

在构造柱两边砌筑砖墙时，应设为马牙槎，并沿墙高每 500mm 埋设两根 $\phi 6$ 水平拉结

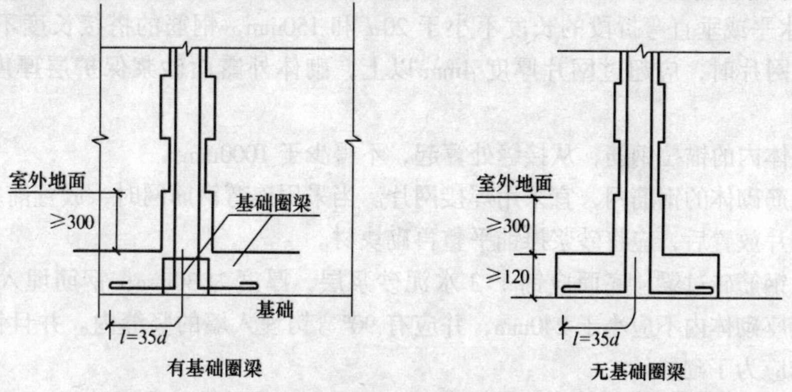

图 6-15　构造柱钢筋的锚固

筋，埋入长度为1000mm，伸出长度为1000mm，与构造柱钢筋绑扎连接，如图6-16示意做法。

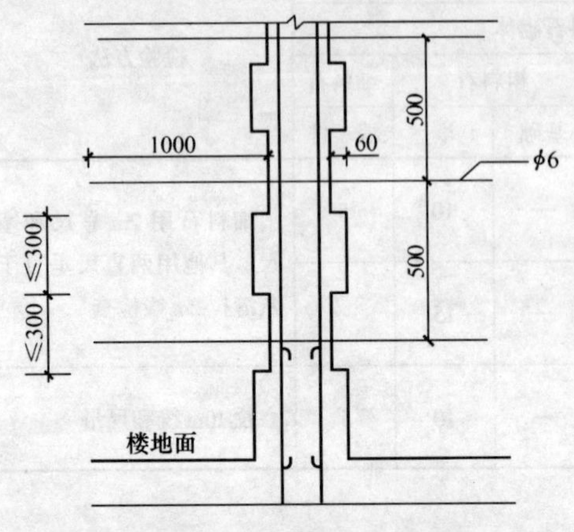

图6-16 水平拉结钢筋构造

2. 圈梁钢筋的绑扎

圈梁钢筋应互相交圈，在内外墙交接处、墙体大角转角处的锚固长度要符合要求。

当圈梁钢筋与构造柱钢筋交叉的，圈梁钢筋应放在构造柱受力钢筋的内侧。圈梁钢筋在构造柱部位搭接时，其搭接倍数或锚入柱内长度要符合设计要求。

楼梯间、附墙、烟囱、垃圾道及洞口等部位的圈梁钢筋被切断后，应进行补强。

圈梁上箍筋的开口处，应放在圈梁上边两根主筋上交叉错位放置，不得将箍筋开口处放在圈梁主筋的下边。

圈梁箍筋或钢筋绑扎结束后，应在下层受力主筋的下边垫放钢筋保护垫块，控制好钢筋保护层。

3. 预制板纵向板缝的构造

在安装的预制圆孔中纵向板缝中，应设置构造钢筋，以控制纵向板缝的发生，其构造如图6-17所示。

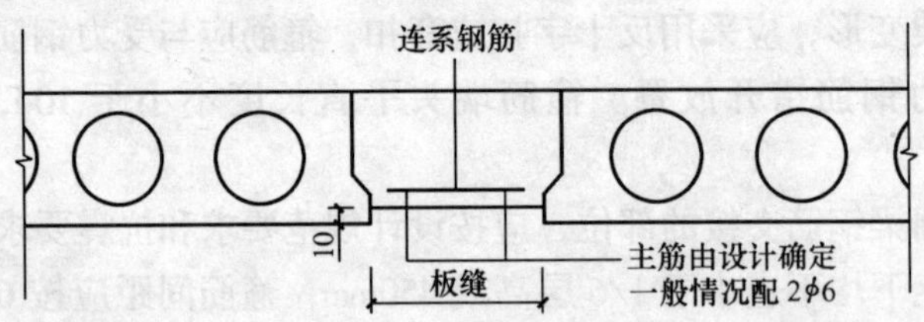

图6-17 预制板缝的配筋

4. 砌体水平灰缝中的配筋

设置在砌体水灰缝内的钢筋，应居中放在砂浆灰层中。水平灰缝内配筋砌体的灰缝厚度，不宜超过15mm。当设置钢筋时，应超过钢筋直径6mm以上，钢筋的锚固长度不小于50d，且其水平或垂直弯折段的长度不小于20d和150mm，钢筋的搭接长度不小于55d；当设置钢筋网片时，应超过网片厚度4mm以上，砌体外露面砂浆保护层厚度不应小于15mm。

伸入砌体内的锚拉钢筋，从接缝处算起，不得少于1000mm。

网状配筋砌体的钢筋网，宜采用焊接网片。当采用连弯钢筋网时，放置前应保持网片的平整。网片放置后，应将砂浆摊铺平整再砌块材。

砌筑的钢筋砖过梁，底面应铺1:3水泥砂浆层，厚度为30mm；钢筋埋入砂浆层中，两端伸入支座砌体内不应小于240mm，并应有90°弯钩埋入墙的竖缝内。并且钢筋砖过梁的第一皮砖应为丁砌层。

（二）质量检验标准

构造柱位置及垂直度允许偏差应符合表 6-49 的规定。

构造柱位置及垂直度允许偏差（mm）　　表 6-49

<table>
<tr><th>项次</th><th colspan="3">项　目</th><th>允许偏差</th><th>抽 检 方 法</th></tr>
<tr><td>1</td><td colspan="3">柱中心线位置</td><td>10</td><td rowspan="2">用经纬仪和尺检查</td></tr>
<tr><td>2</td><td colspan="3">柱层间错位</td><td>8</td></tr>
<tr><td rowspan="3">3</td><td rowspan="3">柱垂直度</td><td colspan="2">每层</td><td>10</td><td>用 2m 托线板检查</td></tr>
<tr><td rowspan="2">全高</td><td>≤10m</td><td>15</td><td rowspan="2">用经纬仪、吊线和尺量检查，或用其他测量仪器</td></tr>
<tr><td>>10m</td><td>20</td></tr>
</table>

五、填充墙砌体质量控制

（一）基本要求

它是在框架结构内，采用空心砖、蒸压加气混凝土砌块、轻骨料混凝土小型空心砌块等砌筑填充墙体。

在这些填充材料中，蒸压加气混凝土砌块、轻骨料混凝土小型空心砌块砌筑时，其产品龄期应超过 28d；加气混凝土砌块应防止雨水浇淋。

填充墙砌体砌筑前块材应提前 2d 浇水湿润。蒸压加气混凝土砌块砌筑时，应向砌筑面适量浇水。

用轻骨料混凝土小型空心砌块或蒸压加气混凝土砌块砌筑墙体时，墙底部位应砌筑烧结普通砖或多孔砖，或普通混凝土小型空心砌块，或现浇混凝土坎台等，其高度不小于 200mm。

（二）施工质量控制

1. 灰缝厚度与搭砌长度

填充砌体施工前，应将地基梁顶面或楼层结构面按标高找平，依据砌筑图放出轴线、砌体边线和洞口线等。

空心砖、轻骨料混凝土小型空心砌块的砌体水平灰缝为 8～12mm；蒸压加气混凝土砌块水平灰缝为 15mm，竖向灰缝为 20mm。

填充墙砌筑时应错缝搭砌，蒸压加气混凝土砌块搭砌长度不应小于砌块长度的 1/3；轻骨料混凝土小型空心砌块搭砌长度不小于 90mm；竖向通缝不应大于 500mm。

2. 填充墙与结构联结

加气混凝土砌块砌体与结构墙柱连接处，必须按设计要求设置拉结筋。设计无具体要求时，竖向间距为 500mm 埋设 2ϕ6 钢筋，并应顺直平铺在水平灰缝内，两端伸入墙内不小于 1000mm。

转角及交接处应同时砌筑，不得留直槎，斜槎高度不大于 1.2m。拉通线砌筑时，保证墙体垂直、平直。

设置在砌体水平灰缝中的钢筋的锚固长度不宜小于 50d，且其水平或垂直弯折段的长度不宜小于 20d 和 150mm，钢筋的搭接长度不应小于 55d。填充墙砌体留置的拉结筋或钢筋网片的位置与块体皮数相吻合。

蒸压加气混凝土砌块和轻骨料混凝土小型砌块除底部、顶部和门窗洞口处，不得与其他块材混合砌筑。

填充墙砌至接近梁、板底时，应留出一定距离，待填充墙砌筑完毕并至少间隔 7d 后，再用烧结普通砖将其斜填挤紧。

3. 洞口的补砌

空心砖墙在门窗框两侧，应用实心砖进行补砌，每边不小于 240mm，用以埋设木砖及铁件固定门窗框、或安装门窗过梁。

如果条件准许，也可将门窗洞口周边做成钢筋混凝土边框，边框与门窗框边缝的余量每边为 150mm。门窗上口及洞口一般可做成钢筋混凝土拉结带，且全长贯通，以增加这个部位的整体性。

（三）质量检验标准

1. 填充墙砌体一般尺寸允许偏差

填充墙砌体一般尺寸允许偏差应符合表 6-50 的规定。

填充墙砌体一般尺寸允许偏差（mm） 表 6-50

项次	项目		允许偏差	检验方法
1	轴线位移		10	用尺量
	垂直度	小于或等于 3m	5	用 2m 托线板或吊线、尺量检查
		大于 3m	10	
2	表面平整度		8	用 2m 靠尺和塞尺
3	门窗洞口高、宽（后塞口）		±5	尺量检查
4	外墙上、下口偏移		20	用经纬仪或吊线检查

对表中的轴线位移和垂直度检查项，应在检验批的标准间中随机抽取 10%，但不少于 3 间；大面积房间和楼道按两个轴线或每 10 延长米按一标准间计。每间检验不少于 3 处。

对表中门窗洞口高度、宽度和上下窗口的偏移检查项，应在检验批中抽检 10%，且不少于 5 处。

2. 砂浆饱满度

对于填充墙砌体的砂浆饱满度的检查，每步架抽查不少于 3 处，且每处不少于 3 块砌材。其砂浆饱满度应符合表 6-51 的规定。

填充墙砌体的砂浆饱满度 表 6-51

砌体分类	灰缝	饱满度及要求	检验方法
空心砖砌体	水平	≥80%	采用百格网检查块材底面砂浆的粘结痕迹面积
	垂直	填满砂浆，不得有透明缝、瞎缝、假缝	
加气混凝土砌块和轻骨料小型砌块	水平	≥80%	
	垂直	≥80%	

六、冬期施工的质量控制

冬期施工，是指当室外日平均气温连续5天稳定低于5℃时，砌体工程应采取的施工措施。在这期间，气温突然下降时应及时采取防冻措施。在冬期施工中，由于气候的变化，材料的质量和施工质量均会产生质的变化，所以更应严格地按《砌体工程施工质量验收规范》的规定加强质量控制工作。

（一）一般质量要求

冬期施工所用的材料，必须符合下列规定：

砌筑前，应清除块材表面污物、冰霜等。遭水浸冻后的砖和砌块不得使用。

砌筑砂浆应采用普通硅酸盐水泥拌制。冬期严禁使用白灰砂浆。

所使用的粘结材料和胶结材料应防止受冻，如遭冻结，待全部融化后方可使用。

拌制砂浆所用的砂，不得含有冰块和直径大于10mm的冻结块。

拌合砂浆应采用两步投料法和预热法。水的温度不得超过80℃；砂的温度不得超过40℃。

普通黏土砖、多孔砖和空心砖在气温高于0℃条件下砌筑时，应适当浇水湿润，在气温低于、等于0℃条件下砌筑时，可不浇水，但砂浆的稠度必须增加。

抗震设计烈度为9度的建筑物或构筑物，烧结普通砖、多孔砖和空心砖无法浇水湿润时，如无特殊措施，不得砌筑。

基土不冻胀性时，基础可在冻结的地基上砌筑；基土有冻胀性时，必须在未冻的地基上砌筑。施工时和回填土前，均应防止地基遭受冻结。

（二）施工质量控制

1. 外加剂法的施工

(1) 应用范围

当气温低于-15℃以下时，砂浆中应掺氯化钠和氯化钙，使之成为双盐砂浆。外加剂溶液配制应采用比重法测定溶液浓度。在氯盐砂浆中掺加微沫剂时，应先加氯盐溶液后加微沫剂溶液。氯盐砂浆的掺盐量应符合表6-52规定。

氯盐砂浆的盐掺量（占用水量的百分比） **表6-52**

盐及砌体材料种类			日最低气温（℃）			
			高于或等于-10	-15～-11	-20～-16	低于-20
单盐	氯化钠	砖、砌块	3	5	7	—
		石材	4	7	10	—
双盐	氯化钠	砖、砌块	—	—	5	7
	氯化钙		—	—	2	3

当采用加热方法加热砂浆时，砂浆的出机温度不应超过35℃，砂浆使用时的温度不应低于5℃。

当日最低气温等于或低于-15℃时，对砌筑承重砌体的砂浆强度等级应比常温施工时提高一个级别。

冬期施工时砌筑用砖可不浇水，但应增加砂浆的稠度。砂浆稠度比常温时应增大10～30mm，但最大稠度不得超过130mm。

冬期每日砌筑砌体的高度不得超过1.2m。墙体留置的洞口，距交接墙处不应小于500mm，洞口顶部应设过梁。

冬期砌筑砌块墙体时，砌筑砂浆应选用水泥石灰混合砂浆，不宜使用水泥砂浆。砂浆稠度应为50～60mm。

(2) 禁用范围

在下列情况下，不得使用氯盐砂浆：

对装饰工程有特殊要求的建筑物；处于潮湿环境的建筑物；配筋、铁埋件无可靠防腐处理措施的砌体；接近高压线的建筑物；经常处于地下水位变化范围内，而又没有防水措施的砌体。

2. 冻结法施工

采用冻结法施工时，应保证砌体在解冻期间对强度、稳定和均匀沉降的要求。

当日最低气温高于或等于－25℃，对砌筑承重砌体的砂浆强度等级应按常温施工时提高一级；当日最低气温低于－25℃时，则应提高两个等级。

砂浆使用时的温度不应低于10℃。

为保证砌体在解冻时的正常沉降，应符合下列规定：

砌体每日的砌筑高度及临时间断处的高度差，均不得大于1.2m。跨度大于0.7m的过梁，应采用预制构件，在门框上部应留有缝隙，其厚度在砖砌体中不应小于5mm；在料石砌体中不应小于3mm。砖砌体的水平灰缝厚度不宜大于10mm。

在解冻期间，应经常对砌体进行观测和检查，如发现裂缝、不均匀下沉等，应分析原因并立即采取加固措施。

在冬期，空斗墙、毛石砌体、砖薄壳、双曲砖拱、筒拱及承受侧压力的砌体，和在解冻期间不允许发生沉降的结构及可能受到振动或其他动力荷载的砌体、混凝土小型空心砌块砌体不得采用冻结法进行施工。

第六节 建筑地面工程的质量控制

建筑地面是建筑物底地面和楼层地面、室外散水、明沟、踏步、台阶、坡道等的总称。

一、检验批及检验数量

对位于建筑地面工程下部的沟槽、暗管等，待该项工程完工，经检验合格并做隐蔽工程记录后，方准许进行建筑地面工程的施工。

建筑地面工程施工质量的检验，应符合下列规定：

(1) 基层（各构造层）和各类面层的分项工程质量验收应按每层次或每层施工段或变形缝作为检验批，高层建筑的标准层可按每三层（不足三层按三层计）作为检验批。

(2) 每检验批应以各子分部工程的基层（各构造层）和各类面层所划分的分项工程按

自然间或标准间检验，抽查数量应随机检验不少于3间；不足三间应全数检查；其中走廊或过道应以10延长米为1间，工业厂房（按单跨计）、礼堂、门厅应以两个轴线为1间计算。

(3) 有防水要求的建筑地面子分部工程的分项工程施工质量每检验批抽查数量应按其房间总数随机检验不应少于4间，不足4间，应全数检验。

二、基土的质量控制

基土的铺设应符合下列要求：

地面铺设应在均匀密实的基土上，填土或土层结构被扰动的基土，应分层夯压密实。

在淤泥、淤泥质土及杂填土、冲填土等软弱土层上施工时，应按设计要求对基土更换或加固，并应符合《地基与基础工程施工质量验收规范》的有关规定。

填土料的最优含水量和最小干土质量密度经质量检测后，其结果应符合表6-53的规定。

填土料的最优含水量和最小干土质量密度 **表6-53**

土料种类	最优含水量（%）	最小干土质量密度（%）
砂土	8~12	1.8~1.88
粉土	9~15	1.85~2.08
粉质黏土	12~15	1.85~1.95
黏土	19~23	1.58~1.70

填土应分层夯压密实。土块的粒径不应大于50mm。每层虚铺厚度：机械压实时，不宜大于300mm；蛙式打夯机夯实时，不应大于250mm。

当对墙、柱基础处填土时，应重叠夯填密实。在填土与墙、柱相连处，亦可采取设缝进行技术处理。

当基土下为非湿陷性土层，其填土为砂土时可随浇水随夯压密实。每层虚铺厚度不应大于200mm。在冻性土上铺设地面时，应按设计要求做好防冻胀处理。不得在冻土上进行直接填土施工。

三、垫层施工质量控制

(一) 灰土垫层

1. 施工质量控制

灰土垫层应采用熟化石灰与黏土或粉质黏土、粉土的拌合料铺设，其厚度不应小于100mm。熟化石灰的粒径不得大于5mm；拌合土粒径不得大于15mm。

采用磨细生石灰和黏性土拌合灰土时，按磨细生石灰:黏性土为3:7的体积比拌和，并洒水堆放8h后方可使用。

灰土拌合料应拌合均匀，颜色一致，并保持一定温度。加水量宜控制在拌合料总重量的16%。

铺设灰土拌合料应分层随铺随夯，不得隔日夯实，亦不得受雨淋。每层虚铺厚度为200~300mm。夯实后的干密度最低值应符合设计要求。

灰土垫层采用分段施工时，应预先确定接槎的位置，不得将槎留置在墙角、柱基及承重窗间墙下。上下两层灰土的接槎距不得小于500mm。在施工间歇后继续铺设灰土前，接槎处应清扫干净，铺设后接槎处应重叠夯实。

2. 灰土垫层表面质量

灰土垫层表面的允许偏差应符合表6-54的规定。

灰土垫层表面的允许偏差（mm） 表6-54

项次	项目	允许偏差	检验方法
1	表面平整度	10	用2m靠尺和塞尺检验
2	标高	±10	用水准仪检查
3	坡度	不大于相应房间的2/1000，且不大于30	用坡度尺检查
4	厚度	在个别地方不大于设计厚度的1/10	用钢尺检查

（二）砂垫层和砂石垫层

1. 施工质量控制

铺设砂、砂石垫层前先检验基土土质，清除松散土、积水、污泥、杂质，并打底夯两遍，使表土密实。

在墙面弹线，在地面设标柱找好标高、挂线、作控制铺设厚度的标准。

砂宜选用质地坚硬的中砂和粗砂。砂或砂石中不得含有草根或有机杂质；石子的粒径最大不得大于垫层厚度的2/3。砂石级配应符合要求。

砂垫层厚度不得小于60mm；砂石垫层厚度不宜小于100mm。铺设时按弹线或挂线由一端向另一端分段铺设。砂垫层铺平后，应洒水湿润，并用机具振实。对振实后的密实度测定，可采用环刀法测定其干密度值，或采用小型锤击贯入度测定，其结果应符合设计要求。砂石垫层应摊铺均匀，不得有粗细颗粒分离现象。碾压或人工夯实时，均不应少于三遍，其质量应夯压至不松动为标准。

分段施工时，接头处应做成斜槎，上下层接槎处要错开500~1000mm。

如果是大面积施工时可采用压路机往复碾压，其轮距搭接不少于500mm，边缘和转角处应用人工或蛙式夯机补夯密实。

2. 砂垫层和砂石垫层表面质量

砂垫层和砂石垫层表面允许偏差应符合表6-55的规定。

砂垫层和砂石垫层表面允许偏差（mm） 表6-55

项次	项目	允许偏差	检验方法
1	表面平整度	15	用2m靠尺和塞尺检查
2	标高	±20	用水准仪检查
3	坡度	不大于房间相应尺寸的2/1000，且≤30	用坡度尺检查
4	厚度	在个别地方不大于设计厚度的1/10	用钢尺检查

（三）碎石和碎砖垫层

1. 材料和施工

碎石应选用强度均匀和未风化的石料，其最大粒径不得大于垫层厚度的2/3或不大于60mm。碎石垫层厚度不应小于100mm。碎石垫层应摊铺均匀，表面空隙应用粒径为5~25mm的细石子填补。碎石垫层碾压至碎石不松动为止。

碎砖不得采用风化、酥松、夹有片状的瓦片和有机杂质的砖料，其粒径不应大于

60mm。碎砖垫层厚度不应小于100mm。当碎砖分层摊铺均匀并洒水湿润后，夯实到虚铺厚度的3/4。

2. 表面质量

碎石、碎砖垫层表面允许偏差应符合下列规定：

表面平整度：为15mm；

标高：±20mm；

坡度：不大于房间相应尺寸的2/1000，且不大于30mm；

厚度：在个别地方不大于设计厚度的1/10。

（四）三合土垫层

1. 施工质量控制

三合土垫层应采用石灰、砂与碎砖的拌合料铺设，其厚度不应小于100mm。每层虚铺厚度为150mm，铺平夯实后每层厚度为120mm。

当三合土垫层采取先拌后铺的方法时，其采用熟化石灰:砂:碎砖的体积比为1:3:6；当三合土垫层采取先铺后灌浆的方法时，碎砖先分层铺设，而后灌1:2~1:4体积比的石灰砂浆并夯实。

三合土垫层表面应平整，搭接处夯压密实。

2. 三合土垫层的表面质量

三合土垫层的表面允许偏差同灰土垫层。

（五）炉渣垫层

1. 施工质量控制

炉渣垫层应采用炉渣或水泥、石灰与炉渣的拌合料铺设。其厚度不应小于80mm。炉渣内不应含有机杂质和未燃尽的煤粒；粒径不应大于40mm，且粒径在5mm及以下的体积，不得超过总体积的40%。

炉渣或水泥炉渣垫层采用的炉渣，使用前应浇水堆闷；水泥石灰炉渣垫层采用的炉渣，应先用石灰浆或熟化石灰浇水拌合闷透。闷透时间不得小于5d。

炉渣垫层拌合料应拌合均匀。铺设后应压实拍平。垫层厚度大于120mm时，应分层铺设；每层压实后的厚度不应大于虚铺厚度的3/4。

当炉渣垫层内有埋设的管道时，这时应在管道周围用细石混凝土予以稳定。

炉渣垫层施工完毕后应进行养护，并待其凝固后方准进行下道工序的施工。

2. 炉渣垫层表面质量

炉渣垫层表面允许偏差同灰土垫层。

（六）水泥混凝土垫层

1、施工质量控制

水泥混凝土垫层厚度不得小于60mm；其强度等级应为C10。

水泥混凝土垫层设置比例纵向收缩缝间距不得大于6m，纵向收缩缝应做成平头缝或加肋板平头缝。横向收缩缝不得大于12m，横向缝应做成假缝。

平头缝和企口缝间不得放置隔离材料，浇筑时应互相紧贴；企口缝口的尺寸应符合设计要求，假缝宽度为5~20mm，深度为垫层厚度的1/3，缝内填水泥砂浆。

水泥混凝土垫层应分区段进行浇筑。混凝土的浇筑应连续进行，一般间歇不得超过

2h。如因其他原因停歇时间特长，接槎应按施工缝处理。

浇筑完工的混凝土，应在12h左右覆盖、浇水和养护，养护时间不得少于7d。

2. 水泥混凝土垫层表面质量

水泥混凝土垫层表面允许偏差同灰土垫层。

（七）找平层的质量控制

1. 施工质量控制

在铺设找平层前，应将下层表面清理干净。当找平层下有松散填充料时，应铺平振实，使基层表面平整度控制在10mm以内。

根据+500mm标高水平线，在地面四周做灰饼，大房间应相距1.5~2.0m增加冲筋，如有地漏和有坡度要求的，应按设计要求做泛水坡度。

找平层应采用水泥砂浆、水泥混凝土和沥青砂浆、沥青混凝土等材料铺设。混凝土中所用的碎石或卵石的粒径不应大于找平层厚度的2/3。水泥混凝土的强度等级不应小于C15。当用水泥砂浆做找平层时，水泥砂浆的体积比不宜小于1:3。如用水泥砂浆或水泥混凝土铺设找平层，下层为水泥混凝土垫层时，应用水湿润。铺设时先刷一道0.4~0.5水灰比的水泥浆，并随时铺设水泥砂浆或混凝土。

在楼面预制钢筋混凝土板上铺设找平层前，板缝填嵌施工应符合如下质量规定：预制钢筋混凝土相邻板的板缝底宽不应小于20mm；填缝采用细石混凝土，其强度等级不得小于C20；嵌缝时，应将板缝中的砂、石等杂质清理干净并浇水湿润；浇筑板缝的混凝土坍落度应控制在100mm，振捣应密实，填嵌高度应低于板面10~20mm；当板缝宽度大于40mm时，板缝内应按设计要求配置钢筋；嵌缝混凝土的抗压强度达到15N/mm^{2}后，方可继续施工。

在预制钢筋混凝土板上铺设找平层时，在板端间连接的跨中应有防裂措施。

对有防水要求的楼面工程，在铺设找平层前，应对穿过楼板的立管、套管和地漏与楼板节点之间进行密封处理。并应在管四周留出深8~10mm的沟槽，采用防水卷材或防水涂料裹住管口和地漏。

在水泥砂浆或水泥混凝土找平层上铺涂防水卷材或防水涂料隔离层时，找平层表面应洁净、干燥，并应涂刷基层处理剂。

当找平层面积比较大时，应设置收缩缝。纵向收缩缝间距不得大于6m，横向收缩缝不得大于12m。

2. 找平层表面质量

找平层表面的允许偏差应符合表6-56的规定。

找平层表面的允许偏差（mm） **表6-56**

项次	项目	允许偏差	检验方法
1	表面平整度	5	用2m靠尺和塞尺检查
2	标高	±8	用水准仪检查
3	坡度	不大于房间相应尺寸的2/1000，且不大于30	用坡度尺检查
4	厚度	在个别地方不大于设计厚度1/10	用钢尺检查

（八）隔离层和填充层的质量控制

1. 施工质量控制

隔离层的材料、填充层的材料、密度和导热系数、强度等级或配合比均应符合设计要求。

当铺设隔离层和填充层时，其下层的表面应平整、洁净和干燥，并不得有空鼓、裂缝和起砂现象。

当采用松散材料做填充层时，应分层铺平拍实；当采用板、块状材料做填充层时，应分层错缝铺贴，每层应选用同一厚度的板、块料。如采用沥青粘结料粘贴板、块状填充层材料时，应边刷、边贴、边压实。

厕浴间和有防水要求的建筑地面必须设置防水隔离层。楼层结构必须采用现浇混凝土或整块预制混凝土板，防水强度等级不应小于 C20；楼板四周除门洞外，应做混凝土翻边，其高度不应小于 120mm。施工时结构层标高和预留洞位置应准确，严禁乱凿洞。

铺设防水材料时，宜制定施工程序。在穿过楼板面管道四周处，防水材料向上铺涂并应超过套管的四周上口；在靠近墙面处，防水材料铺涂应高出面层 200～300mm。阴阳角和穿过楼板面管道的重要部位尚应增铺设防水材料。

当防水材料铺设完毕后，应做防水检验。在面层上有 20～30mm 的蓄水深度，如 24h 内没有渗漏为合格。并应检查其蓄水记录。

当隔离层采用水泥砂浆或水泥混凝土找平层作为地面与楼面防水层时，应在水泥砂浆中或水泥混凝土中掺防水剂。

当采用 JJ91 硅质密实剂时，在砂浆和混凝土中应掺 10%水泥用量的密实剂，其水泥砂浆体积比为 1:2.5～1:3，水泥砂浆厚度不小于 30mm，水泥混凝土厚度为 50mm。

在沥青类隔离层上铺设水泥类面层或结合层前，应涂刷同类的沥青胶结材料，厚度应为 1.5～2.0mm。涂刷沥青胶结材料的温度不应低于 160℃，并随即将预热的、粒径为 2.5～5mm 的绿豆砂均匀撒入胶结材料内，并应压入 1～1.5mm。绿豆砂的预热温度为 50～60℃。

防水卷材的铺设质量应粘结密实、平整、不得有皱折、空鼓、翘边和封口不严等缺陷。

2. 隔离层和填充层的表面质量

隔离层和填充层表面允许偏差应符合下列规定：

表面平整度：当填充层为松散材料时，为 7mm；填充层为板、块材料时，为 5mm。隔离层为 3mm。

标高：隔离层和填充层均为 ± 4mm。

坡度：不大于房间相应尺的 2/1000，且不大于 30mm。

厚度：在个别地方不大于设计厚度的 1/10。

四、整体面层的质量控制

(一) 水泥混凝土面层

1. 施工质量控制

水泥混凝土面层采用的粗骨料，其最大颗粒粒径不应大于面层厚度的 2/3。细石混凝土面层采用的石子粒径不应大于 15mm，其强度等级不应小于 C20；浇筑水泥混凝土面层时，混凝土的坍落度不宜大于 30mm。

浇筑混凝土的前一天，应对楼板表面进行浇水湿润，但不得有积水现象。

要在房间四周根据标高结做出灰饼、泛水坡度。灰饼和冲筋应采用细石混凝土。

浇筑水泥混凝土面层时应一次完成，不得留置施工缝。浇筑混凝土前，应先在已湿润的基层表面均匀地刷一道1:0.4～0.45（水泥:水）的素水泥浆。如施工间隔超过允许时间规定，继续浇筑混凝土时，应对已凝结的混凝土接槎处刷一层水灰比为1:0.4～0.5的水泥浆，再浇筑混凝土并捣实压平。

浇筑钢筋混凝土楼板或水泥混凝土垫层兼做面层时，应采用随捣随抹的方法，当表面产生泌水时，可用干拌的水泥砂撒在泌水处，并应抹平和压光。但所用干砂必须过筛处理。

有分格缝的面层，在撒1:1水泥砂浆后，用木杠刮平和木抹子搓平，然后在地面上弹好线，用铁抹子在弹线的两侧各200mm宽范围内抹压一遍，再用抹子开缝；大面积压光时沿分格缝用抹子抹压两遍。

浇筑混凝土的抗压强度试块，每一层建筑地面工程不少于一组。当每层建筑地面工程面积超过1000m^{2}时，每增加1000m^{2}各做一组试块，不足1000m^{2}者按1000m^{2}计。当配合比改变时，亦应相应制作试块组数。

2. 水泥混凝土表面质量

水泥混凝土面层的允许偏差应符合表6-57的规定。

水泥混凝土面层的允许偏差（mm） 表6-57

项　次	项　目	允许偏差	检 验 方 法
1	表面平整度	5	用2m靠尺和塞尺检查
2	踢脚板上口平直	4	拉5m线尺量检查
3	分格缝平直	3	拉5m线尺量检查

（二）水泥砂浆面层

1. 施工质量控制

水泥砂浆面层所用的水泥品种应为硅酸盐水泥、普通硅酸盐水泥，其强度等级不应小于42.5。不同品种、不同强度等级的水泥严禁混用。

采用的砂应为中砂或粗砂，其含泥量不应大于3%。

根据+500mm标高水平线，用1:2干硬性水泥砂浆在基层上做灰饼，大小约50mm见方，纵横间距约1.5m左右。如有地漏和有坡度要求的地面应按要求设置坡度。

水泥砂浆面层的厚度不应小于20mm。水泥砂浆体积比宜为1:2，其稠度不大于35mm，强度等级不应小于M15。水泥砂浆应拌合均匀，施工时应随铺随拍实；抹光应在水泥初凝前完成，压光应在水泥终凝前完成。

当采用石屑代砂铺设水泥石屑面层时，石屑粒径宜为3～5mm，含粉量不大于3%。水泥与石屑的体积比为1:2，水灰比宜控制在0.4。水泥砂浆面层的压光不应小于两次。

2. 水泥砂浆面层的质量

(1) 水泥砂浆面层的允许偏差应符合下列规定：

表面平整度：4mm；

踢脚板上口平直：4mm；

分格缝平直：3mm。

(2) 楼梯踏步的宽度、高度应符合设计要求，并应符合下列规定：

楼层梯段相邻踏步高度差不应大于 10mm，每踏步两端宽度差不应大于 10mm；旋转楼梯梯段的每踏步两端宽度的允许偏差为 5mm。

(三) 水磨石面层

1. 施工质量控制

水磨石面层中所用的石粒，应采用坚硬可磨的白云石、大理石等石料。粒径如无特殊要求时，宜为 4～14mm，面层厚度宜为 12～18mm，并应按石粒粒径确定。拌合料的体积比是水泥:石粒为 1:1.5～1:2.5。

白色或浅色的水磨石面层，应用白水泥作胶结材料；深色的水磨石面层，应采用强度等级不低于 42.5 的硅酸盐、普通硅酸盐及矿渣硅酸盐水泥。水泥中掺入的颜料应采用耐光、耐碱的矿物颜料，不准使用酸性颜料。颜料的掺用量应为水泥重量的 3%～6%。

在铺设水磨石面层前，应在基层上按设计要求进行分格或图案设置。分格或图案设置用铜条、玻璃、彩色塑料条等材料。分格条应采用水泥砂浆固定，水泥浆顶部应低于分格条顶面 4～6mm，并做成 45°。分格条的十字交叉处，每边各留 40～50mm 不抹水泥砂浆。分格条应平直、牢固、接头严密；分格条为曲线时，应弯曲自然流畅。

铺设时应在下层表面涂刷与面层颜色相同的水泥浆结合层，水灰比为 0.4～0.5，亦可在水泥浆中掺胶粘剂，随刷随铺拌合料。所铺的水磨石拌合料宜高出分格条 2mm，并应拍光、滚压密实。铺水磨石拌合料的顺序一般为：先铺有色处，后铺无色处；先铺深色处，后铺浅色处；先铺大面，再铺镶边。并且应在前一种色浆凝结后再铺另一色浆。

当面层石料经试磨不松动方可开磨。面层表面呈现的细水孔隙和凹痕，应用同色水泥浆涂抹；脱落的石料应补齐，养护后再磨。普通水磨石面层磨光遍数不应少于三遍，每遍磨光采用的油石规格应按表 6-58 规定选用。

油石规格 表 6-58

磨光遍数	油石规格（号）
头 遍	50、54、70
二 遍	90、100、120
三 遍	180、220、240

高级水磨石面层的厚度和磨光遍数与采用油石的规格应按设计要求。

当面层磨光后，应对水磨石面层擦草酸。用热水将草酸溶化，热水与草酸的重量比应为 1:0.35，待溶液冷却后洒于面层上，用 240 号油石打磨一遍，磨亮后用清水冲洗干净并擦干。

2. 质量验收

(1) 水磨石面层

水磨石面层表面光滑、无裂纹、砂眼和磨纹，石粒密实，显露均匀，图案颜色一致，不混色，分格条牢固、清晰顺直。其允许偏差应符合表 6-59 的规定。

现制水磨石面层允许偏差（mm） 表 6-59

项 次	项 目	允许偏差		检验方法
		普 通	高 级	
1	表面平整度	3	2	用 2m 靠尺和塞尺检查
2	踢脚线上口平直	3	3	拉 5m 线或通线检查
3	缝格平直	3	2	拉 5m 线或通线检查

(2) 踢脚板高度一致，出墙厚度均匀，与墙面结合牢固，局部虽有空鼓但其长度不大于200mm，且在一个检查范围不多于2处。

(3) 楼梯和台阶相邻两步的宽度和高度差不超过10mm，楞角整齐，防滑条顺直。

(四) 防油渗面层

1. 施工质量控制

防油渗面层应在水泥类基层上采取防油渗混凝土或防油渗涂料进行施工。防油渗混凝土是在普通混凝土中掺入外加剂或防油渗剂。防油渗混凝土的强度等级不应小于C30，其厚度宜为60~70mm。

防油渗混凝土采用的水泥为普通硅酸盐水泥，其强度等级应为42.5或52.5；碎石宜采用花岗岩或石英砂，严禁使用松散多孔和吸水率大的石子，粒径宜为5~15mm，其最大粒径不应大于20mm，含泥量不应大于1%；砂应为中砂，细度模数应控制在2.3~2.6。

防油渗混凝土配合比应按设计要求的强度等级和抗渗性能通过试验确定。试验时可按表6-60的数值进行试配。

防油渗混凝土施工参考配合比 **表 6-60**

配合比项目	水 泥	砂 子	碎 石	水	SNS
材料用量	380	683	1127	190	15.2
配合比	1	1.797	2.966	0.5	0.04

根据墙壁上的500mm水平标线，按设计要求测出地面面层的水平线，并将此线弹到四周墙、柱之上。

铺设面层前应对基层进行处理，处理时要剔除各种凸起物质，将灰尘等杂物清理干净，并在基层上满涂一道防油水泥浆结合层。

防油渗水泥浆按下列规定配制：

氯乙烯-偏氯乙烯混合乳液：用10%浓度的磷酸三钠水溶液中和氯乙-偏氯乙烯共聚乳液，使pH值为7~8，加入配合比要求的浓度为40%的OP溶液，均匀搅拌，然后加入少量消泡剂。

防油渗水泥浆：将氯乙烯-偏氯乙烯混合乳液和水，按1∶1配合比搅拌均匀后，边搅拌边加入水泥，按要求量加入后，充分拌和使用。

刷涂一道防油胶泥底子油，其配制方法是：熬制防油渗胶泥，并冷却至85~90℃。搅拌同时加入按配比所需的二甲苯、环己酮混合溶液，搅拌至胶泥溶解。

防油渗混凝土应拌合均匀，浇筑时的坍落度不宜大于10mm。

防油渗混凝土面层按厂房柱网分区段浇筑，区段面积不宜大于50m^2。分区段缝的宽度为20mm，并上下贯通；缝内必须灌注防油渗胶泥材料，亦可用弹性多功能聚氨酯类涂膜材料嵌缝。并应在缝的上部保留20~25mm的深度，然后用膨胀水泥砂浆进行封缝。

防油渗隔离层应采用一布二胶防油渗胶泥玻璃纤维布，厚度为4mm；采用的玻璃纤维布应为无碱网格布；防油渗胶泥的厚度为1.5~2.0mm。隔离层施工时，在已处理的基层上应将加湿的防油渗胶泥均匀涂抹一遍。随后将玻璃纤维布粘贴覆盖，其搭接宽度不得小于 100mm；与墙、柱接处的涂刷应向上翻边，其高度不小于 30mm。

结合面层水平线、横竖向拉线，用拌好的防油渗混凝土抹灰饼，灰饼间距 1.5m；如果面层面积较大要进行冲筋，用刮尺刮平。

按已经分好的区段及灰饼浇筑防油混凝土。浇筑后先用杠刮平，再用平板振动器振捣密实。面层分格缝的深度为面层的总厚度，上下贯通，其宽度为 15～20mm，缝内灌注防油渗胶泥材料，缝的上部留 20～25mm，后采用膨胀水泥砂浆封缝处理，其做法如图 6-18 所示。

当防油渗混凝土面层的抗压强度达到 5MPa 时，应将分格缝内清理干净并保持干燥，并涂一遍同类底子油后，趁热灌注防油渗胶泥。

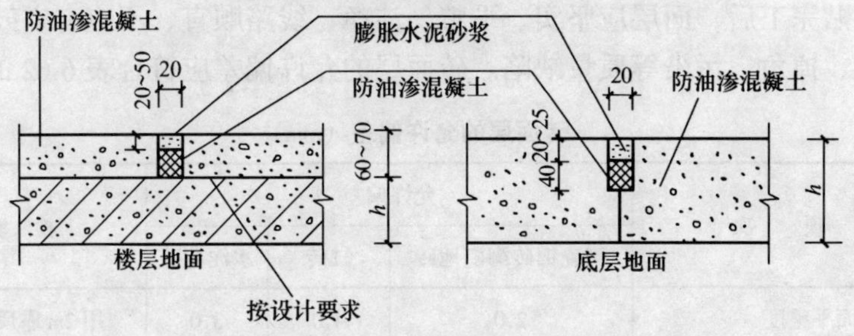

图 6-18　防油渗面层分格做法

抹平工作面应在面层混凝土初凝前完成，压光亦应在混凝土终凝前完成。首先用木抹子用力搓平，再用铁抹子抹压 2～3 遍至表面密实、光滑平整。

面层抹压完成 24h 后应洒水养护，或草苫覆盖浇水养护，不得用水直接浇于面层，养护期一般为 5～7d。

2. 质量检查

防油渗面层的允许偏差应符合表 6-61 的规定。

防油渗面层的允许偏差（mm）　　表 6-61

项　次	项　目	允许偏差 防油渗面层	检 验 方 法
1	表面平整度	4	用 2m 靠尺和塞尺检查
2	踢脚线上口平直	4	拉 5m 线和钢尺检查
3	缝格平直	3	拉 5m 线和钢尺检查

五、板块面层的质量控制

(一) 砖面层的质量控制

1. 施工质量控制

砖面层所用的缸砖、陶瓷地砖、陶瓷锦砖等产品的质量应符合产品标准的要求。其长、宽、厚尺寸偏差不得超过 ± 1mm，平整度用直尺检查不得超过 ± 0.5mm。

结合层采用水泥砂浆铺设时，厚度为 10～15mm，采用沥青胶结材料铺设时厚度为2～5mm；采用胶粘剂时为 2～3mm。

采用水泥砂浆结合层铺设缸砖、陶瓷地砖时，应先对砖的规格尺寸、外观质量、色泽等进行预选，并浸水湿润后晾干待用；铺贴时应采用干硬性水泥砂浆，面砖应紧密、坚实、砂浆饱满，标高应准确；面砖的缝隙宽度不宜大于1mm；虚缝铺贴的缝隙宽度约为10mm。

面层铺贴应在24h内进行擦缝、勾缝和压缝。擦缝和勾缝应采用同品种、同强度等级、同颜色的水泥。

在水泥砂浆结合层上铺贴陶瓷锦砖时，结合层和陶瓷锦砖应分段同时铺贴。铺贴前，应刷水泥浆，用抹子拍实；铺贴后，应淋水、揭纸，并采用白水泥擦缝。

2. 质量检验

砖面层铺贴完工后，面层应坚实、平整、洁净、线路顺直、不应有空鼓、松动、脱落和裂缝、缺棱、掉角、污染等质量缺陷。砖面层的允许偏差应符合表6-62的规定。

砖面层的允许偏差（mm） 表6-62

项次	项次	允许偏差			检验方法
		陶瓷锦砖陶瓷地砖	缸砖	水泥花砖	
1	表面平整度	2.0	4.0	3.0	用2m靠尺和塞尺
2	缝格平直	3.0	3.0	3.0	拉5m线和钢尺
3	接缝高低差	0.5	5.0	0.5	用钢尺和塞尺
4	踢脚线上口平直	3.0	4.0	—	拉5m线和钢尺
5	板块间隙宽度	2.0	2.0	2.0	用钢尺检查

（二）石材面层的施工质量

天然大理石、花岗石板材表面应光洁明亮、色泽鲜明无刀痕、旋痕；其长度、宽度的允许偏差值为+0、-1mm，平整度最大偏差值：长度≥400mm时为0.6mm，长度≥800mm时为0.8mm；花岗石板材厚度的偏差为±2mm，大理石板材厚度为+1mm，-2mm。

铺设前，板材应根据颜色、花纹、图案、纹理等试拼编号；当有裂缝、掉角、翘曲和表面有缺陷时，应予以剔除，品种不同的板材不得混杂使用。

结合层的厚度按结合层的材料确定。当为干拌水泥砂浆时，为20~30mm（水泥:砂的体积比为1:4~1:6）；当采用的体积比与上边相同时，水泥砂浆的厚度为10~15mm。

在铺筑大理石、花岗石面层时，板材应先用水浸湿，待擦干或表面晾干后方可铺设；结合层与板材应分段同时铺砌，铺砌时宜采用水泥浆或干铺水泥洒水粘结。

石材面层的施工质量应符合下列规定：

(1) 铺砌的板材应平整，线路顺直，镶嵌正确；板材间、板材与结合层以及在墙角、镶边和靠墙处均应紧密砌合，不得有空隙。

(2) 铺砌后大理石、花岗岩面层的表面应洁净、平整、坚实；板材的缝隙宽度当无设计要求时不应大于1mm。待结合层的水泥砂浆强度达到要求后，应打蜡，使面层光滑洁亮。

(3) 石材面层允许偏差应符合表6-63的规定。

石材面层允许偏差（mm）　表 6-63

<table>
<tr><th rowspan="2">项　次</th><th rowspan="2">项　　目</th><th colspan="2">允许偏差</th><th rowspan="2">检 验 方 法</th></tr>
<tr><th>石　材</th><th>碎　拼</th></tr>
<tr><td>1</td><td>表面平整度</td><td>1.0</td><td>3.0</td><td>用 2m 靠尺和塞尺检查</td></tr>
<tr><td>2</td><td>缝格平直</td><td>2.0</td><td>—</td><td>拉 5m 线和钢尺检查</td></tr>
<tr><td>3</td><td>接缝高低差</td><td>0.5</td><td>—</td><td>用钢尺和塞尺检查</td></tr>
<tr><td>4</td><td>踢脚线上口平直</td><td>1.0</td><td>1.0</td><td>拉 5m 线和钢尺检查</td></tr>
<tr><td>5</td><td>板块间隙宽度</td><td>1.0</td><td>—</td><td>用钢尺检查</td></tr>
</table>

（三）料石面层施工质量控制

1. 施工质量控制

石面层的石料应为条石或块石两类。采用条石做面层应铺设在砂、水泥砂浆或沥青胶结合层上；采用块石做面层应铺设在基土或砂垫层上。条石应用 MU60 强度等级的岩石加工制作，厚度宜为 80～120mm；块石应用 MU30 强度等级岩石制作，底面面积不小于顶面面积的 60%，厚度为 100～150mm。

条石面层采用水泥砂浆或沥青胶结材料作结合层时，厚度为 10～15mm；砂结合层厚度为 15～20mm。块石面层的砂垫层厚度，在夯实后不应小于 60mm。

待垫层或找平层完工后，根据建筑物已有标高和设计地面的标高，用水准仪抄下后，拉设水平线。

铺砌料石时，不得出现十字缝。条石应按规格尺寸分类，并垂直于行走方向拉线铺砌成行，相邻两行的错缝应为条石长度的 1/3～1/2。铺砌时方向和坡度应符合设计方案。在砂垫层上铺砌块石面层时，石料应大面朝上，缝隙互相错开，通缝不得超过两块石料。嵌入砂层的深度不应小于石料厚度的 1/3。

在砂结合层上铺砌条石面层时，缝隙宽度不大于 5mm。石料间的缝隙，采用水泥砂浆或沥青胶结料填塞时，应预先用砂填缝至高度的 1/2。在水泥砂浆结合层上铺砌条石面层时，石料的缝隙不应大于 5mm，缝隙采用同类砂浆填塞。

2. 质量验收

条石面层和块石面层的允许偏差应符合表 6-64 的规定。

条石面层和块石面层的允许偏差（mm）　表 6-64

项　次	项　　目	条石面层	块石面层	检验方法
1	表面平整度	10.0	10.0	用 2m 靠尺和塞尺
2	缝格平直	8.0	8.0	拉 5m 线检查
3	板块间隙宽度	5.0	—	用钢尺检查
4	接缝高低差	2.0	—	用钢尺和塞尺检查

（四）塑料板面层

1. 施工质量控制

所用的塑料板应平整、光洁、无裂纹、色泽均匀，厚薄一致，边缘平直，板内不应有杂物或气泡。胶粘剂的选用应根据基层所铺材料和面层材料通过试验确定。胶粘剂超过生产期三个月时，应取样检验，合格后方可使用。超过保质期的产品不得使用。

基层表面的平整度，采用 2m 直尺和楔形塞尺检验时，其允许间隙不应大于 2mm。当表面有麻面起砂缺陷时，应用乳液腻子进行处理。处理时每次涂刷的厚度不应大于 0.8，干燥后用 0 号铁砂打磨，再涂刷第二遍腻子，直至表面平整后，用水稀释的乳液刷一遍。

在铺贴塑料板前，应清理基层后按设计要求弹线、分格和定位，并在距墙面 200～300mm 处作镶边处理。铺贴前应对塑料板进行处理：软质聚氯乙烯板应作预热处理，宜放入 75℃的热水中浸泡 10～20min，待板面全部松软伸平后取出晾干待用，半硬质聚氯乙烯板宜用丙酮、汽油混合液（1:8）进行脱脂除蜡处理。并且铺贴前，按定位图试铺编号。铺贴时应在基层表面涂刷一层底子胶，干燥后按弹线位置由中央向四面铺贴。当采用乳液型胶粘剂时，应在塑料板背面和基层上同时均匀涂刷胶粘剂；当采用溶剂型胶粘剂时，应在基层上均匀涂胶。涂刷时，应超出分格线 10mm，涂刷厚度应在 1mm 内。铺贴时，应待胶层干燥到不粘手进行。

铺贴软质塑料板时，当板块缝隙需要焊接时，宜在铺贴 48h 后进行。焊接时应采用热空气焊，空气压力控制在 0.08～0.1MPa，温度控制在 180～250℃。焊前应将相邻的塑料边缘切成 V 形槽，焊条应采用等边三角形或圆形截面，焊条所含的成分应与被焊板材的成分相同。

2. 质量验收

（1）塑料板面的允许偏差应符合表 6-65 的规定。

塑料板面的允许偏差（mm） 表 6-65

序号	项目	允许偏差	检验方法
1	表面平整度	2.0	用 2m 靠尺和塞尺检查
2	缝格平直	3.0	拉 5m 线和钢尺检查
3	接缝高低差	0.5	用钢尺和塞尺检查
4	踢脚步线上口平直	2.0	拉 5m 线和钢尺检查
5	板块间隙宽度	—	

（2）铺贴的塑料板块面层表面应平整、光洁、无皱纹、四边顺直，不得翘边和鼓泡；

（3）色泽一致，接槎严密。脱胶处的面积不得大于 20cm^2，其相隔的间距不得小于 500mm；

（4）与管道结合处应严密、牢固、平整；

（5）焊缝平整、光洁，无焦化变色、斑点、焊瘤和起鳞等缺陷，其凸凹允许偏差值为 ±0.6mm。

（五）活动地板面层

1. 材料质量

（1）活动地板表面应平整、坚实，并具有耐磨、耐污染、耐老化、防潮、阻燃和导静电等性能。

（2）标准板尺寸偏差应符合下列规定：

标准地板板面尺寸偏差：600mm×600mm 板，每边＜0.25mm；

标准地板板厚尺寸偏差：±0.2mm；

标准地板板面不平整度：＜0.2mm；

相邻板边不垂直度：＜0.2mm。

(3) 支承结构：支承部分由标准钢支柱和框架组成。支承结构有高架和低架，其质量均应符合相关要求。

2. 施工质量控制

活动地板面层适用于防尘和导静电要求的专业用房地面。所用的材料应以特制的平压刨花板为基材，表面饰以装饰板和底层用镀锌钢板经粘结胶合组成的活动板块，配以横梁、橡胶垫条和可供调节高度的金属支架等组成。

活动地板面层承载力不应小于7.5MPa，其体积电阻率为105～109Ω。

活动地板面层的多层支架应支承在现浇混凝土基层上，含水率不大于8%。其表面应平整、光洁、不起灰，并应在基层表面上涂刷清漆防尘漆。

铺设活动地板面层房间的建筑地面标高，应符合设计高度。铺设前，室内四周的墙面上应划出标高控制线，并按选定的铺设方向和顺序设基准点；在基层表面上应按板块的尺寸大小进行弹线，形成方格网，标出地板砖块的安装位置和高度，标明设备预留部位。

按标出的地板块的位置，在方格网交点处安放支座和横梁，并应转动支座螺杆，用水平尺调整每个支座面的高度至全室等高，待所有支座柱和横梁构成框架一体后，应用水平仪抄平。支座与基层面之间的空隙应灌注环氧树脂并连接牢固。

横梁上铺放的缓冲胶条，应用乳胶液与横梁粘结。铺设的活动地板块，应调整水平度保证四角接触处平整、严密，与墙边的接缝处，应根据接缝宽窄分别采用活动地板木条镶嵌，窄缝隙宜采用泡沫塑料镶嵌。

3. 质量验收

(1) 活动地板面层的允许偏差应符合表6-66的规定。

活动地板面层的允许偏差（mm）　**表6-66**

项　次	项　　目	允许偏差	检　验　方　法
1	表面平整度	2	用2m靠尺和塞尺检查
2	缝格平直度	2.5	拉5m小线或拉通线用尺检查
3	接缝高低差	0.4	用钢板尺和塞尺
4	板块间隙宽度	0.3	用塞尺检查

(2) 活动地板面层安装后应无裂纹、掉角和缺楞等缺陷。在其上行走必须无声响，无摆动，牢固性好。

(3) 施工的地板表面洁净，图案清晰，色泽一致，接缝均匀，周边顺直。

(六) 木、竹板面层

1. 施工质量控制

木、竹板面层的条材和块材应采用具有商品检验合格的产品。其技术等级及质量要求均应符合国家标准规定和设计要求。并且双层木板面层的上层和单层木板面层，均应采用不易腐朽，不易变形开裂的木材、竹材做成，顶面应刨平，其侧面带有企口的木板宽度不应大于120mm，双层木板面层采用的毛地板以及木板面层下水搁栅和垫木等均应进行防腐处理。

木板、竹板面层下的木搁栅，其两端应垫实钉牢，搁栅之间应加钉剪刀撑或横撑，木搁栅与墙之间应留出 30mm 的缝隙。木搁栅的表面应平整，用 2m 直尺检查时，其允许空隙为 3mm。

双层木板面层下层的毛地板可采用纯棱料，其宽度不宜大于 120mm。铺设毛地板时，应与搁栅成 30°或 45°角并应斜向钉牢，使髓心向上；其板间缝隙不应大于 3mm。毛地板应与墙之间留 10～20mm 缝隙，每块毛地板应在每根搁栅上各钉两个钉子固定，钉子的长度应为板厚的 2.5 倍。

铺设单层木板、竹板面层时，每块长条木板应钉牢在每根搁栅上，并从侧面斜向钉入板中，钉头应沉入板中。

在铺设木板、竹板面层时，木、竹板端头接缝应在搁栅上，并应间隔错开。板与板之间紧密，仅个别地方有缝隙，其宽度不应大于 1mm；当采用硬木长条形板时，不应大于 0.5mm；木板、竹板面层与墙之间应留 10～20mm 的缝隙，并用木、竹踢脚线板封盖。

木板、竹板面层的表面应刨光磨平，待室内装饰工程完工后方可涂油、上蜡。

拼花木、竹面层可参照木、竹板面层的质量要求进行控制。

2. 质量验收

（1）实木地板面层的允许偏差应符合表 6-67 的规定。

实木地板面层的允许偏差（mm） 表 6-67

项次	项　目	允许偏差			检验方法
		松木长条木板	硬木长条木板	拼花木板	
1	表面平整度	2	1	1	2m 靠尺和塞尺
2	踢脚步线上口平直度	3	3	3	拉 5m 线或拉通线和尺量
3	板面拼缝平直	2	1	1	
4	缝隙宽度	2	0.3	<0.1	用塞尺与目测检查
5	相邻板材高低差	0.5	0.5	0.5	塞尺检查

（2）实木复合地板及中密度强化复合地板允许偏差按表 6-68 的规定。

复合及强化地板允许偏差（mm） 表 6-68

项次	项　目	允许偏差			检验方法
		木搁栅	毛地板	实木复合地板	
1	板面缝隙宽度	—	3.0	0.5	钢尺检查
2	表面平整度	3.0	3.0	2.0	2m 靠尺和塞尺
3	踢脚步线上口平直度	—	3.0	3.0	拉 5m 线或通线和尺量
4	板面拼缝平直	—	3.0	3.0	
5	相邻板材高差	—	0.5	0.5	用钢尺和塞尺
6	踢脚线与面层接缝	—	—	1.0	塞尺检查

(3) 竹地板允许偏差应符合表 6-69 的规定。

竹地板允许偏差（mm）　表 6-69

项次	项目	允许偏差			检验方法
		木搁栅	毛地板	中密度地板	
1	板面缝隙宽度	—	3.0	0.3	尺量检查
2	表面平整度	3.0	3.0	2.0	2m 靠尺和塞尺检查
3	踢脚步线上口平直	—	—	3.0	拉 5m 线或拉通线和尺量检查
4	板面拼缝平直	—	3.0	3.0	
5	相邻板材高差	—	0.5	0.5	2m 靠尺和塞尺检查
6	踢脚线与面层接缝	—	—	1.0	塞尺检查

六、变形缝和镶边的质量控制

建筑地面的变形缝（包括伸缩缝、沉降缝、防震缝等），应按设计位置，并应与结构相应的缝位置一致。除所做的假缝外，均应贯通各构造层。

沉降缝和防震缝的宽度应符合要求，把缝内清洗干净后，应先用沥青麻丝填实，再以沥青胶结料填嵌后用盖板封盖，并应与面层齐平。

室外水泥混凝土地面工程应设置伸缩缝；室内水泥混凝土楼面与地面工程应设置纵、横向收缩缝，不宜设置伸缝。

室内水泥混凝土地面工程分区、段浇筑时，应与设置的纵、横向收缩缝的间距相一致。纵向收缩缝应做平头缝；当垫层板边加肋时，应做加肋板平头缝；当垫层厚度大于 150mm 时，亦可采用企口缝；横向缝应做假缝。

收缩缝和伸缝的间距，如设计无要求时，室内纵向收缩缝的间距为 3～6m；室内横向收缩缝的间距为 6～12m；室外横向收缩缝的间距为 3～6m；室外伸缝的间距为 30m。

水泥混凝土地面的收缩缝和伸缝的做法是：平头缝和企口缝的缝间不得放置任何隔离材料，在浇筑时应互相坚贴。企口缝的尺寸应符合设计要求，拆模时的混凝土抗压强度不宜小于 3MPa；假缝应按规定的间距设置吊装模板，或在浇筑混凝土时，将预制的木条埋设在混凝土中，并在混凝土终凝前取出；亦可用切割机割缝。缝的宽度宜为 5～20mm，深度为垫层厚度的 1/3，缝内填水泥砂浆，伸缝的宽度为 20～30mm，上下贯通。缝内填嵌沥青类材料。当沿缝两侧垫层板边加肋时，应做加肋板伸缝。

纵、横向收缩缝和伸缝的具体构造必须符合图 6-19 和图 6-20 的构造示意。

设计中对建筑地面有镶边的，应按设计要求，如无设计要时，在有强烈机械作用下的水泥类整体面层与其他类型的面层邻接处应用角钢镶边；如为水磨石整体面层时，应采用同类材料用分格条设置镶边；在条石面层和砖面层与其他面层邻接处，应采用顶铺的同类材料镶边；当采用木板面层、拼花地板等面层时，也应采用相同的材料镶边。

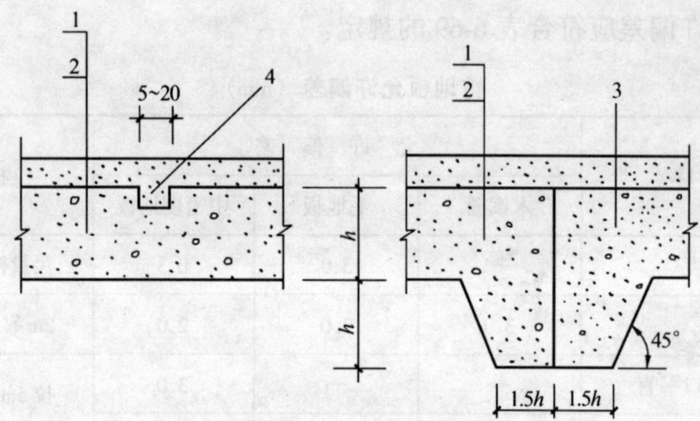

图 6-19 纵、横墙缩缝

1—面层；2—混凝土垫层；3—互相紧贴不放隔离材料；
4—水泥砂浆填缝

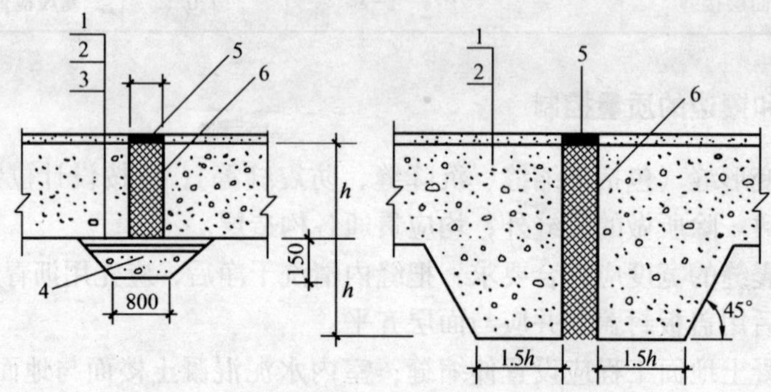

图 6-20 伸缝构造

1—面层；2—混凝土垫层；3—干铺油毡一层；
4—C10 混凝土；5—沥青胶填缝；6—沥青胶泥或沥青丝板

第七节 混凝土结构工程质量控制

混凝土结构工程的质量控制在这里包括着模板、混凝土、钢筋工程三部分的内容。

一、模板工程的质量控制

（一）模板的功能及技术要求

1. 模板的功能

模板是由面板和支撑两部分组成。模板具有如下功能：

保证混凝土工程结构和构件各部分形状尺寸和相互位置的准确性；

保证施工过程中混凝土结构和构件的稳定及安全；

为保证其他施工作业的正常实施工提供便利条件。

因此可以说，它是混凝土构件成型的一个十分重要的组成部分。

2. 模板的强度、刚度

不论使用的模板和支架是木模板、胶合模板、组合钢模板、钢塑模板或其他类模板，本身的强度、刚度均应符合设计要求。在保证工程结构构件各部分形状尺寸和相互位置的正确性、可靠地承受新浇筑混凝土的自重和侧压力，以承受施工过程中产生的各种荷载时，模板不准产生挠曲变形或破坏。

验算模板及其支架的刚度时，其最大变形值不得超过下列允许值：

对结构表面外露的模板，为模板构件计算跨度的1/400；

对结构表面隐蔽的模板，为模板构件计算跨度的1/250；

支架的压缩变形值或弹性挠度，为相应的结构计算跨度的1/1000。

3. 模板的稳定性、支承面积

模板安装中的支架或桁架应保持稳定，并用撑拉杆件固定，防止浇筑混凝土时模板倒塌。

支架必须有足够的、有效的支承面积。支承在疏松的土质上时，基土必须夯实。如果支架的长度不够时，应用同类材料进行续接，但必须保证接头牢固，并在同一中心线上。如用块料砌墩接长的，必须用砂浆砌筑。墩的上下部应放置大于墩截面积的木板或钢板及其它有足够强度的板块，保证支承面积。

4. 防水、防冻

竖向模板和支架的承压部位，当安装在基土上时，除加设垫板外，必须在其四周设有排水沟。安装在湿陷性黄土上时，应有井点抽水等其他防水措施。安装在冻融的基土上时，必须有足够深度的支承部分，铲除冻融的基土，铺上一层干砂，拍实后再作支架支承。

5. 模板底模的起拱

整体式现浇钢筋混凝土梁、板，当跨度等于或大于4m时，模板应起拱。若设计无具体要求时，起拱高度为全跨长度的1/1000～3/1000。

6. 分层分段支模

现浇多层房屋和构筑物，应采取分层分段支模的方法，安装上层模板及其支架时，下层楼板应具有承受上层荷载的承载力或加设支架支承；上层支架的立柱应对准下层支架的立柱，并且上、下立柱应在同一中心线上，立柱下部应有垫板；当采用悬吊模板、桁架支模方法时，其支撑结构的承载能力和刚度必须符合设计要求。

当层间高度大于5m时，宜选用桁架支模或多层支架支模。当采用多层支架支模时，支架的横垫板应平整，支柱应垂直，上下层支柱应在同一竖向中心线上。

当采用分节脱模时，底模的支点应按模板设计设置，各节模板应在同一平面上，高低差不得超过3mm。

（二）模板安装质量控制

1. 柱模板的施工

使柱子周围的基础达到平整，弹好柱皮线和模板控制线，在柱皮外侧5mm粘贴20mm厚的海绵条，以保证下口及连接缝严密。

如为通排柱时，则应先安装两边柱的模板，经校正固定，再拉通线安装中间各柱。模板按柱子大小，预拼成一面一片，或两面一片，就位后用铁丝和U形卡固紧。安装模板时，应在柱根脚部位留置垃圾清扫口，且对角各留一个。

为保证浇筑混凝土时柱模板不产生变形，还要根据柱的断面尺寸，确定安装柱的柱箍，柱箍尺寸、间距，根据设计确定，必要时加设对拉螺栓。

柱箍安装完毕后，在柱模每边设两根拉杆，固定于事先预埋在楼板的钢筋环上，用经纬仪控制，用花篮螺栓调节校正模板垂直度。拉杆与地面夹角为45°，预埋的钢筋环与柱距为3/4柱高。

按照放线位置，在柱内四边离地50~80mm处事先已经插入混凝土楼板的200mm长为ϕ18~25mm的短筋焊接支杆，从四面顶住模板，以防止位移。

2. 梁模板安装

柱子拆模后在混凝土结构表面弹出轴线和水平线。梁的支撑一般为单排，间距以600~1000mm为宜，支撑上面应加垫100mm×100mm方木或钢板，支撑上的剪刀撑和水平拉杆离地面500mm设一道。

按设计标高调整支撑的标高，然后安放梁底模板，并拉线找直，梁底模板应根据设计要求进行起拱。如设计要求时，底模钢支撑起拱高度宜为全跨长度的1/1000~3/2000，木支撑应为2/1000~3/1000。

梁钢筋绑扎结束并检查合格及办理了隐检手续后，安装侧模板，并将两侧模板与底板用卡具进行固定。当梁截面高度超过600mm时，应增加侧模拉栓。

3. 剪力墙模板安装

按位置线安装门洞口模板，焊接洞口模外顶撑。将预先拼装好的一面模板按位置线就位，然后安装拉杆或斜撑，安塑料套管和穿墙螺栓。

清理墙面杂物再安装另一面模板，调整斜撑或拉杆，使模板垂直后，再拧紧穿墙螺栓。

4. 楼板模板的安装

如为土地面时应夯实，并在地面或楼面上放置通长支撑垫板。采用多层支架支模时，支撑应垂直，上下层支撑应在同一竖向中心线上。

从边跨一侧开始安装，先安第一排龙骨和支撑，临时固定再安装第二排龙骨和支撑依次逐排安装。支撑间距为800~1200mm，大龙骨间距为600~1200mm，小龙骨间距为400~600mm。

调整支撑高度，将大龙骨上面找平。然后铺设楼板底模。模板铺设可从一侧开始，不合模数的剩余部分可用木模板补充。顶板模板与四周墙体或柱头交接处应加垫海绵条防止漏浆。

底板铺设后，用水平仪测量模板标高，进行校正，并用靠尺找平。校正标高后，将支撑间加设水平拉杆。拉杆离地面300mm处应设一道，向上纵横方向每间隔1.5m设一道。

经清扫、检查、隐蔽验收手续办理后，可以封堵清扫口。

(三) 模板的拆除

1. 现浇混凝土模板的拆除

现浇结构的模板及其支架拆除时的混凝土抗压强度，应符合设计要求；当设计无具体要求时，侧模、底模的拆除为：在混凝土强度能保证其表面及棱角不因拆除模板而受损时，方可拆除侧模；当混凝土强度符合表6-70规定后，允许拆除底模。

2. 预应力模板拆除

对后张法预应力混凝土结构构件，侧模宜在预应力张拉前拆除；底模支架的拆除应按施工技术方案进行，当无具体要求时，不应在结构构件建立预应力前拆除。

底模板拆除时的混凝土强度要求 表 6-70

构件类型	构件跨度（m）	达到设计的混凝土立方体抗压强度标准值的百分率（%）
板	≤2	≥50
	>2，≤8	≥75
	>8	≥100
梁、拱、壳	≤8	≥75
	>8	≥100
悬臂构件	—	≥100

注：本表中“按设计的混凝土强度标准值”系指与设计混凝土强度等级相应的混凝土立方体抗压强度标准值。

芯模或预留孔洞的内模，在混凝土强度能保证构件的孔洞表面不发生坍陷和裂缝时，方可拆除；当构件跨度不大于4m时，混凝土强度符合设计的混凝土强度标准值的50%的要求后，方可拆除底模；当构件跨度大于4m时，混凝土强度符合设计的混凝土强度标准值的75%的要求后，底模可以拆除。

（四）模板安装质量

1. 预埋件和预留孔洞

固定在模板上的预埋件、预留孔和预留洞均不得遗漏，且应安装牢固，其偏差应符合表6-71的规定。

预埋件和预留孔、洞的允许偏差（mm） 表 6-71

项目		允许偏差
预埋钢板中心线位置		3
预埋管、预留孔中心线位置		3
插筋	中心线位置	5
	外露长度	+10，0
预埋螺栓	中心线位置	2
	外露长度	+10，0
预留洞	中心线位置	10
	尺寸	+10，0

注：检查中心线位置时，应沿纵横两个方向量测，并取其中的较大值。

对预埋件和预留孔、洞的偏差检查的数量，应在同一检验批内，对梁、柱和独立基础的构件数量各抽查10%，但均不少于3件；对墙和板按有代表性的自然间抽查10%，且不少于3间；对大空间结构，墙可按相邻轴线间高度5m左右划分检查面，板可按纵横轴线划分检查面，抽查10%，且不少于3面。

2. 现浇结构模板的允许偏差

对现浇结构模板安装的检查尺寸，应符合表6-72规定的允许偏差。

现浇结构模板安装的允许偏差（mm） 表 6-72

<table>
<tr><th colspan="2">项 目</th><th>允 许 偏 差</th><th>检 验 方 法</th></tr>
<tr><td colspan="2">轴线位置</td><td>5</td><td>钢尺检查</td></tr>
<tr><td colspan="2">底模上表面标高</td><td>±5</td><td>水准仪或拉线、钢尺检查</td></tr>
<tr><td rowspan="2">截面内部尺寸</td><td>基 础</td><td>±10</td><td rowspan="2">钢尺检查</td></tr>
<tr><td>柱、墙、梁</td><td>+4，-5</td></tr>
<tr><td rowspan="2">层高垂度</td><td>不大于5m</td><td>6</td><td rowspan="2">经纬仪或吊线，钢尺检查</td></tr>
<tr><td>大于5m</td><td>8</td></tr>
<tr><td colspan="2">相邻两板表面高低差</td><td>2</td><td>钢尺检查</td></tr>
<tr><td colspan="2">表面平整度</td><td>5</td><td>2m靠尺和塞尺检查</td></tr>
</table>

3. 预制构件模板

检查预制构件模板安装的允许偏差结果，应符合表6-73的规定。

预制构件模板安装的允许偏差（mm） 表 6-73

<table>
<tr><th colspan="2">项 目</th><th>允许偏差</th><th>检 验 方 法</th></tr>
<tr><td rowspan="4">长 度</td><td>板、梁</td><td>±5</td><td rowspan="4">钢尺量两边，取其中较大值</td></tr>
<tr><td>薄腹板、桁架</td><td>±10</td></tr>
<tr><td>柱</td><td>0，-10</td></tr>
<tr><td>墙 板</td><td>0，-5</td></tr>
<tr><td rowspan="2">宽 度</td><td>板、墙板</td><td>0，-5</td><td rowspan="5">钢尺量一端及中部，取其中较大值</td></tr>
<tr><td>梁、薄腹板、桁架、柱</td><td>+2，-5</td></tr>
<tr><td rowspan="3">高 度</td><td>板</td><td>+2，-3</td></tr>
<tr><td>墙 板</td><td>0，-5</td></tr>
<tr><td>梁、薄腹板、桁架、柱</td><td>+2，-5</td></tr>
<tr><td rowspan="2">侧向弯曲</td><td>梁、板、柱</td><td>l/1000且≤15</td><td rowspan="2">拉线、钢尺量最大弯曲处</td></tr>
<tr><td>墙板、薄腹板、桁架</td><td>l/1500且≤15</td></tr>
<tr><td colspan="2">板的表面平整度</td><td>3</td><td>2m靠尺和塞尺检查</td></tr>
<tr><td colspan="2">相邻两板表面高低差</td><td>1</td><td>钢尺检查</td></tr>
<tr><td rowspan="2">对角线差</td><td>板</td><td>7</td><td rowspan="2">钢尺量两个对角线</td></tr>
<tr><td>墙板</td><td>5</td></tr>
<tr><td>翘曲</td><td>板、墙板</td><td>l/1500</td><td>调平尺在两端量测</td></tr>
<tr><td>设计起拱</td><td>薄腹板、桁架、梁</td><td>±3</td><td>拉线、钢尺量跨中</td></tr>
</table>

二、混凝土工程的质量控制

混凝土工程是指由胶凝材料将各种分散性材料，经科学地配制，浇筑成符合建筑结构和构件具有尺寸要求的设计形状，并能承受各种环境条件中作用力的复合性整体。由于混凝土的质量对结构安全、外部尺寸及承载力影响较大，所以，在质量控制过程中，应对混凝土的浇筑质量进行严格地检验和把关。

（一）材料质量控制

水泥进场必须有出厂合格证，质量检查员还应按批量进行取样复验，水泥的性能指标必须符合相应水泥品种的标准规定。

混凝土用的粗骨料，细骨料，应分别符合《混凝土用碎石、卵石》（GB/T 14685—2001）和《混凝土用砂》（GB/T 14684—2001）标准要求。并且所用粗骨料的最大颗粒粒径不得超过结构截面最小尺寸的1/4，且不得超过钢筋间最小净距的3/4。对于混凝土实心板，骨料的最大粒径不宜超过板厚的1/2，且不得超过50mm。

骨料进厂后，应按品种、规格分别堆放，不得混杂，骨料中严禁混入烧过的白云石或石灰石。

混凝土中掺用的外加剂，其质量应符合现行国家标准的要求。外加剂的品种及掺量必须依据混凝土性能的要求、施工及气候条件、混凝土所采用的原材料及配合比等因素经试验确定。在蒸汽养护的混凝土和预应力混凝土中，不宜掺用引气剂或引气减水剂。

在钢筋混凝土中掺用氯盐类防冻剂时，氯盐掺量按无水状态计算不得超过水泥用量的1%，当采用素混凝土时，氯盐掺量不得大于水泥用量的3%。

如果使用的混凝土为商品混凝土，混凝土商应提供混凝土各类技术指标：混凝土的强度等级、配合比、外加剂品种、混凝土的坍落度等，并应按批量出具出厂合格证。

（二）质量控制内容

1. 混凝土配合比

对混凝土配合比的控制，一方面应查看配合比设计通知单，另一方面应按照配比通知单的各材料用料的质量进行抽查。每盘混凝土的各种材料用量必须过磅称量，组成材料计量结果的偏差应符合表6-74的规定。对混凝土组成材料计量结果的检查，每一工作班进行抽查二次，并应有检查记录；对带有配料装置和自动控制装置的搅拌站上的自动配料秤或电子传感装置，则应按有关规定执行。

组成材料每盘称量的允许偏差　　表6-74

材料名称	允许偏差
水泥、掺合料	±2
粗、细骨料	±3
水、外加剂	±2

泵送混凝土的配合比，骨料最大粒径与输送管内径之比，碎石不宜大于1:3，卵石不宜大于1:2.5；通过0.315mm筛孔的砂不应小于15%；砂率应控制在40%～50%；最小水泥用量不得少于300kg/m^3；混凝土的坍落度为80～180mm。

2. 混凝土的拌制

拌制混凝土所用的搅拌机类型应与所拌混凝土品种相适应。当为塑性混凝土时，可采用JZ型、JW型搅拌机；预制构件厂使用的混凝土为干硬性的，应选用JQ型强制式搅拌机。

向搅拌机内投料的顺序应根据搅拌机的类型来确定；但为了保证混凝土的拌制质量和拌合料的质量，在搅拌第一盘混凝土时，均应采用加半砂或减半石子的方法进行。

混凝土搅拌时间的长短，对拌制的混凝土拌合物的质量和均匀性有较大影响。搅拌时间短，拌合物不均匀，水泥不能均匀地包裹在砂子表面；搅拌时间过长，混凝土的强度反而会下降，并且易产生材料离析现象。所以应随时检查混凝土的最短搅拌时间。混凝土搅拌的最短时间应根据搅拌机型和混凝土坍落度的要求，按表6-75规定执行。并且应做好检查记录。

混凝土搅拌的最短时间（s） 表 6-75

混凝土坍落度	搅拌机型	搅拌机出料量		
		< 250	250~500	> 500
≤30	自落式	90	120	150
	强制式	60	90	120
> 30	自落式	90	90	120
	强制式	60	60	90

注：1. 混凝土搅拌的最短时间系指全部材料装入搅拌筒中起，到开始卸料止的时间。
2. 当掺有外加剂时，搅拌时间适当延长。

3. 混凝土的运输

混凝土运自浇筑地点时，应符合浇筑时规定的坍落度，当有材料离析现象时，必须在浇筑前进行二次拌制，保证混凝土拌合物的坍落度达到表 6-76 的规定值。当采用商品混凝土时，混凝土送到浇筑地点后，测定其坍落度，其混凝土坍落度的允许偏差应符合表 6-77的规定。并且抽检混凝土拌合物坍落度的次数，每工作班不得少于两次，并应做好检验记录。

混凝土浇筑时的坍落度（mm） 表 6-76

部 位	坍 落 度
基础或地面等的垫层，无配筋的大体积混凝土或配筋稀疏的结构	10~30
板、梁和大型及中型截面的柱子	30~50
配筋密集的结构（薄壁、斗仓、筒仓、细柱等）	50~70
配筋骨特密的结构	70~90

注：本表系采用机械振捣混凝土时的坍落度，当为人工捣实混凝土时，其值可适当提高。

混凝土坍落度允许偏差（mm） 表 6-77

坍落度（mm）	允许偏差
≤40	±10
50~60	±20
≥100	±30

运送混凝土的容器和泵送混凝土的管道，应不吸水，不漏浆。容器和管道在冬期应有保温措施，夏季最高气温超过 40℃时，应有隔热措施。采用泵送混凝土时，应保证受料斗内有足够的混凝土，以防气阻。泵送混凝土的输送管线宜直，转弯宜缓，接头应严密。

混凝土从搅拌机中卸出到浇筑完毕的延续时间不宜超过表 6-78 的规定。

混凝土从卸出到浇筑完毕的延续时间（min） 表 6-78

混凝土强度等级	气温（℃）	
	≤25	> 25
≤C30	120	90
> C30	90	60

4. 混凝土的浇筑

浇筑混凝土前，应检查模板、支架，钢筋保护层厚度、配筋的数量、箍筋的间距，预埋件、吊环等规格、数量和位置是否符合设计要求。当甲、乙双方及监理单位对隐蔽项目验收合格后，方可进行混凝土的浇筑。

混凝土浇筑时，自高处倾落的自由高度不应超过 2m。在浇筑竖向结构混凝土前，应先在底部填以 50～100mm 厚、与混凝土内砂浆成分相同的水泥砂浆。混凝土浇筑层的厚度，应符合表 6-79 的规定。

混凝土浇筑层厚（mm）　表 6-79

捣实混凝土的方法		浇筑层厚度
表面振动		200
插入式振捣		振动器作用部分长度的 1.25 倍
人工捣固	在基础、无配筋混凝土或配筋稀疏的结构中	250
	在梁、墙板、柱结构中	200
	在配筋密列的结构中	150
轻骨料混凝土	插入式振捣	300
	表面振动、(振动时需加荷载)	200

浇筑柱子需留施工缝时，应留在主梁的下面，无梁楼盖应留在柱帽下面。对不太大的梁，施工缝可留在梁底以上一个浮浆厚度加上 5mm，待浮浆除去后仍比梁底高 3mm 左右，这样浇筑混凝土后见不到混凝土的接槎。在与梁板整体浇筑时，应在柱浇筑完毕后停歇 1h 左右，使混凝土获得沉实后再继续浇筑。浇筑混凝土必须间歇时，其间歇时间应短，并应在前层混凝土凝结之前，将次层混凝土浇筑完毕。混凝土运输、浇筑和间歇的允许时间，应符合表 6-80 的规定。

混凝土运输浇筑和间歇的允许时间（min）　表 6-80

混凝土强度等级	气温（℃）	
	≤25	>25
≤C30	210	180
>C30	180	150

拱和高度大于 1m 的梁等结构，可单独浇筑混凝土。大体积混凝土的浇筑应合理分段分层进行，使混凝土沿高度均匀上升；混凝土浇筑振捣后，混凝土层 50～100mm 深处的温度不宜超过 28℃。

当浇筑混凝土叠合板时，预制板的表面应有凹凸差不小于 4mm 的人工粗糙面；当浇筑叠合式受弯构件时，应按设计要求确定是否设置支撑。在主要承受静力荷载的梁中，预制构件的叠合面应有凹凸差不小于 6mm 的自然粗糙面，并不得有疏松和有浮浆。

5. 混凝土的振捣

振捣是混凝土密实的主要工艺，一般分插入振捣和表面振动。

当采用插入式振捣器时，每一振点的振捣延续时间，应使混凝土表面不再沉落和呈现浮浆；捣实普通混凝土的移动间距，不宜大于振捣器作用半径的 1.5 倍；捣实轻骨料混凝土的移动间距，不应大于其作用的半径；振捣器与模板的距离，不应大于其作用半径的 0.5 倍，并不准碰振钢筋、模板、芯管、吊环等；振捣器插入下层混凝土内的深度不应大于 50mm。

当采用表面振动器时，其移动间距应保证振动器的底板能覆盖已振实部位的边缘。当采用附着式振动器时，其设置间距应通过试验确定，并应与模板紧密连接。当采用振动台振实干硬性混凝土和轻骨料混凝土时，应采用加压振动的方法，所加压力为 1～3kN/m^2。

6. 施工缝的留置

施工缝的位置应留置在结构受剪力较小且便于施工的位置。

柱的施工缝，应留置在基础的顶面、梁或吊车梁牛腿的下面、吊车梁的上面、无梁楼板柱帽的下面；与板连成整体的大截面梁的施工缝，应留置在板底以下 20～30mm 处。当板下有梁托时，应留置在梁托下部；单向板的施工缝，留置在平行于板的短边的任何位置；有主次梁的楼板应顺着次梁方向浇筑，施工缝应留置在次梁跨度的中间 1/3 范围内；墙的施工缝，应留置在门洞口过梁跨中 1/3 范围内，也可留在纵横墙的交接处；对于双向受力楼板、大体积混凝土结构、多层刚架、拱、薄壳等及其他结构复杂的工程，施工缝的位置应按设计要求。

承受动力作用的设备基础不得留置施工缝，当必须留置时，应征得设计单位同意。在设备基础的地脚螺栓内的水平施工缝，留置时必须低于地脚螺栓底端，与地脚螺栓底端的距离应大于 150mm；当地脚螺栓直径小于 30mm 时，水平施工缝可留置在不小于埋入混凝土部分总长度的 3/4 处；垂直施工缝，应与地脚螺栓中心线间的距离不得小于 250mm，且不得小于螺栓直径的 5 倍。

在施工缝处继续浇筑混凝土时，已浇筑的混凝土的抗压强度不应小于 1.2N/mm^2；清除施工缝的松动石子及软弱混凝土层，冲洗干净和充分湿润后，铺一层水泥浆（成分与混凝土的水泥浆成分相同）；并充分捣实。

对承受动力作用的标高不同设备基础两个水平施工缝的处理，其高低接合处应留成台阶形，台阶的高宽比不得大于 1.0；垂直施工缝处应加插钢筋，其直径为 12～16mm，长度应为 500～600mm，间距为 500mm，在台阶式施工缝的垂直面上也应补插钢筋。施工缝处的混凝土表面应凿毛，应在冲洗干净湿润后抹一层 10～15mm 厚与混凝土内成分相同的水泥砂浆。

在已浇筑的混凝土抗压强度未达到 1.2N/mm^{2}之前，不准在其上从事任何施工作业。

混凝土的施工，必须有详细的施工记录。

7. 混凝土的养护

混凝土的养护分自然养护和蒸汽养护两种工艺。

①自然养护

已浇筑完毕后的混凝土，应在 12h 内进行覆盖和浇水。当正午温度为 10℃时，每日浇水为 2 次；20℃时为 4 次；25℃以上者为 6 次。当日平均气温达到 5℃以下者，应停止浇水，改用塑料薄膜或草苫覆盖养护；也可采用养护液进行养护。

对混凝土浇筑成型后浇水养护的最短时间应根据水泥品种来确定。采用硅酸盐水泥、普通硅酸盐水泥拌制的混凝土，养护的最短时间为 7d；对掺有缓凝剂或有抗渗要求的混凝土，以及采用其他水泥品种的混凝土，最短养护时间应为 14d。浇水量的多少，应能保持混凝土处于湿润状态为宜。

采用塑料薄膜养护的混凝土，其裸露的全部表面应覆盖严密，并应保持塑料薄膜内有凝结水。

对大体积混凝土的养护，应测定浇筑后的混凝土表面和内部温度，并采取控温措施。控制温差不得超过25℃。

②蒸汽养护

一般情况下，混凝土结构工程当条件准许时，也可采用蒸汽养护，寒冷地区预制构件生产企业应优先采用蒸汽养护。

当建筑工程的混凝土结构需用蒸汽养护时，应在需要养护的构件四周采用临时性围护，然后通以低压饱和蒸汽，使混凝土在较高温度和湿度条件下，迅速硬化达到要求的强度。

进行蒸汽养护应按照预养期、升温期、恒温期和降温期的蒸养制度执行。

预养期。在构件成型后及蒸汽养护开始前，使构件在室温下进行预先养护，以提高升温前的水泥水化程度，使混凝土具备一定的初始结构强度。以抵抗升温期的结构破坏作用。同时，已形成的水化物填充在混凝土毛细孔内并吸收水分，削弱了游离水在加热过程的危害。延长预养期还可减少残余变形，增大密实度。在预养期中，确定最佳预养期，就是混凝土达到初始强度所需要的预养时间。一般情况下为2~6h，干硬性混凝土为1h。预养温度应结合水泥品种来确定：普通硅酸盐水泥不应高于40℃，矿渣类水泥不应高于45℃。

升温期。在升温期阶段采用变速升温和分段升温较为理想。当初始结构强度尚很低时，只能按5℃/h慢速升温。在随着温度的升高和养护时间的逐步延长的条件下，混凝土的抗压强度逐渐提高，升温速度则可相应增大。这时可采用分段升温。开始1~1.5h升至30~40℃时，保持1~3h，再快速升至恒温温度，这样混凝土结构构件损伤程度可大大减小。

恒温期。这个时期是混凝土强度的主要增长期，也是混凝土结构的巩固阶段。恒温温度和恒温时间是恒温期决定混凝土强度及力学性能的主要工艺参数。在这个阶段中，恒温温度主要与水泥的品种有关，硅酸盐水泥混凝土的恒温温度一般不超过80℃，矿渣水泥、火山质水泥为95℃养护较好。恒温时间与水泥品种、强度等级、水灰比、恒温温度及混凝土强度有关。在一般情况下，当恒温温度在80℃、水灰比为0.5时，硅酸盐水泥结构的恒温时间为7h，矿渣水泥结构为10h；当恒温温度在95℃、水灰比为0.5时，矿渣水泥结构的恒温时间为5h，火山质水泥结构为3.5h。

降温期。降温期，混凝土结构内的温度、湿度及压力均指向混凝土的内部，这时混凝土结构体积会产生收缩，还会产生一定的温差。为了减少这些不良因素对结构的影响，降温速度每小时不得大于10℃，结构表面与外界温差不得大于20℃。

8. 混凝土的强度检验与评定

结构混凝土的强度等级必须符合设计要求。用于检查结构构件混凝土强度的试件，应在混凝土的浇筑地点随机抽取。取样与试件留置应符合下列规定：

①每拌制100盘且不超过100m³的同配合比的混凝土，取样次数不得少于1次；

②每工作班拌制的同一配合比的混凝土不足100盘时，取样次数不得少于1次；

③当一次连续浇筑超过1000m³时，同一配合比的混凝土每200m³取样不得少于1次；

④每楼层、同一配合比的混凝土，取样次楼不得少于1次；

⑤每次抽取试样至少留置一组标准养护试件，同条件养护试件的留置组数应根据实际

需要确定。

⑥对有抗渗要求的混凝土结构，其混凝土试件应在浇筑地点随机取样，同一工程、同一配合比的混凝土，取样不应少于1次，留置组数可根据实际需要确定。

(三) 质量检验

1. 现浇混凝土结构

外观质量：

现浇结构的外观质量缺陷，应由监理、建设单位、施工单位等各方根据其对结构性能和使用功能影响的严重程度，按表6-81确定。

现浇结构外观质量缺陷　　表6-81

名　称	现　象	严重缺陷	一般缺陷
露　筋	构件内钢筋未被混凝土包裹而外露	纵向受力钢筋有露筋	其他钢筋有少量露筋
蜂　窝	混凝土表面缺少水泥砂浆而形成石子外露	构件主要受力部位有蜂窝	其他部位有少量蜂窝
孔　洞	混凝土中孔穴深度和长度均超过保护层厚度	构件主要受力部位有孔洞	其他部位有少量孔洞
夹　渣	混凝土中夹有杂物且深度超过保护层厚度	构件主要受力部位有夹渣	其他部位有少量夹渣
疏　松	混凝土中局部不密实	构件主要受力部位有疏松	其他部位有少量疏松
裂　缝	缝隙从混凝土表面延伸至混凝土内部	构件主要受力部位有影响结构性能和使用功能的裂缝	其他部位有少量不影响结构性能或使用功能的裂缝
连接部位缺陷	构件连接处混凝土缺陷及连接钢筋、连件松动	连接部位有影响结构传力性能的缺陷	连接部位有基本不影响结构传力性能的缺陷
外形缺陷	缺棱掉角、棱角不直、翘曲不平、飞边凸肋等	清水混凝土构件有影响使用功能或装饰效果的外形缺陷	其他混凝土构件有不影响使用功能的外形缺陷
外表缺陷	构件表面麻面、掉皮、起砂、玷污等	具有重要装饰效果的清水混凝土构件有外表缺陷	其他混凝土构件有不影响使用功能的外表缺陷

现浇混凝土的外观质量不应有严重缺陷。对已经出现的严重缺陷，应由施工单位提出技术处理方案，并经监理、建设单位认可后进行处理。

2. 尺寸偏差

(1) 现浇混凝土结构尺寸

对现浇混凝土结构构件各部位尺寸的允许偏差值的检查，按楼层、结构缝或施工段划分检验批。在同一检验批内，对梁、柱和独立基础的件数各抽查10%，但不少于3件；对墙和板按有代表性的自然间抽查10%，且不少于3间。对于大空间结构，墙可按相邻轴线间高度5m左右划分检查面，板可按纵、横轴线划分检查面，抽查10%，且均不少于3面；对电梯井、设备基础应全数检查。其偏差值应符合表6-82的规定。

现浇混凝土结构的允许偏差（mm）　　表 6-82

项目			允许偏差	检验方法
轴线位移	基础		15	钢尺检查
	独立基础		10	
	墙壁、梁、柱		8	
	剪力墙		5	
垂直度	层高	≤5m	8	经纬仪或吊线、钢尺检查
		>5m	10	
	全高 H		H/1000 且≤30	经纬仪、钢尺检查
标高	层高		±10	水准仪或拉线、钢尺检查
	全高		±30	
截面尺寸			+8，−5	钢尺检查
电梯井	井筒长、宽对定位中心线		+25，0	
	井筒全高 H 垂直度		H/1000 且≤30	经纬仪、钢尺检查
表面平整度			8	2m 靠尺和塞尺检查
预留洞中心线位置			15	钢尺检查
预埋设施中心线位置	预埋件		10	
	预埋螺栓		5	
	预埋管		5	

注：检查轴线、中心线位置时，应沿纵、横两个方向量测，并取其中较大值。

(2) 混凝土设备基础尺寸

混凝土设备基础尺寸允许偏差应符合表 6-83 的规定。

混凝土设备基础尺寸允许偏差（mm）　　表 6-83

项目		允许偏差	检验方法
坐标位置		20	钢尺检查
不同平面的标高		0，−20	水准仪或位线、钢尺检查
平面外形尺寸		±20	钢尺量测
凸台上平面外形尺寸		0，−20	
凹穴尺寸		+20，0	
平面水平度	每米	5	水平尺、塞尺检查
	全长	10	水准仪或位线、钢尺检查
垂直度	每米	5	经纬仪或吊线、钢尺检查
	全长	10	
预埋地脚螺栓	标高（顶部）	+20，0	水准仪或位线、钢尺检查
	中心距	±2	钢尺量测
预埋地脚螺栓孔	中心线位置	10	
	深度	+20，0	
	孔垂直度	10	吊线、钢尺检查
预埋活动地脚螺栓锚板	标高	+20，0	水准仪或拉线、钢尺检查
	中心线位置	5	钢尺检查
	带槽锚板平整度	5	钢尺塞尺检查
	带螺纹孔锚板平整度	2	

(3) 预制构件应在明显的部位标明生产单位、构件型号、生产日期和质量检验标志。构件上的预埋件、插筋和预留孔洞的规格、位置和数量应符合标准图或设计要求。

结构性能不合格的构件不得用于混凝土结构。

预制构件不应有影响结构性能和安装、使用功能的尺寸偏差。对超过尺寸允许偏差且影响结构性能和安装、使用功能的部位，应按技术处理方案进行处理，并重新进行验收。预制构件的尺寸偏差应符合表 6-84 的规定。

预制构件尺寸的允许偏差（mm） **表 6-84**

项目		允许偏差	检验方法
长度	板、梁	+10，−5	钢尺检查
	柱	+5，−10	
	墙板	±5	
	薄腹梁、桁架	+15，−10	
宽度、高度	板、梁、柱、墙板、薄腹梁、桁架	±5	钢尺量一端及中部，取其中较大值
侧向弯曲	板、梁、柱	l/750 且≤20	拉线、钢尺量最大侧向弯曲处
	墙板、薄腹梁、桁架	l/1000 且≤20	
预埋件	中心线位置	10	钢尺检查
	螺栓位置	5	
	螺栓外露长度	+10，−5	
预留孔	中心线位置	5	
预留洞		15	
主筋保护层	板	+5，−3	钢尺或钢筋保护层测定仪
	梁、柱、墙板、薄腹梁、桁架	+10，−5	
对角线差	板、墙板	10	钢尺量两个对角线
表面平整度	板、墙板、柱、梁	5	2m 靠尺和塞尺
预应力构件预留孔道位置	梁、墙板、薄腹板、桁架	3	钢尺量测
翘曲	板	l/750	调平尺在两端量测
	墙板	l/1000	

三、钢筋工程的质量控制

(一) 钢筋的质量控制

在混凝土结构或预制构件中所用的各种钢筋、钢丝的规格、品种和质量指标应符合国家的标准规定，并应有出厂合格证或复试报告单。

钢筋在加工过程中，如发现脆断、焊接性能不良或力学性能显著不正常等现象时，应对该批钢筋按国家标准进行化学成分检验或其他专项检验。

对有抗震设防的框架结构，其纵向受力钢筋的强度应满足设计要求；当设计无具体要求时，对一、二级抗震等级，检验所得的强度实测值应符合下列规定：

(1) 钢筋的抗拉强度实测值与屈服强度实测值的比值不应小于1.25；

(2) 钢筋的屈服强度实测值与钢筋强度标准值的比值不应大于1.3。

钢筋的表面必须洁净。带有颗粒状或片状老锈，经除锈后仍留有麻点的钢筋严禁按原规格使用。

(二) 施工质量控制

1. 钢筋的冷拉

对钢筋进行冷拉时，可采用控制应力法或控制冷拉率的方法进行。当不能分清炉号、批号的热轧钢筋，不应采用控制冷拉率的方法进行钢筋的冷拉加工。

采用控制应力方法冷拉钢筋时，其冷拉控制应力下的最大冷拉率应符合表6-85的规定。

冷拉控制应力及最大冷拉率 **表6-85**

牌　号	钢筋直径（mm）	冷拉控制应力（MPa）	最大冷拉率（%）
HPB235	≤12	280	10.0
HRB335	≤25	450	5.5
	>25	430	
HRB400	≤25	540	5.0
	>25	500	
HRB500	≤25	650	4.0
	>25	630	

当采用控制冷拉率方法冷拉钢筋时，冷拉率必须由试验确定。测定每批钢筋冷拉率的试样不少于4个，并取其平均值作为该批钢筋实际采用的冷拉率。测定冷拉率时钢筋的冷拉应力，应符合表6-86的规定。

测定冷拉率时钢筋的冷拉应力（MPa） **表6-86**

钢筋牌号	钢筋直径（mm）	冷拉应力
HPB235	≤12	310
HRB335	≤25	480
	>25	460
HRB400	8～40	530
HRB500	10～28	730

钢筋冷拉时，应注意如下事项：

(1) 先检查钢筋冷拉能力和钢筋的力学性能是否相适应，不允许超载冷拉。

(2) 冷拉钢筋运行方向的端头应设防护装置，防止钢筋拉断或夹具失灵时钢筋弹出伤人。

(3) 钢筋冷拉前，应对测力器和各项冷拉数据进行复核，并做好记录。

(4) 钢筋冷拉时，如遇接头处被拉断，可重新焊接后再拉，但不得超过两次。

(5) 用延伸率控制的装置，必须装设有效的限位装置。

2. 配料加工的质量控制

各类钢筋加工的形状、尺寸必须符合设计要求，下料时的长度尺寸，可按下式计算：

直钢筋 = 构件长度 - 保护层厚度 + 弯钩增加长度及平直长度

弯起钢筋 = 直段长度 + 斜段长度 - 弯曲调整值 + 弯钩增加长度及平直长度

箍筋 = 箍筋周长 + 箍筋调整值

弯钩增加长度可按表 6-87 的规定。

弯钩增加长度（mm） 表 6-87

钢筋牌号	弯钩形式			弯曲直径
	半圆弯钩	直弯钩	斜弯钩	
HPB235	$3.25d$	$0.5d$	$1.9d$	$2.5d$
HRB335	—	$0.92d$	$2.9d$	$4.0d$
HRB400	—	$1.20d$	$3.5d$	$5.0d$

注：表中 d 为钢筋的直径（mm）。

钢筋端部弯钩的平直部分长度，HPB235 钢筋不小于钢筋直径的 3 倍；HRB335、HRB400 级钢筋按设计要求确定。

弯起钢筋斜段长度应按表 6-88 的规定。

弯起钢筋斜段长度（mm） 表 6-88

弯起角度	30°	45°	60°
斜边长度	$2h_o$	$1.414h_o$	$1.155h_o$
底边长度	$1.732h_o$	h_o	$0.577h_o$
增加长度	$0.268h_o$	$0.414h_o$	$0.578h_o$
弯曲调整值	$0.3d$	$0.55d$	$0.9d$

注：表中 h_o为弯起钢筋的外缘高度（mm）。

箍筋的调整值应按表 6-89 中的数据。

箍筋调整值 表 6-89

构件受力直径（mm）	箍筋直径（mm）			
	4～5	6	8	10～12
≤25	80	100	120	150～180
>25	90	110	130	160～190

注：当为抗震结构时，表中数值可加箍筋直径的 10 倍长度，并且末端应有 135°的弯钩。

变截面构件的箍筋下料长度，可用数学法根据比例关系进行计算，每根箍筋的长短差 Δ 按下式计算得出：

$$\Delta = \frac{h_d - h_c}{n - 1}$$

其中：

$$n = \frac{S}{a} + 1$$

式中 n——箍筋个数；

S——最高箍筋与最底箍筋之间的总距离；

a——箍筋间距；

h_d、h_c——分别为箍筋最大和最小高度。

钢筋加工时的弯钩或弯折应符合《混凝土结构工程施工质量验收规范》（GB 50204—2002）的规定，或按下列规定：

HPB235钢筋末端要作180°弯钩，其圆弧弯曲直径 D 不应小于钢筋直径 d 的2.5倍，平直部分长度不应小于钢筋直径 d 的3倍；用于轻骨料混凝土时，其弯曲直径 D 不小于钢筋直径 d 的3.5倍；HRB335、HRB400级钢筋末端需作90°或135°弯折时，HRB335级钢筋的弯曲直径 D 不宜小于钢筋直径 d 的4倍；HRB400级钢筋不宜小于钢筋直径的5倍；弯起钢筋中间部位弯折处的弯曲直径 D，不应小于钢筋直径 d 的5倍。

箍筋的末端应做弯钩。用HPB235钢筋制作的箍筋，其弯钩的弯曲直径应大于受力钢筋直径，且不小于箍筋直径的2.5倍；弯钩平直部分的长度，不宜小于箍筋直径的5倍，对有抗震要求的结构，不应小于箍筋直径的10倍。

3. 钢筋的焊接质量

(1) 焊条和焊剂的选用

钢筋焊接时，焊条和焊剂的质量应符合设计要求，并应检查其出厂合格证及焊工的上岗证。当无设计规定时，焊条可接表6-90的规定选用。在电渣压力焊和预埋件埋弧压力焊中，可采用HJ431焊剂，但使用前应经250~300℃烘焙2h方能使用。

钢筋电弧焊焊条型号的选用 **表6-90**

钢筋牌号	电弧焊接头形式			
	帮条焊 搭接焊	坡口焊 熔槽帮条焊 预埋件穿孔塞焊	窄间隙焊	钢筋与钢板搭接焊 预埋件T形角焊
HPB235	EA303	EA303	EA315、EA316	EA303
HRB335	EA303	E5003	E5015、E5016	EA303
HRB400	E5003	E5503	E6015、E6016	E5003
RRB400	E5003	E5503	—	—

(2) 焊接方法

钢筋的焊接可以根据钢筋的直径和接头形式采用手工电弧焊、闪光对焊、电渣压力焊、气压焊、埋弧压力焊等焊接方式。混凝土结构中的钢筋焊接骨架和钢筋焊接网，宜采用电阻点焊制作。

①当采用电阻点焊时，骨架的钢筋网可由HPB235、HRB335、HRB400、HRB500钢筋制作。当两根钢筋直径不同时，焊接骨架较小钢筋直径小于或等于10mm时，大小钢筋直径之比不宜大于3；当较小钢筋直径为12~16mm时，大小钢筋直径之比不宜大于2。焊接钢筋网较小直径不得小于较大钢筋直径的0.6倍。焊点的压入深度应为较小钢筋直径的18%~25%。

②当采用电渣压力焊时，其焊接参数应符合表6-91的规定。焊毕去渣后，四周焊包

凸出钢筋表面的高度不得小于 4mm。

电渣压力焊焊接参数 表 6-91

钢筋直径（mm）	焊接电流（A）	焊接电压（V）		焊接通电时间（s）	
		电弧过程 $U_{2.1}$	电渣过程 $U_{2.2}$	电弧过程 t_1	电渣过程 t_2
14	200 ~ 220	35 ~ 45	18 ~ 22	12	3
16	200 ~ 250			14	4
18	250 ~ 300			15	5
20	300 ~ 350			17	5
22	350 ~ 400			18	6
25	400 ~ 450			21	6
28	500 ~ 550			24	6
32	600 ~ 650			27	7

③当采用气压焊时，可用于钢筋在垂直位置、水平位置或倾斜位置的对接焊接。当两根钢筋直径不同时，其两直径之差不得大于 7mm。

为固态气压焊时，其焊接工艺应符合下列要求：

焊前钢筋端面应切平、打磨，使其露出金属光泽，钢筋安装夹牢，预压顶紧后，两端钢筋端面局部间隙不得大于 3mm；

气压焊加热开始至钢筋端面密合前，应采用碳化焰集中加热；钢筋端面密合后可采用中性焰宽幅加热；焊接全过程不得使用氧化焰；

气压焊顶压时，对钢筋施加的顶压力应为 30 ~ 40MPa。

采用熔态气压焊时，其焊接工艺应符合下列要求：

安装前，两钢筋端面之间应预留 3 ~ 5mm 间隙；

气压焊开始时，首先使用中性焰加热，等钢筋端头至熔点化状态，附着物随熔滴流走端部呈凸起时，即开始加压，挤出熔化金属并密合牢固；

使用氧液化石油气火焰进行熔态气压焊时，应适当增大氧气用量。

④预埋件钢筋埋弧压力焊

埋弧压力焊工艺过程应符合下列要求：

钢板应放平，并与铜板电极接触紧密；

将锚固钢筋夹于夹钳内夹牢；并应放好挡圈，注满焊剂；

接通高频引弧装置和焊接电源后，应立即将钢筋上提，引燃电弧，使电弧稳定燃烧，再逐渐向下送；

迅速顶压时不得用力过猛；敲去渣壳，四边焊包凸出钢筋表面的高度不得小于 4mm。

⑤钢筋电弧焊

钢筋电弧应用帮条、搭接焊接时，宜采用双面焊，当不能进行双面焊时，方可采用单面焊。帮条或搭接长度应符合表 6-92 的规定。

钢筋帮条长度 表 6-92

钢筋牌号	焊缝形式	帮条长度 l
HPB235	单面焊	≥8d
	双面焊	≥4d
HRB335 HRB400 RRB400	单面焊	≥10d
	双面焊	≥5d

注：d 为主筋直径（mm）。

当帮条牌号与主筋相同时，帮条直径可与主筋相同或小一个规格；当帮条直径与主筋相同时，帮条牌号可与主筋相同或低一个牌号。

帮条焊接接头或搭接焊接接头的焊缝厚度不应小于主筋直径的 0.3 倍；焊缝宽度不应小于主筋直径的 0.8 倍。

帮条或搭接焊接时，钢筋的装配和焊接应符合下列要求：

帮条焊时，两主筋端面的间隙应为 2～5mm；并且帮条与主筋之间应用四点定位焊固定；定位焊缝与帮条端部的距离宜大于或等于 20mm。

搭接焊时，焊接端钢筋应顶弯，并应使两钢筋的轴线在同一直线上，搭接钢筋之间应用两点定位焊固定，定位焊缝与搭接端部的距离应大于或等于 20mm。

焊接时，应在帮条焊或搭接焊形成焊缝中引弧，在端头收弧前应填满弧坑，并应使主焊缝与定位焊缝的始端和终端熔合。

（3）焊接接头

轴心受拉和小偏心受拉杆件中的钢筋接头，普通混凝土中直径大于 22mm 的钢筋和轻骨料混凝土中直径大于 20mm 的 HPB235 钢筋及直径大于 25mm 的 HRB335、HRB400 级钢筋的接头，对轴心受压和偏心受压柱中的受压钢筋，直径大于 32mm 的钢筋接头，均应采用焊接。

对一级抗震等级，纵向受力钢筋的接头，应采用焊接接头；对二级抗震等级，宜采用焊接接头。框架底层柱、剪力墙加强部位纵向钢筋的接头，对一、二级抗震等级，应采用焊接接头。但钢筋的焊接接头不宜设置在梁端、柱端的箍筋加密区范围内。

混凝土结构中，受力钢筋采用焊接接头时，设置在同一构件内的焊接接头应错开。在任一焊接接头中心至长度为钢筋直径的 35 倍且不小于 500mm 的区段内，同一根钢筋不得有两个接头；在该区段内有接头的受力钢筋截面面积占受力钢筋总截面面积的百分率为：受拉区的非预应力钢筋不得超过 50%；受拉区的预应力钢筋，不宜超过 25%。

焊接接头距钢筋弯折处，不应小于钢筋直径的 10 倍，且不宜位于构件的最大弯矩处。

（4）焊接质量验收

①对焊接接头的拉伸试验，应按钢材的质量检验一节内容。

②装配式框架结构预制柱的钢筋外露长度，应符合表 6-93 的规定。

预制柱钢筋外露长度 表 6-93

接 头 形 式	受力钢筋根数	
	≤14	>14
坡口焊	250	350
搭接焊	250 + l_h	350 + l_h

注：l_h—为焊缝长度（mm）。

③如为坡口焊时，施焊前钢筋坡口面应平顺，凹凸不平度不得超过1.5mm。平焊时，钢垫板宽度为钢筋直径加10mm。立焊时，其宽度等于钢筋直径。

④采用对焊接头时，接头弯折处不大于4°，钢筋的轴线位移不大于0.1d，且不大于2mm。无横向裂纹和烧伤，焊包均匀。

⑤焊接网片只有一个方向受力时，受力主筋与两端边缘的两根锚固横向钢筋的全部相交点必须焊接；当为两个方向受力时，则四周边缘的两根钢筋的全部相交点均应焊接。并且，每件焊接骨架制品的焊点脱落、漏焊数量不得超过焊点总数的4%，且相邻两焊点不得有漏焊及脱落。焊接网交叉点开焊数量不得大于整个网片交叉点总数的1%，并且任一根横筋上开焊点数不得大于该根横筋交叉点数的1/2，焊接网最外边钢筋上的交叉点不得开焊。焊接网及焊接骨架的允许偏差应符合表6-94的规定。

焊接网及焊接骨架的允许偏差　　表6-94

项　目		允许偏差（mm）
骨架箍间距		±10
焊接骨架	长　度	±10
	宽　度	±5
	高　度	±5
受力主筋	间　距	±15
	排　距	±5
焊接网	长、宽	±10
	网　格	±10
	对角线	10

对焊接骨架和焊接网的质量进行检验时，应按下列规定抽取试样：

凡是钢筋牌号、直径及尺寸相同的焊接骨架和焊接网应视为同一类型制品，且每300件作为一批，一周内不足300件的亦按一批计算；

外观检查应按同一类型制品分批检查，每批抽查5%，且不得少于5件。

4. 钢筋绑扎与安装

（1）基础钢筋绑扎质量控制

按图纸标明的钢筋间距，算出实际需用的钢筋根数，在混凝土垫层上弹出钢筋位置线、墙、柱插筋位置线。但是，要把距离边模50mm的边筋作为钢筋位置的起始线。

绑扎基础钢筋时，弯钩应朝上，不得倒向一边，如为双层钢筋网的上层钢筋的弯钩应朝下（均朝向混凝土内）。四周两根钢筋交叉点应每点绑扎，中间部分每隔一根呈梅花式绑扎；双向受力钢筋网则应全点绑扎；独立柱基础为双向弯曲时，钢筋网的长向钢筋应放在短向钢筋下面；现浇柱与基础连接用的插筋下端用90°弯钩与基础钢筋进行绑扎，插筋比柱箍筋缩小两个柱筋直径，以便连接。插筋位置一定用木条架成井字形进行定位固定，保护柱子的轴线不位移。

（2）柱子钢筋的绑扎

按照图纸标定的柱子箍筋间距，在立起的竖向钢筋上用粉笔画出箍间距线，并注意抗震加密、接头加密。

按照画好的箍筋位置线，将已套在柱筋上的箍筋由上而下绑扎，绑扎时应采用缠扣绑扎法，也就是先将绑丝在柱的主筋上绕一周，再与绑丝的另一端缠绕绑牢。

箍筋与主筋要垂直和密贴，箍筋转角处与主筋交点均要绑扎，主筋与箍筋非转角部分的相交点可成梅花交错绑扎。

当上下层柱子截面有变化时，下层柱的钢筋露出部分应提前收缩；框架梁、牛腿及柱帽中的钢筋，应放在柱的纵向钢筋内侧。

在有抗震要求的地区，柱子箍筋的端头应弯成135°，平直部分长度不应小于10d。如果箍筋采用的是90°搭接，搭救接处应采用焊接方法并焊接牢固，单面焊的焊缝长度不小于$10d$。

凡是绑扎接头，接头长度内箍筋应按$5d$；≤100mm（受拉），$10d$；≤200mm（受压）加密。当受压钢筋大于$\phi25$时，应在搭接接头外100mm范内各绑扎两个箍筋。

将柱子所用的混凝土保护层垫块绑扎在柱筋外皮上，或用保护层塑料卡卡在竖筋之上。

(3) 梁、板钢筋的绑扎

绑扎现浇梁钢筋时，梁的纵向钢筋如果采用双排钢筋，这时两排钢筋之间应垫$\phi25$的短钢筋，箍筋弯钩的叠合处应交错绑扎在不同的架立筋上；主梁的纵向受力钢筋应在同一高度，遇有梁垫、边梁时，必须支承在梁垫或边梁的受力钢筋上，主梁和次梁的上部纵向钢筋相遇时，次梁钢筋应放在主梁钢筋之上；板的钢筋与次梁、主梁钢筋交叉处，板的钢筋在上、次梁的钢筋在中、主梁的钢筋在下。

梁端第一个箍筋应安放在距离柱节点边缘50mm处。

绑扎板的钢筋时，应根据图纸设计的间距，算出实际需用的钢筋根数，在模板上弹出钢筋位置线，定好主筋、分布筋间距。边上第一根钢筋应距侧模50mm。

按弹出的钢筋位置线，绑扎下层钢筋。单向板受力钢筋布置在受力方向，放在下层；分布钢筋布置在非受力方向放在上层。双向板在板中均配制受力钢筋，在受力大的方向，受力钢筋布置在下层。

对下层钢筋进行预检合格后，安放标准厚度的混凝土保护层垫块，可按1m左右间距呈梅花形布置。并在下层钢筋上设置支凳，在支凳上绑扎纵、横两个方向定位钢筋，然后绑扎板的负弯矩钢筋。

安放水平定距框，调整墙、柱预留钢筋的位置，将墙、柱的预留钢筋绑扎牢固。

如为双层钢筋时，则铺设上层下部钢筋，再铺设上层上部钢筋，绑扎上层钢筋，最后安放水平定距框，调整墙、柱预留钢筋的位置。

绑扎板筋时一般用八字扣或顺扣，外围钢筋的相交点应全部绑扎，其余各点可交错绑扎，负弯矩钢筋也应全部绑扎。

(4) 剪力墙钢筋的绑扎

如果墙筋为双向受力钢筋，所有钢筋交叉点应全部绑扎牢固，钢筋锚固长度、搭接长度及错开要求应符合设计要求。

双排钢筋之间应绑扎间距支撑或拉筋，以固定双排钢筋的骨架间距。

剪力墙的纵向钢筋如小于$\phi12$mm，每段长度不宜大于4m；如钢筋直径大于$\phi12$mm，每段钢筋长度不宜大于6m。水平段每段长度不应超过8m。

为保证门窗洞口标高的准确性，在洞口竖筋上划出标高线。门窗洞要按设计要求绑扎钢筋混凝土过梁钢筋，锚入墙内长度应符合验收规范规定，过梁钢筋两端各进入暗柱一个，每一个过梁箍筋距暗柱边50mm，顶层时，过梁伸入支座全部锚固长度范围内，应按间距150mm加设箍筋。

各连接点的抗震箍筋的加密范围和间距，弯钩135°和直钩$10d$要求及锚固长度，均应按抗震规范要求进行绑扎。

剪力墙水平分布钢筋的搭接长度不应小于$1.2l_a$锚固长度。同排水平分布钢筋的搭接接头之间及上、下相邻水平分布钢筋的搭接接头之间沿水平方向的净距不宜小于500mm。

剪力墙钢筋的锚固应按下列规定：

剪力墙的水平钢筋在端部应按设计要求施工。做成暗柱或加U形钢筋，如图6-21所示。

剪力墙的水平钢筋在丁字节点及转角节点的绑扎锚固构造，如图6-22、图6-23进行控制。

剪力墙的连梁上下水平钢筋伸入墙内长度不能小于如图6-24进行控制。

在建筑物的顶层连梁伸入墙体的全部锚固长度范围内，应设置间距不小于150mm的构造箍筋，如图6-25所示进行控制。

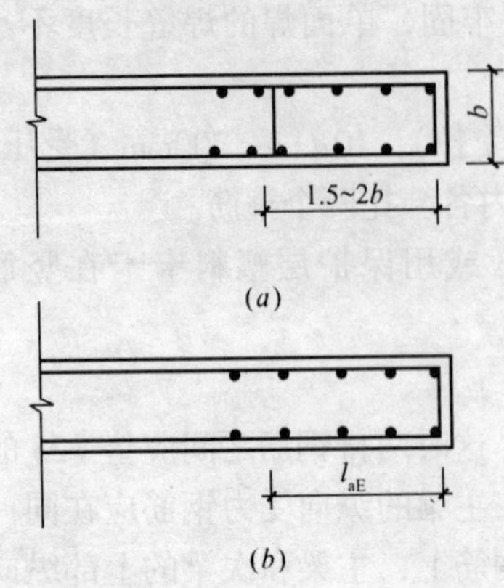

图6-21　水平钢筋的端部收头
b—截面宽度；l_{aE}—抗震锚固长度

外砖内模剪力墙结构，剪力墙钢筋与外砖墙连接：先砌外墙，绑扎内墙钢筋时，先将外墙预留的ϕ6拉结筋调直，然后再与内墙钢筋搭接绑扎，如图6-26所示内容控制。

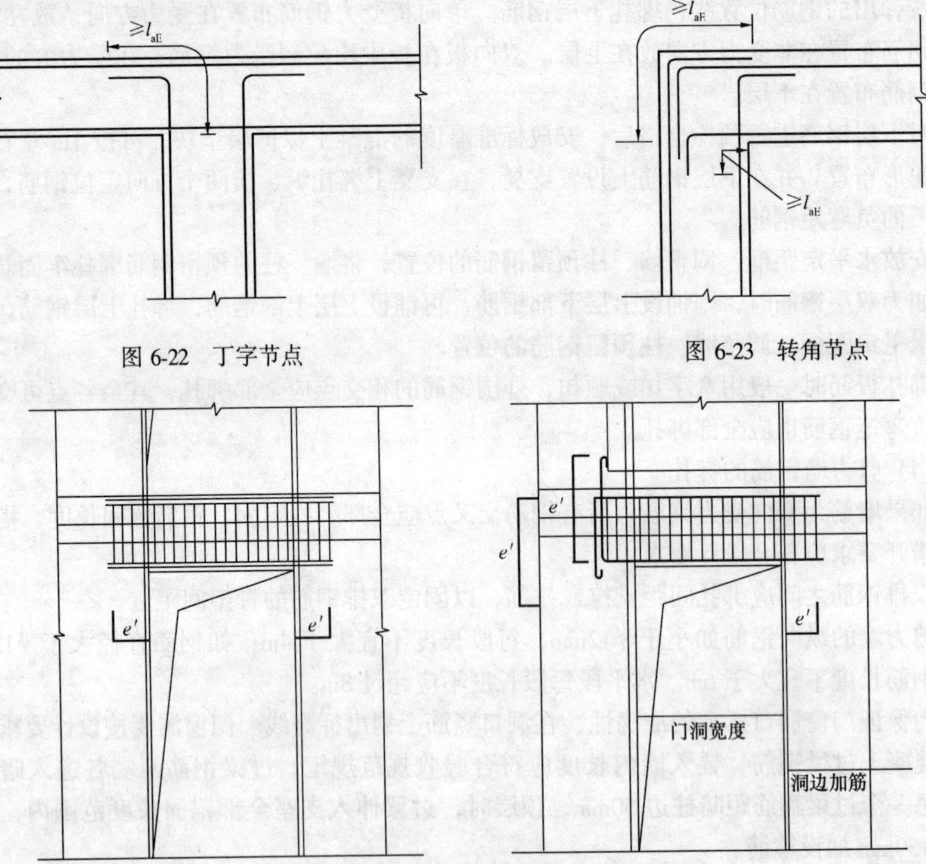

图6-22　丁字节点　　图6-23　转角节点

图6-24　连梁上下水平钢筋伸入墙内长度

全现浇内外墙钢筋连接绑扎如图6-27的构造所示进行控制。

（三）钢筋绑扎质量验收

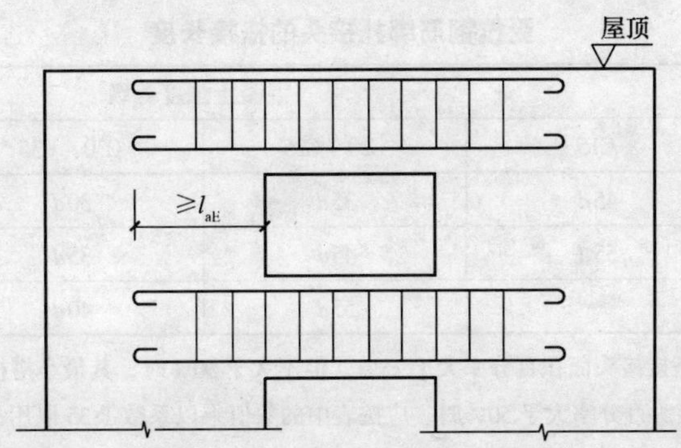

图 6-25　沿梁全长的箍筋构造

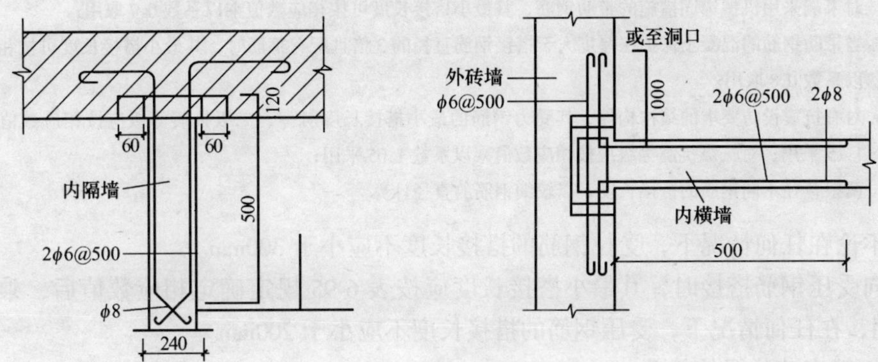

图 6-26　剪力墙钢筋与外墙砖连接

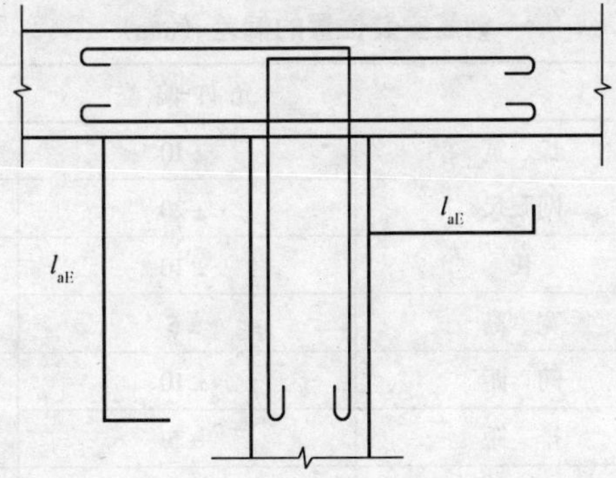

图 6-27　全现浇内外墙钢筋连接绑扎构造

1. 纵向受力钢筋绑扎搭接接头的最小搭接长度

对纵向受力钢筋绑扎搭接接头的最小搭接长度检查的数量是：在同一检验批内，对梁、柱和独立基础，应抽查构件数量的 10%，且不少于 3 件；对墙和板，应按有代表性的自然间抽量 10%，且不少于 3 间；对大空间结构、墙壁可按相邻轴线间高度 5m 左右划分检查面，板可按纵、横轴线划分检查面，抽查 10%，且均不少于 3 面。

当纵向受拉钢筋的绑扎搭接接头面积百分率不大于 25%时，其最小搭接长度应符合表 6-95 的规定。

受拉钢筋绑扎接头的搭接长度 表 6-95

钢筋牌号	混凝土强度等级			
	C15	C20～C25	C30～C35	≥C40
HPB235	45d	35d	30d	25d
HRB335	55d	45d	35d	30d
HRB400、RRB400	—	55d	40d	35d

注：1. 当纵向受拉钢筋搭接接头面积百分率大于25%，但不大于50%时，其最小搭接长度应按表中的数值乘以系数1.2取用；当接头百分率大于50%时，应按表中的数值乘以系数1.35取用；

2. 当HRB335、HRB400、RRB400级钢筋直径 d 大于25mm时，其最小搭接长度应按表中数值乘以1.1取用；

3. 对环氧树脂涂层的带肋钢筋，其最小搭接长度应按相应数值乘以系数1.25取用；

4. 对末端采用机械锚固措施的带肋钢筋，其最小搭接长度可按相应数值乘以系数0.7取用；

5. 当带肋钢筋的混凝土保护层厚度大于搭接钢筋直径的3倍且配有箍筋时，其最小搭接长度可按相应数值乘以系数0.8取用。

6. 对有抗震设防要求的结构构件，其受力钢筋的最小搭接长度对一、二级抗震等级应按相应数值乘以系数1.15采用；对三级抗震等级应按相应数值乘以系数1.05采用；

7. 两根直径不同钢筋的搭接长度，以较细钢筋的直径计算。

但不论在任何情况下，受拉钢筋的搭接长度不应小于300mm。

纵向受压钢筋搭接时，其最小搭接长度应按表6-95规定确定相应数值后，乘以系数0.7取用，在任何情况下，受压钢筋的搭接长度不应小于200mm。

2. 钢筋安装位置的偏差

钢筋安装位置的偏差应符合表6-96的规定。

钢筋安装位置的偏差（mm） 表 6-96

项目			允许偏差	检验方法
绑扎钢筋网	长、宽		±10	钢尺检查
	网眼尺		±20	钢尺量连续三档，取最大值
绑扎钢筋骨架	长		±10	钢尺检查
	宽、高		±5	
	间距		±10	钢尺量两端、中间各一点，取最大值
	排距		±5	
	保护层厚度	基础	±10	钢尺检查
		柱、梁	±5	
		柱、墙、壳	±3	
绑扎箍筋、横向钢筋间距			±20	钢尺量连续三档，取最大值
钢筋弯起点位置			20	钢尺检查
预埋件	中心线位置		5	
	水平高差		+3，0	钢尺和塞尺检查

注：1. 检查预埋件中心线位置时，应沿纵、横两个方向量测，并取其中的较大值；

2. 表中梁、板类构件上部纵向受力钢筋保护层厚度的合格点率应达到90%及以上，且不得超过表中数值1.5倍的尺寸偏差。

3. 绑扎接头位置

各受力钢筋之间的绑扎接头位置应相互错开。从任一绑扎接头中心到搭接长度的1.3倍区段范围内，有绑扎接头的受力钢筋截面面积占受力钢筋总截面面积百分率，在受拉区不得超过25%；在受压区不得超过50%。绑扎接头中钢筋的横向净距，不应小于钢筋直径且不应小于25mm。

箍筋直径不应小于搭接钢筋较大直径的0.25倍；当搭接钢筋为受拉时，其箍筋的间距不应大于$5d$，且不应大于100mm；当搭接钢筋为受压时，其箍筋间距不应大于$10d$，且不应大于200mm。

第八节　建筑装饰装修工程质量控制

随着人民生活条件的改善，人们不仅要求住的宽敞，而且也要求住得舒适美观。因此，建筑装饰装修在建筑工程中的地位日趋重要。由于我国建筑装饰材料工业的蓬勃发展，人们对它的品种、质量也就有了较高的期望。所以，在施工过程中，应对装饰装修工程质量进行控制，保证建筑装饰装修质量更好地满足人类的生活要求。

对装饰工程质量进行控制，必须建立在建筑主体工程质量验收合格的基础之上。

一、质量控制基础

承担建筑装饰装修工程设计单位、承担建筑装饰装修工程施工单位和装饰装修材料的检测单位，必须具备相应的资质，并建立质量管理体系，并应对设计、施工、检测实施质量控制。

承担建筑装饰装修工程施工的人员应有相应岗位的资格证书。

建筑装饰装修工程必须进行设计，并出具完整的施工设计文件；对装饰装修工程设计必须保证建筑物的结构安全和主要使用功能。当在主体和承重结构上进行改动或增加荷载时，必须由原结构设计单位或具备相应资质的高级设计单位核查有关原始资料，对既有建筑结构的安全性进行核验、确认。

建筑装饰装修工程所用材料应符合国家有关建筑装饰装修材料有害物质限量标准的规定；并应按设计要求进行防火、防腐和防虫处理。

建筑装饰装修工程施工中，严禁违反设计文件擅自改动建筑主体、承重结构或主要使用功能；严禁未经设计确认和有关部门批准擅自拆改水、暖、电、燃气、通讯等配套设施。

所有建筑装饰装修材料进场应对品种、规格、外观和尺寸进行验收。材料包装应完好，应有产品合格证书、中文说明书及相关性能的检测报告。

进场后需要进行复验的材料种类及项目应符合《建筑装饰装修工程质量验收规范》（GB 50210—2001）中的规定。同一厂家生产的同一品种、同一类型的进场材料应至少抽取一组样品进行复验。

建筑装饰装修工程施工前应有主要材料的样板或做样板间（件），并应经建设、监理等有关方确认。

墙面采用保温材料的建筑装饰装修工程，所用保温材料的类型、品种、规格及施工工艺应符合设计要求。

管道、设备等的安装及调试应在建筑装饰装修工程施工前完成，当必须同步进行时，应在装饰面层施工前完成。

建筑装饰装修工程的电器安装应符合设计要求和国家现行标准的规定，严禁不经穿管直接埋设电线。

室内外装饰装修工程施工的环境条件应满足施工工艺的要求。施工环境温度不应低于5℃。当必须在低于5℃气温下施工时，应采取保证工程质量的有效措施。

二、抹灰工程质量的控制

（一）抹灰工程材料质量

1. 抹灰用石灰膏

抹灰工程中所用的石灰膏应用块状石灰淋制，淋制时必须用孔径不大于32mm的筛过滤。石灰膏熟化时间，常温下一般不少于15d；用于罩面时，不应少于30d。使用时，石灰膏内不得含有未熟化的生石灰颗粒及其他杂质。在有条件的地区，抹灰用的石灰膏也可用磨细生石灰粉代替，其细度应通过4900孔/cm^2筛；用于罩面时，磨细石灰粉的熟化时间不应小于3d。

石灰质量标准应符合表6-97的规定。

石灰质量标准 表6-97

指标名称		块灰		生石灰粉		水化石灰		石灰浆	
		一等	二等	一等	二等	一等	二等	一等	二等
活性氧化钙及氧化镁之和（干重%）不少于		90	75	90	75	70	60	60	70
未烧透颗粒含量（干重%）不大于		10	12				8		12
每1kg石灰的产浆量（L）不小于		2.4	1.8	暂不规定					
块灰内的细颗粒含量（干重%）不大于		8	10	暂不规定					
标准筛上余留量（干重%）	900孔/cm^2筛不得大于	无规定		3	5	3	5	无规定	
	4900孔/cm^2筛不得大于	无规定		25	25	10	5	无规定	

2. 抹灰用砂子、岩料

抹灰用的砂子应过筛，不得含有泥块、草根等其他杂质。

装饰抹灰用的石粒、砾石等应耐光、坚硬，使用前必须冲洗干净。

抹灰用的膨胀珍珠岩，宜采用中级粗细粒径混合级配，堆积密度宜为80～150kg/m^3。

3. 抹灰砂浆的品种

抹灰工程采用的砂浆品种，应按设计要求，如果设计无具体要求时，可按下列规定：

（1）外墙门窗洞口的外侧壁、屋檐、勒脚、压檐墙等的抹灰，应为水泥砂浆；

（2）湿度较大房间的抹灰，可用防潮湿的水泥砂浆；

(3) 混凝土板和墙的底层抹灰，可用水泥砂浆或聚合物水泥砂浆；

(4) 硅酸盐砌块、加气混凝土块和板的底层抹灰，应为水泥混合砂浆或聚合物水泥砂浆；

(5) 在板条、金属网顶棚及墙的底层和中层抹灰，可用麻刀石灰砂浆。

4. 抹灰砂浆配合比

抹灰砂浆的配合比一般为体积比，当为水泥砂浆时，水泥:砂的配合比宜按 1:3～1:2.5；当为混合砂浆时，白灰:水泥:砂的配合比应按 1:0.5:4.5；1:1:6。并且，配合比及砂浆的稠度须经当地的有资质的材料检测单位检验合格后可使用。

(二) 抹灰时的条件要求

(1) 木结构与砖石结构、混凝土结构等相接处基体表面的抹灰，应先铺钉金属网，并绷紧牢固。金属网与各基体的搭接宽度不应小于 100mm。

(2) 抹灰前，砖、石、混凝土等基体表面应洁净、湿润。

(3) 抹灰前，应先核检门、窗框位置是否正确；检验基体表面的平整度，并且与抹灰层相同的砂浆设置标志或标筋。

(4) 外墙抹灰前，外墙窗台、窗楣、雨篷、阳台、压顶和突出腰线等部位，上面应做流水坡，下面应做滴水线或滴水槽。滴水线和滴水槽的深度和宽度均不应小于 10mm。

(5) 室内抹灰工程应待上、下水，煤气管道安装合格后进行，并必须将管道穿越的墙洞和楼板洞填嵌密实。

散热器和密集管道等背后的墙面抹灰，须在散热器和管道安装前进行。

室内墙面、柱面和门洞口的阳角，宜用 1:2 水泥砂浆做护角，其高度不应低于 2m，每侧宽度不应小于 50mm。

(三) 抹灰工程的质量验收规定

(1) 抹灰工程应对水泥的凝结时间和安定性进行复验。

(2) 抹灰工程应对下列隐蔽工程项目进行验收：

1) 抹灰总厚度大于或等于 35mm 时的加强措施；

2) 不同材料基体交接处的加强措施。

(3) 检验批的确定

相同材料、工艺和施工条件的室外抹灰工程每 500～1000m^2应划分为一个检验批，不足 500m^2也应划分为一个检验批，不足 50 间也应划分为一个检验批。

相同材料、工艺和施工条件的室内抹灰工程每 50 个自然间（大面积房间和走廊按抹灰面积 30m^2为一间）应划分为一个检批，不足 50 间也应划分为一个检验批。

(4) 检验数量

室内每个检验批应至少抽查 10%，并不得少于 3 间；不足 3 间时应全数检查。

室外每个检验批每 100m^2应至少抽查一处，每处不得小于 10m^2。

三、一般抹灰工程质量控制

(一) 一般抹灰工序

一般抹灰工序按下列要求：

普通抹灰：分层赶平、修整、表面压光；

高级抹灰：阴阳角找方，设置标筋，分层赶平，修整，表面压光。

（二）抹灰层的平均总厚度

抹灰层的平均总厚度，不得大于下列规定：

（1）顶棚：板条、空心砖、现浇混凝土抹灰层的平均总厚度为15mm；预制混凝土为18mm；金属网面为20mm。

（2）内墙：普通抹灰，总厚度为18mm；中级抹灰为20mm；高级抹灰为25mm。

（3）外墙：外墙抹灰总厚度为20mm；勒脚及凸出墙面部分为25mm；石墙为35mm。

（4）混凝土大板和大模板建筑的内墙面和楼底面，宜用腻子分遍刮平，各遍应粘结牢固，总厚度为2~3mm。如用聚合物水泥砂浆，水泥混合砂浆喷毛打底，纸筋石灰罩面，总厚度为3~5mm。

（三）抹灰层的分层厚度

涂抹水泥砂浆每遍厚度为5~7mm；涂抹石灰砂浆和水泥混合砂浆每遍厚度为7~9mm。

面层抹灰经赶平压实后的厚度，麻刀石灰不得大于3mm；纸筋石灰、石膏灰不得大于2mm。

（四）抹灰工艺

抹灰前，先将基层表面的灰尘、污垢、油渍等清除干净。对于光滑的混凝土基层，则应将其表面剔毛，或用水泥细浆掺界面剂进行毛化处理；砖墙表面将灰尘、硬化砂浆清理干净后，适当洒水湿润。

如墙体为加气混凝土墙面时，应分数遍浇水湿润，浇水量以水渗入加气混凝土墙深8~10mm为宜，且浇水宜在抹灰前一天进行。浇水充分湿润墙面后的第二天，刷一道聚合物水泥砂浆后开始抹灰。

根据墙上弹出的基准线，分别在门口角、垛、墙面等处吊垂直线、找方正抹灰饼。灰饼尺寸为50mm见方，间距不宜大于1.5m，抹灰厚度以满足墙面抹灰厚度15~20mm为宜。上下灰饼用吊线板垂直，水平方向用拉线找平。

抹1:1:6混合砂浆，每遍厚度5~7mm，应分层分遍与灰饼齐平，刮平找直后用木抹子搓毛。如抹灰层局部厚度大于35mm时，应按设计要求采用加强网进行加强处理。不同材料墙体相交接部位的抹灰，采用加强网进行防开裂处理，加强网与网侧墙体的搭接宽度不应小于100mm。

当抹加气混凝土墙面底灰时，应在墙面刷好聚合物水泥浆后及时抹灰。第一遍抹水泥混合砂浆，配合比为水泥:石灰膏：砂为1:0.5:5，厚度为5~8mm。

当底灰找平后，应把暖气、电气设备的箱、槽、孔、洞口周边修抹平齐、光滑，抹灰时应比墙面底灰高出一个罩面的厚度。

将墙面湿润，采用1:1:4水泥混合砂浆抹面层。抹面层灰时，先薄薄地刮一层灰，使其与底灰粘结牢固，紧跟着抹第二道灰，并刮平后用木抹子搓平，铁抹子压光压实。待表面无明水后，用刷子蘸水按垂直于地面的同一方向，轻刷一遍，保证面层抹面颜色均匀一致，避免和减少收缩裂缝。

对于加气混凝土墙体，应喷洒防裂剂。操作时喷嘴倾斜向上仰，与墙面距离适中，不得将灰层冲坏。防裂剂喷洒2~3h内不要搓动，以防止防裂剂表层破坏。面层砂浆采用

1:1:4水泥砂浆。罩面灰抹好后，待有初始硬度后，开始喷洒第二遍防裂剂。

按照墙裙或踢脚板的高度挂线，将线下的灰浆层踢除整齐，然后刷一道聚合物水泥砂浆，立即抹1:3水泥砂浆，厚约5~7mm，随之抹中层灰浆5mm，表面刮平搓毛。待中层灰有六分干时，用1:2.5水泥砂浆抹罩面灰，木抹子压光，上口用靠尺切割平齐。

对于室内门窗口的阳角和门窗套、柱子阳角，均应抹水泥砂浆护角。其高度不得小于2m，操作时应先刷一遍聚合物水泥浆，用1:3水泥砂浆打底，再用水泥砂浆与灰饼找平。

（五）一般抹灰质量的允许偏差

一般抹灰质量的允许偏差应符合表6-98的规定。

一般抹灰质量的允许偏差（mm）　　表6-98

项次	项目	允许偏差		检验方法
		普通抹灰	高级抹灰	
1	立面垂直度	4	3	用2m垂直检测尺
2	表面平整度	4	3	用2m靠尺和塞尺
3	阴阳角方正	4	3	用直角检测尺
4	分格条、缝直线度	4	3	拉5m线或拉通线，用钢尺检查
5	墙裙、勒脚上口直线度	4	3	

注：1. 普通抹灰的阴角方正可不检查；
2. 顶棚抹灰表面平整度可不检查，但应平顺。

四、装饰抹灰质量

（一）材料质量要求

水泥：采用强度等级为32.5或42.5的普通硅酸盐水泥或矿渣硅酸盐水泥，应有出厂合格证及性能检测报告。水泥进场后，应对其凝结时间、安定性和强度进行见证检测。

砂子：采用粒径0.35~0.5mm的砂，颗粒应坚硬，洁净。含泥量小于3%，使用前应用5mm孔径的筛子进行过筛处理。

石渣：石渣规格、级配应符合设计要求，中八粒应为6mm，小八粒为4mm，使用前应用水冲洗干净，按规格、颜色不同分堆晾干。全部所用产品必须为一次性交货。

石灰膏：使用前一个月将生石灰过3mm筛子淋成石灰膏。

颜料：应用耐碱性和耐光性好的矿物质颜料。使用时应采用同一配合比与水泥干拌均匀，装袋备用。

（二）施工质量控制

1. 各面层施工基本要点

(1) 水刷石面层：水刷石所用的彩色石粒应清洗洁净，统一配料，干拌均匀；水刷石面层涂抹前，应在已浇水湿润的中层砂浆面层上刮一道水泥浆，水灰比应为0.4左右；水刷石面层必须分遍拍平压实，石子应分布均匀、紧密；凝结前应用清水自上而下冲洗。并应防止玷污墙面。

(2) 斩假石面层：斩假石面层所用的彩色石料应洁净，并统一配料，干拌均匀；应在已浇水湿润的中层砂浆上刷一道水灰比为0.4左右的水泥浆；斩假面层应赶平压实，斩剁前必须进行试剁，以石子不脱落为准；在墙角、柱子等边棱处，宜横剁出边条或留出窄小边条不剁。

(3) 干粘石面层：干粘石面层所用的彩色石料应统一配料、洁净、干拌均匀；中层砂浆表面应先用水湿润，并刷一道水灰比为0.40~0.50水泥浆，随即涂抹水泥砂浆或聚合物水泥砂浆粘结层；粘结层的厚度一般应为4~6mm，砂浆稠度不应大于80mm，将粒径为4~6mm的石粒粘在粘结层上，随即用辊子或抹子压平压实，石粒嵌入砂浆的深度不得小于粒径的1/2；并应保证水泥砂浆或聚合物砂浆在粘结层硬化期间的湿润。

(4) 假面砖面层：假面砖所用的彩色砂浆，应先统一配料，干拌均匀过筛后，方可加水搅拌；假面砖的面层砂浆涂抹后，先按面砖尺寸分格划线，再划沟、划纹。沟纹间距、深浅应一致，接缝应平直。

2. 基本施工工艺控制

首先应对基层进行处理，处理时按毛化处理方法。基层处理合格后，进行吊垂直找规矩。高层建筑可利用墙大角、门窗口两边，用经纬仪进行垂直放线；多层建筑可从顶层用大线坠吊线垂直。横向水平线可依据楼层标高或施工50线为水平基准线交圈控制，然后抹灰饼。

在浇水湿润的基础上开始抹底层灰。如为混凝土、砖墙面时，抹1:3（斩假石时为1:2.5）水泥砂浆，应分层分遍抹平，每层厚度5~7mm。基层为加气混凝土墙体时底灰材料应选择与加气混凝土材料相适应的混合砂浆，厚度为5mm，配合比可为水泥:石灰膏或粉煤灰为1:0.5~6扫毛。然后用1:3水泥砂浆抹第二遍并表面压光。

如抹灰层厚度大于35mm时，应进行加强措施的处理方案采用加强网进行防开裂处理，加强网与两侧墙体的搭接宽度不应小于100mm。

底灰抹灰完成后，可以喷洒防裂剂。

按图纸设计尺寸进行分格弹线、粘分格条，上皮应做到横平竖直交圈对口。当为斩假面层时，分格条用红松或其他木材制作，粘前应用水充分浸透。粘结时，在条两侧用素水泥抹成45°八字形。

做水刷石墙面时，待底层灰有六七成干后，刮一道内掺界面剂的水泥浆，紧跟抹水泥:石灰膏:小八粒为1:0.5:3石渣浆，面层稠度一般为50~70mm，从下而上分两遍与分格条抹平，然后将石渣层压平压实，并将内部水泥浆压挤出来。待面层初凝时，开始刷面层水泥浆。喷刷分两遍进行，使石子露出表面1~2mm为宜。

做斩假石墙面时，首先将墙、柱、台阶等底灰浇水湿润。然后用素水泥膏把分格条贴好。待分格条有一定强度后便可抹面层石渣。操作时，先抹一层素水泥浆随即抹面层，面层用体积比1:1.25水泥石渣灰，厚度为10mm左右。

每层抹完后约隔24h浇水养护。2~3d开始试剁，经试剁后石子不脱落便可正式斩剁，斩剁时面层强度控制在5MPa。为了保证棱角完整无缺，可在墙角、柱子等边棱处，留出15~20mm的光边不剁。

（三）质量验收标准

(1) 装饰抹灰工程的表面质量应符合下列要求：

水刷石表面应石粒清晰、分布均匀、紧密平整、色泽一致，应无掉粒和接槎痕迹。

斩假石表面剁纹应均匀顺直、深浅一致，应无漏剁处；阳角处应横剁并留出宽窄一致的不剁边条，棱角应无损坏。

干粘石表面应色泽一致、不露浆、不漏粘，石粒应粘结牢固、分布均匀，阳角处应无明显黑边。

假面砖表面应平整、沟纹清晰、留缝整齐、色泽一致，应无掉角、脱皮、起砂等缺陷。

(2) 装饰抹灰分格、分格缝的设置应符合要求，宽度和深度应均匀，表面平整光滑，棱角整齐。

(3) 有排水要求的部位做有滴水线或滴水槽，线或槽应整齐顺直，滴水线应内高外低，滴水槽的宽度和深度均不应小于10mm。

(4) 装饰抹灰工程质量的允许偏差应符合表6-99的规定。

装饰抹灰的允许偏差（mm）　　**表6-99**

项次	项目	允许偏差				检验方法
		水刷石	斩假石	干粘石	假面砖	
1	立面垂直度	5	4	5	3	用2m垂直检测尺检查
2	表面平整度	3	3	5	4	用2m靠尺和塞尺检查
3	阳角方正	3	3	4	4	用直角检测尺检查
4	分格条或缝直线度	3	3	3	3	拉5m线或拉通线，用钢尺检查
5	墙裙、勒脚上口直线度	3	3	—	—	

五、门窗工程质量控制

(一) 门窗的性能要求

1. 强度

门窗的强度是用压力箱内对窗进行压缩空气加压试验时所加风压的等级来表示的。一般性能的铝合金、塑料窗强度可达1960~2350Pa，高性能的窗可达到2350~2745Pa。

2. 气密性

门窗在压力试验箱内，使窗的前后形成4.9~24.9Pa压力差，其每1m^2面积每1h的通气量表示窗的气密性，单位是$m^3/h\cdot m^2$。一般性能的铝合金、塑料门窗，气密性可达8$m^3/h\cdot m^2$以下，高密封性能的铝合金、塑料门窗可达2.0$m^3/h\cdot m^2$以下。

3. 水密性

门窗在压力试验箱内，对窗的外侧加入周期为2s的正弦波脉动压力，同时向窗以4L/$m^2\cdot min$的淋水量实行人工降雨，进行连续10min的风雨交加试验，在室内一侧不应有可见的渗、漏水现象。水密性用试验时施加脉冲风压平均压力表示，一般性能铝合金、塑料门窗为343Pa，抗台风的高性能门窗可达490Pa。

4. 开闭力

当装好玻璃后，窗扇找平或关闭所需的外力应在49N以下。

5. 溢水孔

应在窗的下框上钻制溢水孔，其规格为：$\phi5\times20$，并且进水孔与出水口之间的距离不小于 120mm。

(二) 门窗安装施工质量控制

1. 塑钢窗的安装

(1) 洞口与窗框间隙

塑钢窗的构造尺寸应包括预留洞口与待安装窗框的间隙及墙体饰面材料的厚度。其间隙应符合表 6-100 的规定。

洞口与窗框间隙（mm） 表 6-100

墙体饰面层材料	洞口与窗框间隙
清水墙	10
墙体外饰面抹水泥砂浆或贴马赛克	15～20
墙体外饰面贴釉面瓷砖	20～25
墙体外饰面贴大理石或花岗岩板	40～50

对于同一类型的门窗及其相邻的上、下、左、右洞口应保持通线，洞口应横平竖直；对于高级装饰工程及放置过梁的洞口，应做洞口样板，洞口宽度与高度尺寸的允许偏差应符合表 6-101 的规定。

洞口宽度或高度尺寸的允许偏差（mm） 表 6-101

墙体表面 \ 洞口宽或高	<2400	2400～4800	>4800
未粉刷墙面	±10	±15	±20
已粉刷墙面	±5	±10	±15

应测出各窗口中线，并应逐一作出标志，多层建筑，可从高层一次垂吊完成。

(2) 固定片的安装

检查和确认窗框上下边的位置及其内外朝向，无误后安装固定片。安装时应采用 $\phi3.2$ 钻头钻眼，再将十字槽盘头自攻螺钉 M4×20 拧入。固定片之间的间距应小于或等于 600mm，不得将固定片直接装在中横框、中竖框的挡头上。

(3) 临时定位

将窗框装进洞口，其上下框中线应与洞口中线对齐；窗的上下框四角和中横框的对称位置，应用木楔或垫块塞紧作临时定位固定；当下框长度大于 0.9m 时，其中央也应用木楔或垫块塞紧，临时固定；然后确定窗框在洞口墙体厚度方向的安装位置，并调整窗框的垂直度、水平度及角度。

(4) 窗框与墙体的固定

混凝土墙洞口应采用射钉或塑料膨胀螺钉固定窗框；砖墙洞口应采用塑料膨胀螺钉或水泥钉固定，但不得固定在砖缝处；加气混凝土洞口，应采用木螺钉将固定片固定在胶粘圆木上；设置有预埋铁件的洞口应采用焊接的方法固定；下框与墙体的固定可按图 6-28 的固定方法。

(5) 伸缩缝与缝隙的处理

窗框与洞口之间的伸缩缝隙应采用闭孔泡沫塑料、发泡聚苯乙烯等弹性材料分层填塞；填塞不宜过紧。对于保温、隔声等级要求较高的工程，应采用相应的隔热、隔声材料填塞。

窗洞口内外侧与窗框之间缝隙应进行处理：如为普通单玻窗，其洞口外侧与窗框之间应采用水泥砂浆或麻刀灰浆填实抹平，待砂浆硬化后，其外侧采用嵌缝膏进行密封处理。保温、隔声的窗，其洞口内侧与窗框之间应采用水泥砂浆填实抹平；当外侧抹灰时，应采用 5mm 厚的片材将抹灰层与窗框临时隔离，待抹灰层硬化后撤去片材，并用嵌缝膏挤入抹灰层与窗框缝隙内。

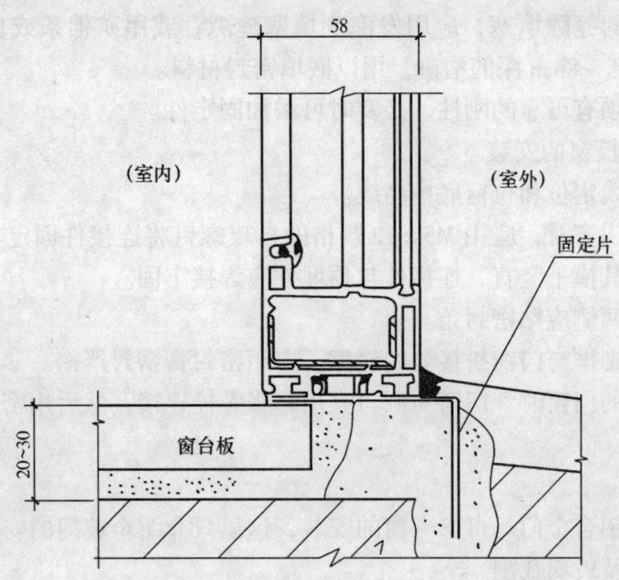

图 6-28 窗下框与墙体的固定

2. 铝合金窗的安装质量

（1）弹线定位

铝合金门窗安装前，应沿建筑物全高用经纬仪测量垂直度来引测门窗的边线位置，并逐一抄测门窗洞口距门窗边线的距离，如有的距离不符时，则应做出标志进行修复处理。

门窗的水平位置，应以楼层室内的 50 水平线为标准向上量测出窗下皮标高，为保证每层窗底标高的一致性，应在两端窗底标高拉线找平。

（2）预留洞口

门窗洞口的尺寸偏差应符合要求，其允许偏差值应符合表 6-102 的规定。

门窗洞口的尺寸偏差（mm） **表 6-102**

项　目	允许偏差	项　目	允许偏差
洞口高度、宽度	±5	洞口中心线与其准线偏差	≤5
洞口对角线差	≤5	洞口下平面标高	±5
洞口侧边垂直度	1.5/1000 且不大于 2		

（3）铝合金窗的安装

窗框四周外表面应进行防腐处理。如设计没有具体要求时，可涂刷防腐涂料或粘贴塑料薄膜进行保护。

铝合金窗装入洞口应横平竖直，外框与洞口应弹性连接牢固，不得将窗框直接埋入墙体。

窗框与墙体的固定一般用固定片连接，固定点的间距不大于 600mm，距框角的距离不应大于 180mm。如墙体上没有预埋铁件时，也可以用膨胀螺栓或塑料膨胀套栓将框固定。

安装密封条时应留有伸缩余量，一般比门窗的装配边长 20 ~ 30mm，在转角处应斜面断开，并用胶粘剂粘贴牢固，以免产生收缩。

窗外框与墙体的缝隙填塞，应用发泡剂填塞缝隙，或用矿棉条或玻璃棉毡条分层填塞，缝隙外表面留 5～8mm 深的槽口，用以嵌填密封材料。

安装后的窗必须有可靠的刚性，必要时可增加固定件。

3. 彩色镀锌钢板窗的安装

首先应进行垂线定位和拉窗底标高线。

安装带副框的门窗时，应用 M5×12 规格的自攻螺钉将连接件固定在副框上，然后将副框装入洞口并使其横平竖直，连接件与预埋件应焊接牢固。

副框的顶面及两侧应贴密封条。

洞口与副框、副框与门窗拼接处的缝隙，应用密封膏密封严密。

安装不带副框的门窗时，门窗与洞口宜用膨胀螺栓连接，然后用密封膏密封门窗与洞口间的缝隙。

4. 门的安装

安装塑钢门、铝合金门等可参考窗的安装，这里只介绍全玻门的安装控制。

(1) 划线定位及玻璃裁割

在玻璃门扇的上下金属横档内划线，按线固定转销的销孔板和地弹簧转动轴连接板。

玻璃的安装尺寸，应从安装位置的底部、中部和顶部进行测量，选择最小尺寸为玻璃的裁割尺寸，裁割时，其高度、宽度的尺寸应比实测尺寸小 3～5mm。裁割后，应将其四周作倒角处理，倒角宽度为 22mm。

活动扇的高度尺寸在裁割玻璃板时应注意包括插入上下横档的安装部位。一般情况下，玻璃高度尺寸应小于测量尺寸的 5mm。

(2) 底托固定

如是不锈钢饰面的木底托，可用木楔加钉的方法固定于地面，然后再用万能胶将不锈钢饰面板粘卡在木方上。如果是采用铝合金方管，可用铝角将其固定在框柱上，或用木螺钉固定于地面埋入的木楔上。

用玻璃吸盘将玻璃板吸紧后使玻璃就位。先把玻璃板上边插入门框中的限位槽内，然后将其下边安放于木底托上的不锈钢包面对口缝内。

(3) 注胶封口

玻璃门固定部分的玻璃板就位以后，即在顶部限位槽处和底托固定处，以及玻璃板与框柱的对接缝处，均应注胶密封。注胶时，由注胶的缝隙端头开始，顺缝隙均匀移动，使胶形成一条均匀的直线。

门扇高度确定无误后，即可固定上下横档。并在门扇玻璃及横档之间的缝隙中注入玻璃胶。

(4) 活动扇定位

先将门框横梁上的定位销的调节螺钉调出横梁平面 2mm 左右，将门扇下横档内的转动销连接件的孔位对准地弹簧的转动销轴并转动门扇将孔位套入转动轴上。然后把门转动 90°使之与框横梁成为直角，把门扇上横档中的转动连接件的孔对准门杠横梁上的定位销，将定位销插入孔内 15mm 左右。

5. 门窗玻璃的安装

单块玻璃大于 1.5m^{2}时应使用安全玻璃。

（1）钢木框扇玻璃安装

安装玻璃前，沿裁口的全长均匀涂抹 1～3mm 厚的底油灰。

安装木框扇玻璃，应用钉子固定，钉距不得大于 300mm，且每边不少于 2 个，并用油灰填实抹光；安装钢框扇玻璃，应用钢丝卡固定，间距不得大于 300mm，且每边不少于 2 个，并用油灰填实抹光；当安装的玻璃长边大于 1.5m 或短边大于 1m 时，应用橡胶垫并用压条和螺钉镶嵌固定。

工业厂房斜天窗玻璃，应采用夹丝玻璃，并在夹丝玻璃的裁割边缘上刷涂防锈涂料。斜天窗玻璃应顺流水方向盖叠安装，其盖叠长度：斜天窗坡度为 1/4 时，不小于 30mm；坡度小于 1/4 时，不小于 50mm。盖叠处应用钢丝卡固定，并在盖叠的缝隙中用密封膏嵌塞密实。

安装磨砂玻璃和压花玻璃时，磨砂玻璃的磨砂面应向室内，压花玻璃的花纹应向室外。

（2）铝合金、塑料框扇玻璃安装

单块玻璃大于 $1.5m^2$ 时应使用安全玻璃。

玻璃不得与玻璃槽直接接触，并应在玻璃四边垫上不同厚度的玻璃垫块，其垫块位置应按图 6-29 放置。

安装于竖框中的玻璃，应搁置在两块相同的定位垫块上，搁置点离玻璃垂直边缘的距离应为玻璃宽度的 1/4，且不应小于 150mm；

安装于扇中的玻璃，应按开启方向确定其定位垫块的位置。定位垫块的宽度应大于所支撑的玻璃件的厚度，长度不应小于 25mm。

玻璃安装就位后，其边缘不得和框扇及连接件相接触。迎风面的玻璃镶入框内后，应立即用通长镶嵌条或垫片固定。

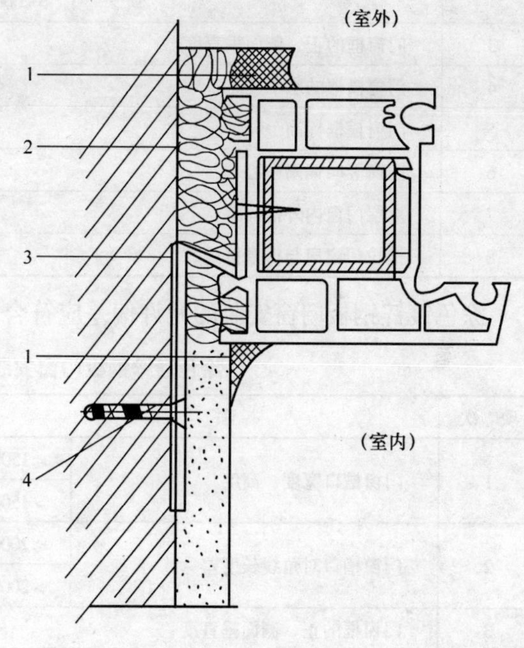

图 6-29　窗安装节点图

1—嵌缝膏；2—弹性填充料；3—固定片；4—塑料膨胀螺钉

（三）门窗安装质量验收标准

1. 检验批与检查数量

同一品种、类型和规格的木门窗、金属门窗、塑料门窗及门窗玻璃每 100 樘应划分为一个检验批，不足 100 樘也应划分为一个检验批。

同一品种、类型和规格的特种门每 50 樘应划分为一个检验批，不足 50 樘也应划分为一个检验批。

各类门窗及门窗玻璃，每个检验批应至少抽查 5%，并不得少于 3 樘，不足 3 樘时应全数检查；高层建筑的外窗，每个检验批至少抽查 10%，并不得少于 6 樘，不足 6 樘时应全数检查。

特种门每个检验批至少抽查50%，并不得少于10樘，不足10樘时应全数检查。

2. 金属门窗的安装质量

(1) 金属门窗的品种、类型、规格、尺寸、性能、开启方向、安装位置、连接方式及型材的壁厚应符合设计要求；门窗的防腐处理及填嵌、密封处理符合设计要求。

(2) 门窗扇的安装必须牢固，并应开关灵活、关闭严密，无倒翘。推拉门窗必须有防脱落措施。

(3) 铝合金门窗推拉门扇开关力不大于100N。

(4) 门窗框与墙体之间的缝隙应填嵌饱满，并采用密封胶密封。密封胶表面应光滑、顺直、无裂纹。

(5) 铝合金门窗安装的允许偏差应符合表6-103的规定。

铝合金门窗安装的允许偏差（mm） **表6-103**

项次	项目		允许偏差	检验方法
1	门窗槽口宽度、高度	≤1500mm	1.5	用钢尺检查
		>1500mm	2	用钢尺检查
2	门窗槽口对角线长度差	≤2000mm	3	用钢尺检查
		>2000mm	4	用钢尺检查
3	门窗框的正、侧面垂直度		2.5	用垂直检测尺检查
4	门窗横框的水平度		2	用1m水平尺和塞尺
5	门窗横框标高		5	用钢尺检查
6	门窗竖向偏离中心		5	用钢尺检查
7	双层门窗内外框间距		4	用钢尺检查
8	推拉门窗扇与框搭接量		1.5	用钢直尺检查

涂色镀锌钢板门窗安装的允许偏差应符合表6-104的规定。

涂色镀锌钢板门窗安装的允许偏差（mm） **表6-104**

项次	项目		允许偏差	检验方法
1	门窗槽口宽度、高度	≤1500mm	2	用钢尺检查
		>1500mm	3	用钢尺检查
2	门窗槽口对角线长度差	≤2000mm	4	用钢尺检查
		>2000mm	5	用钢尺检查
3	门窗框的正、侧面垂直度		3	用垂直检测尺检查
4	门窗横框的水平度		3	用1m水平尺和塞尺
5	门窗横框标高		5	用钢尺检查
6	门窗竖向偏离中心		5	用钢尺检查
7	双层门窗内外框间距		4	用钢尺检查
8	推拉门窗扇与框搭接量		2	用钢直尺检查

3. 塑料门窗安装的质量标准

(1) 塑料门窗的品种、类型、规格、尺寸、开启方向、安装位置、连接方式及填嵌密封处理均应符合设计要求，内衬增加型钢的壁厚及位置应符合国家现行产品标准要求。

（2）塑料门窗框、副框和扇的安装必须牢固。固定片或膨胀螺栓的数量与位置应正确，连接方式应符合设计要求。固定点应距墙角、中横档、中竖档 150～200mm，固定间距应不大于 600mm。

（3）塑料门窗拼樘料内衬增强型钢的规格、壁厚必须符合设计要求，型钢应与型材内腔紧密吻合，其两端必须与洞口固定牢固。

（4）塑料门窗框与墙体间缝隙应采用闭孔弹性材料填嵌饱满，表面应采用密封胶密封。密封胶应粘结牢固，表面平滑、顺直、无裂纹。

（5）平开门窗扇平铰链的开关力应不大于 80N；滑撑铰链的开关力不大于 80N，并不小于 30N。推拉门扇的开关力应不大于 100N。

（6）塑料门窗安装的允许偏差应符合表 6-105 的规定。

塑料门窗安装的允许偏差（mm）　　**表 6-105**

项次	项目		允许偏差	检验方法
1	门窗槽口宽度、高度	≤1500mm	2	用钢尺检查
		>1500mm	3	
2	门窗槽口对角线长度差	≤2000mm	3	
		>2000mm	5	
3	门窗框的正、侧面垂直度		3	用垂直检测尺检查
4	门窗横框的水平度		3	用 1m 水平尺和塞尺
5	门窗横框标高		5	用钢尺检查
6	门窗竖向偏离中心		5	钢直尺检查
7	双层门窗内外框间距		4	用钢尺检查
8	同樘平开门窗相邻扇高度差		2	用钢直尺检查
9	平开门窗铰链部位配合间隙		+2，-1	用塞尺检查
10	推拉门窗扇与框搭接量		+1.5，-2.5	用钢直尺检查
11	推拉门窗扇与竖框平行度		2	用 1m 水平尺和塞尺

4. 特种门安装质量

（1）特种门的类型主要指防火门、防盗门、自动门、旋转门等。它的品种、类型、规格、尺寸、开启方向、安装位置及防腐处理应符合设计要求。

（2）带有机械装置、自动装置或智能化装置的特种门，其机械装置、自动装置或智能化装置的功能应符合有关标准的规定。

（3）特种门安装必须牢固。预埋件的数量、位置、埋设方式、与框的连接方式必须符合设计要求。

（4）特种门的配件应齐全，位置应正确，安装应牢固，功能应能满足使用要求和特种门的各项性能要求。

（5）特种门的表面装饰应符合设计要求。

（6）特种门表面应洁净，无划痕、碰伤。

（7）推拉自动门安装的留缝限值、允许偏差应符合表 6-106 的规定。

推拉自动门安装的留缝限值、允许偏差（mm） 表 6-106

项次	项 目		留缝限值	允许偏差	检 验 方 法
1	门槽口宽度、高度	≤1500mm	—	1.5	用钢尺检查
		>1500mm	—	2	
2	门槽口对角线长度差	≤2000mm	—	2	
		>2000mm	—	2.5	
3	门框的正侧面垂直度		—	1	用1m垂直检测尺
4	门构件装配间隙		—	0.3	用塞尺检查
5	门梁导轨水平度		—	1	用1m水平尺和塞尺
6	下导轨与门梁导轨平行度		—	1.5	用钢尺检查
7	门扇与侧框间留缝		1.2~1.8	—	用钢尺检查
8	门缝对口缝		1.2~1.8	—	

（8）推拉自动门的感应时间限值应符合表6-107的规定。

推拉自动门的感应时间限值（s） 表 6-107

项次	项 目	感应时间限值	检 验 方 法
1	开门响应时间	≤0.5	用秒表检查
2	堵门保护延时	16~20	
3	门扇全开启后保持时间	13~17	

（9）旋转门安装的允许偏差应符合表6-108的规定。

旋转门安装的允许偏差（mm） 表 6-108

项次	项 目	允许偏差		检 验 方 法
		金属框架玻璃旋转门	木质旋转门	
1	门扇正、侧面垂直度	1.5	1.5	用1m垂直检测尺
2	门扇对角线长度差	1.5	1.5	用钢尺检查
3	相邻扇高低差	1	1	
4	扇与圆弧边留缝	1.5	2	用塞尺检查
5	扇与上顶间留缝	2	2.5	
6	扇与地面留缝	2	2.5	

六、吊顶工程的质量控制

（一）材料质量要求

（1）吊顶工程所用的木龙骨、轻钢龙骨、铝合金龙骨、各类罩面板等质量均应符合现行国家标准规定。

所用的各类罩面板不应有气泡、起皮、裂纹、缺角、污垢和图案不完整等缺陷，表面应平整，边缘应整齐，色泽应一致。暗装的吸声材料应有防散落措施。

安装罩面板的紧固件，宜采用镀锌制品，预埋的木砖应做防腐处理。

（2）胶粘剂的类型应按所用罩面板的品种配套选用。

（二）龙骨与罩面板的安装

1. 龙骨的安装

（1）龙骨安装前，应根据吊顶的设计标高在四周墙体上弹线，其水平允许偏差为

±5mm。

（2）主龙骨吊点间距，应按设计要求，中间部分应起拱，金属龙骨起拱高度应不小于房间短向跨度的1/2000。吊杆距龙骨端部距离不得超过30mm。

次龙骨应紧贴主龙骨安装，当用自攻螺钉安装板材时，板材的接缝处，必须安装在宽度不小于40mm的次龙骨上。

（3）根据板材布置的需要，应事先准备好合格的横撑龙骨，并用连接件将其两端连接在通长的次龙骨上。

（4）全面校正主、次龙骨的位置与水平度。通长次龙骨连接处的对接错位的偏差不得超过2mm。

2. 石膏板的安装

（1）石膏板的安装应符合下列规定：

钉固法安装，螺钉与板边距离应不少于15mm，螺钉间距以150~170mm为宜，钉头嵌入石膏板深度以0.5~1mm为宜，并应做防锈处理。

粘结法安装，应粘实粘牢。

（2）深浮雕嵌装式装饰石膏板安装时，板材与龙骨应系列配套；板材安装应确保企口的相互咬接及图案花纹的吻合；板与龙骨嵌装时，应防止相互挤压过紧或脱挂。

（3）安装纸面石膏板时，石膏板的包封边应沿纵向次龙骨铺设，自攻螺钉与板边距离：面纸包封的板边以10~15mm为宜，切割的板边为15~20mm。固定石膏板的次龙骨间距不应大于600mm，在湿度较大的潮湿地区，以300mm为宜；钉距以150~170mm为宜，螺钉头宜略沉入板面，钉眼应作除锈处理并用石膏腻子抹平。

3. 罩面板安装

（1）矿棉装饰吸声板安装，应符合下列规定：

安装时，应使吸声板背面的箭头方向和白线方向一致，保证花样、图案的整体性。

（2）安装胶合板、纤维板时，可用钉子固定，胶合板的钉距为80~150mm，钉长为25~35mm，钉帽应锤扁，并钉入板面0.5~1mm，钉眼用油性腻子抹平；纤维板的钉距为80~120mm，钉长为20~30mm，钉帽入板深0.5mm，并用油性腻子将钉眼抹平。如用木条固定时，钉距不应大于200mm，其做法如胶合板钉子固定法。

（3）安装塑料板时，粘贴的水泥砂浆基层必须坚硬平整、洁净；粘贴前，基层表面应按分块尺寸弹线预排。粘贴时，每次涂胶面积应适当，厚度应均匀，粘贴后，应采取临时固定措施。安装塑料贴面复合板时，应先钻孔，后用木螺钉和垫圈或金属压条固定。

（三）吊顶工程的质量标准

1. 检验批的划分与检查数量

同一品种的吊顶工程每50间（大面积房间和走廊按吊顶面积30m^{2}为一间）应划分为一个检验批，不足50间也应划分为一个检验批。

每个检验批至少抽查10%，并不得少于3间；不足3间时应全数检查。

2. 吊顶质量验收

（1）吊顶工程所用的材料、品种、规格、颜色以及基层构造、固定方法是否符合设计要求。当明龙骨吊顶工程的饰面材料为玻璃板时，应使用安全玻璃或采取可靠的安全措施。

(2) 吊顶标高、尺寸、超拱和造型应符合设计要求。

(3) 吊杆距主龙骨端部距离不得大于 300mm，当大于 300mm 时，应增加吊杆。当吊杆长度大于 1.5m 时，应设置有反支撑。

(4) 罩面板与龙骨应连接紧密，表面应平整，不得有污染、折裂、缺棱掉角、锤伤等缺陷，接缝应均匀一致，粘贴的罩面板不得有脱层，胶合板不得有刨透之处。搁置的罩面板不得有漏、透、翘角现象。

(5) 吊顶工程质量的允许偏差应符合表 6-109 的规定：

吊顶工程安装的允许偏差（mm） 表 6-109

项次	项目		允许偏差				检验方法
			纸面石膏板	金属板	矿棉板	木板、塑料板格栅	
1	表面平整度	暗龙骨	3	2	2	2	用 2m 靠尺和塞尺
		明龙骨	3	2	3	2	
2	接缝直线度	暗龙骨	3	1.5	3	3	拉 5m 线或拉通线，用钢直尺检查
		明龙骨	3	2	3	3	
3	接缝高低差	暗龙骨	1	1	1.5	1	用钢直尺和塞尺
		明龙骨	1	1	2	1	

七、轻质隔墙工程

轻质隔墙主要指非承重轻质内隔墙板，按其材料的不同可分为板材隔墙、活动隔墙、玻璃隔墙及骨架隔墙。这里只对板条隔墙和玻璃隔墙给于介绍。

各类隔墙板的质量应符合相应的产品标准。

施工质量控制：

1. 板材隔墙的施工

(1) 施工条件控制

当主体结构已验收合格、屋面工程防水层施工完毕，墙面已弹出标高线，就可进行隔墙的施工。

施工时的环境温度不得低于 5℃。

(2) 清理及放线

在进行隔墙施工前，应将隔墙板与顶面、地面、墙面结合部上的灰尘、砂浆硬块、酥皮等杂物清理干净，并对结合部尽量找平。

根据设计位置，在地面、顶面、墙面弹出隔墙水平双面边线及门窗洞口线，立面垂直线顶面连接线，并按板的宽度进行分档。

板的长度应按楼层结构净高尺寸减 20mm。计算并量测门窗洞口上部及窗口下部的隔墙板尺寸，按此尺寸配有预埋件的门窗框的口板。

(3) 施工安装

将 U 形卡采用焊接的方法固定于结构的梁和板上，且每块板不得少于两个焊点。

按照配合比的规定配制胶粘剂。胶粘剂应随配随用，并在 30min 内使用完毕。

隔板施工时在隔板底部及边部槽榫处铺布粘结料，将隔板下端对准安装标准线坐浆立起，在边调整隔板垂直度、水平度的同时边用扳手拧动螺母将垫片顶紧，固定隔板。如是空心的板材，应预先将空孔封堵。隔板顶部与梁、板之间的空隙，用粘结料或细石混凝土填充密实，并将紧固螺栓埋入其中。

遇到需安装门窗框时，应先按门窗的宽度预留门窗洞口。木门窗框用L形连接件连接，一边用木螺栓与木砖连接，另一端与门窗框板中预埋件焊接。门窗框与门窗框板之间的缝隙不应超过3mm，否则应加木片。

(4) 板缝处理

隔板安装3d后，应对所有的接缝进行检查，看其是否粘结良好，有无裂缝和间隙。如接缝合格，对其接缝的浮灰清理后可刮胶粘剂，再贴50mm宽的玻纤网格布，转角隔墙在阳角处贴200mm宽玻纤布一层。

当玻纤布粘贴后，可直接用腻子刮平墙面，打磨后再刮第二遍腻子，当表面平整度符合要求后，做饰面层的施工。

2. 玻璃隔墙的施工

(1) 弹线定位

先弹出地面位置线，再用垂吊法弹出墙、柱上的位置线、高度线和沿顶位置线。对有框玻璃墙应标出竖框间隔位置和固定点位置。无竖框玻璃墙应核对已预入的预埋铁件的位置和划出膨胀螺钉的位置。

(2) 固定框架

铝合金框架与墙面、地面的固定可用铁角件完成。安装时，先按隔墙位置线，在墙面、地面上设置膨胀螺栓，同时在竖向、横向型材的相应位置固定铁角件，然后将框架固定在墙上或地上。

(3) 安装玻璃

当边框安装合格后，清理槽口，并垫好防震橡胶垫块。然后用吸盘将玻璃竖着插入上框槽口内，再轻轻落下，放到下框槽口内。

将靠在墙或柱的玻璃就位，使其插入贴墙或贴柱的边框槽口内，再接着安装中间部位的玻璃。两块玻璃之间接缝应留出2~3mm缝隙。如果是采用吊挂式安装，这时应用吊挂玻璃的夹具逐块将玻璃夹牢。对于有框玻璃隔墙，用压条或槽口条在玻璃两侧位置夹住玻璃，并用自攻螺钉固定在框架上。

(4) 注胶灌缝

玻璃安装就位并对垂直度、平整度校正合格后，同时用聚苯乙烯泡沫嵌条嵌入槽口内，使玻璃与金属槽接合紧密，然后打硅酮结构胶。注胶时应从缝隙的一端开始，顺缝隙匀速移动。

3. 轻质隔墙施工质量标准

(1) 检验批及数量

同一品种的轻质隔墙工程每50间（大面积房间和走廊按轻质隔墙的墙面$30m^2$为一间计）应划分为一个检验批，不足50间也应划分为一个检验批。

对于板材骨架隔墙，每个检验批至少抽查10%，并不得少于3间；不足3间时应全数检查。对于活动隔墙和玻璃隔墙，每个检验批抽查20%，并不得少于6间；不足6间时应全数检查。

(2) 隔墙材料

各类隔墙的品种、规格性能应符合设计要求，有隔声、隔热、阻燃、防潮等特殊要求的工程，应有相应性能等级的检测报告。

玻璃隔墙的玻璃应为安全玻璃。

(3) 位置与安装

所用的预埋件、连接件的位置、数量及连接方式应符合要求。

现制钢丝网水泥隔墙与周边墙体的连接在符合要求的情况下连接牢固；活动隔墙轨道必须与基体结构连接牢固；玻璃砖隔墙砌筑中埋设的拉结筋必须与基体结构连接位置正确、连接牢固。

(4) 表面质量

墙面垂直平整，色泽一致、洁净光滑、清晰美观；玻璃隔墙接缝横平竖直，玻璃无裂痕，玻璃板隔墙嵌缝及玻璃砖隔墙勾缝密实平整、均匀顺直、深浅一致。

隔墙上的孔洞、槽、盒位置正确、套割方正，边缘整齐。

(5) 安装允许偏差

① 板材隔墙允许偏差

板材隔墙安装的允许偏差应符合表 6-110 的规定。

② 骨架隔墙允许偏差

骨架隔墙安装的允许偏差应符合表 6-111 的规定。

板材隔墙安装的允许偏差（mm）　　表 6-110

项次	项　目	允许偏差				检验方法
		复合轻质隔墙板		石膏空心板	钢丝网水泥板	
		金属夹芯板	其他复合板			
1	立面垂直度	2	3	3	3	用 2m 垂直检测尺
2	表面平整度	2	3	3	3	用 2m 靠尺和塞尺
3	阴阳角方正	3	3	3	4	用直角检测尺
4	接缝高低差	1	2	2	3	钢直尺和塞尺

骨架隔墙安装的允许偏差（mm）　　表 6-111

项次	项　目	允许偏差		检验方法
		纸面石膏板	人造木板、水泥纤维板	
1	立面垂直度	3	4	用 2m 垂直检测尺
2	表面平整度	3	3	用 2m 靠尺和塞尺
3	阴阳角方正	3	3	用直角检测尺检查
4	接缝直线度	—	3	拉 5m 线或通线，钢尺检查
5	压条直线度	—	3	拉 5m 线或通线，钢尺检查
6	接缝高低差	1	1	用钢直尺和塞尺检查

③ 活动隔墙允许偏差

活动隔墙安装的允许偏差应符合表6-112的规定。

活动隔墙安装的允许偏差（mm） 表6-112

项次	项 目	允许偏差	检 验 方 法
		纸面石膏板	
1	立面垂直度	3	用2m垂直检测尺
2	表面平整度	2	用2m靠尺和塞尺
3	接缝直线度	3	拉5m线或通线，钢尺检查
4	接缝高低差	2	钢直尺和塞尺检查
5	接缝宽度	2	用钢直尺检查

④ 玻璃隔墙允许偏差

玻璃隔墙安装的允许偏差应符合表6-113的规定。

玻璃隔墙安装的允许偏差（mm） 表6-113

项次	项 目	允 许 偏 差		检 验 方 法
		玻璃砖	玻璃板	
1	立面垂直度	3	2	用2m垂直检测尺
2	表面平整度	3	—	用2m靠尺和塞尺
3	阴阳角方正	—	2	用直角检测尺
4	接缝直线度	—		拉5m线或通线，钢尺检查
5	接缝高低差	3		钢直尺和塞尺检查
6	接缝宽度	—		用钢直尺检查

八、饰面板（砖）工程质量控制

（一）材料质量要求

1. 饰面砖的质量

(1) 饰面板、饰面砖应表面平整、边缘整齐，棱角不得损坏，并应具有产品合格证。安装饰面板用的铁制锚固件、连接件，应镀锌或经防锈处理。

(2) 天然大理石、花岗石饰面板，表面不得有隐伤、风化等缺陷。预制人造饰面板，应表面平整，几何尺寸准确，面层石粒均匀、洁净、颜色一致。

(3) 外墙釉面砖、无釉面砖，表面应光滑质地坚固，尺寸、色泽一致，不得有暗痕和裂纹，吸水率不得大于10%。

(4) 陶瓷锦砖及玻璃锦砖应质地坚硬，边棱整齐，尺寸正确。锦砖的脱纸时间不得大于40min。

2. 胶粘剂

不得采用有机物作为主要粘结材料，当采用专用胶粘剂粘贴面砖，其粘结强度不应小于0.6MPa。

3. 水泥

所用水泥为32.5以上强度等级的硅酸盐水泥和普通硅酸盐水泥。

（二）外墙壁饰面砖的粘贴

1.样板间的制作

在粘贴前，应按不同的基层先做样板或样板间，确定饰面砖的排列方式、缝隙宽度、勾缝形式及颜色，确定找平层、结合层、粘结层等基础工作。

排砖时应满足下列要求：转角、窗口、大墙面、通高的柱垛等主要部位都要预排整砖，非整块砖要放在不明显处。墙体变形缝处，面砖宜从缝两侧分别排列，留出变形缝。外墙面砖粘贴应设置伸缩缝，竖向伸缩缝宜设置在洞口两侧或墙边、柱边等部位，横向伸缩缝可设在洞口上下或与楼群层对应处。对于女儿墙、窗台、檐口腰线等水平阳角处，顶面砖应压盖立面砖，立面底皮砖应覆盖底平面面砖，可向下伸出3~5mm兼作滴水线。

2.基层处理

处理基层时，不同的基层应采用不同的方法。对于混凝土基层，应采用水泥细砂掺界面剂进行毛化处理。即先将表面灰浆、尘土、污垢清刷干净，用10%烧碱水浆将板面上玷污的油垢刷掉，随即用清水冲净碱液、晾干。然后用1:1水泥细砂浆内掺界面剂，喷到墙面上，其喷点要均匀，毛刺长度不大于8mm。

如果是光滑基层表面，则应全部凿毛，其深度为5~15mm。

基层不需要抹灰时，对于缺棱掉角和凹凸不平处可先刷掺有界面剂的水泥砂浆，然后用1:3水泥砂浆或水泥腻子修补平整。

加气混凝土、混凝土空心砌块等基层，要在清理修补涂刷聚合物水泥砂浆后铺钉一层金属网以增加基层与找平层及粘结之间的附着力。接缝处每侧搭接长度不小于100mm。

若为砖基层时，应将墙面残余砂浆清理干净。

基层清理后应浇水湿润，但粘贴前基层含水率以15%~25%为宜。

3.冲筋、抹底灰

在建筑物的大角、门窗口边等处用经纬仪测垂直线找直，并将其作为竖向控制线，把楼层水平线引到外墙作为横向控制线。根据面砖的规格尺寸分层设点、做灰饼。灰饼间距在1.5m为宜，阴阳角处要双面排直，同时要找好女儿墙顶、窗台、檐口、腰线、雨篷等饰面的流水坡度和滴水线或滴水槽。

基层表面湿润后，满面刷一道掺胶素水泥浆结合层，然后分层分遍抹1:3或1:2.5砂浆层。抹第一遍砂浆时砂浆层厚度控制在5~7mm，第二遍砂浆层厚度8~12mm。找平层厚度为20mm左右，当超过35mm时，应采取加强措施，表面平整度最大允许偏差为3mm，立面垂直度最大允许偏差为4mm。

4.弹线分格

找平层至七成干时，可按照施工样板在其上分段分格弹出控制线并做好标志。外墙砖粘贴时每面除弹纵横线外，每条纵线宜挂铅垂线，四周全部对线后，再将砖压实固定。

5.饰面砖的粘贴

将选好的面砖放入净水中浸泡2h以上，取出晾干表面水分后方可进行粘贴。

外墙饰面砖应分段从上至下进行，每段内由下向上粘贴。

粘贴时，1:2水泥砂浆粘结层的厚度为4~8mm；1:1水泥砂浆3~4mm；其他化学胶粘剂为 2~3mm 厚。

粘贴外墙面饰面砖，当室外气温高于 35℃时应采取遮挡阳光的措施。

粘结层终凝后可按照样板墙确定的勾缝材料、缝的深度、颜色进行勾缝。饰面砖缝要在一个水平面上，应达到连续、平直、深浅一致、表面压光。

（三）内墙饰面砖的粘贴

1. 基层处理

基层为预制或现浇混凝土墙板不抹灰时，要事先清理表面流浆、尘土，将其缺棱掉角及板面凸凹不平处刷水湿润，修补处刷含界面剂的水泥浆一道，随后抹 1:3 水泥砂浆局部抹平。

对于混凝土基层处理，采用毛化处理。对加气混凝土墙体，应对松动、灰浆不饱满的砌缝及梁板下的顶间缝，用聚合物水泥砂浆填塞密实。凸出墙面的不平整部位进行剔除，坑凹不平的或孔洞应用聚合物砂浆整修密实。砖墙基层的，则应将墙面残余砂浆清理干净即可。

2. 抹底层砂浆

按墙上已弹出的基准线，分别在门口角、墙角等处用经纬仪测出垂直度并找直，贴灰饼。

对墙面进行浇水湿润，浇水量以水分渗入加气混凝土墙深 8~10mm 为宜，且浇水应在抹灰前一天进行。

抹灰的是混凝土墙面、砖墙面时，浇水后的第二天抹 1:3 水泥砂浆，每遍厚度 5~7mm。基层为加气混凝土墙体，底灰材料应是和加气混凝土材料相适应的混合砂浆，厚度 5~6mm，扫毛或划出纹线，然后用 1:3 水泥砂浆抹第二遍，厚度为 5~8mm。为了防止加气混凝土墙面抹灰后干裂，应在底灰抹完后喷洒防裂剂，防裂剂喷洒 2~3h 内不得搓动。

3. 分格弹线

待底层灰有七成干时，按照釉面砖的规格及结合施工实际条件进行排砖、弹线。横竖向排砖，门边、窗边、镜边、阳角边应排列整砖，同时横排竖列均不得有小于 1/2 砖的非整砖。

4. 砖的粘贴

粘贴应自下而上进行，并先在墙左右粘贴两行控制砖，之后拉控制线粘贴大面，在砖背面抹 8mm 厚的 1:0.1:2.5 水泥石灰膏砂浆结合层。还可使用 1:1 水泥砂浆再加 20%水的界面剂胶或专用的瓷砖胶，在砖背面抹 3~4mm。并要随抹随贴，要求砂浆饱满，砖面平直，缝宽一致。

铺贴结束后用勾缝胶或白水泥进行擦缝。

（四）干挂石材安装

应按前边的内容进行垂直找直和弹线。

1. 龙骨的固定

在墙面上，根据石材的分块线和石板开槽或打孔位置弹出纵横向龙骨位置线。干挂石材应采用墙面预埋铁件的办法。

将钢型材龙骨焊接在预埋件上，焊接时应焊竖向龙骨，检查验收合格后，按分块线位置焊接水平龙骨。水平龙骨焊接前应根据石板尺寸、挂件位置提前进行打孔，孔一般应大于固定挂件螺栓直径的1～2mm，并最好打成椭圆孔。

焊接固定完成后，应进行防腐处理，室内钢材刷2遍防锈漆，室外焊缝涂刷一遍富锌底漆，干燥后再涂刷防锈漆1～2遍。

2．挂件安装

安装前，应对石板开槽打孔。

（1）短槽式的开槽及安装

将石板临时固定，在石板的上下边各开两个短平槽，长度不应小于100mm，槽深不小于15mm，开槽宽度6～7mm，弧形槽的有效长度不应小于80mm。不锈钢支撑板厚不小于3mm，铝合金支撑板厚度不小于4mm。两挂件间的距离不应大于600mm。两短槽距两端部的距离不应小于石板厚度的3倍，且不应小于85mm，也不得大于180mm。

安装首层短石槽板时，将石板下的槽内抹满环氧树脂专用胶，然后将石板插入。调整石板的位置、垂直、方正后将石板上槽内抹满环氧树脂专用胶。

将上部的挂件支撑板插入抹胶后的石板槽，并拧紧固定挂件的螺母，用靠尺检查其变形情况。等环氧树脂胶凝固后按同样的方法按石板的编号依次进行石板的安装。

按上述方法进行第二层及以上各层的石板安装。

（2）钢针式打孔与安装

对石板进行打孔，打孔深度为22mm左右，孔径为8mm，孔位距离边端不得小于石板厚度的3倍，也不得大于180mm，钢销钉间距不宜大于600mm。边长不大于1m时每边应设两个销钉，边长大于1m时应复合连接。

安装首层时，先将石板下的孔内抹满环氧树脂胶并插入钢针，然后将石板插入，调整石板合格后，将石板上孔内抹满环氧树脂胶。将石板上部固定不锈钢舌板的螺母拧紧，将钢针穿过不锈钢舌板孔并插入石板孔底。待环氧树脂胶凝固后按同样方法按石板的编号进行石板块的安装。

首层板安装合格后，按上述方法安装第二层和第二层以上的石板材。

3．注胶擦缝

注胶前先将石板表面擦干净，在石板的缝隙内放入与缝大小相适应的泡沫棒，使其凹进石板表面3～5mm，并均匀直顺，然后用注胶枪注入耐候胶，使缝隙密实、均匀、干净、颜色一致，接头处光滑。

（五）石板的湿挂安装

1．钻孔剔槽与穿丝

对于边长大于400mm的板材，应进行钻孔处理。就是在每块板的上下面钻孔，孔位应距板宽两端的1/4处，每个面各打两个孔，孔径为5mm，深度为12mm，孔位距石板背面8mm。

把备好的铜丝或锌丝剪成200mm左右当穿丝用，一端用木楔粘环氧树脂胶将穿丝插进孔内固牢，另一端将穿丝顺孔槽并卧放入槽内。

2．焊钢筋网

剔出墙上的预埋件，把墙面镶贴板材的部位清扫干净。先绑扎一道横筋在地面以上100mm处与主筋绑牢，用作绑扎第一层板材的下口固定穿丝。第二道绑筋在500mm水平线上 70~80mm，比石板上口应低 20~30mm 处，用于绑扎第一层石板上口固定穿丝，再往上每 600mm 绑一道横筋即可。

3. 弹线

首先将要粘贴石材的墙面、柱面和门窗套用线坠垂吊。找出垂直后，在地面上顺墙弹出石板的外轮廓尺寸线。此线即为第一层石板的安装基准线。编好顺序的石板在弹好的基准线上画出就位线，第一块留出 1mm 缝隙。

4. 石板的防碱与基层处理

石板表面充分干燥后，用石板防护剂进行石板背面及四边切口的防护处理。

如采用水泥或胶粘剂固定，间隔 48h 后对石板粘接面用专用胶泥进行拉毛处理，拉毛胶泥凝固硬化后方可使用。

清扫墙面上的灰尘、疏松层和污垢，同时进行吊直、弹出垂直线和水平线，并根据设计和板材的尺寸弹出安装石板的位置线和分块线。

5. 安装板材

按板材的顺序编号取石板用穿丝将石板就位，石板上口外仰，把石板下口穿丝松松地绑扎在横筋上，将石板竖起，绑扎石板上口穿丝，并用木楔垫稳，块材与基层之间的间隔为 30~50mm。用靠尺板检查调整木楔，再绑紧穿丝，然后依次向另一方进行。

柱面可按顺时针方向安装，一般先从正面开始，第一层安装完毕后再用靠尺找垂直，水平尺找平整，用角尺将阴阳校方正。当符合要求后，将熟石膏调制成粥状贴在石板上下之间，两层石板结成一体。

6. 分层灌浆擦缝

把配合比为 1∶2.5 水泥砂浆调成粥状，然后将其徐徐倒入板的间隔之中，并且边灌浆边用小铁棍轻轻插捣。第一层灌浆高度为 150mm，并不能超过石板高度的 1/3，隔夜再浇灌第二层，每块板应按三次灌浆。

石板安装全部完成后，清除板面上所有石膏和余浆痕迹，并按石板颜色调制色浆嵌边并擦拭干净。

（六）质量控制标准

1. 饰面砖施工质量控制标准

（1）饰面砖的品种、规格、图案、颜色和性能应符合设计要求。

（2）饰面砖粘贴工程的找平、防水、粘结和勾缝材料及施工方法应符合设计及现行产品标准和工程技术标准的规定。

（3）饰面砖粘贴必须牢固。满粘法施工的饰面砖工程应无空鼓、裂缝。饰面砖表面应平整、洁净、色泽一致，无裂痕和缺损。阴阳角处的搭接方式、非整砖使用部位应符合设计要求。

（4）墙面凸出物周围的饰面砖应整砖套割吻合，边缘整齐。墙裙、贴脸凸出墙面的厚度应一致。饰面砖接缝应平直、光滑，嵌填应连续无间断，密实；宽度和深度符合要求。

（5）有排水要求的部位应做滴水线或滴水槽。滴水线或滴水槽应顺直，流水坡向正确，坡度符合要求。

（6）饰面砖粘贴的允许偏差应符合表 6-114 的规定。

饰面砖粘贴的允许偏差（mm） 表 6-114

项次	项 目	允 许 偏 差		检 验 方 法
		外墙面砖	风墙面砖	
1	立面垂直度	3	2	用 2m 垂直检测尺
2	表面平整度	4	3	用 2m 靠尺和塞尺
3	阴阳角方正	3	3	用直角检测尺
4	接缝直线度	3	2	拉 5m 线或通线，用钢尺
5	接缝高低差	1	0.5	用钢直尺和塞尺
6	接缝宽度	1	1	用钢直尺

2. 饰面板施工质量控制标准

(1) 饰面板的品种、规格、颜色和性能应符合设计要求，木龙骨、木饰面板和塑料饰面板的燃烧性能等级应符合设计要求。

(2) 饰面板孔、槽的数量、位置和尺寸应符合设计要求。

(3) 饰面板安装工程的预埋件、连接件的数量、规格、位置、连接方法和防腐处理必须符合设计要求。后置预埋件的现场拉拔强度必须符合设计要求。饰面板安装必须牢固。

(4) 饰面板表面应平整、洁净、色泽一致，无裂痕和缺损，石材表面应无泛碱等污染。

(5) 饰面板嵌缝应密实、平直、宽度和深度应符合设计要求，嵌填材料颜色应一致。

(6) 采用湿作业法施工的饰面板工程，石材应进行防碱背涂处理。饰面板与基体之间的灌注材料应饱满、密实。饰面板上的孔洞应套割吻合，边缘整齐。

(7) 饰面板安装的允许偏差应符合表 6-115 的规定。

饰面板安装的允许偏差（mm） 表 6-115

项次	项 目	允 许 偏 差							检 验 方 法
		石 材			瓷板	木材	塑料	金属	
		光面	剁斧石	蘑菇石					
1	立面垂直度	2	3	3	2	1.5	2	2	用 2m 垂直检测尺
2	表面平整度	2	3		1.5	1	3	3	用 2m 靠尺和塞尺
3	阴阳角方正	2	4	4	2	1.5	3	3	用直角检测尺
4	接缝直线度	2	4	4	2	1	1	1	拉 5m 线或通线，用钢尺
5	墙裙、勒脚上口直线度	2	3	3	2	2	2	2	
6	接缝高低差	0.5	3		0.5	0.5	1	1	用钢直尺和塞尺
7	接缝宽度	1	2	2	1	1	1	1	用钢直尺检查

九、幕墙工程施工质量控制

根据幕墙面板使用的材料不同，一般可分为玻璃幕墙、金属幕墙、石材幕墙等。这里只对玻璃幕墙施工质量控制给予介绍，金属板幕墙和石材幕墙的施工质量控制可依据玻璃幕墙进行。

(一) 构件式玻璃幕墙

1. 材料质量控制条件

(1) 钢材

构件式玻璃幕墙所用的碳素结构钢、合金结构、不锈钢等钢材，其材料的牌号与状态、化学成分、机械性能、尺寸允许偏差等，均应符合现行国家标准的规定。碳素结构钢和低合金结构钢应进行有效的防腐处理。当采用热浸镀锌处理时，其膜厚应大于45μm。

(2) 铝合金

构件式玻璃幕墙所使用的铝合金建筑型材、铝及铝合金轧制板材的材料牌号状态、化学成分、机械性能、表面处理、尺寸允许偏差、精度等级均应符合国家标准的规定。

铝合金型材的质量要求应符合表6-116规定的标准。

铝合金型材的质量要求 **表6-116**

<table>
<tr><th colspan="2" rowspan="2">表面处理方法</th><th rowspan="2">膜厚级别
(涂层种类)</th><th colspan="2">厚度 t (μm)</th></tr>
<tr><th>平均膜厚</th><th>局部膜厚</th></tr>
<tr><td colspan="2">阳极氧化</td><td>不低于 AA15</td><td>t≥15</td><td>t≥12</td></tr>
<tr><td rowspan="3">电泳涂漆</td><td>阳极氧化膜</td><td>B</td><td>t≥15</td><td>t≥12</td></tr>
<tr><td>漆膜</td><td>B</td><td>—</td><td>t≥10</td></tr>
<tr><td>复合膜</td><td>B</td><td>—</td><td>t≤16</td></tr>
<tr><td colspan="2">粉末喷涂</td><td>—</td><td>—</td><td>40≤t≤120</td></tr>
<tr><td colspan="2">氟碳喷涂</td><td>—</td><td>t≥40</td><td>t≥34</td></tr>
</table>

以穿条式生产的隔热铝型材，隔热材料应使用PA66GF25材料，严禁使用PVC材料。用浇注工艺生产的隔热铝型材，其隔热材料应使用聚氨基甲酸乙酯材料。

铝合金型材表面应清洁，色泽均匀。不应有皱纹、裂纹、起皮、腐蚀斑点、气泡、流痕，以及涂层脱落等质量缺陷。

(3) 密封胶

构件式玻璃幕墙所使用的结构密封胶、耐候密封胶、中空玻璃密封胶等均应符合国家标准的规定。同一单位构件式玻璃幕墙必须采用同一牌号和同一批号的硅酮密封胶。任何情况下各类硅酮密封胶要在有效期内使用。

(4) 玻璃

构件式玻璃幕墙使用的玻璃必须采用安全玻璃。并且对所使用的玻璃，应进行厚度、边长、外观质量、应力和边缘处理情况的检验。

2. 施工质量控制

(1) 埋件与立柱

根据测量基准线，确定预埋件位置。预埋件锚筋应与受力主筋可靠连接，外露面平整，位置准确。后补预埋件必须进行拉拔力试验。当埋件与支座采用螺栓连接时，螺栓必须满足各项力学性能试验和其他试验要求。

以建筑结构轴线为基准，定位标高为依据，进行支座连接和立柱安装，支座与立柱不得直接接触，必须做绝缘处理，支座与立柱螺栓和连接螺栓均应采用不锈钢材料制作。

以不少于3根立柱为基准，依照设计图纸分格尺寸及要求按顺序进行立柱定位和安装。

横梁与立柱连接应采用结构性连接，当采用螺栓或螺钉连接时，连接点不应少于2个，并且应有防脱落措施。横梁一端应进行弹性连接。立柱与横梁连接完毕后进行调整，然后进行支座固定并做防腐处理。

(2) 防雷设置

当设计有防雷要求的应按下面规定进行防雷设置：玻璃幕墙的防雷首先应确保与建筑主体结构的避雷均压环有效连接。预埋防雷连接件应将每块预埋件与主体结构的钢筋焊接连接，相隔间距12~18m，形成一个环形连接通路。

高层建筑物用的玻璃幕墙的女儿墙与玻璃幕墙封边时，应设置金属极接闪器，金属极之间采用搭接时，搭接长度不小于100mm。金属封边均应与女儿墙内钢筋连接成电气通路。

(3) 防火与封边

构件式玻璃幕墙的窗间墙和窗槛墙的防火封堵材料应采用不燃烧材料，当外墙面采用耐火极限不低于1h的不燃烧体时，其墙内填充材料可采用难燃烧材料。无窗间墙和窗槛墙的构件式玻璃幕墙，应在每层楼板外沿设置耐火极限不低于1h、高度不低于0.8m的不燃烧实体裙墙或防火玻璃裙墙。

构件式玻璃幕墙与各层楼板、隔墙外沿间的缝隙，应采用防火材料填充密实。当采用防火岩棉或矿棉封堵时，其厚度不应小于50mm；楼层间水平防烟带的岩棉或矿棉应采用不小于1.5mm的镀锌钢板承托。

(4) 玻璃安装

玻璃板块到达施工现场，监理单位应对硅酮结构胶部位进行粘接剥离检测，在结构胶粘接处用刀具切开检查胶的内在质量。检查合格的玻璃可以进行施工安装。每安装1~5块进行压块或与主龙骨连接处的检查，压块固定间距≤300mm，且牢固可靠。玻璃块之间胶缝宽度应符合设计要求，板块的平整度达到验收规定。

隐框或横向半隐框玻璃幕墙，每分格的玻璃下端应设置两个铝合金或不锈钢托块，满足承受该分格玻璃的荷载。其长度不应小于100mm，厚度不应小于2mm，高度不应超出玻璃外表面，且与玻璃之间设置衬垫。

(5) 密封处理与清洗

玻璃板安装就位后，进行胶缝清刷。密封处理时应在晴天放置泡沫棒；并在胶缝两侧边口粘贴保护胶带。

硅酮建筑密封胶在接缝内应两对面粘接，不应三面粘接。刮胶要平整，不能出现气泡及离鼓现象。

对整幅幕墙进行清洗时，可采用丙酮或二甲苯等稀释剂进行墙面清洗。

(二) 点支式玻璃幕墙

1. 材料质量控制

(1) 钢材

点支式玻璃幕墙采用不锈钢材料时，宜采用奥氏体不锈钢材。其质量应符合国家标准的规定。采用的碳素钢和其他钢材的表面应进行防腐蚀处理。

拉索应采用不锈钢绞线或铝包钢绞线，钢丝直径不得小于2mm。钢绞线必须进行预张拉处理，其张力宜为整绳破断力的50%，且持续张拉时间为2h，作三次以上反复张拉以消除钢绞线的结构伸长率。钢绞线的索头材料应采用经固溶处理的奥氏体不锈钢，钢绞线与索套接必须压制牢固。钢绞线索套接间最终破断力不得小于钢绞线整绳破断力的90%。

（2）密封胶

点支式玻璃幕墙的密封材料应采用耐候硅酮密封胶。但不同品种的硅酮产品不得混合使用。硅酮结构胶、硅酮耐候胶在使用时应提供与接触材料的相容性试验合格报告和抗拉力实验合格报告。

不论在任何情况下，过期的硅酮密封胶不得使用。

（3）玻璃

点支式玻璃幕墙采用的钻孔玻璃，必须经过全钢化处理；所使用的钢化玻璃宜经过均质处理；采用夹层玻璃时，应采用以聚乙烯醇缩丁醛胶片干法加工合成的夹层玻璃，且胶片厚度不得小于0.76mm。

2. 施工质量控制

（1）驳接座与驳接爪的安装

在结构调整结束后，按照控制单元所控制的驳接座安装点进行驳接座的安装，对结构位置偏移所造成的安装点误差，可用偏心座来进行校正。在驳接座焊接安装结束后，开始定位驳接爪，将驳接爪的受力孔向下，并用水平尺校准两横向水平孔偏差小于0.5mm，配钻定位销孔，安装定位销。

（2）钢爪的安装

钢爪安装前，应精确定出钢爪的安装位置，其允许偏差应符合设计要求。

钢爪安入后应能进行三维调整。钢爪安装完成后，应对钢爪的位置进行检测。钢爪与玻璃点连接件的固定应采用定期校验合格的力矩扳手，力矩的控制应符合设计要求。

（3）驳接头的安装

在驳接头安装前，应全数检查螺纹的松紧程度、驳接头与胶垫的配合情况。安装时，先将驳接头的前部安装在玻璃的固定孔上并销紧，确保每件驳接头内的衬垫齐全，使金属与玻璃隔离，保证玻璃受力部分为面接触，并保证锁紧环锁紧密封，锁紧扭矩为10N·m。

（4）玻璃安装与注胶

玻璃进场后，应对玻璃的表面质量、公称尺寸进行100%检测。同时使用玻璃边缘应力仪对玻璃的钢化进行全面检查。

玻璃安装顺序可采取先上后下，逐层安装。在安装的整个过程中，应减少安装累积误差，在每个控制单元内尺寸偏差应为±3mm。

玻璃安装结束后，进行注胶。注胶的顺序是先上后下，先竖向后横向的施工原则。

（三）全玻璃幕墙的质量控制

1. 材料质量控制

（1）钢材

吊挂式或支承式全玻璃幕墙，其吊挂夹具要有良好的耐候性和适应变形能力的铜制夹口。

全玻璃幕墙固定件采用碳素钢材时，其表面应进行防腐蚀处理。热镀锌或防腐涂料表面除锈等级不得低于 Sa2.5。

(2) 结构胶

所用的密封材料与前边的控制内容相同。

吊挂式安装的吊夹口用胶应采用双组分树脂胶。

(3) 玻璃

全玻璃幕墙所用玻璃边缘应进行处理，其加工精度应符合设计要求；玻璃边缘应有倒角并细磨边；外露玻璃边缘应精磨边。玻璃肋的厚度应大于 12mm。当采用夹层玻璃时应采用以聚乙烯醇缩丁醛胶片干法加工合成的夹层玻璃。

2. 施工质量控制

墙面外观应平整，胶缝应平整光滑，宽度均匀一致。胶缝宽度偏差不应大于 2mm。玻璃面板与玻璃肋之间的垂直度偏差不应大于 2mm；相邻玻璃面板的平面高低差不应大于1mm。

玻璃与钢槽的间隙应符合设计要求，密封胶应灌注均匀、连续、密实。玻璃与周边结构或装修的空隙不应小于 8mm。

(四) 幕墙工程质量验收标准

1. 检验批与检验数量的确定

(1) 检验批划分的原则

各分项工程的检验批应按下列规定划分：

相同设计、材料、工艺和施工条件的幕墙工程每 500 ~ 1000m^2应划分为一个检验批，不足 500 m^2也应划分为一个检验批。

同一单位工程的不连续的幕墙工程应单独划分检验批。

对于异型或有特殊要求的幕墙，检验批的划分应根据幕墙结构、工艺特点及工程规模，由监理、建设、施工单位共同协商决定。

(2) 检验数量

每个检验批每 100m^2应至少抽查一处，每处不得少于 10m^2。

对于异型或有特殊要求幕墙的检验数量，应根据幕墙结构、工艺特点，由监理、建设、施工单位共同协商决定。

2. 玻璃幕墙验收标准

(1) 玻璃验收标准

幕墙应使用安全玻璃，玻璃的品种、规格、颜色、光学性能及安装方向应符合设计要求。

玻璃的厚度不应小于 6mm，全玻璃幕墙肋玻璃厚度不应小于 12mm。

幕墙的中空玻璃应采用双道密封。明框幕墙中的中空玻璃应采用聚硫密封胶及丁基密封胶；隐框和半隐框幕墙的中空玻璃应采用硅酮结构密封胶及丁基密封胶；镀膜面应在中空玻璃的第 2 或第 3 面上。

幕墙的夹层玻璃应采用聚乙烯醇缩丁醛胶片干法加工合成的产品。点支承玻璃幕墙夹层玻璃的夹层胶片厚度不应小于 0.76mm。

钢化玻璃表面不得有损伤；8mm 以下的钢化玻璃应进行引爆处理。

所有幕墙玻璃均应进行边缘处理。

（2）连接件与紧固件

玻璃幕墙与主体结构连接的各种预埋件、连接件、紧固件必须安装牢固，其数量、规格、位置、连接方法和防腐处理应符合设计要求。

各种连接件、紧固件的螺栓应有防止松动的措施。隐框或半隐框玻璃幕墙，每块玻璃下端应设置两个铝合金或不锈钢托条，其长度不应小于100mm，厚度不应小于2mm，托条外端应低于玻璃外表面2mm。

点支承玻璃幕墙应采用带万向头的活动不锈钢爪，其钢爪间的中心距离应大于250mm。

（3）明框玻璃幕墙的玻璃安装

玻璃槽口与玻璃的配合尺寸应符合设计要求。

玻璃与构件不得直接接触，玻璃四周与构件凹槽底部应保持一定的空隙，每块玻璃下部至少要放置两块宽度与槽口宽度相同、长度不小于100mm的弹性定位垫块。

玻璃四周橡胶条的材质、型号应符合设计要求，镶嵌应平整，橡胶条长度应比边框内槽长1.5%～2.0%，橡胶条在转角处应斜面断开，并用粘结剂粘结牢固后嵌入槽内。

高度超过4m的全玻璃幕墙应吊挂在主体结构上，吊夹具应符合设计要求，玻璃与玻璃、玻璃与玻璃肋之间的缝隙应用硅酮结构密封胶填嵌严密。

（4）表面质量

玻璃幕墙表面应平整、洁净；整幅玻璃的色泽应均匀一致，不得有污染，镀膜不得有损坏。玻璃幕墙应无渗漏现象产生。

每平方米玻璃的表面质量和一个分格铝合金型材的表面质量应符合表6-117的规定。

每平方米玻璃和一个分格铝型材的表面质量　　表6-117

项次	项目		质量要求	检验方法
1	明显划伤和长度＞100mm的轻微划伤		不允许	观察
2	长度≤100mm的轻微划伤	每平方米玻璃	≤8条	用钢尺检查
		一个分格铝型材	≤2条	
3	擦伤总面积		≤500mm^2	

明框玻璃幕墙安装的允许偏差应符合表6-118的规定。

明框玻璃幕墙安装的允许偏差（mm）　　表6-118

项次	项目		允许偏差	检验方法
1	幕墙垂直度	幕墙高度≤30m	10	用经纬仪检查
		30m＜幕墙高度≤60m	15	
		60m＜幕墙高度≤90m	20	
		幕墙高度＞90m	25	
2	幕墙水平度	幕墙幅宽≤35m	5	用水平仪检查
		幕墙幅宽＞35m	7	
3	构件直线度		2	2m靠尺和塞尺检查
4	构件水平度	构件长度≤2m	2	用水平仪检查
		构件长度＞2m	3	
5	相邻构件错位		1	用钢直尺检查
6	分格框对角线长度差	对角线长度≤2m	3	用钢尺检查
		对角线长度＞2m	4	

隐框、半隐框玻璃幕墙安装的允许偏差应符合表 6-119 的规定。

隐框、半隐框玻璃幕墙安装的允许偏差（mm） 表 6-119

项次	项目		允许偏差	检验方法
1	幕墙垂直度	幕墙高度≤30m	10	用经纬仪检查
		30m＜幕墙高度≤60m	15	
		60m＜幕墙高度≤90m	20	
		幕墙高度＞90m	25	
2	幕墙水平度	层高≤3m	3	用水平仪检查
		层高＞3m	5	
3	幕墙表面平整度		2	2m 靠尺和塞尺检查
4	板材立面垂直度		2	用垂直检测尺检查
5	板材上沿水平度		2	用 1m 水平尺和钢直尺
6	相邻板材板角错位		1	用钢直尺检查
7	阳角方正		2	用直角检测尺检查
8	接缝直线度		3	拉 5m 线或通线，用钢直尺
9	接缝高低差		1	用钢直尺和塞尺
10	接缝宽度		1	用钢直尺检查

明框玻璃幕墙的外露框或压条应横平竖直、颜色、规格应符合设计要求，压条安装应牢固。单元玻璃幕墙的单元拼缝或隐框玻璃幕墙的分格玻璃拼缝应横平竖直、均匀一致。

防火、保温材料的密封填充应饱满、均匀，表面应密实、平整。

3. 金属幕墙质量验收

每平方米金属板的表面质量同表 6-117 中每方米玻璃的标准相同。

金属幕墙安装的允许偏差应符合表 6-120 的规定。

金属幕墙安装的允许偏差（mm） 表 6-120

项次	项目		允许偏差	检验方法
1	幕墙垂直度	幕墙高度≤30m	10	用经纬仪检查
		30m＜幕墙高度≤60m	15	
		60m＜幕墙高度≤90m	20	
		幕墙高度＞90m	25	
2	幕墙水平度	层高≤3m	3	用水平仪检查
		层高＞3m	5	
3	幕墙表面平整度		2	2m 靠尺和塞尺检查
4	板材立面垂直度		3	用垂直检测尺检查
5	板材上沿水平度		2	用 1m 水平尺和钢直尺
6	相邻板材板角错位		1	用钢直尺检查
7	阳角方正		2	用直角检测尺检查
8	接缝直线度		3	拉 5m 线或通线，用钢直尺
9	接缝高低差		1	用钢直尺和塞尺
10	接缝宽度		1	用钢直尺检查

4. 石材幕墙质量验收标准

石材幕墙工程所用材料的品种、规格、性能和等级，应符合设计要求及国家产品标准和工程技术规范的规定。石材的弯曲强度不应小于 8MPa；吸水率应小于 0.8%。石材幕墙的铝合金挂件厚度不应小于 4mm，不锈钢挂件厚度不应小于 3mm。

每平方米石材的表面质量同表 6-117 中每平方米玻璃的表面质量相同。

石材幕墙安装的允许偏差应符合表 6-121 的规定。

石材幕墙安装的允许偏差（mm） **表 6-121**

<table>
<tr><th rowspan="2">项次</th><th rowspan="2" colspan="2">项 目</th><th colspan="2">允许偏差</th><th rowspan="2">检 验 方 法</th></tr>
<tr><th>光面</th><th>麻面</th></tr>
<tr><td rowspan="4">1</td><td rowspan="4">幕墙垂直度</td><td>幕墙高度≤30m</td><td colspan="2">10</td><td rowspan="4">用经纬仪检查</td></tr>
<tr><td>30m＜幕墙高度≤60m</td><td colspan="2">15</td></tr>
<tr><td>60m＜幕墙高度≤90m</td><td colspan="2">20</td></tr>
<tr><td>幕墙高度＞90m</td><td colspan="2">25</td></tr>
<tr><td>2</td><td colspan="2">幕墙水平度</td><td colspan="2">3</td><td>用水平仪检查</td></tr>
<tr><td>3</td><td colspan="2">板材立面垂直度</td><td colspan="2">3</td><td>用垂直检测尺检查</td></tr>
<tr><td>4</td><td colspan="2">板材上沿水平度</td><td colspan="2">2</td><td>用 1m 水平尺和钢直尺</td></tr>
<tr><td>5</td><td colspan="2">相邻板材板角错位</td><td colspan="2">1</td><td>用钢直尺检查</td></tr>
<tr><td>6</td><td colspan="2">幕墙表面平整度</td><td>2</td><td>3</td><td>用 2m 直尺和塞尺检查</td></tr>
<tr><td>7</td><td colspan="2">阳角方正</td><td>2</td><td>4</td><td>用直角检测尺检查</td></tr>
<tr><td>8</td><td colspan="2">接缝直线度</td><td>3</td><td>4</td><td>拉 5m 线或通线，用钢直尺</td></tr>
<tr><td>9</td><td colspan="2">接缝高低差</td><td>1</td><td>—</td><td>用钢直尺和塞尺</td></tr>
<tr><td>10</td><td colspan="2">接缝宽度</td><td>1</td><td>2</td><td>用钢直尺检查</td></tr>
</table>

十、涂饰工程质量控制

（一）涂料质量要求

涂饰工程所用的涂料均应有品名、种类、颜色、制作时间、贮存有效时间、使用说明和产品合格证。

外墙面上使用的涂料必须具有耐碱和耐光性能的颜料。

涂料工程所用腻子的塑性及易涂性应满足施工要求，干燥后应坚固，并按基层、基底涂料和面层涂料的性能配套使用。

涂料的工作粘度或稠度，必须加以控制，保证在施涂时不流坠、不显刷纹。

（二）涂料的施涂质量控制

1. 涂饰工程的基层处理

新建建筑物的混凝土或抹灰基层在涂饰涂料前应涂刷抗碱封闭底漆。旧墙面在涂饰涂料前应清除疏松的旧装修层，并涂刷界面剂。

涂料工程基体或基层的含水率，当混凝土和抹灰表面施涂溶剂型涂料时，含水率不得大于 8%，施涂乳液和水性涂料时，含水率不得大于 10%；木材制品含水率不得大于 12%。

施涂溶剂型涂料时，后一遍涂料必须在前一遍涂料干燥后进行；施涂乳液和水性涂料时，后一遍涂料必须在前一遍涂料表干后进行。各层涂料应施涂均匀、结合牢固。

2. 混凝土和抹灰表面的施涂控制

(1) 施涂前应将基体或基层的缺棱掉角处，用1:3的水泥砂浆、或聚合物水泥砂浆修补，表面麻面及缝隙应用腻子填补齐平。然后用1:1水泥细砂浆内掺界面剂进行基层的毛化处理。再按墙上已弹好的基准线，分别对门口角、墙面等处进行吊垂套方和抹灰饼。

外墙涂料工程，同一墙面应用同一批号的涂料。

(2) 混凝土及抹灰室内顶棚表面轻质厚涂料工程按质量要求分普通、中级和高级。其工艺程序为：清扫基底，填补缝隙、磨平；第一遍满刮腻子、磨平；第二遍满刮腻子、磨平；第一遍喷涂厚涂料、第二遍喷涂、局部喷涂。

(3) 混凝土及抹灰外墙表面厚涂料工程的主要工序：修补外墙面、清扫干净、填补缝隙或局部刮腻子、磨平、第一遍施涂、第二遍施涂。

3. 面层喷涂、滚涂及弹涂

(1) 面层喷涂

检查粘结条的位置是否准确，宽度、深度是否合适。喷枪与喷面应保持垂直状态，喷嘴距喷涂面的距离，以喷涂后不流挂为适，一般情况下为500mm。

浮雕涂料的中层骨料喷涂一般一遍成活，两成干时，也可用硬质塑料或橡胶辊沾汽油或二甲苯压平凸点。

料状喷涂时一般为两遍成活，第一遍要喷射均匀，厚度控制在2mm。停1~2h后再喷涂第二遍，总厚度控制在4~5mm。

波状喷涂和花点喷涂应三遍成活，第一遍基层变色即可，涂层不得太厚；第二遍喷至盖底，浆水流淌为止；第三遍喷至面层出浆，表面成波状，灰浆饱满，不流坠，颜色一致，总厚度3~4mm。花点喷涂是在波状喷涂的面层上，待其干燥后，根据设计加喷一道花点，以增加面层的质感。

喷涂仿石涂料时，将空气压缩机的压力稳定在0.6MPa。喷枪嘴应垂直于墙面且距墙面300~500mm，启动气管开关，用高压空气将砂吹到墙上。喷涂要分两步进行：首先快速喷一遍薄附着层，待第一层稍干后再缓慢均匀地喷第二次，喷涂时应使涂层最薄而均匀，不露底，浮点大小基本一致，喷涂总厚度控制在2~3mm。仿石涂层表面应用普通砂纸等工具，磨掉已干透涂层表面的浮砂，将石漆表面有锐角的颗粒磨平30%~50%。喷涂罩面漆一定要在仿石涂料完全干透后进行。罩面漆要薄而均匀地施喷一遍，约60min后则硬化完成。

(2) 面层的滚涂

滚涂时，应根据涂料的品种、要求的花饰确定辊子的种类。操作时在辊子上蘸少许涂料，在顶涂墙面上上下垂直来回滚动，滚动的遍数应保证墙面涂料的颜色均匀一致。对于不宜滚到的阴角及上下口等转角和边缘部位，宜采用排笔或其他毛刷刷涂修饰补齐。

(3) 面层的弹涂

按照质量比配底色色浆，其配比为：水泥100，水90，界面剂适量，颜料应同做样板时的颜料；白水泥100，水80，界面剂适量，颜料同样板间。

按质量比配色点浆，其配比是：水泥100，水40，界面剂适量，颜料同样板间所用。

然后将浆料、胶混合均匀，倒入水泥中，拌成稀浆。

在分格条粘贴合格后，刷底层色浆。将配制好的色点浆用喷浆器喷涂到已做好的水泥砂浆面层上。

弹花点浆，将配好的色点浆注入筒形弹力器中，然后转动弹力器手柄，将色点浆液甩到底色浆上；弹色点浆时，色点要弹均匀互相衬托一致，色浆点要近似圆粒状。

弹涂表面压平。弹涂压平厚度控制在3～5mm，压平前2m左右设控制点，拉控制线，待弹涂色浆收水后，及时用硬辊子上下压平。

4. 美术涂饰

美术涂饰应符合下列要求：

(1) 套色花饰、仿壁纸的图案：宜用喷印方法进行，并按分色顺序喷印。

(2) 滚花涂饰：应先在已完成的涂料表面弹出垂直粉线，然后沿粉线自上而下进行，滚筒的轴必须垂直于粉线。滚花完成后，应在周边画色线或做边花、方格线。

(3) 仿木纹、仿石纹涂饰：应在第一遍涂料表面上进行，待摹仿纹理或油色拍丝等完成后，表面应涂一遍罩面清漆。

(4) 涂饰拉毛面层：在涂料中掺入石膏粉或滑石粉，其掺量和刷涂厚度，应按波纹大小，由试验确定。面色干燥后，宜用砂纸磨去毛尖。

(5) 涂施鸡皮皱面层：在涂料中，按重量比掺入20%～30%的大白粉，并用松节油稀释。涂刷厚度为2mm，表面拍打起粒应均匀，大小应一致。

(6) 划分色线和方格线：必须待图案完成后进行，并应保证横平竖直，接口吻合。

(三) 涂料工程质量验收标准

1. 检验批与检查数量

室外涂饰工程每栋楼的同类涂料涂饰的墙面每500～1000m^2应划分为一个检验批，不足500m^2也应划分为一个检验批。

室内涂饰工程同类涂料涂饰的墙面每50间（大面积房间和走廊按涂饰面积30m^2为一间）应划分为一个检验批，不足50间也应划分为一个检验批。

待涂层完全干燥后，应验收涂料工程质量。验收时的检查数量：室外涂饰工程每100m^2应至少检查1处，每处不得少于10m^2。室内涂饰工程每个检验批应至少抽查10%，并不得少于3间；不足3间时应全数检查。

2. 验收质量内容

(1) 材料的品种

水性涂料、溶剂型涂料、美术涂饰所用的材料的品种、型号和性能均应符合设计要求。

(2) 图案、颜色

水性涂料涂饰的颜色、图案和溶剂型工程的颜色、光泽、图案，以及美术涂饰的套色、花纹和图案均应符合设计要求。

(3) 涂饰质量

① 各类涂料涂饰工程均应涂刷均匀、粘结牢固，不得漏涂、透底、起皮、掉粉、反锈。

② 薄涂料的涂饰质量应符合表6-122的规定。

薄涂料的涂饰质量 表 6-122

项次	项目	普通涂饰	高级涂饰	检验方法
1	颜色	均匀一致	均匀一致	观察
2	泛碱、咬色	允许少量轻微	不允许	
3	流坠、疙瘩			
4	砂眼、刷纹	允许少量轻微砂眼，刷纹通顺	无砂眼，无刷纹	
5	装饰线、分色线直线度允许偏差（mm）	2	1	拉 5m 线或通线，用钢直尺检查

③ 厚涂料的涂饰质量应符合表 6-123 的规定。

厚涂料的涂饰质量 表 6-123

项次	项目	普通涂饰	高级涂饰	检验方法
1	颜色	均匀一致	均匀一致	观察
2	泛碱、咬色	允许少量轻微	不允许	
3	点状分布	—	疏密均匀	

④ 复层涂料的涂饰质量，应符合表 6-124 的规定。

复层涂料的涂饰质量 表 6-124

项次	项目	质量要求	检验方法
1	颜色	均匀一致	观察
2	泛碱、咬色	不允许	
3	喷点疏密度	均匀、不允许连片	

⑤ 色漆的涂饰质量应符合表 6-125 的规定。

色漆的涂饰质量 表 6-125

项次	项目	普通涂饰	高级涂饰	检验方法
1	颜色	均匀一致	均匀一致	观察
2	光泽、光滑	光泽基本均匀、光滑无挡手感	光泽均匀一致光滑	观察、手摸检查
3	刷纹	刷纹通顺	无刷纹	观察
4	裹棱、流坠、皱皮	明显处不允许	不允许	
5	装饰线、分色线直线度允许偏差（mm）	2	1	拉 5m 线或拉通线，钢直尺检查

⑥ 清漆涂饰的质量应符合表 6-126 的规定。

清漆涂饰质量 表 6-126

项次	项目	普通涂饰	高级涂饰	检验方法
1	颜色	基本一致	均匀一致	观察
2	木纹	棕眼刮平、木纹清楚	棕眼刮平、木纹清楚	
3	光泽、光滑	光泽基本均匀、光滑无挡手感	光泽均匀一致光滑	观察、手摸检查
4	刷纹	无刷纹	无刷纹	观察
5	裹棱、流坠、皱皮	明显处不允许	不允许	

第九节 屋面工程的质量控制

屋面是建筑物最上层起覆盖作用的结构，它具有两个功能作用：一是防御自然界的风、雨、雪、太阳辐射热和冬季低温的气候影响；二是承受屋面上各种荷载的作用。所以，在屋面工程中，不仅要求所用的屋面材料有一定的强度，还应有足够的抗渗能力和经受自然界各种有害因素长期作用的耐久性。但是，从全国的情况来看，屋面渗漏则是当前房屋建筑中最为突出的质量问题之一。所以，对屋面施工质量进行有效的控制，是保证屋面使用功能的有效措施。

对屋面工程进行质量控制，就是要根据建筑物的性质、重要程度、使用功能要求及防水层耐用年限，将屋面防水进行设防，使之达到表6-127的规定。

屋面防水等级和设防要求 **表6-127**

项目	屋面防水等级			
	Ⅰ	Ⅱ	Ⅲ	Ⅳ
建筑物类别	特别重要或对防水有特殊要求的建筑	重要的建筑和高层建筑	一般的建筑	非永久性的建筑
防水层使用年限	25年	15年	10年	5年
防水层选用材料	宜选用合成高分子防水卷材、高聚物改性沥青防水卷材、金属板材、合成高分子防水涂料、细混凝土等材料	宜选用高聚物改性沥青防水卷材，合成高分子防水卷材、金属板材、合成高分子防水涂料、高聚物改性沥青防水涂料、细石混凝土、平瓦、油毡瓦等	宜选用三毡四油沥青防水卷材、高聚物改性沥青防水卷材、合成高分子防水卷材、金属板材、高聚物改性沥青防水涂料、合成高分子防水涂料、细石混凝土、平瓦、油毡瓦等	可选用二毡三油沥青防水卷材、高聚物改性沥青防水涂料等材料
设防要求	三道或三道以上防水设防	二道防水设防	一道防水设防	一道防水设防

并且，屋面工程的防水施工，必须持有施工证书的防水专业施工队进行施工。

屋面工程保温层和防水层施工环境气温应符合表6-128的规定。

保温层和防水层施工环境气温 **表6-128**

项目	施工环境气温
粘结保温层	热沥青不低于-10℃；水泥砂浆不低于5℃
沥青防水卷材	不低于5℃
高聚物改性沥青防水卷材	冷粘法不低于5℃；热熔法不低于-10℃
合成高分子防水卷材	冷粘法不低于5℃；热风焊接法不低于-10℃
高聚物改性沥青防水涂料	溶剂型不低于-5℃，水溶型不低于5℃
合成高分子防水涂料	溶剂型不低于-5℃，水溶型不低于5℃
刚性防水层	不低于5℃

一、卷材防水屋面

(一) 一般质量要求

1. 找平层

找平层的厚度和技术要求应符合表 6-129 的规定。

找平层的厚度和技术要求 表 6-129

类 别	基 层 种 类	厚度 (mm)	技 术 要 求
水泥砂浆找平层	整体混凝土	15～20	1:2.5～1:3 (水泥:砂) 体积比，水泥强度等级不低于 32.5 级
	整体或板状材料保温层	20～25	
	装配式混凝土板，松散材料保温层	20～30	
细石混凝土找平层	松散材料保温层	30～35	混凝土强度等级不低于 C25
沥青砂浆找平层	整体混凝土	15～20	1:8 (沥青:砂) 质量比
	装配式混凝土板，整体或板状材料保温层	20～25	

找平层的基层为装配式钢筋混凝土板时，应用细石混凝土灌缝，其强度等级不小于 C20。并且细石混凝土中应掺微膨胀剂。当屋面板板缝宽度大于 40mm 或上窄下宽时，板缝内应设置构造筋。板端缝应进行密封处理。

找平层宜设分格缝，并嵌填密封材料，分格缝应留设在板端缝处，其纵横缝的最大间距：水泥砂浆或细石混凝土找平层不宜大于 6m；沥青砂浆找平层不宜大于 4m。

2. 基层与突出屋面结构的连接

基层与突出屋面结构的女儿墙、变形缝、天窗壁等的连接处，以及基层在水落口、檐口、天沟等转角处，均应做成圆弧。圆弧半径应按表 6-130 的规定选用。

转角处圆弧半径 表 6-130

卷 材 种 类	圆弧半径 (mm)
沥青防水卷材	100～150
高聚物改性沥青防水卷材	50
合成高分子防水卷材	20

3. 屋面保温层

设置屋面保温层，必须铺设隔汽层。隔汽层应在屋面与墙面交接处沿墙面向上连续铺设，高出保温层上表面不小于 150mm。隔汽层应选用水密性和气密性好的防水材料。

干铺加气混凝土板或聚苯板块等保温材料，应首先将接触面清扫干净，板块应铺平垫稳；分层铺设的板块，其上下两层的接缝应错开 1/2。

现浇整体保温层，首先应将材料拌和均匀，根据设计的厚度和坡度，弹线找泛水，保温层分层铺设，并进行适当压实。

4. 卷材铺设方向

卷材铺设方向应符合下列规定：

(1) 屋面坡度小于 3%时，卷材宜平行屋脊铺贴。

(2) 屋面坡度在 3%～15%之间时，卷材可平行或垂直屋脊铺贴。

(3) 屋面坡度大于 15%或屋面受震动时，沥青防水卷材应垂直屋脊铺贴；高聚物改性沥青防水卷材和合成高分子防水卷材可平行或垂直屋脊铺贴。

(4) 卷材上下层不得相互垂直铺贴。

5. 卷材厚度选用

卷材厚度选用应符合表 6-131 的规定。

卷材厚度选用 **表 6-131**

屋面防水等级	设防道数	合成高分子卷材	高聚物改性沥青防水卷材	沥青防水卷材
Ⅰ级	三道或三道以上	不应小于 1.5mm	不应小于 3mm	—
Ⅱ级	二道设防	不应小于 1.2mm		—
Ⅲ级	一道设施		不应小于 4mm	三毡四油
Ⅳ级	一道设防	—	—	二毡三油

6. 卷材的搭接

铺贴卷材采用搭接法搭接时，上下层及相邻两幅卷材的搭接缝应错开。平行于屋脊的搭接缝应顺流水方向；垂直于屋脊的搭接缝应顺年最大频率风向搭接。各种卷材搭接宽度应符合表 6-132 的规定。

各种卷材搭接宽度 **表 6-132**

卷材种类 \ 铺贴方法		短边搭接		长边搭接	
		满粘法	空铺、点粘、条粘法	满粘法	空铺、点粘、条粘法
沥青防水卷材		100	150	70	100
高聚物改性沥青防水卷材		80	100	80	100
合成高分子防水卷材	胶粘剂	80	100	80	100
	胶粘带	50	60	50	60
	单缝焊	60，有效焊接宽度不小于 25			
	双缝焊	80，有效焊接宽度 10×2＋空腔宽			

7. 冷粘法铺贴卷材的控制

胶粘剂涂刷应均匀，不露底、不堆积。

根据胶粘剂的性能，应控制胶粘剂涂刷与卷材铺贴的间隔时间。

铺贴卷材时，卷材下面的空气应全部排尽，并经辊压粘结牢固。

铺贴卷材应平整顺直，搭接尺寸准确，不得扭曲、皱折。接缝口应用密封材料密严，宽度不应小于 10mm。

8. 热熔法、热风焊接铺贴卷材的控制

当采用火焰加热器加热卷材时，加热卷材应均匀，不得过分加热或烧穿卷材。厚度小于 3mm 的高聚物改性沥青防水卷材严禁采用热熔法施工。

卷材表面热熔后应立即滚铺卷村，卷材下面的空气应排出排尽，并辊压粘结牢固，不得产生空鼓。卷材接缝部位必须溢出热熔的改性沥青胶。铺贴的卷材应平整顺直，搭接尺寸准确，不得扭曲、皱折。

采用热风焊接卷材前，卷材的铺设应平整顺直，搭接尺寸准确，不得扭曲、皱折。卷材的焊接面应清扫干净，无水滴、油污及附着物。

焊接时应先焊长边搭接缝，后焊短边搭接缝。在此工艺中，主要应控制热风加热温度和时间，焊缝处不得有漏焊、跳焊、焊焦或焊接不牢等缺陷。

9. 自粘法铺贴卷材的控制

铺贴卷材前基层表面应均匀涂刷基层处理剂，干燥后及时铺贴卷材。铺贴卷材时，应将自粘胶底面的隔离纸全部撕去。接缝口应用密封材料封严，宽度不小于10mm。搭接部位宜采用热风加热，随即粘贴牢固。

10. 保护层的控制

(1) 绿豆砂应清洁、预热100℃左右、铺撒均匀，并使其与沥青玛𤧛脂粘结牢固，不得残留未粘结的绿豆砂。

(2) 用云母和蛭石作保护层时，不得有粉料，撒铺均匀，不得露底。

(3) 用水泥砂浆作保护层时，表面应抹平压光，并应按每格$1m^2$设表面分格缝。

(4) 用细石混凝土作保护层时，混凝土应振捣密实，表面抹平压光，并留设分格缝。分格面积不宜大于$36m^2$。

(5) 用块状材料作保护层时，宜留设分格缝。分格面积不大于$100m^2$，分格线宽不应小于20mm。

(6) 浅色涂料保护层应与卷材粘结牢固，厚薄均匀，不得漏涂。

(7) 刚性保护层与女儿墙之间应留宽度为30mm的空隙，并填嵌密封材料。

(二) 卷材防水屋面质量验收标准

1. 检查数量

按铺贴面积每$100m^2$抽查1处，每处$10m^2$，但不得少于3处。

2. 验收内容

(1) 对进场卷材质量进行抽样复验。同一品种、牌号和规格的卷材，抽样数量为：大于1000卷抽取5卷；500～1000卷抽取4卷；100～499卷抽取3卷；小于100卷抽取2卷，进行规格尺寸和外观质量检验。在外观质量检验合格的卷中，任取一卷作物理性能检验。

1) 高聚物改性沥青防水卷材外观质量应符合表6-133规定。

高聚物改性沥青防水卷材的外观质量　　表6-133

项　目	质 量 要 求
孔洞、缺边、裂口	不允许
边缘不整齐	不超过10mm
胎体露白、未浸透	不允许
撒布材料粒度、颜色	均匀
每卷卷材的接头	不超过1处，较短的一段不应小于1000mm，接头处应加长150mm

2) 合成高分子防水卷材的外观质量应符合表6-134的规定。

合成高分子防水卷材的外观质量　　表6-134

项　目	质 量 要 求
折痕	每卷不超过2处，总长度不超过20mm
杂质	大于0.5mm颗粒不允许，每$1m^2$不超过$9mm^2$
胶块	每卷不超过6处，每处面积不大于$4mm^2$
凹痕	每卷不超过6处，深度不超过本身厚度的30%，树脂类深度不超过15%
每卷卷材接头	橡胶类每20m不超过1处，较短的一段不应小于3000mm，接头处应加长150mm；树脂类20m长度内不允许有接头

3）沥青防水卷材的外观质量应符合表6-135的规定。

沥青防水卷材的外观质量 表6-135

项 目	质 量 要 求
孔洞、硌伤	不允许
露胎、涂盖不匀	不允许
折纹、皱折	距卷芯1000mm以外，长度不大于100mm
裂纹	距卷芯1000mm以外，长度不大于10mm
裂口、缺边	边缘裂口小于20mm；缺边长度小于50mm，深度小于20mm
每卷卷材接头	不超过1处，较短的一段不应小于2500mm，接头处应加长150mm

4）卷材胶粘剂的质量应符合下列规定：

改性沥青胶粘剂的粘结剥离强度不应小于8N/10mm。

合成高分子胶粘剂的粘结剥离强度不应小于15N/10mm，浸水168h后的保持率不应小于70%。

双面胶粘带剥离状态下的粘合性不应小于10N/25mm，浸水168h后的保持率不应小于70%。

（2）检验屋面是否渗漏，可采用蓄水法进行检验，蓄水时间为24h。也可采用淋水法检验，如淋水2h后屋面无积水、渗漏、排水系统通畅为合格。

（3）水落管应距离墙面不小于20mm，其排水口距散水坡的高度不应大于200mm。水落管的承插长度不应小于40mm。

（4）天沟、檐沟的防水构造应符合下列规定：

天沟、檐沟应增设附加层。当采用沥青防水卷材时，应增铺一层；采用其他材料时应采用防水涂膜增强层。

天沟、檐沟卷材收头，应符合图6-30所示结构。

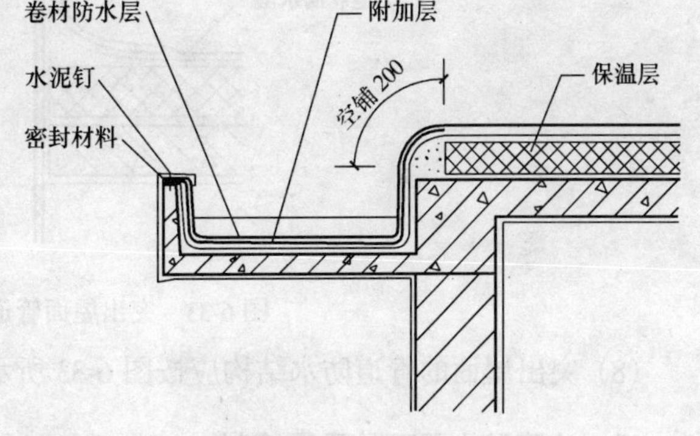

图6-30 檐沟卷材收头

（5）泛水防水构造应符合下列要求：

铺贴泛水处的卷材应采取满粘法。如为砖砌体时，卷材收头可直接铺压在女儿墙压顶下，压顶应按图6-31所示做防水处理，也可按图6-32所示处理。

如墙体为混凝土时，卷材的收头可采用金属条钉压，并用密封材料封固。

（6）水落口防水构造应符合下列要求：

水落口杯埋设标高应考虑水落口设防时增加的柔性密封层的厚度及排水坡度加大的尺寸。并且，水落口周围直径500mm范围内坡度不应小于5%，并用防水涂料涂封，其厚度不应小于2mm。水落口杯与基层接触处应设置宽20mm，深20mm的凹槽，并嵌填密封材料。

（7）变形缝内应填充泡沫塑料或沥青麻丝，上部填放衬垫材料，并用卷材封盖，顶部加扣金属盖板。

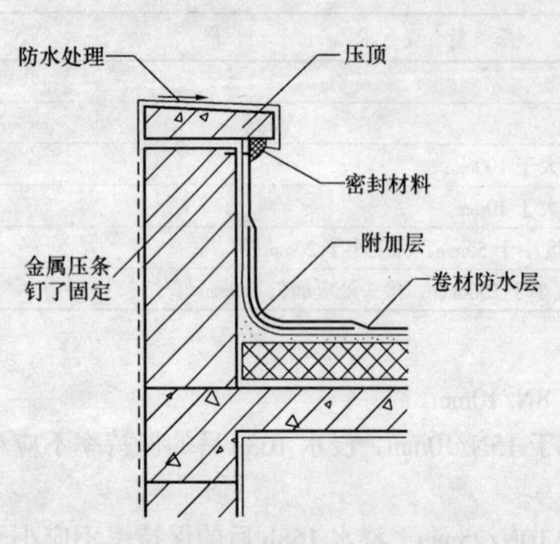

图 6-31 卷材泛水收头

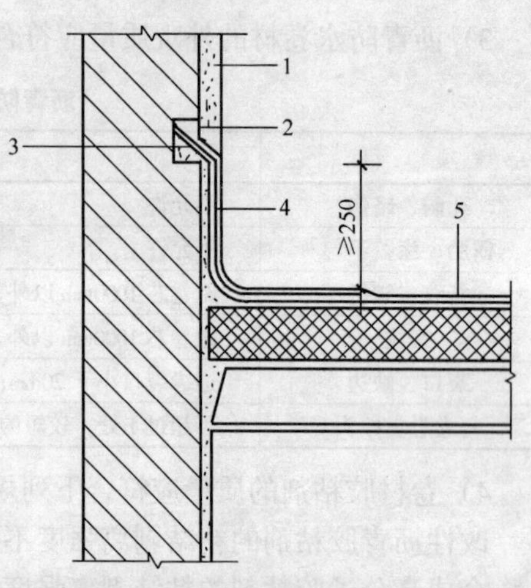

图 6-32 砖墙卷材泛水收头

1—防水处理层；2—密封材料；3—水泥钉；4—附加层；5—防水层

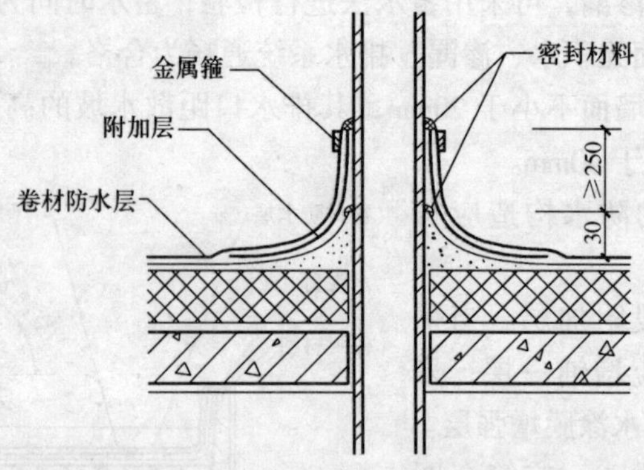

图 6-33 突出屋面管道防水构造

(8) 突出屋面的管道防水结构应按图 6-33 所示。

二、涂膜防水屋面的质量控制

(一) 材料质量要求

(1) 高聚物改性沥青防水涂料的物理性能应符合表 6-136 的规定。

高聚物改性沥青防水涂料的物理性能　　表 6-136

项目		性能要求
固体含量（%）		≥43
耐热度（80℃，5h）		无流淌、起泡和滑动
柔性（-10℃）		3mm 厚，绕 ϕ20mm 圆棒无裂纹、断裂
不透水性	压力（MPa）	≥0.1
	保持时间（min）	≥30
延伸（20±2℃拉伸，min）		≥4.5

(2) 合成高分子防水涂料的物理性能应符合表6-137的规定。

合成高分子防水涂料的物理性能 表6-137

项目		性能要求		
		反应固化型	挥发固化型	聚合物水泥涂料
固体含量(%)		≥94	≥65	≥65
拉伸强度(MPa)		≥1.65	≥1.5	≥1.2
断裂延伸率(%)		≥350	≥300	≥200
柔性(℃)		-30,弯折无裂纹	-20,弯折无裂纹	-10,绕 ϕ10mm圆棒无裂纹
不透水性	压力(MPa)	≥0.3		
	保持时间(min)	≥30		

(3) 胎体增强材料的质量应符合表6-138的规定。

胎体增强材料的质量 表6-138

项目		质量要求		
		聚酯无纺布	化纤无纺布	玻纤无纺布
外观		均匀、无团状、平整无折皱		
拉力(N/50mm)	纵向	≥150	≥45	≥90
	横向	≥100	≥35	≥50
延伸率(%)	纵向	≥10	≥20	≥3
	横向	≥20	≥25	≥3

(4) 涂膜厚度选用应符合表6-139的规定。

涂膜厚度选用表 表6-139

屋面防水等级	设防道数	高聚物改性沥青防水涂料	合成高分子防水涂料
Ⅰ级	三道或三道以上设防	—	不应小于1.5mm
Ⅱ级	二道设防	不应小于3mm	
Ⅲ级	一道设防	不应小于3mm	不应小于2mm
Ⅳ级	一道设防	不应小于2mm	—

(二) 高聚物改性沥青涂料防水层施工质量控制

1. 基层处理

首先要清理找平层,涂刷基层处理剂。

2. 细部节点增强处理

涂布前,应对屋面细部节点铺贴胎体增强材料附加层。铺贴附加层时,先刷一遍涂料,然后加铺胎体增强材料,干燥后再涂刷一遍涂料。水落口与檐沟交接处应先做密封处理,干燥后加铺两层胎体增强材料,附加层涂膜伸入水落口的深度不得少于50mm;泛水处加铺胎体增强材料时,应涂布至女儿墙压顶下;分格缝铺设胎体增强材料,宽度为200~300mm。

女儿墙与屋面板节点的处理应按图 6-34 所示做法。

管子根部的处理应根据图 6-35 所示做法进行。

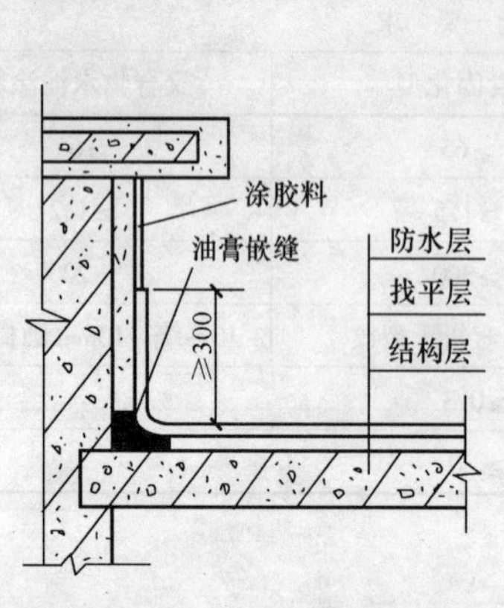

图 6-34 女儿墙与屋面板节点处理

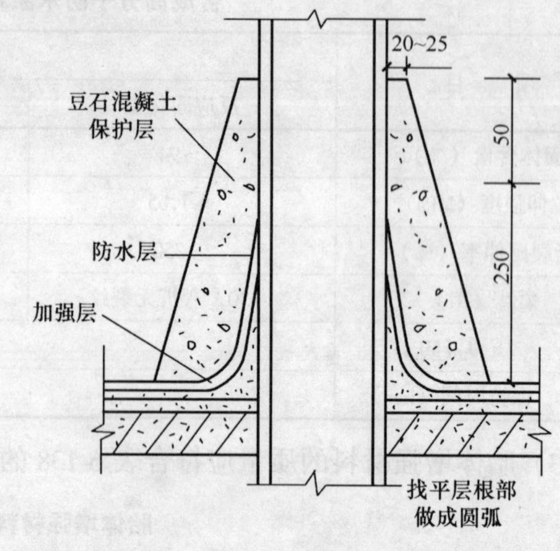

图 6-35 管子根部处理

雨水管口的处理应参照图 6-36 的处理方法。

3. 涂布施工

涂膜防水层的施工，应按照"先高后低、由远至近"的原则进行。"先高后低"是对高低跨的房屋结构而言，应先涂布高跨，再涂布低跨屋面；屋面高度相同时，则是"由远至近"，先涂布距离上料点较远的部位，再涂布近的部位。当涂布同一屋面时，应先涂立面、细部节点，后涂布平面。

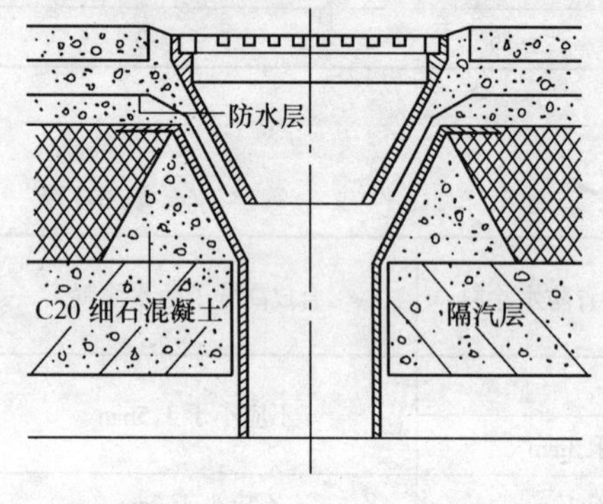

图 6-36 雨水管口处理

涂层应按分条间隔方式或按顺序倒退方式涂布，分条间隔宽度应与胎体增强材料宽度一致。

涂布时应按层分遍进行。每遍涂布方向应相互垂直，以提高防水层的整体性和均匀性；每遍涂刷时，涂层间的接槎应退槎 50～100mm，接槎时应超过 50mm，防止接槎处产生"渗漏"质量缺陷。

涂层厚度是施工质量控制的关键，应严加控制。应根据设计要求的每平方米涂料用量、涂膜厚度及涂料特性，通过试验确定每道涂料的施工厚度和涂刷的遍数。高聚物改性防水膜厚度不得小于 3mm。

4. 胎体增强材料的铺贴施工

需铺设胎体增强材料时，当屋面坡度大于 15%的，应垂直屋脊铺设，并由屋面最低处开始向上铺设；坡度小于 15%时应平行屋脊铺设。

胎体长边搭接宽度不应小于 50mm，短边搭接宽度不应小于 70mm，搭接缝应顺流水方向或历年最大频率风向。

采用两层胎体增强材料时，上下层不得相互垂直铺设，搭接缝应错开，其间距不得小于幅宽的 1/3。

5. 保护层施工

涂膜防水作为屋面面层时，应采用铺设面砖或做刚性保护。当采用细砂等粒料作为保护层材料时，应在涂布最后一遍防水涂料时同步进行，也就是边涂布防水涂料边均匀地撒保护材料。

采用浅色涂料做保护层时，应在涂膜干燥后进行。

6. 密封处理

为了有效地控制收头质量，所有收头均应用密封材料进行封边，封边宽度不得小于10mm。

收头处的胎体增强材料应剪裁整齐，如有凹槽时应压入槽内。

（三）合成高分子涂料防水层的施工质量控制

1. 涂膜施工

基层清理和细部做法合格后，方可进行防水层的施工。

涂膜施工时，可采用涂刮或喷涂的施工工艺。喷涂时，应采用“平行弯折”的横向或竖向运动路线，不得采用“三角形”的喷涂线形；涂刮时，每遍涂刮的推进方向与前一遍相互垂直。

2. 收头处理与保护层

所有涂膜收头均应用密封材料压边封固，压边宽度不小于10mm。

收头处的胎体增强材料应剪裁整齐，如有凹槽时应压入槽内，不得有翘边、皱折、露白等质量缺陷。

泛水处的涂膜应直接涂布至女儿墙的压顶下，在压顶上部也应做防水处理。

做水乳型防水涂料保护层时，均撒保护材料后立即进行辊压。

其他做法同高聚物改性沥青防水涂料。

（四）涂膜防水屋面施工质量验收

1. 抽查数量

对涂膜防水层面检查时，应按屋面面积每100m^2抽查1次，每次10m^2，且不能少于3处。

2. 验收标准

（1）检查防水涂料和胎体增强材料的出厂合格证、质量检验报告和现场抽样复验报告，其质量应符合产品标准要求。

（2）采用针测的方法测定涂膜层的厚度。其最小厚度不得小于设计厚度的80%。

（3）全数检查天沟、檐口、檐沟、水落口、泛水和伸出屋面管道的防水构造是否符合要求。

（4）检查保护细砂材料的均匀性、牢固性；水泥砂浆、块材或细石混凝土保护层与涂膜防水层间是否设置了隔离层；刚性保护层的分格缝是否符合设计要求。

（5）防水涂膜干燥后应进行淋水和蓄水试验。蓄水试验时，层面上注入25mm深的水，蓄水36h，无渗漏者为合格。

三、刚性防水屋面施工质量控制

在这节中，我们以细石混凝土刚性防水屋面施工控制为例，介绍刚性防水屋面的质量控制技术。

（一）基本质量要求

1. 水泥质量

防水层的细石混凝土宜用普通硅酸盐水泥或硅酸盐水泥；当采用矿渣硅酸盐水泥时应采取减少泌水性的措施；水泥强度等级不宜低于 42.5 级，并不得使用火山灰水泥。

水泥进场必须有产品出厂合格证。

2. 骨料

防水层的细石混凝土和砂浆中，粗骨料的最大粒径不宜大于 15mm，含泥量不应大于 1%；细骨料应采用中砂或粗砂，含泥量不应大于 1%。

3. 混凝土

混凝土水灰比不应大于 0.55，每立方米混凝土水泥的掺合料用量不得少于 330kg。砂率为 35% ~ 40%，灰砂比为 1:2 ~ 1:2.5，混凝土强度等级不应低于 C20。

（二）刚性防水屋面的施工质量

1. 坡度与板缝处理

防水屋面的坡度为 2% ~ 3%，并采用结构找坡的形式。

如果屋面板为混凝土预制板时，板缝应采用不小于 C20 的细石混凝土掺微膨胀剂进行嵌填，板端缝加设 1.5m 长的支座钢筋。

2. 混凝土配制

混凝土应按防水混凝土的要求配制。对于一般屋面，抗渗等级不宜小于 P6、强度等级不低于 C20；如为预应力混凝土时，混凝土的强度等级不低于 C30，抗渗等级不低于 P4 的细石混凝土。

3. 防水预处理

女儿墙墙角防水处理应按图 6-37 所示进行；管道突出屋面防水应按图 6-38 所示结构处理。

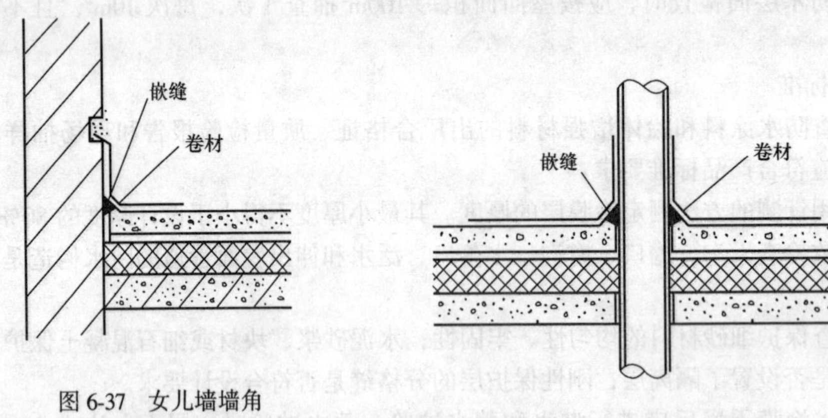

图 6-37 女儿墙墙角防水处理

图 6-38 管道突出屋面防水

4. 隔离层施工

隔离层可选用干铺卷材、砂垫层等。干铺卷材的做法是：在清洁的找平层上铺一层卷材，卷材接缝均匀、牢固，表面涂刷两道石灰水或掺 10% 水泥的石灰浆。

5. 分格缝与钢筋网片

在屋面板支承端处、屋面转折处、防水层与突出屋面结构的交接处应设置分格缝，其纵横缝间距不大于6m。无配筋细石混凝土防水层除在上述部位留置分格缝外，板块中间还应留分格缝，分格缝间距不超过2m，分格缝深度不小于混凝土厚度的2/3，缝宽10～20mm，缝中嵌填密封材料，上面设保护层。

分格缝应做成上宽下窄的形状，分格缝模板安装位置要准确，并拉通线找直、固定。

细石混凝土防水层与女儿墙、山墙交接处施工时，在离墙300mm处留置分格缝，缝内应用玻璃胶或密封材料进行嵌填。

钢筋网片应在分割缝处断开并应弯成90°，绑扎铁丝收口应向下弯，不得露出防水层表面。网片必须放置在细石混凝土中部偏上位置，但保护层厚度应大于10mm。

没有配筋的刚性防水层，应在细石混凝土内掺水泥用量3%的硅质密实剂。板块间必须设置半分格缝或全分格缝。分格缝内分别嵌入7mm厚和20mm厚水乳型丙烯酸建筑密封膏，下部用细砂填充。

6. 防水层的施工

混凝土浇筑应从远至近、由高往低逐格进行，并要确保钢筋不错位，分格板块内的混凝土应一次整体浇筑，不留施工缝。

混凝土的振捣应采用平板振动器，然后用十字交叉来回滚压混凝土表面，直至表面平整、水泥浆泛出。

抹压混凝土时，不得在表面洒水、加水泥浆或撒干水泥，混凝土收水后应进行二次压光。

刚性防水层与山墙、女儿墙交接处，应留宽度为30mm的缝隙，并应用密封材料嵌填；泛水处应铺设卷材或涂膜附加层。

混凝土浇筑12～24h以后进行养护，养护时间不少于14d。

（三）刚性屋面的质量验收

1. 水泥质量的检验及混凝土试块制作

（1）对于进场的水泥，应按水泥的品种、规格、批次进行抽样，检验水泥的质量。

（2）当混凝土运至浇筑地点时，应按照混凝土强度评定的有关规定，取样制作混凝土抗压试块。

2. 屋面坡度及防水层的厚度和结构

刚性防水屋面的坡度应为2%～3%，并为结构找坡。

细石混凝土防水层的厚度不应小于40mm，并应配制有$\phi4\sim\phi6$mm、间距为100～200mm的双向钢筋网片。钢筋网片在分格缝处应断开，其保护层厚度不应小于10mm。

防水层的分格缝应设在屋面板的支承部位，屋面转角处，防水层与突出屋面结构的交接处，并应与板缝对齐。

3. 檐沟、变形缝，突出屋面管道的细部构造

细石混凝土防水与天沟、檐沟、变形缝和突出屋面的防水构造必须符合设计要求。

第七章　建筑安装工程的质量控制

建筑安装工程是一个专业化强的建筑施工项目，它具有安全功能和使用功能质量控制的双重性。对安装工程进行质量控制，就是要采用一定的技术手段和安装工艺，对各项系统与装置进行调试和检测，从而保证安装工程的安全性和使用功能的完善性。

第一节　室内给排水工程的质量控制

建筑给排水工程的质量控制的内容，主要有室内给水系统、室内排水系统、卫生设备、室内热水供应系统安装施工。

一、室内给水管道安装工程质量控制

(一) 室内金属给水管件的安装

1. 测量放线

根据施工图的设计要求进行测量放线，确定管道及管道支架位置，并在结构部位做好标志。

2. 固定设施安装

按不同管径和要求设置相应管卡，位置应准确，埋设应平整，管卡与管道接触紧密。滑动支架应灵活，滑托与滑槽两侧间应留有 3 ~ 5mm 的间隙，纵向移动量应符合设计要求。无热伸长管道的吊架、吊杆应垂直安装；有热伸长管道的吊杆、吊架应向热膨胀的反方向偏移。固定支架、吊架应有一定的强度和刚度。

钢管水平安装的支架、吊架的间距应符合表 7-1 的规定。

钢管管道支架的最大间距（m）　　**表 7-1**

公称直径（mm）		15	20	25	32	40	50	70	80	100	125	150	200	250	300
支架的最大间距	保温管	2	2.5	2.5	2.5	3	3	4	4	4.5	6	7	7	8	8.5
	不保温管	2.5	3	3.5	4	4.5	5	6	6	6.5	7	8	9.5	11	12

铜管垂直或水平安装的支架间距应符合表 7-2 的规定。

铜管管道支架的最大间距（m）　　**表 7-2**

公称直径（mm）		15	20	25	32	40	50	65	80	100	125	150	200
支架的最大间距	垂直管	1.8	2.4	2.4	3.0	3.0	3.0	3.5	3.5	3.5	3.5	4.0	4.0
	水平管	1.2	1.8	1.8	2.4	2.4	2.4	3.0	3.0	3.0	3.0	3.5	3.5

三通、弯头、末端、大中型附件，应设可靠的支架，用作补偿管道伸缩变形的自由臂不得固定。

3. 干管管道安装

(1) 给水铸铁管道安装

清除承接口内侧、插口外侧端头的防腐材料及污物，承插口排列朝来水方向，连接的对口间隙应不小于1mm。

采用水泥接口时，将油麻绳拧成麻花状后用钢钎压入承插口内，然后进行填压灰（采用32.5强度等级的水泥，水灰比为1:9）处理，填压时随填随捣实，直至将承插口填满，并养护48h。

(2) 钢管的弯制

热弯钢管时，弯曲半径应不小于管道外径的3.5倍。冷弯时，应不小于管道外径的4倍；焊接弯头，应不小于管道外径的1.5倍。冲压弯头，应不小于管道外径。

(3) 镀锌管的安装

管道采用螺纹连接时，螺纹的加工精度应达到标准的规定，无断丝或缺丝现象；接口处无生料带、油麻外露现象，丝扣外露2~3扣。

管径在100mm以下的管道宜用法兰连接，法兰应垂直于管子中心线，其表面应相互平行，对接紧密；螺母应在同一侧，螺杆露出螺母的长度应一致，且不大于螺栓直径的1/2；法兰中间的衬垫宜采用橡胶垫，热水供应管则应用橡胶石棉垫。衬垫不得进入管内或突出到管外。

管道穿越结构伸缩缝、抗震缝及沉降缝敷设时，应在墙体两侧采取柔性连接，或在管道或保温层外皮上、下部留出不小于150mm的净空，或在穿墙处做成方形补偿器，水平安装。

室内同时安装有冷、热供水管时，上下应平行，热水管应在冷水管的上面。

(4) 立管的安装

当立管为明装时，每层从上至下统一吊线安装卡件。外露丝扣和镀锌层破坏处刷好防锈漆。立管阀门安装的朝向应便于操作和维修。

当为暗装时，竖井内立管安装的卡件应按设计要求的位置，安装在墙内的立管应在结构施工中预留管槽，立管安装时要吊直找正。

立管管外皮距墙面的间距应符合表7-3的规定。

立管管外皮距墙面的间距（mm）　　**表7-3**

管径（mm）	32以下	32~50	75~100	125~150
间距	20~25	25~30	30~50	60

立管管卡的安装应结合楼层高度进行安装：楼层高度小于或等于5m，每层必须安装1个；楼层高度大于5m，每层不得小于2个。管卡安装高度，距地面应为1.5~1.8m，2个以上管卡应匀称安装，同一房间管卡应安装在同一高度上。

(5) 支管安装

支管明装时如有水表安装，应先装上连接管，进行试压、冲洗合格后在交工前拆下边接管、安装水表。

水表安装在便于检修、不受曝晒、污染、易冻结的地方；明装在管内的分户水表，表外壳距墙表面不得大于30mm，表前后的直线段管长应不大于300mm。

管道嵌墙、直接埋设时，应在砌墙时预留凹槽。凹槽的深度等于 D_e + 20mm，宽度为 D_e + 40 ~ 60mm。凹槽用 M7.5 水泥砂浆填补密实。

管道在楼地面层内直接埋设时，预留的管槽深度不应小于管外径 D_e + 20mm，管槽宽度宜为管外径 D_e + 40mm。

管道穿墙时可预留孔洞，墙管或孔洞内径应为管外径 D_e + 50mm。

室内同时安装有冷、热供水管时，如垂直安装时，热水管应在冷水管面向的左侧。

4. 管道试压

试压管道时，试验压力应为管道系统工作压力的 1.5 倍，且不得小于 0.6MPa。

水压试验前，管道应安装牢固，接头须外露明显，支管不应连接卫生器具配水件。

管道注满水后，排出管内空气，封堵各排气出口，进行严密性检查。

试验时应缓慢升压，升到规定试验压力，10min 内压力降不得超过 0.02MPa，然后降至工作压力检查，压力应不降，且不渗不漏为合格。

5. 管道冲洗、通水试验

管道系统在验收前必须进行冲洗，冲洗水应采用生活饮用水，流速不得小于 1.5m/s。当出水水质与进水水质透明度一致时方为合格。

系统冲洗完毕后应进行通水试验，按给水系统的 1/3 配水点同时开放，各排水点应通畅，接口处无渗漏。

（二）铝塑复合给水管件安装

1. 管道敷设

（1）室内明装

铝塑管道的敷设部位应远离热源，与炉灶距离不小于 400mm；不得在炉灶或火源的正上方敷设水平铝塑管道。

管道不允许敷设在排水沟、烟道及风道内，不允许穿越大小便槽、木装修、壁柜等处；应避免穿越建筑的沉降缝，如必须穿越时应有相应的措施。

（2）管道暗设

直埋敷设的管道外径不应大于 25mm。嵌墙敷设的横管距地面的高度应大于 450mm，且应遵循热水管在上，冷水管在下的原则。

管道嵌墙暗装时，管材应设在凹槽内。凹槽的深度应为 D_e + 20mm，宽度为 D_e + 20 ~ 60mm。

在用水器具集中的卫生间，可以采用分水器配水，并使各支管以最短距离到达各配水点。管道埋地敷设部分严禁有接头。

管道与其他金属管道平行敷设时，应有一定的保护距离，一般净距不宜小于 100mm，且在金属管道的内侧。

D_e 不大于 32mm 的管道，在直埋或非直埋敷设时，均可不考虑管道轴向伸缩补偿。

2. 管道连接

管道连接前，应对材料的外观和接头的配件进行检查，并清除管道和管件内的污垢和杂质。

当采用卡压式时，应用卡钳压紧。

当用螺纹挤压式时，接头与管道之间加塑料密封垫层，采用锥形螺帽挤压形式密封，不得拆卸，它适用于32mm以下管径的管道连接。

铝塑复合管与其他管材、卫生器具金属配件、阀门连接时，可采用带钢内丝或铜外丝的过渡连接、管螺纹连接。

采用卡套连接时，应用于管径32mm以下的管道。连接时，按设计要求的管径和现场复核后的管道长度截断管道，管口端承插面应垂直于管轴线。用专用刮刀将管口处的聚乙烯内层刮为坡口形式，坡角为20°~30°，深度为1~1.5mm。将锁紧螺母、C形紧箍环套在管子上，用整圆器将管口整圆；用力将管芯插入管内，至管口达管芯根部。将C形紧箍环移至距管口0.5~1.5mm处，再将锁紧螺母与管件本体拧紧。

3. 卡架固定

管道安装时，应按不同管径和要求设置管卡或支、吊架，位置应准确，埋设应平整牢固。

所用的管卡应为管材生产厂商配套的产品。

4. 水压试验

水压试验可参读金属管件的水压试验。

（三）PP-R供水管件的安装

供水系统所用的PP-R供水管件，应有质量检验部门的产品合格证，卫生防疫部门的检验合格证，检测单位的检测报告。

管道安装前应测量好管道的坐标、标高、坡度线。

1. 施工质量控制

（1）管道的安装

管道嵌墙、直接埋设时，应在砌墙时预留凹槽。凹槽的深度等于D_e+20mm，凹槽宽度为$D_e+40\sim60$mm，凹槽表面须平整。管道安装固定、试压合格后，用M7.5水泥砂浆填补凹槽。

管道在楼地面层内直接埋设时，预留的管槽深度不应小于D_e+20mm，管槽宽度为D_e+40mm。

管道安装时，不得有轴向扭曲。供水PP-R管道与其他金属管道平行敷设时，应有一定的保护距离，净距离不应小于100mm，且PP-R管宜在金属管道的内侧。

管道穿越楼板时，应设内径为$D_e+30\sim40$mm的硬质套管，套管高出地面20~50mm；管道穿越屋面时，应采取严格的防水措施。

管道敷设穿越墙体时，应配合土建施工设置硬质套管，套管两端应与墙体的装饰面持平。

（2）建筑物埋地引入管和室内埋地管的铺设

建筑物埋地引入管和室内埋地管的铺设应符合下列要求：

室内地坪±0.000以下管道铺设应先铺设至基础墙外壁500mm为止，然后进行室外管道的铺设。室内管道的铺设应在回填土回填夯实后重新开沟，必要时管底可铺设100mm的砂垫层。室内管道的埋深不小于300mm。

管道穿越基础墙时，应设置金属套管。套管顶部与基础墙预留孔的孔顶应有一定的空间距离，该之间的净距应按建筑物的沉降量确定，但不小于100mm。

管道穿越车行道路时，覆土厚度不应小于700mm，达不到此厚度必须采取相应的保护的措施。

(3) 管道的连接

同种材质的PP-R管材和管件之间，应采用热熔连接或电熔连接。熔接时应使用专用的热熔或电熔焊接机具。直埋在墙体内或地面内的管道，必须采用热熔或电熔连接。

PP-R管材与金属管件相连接时，应采用带金属嵌件的PP-R管件作为过渡，该管件与PP-R管材采用热熔或电熔连接，与金属管件或卫生器具的五金配件采用丝扣连接。

管道采用法兰连接时，法兰盘上有止水线的面应相对。连接的法兰应垂直于管道中心线，表面应相互平行。法兰上的衬垫应为耐热无毒橡胶垫。法兰连接时，应使用同规格的螺栓，安装方向应一致，紧固好的螺栓应露出螺母之外，宜平齐，螺栓件应为镀锌件，紧固螺栓时不得产生轴向拉力。法兰连接部位均应设置支架或吊架。

2. 压力试验

冷水管道试验压力为管道系统设计工作压力的1.5倍，但不得小于1.0MPa。

热水管道试验压力应为管道系统设计工作压力的2.0倍，但不得小于1.5MPa。

(四) 室内消防栓系统安装

消防系统的管材、管件及设备应有出厂合格证书，消防专用设备及附件应有“CCC”认证证件。

碳素钢管不得有弯曲、锈蚀、重皮及凹凸不平等；镀锌管管壁内外应镀锌均匀。

管件采用球墨铸铁，要求铸造规矩，表面光洁，无裂纹。阀门开关灵活，关闭严密无渗漏。

1. 施工质量控制

(1) 管道的连接

采用普通钢管时，管道连接方式为焊接连接。采用镀锌钢管时，若管径在100mm以下时，采用丝接；直径大于100mm采用沟槽连接。

(2) 管道的焊接

管道焊接的对口形式，应符合设计要求或表7-4的规定。

手工电弧焊对口形式及接头尺寸 表7-4

接头名称	对口形式	接头尺寸 (mm)			
		壁 厚 T	间 隙 C	钝 边 P	坡口角度 (°) α
管子对接	(图: α, T, P, C)	5~8	1.5~2.5	1~1.5	60~70
V形坡口		8~12	2~3	1~1.5	60~65

管道焊接前，要将两管轴线对中，先将两管端部点焊牢固，管径在100mm以下可焊3个点，管径在150mm以上点焊4个点。

管材壁厚在5mm以上者应对管端焊口部位开坡口，如用气刨加工管道坡口，必须除去坡口表面的氧化皮。

管材与法兰盘焊接，应先将管材插入法兰盘内，点焊2~3点再用直尺找平后方可焊接，其内侧焊缝不得凸出法兰盘密封面。

焊缝不应出现咬边、焊瘤、内凹、过烧、满溢等外观缺陷；并不得在焊缝处焊接支管，安装管架，且不得将焊缝留在墙内。

(3) 螺纹连接

螺纹应清洁、规整，无毛刺和乱丝等质量缺陷。断丝或缺丝应不大于螺纹全部丝扣数的10%。

螺纹连接应牢固，管子螺纹根部应外露螺纹2~3扣。

螺纹连接的填料应均匀附着在管螺纹上，拧紧时不得将填料挤入管内。

(4) 法兰连接

选用法兰时应按照工作压力选用标准法兰。

紧固法兰盘螺栓时应对称进行，紧固好的螺栓外露丝扣应为2~3扣，并不应大于螺栓直径的1/2。

法兰衬垫应采用厚度为3mm的橡胶垫片，垫片要与管道的管径同心。

安装两端带法兰的短管时，应先将短管与法兰点焊，将两端法兰紧固后再将短管与法兰焊接。

(5) 沟槽连接

被加工钢管的断面与管道轴线必须垂直。加工钢管时，钢管与压槽机的力矩应保持在同一直线上。

管箍安装必须卡在沟槽内，沟槽内和管箍接触的部位应光滑。

管道安装后应做红色环标，并标明水流方向。

2. 消防设备安装

(1) 消防水箱安装

消防水箱间的主要通道宽度不小于1000mm；钢板消防水箱四周应设检修通道，其宽度不小于700mm；消防水箱顶部至楼板或梁底的距离不得小于600mm，消防水箱底部距地面高度不小于400mm。

消防水池、消防水箱的溢流管、泄水管不得与生产或生活用的排水系统直接相连。

(2) 消防栓箱的安装

消防栓箱的规格、型号及左右进管，左右开门，暗装、明装形式等应符合设计要求。

消防栓支管与立管的接口要以消防栓阀的坐标、标高定位，箱体找正稳固后再将消防栓阀与支管连接。

明装消防栓箱体时，要按标准图的要求固定箱体，如在轻质隔墙板上架设时，应做固定支架。暗装箱体时应与电气、装修密切配合。

消防栓阀门与启动泵报警按钮应布置在靠近开门的一侧。

(3) 水流指示器的安装

水流指示器应垂直安装在水平管段上侧，标记方向与水流方向一致，前后应有5倍管径长度的直管段。安装后水流指示器的浆片、膜片应动作灵活，电信号输出符合产品参数规定。

信号阀安装在水流指示器前的供水管上，与水流指示器之间距离不小于300mm。

(4) 报警阀组的安装

报警阀组包括有湿式报警阀、预作用报警阀。

报警主阀安装高度，距室内地面1.2m为宜，距两侧墙面的距离大于500mm，报警阀组立式安装其水流方向应与管网水流方向一致，安装报警阀组的室内应有排水设施。

水控制阀门应有明显开、闭标志和可靠的锁定位置。

(5) 喷头安装

安装喷头应用专用工具。不得对喷头进行改动、拆装，严禁给喷头附加任何装饰性涂料。

喷头距墙、柱、顶板、风道、梁的喷距应严格按照设计要求施工。

闭式喷头应进行密封性能试验，无渗漏、无损伤为合格。试验数量应从每批中抽取1%，但不少于5件，试验压力为3.0MPa，试验时间不得少于3min。当有2件及2件以上不合格时，不得使用该批喷头。当仅有1件不合格时，应再抽取2%，但不得少于10件重新进行密封性试验，仍有不合格时，不得使用该批喷头。

3. 试验与调试

(1) 管道强度试验

①管道安装结束后，按设计规定的试验压力分层分系统进行水压试验，一般当系统设计工作压力等于或小于1.0MPa时，水压强度试验压力为设计工作压力的1.5倍，并不小于1.4MPa；当系统设计工作压力大于1.0MPa时，水压强度试验压力应为该工作压力加0.4MPa，但不大于1.6MPa。

②水压强度试验的测试点应设在系统的最低点。向管网注水时，应缓慢升压，系统达到试验压力后，稳压30min，压力降小于0.05MPa且管网无变形为合格。

③水压严密性试验可以和强度试验同时进行，也可以单独进行。与强度试压同时进行时，当强度试压合格后，再将管网水压降到工作压力稳压24h，无渗漏为合格。

④也可采用气压试验。试验时用0.3MPa压缩空气或氮气进行试压，其压力应保持24h，压力降不大于0.01MPa为合格。

(2) 系统通水试验

①待室内消防栓系统安装完成后，应取屋顶层水箱间消防栓及首层取二处消防栓做试射试验，达到设计要求为合格。

试射时，主要试验消防栓栓口静水压力、出水压力及首层消防栓栓口静水压力、出水压力、水枪喷射水柱长度。

②消防水泵以手动启动时，观察水泵运转是否平稳，压力表指示是否平稳准确，各连接点有无漏水，支架、吊架是否牢固。主备泵应做互投试验，消防水泵应在60s内投入正常运行。稳压泵在模拟启动条件应立即起动，达到系统设计压力时，应自动停止运行。

(五) 质量验收标准

1. 室内给水系统的质量验收

(1) 室内给水管道的水压力试验必须符合设计要求。当设计未注明时，各种材质的给水管道系统试验压力均为工作压力的1.5倍，但不得小于0.6MPa。

(2) 给水系统交付使用前必须进行通水试验并做好记录。

(3) 给水引管与排水排出管的水平净距不得小于1m。室内给水与排水管道平行敷设时，两管间的最小水平净距不得小于500mm；交叉铺设时，垂直净距不小于150mm。给水管应铺在排水管上面。若给水管必须铺在排水管下面时，给水管应加套管，其长度不得小于排水管管径的3倍。

(4) 管道及管件焊接的焊缝外形尺寸应符合要求，焊缝高度不得低于母材表面，焊缝与母材应圆滑过渡，不得产生裂纹、未熔合、未焊透或夹渣、弧坑等质量缺陷。

(5) 给水管道和阀门安装的允许偏差应符合表7-5的规定。

给水管道和阀门安装的允许偏差（mm）　　表7-5

项次	项目			允许偏差	检验方法
1	水平管道纵横方向弯曲	钢管	每米	1.0	用水平尺、直尺、拉线检查
			全长25m以上	≯25	
		塑料管 复合管	每米	1.5	
			全长25m以上	≯25	
		铸铁管	每米	2.0	
			全长25m以上	≯25	
2	立管垂直度	钢管	每米	3.0	吊线和尺量检查
			5m以上	≯8	
		塑料管 复合管	每米	2.0	
			5m以上	≯8	
		铸铁管	每米	3.0	
			5m以上	≯10	
3	成排管段成排阀门		在同一平面上间距	3	尺量检查

(6) 给水管道应有2‰～5‰的坡度坡向泄水装置。

(7) 水表应安装在便于维修、不受曝晒、污染和冻结的地方。安装螺翼式水表，表前与阀门应有不小于8倍水表接口直径的直线段。表外壳距墙表面净距为10～30mm；水表进水口中心标高按设计要求，允许偏差为±10mm。

2. 室内消防栓系统的质量验收

(1) 应对消防栓的试射进行检查。

(2) 箱式消防栓的安装应符合下列要求：

阀口应朝外，并不应安装在门轴侧。

消防栓口中心距地面为1.1m，允许偏差为±20mm。

阀门中心距箱侧面为140mm，距箱后内表面为100mm。

消防栓箱体安装的垂直度允许偏差为3mm。

3. 给水设备安装的质量验收

(1) 水泵就位前的基础混凝土强度、坐标、标高、尺寸和螺栓孔位置必须符合设计要求。

(2) 水泵试运转时的轴承温升必须符合设备说明书的规定。

(3) 敞口水箱做满水试验时，静置24h应不渗不漏；密闭水箱或水罐做水压试验时，在试验压力下10min压力应不降，并不渗不漏。

（4）水箱溢流管和泄放管应设置在排水地点附近但不得与排水管直接连接。

（5）立式水泵的减振装置不应采用弹簧减振器。

（6）室内给水设备安装的允许偏差应符合表 7-6 的规定。

室内给水设备安装的允许偏差（mm）　　表 7-6

<table>
<tr><th>项次</th><th colspan="3">项　目</th><th>允许偏差</th><th>检 验 方 法</th></tr>
<tr><td rowspan="3">1</td><td rowspan="3">静置设备</td><td colspan="2">坐　标</td><td>15</td><td>经纬仪或拉线、尺量</td></tr>
<tr><td colspan="2">标　高</td><td>±5</td><td>用水准仪、拉线和尺量</td></tr>
<tr><td colspan="2">垂直度</td><td>5</td><td>吊线和尺量检查</td></tr>
<tr><td rowspan="4">2</td><td rowspan="4">离心式水泵</td><td colspan="2">立式泵体垂直度（每米）</td><td>0.1</td><td rowspan="2">水平尺和塞尺检查</td></tr>
<tr><td colspan="2">卧式泵体水平度（每米）</td><td>0.1</td></tr>
<tr><td rowspan="2">联轴器
同心度</td><td>轴向倾斜
（每米）</td><td>0.8</td><td rowspan="2">在联轴器互相垂直的四个位置上用水准仪、百分表或测微螺钉和塞尺检查</td></tr>
<tr><td>径向位移</td><td>0.1</td></tr>
</table>

（7）管道及设备保温层的厚度和平整度的允许偏差应符合表 7-7 的规定。

管道及设备保温的允许偏差（mm）　　表 7-7

<table>
<tr><th>项次</th><th colspan="2">项　目</th><th>允许偏差</th><th>检 验 方 法</th></tr>
<tr><td>1</td><td colspan="2">厚　度</td><td>$+0.1\delta$
-0.05δ</td><td>用钢针刺入</td></tr>
<tr><td rowspan="2">2</td><td rowspan="2">表面平
整度</td><td>卷　材</td><td>5</td><td rowspan="2">用 2m 靠尺和塞尺</td></tr>
<tr><td>涂　抹</td><td>10</td></tr>
</table>

注：δ 为保温层厚度

二、室内排水管道安装工程质量控制

（一）排水管件安装质量控制

1. 排水干管的安装

安装金属排水管时，将预制好的管段放到已经夯实的回填土上或管沟内，按照水流方向从排出位置向室内顺序排列，并根据施工图纸的坐标、标高调整位置和坡度加设临时支撑，在承插口的位置挖好工作地坑。

在捻口之前，先将管段调直，各立管及首层卫生器具甩口找正，用钢钎把拧紧的表麻打进插口，再将水灰比为 1:9 的水泥捻口灰自下而上地填入，并边填边捣实，灰口凹入承口边缘不大于 2mm。

金属类排水管道坡度应符合设计要求，设计无要求时应符合表 7-8 的规定。

金属类排水管道坡度　　表 7-8

项　次	管径（mm）	标准坡度（‰）	最小坡度（‰）
1	50	35	25
2	75	25	15
3	100	20	12
4	125	15	10
5	150	10	7
6	200	8	5

排水排出管安装时，先检查基础或外墙预埋防水套管尺寸、标高，将洞口清理干净，然后从墙边使用双45°弯头或弯曲半径不小于4倍管径的90°弯头，与室内排水管相连接，再与室外排水管连接，伸到室外。

金属排水管道上的吊钩或卡箍应固定在承重结构上。横管固定件的间距不大于2m；立管固定件的间距应大于3m。楼层高度小于或等于4m时，立管可安装1个固定件。

安装非金属排水管件时，一般采用承插式粘接连接方式。

承插粘接时，将配好的管材与配件先进行试插，使承口插入的深度符合要求，不得过紧或过松；试插合格后，用毛刷涂抹粘胶剂，随即用力垂直插入，插入粘接时将插口转动90°，使粘接分布均匀，约1min即可粘接牢固。如果管上有多个接口时应注意预留口的方向。

埋入地下时，按设计标高、坐标、坡向、坡度开挖槽沟并将基土夯压密实。

管道的坡度应符合设计要求，设计无要求时，应符合表7-9的规定。

生活污水塑料管道的坡度　　**表7-9**

项　次	管径（mm）	标准坡度（‰）	最小坡度（‰）
1	50	25	12
2	75	15	8
3	110	12	6
4	125	10	5
5	160	7	4

用于室内排水的水平管道与各类管道的连接，均应采用45°三通或45°四通和90°斜四通。立管与排出管端部的连接，应采用2个45°弯头或曲率半径不小于4倍管径的90°弯头。通向室外的排水管，穿过墙壁或基础应采用45°三通和90°弯头连接，并应在垂直管段的顶部设置清扫口。

塑料排水管道支架、吊架的间距，应符合表7-10的规定。

塑料排水管道支架、吊架最大间距（m）　　**表7-10**

管径（mm）	50	75	110	125	160
立　管	1.2	1.5	2.0	2.0	2.0
横　管	0.5	0.75	1.1	1.3	1.6

2. 立管的安装

安装排水立管前，应先在顶层立管预留洞口吊线，找准立管中心位置，在每层地面上或墙面上安装立管支架。

安装高层建筑铸铁排水立管时，可采用W型无承插口连接和A型柔性接口。用W型管件连接时，先将卡箍内橡胶圈取下，把卡箍套入下部管道，把橡胶圈的一半套在下部管道的上端，再将上部管道的末端套入橡胶圈，将卡箍卡在橡胶圈的外面。A型柔性接口连接，在插口上画好安装线，一般承插口之间保留5~10mm的空隙，在插口上套入法兰压盖及橡胶圈，橡胶圈与安装线对齐，将插口插入承口内，然后压上法兰压盖，拧紧螺栓。如果A型和W型接口与刚性接口连接时，先把A型、W型管的一端直接插入承口中，用水泥捻口的形式做成刚性接口。

安装塑料排水立管时，首先清理预留的伸缩节，将锁母拧下，取出橡胶圈。立管插入计算好的插入长度时做好标志，然后涂上肥皂液，套上锁母及橡胶圈，将管端插到标志处锁紧螺母。

排水立管管中心距净墙面为100~120mm，立管距离灶边净距不得小于400mm，与供暖管道的净距不得小于200mm，且不得因热辐射导致管外壁温度高于40℃。

管道穿越楼板处为非固定点支承点时，应加设金属或塑料套管，套管内径可比穿越管外径大两号管径，在厕厨间套管高出地面不得小于50mm，在居住间为20mm。

3. 配件的安装

(1) 清扫口的安装

在连接2个及2个以上大便器或3个及3个以上卫生器具的污水横管上应设置清扫口。当污水管在楼板下悬吊敷设时，可将清扫口设在上一层地面上，污水管起点的清扫口与管道相垂直的墙面距离不得小于200mm；若污水管起点设置堵头代替清扫口时，与墙面距离不得小于400mm。在转角小于135°的污水横管上，应设置清扫口。污水横管的直线管段，应按设计要求的距离设置清扫口。安装在地面上的清扫口顶面必须与地面相平。

(2) 检查口的安装

立管检查口每隔一层应设置1个，但在最低层和卫生器具的最上层必须设置。如为两层建筑时，可在底层设置检查口。如为乙字管，则在乙字管上部设置检查口。暗装立管，检查口应安检修门。

埋在地下或地板下的排水管道的检查口，应设在检查井内。井底表面标高与检查口的法兰相平，井底表面应有5%坡度，并坡向检查口。

(3) 伸缩节的安装

排水塑料管必须安装伸缩节，如设计无要求时，伸缩节间距不得大于4000mm。如果立管连接件本身具有伸缩功能的，可不再设伸缩节。

管端插入伸缩节处预留的间隙为：夏季5~10mm；冬季15~20mm。

排水支管在楼板下方接入时，伸缩节应设置于水流汇合管件之下；排水支管在楼板上方接入时，伸缩节应设置于水流汇合管件之上；立管上无排水支管时，管子的任何地方均可设伸缩节；污水横支管超过2000mm时，应设伸缩节。

当层高小于或等于4000mm时，污水管和通气立管应每层设一伸缩节，当层高大于4000mm时，应根据管道设计伸缩量和伸缩节处最大允许伸缩量确定。伸缩节位置应靠近水流汇合管件附近。同时伸缩节有橡胶圈的承口端应逆向水流方向，朝向管路的上流侧。

立管在穿越楼层处固定时，在伸缩节处不得固定；在伸缩节固定时，立管穿越楼层处不得固定。

(4) 透气帽安装

经常上人的屋面，屋面上透气帽应高出屋面净空2000mm，并设置防雷装置；非上人屋面应高出屋面300mm，但必须大于本地区最大积雪厚度。

在透气帽周围4000mm内有门窗时，透帽应高出门窗顶600mm或引向无门窗一侧。

(5) 管道阻火圈或防火套管的安装

立管管径大于或等于110mm时，在楼板贯穿部位应设置阻火圈或长度不小于500mm

的防火套管。

管径大于或等于 100mm 的横支管与暗设立管相连接时，墙体贯穿部位应设置阻火圈或长度不小于 300mm 的防火套管，且阻火套管的明露部分长度不宜小于 200mm。

横干管穿越防火区隔墙时，管道穿越墙体的两侧应设置阻火圈或长度不小于 500mm 的防火套管。

（二）管道安装的质量验收

1. 通球试验

立管、干管和卫生洁具安装后，必须进行通球试验。通球试验时可根据立管直径选择可击碎的小球，球径为管径的 2/3，从立管端投入小球，在干管检查口或室外排水口处观察，小球出现为合格。对干管通球试验时，从干管起始端投入塑料小球，并向干管内通水，在户外的第一个检查井处观察，小球被水冲出为合格。

2. 灌水试验

灌水试验前先将排出管的末端封堵严密，从管道的最高点进行灌水。试验合格后进行验收，然后隐蔽或回填。回土必须分层进行，每层 150mm。灌水高度不低于卫生器具的上边缘或地面高度，满水 15min 水面下降后，再灌满观察 5min，液面不降、管道接口无渗漏为合格。

暗装或铺设于垫层中及吊顶内的排水支管安装完毕后，在隐蔽之前做灌水试验；高层建筑应分区、分段、再分层试验，试验时先打开立管检查口，测量好检查口至水平支管下皮的距离，并做好标记。将胶囊从检查口放入立管之中，到达标记后向气囊充气，然后向立管连接的第一个卫生器具内灌水，灌到器具边沿下 5mm 处，停 15min 后再次将液面灌满，观察 5min 液面不降为合格。

3. 安装允许偏差

（1）室内排水和雨水管道安装允许偏差应符合表 7-11 的规定。

室内排水和雨水管道安装的允许偏差（mm） 表 7-11

<table>
<tr><th>项次</th><th colspan="4">项 目</th><th>允许偏差</th><th>检验方法</th></tr>
<tr><td>1</td><td colspan="4">坐 标</td><td>15</td><td rowspan="14">用水准仪（水平尺）、直尺、拉线和尺量检查</td></tr>
<tr><td>2</td><td colspan="4">标 高</td><td>±15</td></tr>
<tr><td rowspan="12">3</td><td rowspan="12">横管纵横方向弯曲</td><td rowspan="2">铸铁管</td><td colspan="2">每 1m</td><td>≯1</td></tr>
<tr><td colspan="2">全长（25m 以上）</td><td>≯25</td></tr>
<tr><td rowspan="4">钢管</td><td rowspan="2">每 1m</td><td>管径≤100mm</td><td>1</td></tr>
<tr><td>管径＞100mm</td><td>1.5</td></tr>
<tr><td rowspan="2">全长（25m 以上）</td><td>管径≤100mm</td><td>≯25</td></tr>
<tr><td>管径＞100mm</td><td>≯38</td></tr>
<tr><td rowspan="2">塑料管</td><td colspan="2">每 1m</td><td>1.5</td></tr>
<tr><td colspan="2">全长（25m 以上）</td><td>≯38</td></tr>
<tr><td rowspan="2">混凝土管</td><td colspan="2">每 1m</td><td>3</td></tr>
<tr><td colspan="2">全长（25m 以上）</td><td>≯75</td></tr>
<tr><td rowspan="6">4</td><td rowspan="6">立管垂直度</td><td rowspan="2">铸铁管</td><td colspan="2">每 1m</td><td>3</td><td rowspan="6">吊线和尺量检查</td></tr>
<tr><td colspan="2">全长（5m 以上）</td><td>≯15</td></tr>
<tr><td rowspan="2">钢管</td><td colspan="2">每 1m</td><td>3</td></tr>
<tr><td colspan="2">全长（5m 以上）</td><td>≯10</td></tr>
<tr><td rowspan="2">塑料管</td><td colspan="2">每 1m</td><td>3</td></tr>
<tr><td colspan="2">全长（5m 以上）</td><td>≯15</td></tr>
</table>

（2）雨水钢管管道焊接的焊口允许偏差应符合表7-12的规定。

雨水钢管管道焊接的焊口允许偏差 **表7-12**

<table>
<tr><th>项次</th><th colspan="3">项　目</th><th>允许偏差</th><th>检验方法</th></tr>
<tr><td>1</td><td>焊口平直度</td><td colspan="2">管壁厚10mm以内</td><td>管壁厚1/4</td><td rowspan="3">焊缝检验尺和游标卡尺检查</td></tr>
<tr><td rowspan="2">2</td><td rowspan="2">焊缝加强面</td><td colspan="2">高　度</td><td rowspan="2">+1mm</td></tr>
<tr><td colspan="2">宽　度</td></tr>
<tr><td rowspan="3">3</td><td rowspan="3">咬　边</td><td colspan="2">深　度</td><td>小于0.5mm</td><td rowspan="3">直尺检查</td></tr>
<tr><td rowspan="2">长度</td><td>连续长度</td><td>25mm</td></tr>
<tr><td>总长度（两侧）</td><td>小于焊缝长度的10%</td></tr>
</table>

三、卫生器具安装质量控制

（一）卫生器具安装

1. 安装条件

所有与卫生器具连接的管道水压、灌水试验已全部完毕，并已办理了隐检和预检手续。

室内抹灰已施工完毕，水准线已引进房间，地面相对标高线已经弹出。

2. 安装施工

（1）根据土建的+500mm水平控制线、建筑施工图及器具安装高度确定器具安装位置。卫生器具的安装高度应符合表7-13的规定。

卫生器具的安装高度（mm） **表7-13**

<table>
<tr><th rowspan="2">项次</th><th rowspan="2" colspan="4">卫生器具名称</th><th colspan="2">安装高度（mm）</th><th rowspan="2">备　注</th></tr>
<tr><th>居住主公共建筑</th><th>幼儿园</th></tr>
<tr><td rowspan="2">1</td><td rowspan="2" colspan="2">污水盆（池）</td><td colspan="2">架空式</td><td>800</td><td>800</td><td rowspan="5">自地面至器具上边缘</td></tr>
<tr><td colspan="2">落地式</td><td>500</td><td>500</td></tr>
<tr><td>2</td><td colspan="4">洗涤盆（池）</td><td>800</td><td>800</td></tr>
<tr><td>3</td><td colspan="4">洗脸盆、洗手盆（有塞、无塞）</td><td>800</td><td>500</td></tr>
<tr><td>4</td><td colspan="4">盥洗槽</td><td>800</td><td>500</td></tr>
<tr><td>5</td><td colspan="4">浴　盆</td><td>≯520</td><td></td><td></td></tr>
<tr><td rowspan="2">6</td><td rowspan="2">蹲式大便器</td><td colspan="3">高水箱</td><td>1800</td><td>1800</td><td>自台阶面至高水箱底</td></tr>
<tr><td colspan="3">低水箱</td><td>900</td><td>900</td><td>自台阶面至低水箱底</td></tr>
<tr><td rowspan="3">7</td><td rowspan="3">坐式大便器</td><td colspan="3">高水箱</td><td>1800</td><td>1800</td><td>自地面至高水箱底</td></tr>
<tr><td rowspan="2">低水箱</td><td colspan="2">外露排水管式</td><td>510</td><td></td><td rowspan="2">自地面至低水箱底</td></tr>
<tr><td colspan="2">虹吸喷射式</td><td>470</td><td>370</td></tr>
<tr><td>8</td><td>小便器</td><td colspan="3">挂　式</td><td>600</td><td>450</td><td>自地面至下边缘</td></tr>
<tr><td>9</td><td colspan="4">小便槽</td><td>200</td><td>150</td><td>自地面至台阶面</td></tr>
<tr><td>10</td><td colspan="4">大便槽冲洗水箱</td><td>≮2000</td><td></td><td>自台阶面至水箱底</td></tr>
<tr><td>11</td><td colspan="4">妇女卫生盆</td><td>360</td><td></td><td rowspan="2">自地面至器具上边缘</td></tr>
<tr><td>12</td><td colspan="4">化验盆</td><td>800</td><td></td></tr>
</table>

(2) 支架安装

支架在混凝土墙上安装时，用墨线弹出准确坐标，打孔后直接使用膨胀螺栓固定支架。

在砖墙上安装时，用 $\phi20$ 的冲击钻头在已经弹出的坐标点上打出相应深度孔，放入燕尾螺栓，用不小于 32.5 强度等级的水泥捻牢。

在轻质隔墙板上安装时，安装孔应打透墙体，在墙的另一侧增加薄钢板固定，但薄钢板必须嵌入墙内，外表面与建筑装饰面抹平。

(3) 器具的安装

①蹲便器、高低水箱安装

将胶皮套套在蹲便器进水口上，套正后将其紧固。

找出排水口的中心线，并引画至墙面上，用水平尺或线坠找好垂直竖线。

将下水管承口内抹上油灰，蹲便器位置下铺垫白灰膏，然后将蹲便器排水口插入排水管承口内。

用水平尺放在蹲便器上沿口上，纵横双向找平，并使蹲便器进水口对准墙上中心线。

蹲便器安稳后，确定水箱出水口中心位置，向上测量出规定高度。然后根据水箱上的固定孔与给水孔的距离确定固定螺栓的高度，在墙面上做好标志，安装支架及高水箱。

安装多联蹲便器时，应先找出标准地面标高，向上测量好蹲便器需要的高度，用线找平，测量好墙面距离，然后按上述方法逐个进行安装。

多联高低水箱，应按上述做法先安装两边的水箱，然后挂线拉平找直，再安装中间部位的水箱。

②坐便器安装

将坐便器出水口对准预留口放平找正，在坐便器两侧固定螺栓眼孔处做好标志。

在标志处剔出 $\phi20\times60$ 的孔洞，栽入螺栓，使固定螺栓与坐便器吻合。将坐便器排水口及排水管口周围抹上油灰后将坐便器对准螺栓装稳。

③洗脸盆安装

挂式脸盆安装。挂式脸盆主要有两种安装方式，一种是用铸铁支架，另一种是燕尾支架。采用铸铁支架安装时，按照排水管中心在墙面上画出垂直竖线，由地面向上量出规定的安装高度，画出水平线，与垂直竖线形成十字线。根据脸盆的宽度在水平线上做出标志，栽入支架，将活动架的固定螺栓松开，拉出活动架将架钩钩在脸盆下的固定孔内，拧紧盆架的固定螺栓。安装燕尾支架时，按上述方法找出十字线，栽入支架，将脸盆置于支架上找平，然后将架钩钩在脸盆下的固定孔内，拧紧脸盆架的固定螺栓。

柱式脸盆安装。按照排水口中心画出垂直竖线，立好支柱，将脸盆中心对准竖线放在立柱上，找平后在脸盆固定眼位置栽入支架。将支柱在地面位置做好标志，并铺设灰膏，稳定好支柱和脸盆，将固定螺栓加橡胶垫、垫圈将固定螺栓拧紧到适宜程度。将支柱与脸盆接触处，以及支柱与地面接触处用白水泥勾缝抹平。

④小便器的安装

安装挂式小便器时，根据排水口的位置在墙面上画出十字线，再依据小便器尺寸在横线上做好标志，画出上下眼孔的位置。在孔眼位置栽入支架，托起小便器挂在螺栓上，把橡胶垫、垫圈套入螺栓，将螺母拧至松紧适度的程度。将小便器与墙面的缝隙嵌入白水泥膏补齐抹光。

安装立式小便器时，根据排水口位置和小便器尺寸先画出十字线并做好标志，栽入支架。将下水管周围抹上油灰，在立式小便器下铺设水泥、白灰膏为 1∶5 的混合物，将立式便器坐到混合物上找平，与墙面和地面缝隙嵌入白水泥浆抹平抹光。

(4) 给水配件的安装

卫生器具给水配件的安装高度应符合设计要求，如设计无规定时，则应符合表 7-14 的要求。

卫生器具给水配件的安装高度（mm）　　表 7-14

项次	配件名称		配件中心距地面高度	冷热水龙头距离
1	架空式污水盆（池）水龙头		1000	—
2	落地式污水盆（池）水龙头		800	—
3	洗涤盆（池）水龙头		1000	150
4	住宅集中给水水龙头		1000	—
5	洗手盆水龙头		1000	—
6	洗脸盆	水龙头（上配水）	1000	150
		水龙头（下配水）	800	150
		角阀（下配水）	450	—
7	盥洗槽	水龙头	1000	150
		冷热水管上下并行　其中热水龙头	1100	150
8	浴盆	水龙头（上配水）	670	150
9	淋浴器	截止阀	1150	95
		混合阀	1150	—
		淋浴喷头下沿	2100	—
10	蹲式大便器（台阶面算起）	高水箱角阀及截止阀	2040	—
		低水箱角阀	250	—
		手动式自闭冲洗阀	600	—
		脚踏式自闭冲洗阀	150	—
		拉管式冲洗阀（从地面算起）	1600	—
		带防污助冲器阀门（从地面算起）	900	—
11	坐式大便器	高水箱角阀及截止阀	2040	—
		低水箱角阀	150	—
12	大便槽冲洗水箱截止阀（从台阶面算起）		≮2400	—
13	立式小便器角阀		1130	—
14	挂式小便器角阀及截止阀		1050	—
15	小便槽多孔冲洗管		1100	—
16	实验室化验水龙头		1000	—
17	妇女卫生盆混合阀		360	—

注：装设在幼儿园内的洗手盆、洗脸盆和盥洗槽水嘴中心距地面安装高度应为 700mm，其他卫生器具给水配件的安装高度，应按卫生器具实际尺寸相应减少。

（二）卫生器具安装质量验收标准

1. 卫生器具安装的质量验收

（1）排水栓和地漏

排水栓和地漏的安装应平正，低于排水表面，周边无渗漏。地漏水封高度不得小于50mm。

（2）满水和通水试验

器具安装完成后应进行满水和通水试验。试验前应检查地漏是否畅通，分户阀是否关闭，然后按层段分户分房间逐一进行通水试验。试验时临时将排水口封堵，将器具灌满水后检查各连接件是否有渗漏现象；然后打开排水口，排水通畅为合格。

（3）安装允许偏差

卫生器具安装的允许偏差应符合表 7-15 的规定。

卫生器具安装的允许偏差（mm）　　表 7-15

项次	项目		允许偏差	检验方法
1	坐标	单独器具	10	拉线、吊线和尺量检查
		成排器具	5	
2	标高	单独器具	±15	
		成排器具	±10	
3	器具水平度		2	用水平尺和尺量检查
4	器具垂直度		3	吊线和尺量检查

2. 卫生器具给水配件安装质量验收

卫生器具给水配件安装标高的允许偏差应符合表 7-16 的规定。

卫生器具给水配件安装标高的允许偏差（mm）　　表 7-16

项次	项目	允许偏差	检验方法
1	大便器高、低水箱角阀及截止阀	±10	尺量检查
2	水嘴	±10	
3	淋浴器喷头下沿	±15	
4	浴盆软管淋浴器挂钩	±20	

四、室内热水供应系统质量控制

（一）管道及配件安装

1. 安装质量控制

（1）管道安装

采用铜管时，可以采用专用的铜管接头或焊接连接。当管径小于 22mm 时宜采用承插或套管焊接，承口应朝向介质流向；当管径大于或等于 22mm 时应采用对口焊接。铜管切断时，切断面必须与铜管的中心线垂直。

铜管冷压连接时，应采用专用压接工具，管口断面应垂直平整无毛刺，管材插入管件的过程中，密封圈不得扭曲或变形，压接时，卡钳端面应与管件轴线垂直，达到规定压力后再延时 2s 左右。

采用法兰连接时，所用的垫片应为耐温夹布橡胶板或铜垫片，法兰连接应采用镀锌螺栓，对称拧紧。

铜管采用钎焊时，一般焊口采用搭接形式。搭接长度为管壁厚度的 6～8 倍，管道的外径小于或等于 25mm 时，搭接长度为管道外径的 1.2～1.5 倍。当外径不大于 55mm 钎焊时，选用氧-丙烷火焰焊接操作，大于 55mm 的管，可采用氧-乙炔火焰，并均应采用中性火焰焊接。钎焊时铜管与管件间的装配间隙应符合规定。

采用镀锌管安装时，可参考金属给水管道的安装。

(2) 热水管道安装注意事项

当管道穿越墙体或楼板时，均要加装套管及固定支架。安装伸缩器前应做好预拉伸，待管道固定卡件完成后再除去预拉伸的支撑物，其低点应有泄水装置。

热水立管和装有 3 个或 3 个以上配水点的支管始端，以及阀门后面，应按水流方向设置可拆卸的连接活件。热水立管应设管卡，高度距地面 1.5～1.8m。热水支管安装前应核定各用水器具热水预留口的高度、位置。

当冷、热水管上下平行安装时，热水管在冷水管的上方；左右平行安装时，热水管在冷水管的左侧安装，冷、热水管平行及竖向间距宜为 100～120mm。当在卫生器具上安装冷、热水龙头时，热水龙头安装在左侧。

(3) 阀门及安全阀的安装

①阀门的安装

阀门安装前应进行强度和严密性试验，试验时按批次抽查 10%，且不少于 1 个，合格后方准安装。对于安装在主干管上起切断功能的阀门，应逐个试验。

进行强度试验时，试验压力应为公称压力的 1.5 倍，阀体和填料处无渗漏为合格。严密性试验时，试验压力为公称压力的 1.1 倍，阀芯密封面不漏为合格。

阀门试验的持续时间应符合表 7-17 的规定。

阀门试验的持续时间（s） **表 7-17**

公称直径 DN（mm）	最短试验持续时间		
	严密性试验		强度试验
	金属密封	非金属密封	
≤50	15	15	15
65～200	30	15	60
250～450	60	30	180

②安全阀安装

安装的安全阀垂直度应符合要求，发生倾斜时，应校正垂直。

弹簧式安全阀要有提升手把和严禁随意拧动调整螺栓的限定装置。

调校条件不同的安全阀，在热水管道投入试运行时，应及时进行调校。

安全阀的最终调整应在系统上进行，开启压力和回座压力应符合设计规定。

安全阀最终调整合格后，重新进行铅封，并填写《安全阀调整试验记录》。

(4) 管道冲洗

热水供应系统竣工后必须进行冲洗。冲洗时应用自来水连续进行，冲洗时的最大流量应为设计的最大流量，或者以不小于1.5m/s的流速进行冲洗，直到出水口的水色与进水时目测一致为准。

2. 质量验收标准

(1) 管道的试压

热水管道试压为分段试压和系统试压。

试压时，管网注水点应设置在管段的最低点，由低向高将各个用水的管道末端封堵，关闭入口总阀门和所有泄水阀门，打开各分路及主管阀门，水压试验时不连接配水器具。注水时打开系统排气阀，空气排净后将其关闭。

将管道注满水后进行加压，加压采用升压泵，升压时间不小于10min，也不应大于15min。热水供应系统水压试验压力应为系统顶点的工作压力再加0.1MPa，同时在系统顶点的试验压力不小于0.3MPa。

当压力升到规定试验值时停止加压，钢管或复合管道系统在试验压力下10min内，其压力下降不大于0.02MPa，然后将压力降至工作压力进行检查，压力应不降，且不漏不渗即为合格。塑料管道系统在试验压力下稳压1h，压力降不得超过0.05MPa，然后在工作压1.15倍状态下稳压2h，压力降不得超过0.03MPa，连接处不得渗漏。检查全系统，如有漏水则应做好标记进行修理，然后再进行试压，直至合格为止。

(2) 安装允许偏差

管道和阀门安装的允许偏差应符合表7-18的规定。

热水管道和阀门安装的允许偏差（mm）　表7-18

项次	项目			允许偏差	检验方法
1	水平管道纵横方向弯曲	钢管	每米	1.0	用水平尺、直尺、拉线检查
			全长25m以上	≯25	
		塑料管 复合管	每米	1.5	
			全长25m以上	≯25	
		铸铁管	每米	2.0	
			全长25m以上	≯25	
2	立管垂直度	钢管	每米	3.0	吊线和尺量检查
			5m以上	≯8	
		塑料管 复合管	每米	2.0	
			5m以上	≯8	
		铸铁管	每米	3.0	
			5m以上	≯10	
3	成排管段成排阀门		在同一平面上间距	3	尺量检查

(二) 太阳能热水系统的安装控制

1. 安装质量控制

(1) 集热器的安装

在北部地区安装集热器，最佳方位是朝向正南，最大偏移角度不得大于15°。

太阳能集热器安装倾斜角应符合图纸或表 7-19 的要求。

集热器安装技术参数 表 7-19

纬 度	Φ	10°	20°	30°	40°	50°
集热器倾角 β	季节	0°	10°	20°	30°	40°
	全年	20°	30°	40°	50°	60°
前后排距离 S	季节	$\geqslant H$				
	全年	$\geqslant 2H$				

注：H 为集热器高度；季节为 3 季使用；全年为北方可过冬使用。

真空管集热器的安装顺序首先是安装水箱、支架、输水管道，最后再插玻璃真空集热管。在插真空集热管时，首先检查集热管内的密封橡胶圈的安装质量，胶圈上或联集管圆孔边缘上不能粘有聚氨酯或其他污物，密封圈必须放置平整，插集热管前在圈口上涂抹肥皂水。各集热管插入的深度应一致。

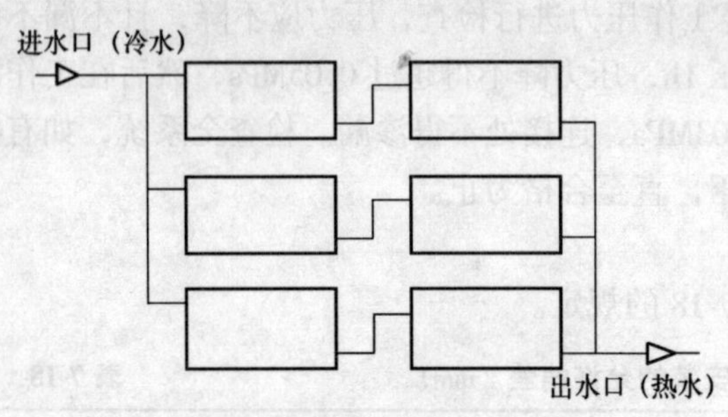

图 7-1 串并联连接方式

太阳能集热器并联连接时，进水口应在一端的管的上部，出水口在另一端的下部，中间各管连接时，顶部对顶部，底部对底部进行连接。

太阳能集热器采用串联连接时，进水口在一端的管的上部，出水口在另一端的下部，中间各管连接时，底部和顶部相联接。

太阳能集热器采用混合方式安装时应符合图 7-1 和图 7-2 所示方法。

大面积热水系统集热器需要采用并联排列方式，将两个以上并联单体上端口用管道联成一体，将下端口也用管道联成一体，形成一个总的对角通路，其具体联接方式见图 7-3 所示。

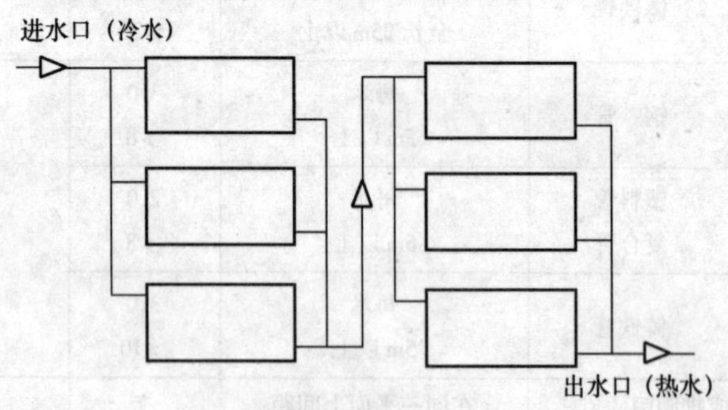

图 7-2 并串联连接方式

集热器安装合格后，必须进行防风加固处理。

(2) 辅助设备安装

①贮热水箱安装

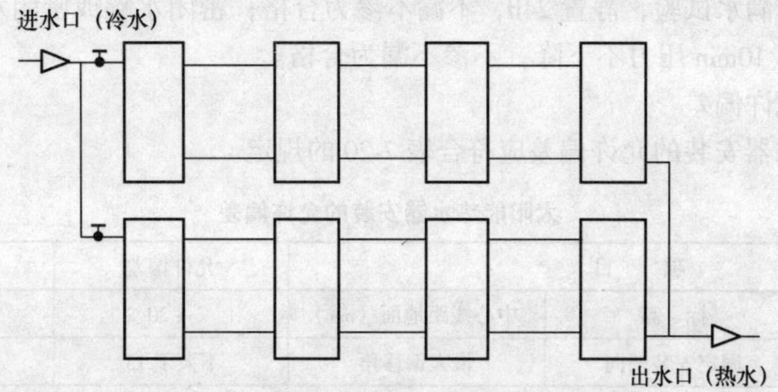

图 7-3　集热器并联排列

上循环管应接到水箱上部，并比水箱顶部低 200mm 左右，但要保证正常循环时淹没在水面以下，能使浮球阀工作正常。下循环管接自水箱下部，出水口宜高出水箱底 50mm 以上。

水箱应设置泄水管、排气管、溢流管和需要的仪表装置。

为保证水的正常循环，贮热水箱底部必须高出集热器最高点 200mm 以上，上下集管设在集热器以外时应高出 600mm 以上。

自然循环的热水箱底部与集热器上集管之间的距离为 300 ~ 1000mm。

②电辅助加热安装

当采用电辅助加热时，电热管应在水箱保温之前安装。在控制装置中，应设漏电保护器，还必须对水箱进行接地保护。电热管安装一般是在水箱下部开孔，将电热管直接插入水箱，电热管与水箱之间应绝缘良好，与水箱的连接部位不能有渗水现象。电辅助加热的控制装置如果安装在屋顶之上，还要采取防雨和防雷保护措施。

(3) 配水管道安装

由集热器上下集管接往热水箱的循环管道，应有不小于 5‰的向上坡度，便于排气。管路最高点应设置通气管或自动排水阀。

管路直线距离较长时，应安装伸缩节，以吸收温度变化产生的胀缩。循环管路最低点应安装泄水阀，每组集热器出水口应加装温度计。

管道的管卡应固定牢固，并有一定的强度，层高在 2500mm 以内的应设 1 个立管支架。

(4) 管路系统的冲洗

热水供给系统的管道冲洗可参阅卫生器具的管道冲洗。

2. 质量验收标准

(1) 水压试验

安装太阳能集热器玻璃之前，应对集热排管和上下集管作水压试验，试验压力为工作压力的 1.5 倍。在试验压力下 10min 内压力不下降，并且不渗不漏为合格。

热交换器应以工作压力的 1.5 倍作水压试验，蒸汽部分应不低于蒸汽供汽压力加 0.3MPa；热水部分应不低于 0.4MPa。在试验压力下 10min 内压力不下降，并不渗不漏为合格。

敞口水箱作满水试验，静置24h，不漏不渗为合格；密闭水罐或密闭水箱应做水压试验，试验压力下10min压力不下降，不渗不漏为合格。

(2) 安装允许偏差

太阳能热水器安装的允许偏差应符合表7-20的规定。

太阳能热水器安装的允许偏差 表7-20

项目			允许偏差	检验方法
板式直管太阳能热水器	标高	中心线距地面（mm）	±20	尺量检查
	固定安装朝向	最大偏移角	不大于15°	分度仪检查

第二节 室内采暖工程质量控制

在本节中，主要介绍室内采暖管道、散热器安装及其质量的控制与验收。

一、室内采暖管道安装质量控制

1. 施工质量控制

(1) 支架、吊架安装

安装吊架时，依据设计要求先放线，定位后再把制作好的吊杆按坡向、顺序依次穿在型钢上。安装托架时也要先画线定位，再装托架。并要保证安装的支吊架准确和牢固。

支架、吊架间距应符合表7-21的规定。

采暖管道支架、吊架间最大间距（m） 表7-21

公称直径（mm）		15	20	25	32	40	50	70	80	100	125	150	200	250	300
支架的最大间距	保温管	2	2.5	2.5	2.5	3	3	4	4	4.5	6	7	7	8	8.5
	不保温管	2.5	3	3.5	4	4.5	5	6	6	6.5	7	8	9.5	11	12

(2) 管套安装

采暖管道穿越墙壁和楼板时，应安装管套，管套内壁应做防腐处理。埋在楼板内的管套，其顶部应高出楼面装饰面20mm，其底部应与板底相平；安置在墙壁内的管套，两端均应与装饰后的墙饰面相平；安装在卫生间、厨房间的管套的顶部应高出装饰面50mm，底面与楼板底部相平。

穿越楼板的管套与管道之间缝隙应用阻燃密实材料和防水油膏嵌填密实，端面光滑；穿墙管套与管道之间的空隙应用阻燃密实材料填实，端面应光滑。

安装管道时，管道接口不准留设在管套内。

(3) 干管安装

干管安装一般是从进户或分路点开始，管径大于或等于32mm时采用焊接或法兰连接，小于32mm的可采用丝接。立干管分支应用方形补偿器连接。

焊接连接时，管道附件及管道的焊缝上，不得开孔或连接支管；管道的对口焊接距离弯管的起弯点不得小于管子外径，且不得小于100mm，焊缝离支架边缘必须大于50mm。

当热水管采用焊接法兰连接时，法兰应垂直于管的中心线，用角尺找正法兰与管子垂直的位置，管端插入法兰，插入的深度应为法兰厚度的1/2。焊接时，法兰的外面均应焊接，法兰内侧的焊缝应凹进密封面。法兰焊接后应清除干清熔渣及毛刺，内孔应光滑，法兰盘面上应平整。法兰在装配连接时，两法兰应相互平行，垫片应采用橡胶石棉板，然后上紧螺栓。

管道从门窗、洞口、梁、柱、墙垛等处绕过，其转角处如高于或低于管道的水平走向，在其最高点或最低点应分别安装排气和泄水装置。

集气罐不得装在门厅和吊顶内。集气罐的进出水口应开在偏下约为罐高的1/3处，进水管不能小于管径的 $DN20$。集气罐排气管应固定牢固，排气管应引至附近厨房、卫生间的水池或地漏处，管口距池底或地面不大于50mm；排气管上的阀门安装高度不得低于2200mm。

系统中设有伸缩器时，安装前应做预拉伸试验，并填写记录表。安装的型号、规格、位置应按设计要求。管道热伸量的计算应按下式计算得出。

$$\Delta L = \alpha L\ (T_2 - T_1)$$

式中　ΔL——管道热伸长量（mm）；

α——管材的线膨胀系数（钢管为0.12mm/m·℃）；

L——管道长度（两固定支架之间的实际长度m）；

T_2——热媒温度（℃）；

T_1——安装施工时的环境温度（℃）。

当管道穿越伸缩缝、沉降缝及抗震缝时，应在墙体两侧采取柔性连接的方法；在管道或保温层外皮上、下部留出不小于150mm的净空间；或者在穿墙处做成方形补偿器，水平安装。

(4) 热水、蒸汽系统管道的做法

蒸汽系统水平安装的管道要有坡度，当坡度与蒸汽流动方向一致时，坡度 $i = 3‰$，当坡度与蒸汽流动方向相反时，$i = 5‰ \sim 1‰$。干管翻身处及末端应设置疏水器。

蒸汽、热水干管的变径：蒸汽供汽管应为下平安装，蒸汽回水管的变径为同心安装，热水管应为上平安装。管径大于 $DN65$mm时，支管距离变径直管焊口的长度为300mm，小于 $DN65$mm时，为200mm。

(5) 立管安装

将立管管卡松开，把管道放入管卡内紧固螺栓，用线坠吊直找正后，把立管管卡固定好。

如果管套是后装入时，应先把管套套在管子上，然后把立管按顺序逐根安装，涂上铅油、缠上麻丝将立管对准接口转动入口。连接时，应认真检查甩口标高、方向等是否准确。

明装的管径小于或等于32mm不保温的采暖双立管道，两管的中心距应为80mm，允许偏差为5mm，送水或送汽管应置于面向的右侧。

干管与立管的连接应有利于热胀冷缩，一般应有2只以上弯头连接，干管上三通不宜直接同立管连接。

(6) 支管安装

支管安装必须满足坡度要求，支管长度超过1500mm和2个以上转弯时应加设支架。立管与支管相交时，32mm以下的立管应煨弯绕过支管。煨弯采用热弯法时，弯曲半径不小于管外径的3.5倍；冷弯时，弯曲半径不小于管外径的4倍。

支管变径时应采用变径管箍进行。

连接散热器的支管坡度，当支管全长小于或等于500mm，坡度值为5mm，大于500mm为10mm，当一根立管接往两根支管时，任其一根超过500mm，其坡度值为10mm。

(7) 配件安装

①补偿器的安装

安装前应检查补偿器是否符合设计要求，安装时用水平尺检查，调整支架，保证安装位置正确、坡度符合要求。方型补偿器可用千斤顶将补偿器的两臂撑开，或用拉管器进行冷拉。预拉伸的焊口应选在距补偿器弯曲起点2000~2500mm，冷拉前应将固定支座固定牢固并对好预拉焊口的间距。方型补偿器预拉长度应按设计要求拉伸，无要求时，为其伸量的1/2。

对于套管补偿器的安装，在安装管道时应预先留出补偿器的安装位置，在管道两端各焊一片法兰盘，焊接时法兰盘要垂直于管道中心线，法兰与补偿器表面相互平行。套管补偿器应安装在固定支架近旁，并将外套管一端朝向管道的固定支架，内套管一端与产生热膨胀的管道相连。为保证补偿器的正常工作，安装时必须保证管道和补偿器中心线一致，并在补偿器前设置2个导向滑动支架。套管补偿器预拉长度应按下列要求：补偿器规格为15mm、20mm的，拉出长度为20mm；规格为25mm、32mm的，长度为30mm；规格为40mm、50mm的，长度为40mm；规格是65mm、75mm的，长度是56mm；当规格为80mm、100mm、125mm，拉出长度为59mm。

波型补偿器安装时，管道两侧应先安装好固定支架，安装管道时将补偿器的位置让出，并在管道两端各焊接一个法兰盘。补偿器安装时，卡架不得固定在波节上，试压时不得超压，不允许径向受力。波型补偿器在工厂均已做预拉伸，如未做的应在现场补做。补做时，作用力应分2~3次逐渐增加，尺量保证各节圆周面受力均匀。拉伸或压缩量的偏差应小于5mm，当拉伸或压缩达到要求数值时，应立即进行固定。

②减压阀的安装

安装减压阀时，减压阀前的管径应与阀体的直径一致，减压阀后的管径可比阀门前的管径大1~2号。

减压阀的阀体必须垂直安装在水平管道上，阀体上的箭头必须与介质流向相一致，减压阀两侧应采用法兰形阀门。

为便于减压阀的调整，阀门前的高压管道和阀后的低压管道上部应安装压力表。阀后低压管道上应安装安全阀，安全阀排气管应接至室外安全地点，其截面不应小于安全阀出口的截面积。

③疏水器安装

疏水器的安装，应尽量靠近用热设备凝结水排出口的下部，并应安装在排水管的最低点。疏水器的进出口要保持水平，阀体箭头应与排水方向相一致，疏水器的排水管径不得小于进水口管径。

疏水器安装应按设计要求设置旁通管、冲洗管、检查管、止回阀和除污器。用汽设施应分别安装疏水器，不得多台设施合用一个疏水器。

④膨胀水箱安装

膨胀水箱应设在供暖系统最高点。

膨胀水箱的膨胀管和循环管道一般应连接在水泵前的回水总管上，循环管、膨胀管不得装设阀门。

2. 质量验收标准

(1) 管道安装坡度

当设计未注明管道安装坡度时，气、水同向流动的热水采暖管道和汽、水同向流动的蒸汽管道及凝结水管道，坡度应为3‰，不得少于2‰；气、水逆向流动的热水采暖管道和汽、水逆向流动的蒸汽管道，坡度不应小于5‰；散热器支管的坡度为1%，并坡向利于排气和泄水的方位。

(2) 平衡阀及调节阀

平衡阀及调节阀的型号、规格、公称压力及安装位置应符合设计要求，安装完成后应根据系统平衡要求进行调试并做出标志。

(3) 管道安装允许偏差

管道安装的允许偏差应符合表7-22的规定。

采暖管道安装的允许偏差　表7-22

<table>
<tr><th>项次</th><th colspan="4">项　目</th><th>允许偏差</th><th>检验方法</th></tr>
<tr><td rowspan="4">1</td><td colspan="2" rowspan="4">横管道纵、横方向弯曲（mm）</td><td rowspan="2">每1m</td><td>管径≤100mm</td><td>1</td><td rowspan="4">用水平尺、直尺、拉线和尺量检查</td></tr>
<tr><td>管径>100mm</td><td>1.5</td></tr>
<tr><td rowspan="2">全长（25m以上）</td><td>管径≤100mm</td><td>≯13</td></tr>
<tr><td>管径>100mm</td><td>≯25</td></tr>
<tr><td rowspan="2">2</td><td colspan="2" rowspan="2">立管垂直度（mm）</td><td colspan="2">每1m</td><td>2</td><td rowspan="2">吊线和尺量检查</td></tr>
<tr><td colspan="2">全长（25m以上）</td><td>≯10</td></tr>
<tr><td rowspan="4">3</td><td rowspan="4">弯管</td><td colspan="2" rowspan="2">椭圆率 $\frac{D_{max}-D_{min}}{D_{max}}$</td><td>管径≤100mm</td><td>10%</td><td rowspan="4">用外卡钳和尺量检查</td></tr>
<tr><td>管径>100mm</td><td>8%</td></tr>
<tr><td colspan="2" rowspan="2">折皱不平度（mm）</td><td>管径≤100mm</td><td>4</td></tr>
<tr><td>管径>100mm</td><td>5</td></tr>
</table>

二、散热器组对及安装质量控制

(一) 散热器的质量要求

(1) 散热辐射板和铸铁、钢制散热器的型号、规格必须符合设计要求，散热设备及材料必须有出厂合格证。

(2) 散热器安装前进行外观质量检查时，必须符合如下规定：

铸铁散热器片不得有裂纹和砂眼，接口表面应平整，上下接口应在同一平面上，接口的内螺纹必须完整无损。

铸铁翼型散热器的翼片应保持完整，每片的掉翼数量为：60型散热器顶部掉翼数，只允许一个，其长度不得大于50mm。侧面掉翼数，不得超过两个，其累计长度不得大于

200mm。圆翼型散热器掉翼数，不得超过两个，其累计长度不得大于翼片周长的1/2。

串片型散热器，散热肋片完好，松动的片数不得超过总肋片数的3%。

（二）散热器及辅助设备安装的质量控制

1．散热器单组试压

散热器组对后，以及整组出厂的散热器在安装之前应作水压试验。试验压力如果设计无要求时应为工作压力的1.5倍，但不小于0.6MPa，在2~3min内，压力不降并且不渗不漏为合格。

试压时打开进水阀门向散热器内注水，同时打开放气门，排净空气，待水满后关闭放气门。

2．支架或托架安装

（1）柱型带足式散热器固定卡安装

15片以下的双片数散热器的固定卡位置，从地面到散热器总高的3/4处画水平线，与散热器中心线相交，并在交点处画出记号，此点向外移1/2散热片厚度，将固定支架植入。16片以上的，应设2个固定卡，高度还是3/4的水平线与中心的线交点，从散热器两端向内4~6片的地方将固定支架植入。

（2）挂装柱型散热器

安装挂装柱型散热器支架时，托架高度按设计要求从散热器的距离地面高度向上返45mm画出水平线。托架的水平位置采用画线尺确定。画出托架安装位置的中心线，然后确定固定卡的高度。其高度是从托架中心线向上返散热器总高度的3/4。

3．散热器的安装

根据散热器的安装位置及高度，在墙面上画出安装中心线。

散热器背面中心与装饰后的墙内表面的安装距离应根据散热器的产品要求、设计去确定，如无要求时为30mm。

水平安装的圆翼型散热器，当用热水采暖时，两端应使用偏心法兰；蒸汽采暖时，回水必须使用偏心法兰。散热器与管道的连接，必须安装可拆卸的活动连接件。

安装在外墙内窗台板下的散热器，散热器中心要对准窗口中心线，凡不装窗框的，应以窗口两边窗间墙计算。

（三）室内采暖系统质量验收标准

1．组对后的平直度允许偏差

散热器组对应平直紧密，组对后的平直度应符合表7-23的规定。

组对后散热器平直度允许偏差（mm） **表7-23**

项次	散热器类型	片　数	允许偏差	检　验　方　法
1	长翼型	2~4	4	拉线和尺量
		5~7	6	
2	铸铁片式 钢制片式	3~15	4	
		16~25	6	

2．组对散热器垫片

组对散热器时所用的垫片应为成品件，组对后垫片外露不应大于1mm。散热器垫片材质无设计要求时，应采用耐热橡胶。

3. 支架或托架

散热器的支架、托架安装，位置应准确，埋设应牢固。散热器支架、托架数量应符合设计、产品说明书要求和表7-24的规定。

散热器的支架、托架数量　　表7-24

项次	散热器型式	安装方式	每组片数	上部托架或卡架数	下部托架或卡架数	合计
1	长翼型	挂墙	2~4	1	2	3
			5	2	2	4
			6	2	3	5
			7	2	4	6
2	柱型 柱翼型	挂墙	3~8	1	2	3
			9~12	1	3	4
			13~16	2	4	6
			17~20	2	5	7
			21~25	2	6	8
3	柱型 柱翼型	带足落地	3~8	1	—	1
			9~12	1	—	1
			13~16	2	—	2
			17~20	2	—	2
			21~25	2	—	2

4. 散热器安装允许偏差

散热器安装允许偏差应符合表7-25的规定。

散热器安装允许偏差（mm）　　表7-25

项次	项目	允许偏差	检验方法
1	散热器背面与墙内表面距离	3	尺量检查
2	与窗中心线或设计定位尺寸	20	尺量检查
3	散热器垂直度	3	吊线和尺量检查

5. 同间高度

同一房间内散热器的安装高度、距地面高度应符合设计要求，设计无要求时，一般不低于150mm。

三、金属辐射板安装质量控制

（一）材料质量控制

辐射板上部所用的带铝箔的绝热层厚度为40mm，导热系数为0.04W/（m·k），密度为$25kg/m^3$。

吊顶辐射板外表面应有一层聚酯涂层，辐射板的内表面应有保护性涂层。

集液管和导流管的端头为直径32mm的高精度钢管，表面刷保护性涂层。

盖板为0.5mm厚，两面进行钢氧化浸渍镀锌，外涂RAL9010环氧聚酯涂层的钢板。

（二）施工质量控制

1. 核对及弹线

核对管道坐标、标高、排列是否正确；清理楼板顶面，弹线安装吊卡。

2. 模块组装

对于可组装的长度为2m、3m、4m、6m，宽度为320mm的辐射板基本模块，根据设计要求先在地面进行组装，模块之间采用卡压或螺扣固定。通过卡压或螺扣连接将集液管与吊顶辐射板模块连接在一起，将预先喷涂好的盖板卡压在辐射板的连接处。

根据组装好的辐射板的宽度，切割同样宽度的带铝箔的绝热保温板。切割完成后将其平铺在辐射板上，并将绝热材料两侧固定于辐射板卷边内，接缝处用铝箔封合。

3. 辐射板的安装

辐射板吊装前，必须对组装好的单体辐射板进行试压，合格后再进行吊装。

在安装时，如果辐射板的两个固定轴间距较长，应在固定钢骨与连接处之间焊接一个辅助轴。

为了简便，也可以不采用辅助轴，可将辐射板间连接头略微向上倾斜。

固定连接件安装完成后，在不带任何负荷情况下，带活节悬挂件应当处于垂直状态。如果屋顶为非平顶时，应用带斜面角的偏螺母进行补偿找正。

（三）试验及质量验收

1. 水压试验

（1）试验前的检查

灌水试验前，应检查全系统管路、阀件、管套等连接质量，各类连接处应无遗漏。

检查试压用压力表的灵敏度是否合格，并且，试压阀门管道应全部打开，试验管段与非试验管段连接处应予以隔断。

（2）水压试验

试验时，应分层、分回路进行水压试验，然后再系统连通调试。待水灌满后，关闭排气阀和进水阀。

打开连接加压泵的阀门，开动电动加压泵或手动加压泵向管路加压，观察压力表逐渐升高的情况。当无其他情况产生时，方可缓慢加压，系统加压一般分2~3次，每次升至设计要求的试验压力。

试压过程中，用试验压力对管道进行预先试压，其延续时间应不少于10min，然后将压力降至工作压力，进行全面外观检查，对漏水或渗漏的接口做出记号进行返修处理。

系统各分支回路试压完毕后应进行水压冲洗，以放出清水为合格。

2. 质量验收标准

（1）辐射板安装前应做水压试验，如设计无要求时试验压力为工作压力1.5倍，但不得少于0.6MPa。

（2）水平安装的辐射板应有不小于5‰的坡度坡向回水管。

（3）辐射板管道及带状辐射板之间的连接，应使用法兰连接。

四、低温热水地板辐射采暖系统的安装

(一) 材料质量要求

1. 管材

管材的的外径、最小壁厚及允许偏差，应符合相关标准要求。

管材以盘管方式供货时，其长度不得少于100m/盘。

管材的内外表面应光滑、清洁，不允许有分层、针孔、裂纹起皮等质量缺陷。

2. 管件

管件与螺纹连接部分配件的本体材料，应为锻造黄铜。使用PP-R管做为加热管时，与PP-R管接触的连接件表面应镀镍。

管件的螺纹应完整，如有断丝和缺丝，不得大于螺纹全丝扣数的10%。

3. 绝热板材

所用的聚苯乙烯泡沫塑料板材的密度不应小于20kg/m^3；导热系数不应大于0.05W/(m·K)；压缩应力不应小于100kPa；氧指数不应小于32；吸水率不应大于4%。

(二) 施工质量控制

1. 绝热板材铺设

绝热板表面应清洁、无破损，在楼地面铺设应为错缝铺，并设平整、搭接严密。绝热板拼接紧凑间隙10mm，板接缝处全部使用胶带粘结，胶带宽度40mm。

房间周围边墙、柱的交接处应设绝热板保温带，其高度要高于细石混凝土回填层。

当房间面积较大时，应以6000mm×6000mm留伸缩缝，缝宽为10mm。并应用厚度10mm的绝热板立放于伸缩缝处，高度与细石混凝土层平齐。

2. 绝热板材加固层的施工

当采用低碳钢丝网时，钢丝网规格不大于200mm×200mm，在采暖间满布，并接处应绑扎连接。

伸缩缝处的钢丝网不能断开，铺设应平整，无脱刺及边角翘曲。

3. 加热盘管敷设

加热盘管在钢丝网上面敷设时，管长应根据工程上回路长度来定尺寸，一个回路尽可能用同一盘管。

结合设计要求，事先将管的轴线位置用墨线弹在绝热板上，确定标高，设置管卡，按管的曲率半径≥10管外径计算管的下料长度，其尺寸偏差控制在±5%以内。

加热管固定点的间距弯头处间距不大于300mm，直线段间距不大于600mm。在通过门口、跨越伸缩缝时，应加装套管，套管长度≥150mm，内部应填保温材料。

4. 分水器、集水器的安装

分水器、集水器安装可在加热管敷设前安装，也可在敷设管道回填细石混凝土后与阀门、水表一起安装。安装必须平直，牢固，在细石混凝土回填前安装需做水压试验。

水平安装时，一般宜将分水器安装在上，集水器安装在下，中心距离应为200mm，且集水器中心离地面不小于300mm。当垂直安装时，分水器、集水器下端距离地面不小于150mm。

加热管始末端露出地面至连接配件的管段，应设置在硬质套管内。

5. 细石混凝土敷设层

加热管系统试压合格后方能进行细石混凝土层的回填施工。

在通过门口、跨越沉降缝时宜镶嵌双玻璃条做分格处理。

细石混凝土填充时，应在盘管不小于0.4MPa加压压力状态下铺设，回垫层凝固后方可泄压。

细石混凝土到达初凝时应进行二次压光，并应保湿养护14d以上。

(三) 质量检验标准

1. 水压试验

水压试验之前应对试压管道和构件采取安全有效地固定和养护措施。

水压试验时，经分水器缓缓注水，同时使管道内空气排出。充满水后，进行水密性检查。

采用手动泵缓慢加压，加压时间不得少于15min。

升至规定试验压力后，停止加压1h，观察有无漏水现象。

稳压1h后，补压至规定试验压力值，在15min内的压力降不超过0.05MPa无渗漏者为合格。

2. 系统调试

将热源引至机房，通过恒温罐及采暖水泵向系统管网供水。调试阶段，应在系统供热起始温度为常温的25~30℃范围内运行24h，然后缓慢逐步提升，每24h提升不得超过5℃，并在38℃恒定一段时间，随着室外温度不断降低再逐步升温，直至达到设计水温，并调节每一通路水温达到正常范围。

3. 质量验收标准

(1) 地面下敷设的盘管埋地部分不应有接头。盘管隐蔽前必须进行水压试验，试验压力为工作压力的1.5倍，但不少于0.6MPa。稳压1h内压力降不大于0.05MPa且不渗不漏。

(2) 加热盘管弯曲部分不得出现硬折弯现象，曲率半径应符合下列规定：

塑料管时，不应小于管道外径的8倍；复合管时，不应小于管道外径的5倍。

(3) 分水器、集水器型号、规格、公称压力及安装位置、高度应符合设计要求。

(4) 加热盘管管径、间距和长度应符合设计要求。间距偏差不大于±10mm。

(5) 防潮层、防水层、隔热层及伸缩缝应符合设计要求。

(6) 填充层强度等级应符合设计要求。

五、室内采暖系统水压试验及调试

(一) 系统试压

1. 系统试压前的检查

系统试压前，应全面检查、核对已安装好的管道、管件、阀门、紧固件及支架等质量是否符合设计要求及有关技术规范的规定。

试压前应安装2块经校验合格的压力表，并应有铅封。压力表满刻度应为被测压力最大值的1.5~2倍。压力表的精度等级不应低于1.5级。

2. 水压试验压力

当采暖系统安装完毕后及管道保温前应进行水压试验，试验压力应符合设计或下列要求求：

(1) 蒸汽、热水采暖系统，应从系统顶点工作压力加 0.1MPa 作为水压试验压力，同时在系统顶点的试验压力不小于 0.3MPa。

(2) 高温热水采暖系统，试验压力应为系统顶点工作压力加 0.4MPa。

采用塑料管及复合管的热水采暖系统，应以系统顶点工作压力加 0.2MPa 作水压试验。同时系统顶点的试验压力不小于 0.4MPa。

3. 强度及严密性试验

先关闭系统最低点的泄水阀，打开各分路进水阀和系统最高点的排气阀，接通水源向系统注水，空气排净后关闭排气阀。

系统加压应分段进行，第一次先加压到试验压力的 1/2，检查无异常时再继续升压。一般分 2~3 次升到试验压力。

当压力达到试验压力时保持规定时间和允许压力降，强度试验合格。

然后把压力降至工作压力进行严密性试验，对管道进行全面检查，无渗漏现象为严密性试验合格。

(二) 系统冲洗

1. 热水采暖系统

系统清洗应在试压后进行。

热水系统清洗可用洁净的水进行。如果管道分支较多时，可分段冲洗。冲洗时应以系统内可能达到的最大压力和流量进行，流速不应小于 1.5m/s。冲洗至排出的水与注入水量相同为止。

2. 蒸汽系统冲洗

蒸汽采暖系统采用蒸汽吹洗较好，也可采用压缩空气进行。吹洗时，除把疏水器卸掉以外，其他程序与热水系统冲洗相同。

(三) 系统通热调试

1. 调试的内容

(1) 系统压差调试

压差调试也称为压力平衡调试。主要是调节测定供水回水的压力差，要求各环路的压力、流量、流速达到基本均衡一致。

(2) 系统温差调试

这种调试也称温度平衡调试。主要调节测定系统供水回水的温差。要求供水回水的温差不能大于 20℃，这样就必须通过调试，使温差达到 15~20℃左右。

系统最理想的供水温度为 75~85℃左右，回水温度 55~65℃，如果系统回水温度低于 55℃，就不能保证房间内的温度。

(3) 房间温度调试

对房间温度的调试，主要是调节测定各房间的实际温度，如居室设计温度为18±2℃，经调节后测定在此范围内即认为满足设计温度要求。

2. 调试程序及方法

采暖系统调试分为初步调试和试运行调试两个阶段。

(1) 初步调试

初步调试是为了保证各环路平衡运行的调节。通过调节各干、立、支管上的阀门，使各环路上的阻力、流量达到平衡。调节时观察各管路、散热器、各入口处的温差、压差是否正常。

(2) 试运行调试

这种调试是根据室外气候条件的变化而改变，采用质调节、量调节和间歇调节的方法。

采用改变供水温度和流量的方法，使其与室内的条件相适应。

采用间歇调节的方法，使其与室外的条件相适应。

调试的最终结果，是室内的实际温度和设计温度相适应。

第三节 通风与空调工程质量控制

通风与空调设备的主要功能是排除生活房间或生产车间的余热、余湿、有害气体和灰尘等，并送入按一定参数处理过的新鲜空气，创造出舒适的生活和生产环境。在这节中，只重点介绍风管系统的安装、通风空调设备安装、空调制冷系统安装等质量控制，其他工程的质量控制可参看其他有关的技术规定和验收要求。

一、风管系统安装的质量控制

(一) 风管质量验收

通风管道规格的验收，风管以外径或外边长为准，风道以内径或内边长为准。

1. 金属通风管板材的厚度

(1) 钢板通风管板材厚度

钢板通风管板材的厚度应符合表7-26的规定。

钢板通风管板材的厚度（mm） **表7-26**

类别 / 直径及边长尺寸	圆形风管	矩形风管		除尘系统风管
		中、低压系统	高压系统	
$D\ (b) \leqslant 320$	0.5	0.5	0.75	1.5
$320 < D\ (b) \leqslant 450$	0.6	0.6	0.75	1.5
$450 < D\ (b) \leqslant 630$	0.75	0.6	0.75	2.0
$630 < D\ (b) \leqslant 1000$	0.75	0.75	1.0	2.0
$1000 < D\ (b) \leqslant 1250$	1.0	1.0	1.0	2.0
$1250 < D\ (b) \leqslant 2000$	1.2	1.0	1.2	按设计
$2000 < D\ (b) \leqslant 4000$	按设计	1.2	按设计	

注：1 螺旋风管的钢板厚度可适当减小10%～15%。

2 排烟系统风管钢板厚度可按高压系统。

3 特殊除尘系统风管钢板厚度应符合设计要求。

4 不适用于地下人防与防火隔墙的预埋管。

(2) 不锈钢板风管板材厚度

高、中、低压系统不锈钢板风管板材厚度应符合表7-27的规定。

高、中、低压系统不锈钢板风管板材厚度（mm） 表7-27

风管直径或长边尺寸 b	不锈钢板厚度	风管直径或长边尺寸 b	不锈钢板厚度
$b \leqslant 500$	1.0	$630 < b \leqslant 2000$	2.0
$500 < b \leqslant 630$	1.5	$2000 < b \leqslant 4000$	按设计

(3) 铝板风管板材厚度

高、中、低压系统铝板风管板材厚度应符合表7-28的规定。

高、中、低压系统铝板风管板材厚度（mm） 表7-28

风管直径及边长尺寸 b	铝 板 厚 度	风管直径及边长尺寸 b	铝 板 厚 度
$b \leqslant 320$	1.0	$630 < b \leqslant 2000$	2.0
$320 < b \leqslant 630$	1.5	$2000 < b \leqslant 4000$	按设计

2. 非金属风管的厚度

(1) 硬聚氯乙烯圆形风管板材厚度

中、低压系统硬聚氯乙烯圆形风管板材的厚度应符合表7-29的规定。

(2) 硬聚氯乙烯矩形风管板材厚度

硬聚氯乙烯圆形风管板材的厚度（mm） 表7-29

风管直径 D	板材厚度	风管直径 D	板材厚度
$D \leqslant 320$	3.0	$630 < D \leqslant 1000$	5.0
$320 < D \leqslant 630$	4.0	$1000 < D \leqslant 2000$	6.0

中、低压系统硬聚氯乙烯矩形风管板材的厚度应符合表7-30的规定。

硬聚氯乙烯矩形风管板材的厚度（mm） 表7-30

风管长边尺寸 b	板材厚度	风管长边尺寸 b	板材厚度
$b \leqslant 320$	3.0	$800 < b \leqslant 1250$	6.0
$320 < b \leqslant 500$	4.0	$1250 < b \leqslant 2000$	8.0
$500 < b \leqslant 800$	5.0		

(3) 有机玻璃钢风管板材厚度

中、低压系统有机玻璃钢风管板材厚度应符合表7-31的规定。

有机玻璃钢风管板材厚度（mm） 表7-31

圆形风管直径 D 或矩形风管长边尺寸 b	壁 厚	圆形风管直径 D 或矩形风管长边尺寸 b	壁 厚
D（b）$\leqslant 200$	2.5	$630 < D$（b）$\leqslant 1000$	4.8
$200 < D$（b）$\leqslant 400$	3.2	$1000 < D$（b）$\leqslant 2000$	6.2
$400 < D$（b）$\leqslant 630$	4.0		

(4) 无机玻璃钢风管板材厚度

中、低压系统无机玻璃钢风管板材厚度应符合表7-32的规定。

无机玻璃钢风管板材厚度（mm） 表7-32

圆形风管直径 D 或矩形风管长边尺寸 b	壁 厚	圆形风管直径 D 或矩形风管长边尺寸 b	壁 厚
D（b）≤300	2.5~3.5	1000<D（b）≤1500	5.5~6.5
300<D（b）≤500	3.5~4.5	1500<D（b）≤2000	6.5~7.5
500<D（b）≤1000	4.5~5.5	D（b）>2000	7.5~8.5

（5）无机玻璃钢风管玻璃纤维布厚度

中、低压系统无机玻璃钢风管玻璃纤维布厚度与层数应符合表7-33的规定。

无机玻璃钢风管玻璃纤维布厚度与层数（mm） 表7-33

圆形风管直径 D 或矩形风管长边 b	风管管体玻璃纤维布厚度		风管法兰玻璃纤维布厚度	
	0.3	0.4	0.3	0.4
	玻璃纤维布层数			
D（b）≤300	5	4	8	7
300<D（b）≤500	7	5	10	8
500<D（b）≤1000	8	6	13	9
1000<D（b）≤1500	9	7	14	10
1500<D（b）≤2000	12	8	16	14
D（b）>2000	14	9	20	16

3. 风管的强度

风管的强度应能满足在1.5倍工作压力下接缝处不开裂。

（二）施工质量控制

风管在安装前，应按照设计图纸并参照土建基准线确定风管安装的标高、位置、走向，并放出安装定位线。

1. 支架、吊架安装

（1）支架的敷设

风管管道沿墙壁和柱子敷设时，应采用支架。

在砖墙上敷设支架时，应先测量风管标高。根据标高检查预留孔是否符合要求。安装支架时，先在预留墙孔内填塞一部分1:2水泥砂浆，并将支架埋入。埋设支架时应用水平尺调整水平，并用水泥砂浆填实。

在柱子或混凝土墙上敷设支架时，可将支架焊接在预埋铁件上，或采用膨胀螺栓安装支架。

（2）吊架的安装

采用吊架时，多用于楼板或桁架下面的敷设。

矩形风管的横担多用角钢制作，风管较重时也可采用槽钢。横担上穿吊杆的螺孔距离，应比风管宽40~50mm。

单吊杆应安装在风管的中心线上；双吊杆应按照横担上的螺孔间距及风管中心线对称安装。

(3) 支吊架的间距

支吊架的间距应符合表 7-34 的规定。

支架吊架的间距（mm） **表 7-34**

风管直径或长边尺寸 b/mm	水平安装间距	垂直安装间距	薄钢板法兰风管安装间距	螺旋风管安装间距
$b \leqslant 400$	≤4	≤4	≤3	≤5
$b > 400$	≤3	≤4	≤3	≤3.75

风管支吊架的预埋件应牢固可靠、位置正确，埋入部分应去除油污，并不得涂漆。

保温风管的支吊架位置，宜放在保温层外部，为防止保温风管与支吊架的接触，应在该部位垫上隔热防腐材料，其保温厚度与保温层相同。

支架吊架不宜设置在风口、阀门、检查门及自控机构处，离风口或插接管的距离不宜小于 200mm。

当水平悬吊的主、干风管长度超过 20m 时，应设置防止摆动的固定点，每个系统不应少于 1 个。

2. 风管的安装

(1) 风管的组配

直风管与三通、弯头等配件预组装时，应把法兰安装在直风管一端，另一端留待施工现场按实际尺寸调整后，再装上法兰。并应将直风管和各种部件按照加工草图进行编号，做好对正记号，还应按设计要求的位置开好温度孔和风压测量孔。

(2) 风管法兰连接

风管管段的连接长度，应按风管的壁厚、法兰与风管的连接方法、安装部位和吊装方式等因素确定，一般可接长至 10~12m 左右。

采用法兰连接的风管，其密封垫料应符合表 7-35 的要求。

风管连接好后，以两端法兰为准，拉线检查风管连接是否平直。

风管的法兰面应与风管中心垂直，两相对的法兰连接面应相互平行、严密，螺栓应紧固，螺栓的外露长度应一致，同一管段的法兰螺母均在同一侧。

法兰垫料选用表 **表 7-35**

应用系统	输送介质	垫料材质及厚度（mm）		
一般空调系统及送风、排风系统	温度低于 70℃ 的洁净空气或含尘含湿气体	密封胶带	软橡胶带	闭孔海绵橡胶板
		3	2.5~3	4~5
高温系统	温度高于 70℃ 的空气或烟气	石棉绳	耐热橡胶板	
		$\phi 8$	3	
化工系统	含有腐蚀性介质的气体	耐酸橡胶板		
		2.5~3		
洁净系统	有净化等级要求的洁净空气	橡胶板	闭孔海绵橡胶板	
		5	5	
塑料风管	含腐蚀性介质	软聚氯乙烯板		
		3~6		

不锈钢风管法兰连接所用的螺栓，宜用同材质的不锈钢制作，如用普通碳素钢材料时，表面必须进行镀铬或镀锌处理。

铝板风管法兰连接采用镀锌螺栓，并在法兰两侧垫镀锌垫圈。

(3) 风管其他方式的连接

承插式连接：主要用于圆形风管的连接，应按气流方向把小口插入大口之中，并用自攻螺丝或拉铆钉将其紧密固定。

芯管式连接：这也用于圆形风管的连接。这种连接是先制作连接芯管，然后插入两侧风管，再用自攻螺丝或拉铆钉将其紧密固定。

抱箍式连接：这也用于圆形风管的连接。连接时，将两风管对正，套上抱箍并拧紧固定螺栓。

咬口式连接：主要用于矩形风管的连接，翻边或套上包边后压紧，采用拉铆钉或铆钉固定。

软管式连接：主要用于风管与部件的连接。安装时，软管两端套在连接的管外，然后用特制软卡把软管箍紧。柔性短管安装不得歪斜、扭曲和变形，与设备相连接时松紧适宜。安装在风机吸入口柔性短管应绷紧些，以免减少吸入管的截面积。

(4) 风管的安装

对于较重的风管吊装时可采用滑轮起吊。当风管起吊离地 300mm 左右时，应停止起吊，检查滑轮的受力点和所绑扎的麻绳与绳扣。无误后继续起吊至安装高度，将风管放在支架或吊架上后连接横担，确认风管稳固后再解去起吊绳子。

如果风管质量较轻、安装高度不是很高时，可直接抬放到支架或吊架上。

输送产生凝结水或含有蒸汽潮湿空气的风管，应按设计要求的坡度安装。风管底部不宜设置纵向接缝，如有接缝时应作密封处理。

风管安装位置应正确，在同一室内的风口应对称，标高要一致，矩形风口应做到横平顺直，明露于室内部分与室内线条应平行成一直线，风口表面应平整，并与墙平齐。

风管穿出屋面外应设置防雨罩。穿出屋面超过 1500mm 的立管应设拉索固定，拉索不得固定在风管的法兰上，严禁拉在避雷针或避雷网上。

钢板风管与砖、混凝土风道的插接应顺气流方向，风管插入端与风道表面应平齐，并应进行密封处理。

可伸缩性金属或非金属软风管的长度不宜超过 2000mm，并不得有死弯或塌凹。

硬聚氯乙烯风管的安装，其法兰垫料宜采用 3 ~ 5mm 的软聚氯乙烯板或耐酸橡胶板，连接法兰的螺栓应加钢制垫圈；风管穿墙或楼板处应设防护套；支管的质量不得由干管承受；风管上所用金属附件和部件，应按设计要求做防腐处理；直线段连接长度大于 20m 应设置伸缩节。

风管安装后，应进行如下检查：水平安装的风管，可以用吊架上的调节螺栓来调整水平。有保温垫块的风管允许用垫块的厚薄来稍许调整。当风管出现扭曲时，只能用重新装配法兰的办法来调整。风管的水平或坡度应用水平尺检查。风管连接的平直状况用拉线的方法检查，垂直风管用吊线的方法检查。水平风管一般以 10m 为一个检查段，垂直风管可按每层为一个检查段。

3. 通风部件安装

(1) 阀门的安装

安装时将风阀的法兰与风管或设备上的法兰相对正，加密封垫片并拧紧螺栓。安装时应注意风阀的开闭方向。

阀件的调节装置应安装在便于操作的部位。

安装在高处的风阀，其操纵装置应距地面或平台1～1.5m。

输送灰尘和粉屑的风管，不应使用蝶阀，可采用密闭式斜插板阀。斜插板阀应顺气流方向与风管成45°角，在垂直管道上的插板阀以45°角逆气流方向安装。

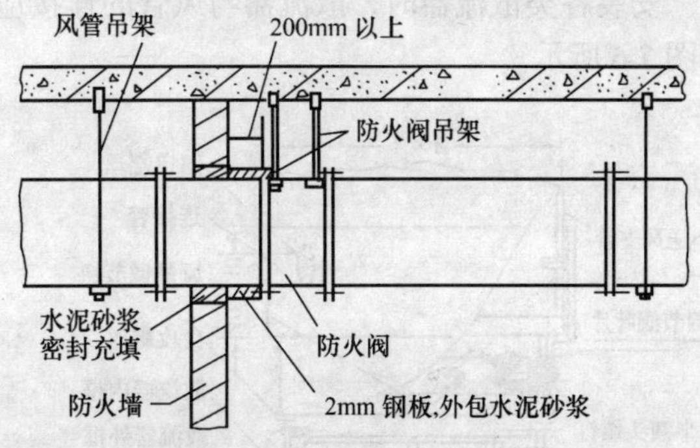

图7-4　风管水平方向穿过防火墙时阀门安装

安装分支管的风量调节阀时，应特别注意调节阀所处的位置。

余压阀应安装在洁净室的墙壁下方，应保证阀体与墙壁连接后的严密性，而且注意阀板的位置处于洁净室的外墙，并应注意阀板的平整和重锤调节杆不受撞击变形，使重锤调整灵活可靠。

安装在过墙处的防火阀，应设套管，并且安装防火阀时应设单独支架固定。风管水平方向穿过防火墙时阀门安装如图7-4，风管垂直方向穿过防火区楼板时阀门安装如图7-5所示。

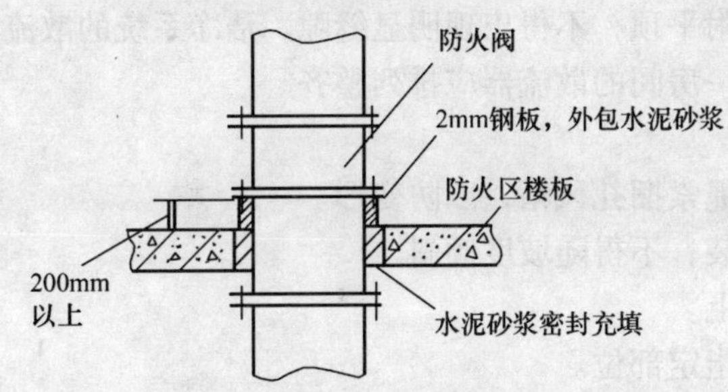

图7-5　风管垂直方向穿过防火区楼板时阀门安装

(2) 风口安装

风口安装前，应对风口进行验收，其尺寸允许偏差应符合表7-36的规定。

风口尺寸允许偏差（mm）　　表7-36

圆形风口			
直　径	≤250		>250
允许偏差	0～-2		0～-3
矩形风口			
边长	<300	300～800	>800
允许偏差	0～-1	0～-2	0～-3
对角线长度	<300	300～500	>500
对角线长度之差	≤1	≤2	≤3

安装百叶式风口时，百叶式风口必须插镶入风管内，并与风管或木框连接。侧装的百叶式风口应与墙面或风管侧面平齐，风口边框的密封填料应均匀压紧，装好后的风口应横平竖直。附顶或在风管底部安装的风口应排列整齐。附顶安装时应紧贴平顶，无明显缝隙。同一房间的侧送风口应在同一标高，附顶或在风管底部安装的风口应在同一直线上。

安装各类散流器时，散流器与风管的连接应有适当的伸缩量，以便于调节安装距离，如图 7-6 所示。

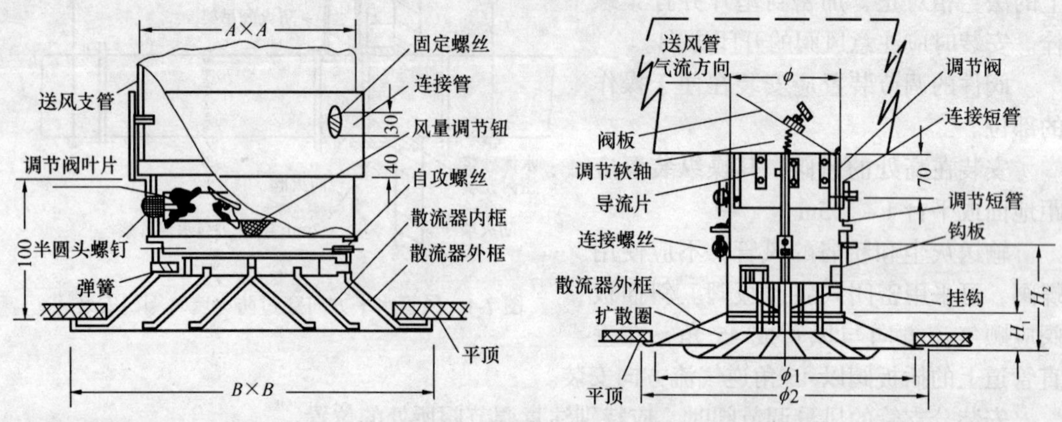

图 7-6　散流器安装图

散流器在平顶下安装，扩散圈必须紧附平顶，不得出现明显缝隙。洁净系统的散流器与吊平顶之间的缝隙应用密封膏封闭。同一房间的散流器应排列整齐。

(3) 风帽安装

吊装风帽时应采取保护措施，不得用绳索捆扎风帽，以防变形。

安装在坡屋面上时，风帽必须垂直安装，不得随坡度倾斜。

旋转风帽必须转动灵活，重心在轴线上。

筒形风帽下设滴水盘时，水管应接到指定部位。

风帽装设高度高出屋面 1.5m 时应设置拉索，拉索应不少于 3 根，拉索可加花篮螺栓拉紧。

(三) 风管系统严密性检验

1. 严密性检验的基本规定

低压系统风管的严密性检验采用抽检，其抽检率为 5%，但不能少于 1 个系统。在加工工艺保证的前提下可采用漏光法检测。检测不合格时，应按规定的抽检率做漏风量检测。

中压系统风管的严密性检验，应在漏光法检测合格后，对系统漏风量进行抽检，抽检率为 20%，但不能少于 1 个系统。

高压系统风管的严密性检验，全部为漏风量测试。

严密性检验中被抽检的系统，若全数合格，则认为通过；如有不合格时，则应加倍检验，直至全数合格。

2. 漏光法检测

系统风管的检测以总管和干管为主。

漏光法检测时，应采用具有一定强度的安全光源。手持移动光源可采用不低于 100W 带有保护罩的低压照明灯，或其他低压光源。

系统风管漏光检测时，光源可置于风管内侧或外侧，但其相对侧应为黑暗环境。检测光源应沿着被检测接口部位与接缝处作缓慢移动，在另一侧进行观察，当发现有光线射出，则说明查到了明显漏风处，并应做好记录进行返修处理。

当采用漏光法检测系统的严密性时，低压系统风管以每 10m 接缝，漏光点不大于 2 处，且 100m 接缝平均不大于 16 处为合格；中压系统风管每 10m 接缝，漏光点不大于 1 处，且 100m 接缝平均不大于 8 处为合格。

如果漏光检测中发现有条缝形漏光，应作密封处理。

3. 漏风量测试

漏风量测试应采用风管式漏风量测试装置或风室漏风量测试装置。

正压或负压系统风管与设备的漏风量测试，分正压试验和负压试验两大类，一般采用正压条件下的测试来检验。

系统漏风量测试可以整体或分段进行。测试时，被测系统的所有开口均应全部封闭，不得有漏风现象。

风管的漏风量应符合下列要求：

矩形风管的允许漏风量为：低压系统风管 $Q_L \leqslant 0.1056P^{0.65}$；中压系统风管 $Q_M \leqslant 0.0352P^{0.65}$；高压系统风管 $Q_H \leqslant 0.0117P^{0.65}$。其中的 Q_L、Q_M、Q_H 是指系统风管在相应工作压力下，单位面积风管在单位时间内的允许漏风量［m^3/（h·m^2）］，这里的 P 是指风管系统的工作压力（Pa）。

漏风量的测定值一般为规定测试压力下的实测数值。特殊条件下，也可用相近或大于规定压力下的测试代替，其漏风量可用下式换算得出：

$$Q_o = Q\ (P_o/P)^{0.65}$$

式中　P_o——规定试验压力，500Pa；

Q_o——规定试验压力下的漏风量［m^3/（h·m^2）］；

P——风管工作压力（Pa）；

Q——工作压力下的漏风量［m^3/（h·m^2）］。

二、通风与空调设备安装质量控制

（一）材料质量控制

（1）到场设备、配件应与清单相一致，设备及其零、部件不得有变形、损坏、锈蚀、错乱或丢失。所有设备、材料、名称、型号和规格应与图纸要求相一致。

（2）所有设备应具有出厂合格证书等相关质量证明文件，进口设备还应具有商检合格的证明。

（3）风机盘管、诱导器设备的结构型式、安装形式、出口方向、进水位置应符合设计要求及安装要求。

（4）除尘器应有产品合格证，其型号、规格及尺寸必须符合设计要求。

（5）消声器应具有出厂合格证明或质量鉴定文件，并经现场检查，质量合格。消声器的名称、型号和规格应符合设计要求，并标明气流方向。

（二）施工质量控制

1. 通风机安装质量控制

通风机安装前应进行检查。检查的内容主要有：根据装箱清单，核对叶轮、机壳和其他部位的主要尺寸、进风口、出风口的位置是否与设计相符合；叶轮的转向是否符合设备技术文件的规定；是否有锈蚀、变形、碰伤等缺陷，进风口、出风口是否有盖板严密遮盖。

风机的基础、各部分尺寸应符合设计要求。如为预埋螺栓时，预埋螺栓的位置应正确，预埋螺栓的尺寸应符合风机螺栓孔与孔之间的尺寸，螺栓直径应和风机螺孔相适应；若为预留孔，灌浆前应清理孔内杂物；固紧螺栓时，应采用防松措施。通风机的机轴应保持水平，与电机采用联轴节连接时，两轴的中心线应在同一直线上；若以皮带传动时，两轴中心线应平行。叶轮旋转应平稳，经多次停转检查，停转后不应停留在同一位置之上。

通风机传动装置的外露部位以及直通大气的进口、出口，必须设置防护罩或防护网，或采用其他的安全设施。

离心式风机找正时，径向位移不应超过 0.025mm，倾斜不应超过 0.2/1000。

立式轴流式风机的水平偏差不应超过 0.1/1000，用水平仪在轮毂上测量，传动轴与电动机轴的同心度，径向位移不应超过 0.2‰。

通风机安装的允许偏差应符合表 7-37 的规定。

通风机安装的允许偏差　　表 7-37

项次	项　目		允许偏差	检　验　方　法
1	中心线的平面位移		10mm	经纬仪或拉线和尺量检查
2	标　高		±10mm	水准仪或水平仪
3	皮带轮轮宽中心平面位移		1mm	在主、被动轮端面拉线和尺量检查
4	传动轴水平度	纵　向	0.2/1000	在轴或皮带轮 0°和 180°的两个位置上，用水平仪检查
		横　向	0.3/1000	
5	联轴器	两轴芯径向位移	0.05mm	在联轴器互相垂直的四个位置上，用百分表检查
		两轴线倾斜	0.2/1000	

2. 空调机组的安装

(1) 一般装配式空调安装

表面式换热器在规定期间内外表面无损伤时，安装前可不做水压试验，否则应做水压试验。水压试验时，试验压力等于系统最高工作压力的 1.5 倍，且不低于 0.4MPa，试验时间为 2～3min，压力不得下降。

对多套空调机组安装前，应将段体进行编号，切不可将段位互换调错。段体的排列顺序应与图纸相吻合。

从空调机组的一端开始，逐一将段体安装就位。加热段与相邻段体间应采用耐热材料作为垫片。

喷淋段连接处要严密、牢固可靠。喷淋段的检视门不得漏水。积水槽应清理干净，凝结水管应设置水封，水封高度根据机外余压确定。

安装后的空调机组静压为 700Pa 时，漏风率不大于 3%；空气净化系统机组，静压为 1000Pa，在室内洁净度低于 1000 级时，漏风率不应大于 2%；洁净度高于或等于 1000 级时，漏风率不应大于 1%。

(2) 整体式空调机组的安装

空调机组安装时，坐标、位置应正确。基础表面平整，一般应高出地面100~150mm。

空调机组加减振装置时，应严格按设计要求的减振器型号、数量和位置进行安装。

水冷式空调机组的冷却水系统、蒸汽、热水管道及电气、动力与控制线路的安装，必须由取得上岗资质的人员进行。

(3) 单元式空调机的安装

窗式空调器的安装：其支架的固定必须牢固可靠，并应设遮阳、防雨措施，但不得妨碍冷凝器的排风。安装时，其凝结水盘应有坡度，出水口设置在水盘的最低处。安装后，其面板应平整，用密封条将四周封闭严密。机器运转应无明显的振动和噪音。

水冷柜式空调机的安装：机组安装应平稳，冷却水管连接应严密，不得产生渗露现象，并应按设计要求设置排水坡度。

分体式空调机的安装：安装位置应正确，目测呈水平状，凝结水的排放应畅通。制冷剂管道连接应严密无渗露。穿过的墙孔必须进行密封处理。

(4) 空气处理室安装

金属空气处理室各段的组装，应平整牢固，连接严密，位置正确，喷淋段不得渗水。空气喷淋段检查门不得漏水。凝结水的引流管或槽应畅通，凝结水不准外溢。

预埋在砖、混凝土空气处理室的供、回水短管，应焊方形肋板，管端应配制法兰及丝口，距处理室墙面为100~150mm。

表面式热交换器的散热面应保持清洁、完整、无碰坏和堵塞；表面式热交换器凡具有合格证明，并在技术文件规定的期限内，外表无损伤时，安装前可不作水压试验，否则应作水压试验，试验压力等于系统最高工作压力的1.5倍，同时不得小于400kPa，水压试验的观察时间为2~3min，压力不得下降。表面式热交换器与围护结构的缝隙，以及表面式热交换器之间的缝隙，应用耐热材料堵严。

(5) 空气过滤器和消声器的安装

安装空气过滤器的框架端面和过滤器的刀口端面应平直，端面平整度的允许偏差每只不应大于1mm。过滤器与框架之间应填密封垫料，垫料的厚度为6~8mm，将其定位粘贴在过滤器的边框上，用榫形或梯形拼接。

安装过滤器时，外框上的箭头应与气流方向一致，用波纹板组合的过滤器在竖向安装时，波纹板必须垂直于地面。过滤器与框架之间的连接严禁渗漏、变形、破损和漏胶等现象。

静电过滤器的安装应平稳，与风管或风机相连接的部位设柔性短管，接地电阻应在4Ω以下。

消声器经组装后检验合格方能进行安装。消声器安装时应设单独支架固定，支架、吊架的型式应根据重量及安装位置的不同合理选择。消声片单体安装，固定端不得松动，片距均匀，并且有方向要求的消声器应按箭头方向安装，风管与消声器组对时不得强迫对口。

(6) 风机盘管、诱导器的安装

风机盘管和诱导器应逐台进行通电试验检查。机械部分不得摩擦，电气部分不得漏电。

风机盘管和诱导器应逐台进行水压试验，试验强度为工作压力的1.5倍，压力稳定后观察 2~3min，不渗不漏为合格。

暗装卧式的风机盘管、诱导器应由支、吊架固定牢固。

诱导器水管接头方向和回风面朝向应符合设计要求，立式双面回风诱导器，应将靠墙一面留出 50mm 空间以利回风。诱导器出风口和回风口的百叶格栅，其有效的通风面积不应小于 80%。

冷热媒水管与风机盘管、诱导器连接可采用钢管或紫铜管，接管应平直。凝结水管应柔性连接，软管长度不大于 300mm，并用专用箍具紧固严密，不漏不渗，坡度正确。

风机盘管、诱导器同冷热媒管道连接，应在管道系统冲洗，排污合格后进行。

(7) 除尘器的安装

①除尘器安装时，位置应正确、牢固而平稳，进出口方向须符合设计要求。除尘器安装的允许偏差应符合表 7-38 的规定。

除尘器安装的允许偏差（mm）　　表 7-38

项次	项目		允许偏差	检验方法
1	平面位移		≤10	用经纬仪或拉线、尺量检查
2	标高		±10	用水准仪、直尺、拉线和尺量
3	垂直度	每米	≤2	吊线和尺量检查
		总偏差	≤10	

②现场组装的静电除尘器的安装，还应符合设备技术文件及下列规定：

阳极板组合后的阳极排平面度允许偏差为 5mm，其对角线允许偏差为 10mm；阴极小框架组合后主平面的平面度允许偏差为 5mm，其对角线允许偏差为 10mm；阴极大框架的整体平面度允许偏差为 15mm，整体对角线允许偏差为 10mm；阳极板高度小于或等于 7m 的电除尘器，阴、阳极间距允许偏差为 5mm。阳极板高度大于 7m 的电除尘器，阴、阳极间距允许偏差为 10mm。

③现场组装布袋除尘器的安装应符合下列要求：

外壳应严密、不漏，布袋接口应牢固；分室反吹袋式除尘器的滤袋安装，必须平直。每条滤袋的拉紧力应保持在 25~35N/m，与滤袋连接接触的短管和袋帽应无毛刺；机械回转扁袋袋式除尘器的旋臂，转动应灵活可靠，净气室上部的顶盖，应密封不漏气，旋转应灵活，无卡阻现象；脉冲式除尘器的喷吹孔，应对准文氏管的中心，同心度允许偏差为 2mm。

(8) 空气净化设备的安装

①吹淋室的安装。带有通风机的气闸室、吹淋室与地面间应有隔振垫；机械式余压阀的安装，阀体、阀板的转轴均应水平，允许偏差为 2‰。余压阀的安装位置应在室内气流的下风侧，并不应在工作面高度范围内；传递窗的安装，应牢固、垂直，与墙体的连接处应密封。

安装吹淋室时，应注意下列事项：

安装设备的地面应水平、平整，使设备保持纵向垂直，横向水平；

设备与围护结构连接的接缝，应配合土建施工做好密封处理；

设备的机械、电气连锁装置，应处于正常状态；

吹淋室内的喷嘴角度，应按要求的角度调整好。

②装配式洁净室的组装。成套设备的开箱，应在清洁的室内进行。装配前要严格检查配件和材料的规格和质量。

装配式洁净室的安装，应在装饰工程完成后的室内进行。室内空间必须清洁、无积尘。施工安装时，应首先进行吊挂、锚固件等与主体结构和楼面、地面的联结件的固定。

地面面层必须干燥、平整，其不平整度不应大于1‰。洁净室地面结构应根据空气流动形式来决定。对于垂直平行气流的洁净室地面，一般采用栅铝合金地板，而对于水平平行气流和紊乱气流洁净室则要采用塑料贴面地板。铺贴板材时，先从中间开始，向四周铺设，每两块板材之间要留1~1.5mm间隙作为焊缝位置。焊接前应用丙酮将焊缝处理干净。

洁净室的顶板和壁板应为不燃烧材料；壁板应垂直安装，底部宜采用圆弧或钝角交接；安装后的壁板之间、壁板与顶板之间的拼接缝，应平整严密，墙板的垂直允许偏差为2/1000，顶板水平的允许偏差与每个单间的几何尺寸的允许偏差均为2/1000。

装配式洁净室的安装缝隙，必须用密封胶密封。

③高效过滤器的安装。高效过滤器采用机械密封时，须采用密封垫料，其厚度为6~8mm，并定位贴在过滤器边框上，安装后垫料的压缩应均匀，压缩率为25%~50%；采用液槽密封时，槽架安装应水平，不得有渗漏现象，槽内无污物和水分，槽内密封液高度为2/3槽深。密封液的熔点宜高于50℃。

④换热器的安装。安装板式换热器时，要将其接口与其风管正确相接，防止接错。送、排风机与板式换热器的连接方法应正确无误；转轮式换热器安装的位置、转轮旋转方向及接管应正确，运转应平稳。热管换热器安装时，为提高其热效率，在安装新送风管和排风管时，应使两侧气流为逆流形式，并要充分保证凝结水能畅通无阻地排掉，同时用软管连接换热器风管，以控制设备安装的倾斜度。

三、空调制冷系统的安装

1. 制冷设备的安装

制冷设备在安装之前，应根据设备清单、说明书和必要的装配图和其他技术文件，核对型号、规格以及全部零件、部件、附属材料及专用工具；检查主体和零部件等部件表面有无缺损和锈蚀；检查设备充填的保护气体有无泄漏，油封是否完好。

设备基础达到设计强度的85%，表面平整、位置、尺寸、标高、预埋孔洞及预埋件等均应符合要求。

安装的机身纵横向水平度不应大于0.2‰。

制冷机的辅助设备，单体安装前必须吹污，并保持内壁清洁。辅助设备安装位置正确，各管口必须畅通；卧式冷凝器、管壳式蒸发器和贮液器，应坡向于集油的一端，其倾斜度为1‰~2‰。

直接膨胀的表面式冷却器，表面应保持清洁，安装时空气与制冷剂应呈逆向流动。冷却器四周的缝隙应堵严，凝结水排除必须畅通。

冷却塔安装时，应平稳牢固；冷却塔的出水管口及喷嘴的方向和位置应正确，布水应均匀。有转动布水器的冷却塔，其转动部分必须灵活，喷水出口宜向下与水平呈30°夹角且方向一致，不应垂直向下。

2. 制冷系统管道安装

液体管道不得向上安装成“Ω”形，气体管道不得向下安成“℧”形；液体支管引出时，必须从干管底部或侧面接出；气体支管引出时，必须从干管顶部或侧面接出。有两根以上的支管从干管引出时，连接部位应相互错开，间距不应少于2倍支管直径，且不小于200mm。

制冷机与附属设备之间的制冷剂管道的连接，其坡度与坡向应符合设计要求或者表7-39的规定。

制冷剂管道坡度与坡向 **表7-39**

管道名称	坡　向	坡　度
压缩机吸气水平管（氟）	压缩机	≥10/1000
压缩机吸气水平管（氨）	蒸发器	≥3/1000
压缩机排气水平管	油分离器	≥10/1000
冷凝器水平供液管	贮液器	（1~3）/1000
油分离器至准凝器水平管	油分离器	（3~5）/1000

燃油管道系统必须设置可靠的防静电接地装置，其管道法兰应采用镀锌螺栓连接或在法兰处用铜导线进行跨接，且接合良好。

燃气系统管道与机组的连接不得使用非金属软管。燃气管道的吹扫和压力试验应为压缩空气或氮气，严禁用水。当燃气供气管道压力大于0.005MPa时，焊缝的的无损检测的执行标准应按设计规定。当设计无规定时，且采用超声波探伤时，应全数检测，以质量不低于Ⅱ级为合格。

氨制冷系统管道不得采用铜或铜合金材料，管内不得镀锌。氨系统的管道焊缝应进行射线照相检验，抽检率为10%，以质量不低于Ⅲ级为合格。当采用超声波代替射线检验时，以不低于Ⅱ级为合格。

输送乙二醇溶液的管道系统，不得使用内镀锌管道及配件。

铜管管道支架、吊架的型式、位置、间距及管道安装标高应符合要求，连接制冷机的吸、排气管道应设单独支架；管径小于等于20mm的铜管道，在阀门处应设置支架；管道上下平行敷设时，吸气管应在下方。

制冷剂管道弯管的弯曲半径不应小于3.5倍管道直径，其最大外径与最小外径之差不应大于0.08倍管道直径，且不应使用焊接弯管。制冷剂管道分支管应按介质流向弯成90°弧度与主管连接，不宜使用弯曲半径小于1.5倍管道直径。

采用承插钎焊焊接连接的铜管，其插接深度应符合表7-40的规定，承插的扩口方向应迎介质流向。当采用套接钎焊焊接连接时，其插接深度应不小于承插连接的规定。

承插式焊接的铜管承口的扩口深度表（mm） **表7-40**

铜管规格	*DN*15	*DN*20	*DN*25	*DN*32	*DN*40	*DN*50	*DN*65
承插口的扩口深度	9~12	12~15	15~18	17~20	21~24	24~26	26~30

采用对接焊缝组对管道的内壁应齐平，错边量不大于0.1倍壁厚，且不大于1mm。

3. 阀门的安装

(1) 压力试验

阀门安装前应进行强度试验和严密性试验。强度试验使压缩空气从阀体的一端充入，另一端封闭。试验压力为阀门公称压力的 1.5 倍，时间不得少于 5min，如无渗漏现象为合格；严密性试验压力为阀门公称压力的 1.1 倍，持续时间 30s 不漏为合格。

(2) 阀门的安装

浮球阀、电磁阀及浮球式液面指示器等，安装前应做单体动作灵敏度的试验，并检验其密封性。浮球阀的安装高度应使其水平中心线与所控制设备的液面相平，浮球阀的安装如图 7-7 所示。

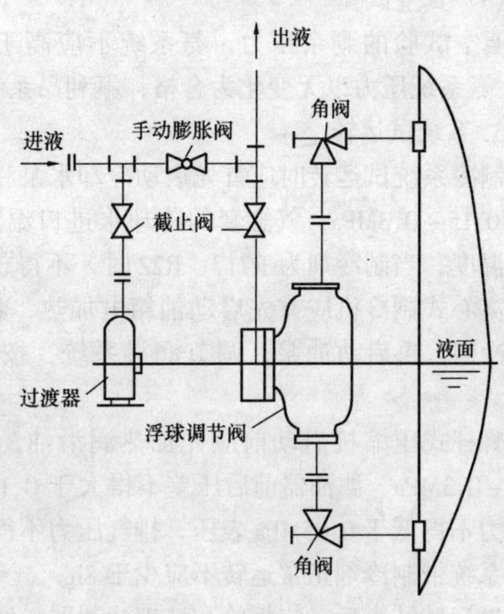

图 7-7　浮球阀的安装

电磁阀、调节阀、热力膨胀阀、升降式止回阀等的阀头均应向上；热力膨胀阀的安装位置应高于感温包，感温包应装在蒸发器末端的回气管上，与管道接触良好。

水平管道上的阀门的手柄不应朝下；垂直管道上的阀门手柄应朝向便于操作的地方。

安全阀安装前应检查铅封及出厂合格证，并不得随意拆卸。安全阀应垂直安装在便于检修的位置，其排气管的出口应朝向安全地带，排液管应装在泄水管上。

4. 系统的吹污及气密性试验

(1) 系统的吹污

吹污前应选择在系统的最低点设排污口，采用压力为 0.6MPa 的干燥压缩空气或氮气进行吹扫。如果系统过长，也可分段吹扫。反复进行吹扫后，用浅色布料放在排污口处检查，5min 无有污物为合格。系统吹污干净后，应将系统中阀门的阀芯拆下清洗干净。

(2) 气密性试验

如采用氨制冷剂的系统，可采用压缩空气进行试验；氟利昂制冷剂的系统，采用瓶装压缩氮气进行试验。

系统气密性试验压力应符合表 7-41 的规定。

系统气密性试验压力（MPa）　　**表 7-41**

系统压力	R717 R502	R22	R12 R134a	R11 R123
低压系统	1.8	1.8	1.2	0.3
高压系统	2.0	2.5	1.6	0.3

注：低压系统—指节流阀起，经蒸发器到压缩机吸入口的试验压力。

高压系统—指自压缩机排出口起，经冷凝器到节流阀止的试验压力。

在试验压力下保持 24h，前 6h 压力下降不大于 0.03MPa，后 18h 除去因环境温度变化而引起的误差外，压力无变化为合格。

(3) 真空试验

真空试验的剩余压力，氨系统不应高于 8kPa，氟利昂系统不应高于 5.3kPa，保持 24h，氨系统压力以无变化为合格，氟利昂系统压力回升不应大于 0.5kPa。

5. 系统试运转

制冷系统试运转时应首先启动冷却水泵和冷冻水泵，活塞式制冷机的油压应比吸气压力高 0.15～0.3MPa，气缸套的冷却水进口温度不得高于 35℃，出口温度不得超过 45℃，排气温度，当制冷剂为 R717、R22 时，不得超过 150℃；为 R12 与 R134a 不得超过 130℃。

离心式制冷机应首先启动油箱电加热，将油温加热至 50～55℃，按要求供给冷却水和制冷剂，再启动油泵，调节润滑系统，按照要求启动抽气回收装置，排除系统中的空气。

螺杆式压缩机启动前应先加热润滑油，油温不得低于 25℃，油压应高于排气压力 0.15～0.3MPa，滤油器前后压差不得大于 0.1MPa，冷却水口温度不应高于 32℃；机组吸气压力不得低于 0.05MPa 表压，排气压力不得高于 1.6MPa。

系统带制冷剂正常运转不应少于 8h。

试运转结束后，应拆检和清理滤油器、滤网、干燥剂，必要时更换润滑油。拆检完毕后将有关装置调整到准备启动状态。

四、通风与空调管道的防腐和绝热

(一) 防腐

1. 油漆要求

风管和管道喷涂底漆前，应清除表面的灰尘、污垢与锈斑，并保持干燥。作防腐时，油漆不应在低温或潮湿环境下进行。薄钢板在制作咬接风管前，应涂防锈漆一遍。喷、涂油漆，应使涂膜均匀，不得有堆积、漏涂、皱纹、气泡、混色等缺陷，明装系统的最后一遍面漆，宜在安装后喷涂。

一般通风、空调系统薄钢板的防腐油漆，按设计要求，设计无要求，则应按表 7-42 的规定执行。

薄钢板风管油漆 **表 7-42**

序 号	风管所输送的气体介质	油漆类别	油漆遍数
1	不含有灰尘且温度不高于 70℃空气	内表面涂防锈底漆	2
		外表面涂防锈底漆	1
		外表面涂面漆	2
2	不含有灰尘且温度高于 70℃空气	内外表面各涂耐热漆	2
3	含有粉尘或粉屑的空气	内表面涂防锈底漆	1
		外表面涂防锈底漆	1
		外表面涂面漆	2
4	含有腐蚀介质的空气	内外表面涂耐酸底漆	≥2
		内外表面涂耐酸面漆	≥2

空气净化系统的油漆，设计无要求时，可参照表 7-43 的规定。

空气净化系统的油漆 表7-43

风管部位	油漆类别	油漆遍数	系统部位
内表面	醇酸类底漆	2	1. 中效过滤器前的送风管及回风管 2. 中效过滤器后和高效过滤器前的送风管 制冷系统
	醇酸类磁漆	2	
保温外表面	铁红底漆	2	
非保温外表面	铁红底漆	1	
	调和漆	2	

制冷系统管道涂油漆的种类、遍数、颜色、标记应符合设计要求，如设计无要求时，可按表7-44的规定。但是，制冷系统的紫铜管，一般不进行涂漆。

制冷管道油漆 表7-44

管道类别		油漆类别	油漆遍数
低压系统	保温层以沥青为粘结剂	沥青漆	2
	保温层不以沥青为粘结剂	防锈底漆	2
高压系统		防锈底漆	2
		色 漆	2

2. 油漆的施工

在油漆的过程中，如果油漆的稠度较大时，要用稀释剂稀释，稀释剂要按产品说明书的要求配用。

第一层底漆或防锈漆，应直接涂在相应的管道表面上，与管道表面紧密结合，使其起到防锈、防腐和层间结合的作用；第二层面漆涂刷应细致、均匀，使油漆件获得所需的色彩。

底漆、防锈漆应涂刷1～2道。第二层与第一层的颜色应略有区别，可有效地检查第二层的涂刷质量。每层涂刷不宜过厚，以免起皱和影响干燥。

表面涂面漆时，要尽量涂得薄而均匀。如果涂料的覆盖力较差，也不允许任意增加其厚度，而应分层次涂刷覆盖。但必须待上一层表干后方能进行下层施工。

每层漆膜的厚度应符合设计要求。

(二) 绝热

1. 风管的绝热

风管、部件及设备经质量检验合格后，方能进行绝热施工。风管绝热所用的材料应为不燃或难燃材料，其材质、密度、规格与厚度应符合设计要求。

绝热材料层应密实，无裂缝、空隙等缺陷。表面应平整，当采用卷材或板材时，允许偏差为5mm；采用涂抹或其他方式时，允许偏差为10mm。

风管绝热层采用粘结方法固定时，施工时应符合如下规定：粘结剂的性能应符合使用温度和环境卫生的要求，并与绝热材料相匹配；粘结材料应均匀地涂在相应的涂件外表面上，绝热材料与涂件表面应紧密贴合，无空隙；绝热层纵、横向的接缝，应错开；绝热层粘贴后如进行包扎或捆扎时，包扎的搭接处应均匀；捆扎的松紧应适度，不得损坏绝热层。所用的粘结剂可选用热沥青，温度应在80℃左右。

风管绝热层采用保温钉连接固定时，保温钉与风管、部件及设备表面的连接，可采用粘结或焊接，结合应牢固，不得脱落；焊接后应保持风管的平整，并不应影响镀锌钢板的防腐性能；风管法兰部位的绝热层厚度，不应低于风管绝热层的0.8倍；带有防潮层的绝热材料的拼缝应采用粘胶带封严，粘胶带的宽度不应小于50mm。粘胶带应牢固地粘贴在防潮面层上，不得胀裂和脱落。

绝热涂料作绝热层时，应分层涂抹，厚度均匀，不得有气泡和漏涂等缺陷，表面固化层应光滑，牢固无缝隙。

2. 保护层

用水泥、砂浆等涂抹材料作保护层，涂层配料应正确，内设金属网应紧箍绝热层，搭接不应小于30mm。涂层应分层施工，厚度应满足设计要求，外表平整，不应有明显露底与裂纹。

用金属丝网作保护层，网面应紧裹防潮层，拼缝衔接应完整。

用玻璃布、塑料薄膜作保护层，搭接应均匀，宜为30~50mm，且松紧适度。

3. 管道绝热及防潮层

制冷管道的绝热，应在系统安装、试验符合要求，并做完防腐处理后才能进行。它的绝缘结构形式，可由绝热层、防潮层和保护层三部分组成。

管道做绝热层施工时，绝热层的材质及规格应符合设计要求，并且管壳的粘贴牢固、铺设平整、绑扎紧密、无松动、松弛与断裂等现象。硬质或半硬质绝热管壳的拼接缝隙，保温时不应大于5mm；保冷不应大于2mm，并用粘结材料勾缝填实，纵缝应错开，外层的水平接缝应设在侧下方。当绝热层厚度大于100mm时，绝热层应分层铺设，层间应进行压缝。

硬质或半硬质绝热管壳应用金属丝或难腐织带捆扎，其间距为300~350mm，且每节至少捆扎2道。

松散或软质绝热材料应按规定的密度压缩其体积，疏密应均匀。毡类材料在管道上包扎时，搭接处不应有空隙。

防潮层应紧密粘贴在绝热层上，封闭良好，不得有虚贴、气泡、折皱、裂缝等缺陷；防潮层应由管道的低端向高端敷设，环向搭缝口应朝向低端，纵向搭缝应在管道的侧面；卷材作防潮层时，可用螺旋形缠绕的方式牢固粘贴在隔热层上，卷材的搭接宽度宜为30~50mm。

金属保护壳施工时，应紧贴绝热层，不得有脱壳、褶皱、强行接口等现象。接口的搭接应顺水，并有凸筋加强，搭接尺寸为20~25mm。采用自攻螺丝固定时，螺钉间距应均匀，并不得刺破防潮层。

第四节 建筑电气安装工程质量控制

建筑电气安装工程涉及广泛，内容众多，本节仅对室内线路敷设、电气照明安装及避雷接地安装工程的质量控制给予介绍。

一、室内线路的敷设

（一）配管及管内穿线工程

1. 材料质量控制

所用的钢制配管、半硬质塑料管、波纹管等的规格应符合设计要求，产品应具有合格证，并应符合国家标准的规定。半硬质塑料管、波纹管必须具有阻燃性和不燃性。

钢管壁厚应均匀，焊缝均匀一致，无砂眼凹扁等质量缺陷。除镀锌管道外其他管材需预先除锈和刷防腐漆。

各类接线盒的尺寸和外观质量应符合要求；敷设的导线须有产品合格证书，并严禁有折扭、死弯和绝缘损坏等缺陷，绝缘导线的额定电压应在500V以上。

2. 电线导管施工质量控制

管子在敷设时连接应紧密，管口应齐滑，护口应齐全。明配管不得敷设在锅炉、烟道和其他发热表面上；在多尘和潮湿场所的管口，管子连接处及不进入箱、盒的垂直上口穿线后应进行密封处理；进入箱、盒的管子应顺直并用护帽固定；在室外或潮湿的房间内，管口处还应加防水弯头；与设备连接时，应将管子接到设备内，否则，应在管口处加接保护软管引入，并用软管接头连接；采用塑料管时的环境温度不低于－15℃，并应采用配套塑料接盒、开关盒等配件。半硬质绝缘导管的连接可采用套管粘结法和专用端头进行连接；套管的长度不应小于管外径的3倍，管子的接口应位于套管的中心，接口处应用胶粘剂粘结牢固。

敷设管路时应尽量减少弯曲。当线路的直线段的长度超过15m，或直角弯有3个且长度8m，均应在中途装设接线盒。

埋地管不宜在设备基础的下部；穿越建筑物基础时，应加保护管；埋入墙或混凝土中的管子，离其表面的净距不应小于15mm；暗配管口出地坪不应低于200mm；暗设遇两管交叉时，大直径管放在小直径管的下面，成排暗配管间间距应大于或等于25mm。

在管子安装时需要进行弯曲的，明配管弯曲半径不小于管外径的6倍；如只有一个弯曲部位时，最小弯曲半径也不得小于管外径的4倍。暗配管弯曲半径一般不小于管外径的6倍；埋于地下或混凝土楼板内时，则不得小于管外径的10倍。半硬塑料管弯曲时，弯曲半径也不得小于管外径的6倍。镀锌管不准用热煨弯。配管在安装时，配管接头不得设在弯曲处，埋地管不宜把弯曲部分暴露于地面。

暗敷设应在土建结构施工时，将管道埋入墙体或楼板内。局部剔槽敷管应加以固定，并用强度等级不小于M10水泥砂浆抹面保护，保护层厚度大于15mm。

在加气混凝土板内剔槽敷设管道时只允许沿板缝进行，不允许横向剔槽或将钢筋剔断，剔槽宽度不得大于管道外径的1.5倍。

明配管应排列整齐，固定点均匀。管卡与管终端、转弯处的中点，电气设备或接线盒边缘的距离，以管径的大小按表7-45的数值去确定。管路中间管卡最大距离可按表7-46的规定。

管卡与管终、弯中、接线盒边距离（mm）　　表7-45

管　径	10～20	25～32	40～50	65～100
距　离	150	250	300	500

管路中间管卡间最大距离（mm）　　表 7-46

敷设方式	导管种类	导管直径（mm）				
		15～20	25～32	32～40	50～65	65 以上
		最大允许间距				
支架或沿墙明敷	壁厚＞2mm 刚性钢导管	1.5	2.0	2.5	2.5	3.5
	壁厚≤2mm 刚性钢导管	1.0	1.5	2.0	—	—
	刚性绝缘导管	1.0	1.5	1.5	2.0	2.0

不同规格的成排管，固定间距应按小直径管距规定。金属软管的固定间距应小于或等于 1m；硬塑料管中间管卡的最大间距应按管径的大小在 1～2m 范围内。暗设电线管在钢筋混凝土内，应沿钢筋设置，采用焊接或绑扎与钢筋固定在一起，间距不大于 2m；敷设在钢筋网上的波纹管，宜绑扎在钢筋的下面，间距不大于 0.5m。

防爆导管敷设时，导管间与灯具、开关、线盒等的螺纹连接处紧密牢固，除设计有特殊要求外，连接处不跨接接地线，在螺纹上涂以电力复合酯或导电性防锈酯；安装的导管应牢固顺直，镀锌层锈蚀或剥落处应做防腐处理。

敷设绝缘导管时，管口平整光滑，管与管、管与盒（箱）等器件采用插入法连接时，连接处结合面应涂专用胶合剂，接口牢固密封；直接埋于地下或楼板内的刚性绝缘导管，在穿出地面或楼板易受机械损伤的一段，应采取保护措施；当设计无具体要求时，埋设在墙内或混凝土内的绝缘导管，应采用中型以上的导管；沿建筑物、构筑物表面和支架上敷设的刚性绝缘导管，应按设计要求装设补偿装置。

金属、非金属柔性导管敷设时，刚性导管经柔性导管与电气设备、器具连接，柔性导管的长度在动力工程中不大于 0.8m，在照明工程中不大于 1.2m；可挠金属管或其他柔性导管与刚性导管或电气设备、器具间的连接采用专用接头；复合型可挠金属管或其他柔性导管的连接处密封良好，防护液覆盖层完整无损；可挠性金属导管和金属柔性导管不能做接地（PE）或接零（PEN）的接续导体；导管和线槽在建筑物变形处，应设补偿装置。

3. 电线、电缆穿线工程

穿线工程的导线规格、型号必须符合设计要求，应有出厂合格证和“CCC”认证标志和认证证书复印件。

三相或单相的交流单芯电缆，不得单独穿于钢导管内。

当采用多相供电时，同一建筑物、构筑物的电线绝缘层颜色选择应一致，即保护地线（PE 线）应为黄绿相间色，零线用淡蓝色；相线 A 相为黄色、B 相为绿色、C 相为红色。

导线在管内不得有接头和扭结，导线出口处应加保护圈。管内导线总截面面积不应超过管内截面积的 40%。同一交流回路的导线必须穿在同一根管内。但是不同回路、不同电压和交流与直流的导线不得穿入同一管内。

敷设于垂直管路中的导线，当超过下列长度时，应在管口处和接线盒中采取固定措施：截面面积为 $50mm^2$ 及以下的导线长 30m 的；截面面积在 70～$95mm^2$ 之间的导线长为 20m；截面面积在 180～$240mm^2$ 之间的导线长为 18m 的。

4. 管路接地

套丝连接的配管接头应跨接接地线。成排管路之间的跨接线应按大的管径规格选择；管与箱、盒间跨接线应按接入箱、盒中的大管径规格；明装成套配电箱应采用管端焊接接地螺栓后，用导线与箱体连接；暗装预埋箱、盒可采用跨接圆钢与箱体直接焊接；由电源箱引出的末端支管应构成环形接地。

（二）槽板配线工程的质量控制

1. 材料质量

塑料线槽必须是阻燃型硬质聚氯乙烯工程塑料挤压成型。其敷设场所的环境温度不得低于 -15℃，其氧指数不应低于 27%。线槽内外应光滑无毛刺，不应有扭曲、翘边等变形。

木质槽板应采用干燥、无节疤、无裂纹的木材制作，槽内应光滑一致，无木刺；开槽的深度、宽度应均匀一致；槽板边线顺直平整；内外涂绝缘漆。

2. 槽板配线工程的安装

（1）槽板的安装

为保证槽板配线的平整度及垂直度，按设计确定进户线、盒、箱等电气器具固定点的位置，从始端至终端找好水平或垂直线，用粉线在线路中心弹线。

采用槽板配线时，应用于干燥而较隐蔽的场所，导线截面积不大于 10mm^2；排列时应紧贴着建筑物，整齐、牢固、可靠，表面色泽均匀、无污染。槽板底板固定间距不应大于 500mm，盖板间距不应大于 300mm，底板、盖板距起点或终点 50mm 与 30mm 处应加以固定；分支接口应做成丁字三角叉接；底板接口和盖板接口应错开，错口距离不应小于 100mm；直立线段槽板应用双钉固定；木槽板进入木台时，应伸入台内 10mm，穿过梁、柱、墙和楼板时应设保护套；跨越建筑变形缝时，槽板应断开，端口进入槽板，并在端头进行固定。

槽板配线平直度和垂直度的允许偏差均为 5mm。

（2）导线的连接

进行导线连接剖开绝缘层的时候，不应损坏线芯；穿在楼板孔内时不准有接头，接头应在接线盒、木台、灯具内，导线不准在槽板内接头。

铜芯导线中间和分支线相连接时，应搪锡头或用压夹接端子连结。铝芯导线中间和分支线连接时，应采用熔接和压接法连接；铜芯线和铝芯线连接时，铜芯线先搪锡头后，再与铝芯线相接。

同一条槽内不准嵌入不同回路的导线。

（三）低压电器的安装

1. 低压电器安装的基本要求

（1）低压电器安装的标高

低压电器安装的标高应符合设计要求，当设计无具体规定的应符合下列规定：

①落地安装的电器，其底部距地面的距离为 50～100mm；

②操作手柄转轴中心与地面距离为 1200～1500mm；

③侧面操作的手柄与建筑物的距离应大于或等于 200mm。

（2）固定方式

低压电器固定的方式，应符合表 7-47 的规定。

低压电器固定的方式 表 7-47

固定方式	技术要求
在结构上固定	(1) 根据不同结构，采用支架、金属板、绝缘板固定在墙、柱或建筑物的构件上 (2) 金属板、绝缘板的安装必须平整牢固 (3) 采用专用卡具支撑安装时，并用固定夹或固定螺栓与壁板紧密固定
膨胀螺栓固定	(1) 根据产品技术要求选择螺栓的规格 (2) 钻孔直径和深度应与螺栓规格相符
减震装置	(1) 有防震要求的应增加减震装置 (2) 紧固件螺栓必须采取防松措施

(3) 电器的外部接线，应符合如下要求：

根据电器外部接线端头的相线的标志，与相应的电源线连接；

接线时导线应无损伤，绝缘良好，并应排列整齐、清晰、美观，牢固；

电源侧进线应接在固定触头接线端，负荷侧出线应接在可动触头接线端；

一般采用铜质导线或有电镀金属防锈层的螺栓和螺钉，连接时应拧紧，并有防松动的措施；

电源线与电器连接时，接触面应洁净，严禁有氧化层，接触面必须严密。

电器的的金属外壳的接地或接零，应符合国家现行标准的有关规定。

(4) 绝缘电阻的测试，应符合下列要求：

对额定工作电压不同的电路，应分别进行绝缘电阻的测量。

测量绝缘电阻时，应在下列部位进行：当主触头断开位置时在同极的进线端及出线端之间测量；主触头闭合位置时，在不同极的带电部件之间、触头与线圈之间进行；主电路、控制电路、辅助电路等带电部位与金属支架之间测量。

2. 低压熔断器的安装

低压熔断器安装的位置及相互距离应便于更换熔体，并应垂直安装。

各级熔体应与保护特性相配合，用于保护照明和热电电路时，熔体的额定电流应等于或大于所有电器额定电流之和；用于单台电机保护的，熔体的额定电流≥（2.5~3.0）×电机的额定电流；用于多台电机保护时，熔体的额定电流≥（2.5~3.0）×最大容量一台额定电流加上其余各台的额定电流之和。

低压断路器与熔断器配合使用时，熔断器应安装在电源一侧。

安装瓷插式熔断器在金属底板上时，其底座应设置软质绝缘衬垫。瓷插式熔断器应垂直安装。

安装有接线标记的熔断器，电源配线应按标记进行接线。

螺旋式熔断器安装时，底座固定必须牢固，电源线的进线应接在熔芯引出的端子上，出线应接在螺纹壳上。

3. 漏电保护器的安装

集中安装的生活用漏电保护器，应在其明显部位设警告标志。生活用漏电保护器安装结束后，应进行通电调整和运行试验，合格后进行封锁处理。

漏电保护自动开关前端 N 线上不应设置熔断器，以防止 N 线保护熔断后相线漏电，导致漏电保护器不工作。

带有短路保护功能的漏电保护器，在安装时应确保其有足够的灭弧距离。

漏电保护器安装在特殊环境中时，必须采取防腐、防潮、防热、防尘等技术措施。

电流式漏电保护器安装后，应通过按钮试验检查其动作性能是否符合要求。

4. 接触器与启动器的安装

(1) 接触器的安装

接触器的型号、规格应符合设计要求，并应有产品质量合格证。

安装前，应全面检查接触器的触头是否有卡阻现象。铁芯极面是否清洁，各活动部位是否活动灵活。

引线与线圈连接应牢固可靠，触头与电路连接正确无误。接线应牢固，并应做好绝缘处理。

接触器安装应与地面垂直，其倾斜度不应超过5°。

(2) 启动器的安装

启动器应垂直安装，工作活动部件应动作灵活可靠。

启动衔铁吸合后应无异常响声，触头接触严密，断电后应能迅速脱开。

可逆电磁启动器，防止同时吸合的连锁装置动作正确、可靠。

连线应正确牢固，裸露线芯应做好绝缘处理。

安装自耦减压启动器时，油浸式启动器的油面必须符合标定的油面。

5. 低压断路器的安装

低压断路器的型号、规格应符合设计要求。

低压断路器应垂直安装，其倾斜度不应大于5°。灭弧室应位于上部。

低压断路器与熔断器配合使用时，熔断器应安装在电源的一侧。

操作手柄或传动杠杆的开、合位置应正确。电动操作机构接线应正确，在合闸过程中开关不得产生跳跃现象。

开关辅助接点动作应正确可靠，接触良好。

抽屉式断路器的工作、试验、隔离三个位置的定位应明显。于空载时进行抽、拉数次应无卡阻，机械连锁应可靠。

(四) 电气照明及配电箱、盘安装质量控制

1. 设备要求

照明器具及配电箱必须有产品出厂合格证，设备上应有铭牌，标明有生产单位、型号、规格、生产日期、检验证明书等。型号、规格应符合设计要求，附件和备件齐全，电子元件无损伤，箱、盘外表无损坏。

2. 安装质量控制

(1) 灯具安装基本要求

①灯具固定应符合下列要求：

灯具质量大于3kg时，固定在螺栓或预埋吊钩上；

软线吊灯，灯具质量在0.5kg及以下时，采用软电线自身吊装；大于0.5kg的灯具采用吊链，且软电线编叉在吊链内，使电线处于松弛状；

灯具固定牢固可靠，不得使用木楔。每个灯具固定用螺钉或螺栓不少于2个；当绝缘

台直径在75mm及以下时，采用1个螺钉或螺栓固定。

②花灯吊钩圆钢直径不应小于灯具挂销直径，且不应小于6mm。大型花灯的固定及悬吊装置，应按灯具质量的2倍做过载试验。

③灯具的安装高度应符合设计要求，一般室外和厂房灯具的安装应高于地面或楼面2.5m；室内应不小于2m；软吊线带升降器的灯具在吊线展开后，不应小于800mm。

④当灯具距地面高度小于2.4m时。灯具的可接近裸露导体必须接地或接零可靠，并应有专用接地螺栓，且有标识。

⑤引向每个灯具的导线线芯最小截面积应符合表7-48的规定：

导线线芯最小截面积（mm^2） 表7-48

灯具安装的场所和用途		线芯最小截面积		
		铜芯软线	钢 线	铝 线
灯头线	民用建筑室内	0.5	0.5	2.5
	工业建筑室内	0.5	1.0	2.5
	室 外	1.0	1.0	2.5

⑥安装在室外的壁灯应有泄水孔，绝缘台与墙面之间应有防水措施。

⑦应急照明灯的安装应符合下列规定：

应急照明灯的电源除正常电源外，另有一路电源供电；或者是独立于正常电源的蓄电池柜供电或选用自带电源型应急灯具；

应急照明在正常电源断电后，电源转换时间为：疏散照明≤15s；备用照明≤15s；金融商店交易所≤1.5s；安全照明≤0.5s；

疏散照明由安全出口标志灯和疏散灯组成。安全出口标志灯距地面高度不低于2m，且安装在疏散出口和楼梯口里侧的上方；

疏散标志灯安装在安全出口的顶部，楼梯间、疏散走道及其转角处应安装在1m以下的墙面上。不易安装的部位可安装在上部。疏散通道上的标志灯间距不大于20m，人防工程不大于10m；

疏散标志灯的设置，不影响正常通行，且不在其周围设置容易混同疏散标志灯的其他标志牌等；

应急照明灯具、运行中温度大于60℃的灯具，当靠近可燃物时，应采取隔离、散热等防火措施。当采用白炽灯，卤钨灯等光源时，不应直接安装在可燃装修材料或可燃物件上；

应急照明线路在每个防火分区有独立的应急照明回路，穿越不同防火分区的线路有防火隔堵措施；

疏散照明线路采用耐火电线、电缆，穿管明敷或在非燃烧体内穿刚性导管暗敷，暗敷保护层厚度不小于30mm。电线采用额定电压不低于750V的铜芯绝缘电线。

⑧防爆灯具的安装应符合下列规定：

灯具的防爆标志、外壳防护等级和温度组别与爆炸危险环境相适配。当设计无具体要求时，灯具种类和防爆结构的选型应符合表7-49的规定；

防爆灯具种类和防爆结构的选型 表7-49

照明设备种类 \ 爆炸危险区域防爆结构	Ⅰ区		Ⅱ区	
	防爆型 d	增安型 e	防爆型 d	增安型 e
固定式灯	○	×	○	○
移动式灯	△	—	○	—
携带式电池灯	○	—	○	—
镇流器	○	△	○	○

注：○为适用；△为慎用；×为不适用。

灯具配套齐全，不用非防爆零件替代灯具配件；

灯具的安装位置离开释放源，且不在各种管道的泄压口及排放口上下方安装灯具；

灯具及开关安装牢固可靠，灯具吊管及开关与接线盒螺纹啮合扣数不少于5扣，螺纹加工光滑、完整、无锈蚀，并在螺纹上涂以电力复合酯或导电性防锈酯；

开关安装位置便于操作，安装高度为1.3m。

⑨每一接线盒应供应一个灯具，门口第一个开关应管门口的第一只灯具，灯具与开关应相对应。

(2) 各类灯具的安装

①普通座式灯具的安装。将电源线留足维修长度后剪除余线，然后剥出线头。分清相线与零线，对于螺口灯座中心簧片应接相线。用螺钉将灯座安装在接线盒上。

②吊线式灯具的安装。将电源线留足维修长度后剪除余线，然后剥出线头。将导线穿过灯头底座，用螺钉将底座固定在接线盒上。根据所需导线长度裁取一段导线，在线的一端连接上灯口，灯口内应将导线系成保险扣。多股绞合线的线芯接头应搪锡，连接时应注意接头均应按顺时针方向弯钩后压上垫片用灯具内螺钉压紧线头。将灯线另一端穿入底座盖碗，灯线在盖碗内应系好保险扣，并与底座上的接线帽连接压紧。

③日光灯的安装。安装吊链式日光灯时，应先打出尼龙栓塞孔，装入塞栓，用螺钉将吊链挂钩固定牢固；根据灯具的安装高度确定吊链及导线的长度；打开灯具底座盖板，将电源线与灯内导线可靠连接，装上启辉器等附件；盖上底座，装上日光灯管，将灯挂起；将导线与接线盒内电源线连接。安装吸顶式日光灯时，按照灯具底座上的固定螺栓孔在建筑物表面上画出孔的位置，然后钻出尼龙螺栓的塞孔，并装入塞栓；将导线穿出后用螺钉将灯具固定；用压接帽将电源线与灯内导线上连接，装上启辉器、盖上盖板、装上日光灯管。

(3) 开关、插座、吊扇的安装

①开关的安装

同一建筑物、构筑物的开关采用同一系列的产品，开关的通断位置一致，操作灵活、接触可靠；相线经开关控制。

明开关应安装在木台上，暗开关盖应紧贴墙面，并应平整牢固，面板螺丝规格应一致；室外开关要采用有防水性能的开关，严禁使用木台安装；拉线开关一般装在距地4m以下，但不得低于1.8m，距门口边上部150~200mm处，拉线出口应向下，其他各种开关安装一般为1.3m，距门口边150~200mm；同一场所的安装高度应一致，高低差不大于

5mm，开关柄的切断位置应一致。

②插座的安装

单相两孔插座，面对插座的右孔或上孔与相线连接，左孔或下孔与零线连接；单相三孔插座，面对插座的右孔与相线连接，左孔与零线连接；单相三孔、三相四孔及三相五孔插座的接地或接零线接在上孔。插座的接地端子不与零线端子连接。同一场所的三相插座，接线的相序应一致。接地或接零线在插座间不串联连接。

明插座安装应采用方木木台；暗插座盖板应紧贴墙面，插座面板上固定螺丝应一致；明插座一般离地面高度为1.3m，托儿所、幼儿园、住宅及小学校不应低于1.8m；车间及试验室的插座一般距地高度不低于0.3m，特殊场所的暗插座不应低于0.15m。同一室内安装插座的高低差不应大于5mm，成排安装的插座高低差不应大于2mm。

③风扇的安装

吊扇的挂钩不应小于悬挂销钉的直径，且不得小于10mm；预埋在混凝土中的挂钩应与主筋相连接；如无焊接条件时，也应将挂钩末端部分弯曲后与主筋绑扎在一起。吊杆上的销钉必须装设防振胶皮及防松装置；吊扇扇叶距离楼、地面不少于2.5m，固定扇叶的螺母下应有弹簧垫圈或自锁垫圈，吊扇接线处宜用瓷接头连接。

安装壁扇时，壁扇底座采用尼龙塞或膨胀螺栓固定；尼龙塞或膨胀螺栓的数量不少于2个，且直径不小于8mm。壁扇下侧边缘距地面高度不小于1.8m。

(4) 配电箱、盘、板的安装

配电箱内外表面应清洁，部件齐全，漆面完整，规格、型号与图纸相符合；当电流超过30A时盘面应加包铁皮；金属配电箱体不准用气割开孔，而应钻孔，装有器件的可开箱门、柜门应有软钢线作接地保护。当配电箱体高为500mm以下，垂直安装偏差不应大于1.5mm，箱体高大于500mm以上不应大于3mm。暗设安装时，其面板四周边缘应紧贴墙面，箱体与墙体接触部位应刷防腐漆；照明配电板安装高度，板底距地面不少于1.8m，配电箱安装高度，底边距地面一般为1.5m。并且箱、盘、板安装的位置不得和经常开关的门窗相碰撞，也不得将其安装在楼梯踏步两侧的墙面上。配电箱、板上应标明回路名称，配电箱内接地排与中性排不得混接，回路线应与图纸相符，接线正确。金属箱体应有明显的接地或接零保护。配电箱内装设的熔断器，接线准确，熔断丝的额定通电电流应符合要求。

二、避雷针（网）及接地安装工程

1. 材料质量要求

避雷针应用镀锌钢筋或钢管制作，截面积不小于100mm^2，钢管厚度不小于3mm，圆钢直径不得小于8mm。避雷针及其引下线以及接地装置应用紧固件，除地脚螺栓外，均应为镀锌件。低压电气设备地面上外露的接地线截面应不小于表7-50的规定。

接地线的最小截面（mm^2） **表7-50**

名　称	钢	铝	铜
明设的裸体导体	12	6	4
绝缘导体		2.5	1.5
电缆的接地芯线或与相线包在同一保护壳内的多芯导线的接地芯线		1.5	1

2. 安装质量控制

每一建筑物的避雷引下线不准少于两条，并与门口、走道和人们经常经过的地方相距应大于3m。避雷针与引下线之间的连接应采用焊接的方式。避雷针引下线距地面1.5~1.8m处设断接卡供接地电阻检测用。用螺栓连接时，接地线的接触面、螺栓、螺母和垫圈均应进行镀锌处理，出地面应有保护套管，钢管口应与引下线点焊成一体，并封口保护；屋顶防雷网与电气配管应联成一体；防雷针和屋顶上装设的防雷金属网及金属物体应焊成一体。

建筑物顶部的避雷针、避雷带等必须与顶部外露的其他金属物体连成一个整体的电气通路，且与避雷引下线连接可靠。

避雷针、避雷带应位置正确，焊接固定的焊缝饱满无遗漏，螺栓固定的防松零件应齐全，焊接部分补刷的防腐油漆应完整。

避雷带应平正顺直，固定点支持件间距均匀、固定可靠，每个支持件应能承受大于49N的垂直拉力。

接地保护线截面应符合要求：干线的截面积应大于相线的1/2；支线的截面积应大于相线的1/3；铜芯绝缘线的截面积在1.5~25mm^2；铝芯线绝缘线截面积在2.5~35mm^2。当接地线可能会发生机械损伤时，应加套管进行保护。接地线沿建筑物墙壁水平敷设时，离地面应保持250~300mm的距离，接地线与墙壁间应有10~15mm的间隙；接地线跨越建筑物的变形缝时，接地线可弯成弧状。接地干线至少应在不同的两点处与接地网相连接，自然接地体至少应在不同的两点与接地干线相连接。电气装置的每个接地部分应以单独的接地线与接地干线相连接，不得在一个接地线中串接几个需要接地的部分。接地线明设时，应按水平或垂直敷设，在直线段不应有起伏不平现象，在直线段水平距离支持件间距为1~1.5m，转弯处支持件间距为0.5m。在同一供电系统中，不允许部分电气设备保护接零，另一部分保护接地。

接地体、埋地地线必须采用镀锌件。接地体顶面埋深深度不应小于600mm，角钢或钢管接地体应垂直配置，其间距不宜小于其长度的两倍，水平接地体的间距不宜小于5m，局部埋深1m以上，接地体与建筑物的距离不宜小于1.5m。接地体与接地线的连接应采用焊接，扁钢的搭接焊长度为扁钢宽度的2倍，圆钢与扁钢连接时，应按圆钢直径的6倍。焊接完成后应进行防锈处理。接地线同接地体采用螺栓连接时应紧密牢固，并作防腐处理。

3. 绝缘、接地电阻的测试

当电气安装工程完成后，应用摇表分层段、路段测试相间、相对零、相对地、零对地的绝缘电阻值，以及防雷、保护、重复、静电接地电阻值。低压时可采用ZC-500型摇表测绝缘电阻，380V以上高压可用ZC-1000型摇表测试。

(1) 绝缘电阻

用摇表测量配管及配线、瓷器配线、护套线配线、槽板配线等导线间和导线对地间的绝缘电阻值，该值必须大于0.5MΩ。

(2) 接地电阻

电力变压器或发动机的工作接地电阻值不得大于4Ω；

保护零线重复接地装置电阻值不大于10Ω；

防雷接地电阻一般不大于10Ω；但在高层或雷电强烈地区应小于或等于5Ω；

防静电接地电阻为0.5～2Ω；

在工作接地电阻允许达到10Ω的电力系统中，所有重复接地的并联等值电阻应不大于10Ω。

绝缘电阻、接地电阻测试时，应作好测试记录。

待电气安装结束后、交付使用前，应对全部电气进行通电测试，并填写通电记录，且签证手续应齐全。

第五节 电梯安装工程质量控制

在现代的高层建筑中，电梯不仅作为人们的代步工具，而且还具有装饰美化建筑物的功能。但是，电梯这一庞大的机电设备，安装质量好坏，直接影响电梯运行的使用功能，所以，对电梯安装质量进行控制就显得格外重要。

一、样板架的安装

1. 井道质量

电梯安装前，所有层门预留孔必须设有高度不小于1.2m的安全防护栏，还应有足够的强度。护栏下部应有高度不小于100mm的踢脚板，并应采取左右开启方式，不得上下开启。

当相邻两层门地坎间的距离大于11m时，其间必须设置井道安全门，其高度不得小于1.8m，宽度不得小于350mm。井道安全门严禁向井道内开启，且必须安装有安全门处于关闭时电梯才能运行的电气安全装置。

井道最小净空尺寸的允许偏差应符合下列规定：

当电梯行程高度小于等于30m时为0～+25mm；当电梯行程高度大于30m，小于等于60m时为0～+35mm；当电梯行程高度大于60m，小于等于90m时为0～+50mm；当电梯行程高度大于90m时，允许偏差应符合土建布置图的要求。

井道内应设置永久性电气照明，井道内照度不得小于50 lx，井道最高点和最低点500mm处应各装设一盏灯，并设中间灯，中间灯距不应超过7m，并分别在机房和底坑设置一控制开关。

2. 安装质量控制

(1) 确定标准线

放两根层门口线测量井道，一般两线间距为门的净开度。

根据井道测量结果来确定基准线。确定基准线时必须注意以下事项：

井道内安装的部件对轿厢运行有无妨碍，同时考虑门上滑道及地坎等与井道距离、对重与井道距离不得小于50mm；

确定轿厢轨道位置时，考虑导轨支架的安装高度；

导轨中心确定时应考虑对重宽度，距墙壁及轿厢应有不小于50mm的间隙。

(2) 挂基准线

样板的木条应四面刨光、平直，按图纸要求进行组装，并用胶粘牢，将其就位。确定出梯井中心线、对重中心线、轿厢中心线，进而确定出各基准垂线的放线点，划线时使用细铅笔，核对无误后，再复核各对角线尺寸偏差不得大于0.3mm。

样板的水平度在全平面内不得大于3mm。

在样板处，将钢丝一端悬挂10~19kg的重锤，缓慢放下至底坑。垂线中间不能与脚手架或其他物体接触。在放线处用小刀刻出一V形小槽，作为放线点。

待线放到底坑后，用线坠替换放线时的悬挂物，任其自然垂直静止。在底坑安放稳线架，将稳定的基准线固定于稳线架上，然后检查各放线点的固定点的各部尺寸、对角线等。

二、曳引装置组装质量控制

（一）材料与设备质量要求

电梯所用钢丝绳的规格、型号应符合设备设计的要求，曳引机所用的钢丝绳质量指标应符合现行国家标准的要求。

曳引机应有出厂合格证，设备到达安装现场后应开箱检查曳引机、限速器等设备上的铭牌是否与所选用的电梯型号、规格相符。

（二）安装质量控制

机房须有足够的面积、高度、承载能力并通风良好。以电梯井道顶端，电梯安装时设立的样板架为基础，将样板架的纵、横向中心轴线引入机房内，并由基准线来确定曳引机等设备的相对位置。对曳引机、限速器等设备在机房地面上的定位线进行检查，除限速器距墙100mm以上外，其他设备均应距墙300mm以上。对上项检查结束后，应按图纸检查预留孔、件的位置尺寸，曳引绳、限速器绳穿过楼板孔时绳距离孔边的距离应在20~40mm。

承重梁必须安装在建筑物的过梁上，并应超过梁中心20mm以上，且不小于75mm；若埋入砖墙内，承重梁下应有铁板梁垫或混凝土梁垫；承重梁的底面在施工时应离机房毛地坪间距在120mm以上；不准用气割在承重梁上开孔。

曳引机应固定可靠，不准发生任何位移。甲类或乙类电梯应采用减震垫安装方式，有限止曳引机移位的阻挡装置。低速丙类的电梯，可将曳引机连同预制的混凝土座直接紧固在承重梁上。安装的曳引机必须保持水平，曳引轮、导向轮、复绕轮的垂直度用吊线或尺量检查时应不超过0.5mm，不水平度小于1mm。

导向轮、限速器绳轮安装时，导向轮的后缘一般安装在对重导轨的中心上，在1:1的直线式电梯中，应使曳引轮的宽度中点垂直方向对准轿厢中心点，导向轮轮宽中心应对准对重架中点；在2:1的复绕式中，曳引轮缘的轮宽中点应对准对重架反绳轮缘轮宽的中点。导向轮侧面应平行于曳引轮侧面，两侧面平行度偏差严禁大于1mm，两端面的不平行度测量如图7-8所示。

限速器安装与轿厢有关，限速器绳轮垂直度应小于0.5mm。限速器绳轮应垂直于地面，与位于电梯坑内的张紧轮上下垂直对应一致。限速器的轮槽中心应与轿厢上夹持中心的位置相垂直。限速器应牢固地固定在基础上。在安装的过程中，限速器的铅封不应损坏，更不准私自调整。限速器张紧装置自重不应小于30kg，距坑底平面高度：甲类梯为750±50mm；乙类梯为550±50mm；丙类梯为400±50mm。在不制动的情况下，制动轮与闸瓦之间的间隙在

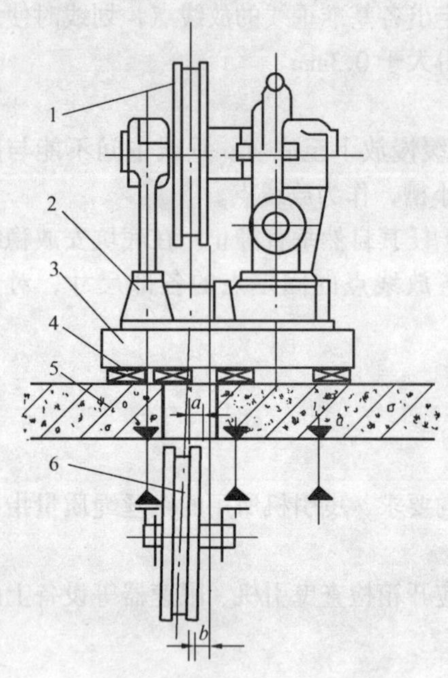

图 7-8　两端面不平行度的测量
1—曳引轮，2—曳引机；3—曳引机座；
4—橡胶垫；5—机房楼板；6—导向轮

0.7mm 内，并且间隙均匀一致，制动时闸瓦能紧贴在制动轮的外圈面上。当间隙不符时，应反复调整闸瓦上的调整螺钉。闸瓦调整时，应做好松闸时轿厢自动移位的防范措施。

三、导轨与对重的安装

（一）导轨支架安装位置的确定

1. 无设计位置的确定

设计时没有明确最下一排导轨支架和最上一排导轨支架的位置时，应按以下规定确定：

最下一排导轨支架安装在底坑地面上方 1000mm 的相应位置；最上一排导轨支架安装在井道顶板下面不大于 500mm 的相应位置。

2. 支架的设置

在确定导轨支架位置时，导轨连接板与导轨支架不得相碰，错开的净距离不小于 30mm。

导轨支架的布置应满足每根导轨有 2 个支架，其间距不大于 2500mm。

（二）导轨支架的安装

按照安装导轨支架的垂线核查预埋铁位置。若其位置偏移，可进行补救。补救时可在预埋铁上补焊钢板。钢板厚度应大于 16mm，长度不超过 300mm。当长度超过 200mm 时，其端部需用小于 M16 的膨胀螺栓固定于井壁上，加装钢板与原预埋铁的搭接长度不小于 50mm，并且要三面满焊。

支架安装应根据样板架上放下的垂线划出支架安装校正线。标定位置时，应从电梯井道底坑开始，最下一个距离高度小于 1m，每根导轨至少有两个导轨架支承，其间距应在 2～2.5m 以内。

有预埋铁的井道壁，支架采用焊接方法固定。有预留孔的井道壁，支架采用埋入法固定，埋入深度大于 120mm，然后用水泥砂浆嵌填，待水泥砂浆养护 4d 左右后方可安装导轨。

由上而下安装导轨支架，并将导轨支架安装成水平，不水平度应不大于 1.5%，与轨道背面接合面之垂直度应小于 1mm。

焊接导轨支架时，应双面焊牢，焊缝饱满，焊缝高度不应小于 5mm。

（三）导轨的安装

导轨型式、规格必须符合设计施工图的要求。安装前，应检查每根导轨的直线偏差，导轨的直线度偏差应不大于 1/1600，且单根导轨全长偏差不大于 0.7mm。

导轨安装前应根据井道的总高度、导轨规格尺寸、支架实际档距，计算各导轨接头不准碰支架的合适尺寸，确定每根导轨的安装位置。一般对称的两条导轨接头处，应不在同一水平线上，最少错开 200mm 的距离。导轨安装应由下向上安装，导轨的凸口端应朝上排列。对高度大于 50m 的电梯，一般每隔 6～7 根导轨，在接口处暂留 2～3mm 间隙，以作导轨校正时的间隙延伸之用。安装第一根时，在坑底处划出导轨起始标高线，使轨道底部端面在同一水平线上。最顶部的导轨端应离顶面 50～100mm，导轨顶端距导轨架的距离应为 500mm。

导轨应用导板固定在导轨支架上，不得焊接或螺栓直接连接。

采用油润滑的导轨，需在立基础导轨前将其下端加一距底坑地坪高 40～60mm 的硬质底座；或在导轨下端距地坪 40～60mm 高的一端工作面锯掉，如图 7-9 所示。

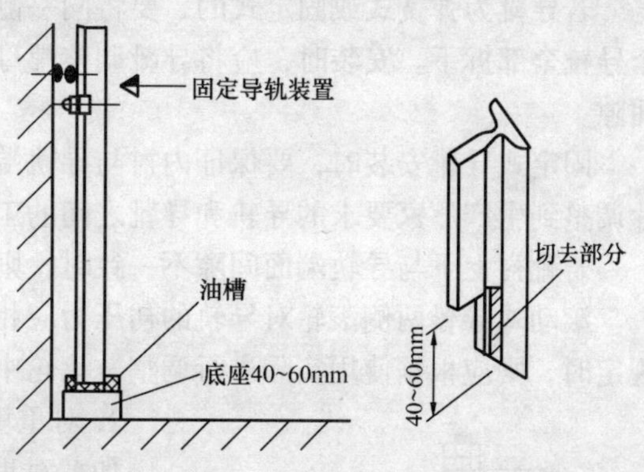

图 7-9　导轨底部结构

导轨安装应牢固，相对内表面间距离的偏差和两导轨的相互偏差必须符合表 7-51 的规定。

轨距偏差和导轨的相互偏差（mm）　表 7-51

项次	项　目			偏　差　值	检　验　方　法
1	两导轨相对内表面间距离（全高）	甲	轿厢	+1，－0	在两导轨内表面，用导轨检验尺、塞尺每 2～3m 检查一点
			对重	+2，－0	
		乙	轿厢		
		丙	对重	+2，－0	
2	两导轨的相互偏差（全高）			1	专用工具检查

注：甲类，高速电梯，速度为 2，2.5m/s；

乙类，快速电梯，速度为 1.5，1.6，1.75m/s；

丙类，低速电梯，速度为 0.25，0.5，0.63，0.75，1m/s。

导轨组装的允许偏差、尺寸要求应符合表 7-52 的规定。

导轨组装的允许偏差和尺寸要求（mm）　表 7-52

项次	项　目			允许偏差和尺寸要求	检验方法
1	导轨垂直度（每 5m）			0.6	吊线、尺量检查
2	接头处	局部间隙		0.5	用塞尺检查
		台　阶		0.05	用钢板尺、塞尺检查
		修整长度	甲	≥300	尺量检查
			乙、丙	≥200	
3	顶端导轨架距导轨顶端的距离			≤500	

（四）对重安装

1. 对重导靴的安装

按照 +500mm 基准线，检查底坑深度是否合格。

根据对重框架装配图，检查对重轨道和对重架尺寸是否相配，并了解对重各部分零、部件的装配位置。

若导靴为弹簧式或固定式的，要将同一侧的两导靴拆下，若导靴为滚轮式的，要将四个导靴全部拆下。安装时，应将导靴调整螺母拧紧到最大限度，消除导靴和导靴架之间的间隙。

固定式导靴安装时，要保证内衬与导轨端面间隙上下一致，若达不到要求时，要用垫片调整到生产厂家要求的导轨和导靴之间的工作间隙。

若靴衬上下与导轨端面间隙不一致时，则应对导靴座和对重框架间用垫片进行调整。

滚动式导靴两侧滚轮对导轨的初压力应相等，压缩尺寸应按电梯生产厂的规定。如无规定时，则应根据使用实际进行调整，滚轮中心应对正导轨的中心，如图 7-10。

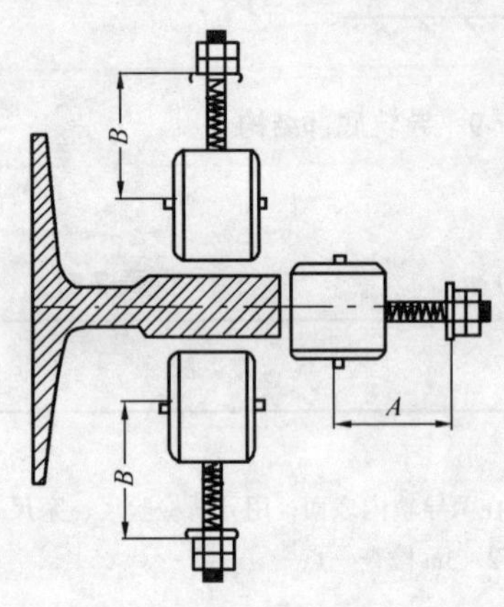

图 7-10　滚轮对导轨的位置

2. 对重块的安装

加载对重块前应完成轿厢的组装及对重和轿厢的曳引绳安装。并应计算装入对重块的数量。

按照电梯生产厂的设计要求，装上对重块压紧装置，防止对重块在电梯运行时发生撞击声。

若有滑轮固定在对重装置上，应设置防护罩。对重如设有安全钳，应在对重装置进入井道前全部装入。

对重安全防护栏的底部距底坑地面应不大于 300mm，由此向上宽度至少保证在 2500mm 的高度，其宽度应为对重宽度加 200mm。

四、轿厢、层门的组装质量控制

（一）设备质量要求

轿厢、厢门、层门等可见部分的油漆面和装饰面，油漆应均匀、细腻、光亮、平整；色泽协调、美观、无划痕等缺陷；

指示信号要明亮、标志应清晰；标牌设在轿厢内明显的位置，标牌标明有产品名称、型号、性能、载量数据、质量等级、生产日期等内容。

（二）轿厢组装的质量控制

轿厢组装前应根据设计图纸、产品说明书检查厢的立柱、横梁、壁板等几何尺寸，以及自动开门机等运动机构的工作性能。组装可在梯井的最高楼层或最低楼层进行。组装立柱时应使立柱中心线对准导轨中心，立柱在整个高度上垂直度不应大于 1.5mm，校正后紧固所有连接螺栓；安装上横梁时，要由导靴板与导轨的侧面间隙来确定上横梁的安装位置，并加以固定。导靴安装时由安装导靴的基准面和基准线来确定其位置；轿厢平台安装好后，再安装厢地坎，安装时应使厢地坎中心和厅门中心相吻合，两者相差 1mm。轿体组装完毕后，其垂直度宜控制在 1‰以内。

轿厢组装应牢固，轿壁结合处应平整，开门侧壁的垂直度偏差不大于 1‰。当轿厢为反绳轮时，反绳轮应设置防护装置。当轿顶外侧边缘至井道壁水平方向的自由距离大于 300mm 时，轿顶应设置防护栏及警示性标志。

层门地坎的安装位置，是由样板架上垂下的细米丝标定各层厅门中心和宽度线；层门坎安装在各层门处的牛腿上，地坎底部预埋的地脚螺栓，档距应不大于 500mm，为保证地坎水平度校正后不再发生变化，先采用焊接法将地坎固定在牛腿上，再灌注混凝土。层门地坎至轿厢地坎之间的水平距离偏差为 0～+3mm，最大距离严禁超过 35mm。层门导轨中心与地坎槽中心的水平距离偏差应不大于 0.5mm；层门扇不垂直度偏差不大于 2mm，中分门间隙应不大于 45mm，旁开门间隙应不大于 30mm；层门框架立柱的垂直误差和层门导轨的水平误差均不应超过 1‰。

门套应在厅门口组成一体，门套搁在地坎上，用焊接方法或用螺栓将门套固定；门导轨的垂直度应小于或等于 0.5mm，层门导轨与地坎槽相对应，在导轨两端和中间 3 处的偏差均不大于 ±1mm；门导轨的中心与门槽中心的重合度应小于或等于 1mm，校正无误后，用砂浆填充门套外周与建筑墙的空隙。

门扇的正面和侧面均应与地面垂直，不得有明显的倾斜；轿厢门全开时，门扇不应突出轿厢门套，应有适当的缩进量。在门的开、关过程中，门扇应平稳，不得有跳动和抖动现象；门关闭后，门扇上下应合拢。

层门地坎及门套安装的允许偏差应符合表 7-53 的规定。

层门地坎及门套安装允许偏差 **表 7-53**

项次	项目	允许偏差及尺寸要求	检验方法
1	层门地坎高出最终地面	2～5mm	尺量检查
2	层门地坎水平度	1‰	尺量检查
3	层门门套垂直度	1‰	吊线、尺量检查
4	中分门关闭时缝隙不大于	2mm	尺量检查

五、电气装置安装质量控制

（一）接地

所有电气设备的金属外壳均应有易于识别的良好接地，其接地电阻不大于 4Ω。

接地线应用截面面积不小于相线的 1/2 的黄绿双色绝缘铜芯导线，但最小截面面积不得小于 1.5mm²。

轿厢接地如果用钢芯电缆则可利用该钢芯作为接地线。如果用电缆芯线接地时，不得少于 2 根，且截面面积应大于 5.5mm²。

当供电线路引出支线长度超过 50m 时，应有重复接地。

当用 500V 兆欧表测量电气设备的绝缘强度时，绝缘电阻值应符合表 7-54 的规定。

绝缘电阻的最小值 **表 7-54**

标称电压（V）	测试电压（直流）（V）	绝缘电阻（MΩ）
安全电压	250	≥0.25
≤500	500	≥0.50
>500	1000	≥1.00

（二）安装质量控制

每台电梯的供电电源必须单独敷设供电线路，并装设单独的开关进行控制。机房内的配电、控制屏、柜、盘的安装布局合理，横竖端正、整齐美观，配电盘应靠近门的便于操作处；屏、柜与门、窗正面距离不小于600mm，维修侧与墙壁距不小于600mm，与机械设施的间距不小于500mm。配线连接应牢固，接触良好、包扎紧密、绝缘可靠、标志清楚、绑扎整齐。

层门指示灯与召唤盒安装应平整，固定应牢固、不变形，埋入墙内的按钮盒、指示灯盒的盒口不突出装饰面，凹进墙不超过3mm，盒面板四周紧贴墙面，层楼指示灯盒应装在厅门口以上200～300mm的厅门中心处；召唤盒应装在厅门外距地1.3～1.5m的右侧墙壁上，距厅门边为200～300mm处，群控的召唤盒应装在两梯的中间部位上。层门指示灯盒安装时应横平竖直、整洁美观，信号指示灯明亮、标志清晰。

井道内的电线管、箱、盒与移动的轿厢、钢丝绳、软电缆等的最小距离应控制在20mm以上。电梯井道中管口与上下限位开关、层楼感应器、安全钳限位开关等电气部件，其距离应小于300mm。

金属软管安装，应注意不得使软管损伤和松散；安装固定点均匀，直边间距不大于1m，弯折处两端应固定，弯曲半径不小于外径的4倍。

选层器安装应保持上下垂直，垂直度为1‰，选层器钢带轮垂直度不大于0.5mm。感应器和感应板安装时应固定牢固，不得在电梯正常运行时发生磨擦与碰撞。感应器和感应板安装应垂直，感应器插口端面与感应板间隙为10±2mm。

全行程随行电缆，井道电缆架应装在高出轿厢顶1.3～1.5m的井道壁上。半行程安装的随行电缆，井道电缆架应装在电梯正常提升高度的1/2处加1.5m的井道壁上。多根电缆组成的随行电缆应从电缆架开始以1～1.5m间隔的距离用绑线进行交叉固定。

六、安全保护装置质量控制

（一）设备质量要求

因为电梯是一种机电一体的运载装置，所以就必须有供电系统断相、错相保护装置，停电或电气系统发生故障时应有轿厢慢速移动装置，层门锁与轿门电气联锁装置；以及超速保护、撞底缓冲等装置。所以电梯中安全保护装置的质量必须符合要求。

1. 限速器

它是电梯的超速和失控保护的安全装置。设备开箱时应仔细查验限速器中各零、部件到货情况及型号、规格是否正确，并应检查限速器的铅封情况；对重的限速器动作速度应大于轿厢限速器的动作速度，但不应超过10%。额定速度低于0.75m/s的电梯，对重安全钳允许不设限速器；限速装置对绳索每分支的拉力不小于150N。

2. 安全钳

当电梯额定速度超过1m/s的应采用渐进式安全钳，具有缓冲作用的瞬时安全钳仅用在额定速度不超过1m/s的电梯中；瞬时安全钳仅用于额定速度不超过0.63m/s的电梯中；在装有额定载荷的轿厢被安全钳制动时的平均减速度应在1.96～9.8m/s^{2}之间。

3. 缓冲器

缓冲器最有效工作缓冲行程，应符合表7-55的规定。

最有效工作缓冲行程（mm）　表 7-55

额定速度（m/s）	最大有效工作缓冲速度（m/s）	最小缓冲行程
1.50	1.725	152
1.75	1.210	2.6
2.00	2.300	270
2.50	2.875	422
3.00	3.450	608

4. 制动器

制动器多数为直流电磁常闭块式制动器。为保证制动的有效性，联轴器表面应光洁，粗糙度要求为 1.6～0.8，联轴器的不平衡量应小于 2g，制动闸瓦应防止油污。

（二）安装质量的试验与控制

（1）各种安全保护开关必须固定可靠，但不得用焊接法固定；安装后不得因电梯正常运行时的碰撞和钢绳、钢带、皮带的正常摆动使开关产生位移、损坏或延误动作。

（2）与机械配合的各种安全保护开关安装后，在下列情况下动作必须可靠，并能使电梯立即停止运行：

限速器配重轮下落大于 50mm 时；

限速器钢丝绳夹住、轿厢上安全钳拉杆动作时；

电梯超速达到限速器动作速度的 95%时；

电梯超载超过 10%额定载重量时；

任一层门、轿门未关闭或联锁时，轿厢安全窗未正确关闭时。

（3）急停、检修、程序转换等按钮开关的动作必须灵活可靠。极限、限位、缓冲装置的安装位置正确、功能可靠。轿厢自动门的安全触板安装后应灵敏可靠，但不得延误动作。

（4）井道内的对重装置、轿厢地坎及门滑道的端部与井壁的安全距离严禁小于 20mm。安全钳块面与导轨侧面间隙为 3～4mm，安全钳口与导轨顶面间隙不小于 3mm，其间隙均值不应大于 0.5mm。

七、试运行

（一）低速运行试验

低速运行试验中，电动机的运行方向与控制系统中上、下运行指令方向应一致；用检修速度上、下运行一个行程，确认轿厢上的各部件与井道壁的间隙最小不小于 20mm；使轿厢位于最上、最下层，观察随行电缆是否留有一定的长度，是否有扭曲、是否有被托架等挂住的危险。逐层校正厅门、轿门地坎的间隙，检查轿厢门上的门刀与厅门地坎的间隙是否保持在 6mm。调整曳引绳张力，使各根钢丝绳拉力基本一致。每次调整后再使轿厢在上、下运行范畴运行几个循环，使拉力达到一致。

（二）超载试验

静态时，在轿厢内装额定载质量120%的载量，这时轿厢内超载指示装置应有信号，电梯轿门不能关闭。动态时，将额定载重量的载重装入轿厢，断开超载控制电路，在通电持续率40%情况下，运行半小时，电梯应能安全地上、下运行，启动和停止，制动可靠，曳引机工作正常。

（三）平层准确度试验

平层准确度检验时分别以空载、额定质量作上下试验，分别测量各层平层准确度。空载时，无论上下行，轿厢地坎应高于厅门地坎，额定载重时，无论上下行，厢地坎应低于厅地坎。

（四）运行缓冲器试验

具有缓冲复位的蓄能型缓冲器和耗能型缓冲器的试验方法是在轿厢以额定载额和额定速度下，对重以轿厢空载和额定速度下分别碰撞缓冲器，缓冲应平缓，从轿厢开始离开缓冲器一瞬间起，直到缓冲器回复到原状止，所需时间应小于90s。

第六节 智能建筑工程质量控制

智能建筑是随信息技术智能化、信息网络全球化和国民经济信息化应运而生的新型建筑，是现代高科技和多专业成果的共同结晶。提高智能建筑的工程质量，就是要通过严密的施工组织、正确合理的施工工艺、严格的工程质量控制。

一、智能建筑的管路敷设

在智能建筑工程中，通信网络系统、信息网络系统、设备监控系统、火灾报警系统、安全防范系统等均是通过相应的传输线路而工作的。因此，管路的敷设是整个智能建筑的共性工程，必须质量可靠。

（一）钢管敷设

(1) 管路敷设前应检查管道内侧有无毛刺，镀锌层和防锈层是否完整无损，管子是否顺直。

(2) 管道在砌筑墙体中暗设时，钢管应置于墙体中心，然后按标高将接线盒稳装好。在混凝土墙体中暗设时，可将盒、箱焊接在钢筋上，敷设管子时每隔1m用铅丝绑扎固定。

(3) 管道明设时，先将管卡一端的螺钉拧进1/2，然后将管道敷设在管卡内，逐个将螺钉拧紧。使用铁支架时，可将钢管固定在支架上。管道明设在2m以内水平度及垂直度的允许偏差为3mm，全长时不应超过管子内径的1/2。

(4) 当管路采用管箍丝扣连接时，套丝不得有乱扣现象。上好管箍后，管口应对接严密，外露丝扣不应多于2扣。当采用配管的管壁厚度大于2mm的非镀锌管时应采用套管连接，套管长度为连接管径的2.2倍；连接管口的对口处应在套管的中心，焊口应焊接牢固严密。

金属导管严禁对口熔焊连接，镀锌和壁厚小于等于2mm的钢导管不得采用套管熔焊连接。

(5) 镀锌钢导管、可挠性导管不得熔焊跨接接地线，接地线采用截面积不小于4mm^2

的软铜导线，并用专用接地卡做跨接连线。

(6) 管口入箱位置应排列在箱体二层板后，跨接地线应焊接在暗装配电箱预留的接地扁钢上，管与盒跨接地线可焊在暗装盒的棱边上，管入盒、箱里外均用螺母锁紧，外露螺母的丝扣不得超过3扣。两根以上管入盒、箱应长短一致，间距均匀，排列整齐。

(7) 金属软管引入设备时，应符合下列要求：

金属软管与钢管或设备连接时，应采用专用接头连接；

金属软管用管卡固定，其固定间距不应大于1m；

不得利用金属软管作为接地导线。

(二) 线槽安装

1. 线槽安装控制

线槽直线段连接应采用连接板，连接处应严密平整无缝隙。

线槽采用钢管引入或引出导线时，可采用分管器或螺母将管口固定线槽上。

线槽进行交叉、转弯、丁字形连接时，应采用单通、二通、三通或四通进行变通连接，线槽终端应进行封堵。导线接头处应设置接线盒或将导线接头放在电气器具内。

穿过墙壁的线槽四周应留出50mm的间隙，并用防火材料嵌填。经过建筑物变形缝时，线槽本身应断开，槽内用连接板搭接。

2. 地面金属线槽安装

根据弹线位置、固定线槽支架，将线槽安放在支架上，然后进行线槽连接，并接好出线口。

要正确选用分线盒、管件，线槽与分线盒连接应固定可靠。

线槽安装结束后，应进行系统的调整，根据地面厚度调整线槽干线、支线、分线盒接头、转弯和出口等处，水平高度应与地面平齐。

3. 吊装金属线槽的安装

在钢结构工程中，一般采用万能型吊具，安装前先将吊具及附件组装成整体，用卡具卡在结构构件上。

线槽直线段组装时应先做干线，再做支线，将吊装器与线槽用蝶形卡具固定。

线槽与线槽的连接，可采用内连接接头或连接接头，用螺母拧紧。

转弯部位应采用立上弯头和立下弯头，安装角度应符合要求。

出线口处应利用出线口盒进行连接，末端要装上封堵。

4. 线槽保护地线的安装

金属线槽及其支架全长不少于2处与接地干线相连接。非镀锌线槽间连接板的两端跨接铜芯接地线，接地线最小截面积不小于$6mm^2$。

镀锌电缆桥架间连接板的两端不跨接接地线，但连接板两端不少于2个有防松措施的连接固定螺栓。

(三) 分线箱的安装与线缆敷设

1. 分线箱安装

暗装箱体面板与建筑装饰面配合严密。

分线箱的安装高度应符合设计要求，设计无要求时，底边距地面不低于1.4m。

明装壁挂式分线箱、端子箱或声柱箱，将引线与箱内导线用端子做过渡连接，并放入接线箱内。

2. 线缆敷设

所敷设的线缆两端必须有接线标志，布放线缆应排列整齐，不得绞拧，在交叉处，粗直径线应放在细直径线的下方。

管道内穿线不应有接头，接头必须在盒、箱处接续。进入机柜后的线缆应分别固定在分线槽内。

二、通信网络系统的质量控制

（一）广播系统

1. 材料设备质量要求

在广播系统中，应选择如下材料和设备：

前端部分应选用 FM/AM 调谐器、电唱机、传声器、调音台、前置放大器、功率放大器等各种设备。

传输部分中的电线电缆的选择应符合设计要求，可选用屏蔽线或双绞线，其规格可参考表 7-56 中的规定。

电线电缆规格 表 7-56

导线规格 铜丝股数 / 每股铜丝线径（mm）	导线截面积（mm^2）	每根导线每 100m 的电阻值（Ω）
12/0.15	0.2	7.5
16/0.15	0.2	6
23/0.15	0.4	4
40/0.15	0.7	2.2
40/0.193	1.14	1.5

终端部分主要有扬声器、音箱、声柱、控制开关等设备。

设备进场，必须对设备、材料和软件进行检验，并填写设备材料进场验收表。所有设备应有产品合格证、检测报告、“CCC”认证标志及安装使用说明书等。如果是进口的产品，则需提供原产地证明和商检证明。

2. 终端设备安装

在广播系统中，终端设备主要就是扬声器。对于扬声器的安装应根据不同的位置和方式进行。但应固定安全可靠。

在吊顶或夹层内利用建筑结构固定扬声器箱支架或吊杆时，必须征得设计方同意后进行施工。

以建筑装饰为掩体安装的扬声器箱体，其正面不得直接接触装饰物。

吸顶式扬声器，应将扬声器引线用端子与盒内导线连接好，扬声器与顶棚应紧贴，并用螺钉将其固定在吊顶龙骨上。

同一室内的吸顶扬声器应排列均匀。同一室内壁装扬声器安装高度应一致，平整牢固，装饰罩不应有损伤。

具有不同功率和阻抗的成套扬声器，应事先将所需接用的线间变压器的端头焊出引线，剥去10~15mm绝缘外皮待用。

3. 机房设备安装

首先应检查设备基础面的平直度及尺寸是否满足机柜的安装要求。

根据机柜底座固定孔距，用镀锌螺栓将柜体固定在基础槽钢之上。多台机柜并列安装时，应作到横平竖直，排列有序。

设备面板排列整齐，带有轨道的推拉设备应推拉灵活，无阻滞现象。

安装的控制台要排放整齐，安装位置应符合设计要求。机柜安装的允许偏差应满足表7-57的规定：

机柜安装的允许偏差 **表7-57**

项次	项　目	允 许 偏 差	检 验 方 法
1	广播机柜安装的垂直偏差	≤1.5‰	尺量检查
2	并列柜正面平面的前后偏差	≤2mm	
3	两台机柜中间缝隙	≤2mm	

4. 系统调试

线路接通前，将布设的线缆再次进行对地与线间的绝缘强度量测，绝缘电阻必须大于0.5MΩ。

机房设备采用专用接头与线缆连接，且应压接牢固，排放有序。设备及电缆屏蔽层应压接好保护地线，接地电阻不大于1Ω。

设备安装完成后，应进行单机调试，然后按音源，系统回路进行系统调试。调试时分别在机房和现场监听各路广播的音质，调整各路功放的输出功率，保证各路音量相一致。

经过调试，系统的输入、输出不平衡度、音频线的敷设，应符合设计要求，设备之间的阻抗匹配应合理。最高输出电平、输出信噪比、声压级和频宽的技术指标应符合设计要求。

(二) 电话插座与组线箱安装

1. 组线箱的安装

组线箱设备安装位置应正确，并且安装牢固。

引入组线箱的钢管应套丝，并用锁紧螺母与箱体连接，丝扣外露不得多于3扣。

组线箱与电力、照明线路，以及各管道等的最小距离为300mm。

箱体应接好保护地线，接地电阻不得大于1Ω。

组线箱安装的允许偏差应符合表7-58的规定。

组线箱安装的允许偏差 **表7-58**

项 次	项　目	允 许 偏 差	检 验 方 法
1	箱体垂直度（高<500mm）	≤1.5mm	吊线和尺量检查
2	箱体垂直度（高≥500mm）	≤2mm	
3	盘面安装的垂直度	≤1.5%	

2. 线路敷设

穿线前应对电话电缆进行绝缘强度量测，合格后进行编号，用带线将线缆穿入管中。

剥去组装箱内的导线绝缘层，按编号将导线压接在接线端子板上，留量适中，标识清楚、固定可靠。

3. 电话插座安装

面板安装的标高和位置应符合设计要求。一般明装插座盒距地面高度为1800mm，暗装插座盒距地面高度为300mm。

接线时，将预留在盒内的导线剥出芯线，压接在面板端子上，然后将面板固定。

当安装的插座盒上方有暖气管道时，其间距应大于200mm；下方有暖气管道时，其间距应大于300mm。

根据施工图按组线箱内导线的编号，用便携式话机逐一核对各终端接线编号是否正确。

出线盒面板安装的允许偏差应符合表7-59的规定。

出线盒面板安装的允许偏差（mm） 表7-59

项目		允许偏差	检验方法
用户出线盒面板	同一场所高差	≤5	拉线和尺量检查
	垂直度	≤0.5	吊线和尺量检查

（三）有线电视系统

1. 材料及设备要求

固定及连件应全部采用镀锌件。

应根据不同的接收频道、场强、环境、接收卫星等因素选择开路天线和卫星天线，以满足接收图像的品质要求，并应有产品合格证明书。

电视电缆应采用屏蔽性能好的物理高发泡聚乙烯绝缘电缆，特性阻抗为75Ω，并应有产品合格证及“CCC”认证标志。对于现场环境有干扰的应选用双屏蔽电缆；室外电缆应采用黑色护套电缆；需架空的电缆，可选用自承式电视电缆。

用户终端所用的明装、暗装塑料盒，插座插孔输出阻抗应为75Ω，并有产品合格证和“CCC”认证标识。

接收机、调解器、放大器、高频头、机柜等设备应符合设计要求，配件齐全，有产品合格证和“CCC”认证标识。

2. 施工质量控制

（1）基本要求及避雷

卫星接收天线安装，应由专业技术人员按照产品说明要求进行安装。

安装的天线如果位于建筑物避雷针保护范围之内的，天线不用设置避雷针；位于避雷范围之外的，可在主反射面上沿和副反射面顶端各安装一避雷针，其高度应覆盖整个主反射面。也可单独设置一个避雷针。避雷针应有独立引下线，严禁避雷针接地与室内接收设备共用一个接地线。

（2）天线的安装

架设天线前，应对天线进行检查和测试。天线的振子应水平放置，相邻振子间应相互平行，振子的固定件应采用防松动措施。馈线应固定牢固，并在接头处留出防水弯。

各频道天线的安装，原则为高频道天线在上边，低频道天线在下边，层间距大于 $\lambda/2$（λ 为波长），且最小间距不小于 1m。

通过观测监视器的接收图像和读取场强仪测量值，确定天线的最佳接收方位。

（3）前端设备安装

按照机房平面布置图将稳机柜稳装在槽钢基础之上。稳机柜安装的垂直度偏差不应大于 2mm，水平度偏差不应大于 2mm，成排柜顶部平直度不应大于 4mm。

机柜前应有 1500mm 的空间，机柜背面离墙距离应不小于 800mm。

（4）设备布线

机房内电缆由机柜底部引入，电缆敷设应顺直；电缆进出线槽部位、转弯处两侧 300mm 处应设固定点。

机房供电电源引至净化电源后，再分别供机房内设备使用。机柜背侧各电视电缆和电源线应分别布放在机柜两侧线槽内，按回路分束绑扎。安装在机柜内的设备应标识设备所接收的频道。

机房内的避雷器、机柜、设备金属外壳、电缆金属护套的接地线均应汇接在机房总接地母排上，前端机房的总接地装置接地电阻不大于 1Ω。

（5）传输系统的安装

①干线放大器、分支干线放大器、分配放大器等有源设备的安装位置应严格按照施工图进行。

电视电缆需要通过电线杆架空敷设时，野外型放大器应吊装在电线杆上 1m 以内的位置。插接件应有良好的防水、抗腐蚀性能。

暗装时，电视箱体内放置一块配电板，箱体内器件均采用机制螺钉固定在箱体内的配电板上。在箱体内门板处要贴上箱内设备的系统图，并在上面标明电缆的走向及信号输入、输出电平。

放大器箱内应留有检修电源。

②输送电缆架空敷设时，应先将电缆吊索固定在电缆杆上，再用电缆挂钩把电缆托吊在吊索上。挂钩的间距为 500mm 左右。当架空电缆或沿墙敷设电缆引入地下时，在距地面不小于 2500mm 的地方采用钢管作为护套，钢管应埋入地下 500mm。

电缆采用管道敷设时，将管内预留的带线和电缆绑扎在一起，用带线将电缆穿过管子。

直埋电缆时，必须用具有铠装层的电缆，其埋置深度不得小于 800mm。电缆四周空间应用细土填充覆盖 100mm。寒冷地区应埋在冻土层以下。

分支分配器应安装在分支分配器箱内或放大器处内的配电板上。

（6）用户终端安装

用户终端暗盒的外口应与墙面齐平，盒子标高应符合要求，若无要求时，电视用户终端插座距地面应为 300mm。

接线时，先将盒内电缆切成 100 ~ 150mm，然后将 25mm 的电缆绝缘护套剥去，留出 3mm 的绝缘台和 12mm 芯线，将芯线压接在端子上。

当线路全部连通后，检测用户终端电平，用户终端电平应控制在 64 ± 4dB。使用彩色监视器，观察图像是否清晰，是否有雪花或条纹，以及交流电干扰等。

三、信息网络系统

(一) 工程实施及质量控制

1. 信息网络系统工程实施前应具备的条件

(1) 综合布线系统是计算机网络的基础，也是实施信息网络系统的必备条件之一，所以必须完成综合布线的施工，并通过系统测试合格。

(2) 设备机房施工完毕，机房环境、电源及接地安装已完成，具备安装条件。

2. 设备、材料验收

设备和材料进场，必须按照合同技术文件和工程设计文件的要求，对设备、材料和软件进行验收。进场验收应有书面记录和参验签字，并有监理工程师或建设单位验收人员签字。

设备、材料进场验收应填写“设备材料进场检验表”，并按如下要求执行：

保证外观完好，产品无损伤、无瑕疵，品种、数量、产地符合要求；

设备和软件的产品质量应符合相应产品标准的要求，其质量检查应符合要求；

依规定程序获得批准使用的新材料和新产品除符合标准要求外，尚应提供主管部门规定的相关证明文件。

网络设备开箱后应对有序号的设备进行序列号登记。

对设备进行通电自检，查看设备状态指示灯的显示和设备启动是否正常。

网络设备应安装整齐、固定牢固、便于维修；高端设备的信息模块和相关部件应安装正确；跳线连接应稳固，走向清楚明确。

3. 随工检查内容

(1) 安装质量检查：机房环境的检查；设备器材清单检查；设备机柜加固检查；设备模块配置检查；设备间及机架内的电缆布放检查；电源检查；设备至各类配线设备间电缆线布放检查；电缆线通电检查；接地电阻值检查；接地引入线及接地装置检查；机房内防火措施及安全措施检查。

(2) 通电测试前设备检查：按设计文件要求检查设备安装精度；设备接地应良好；供电电源电压极性符合要求。

(3) 设备通电测试：设备供电正常；报警指示工作正常；设备通电后工作正常及故障检查。

信息系统安装、调试完成后，应进行不少于1个月的试运行。

系统承包商在安装调试完成后，应对系统进行自检，自检时要求对检测项目逐项检测。

(二) 计算机网络系统检测

1. 连通性检测

连通性检测应符合下列规定：

根据网络设备的连通图，网管工作站应能够和任何一台网络设备进行通信。

对各子网内用户之间的通信功能检测，应根据网络配置方案要求，允许通信的计算机之间可以进行资源共享和信息交换，不允许通信的计算机之间无法通信连接。

根据配置方案的要求，检测局域网内的用户与公用网之间的通信能力。

2. 路由检测

对计算机网络进行路由检测，可用相关测试命令进行，或根据设计要求使用网络测试仪测试网络路由设置的正确性。

3. 容错功能检测

容错功能的检测方法应采用人为设置网络故障，检测系统正确判断故障及故障排除后系统自动恢复的功能；切换时间应符合设计要求。其检测内容有以下两个方面：

(1) 对具备容错能力的网络系统，应具有错误恢复和故障隔离功能，主要部件应冗余设置，并在出现故障时可自动切换。

(2) 对有链路冗余配置的网络系统，当其中某条链路断开或有故障发生时，整个系统仍应保持正常工作，并在故障恢复后应能自动切换回主系统运行。

4. 网络管理功能检测

网络管理功能检测应符合下列规定：

(1) 网管系统应能搜索到整个网络系统的拓扑结构图和网络设备连接图。

(2) 网络系统应具备自诊断功能，当某台网络设备或线路发生故障后，网管系统应能够及时报警和定位故障点。

(3) 应能够对网络设备进行远程配置和网络性能检测，提供网络节点的流量、广播率和错误率等参数。

5. 应用软件检测

对软件检测应先对软硬件配置进行核对，确认无误后方可进行系统检测。

系统检测应采用黑盒法。黑盒法测试有通过测试和失败测试两种基本方法。测试时应按照规范和设计要求来实施，当测试结果全部符合规范规定的则断为合格。主要测试内容为：

(1) 功能测试：在规定的时间内运行软件系统的所有功能，以验证系统是否符合功能需求；

(2) 性能测试：检查软件是否能满足设计文件中规定的性能，应对软件的响应时间、吞吐量、辅助存储区、处理精度进行检测；

(3) 文档测试：检测用户文档的清晰性和准确性，用户文档中所列应用案例必须全部检测；

(4) 可靠性测试：对比软件测试报告中可靠性的评价与实际运行中出现的问题，进行可靠性验证；

(5) 互连检测：应验证两个或多个不同系统之间的互连性；

(6) 回归测试：软件修改后，应经回归测试验证是否因修改引出新的错误。

应用软件的操作命令界面应为标准图形交互界面，要求风格统一、层次简洁，操作命令的命名不得具有两义性。

应用软件应具有可扩展性，系统应预留可升级空间以供纳入新功能，宜采用能适应最新版本的信息平台，并能适应信息系统管理功能的变动。

6. 网络安全系统检测

(1) 计算机信息系统安全专用产品必须具有公安部计算机管理监察部门审批颁发的“计算机信息系统安全专用产品销售许可证”；特殊行业有其他规定时，还应遵守行业的相关规定。

(2) 如果与因特网连接，智能建筑网络安全系统必须安装防火墙和防病毒系统。

(3) 网络层安全的安全性检测应符合以下要求：

①防攻击：信息网络应能抵御来自防火墙以外的网络攻击，使用流行的攻击手段进行模拟攻击，不能攻破判为合格。

②因特网访问控制：信息网络应根据需求控制内部终端机的因特网连接请求和内容，使用终端机用不同身份访问因特网的不同资源，符合要求判为合格。

③信息网络与控制网络的安全隔离：测试方法可按上面路由检测的要求，保证做到未经授权，从信息网络不能进入控制网络，符合此要求的判为合格。

④防病毒系统的有效性：将含有当前已知流行病毒的文件通过文件传输、邮件附件、网上邻居等方式向各点传播，各点的防病毒软件应能正确地检测到该含病毒文件，并执行杀毒操作，符合基本要求的判为合格。

⑤入侵检测系统的有效性：如果安装了入侵检测系统，使用流行的攻击手段进行模拟攻击，这些攻击应被入侵检测系统发现和阻断，符合此要求者判为合格；

⑥内容过滤系统的有效性：如果安装了内容过滤系统，则尝试访问若干受限制网址或者访问受限内容，这些尝试应该被阻断；此后，访问若干未受限制的网址和内容，应该可以正常访问，符合此条件的判为合格。

(4) 系统层安全应满足下列要求：

①操作系统应选用经过实践检验的具有一安全强度的操作系统；

②使用安全性较高文件系统；

③严格管理操作系统的用户帐号，要求用户必须使用满足要求的口令；

④服务器应只提供必须的服务，其他无关的服务应关闭，对可能存在漏洞的服务或操作系统，应更换或者升级相应的补丁程序；扫描服务器，无漏洞的为合格；

⑤认真设置并正确利用审计系统，对一些非法的侵入尝试必须有记录；模拟非法尝试，审计日志中有正确记录者判为合格。

(5) 应用层安全应符合如下要求：

①身份认证：用户口令应该加密传输，或者禁止在网格上传输；严格管理用户帐号，要求用户必须使用满足安全要求的口令；

②访问控制：必须在身份认证的基础上根据用户及资源对象实施访问控制；用户能正确访问其获得授权的对象资源，同时不能访问未获得授权的资源，符合此要求者判为合格；

③完整性：数据在存储、使用和网络传输过程中，不得被篡改、破坏；

④保密性：数据在存储、使用和网络传输过程中，不应被非法用户获得；

⑤安全审计：对应用系统的访问应有必要的审计记录。

(6) 物理层安全应符合下列要求：

①中心机房的电源与接地及环境要求应符合规范规定；

②对于涉及国家秘密的党政机关、企事业单位的信息网络工程，应按《涉密信息设备使用现场的电磁泄露发射保护要求》BMB5、《涉及国家秘密的计算机信息系统保密技术要求》BMZ1 和《涉及国家秘密的计算机信息系统安全保密评测指南》BMZ3 等国家现行标准的相关规定进行检测和验收。

四、火灾自动报警及消防联动系统

1. 线路敷设

对火灾自动报警系统的线缆敷设时，应对线缆的种类、电压等级进行检查。对每回路的导线用250V的兆欧表测量绝缘电阻，其对地绝缘电阻值不应小于20MΩ。

不同电流类型、不同系统、不同电压等级的消防报警线路不应穿入同一根管内或敷设于线槽的同一槽孔内。

埋入非燃烧体的建筑物、构筑物内的电线保护管，其保护层厚度不应小于30mm。

如条件限制强电和弱电线路共用一个竖井时，应分别布置在竖井的两侧。在建筑物的吊顶内敷设线路时，必须采用金属管、金属线槽。金属线槽和钢管明配时，应按设计要求采取防火保护措施。

暗装消防栓配管时应从侧面进线，接线盒不应放在消防栓箱的后侧。

火灾自动报警系统的传输线路应采用铜芯绝缘线或铜芯电缆，阻燃耐火性能应符合设计要求，其电压等级不应低于交流250V。火警报警器的传输线路应选择不同颜色的绝缘导线，探测器的“+”线为红颜色，“-”线为蓝颜色，其余线应依据不同用途采用其他颜色区分。同一工程中相同用途的导线颜色应一致，接线端子应有标号。

2. 探测器安装

(1) 探测器安装的基本要求

安装的探测器应为水平状态，当必须倾斜安装时，倾斜角度不应大于45°。探测器的底座应固定牢固，探测器底座的穿线孔宜封堵，安装时应采用保护措施。

探测器的连接导线必须可靠地压接或焊接，当采用焊接时不得使用带腐蚀性的助焊剂，外接导线应有150mm的余量，进入探测器的导线应有明显标志。

探测器确认灯在侧面时应面向便于人员观察的主要入口方向，确认灯在底面时同一区域内的确认灯方向应一致。

在电梯井、升降机井设置探测器时，其位置应在井道上方的机房顶棚上。

探测器至墙壁、梁边的水平距均应大于500mm。如图7-11所示。探测器至空调送风口边的水平距离不应小于1500mm；至多孔送风顶棚孔口的水平距离不应小于500mm。

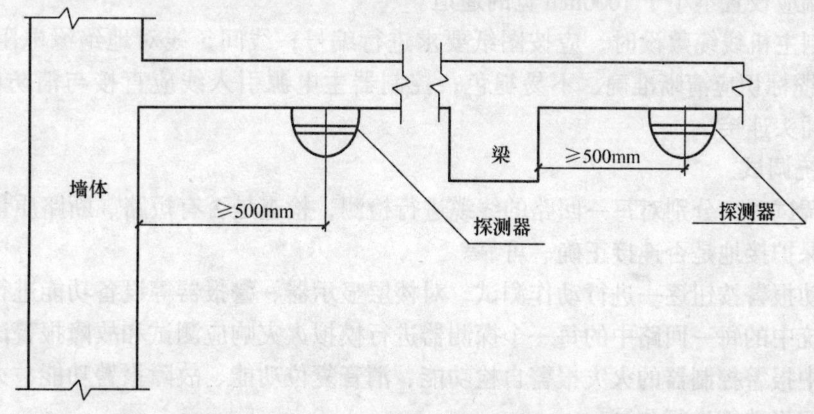

图7-11 探测器安装位置图

探测器周围500mm范围内，不应有遮挡物。

在宽度小于3000mm的内走廊顶棚上设置探测器时，应居中布置。感温探测器的安装间距不应超过10000mm；感烟探测器的安装间距不应超过15000mm。探测器距墙端的距离不应大于探测器安装间距的一半。

(2) 不同功能探测器的安装

①可燃气体探测器的安装位置和安装高度应依据所探测气体的性质而定。当探测的可燃性气体比空气重时，探测器安装在下部，当探测的可燃性气体比空气轻时，探测器安装在上部。

②红外光束探测器安装时，发射器和接收器应安装在同一条直线上；光线的通路上不得有遮挡物；相邻两组红外光束感烟探测器水平距离应大于14000mm，探测器距侧墙的水平距离不应大于7000mm，且不应小于500mm；探测器光束距顶棚的距离为300～800mm，且不能大于1000mm；探测器发出的光束应与顶棚平行，远离强烈磁场，避免阳光直射。

③缆式探测器用于监测室内火灾时，可敷设在室内的顶棚下，其线路距顶棚的垂直距离应小于500mm；热敏电缆安装在电缆托架或支架上时，应紧贴电力电缆或控制电缆的外护套，并呈正弦波方式敷设；热敏电缆敷设在传送带上时，可借助M型吊线直接敷设于被保护传送带的上方及侧面；热敏电缆安装于动力配电装置上时，应与被保护物有良好的接触；热敏电缆敷设时应用固定卡具固定牢固，严禁硬性折弯和扭曲。必须弯曲时，弯曲半径应大于200mm。

(3) 报警器的安装

①手动火灾报警器按钮的安装位置和高度应符合设计要求，安装牢固且不应倾斜；手动火灾报警器按钮外接导线应留有100mm的余量，且在端部应有明显标志。

②区域报警器底边距地面高度不应小于1500mm；用对线器进行线缆编号；控制箱内的模块应按设备的要求配线，布线应合理，安装应牢固，并有标识；控制器接地应牢固可靠。

(4) 机房设备安装

①消防控制柜应安装在固定牢固的槽钢基础上，安装时从一端开始逐台安装，用拉线找平找直后将固定螺栓紧固；消防柜为单列布置时，机柜前的操作距离不小于1500mm，双列时不小于2000mm，柜后维修距离不小于1000mm，控制柜排列长度大于4000mm时，控制柜两端应设置不小于1000mm宽的通道。

②控制主机线缆敷设时，应按图纸要求进行编号；线间、线对地绝缘电阻不应小于20MΩ；线缆标识应清晰准确，不易褪色；控制器主电源引入线应直接与消防电源连接，严禁使用插头连接。

3. 系统调试

系统调试时，分别对每一回路的线缆进行检测，检查是否有短路、断路质量故障，工作接地和保护接地是否连接正确、可靠。

对手动报警按钮逐一进行动作测试，对楼层显示器、警报器等设备功能进行测试。

对系统中的每一回路中的每一个探测器进行模拟火灾响应测试和故障报警试验。

对集中报警控制器的火灾报警自检功能、消音复位功能、故障报警功能、火灾优先功能、报警记忆功能进行测试。

对电源自动转换和备用电源的自动充电功能及备用电源的欠压和过压报警功能进行检

测，在备用电源连续充、放电三次后主电源和备用电源应能自动转换。

五、安全防范系统

(一) 闭路电视监控系统

1. 分线箱安装

暗装箱体时，箱体裁板与框架应与建筑物表面配合严密；明装箱体时，要求箱体背板与墙面平齐；解码器箱安装在现场摄像机附近。安装在吊顶内时，应留检修口，室外安装时应有良好的接地，并做好防雷接地；当需要安装放大器时，放大器箱体安装的位置应符合设计要求，并应具有良好的防水、防尘保护。

2. 线路敷设

敷设线路前，除光缆、同轴电缆外，应对所用线缆进行绝缘测试，线缆间和线缆对地间的绝缘电阻必须大于0.5MΩ；线缆与电力线缆及通讯线缆平行或交叉敷设时，其间距分别不得小于300mm及100mm；敷设线缆时，光缆弯曲半径不应小于光缆外径的20倍，光缆接头的预留长度不应小于8000mm；同轴电缆敷设时弯曲半径应大于电缆外径的15倍；架空敷设的电缆，挂钩间距为500～600mm；室外管道电缆在引出地面时，应采用钢管保护，钢管伸出地面不应小于2500mm，埋入地下为300～500mm；引至摄像机终端的线缆应从设备的下部进线，并留有不影响摄像头转动操作的余量；所敷设线缆两端必须做好标记，屏蔽型控制电缆和同轴电缆的屏蔽层的单端应可靠接地。

监控室内电缆敷设应符合下列规定：

电缆在弯曲处两侧不大于30mm成捆绑扎，并根据电缆数量每隔100～200mm绑扎一次；采用活地板时，电缆在地板下应沿线槽敷设，且顺直无绞扭。

3. 终端设备安装

支、吊架安装时应依据施工图确定具体安装位置，支、吊架固定时要牢固，支架支撑面应保持水平。

云台安装时，应在支架上稳重固定，且使之位置保持水平。

解码器应安装在摄像机附近且便于固定和维修处，如露天安装的则应有防雨、防雷击措施。

摄像机安装前应将摄像机逐个通电进行检测和粗调，工作正常后方可安装。固定式摄像机安装前应先调好光圈、镜头，再对摄像机进行简便安装，然后经通电试看、细调，观察监视区的覆盖范围和图像质量。摄像机的安装高度，室内应距地面2500～5000mm或吊顶下200mm处，室外应距地面3500～10000mm。摄像机需要隐蔽安装时，可采用针孔镜头，将摄像机隐蔽在顶棚内；摄像机镜头应顺光源方向测视目标，避免逆光安装。

摄像机支架及云台的安装应按产品技术要求，并结合现场实际进行，方位和俯仰角及云台的转动起点方向应能灵活调整。

4. 机房设备安装

控制台安放应顺直，台面平整，台内插接件和设备接触应可靠，内部接线符合设计要求。

电视墙固定在墙面上时，应加设支架固定；落地安装时，其底座应与地面固定，电视墙安装应竖直平稳，垂直度偏差不得超过1‰。多个电视墙并列排在一起时，面板应在同一平面上，并与基准线平行，前后偏差不大于2mm，两个机架间缝隙不大于2mm。

电视墙、控制台安装的允许偏差应符合表 7-60 的规定。

电视墙、控制台安装的允许偏差 表 7-60

项次	项目	允许偏差	检验方法
1	电视墙、控制台安装的垂直度偏差	1.5‰	尺量检查
2	并列电视墙或控制台正面平面的前后偏差	2mm	
3	两台电视墙或控制台中间缝隙	2mm	

监视器应安装在电视墙或控制台上，其安装位置应使屏幕不受外来光的直射。

5. 设备调试

机房设备应采用专用接头与线缆连接，并压接牢固，设备及电缆的屏蔽层应压接好保护地线，接地电阻值不大于 1Ω。

摄像机（三可变）初装后，除对光圈、镜头、转向进行调试外，还应现场检测其噪声、温度变化、转动角度范围等。

单体调试完成后，应对系统进行调试。调试时，所有系统进行通电联调，检测系统的录像回放效果，视频切换功能，标准照度下的摄像效果，矩阵主机的切换、控制、编者按程、记录等功能应全部达到设计要求。

6. 系统检测

(1) 检测内容

系统功能检测：云台转动、镜头、光圈的调节、调焦、变倍、图像切换、防护罩功能的检测；

图像质量检测：在摄像机的标准照度下进行图像的清晰度及抗干扰能力的检测；

功能检测应包括视频安全防护监控系统的监控范围、现场设备的接入率及完好率；矩阵监控主机的切换、控制、编程、记录等功能；对数字视频录像式监控系统还应检查主机死机记录、图像显示和记录速度、图像质量、对前端设备的控制功能以及通信接口功能、远端联网功能等；对数字硬盘录像监控系统除检测其记录速度外，还应检查记录的检索、回放功能等；

联动功能检测应包括与出入口管理系统、入侵报警系统等系统的联动控制功能；视频安全防护监控系统的图像记录保存时间应满足管理要求。

(2) 抽检及判断

摄像机抽检的数量应不低于 20%且不少于 3 台，摄像机数量少于 3 台时应全数检测；被抽检设备的合格率 100%时为合格；系统功能和联动功能全部检测，功能符合设计要求时，合格率 100%时为系统功能检测合格。

(二) 入侵报警系统安装

1. 报警控制箱的安装

报警控制箱安装位置、高度应符合设计要求，在无具体要求时，宜安装在比较隐蔽或安全的地方，底边距地面为 1400mm。

报警箱体采用暗装方式时，箱体框架应紧贴建筑物表面。当采用明装方式，应用膨胀螺栓固定，箱体背板与墙面平齐。

报警控制箱的交流电源应单独敷设，严禁与信号线、低压直流电源线穿在同一管道内。

2. 线路敷设

线路敷设应参见上面内容。

3. 终端设备安装

报警系统终端安装位置应符合设计要求，还要符合下列规定：

微波探测器灵敏度很高，安装时不要对着门、窗，以免室外活动物体引起误报。

超声波探测容易受风和空气流动的影响，安装时要远离风源和暖气。

主动红外探测器在安装时，收、发装置应相互正对，且中间不得有遮挡物。

被动红外探测器安装时，探测扇形区应与入侵方向相垂直，并应全面覆盖被保护区。与热源保持1500mm以上间距，避免阳光直接照射。

安装双鉴探测器时，宜使探测器轴线与保护对象的方向成45°夹角。

4. 设备检测

(1) 设备的接线

入侵报警主机及控制器采用专用接头与线缆连接，且压接牢固。设备及电缆屏蔽层应压接好保护地线，接地电阻值不大于1Ω。

根据产品说明书，连接系统打印机、UPS电源等外围设备。

在计算机管理主机上安装入侵报警系统管理软件，并进行初始化设置。

分别对各报警控制器进行地址编码，存储于计算机管理主机内，并进行记录。

(2) 检测内容

对探测器进行盲区检测、防动物功能检测；

防拆卸功能检测、信号线开路或短路报警功能检测、电源线被剪的报警功能检测；

探测器灵敏度检测；

现场设备接入率及完好率测试。

检测系统的撤防、布防功能，关机报警功能，报警系统管理软件功能检测；

系统的联动功能检测应包括报警信号对相关报警现场照明系统的自动触发、对监控摄像机的自动启动、视频安防监视画面的自动调入，相关出入口的自动启闭，录像设备的自动启动等。

(3) 抽检数量

探测器抽检的数量应不低于20%，且不少于3台，探测器数量少于3台时全数检测；被抽检设备的合格率100%时为合格；系统功能和联动功能全部检测，功能符合设计要求时为合格，合格率100%时为系统功能检测合格。

(三) 门禁系统安装

1. 设备箱安装和线缆敷设

设备箱的安装和线缆敷设可参阅入侵报警系统的内容。

2. 终端设备安装

安装电磁锁、电控锁、门磁前，应核对锁具、门磁的规格、型号是否与其安装的位置、标高、门的种类和开关方向相匹配。

电磁锁、电控锁、门磁等设备安装时应预先在门框上、门扇对应的位置开孔。

电磁锁安装时，首先将电磁锁的固定平板和衬板分别装在门框和门扇上，然后将电磁锁推入固定平板的插槽内，用螺栓固定后按接线图连接导线。

在玻璃门的金属门框上安装电控锁，一般应置于门框的顶部。

读卡器、出门按钮等设备的安装位置和标高应符合设计要求，如无具体要求时，读卡器和出门按钮的安装高度为1400mm，与门框的水平距离为100mm，并且安装牢固可靠，面板端正，紧贴墙面，四周无缝隙，读卡器的安装示意如图7-12。

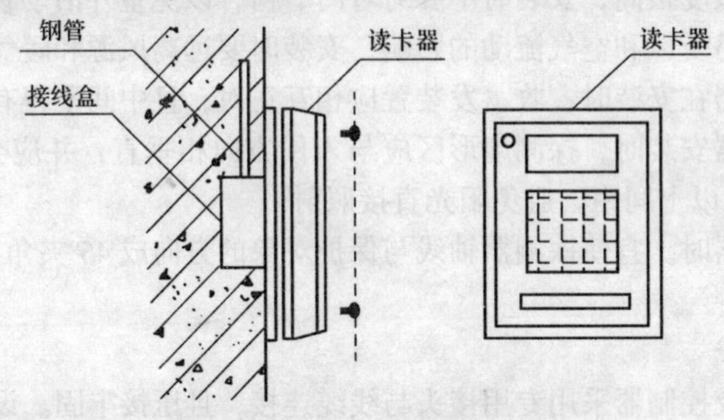

图7-12 读卡器安装示意图

按设计及产品说明书的接线要求，将盒内引出的导线与读卡器等设备的接线端子进行压接牢固。

3. 系统的检测

(1) 检测内容

①门禁系统的功能检测。主机在离线的情况下，门禁控制器独立工作的准确性、实时性和储存信息的功能；控制器在线控制时，控制器工作的准确性、实时性和储存信息的功能，以及控制器和系统主机之间的信息传输功能；检测掉电后，系统启用备用电源应急工作的准确性、实时性和信息存储及恢复功能；通过系统主机、出入口控制器及其他控制终端，实施监控出入控制点的人员情况；系统对非法强行入侵及时报警的能力；现场设备的接入率及完好率测试；出入口管理系统的数据存储记录保存时间应满足管理要求。

②系统软件的检测。演示软件的所有功能，以证明软件功能与任务书或合同书要求一致；根据性能要求，包括时间、适应性、稳定性等以及图形变化界面友好程度，对软件逐项进行测试；对软件系统操作的安全性进行测试，如系统操作人员的分级授权、系统操作人员操作信息的存储记录等；在软件测试的基础上，对被验收的软件进行综合评审，并给出综合评审结论。

(2) 抽检数量及判断

门禁系统控制器抽检的数量应不低于20%，且不少于3台，数量少于3台时应全数检测；被抽检设备的合格率100%时为合格；系统功能和软件全部检测，功能符合设计要求为合格，合格率为100%时为系统功能检测合格。

(四) 停车场（库）管理系统安装

1. 出入口设备安装

(1) 采用感应线圈安装方式。感应线圈应随管路敷设预埋施工，安装前应检查线圈规格型号、安装位置及埋深是否符合设计要求。

距离感应线圈水平500mm、垂直100mm内不应有任何金属物或其他的电气线缆。

两组感应线圈的距离间距宜大于1000mm。

安装感应线圈可采用木楔和预留沟槽的方法。用木楔固定时，先在基础垫层上将木楔固定，然后将感应线圈固定在木楔上。当进行混凝土浇筑施工时，感应线圈不得产生位移和损坏。沟槽安装时，先将感应线圈放置在沟槽内，然后进行浇筑混凝土。

(2) 采用红外光安装方式。检测设备的安装应按产品说明书的要求进行。

两组检测装置的距离一般为1500±100mm；安装高度为700±20mm。

收发装置应相互对准且光轴上不应有固定的障碍物，接收装置应避开阳光或强烈光的直射。

读卡机、闸门机应安装在埋有地脚螺栓的混凝土基础上，如图7-13所示。

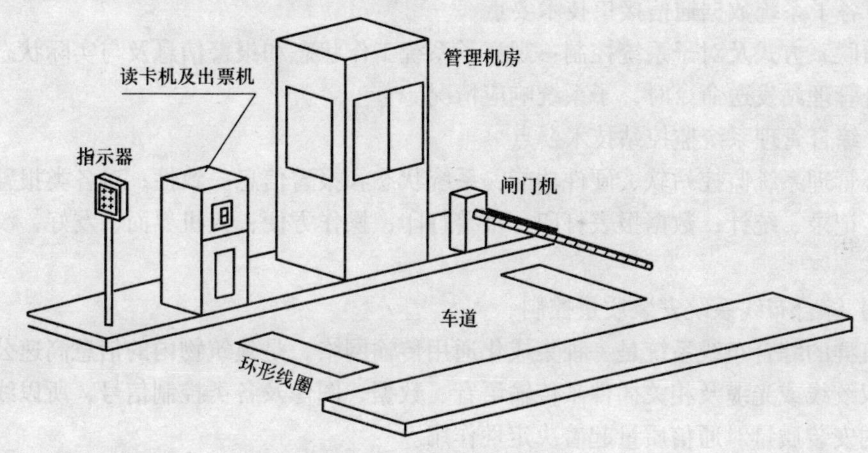

图7-13 出入口设备安装

在车库入口处可安装满面位指示灯，落地式满位指示灯可用地脚螺栓或膨胀螺栓固定于混凝土基座上，壁装式满位指示灯安装高度应大于2200mm。

(3) 收费管理机安装。在安装前，应对设备进行验收，设备外形尺寸、设备内主板及接线端口的型号、规格均应符合设计要求。

按施工图的要求连接主机、不间断电源、打印机、出入口读卡设备间的线缆，并且压接准确、安全牢固、整齐美观。

2. 停车场（库）管理系统的检测

停车场（库）管理系统的检测主要分综合要求、各系统检测、各子系统数据通信接口、综合管理系统监控站这四大部分。

(1) 综合要求的技术要点

主要检测内容：入口管理系统、出口管理系统和管理中心的功能。

技术要点：系统应能根据各类建筑物的管理要求，实现对停车场的车辆通行道口出入控制、监视、行车信号指示及停车收费等综合管理。

(2) 各系统检测的技术要点

车辆控制器：探测灵敏度、抗干扰性能；

自动栏杆：栏杆的升降功能、防砸车功能；

读卡器：无效卡识别，IC卡读卡器灵敏度；

发卡器的功能：吐卡功能、入场时间记录功能；

满位显示器：功能显示是否正常；

管理中心功能：计费、显示、收费、统计、信息存储功能；

出入口管理监控站及管理中心站：通信是否正常；

管理系统其他功能：如防折返功能、等空车位、收费等；

图像对比功能：车牌、车辆像记录清晰度、调用图像信息；

与消防联动功能：报警时联动功能；

电视监控系统：对进出库车辆监视；

记录保存时间：1个月以上。

(3) 各子系统数据通信接口技术要点

通信联系方式及对子系统控制：观察子系统工作状态和报警信息及与实际状态核实情况；综合管理站发送命令时，子系统响应情况。

(4) 综合管理系统监控站技术要点

综合管理系统监控站软、硬件功能：系统状态和报警信息一致性；对各类报警信息记录显示、记录、统计；数据报表打印、报警打印；操作方便；人机界面、友好、汉化、图形化。

(五) 综合布线系统安装质量控制

建筑群的综合布线系统是一种集成化通用传输网络，是建筑物内的信息高速公路。它是利用双绞线或光缆及相关插件来传输语音、数据、图像及各类控制信号，所以线缆及相关插件的安装质量对通信质量起着决定性作用。

1. 线缆敷设

线缆的布放应顺直自然，不得产生交叉、缠绕等现象。并不应受到外力的挤压，与线缆接触的表面应平整、光滑。

线缆布放前，应有表明起始端和终结端位置的标签。对绞电缆、光缆及建筑物内其他弱电系统的线缆应分隔布放，且中间不能有接头。

在交接间、设备间对绞电缆的预留长度为500~1000mm；工作区为10~30mm；光缆在设备端预留长度为3000~5000mm。

线缆弯曲时，对绞电缆的弯曲半径应大于电缆外径的8倍；光缆的弯曲半径应大于光缆外径的20倍；主干对绞电缆的弯曲半径至少为电缆外径的10倍。

对绞电缆与电力电缆最小净距应符合表7-61的规定。

对绞电缆与电力电缆最小净距（mm）　　表7-61

单位 / 范围 / 条件	最小净距		
	<2kV·A (~380V)	2~5kV·A (~380V)	5kV·A (~380V)
对绞电缆与电力线平行敷设	130	300	600
有一方在接地的槽道或钢管中	70	150	300
双方均在接地的槽道或钢管中	10	80	150

对绞电缆与其他管线最小净距应符合表 7-62 的规定。

对绞电缆与其他管线最小净距（mm）　表 7-62

管线种类	平行净距	垂直交叉净距	管线种类	平行净距	垂直交叉净距
避雷引下线	100	300	热力管（包封）	300	300
保护地线	50	20	给排水管	150	20
热力管（不包封）	500	500	煤气管	300	20

当采用线槽和暗管敷设时，敷设管道的两端应有标志，并做好带线；敷设暗管应采用钢管或阻燃硬质 PVC 管，暗管敷设对绞电缆时，管道的截面利用率为 25%～30%；线槽的截面利用率不应超过 40%；采用钢管敷设的管路，应避免出现超过 2 个 90°的弯曲，且弯曲半径应大于管径的 6 倍。

安装电缆桥架和线槽敷设时，桥架顶部距顶棚或其他障碍物不宜小于 300mm，桥架内横断面利用率不应超过 50%；电缆桥架、线槽内线缆垂直敷设时，在线缆的上端和每间隔 1500mm 处，应将线缆固定在桥架内支撑架上；水平敷设时，线缆应顺直，进出线槽部位、转弯处的两侧 300mm 处设置固定点；在水平、垂直桥架和垂直线槽中敷设线缆时，应对线缆进行绑扎。4 对对绞电缆以 24 根为束，25 对或以上主干对绞电缆、光缆及其他电缆应根据线缆的类型、缆径、芯数分束绑扎。绑扎间距不大于 1500mm。

2. 设备安装

(1) 机柜安装

机柜不应直接安装在活动地板上，按机房平面布置将机柜安装在基础槽钢的底座上，底座高度应与活动地板高度相同，然后铺设活动地板，底座水平误差每平方米不应大于 2mm。

机柜安装垂直度偏差和水平偏差不应大于 2mm；成排柜顶部平直度偏差不应大于 4mm。

机柜前面应留出 800mm 的操作空间，机柜背面离墙面大于 600mm。

壁挂式箱体底边距地的高度应大于 300mm。

在机柜内安装设备时，各设备间要留有足够的间隙，以确保空气流通和散热。

(2) 配线架安装

采用下出线方式时，配线架底部应与电缆进线孔相对应；各直列配线架垂直度偏差不大于 2mm；接线端子各种标志应齐全。

(3) 配线部件安装

各部件应完整无损，安装位置正确、标志齐全。

固定螺钉应紧固，面板应保持在一个水平面上。

安装机柜、配线设备、金属钢管及线槽接地体的接地电阻应不大于 1Ω，接地导线的截面和颜色应符合规范要求。

(4) 线缆端接

对绞电缆和连接硬件端接时，注意不要刮伤绝缘层，且每对对绞线应尽量保持扭绞状，非扭绞长度对于 5 类线不大于 13mm；4 类线应不大于 25mm。对绞线与 8 位模块式通用插座连接时，必须按色标和线对顺序进行卡接，然后采用专用压线工具进行端接；对绞电缆与 8 位模块式通用插座的卡接端子连接时，应按先近后远、先下后上的顺序进行；对绞电缆的屏蔽层与插件终端处屏蔽罩必须可靠接触，线缆屏蔽层应与插接件屏蔽罩 360°圆周接触，接触长度不小于 10mm。

光缆芯线端接时，光纤熔接处应加以保护；连接盒面板应有标志；光纤跳线的活动连接器在插入适配器之前应进行清洁，所插位置符合设计要求。

各类跳线端接时，跳线和插件间接触要良好，接线无误，标志齐全；各类跳线长度应依据现场情况确定，一般对绞电缆不应超 5000mm，光缆不应超过 10000mm。

3. 系统性能检测

综合布线系统性能检测应用专用测试仪器对系统的各条链路进行检测，并对系统的信号传输技术指标及工程质量进行评定。

综合布线系统检测时，光纤布线应全数检测，检测对绞电缆布线链路时，以不低于 10%的比例进行随机抽样检测，抽样点必须包括最远布线点。

系统性能检测合格判定应包括单项合格判定和综合合格判定。

单项合格判定的条件是：对绞电缆布线某一个信息端口及其水平布线电缆按 GB/T 5031 中附录 B 的指标要求，有一个项目不合格，则该信息点判为不合格；垂直布线电缆某线对按连通性、长度要求、衰减和串扰等进行检测，有一个项目不合格，则判该线对不合格；光缆布线测试结果不满足指标要求的，则该光纤链路判为不合格；允许未通过检测的信息点、线对、光纤链路经修复后复检。

综合合格判定条件是：光缆布线检测时，如果系统中有一条光纤链路无法修复，则判为不合格；

对绞电缆布线抽样检测时，被抽样检测点或线对不合格比例不大于 1%，则视为抽样检测通过；不合格点或线对必须予以修复并复验。被抽样检测点或线对不合格比例大于 1%，则视为一次抽样检测未通过，应进行加倍抽样；加倍抽样不合格比例不大于 1%，则视为抽样检测通过，如果不合格比例仍大于 1%，则视为抽样检测不通过，应全部进行检测，并按全部检测的要求进行判定；

对绞电缆布线全部检测时，如果有下面两种情况之一时则判为不合格：无法修复的信息点数目超过信息点数的 1%；不合格线对数目超过线对总数的 1%；

全部检测或抽样检测的结论为合格，则系统检测合格，否则为不合格。

（六）智能化系统集成质量控制要点

智能化系统集成主要包括：系统的集成功能、各子系统协调控制能力、信息共享、综合管理能力、运行与系统维护、使用安全性和方便性等。系统集成验收应包括接口、软件、系统功能及性能和安全等。

1. 子系统间连接

验收内容包括有硬性连接、串行通信连接、专用网关连接。

控制要点：检查是否符合设计要求；产品标准和产品技术文件要求；接口规范要求。

2. 网卡、路由器、交换机连接

验收内容是连通性。

控制要点：网络工作站能和任何网络设备通信；通信计算机之间资源共享、信息交换；局域网用户与分用网之间通信能力。

3. 数据集成功能

验收的内容主要是服务器和客户系统数据集成功能。

控制要点：数据在服务器统一界面下显示；界面应汉化和图形化；数据准确、响应时间符合设计要求。

4. 整体指挥协调能力

验收内容是报警信息及处理设备连锁控制功能应急状态联动逻辑。

控制要点：主要评价整个系统的协调指挥功能，集成功能，在服务器和有权限的客户端检测；各系统联动逻辑是否符合设计要求；联动安全、正确、及时、无冲突。

5. 综合管理功能

验收内容是综合管理功能、信息管理和服务功能。

控制要点：主要对应用软件的测试。参看前面的“信息网络系统”。

6. 运行与系统维护

验收内容有：可靠性重点维护、预护性维修计划、故障查找与排除。

控制要点：检查系统故障处理能力和可靠性维护性能。

7. 安全性和方便性

验收内容有安全隔离身份认证、访问控制、信息加密和解密、抗病毒攻击能力。

控制要点：防攻击检测；因特网访问控制；信息网络与控制网络的安全隔离；防病毒系统的有效性；入侵检测系统的有效性；内容过滤系统的有效性。

第八章　钢结构构件制作质量的控制

钢结构工程包含着主结构系统、次结构系统和围护系统三大方面，是一个系统工程。它包括了设计、加工制作和施工安装三个过程，在这三个过程中，设计质量是基础，制作质量是关键，安装质量是保证。所以，加强制作质量的控制，是"过程控制"的主要体现。所谓构件的制作，就是把设计规定的整块钢板或是其他型材，按照设计的构件详图进行切割分解成零件，然后再按照拼装要求组焊成部件的技术过程。制作工艺流程如图 8-1 所示。

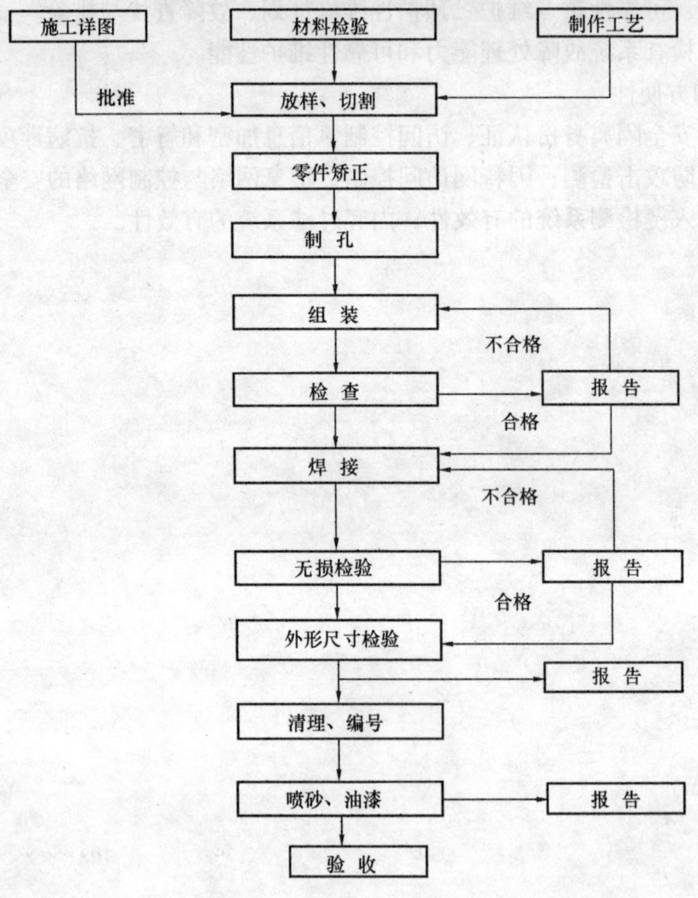

图 8-1　钢结构制作工艺流程图

第一节　制作前的技术准备

制作前的技术准备，是结构构件制作质量的技术保证条件，必须认真、充分。技术准备有如下几项内容。

一、编制工艺流程卡

在加工同一钢结构工程的构件中，各个图号的构件数量均不是相等的，构件的规格也是不尽相同，为加强质量控制以及各工序的生产环节管理，使各生产工序明白自己所加工零件的数量、质量要求和工艺参数，所以就要根据设计文件的要求，结合生产制作单位的设备状态、实际加工能力、技术水平条件，制定出各个构件下料、加工的工艺流程卡，来指导各工序的正常生产。工艺流程卡下达时，应按施工图标清材质、流水编号、图纸号、制作尺寸、规格大小、拼接位置、零件组合部位、焊接尺寸等，并且要相应地确定各工序的技术参数，加工余量、检验方法及标准等。

二、确定焊接收缩量及加工余量

由于焊接 H 型钢的构件纵向焊缝较长，焊缝收缩应在编制工艺流程卡时进行充分考虑，尤其是翼缘板和腹板厚度较大、焊脚高度较大时更应特别注意。在一般情况下，焊缝收缩量以每米焊缝收缩 1mm 计算。当焊接 H 型钢为实腹构件时，也可按下列规定。

当断面高度在 1m 以内、钢板厚度在 25mm 以内者，每条、每米纵长焊缝为 0.1～0.5mm；每一个接口焊缝为 1.0mm；每对加强板焊缝为 1.0mm。

当断面高度在 1m 以上，钢板厚度在 25mm 以上和各种厚度的钢材其断面在 1m 以上者，每条、每米纵长焊缝为 0.05～0.20mm；每一个接口焊缝为 1.0mm；每对加强板为 1.0mm。

但是，钢结构构件还需有结构制作，或称为二次下料，所以还要考虑加工余量，一般情况下，加工余量为 30～50mm。

根据以上焊接收缩量和加工余量的计算，把它加入设计长度，就是下料的总长度。

三、放样与号料

1. 放样

生产制作钢结构构件时，如何合理地使用钢材，使之不剩料边、料头，尽量降低钢材消耗。在这种情况下，就要对所生产的结构构件用料规格进行规划和归纳，将同一材质、同一厚度的用料，按宽度、长度、数量进行汇总，然后根据每张钢板的实际截面进行下料规格的排列，如是变形截面的可以采用套裁的方法。

放样工作主要有如下内容：核对图纸的安装尺寸和孔距；以 1:1 的大样放出节点；核对各部分的尺寸；制作样板作为制孔、下料、弯制等加工的依据。

放样时应按 1:1 的比例在样板座上弹出大样。样板座基可用厚钢板或用混凝土专门制作，样板座面应平整，用 2m 直尺在任意方向上检查，水平度偏差不得大于 3mm。放样时，应先在样板座上弹出必须垂直的十字基准线、构件端头线或角度线，并依此基准线逐一划出其他各点和组装线，在节点线旁标清楚尺寸，以备复查和检验。

为了便于放样，通常将各类零件，特别是异形零件做成样板和样杆。样板可分为号孔样板、卡型样板、成型样板、号料样板四种。

放样时所划的石笔线条的粗细不得超过 0.5mm，所弹粉线的粗细不得超过 1mm。放样和样板的允许偏差应符合表 8-1 的规定。

放样和样板的允许偏差　　表 8-1

项　　目	允许偏差（mm）
平行线距离和分段尺寸	±0.5
宽度、长度	±0.5
对角线差	1.0
孔　距	±0.5
加工样板的角度	±20′

2. 号料

号料又称为划线，即利用图纸或样板在板料或各类型材上画出孔的位置和零件形状的加工界线。

号料时则应注意如下事项：

(1) 为了防止废品的产生和划线的错误，首先要熟悉图纸，检查样板尺寸是否符合设计要求。

(2) 矩形样板号料时，则应重点检验原材料钢板两边是否垂直，否则应进行弹线处理。

(3) 如果原材料变形严重，则应进行矫正。

(4) 当工艺或设计有规定时，应按规定的方向和方位进行划线取料。对于较大型钢画线多的一面应平放。

(5) 对于异型零件，应根据配料表和样板进行套裁，尽可能节省钢材。

(6) 对于不同规格、不同牌号的零件应分别进行，并依据先大后小的原则依次号料。

(7) 尽量使相等长度、宽度的零件放在一起号料；需要拼接的同一构件必须同时号料，以利于拼接。

(8) 为了保证圆形、弧形零件的加工质量，均应使各零件间有一定的加工间隙，以利于切割。

(9) 当型材的长度不能满足设计的要求需要焊接接长时，应在接缝处注明坡口形状及大小，焊接和矫正后再进行号料划线。

(10) 划线时，还应充分考虑气割加工时的割缝宽度。其宽度可按表 8-2 的规定。

号料工作结束后，在零件的边线和接缝线上，以及孔中心位置，应用样冲进行打眼，为下道工序提供方便。号料划线的允许偏差应符合表 8-3 中的规定。

气割余量　　表 8-2

切割方式	材料厚度（mm）	割缝宽度留量（mm）
气割下料	≤10	1～2
	10～20	2.5
	20～40	3.0
	40 以上	4.0

号料的允许偏差　　表 8-3

切割方式	材料厚度（mm）	割缝宽度留量（mm）
气割下料	≤10	1～2
	10～20	2.5
	20～40	3.0
	40 以上	4.0

四、焊接接头的选用和焊缝形式

用焊接方法连接的接头称为焊接接头，习惯上简称为接头。随着焊接技术的不断发展，接头的种类也越来越多，但应用最多和最为广泛的是熔化焊接接头。

(一) 焊接接头的组成

焊接接头，应包括焊缝及基本金属靠近焊缝且组织和性能发生变化的区域。熔化焊接接头由焊缝金属、熔合线、热影响区和母材等组成。

熔化焊接接头是采用高温耐热源对被焊金属进行局部高温加热，使之熔化并随之冷却凝固，将被焊母材熔合连接在一起而形成。在接头中，焊缝金属一般是由焊接填充材料及部分母材熔合凝固形成的铸态组织，其组织和化学成分与母材有较大差异。另外，焊接接头因焊缝形状和布局不同，会产生不同程度的应力集中，因此焊接接头是一种不均匀体。

总体来讲，金属在焊接过程中，焊接接头具有如下的力学特征：

1. 焊接接头力学性能不均匀

由于焊接接头各区在焊接过程中进行着不同的焊接冶金过程，并经受不同的热循环和应变循环的作用，各区的组织性能存在较大的差异，焊接接头组织的不均匀，造成了整个焊接接头力学性能的不均匀。

2. 焊接接头存在着应力集中现象

由于焊接接头存在几何不连续性，致使其工作应力是不均匀的。当焊缝中存在工艺缺陷，焊缝外形不合理或接头形式不合理时，将加剧应力集中程度，影响着接头强度，主要是疲劳强度。

3. 由于热传递不均匀，引起残余应力及变形

金属焊接，实际上是局部加热的一个过程。电弧焊接时，焊缝处温度可达到材料的沸点，而焊缝外温度急剧下降。这种不均匀温度场将在焊件中产生残余应力及变形。焊接残余应力还可能与工作应力进行叠加，导致结构破坏。焊接接头的角变形和错边可以增加壳体的椭圆度，产生附加弯曲应力，直接影响焊接的强度。

4. 焊接接头具有较大刚性

焊接金属时，由于热能和化学作用，导致母材材质有所变化，形成较大刚性。

（二）焊接接头的形式

在钢结构的焊接结构工程中，一般根据结构形式、钢板厚度和对强度的要求以及施工条件等情况来选择接头形式。常用的四种基本接头形式是对接接头、搭接接头、角接接头和T形或十字形接头。

1. 对接接头

将同一平面上的两个被焊工件的边缘相对地焊接起来而形成的焊接接头就称为对接接头。它是各种焊接结构中采用最多的一种方式，也是最完善的一种接头形式，具有着受力好、强度大和节省金属材料等优点。但是，由于是两焊件对接连接，被连接边缘加工及装配要求较高。在焊接生产中，通常使对接接头的焊缝略高于母材板面，而高出的部分则称为加厚高。由于加厚高的存在，就造成了构件表面的不光滑，并在焊缝与母材的过渡处会引起应力集中，应力的大小主要与加厚高和焊缝向母材过渡的半径有关。

按照焊接件厚度及坡口准备的不同，对接接头的形式可分为不开坡口或称为I形、单边形、V形坡口、U形坡口、单边U形、K形坡口、X形坡口和双U形坡口等。开坡口的目的是使焊缝根部焊透，确保焊接质量和接头的性能。而坡口形式的选择主要是要根据被焊件的厚度、焊后应力变形的大小、坡口加工的难易程度、焊接方法和焊接工艺过程来确定。选择坡口时还要考虑其经济性，有无坡口、坡口形状和大小都将影响到坡口加工成本和焊条的消耗量。

各类形状的坡口均有着不同的特点。V形坡口加工方便，但同样厚度的焊接件，焊条

的消耗量要比X形坡口大得多，另外，由于焊缝的不对称，焊后则会引起较大的角变形；X形坡口由于是从两面对称焊接，产生均匀的收缩，所以角变形很小，此外焊条的消耗量也较少；U形坡口焊条消耗量比V形的消耗量少，但同样由于焊缝的不对称而产生角变形；双U形坡口焊条消耗量最小，变形也较均匀，但是其加工复杂，一般只在较重要的或厚大的构件焊接中采用。

在钢结构焊接工程中，如采用手工电弧焊接6mm厚度的焊件，自动焊焊接14mm以下厚度的焊件，可以不开坡口，但是在焊接时，板与板之间应留一定的间隙，确保构件焊透。超过上述条件时，则应考虑开坡口。

如不同板厚进行对接焊时，由于接头处断面产生突然变化，会造成应力集中，如焊缝两边钢板中心线不一致，受力时将产生附加弯矩，这些都将影响接头强度。为了消除这种应力，应在较厚的板上作出双面或单面的削薄，其削薄的长度应等于3倍的厚板减去薄板的差值。如图8-2所示。

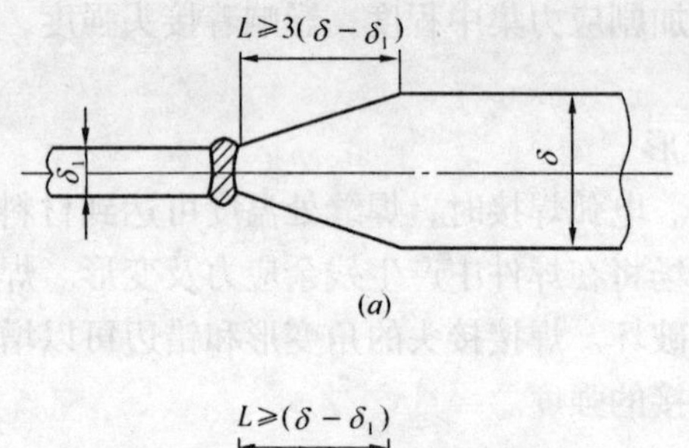

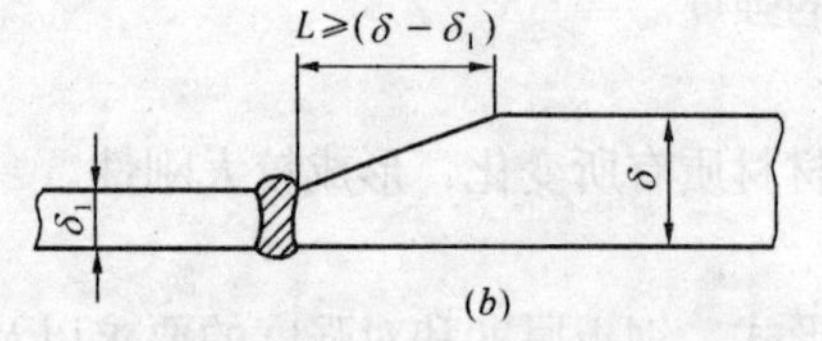

图8-2　不同板厚的对接形式

2. 搭接接头

将两块焊件相叠合，而在端部或侧面进行角焊或加上塞焊缝、槽焊缝连接的接头，称之为搭接接头。在搭接接头中，由于两块钢板中心线不一致，受力时产生附加弯矩，所以会影响到焊缝的强度。而且还会导致构件形状发生较大的变化。

在搭接接头中，根据搭接角焊缝受力方向的不同，可以将搭接角焊缝分为正面、侧面、斜向角焊缝。

根据力学分析，由于搭接接头疲劳强度较低，并不是钢结构工程中的理想接头，但这种接头不需要开坡口，装配时尺寸要求也不是十分地严格，加之焊前准备和装配工作比对接接头简单地多，横向收缩量也比较小，所以在结构中仍被广泛地应用。

3. 角接接头

两个钢板焊件构成一定的角度，在钢板边缘焊接的接头称为角接头。

根据钢板厚度及工件的重要性，角接接头也有不开坡口、V形、单边V形及K形坡口形式等，其中不开坡口形式又可分为平接或错接两种，如图8-3所示。

4. T形、十字形接头

在钢结构中，将相互垂直的被连接焊件采用角焊缝连接起来的接头称为T形或十字形接头。这种接头形式能承受各种方向的力矩和力。

T形接头的形式可分不开坡口、单边V形坡口、K形坡口等。对于不开坡口的T形接头，应尽量避免采用单面角焊缝，因为这种接头的根部有很深的缺口，其承受反方向弯曲的能力很低。

5. 焊接代号及焊接接头的标记

焊接代号分别有焊接方法及焊透种类代号、接头形式及坡口形状的代号、焊接面及垫

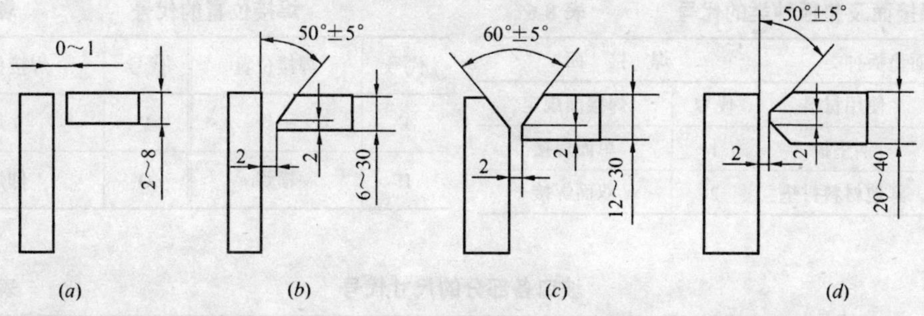

图 8-3　角接接头

（a）不开坡口；（b）单边 V 形坡口；（c）V 形坡口；（d）K 形坡口

板种类的代号、焊接位置的代号、坡口各部分的尺寸代号等五种，其代表内容分别见表 8-4、表 8-5、表 8-6、表 8-7 和表 8-8 中的规定。

焊接接头的坡口形状和尺寸标记应符合图 8-4 的规定：

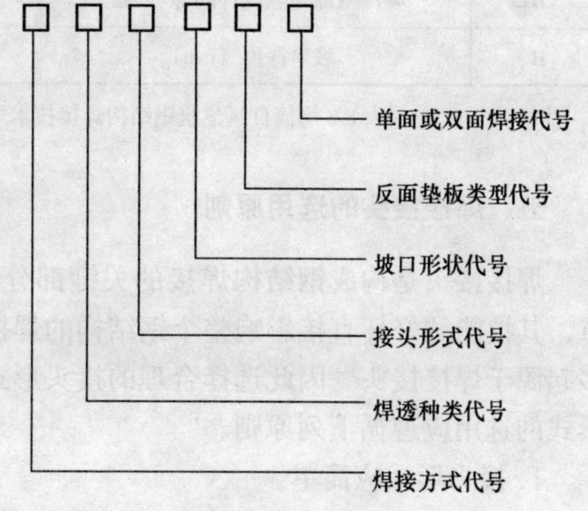

图 8-4　接头形状和尺寸标记图

注：反面垫板类型代号中，如没有垫板时可省略。如 SC-BI-1，则为埋弧焊接、完全焊透、对接接头、I 形坡口、单面焊接接头。

焊接方法及焊透种类代号　表 8-4

代号	焊接方法	焊透种类
MC	手工电弧焊	完全焊透焊接
MP		部分焊透焊接
GC	气体保护电弧焊接 自保护电弧焊接	完全焊透焊接
GP		部分焊透焊接
SC	埋弧焊接	完全焊透焊接
SP		部分焊透焊接

接头形式及坡口形状的代号　表 8-5

接头形式		坡口形状	
代　号	名　称	代　号	名　称
B	对接接头	I	I 形坡口
U	U 形坡口	V	V 形坡口
T	T 形接头	X	X 形坡口
C	角接头	L	单边 V 形坡口
		K	K 形坡口
		U	U 形坡口
		J	单边 U 形坡口

注：上表中 U、J 代号中，当钢板厚度大于或等于 50mm 时，可采用 U 形或 J 形坡口。

焊接面及垫板种类的代号　　表 8-6

反面垫板种类		焊接面	
代号	使用材料	代号	焊接面规定
B_S	钢垫板	1	单面焊接
B_F	其他材料衬垫	2	双面焊接

焊接位置的代号　　表 8-7

代号	焊接位置	代号	焊接位置
F	平焊	V	立焊
H	横焊	O	仰焊

坡口各部分的尺寸代号　　表 8-8

代 号	坡口各部分的尺寸	代 号	坡口各部分的尺寸
t	焊接部位的板厚（mm）	p	坡口钝边（mm）
b	坡口根部间隙或件间隙（mm）	α	坡口角度（°）
H	坡口深度（mm）		

注：以上表 8-4～表 8-8 均摘自《建筑钢结构焊接技术规程》。

五、焊接接头的选用原则

焊接接头是构成钢结构焊接的关键部分，同时又是钢结构工程中焊接结构的薄弱环节，其性能的好坏直接影响整个钢结构的焊接结构质量。工程实践表明，焊接结构的破坏多起源于焊接接头。因此选择合理的接头形式是钢结构焊接工程中十分重要的工作。接头形式的选用应遵循下列原则。

1. 接头形式应简单

选择接头形式时，一是焊缝填充金属尽可能少，二是接头不设置在最大应力可能作用的截面上，所以这就要求接头形式应尽量简单。

2. 焊接工作量少

焊接工作量越少，焊接过程中产生的焊接缺陷就会大幅度地减少，焊接质量就会达到保证，这样还便于质量检验。

3. 合理选择坡口

坡口尺寸、坡口角度、钝边高度、根部间隙等这些因素不但有利于坡口的加工制作，而且还能保证焊缝的质量。

4. 要特别重视焊角尺寸

在钢结构的焊接结构中，如有角焊缝接头时，要特别重视焊角尺寸。这是因为大尺寸角焊缝的单位面积承载能力较低，而填充金属的消耗却与焊脚尺寸的平方成正比。

5. 按等强度要求

也就是焊接接头的强度不得低于母材标准规定的抗拉强度的下限值，具有与母材强度相等的原则。

6. 有利于接头工作

设计接头形式时，应尽量避免焊缝交于一点，以减少结构的局部刚性，这样可有利于接头工作。

7. 外观质量应有保证

选用的接头形式外观应尽量美观，接头形式连接连贯、过渡圆滑、减少应力集中，有利于焊接防护。

8. 在选择接头的形式时，应把焊接职业病的防治结合起来，尽量改善焊接条件，保证焊工的身体健康。

六、焊缝形式

焊缝，是焊接焊件经焊接后所形成的结合部分。焊缝按不同分类的方法可分为下列几种形式。

1. 按焊缝所在空间位置，可分为平焊缝、立焊缝、横焊缝及仰焊缝四种。
2. 按焊缝结合形式，可分为对接焊缝、角焊缝及塞焊缝三种。
3. 按焊缝断续情况，可分为定位焊缝、连续焊缝、断续焊缝。

第二节　切割工艺的质量控制

钢结构工程中的板材下料切割的方法主要有机械切割法、气割法和等离子切割法。在机械切割法中，现代主要是剪切切割。它是利用剪刀的相对运动来切断钢板的。其优点是剪切速度快、效率高，能剪切 30mm 以下的钢材。但是其切口粗糙，下端有毛刺，剪切后有弯扭变形等缺陷。在这里，我们主要介绍数控多头切割的质量控制。

数控多头切割，是气割法的综合体现。它是利用氧气与可燃气体混合产生的预热火焰加热金属表面到燃烧温度，并使金属发生剧烈氧化，放出大量热量促使下层金属也自行燃烧，同时以高压氧气射流，将氧化物吹除而产生一条狭小而整齐的割缝。这种切割方法能切割各种厚度的钢材，并能切割带有曲线的零件，是当前使用最为广泛的切割方法。

一、切割操作人员应具备的条件

切割操作人员的技术素质是影响切割质量的主要因素。为了保证切割时的质量，切割操作人员必须具有如下的技术素质：

1. 操作自动切割的人员，应是经过考核，取得上岗证书的、合格的气焊气割技工，必须懂得气割的基本知识和操作方法。

2. 应充分掌握气割工艺的技术参数，并能对气割过程中出现的各种质量缺陷及时做出正确判断，采取一定措施进行消除和解决的技能。

3. 应对所使用的割炬构造原理和切割机行走系统有充分的了解和掌握，并应具有一定的维修技能。

4. 应对集中供气系统的原理和管路的布局、各类阀体、仪表、安全供气规范等有基本的了解和掌握。

5. 有一定的电脑操作技能，能对数控设备进行熟练地调整操作。

二、切割工艺的参数

切割工艺参数是指切割时为保证切割质量而选定的诸多物理量的总称，是切割质量的技术保证条件。气割的工艺参数主要有氧气压力、预热火焰能率、切割速度、割嘴距工件表面距离等。

我们知道金属材料在切割时要想保证切割质量，必须满足三个条件：

第一是金属的燃点应比熔点低。为保证切割口质量光洁平直，气割应在燃烧过程中进行，金属不应有熔化现象。

第二是金属燃烧生成氧化物的燃点应低于金属燃点，使得气割时生成的氧化物易于被吹掉。

第三是金属在氧流中燃烧时能放出大量热量，且金属本身的导热性要低，金属燃烧时放出的热量和预热火焰一起对下层金属起着预热作用，这个热量在切割低碳钢时约占70%，因此，所起作用是特别大的。

1. 氧气压力

氧气压力主要是根据上边的三个条件和切割工件的厚度来确定切割氧压力大小，如表8-9的规定。如果氧气压力过小，气割过程缓慢，会在切割表面形成粒渣，甚至无法割穿工件；切割氧压过大，不但浪费氧气而且还会使切口变宽，切口面粗糙。

氧-乙炔切割工艺参数 **表 8-9**

切割板厚（mm）			<10	10~20	20~30	30~50	50~100
割嘴气孔直径（mm）		自动、半自动	0.5~1.5	0.8~1.5	1.2~1.5	1.7~2.1	2.1~2.2
		手　动	0.6	0.8	1.0	1.3	1.6
割炬型号		自动、半自动					
		手　动	G01~30	G01~30	G01~30 G01~30	G01~100	G01~100
割嘴号码		自动、半自动	1	1	2	2、3	3
		手　动	1	2	3、1、2	2	3
气体压力（MPa）	氧气	自动、半自动	0.1~0.3	0.15~0.34	0.19~0.37	0.16~0.41	0.16~0.41
		手　动	0.1~0.49	0.39~0.59	0.59~0.69	0.59~0.69	0.59~0.78
	乙炔	自动、半自动	0.02	0.02	0.02	0.02	0.04
		手　动	0.001~0.12				
气体流量	氧气	自动、半自动	0.5~3.3	1.8~4.5	3.7~4.9	5.2~7.4	5.2~10.9
		手　动	0.8	1.4	2.2	3.5~4.3	5.5~7.3
	乙炔	自动、半自动	0.14~0.13	0.23~0.43	0.39~0.45	0.39~0.57	0.45~0.74
		手　动	210	240	310	460~500	500~600
切割速度		自动、半自动	450~800	360~600	350~480	250~380	160~350
		手　动	600~600		400~500		200~400

2. 预热火焰能率

火焰能率太大时，会使切口上缘产生连续珠状钢粒，甚至熔化成圆角，并增多工件表面粘渣。火焰能率主要决定于割炬和割嘴的大小。割炬大小和割嘴号码，可根据切割的工件厚度按表8-10的规定进行选择。

射吸式割炬型号及参数 表 8-10

割炬型号	G01～30			G01～100		
割嘴号码	1	2	3	1	2	3
割嘴孔径（mm）	0.7	0.9	1.1	1.1	1.3	1.6
切割厚度（mm）	3～10	10～20	20～30	10～25	25～30	30～100
氧气压力（MPa）	0.2	0.25	0.3	0.3	0.4	0.5
乙炔压力（MPa）	0.001～0.1					
氧气消耗（m^3/h）	0.8	1.4	2.2	2.2～2.7	3.5～4.2	5.5～7.2
乙炔耗量（L/h）	210	240	310	350～400	400～500	500～600

3. 切割速度

切割速度是切割质量的一个主要参数。切割速度适宜时，火焰和熔渣以接近于垂直方向喷向工件的底面，切割质量有所保证；速度太慢时，会使切口上缘熔化、切口过宽；切割速度过快时，后拖量过大，甚至割不透。

4. 割嘴与工件表面距离

在切割中，如果割嘴距离切割工件表面过远，预热火焰的焰心不能有效地熔化切割件；如距离过近，割嘴则受热过大和喷溅的熔渣堵塞割缝而引起回火造成事故。在一般的情况下，预热火焰焰心应离切割工件表面 2～4mm。当工件厚度较大时，由于预热火焰能率较大，距离切割工件的表面距离可适当增大一些。

5. 割嘴的倾斜角度

切割时，割嘴应垂直于切割的工件表面，直线切割。但是当切割的工件厚度小于 20mm 时，割嘴可向切割方向的反方向后倾 25°左右。

6. 氧-丙烷切割参数

因乙炔是一种具有爆炸性的危险性气体，所以，现在大多采用液化石油气和天燃气进行切割，如利用氧-丙烷火焰作为预热火焰的切割方法，叫氧-丙烷切割法。它同氧-乙炔切割比较有着如下优点：

（1）液化石油气价格比乙炔低，切割成本可比氧-乙炔降低 30%以上。

（2）液化石油气加 0.8～1.5MPa 的压力即变成液态，便于装于瓶中储存运输，没有污水废渣滓。

（3）液化石油气在空中的爆炸范围比乙炔小得多；同时其燃点又高于乙炔，所以使用液化石油气操作不易回火和爆炸，比乙炔安全。

（4）液化石油气用于气割时，因其与氧气燃烧的火焰温度比乙炔低，所以金属的预热时间稍长，切割质量易于保证，割口光洁，不渗碳，质量较好，切割薄板时不易变形，并在切割厚板时其性能更为突出。

氧-丙烷割炬的型号为 G07—100 和 G07—300，主要参数见表 8-11，其切割工艺参数见表 8-12 中的规定。

氧-丙烷割炬的参数 表 8-11

割炬型号	G07—100	G07—300	割炬型号	G07—100	G07—300
割嘴号码	1～3	1～4	可换割嘴个数	3	4
割嘴孔径（mm）	1～1.3	2.4～3.0	氧气压力（MPa）	0.7	1
切割厚度（mm）	100 以内	100 以内	丙烷压力（MPa）	0.03～0.05	0.03～0.05

氧-丙烷切割工艺参数 表 8-12

切割板厚		<10	10~20	20~30	30~40	40~50	50~60
气体压力（MPa）	氧 气	0.69~0.78					
	丙 烷	0.02~0.03	0.03~0.04	0.04	0.04~0.05		0.05
切割速度（mm/min）		400~500		400~420	350~400		200~300
割嘴与钢板距离		预热焰的 3/4					

三、切割前的准备及供氧工作程序

1. 切割前的准备

(1) 对号料的尺寸进行复核，查看其是否有不正确之处。

(2) 依据划线和工艺规范，调整割炬的最佳位置，割炬嘴应与板材相垂直，其不垂直度不得大于板厚的 4%，且不得大于 2mm。

(3) 检查氧气瓶内的压力是否大于 2MPa。

(4) 根据切割工件的厚度和参与切割的割炬数量确定氧气的供给量。

(5) 将切割的钢板吊放到切割平台上，并除去板面上的污垢、油脂。

(6) 按选定的工艺参数对割嘴号数、割嘴后倾角、割嘴离工件距离、氧气压力和中性焰的大小进行调整。

2. 供氧的工作程序

切割开始前，必须按照下边的供氧程序进行工作：

(1) 开启汇流排参与切割的氧气瓶阀体，使各瓶中的氧气压力达到平衡。

(2) 开启管路阀体，仔细观察氧气压力。

(3) 开启减压阀，根据切割件的厚度，调节将进入输出管路的氧气压力。

(4) 检查车间中各种气源的阀体和管路有无堵塞和泄露现象。

四、切割时注意事项

在切割的过程中，不但应注意切割火焰的燃烧及设备的运转情况，而且还应注意如下事项。

1. 防止气割回火

对于氧-乙炔切割，由于氧乙炔混合气体从割嘴内流出的速度小于混合气体燃烧速度，所以易造成回火，所以，在切割的过程中，必须注意和防止气割回火的产生。

造成回火的原因是：输气皮管过长，或是皮管中部扭折或被重物压住，造成气流不畅；割炬连续工作时间过长或割嘴距工件过近，使割嘴温度升高，内部压力增大，影响气体流速，甚至混合气体在割嘴内自燃；割嘴出口通道被熔渣或杂质阻塞，氧气倒流入乙炔管内；割嘴的环形孔道间隙太大，当混合气体压力较小时，流速过低。

发生回火时，不要惊慌，应及时地采取措施。首先要将乙炔皮管进行弯折并握紧，同时紧急先关闭乙炔阀，再关闭氧气阀，使回火迅速在割炬内熄灭。回火熄灭后，稍停一会时间，再开启氧气阀，吹除割炬内残余的燃气和回火后燃烧的微粒。

2. 气割时注意的要点

在气割时，气压要稳定，管路不漏气；压力、速度计等正常无损；割嘴气流要畅通，无污损；割炬的角度和位置应准确；割机行走平稳无振动；如在切割中听到气体燃烧时发出的“啪、啪”声，并且有烧穿现象时，说明氧气中有水，必须进行排水。排水时，氧气瓶内必须留有不小于98~196kPa表压的余气，然后将气瓶倒置10h以上，然后打开阀门，将水分排出。

3. 钢板的拼接

当钢板的实际长度达不到设计要求的构件长度时，应对钢板进行拼接处理。钢板搭接时则应注意这几个问题：拼接钢板时必须是整张拼接，不允许按件拼接。整张钢板拼接后再分条切割；需要拼接的板材，其接口与端边的距离一般应大于500mm；拼接口位置严禁在拼接后总长中心线左右1m范围内；如是焊接H型钢，则上下翼缘板与腹板组立后，接口位置不得低于200mm。

五、气割工件变形的质量控制

（一） 工件变形的质量控制

气割工件的变形是切割工艺中常见的质量通病。切割变形的原因是切割出的工件受热不均匀，受热边冷却收缩与另一边冷却收缩不一致所形成。控制工件的切割变形，就必须使切割工件受热基本一致。其控制措施是：

（1）在钢板上切割不同尺寸的工件时，先切割小件，再切割较大件；切割不同形状的工件时，应先切复杂的，后切较简单的。

（2）切割大型工件时，应先从短边开始。

（3）在自动切割机上一次多条切割时，钢板最边上的一条应有一个切割工艺边。工艺边所留宽度应结合切割件厚度来确定，一般厚度小于10mm时，应留10mm；厚度大于10mm时，应留20mm。

（4）当切割工件的宽度小于180mm时，端部应留350mm的连体不割，并且沿长度每2m留一连体。然后用手工气割将连体切开。

（二）切割面缺陷及其产生原因

1. 表面粗糙

切割面表面有明显的切割印痕，用手接触时有刺手之感。主要原因有：

（1）切割氧压力过高；

（2）割嘴型号选用不正确；

（3）切割速度过快；

（4）预热火焰能率过大。

2. 倾斜

切割面的不垂直度大于切割钢板厚度的5%，或大于1.5mm。产生倾斜的原因是：

（1）割矩与切割板面不垂直；

（2）风线歪斜；

（3）切割氧压力低，割嘴号偏小。

3. 缺口

切割面有明显的可见烧伤的印痕和大于0.3mm的缺口，其主要原因是：

(1) 切割过程中断，重新起割时衔接不良；

(2) 钢板表面有厚的氧化皮、铁锈等；

(3) 预热火焰能率不足；

(4) 氧气中含有水分；

(5) 切割大车行走不平稳。

4. 内凹

切割面的中部或下部有明显的凹沟。形成内凹的原因主要有：

(1) 切割氧压力过高；

(2) 切割速度过快；

(3) 割嘴质量不高或严重磨损。

5. 上缘切割面呈球链状

在上缘的切割面，形成一连窜的球形链，直接影响到切割面质量。这种缺陷的形成是：

(1) 钢板表面有氧化铁层、铁锈；

(2) 割嘴到钢板的距离太小，火焰过强。

(3) 割嘴内孔不光滑或产生变形。

6. 上缘熔化

上缘熔化的原因有：

(1) 预热火焰太强；

(2) 切割速度太慢；

(3) 割嘴离工件太近。

7. 下缘粘渣

下缘粘渣，就是金属燃烧后的熔渣未被喷射压力吹去。主要原因有：

(1) 割嘴型号太小；

(2) 切割氧压力太低；

(3) 切割速度不正常。

针对以上缺陷，气割时割炬的移动应保持匀速，割件表面距离焰心尖端以 2 ~ 5mm 为宜。并要调节好切割氧气射流（风线）的形状，使其达到并保持轮廓清晰，风线长和射力高。气压要稳定，机体行走应平稳，割嘴气流畅通无污损，割炬的角度和位置准确。

第三节 构件组立的质量控制

H 型钢构件的组立，是把切割完成的上下翼缘板和腹板按照图纸规定组合成整体部件的过程。所以，构件的组立也称为组装、组对、拼装等。

一、构件组立的操作规程

在组立构件时，则应遵守下列操作规程要求：

(1) 开机前设备检查。检查液压泵站油箱量是否在油线位置；检查主机及辊道上有无障碍物；检查各部位运动件的完好状况，润滑是否良好，紧固件是否可靠；检查电源及液压按钮是否复位。

(2) 工作必须在本机设备允许的组立范围内。待组立的工件必须清除毛刺，以便不影响组立对中精度。

(3) 根据工件不同规格，初步调整对中导向轮位置和下压轮位置。

(4) 用行车吊运打磨好工件至机械手工作范围内，对工件进行预对中。

(5) 吊车放下工件不能太重太高，否则会损坏轴承座及滚筒表面，腹板放下时应尽量竖直，不要太倾斜，以减少机械手的不对称受力；可以用吊车扶着工件输送，直到进入主机。

(6) 工件进入主机，调整手动一侧对中导向轮装置，然后启动另一侧液压夹紧装置，压下门架压紧轮，压紧工件（当工件的腹板较低时，请换上加长杆）。

(7) 当腹板厚度较小时，为了减小腹板的变形，上压油缸的压力可适当调小一点。

(8) 松开机械手，间隙在 1mm 内，只起到扶持作用，调节好自动点焊各项参数，输送工件，对工件进行组装自动点焊，工件的前后端可以采用手动操作焊接。

(9) 直到组装成"⊥⊥"形，停止焊接，上压辊抬起，手动快速输送工件到合适位置停下。把第二块翼板同第一块一样吊到机械手的工作位置，用行吊使工作成"⊤⊤"形吊到组立机输入端，借助于机械手扶正"⊤⊤"形梁。

(10) 同前面一样完成"H"型钢组装工作。

二、构件组立时的质量控制

进行构件组立时，必须将腹板与翼缘板的组立间隙控制在一定范围内，以防在埋弧焊时液体金属的泄露而引起焊接缺陷。其间隙要求是：

腹板厚度在 6～16mm 的，间隙为 0～5mm；

腹板厚度在 20～30mm 的，间隙为 0～1mm。

构件组立是构件成型的基础，是埋弧焊质量的保证，所以，搞好组立质量则很有必要。

H 型钢构件的截面尺寸是否正确，组立是一道关键性工序。所以组立前，应对切割的上下翼缘板、腹板尺寸进行复核，特别是有拼接缝的更要认真地查对拼接的长度是否符合规范要求。经检查核对后应按不同规格和类型的零件分别堆放，并应打上图号和相应的组对编号，避免组立时乱配"鸳鸯"的现象发生。

翼缘板、腹板尺寸无误后，则应对翼缘板和腹板的变形进行检查，凡是表面曲度超差过大的板材必须先进行校正，严禁超应力进行组立。

组立构件前，要用手持电动砂轮将腹板边缘的氧化铁皮进行打磨，为定位焊和埋弧焊质量打下基础。并且腹板边与翼板的接触面不得产生间隙，否则构件在焊接的过程中会产生较大变形。

组对构件时，应根据翼缘板的厚度，按表 8-13 中的规定选择组立机的油压。

油压的选择　　表 8-13

翼缘板厚（mm）	10～12	16～20	22～30	32～40
油压（MPa）	3～4	4～5	5～6	6～7.5

在组对构件时，应首先摆正组对件翼缘板和腹板的位置，使其与纵向组对移动轨迹相平行，前后偏差不得超过 100mm。认真调整各导向或定位夹辊，使工件正确定位，并能保证纵向移动自由无阻碍，其组对的截面尺寸和垂直度应符合工艺规范的规定。

当截面尺寸和垂直度符合要求后，应进行定位点焊。定位点焊高度不得超过设计焊缝高度的 2/3；设计有坡口的，组对点焊不应超过坡口的尺寸。定位焊的位置和尺寸以不影响埋弧焊质量为原则。定位焊的间距以 200mm 为宜，偏差不超过 20mm，而且两端面必须点焊，点焊长度应根据翼缘板的厚度按下面规定执行：

当板厚小于或等于 12mm 时，点焊长度为 10mm；当板厚大于 12mm，小于或等于 25mm 时，点焊长度为 15mm；当板厚大于 25mm，并小于或等于 40mm 时，点焊长度为 20mm。

定位焊缝应焊接牢固正确，表面光滑，无气孔和夹渣现象产生。

当组立工序完成后，应用钢印将图号和组号或操作人员号码打在腹板的一端，钢印号应距腹板边缘 100mm 左右。

三、薄形腹板的反变形处理

在组立厚大腹板时，腹板产生的波浪形变形很少。但是当腹板的厚度小于 6mm，宽度大于 600mm 以上时，焊接后由于焊接应力的影响，则会造成腹板表面凸凹不平的波浪形变形。为了消除这种变形，在组对前，就要对其进行反变形处理。

反变形处理的方法就是锤击法。锤击时，将处理的腹板放在厚度 40mm 以上的整张钢板上，用 8～10 磅的铁锤，从腹板的一端部沿纵向两侧一锤挨一锤地进行锤击，一直锤击到腹板的另一端。为了避免腹板上出现锤击的印痕，可在腹板上放一锤垫，可有效地防止锤痕的产生。

第四节　电弧焊的质量控制

焊接连接是现代钢结构最主要的连接方法。它的优点是：不削弱构件截面，节省钢材；焊件之间可直接焊接，构造简单，加工方便；连接的密封性好，刚度大；易采用自动化生产。但是焊接连接也有一定的缺点：在焊缝的热影响区内钢材的机械性能会发生重大变化，材质变脆；焊接结构中不可避免地产生残余应力及残余变形，它对结构的工作往往有不利的影响；焊接结构还对裂纹很敏感，一旦局部发生裂纹，便有可能迅速扩展到整个截面，尤其在低温下更容易发生脆裂。对钢结构焊接质量的控制就是针对它的缺点，制定控制措施。下面几节分别介绍手工电弧焊、气体保护焊、埋弧焊焊接质量的控制。

一、手工电弧焊的特点

这是一种常用的焊接方法，它具有适应性强、工艺灵活、应用范围广、质量易于控制和设备简单成本较低等特点。它的焊接原理是焊条与焊件之间接触短路引燃电弧，电弧的高温将焊条与焊件局部熔化，焊芯熔化后，以熔滴的形式与焊件表面融合一起形成熔池。同时药皮熔化中产生的气体和液态熔渣，不仅起着保护液体金属的作用，而且还与焊件发生一系列的冶金反应，保证了所形成焊缝的性能。

二、手工电弧焊工艺参数的选择

手工电弧焊的工艺参数主要有如下几个方面：

1. 焊条直径

在钢结构工程的焊接工艺中，选用焊条直径应和焊接的位置、接头的形式、焊接层次、焊件的厚度相结合。一般情况下，焊条直径与焊件厚度的关系可参见表 8-14 中的要求。

焊条直径与焊件厚度的关系　　表 8-14

焊件厚度（mm）	≤1.5	2	3	4~5	6~12	≥12
焊条直径（mm）	1.5	2	3.2	3.2~4	4~5	4~6

2. 焊接电流

采用手工焊接时，流经焊接回路的电流称为焊接电流。焊接电流是手工电弧中最为重要的工艺参数。如果增大焊接电流能提高焊接效率，但是电流过大时则会造成焊缝咬边、烧穿等缺陷；电流过小时则容易造成夹渣、未焊透等缺陷，降低焊接接头的力学性能。

决定焊接电流强度的因素很多，主要有：

(1) 焊条直径。焊条直径越大，熔化焊条所需的电弧热量越大，焊接电流也就得越大。碳钢酸性焊条焊接电流大小与焊条直径的关系，可参见下面的经验公式来选择：

$$焊接电流\ A = (35 \sim 55) \times 焊条直径\ d$$

或：焊接电流 $A = 10 \times$ 焊条直径 d 的平方

(2) 焊条类型。焊接中如果其他条件相同时，碱性焊条使用的焊接电流应比酸性焊条小 10%~15%，否则焊缝中易形成气孔。

(3) 焊接位置。当焊条直径相同的条件下，焊接平焊缝时，可以选择较大电流。但横焊、立焊的焊接电流应比平焊时的焊接电流小 12%左右，仰焊的焊接电流应比平焊的小 20%左右。

(4) 焊接层次。在焊接打底时，为保证背面焊缝质量，常使用较小的焊接电流；焊接填充层时，为保证熔合良好，常使用较大电流；焊接盖面层时，为防止焊接咬边及保证焊缝形成，焊接电流应比焊接填充层稍小些。

有经验的手工电弧焊工，一般是通过试焊来判断焊接电流的大小：一是观看飞溅的大小。电流过大时，电弧吹力大，焊接时可听到“啪、啪”的爆裂声，并能观察到较大颗粒的焊接熔化铁水从熔池中飞出；如果电弧吹力小，熔渣和熔化铁水不易分清，则表明焊接电流小。二是看焊条的熔化状况。如果焊接电流过小，焊条容易粘到焊件上；电流过大时，当焊条熔化了近 1/3 时，剩余部分均已发红。三是看焊缝的成型效果。如果焊接电流适宜，焊缝两侧与母材金属熔合会呈现圆滑过渡；电流小时，焊缝窄而高，厚度小，与两侧母材好象是未熔合状；焊接电流过大，焊缝厚度大、焊缝余高低，焊缝两侧易产生咬边。

3. 焊接电压

焊接电压主要影响焊缝的宽度，对熔深和余高的影响较小。手工电弧焊的电弧电压主要由电弧长度来决定。电弧长，电弧电压高；电弧短，电弧电压低。若焊接时焊条不做横向摆动，则焊缝宽度大约等于0.8～1.5倍的焊条直径。但是在焊接的过程中，应控制电弧的长度，否则则会产生下列不良现象。

(1) 电弧燃烧不稳定，易摆动，飞溅较多。

(2) 焊缝厚度小，容易产生咬边、未焊透、焊缝表面高低不平，焊波不均匀等缺陷。

(3) 电弧过长，空气中的有害气体容易侵入，使焊缝金属的力学性能降低。

一般情况下，电弧长度应控制在（0.5～1.1）d为好。碱性焊条的弧长可取下限值；酸性焊条的弧长可大些，但不能超过焊条直径的1.1倍，否则易产生咬边或出现气孔。

4. 焊条角度

焊条与焊接工件的相对位置可用焊条角度来确定。焊条角度是一个影响焊缝形成和焊缝质量的重要因素。焊条角度分引导角和工作角。在工作角中还分为前倾角和后倾角之分。

所谓引导角，就是焊条轴线与焊缝纵轴的垂直平面间的夹角叫引导角。引导角的大小决定熔滴过渡的方向、弧长的大小及熔深的大小。引导角越小，电弧就会越短，对焊缝的保护效果就越好，不易产生气孔。

这里所说的工作角，实质上就是焊条轴线与焊缝轴线之间的夹角。如果焊接电弧始终指向待焊部位，此时焊条轴线与焊缝轴线间的锐角叫前倾角，则又称为前倾焊或称左向焊。由于这种焊法的焊缝较宽、熔深浅、熔渣容易跑到熔池前面很容易引起夹渣，因此，这种方法很少采用。如焊接时电弧始终指向已焊焊缝，这时焊条轴线与焊缝轴线间的夹角称为后倾角，或称为后倾焊及右向焊。焊接时自左向右进行，是手工电弧焊常用的操作手法。这种焊法便于观察熔池的变化，熔深较大，容易将熔滴吹入熔池中，不易产生咬边和夹渣等缺陷。

5. 焊接速度

单位时间内所完成的焊缝长度称为焊接速度。焊接速度应该均匀适当，既要保证焊透又要保证不被烧穿，同时还要使焊缝宽度和高度符合设计文件的规定。焊接速度均由焊接操作人员结合焊接时的实际情况灵活掌握。在一般的情况下，焊接电流大、间隙大、坡口角度小时，焊接速度应稍大；焊接电流小、坡口角度大、间隙小时，焊接速度应小。

6. 焊接层数

焊道的层数及每层的焊道数目由板厚、坡口宽度及焊条直径来确定，重要焊件应采用小直径焊条。在焊接中厚板或低合金高强度板时，一般要开坡口并采用多层多道焊。对于低碳钢和强度等级低的普通低合金钢的多层多道焊时，每道焊缝厚度不宜过大，过大则对焊缝金属的塑性不利，因此对质量要求较高的焊缝，每层厚度不要大于4～5mm。同样每层焊道厚度不应过小，过小时焊接层数增多不利于提高焊接效率。根据实际操作经验，每层厚度约等于焊条直径的1.0倍左右时，焊接效率较高，并且比较容易保证质量和便于焊接操作。

三、常用焊接工艺措施

在轻钢结构中，各种不同性质金属材料的焊接性不同，并且影响因素较多。因此，为了保证焊接质量，常对焊接性差或较差的金属材料采取预热、后热、焊后热处理等工艺措施。

1. 预热

焊接开始前对焊件进行全部或局部加热的工艺称为预热，按照焊接工艺的规定预热需要达到的温度称为预热温度。

在实际操作中，对于刚性不大的低碳钢，强度级别较低的低合金钢的结构一般不需要预热处理，但对焊接厚板或刚性很大的以及低合金高强度钢结构，或有淬硬倾向的焊接性不良的钢材结构时，需焊前预热，特别在冬季环境温度很低的情况下，进行焊接时，需进行预热。

选择预热温度时，应结合材质状况、焊件厚度、结构刚性大小、环境温度等因素进行综合考虑。一般钢材的含碳量越多合金元素越多、母材越厚、结构刚性大，环境温度越低，则预热温度越高。在多层多道焊接时，还应特别注意层间温度或称为道间温度。也就是在施焊后继焊道之前，其相邻焊道应保持的温度。层间温度不应低于预热温度。

既然预热，就要有预热的方法。在钢结构焊接中，预热时的加热范围，对于对接接头每侧加热宽度不得小于板厚的 5 倍，一般在坡口两侧各 75 ~ 100mm 范围内应保持一个均热区测温点应取在均热区域的边缘。如果采用火焰加热，测温最好在加热面的反面。预热的方法主要有火焰加热、工频感应加热、红外线加热等方法。在刚性较大的结构上进行局部加热时，应注意加热部位，避免造成很大的热应力。

2. 后热

焊后立即将焊件保温或加热 150 ~ 250℃的范围内使之缓冷的工艺措施称为焊后加热，简称后热。后热可以减缓焊缝和热影响区的冷却速度，避免焊件形成淬硬组织及使氢逸出焊缝表面，防止裂纹产生。对于冷裂纹倾向性大的低合金高强度钢材料，可采取消氢处理，使焊缝金属中的扩散氢加速逸出，大大降低焊缝和热影响中的氢含量，来防止产生冷裂纹。

后热的加热方法、加热区宽度、测温部位等要求与预热相同。

3. 焊后热处理

焊后为改善焊接接头的组织和性能或消除残余应力而进行的热处理，称为焊后热处理。它是将焊接好的工件，整体或局部加热到一定的温度，并保温一段时间，然后炉冷或空冷的一种热处理工艺。通过焊后热处理，可以有效地降低焊接残余应力，软化淬硬部位的组织，改善焊缝和热影响区的组织和性能，提高焊接接头的塑性和韧性，稳定结构的尺寸。

常用的焊后热处理方法有消除应力退火、正火、正火加回火、调质处理等。

四、电弧焊的基本操作技术

手工电弧焊的基本操作技术，包括引弧、运条、焊条的起头、焊条的收尾和焊缝的接头。

1. 引弧

手工电弧焊开始时，在焊条末端和焊件之间建立电弧的过程叫引弧。手工电弧焊是采用低电压、大电流放电来产生电弧的。所以，手工电弧焊的引弧，就是电焊条与焊接工件瞬时相接触才能实现。工艺上除不接触引弧外，有以下两种引弧方法：

一种是摩擦法。将电焊条在焊件表面上滑动，成为一条线。当端部接触焊件后发生短路。这时因接触面很小，温度急剧上升，在接触的瞬间，将焊条提起，即在空气中产生电弧。如果要求焊件表面不得有擦伤的质量要求时，该种方法不得使用。

另一种是直击法。引弧时，利用焊条的端部垂直地击打焊件，当焊条末端与焊件接触后，立即提起焊条，并保持一定距离，就会立即引燃电弧。这种方法引弧位置比较准确、简单，适用于各种焊接位置。

2. 运条

在焊接的过程中，运条是焊工技术水平的具体表现。焊缝质量的好坏，外形的优劣，主要由运条方法来决定。焊缝位置不同，工件厚度也相差过大，但运条的基本手法不变，要求灵活掌握。运条的基本动作有向熔池送进、沿焊道轴线方向的移动和横向两侧摆动三种。

在焊接过程中，由于焊条的熔化，会使电弧逐渐变长。为了维持弧长不变，就必须要求送进焊条的速度等于熔化的速度，才能保证焊接过程的稳定。这样，在焊接过程中，就要求焊工应根据弧长的变化，随时调整送进速度，使焊接电流稳定。

焊条沿焊缝轴线方向向前移动，使熔敷金属与母材形成焊缝，这种移动就是焊接速度，它对焊缝质量、焊接效率有很大的影响。若焊接速度过慢，则会造成焊缝过高、过宽，外形不整齐，产生烧伤和烧穿等焊接缺陷；焊接速度如若太快，电弧不能熔化足够的焊条与母材，形成焊缝狭窄，或产生未焊透、熔合不良等缺陷。

在运条中，焊条沿焊缝轴线的垂直方向的运动称为焊条的摆动。其摆动的幅度决定于焊缝的宽度。摆幅越大，焊缝则越宽。在焊接的过程中，焊工操作者应结合焊条的直径和要求的焊缝宽度来决定摆幅的大小，正常焊缝的宽度不超过焊条直径的2~5倍。

向前移动和向焊缝两侧摆动的动作是紧密相连的，其变化较多。所以，在焊接过程中，必须保持焊接速度均匀和一致的摆幅，才能保证焊道平坦、外形美观、宽度均匀、边缘整齐的焊缝质量。

为了控制熔池的温度，使焊缝具有一定宽度和高度，对焊条的摆动，常根据焊缝所在的空间位置、接头形式、焊缝宽度、焊条直径等因素，采用多种运条摆动的手法。

(1) 直线运条法。引弧后保持一定弧长，焊条一直向前移动。由于焊条基本上不作横向摆动，电弧比较稳定，熔深较大。在正常焊速下，焊波饱满平整。这种方法多适用于厚度为3~5mm薄板的Ⅰ形坡口的平焊、多层打底焊和多层多道焊。

(2) 锯齿形运条法。将焊条作锯齿形摆动，到两侧时稍停片刻以防咬边。当为横焊和T形接头平焊时，在两侧的停留时间为上短下长，熔滴在重力作用下熔敷均称。这种方法多运用于对接接头的平焊、仰焊、立焊，以及横焊或T形接头。

(3) 月牙形运条法。将焊条沿焊接方向作月牙形摆动，其速度应根据焊缝的位置、坡口形式和焊接电流的大小来决定。这种方法可适用于仰焊、立焊、平焊以及要求焊缝比较饱满的焊缝。

(4) 圆形运条法。此法有环形运条法之称，一般情况下有正环形和斜环形之分。也就是在运条的过程中，将焊条连续地画圆并不断前移控制熔滴下流。正环形法适用于厚度较大板的对接接头；而斜环形法则适应对接接头的横焊，角接接头的平焊、仰焊。

其中还有三角形、八字形等运条方法，其操作同圆形运条法，只是其摆动的形状为三角形、八字形。三角形运条法适应对接接头厚板平焊；八字运条法适用对接接头和对接接头开 V 形坡口横焊，角接接头仰焊、立焊。

3. 焊缝的起头

我们常说，“万事开头难”，焊接质量的高低也决定于焊缝的起头。所谓焊缝的起头，就是指刚开始焊接处的焊缝。这时，由于焊件温度较低，稍不注意，焊缝往往会产生熔深浅、余高大、夹渣、未焊透等缺陷，为了减小或避免这些缺陷的产生，可在引弧后先将电弧拉长，对焊件进行必要的预热处理，待焊件起头开始熔化，掌握好焊条的角度，并适当地压低电弧再转入正常焊接。

4. 收弧

有起头就有收尾。收弧，就是指一条焊缝完成后的收尾操作，这是焊接工艺中不可忽视的工作。如果焊接结束时将电弧立即熄灭，收尾处会产生凹陷很深的弧坑，并会出现气孔、夹渣、裂纹等缺陷，使该处焊缝强度降低。为避免和消除这些缺陷，可采用下列方法进行收弧：

(1) 转移法收弧。也就是焊条到达焊缝的终点时，在弧坑处稍作停留，将电弧逐渐提高引到焊缝边缘的母材坡口内。这时熔池在冷却的过程中逐渐缩小，凝固后一般不会出现缺陷。这种方法均适用于临时停焊或更换焊条时的收弧。

(2) 回焊法收弧。这种收弧适应于碱性焊条的收弧。也就是当焊条移至焊缝的终点时稍作停留，并向已焊接过的焊缝方向回绕一段很小的距离后立即切断电弧，这时由于熔池中液态金属较多，在凝固中则会自动填满弧坑。

(3) 重复法收弧。重复法也称为反复断弧法，它是当焊条移至焊缝终点时，在熔坑处采用断续熄弧、引弧动作，直到使熔池饱满为止。此法适用于薄板和大电流焊接时的收弧处理，不适应碱性焊条的收弧。

5. 接头处理技术

后焊焊缝与先焊焊缝的连接处叫作焊缝的接头。这种接头由于受焊条长度的限制和焊接位置的约束是不可避免的，但是在不可避免的情况下还必须保证焊缝接头处的应力均匀、宽窄一致、无气孔、夹渣等质量缺陷。故接头的处理技术是焊接工艺的重要一环。接头的基本形式主要有四种，即相背接头、相向接头、分段退焊接头和中间接头，如图 8-5 所示。

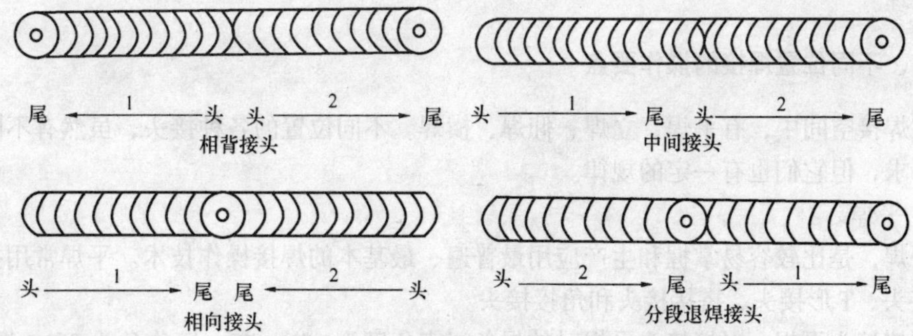

图 8-5　接头的基本形式
1—先焊焊缝；2—后焊焊缝

（1）相背接头。这种接头方式，是两段焊缝的起头处连接在一起。焊接时，要求先焊焊缝起头稍微低些，后焊焊缝应在先焊焊缝起头处前约 10mm 左右开始引弧，然后将稍拉长的电弧移至接头处，覆盖住先焊焊缝的端部，待接头处熔敷好后，再向焊接方向移进。

（2）中间接头。后焊焊缝的起焊处是从先焊焊缝的收尾处相连接的接头。这种接头最好焊接，如果焊工技术较高时接头处基本上不明显。这种接头方法运用最多，适用于单层焊及多层焊接的表面接头。在焊接的操作过程中，要求先焊焊缝在收弧时不要出现明显的弧坑，后焊时应在离弧坑 15mm 处引弧，用长弧预热后回到弧坑，并压低电弧，稍作摆动，即可向前焊接。

（3）相向接头。这是一种两条焊缝在结尾处相连接的接头。后焊焊缝与先焊焊缝的收尾处接在一起的接头形式，则称为相向接头。当后焊焊条焊到先焊焊缝的收弧处时，应降低焊接速度，将先焊焊缝的弧坑填满后，以较快的速度向前焊一段距离熄弧。为了接好接头，先焊焊缝到了焊接的收尾处，焊接速度要快些，使焊缝较低，最好能成为一个斜面，而且弧坑不能填的太满。

（4）分段退焊接头。这一接头的形式是尾头连接，就是后焊焊缝的收尾与先焊焊缝的起头处相连接。为了保证连接的质量，先焊焊缝起头处较低，或成为斜面状。后焊焊缝焊至先焊焊缝起始端时，改变焊条角度，将前倾改为后倾，使焊条指向先焊焊缝的起始端，拉长电弧，待形成熔池后，再降低电弧并往返移动焊条，最后返回到原来的熔池收弧。这种接头的特点是焊波方向相同，头尾温差较大。

结合以上介绍，处理接头时则要注意如下事项：

连接接头时要快。接头连接得平整与否，不但要看焊工的操作技术，而且还要看接头处的温度高低。温度越高，接得越平整。故中间接头要求电弧中断时间要短，更换焊条动作要快，时间要短。

接头要错开。也就是在多层多道焊时，每层焊道和不同层的焊道接头不允许相互重叠，接头与接头必须相互错开一段距离，下层焊缝与上层接头，左右焊缝与收尾接头最好能相错 1/2～1/3 为最好。

接头处的先焊焊缝质量要高。为了保证焊接接头处的质量，接头处的先焊焊缝必须处理好，一方面是要焊透和没有夹渣及其他缺陷，另一方面接头处要成为斜面。否则要做相应的处理。

五、不同位置焊接的操作要点

在焊接空间中，有平焊、立焊、仰焊、横焊。不同位置的各种接头，虽然有不同的手法和要求，但它们也有一定的规律。

1. 平焊

平焊，是比较容易掌握和生产应用最普遍、最基本的焊接操作技术。平焊常用接头有对接接头、T 形接头、搭接接头和角接接头。

对接接头平焊。对接接头平焊时的焊条行走角度为 65°～80°，工作角为 90°。焊接时，应使电弧的热量均匀地分布在坡口两侧，焊条后倾使电弧指向熔池，可获得较大熔深，并可通过后倾角的大小来调节熔池的深度。如果要求焊缝较宽，则焊条应横向摆动，摆幅则由要求的焊缝宽度决定。

如焊件厚度小于6mm时，一般可采用Ⅰ形坡口进行对接平焊。当为Ⅰ形坡口对接平焊应采用双面焊接。焊接正面焊缝时，采用短弧焊接，使熔深达到焊件厚度的2/3，焊缝宽度5~8mm，余高应小于1.5mm。焊接反面焊缝时，如为一般构件，不必清根，但一定要将正面焊缝背部的熔渣清除干净，然后再焊接。焊接时，焊接电流可稍大些，以保证根部焊透。

当板厚大于6mm时，为了保证焊件焊透，必须开V形坡口或X形坡口进行对接平焊。多层焊时，焊接第一层应选直径较小的焊条，使电弧能深入到坡口的根部，运条方法应根据焊条直径与坡口间隙决定。焊接填充层时，可改用直径较粗的焊条，和较大电流，保证坡口两侧熔合良好，每层焊道表面平整，两侧稍下凹。焊接最后一层填充层时要特别注意不能熔化表面的棱边，并保持焊缝的高度，最好比钢板表面低1mm左右。盖面焊接时，所用的电流可比焊接填充层稍小些，焊接时使熔池边缘超过坡口棱边1.5mm，保持摆幅和焊速均匀、不咬边、成型美观。

T形接头平焊，容易产生立板咬边、焊脚不对称等缺陷，焊接时除正确选择焊接工艺参数外，必须根据板的厚度调整焊条角度及电弧与立板间的水平距离，并且电弧还应偏向厚度较大的板，使两板温度达到均匀一致，避免立板过热。

对于T形接头平焊的工艺参数，如焊脚尺寸为6mm、1层焊缝，所用焊条直径为3.2~4.0mm，焊接电流为90~180A，采用直线运条的短弧焊接方式，注意焊条行走角不能太小，否则熔深浅，行走角太大，容易引起夹渣；如焊脚尺寸为8~10mm、1层焊缝，焊条直径为4~5mm，焊接电流应调整在150~250A，运条方法采用反锯齿法或斜面圈形进行焊接，注意焊条下拖时速度要慢，这样不易产生立板咬边和夹渣，上行时要快，防止熔池金属下淌致使焊脚不对称；如为14mm以上焊脚尺寸，采用多层多道焊接时，焊条直径应为5mm，焊接电流为200~300A，这时应采用小直径焊条焊第一层，电流稍大，直线运条，收弧时把弧坑填满。焊接第二层时电流不能太大，否则立板易咬边，采用倒锯齿形运条。

在多层多道焊接中，焊脚越大，焊接层数和道数也就越多，但焊接不同焊道的行走角均是65°~80°，工作角在40°~55°之间变化，电弧应始终对准焊道与板或两条焊道的交界处，后一条焊道应压在前一条焊道的2/3，焊条的摆幅和前进速度要均匀，使每层焊道的表面平整，焊接熔合良好。

2. 立焊

焊缝垂直于地面的焊接为立焊。这种焊接焊缝形成困难，为此，立焊使用的焊条直径及焊接电流应小于平焊，并应采用短弧焊接方法。

在立焊中，有两种操作方法：一是由下向上施焊，是当前立面焊接中常用的方法；另一种是由上向下施焊，有的称为下立焊，这种施焊方法多用于薄板焊接，需采用专用的向下立焊的焊条，才能保证焊接质量，该方法在钢结构焊接工程中运用很少。

为了保证立焊的质量，通常采用下列措施：

（1）采用较小的焊接电流，一般比平焊时小15%。

（2）选用直径较细的焊条，常用焊条直径为2.5~4mm。

（3）运用短弧焊接，使电弧长度小于焊条直径，利用电弧的吹力，使熔滴顺利地过渡到熔池中去。

(4) 在立焊中，焊条的工作角为90º，行走角为前倾70º左右，一般在60º~70º范围内选择，使电弧指向未熔化的坡口面。

(5) 当为Ⅰ形坡口对接立焊，也就是对薄板施焊时，为防止焊接时将焊件烧穿，产生咬边、金属熔滴下垂或流失等，常采用跳动弧焊或断弧焊，

采用跳弧焊接法，是先引燃电弧后维持短弧，待熔滴过渡到熔池后，立即拉长电弧，使熔池冷却。当熔池金属在凝固过程中由整体白亮色迅速缩小到熔池中部仍为白亮色时，再将电弧压向熔池。然后按上述循环向上施焊。跳弧焊时，运条方法主要有直线运条法、锯齿形运条法和月牙形运条法。采用跳弧焊法，电弧离开熔池的距离不能太长，最大弧长不得超过6mm，以防止保护变差，导致空气侵入熔池。

如果采用断弧焊时，其要领同跳弧焊，所不同的是熔滴过渡到熔池后，立即拉断电弧，使熔池冷却更快。但是由于刚开始焊接时，焊件温度较低，断弧时间应短些，当工件温度升高后，断弧时间逐渐加长，避免收弧时熔池变宽或产生焊瘤及烧穿等缺陷。

(6) 当遇到V形坡口的对接立焊，通常采用多层多道焊接。焊缝由打底、填充层、盖面层组合而成。焊接时多采用小直径焊条及小电流，焊接工艺参数为：打底层时，焊接电流为70~80A；填充层时，焊接电流为110~130A；盖面焊时，焊接电流为110~120A。所用焊条直径全部为3.2mm。

焊接打底时，为得到良好的背面成型和优质焊缝，要控制好熔孔大小和熔池形状，使熔孔比每侧宽0.8~1.0mm。焊接时，使焊条末端离工件底平面1.5~2.0mm，电弧的2/3覆盖在熔池上，电弧应尽量短，运条速度要均匀，向上运条的间距不宜过大，过大时背面焊道易咬边。

对填充层焊接时，关键是保证熔合好，焊道表面平整。施焊时，焊条的工作角为90°，行走角前倾60°~80°，以防止熔化金属在重力作用下下淌，多采用锯齿运条法，但摆幅稍宽、速度要快，两侧停留稍长、电弧尽可能短，这样可保证熔合良好、消除夹渣、防止焊缝下凸。每焊完一层填充焊缝，都要进行清渣和修整焊缝表面后，方可焊接下层焊缝。

盖面焊接时，主要是保证焊道表面尺寸和成形，避免咬边和接头不良。施焊时，要控制好焊条的摆幅，使熔池侧面超过棱边1mm左右较好。接头时，要特别注意缺肉或局部增高，摆幅和焊速要均匀。

(7) T形接头立焊时，由于T形接头散热较快，所以焊接电流应比相同厚度的平板对接稍大些，一般应大10%左右，以保证两板熔合良好。其工艺参数主要是：封底焊缝时应用3.2mm直径的焊条，焊接电流为90~120A；其他各层焊缝时，焊条直径为4.0mm，焊接电流为120~150A；第一层焊缝时，如焊条直径是3.2mm的，焊接电流为90~120A；焊条直径是4.0mm者，焊接电流为120~150A。运条方法则应结合板材的厚度和焊脚大小来确定，当焊脚很小时，应采用直线运条、小摆幅月牙运条或锯齿形运条法；当要求焊脚较大时，则采用三角形运条，盖面时采用较大摆幅的月牙或锯齿形运条法。

3. 横焊

所谓横焊，就是焊缝朝向一个侧面的焊接。在横焊时，熔化金属在自重作用下容易向下流淌，并在焊缝上侧容易产生咬边，下侧容易产生熔化金属下坠或焊瘤，焊缝表面会呈现出不对称的现象，也就是焊缝的最高处通常在焊缝中线的下方。所以，遇到横焊时，则

应选用小直径焊条、小电流焊接、短弧操作的焊接要领。其操作要点可参考立焊的基本操作方法。

4. 仰焊

仰焊是各种焊接位置中最难焊接的位置。由于熔池倒悬在焊件的上面，焊条熔滴的重力阻碍熔滴过渡，熔池中的液态金属受自重作用下坠，熔池温度高时，因表面张力小而很难托住液态金属。故仰焊时容易出现焊瘤、正面不平整、不光滑，背面易产生下凹，焊缝成形困难。所以遇到仰焊时，必须采用小直径焊条和小电流以及短弧焊接的焊接措施，利用电弧的吹力使熔滴很快地过渡到熔池中，并迅速冷却形成焊缝。

由于仰焊在钢结构中应用不多，所以这里也就不多加介绍。

六、对接接头焊缝横向收缩值

对接接头各种焊接条件下的焊缝横向收缩值，可参考表8-15中的规定。

对接接头焊缝横向收缩值 表8-15

接头横截面	焊接方法	横向收缩	接头横截面	焊接方法	横向收缩
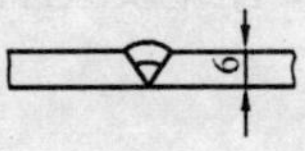 6	手工电弧焊两层	1.0	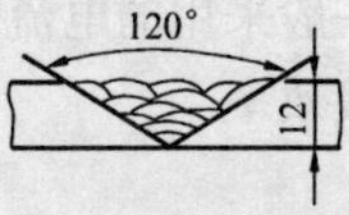 120° 12	手工电弧焊	3.3
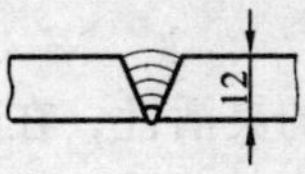 12	手工电弧焊五层	1.6	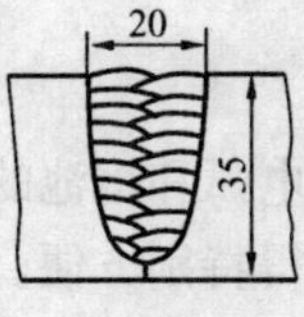 20 35	手工电弧焊二十道，反面未焊	3.2
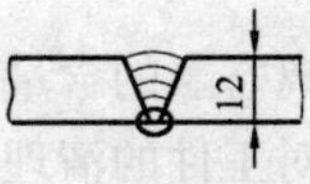 12	手工电弧焊正面五层，反面清根后焊两层	1.8	 22	1/3反面手工电弧焊，2/3埋弧自动焊一层	2.4
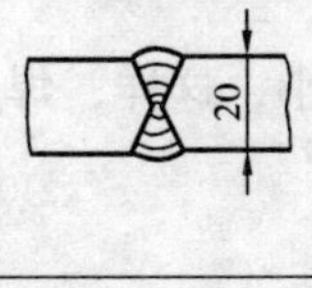 20	手工电弧焊正、反面各焊四层	1.8	 14	钢垫板上自动埋弧焊一层	0.6
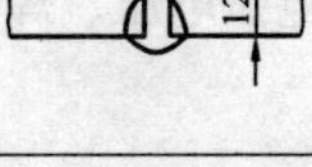 12	手工电弧焊（熔深焊条）	1.6	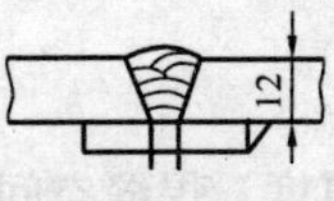 12	手工电弧焊（加垫板单面焊）	1.5
 12	右向气焊	2.3			

第五节 二氧化碳气体保护焊的质量控制

气体保护焊是用外加气体作为电弧介质并保护电弧和焊接区的电弧焊接方法，简称气体保护焊。气体保护焊直接依靠从喷嘴中连贯送出的气流，在电弧周围造成局部的气体保护层，使电极端部、熔滴和熔池金属与周围空气机械隔绝开来，以保证焊接过程的稳定性，并获得质量优良的焊缝。

气体保护焊按所用的电极材料不同，可分为不熔化极和熔化极气体保护焊，其中熔化极气体保护焊应用最广。本节只以二氧化碳气体保护焊（CO_2焊）为例，介绍其质量控制方法，其他的焊接方法可参考相应的焊接技术书籍。

一、CO_2焊的优点

二氧化碳气体保护焊是一种先进的焊接方法，它与其他焊接方法相比，具有如下优点：

1. 生产效率高

二氧化碳气体保护焊一般采用的电流密度大，熔敷率高，熔深大；没有焊接渣滓，节省了清渣时间，提高了焊接效率。

2. 生产成本低

二氧化碳气体比其他气体的价格便宜，供应比较方便，不需要涂药焊条和焊剂，大大降低了生产成本。

3. 明弧焊接，操作简便

这种焊接可以直接观察电弧和熔池的情况；半自动焊还具有手工焊的灵活性，在焊接短接焊缝和曲线焊缝时，显得特别方便。而且，保护气体是喷射出来的，适宜进行全方位焊接，不受空间位置的限制。

4. 抗裂性能好

二氧化碳气体在高温时具有强烈的氧化性，可以减少金属熔池中游离态氢的含量，降低焊后出现冷裂纹的倾向。二氧化碳气体保护焊对锈污敏感性小，焊前对工件的清理要求不高。

5. 焊接应力和变形小

二氧化碳气体对电弧有较大的冷却作用，电弧加热集中，热影响区小，这样，焊后变形就小。

二、CO_2焊的工艺参数

二氧化碳气体保护焊的主要焊接工艺参数有焊丝直径、焊接电流、电弧电压、焊接速度、焊丝伸出长度等。

1. 焊丝直径

焊丝直径应根据焊件厚度、焊缝空间位置及生产率的要求来选择。当焊接薄板或中厚板的立、横、仰焊时，多采用直径 1.6mm 以下的焊丝；在平焊位置焊接中厚板时，可以采用直径 1.2mm 以上的焊丝。焊丝直径的选用可按表 8-16 的规定。

焊丝直径的选用　表 8-16

焊丝直径（mm）	熔滴过渡形式	焊件厚度（mm）	焊缝位置
0.5～0.8	短路过滴	1.0～2.5	全位置
	颗粒过滴	2.5～4.0	平　焊
1.0～1.4	短路过滴	2.0～8.0	全位置
	颗粒过滴	2.0～12.0	平　焊
1.6	短路过滴	3.0～12.0	全位置
≥1.6	颗粒过滴	>6.0	平　焊

2. 焊接电流

焊接电流的大小应根据焊件厚度、焊丝直径、焊接位置及熔滴过渡形式来确定。焊接电流增大，焊缝厚度、焊缝宽度及余高都相应增加。通常直径 0.8～1.6mm 的焊丝，在短路过渡时，焊接电流在 50～230A 内选择；细颗粒过渡时，焊接电流在 250～500A 内选择。焊丝直径与焊接电流的关系可参考表 8-17 中的规定。

焊丝直径与焊接电流的关系　表 8-17

焊丝直径（mm）	焊接电流（A）		焊丝直径（mm）	焊接电流（A）	
	颗粒过渡	短路过渡		颗粒过渡	短路过渡
0.8	150～250	60～160	1.6	350～500	100～180
1.2	200～300	100～175	2.4	500～750	150～200

3. 电弧电压

电弧电压随着焊接电流的增加而增大。短路过渡时，电弧电压在 16～24V 范围内选择。颗粒过渡时，对于直径为 1.2～3.0 的焊丝，电弧电压可在 25～36V 范围内选择。

4. 焊接速度

在焊丝直径、焊接电流和电弧电压一定的条件下，随着焊接速度增加，焊缝宽度与焊缝厚度减小。焊速过快，不仅气体保护效果变差，还可能出现气孔和产生咬边及未熔合等缺陷；焊速过慢，则焊接效率低，焊接变形增大，一般情况下，半自动焊时的焊接速度为 15～40m/h。

5. 焊丝伸出长度

焊丝的伸出长度取决于焊丝的直径，一般约等于焊丝直径的 10 倍，且不超过 15mm。伸出太长，焊丝会整段熔断，飞溅严重，气体保护效果差；伸出过短，不但会造成飞溅物堵塞喷嘴，影响保护效果，也影响焊工的视线。

6. CO_2的气体流量

二氧化碳的气体流量应根据焊接电流、焊接速度、焊丝伸出长度及喷嘴直径等来选择，过大或过小的气体流量都会影响气体保护效果。通常在细直径焊丝焊接时，二氧化碳气体流量为 8～15L/min；粗直径焊丝焊接时，其流量约在 15～25L/min。

三、气体保护焊基本操作技术

熔化极气体保护焊的质量由焊接过程的稳定性来决定，而焊接过程的稳定性，除了选择合适的工艺参数和调节设备的各项功能外，更主要的是取决于焊工实际操作技能。

基本操作技能：

气体保护焊跟手工电弧焊一样，熔化极二氧化碳气体保护焊的基本操作技能包括引弧、收弧、移动焊枪等。但是，由于它没有焊条的送进运动，焊接过程中只需要保证焊枪运行的高度不变，并结合熔池情况和坡口面的间距左右摆动及向前移动焊枪就可以了，所以，熔化极气体保护焊比手工电弧焊更容易掌握与操作。

(1) 引弧。气体保护焊引弧时只采用直击法或短路接触法，但引弧时还不能抬起焊枪，其具体操作如下。

第一步：引弧前先按下遥控盒上的点动送丝开关，点动送出一段焊丝，按焊接时采用的喷嘴高度剪去多余部分，最好将焊丝前端剪成斜面，留下的焊丝长度比喷嘴高但稍短。如果焊丝的端部为球状，必须先剪去球头，使焊丝端部成为斜面，这样比较容易起弧。

第二步：将焊枪放在引弧处，使喷嘴与工件间保持一定的高度。

第三步：按下焊枪上的控制开关，焊接过程按选定的程序开始进行，先提前供气，延时接通焊接电源，保持高电压，慢速送丝。当焊丝端面碰撞工件时发生短路，自动引燃电弧。但是，这时则应注意短路后电弧未燃。如出现这种情况时，焊枪有自动顶起的倾向，此时要稍用力压住焊枪，防止因焊枪抬得过高，电弧拉长后自动熄灭。

(2) 焊接。引燃电弧后，通常采用左焊法。焊接过程中主要是保持焊枪合适的角度和喷嘴的高度，沿焊接方向尽可能地匀速前进，并应根据坡口面的间距、间隙大小，随时调节焊接速度和摆幅。并应结合焊接过程中观察到的熔池情况、坡口面熔合情况、熔滴过渡时的声音、飞溅的大小，以及焊缝成形的质量选择工艺参数。

(3) 收弧。焊接结束时，必须进行收弧，若收弧不正确，就容易产生弧坑，并出现弧坑裂纹、气孔等缺陷。

气保焊收弧，是根据焊接设备是否有控制电路这一功能分别操作的。如果气保焊机没有“弧坑”控制电路的设置，或者有此设置但不想使用时，应在收弧处焊枪停止前移，并在熔池未凝固时反复断弧、引弧多次，直至弧坑熔满。操作时动作应敏捷、迅速，不得使熔池凝固再引弧。如果气保焊机有“弧坑”控制电路的设置，则焊枪在收弧处停止前进，同时接通此电路，焊接电源与电弧电压自动衰减，待熔池熔满后断电。

气保焊灭弧后，因为控制线路要延续送气一段时间，来保证熔池的熔固。所以，收弧时焊枪除停止前进外，还不能抬高喷嘴，即使是弧坑已填满，电弧已熄灭，也必须让焊枪在收弧处停留几秒钟，待熔池凝固后才能移去焊枪。

四、各种位置焊接要领

1. 平焊

气保焊做平面焊接时主要有对接接头平焊和T形接头平焊两种。

(1) 对接接头平焊。对接接头平焊时，应控制好焊枪的角度和焊枪的摆动形式，并应注意如下事项：

当接头两侧对接板的厚度不一致，或坡口角不对称时，应按图 8-6 所要求来调整焊枪的工作角，使电弧偏向厚板或坡口角小的一侧，这样才能保证对接焊缝的质量。

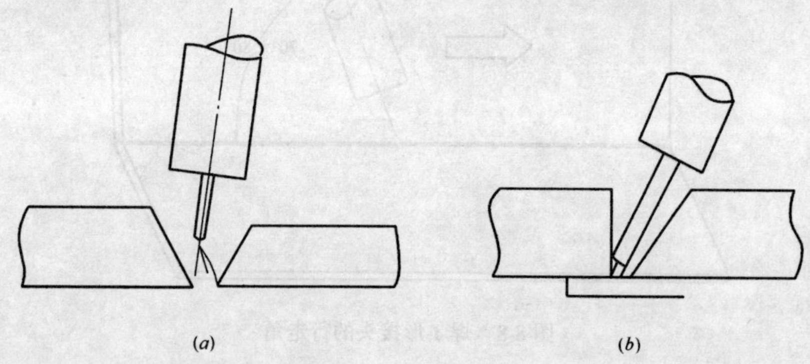

图 8-6　工作角度的调整
（a）板厚不一致时；（b）坡口角不一致时

为了保证焊缝的焊接质量和外观质量，当只剩下盖面焊道时，要求最后的填充焊道的表面比工件表面低 1～2mm，焊接时不要烧伤工件表面的坡口楞角，因为这是盖面焊道宽度和平直的基准线。并且在焊接盖面焊道时，摆幅和前移速度均匀一致，保证焊缝两侧的熔池边缘超过坡口楞边 1～2mm 为宜。并且，为了保证焊缝两侧熔合良好，必须使焊道两侧产生下凹的形状。

如果焊件的厚度较大时，焊到一定的高度后，每层焊缝应采用多道焊，并且，每条焊道要相互重叠一部分，后一焊道的电弧应对着前一焊道的边缘。

对接接头平焊时焊枪角度如图 8-7。

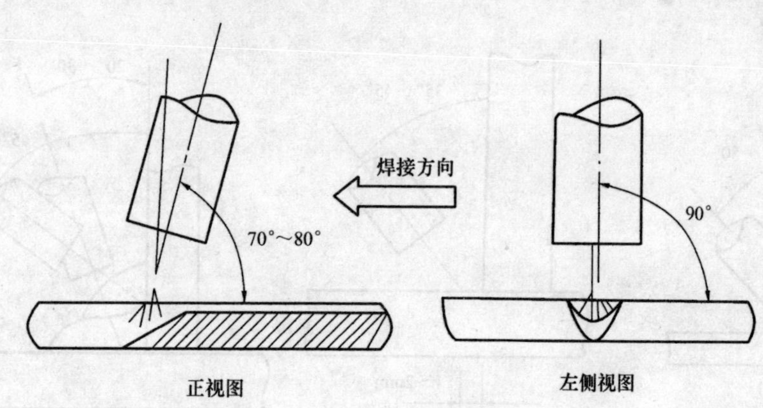

图 8-7　对接平焊的焊枪角度

（2）T 形接头的平焊。T 形接头平焊的关键是要保证顶角处焊透，焊脚对称，防止立板咬边和上焊脚短，下焊脚长的缺陷。并且应遵守下列规定：

焊 T 形接头的行走角如图 8-8 所示。

焊枪的工作角与电弧对中位置是根据焊脚尺寸来确定：焊脚 < 8mm 时的工作角见图

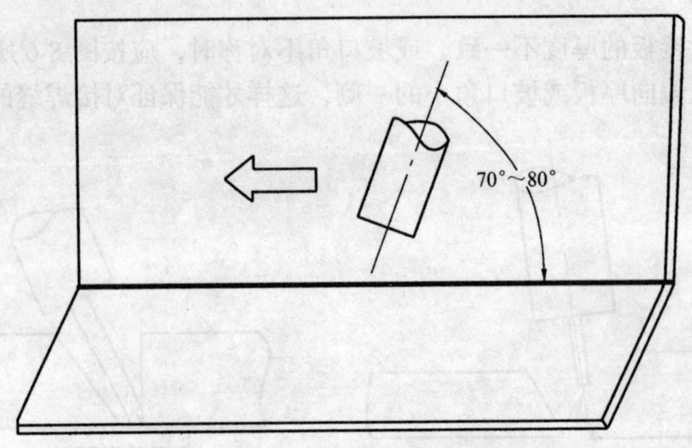

图 8-8 焊 T 形接头的行走角

8-9 所示，但应注意，焊脚≤5mm 时，电弧对中顶角处；焊脚＞5mm 时，电弧对中点应离开工件主板 1～2mm。当为两条焊道，焊脚尺寸等于 8～12mm 时，焊枪的工作角及对中位置见图 8-10 所示。焊脚大于 12mm，焊两层三道焊缝时，焊枪的工作角及对中位置见图 8-11 所示；为两层四道焊缝时，焊枪的工作角及对中位置见图 8-12 所示。

2. 立焊

(1) 对接接头立焊。对接接头立焊时，焊枪的角度按图 8-13 所示。

(2) T 形接头立焊。T 形接头立焊时，焊枪的角度见图 8-14 所示。

3. 仰焊。

仰焊时，为了保证焊道成形好，熔滴过渡容易，可采用短路过渡的右焊法。仰焊时的焊枪角度见图 8-15 所示。

为了保证焊缝成形质量，焊枪的运行速度要均匀，电弧高度要稳定，这时最好用双手持枪进行施焊。

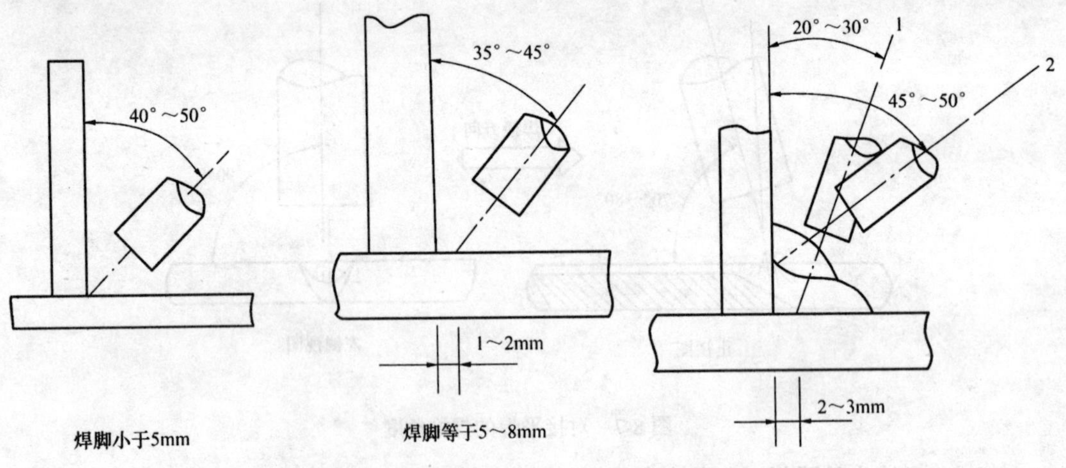

图 8-9 焊脚小于 8mm 的工作角与对中位置

图 8-10 焊脚等于 8～12mm 的工作角与对中位置

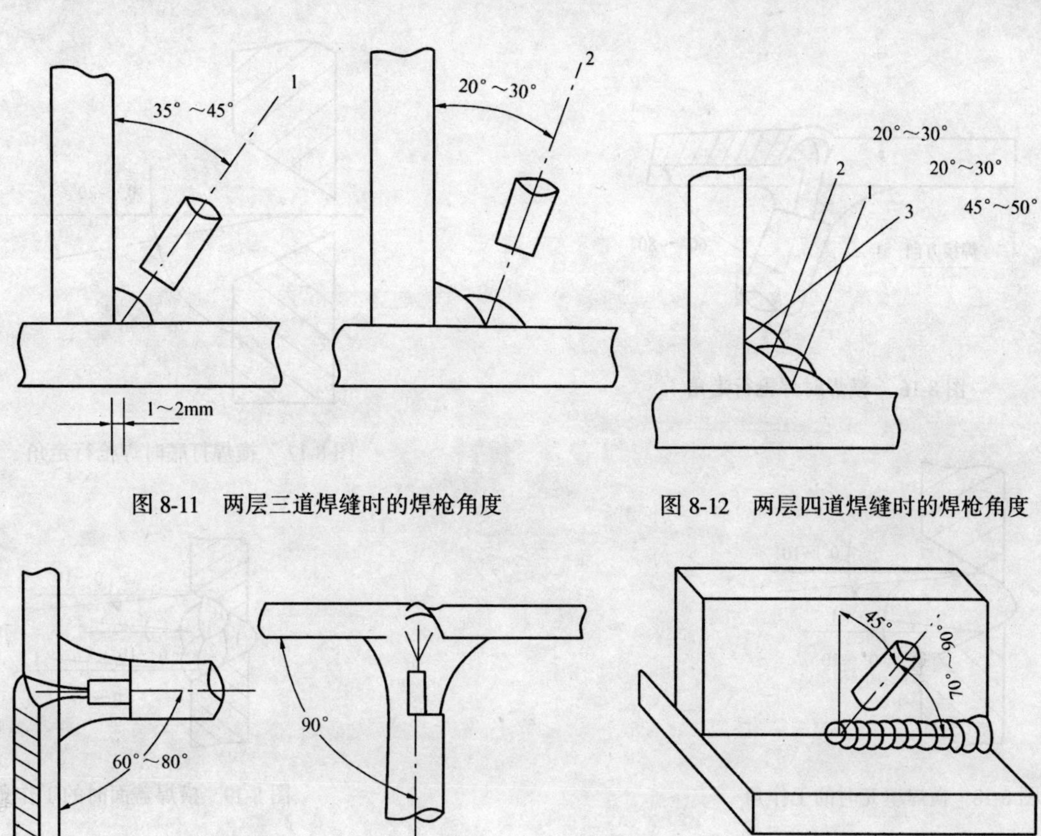

图 8-11　两层三道焊缝时的焊枪角度

图 8-12　两层四道焊缝时的焊枪角度

图 8-13　对接立焊的焊枪角度

图 8-14　T 形接头立焊焊枪角度

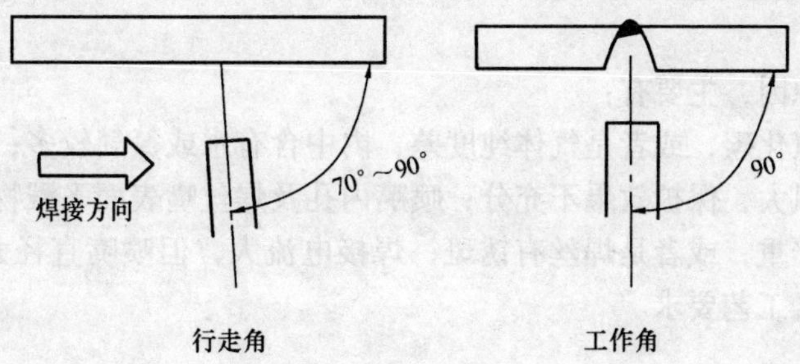

图 8-15　仰焊时焊枪角度

4. 横焊

在横焊中，为了控制焊缝表面的下坠，在施焊中，通常采用窄焊道多层多道焊的形式。

横焊时焊枪的行走角见图 8-16。

横焊打底时的工作角见图 8-17 所示。

横焊填充层时的工作角见图 8-18 所示。

横焊盖面时的焊枪工作角见图 8-19 所示。

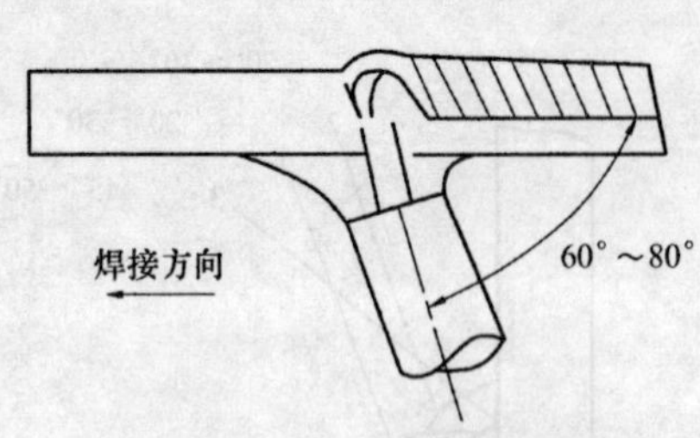

图 8-16　横焊时焊枪行走角

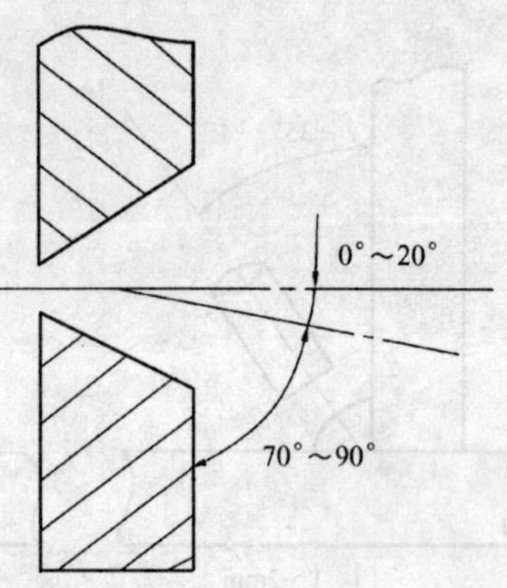

图 8-17　横焊打底时焊枪行走角

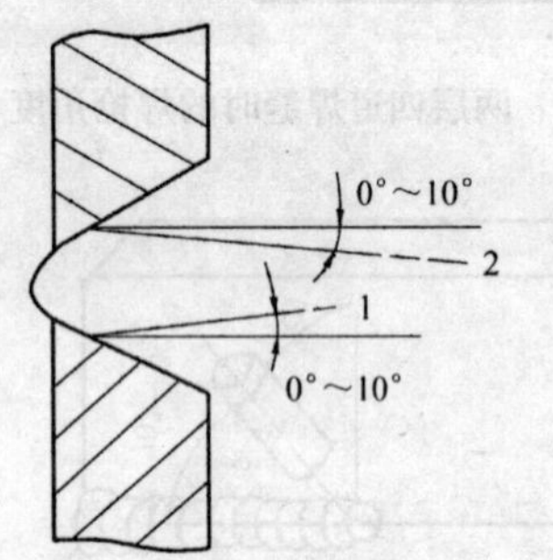

图 8-18　横焊填充时的工作角

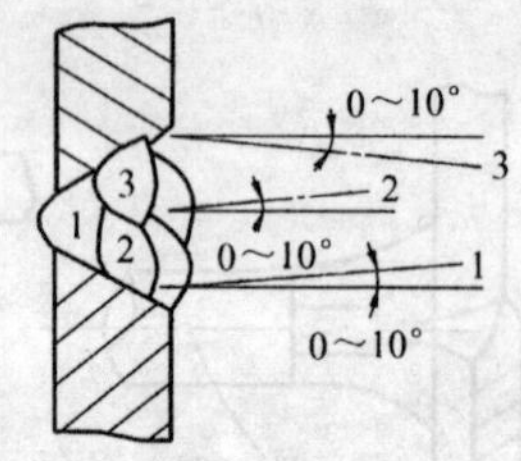

图 8-19　横焊盖面时的工作角

五、焊接缺陷产生的原因分析

二氧化碳气体保护焊中产生的焊缝缺陷，均与保护气体和细焊丝的使用特点有关。下面对气保焊中缺陷的类别和产生的原因进行分析，并根据分析出的原因制定相应的控制措施。

1. 气孔

产生气孔的原因，主要有：

没有供给二氧化碳，或者是气体纯度差，内中含有水或氮气较多；焊接环境差，没有挡风设施，导致风大，保护效果不充分；喷嘴内孔及焊丝嘴表面飞溅物太多，形成气流混乱；焊接区污垢严重，或者是焊丝有锈斑；焊接电流大，但喷嘴直径太小，喷嘴未拧紧；焊枪行走角不符合工艺要求。

2. 咬边

焊枪的行走角或工作角不正确；电弧长度太长，焊速太快。

3. 裂缝与裂纹

母材中含碳量高或有其他合金元素；工艺参数选择有误，电流大、电压低，焊接速度快；所开坡口角度不符合要求，角度过小；使用的保护气体中含水量多；在焊坑处电流被迅速切断，或未按照操作要求；多层焊时，第一层焊道太薄。

4. 未焊透

焊接工艺参数选择不当，电流小或电压低；坡口角度太小，钝边太大，间隙太小，错边太大；打底焊道表面凸起，与母材两侧熔合不良；电弧对中位置不正确，行走角太小。

5. 电弧不稳定

导电嘴孔径太大或严重磨损；焊接电源的输入电压变动过大，形成焊接电压不稳；焊丝圈在丝架上回转不平稳，送丝轮过紧或者过松，送丝软管中的阻力太大或送丝软管的曲率半径太小，使焊丝不能平稳均速地供给。

6. 焊瘤

产生焊瘤的主要原因有电弧电压太低；焊接速度太慢；角焊缝时，焊枪对中位置不正确。

7. 焊道弯曲或外表质量差

焊道弯曲不平直，主要是焊丝伸出过长，焊丝矫正不好；导电嘴磨损太大；操作中焊枪未持稳或焊接操作不熟练。焊缝外表质量差，主要是飞溅物过多，其主要原因是工艺参数选择不正确，电压过高或电流太小；焊件与焊丝太脏。

第六节　埋弧焊工艺的质量控制

埋弧焊，是指电弧在颗粒状焊剂层下燃烧的一种自动焊接方法，是目前广泛使用的一种高效的机械化焊接技术。

采用这种方法焊接时，先将焊丝由送丝机构送进，经导电嘴与焊件轻微接触，焊剂由漏斗口经软管流出后，均匀地堆敷在待焊区处。引弧后电弧将焊丝和焊件熔化形成熔池，同时将电弧区周围的焊剂熔化，形成一个封闭的电弧燃烧空间。密度较小的熔渣浮在熔池表面上，将液态金属与空气隔绝开来，这样，有利于焊接冶金反应的进行。随着电弧连续地向前移动，熔池液态金属随之冷却凝固而形成焊缝。

一、埋弧焊的特点

埋弧自动焊有着如下优点：

1. 焊接效率高

埋弧自动焊由于受焊剂的包围，熔渣覆盖焊缝金属起隔热作用，因此热效率高，熔深增加；并且埋弧自动焊的焊接速度可达 30～50m/h，从而提高了焊接生产效率。

2. 改善了焊接环境

由于实现了焊接过程机械化，操作简便，而且电弧在焊剂层小燃烧，没有弧光的射线危害，放出的烟尘少，因此焊接环境达到了改善。

3. 焊接质量好

因埋弧焊的热输入大、冷却速度慢，熔池存在的时间长，使冶金反应充分。并且，由于熔池中有熔渣和焊剂的保护，使空气中的氮、氧难以侵入，提高了焊缝金属的强度和韧性。由于焊接的先进性，也使焊缝表面光洁、平整、成形美观，焊脚尺寸得到保证。

4. 降低了焊接成本

由于埋弧焊熔深较大，这样可不开坡口或少开坡口，减少了焊缝中焊丝的填充量，也节省因加工坡口而消耗的母材。焊接过程中由于焊剂的覆盖，焊接时的飞溅少，又没有焊条余头的损失，所以节省了焊接材料。另外，埋弧的热量集中，利用率也高，故在单位长度焊缝上所消耗的电量也大为降低，降低了焊接成本。

二、引弧板及引出板的应用

1. 引弧板及引出板的功能

通过上面介绍已经知道，埋弧焊工艺线能量大，刚开始引弧时，工件的温度比较低，温度场刚刚建立起来，还未进入稳定状态。这时，如果在工件上直接引弧，开始焊接的焊缝质量就达不到要求。在中厚板中，开始焊接的焊缝就会有 50mm 长产生未焊透、未熔合、夹渣等缺陷。所以，为了避免这些缺陷的产生，就要采用引弧板进行引弧，把这段达不到质量要求的焊缝转嫁到引弧板上。

当工件焊接结束准备收弧时，由于焊坑较长较大，若操作不当，极容易产生弧坑及弧坑裂纹。并且收弧处温度较高，还可能出现漏焊或烧穿等缺陷，为此，埋弧焊收弧时，必须使部分弧坑落在引出板上。

2. 引弧板与引出板的技术要求

引弧板、引出板的材质和坡口形式应与被焊工件相同，禁止随意采用其他钢板来充当引弧板和引出板。

引弧板与引出板的长度一般为 100~150mm。

三、焊接工艺参数

1. 焊接电流

焊接电流是决定焊缝熔深的主要因素。在一定的范围内，焊接电流增加时，焊缝的熔深和余高都会增加，而焊缝的宽度则增加不大。增加焊接电流能提高焊接生产率，但在一定焊速下，如果焊接电流过大，会增加热影响区的宽度，并产生过热组织，使接头韧性降低；此外还会产生咬边、焊瘤或烧穿等缺陷；如果焊接电流过小，易产生未熔合、未焊透、熔深不足、夹渣等，并且焊缝成形不良。

每一直径的焊丝均有一个合适的焊接电流范围。不同直径的焊丝的适用焊接电流按表 8-18 的规定。

埋弧焊用焊丝与适用的焊接电流 表 8-18

焊丝直径（mm）	焊接电流范围（A）	焊丝直径（mm）	焊接电流范围（A）
1.2	100~350	4.0	340~1100
1.6	115~500	5.6	400~1300
2.0	125~600	6.4	500~1400
2.4	150~700	8.0	600~1600
3.2	220~1000		

在埋弧焊中，一般情况下均采用直流反接，这样，熔深较大，但熔敷速度较低。

为了保证埋弧焊缝成形美观，焊接电流增大时，应适当提高焊接电压，与每一焊接电流对应的焊接电压的变化范围不能超过 10V。当电弧电压取下限值时，焊道较窄；取上限值时，焊道宽。与焊接电流有一个对应的焊接速度的范围，在此范围内焊缝成形美观，当焊接速度超过与焊接电流匹配的对应值时，焊缝出现咬边缺陷。

2. 电弧电压

埋弧焊中的电弧电压，是决定熔宽的主要因素。当电弧电压增加时，弧长相应增加，熔深减小，焊缝变宽，余高减小；焊接电流过大时，电弧不稳，如严重时，则会产生气孔、咬边等质量缺陷。电弧电压除了对焊缝成形有较大影响外，还对熔敷金属的化学成分有较大影响。当电弧电压增加时，焊剂的熔化量增加，熔渣和液态金属重量的比值增加，过渡到熔敷金属中的合金元素也会增加。

3. 焊接速度

焊接速度增加时，熔深和熔宽都相应减小，但焊接速度过高时，会产生电弧偏吹、咬边、未焊透、气孔等缺陷，焊缝余高大而窄，焊缝成形不良。焊接速度过慢，焊缝余高大，熔池浅而宽，焊缝表面粗糙，并且容易产生焊瘤或烧伤等。

4. 焊丝直径

焊丝直径也是埋弧焊工艺中的一个主要参数。如果当其他焊接参数不变，减小焊丝直径时，因焊接电流密度增大，熔深则会随之增大，这是细焊丝比粗焊丝电阻热大的影响结果。不同直径焊丝适用的焊接电流范围见表 8-19 中的规定。

不同直径焊丝的焊接电流范围　　　　**表 8-19**

焊丝直径（mm）	2	3	4	5	6
电流密度（A/mm^2）	60 ~ 125	50 ~ 85	40 ~ 63	35 ~ 50	28 ~ 42
焊接电流（A）	200 ~ 400	350 ~ 600	500 ~ 800	700 ~ 1000	800 ~ 1200

在焊接实践中，为了充分地利用细焊丝电阻热大的特点，在其他焊接参数不变和保证相同熔深的情况下，采用 2mm 直径的焊丝代替直径 5mm 焊丝进行焊接，焊接电流可明显地降低。

5. 焊剂粒度与堆放高度

埋弧焊中使用焊剂粒度的大小，是根据电流值来选用的。电流大时，应选用细粒度焊剂（14 ~ 80 目），这样，焊缝表面光滑。电流小时，应选用粗粒度的焊剂（8 ~ 40 目），否则透气性不好，焊缝表面易出现麻坑类缺陷。

焊剂的堆放高度对焊缝的外表质量影响较大。高度太小时，对电弧的包围保护不充分，影响焊接质量；堆放高度太大时，透气性不良，易使焊缝产生气孔或成形不良。因此，必须根据使用电流的大小确定焊剂的堆放高度，一般情况下，焊剂的堆放高度为 20 ~ 40mm。

6. T 形接头的船形焊接工艺

在门式轻钢结构中的 H 型钢构件的焊接，基本上采用的是船形焊接方式。这种焊接方式，焊丝是在垂直位置，工件倾斜，熔池处于水平状态，焊缝成形较好。船形焊的工艺参数可按表 8-20 的规定。

四、焊接材料与母材的匹配

焊接材料的匹配就是要求所组合材料具有相容性。所以在埋弧焊中，使用的焊丝、焊剂，必须同焊接的母材材质相匹配，否则，焊接质量就难以达到保证。

表 8-21 中是轻钢结构中常用标准结构钢焊接材料的选配，可供大家参考。

船形焊的工艺参数　　表 8-20

焊脚尺寸（mm）	焊丝直径（mm）	焊接电流（A）	电弧电压（V）	焊接速度（m/min）
6	2	400～475	34～36	67
8	2	475～525	34～36	47
	3	550～600	34～36	50
	4	575～625	34～36	50
	5	675～725	32～34	53
10	2	475～525	34～36	33
	3	600～650	34～36	38
	4	650～700	34～36	38
	5	725～775	32～34	42
12	2	475～525	34～36	23
	3	600～650	34～36	20
	4	725～755	36～38	33
	5	775～825	36～38	30

常用标准结构钢焊接材料的选配　　表 8-21

母材		焊剂型号-焊丝牌号
牌号	等级	
Q235	A、B、C	F4AO-H08A
	D	F4A2-H08A
Q345	A	F5004-H08A、H08MnA、H10Mn2
	B	F5014、F5011-H08MnA、H10Mn2
	C	F5024、F5021-H08MnA、H10Mn2
	D	F5034、F5031-H08MnA、H10Mn
Q420	A、B	F6011-H10Mn2、H08MnMoA
	C	F6021- H10Mn2、H08MnMoA
	D	F6031- H10Mn2、H08MnMoA

五、常见焊缝缺陷的原因及对策

在埋弧焊工艺中，常见的焊缝缺陷主要有气孔、夹渣、裂纹、成形不良等。其主要缺陷类别和形成的原因如下面分析。

1. 气孔

装配接头处有锈蚀、氧化铁皮或有油脂等；焊剂潮湿未烘焙；焊接速度过快；焊剂堆放较厚，气体不能充分逸出；电弧电压过高。

2. 夹渣

电流过小，层间残留有夹渣；焊接速度太低，焊渣流到焊丝之前；焊丝对中位置不正确；焊件两端高度不一致，形成倾斜状，熔渣流到熔池前方。

3. 焊缝裂纹

焊接材料与焊接母材不匹配；焊丝中的含碳量、含硫量过高；焊剂堆放高度不够，形成焊后冷却过快；焊接工艺参数选择不当，熔深过大、熔宽太窄。

4. 焊缝余高太大或太小

焊缝余高太大的原因是：电弧电压太低；焊接电流过大；焊接速度太慢；焊件处于非水平位置。

余高太小的原因是：电弧电压太高；焊接电流太小；焊接速度快。

5. 焊漏或烧穿

形成焊漏和烧穿的主要因素是：焊接电流过大；焊接速度太慢；装配间隙大。

在操作中，可根据上边所分析的原因，对症下药，制定措施，焊缝质量才能得到保证。

第七节 焊接应力与变形的控制措施

轻钢结构构件在焊接过程中，总是要产生应力和变形的。这种变形，往往使结构构件的质量下降或使下一道工序无法顺利进行。焊接变形不仅会造成构件尺寸、形状的变化，而且还为焊后增加大量而复杂的矫正工作，严重的则会使构件报废。为了保证构件的焊接质量，必须掌握焊接变形的规律和性质，这样就能够去征服这些变形。

一、焊接过程引起应力与变形的原因

焊接，是一个加热和冷却的热循环过程，焊接时金属受热和冷却的整个热循环的温度范围通常在1500℃以上。随着温度的变化，金属的物理性能和力学性能也就随之发生剧烈变化。这种变化取决于焊接的热过程，以及构件在接受焊接时受拘束的条件限制。构件接受焊接时受约束的条件主要有均匀加热和不均匀加热这两种。

1. 均匀加热时发生的变化

现在我们先来分析均匀加热时引起应力与变形的原因。在这里，我们假定焊接构件处于自由、不自由和两端完全固定三种状况来看其内部所发生的变化。

一个圆形的构件，假设是放置在两端无约束的支点上，并对其进行加热后，从观测的仪表上可以看到这个构件产生了线膨胀和体膨胀；随后均匀冷却，构件又恢复到原来的形状和尺寸。因为在整个加热过程中，这个构件始终处在自由无约束的状态下进行着物理变化，所以最终不会出现应力和变形。

如果将这个圆形构件两端进行限制，使之不能产生自由膨胀，这样就限制了它在加热时的伸长，而允许其在冷却时自由地缩短，并还认为其受热时或是受到纵向压力时不产生弯曲。当加热构件温度升高到一定值时，构件应该伸长，但由于其两端受阻，实际上是没有伸长。按照虎克定律，在弹性限度以内，杆件在力的作用下伸长或缩短的距离与所加的力成正比，所以此时加热构件内部产生的应力也是按照虎克定律变化的。如果构件受阻产生的应力变形小于构件本身的屈服强度时，说明均匀加热时的压缩变形属于弹性变形；如果构件受阻产生的相对变形大于构件屈服强度所对应的相对变形时，即构件在一定温度时

的相对变形超出了弹性限度，此时也就产生了塑性变形或称为残余变形；当构件加热到一定温度后冷却至开始加热的温度时，构件的长度却小于原来的长度，也就表明了这个构件具有了压缩塑性变形。

如将构件两端完全固定，使之受热后不能自由膨胀，冷却时也不能自由收缩。这时将构件加热到一定温度后所产生的应力大于构件的屈服强度，那么在冷却后，按理该构件应出现收缩残余变形。但是由于构件两端固定使其无法收缩，这就使构件相当于受到拉伸。这样，在构件内就会出现拉伸应力，即所谓的拉伸残余变形。如果残余应力大于构件固有的屈服强度极限时，构件还将出现断裂现象，这就是金属材料在经过加热、冷却和由特定的外界条件出现的内应力的特征实质。

经实践计算可知，低碳钢处于绝对刚性条件下，只要升高温度100℃，构件中的压缩应力就达到屈服点，这时构件中就产生了压缩塑性变形。

2. 不均匀加热时发生的变化

在焊接的过程中，实际上是一种不均匀加热的过程。由于钢板或焊接件经受了不均匀加热，其加热温度为中间高，两边低。这样不均匀加热使焊件产生了不均匀膨胀，处于高温区的材料在加热过程中膨胀量大，受到周围温度低材料的限制，不能自由地膨胀，实际上是使高温区的材料受到了挤压，产生了局部的压缩塑性变形。

在冷却的过程中，这部分已经产生压缩变形的材料，由于受到周围冷材料的约束，不能自由收缩，于是在焊件中又出现了一个与焊接加热时方向大致相反的拉伸应力。

通过上述分析可以清楚地看到出，焊接构件时，焊接接头局部区域不均匀加热和冷却，以及局部区域内的各部分金属随热源变化而变化，是造成焊接应力和变形的根本原因。

二、焊接残余变形

焊接过程是一个不均匀加热的过程，在这个过程中出现应力和变形，焊后便会导致焊接结构产生焊接残余应力和焊接残余变形。各类焊接变形主要有如下几个方面：

1. 纵向变形

焊后产生的纵向变形主要是纵向缩短，焊缝的收缩量一般是随焊缝长度的增加而增加。另外，焊件母材线膨胀系数越大，其焊后焊缝纵向收缩量也就越大；多层焊时，第一层引起的收缩量最大，这是因为焊第一层时焊件的刚性较小。

2. 横向变形

焊后产生的横向变形主要是横向缩短。由于焊接是对焊件的不均匀加热，且焊件自重等原因，而使焊缝和母材的受热部分在膨胀和冷却收缩时都受到约束。一般对接焊的横向收缩，随着焊件厚度的增加而增加；同样厚度的焊件，坡口角度越大，横向收缩量也越大。并且，焊接次序的不同，也会引起不同的横向残余变形。

3. 弯曲变形

弯曲变形是焊接轻钢结构构件最常见的变形，主要原因是焊缝在结构上分布的不对称所引起，可分为焊缝纵向收缩引起的弯曲变形和焊缝横向收缩引起的弯曲变形。

4. 角变形

角变形分为对接接头角变形和T形接头角变形。这种变形是因为焊接温度分布不均匀，温度高的一面受热膨胀较大，另一面膨胀较小，导致膨胀面膨胀受阻，出现较大的横向压缩塑性变形。这样，冷却时就产生了在钢板厚度方向上收缩不均匀的现象，施焊的一面收缩大，另一面收缩小的不均衡现象。这种在焊后由于焊缝的横向收缩使得两连接件间相对角度发生变化的变形就称为角变形，角变形造成了焊件平面的偏转。

5. 扭曲变形

扭曲变形是构件在装配时容易产生的一种变形。在施焊时，由于焊件放置不平，或焊件位置和尺寸不符合图样的要求；构件的零部件形状不正确进行强行装配；焊接顺序和焊接方向不合理，造成整体焊缝在纵向和横向的应力和变形。

6. 波浪变形

波浪变形也称为失稳变形。这种变形易在薄型板材焊接结构中产生。其原因有两种：一种是由于焊缝的纵向缩短，对薄板边缘造成压应力所致；另一种是由于焊缝的横向收缩造成的角变形所致。在实际结构中，焊接残余变形常有多种变形同时存在，如带有加筋板的 H 型梁、柱，焊接后既有收缩变形和弯曲变形，又有角变形及波浪变形、扭曲变形。

三、控制焊接残余变形的措施

焊接残余变形是焊接工艺必然的结果，采用一定的措施和方法来控制焊接变形则是焊接质量控制的主要任务和目标。

(一) 设计控制措施

合理优化的设计可以减小焊接残余变形和应力，这是解决焊接残余变形的主要技术措施。

一要选用合理的坡口形式和焊缝尺寸。坡口选择不当，就增加了焊缝尺寸，增大了熔敷金属量，实质上也就为焊接残余变形和焊接应力创造了条件。所以，在保证结构有足够承载能力的前提下，应采用尽量小的焊缝尺寸，合理而科学地选择坡口形式。

二要合理布置焊缝位置。在设计中，应对焊缝的位置进行合理安排，特别是有焊接残余变形的地方，更要特别注意。

三要采用对称截面。对称截面可以得到对称的焊缝布置，可以利用焊缝的收缩应力的平衡减少变形。

(二) 工艺措施

1. 选择合理的装配顺序和焊接顺序

焊接结构的装配顺序对结构的变形有较大的影响。所以采用合理的装配顺序对于控制焊接残余变形尤为重要。

在焊接过程中，总是有先焊和后焊之分，且随着焊接过程的进行，结构的刚性也在不断地提高。所以，一般先焊的焊缝容易使结构产生变形。如果采用对称焊接，这种变形也就得到控制。但是在实际焊接过程中，大部分结构焊缝是不对称的，对这些不对称焊缝则应先焊接焊缝少的一侧，再焊接焊缝多的一侧，使后焊造成的变形足以抵消先焊一侧的变形，以达到总体变形的减小。图 8-20 就是 H 型钢的焊接顺序图。

对于结构中的长焊缝，不要采用连续的直通焊接方法，而是要运用分段退焊法、分中分段退焊法、交替焊法等，并要适当地改变焊接方向，以使局部焊缝造成的变形适当减小或相互抵消，以达到控制总体变形的目的。

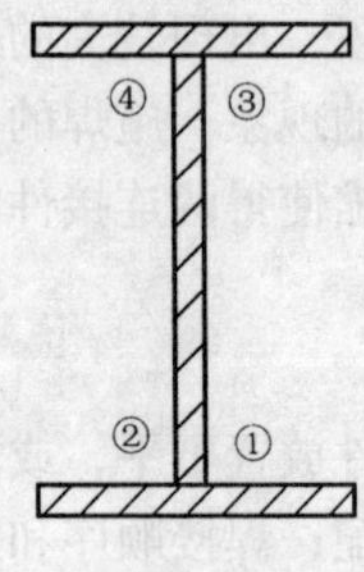

图 8-20 H 型钢焊接顺序

2. 反变形法

反变形法，就是结合实际焊接变形的发生规律，预先人为地把焊件制造一个变形，使这个变形与焊后发生的变形方向相反而变形量相等，以达到防止产生残余变形的方法，这就是我们常说的“反其道而行之”。

下面介绍几种焊接中的反变形措施，供参考。

对于 V 形坡口平板对接的反变形措施，就是在焊接前，将两块对接焊件的对接接头放置在一块垫板上，使两块板有 2°左右的反变形角度，这样，焊后两块对接板就不会产生变形。

轻钢结构中，H 形构件占相当的比重。这种构件在焊接的过程中，由于纵向角焊缝的横向收缩，则会引起翼板变为“伞”字形。如果预先采用夹具将其夹紧，就可达到反变形的效果。

3. 刚性固定法

刚性固定法的实质，是将焊件固定在具有足够刚性的基础上，使焊件在焊接时不能产生位移，当焊接完全冷却后再将焊件放开。

采用这一种方法，主要是利用专用胎具或临时点固定在刚性较大的平台上，也可采用两组焊件组合夹紧在一起的办法将焊件固定，这是焊接生产中常用的减少焊接变形的方法。但这种方法还会少多产生焊接残余变形，如配合反变形法则效果更佳。如对实腹 H 型构件的连接板进行焊接时，可以将两块连接板用螺栓将其组合在一起，则可完全控制连接板的焊接残余变形。还可采用夹具刚性固定，每个连接板视其长度、板的厚度决定使用夹具的数量，一般情况下按 200 ~ 250mm 放置一个。

这种变形有一个缺点，就是刚性固定后，焊件不能正常变形，焊后残余应力较大，故不适用于高碳钢和淬透性大的合金钢焊接。

四、焊接残余变形的矫正

在轻钢结构焊接中，有的焊接结构不一定都有反变形、刚性连接的条件来控制焊接变形。即使采用上述防变形措施，在一定时候还会有残余变形。对于这种情况，就要采用其他的方法对其进行矫正。在实际工作中，常用的矫正方法主要是机械矫正和火焰矫正法。每个矫正方法的本质，就是设法创造一种新的变形去抵消已产生的焊接残余变形。

（一）机械矫正法

这种方法就是利用千斤顶、拉链、专用矫正机械的机械力的作用进行矫正的方法，图 8-21 就是构件弯曲变形后采用机械矫正的方法。

焊接 H 型钢的翼板容易产生“伞”字形变形，这时可采用矫正机进行矫正，如图 8-22 所示。

对于薄板产生的波浪形变形是焊缝缩短引起其他部位的相对伸长而致，因此，矫正薄板这种变形就是用铁锤沿焊缝纵长和塑性变形区的金属轻轻地敲打，使焊缝及塑性区的金属延伸，恢复原来的长度，消除波浪变形。但是在锤击时必须设置锤垫，防止在构件上留下锤痕。

（二）火焰矫正法

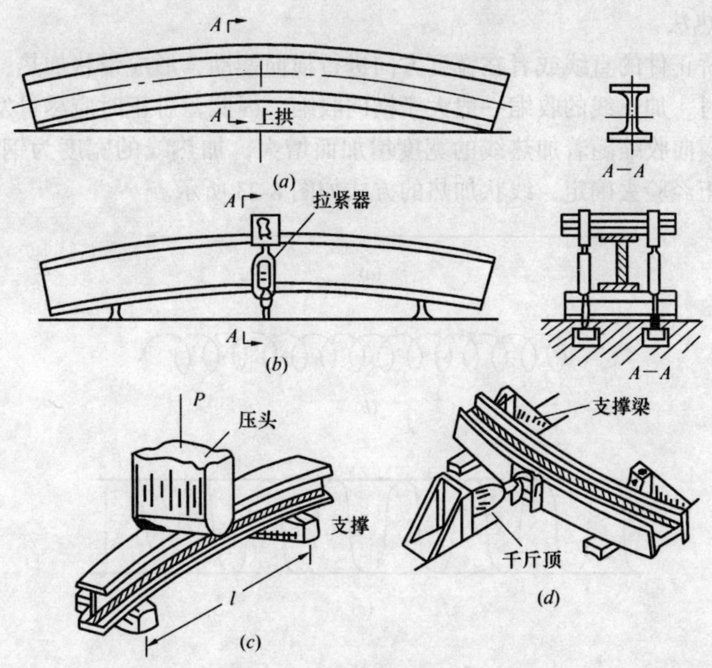

图 8-21　构件弯曲变形的机械矫正

（a）矫正前的构件；（b）采用拉紧器；（c）采用压力；（d）用千斤顶

火焰矫正与机械矫正的方法相反，它是利用受热部分的压缩变形来达到目的。为了防止金属的过烧，加热温度不得超过 850℃。火焰矫正主要是利用普通的氧-乙炔火焰或其他火焰加热某个结构区域后，使金属收缩，从而引起新的变形。决定火焰矫正效果的因素是选择火焰加热部位、加热的范围和加热温度。通常低碳钢和普通低合金钢火焰矫正的加热温度为 600～800℃。

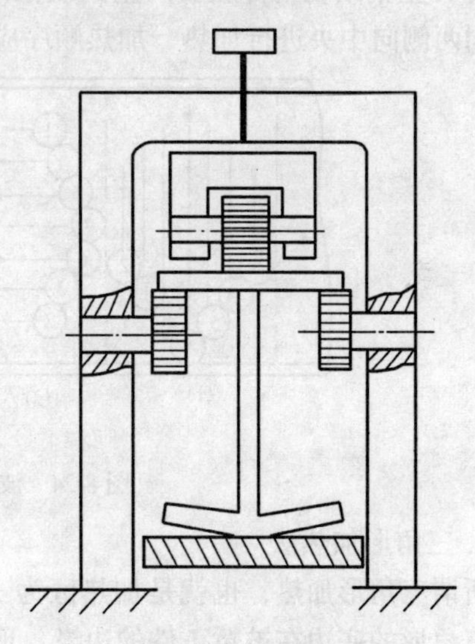

图 8-22　伞形变形的矫正

但是，在实际操作中，我们还要注意一个问题，就是火焰矫正的效果与矫正件加热后的冷却速度关系不大，用冷水和压缩空气来急冷火焰加热区，只能提高矫正速度，并无助于变形的矫正。在有的情况下，由于增快了冷却速度，则会使金属变脆，甚至还会产生裂缝。

火焰矫正常采用以下三种方式：

1. 点状加热法

点状加热时，是根据结构的特点和变形情况加热一点或多点。多点加热常采用梅花形，加热点的直径范围是根据板的厚度来决定，厚板的加热点直径大，薄板则小。一般情况下不小于 10～15mm；如果矫正的焊件变形量大，加热点的间距应在 100mm 以下。

2. 线状加热法

火焰沿着矫正件的直线或者在宽度方向进行横向摆动，形成带状加热，均称为线状加热。线状加热时，加热线的收缩一般大于横向收缩，因此，矫正时应尽量发挥加热线横向收缩的作用。横向收缩随着加热线的宽度增加而增大，加热线的宽度为钢板厚度的 1 ~ 2 倍，或根据矫正经验去确定，线状加热的方式如图 8-23 所示。

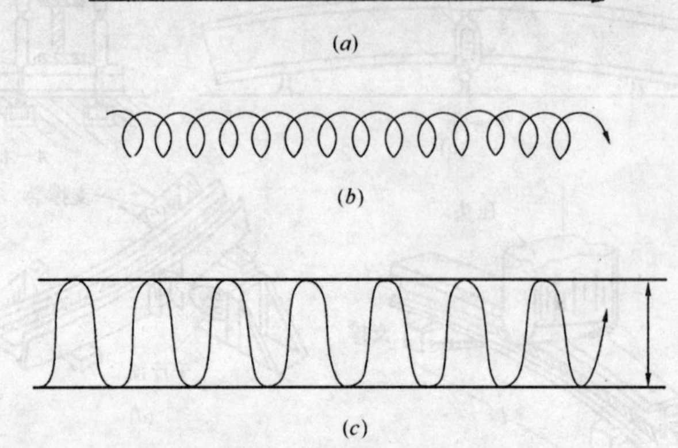

图 8-23 火焰加热的方式

（a）直通加热；（b）链状加热；（c）带状加热

对 H 型钢结构构件腹板产生的波浪形的矫正，可分为几个区段，各区段内用线状加热法同两侧向中央进行加热，加热顺序应按图 8-24 中的编码进行。

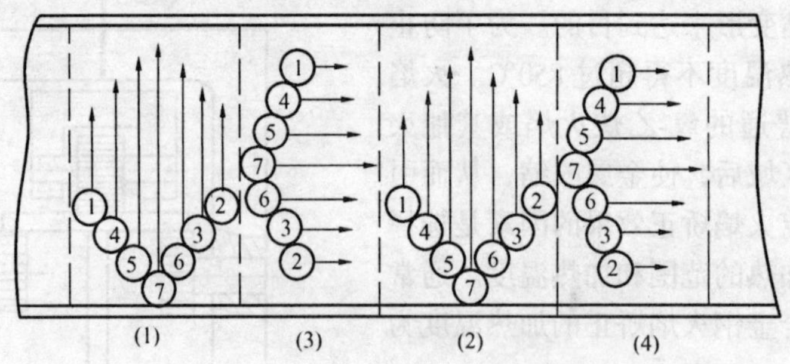

图 8-24 波浪形变形的加热矫正

3. 三角形加热法

所谓三角形加热，也就是加热区为三角形。加热的部位是在弯曲变形件的凸起边缘处，三角形的底边在被矫正件的边缘、顶点朝内。三角形加热的面积较大，因而收缩也较大，常用于矫正厚度较大、刚性较强的弯曲变形。

对于 H 型钢构件变形较大部位的矫正，加热深度应大于 5mm，可采用加热较慢的中心焰矫正；对变形较小者，加热深度应小于 5mm，需用加热速度较快的氧化焰进行矫正。

对于长构件的侧向弯曲变形，可以用如图 8-25 所示的三角形加热。三角形的底边应在构件最大伸长处。并应根据变形大小掌握加热三角形底边的宽度和间距。变形大，则宽度大、间距小，反之则加热宽度小、间距大。

对于长构件的正弯变形，可以在鼓起的翼板上进行横向线状或带状加热，加热宽度一

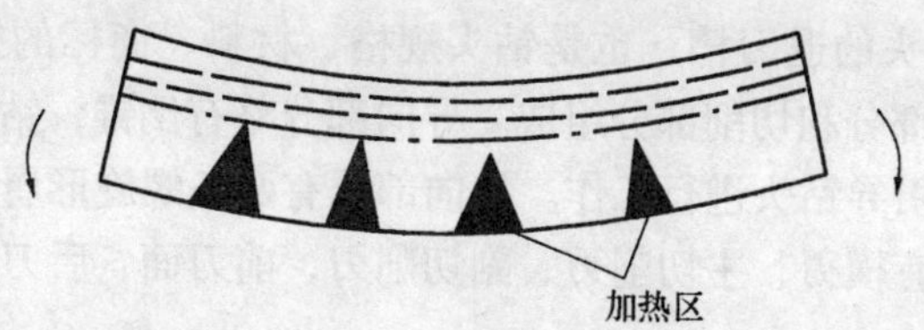

图 8-25　侧向弯曲变形的加热矫正

般为板厚的 0.5～2 倍，而在腹板上进行三角形加热，如图 8-26 所示。

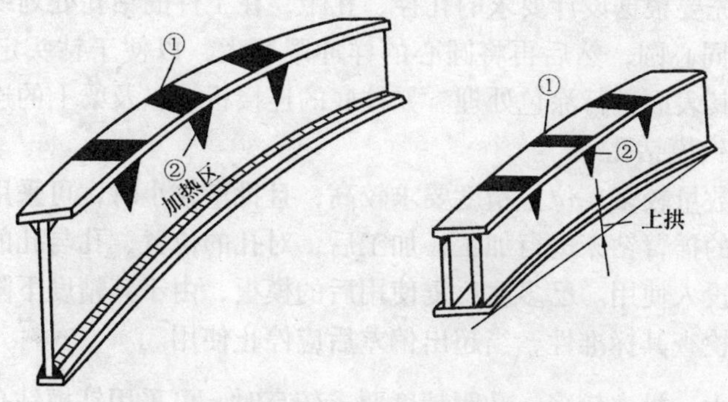

图 8-26　正弯变形的加热矫正

第八节　制孔与摩擦面的质量控制

在轻钢构件的制作中，制孔质量和连接板的摩擦面占着相当比重和重要地位。高强度螺栓孔的成形直接影响到高强度螺栓的连接质量，及房屋结构的安全和可靠性及耐久性。

一、制孔工艺

钢结构构件中的螺栓孔加工在结构构件制造中占有一定的数量，特别是高强度螺栓孔的加工，使孔加工不仅在数量上，而且在精度上都有了较高的要求。制孔通常有钻孔和冲孔两种方法。钻孔是钢结构构件制作中普遍采用的方法，能用于任何规格的钢板、型钢螺栓孔的加工。冲孔当前除在 C 型钢上采用外，一般不采用。所以本节主要介绍钻孔工艺。

（一）钻孔设备及工具

就是用钻头在钢结构构件上加工孔的生产工艺。这个工艺是钻头与工件做相对运动来完成钻削加工的。

制孔工艺根据加工工件所在加工设备的不同分为钻床钻孔和车床钻孔以及用手电钻在构件上直接进行的钻孔。钢结构工程中的制孔工艺均为在钻床上钻孔和采用手电钻在构件上直接进行的钻孔。常用的钻床主要有台式钻床、立式钻床和摇臂钻床。

完成制孔工艺还有一样常用工具，这就是麻花钻钻头。麻花钻钻头主要由柄部、颈部和工作部分组成。

柄部是钻头在钻床上的夹持部位，用来传递转矩和轴向力的。柄的形式有直柄和锥柄两种：直径小于 6mm 的钻头为直柄，直径在 6～13mm 的钻头有直柄和莫氏锥柄；直径大于 13mm 的钻头柄部全部为莫氏锥柄。

颈部是磨削加工钻头的退刀槽，也是钻头规格、材料、商标的打印处。

工作部分是由导向部分和切削部分组成。导向部分略有倒锥，钻孔时可减小孔壁与导向部分的摩擦，并能正确引导钻头进行工作。导向部分有两条螺旋形屑槽，用来排除铁屑并引入切削液。切削部分上有横刃、主切削刃、副切削刃、前刀面、后刀面、副后刀面，是钻孔时的主要工作组合。

（二）制孔前的技术准备

1. 划线及定孔位

在钻孔前，首先要根据设计要求的孔径、孔距，在工件的钻孔处划线及打样冲眼，画1~3个不同直径的同心圆，然后再将圆心的样冲眼冲大，以便于钻头定心。如在划线时线迹不清，还应在其表面进行涂色处理。如柱底的连接板，以及梁上的连接板，梁托等。

2. 模板钻孔、钻模钻孔

当孔群中孔的数量较多，位置精度要求较高，且批量较小时，可采用模板钻孔。模板上的孔用较高精度的摇臂钻床进行加工，加工后，对孔的位置、孔与孔的间距、对角线等要认真检查后方可投入使用。已多次反复使用后的模板，由于其精度下降、孔被扩大，所以应经常性地进行检查其标准性，当超出偏差后应停止使用。

当钻孔数量较大、批次较多、孔距精度要求较高时，可采用钻模钻孔。采用钻模的材质应为中碳钢或工具钢，加工后应进行淬火处理。

但在实际制孔过程中，为了提高钻孔效率，一般均是将多块加工件重叠起来一起进行钻孔。但这时一定要注意叠起的垂直度，否则，钻出来的孔则会产生偏斜。为了保证钻孔的质量，一般重叠厚度不得超过50mm。

（三）钻孔的操作方法

钻孔的操作方法是钻孔质量的保证措施和控制措施。

1. 工件的夹装

钻孔时，工件的夹装方法应根据钻孔的大小及工件形状来确定。一般钻削直径小于8mm的孔，可直接用手握牢工件进行钻孔；若工件较小，可用手虎钳平持住工件进行钻孔；在较平整、略大的工件上钻孔时，必须夹装在机用虎钳上进行；若钻削力大，则必须将机用虎钳固定在钻床的工作台上再钻孔；若对圆柱体进行钻孔，则应将其放在V形支承模上。

2. 钻孔时的操作

钻孔时，钻头夹持应牢固、正确，要在相互垂直的两个铅垂面内观察，钻头轴心线应与孔中心线相重合。为此，落钻时，可先试钻一浅坑，与所画圆同心，若产生偏心，应予

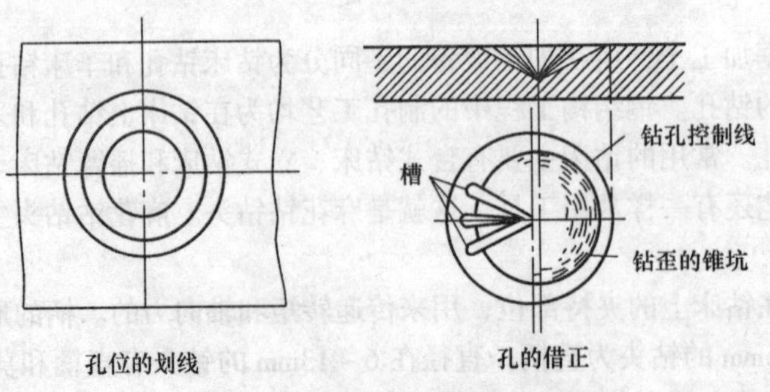

图8-27 孔的借正

以借正。借正的方法按图 8-27 所示。

钻大孔时，可用小钻头预钻一小孔，这样便于大钻头落入预钻孔中，钻头不易偏离孔中心。

当借正工作不能解决问题时，或者钻出的孔垂直度过大不符合规范规定时，允许采用与母材材质相匹配的焊条补焊后重新钻孔。

钻小孔或钻深孔时，钻头的进给量要小，并经常退出钻头排屑。一般钻孔深度达直径的 3 倍时，一定要退出钻头排屑，以免切削阻塞而扭断钻头。

在钻削过程中，钻头处于半封闭状态下工作，钻头与工件的摩擦和切削的变形等产生大量的切削热，直接影响钻头的寿命和孔的加工质量，因此，钻孔时，注入充足的切削液有利于切削热的传导，并可起到冷却作用；同时切削液流到钻头与工件的切削部位，可以减少两者的摩擦，降低切削阻力，起到润滑作用。一般各类钢结构制孔时所用的冷却润滑液为 3%～5%乳化液，7%硫化乳化液。

二、摩擦面的加工质量

使用摩擦型高强度螺栓连接的钢结构构件，要求其连接面具有一定抗滑移系数，使高强度螺栓紧固后连接表面产生足够的摩擦力，以达到传递外力的目的。所以，必须对高强度螺栓连接板的表面进行加工处理，以获得较高的或设计要求的抗滑移系数。

摩擦面的加工处理一般均是结合钢构件表面防腐处理进行加工处理，所不同的是摩擦面处理后不需要进行涂装处理。

摩擦面的加工方法应按下列规定：

1. 喷砂、抛丸法

这种方法是利用压缩空气为动力，将砂粒或小粒径钢丸直接喷射到工件表面，使工件表面铁锈被除掉，并达到一定的粗糙度和表面呈现铁灰色。

抛丸时的压缩空气的压力、钢丸的粒径、硬度、喷嘴直径、喷距等工艺参数都将影响到摩擦面的加工质量。在一般的情况下，抛丸粒径选用 1.0～2.0mm，压缩空气压力为 0.4～0.6MPa，喷距 100～300mm，喷射时间为 1～2min，处理后，基材表面可达 Sa2 $\frac{1}{2}$级。

2. 化学处理法

化学处理一般是用酸洗法。将加工完毕后的构件浸入酸洗槽中，停留一段时间，然后放入石灰槽中进行中和及清水清洗，酸洗后钢板表面应无轧制铁皮，呈银灰色。但这种方法极易引起钢板腐蚀和对环境造成污染，所以已经较少使用。

3. 打磨法

打磨法，主要是采用电动砂轮或手工砂轮对摩擦面进行加工处理。打磨时，打磨的方向应垂直于受力方向，打磨的范围应为 4 倍螺栓直径。经砂轮打磨后，露天生锈 2～3 个月的时间，摩擦面粗糙度能达 50μm 左右。

经处理过的摩擦面不能有毛刺、焊疤、飞溅物、油污等，并不允许锤击、碰撞。

第九节　碳弧气刨工艺的质量控制

在钢结构工程中，常有焊缝清根和焊缝缺陷需要重新返修的情况发生，或个别零件组焊位置不正确，需要割下重焊等现象。在这种情况下，就需要采用一种相应的工艺将这些返修的焊缝或零件割开或割下。在传统工艺中，有的采用风铲或人工的方法来进行。但是由于这些方法效率过低，劳动强度高，质量偏低，并能产生一定的噪声。在这种情况下，碳弧气刨工艺就应运而生，并具有一定的优越性。

碳弧气刨，操作方便，灵活性高，可进行全方位的气刨操作，能在电弧下清楚地观察到缺陷的形状和深度，并能在狭窄处进行加工。它是利用直流电焊机直流反接工件接负极进行的。通电后，碳棒与被刨削的金属间产生6000℃左右高温的电弧将工件熔化，压缩空气随即将熔化的金属吹掉，达到刨削金属的目的。碳弧气刨设备有电源、气刨枪、碳棒、电缆、气管和空气压缩机组成。

碳弧气刨一般采用具有陡降外特性的直流电流，由于使用电流较大，且连续工作时间较长，因此，应选用功率较大的弧焊整流器和弧焊发电机。

一、碳弧气刨的工艺参数

碳弧气刨的工艺参数主要有电源极性、电流与碳棒直径、刨削速度、压缩空气压力、碳棒的伸出长度与工作角等。

1. 电源极性

为了保证刨削过程时金属的流动性好，凝固温度低，工作过程稳定，刨槽光滑，所以碳弧气刨一般采用工作件接负极的方法。

2. 电流与碳棒直径

碳刨电流对刨槽的尺寸影响很大。电流大，刨削的刨槽宽度增大，槽深增加更多。采用大电流不仅可提高刨削速度，而且能获得光滑的、高质量的刨槽。但在返修焊缝时，为了便于发现焊缝的缺陷，宜采用较小的切割电流。

进行碳弧气刨时，切割电流不能太小，否则电弧不稳定，刨削质量差，并且还容易产生夹渣现象。当要求刨削的切槽宽度较大时，可选用矩形碳棒，并选用功率大、额定焊接电流大的电源进行刨削。如果没有大功率电源，则可选用小直径石墨棒刨削。在刨削的过程中，可由槽宽来确定石墨棒的横向摆幅大小。

刨削电流的大小可根据碳棒的直径按下列公式确定。

$$I = (30 \sim 50)d$$

并且，还可按刨槽宽度，按下式来选择电流大小。

$$D = (0.6 \sim 0.7)B$$

式中 I——切割电流（A）；
d——碳棒直径（mm）；
B——刨槽宽度（mm）。

选用碳棒直径，是根据被刨削金属的厚度来确定。金属越厚，碳棒直径就越大。如表8-22中的钢板厚度与碳棒直径的选用关系。

钢板厚度与碳棒直径的关系（mm）　　表 8-22

钢板厚度	碳棒直径	钢板厚度	碳棒直径
3	一般不刨	8 ~ 12	6 ~ 8
4 ~ 6	4	10 ~ 15	8 ~ 10
6 ~ 8	5 ~ 6	15 以上	10

碳棒直径还与刨槽宽度有关，刨槽越宽，碳棒直径应越大，一般碳棒直径应比刨槽的宽度小 2 ~ 4mm 左右。

3. 刨削速度

刨削速度对刨槽尺寸和表面质量都有一定的影响。刨削速度太快会造成碳棒与金属相碰，使碳棒粘在刨槽的顶端，形成所谓“夹棒”的缺陷，一般刨削速度为 0.5 ~ 1.2m/min 较合适。

4. 压缩空气压力

压缩空气的压力直接影响着熔渣的吹除。压缩空气压力高，便能迅速地吹走液体金属使碳弧气刨顺利进行，对碳棒的冷却也有利。一般情况下，压缩空气的压力为 0.4 ~ 0.6MPa。但是在使用中，应特别注意压缩空气的质量，其中不得含有水、油等杂质。

5. 电弧长度

在碳弧气刨的过程中，保持电弧长度的稳定才能获得尺寸均匀的刨槽。气刨的操作中，电弧过长，可引起操作不稳定，甚至熄弧。因此，操作时要尽量保持短弧。但电弧太短，又容易引起夹棒现象，所以碳弧气刨电弧的长度一般应控制在 1 ~ 2mm。这样不仅可以提高生产较率，而且可提高电极的利用率。

6. 碳棒倾斜角度

碳棒与刨件沿刨槽方向的夹角称为碳棒倾角。倾角中有工作角和行走角之别。工作角为 90°；而行走角的大小影响刨槽的深度，行走角增大，槽深也相应增加，碳棒行走角一般为 25° ~ 45°。

7. 碳棒的伸出长度

碳棒从导电嘴到电弧端的长度为伸出长度。碳棒伸出长度过长，就会产生压缩空气吹到熔池的风力不足，不能顺利地将熔化的金属吹走，而且碳棒受电阻热作用强，烧损较快。但伸出太短会引起操作不方便。根据经验，碳棒伸出长度以 80 ~ 100mm 为宜。

二、碳弧气刨的操作

1. 刨前准备工作

（1）按照劳动保护的要求，穿戴好防护用品。

（2）认真检查导气管路是否漏气。

（3）检查碳棒是否漏电，并根据碳棒直径调整电流到要求值。碳弧气刨工艺参数可按表 8-23 的规定。

碳弧气刨工艺参数　　表 8-23

工件厚度（mm）	6 ~ 8	9 ~ 11	12 ~ 14	14 ~ 16	17 以上
碳棒直径（mm）	5	6	7	8	10
电流（A）	200 ~ 250	250 ~ 350	300 ~ 400	400 ~ 500	500 ~ 700
伸出长度（mm）	80 ~ 120	80 ~ 120	80 ~ 120	80 ~ 160	80 ~ 160

续表

工件厚度（mm）	6~8	9~11	12~14	14~16	17以上
角度（°）	20~25	25~30	30~40	35~45	35~50
运行速度（m/h）	55	55	32	40	25
槽宽（mm）	7~9	8~10	9~11	10~12	12~14
槽深（mm）	3	4	5	6	7
风压（MPa）	0.3~0.4	0.3~0.4	0.4~0.5	0.4~0.6	0.4~0.6

（4）按规定要求采用直流反接方法接好各种连线。

（5）调节空气压力，使压力大于0.3MPa以上。

（6）调整碳棒伸出长度80~100mm。

2. 开始起刨

（1）先将气阀打开，再开始引弧。垂直位置时应在高处起刨，并由上向下刨削。

（2）在进行碳弧气刨时，必须按顺风方向刨削。

（3）碳棒的中心应对着刨槽的中心。为了保证刨出的槽对称均匀，工作角度应为90°，行走角依据槽的深度确定。使用的碳棒，必须是碳弧气刨的专用碳棒。

（4）刨削速度应均匀，不得时快时慢。

（5）用矩形碳棒刨削V形槽的坡口时，可使用断续电弧，这样既可避免碳棒烧损不均匀，又可不影响刨削质量。但是一定要注意，每次熄弧时间不能太长，而且重新引弧时，要保证弧长不变。

（6）当碳棒产生“夹碳”时，应在夹碳边缘5~10mm处重新起刨，深度要比夹碳处深2~3mm。当产生贴渣时，应用砂轮将贴渣处进行修磨。

（7）用碳弧气刨进行焊缝清根时，必须将焊根的缺陷及未焊透处彻底地进行清除；用碳弧气刨清除焊缝裂纹时，应先将焊缝两端刨掉，然后以较深的刨削量连续刨削。

（8）刨槽过程中，不准在钢板工件上任意引弧，以免损坏工件表面。

（9）当刨削完毕后，则应先断弧，待碳棒冷却后再关气阀，切断气源。

三、质量标准

碳弧气刨的质量应符合下列要求：

（1）刨槽中心线和焊缝中心线应重合，最大偏差不应超过2mm。

（2）刨槽的直线度：在1000mm长度范围内，其不直度应为≤3mm。

（3）刨槽的形状应均匀、平滑，其槽底最深与最浅之差，最宽与最窄之差，不应大于2mm。但不包括缺陷修理部分。

（4）刨槽应避免产生S形的弯曲，在1000mm范围内只允许存在一个S形弯。

（5）槽内不得有夹碳、粘渣、烧穿等缺陷。

第十节　防腐涂装工程的质量控制

建筑钢结构中的钢材强度高、塑性及韧性好、自重轻，加上钢结构构件制作简便、施工工期短等优点，使钢材在建筑结构中得到了广泛的应用。但是由于钢材的耐腐蚀性和耐锈蚀性差，也给结构的安全带来了隐患。钢结构构件是暴露在大气环境中使用的构件，这样，钢材便会受到大气中水分、氧和其他污染物的作用而被腐蚀。大气中的水分吸附在钢材表面形成水膜，是造成钢材腐蚀的决定性因素，而大气的相对湿度和污染物的含量，则是影响大气腐蚀程度的重要因素。在一般的情况下和常温下，钢材的临界湿度为60%～70%，这时钢材的大气腐蚀是很轻微的，但是当相对湿度值增加到某一数值时，钢材的腐蚀速度便会突然增高。因此，必须重视钢结构的防腐涂装工程质量。

一、防腐涂装工程的质量控制

（一）钢结构腐蚀的防护方法

根据钢材腐蚀的电化学原理，只要防止和破坏腐蚀电层的形成，或强烈阻滞阴、阳极的产生，就可防止钢材的腐蚀。采用防护层的方法阻止钢结构腐蚀是目前通用的方法。常用的保护层主要有以下几种：

1. 金属保护层

金属保护层是用具有阴极或阳极保护作用的金属或合金、喷镀、电镀、化学镀等方法，在需要防护的金属表面形成金属保护层或保护膜来隔离金属与腐蚀介质的接触，或利用电化学保护的作用使金属得到保护，从而达到了防止腐蚀的作用。

2. 化学保护层

通过化学或电化学方法使钢材表面生成一种具有耐腐蚀性能的化合物薄膜，以隔离腐蚀介质与钢材的接触，来防止钢材的腐蚀。

3. 非钢属保护层

用涂料、塑料、搪瓷等材料，通过涂刷和喷涂等方法，在金属表面形成保护膜，这样金属与腐蚀介质达到了有效地隔离，防止了金属的电化学腐蚀。

（二）钢材表面的处理

1. 钢材表面处理的意义

钢材从加工到出厂之前，构件表面不可避免地会沾上油污、水分、灰尘等污染物，以及存在有毛刺、氧化铁皮、锈蚀层等表面缺陷。由于这些污染物的含量是影响大气腐蚀程度的重要因素，且表面污染物会严重影响涂料在钢材表面的附着力，并使漆膜下的锈蚀继续扩展，导致涂层失效或破坏，无法达到预期的防护效果。因此，钢材表面处理质量的好坏，对涂层的防护效果和寿命的影响有时甚至比涂料本身品种性能差异的影响更大，所以必须给予重视。

根据社会实践的总结，防腐涂装质量各因素对涂层质量的影响程度是：

除锈质量等级，对涂层质量的影响可达49%；涂料品种仅占5%；涂装的厚度，为20%左右；其他方面或是工艺方面因素等，对涂层质量的影响占25%。

2. 钢材表面处理的方法

（1）除油污的方法。除油污的方法主要有溶剂清洗和碱液清洗。清洗时，主要是根据工件的大小、工件的材质、油污的种类等因素来确定。

有机溶剂的清洗，是用某些溶解力较强的溶剂，把物件表面的油污除掉。对溶剂的要求是溶解能力强、对构件无腐蚀性、挥发性能好，并且应无毒性、不易燃。通常使用的溶剂有：甲苯、二甲苯、松节油等。它的施工方法有擦洗法、浸洗法。

还有一种电化学除油污法，就是将除油污构件置于除油液的阴极或阳极之上进行短时通电，利用电解作用，使油脂脱离构件，达到除油污的目的，所用的除油剂是碱液。

(2) 除锈的方法。在当前钢结构工程中，除锈的方法很多，一般常用的是机械喷射除锈或抛射除锈，统称为机械除锈法。

机械除锈时，必须使用磨料，磨料的质量必须符合质量标准和工艺要求及下面规定：

① 重度大、韧性强，有一定粒度要求；

② 使用时不易破裂；

③ 喷射后不应残留在构件表面；

④ 磨料不能产生污染。

常用喷射磨料的品种、粒径及喷射工艺应符合表 8-24 的规定。

(3) 除锈等级标准

根据国家标准《涂装前钢材表面锈蚀等级和除锈等级》(GB 8923) 的规定，将除锈等级分为喷射、抛射除锈、手工和动力工具除锈、火焰除锈三种类型。这里只介绍喷射、抛射除锈的等级。

常用喷射磨料的品种、粒径及喷射工艺 **表 8-24**

磨料名称	磨料粒径（mm）	喷射气压（MPa）	喷嘴直径（mm）	喷射角（°）	喷距（mm）
石英砂	3.2～0.63 0.8 筛余量不小于 40%	0.5～0.6	6～8	35～70	100～200
金钢砂	2.0～0.63 0.8 筛余量不小于 40%	0.35～0.45	4～5	35～70	100～200
钢线砂	线粒直径 1.0，长度等于直径，其偏差不大于直径的 40%	0.5～0.6	4～5	35～75	100～200
河、海砂	3.2～0.63 0.8 筛余量不小于 40%	0.5～0.6	6～8	35～70	100～200
钢丸	1.6～0.63 0.8 筛余量不小于 40%	0.5～0.6	4～5	35～75	100～200

喷射、抛射除锈，用字母“Sa”表示，分四个等级：

Sa1 轻度的喷射或抛射除锈。钢材表面应无可见的油脂和污垢，没有附着不牢的氧化皮、铁锈和油漆涂层等附着物。

Sa2 彻底地喷射或抛射除锈。钢材表面无可见的油脂和污垢，氧化皮、铁锈等附着物已基本清除，其残留物应是牢固附着的。

Sa2 $\frac{1}{2}$ 非常彻底地喷射或抛射除锈。钢材表面无可见的油脂、污垢、氧化皮、铁锈和油漆涂层等附着物，任何残留的痕迹应为点状或条状的轻微色斑。

Sa3 使钢材表观洁净的喷射或抛射除锈。钢材表面无可见的油脂、污垢、氧化皮、铁锈和油污等附着物，该表面应显示均匀的钢材金属光泽。

(三) 涂装施工质量控制

涂装施工前，应严格检查钢材表面的处理质量是否达到了设计规定的除锈质量等级，只有除锈质量等级验收合格后，方可进行涂装施工。

1. 施工环境的外部条件

施工环境的外部条件主要有温度和湿度。

在涂装施工处，施工环境温度应为 15～30℃。对这一环境温度，只是一般性的规定，不能执行太死。因为当前涂料的品种和性能均不相同，所以应按照产品说明书规定的温度去执行。涂装施工环境的湿度，一般应在相对湿度不大于80%的条件下施工为宜。但由于各种涂料的性能不同，所要求的湿度也不相同。这样，在施工中均应根据产品的性能对湿度的要求执行。

控制空气的相对湿度，并不能代表钢材表面的干、湿性程度，在这种情况下，钢材表面的温度应高于表8-25中规定的温度时，才能进行涂装施工。

涂装施工温度查对表　　**表8-25**

温度（℃）	相对湿度（%）								
	55	60	65	70	75	80	85	90	95
5	-0.3	1.1	2.0	3.0	3.9	4.8	5.7	6.4	7.3
10	4.4	5.6	6.7	7.8	8.8	9.7	10.6	11.4	12.3
15	10.1	10.4	11.6	12.7	13.7	14.5	15.5	16.4	14.2
20	13.7	15.0	16.2	17.4	18.4	19.4	20.4	21.3	22.2
25	18.6	19.9	21.2	22.3	23.4	24.3	25.3	26.3	27.1
30	22.9	24.4	25.7	26.9	28.1	29.2	30.2	31.2	32.1
35	27.8	29.3	30.5	31.7	32.9	34.1	35.1	36.1	37.1
40	32.1	33.7	35.2	36.5	37.7	38.9	40.0	41.0	41.9

2．防腐涂料的选择

一般在选择涂料时应充分考虑以下几点：

（1）要考虑结构所处的使用条件及选用范围的一致性。要依据腐蚀介质的具体情况，湿热地区或干燥地区等条件进行选用。对于腐蚀介质，可采用耐酸性较好的酚醛树脂漆；而对于碱性介质，则应采用耐碱性较好的环氧树脂。

（2）要考虑施工条件的可能性。由于涂装材料有的宜喷涂、有的宜刷涂、有的宜自然干燥成膜等。如果设计无具体要求时，宜采用干燥、便于喷刷的冷固型涂料。

（3）要考虑涂料的正确搭配。由于大部分涂料是以有机胶状物质为基料，涂料每涂一层结膜后，难免有许多异常细小的微孔，这样，腐蚀性介质仍有可能会渗透侵蚀钢材。为了把微孔降低到最低限度，就要增加涂刷层数。在涂装工艺中，还有底漆和面漆之分，如果这两种涂料没有良好的适用性或适配性，涂装质量就达不到保证。因此，必须对底漆、中层漆和面漆的正确搭配进行控制。一般钢结构各层涂料的搭配应按表8-26的规定。

钢结构各层涂料的搭配　　**表8-26**

底漆与中间漆	面　漆	最低除锈等级	适用环境
红丹系列；铁红系列底漆2遍	各色醇酸磁漆2~3遍	Sa2	无侵蚀作用构件
氯化橡胶底漆1遍	氯化橡胶面漆2~4遍		室内、外弱侵蚀作用的重要构件。中等侵蚀环境的各类承重结构
铁红环氧树脂底漆1遍加环氧防锈漆2~3遍	环氧清彩漆1~2遍		
铁红环氧底漆1遍加环氧云铁中间漆1~2遍	氯化橡胶漆2遍		
聚氨酯底漆1遍加聚氨酯磁漆2~3遍	聚氨脂清漆1~3遍		
环氧富锌底漆加环氧云铁中间漆2遍	氯化橡胶面漆2遍		

（4）要考虑结构的主次关系。根据结构构件的重要性，看构件是主要承重构件还是次要承重构件，依此分别选用不同的涂料。

选择涂料时，除考虑结构使用功能、经济性和耐久性外，还应考虑施工过程中涂料的稳定性、速度、干燥及需要的温度等。

（5）要结合除锈等级的要求。选择相应的涂料，还要结合除锈等级的要求。《钢结构工程施工质量验收规范》(GB 50205-2001)对各种涂料要求最低的防锈等级作了相应的规定，其规定内容可参见表 8-27 的规定。

各种底漆和防锈漆要求最低的除锈等级 表 8-27

涂料品种	除锈等级
油性酚醛、醇酸等底漆或防锈漆	St2
高氯化聚乙烯、氯化橡胶、氯硫化聚乙烯、环氧树脂、聚氨酯等底漆或防锈漆	Sa2
无机富锌、有机硅、过氯乙烯等底漆	Sa2 $\frac{1}{2}$

3. 涂料黏度的调整

涂装施工时，不论施工现场的温度如何变化，总是要求涂料黏度在一定的范围之内，这样才能保证漆膜的质量并能保持一定的厚度。但是施工时，由于所采用的施工方法不尽相同，涂料的施工黏度也不一样。因此，在涂装施工前，必须对涂料的施工黏度进行调整。调整涂装施工黏度，就是采用相应品种的稀释剂同涂料进行混拌。

4. 各层间的间隔时间

控制好各涂层的间隔时间，是对涂层质量的综合性防护。如果间隔时间未达到要求，则可能造成“咬底”或大面积脱落和返锈等缺陷。由于各种涂料的性能不同，所以各涂层的间隔时间也不相同，间隔时间的确定应按产品说明书中的规定。

5. 禁止涂装的部位

禁止涂装的部位主要有：

(1) 地脚螺栓和底板。

(2) 用高强度螺栓连接的摩擦接合面及螺栓孔。

(3) 施工现场待焊接的部位及其相邻两侧各 100mm 的热影响区。

(4) 超声波探伤区域。

(5) 与混凝土紧贴或埋入混凝土的部分。

(6) 密封的内表面、通过组装紧密结合的内表面。

(7) 设计注明不需要涂装的部位。

(四) 涂层质量缺陷与预防

1. 涂膜起皮

涂料涂装到工件基层上后，涂膜干燥后碎裂成小纸皮状且浮卷，以至掉皮，这种现象称为涂膜起皮。涂膜起皮的原因主要是：

(1) 被涂工件基层表面有水分或结霜的情况下，未进行处理直接进行涂装施工，或是底漆和面漆不配套，例如使用油性底漆，挥发性面漆。面漆挥发干燥快，涂膜收缩结硬，其后底漆逐渐干燥，体积收缩，导致涂膜开裂、起皮。

(2) 工件基层表面上有油迹或其他污物没有清理干净，使涂膜和基层粘结不牢，引起卷皮、掉落。

(3) 涂装前用过多的稀释剂稀释涂料，也会严重削弱涂膜附着力，导致涂膜起皮、开裂。同样，如果涂料太稠，涂装前没有使用稀释剂稀释，涂装得太厚，涂膜体积收缩大，附着力差，也可能造成涂膜起皮、开裂。

可见，要避免涂层起皮、开裂，涂装前必须对基层进行彻底清理，除去油污、水分等杂物。如底面漆为不同的涂膜系统，要待底漆彻底干透后才能刷面漆。或者选择能相互适配的底漆和面漆。

2. 流坠

涂料涂装在垂直的构件表面上，涂刷后涂料顺着涂装面向下流淌的现象称为涂料的流坠，也有称为“流挂”。造成涂料流挂的主要原因：一是油性漆内的油分太高，漆内掺入慢干性稀释剂；二是涂刷时涂层过厚；三是施工时气温高，涂料黏度降低。

针对上述原因，涂装时，主要控制涂层的厚度要适宜，不得喷、刷太厚；要注意涂料的黏度要适中，不得太稀；在喷涂时，喷速要均匀，不得在一个部位停留时间太长。

3. 咬底

涂装过后，底层涂膜的颜色通过面层显现出来，并使面层涂膜的颜色不均匀，这种现象称为涂料的“咬底”。

造成涂膜咬底的原因主要有以下三个：

(1) 涂刷面漆时，底漆还没有彻底干燥，或是间隔时间短而产生咬底现象。

(2) 面漆内有溶解性强的溶剂。涂装面漆后，其中的强溶剂将尚未干透的底漆溶解掉一部分或溶胀，使面漆变色。

(3) 底漆的附着力小，面漆和底漆间的附着力大。

为了消除咬底缺陷，主要应控制好底漆与面漆喷涂或刷涂的间隔时间，一定要等到底漆干燥后再喷涂面漆；在一般的情况下，红丹油性防锈漆，涂漆间隔最短时间为48h；红丹醇酸防锈漆、铁红醇酸底漆、云铁醇酸底漆、高氯化聚乙烯磁漆、环氧富锌底漆等涂漆间隔最短时间为24h；铁红过氯乙烯底漆和各色过氯乙烯防腐漆，涂漆间隔最短时间为2~4h。在选择底漆时，应选择与钢材附着力大的品种。例如，过氯乙烯涂料的附着力不好，可选用附着力较强的醇酸底漆或环氧底漆。

4. 漆膜泛白

漆膜涂装干燥后，表面出现浑浊或奶油色，有白斑，漆膜无光或失光，光泽不一致，这就叫漆膜的泛白，特别是采用硝基漆最容易产生泛白现象。造成漆膜泛白的原因主要有以下几个方面。

(1) 喷涂或刷涂时，空气中的相对湿度过大，当超过80%时，漆中的稀释剂发挥缓慢，水分在未形成的漆膜中积聚起来，漆中的纤维素或树脂沉淀，漆成膜后就会表面泛白。

(2) 漆中的稀释剂加得太多，喷涂或刷涂后，稀释剂大量挥发时，降低了物面的局部温度，使水分在该处集聚而出现泛白现象。

预防漆膜泛白，主要就是控制空气中的相对湿度，涂装时，要严格按照“涂装施工温度查对表”（表8-25）中的规定，调配漆的稠度时，准确掌握稀释剂的用量，防止漆膜的泛白缺陷产生。

5. 涂膜的缩孔及凹穴

涂膜缩孔，是涂膜因流平不良出现的病态。涂料涂装后，涂膜在流平过程中出现回缩，成小圆形地裸露出底材或封底。产生缩孔的原因，就是涂膜上下部分表面张力不同。这是由于在成膜的过程中，上层涂膜的表面张力低于下层涂膜的表面张力时就很容易地产生缩孔。凹穴的产生，是由于涂膜上粘附了异物粒子，把四周的涂料排斥开而形成如火山口的凹坑状。

预防缩孔和凹穴产生，是改善涂膜的流展性能，涂料的表面张力要低，并且可以向涂料中加入适量的流平助剂或表面张力溶剂来解决。在涂装前，一定要用压缩气体对工件表面进行吹扫，使工件表面无任何灰尘和其他异物。

二、防火涂装工程的质量控制

大家可能对2001年美国纽约420m高的世贸大厦双塔，遭恐怖分子袭击后轰然倒塌的事件吧！这是因为钢结构双塔遭到飞机袭击后，航空煤油爆炸后引发高温燃烧，导致钢结构失去承载能力而形成。

从这个事件可以看出，钢结构虽然具有独特的优越性，但还具有着易导热、怕火烧等弱点，其耐火极限仅为15~20min。试验表明，未加防火保护的钢结构，当钢结构温度达到350℃时，其强度便会下降1/3；达到600℃时，强度就会下降2/3；当钢结构温度达到600℃以上时，将完全丧失承载能力。因此在遭遇火灾的情况下，钢结构构件就会不可避免地扭曲变形，最终导致垮塌毁坏。因此，根据国家的建筑设计防火规范的规定，对钢结构必须施加防火保护。

钢结构防火保护的目的，就是在钢结构构件表面提供一层绝热或吸热的材料，隔离火焰直接燃烧钢结构，阻止热量迅速传向钢基材，推迟钢结构温度升高的时间，使之达到规范规定的耐火极限要求，以利于消防灭火和安全疏散人员，避免和减轻火灾造成的损失。

(一) 钢结构防火涂料的防火机理

应用钢结构防火涂料覆盖在钢基材的表面，其目的在于进行防火隔热保护，其防火机理主要是：

1. 起屏蔽作用

将防火涂料涂装在钢结构构件的基面上，好像对钢材设置了一道防火隔离墙，使钢结构构件不至于直接暴露在火焰或高温之中。

2. 降低了火焰温度和燃烧速度

在遭遇火灾后，由于防火涂层吸热后，部分物质分解出水蒸气或其他不燃烧气体，起到了消耗热量，降低火焰温度和燃烧速度，稀释氧气的作用。

3. 阻止了热量的传递

由于涂料本身具有多孔轻质和受热膨胀后能形成炭化泡沫层的特性，有效地阻止了热量迅速向钢基材表面传递，推迟了钢基材受热温升到极限温度的时间，从而提高了钢结构的耐火极限。

(二) 常用钢结构防火涂料的性能

钢结构防火涂料，主要用作非可燃材料的保护。根据其所用胶粘剂的不同可分为有机类型防火涂料和无机类型防火涂料两大类。按其厚度可分为厚型、薄型、超薄型防火涂料。

1. 厚型钢结构防火涂料

所谓厚型钢结构防火涂料，是指涂层厚度在8~50mm的涂料，这类涂料的耐火极限可达0.5~3h。在火灾中涂层不膨胀，依靠材料的不燃性、低导热性或涂层中材料的吸热性，延缓材料的升温，起到保护构件的功能。与其他类型的钢结构防火涂料相比，厚型钢结构防火涂料除了具有水溶性防火涂料的一些优点之外，由于它从基料到大多数添加剂都是无机物，因此这种涂料价格比较低。该种涂料一般应用在耐火极限要求 2h 以上的室内钢结构上。

2. 薄型钢结构防火涂料

使用厚度在 3～7mm 的钢结构防火涂料称为薄型钢结构防火涂料。该种涂料在遭遇火灾时体积膨胀发泡，以膨胀发泡所形成的耐火隔热层延缓钢材的温升，保护构件。这类钢结构涂料一般用适当的乳胶聚合物作基料，再配以阻燃剂、添加剂等组成。对这类防火涂料，要求选用的聚合物必须对钢基材具有良好的附着力，且耐久性和耐水性应好。薄型防火涂料一般分为隔热层和装饰层，其装饰性能要比厚型钢结构防火涂料好。施工时采用喷涂，一般使用在耐火极限要求不超过 2h 的建筑钢结构上。

3. 超薄型钢结构防火涂料

超薄型防火涂料是指涂层厚度不超过 3mm 的钢结构防火涂料，这类涂料是近几年发展的新品种，它在火灾遇火时体积膨胀发泡，能形成致密的防火隔热层。它可采用喷涂、刷涂等施工方法，一般使用在耐火极限 2h 以内的建筑钢结构上。这种涂料与其他防火涂料相比，它的黏度更细、涂层更薄、施工方便、装饰性好，在满足防火要求的同时又能满足高装饰性要求。

在实际的施工中，所选用的防火涂料应是经主管部门鉴定合格，并经当地消防部门批准的产品。并应附带有产品出厂合格证，应具有国家质量检测机构对产品的耐火极限检测报告和理化、力学性能检测报告。

（三）防火涂料的施工工艺

1. 防火涂料施工的基本规定

对防火涂料进行施工，应是经消防部门批准的施工单位负责施工。

防火涂料涂装前，钢结构工程已检查验收合格，并符合设计要求。

构件表面除锈和防锈底漆必须符合设计和国家验收规范的规定。对于碰损的部位应补刷防锈漆。

涂装施工时，环境温度应保持在 5～38℃范围内，相对湿度不宜大于 90%，空气流通。当为露天施工时遭遇大风、下雨、结霜、结冰气候时不得施工作业。

防火涂料的施工，一般采用喷涂的方法和手工涂刷的方法。如采用喷涂方法时，机具是压力输送式的喷涂机，配备能够自动调压的空压机。

2. 涂料的配制

单组分涂料，现场均应采用便携式搅拌器搅拌均匀；对于厚型涂料的单组分干粉涂料，应在现场加水或其他稀释剂调配，并应按照产品说明书规定的配合比拌合均匀，且稠度适宜。配制后应进行试涂刷，试涂后不产生流淌和下坠，说明稠度符合施工条件的要求。

防火涂料必须是边配制边使用，当天配制的涂料必须在说明书规定的时间内使用完毕。

3. 施工工艺及要求

喷涂底层时，一般应喷涂 2～3 遍，第一遍喷涂应基本遮盖住钢材表面即可，以后每层喷涂厚度不应超过 3mm。

在每层涂料基本干燥或固化后，方可继续喷涂下一层，通常是一天喷涂一层。

喷涂时，喷枪要垂直于被喷涂的钢构件表面，喷距为6～10mm，空气压力为0.4～0.6MPa。喷枪运行速度要保持稳定，不能在同一位置久留，避免造成涂料堆积流淌。

喷涂面层时，一般喷刷2遍，如果第一遍是从左至右喷涂的，下一遍则应从右向左喷涂。面层施工应保证颜色均匀一致，接槎平整。

喷涂后，对于明显凹凸不平处，采用抹灰刀等工具进行剔除和进行补涂，以确保涂层表面均匀。

第十一节 构件制作尺寸偏差的控制

钢结构构件的制作尺寸，是保证钢结构安装工程质量的基础和保证，各类构件截面的尺寸偏差，一定应控制在允许偏差的范围内。

一、钢材的加工

钢材的加工，主要包含有切割、矫正、边缘加工、制孔等加工制作工艺中的尺寸偏差控制。

1. 切割、剪切的允许偏差

把整块钢板按照设计要求的尺寸切割成相应的零件形状，其切割面或剪切面应无裂纹、夹渣、分层和大于1mm的缺棱。在这个基础上，按切割面数抽查10%，采用观察检查或用钢尺、塞尺检验气割、剪切的尺寸允许偏差，其允许偏差值应分别符合表8-28和表8-29的规定。

切割的允许偏差　　表8-28

项　目	允许偏差（mm）
零件宽度、长度	±3.0
切割面平面度	$0.05t$，且不应大于2.0
割纹深度	0.3
局部缺口深度	1.0

注：t为切割面厚度。

机械剪切的允许偏差　　表8-29

项　目	允许偏差（mm）
零件宽度、长度	±3.0
边缘缺棱	1.0
型钢端部垂直度	2.0

2. 矫正和成型

切割或剪切的各类零件，必须进行充分的矫正才能进行下道工序的制作。因此，必须全数检查矫正过的钢材，其矫正后的质量及尺寸偏差应符合下列要求：

矫正后的钢材表面，不应有明显的凹面或损伤，划痕深度不得大于0.5mm，且不应大于该钢材厚度负允许偏差的1/2。

钢材矫正后的允许偏差则应符合表8-30的规定。

钢材矫正后的允许偏差　　表8-30

项　目		允许偏差（mm）
钢板的局部平面度	$t\leqslant14$	1.5
	$t>14$	1.0
型钢弯曲矢高		$l/1000$，且不应大于5.0
角钢肢的垂直度		$b/100$ 双肢栓接角钢的角度不得大于90°
槽钢翼缘对腹板的垂直度		$b/80$
工字钢、H型钢翼缘对腹板的垂直度		$b/100$

3. 边缘加工

气割的零件，当需要消除热影响区进行边缘加工时，最小加工余量不得小于 2.0mm；机械加工边缘的深度，应能保证把表面的缺陷清除掉，但不能小于 2.0mm。对于边缘加工零件尺寸的允许偏差，应按加工面数抽查 10%，并经实测检查，其允许偏差应符合表 8-31 的规定。

边缘加工的允许偏差　　　　**表 8-31**

项　目	允许偏差（mm）
零件宽度、长度	±1.0
加工边直线度	$L/3000$，且不应大于 2.0
相邻两边夹角	±6′
加工面垂直度	$0.025t$，且不应大于 0.5
加工表面粗糙度	$\overset{50}{\bigtriangledown}$

4. 制孔

根据设计图纸的要求，在零件或部件的相应位置进行制孔，是轻钢结构中的主要工序，并且制孔质量的高低，以及孔与孔间的距离如何，直接影响到轻钢构件的安装。因此应对制孔的质量进行检验。检验时，应按钢构件数量抽查 10%，利用游标卡尺或孔径量规测量孔的直径和相互间距。用比孔的公称直径大 1.0mm 的量规检查，应通过每组孔数的 85%；用比螺栓公称直径大 0.3mm 的量规检查应全部通过。

A、B 级螺栓孔（Ⅰ类孔）应具有 H12 的精度，孔壁表面粗糙度 R_a 不应大于 12.5μm，其孔径的允许偏差应符合表 8-32 的规定。

A、B 级螺栓孔径的允许偏差（mm）　　　　**表 8-32**

序号	螺栓公称直径、螺栓孔直径	螺栓公称直径允许偏差	螺栓孔直径允许偏差
1	10～18	0.00 −0.21	+0.18 0.00
2	18～30	0.00 −0.21	+0.21 0.00
3	30～50	0.00 −0.25	+0.25 0.00

对于 C 级螺栓孔（Ⅱ类孔），孔壁表面粗糙度 R_a 不应大于 25μm，其允许偏差应符合表 8-33 的规定。

C 级螺栓孔的允许偏差　　　　**表 8-33**

项　目	允许偏差（mm）
直径	+1.0 0.0
圆度	2.0
垂直度	$0.03t$，且不应大于 2.0

螺栓孔距的允许偏差应符合表 8-34 的规定。当螺栓孔距的允许偏差超过表 8-34 的规

定时，应采用与母材材质相匹配的焊条补焊后重新制孔。

螺栓孔孔距允许偏差（mm） 表 8-34

螺栓孔孔距范围	≤500	501～1200	1201～3000	＞3000
同一组内任意两孔间距离	±1.0	±1.5	—	—
相邻两组的端孔间距离	±1.5	±2.0	±2.5	±3.0

注：1. 在节点中连板与一根杆件相连的所有螺栓孔为一组；
2. 对接接头在拼接板一侧的螺栓孔为一组；
3. 在两相邻节点或接头间的螺栓孔为一组，但不包括上述两款所规定的螺栓孔；
4. 受弯构件翼缘上的螺栓孔，每米长度范围内的螺栓孔为一组。

二、焊缝质量及允许偏差

轻钢结构的焊缝质量关系到结构的安全性、可靠性和耐久性，是整体结构质量的保证条件。搞好焊缝质量检查和焊接构件几何尺寸的检查具有一定的意义。

1. 焊缝外观质量标准

钢结构构件焊缝表面不得有裂纹、焊瘤等缺陷。一级、二级焊缝不得有表面气孔、夹渣、弧坑裂纹、电弧擦伤等缺陷。且一级焊缝不得有咬边、未焊满、根部收缩等缺陷。

焊成凹形的角焊缝，焊缝金属与母材间应平缓过渡；加工成凹形的角焊缝，不得在其表面留下切痕。

焊缝观感应达到外形均匀、成型较好，焊道与焊道、焊道与基本金属间过渡较平滑，焊渣和飞溅物基本清除干净。

二级、三级焊缝外观质量的标准应符合表 8-35 的规定。

2. 焊缝尺寸允许偏差

二级、三级焊缝外观质量的标准 表 8-35

项目	允许偏差（mm）	
缺陷类型	二　　级	三　　级
未焊满	≤0.2+0.02t，且≤1.0	≤0.2+0.04t，且≤2.0
	每 100.0 焊缝内缺陷总长≤25.0	
根部收缩	≤0.2+0.02t，且≤1.0	≤0.2+0.04t，且≤2.0
	长　度　不　限	
咬边	≤0.05t，且≤0.5；连续长度≤100.0，且焊缝两侧咬边总长≤10%焊缝全长	≤0.1t，且≤1.0，长度不限
弧坑裂纹	—	允许存在个别长度≤5.0 的弧坑裂纹
电弧擦伤	—	允许存在个别电弧擦伤
接头不良	缺口深度 0.05t，且≤0.5	缺口深度 0.1t，且≤1.0
	每 100.0 焊缝不应超过 1 处	
表面夹渣	—	深≤0.2t，长≤0.5t，且≤20.0
表面气孔	—	每 50.0 焊缝长度内允许直径≤0.4t，且≤3.0 的气孔 2 个，孔距≥6 倍孔径

注：表内 t 为连接处较薄的板厚。

(1) 在焊缝尺寸的允许偏差中，T形接头、十字形接头、角接接头等要求熔透的对接和角对接组合焊缝，其焊脚尺寸不应小于 $t/4$；如设计有疲劳验算要求的吊车梁或类似构件的腹板与上翼缘连接焊缝的焊脚尺寸为 $t/2$，且不应大于 10mm。焊脚尺寸的允许偏差为 0～4mm。

(2) 对接焊缝及完全熔透组合焊缝尺寸允许偏差应符合表 8-36 的规定。

对接焊缝及完全熔透组合焊缝尺寸允许偏差　表 8-36

序号	项　目	图　例	允许偏差 (mm)	
			一、二级	三级
1	对接焊缝余高 C		$B<20$：0～3.0 $B\geqslant20$：0～4.0	$B<20$：0～4.0 $B\geqslant20$：0～5.0
2	对接焊缝错边 d		$d<0.15t$， 且≤2.0	$d<0.15t$， 且≤3.0

(3) 部分焊透组合焊缝和角焊缝外形尺寸允许偏差应符合表 8-37 的规定。

(4) 焊缝边缘直线度，在任意 300mm 长度范围内：埋弧焊：≤4mm；其他焊接方法：≤3mm。焊缝表面凹凸：在焊缝任意 25mm 内，焊缝余高的最大值与最小值的差值不大于 2mm。焊缝最大宽度与最小宽度的差值，在任意 50mm 内不得大于 4mm，整条焊缝长度内不得大于 5mm；焊脚尺寸：当 $K<12$ 时，埋弧焊为 +4mm，其他焊为 +3mm；当 $K\geqslant12$ 时，埋弧焊时 +5mm，其他焊接方法 +4mm。

三、构件组装工程的允许偏差

部分焊透组合焊缝和角焊缝外形尺寸允许偏差　表 8-37

序号	项　目	图　例	允许偏差 (mm)
1	焊脚尺寸 h_f		$h_f\leqslant6$：0～1.5 $h_f>6$：0～3.0
2	角焊缝余高 C		$h_f\leqslant6$：0～1.5 $h_f>6$：0～3.0

注：1. $h_f>8$mm 的角焊缝其局部焊脚尺寸允许低于设计要求值的 1.0mm，但总长度不得超过焊缝长度 10%；
2. 焊接 H 形梁腹板与翼缘板的焊缝两端在其两倍翼缘板宽度范围内，焊缝的焊脚尺寸不得低于设计值。

构件组装，就是把所有的零件，按照图纸的设计尺寸要求进行组装焊接而成的单元性构件。

1. 焊接 H 型钢

焊接 H 型钢的翼缘板拼接缝和腹板拼接缝的间距不应小于 200mm。翼缘板拼接长度不应小于 2 倍板宽；腹板拼接宽度不应小于 300mm，长度不应小于 600mm。

焊接 H 型钢的允许偏差应符合表 8-38 中的规定。

焊接 H 型钢的允许偏差 表 8-38

项目		允许偏差（mm）
截面高度 h	$h<500$	±2.0
	$500<h<1000$	±3.0
	$h>1000$	±4.0
截面宽度 b		±3.0
腹板中心偏移		2.0
翼缘板垂直度 Δ		$b/100$，且不应大于 3.0
弯曲矢高（受压构件除外）		$l/1000$，且不应大于 10.0
弯曲		$h/250$，且不应大于 5.0
腹板局部平面度 f	$t<14$	3.0
	$t\geqslant14$	2.0

2. 安装焊缝坡口及端部铣平的允许偏差

安装焊缝坡口的允许偏差应符合表 8-39 规定的数值。

安装焊缝坡口的允许偏差 表 8-39

项目	允许偏差	项目	允许偏差
坡口角度	±5°	钝边	±1.0mm

端部铣平的允许偏差应符合表 8-40 的要求。

端部铣平的允许偏差 表 8-40

项目	允许偏差（mm）
两端铣平时的构件长度	±2.0
两端铣平时的零件长度	±0.5
铣平面的平面度	0.3
铣平面对轴线的垂直度	$l/1500$

3. 钢构件的外形尺寸

钢构件，在这里主要指钢柱、钢梁、吊车梁等主要承重构件。

(1) 钢构件外形尺寸主控项目的允许偏差应符合下列要求：

单层柱、梁、桁架受力支托（支承面）表面至第一个安装孔距离、多节柱铣平面至第一个安装孔距离的允许偏差为±1.0mm；柱、梁连接处的腹板中心线偏移，允许偏差为 2.0mm；实腹梁两端最外侧安装孔距离、构件连接处的截面几何尺寸的允许偏差为±3.0mm；受压构件（杆件）弯曲矢高为 $l/1000$，且不应大于 10mm。

(2) 单层钢柱外形尺寸，主要有各零件、部件组装时的两者之间距离、柱的截面几何尺寸和组装时的构件变形这三个部分。它是整个刚架主体结构的保证条件，是关系到桁架与钢梁安装质量的基础。如果外形尺寸符合设计要求，则安装顺利，质量容易得到保证。否则，桁架或钢梁以及吊车梁在安装过程中各项质量指标难以实现。因此，外形尺寸偏差应符合表 8-41 规定的内容。

单层钢柱外形尺寸的允许偏差（mm）　表 8-41

项目			允许偏差	检验方法
距离偏差	柱底面到柱端与桁架连接的最上一个安装孔距离 l		$\pm l/1500$ ±15.0	用钢尺检查
	柱底面到牛腿支承面距离 l_1		$\pm l_1/2000$ ±8.0	
	柱脚螺栓孔中心对柱轴线的距离		3.0	
变形偏差	牛腿面的翘曲 Δ		2.0	用拉线、直角尺和钢尺检查
	柱身弯曲矢高		H/1200，且不应大于 12.0	
	柱身扭曲	牛腿处	3.0	
		其他处	8.0	

项目			允许偏差	检验方法
变形偏差	翼缘对腹板的垂直度	连接处	1.5	用拉线、直角尺和钢尺检查
		其他处	b/100，且不应大于 5.0	
	柱脚底板平面度		5.0	用 1m 直尺和塞尺检查
截面偏差	柱截面几何尺寸	连接处	±3.0	用钢尺检查
		非连接处	±4.0	

(3) 多节钢柱外形尺寸，是由各节柱的外形尺寸保证的，因此应严格控制每一节柱的外形尺寸。多节钢柱外形尺寸的允许偏差应按表 8-42 的规定执行。

多节钢柱外形尺寸的允许偏差（mm）　表 8-42

项目			允许偏差	检验方法
几何尺寸	一节柱高度 H		±3.0	用钢尺检查
	柱截面尺寸	连接处	±3.0	
		非连接处	±4.0	
变形偏差	一节柱的柱身扭曲		h/250 且不大于 5.0	拉线和尺量
	牛腿的翘曲或扭曲	$l \leqslant 1000$	2.0	
		$l > 1000$	3.0	
	柱身弯曲矢高		H/1500，且不应大于 5.0	

项目			允许偏差	检验方法
距离偏差	两端最外侧安装孔距		±2.0	钢尺检查
	铣平面到第一个安装孔距		±1.0	
	柱脚螺栓孔对柱轴线的距离		3.0	
	牛腿端孔到柱轴线的距离			
	翼缘板对腹板的垂直度	连接处	1.5	用直角尺或钢尺检查
		其他处	b/100，且不应大于 5.0	
	柱脚底板平面度		5.0	
	箱型截面连接处对角线差		3.0	
	箱型柱身板垂直度		H（b）/150，且不应大于 5.0	

(4) 焊接实腹钢梁外形尺寸的允许偏差应符合表 8-43 的规定。

焊接实腹钢梁外形尺寸的允许偏差（mm） 表 8-43

项目		允许偏差	检验方法	图例
梁长度 l	端部有凸缘支座板	0 −0.5	用钢尺检查	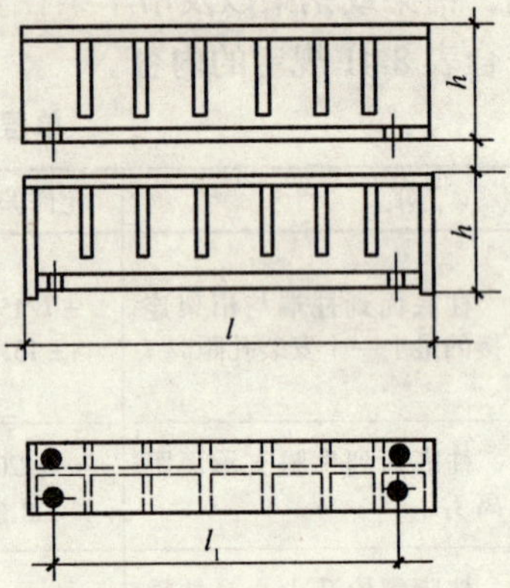
	其他形式	±l/2500 ±10.0		
端部高度	h≤2000	±2.0		
	h>2000	±3.0		
拱度	设计要求起拱	±l/5000	用拉线和尺量检查	
	设计未要求起拱	10.0 -5.0		
侧弯矢高		L/2000，且不应大于10.0		
扭曲		h/250，且不应大于10.0	用拉线、吊线和钢尺检查	
腹板局部平面度	t≤14	5.0	用1m直尺和塞尺检查	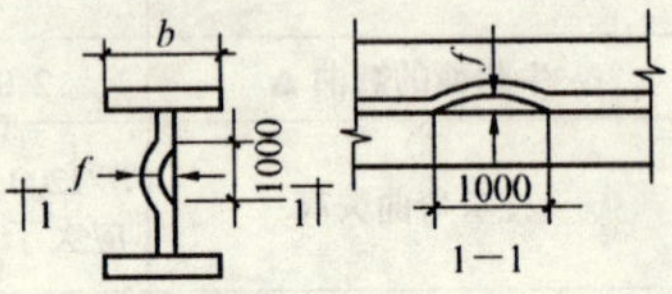
	t>14	4.0		
翼缘板对腹板的垂直度		b/100，且不应大于3.0	用直尺和钢尺检查	
吊车梁上翼缘与轨道接触面平面度		1.0	用200mm，1m直尺和塞尺检查	
箱型截面对角线差		5.0	用钢尺检查	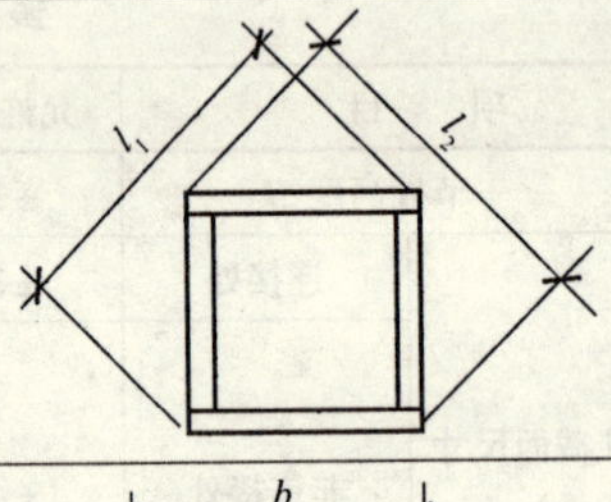
箱型截面两腹板至翼缘板中心线距离 a	连接处	1.0		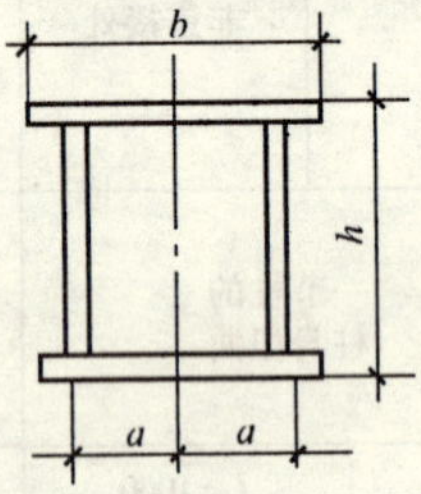
	其他处	1.5		
梁端板的平面度		h/500，且不应大于2.0	用钢尺和直尺检查	
梁端板与腹板的垂直度		h/500，且不应大于2.0		

(5) 钢桁架外形尺寸实际是梯形屋架的一种结构。它主要包括有屋架的跨度、跨中高度和端部高度，其允许偏差值应符合表 8-44 的要求。

钢桁架外形尺寸允许偏差（mm） 表 8-44

<table>
<tr><th colspan="3">项　目</th><th>允许偏差</th><th>检验方法</th></tr>
<tr><td rowspan="5">距离偏差</td><td rowspan="2">桁架最外端两个孔或两端支承面最外侧距离</td><td>$l \leq 24$</td><td>+3.0
−7.0</td><td rowspan="8">用钢尺检查</td></tr>
<tr><td>$l > 24$</td><td>+5.0
−10.0</td></tr>
<tr><td colspan="2">支承面到第一个安装孔距离</td><td>±1.0</td></tr>
<tr><td colspan="2">檩条连接支座间距</td><td>±5.0</td></tr>
<tr><td colspan="2">桁架跨中高度</td><td>±10.0</td></tr>
<tr><td rowspan="3">变形偏差</td><td rowspan="2">桁架跨中拱度</td><td>设计起拱</td><td>$\pm l/5000$</td></tr>
<tr><td>设计未起拱</td><td>10.0，−5.0</td></tr>
<tr><td colspan="2">相邻节间弦杆弯曲（受压除外）</td><td>$l/1000$</td></tr>
</table>

(6) 钢管构件外形尺寸的允许偏差。在轻钢结构中，钢管构件占有一定的比例。如连系杆、桁架上弦、钢管柱子等。这些钢管构件的尺寸偏差应符合表 8-45 的规定。

钢管构件外形尺寸的允许偏差 表 8-45

项　目	允许偏差（mm）	检验方法
直径 d	$\pm d/500$　±5.0	用钢尺检查
构件长度 l	±3.0	
管口圆度	$d/500$，且不应大于 5.0	
管表面对管轴线的垂直度	$d/500$，且不应大于 3.0	用焊缝量规检查
弯曲矢高	$l/1500$，且不应大于 5.0	用拉线、吊线尺量
对口错边	$t/10$，且不应大于 3.0	拉线和钢尺检查

注：对于方矩形管子，d 为长边尺寸。

(7) 墙架、檩条、支撑系统钢构件外形尺寸的允许偏差应符合表 8-46 中的规定。

墙架、檩条、支撑系统钢构件外形尺寸的允许偏差 表 8-46

项　目	允许偏差（mm）	检验方法
构件长度 l	±4.0	钢尺检查
构件两端最外侧安装孔距离	±3.0	
构件弯曲矢高	$l/1000$，且不应大于 10	拉线和钢尺检查
截面尺寸	+5.0　−2.0	钢尺检查

4. 压型金属板制作的尺寸偏差许可值

对于压型金属板，当其压制成型后，其基板不应有裂纹；有涂层、镀层压型金属板成型后，涂层、镀层不应有肉眼可见的裂纹、剥落和擦痕等缺陷。在此质量的基础上，其外形尺寸的偏差应符合表 8-47 的规定。施工现场制作的允许偏差应符合表 8-48 的规定。夹芯板的尺寸允许偏差应符合表 8-49 的规定。

压型金属板的尺寸允许偏差 **表 8-47**

项目			允许偏差（mm）
波距			±2.0
波高	压型钢板	截面高度≤70	±1.5
		截面高度>70	±2.0
侧向弯曲	在测量长度 L_1 的范围内		20.0

注：L_1 为测量长度，指板长扣除两端各 0.5m 后的实际长度（小于 10m）或扣除和后任选的 10m 长度。

施工现场制作压型金属板的允许尺寸偏差 **表 8-48**

项目		允许偏差（mm）
压型金属板的覆盖宽度	截面高度≤70	+10.0，-2.0
	截面高度>70	+6.0，-2.0
板长		±9.0
横向剪切偏差		6.0
泛水板、包角板尺寸	板长	±6.0
	折弯面宽度	±3.0
	折弯面夹角	2°

夹芯板尺寸允许偏差 **表 8-49**

项目	长度（mm）		宽度（mm）	厚度（mm）	对角线差（mm）	
	≤3000	>3000			≤6000	>6000
允许偏差	±3	±5	±2	±2	≤4	≤6

5. 钢构件预拼装工程。在轻钢结构中，钢斜梁大多由 2 节或 3 节单梁连接而成。为了控制整体钢斜梁的制作和安装的尺寸，就要对生产制作成型后的单体斜梁进行一次预拼装，来观察其整体尺寸和相应的坡度是否符合设计要求，也可在预拼装过程中，对高强度螺栓孔用试孔器进行试通过检查。钢构件预拼装的允许偏差应符合表 8-50 的要求。

钢构件预拼装的允许偏差（mm） **表 8-50**

构件类型	项目		允许偏差	检验方法
多节柱	预拼装单元总长		±5.0	用钢尺检查
	预拼装单元弯曲矢高		l/1500，且不应大于 10.0	用拉线和钢尺检查
	接口错边		2.0	用焊缝量规检查
	预拼装单元柱身扭曲		h/200，且不应大于 5.0	用拉线、吊线和钢尺检查
	顶紧面至任一牛腿距离		±2.0	用钢尺检查
梁、桁架	跨度最外两端安装孔或两端支承面最外侧距离		+5.0 -10.0	用钢尺检查
	接口截面错位		2.0	用焊缝量规检查
	拱度	设计要求起拱	±l/5000	拉线和钢尺检查
		设计未要求起拱	l/2000　0	
	节点处杆件轴线错位		4.0	划线后用钢尺检查
管构件	预拼装单元总长		±5.0	用钢尺检查
	预拼装单元弯曲度		l/1500，且不应大于 10.0	用拉线和钢尺检查
	对口错边		t/10，且不应大于 3.0	用焊缝量规检查
	坡口间隙		+2.0，-1.0	

第九章　钢结构安装质量控制

在制作过程中生产的钢架柱、钢架梁、抗风柱、柱间支撑、水平支撑、檩条、压型金属板等构件是单独的散件，必须按照图纸的设计规定，通过安装工序，才能将这些单独的散件装配成设计所要求的实体。因此可以说，钢结构的安装，是实现各构件之间相互搭配、连接、组装的工序过程。其安装质量是主体结构安全性、耐久性、可靠性、稳定性的综合反映，也是钢结构工程施工中的重头戏。

第一节　安装工程的安全保证体系

安全生产事关人民群众生命财产安全，事关改革发展和社会稳定之大局。钢结构安装工程是一个特殊的工种，并且是在高空作业，因此，安全工作是安装工程中的首要工作。施工现场安全保证体系是钢结构施工企业和施工现场整个管理体系的一个组成部分，它是为了施工现场的安全管理更加规范化、科学化、标准化进一步提高安全生产的水平，以期获得更好的环境效益、社会效益和经济效益。

下面我们以实例来表达现场施工安全保证体系。

轻钢门式结构安装施工安全保证体系（实例）

一、工程概况

×××××机加工车间钢结构工程，为双坡单层四连跨轻钢彩板门式结构。每跨度有2.0t中级工作制吊车，柱间距6m，纵长共计180.5m，横向总宽96.5m，建筑面积17418m^2，沿长度方向设有三道柱间支撑和屋面水平支撑。檩条采用C180×70×20×2，屋面板采用双层复合海蓝色彩板；墙板为白色双层复合板。合同开工日期为2005年3月1日，计划竣工日期为2005年6月15日。

二、安全管理体系及责任制

(一) 公司安全生产委员会

根据××××05年03号文的通知，安全生产委员会成员如下：

主 任：×××

副主任：×××、×××

成 员：×××、×××、×××、×××

(二) 安全管理框架

安全管理框架如图9-1所示。

(三) 管理人员安全施工责任制

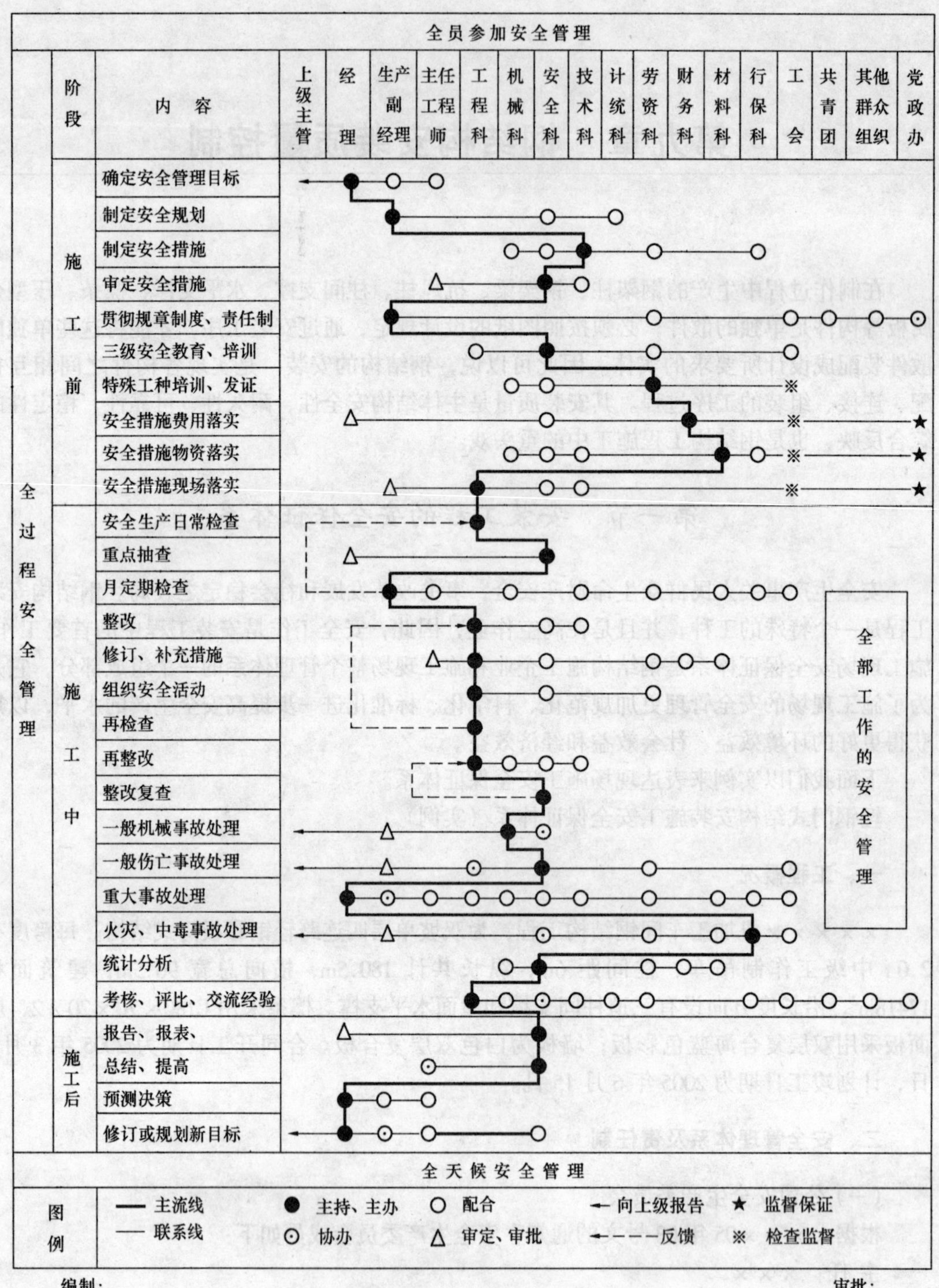

图 9-1 安全管理框架图

1. 项目经理

(1) 项目经理应对工程部部长的安全责任负责。

（2）应对本项目的劳动保护和安全生产工作负第一责任。

（3）认真执行安全生产规章制度，不得违章指挥。

（4）组织制定和实施本项目的安全技术措施。

（5）经常进行安全检查，消除事故隐患，制止违章作业。

（6）对施工现场职工进行安全技术和安全纪律教育。

（7）发生伤亡事故时可以立即启动紧急预案，并应及时上报，认真分析事故的原因，提出和实现改进措施。

2. 项目工长

（1）项目工长应对项目经理的安全责任负责。

（2）对所管理工程的安全施工负直接责任。

（3）组织实施安全技术措施，进行安全技术交底。

（4）对施工现场作业的机械设备安全防护装置组织验收，合格后方能投入使用。

（5）组织工人学习安全操作规程，教育工人不违章作业。

（6）认真消除事故隐患，发生工伤事故时要立即上报。

3. 项目技术负责人

（1）对本项目安全技术负责。

（2）协助项目经理贯彻执行安全生产规章制度。

（3）编制施工组织设计及安全技术措施，并负责组织实施与监督检查。

（4）负责向工长进行重大或关键部位的安全技术交底。

（5）组织职工学习安全技术操作规程。

（6）及时解决施工中的安全技术问题。

（7）参加工伤事故的调查分析，负责修订安全技术措施。

4. 工段长

（1）贯彻执行企业和项目对安全生产的规定和要求，全面负责本班组的安全生产工作。

（2）组织职工学习贯彻执行企业、项目各项安全生产规章制度和安全技术操作规程，教育职工遵纪守法，制止违章行为。

（3）组织并参加安全活动，坚持班前讲安全、班中检查安全、班后总结安全。

（4）负责对新工人进行岗位安全教育。

（5）负责本班组的安全检查，发生不安全因素应及时组织力量消除。

（6）搞好施工设备、安全设备和消防防护器材的检查和维修工作，使其经常保持完好和正常运转、督促教育职工合理使用劳动保护用品、用具。

5. 操作人员

（1）认真学习和严格遵守企业的各项规章制度，不违犯劳动纪律、不违章作业。

（2）精心操作，严格执行施工工艺。

（3）正确分析、判断和处理各种事故隐患，把事故消灭在萌芽状态。

（4）正确操作、精心维护设备，保证作业环境整洁、文明、卫生。

（5）上岗必须按规定着装和使用好“三宝”，真正做到“自己不伤害自己、自己不伤害他人、自己不被他人伤害”的“三不伤害”原则。

（6）对违章作业的指令有权拒绝，对他人违章作业有权加以劝阻和制止。

(7) 当出现安全事故时不要惊惶失措，应在统一指挥下抢救伤员。

三、安全教育

为逐步提高全体职工的安全素质和自我保护能力，自觉地遵守安全法律、法规及公司安全管理制度，防止意外事故的发生，圆满完成钢结构工程的施工任务，必须把安全教育作为第一要务来抓。

(1) 利用班前会、班后会和其他时间，广泛开展安全施工教育工作，使参与本项目施工的管理人员和全体职工真正认识到安全施工的重要性、必要性及参与性。牢固树立“安全第一”的思想。

(2) 做好安全教育的考核、记录工作。

(3) 进行施工现场遵章守纪的教育内容主要有：

① 本工程施工的特点及施工安全基本知识；

② 本工种安全技术操作规程；

③ 防护用品使用基本要求；

④ 本岗位易发生事故的不安全因素及防范措施。

⑤ 高空作业、机械设备、电气安全基本知识。

四、施工现场的临时用电

(一) 供配电系统

(1) 施工现场用电工程的基本供配电系统应当按三级设置，也就是常说的三级配电系统。

(2) 三级配电系统应遵守四项规则：分级分路规则；动力、照明分设规则；压缩配电间距规则；环境安全规则。

(3) 配电室的设置应靠近电源；靠近负荷中心；进、出线方便；周边道路畅通；周围环境灰尘少、无积水和易燃易爆物。

(二) 基本保护系统

(1) 在施工现场，用电工程专用的电源中性点直接接地的220/380V三相四线制低压电力系统中，必须采用TN-S接零保护系统，严禁采用TN-C接零保护系统。

(2) 当施工现场与外电线路共用一供电系统时，电气设备的接地、接零保护应与原系统保持一致。不得一部分设备作保护接零，另一部分设备作保护接地。

当采用TN系统作保护接零时，工作零线（N线）必须通过总漏电保护器，保护零线（PE线）必须由电源进线零线重复接地处或总漏电保护器电源侧零线处引出形成局部TN-S保护系统。如图9-2所示。

(3) 施工现场的用电设备必须采用二级漏电保护系统。它是指在施工现场基本配电系统的总配电箱（配电柜）和开关箱首级、末级配电装置中，设置漏电保护器。其中总配电箱（配电柜）中的漏电保护器可以设置于总线路，也可以设置于各分路。

(4) 漏电保护器极数和线数必须与负荷的相数和线数保持一致。

(5) 漏电保护器必须与用电工程合理的接地系统配合起来使用，才具有完备、可靠的防触电保护系统。漏电保护器在TN-S系统中的配合使用接线方式如图9-3所示。

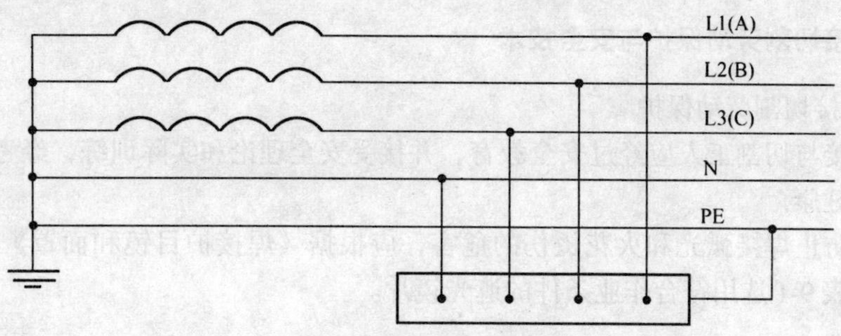

图 9-2 TN-S系统组成形式

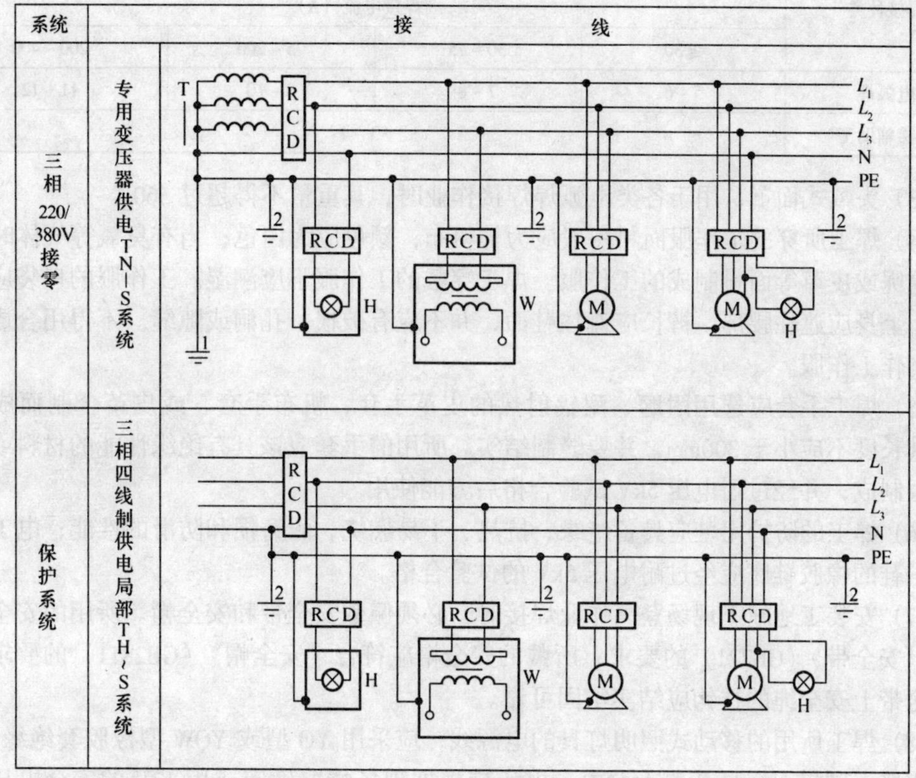

图 9-3 漏电保护器接线示意图

(三) 电气安全防火措施

(1) 合理配置用电系统的短路、过载、漏电保护电器。

(2) 确保 PE 线连接点的电气连接可靠。

(3) 在电气设备和线路周围不堆放易燃、易爆物。并应清除易燃、易爆物和腐蚀介质或做阻燃隔离措施。

(4) 不在电气设备周围使用火源，特别是在变压器、发电机等场所严禁烟火。

(5) 在电气设备相对集中场所应配置可扑灭电气火灾的灭火器。

(6) 夏季雷雨季节施工时，应设置防雷装置。

五、焊接切割劳动保护与安全技术

(一) 焊接切割劳动保护

(1) 焊接与切割工人应经过安全教育，并接受安全理论和实际训练，经考试合格持有证书并体格健康。

(2) 为防止焊接弧光和火花烫伤的危害，应根据《焊接护目镜和面罩》(GB3609.1)的要求，按表 9-1 选用符合作业条件的遮光镜片。

焊工护目遮光镜片选取用表　　表 9-1

焊接种类	镜片遮光号			
	焊接电流 (A)			
	≤30	30~75	75~200	200~400
电弧焊	5~6	7~8	8~10	11~12
焊接辅助工	3~4			

(3) 头戴式面罩，用于各类电弧焊焊接作业时，其重量不得超过 560g。

(4) 焊工所穿的工作服面料一般应为棉帆布，颜色应为白色；当有臭氧等气体时应选用粗毛呢或皮革等面料制成的工作服。焊工穿戴的工作服不应潮湿。工作服的口袋应有口袋盖，上身应遮住腰部，裤长应遮住鞋面，并不应有破损、孔洞或隙缝。不得用合成纤维织物制作工作服。

(5) 焊工手套应选用耐磨、耐辐射热的皮革手套、帆布手套、或皮革合制而成的产品。其长度不应小于 300mm，并要缝制结实。所用的手套应该具有绝缘性能的材料或附加绝缘层制成，并经过耐电压 5kV 试验合格后方能使用。

(6) 焊工的防护用鞋应具备绝缘、抗热、不易燃烧、耐磨损和防滑的性能；电工所穿的防护鞋的橡胶鞋底应经过耐电压 5kV 的试验合格。

(7) 安装工地施工现场登高作业焊接时，必须佩戴安全带和安全帽。所用的安全带应符合《安全带》(GB721) 的要求；所戴的安全帽应符合《安全帽》(GB2811) 的要求。并且安全带上安全绳的挂钩应结实牢固可靠。

(8) 焊工所用的移动式照明灯具的电源线，应采用 YQ 型或 YQW 型橡胶套绝缘电缆，导线完好无破损，灯具开关无漏电，电压应根据现场情况确定或用 12V 的安全电压，灯具的灯泡应有金属网罩防护。

(9) 电焊工作业场所，为了避免弧光辐射、熔渣飞溅，影响周围视线，应设置弧光防护屏。防护屏应选用不燃材料制成，其表面应涂上黑色或深灰色油漆，高度不应低于 1.8m，下部应留有 250mm 流通空气的间隙。

(二) 气焊与气割安全技术

(1) 在气焊或气割工程中，乙炔最高工作压力禁止超过 147kPa 表压。乙炔发生器、回火防止器、氧气、减压器均应采取防冻措施，一旦冻结应用热水解冻，禁止采用明火烘烤或用棍棒敲打解冻。

(2) 气瓶、管道、仪表等连接部位应采用涂抹肥皂水方法检漏，严禁使用明火检漏。并且，气瓶、溶解乙炔瓶，均应避免放在受阳光曝晒，或受热源直接辐射及易受电击的地方。

(3) 氧气、溶解乙炔气等气瓶，瓶内气体不应放空，气瓶内必须留有不小于98～196kPa表压的余气。氧气瓶质量应符合国家颁布的《气瓶安全监察规程》的规定，应定期进行技术检查，气瓶使用期满和送检不合格的气瓶，均不准继续使用；氧气汇流排输出的总管上，应装有防止可燃气体进入的单向阀。

(4) 开启瓶体阀门时，操作者应站在瓶阀气体喷出方向的侧面并缓缓开启，避免氧气流朝向人体，易燃气体或火源喷出伤身。禁止在带压力的氧气瓶上以拧紧瓶阀和垫圈螺母的方法消除泄露。

(5) 操作过程中，氧气瓶距离乙炔发生器、明火或热源应大于5m。氧气瓶在移动的过程中，禁止单人肩扛氧气瓶；气瓶在无防震圈或气温在－10℃以下时，禁止用转动的方式搬运氧气瓶；禁止用手掌托住氧气瓶帽移动氧气瓶。

(6) 氧气、溶解乙炔气等的减压器，必须选用符合气体特性的专用减压器。禁止在焊接、切割设备上使用未经检验合格的减压器。各种气体专用的减压器，禁止换用或替用。

(7) 减压器在专用气瓶上应安装牢固，采用丝扣连接时，应拧紧五个螺丝扣以上，采用专门夹具时，管卡应平正牢靠。减压器接通气源后，如发现表盘指针迟滞不动或有误差，应当由当地劳动、计量部门批准的专业部门进行修理，禁止焊工自行调整。禁止用棉、麻绳或一般橡胶等易燃物料作为氧气减压器的密封垫圈。

(8) 焊接和切割中使用的氧气胶管应为黑色，乙炔胶管应为红色；乙炔胶管与氧气胶管不能相互换用，不得用其他胶管代替。氧气、乙炔胶管与回火防止器、汇流排导管连接时，管径必须相互吻合，并用管卡严密固定。

(9) 焊接、切割工作前，应检查胶管有无磨损、扎伤、针孔、老化、裂纹等情况，并及时修理或更换。焊炬和割炬应符合GB 5108～5110射吸式和等压式焊炬、割炬标准的要求；焊炬内腔要光滑、气路畅通、阀门严密、调节灵敏，连接部位紧密不泄露。

(10) 焊工在使用焊炬、割炬前应检查焊炬、割炬的气路通畅、射吸性能、气密性等技术性能，并作定期检查维护。

(三) 电焊焊接工程安全技术

(1) 对电焊机的质量应进行验收，合格后方准投入使用。如果电焊机的空载电压高于标准规定值，必须对电焊机采用空载自动断电装置等防止触电事故的发生。当电焊机在气温过低、气温过高、以及有腐蚀性、爆炸性等特殊环境中作业时，应使用适合这一环境性能的电焊机。

(2) 电焊机必须装有独立的专用的电源开关，其容量应符合要求。当电焊机超负荷时，应能自动断电。采用启动器启动的电焊机，必须先合上电源开关，再启动焊机。

(3) 电源控制装置应装在电焊机附近，周围留有安全通道。电焊机外露的带电部分应设有完好的防护装置，电焊机裸露接线柱必须设有防护罩。禁止连接建筑物金属构架和设备等作为焊接电源的回路。

(4) 必须将电焊机平稳地放在通风良好的、干燥的地方，不准靠近高热以及易燃、易爆危险的环境。要特别对整流式弧焊机硅整流的保护和冷却。

(5) 启动焊机前，焊钳与焊件不能短路。

(6) 电焊机受潮，应当用人工方法进行干燥，受潮严重的，必须进行检修。并且每半年应进行一次焊机维修保养。要经常检查旋转式直流焊机的电刷和整流子的接触情况，要求电刷对整流子表面压力均匀，使所有电刷所通过电流一致。

(7) 各类焊机等外壳、电气控制箱、焊机组等，都应接地良好，并应定期检测接地系统的电气性能。

(8) 焊机所用的焊接把线应采用多股细铜线电缆，其截面要求应根据焊接所需载流量和长度，按焊机配用电缆标准的规定选用。电缆外皮必须完整、绝缘良好，绝缘电阻不得小于1MΩ。

(9) 电焊钳必须有良好的绝缘性与隔热性，手柄应有良好的绝缘层。焊钳的重量不得超过600g。焊钳与把线的连接应简便牢固，接触良好，并且焊条在水平、45°、90°等方向时，焊钳均能夹紧。

六、安装现场的安全防护设施

(一)“三宝”防护的应用

(1) 进入施工现场必须戴安全帽，作业时必须系好安全带，高空作业时，必须在建筑物的外围架设安全网。

(2) 不论选取择哪个种类安全帽，它必须满足耐冲击性、耐穿透性、耐低温性。

(3) 对安全帽的监控方法按下列要求：

冲击性监控：将安全帽放在50~10℃的环境中，或用水浸泡处理后，然后将50N重的钢锤自1m高处自由落下冲击安全帽，最大冲击力不应超过5kN。

耐穿透性监控：根据帽的不同材质，可在上述三种方法中任一种方法处理后，用30N重的钢锥，自安全帽的上方1m的高度，自由落下，钢锥穿透安全帽，但不能碰到头皮。

耐低温监控：当在-10℃以下的气温中，帽的耐冲击性、耐穿透性能不变，为耐低温性良好。

(4) 安全带应选用符合标准要求的产品。在使用安全带时，应注意下列要求：

应用安全带时应高挂低用，防止摆动和碰撞，安全带上的各种部件不准任意拆掉。

安全带外观有破损或发现有异味时，应立即更换。

安全带使用3~5年即应报废。

(5) 安全带的监控措施按下列规定：安全带使用后，公司应按购进批量的大小，选择一定比例的数量，作一次抽检。抽检的方法是：用800N的砂袋做自由落体试验，若未破断可继续使用。若试验不合格，则该批安全带应报废。

(6) 应对安全网做贯穿和冲击监控试验。试验方法则应遵守下面的规定：

贯穿性试验：将1.8m×6m的安全网与地面成30°夹角放好，四边拉直固定。在网中心的上方3m的地方，用一根$\phi 48\times 3.5$的50N重的钢管，自由落下，网不贯穿即为合格，否则为不合格。

冲击试验：即将密目式安全网水平放置，四边拉紧固定。在网中心上方1.5m处，用一个1000N重的砂袋自由落下，网边撕裂的长度小于200mm即为合格。

(二) 高处作业安装工程安全措施

(1) 钢构件在高处安装作业时，项目经理应安排专人在地面进行监视，发现不安全因素时，即时阻止施工安装。监视人员必须是责任心强的人员。

(2) 凡是进行高处钢构件安装作业时，应使用脚手架、平台、梯子、防护围栏、挡脚板、安全带和安全网等。作业前应认真检查所用的安全设施是否牢固、可靠。

(3) 凡是从事高处作业人员应接受高处作业安全知识的教育。特殊高处作业人员应持证上岗，上岗前应依据有关规定进行专门的安全技术交底。

(4) 高处作业人员应经体检，合格后方能上岗。所有高处作业人员必须按公司要求正确佩戴安全帽和安全带等个人安全防护用具。

(5) 应在危险施工作业区内的相应部位悬挂安全警示标志，夜间应设红灯示警。

(6) 高处作业所用工具、材料严禁投掷，上下立体交叉作业确有需要时，中间应设隔离设施。高处作业应设置可靠扶梯，作业人员应沿着扶梯上下，不得沿着立杆与栏杆攀登。

(7) 在雨雪天气时应采取防滑措施，当风速在10.8m/s以上和雷电、暴雨、大雾等气候条件下，不得进行露天高处作业。

(8) 高处作业上下应设置联系信号或通讯装置，并指定专人负责。在当今施工期，上下联系可用手机进行。

(9) 高处作业前，应经项目技术负责人审批签字，并组织有关安全、工程等部门验收合格及签字齐全后方可实施。

(三) 临边与洞口作业安全措施

(1) 临边高处作业，必须设置防护措施，也就是在钢架外围的周边，必须架设安全平网一道。

(2) 临边防护栏杆杆件的规格及连接要求，应符合下列规定：

① 原木横杆上杆梢径不应小于70mm，下杆梢径不应小于60mm，栏杆柱梢径不应小于75mm，并必须用相应长度的圆钉钉紧，或用不小于12号的镀锌钢丝绑扎，要求表面平顺、稳固无动摇。

② 钢筋横杆上杆直径不应小于16mm，下杆直径不应小于14mm，栏杆柱直径不应小于18mm，采用电焊或镀锌钢丝绑扎固定。

③ 选用其他钢材或型钢做防护栏杆时，应选用强度相当的规格，以电焊固定。

(3) 搭设临边防护栏杆时，防护栏杆应由上下两道横杆及栏杆组成，上杆离地高度为1.0~1.2m，下杆离地高度为0.5~0.6m。坡度大于1:2.2的屋面，防护栏杆应高1.5m，并加挂安全立式网片。除经设计计算外，横杆长度大于2m时，必须加设栏杆柱。

(四) 攀登作业与悬空作业安全措施

(1) 在施工组织设计中，应确定用于现场施工的登高与攀登设施。现场应借助建筑结构或脚手架上的设施，也可采用载人的垂直运输设备。进行攀登作业时可用梯子或其他攀登设施。

(2) 攀登的用具，结构构造上必须牢固可靠。供人上下的踏板其使用荷载不应大于1100N。当梯子面上有特殊作业，重量超过上述荷载时，应按实际情况进行验算。

(3) 移动性梯子均应按现行的国家标准验收其质量。

(4) 梯脚底部应紧实，不得垫高使用。梯子的上端应有固定措施。竖立的梯子工作角度以75°左右为宜。踏板上下间距以300mm为宜，不得有缺档。

(5) 梯子如要接长使用，必须有可靠的连接措施，且接头只准有一个。

(6) 折叠式梯子使用时上部夹角以35°~45°为宜，铰链必须牢固安全，并应有可靠的拉撑措施。

(7) 固定式直爬梯应用金属材料制作，梯子宽度不应大于0.5m，支撑应采用不小于70mm×6mm的角钢，埋设与焊接均须牢固。梯子顶端的踏板应与攀登的顶面齐平，并加设1m左右高的扶手。

(8) 作业人上下梯子时，必须面向梯子，且不准手持器物。

(9) 钢柱安装登高时，应使用钢挂梯或者设置在钢柱上的爬梯。

登高安装钢梁时，应视钢梁的高度，在两端设置挂梯或搭设钢管脚手架。

需在钢顶梁面上行走时，其一侧的临时护栏横杆或采用钢索，当改用扶手绳索时，绳的自然下垂度不应大于1/20，并应控制在0.1m以内。

(10) 悬空作业时，应有牢靠的立足处，并必须视具体情况，设置防护栏网、栏杆或其他安全设施。悬空作业所用的索具、脚手板、吊篮、吊笼、平台等设备，均需经过技术鉴定或验证合格后方可使用。

(11) 构件吊装时的悬空作业，应在地面进行构件组装，并有临时固定措施。

七、吊装作业时的安全要求

(1) 各种起重机严禁在架空输电线路下面工作。在通过架空输电线路时，应将起重臂落下，并确保与架空输电线的垂直距离符合表9-2规定：

起重机与架空输电线路的安全距离 表9-2

输电线电压（kV）	与架空线的垂直距离（m）	与水平安全距离（m）
1	1.3	1.5
1~20	1.5	2.0
35~110	2.5	4
154	2.5	5
220	2.5	6

(2) 在吊装作业中，禁止斜吊和禁止超载吊装。

(3) 对吊装区域不安全因素和不安全的环境要进行清除或采取保护措施。

(4) 吊装中应根据构件的形状找中心、吊点的数目和绑扎点，捆绑中要考虑吊索间的夹角。

(5) 起重作业人员在吊装过程中要选择安全位置，防止吊装物的冲击、晃动、坠落伤人发生事故。

(6) 起重指挥人员必须坚守岗位，准确、及时传递信号。司机要对指挥发出的信号、运行通道、起降的空间，确认无误后才能进行操作。

(7) 起吊满载或接近满载时，应先将吊装的构件起吊离地面20~50cm处停机检查。主要应检查起重设备的稳定性，制动器的可靠性，吊装构件的平稳性，绑扎的牢固性。确认无误后可再行起吊。

起吊中起降要平稳，不能忽快忽慢和突然制动。

(8) 起吊作业中所用的钢丝绳应符合下列要求：

吊装作业中必须使用交互捻式的钢丝绳；

钢丝绳报废应根据断丝数、腐蚀等情况来确定：

钢丝绳的断丝达到表 9-3 的数值时，应报废；钢丝绳表面钢丝被腐蚀、磨损超过钢丝直径的 40%以上应报废；钢丝绳股断开；钢丝绳出现变形；钢丝绳扭结、塑性变形均应报废。

钢丝断丝报废标准　　表 9-3

钢丝绳 / 断丝数 / 安全系数	绳 6W（19）、6×（19）		绳 6×（37）	
	一个节距中的断丝数			
	交互捻	同向捻	交互捻	同向捻
小于 6	12	6	22	11
6～7	14	7	26	13
大于 7	16	8	30	15

钢丝绳每月应润滑一次。

用钢丝绳绑扎边缘锐利的构件时，应加衬垫，以保护钢丝绳不被损伤。

(9) 起吊中所用的吊钩安全技术要求应符合下列规定：

起重机械的吊钩有下列情况之一的应更换：

吊钩表面有裂纹、破口；吊钩颈处有永久性变形；挂钢丝绳处断面磨损超过高度的 10%。

起重机械不得使用铸造的吊钩。

吊钩表面应光洁，无毛刺、无裂纹、锐角和剥裂。

八、施工现场应急预案

(一) 伤亡事故的报告

(1) 这里所说的伤亡事故，是指公司员工在钢结构制作和安装工程中发生的人身伤害事故。

(2) 伤亡事故发生后，负伤者或者事故现场有关人员应立即向公司领导报告。

(3) 公司领导接到重伤、死亡、重大死亡事故后应立即报告集团公司或向建委、劳动、公安、检察院、工会报告。

(4) 发生死亡、重大死亡事故的，应当保护事故现场，并迅速启用应急预案，采取必要措施抢救人员和财产，防止事故的扩大。

(二) 特别重大事故的报告

(1) 特大事故发生后，立即将所发生特大事故的情况，报告上级归口管理部门和所在地地方人民政府。

并在 24h 内，写出事故报告，报告给地方人民政府。

(2) 特大事故的报告应包括如下内容：

事故发生的时间、地点、单位；

事故发生的简要经过、伤亡人数，直接经济损失的初步估计；

事故发生原因的初步判断；

事故发生后采取的措施及事故控制情况；

事故报告单位。

(3) 特大事故发生后，事故发生地的有关单位必须严格地保护现场；因抢救人员、防止事故扩大以及疏通交通等原因，需要移动现场物件的应当做出标志，绘制现场简图并写出书面记录，妥善保存现场重要痕迹、物证。

(三) 应急救援电话的设置

(1) 钢结构安装施工现场，为了做好事先预防，能够在最短的时间内做出快速反应，组织有效的救援，均在安装施工现场装设固定电话机。项目经理和安全管理人员配备移动手机。

固定电话机应放在窗户的边上，以便节假日、房内无人时应急拨打电话。

(2) 电话机旁边应张贴常用紧急电话号码，其内容应有公司领导电话号码、安全部部长电话号码以及应急救护电话120、火警电话119、匪警电话110等号码。

(3) 采用电话报告时，应说清楚以下事情：

① 说清伤情或病情、火情、案情和已经采取了些什么措施，好让救护人员事先做好急救准备。

② 讲清楚伤者、事故在什么地方，附近有什么特征。

③ 说明报救者的单位、姓名或联系电话号码。

(四) 触电急救措施

(1) 当发生触电事故后，现场人员必须在对触电者抢救的同时，拨打就近医院的急救电话和向公司主管安全的经理报告。

(2) 脱离电源：人如果触电后，不能摆脱电源，并且会紧抓带电体。这时，使触电者尽快脱离电源是救活触电者的首要措施。所以，现场救护人应立即断开电源。如果断开电源有困难时，应用绝缘工具将触电者与带电体分开。但是，如果触电人是在高处时，应考虑断电后触电人从高处摔下。为了防止救护人再次触电，救护人最好用一只手操作。如是夜间，首先应解决临时照明，以利抢救。

(3) 现场急救：当触电者脱离带电体后，应对触电者的具体情况，迅速对症救护。急救时的方法主要是人工呼吸和胸外心脏挤压。

在抢救的过程中，如发现触电者皮肤由紫色变为红色，瞳孔由大变小，则说明抢救收到了效果，如果发现触电者嘴唇稍有开合，或眼皮活动，以及喉咙间有吞咽东西的动作，则应注意其是否心脏跳动和自动呼吸。

如果触电者在抢救的过程中身上出现尸斑或身体僵冷，只有经医生做出最无法救活的诊断后才能中止抢救。

(五) 施工现场的火灾急救措施

(1) 当安装施工现场发生火灾时，在拨打119火警电话后，应立即了解起火部位及燃烧的物质，并同时组织扑救或撤离。并且应对易引燃、易爆炸的物质采取正确有效的隔离。如是电源起火或是起火现场有电线的，应切断电源。

(2) 火灾现场自救时应按下列要求：

救火者应注意自我防护，使用灭火器材救火时应站在上风头位置，以防烈火、浓烟的熏烤而受到伤害。

必须穿越浓烟逃走时，应尽量用浸湿的衣物披裹身体，用湿毛巾或湿布捂住口鼻，或贴近地面爬行。

身上着火时，可就地打滚，或用厚重衣物覆盖压灭火苗。

(六) 严重创伤出血伤员的现场救治

在安装施工现场，发生严重创伤出血伤员，应按下列要求进行现场救治。

1. 止血

压迫止血法：先抬高伤肢，用纱布或棉垫覆盖在伤口表面，再用布条加压包扎止血。

弹性止血带止血法：当肢体动脉创伤出血时，先抬高肢体，使静脉血充分回流，然后在创伤部位的近心端放上弹性止血带，在止血带皮肤间垫上纱布棉垫。但是不得过长时间使用止血带。

2. 包扎

创伤处用清洁的棉纺制品覆盖，再用绷带或布条包扎，既可以保护创口预防感染，又能减少出血，帮助止血。在肢体骨折时，可借绷带包扎夹板来固定受伤部位上下两个关节。

3. 搬运

经现场止血、包扎后的伤员，应尽快正确地搬运转送医院抢救。

(1) 在肢体受伤后局部出现疼痛、肿胀、功能障碍或畸形变化，表示有骨折存在。宜在止血包扎固定后再搬运，防止骨折断端因搬运振动而位移，加重疼痛使创伤加重。

(2) 在搬运严重创伤伴有大出血或已有休克的伤员，要平卧运输，头部可放置冰袋或带冰帽，路途中应尽量避免震荡。

(3) 在搬运高处坠落伤员时，一定要使伤员平卧在硬板上搬运，切忌只抬伤员的两肩与两腿，或单肩背运伤员。

(七) 伤病员心跳骤停的急救

在施工现场的伤病员心跳呼吸骤停，即突然意识丧失、脉搏消失、呼吸停止，在颈部、喉头两侧摸不到大动脉搏动时的急救方法如下：

1. 采用人工呼吸法

(1) 伤员取平卧位，冬季时要对伤员进行保暖，解开衣领，解开围巾及贴身衣服，放松裤带，以利呼吸时胸廓的自然扩张，也可在伤员的肩背下方垫放软物，使伤员的头部充分后仰，呼吸道尽量畅通。然后将病人嘴巴掰开，用手指清除口腔中的假牙、分泌物、血块等。

(2) 抢救者跪卧在伤员的一侧，以近其头部的一只手紧捏伤员的鼻子，并将手掌外缘压住额部，另一只手托在伤员衣领后将胸部上抬，头部充分后仰，呈鼻孔朝天位，使嘴巴张开准备接受吹气。

(3) 急救者先深吸一口气，然后用嘴紧贴伤员的嘴巴大口吹气，一般先连续、快速向伤员口内吹气四次，同时观察其胸部是否膨胀隆起，以确定吹气是否有效和吹气适度是否恰当。

(4) 如此反复而有节律地人工呼吸，不可中断，每分钟吹气频率掌握在 12～16 次。

(5) 吹气动作要正确，力量要恰当，节律要均匀，不可中断，当伤员出现自主呼吸，方可停止人工呼吸，但仍需严密观察伤员，以防呼吸再次停止。

2. 体外心脏挤压法

当出现电击引起的心跳骤停抢救时，应采用体外心脏挤压法。

(1) 使伤员就近仰卧于硬板上或地上，以保证挤压的效果。解开伤员衣领，使头部后仰。

(2) 抢救者站在伤员左侧或跪跨在病人的腰部。

(3) 抢救者以一手掌根部置于伤员胸骨下 1/3 段，即中指对准其颈部凹陷的下缘，当胸一只手掌，另一手掌交叉重叠于该手背上，肘关节伸直，依靠体重和手臂、肩部肌肉的力量，垂直用力，向脊柱方向冲击性地施压胸骨下段，使胸骨下段与其相连的肋骨下陷 30~40mm，间接地压迫心脏使心脏内血液搏出。

(4) 挤压后突然放松，但手掌根部不能离开胸壁，依靠胸廓的弹性骨复位。此时心脏舒张，大静脉的血液就回流到心脏。

(5) 挤压频率一般应控制在 60~80 次/min 左右。

(6) 如果发现伤员嘴唇稍有启合，眼皮活动或吞咽动作时，应注意伤员是否有自动心跳和呼吸。

第二节 刚架主体的安装质量控制

轻钢结构的安装，就是把车间制作好的构件，按照施工图纸的要求组装起来，形成实物的整体。在这个安装阶段中，是通过螺栓连接或者焊接工艺将各个构件相互连接在一起，成为轻钢结构的主体骨架。因此，安装质量也就是连接工艺的质量。

一、施工现场的见证验收

(一) 构件进场的验收

钢构件成品运送到施工现场时，监理部门、发包方首先应在审核技术资料的基础上，对构件进行如下内容的检查验收：

(1) 检查构件的型号、数量；

(2) 对照图纸，检查构件的材料厚度，截面尺寸，材料的牌号是否符合设计要求；

(3) 检查构件安装螺栓孔或螺栓孔间的相关尺寸是否正确，是否划出了构件轴线的基准线；

(4) 重点应检查连接板面的平面是否符合规范要求，除锈等级是否达到设计规定，连接摩擦面上是否生锈；

(5) 对于构造上不对称构件，应标出其重心位置；

(6) 检查构件表面是否有油污、泥土、积灰等，油漆层表面是否有损伤。是否在运输过程或卸车过程中有变形现象。

构件验收合格后，应按构件的编号将构件运放至相应的安装位置。

(二) 基础的施工质量验收

在钢结构工程中，一般的情况下，地基基础部分是由土建施工单位进行施工，钢构安装单位只负责 ±0.000 以上的构件安装任务。所以，为了保证结构构件的安装质量和施工速度，必须按照基础施工单位或工程发包单位提供的建筑物轴线、标高及其轴线基准点、标高水准点进行复验基础轴线及标高。

1. 验线的相应方法

(1) 矩形建筑物的验线宜选用直角坐标法;

(2) 任意形状建筑物的验线宜选用极坐标法;

(3) 平面控制点距欲测点位距离较长，量距困难或不便量距时，宜选用角度交汇法;

(4) 平面控制点距欲测点位距离不超过所用钢尺全长，且场地量距条件较好时，宜选用距离交汇法;

(5) 使用光电测距仪验线时，宜选用极坐标法，光电测距仪的精度不低于 ± (5mm + 5mm/km·D)。在这里 D 为被测距离。

2. 验线依据和条件

(1) 建筑物的平面控制图、主轴线及其控制桩;

(2) 建筑物高程控制网及 ± 0.000 高程线;

(3) 控制网及定位放线中的最薄弱部位。

验线时应有监理单位、发包单位、基础施工单位及结构安装单位和当地的质量监督部门共同进行验收。验收后应如实填写验线记录。

3. 评价方法

基础施工质量的具体评价方法按下列规定:

(1) 验线结果与放线规定两者之差小于 $1/\sqrt{2}$限差时，对于放线工作评为优秀。

(2) 当两者之差等于 $1/\sqrt{2}$限差时，对放线工作评为合格。

(3) 当两者之差大于 $1/\sqrt{2}$限时，原则上施工的基础放线不予验收。如果次要部位应进行局部返工。

(三) 基础验收的允许偏差

1. 支承面、地脚螺栓、锚栓位置的允许偏差

基础顶面直接作为柱的支承面和基础顶面预埋钢板或支座作为柱的支承面时，其支承面、地脚螺栓、锚栓位置的允许偏差应符合表 9-4 的规定。

支承面、地脚螺栓、锚栓位置的允许偏差 **表 9-4**

项目		允许偏差 (mm)
支承面	标高	± 3.0
	水平度	l/1000
地脚螺栓、锚栓	螺栓中心位移	5.0
预留孔中心偏移		10.0

采用座浆垫板时，座浆垫板的允许偏差应符合表 9-5 的规定。

座浆垫板的允许偏差 (mm) **表 9-5**

项目	允许偏差	项目	允许偏差
顶面标高	0.0 ~ 3.0	位置	20.0
水平度	l/1000		

采用杯口基础时，杯口尺寸的允许偏差应符合表 9-6 的规定。

杯口尺寸的允许偏差（mm） 表 9-6

项 目	允许偏差	项 目	允许偏差
底面标高	0.0，－5.0	杯口垂直度	H/100，且不应大于 10.0
杯口深度 H	±5.0	位置	10.0

2. 地脚螺栓或锚栓尺寸的偏差

预埋地脚螺栓或锚栓尺寸的偏差应符合表 9-7 的规定。

预埋地脚螺栓或锚栓尺寸的允许偏差（mm） 表 9-7

项 目	允许偏差	项 目	允许偏差
螺栓、锚栓露出长度	+30.0 0.0	螺纹长度	+30.0 0.0

二、结构构件的安装

在轻钢结构中，基本上均是单层或是单层多跨结构类型，高度一般在 6～15m 左右。所以安装现场一般不架设塔吊，除了钢柱、钢梁、吊车梁等大型构件采用移动方便的轮式起重设备外，其他小型构件大部分是采用人工提升法进行安装。

(一) 门式钢柱的安装

轻钢门式钢柱的截面是上大下小的形状，所以，钢柱吊装就位后和未固定前具有头重脚轻的特点。因此，安装钢柱时，一定要注意钢柱竖立起来后的稳定性。

1. 钢柱的起吊与安装

安装钢柱前，应依据基础的水平高度，将地脚螺母拧上，并调整到规定的水平高度。当安装螺母有困难时，必须用相同规格的套丝工具进行套丝处理。

钢柱吊装时的吊点位置和数量应按下列规定：

吊点的位置和吊点数，应根据钢柱形状、端面、长度及起重机性能进行确定。

一般钢柱，因其刚度和弹性良好，可以采用一点正吊装法，吊耳应放在柱顶处。这样吊起的柱身垂直，可正确地吊放到柱脚螺栓上。如受吊臂长度的限制时，吊点也可在钢柱长度的 1/3 处。

细长钢柱，为防止柱的变形，可采用 2 个以上的吊点。

钢柱起吊时，可根据钢柱所在的位置和吊装机械的位置采用旋转法、滑行法、递送法。

钢柱起吊就位后，应先安放上盖板，然后拧上地脚螺栓的螺母。地脚螺栓的紧固轴力应依据地脚螺栓的直径来确定，一般情况下，当地脚螺栓直径为 22mm 时，紧固轴力为 40kN；为 30mm 时，紧固轴力为 60kN；当为 36mm 时，为 90kN。

为了保证钢柱的稳定性，则应用缆风绳对吊装的钢柱进行固定。

2. 钢柱的校正

钢柱安装结束后，应对安装钢柱的柱底标高、纵横轴线及柱身的垂直度进行校正。

校正柱底标高时，应根据钢柱的实际长度，钢牛腿顶部距钢柱底部的距离，重点要保证钢牛腿顶部标高值来决定柱底标高的调整值。调整柱底标高时应用水平仪对每根柱的安装标高进行复测，如果产生误差，则应调整钢柱连接板面下的调整螺母，直至合格。

为了保证钢柱在安装时符合纵横轴线的设计要求，也就必须使钢柱底板上的纵横十字线与基础顶面上的纵横轴向的墨线相重合。但是，每间的开间在放线和施工中必定会产生尺寸误差。为了修正这一误差，保证钢梁、系杆等构件的正确安装，就要采用借线的方法来处理。首先要对纵、横轴线的总长度或总宽度量测标准，再逐间排出间与间、跨与跨之间的平均尺寸。当某一间间距较大时，由于受地脚螺栓的定位影响，在安装钢柱时，就要采取办法使柱底板上的轴向中心线对准间距线。这个办法就是采用扩孔的方法。

对于柱身的垂直偏差的校正，可采用磁性线坠工具进行校正。校正时，将磁性线坠工具安放在钢柱顶端的一个侧面上，将线坠向下引到柱脚处，量测垂线与钢柱侧面的距离。如果所测数据大于线盒处的数据时，说明柱顶向挂有测量线坠工具的一侧偏斜，反之则向另一面偏斜。如果钢柱的垂直度有较大偏差，可调整柱底螺母，直到校正准确为止。

当钢柱安装的各项指标均符合验收规范的规定时，则应将螺母与螺杆焊接牢固。

3. 钢柱安装的允许偏差

单层钢结构中钢柱安装的允许偏差应符合表 9-8 中的规定。

单层钢结构中钢柱安装的允许偏差（mm）　　　　**表 9-8**

<table>
<tr><th colspan="3">项　目</th><th>允许偏差</th><th>图　例</th><th>检验方法</th></tr>
<tr><td colspan="3">柱脚底座中心线对定位轴线的偏移</td><td>5.0</td><td></td><td>用吊线和钢尺检查</td></tr>
<tr><td rowspan="2">柱基准点标高</td><td colspan="2">有吊车梁的柱</td><td>+3.0
−5.0</td><td rowspan="2"></td><td rowspan="2">用水准仪检查</td></tr>
<tr><td colspan="2">无吊车梁的柱</td><td>+5.0
−8.0</td></tr>
<tr><td colspan="3">弯曲矢高</td><td>H/1200，且不应大于 15.0</td><td></td><td>用经纬仪或拉线和钢尺检查</td></tr>
<tr><td rowspan="4">柱轴线垂直度</td><td rowspan="2">单层柱</td><td>H≤10m</td><td>H/1000</td><td rowspan="4"></td><td rowspan="4">用经纬仪或吊线和钢尺检查</td></tr>
<tr><td>H>10m</td><td>H/1000，且不应大于 25.0</td></tr>
<tr><td rowspan="2">多节柱</td><td>单节柱</td><td>H/1000，且不应大于 25.0</td></tr>
<tr><td>柱全高</td><td>35.0</td></tr>
</table>

（二）轻钢门式钢梁的安装

1. 轻钢门式钢梁的拼接

在轻钢门式结构中，钢梁多为 2～3 节组合成一体的复合形构件，并且这种结构形式还多是人字形坡面形状。因此，必须把这些节单体构件组合在一起方能进行吊装。我们把这一施工过程称为拼接或拼组，但不论怎样称谓，实质上是高强度螺栓连接施工。

在拼接单个梁体时，首先应把拼接的单体构件放置在不同高度的支架上，两侧用钢管或木棒进行支撑。待两节单体梁的连接板面接触吻合后，先用与高强度螺栓直径相同的普通螺栓从同一侧面穿入螺栓孔中。在每个节点上穿入临时螺栓的数量一般不得少于高强度螺栓总数的 1/3，最少不得少于 2 个临时螺栓。不允许用高强度螺栓作为临时螺栓。

当临时螺栓紧固后，应查看所拼接构件的轴线是否符合要求，是否有扭曲变形，接触面的间隙是否大于 1mm。如不符合要求的，则应进行矫正。

因板厚公差、制造偏差或拼接偏差产生的接触面间隙不符合验收规范规定的，则应按下列方法进行加工处理。

当两个连接板接触面间隙小于或等于 1mm 时，可不加工处理。

当接缝间隙大于 1～3mm 时，将厚板的一侧磨成 1:10 的缓坡，使间隙小于 1mm。

当接缝间隙大于 3mm 时，应加垫板。垫板的材质和摩擦面的处理与构件相同。

当上述问题全部处理结束后，方可进行高强度螺栓的安装。安装高强度螺栓时，穿入螺栓孔的方向应一致，一般以施工方便为原则。扭剪型高强度螺栓连接副的螺母带台面的一侧应朝向垫圈有倒角的一侧，并应朝向螺栓尾部。对于大六角头高强度螺栓连接副安装时，根部的垫圈有倒角的一侧应朝向螺栓头，安装尾部的螺母垫圈则应与扭剪型高强度螺栓的螺母和垫圈安装相同。

在穿入高强度螺栓时，严禁强行穿入。如果穿入有困难时，采用铰刀对螺栓孔进行修整。但是用铰刀修整前应将其四周的螺栓全部拧紧，使两连接板密贴后进行。修整后孔的最大直径应小于 1.2 倍螺栓直径，严禁采用气割扩孔。

这里，我们一定要注意：每一节点上安装的高强度螺栓，要选用同一批量的高强度螺栓、螺母和垫圈的连接副，一种批量的螺栓、螺母和垫圈不能同其他批量的产品混同使用。

在紧固高强度螺栓时，应分初拧、终拧；对于大型节点时，可分为初拧、复拧和终拧。

在未紧固高强度螺栓前，由于连接板面间可能有未贴密的变形现象，这时先紧固的高强度螺栓就会有一部分轴力消耗在克服连接板间隙上，这样，先紧固的螺栓则由于其周围螺栓紧固以后，其轴力分摊而降低。在这种情况下，在紧固高强度螺栓时，至少应分二次紧固，第一次的紧固就称之为初拧。初拧轴力一般应达到标准轴力的 60%～80%。高强度螺栓的标准轴力应按表 9-9 中的规定。

高强度螺栓的标准轴力 **表 9-9**

螺栓种类	螺栓公称直径（mm）	设计轴力（kN）	施工轴力（kN）
8.8S	20	110	120
	22	135	150
	24	155	170
	27	205	225
	30	250	275

续表

螺栓种类	螺栓公称直径（mm）	设计轴力（kN）	施工轴力（kN）
10.9S	20	155	170
	22	190	210
	24	225	250
	27	290	320
	30	355	390

拧紧高强度螺栓应按一定的顺序进行。一般情况下就是要对称进行。拧紧时，应从节点中心向边缘依次拧紧，保证每个螺栓的紧固力保持一致。

高强度螺栓安装中，不光要注意拧紧顺序，更要注意其紧固方法。对高强度螺栓的拧紧方法，则是根据高强度螺栓构造型式来决定。

对于大六角头高强度螺栓的紧固，通常采用扭矩法和转角法。采用扭矩法时，就是应用相应的指针式、发声式、电动式等扭矩扳手施加扭矩，使螺栓产生预定的预拉力。采用转角法时，初拧用定扭矩扳手以终拧扭矩的30%～50%从螺栓群中心顺序向外对称拧紧各个螺栓。使接头各层连接板达到充分密贴，再在螺母和螺杆上面通过圆心画一条直线，然后用扭矩扳手转动螺母一个角度，使螺栓达到终拧要求。对终拧结束的螺栓，应用不同颜色的彩笔做出明显的标志，以防漏拧和重复拧。

对于扭剪型高强度螺栓，因它是一种自标量型的螺栓，其紧固方法采用扭矩法原理，施工扭矩是由螺栓尾部梅花头的切口直径来确定的。扭剪型高强度螺栓连接副紧固施工相对于大六角头螺栓施工要简单地多，正常情况下，是采用专用的电动扳手进行终拧，将梅花头拧掉就标志着螺栓的终拧结束。在施工的过程中，为了减少连接接头中螺栓群间的相互影响及消除连接板面间的缝隙，一般要进行初拧、复拧和终拧三个步骤。在实际施工中，初拧螺栓轴力可以控制在终拧轴力值的50%～80%。

高强度螺栓紧固后，丝扣应露出2～3扣。在紧固高强度螺栓时，初拧、复拧、终拧应在24h内完成。

当气温低于－10℃、或摩擦面潮湿以及暴露于雨雪中时则应停止高强度螺栓连接施工作业。

2. 轻钢门式钢梁的吊装

由于轻钢门式刚架钢梁的跨度大、侧向刚度小，为确保钢梁起吊时不变形和吊装安全，则应根据施工现场和起重设备的能力进行分吊和组吊。所谓分吊，就是将钢柱吊装结束后，再吊装钢梁。所谓组吊就是将钢梁和钢柱全部组装在一起的吊装。

对于一般跨度钢梁的吊点应在重心的位置，吊装时，两个吊点应设在全跨度的1/2处。对于侧向刚度小、腹板宽厚比大的钢梁，要防止其扭曲和损坏。这时则应选用单机加铁扁担两点或四点起吊。对于大跨度钢梁吊点应经计算确定，并采用双机抬吊。

起吊方法应采用旋转法。当起吊构件离地200～300mm时则应停机检查，主要应检查起重设备的稳定性，制动器的可靠性，钢梁的平稳性，绑扎的牢固性，确认无误后可再行起吊。并在构件的两端加白棕绳作为溜绳，以防止钢梁起吊后失控。

在安装钢梁与相应钢柱连接的两边，应分别有两个安装技工。当起吊的钢梁起吊至与柱连接的节点高度时，应先用冲钉将钢梁与柱进行临时定位。在不摘取吊具的情况下，再拧上全部的高强度螺栓，然后按拼接的要求将高强度螺栓紧固。

安装时，应先从靠近山墙的有柱间支撑的两榀钢梁开始。当第一榀钢梁螺栓固定后，两侧应用缆风绳进行固定。两榀钢梁安装结束后，应对梁间距进行校正，无误后每间可安装3~5根C形钢，使刚架达到稳定。以两榀屋架为起点，向房屋的另一侧进行安装。

3. 特殊结构的安装

在轻钢结构中的门式结构形式较多，所以遇到特殊结构时，应遵循以下的安装原则：

并列高低跨的安装：当遇到有高低跨结构形式时，根据实际安装经验，高跨钢柱安装时，应使柱的上部稍向横向轴线内倾斜。吊装钢梁时应先吊高跨间，后吊装低跨间。

大跨度与小跨度并列结构的安装：应先吊装大跨度间，后吊装小跨度间。

有屋盖与无屋盖并列结构的安装：也就是先吊装有屋盖间，后吊装无屋盖间。

结构间数不相同的结构吊装：这种结构是并列间数多的与间数少的屋盖吊装，这时应先吊装间数多的，再吊装间数少的。

如跨度较长，也可从结构的中部开始吊装两榀钢梁，安好水平支撑形成稳定后，再向两端延伸。

当设计有螺栓和焊接共同连接时，则应先紧固高强度螺栓，后进行焊接。

4. 结构安装的允许偏差

钢屋（托）架、桁架、梁及受压杆件的垂直度和侧向弯曲矢高的允许偏差应符合表9-10的规定。

钢屋（托）架、桁架、梁及受压杆件的垂直度和侧向弯曲矢高的允许偏差　　表9-10

<table>
<tr><th>项　目</th><th colspan="2">允许偏差（mm）</th><th>图　例</th></tr>
<tr><td>跨中的垂直度</td><td colspan="2">$h/250$，且不应大于15.0</td><td></td></tr>
<tr><td rowspan="3">侧向弯曲矢高</td><td>$l\leqslant30$m</td><td>$l/1000$，且不应大于10.0</td><td rowspan="3"></td></tr>
<tr><td>30m < $l\leqslant$ 60m</td><td>$l/1000$，且不应大于30.0</td></tr>
<tr><td>$l>60$m</td><td>$l/1000$，且不应大于50.0</td></tr>
</table>

（三）吊车梁的安装

1. 吊车梁的起吊

安装吊车梁，可在刚架安装结束后进行，也可在钢柱安装校正后进行。具体可结合施工条件、起吊工具、构件进场等情况来决定。

吊装吊车梁时，应根据吊车梁的重量，或采用起重机械，或使用滑轮组等进行吊装。

吊装吊车梁的吊点的数量和位置，应结合吊车梁的长度确定。一般情况下可采用两个吊点，其位置应在吊车梁两端的1/4处。起吊时，可用工具式吊耳进行，如图9-4所示。

起吊吊车梁时，也要在梁的两端加设溜绳，防止起吊过程中因随吊索绳放劲而旋转和碰撞牛腿。

2. 吊车梁的校正

吊车梁起吊就位后，应对吊车梁按图9-5的方法进行标高、纵横轴线、梁的直线度和垂直度进行校正。

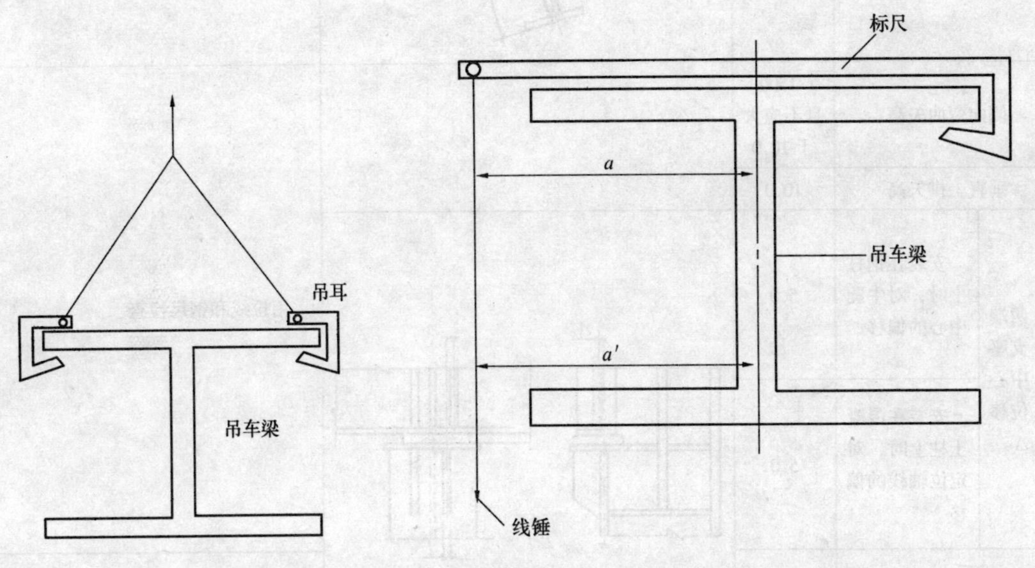

图9-4　吊车梁吊装示意图　　图9-5　吊车梁的校正

当一跨度内的吊车梁全部安装结束后，在专用的架设平台上或者吊车梁上安放一台精度为±3mm/km的水准仪，进行每梁两端的标高测量。然后将所有的数据进行加权平均，算出一个标准高程值，但是此值必须在标高允许的偏差范围内。再计算出各支点所需的垫板厚度，并利用该厚度的斜铁块进行标高调整。

校正纵横轴线时，必须是在钢柱和垂直支撑安装成为排架，并校正无误的情况下进行。校正时，首先应用经纬仪，在柱子的纵列端部，从柱基底部正确轴线引至牛腿顶部水平位置，定出正确轴线距吊车梁中心线距离，在吊车梁上翼缘板顶面中心线拉一通长细钢丝，将偏离中心的吊车梁逐一调整到位。

当对两排吊车梁纵横轴线校正无误后，则应对吊车梁的跨距进行复查。复查位置为一排柱的两端及伸缩缝处。并且，对重型吊车梁跨距的校正时间宜在屋盖吊装后进行，避免屋盖重量增加后使屋架下弦向外伸长，造成屋架跨度增大，影响吊车梁的跨距。

吊车梁的垂直度校正，是在吊车梁的上翼缘上固定一个标尺，在标尺的一端部挂一线坠，将线坠的线绳向下引，测量线绳至吊车梁腹板上下两处的水平距离。根据水平距离值进行调整，使上下水平距离的数值相等（$a = a'$），也就是吊车梁的垂直度达到了要求。

在实际的操作过程中，纵横轴线和垂直度可同时进行。

当吊车梁安装校正后，则应对焊接部位进行焊接固定。

3. 吊车梁安装的允许偏差

钢吊车梁安装的允许偏差应符合表 9-11 中的规定。

钢吊车梁安装的允许偏差　　表 9-11

<table>
<tr><th colspan="2">项　目</th><th>允许偏差</th><th>图　例</th><th>检 验 方 法</th></tr>
<tr><td colspan="2">梁的跨中垂直度 Δ</td><td>$h/500$</td><td></td><td>用吊线和钢尺检查</td></tr>
<tr><td colspan="2">侧向弯曲矢高</td><td>$l/1500$，且不应大于 10.0</td><td rowspan="6"></td><td rowspan="4">用拉线和钢尺检查</td></tr>
<tr><td colspan="2">垂直上拱矢高</td><td>10.0</td></tr>
<tr><td rowspan="2">两端支座中心位移 Δ</td><td>安装在钢柱上时，对牛腿中心的偏移</td><td>5.0</td></tr>
<tr><td>安装在混凝土柱上时，对定位轴线的偏移</td><td>5.0</td></tr>
<tr><td colspan="2">吊车梁支座加劲板中心与柱子承压加劲板中心的偏移 Δ_1</td><td>$t/2$</td><td>用吊线和钢尺检查</td></tr>
<tr><td rowspan="2">同跨间内同一横截面吊车梁顶面高差 Δ</td><td>支座处</td><td>10.0</td><td rowspan="2">用经纬仪、水准仪和钢尺检查</td></tr>
<tr><td>其他处</td><td>15.0</td><td></td></tr>
<tr><td colspan="2">同跨间内同一横截面下挂式吊车梁底面高差 Δ</td><td>10.0</td><td></td><td>用经纬仪、水准仪和钢尺</td></tr>
</table>

续表

项　目		允许偏差	图　例	检验方法
同列相邻两柱间吊车梁顶面高差 Δ		$l/1500$，且不应大于 10.0		用水准仪和钢尺检查
相邻两吊车梁接头部位 Δ	中心错位	3.0		用钢尺检查
	上承式顶面高差	1.0		
	下承式底面高差	1.0		
同跨间任一截面的吊车梁中心跨距 l		±10.0		用经纬仪和光电测距仪检查；跨度小时，可用钢尺检查
轨道中心对吊车梁腹板轴线的偏移 Δ		$t/2$		用吊线和钢尺检查

三、单层主体结构的整体垂直度和整体平面弯曲

(1) 单层主体结构的整体垂直度和整体平面弯曲的允许偏差应符合表 9-12 的规定。

整体垂直度和整体平面弯曲的允许偏差（mm）　　表 9-12

项　目	允许偏差	图　例
主体结构的整体垂直度	$H/1000$，且不应大于 25.0	
主体结构的整体平面弯曲	$L/1500$，且不应大于 25.0	

(2) 单层结构中的墙架、檩条等次要构件安装的允许偏差应符合表 9-13 的规定。

墙架、檩条等次要构件安装 (mm) 表 9-13

项目		允许偏差	检验方法
墙架立柱	中心线对定位轴线的偏移	10.0	用钢尺检查
	垂直度	$H/1000$，且不应大于 10.0	用经纬仪或吊线和钢尺检查
	弯曲矢高	$H/1000$，且不应大于 15.0	
抗风桁架的垂直度		$h/250$，且不应大于 15.0	用吊线和钢尺检查
檩条、墙梁的间距		±5.0	用钢尺检查
檩条的弯曲矢高		$L/750$，且不应大于 12.0	用拉线和钢尺检查
墙梁的弯曲矢高		$L/750$，且不应大于 10.0	

注：1. H 为墙架立柱的高度；
2. h 为抗风桁架的高度；
3. L 为檩条或墙梁的长度。

第三节 围护结构安装的质量控制

所谓围护结构，就是采用彩色有机涂层钢板加工成型的屋面板、墙板，用各种紧固件和各种泛水配件组装而成的具有挡风、防水、隔热、御寒、抗紫外线辐射功能作用的结构形式。由于压型金属板形状各异、颜色五彩缤纷，给建筑物充满了生机和新意，并给建筑起到了装饰作用。

一、金属屋面的主要类型

随着金属屋面的广泛应用，其防水和保温隔热的功能，以及板形的不断改进和发展，已逐步满足了业主选择金属屋面的要求，从而进一步推动了金属屋面的应用和发展。

构造各异的屋面板：

1. 高波纹与低波纹屋面板

按压型金属板的造型来分，金属屋面板可分为低波纹屋面板和高波纹屋面板。两者主要的区别是波纹的高度不同，从而所产生的排水效果也不同。高波纹屋面板由于其波纹较高，一般用于比较平缓的屋面，通常屋面坡度为 1:20 左右。而低波纹屋面板，由于板的波纹较低，所以多用在坡度较大的屋面。如从排水和防止漏水的角度出发，最好采用板肋较高的高波纹屋面板为好。

2. 暗扣式和螺丝暴露式屋面板

按照屋面板安装方式，主要有螺丝连接屋面板和暗扣式屋面板。

螺丝连接的屋面板由于自攻螺钉暴露在外面，所以容易生锈，加之所用密封胶垫易老化，则会产生屋面漏水和渗水现象。为了解决这一质量通病，最近几年出现了暗扣式连接的屋面板。暗扣式屋面板，是采用专用配件直接将金属屋面板固定于檩条之上，板与板之间、板与配件之间通过夹具夹紧。

在连接方式上，板与檩条和墙梁的连接有压板连接、穿透连接和咬边连接三种方式，如图 9-6 所示。

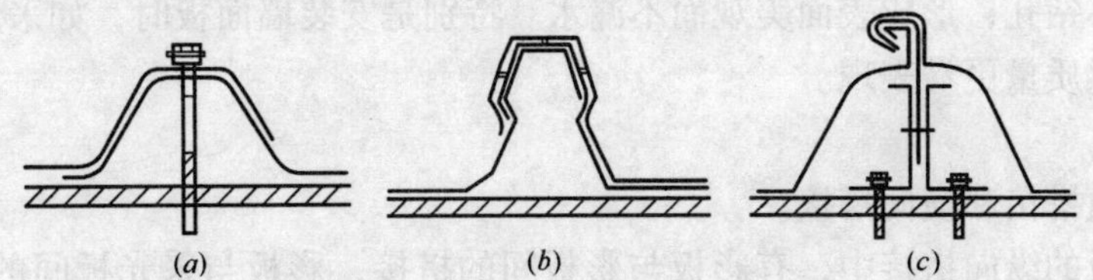

图 9-6　屋面板的连接形式
(a) 穿透连接；(b) 压板连接；(c) 咬边连接

3. 单层和复合式屋面板

对于单层和复合式屋面板选用，是从保温角度考虑的。单层压型金属板厚度很薄，不能满足保温要求。如要满足保温隔热的另一个措施是直接选择隔热保温效果较好的复合板或现场组装保温板。

现场组装保温板结构，是将单层压型彩板、保温材料分层安装在屋面上或墙体上。这种结构的保温层不承受任何力作用，它可分为单层压型彩板加保温层和双层压型彩板加保温层两类。它的最大优点是现场组合安装，不需要在工厂复合，灵活性大，对保温层材料的力学性能无特别要求。

单层压型彩板加保温层的做法，多用于工厂厂房、仓库或有吊顶装饰的建筑中。其保温层为连续不断的玻璃棉保温材料，下面因暴露在外，需加镀锌钢丝或不锈钢丝承托网。当采用强力加筋贴面层时可不用钢丝网。如为玻璃棉毡，下面贴有夹筋贴面层，贴面层多为聚丙烯贴面、铝箔贴面层等，这些贴面层还可起到隔汽和热反射的作用。

双面压型彩板加保温层的做法有两种形式：一是下层压型板安装在屋面檩条的上边，另一是下层压型板安装在屋面檩条的下边和墙梁的里边。前一种做法施工简单，不需要脚手架等附属设施，但由于檩条和其他拉条、水平支撑等构件外露，屋顶观感质量较差。后一种结构因下层压型板将所有构件覆盖，使得屋面、墙面整齐划一，美观协调。但是需要有各种脚手架等附属设施，施工费用较高。

另外还有一种夹芯板，一般称为复合板。这种板是在工厂中直接复合后运至安装现场进行安装。其夹芯材料多为聚苯乙烯发泡塑料或岩棉类保温阻燃材料。波形屋面夹芯板为外露式连接。这种连接的连接点多，可每波连接也可间隔连接，用自攻钉穿透连接，自攻钉六角头下设有防水垫的倒槽形盖片，加强了连接点的抗风能力。夹芯墙板多为穿透连接。

对于聚苯乙烯板分为阻燃型和非阻燃型，夹芯板所用的必须是阻燃型的，其识别方法是白色泡沫颗粒中混有颜色颗粒，阻燃型标准符号为 ZR，非阻燃型符号为 PT。

二、围护结构的构造与做法

1. 面板的安装连接

面板的安装连接包括了屋面板和墙面板。单层彩色压型板与檩条或墙梁的连接主要有外露连接和隐蔽连接两大类。

外露连接是采用自攻自钻螺钉进行连接施工。这种方法操作方便，简单易行；隐蔽式连接方法是通过特制的连接件与专用板型相配合的一种连接形式，这种连接形式的连接件不外露，彩色板表面不钻孔，形成表面美观而不漏水。特别是安装墙面板时，如采用隐蔽式的连接形式，其观感质量更易表现。

2. 板间搭接

板的搭接分为纵向搭接和横向搭接。

在单层彩色压型板的纵向搭接中，有彩板与彩板间的搭接，彩板与采光板间的搭接。对于夹芯复合板的纵向搭接，要将复合板的底板在搭接处切除搭接的长度和芯材。搭接长度与屋面的坡度有关。当屋面坡度大于或等于1/10时，搭接长度不应小于200mm；当小于1/10时搭接长度不宜小于250mm。对于墙面板的搭接长度不应小于120mm。

横向搭接是指板的长边之间的搭接。当采用了隐蔽式连接的板型，其相应的搭接边均已进行了扣合或咬合，所以搭接效果比较理想。

在外墙板安装时，墙板的底部与窗口下砖砌体交接处会有一条装配的构造缝，为避免墙面上流下的雨水渗流到室内，交接处的砌体应比彩板的底边高60mm，如9-7所示。

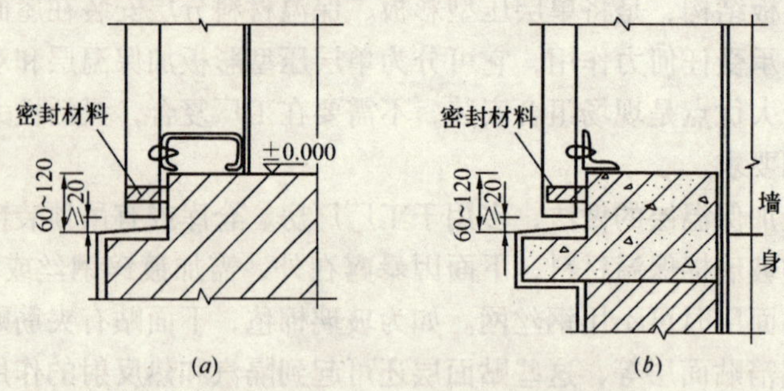

图 9-7 外墙底部做法

3. 檐口构造

檐口构造是彩板围护结构中较为复杂的部位，可分为有组织排水和无组织落水檐口两大类。在有组织排水檐口中又分为外排水天沟檐口和内排水天沟檐口两种形式。对于这种檐口的结构形式，在条件许可时则应优先采用无组织落水和外天沟排水的檐口形式。图9-8、图9-9分别为外天沟檐口节点图和内天沟檐口节点图。

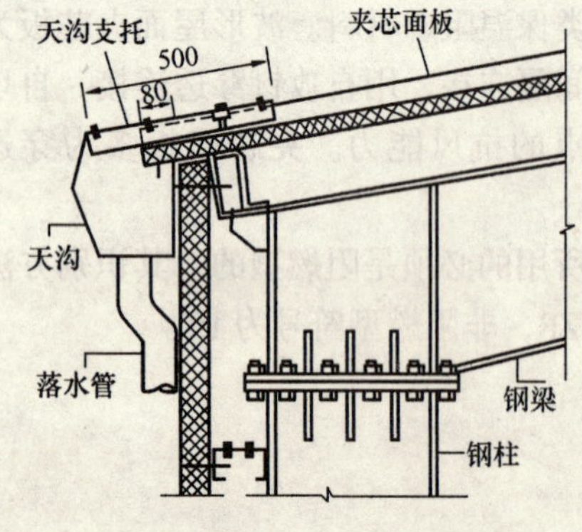

图 9-8 外天沟檐口节点图

有组织外排水天沟檐口的构造，有不带封檐和带封檐的两类。不带封檐檐口的天沟，可采用彩板天沟或焊接钢板天沟。一般的结构中多采用彩板天沟，因为它可以不需要专门支承它的结构系统，其沟壁内侧多与外墙板相近，在墙板上设支承件，在屋面板上伸出连接件挑在天沟的外壁上，各段天沟相互搭接，采用拉铆钉连接和密封胶密封处理。带封檐的外排水天沟多为钢板天沟，为固定封檐需设置固定支架。由于各种结构的需求功能不一样，封檐的大小也都各异。

有组织内排水天沟檐口分为连跨内天沟和檐口内天沟两种，其构造形式基本一致。

无组织落水檐口多在北方少雨地区且檐口不高的情况下使用，它可分为不封檐无组织落水和封檐的无组织落水檐口。不封檐的无组织落水檐口，外观简单，建筑艺术效果差，屋面板的波谷处板边应用夹钳向下弯折 5 ~ 10mm 作为滴水线。封檐的无组织落水檐口，封檐挑出长度可自由选择，屋面板挑出檐口板不小于 30mm，封檐板置于屋面板之下。

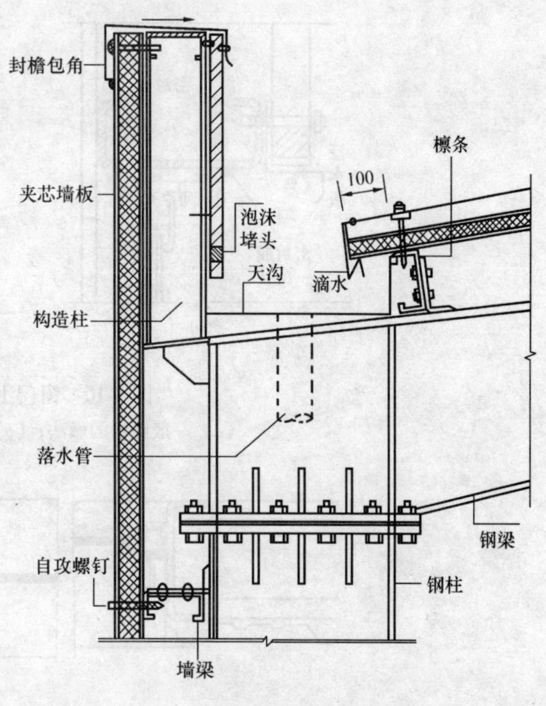

图 9-9 内天沟檐口节点图

4. 屋脊的构造

屋脊的构造有两种情况，一种是安装屋面板时到达屋脊处不断开，直接从屋面的这一个檐口到另一个檐口，板在屋脊处自然弯曲。这种构造多用在跨度不大，屋面坡度小于 1/20 的条件下和拱形结构中。另一种是通常的做法，也就是屋面板的一端只安到屋脊处。这种做法必须设置内、外脊板、挡水板、泛水翻边等多种配件，以形成严密的防水体系。屋脊板与屋面板的搭接长度不宜小于 200mm。

5. 封山形式

在围护结构中，山墙与屋面交接处的处理也是围护结构的关键部位，它分为两种构造做法。

一种是山墙处屋面板外伸出檐。这种方法构造简单，防水可靠，施工方便，屋檐一体，结构安全。

另一种是山墙随屋面坡度设置。它又分为山墙高度与屋面板平齐和高出屋面板形成女儿墙。

6. 门窗洞口的做法

彩色压型板的门窗多安置于墙面檩条之上，具有较强的装饰作用和效果。其窗口的处理较为复杂，是围护结构安装中的细部做法，所以一定要结合门窗安装的实际尺寸进行构造设计。

窗（门）上口与窗侧口的做法。窗（门）上口做法种类较多，常采用彩板包角和窗眉附件相结合的处理方法。安装时将窗眉上边直边安放在墙面板的里面，形成屋面板压住窗眉板边。这样雨水就会沿窗眉落下。窗侧口的做法较为简单，常用彩板制作面各种形状的包角进行装饰。图 9-10 是一般泛水件和带窗套口的做法。图 9-11 是窗（门）侧边的做法。

窗下口泛水应在窗口处做局部上翻，并应注意气密性与水密性。但是，窗下口泛水件与侧口泛水件交接处与墙面板的交接较为复杂，应结合板型和排板的实际进行处理，如图 9-12 所示。

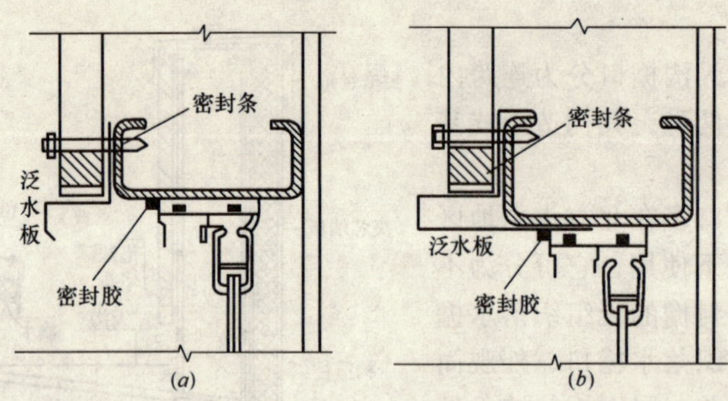

图 9-10　窗门上口做法

(a) 一般泛水的做法；(b) 有窗套口的做法

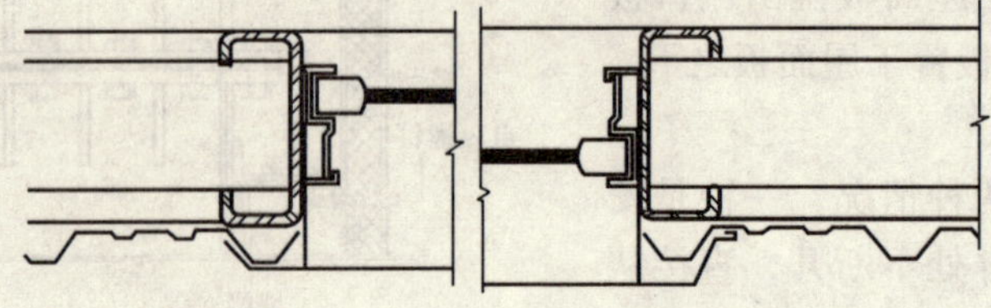

图 9-11　窗门侧边做法

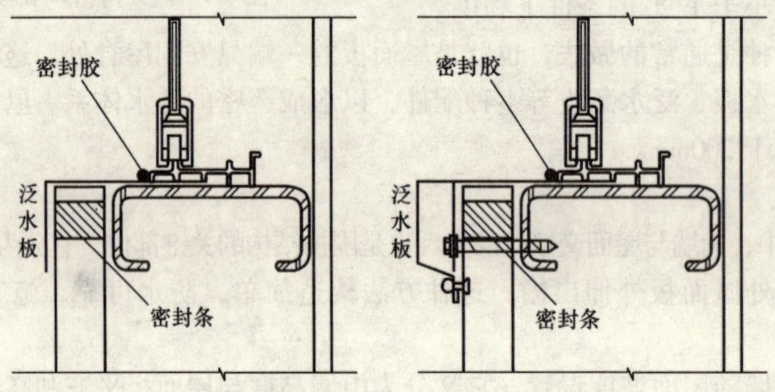

图 9-12　窗下口的做法

7. 高低跨交接处的做法

对于双跨平行的高低跨结构形式，宜将低跨设计成单坡，坡向是从高跨处向外，这时高低跨交接处采用泛水板连接。并且在安装时，应使高跨的墙面板压住泛水板。如果低跨也是双坡形式时，高低跨连接处应设置内天沟。

当结构形式为高低跨时，不论采用单层板或是夹芯、复合板，高低跨处应用泛水连接，高低跨处的泛水高度应大于 300mm，构造示意如图 9-13 所示。

8. 外墙四大角的做法

彩板围护外墙的四大角，是钢结构工程围护结构的主角，就像衣服上的衣襟一样。它不但起到一定的装饰效果，而且还起连接山墙和前后墙板的作用。

四大角的包角件应按“量体裁衣”的原则去做，其泛水包角件尺寸应在墙板安装完成后按实际尺寸量测制作。否则就会影响装饰效果。

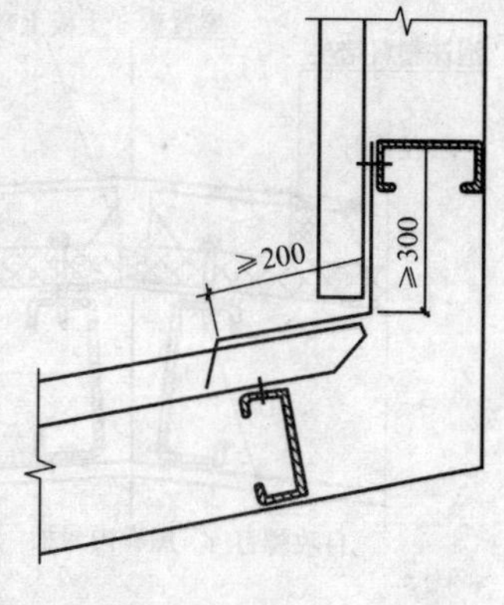

图 9-13　高低跨处的构造

三、围护结构的安装措施

1. 安装前的排板放线

《钢结构工程施工质量验收规范》（GB 50205—2001）中明确规定：压型金属板安装应平整、顺直，板面不应有施工残留物和污物。檐口和墙面下端应呈直线等。所以在围护结构安装工程中，不论是安装屋面板还是安装墙面板，均应符合规范中的质量要求。

如何保证压型金属板的安装质量，第一步就是要进行排板放线。放线前，应对安装面上的已有安装的项目进行检查验收，对达不到安装质量要求的提出修改，对施工过程中产生的偏差做出记录，如能对偏差进行调整的则应调整，如不能调整改进的，则应针对存在的偏差制定出相应的安装措施。

在放线时，应根据排板设计确定排板的起始线位置。在施工时，先在檩条上标定出起始点，也就是沿跨度方向在每个檩条上标出排板起始点，各个点的连线应与建筑物的纵轴线相垂直，而后在板的宽度方向每隔 4 ~ 5 块板再标注一次，以限制和检查板的安装偏差积累，这称作第一次放线。还有一次叫二次放线，也就是屋面板和墙板安装结束后对配件的放线，以保证屋脊线、檐口线、窗上口以及转角处的线条的水平度和垂直度。

在对屋面板排板放线时，如有采光板时，还应考虑采光板的宽度，并应在放线时加以标注采光板的位置。

2. 板类的吊装

板类的吊装方法众多，但必须根据施工场地的现状、板的长度宽度，以及现有的起吊设备等条件合理选择起吊方法。

在一般的情况下，大多使用机械吊装和人工提升的方法。当采用机械吊装时，因提升的板材不易送到安装地点，增加了长距离的人工搬运，不小心时还会踩踏已安装好的板面。人工提升中，多采用钢丝滑升的提升方法。这种方法看起来比较原始，但是对特长板却是比较有效的一种方法。这种方法是在山墙处设置多道钢丝，钢丝上设套管，板放在钢管上，屋面上人工用绳拉动钢管，将板提升到屋面。

3. 安装施工

（1）面板的安装。围护结构的安装必须是在刚架主体验收合格的基础上进行。当有天窗设计时，必须是天窗安装全部结束后方能安装屋面板。

安装屋面板时，首先应将固定支架紧固在檩条之上，所有支架应在一条直线上。然后将提升到屋面的板材按照排板起始线放置，并使板材的宽度覆盖标志线对准起始线。用相应的紧固件将两端紧固后再安装第二块板，其安装顺序为从下向上、自左至右或自右向左进行。当安装到下一个放线标志点处，复查安装的偏差，当满足设计要求后进行板材的全面紧固和锁边。不能满足要求时，则应在本标志段内进行调正，如调正有困难时，可在下一标志段内调正。

为了保证屋面板在屋脊处不产生漏水，在安装单层板时，应将面板的端部向上弯折，弯

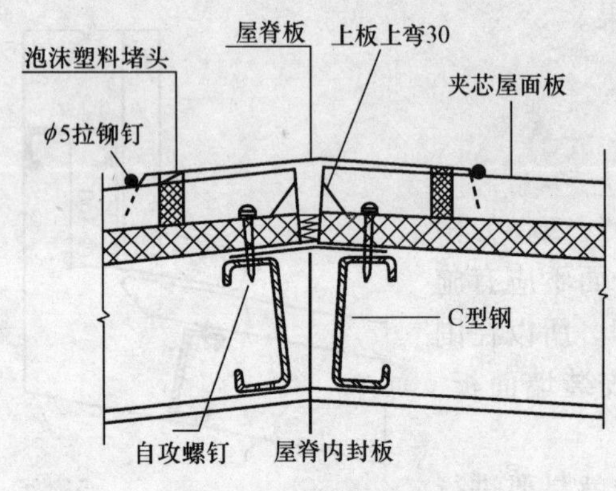

图 9-14 屋脊板安装示意图

折高度不超过波高的高度；当为复合板时，应将板端的下板裁去一段长度，将夹芯也相应除去或使芯材端面为斜面状，与另一坡面相吻合，然后将上板向上弯折。如图 9-14 所示。

安装夹芯板、复合板时，应消除板间的缝隙。

当屋面板安装完毕后，应检查是否有遗漏未紧固的地方。

在紧固自攻螺丝时，应严格掌握紧固的程度。当紧固过度时，会使密封圈外边上翻，甚至将板面压低；当紧固程度不够时密封圈与板面接触不严密。只有紧固到相应程度发出响声时，则紧固程度符合要求。

当板材有纵向搭接时，应在接缝处铺设密封带，并在搭接处用自攻螺丝或带密封垫的拉铆钉连接，紧固件应固定在密封条处。

墙面板的安装可按照屋面板安装的方法进行。

（2）采光板的安装。采光板的安装一般是在屋面板安装结束后进行。固定采光板紧固件下面，应增设面积较大的采光板钢垫，以避免在长时间的风荷载作用下将采光板的连接孔扩大，以至于失去连接和密封作用。当为保温屋面需设双层采光板时，应对双层采光板的四个侧面密封，保证其保温效果，如图 9-15 所示。

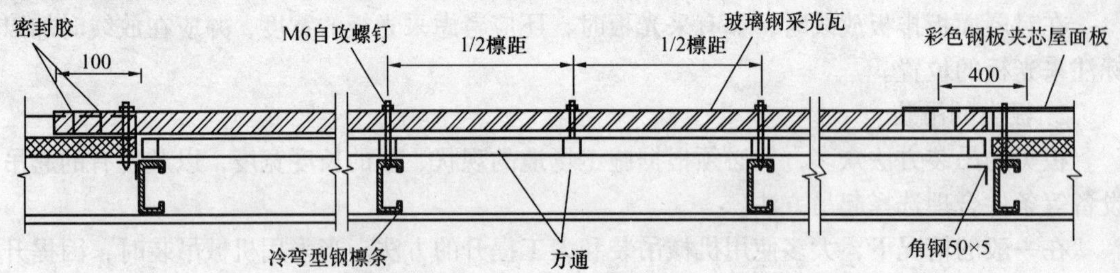

图 9-15 采光板与屋面板的连接

（3）通风器的安装。在现代的工业厂房中，一般都设计有自然通风器。安装自然通风器时须在屋面板安装完毕后进行。通风器的理想位置应尽量靠近屋脊线，定位时将防水基板安置于脊板下 100mm 处；以防水基板的内孔为样板，经划线后切割出洞口；在防水基板和屋脊盖板的结合处贴上防水胶泥带，在两面边完整的波峰顶部，贴上防水胶泥带，并在堵头和彩板之间打上防水硅胶。然后用自攻螺钉或拉铆钉将防水基板固定在屋面上。将变角管颈安放在基板上，转动变角管颈可旋转部分，通过水平仪进行相向 90°角的调整，使变角管颈的上面为水平状。用螺钉固定的方法将变角管颈固定在基板上。将通风器涡轮头的四个支撑臂卡入预留的沟槽中，再用螺钉将涡轮头固定在变角管颈上。最后在堵头及基板四周打上防水硅胶即可。

（4）泛水件安装。安装泛水件前，首先应在安装处放出安装准线，如安装屋脊板时的屋脊线、檐口泛水件的檐口线、窗口的上下线等，并在安装前应认真检查泛水件的端头尺寸，并按此尺寸选配合适的搭接接头。安装泛水件的搭接接口时，应在被搭接处涂上密封胶，搭接后应立即紧固。当安装泛水件到拐角处或门窗洞口转角处时，应按泛水件断面形状加工拐角处的接头或门窗洞口转角处搭接防水口的相互构造方法，以保证拐点处有良好的防水效果和装饰效果，并应保证搭接口不得在正视面上。安装后的泛水件应细腻平直整齐，安装牢固可靠。转角处搭接严密，切角应正确，接头位置合理。

四、安装围护结构注意事项

(1) 安装屋面板时，不得在板面上任意走动，确需走动时，脚应踩在彩板与檩条接触上面的波底内，不要踩在彩板的波高处。

但是要注意，凡是穿有鞋底带钉子的人不得在屋面上施工。

(2) 在屋面板上搬运彩板或其他产品时，不得在安装的板面上拖拉运送，并应做到轻拿轻放，不准产生碰撞。

(3) 现场切割过程中，切割机械的底面不宜与彩板面直接接触，底面最好用薄三合板或其他材料作为垫衬物。

(4) 操作工人携带的工具等应放在专用的工具袋中，并不得随意扔放在彩板屋面上。

(5) 施工安装过程中，安装工人不得堆聚在一起，以免集中荷载过大，造成板面损坏。

(6) 当天吊到屋面未安装固定的板材，下午收工时应进行临时性的固定，防止夜间起风将板材刮下。

(7) 因在板面上钻孔或切割产生的铁屑应及时处理干净，以防锈蚀影响板面外观质量。

(8) 挤用密封胶时，严禁将密封胶液涂在彩板上或污染板面。

(9) 当彩板面上有保护薄膜时，安装结束后应全部清除。

五、压型金属板安装质量的偏差

(1) 压型金属板应在支承构件上可靠搭接，搭接长度应符合设计要求，且不能小于表 9-14 中的规定。

压型金属板在支承构件上的搭接长度　表 9-14

项　目		搭接长度（mm）
截面高度 ＞70		375
截面高度≤70	屋面坡度＜1/10	250
	屋面坡度≥1/10	200
墙　面		120

(2) 压型金属板安装的允许偏差应符合表 9-15 的规定。

压型金属板安装的允许偏差　表 9-15

项　目		允许偏差（mm）
屋面	檐口与屋脊的平行度	12.0
	压型金属板波纹线对屋脊的垂直度	L/800，且不应大于 25.0
	檐口相邻两块压型金属板端部错位	6.0
	压型金属板卷边板件最大波浪高	4.0
墙面	墙板波纹线的垂直度	H/800，且不应大于 25.0
	墙板、包角板的垂直度	
	相邻两块压型金属板的下端错位	6.0

第四节 多层及高层安装质量控制

多层及高层钢结构安装主要是指桁架结构、框架-剪力墙结构、筒体结构用劲性混凝土和钢管混凝土中的钢结构工程。

一、安装前的技术准备

1. 总平面规划

对于多层及高层钢结构安装工程，它比单层吊装要复杂的多，技术要求也比较高，所以必须预先对构件堆放场地、消防道路、现场施工道路、配电箱、电焊机布置、吊车行走路线、位置及工作范围，以及结构平面的纵横轴线尺寸等进行平面规划。这是做好吊装工作的前奏。

2. 基础验收

对多层和高层钢结构进行安装前，必须对所施工的基础质量进行验收，合格后方能进行安装工作。

多层及高层的定位轴线、基础上柱子的定位轴线和标高，地脚螺栓（锚栓）的位置应符合表 9-16 的规定。

多层及高层定位轴线标高允许偏差　　表 9-16

项　目	允许偏差（mm）	项　目	允许偏差（mm）
建筑物定位轴线	$L/20000$，且不应大于 3.0	基础上柱底标高	±2.0
基础上柱的定位轴线	1.0	地脚螺栓（锚栓）位移	2.0

3. 选择好起重机

在选择起重机械时，主要应考虑以下三个方面：

(1) 起重机的性能。如果层数较多又较高，连续跨又多，这样塔吊就是首选设备。选用塔吊就是要选用塔吊的最大起重力矩所具有的起重质量、回转半径及起吊高度，除此之外，还须考虑塔吊高空使用的抗风性能，起重卷扬机滚筒对钢丝绳的容绳子量，吊钩的升降速度等。

(2) 起重机械的类型。凡是高层或是超高层钢结构安装施工，其主机选用都是内爬式或外附式自升式塔式起重机。

(3) 起重机数量。根据建筑平面、施工现场条件、施工进度、起重机的工作效率和性能，在满足起重性能和安装需求的情况下，一般布置 2~4 台。

4. 确定吊装顺序

在多层及高层钢结构施工中的钢结构吊装，一般需划分吊装作业流水区段，钢结构吊装按划分流水作业的区段，平行顺序同时进行。当一片区域吊装完毕后，即进行测量，校正、高强度螺栓初拧等工序，待几个片区安装完成后，对整体再进行测量、校正、高强度螺栓终拧、焊接。待对这一区域的焊接质量验收合格后，接着进行下一节钢柱的吊装。并根据现场实际情况进行本层压型钢板吊放和部分铺设工作。

二、工艺流程

多层及高层钢结构施工的工艺流程可参见图 9-16。

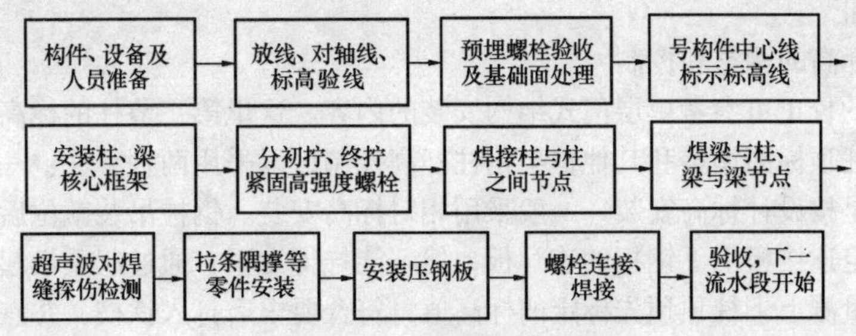

图 9-16　多高层安装流程图

三、结构吊装

(一) 柱的安装

1. 吊点设置

吊点点数及吊点位置应根据钢柱形状、断面、长度、起重机性能等具体情况确定。一般钢柱弹性和刚性均好，吊点采用一点正吊。吊点设置在柱顶处，柱身竖直，吊点通过柱重心位置，易于起吊、安放和校正。当多个构件在地面组装成较大单元结构体进行安装时，吊点应经精确计算确定。

2. 起吊方法

多层与高层钢结构吊装工程中，钢柱的吊装多采用单机起吊，对于特殊或超重的构件，也可采取两机抬吊方案。

起吊钢柱时，柱身必须垂直，尽量做到回转扶直，根部不拖地。超吊回转过程中，应注意避免同其他已吊装就位的构件相碰撞，吊索应有一定的有效高度。在吊装第一节钢柱时，应在预埋的地脚螺栓上加设保护套，以免钢柱落下时碰坏地脚螺栓的丝扣。

第一节钢柱是安装在柱基上的，钢柱安装前应将登高爬梯和挂篮等用具挂设在钢柱预定的位置并绑扎牢固，起吊就位后临时固定地脚螺栓，并校正垂直度。钢柱两侧装有临时固定板，上节柱对准下节柱柱顶中心线后，即用螺栓固定连接板做临时支撑固定。

当钢柱的地脚螺栓固定后，才能放松吊索。

3. 标准柱安装

为确保多层及高层钢结构整体安装质量精度，在每一结构层都要选择一个标准框架结构体，有的也称剪力筒，依次向外展开作业。

选择标准柱的原则是：该柱能控制框架平面轮廓的少数柱子，常选择在平面转角处的柱子为标准控制柱。正方形框架取 4 根转角柱（墙体的四个大角处）；长方形框架当长边与短边之比大于 2 时取 6 根柱；多边形框架则取每个转角柱。

标准柱吊装结束后，首先要对标准的轴线和垂直度进行精确校正。校正标准柱垂直度时，应采用两台经纬仪对钢柱安装进行跟踪观测，并按下面规定分步骤进行：

(1) 采用无缆风绳校正。在钢柱偏斜方向的一侧打入钢楔或顶升千斤顶来进行校正。

（2）采用安梁定位。也就是说先把标准框架体的钢梁先吊装到位，再安装中、下层梁。如在安装过程中对柱的垂直度产生了影响时，可采用钢丝绳缆索、千斤顶和手拉葫芦进行校正。其他框架依标准框架向四周延伸展开，其做法与上边方法相同。

4. 钢柱校正

（1）柱顶标高的调整和控制

第一节柱的校正可参考单层门式结构安装的内容。这里第二节柱的标高和其他框架钢柱标高控制。柱顶标高调整和其他框架钢柱标高控制可以采用两种方法：一是按相对标高安装，另一种是按设计标高安装。一般采用相对标高安装。钢柱吊装就位后，用大六角头高强度螺栓固定连接板上下钢板的连耳板，但不能拧得太紧，通过起重机起吊、撬棍可微调柱间间隙。量测上下柱顶预先标定的标高值，符合要求后打入铁楔，并点焊限制，钢柱下落，考虑到焊缝及压缩变形，标高偏差调整控制在 4mm 以内。

（2）第二节钢柱轴线控制

为使第二节柱不和第一节柱出现位移错口，尽量做到上下两柱的中心线相重合。钢柱中心线偏差每次调整在 3mm 范围以内，如果偏差过大应分多次调整。每一节钢柱的定位轴线绝对不允许用作下一节钢柱的定位轴线，应从地面控制线向上引自高空，以保证每节钢柱安装正确无误，避免产生过大的安装积累偏差。

（3）第二节钢柱的垂直度控制

第二节钢柱垂直度校正的重点是对钢柱有关尺寸预检。下层钢柱的柱顶垂直度偏差就是上节钢柱的底部轴线、位移量、焊接变形、垂直度校正及弹性变形等的综合。可采取预留垂直度偏差值消除部分误差。预留值大于下节柱积累偏差值时，只预留累计偏差值，反之则预留可预留值，其方向与偏差方向相反。

经验测定值：梁与柱一般焊缝收缩值小于 2mm；柱与柱焊缝收缩值一般为 3.5mm，厚钢板焊缝的横向收缩值可按下式公式计算得出：

$$S = K \cdot A / h$$

式中　S——焊缝的横向收缩值（mm）；

K——常数，一般情况下取 0.1；

A——焊缝横截面面积（mm^2）；

h——焊缝厚度，包括熔深（mm）。

钢柱的垂直度还会受到日照温度的影响，这一影响主要是上午 9 ~ 10 时和下午 14 ~ 15 时。垂直度在这一影响会造成偏差，其偏差变化的大小与柱的长细比、温度成正比并与钢柱的材料、截面形式、钢板的厚度有着直接的关系。所以，校正柱子的工作应避开阳光照射的炎热时间，减少日照光的影响。

另外风力也会对柱的迎风面产生压力，使柱身发生侧向弯曲。因此，在校正柱子时，当风力超过 5 级时不能进行校正。对已校正完毕的柱子应进行侧向梁的安装或采取加固措施以增加整体的连接刚性，防止风力作用产生侧向变形。

（4）钢柱标高的控制

每安装一节钢柱后，应对柱顶的标高进行一次测量。标高误差超过 6mm 时，需进行调整。调整时，多用低碳钢板垫到规定要求。如果误差过大，不宜一次调好，可先调整一部分，待下一次再调。中间框架柱的标高宜稍比外柱高些。

(二) 框架梁安装控制

钢梁在吊装前，应于柱子牛腿处检查标高和柱子间距，并应在梁上装好扶手杆和扶手绳，以便待主梁吊装就位后，将扶手绳与钢柱系牢，保证施工安全。

钢梁上的吊点应根据设计要求进行制作。如果无有设计要求时，可在钢梁的翼缘处开孔作为吊点，其位置取决于钢梁的跨度。为加快吊装速度，对用量较小的次梁和其他小梁，多利用多头吊索一次吊装多根。

一般在钢结构实际施工操作中，同一列柱的钢梁从中间跨开始对称地向两端扩展安装；同一跨钢梁，先安装上层梁、再安装中下层梁，形成由上向下安装顺序的格局。

在安装柱与柱之间的主梁时，可能会因为梁长度的偏差影响，会把柱间距撑大或缩小，因此必须跟踪观测校正，预留偏差值。

为了减少高空作业，保证安装质量，可以将梁、柱在地面组装成排架后进行整体吊装。当一节钢框架吊装完毕，即需对已吊装的柱、梁进行误差检查和校正，方法如前。

钢梁校正结束后，用高强度螺栓进行临时固定，再进行柱校正。对梁、柱全部校正无误后，紧固高强度螺栓，焊接柱节点和梁节点。在焊接过程中，一般可以先焊一节柱的顶层梁，再从下向上焊接各层梁与柱的节点。并对焊缝进行探伤检测。

(三) 结构构件安装偏差控制

(1) 多层及高层钢柱安装的允许偏差应符合表 9-17 的规定。

多层及高层钢柱安装的允许偏差　表 9-17

项　目	允许偏差 (mm)	项　目	允许偏差 (mm)
底层柱柱底轴线对定位轴线偏移	3.0	柱子定位轴线	1.0
		单节柱的垂直度	$h/1000$，且不应大于 10.0

(2) 柱与柱，柱与梁安装的允许偏差应符合表 9-18 的规定。

柱与柱，柱与梁安装的允许偏差　表 9-18

项　目	允许偏差 (mm)	项　目	允许偏差 (mm)
上下柱连接处的错口 Δ	3.0	主梁与次梁表面的高差 Δ	±2.0
同一层柱的各柱顶高差 Δ	5.0	压型金属板在钢梁上相邻列的错位 Δ	15.0
同一根梁两端顶面高差 Δ	1/100，且不应大于 10.0		

(3) 钢主梁、次梁及受压杆件的垂直度和侧向弯曲矢高的允许偏差可参见前表9-10的规定。

(4) 多层及高层钢结构主体结构的整体垂直度和整体平面弯曲的允许偏差应符合表 9-19 的规定。

整体垂直度和整体平面弯面的允许偏差　表 9-19

项　目	允许偏差 (mm)	项　目	允许偏差 (mm)
主体结构的整体垂直度	($H/2500+10.0$) 且不应大于 50.0	主体结构的整体平面弯曲	$L/1500$，且不应大于 25.0

(5) 主体结构总高度的允许偏差应符合表 9-20 的规定。

主体结构总高度的允许偏差 表 9-20

项　目	允许偏差 (mm)
用相对标高控制安装	$\pm\Sigma\ (\Delta_h+\Delta_z+\Delta_W)$
用设计标高控制安装	$H/1000$，且不应大于 30.0 $-H/1000$，且不应大于 -30.0

注：1. Δ_h 为每节柱子长度的制造允许偏差；
2. Δ_z 每节柱子长度受荷载后的压缩值；
3. Δ_W 为每节柱子接头焊缝的收缩值。

四、结构处理

(1) 柱底二次浇筑

当第一节框架构件安装、校正、螺栓紧固后，应对底层钢柱柱底进行二次浇筑混凝土。浇筑混凝土时先在柱脚四周安装模板，将混凝土基础平面上的杂物清理干净，并用清水进行冲洗，然后根据施工图的要求配制膨胀混凝土，混凝土的强度等级应符合设计要求。浇筑时从一侧浇入并用捣棒捣实，完毕后应用围土或湿草苫或麻袋覆盖养护至标准时间。

配制膨胀混凝土时应遵照普通混凝土配合比的设计，唯一不同的是应掺入一定量的膨胀剂。除了本书第五章中介绍的几种膨胀剂外，还可掺入水泥质量的 0.04% 工业铝粉。

(2) 钢柱连接

钢柱之间的连接常采用坡口电焊连接。主梁与钢柱间的连接，一般上下翼缘用坡口电焊连接，而腹板用高强度螺栓连接。次梁与主梁的连接基本上是在腹板处用高强度螺栓连接，少量在上下翼缘板处用坡口电焊连接。柱与梁的焊接顺序，是先焊接顶部柱、梁节点，再焊接底部柱梁节点，最后焊接中间部分的柱梁节点。

柱与柱的对接焊接时，应采用两人同时对称焊接；梁与柱的焊接亦应在柱的两侧对称焊接，以减少焊接变形和残余应力的产生。

所有上述的焊接必须由持有焊工操作证的技术人员进行。

第五节 钢网架结构安装质量控制

钢网架结构不仅有跨度大、覆盖面广、结构轻、节省材料等特点，同时还有良好的稳定性和安全性，它也是当前钢结构工程的主要结构类型。

网架结构是指工业与民用建筑屋盖及楼层的空间铰接杆件体系。网架结构常用的形式有：由平面桁架系组成的两向正交正放网架、两向正交余放网架、两向斜交斜放网架、单向折线形网架；由四角锥体组成的正放四角锥网架、正放抽空四角锥网架、棋盘形四角锥网架、斜放四角锥网架、星形四角锥网架；由三角锥体组成的三角锥网架、抽空三角锥网架、蜂窝形三角锥网架。

一、网架结构的焊接

1. 空心球的制作和焊接方法

网架结构中的空心球多采用热压工艺制作。首先将钢板按设计尺寸下料后加热至850~900℃，然后采用上、下模具热压成半球形，经圆度检验合格后，修切边缘及坡口，装配定位焊内加强肋，最后进行成品焊接。

空心球的焊接方法可用药皮焊条手工电弧焊或 CO_2 气体保护焊。球体放在转胎上转动。壁厚大于16mm的大型空心球制作焊接时可选用埋弧焊，但应用气体保护焊或手工电弧焊小直径焊条进行打底，以保证在焊透的过程中同时避免焊穿，然后再用埋弧焊填充、盖面。

节点焊接时应采取对称焊接方法，以保证杆件轴线角度的准确性，并减少或消除焊接应力，如图9-17所示。

在地面小拼时应尽量使球体在下，钢管在上而处于俯焊位置，在高空安装焊接时，图9-17中的1、2焊缝则尽可能采取立焊或斜立焊位置。

分片网架的总拼装焊接一般从中心开始，由四名焊工同时向四周辐射进行，以保证整体尺寸的精度。

根据要求，钢管与空心球全焊透连接时，钢管应开坡口、留间隙、加内套，以实现焊缝与钢管的等强度连接。大型网架为了减小焊接应力与收缩变形，应尽可能采取全焊透连接，如图9-18规定的坡口形式和尺寸。

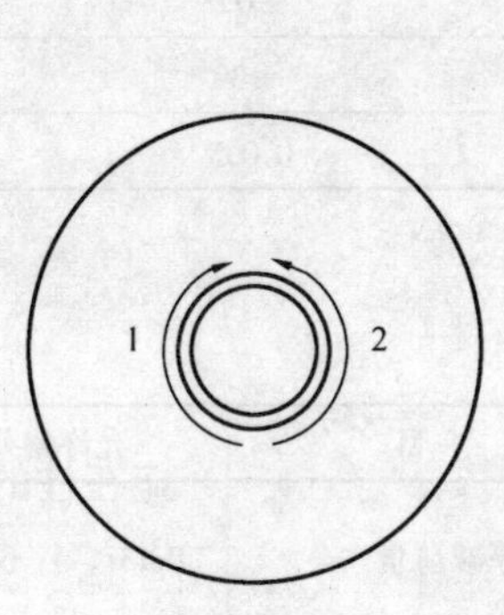

图9-17　球-管节点焊接顺序

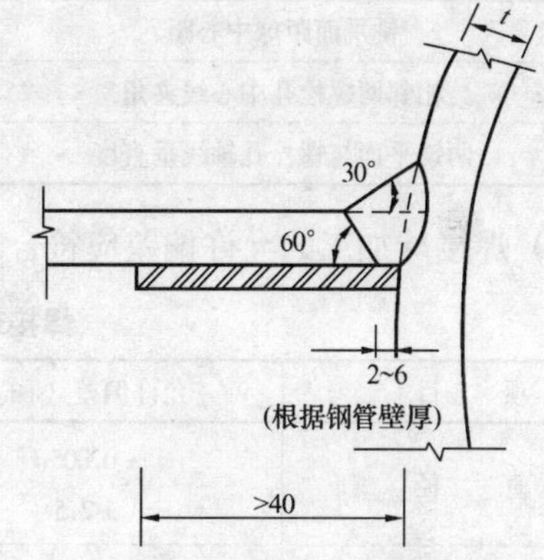

图9-18　球-管接头焊接要求

网架球-管节点的安装焊接应在专用的拼装胎架上进行小拼，以保证小拼单元的形状及尺寸准确。但是一定要在焊接前估算出节点焊缝的横向收缩量。

2. 钢管桁架结构的制作焊接

采用钢管桁架结构不但线条流畅、体形优美，而且是体轻经济。

钢管的连接主要采取焊接即使大型结构的高空安装合拢节点部分采取有栓接，也必须把栓接部件焊到钢管杆件上。

大型桁架结构尽可能在地面胎架上进行单榀桁架的组焊，吊装至柱顶就位后，再焊接各榀桁架间的横向杆件。

建筑钢结构的钢管杆架所用的管径一般较小，Y、K 形节点中支管间的间隙也小，焊接空间狭窄，节点的每道焊缝由一名焊工先用 3～4 点定位焊接后，再用对称焊完成焊接。

焊缝坡口的根部间隙大于 1.5mm 标准值时，可按超标间隙值增加焊脚尺寸。当间隙大于 5mm 时，应采用堆焊方法进行焊接，打磨后修整支管端头或在接口处主管表面堆焊焊道，以减小焊缝间隙。

3. 管、球加工质量要求

网架材料进入施工现场后，应对其球、管等部件进行质量验收，其标准应符合下列要求：

（1）螺栓球加工的允许偏差应符合表 9-21 的规定。

螺栓球加工的允许偏差 表 9-21

项目		允许偏差（mm）
圆度	$d\leq120$	1.5
	$d>120$	2.5
同一平面上两铣平面平行度	$d\leq120$	0.2
	$d>120$	0.3
球毛坯直径	$d\leq120$	+2.0 −1.0
	$d>120$	+3.0 −1.5
铣平面距球中心距		±0.2
相邻两螺栓孔中心线夹角		±30′
两铣平面与螺栓孔轴线垂直度		0.005r

（2）焊接球加工的允许偏差应符合表 9-22 的规定。

焊接球加工的允许偏差 表 9-22

项目	允许偏差（mm）	项目	允许偏差（mm）
直径	±0.005d ±2.5	壁厚减薄量	0.13t，且不应大于 1.5
圆度	2.5	两半球对口错边	1.0

（3）钢网架（桁架）用钢管杆件加工的允许偏差应符合表 9-23 的规定。

钢网架（桁架）用钢管杆件加工的允许偏差 表 9-23

项目	允许偏差（mm）	项目	允许偏差（mm）
长度	±1.0	管口曲线	1.0
端面对管员的垂直度	0.005r		

（4）支承面顶板的位置、标高、水平度以及支座锚栓位置的允许偏差应符合表 9-24 的规定。

支承面顶板、支座锚栓位置的允许偏差　表 9-24

项　目		允许偏差（mm）
支承面顶板	位　置	15.0
	顶面标高	0，　-3.0
	顶面水平度	$l/1000$
支座锚栓	中心偏移	±5.0

二、钢网架高空散装工艺的控制

（一）操作工艺

高空散装法的网架安装，是先在地面上搭设拼装支架，然后用起重机将网架构件或分块吊至空中的设计高度，在支架上进行拼装的施工方法。其工艺流程如图 9-19 所示。

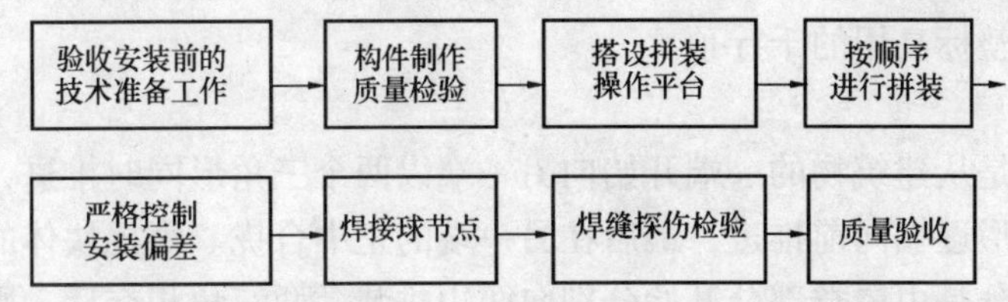

图 9-19　高空散装工艺流程

1. 小拼单元的划分

根据结构的实际情况，先把网架合理地分割成各种单主体，直接由单根杆件、单个节点、一球一杆、两球一杆总拼成网架；再由小拼单元一球四杆、一球三杆总拼成网架；由小拼单元——中拼单元——总拼成网架。

划分小单元时，一般可分为平面桁架型和锥体型两种。斜放四角锥型网架小拼单元划分成平面桁架型小单元时，该桁架缺少上弦，需要加设临时上弦。如采用锥体型小拼单元，则在生产车间中的电焊量约占 70%以上，故采用斜放四角锥网架以划分成锥体型小拼单元较为有利。两向正交斜放网架小拼单元划分时考虑到总拼时标高的控制，每行小拼单元的两端均应在同一标高上。

如果采取在地面预拼装后拆开再行吊装的措施时，拼装场地面积不充分，也可套拼两个单元或三个单元在地面预拼装，吊装一个单元后，再拼装另一单元。

2. 高空拼装顺序的确定

选定的高空拼装顺序应能保证拼装的精度，减少积累误差。常用的网架拼装顺序有：

（1）平面呈矩形的四边支承两向正交斜放网架。总的安装顺序由建筑物的一端向另一端呈三角形推进；为防止网片安装中产生积累误差，应由网脊线分别向两边安装。

（2）平面呈矩形的三边支承两向正交斜放网架。总的安装顺序应由建筑物的一端向另一端呈平行四边形推进，在横向应由三边框架内侧逐渐向外侧逐条安装。

（3）平面呈方形由两向正交正放桁架和两向正交斜放拱、索桁架组成的周边支承网架。总的安装顺序应先安装拱桁架，再安装索桁架，在拱索桁架已固定且已形成能够受自重的结构体系后，再对称安装周边四角、三角形网架。

3. 基准轴线、标高及垂直度偏差控制

网架安装时应对建筑物的定位轴线、支座轴线和支承的标高进行检查，做出检查记录。

网架在安装的过程中，应及时地对网架支座轴线、支承面标高、网架下弦标高、网架屋脊线、檐口线位置和标高进行跟踪控制，发现误差积累时应及时纠正。

各杆件与节点连接时中心线应汇交于一点；螺栓球、焊接球应汇交于一点。

用网片小拼单元进行拼装时，要严格控制网片和小拼单元的定位轴线和垂直度。

网架结构总拼装完成后，纵横长度偏差、支座中心偏移、相邻支座偏移、相邻支座高低差等指标均应符合验收规范要求。

4. 拼装支架的架设

支架一般用扣件和钢管搭设。它应有整体的稳定性和有足够的强度与刚度。要把其总沉降量控制在5mm以下。为了有效地控制和调整沉降值和卸荷方便，可在网架下弦节点与支架之间设置调整标高用的千斤顶。

5. 拼装操作

总的拼装顺序是从建筑物的一端开始向另一端以两个三角形同时推进，待两个三角形相交后，则按人字形逐榀向前推进，最后在另一端的正中合拢。每榀块体的安装顺序，在开始两个三角形部分是由屋脊部分开始分别向两边拼装，两三角相交后，则由交点开始同时向两边拼装。

6. 焊接

拼装后的焊接可按本节所讲的焊接方法进行。

7. 拼装单元的偏差控制

(1) 小拼单元的允许偏差应符合表9-25的规定。

小拼单元的允许偏差 表 9-25

项 目			允许偏差（mm）
节点中心偏移			2.0
焊接球节点与钢管中心的偏移			1.0
杆件轴线的弯曲矢高			L_1/1000，且不应大于 5.0
锥体型小拼单元	弦杆长度		±2.0
	锥体高低		±2.0
	上弦杆对角线		±3.0
平面桁架型小拼单元	跨长	≤24m	+3.0，-7.0
		>24m	+5.0，-10.0
	跨中拱度	设计要求起拱	± L/5000
		未要求起拱	±10.0
	跨中高度		±3.0

注：1. L_1 为杆件长度；
2. L 为跨度。

(2) 中拼单元的允许偏差应符合表9-26的规定。

中拼单元的允许偏差 **表 9-26**

项目		允许偏差（mm）
单元长度≤20m，拼接长度	单跨	±10.0
	多跨连跨	±5.0
单元长度>20m，拼接长度	单跨	±20.0
	多跨连跨	±10.0

（二）螺栓球节点网架总拼

拼装螺栓球节点网架时，一般是先拼装下弦，将下弦的标高和轴线调整到规定值时，全部拧紧螺栓，起到定位作用。开始连接腹杆时螺栓不宜拧紧，但必须使其与下弦连接端的螺栓有所紧固，如不紧固，在周围螺栓都拧紧后，这个螺栓就可能产生偏歪，导致无法拧紧。连接上弦时开始不能拧紧。当分条拼装时，安装好三行上弦球后，即可将前两行抄到中轴线，这时可通过调整下弦球的垫块高低进行，然后固定第一排锥体的两端支座，同时将第一排锥体的螺栓拧紧。其余的拼装按以上规定循环进行，直至拼装结束。

在整个网架拼装完成后，必须对所有的螺栓的紧固情况进行一次全面的检查，消除质量隐患。

高空拼装时，一般从一端开始，以一个网格为一排，逐排步进。其拼装顺序为：下弦节点→下弦杆→腹杆及上弦节点→上弦杆→校正→拧紧全部螺栓。

（三）空心球节点网架总拼

空心球节点网架高空拼装是将小单元或散件直接在设计位置进行总拼。为保证网架在总拼过程中具有较少的焊接应力和便于调整尺寸，合理的总拼顺序应从中间向两边或从中间向四周发展。

焊接的网架结构严禁形成封闭圈，固定在封闭圈中焊接会产生较大的收缩应力。

为确保安装的精度，在操作平台上选一个适当位置进行一组试拼，检查无误后才能正式拼装。

网架焊接一般先焊接下弦，使下弦收缩而略向上起拱，然后焊接腹杆及上弦。

为防止网架在拼装过程中因网架自重和支架网刚度较差而产生挠度，可预先设置施工起拱，矢高一般在 10～15mm。

三、网架分条或分块法施工

所谓网架分条或分块，就是先把屋盖划分成若干单元，在地面拼装成条或块状，扩大组合单元体后，用起重机械或设在双肢柱顶的提升设备垂直吊升或提升到设计的高程位置。这种方法适用于两向正交，正放四角锥、正放轴空四角锥等网架。

（一）条状单元组合体的划分

1. 条状单元划分的形式

条状单元是指沿网架长跨方向分割为若干区段，每个区段的宽度是 1～3 个网格。而其长度即为网架的短跨或 1/2 短跨。块状单元是指将网架沿纵横方向分割成矩形或正方形的单元。每个单元的质量以现用起重机能力胜任为准。

条状单元组合体的划分是沿着屋盖长方向切割。对桁架结构是将一个节间或两个节间的两榀或三榀桁架组成条状单元；对网架结构，则将一个或两个网格组装成条状单元体。切割组装后的网架条状单元体往往是单向受力的两端支承结构。通常条状单元的划分有以下几种形式：

（1）网架单元相互靠紧，把下弦双角钢分在两个单元上，此法可用于正放四角锥网架，如图 9-20 所示。

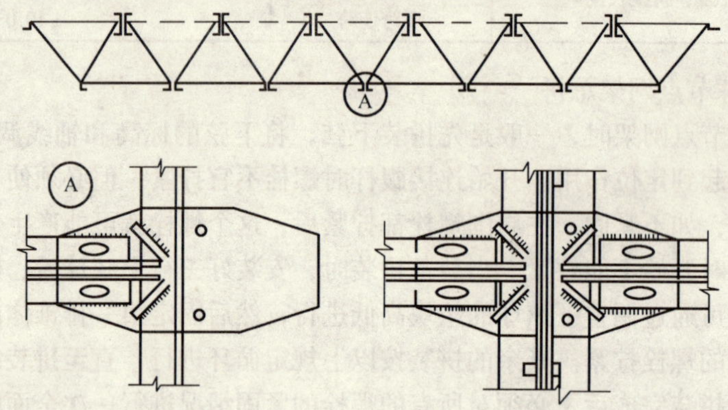

图 9-20　正放四角锥网架条状单元划分

（2）网架单元相互靠紧，单元间上弦用剖分式安装节点连接。此法可用于斜放四角锥网架，如图 9-21 所示。

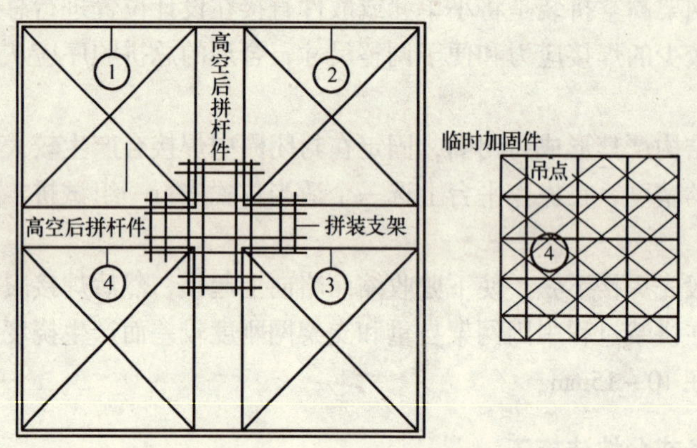

图 9-21　斜放四角锥网架条状单元划分

（3）单元之间空一节间，该节间在网架单元吊装后再在高空拼装，如图 9-22 所示，它可用于两向正交正放网架。

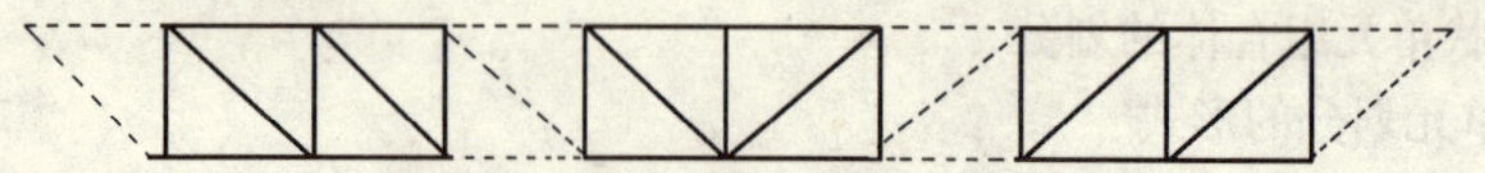

图 9-22　两向正交正放网架条状单元划分

2. 网架挠度控制

网架条状单元在吊装就位过程中的受力状态属平面结构体系，而网架结构是按空间结构设计的，因而条状单元在总拼前的挠度要比网架形成整体后该处的挠度低，故在总拼前必须在合拢处用支撑顶起，调整挠度使与整体网架挠度符合。

（二）块状单元组合体的划分

1. 划分及吊装

块状单元组合体的分块一般是在网架平面的两个方向均有切割，其大小视起重机的起重能力而定。

切割后的块状单元体大多是两邻边或一边有支承，一角点或两角点要增设临时顶撑予以支承。也有将边网格切除的块状单元体，在现场地面对准设计轴线组装，边网格在垂直吊升后再拼装成整体网架。

吊装时有单机跨内吊装或双机跨外抬吊两种。在跨中下部设可调立柱、钢顶撑，以调节网架跨中挠度。吊上后即可将半圆球节点焊接和安设下弦杆件，待全部作业完成后，拧紧支座螺栓，拆除网架下立柱，即告完工。

2. 安装和焊接顺序

在安装焊接过程中，应由中间向两端安装，或从中间向四周发展。

3. 网架挠度及尺寸控制

块状单元在制作后，应模拟高空支承条件，拆除全部地面支承后观察施工挠度，如不符合要求，则应进行调整。

网架单元尺寸必须准确，以保证高空总拼时节点吻合和减少偏差。所以在尺寸控制中，可采用预拼法或套拼的方法进行尺寸控制。

四、网架高空滑移法安装控制

（一）滑移方式的选择

1. 单条滑移法

将条状单元一条一条地分别从一端滑移到另一端就位安装，各条之间分别在高空再进行连接。

2. 逐条累计滑移

先将条状单元滑移至能连接上第一单元的宽度，连接好第二单元后，两条一起再滑移一单元宽度，如此循环滑移和连接，直至最后一条单元为止。

3. 按滑移时作用力的方向

这种形式主要有牵引法及顶推法。牵引法是将钢绳钩扎于网架前方，用卷扬机或手搬葫芦拉动钢绳，过后引网架前进；顶推法即用千斤顶顶推网架后方，使网架前进。

其他的方法还有摩擦方式、滑移坡度等，可根据施工条件合理确定。

（二）平台架设与滑移安装

1. 平台的架设

高空拼装平台位置选择是决定滑移方向和滑移质量的关键。应视现场条件、支承结构特征、起重机性能等诸多因素选定高空拼装平台位置。高空平台一般搭设在网架两端；也可搭设在网架中部或网架侧部。为了减少架子的用量，拼装平台应尽量搭在已建结构物上。它的搭设宽度应视网架分割条或块尺寸决定，一般应大于两个网架节间的宽度，再加上周边不少于4m的操作走道的宽度。它的标高应由滑轨顶面标高确定。

滑轨的形式较多，可根据各工程实际情况选用。滑轨与圈梁顶预埋件连接可用电焊或螺栓连接。

2. 网架滑移安装

先在地面将杆件拼装成两球一杆和四球五杆的小拼构件，然后用悬臂式桅杆、塔式或履带式起重机，按组合拼装顺序吊到拼接平台上进行扩大拼装。先就位点焊，焊接网架下弦方格，再点焊立起横向跨度方向腹杆。每节间单元网架部件点焊拼接顺序，由跨中向两端对称进行，焊完后进行临时固定。

准备工作完毕后，经全面检查无误进行试滑 500mm，如滑行正常，方可正式滑行。滑移控制速度应为 1m/min 以内，并要求做到两边同步滑移。当网架跨度大于 50m 时，应在跨中增设一条平稳滑道或辅助支顶平台。

根据规定，网架滑移时两端不同步值一般不大于 50mm。当拼装精度要求不高时，控制同步可在网架两侧的梁面上标出尺寸，牵引时同时要报滑移距离。当同步要求较高时可采用自整角机同步指示装置。

当网架滑移完毕，经检查各部尺寸、标高和支座位置等符合设计要求后，可用千斤顶或起落器抬起网架支承点，抽出滑轨，使网架平稳过渡到支座上。待网架下挠稳定，装配应力释放完后，即可进行支座固定。

五、网架整体吊装法

整体吊装法，就是将网架结构在地面错位拼装成整体，然后用起重机吊升超过设计标高，空中移位后落位固定。

1. 多机吊装作业

多机吊装作业，适用于跨度 40m 左右，高度 25m 左右质量不很大的中、小型网架屋盖的吊装。安装前先在地面上对网架进行错位拼装，使拼装位置与安装轴线错开一定的距离，避开柱子的位置。然后用多台起重机将拼装好的网架整体提升到柱顶以上，在空中移位后落下就位固定。

为了避免起重机的起吊速度不一致，可将两台起重机的吊索用滑轮连通，这样可由滑轮的吊索自动调节网架在起吊时的平衡。

2. 单根拔杆吊装作业

将拔杆正确地竖立在事先设计的位置上，底座的球形万向接头支承在牢固基础上，其顶端应对准拼装网架中心的脊点。

网架吊点的位置应根据计算确定。如个别吊点与柱相碰时，可增加辅助吊点。

为保证网架的平衡起吊，应在网架四角分别用 8 台绞车进行围溜，这样便可做到随吊随溜。

进行吊装时必须先进行试吊。通过试吊，如起重设备安全可靠、吊点对网架整体刚度没有影响、协调指挥、起吊等操作都能统一时，可以进行正式吊装。正式吊装时必须要做到起吊同步。

当网架提升越过柱顶安装标高 500mm 时，应停止提升。调整缆风绳和滑轮组、溜绳，将网架横移到柱顶或围柱内，再进行下降 50mm/次或 100mm/次的降差调整，直至网架就位到设计位置。

网架就位后，用千斤顶和垫板对各支座的偏差进行调整固定。

3. 多根拔杆吊装作业

(1) 多根拔杆的工作原理

为了减低牵引速度和牵引力，保证网架起吊时的稳定，还可采用拔杆集群悬挂多组复式滑轮组与网架各吊点吊索相连接，由多台卷扬机组合牵引各滑轮组而带动网架同步上升的吊装方法。

这种方案是利用每根拔杆两侧起重机滑轮组产生水平分力不等原理推动网架就位。但是也存在着缆风绳、地锚、拔杆受力较大的问题，因此就要改进移位方法，可将原拔杆上几对起重机组的位置由平行移位改为垂直移位。

采用这种吊装方案时，应对网架轴线进行严格地控制，确保支座安装的正确性。

(2) 缆风绳的敷设与卷扬机的选择

缆风绳由两种敷设组成，即斜缆风绳、平缆风绳构成的组合体。斜缆风绳与地面夹角应不大于 30°，每根斜缆风绳用一个地锚进行固定。

在选用卷扬机时，应对卷扬机的工作性能进行考虑，计算其工作参数，它的主要参数就是牵引力、钢绳速度和绳容量。一般来讲，卷扬机应尽量选用工作性能相同的慢速卷扬机。

(3) 起吊时的同步措施

在网架整体吊装时，应保证各吊点在起升及下降过程中达到同时同步。其同步措施如下：

①在选用卷扬机时应注意卷扬机的卷筒直径和转速应保持一致。

②起重机滑轮组钢丝绳的穿绕方法及滑轮门数、起重有效绳长应完全一致。

③起重钢丝绳的直径应选用同一规格。

④在正式起吊前应进行试吊，在集中统一指挥下进行同步操作训练。

⑤用自整角机监测网架在整体吊装中的平衡状态。

六、网架整体提升法

整体提升法与整体吊装法有着本质区别：前者只能作垂直起升，不能作水平移动或转动；后者不仅能作垂直起升，而且可在高空作移动或转动。所以整体提升的网架结构必须按高空安装位置在地面上就位拼装成整体，也就是高空安装位置和地面拼装位置必须在同一投影面上；再者网架周边与柱子相碰的杆件必须预留，待网架提升到位后再进行补装。

这种安装方法适用于跨度 50~70m，高度 40m 以上大跨度网架的重型屋盖系统周边支承点支承网架的安装。

采用整体安装网架常用液压千斤顶或升降机。

1. 网架提升的同步控制

在网架提升过程中，各吊点间的同步差将影响升降机等提升设备和网架杆件的受力，测定和控制提升中的同步差是保证施工质量和安全的关键性措施。当使用升降机时，允许升差值为相邻提升点距离的 1/400，且不大于 15mm；用穿心式液压千斤顶时，为相邻提升点距离的 1/250，且不大于 25mm。所以进行同步控制的主要条件就是选择升降设备。

根据使用情况证明，升降机的同步性比液压千斤顶要好些。

2. 柱的稳定

对网架进行整体提升，必须对独立柱进行稳定性验算，如果稳定性达不到要求，则应按下列措施进行加固：

(1) 网架四角沿轴线方向每角拉两根缆风绳，以承受风力，减少柱子的水平荷载。所用缆风绳应有抵抗7级风的能力，平时可放松，当风力超过5级时可拉紧。

(2) 各柱间设置两道水平支撑与设计中的柱间支撑联系，以减少柱的计算长度。当采用升网滑模法施工时，当滑出模板的混凝土强度达到10MPa以上后立即安装水平支撑，以确保柱子的稳定性。

3. 液压千斤顶爬升法

液压千斤顶爬升工艺主要有：

(1) 网架制作

网架制作与拼装分两步进行：

第一步是在生产厂进行全部杆件和节点的制作，并拼装成小单元后送到现场。

第二步是在组装平台按合理的顺序进行组装，组装时要求全部杆件与节点用螺栓或点焊固定。组装检查校正合格后方可进行焊接。焊接时宜从网架中间节点开始，呈放射状向四周展开，最后焊网架支座节点。

(2) 爬升工艺

整个爬升过程有试爬、正式爬和就位爬三步。

试爬：根据结构特点确定合理的试爬高度，一般为离地面500mm。待网架爬至试爬高度后，检查其变形和液压爬升系统，安装屋面体系，并检修爬道，必要时对支座进行加固处理。

正式爬：试爬检查就绪后，可按设计要求进行爬升，爬升速度宜控制在1～3m/h左右。

就位爬升：就位爬升前应逐一检查液压设备，调整支座水平高度和校正吊杆垂直度，确认无误后即可按设计要求安装就位。

(3) 网架水平高差及垂直控制

①网架水平高差控制。网架平稳上升是保证网架整体爬升质量的关键，因此安装前必须对千斤顶进行检查和同步试验。另外，由于各支座的负载不均，各千斤顶的行程和回油下滑量不一，须采取有效措施及时进行局部调整。实践证明，爬升施工时宜每爬升250mm，即对网架水平高差调整一次。

②网架垂直偏差控制。由于吊杆自由长度大，网架爬升时左右摆动明显，支座节点板有靠柱现象，在柱子两侧支座节点板上安装一对限位小滑轮，以控制其垂直偏差点。经验表明，只要吊杆位置安装准确，支承柱表面平滑，网架在轻微摆动状态爬升时不会出现卡柱现象。

七、网架整体顶升安装法

网架整体顶升法是把网架在设计位置的地面拼装成整体，然后用千斤顶将网架整体顶升到设计标高。它适用于大跨度网架重型屋盖系统、支点较少的点支承网架的整体顶升安装。

网架在地面上拼装时，它的平面位置就是网架在水平面上的正投影位置。

1. 顶升过程

顶升过程可分为初始顶升、正式顶升和就位顶升，但初始顶升和正式顶升程序基本相同。其中反复循环最多的是正式顶升。另外，两个顶升都只有一个循环，每完成一个循环，屋盖就会升高。

图 9-23 是网架顶升安装透视图，其顶升过程如下：

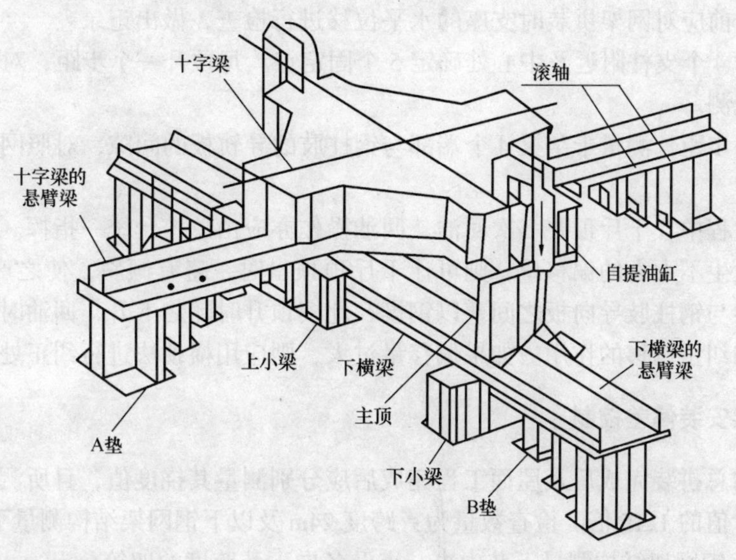

图 9-23　网架顶升安装法

正式顶升时，首先将网架顶升 175mm，然后再将图中 A 垫的第一个台阶推入十字梁与上小梁之间。千斤顶回油，十字梁搁置在 A 垫的这个台阶上。首次自提下横梁、千斤顶 175mm，将 B 垫的第一个台阶推入下横梁与下小梁之间。自提油缸回油，下横梁、千斤顶支承在 B 垫的这个台阶上，准备第二次顶升。如此反复循环 4 次，A、B 垫全部推入，十字梁升高 700mm。

第 5 次千斤顶顶升 120mm，将 A 垫推出，把上小梁吊升到上级牛腿上，千斤顶回油，十字梁搁置在已升高一个步距的上小梁上。提升下横梁，推出 B 垫，将下小梁吊升到上级钢牛腿上。自提油缸、下横梁，千斤顶支承在已升高一个步距的下小梁上。这个步距的正式顶升完成。

最终就位顶升，也是最后一步距顶升。这时要将十字梁四端在正式顶升时两个轮流受力的状态，过渡到同时均匀受力的就位状态。为此，钢柱最后一级牛腿的顶标高要严格控制。

2. 同步及纠偏

(1) 同步控制措施

对网架在安装过程中的同步及偏移，必须控制在一个适合的范围内。顶升时对同步的要求是：同一组柱 2 个千斤顶高差不得大于 10mm；4 个支柱，最高与最低高差不得大于 30mm。网架就位后的验收标准是：4 个支承柱最高与最低高差不得大于 50mm；网架支座中心对柱基轴线的水平位移48mm。

为了满足以上这一质量指标，应采取如下同步控制措施：

千斤顶使用前应进行空载调试；千斤顶的出顶状态与出顶时间应做到基本一致；每顶升175mm分4次完成；对每个千斤顶配置一套光点指示系统，控制台可以及时采取有效措施，保持顶升同步；对钢柱各牛腿标高、上下小梁支承处高度，A、B垫各台阶的高度及其与悬臂部分所留的间隙必须严格检查，及时修正。

（2）纠偏措施

网架顶升前应对网架拼装时支座的水平位移进行检查，做出记录。

在网架的4个支柱附近及中心处确定5个固定点。每顶升一个步距，对这5个点的水平位移进行观测。

每顶升一步距，测量十字梁4个端部与钢柱肢的导轨板的间隙，对照网架水平平面内的偏移。

在顶升过程中，千斤顶要多次回油。回油操作亦应由总控台统一指挥。

如网架发生不太大的偏移量，则可让千斤顶顶出时，略有倾斜，使之产生水平分力。亦可在十字梁与钢柱肢导向板之间塞以钢楔，此楔顶升时随之上升，回油时加以锤击，亦能起到防止和纠正偏移的作用。如果偏移量过大，则应用横顶法进行纠正处理。

八、网架安装偏差控制

网架结构总拼装完成后及屋面工程完成后应分别测量其挠度值，且所测的挠度值不应超过相应设计值的1.15倍。检查数量为：跨度24m及以下钢网架结构测量下弦中央一点；跨度24m以上钢网架结构测量下弦中央一点及各向下弦跨度的四等分点。

网架结构安装完成后，其安装的允许偏差应符合表9-27的规定。

网架结构安装的允许偏差 **表9-27**

项目	允许偏差（mm）
纵向、横向长度	$L/2000$，且不应大于30.0 $-L/2000$，且不应小于-30.0
支座中心偏移	$L/3000$，且不应大于30.0
周边支承网架相邻支座高差	$L/400$，且不应大于15.0
支座最大高差	30.0
多点支承网架相邻支座高差	$L_1/800$，且不应大于30.0

注：1. L为纵向、横向长度；

2. L_1为相邻支座间距。

第十章　建筑工程施工质量验收

第一节　施工质量验收的一般规定

建筑工程的竣工验收，是对工程施工质量做出最终评价的关键程序，也是本工程能否进行备案和投入使用的最终确认。因此可以说，质量验收，既是一种管理活动又是一种控制措施。在这种情况下，国家本着“验评分离、强化验收、完善手段、过程控制”方针指导下，编制了《建筑工程施工质量验收统一标准》，来规范各专业的质量验收。

一、工程施工质量验收的准则

按照《建筑工程施工质量验收统一标准》的规定，建筑工程施工质量应按下列要求进行验收：

1. 建筑工程施工质量应符合《建筑工程施工质量验收统一标准》和相关专业验收规范的规定。

2. 建筑工程施工应符合工程勘察、设计文件的要求。

3. 参加工程施工质量验收的各方人员应具备规定的资格。

4. 工程质量的验收均应在施工单位自行检查评定的基础上进行。

5. 隐蔽工程在隐蔽前应由施工单位通知有关单位进行验收，并形成验收文件。

6. 涉及结构安全的试块、试件以及有关材料，应按规定进行见证取样。

7. 检验批的质量应按主控项目和一般项目验收。

8. 对涉及结构安全和使用功能的重要分部工程应进行抽样检测。

9. 承担见证取样检测及有关结构安全检测的单位应具有相应资质。

10. 工程的观感质量应由验收人员通过现场检查，并应共同确认。

二、建筑工程施工质量验收

根据《建筑工程施工质量验收统一标准》的规定，建筑工程施工质量验收应划分为分部（子分部）工程、分项工程和检验批。

(1) 检验批

所谓检验批，就是“按同一生产条件或按规定的方式汇总起来供检验用的，由一定数量样本组成的检验体”，建筑分项工程可以划分成一个或若干个检验批来进行验收。划分检验批时应遵守下列原则：

① 多层及高层建筑工程中主体分部的分项工程可按楼层或施工段来划分；

② 单层建筑工程中的分项工程可按变形缝等划分；

③ 地基基础分部工程中的分项工程一般划分为一个检验批；有地下层的基础工程可按不同地下层划分；

④ 对于原材料及成品进场的验收，可根据工程规范及进料情况合并或分组划分检验批；

⑤ 复杂结构按独立的空间刚度单元划分；

⑥ 屋面分部工程中的分项工程按不同楼层屋面可划分为不同的检验批；

⑦ 其他分部工程中的分项工程，一般按楼层划分；

⑧ 对于工程量较少的分项工程，可统一划分为一个检验批；

⑨ 安装工程一般按一个设计系统或设备组别划分；

⑩ 室外工程统一划分一个检验批，散水、台阶、明沟等含在地面检验批中。

在建筑工程施工质量验收规范中，检验批的验收是最基本、最小的验收单位，起到承上启下的作用，对下它由若干个检验项目检查合格作为基础，对上它是分项工程、分部工程验收合格的依据。分项工程检验批的质量验收记录表是验收记录资料中最重要、最具体、第一手的存档资料，强调在这张记录表上要有至少三人亲笔签名，作为终身责任制追究的重要证据。这三个人分别是班组长或专业工长，各自对自己施工的内容负责；施工单位项目质检员或项目技术负责人，对检查结果负责；监理工程师或建设单位项目技术负责人，对检查和验收结果负责。

(2) 分项工程

建筑分项工程按主要工种、材料、施工工艺、设备类别等进行划分。如主体结构分部工程的砌体结构子分部工程中，分为砖砌体、混凝土小型空心砌块砌体、石砌体、填充墙砌体、配筋砖砌体分项工程。

分项工程的验收是在检验批验收的基础上进行。一般情况下，两者具有相同或相近的性质，只是批量的大小不同而已，因此，将有关的检验批汇集构成分项工程。

分项工程合格质量的条件相对简单，只要构成分项工程的各检验批的验收记录和文件完整，并且均已验收合格，则分项工程验收合格。

(3) 分部（子分部）工程

分部工程的划分应按专业性质、建筑部位确定。

当分部工程较大或者较复杂时，可按材料种类、施工特点、施工程序、专业系统及类别划分若干子分部工程。

对某一个建筑工程中的单位工程，其主体结构是其主要的分部工程。但是在主体工程中，可能会包含混凝土结构、砌体结构、钢结构工程等。对于主体工程为钢结构和上述其他结构的混合结构时，钢结构为子分部工程。当主体结构只有钢结构一种结构时，钢结构为分部工程。

分部（子分部）工程的验收实际上就是主体结构的验收。分部工程的验收在其所含各分项工程验收的基础上进行，分部工程验收合格的条件主要有基本条件和附加条件：

首先，分部工程中所含的各分项工程必须验收合格，且相应的质量验收记录和文件完整，其中包括施工现场质量管理文件资料齐全，这是验收的基本条件。

此外，由于各分项工程的性质不尽相同，因此作为分部工程不能简单地组合而加以验收，尚需增加两类附加条件检查：

① 附加了安全和使用功能的检验和见证检测项目。

② 附加了观感质量检验项目。

但是我们一定要注意，建筑与结构中分部工程的界定应按下列规定：

主体与地基基础：无地下室以±0.000或防潮层为界；有地下室以首层地面下结构为界；桩基以承台梁上皮为界。

主体与装饰装修：砌筑、焊接连接纳入主体结构分部工程；铁钉、螺丝、胶粘连接的纳入装饰装修分部工程。

地基基础与装饰装修：以室内地面基层下皮为界。

(4) 单位（子单位）工程

具备独立施工条件并能形成独立使用功能的为一个单位工程。对于钢结构工程，如果全部结构均为钢结构时，这个工程也视为一个单位工程。对单位工程的验收，实质上就是竣工验收。

单位工程竣工验收时，必须具备下列条件：

① 施工单位已完成工程设计和合同约定的全部作业内容。

② 施工单位对施工完毕的工程质量进行了检查评定，并确认工程质量符合设计文件、验评标准，并提出工程竣工报告。竣工报告已经项目经理和施工单位有关负责人审核签字。

③ 监理单位对工程质量进行了质量评估，并具有完整的监理资料，提出了工程质量评估报告，总监理工程师和监理单位有关负责人已在评估报告审核签字。

④ 勘察、设计部门对施工中所签署的变更通知书进行了检查和提供了质量检查报告，并签字齐全。

⑤ 施工管理资料和技术档案完整无缺。

⑥ 工程中所用的主要材料构配件、设备等出厂合格证和复试报告齐全。

⑦ 施工单位已同建设单位签订了《工程质量保修书》。

⑧ 建设主管部门应该办理的各种手续齐备。

三、验收程序和组织

1. 钢结构工程的验收程序

为了便于建筑工程的质量管理，依据工程的特点，把工程自大到小划分为单位（子单位）工程、分部（子分部）工程、分项工程和检验批。验收的顺序则是和上述划分相反的次序：首先验收是检验批、或者是分项工程，其次是分部（子分部）工程，最后验收单位（子单位）工程。

按照上述顺序对各工程进行质量验收，都是先由施工单位检查评定确认合格后，再由监理或建设单位进行验收。

2. 建筑工程的验收组织

所谓组织，就是根据工程项目的划分，确定由谁负责进行工程质量的检查评定和验收。

按照《建筑工程施工质量验收统一标准》的规定，检验批及分项工程应由监理工程师或建设单位项目技术负责人组织施工单位项目专业质量或技术负责人等进行验收。

分部（子分部）工程应由总监理工程师或建设单位项目负责人组织施工单位项目负责人和技术质量负责人等进行验收；但是对地基基础、主体刚架分部工程，还须由勘察、设计部门工程项目负责人参加验收工作。

单位工程竣工后，施工单位进行检查评定后，向建设单位提交工程验收报告后，由建设单位负责人或项目负责人组织施工、设计、监理等单位负责人或项目负责人进行单位（子单位）工程验收，质量监督机构派人参加验收工作。

当参加验收各方对工程质量验收意见不一致时，可请当地建设行政主管部门或工程质量监督机构协调处理。

第二节 建筑工程质量等级的确定

对建筑工程施工质量进行验收，最终还要由施工企业评定出工程质量等级，这个等级就是“合格”或者是“不合格”，经监理工程师核定后确定是否验收还是不验收。如何来确定工程质量的等级呢？

一、质量等级的评定标准

（一）检验批合格质量等级

根据《钢结构工程施工质量验收规范》（GB 50205—2001）的规定，检验批合格质量标准应符合下列规定：

1. 主控项目和一般项目的质量经抽样检验合格。

2. 具有完整的施工操作依据、质量检查记录。

但是，由于各专业的施工质量有着不同的特点，因此，一般项目中，允许超差的规定各验收规范均有相应的规定。如钢结构工程中合格范围为80%，超差的范围为120%；建筑地面工程合格范围为80%，超差范围为150%。

（二）分项工程合格质量等级

分项工程合格质量标准应符合下列规定：

1. 分项工程所含的各检验批均应符合合格质量规定；

2. 分项工程所含的各检验批的质量验收记录应完整。

（三）分部（子分部）工程合格质量标准

1. 分部（子分部）工程所含分项工程的质量均应验收合格。

2. 质量控制资料应完整。

3. 地基与基础、主体结构等分部工程有关安全及功能的检验和抽样检测结果应符合有关规定。

4. 观感质量验收应符合要求。

（四）单位（子单位）工程合格质量标准

1. 单位（子单位）工程所含分部（子分部）工程的质量均应验收合格。

2. 质量控制资料应完整。

3. 单位（子单位）工程所含分部工程有关安全和功能的检测资料应完整。

4. 主要功能项目的抽查结果应符合相关专业质量验收规范的规定。

5. 观感质量验收应符合要求。

二、工程质量返工处理后的验收

(一) 返工处理的验收依据

建筑工程质量当不符合国家验收规范要求时，必须及时组织有关人员，查找分析原因，并按有关技术管理规定，通过有关方面共同商量，制定补救方案，及时进行处理。经处理后的工程，再确定是否可通过验收。

《建筑工程施工质量验收统一标准》(GB 50300—2001)，对不符合要求的工程质量处理后的验收作了如下规定。

1. 当返工重做或更换构（配）件的检验批，应重新进行验收。

2. 经有资质的检测单位检测鉴定能够达到设计要求的检验批，应予以验收。

3. 经有资质的检测单位检测鉴定达不到设计要求，但经原设计单位核算认可能够满足结构安全和使用功能的检验批，可予以验收。

4. 经返修处理后的分项、分部工程，虽然改变外形尺寸但仍能满足安全使用要求，可按处理技术方案和协商文件进行验收。

5. 通过返修或加固处理仍不能满足安全使用要求的钢结构分部工程，严禁验收。

(二) 处理验收注意事项

不合格工程处理后的验收，应按下列要求：

1. 对返工重做或更换构（配）件的检验批，重新验收时，要对该项目工程按规定重新抽样、选点、检查和验收，重新填写检验批的质量验收记录表，并注明系返工重做后的验收。

2. 经有资质的检测单位检测鉴定能够达到设计要求的检验批，应予以验收。这种情况多数系指留置的试件、试样失去代表性，或因其他情况缺少试件、试样，使某项质量指标不符合验收规定的，以及在试验试件或试样时缺少某项主要内容的报告，或对试件、试样的试验结果有怀疑时，须经有资质的检测机构，对工程实体进行检验测试。其测试结果证明该检验批的工程质量能达到原设计文件要求的应按正常情况给予验收。

3. 经有资质的检测单位检测鉴定达不到设计要求，但经原设计单位核算认可能够满足结构安全和使用功能的检验批，可予以验收。这个规定与第二种情况一样，这种情况多数也系指留置的试件、试样失去代表性，或因其它情况缺少试件、试样，以及试件、试样试验报告有缺项，不能有效证明其质量状况，或对试件、试样的试验结果有怀疑时，须经有资质的检测机构，对工程实体进行检验测试。经检测鉴定达不到设计要求的，但这种数据不低于概率设计的95%，经原设计单位进行验算，认为仍能满足结构安全和使用功能的可不进行加固补强。但是，应由设计单位出具正式的认可证明，有注册结构工程师签字，并加盖单位公章，这种情况可进行验收。

4. 对有些分项、分部工程，某项质量指标达不到验收规范的规定和设计要求，经过有资质的检测单位检测鉴定达不到设计要求，由原设计单位经过验算也认为达不到设计要求的。经过验算分析，找出了事故的原因，分清了事故的责任，同时经参加建设的各单位共同协商，同意进行补强加固和处理后的验收事宜等，由原设计单位出具加固技术方案，由原施工单位进行加固处理。但经返修处理后的分项、分部工程，虽然改变外形尺寸但仍能满足安全使用要求，可按处理技术方案和协商文件进行验收。

5. 通过返修或加固处理仍不能满足安全使用要求的钢结构分部工程，严禁验收。这是一种极个别的工程事故。遇到这种情况，就是采取加固补强措施仍达不到保证安全和使用功能的，严禁验收。也就意味着必须拆除处理。

6. 经处理的工程必须有详尽的记录资料、处理方案等。原始数据应齐全、准确。这些资料不仅应纳入工程质量的验收资料中，还应纳入质量事故处理资料中。对协商验收的有关资料，要有总监理工程师签字，并将资料归纳在竣工资料中。

第三节 检验批和分项工程的质量验收

在验收工作中，检验批是施工质量中最小验收单位，是分项工程合格的基础。所以，必须认真地做好各检验批的质量验收工作。

检验批的质量验收的依据就是验收记录表。这种表格中的内容全部由施工单位自评合格后，再由工地监理进行验收签字。在这里，我们结合轻钢门式刚架的特点，对各检验批的检查验收做一介绍。

一、检验批记录表格的填写

1. 表格的组成

检验批的质量验收记录表由表头、验收规范规定的验收项目和验收结论三大部分组成。

在表头中，具体有工程名称、施工单位、分包单位、监理单位及施工依据标准。

验收规范规定栏，含有主控项目和一般项目两大内容，是工程质量验收的主要依据及参考标准。

表底下有施工企业自评签字栏和监理工程师验收结论签字栏和相应的日期。

2. 表格的填写

（1）工程名称栏，应按施工合同上确定的单位工程名称去填写。分部工程名称应按验收规范划定的分部工程名称填写。验收部位是指一个分项工程中的验收的那个检验批的抽样范围，必须要标注清楚。

施工单位和分包单位以及监理单位的名称，应填写全称。施工单位和分包单位应与施工合同上所签公章上的名称相互一致。表中的项目经理或项目负责人不需要本人签字。

施工依据标准名称应按企业编制的标准填写，不能填写《钢结构工程施工质量验收规范》的名称。

（2）验收规范规定栏，是企业自评后应按实际发生的项目进行填写，未填写的表格用斜线表示。对定性项目的填写应按实际检查结果用“合格”文字描述，也可采用打“√”的方式进行标注。

在一般项目栏中的允许偏差检查结果，应按实测结果进行填写，对超出规范规定的偏差值，可用一定的标志或符号进行表示。但是，在用超差标志或符号进行表示时，则应注意两个内容的不同标注标志和符号。一是有20%的点超出偏差允许值，但超出的最大值并未超出允许偏差值的1.2倍的标注方式；另一个就是最大值超出允许偏差值1.2倍以外的标注方式。在一般的情况下对于超出允许偏差1.2倍的符号用“○”来表示，对超出1.2倍以外的有用“△”符号的也有用“×”符号的，有些单位还采用红颜色来填写超出1.2倍以外的超差数字。但不论采用那种标注方式，必须取得监理、建设和施工单位的共同认可，以便统一认识和执行。

(3) 表底的企业自评结果栏和验收结论栏，分别由相应的责任人亲自进行签名填写，不得代笔。施工单位检查评定结果，则应包括主控项目和一般项目的评定内容，常用“主控项目合格，一般项目符合要求”进行定性描述。最为简练的也可直接用“合格”两字来表达评定的结果等级。

验收结论栏中的内容，由工地专业监理工程师进行填写，一般为“同意验收”；如果该工程未进行监理，则应由建设单位项目专业技术负责人填写。

3. 填写时注意的事项

在填写检验批的质量验收记录表时，则应注意如下事项：

(1) 施工企业在填写施工记录或评定结果时，不论采用文字描述还是采用打“√”方式，均应简单明了，不要含糊其词，模糊不清。

(2) 检验批部位必须要填写清楚，不要相互混淆。如在单层结构安装的检验批的质量验收表中，有钢柱的安装、斜梁的安装、吊车梁的安装等。所以在标明是那个项目的同时，还应注明是那一轴线和那一轴线上的第几号构件。

(3) 在同一张表中，可能包含有几个检验项目，这时不要将未涉及的项目全部填写。如零件部件加工分项检验批的验收记录表，要记录切割H型钢的翼缘，还要记录切割H型钢的腹板。在H型钢中，还要有钢柱、斜梁、吊车梁之分；并且还要记录各H型钢构件的连接板。所以项目繁多，不能一概而论，是空格均填的错误作法。

(4) 要实事求是，不得弄虚作假。检验批质量验收表格中记录的内容均是经过质量检测、检查所得的结果，不是凭空捏造的。否则，则会对工程质量造成极大隐患。

二、检验批记录表格的应用

在轻钢门式工程中，检验批的质量验收实际上是分构件制作和构件安装两大类。在构件制作中，主要有零件及部件加工、构件焊接、构件组装、预拼装、防腐和防火涂料涂装工程；安装工程中有施工现场焊接、单层结构安装、普通紧固件连接、高强度螺栓连接、防腐和防火涂料涂装工程这几种。

下面我们用零、部件加工的检验批质量验收记录表为例来看各检验批的施工质量验收记录表的实际应用。

例：鑫达钢结构工程公司与天元化工有限公司签订了一个单层轻钢门式结构工程，施工内容包括构件制作和安装。本工程由华为监理工程公司监理。

1. 表格的形式及内容

在这个表中要涉及到切割H柱、梁的翼缘板、腹板和连接板，以及连接板的制孔这几项内容。

切割H柱、梁的翼缘板、腹板质量验收记录。其验收内容分别见表10-1。

2. 填写表格时注意的问题

钢结构零部件加工检验批质量验收记录 **表 10-1**

<table>
<tr><td colspan="2">工程名称</td><td>天元化工加工车间</td><td>检验批部位</td><td colspan="2">ZY-05</td></tr>
<tr><td colspan="2">施工单位</td><td>鑫达钢结构工程有限公司</td><td>项目经理</td><td colspan="2">王朝晖</td></tr>
<tr><td colspan="2">监理单位</td><td>华为监理工程公司</td><td>总监理工程师</td><td colspan="2">邓利永</td></tr>
<tr><td colspan="2">施工依据标准</td><td>钢构件制作工艺标准（QB-2003）</td><td>分包单位负责人</td><td colspan="2">无</td></tr>
<tr><td colspan="2">主控项目</td><td>合格质量标准</td><td>施工单位检验评定记录或结果</td><td>监理（建设）单位验收记录或结果</td><td>备注</td></tr>
<tr><td>1</td><td>材料进场</td><td>第 4.2.1 条</td><td>检查合格</td><td>√</td><td>钢板</td></tr>
<tr><td>2</td><td>钢材复验</td><td>第 4.2.2 条</td><td>复验合格</td><td>√</td><td>钢板</td></tr>
<tr><td>3</td><td>切面质量</td><td>第 7.2.1 条</td><td>合格</td><td>√</td><td>切割</td></tr>
<tr><td>4</td><td>矫正和成型</td><td>第 7.3.1 条
第 7.3.2 条</td><td></td><td></td><td></td></tr>
<tr><td>5</td><td>边缘加工</td><td>第 7.4.1 条</td><td>合格</td><td>√</td><td></td></tr>
<tr><td>6</td><td>螺栓球、焊接球加工</td><td>第 7.5.1 条
第 7.5.2 条</td><td></td><td></td><td></td></tr>
<tr><td>7</td><td>制孔</td><td>第 7.6.1 条</td><td></td><td></td><td></td></tr>
<tr><td colspan="2">一般项目</td><td>合格质量标准</td><td>施工单位检验评定记录或结果</td><td>监理（建设）单位验收记录或结果</td><td>备注</td></tr>
<tr><td>1</td><td>材料规格尺寸</td><td>第 4.2.3 条
第 4.2.4 条</td><td>厚度偏差符合要求</td><td>√</td><td></td></tr>
<tr><td>2</td><td>钢材表面质量</td><td>第 4.2.5 条</td><td>符合要求</td><td>√</td><td></td></tr>
<tr><td>3</td><td>切割精度</td><td>第 7.2.2 条
第 7.2.3 条</td><td>宽、长度平均为 2mm；平面为 1mm</td><td></td><td></td></tr>
<tr><td>4</td><td>矫正质量</td><td>第 7.3.3 条
第 7.3.4 条
第 7.3.5 条</td><td></td><td></td><td></td></tr>
<tr><td>5</td><td>边缘加工精度</td><td>第 7.4.2 条</td><td>5 项指标符合要求</td><td>√</td><td></td></tr>
<tr><td>6</td><td>螺栓球、焊接球加工精度</td><td>第 7.5.3 条
第 7.5.4 条</td><td></td><td></td><td></td></tr>
<tr><td>7</td><td>管件加工精度</td><td>第 7.5.5 条</td><td></td><td></td><td></td></tr>
<tr><td>8</td><td>制孔精度</td><td>第 7.6.2 条
第 7.6.3 条</td><td></td><td></td><td></td></tr>
<tr><td colspan="2">施工单位检验评定结果</td><td colspan="4">主控项目合格，一般项目符合要求
班组长：程小明 质检员：张东方
或专业工长： 或项目技术负责人：
2005 年 04 月 21 日 2005 年 04 月 21 日</td></tr>
<tr><td colspan="2">监理（建设）单位验收结论</td><td colspan="4">验收合格
监理工程师（建设单位项目技术人员）：黄飞龙
2005 年 04 月 22 日</td></tr>
</table>

在填写这类表格时，必须是将检查验收时的临时记录经整理后填入此表。但在填写中，还应注意下列问题：

一是验收部位，这时应根据所检查的项目名称进行填写。如不用文字，也可用构件的代号进行。如柱-Z；梁-L等。光有柱、梁时只是构件的名称，还要填写你所检查零件的名称，是腹板、翼缘板还是连接板。如果你不想用文字表达时也可用该零件的汉语拼音的第一个字母去表示。如柱的翼缘板，可用“Y”，腹板时可用“F”等。

二是要有检查构件的编号。这个编号可为流水作业时的流水号。如该全部零件共有100件，那么编号的总数就为100。你检查的是几号就填写这个序号。

三要标明加工制作的材料。在检验批的主控项目中，只写了“材料进场”这几个字，是型材、板材还是其他，所有这些，只有在备注中给以注明。

四要体现零、部件加工的工艺。在零、部件加工制作检验批质量验收记录表中，没有设计相应的工艺名称栏目。所以为了更加明确零、部件加工工艺，一般在备注栏中进行标明。如加工工艺为切割工艺，就在备注栏中填上切割；如为机械剪切，则填写剪切等。

表10-1，就是钢柱第5个翼缘板的加工质量验收记录，材料为板材；加工艺为切割。

三、分项工程质量的验收

分项工程质量验收是在检验批验收合格基础上进行的，通常起到归纳整理的作用。

1. 表格的填写

分项工程质量验收记录表应按照《建筑工程施工质量验收统一标准》（GB 50300—2001）中的规定制定。

填表时，表名应填写所验收分项工程的名称，表头按项目填写，检验批部位、区段按轴线或制作的工艺填写。施工单位检查评定结果，由施工单位项目专业质量检查员填写。分项工程的检查由施工单位的项目专业技术负责人检查后给出评价并签字，然后交监理单位或建设单位验收。

如单层结构安装分项质量验收记录表的填写按表10-2的格式。

2. 验收时的注意事项

在验收分项工程质量时，则应注意如下事项：

(1) 是否已经覆盖所有检验批和检验批部位的内容。

(2) 应对检验批的质量验收中没有提供检测结果的项目进行检查验收，但是要有以前同类型产品的质量检测报告先作为参考。如高强度螺栓的检测、接触面的抗滑移检测，或是钢材复试试件已经送到检测单位，但还未有试验结果的。

(3) 同时具备两个分项工程的应一起进行验收。如单层结构安装工程同高强度螺栓连接工程。

(4) 在填写中，检验批区段、部位的填写应按验收检验批的质量日期顺序填写。

(5) 分项工程中所含资料应同步验收。

分项工程验收时，应将检验批的质量验收记录附于分项工程质量验收表的后面。

单层结构安装分项工程质量验收记录表　　表 10-2

单位工程名称		天元化工加工车间	结构类型	门式钢构	检验批数	13
施工单位		鑫达钢结构工程有限公司	项目经理	王朝晖	项目技术负责人	高阳阳
分包单位		无	分包单位负责人	无	分包单位项目经理	无
序号	检验批部位、区段		施工单位检查评定结果		监理单位验收结论	
1	钢柱安装 A 轴-⑥　1		合格		同意验收	
2	钢柱安装 B 轴-⑨　1		合格		同意验收	
3	钢柱安装 C 轴-⑤　1		合格		同意验收	
4	斜梁安装 A ~ B-⑦　1		合格		同意验收	
5	斜梁安装 B ~ C-③　1		合格		同意验收	
6	吊车梁安装 A 轴③-④　1		合格		同意验收	
7	吊车梁安装 B 轴右⑦-⑧　1		合格		同意验收	
8	吊车梁安装 B 轴左⑦-⑧　1		合格		同意验收	
9	系杆安装 A 轴①-⑤　3		合格		同意验收	
10	檩条安装 A、B 轴⑤-⑥　1		合格		同意验收	
11	檩条安装 B、C 轴⑨-⑩　1		合格		同意验收	
12	以下无内容					
13						
检查结论	检查合格 项目专业技术负责人：杨同心 2005 年 4 月 27 日		验收结论	验收合格 监理工程师：黄飞龙 （建设单位项目专业技术负责人）： 2005 年 4 月 28 日		

第四节　分部工程质量验收

在这一节中，我们以钢结构工程为例介绍分部工程质量验收。

在建筑工程中，按照《建筑工程施工质量验收统一标准》（GB 50300—2001）的规定，钢结构工程为子分部工程。如单独按钢结构工程时，一般有两个分部工程，这就是地基基础工程和主体结构工程。但在轻钢门式结构中，只有一个主体结构工程。

一、验收的程序和内容

1. 验收的程序

从本章第一节我们已经知道，分部工程应由施工单位将自行检查评定合格的表格填写好，由项目经理交监理单位或建设单位验收。然后由监理单位总监理工程师或建设单位项目负责人组织有关单位项目负责人进行验收，并按表 10-3 的要求进行记录。

主体分部工程质量验收记录表 **表 10-3**

<table>
<tr><td colspan="2">单位工程名称</td><td colspan="2"></td><td>结构类型及层数</td><td></td></tr>
<tr><td colspan="2">施工单位</td><td></td><td>技术部门负责人</td><td>质量部门负责人</td><td></td></tr>
<tr><td colspan="2">分包单位</td><td></td><td>分包单位负责人</td><td>分包技术负责人</td><td></td></tr>
<tr><td>序</td><td>分项工程名称</td><td>检验批数</td><td>施工单位自评结果</td><td colspan="2">验收意见</td></tr>
<tr><td>1</td><td></td><td></td><td></td><td colspan="2" rowspan="12"></td></tr>
<tr><td>2</td><td></td><td></td><td></td></tr>
<tr><td>3</td><td></td><td></td><td></td></tr>
<tr><td>4</td><td></td><td></td><td></td></tr>
<tr><td>5</td><td></td><td></td><td></td></tr>
<tr><td>6</td><td></td><td></td><td></td></tr>
<tr><td>7</td><td></td><td></td><td></td></tr>
<tr><td>8</td><td></td><td></td><td></td></tr>
<tr><td>9</td><td></td><td></td><td></td></tr>
<tr><td colspan="2">质量控制资料</td><td></td><td></td></tr>
<tr><td colspan="2">安全和功能检验、检测报告</td><td></td><td></td></tr>
<tr><td colspan="2">观感质量验收</td><td></td><td></td></tr>
<tr><td rowspan="5">验收单位</td><td colspan="2">分包单位</td><td colspan="3">项目经理：　　　　　　　　年　月　日</td></tr>
<tr><td colspan="2">施工单位</td><td colspan="3">项目经理：　　　　　　　　年　月　日</td></tr>
<tr><td colspan="2">勘察单位</td><td colspan="3">项目负责人：　　　　　　　年　月　日</td></tr>
<tr><td colspan="2">设计单位</td><td colspan="3">项目负责人：　　　　　　　年　月　日</td></tr>
<tr><td colspan="2">监理（建设）单位</td><td colspan="3">总监理工程师：
（建设单位项目负责人）　　年　月　日</td></tr>
</table>

2. 验收的基本内容

钢结构分部工程质量验收，具体有如下四个内容：

(1) 所含分项工程质量验收；

(2) 质量控制资料的核查；

(3) 地基基础、主体结构有关安全及功能检验和抽样检测；

(4) 观感质量验收。

3. 验收表格内容填写要求

在填写分部工程验收记录表时，表格中的分部工程名称要填写具体；表头部分的工程名称栏中要填写工程的全称；结构类型应按照设计文件中提供的结构类型来填写；技术部门负责人及质量部门负责人多数情况下填写项目的技术及质量负责人，如有地基基础、主体结构及重要安装分部工程才能填写施工单位的技术部门负责人及质量部门的负责人。

二、分部工程验收及表格的实际应用

1. 分项工程的填写

按分项工程第一个检验批的施工先后顺序，将分项工程的名称填上，在第二格栏内分别填写各分项工程实际检验批的数量，并将分项工程验收记录表，按照顺序附于分部工程验收表后。

2. 施工单位检查评定栏

该栏主要填写施工单位检查评定的结果，一般可用“合格”或“√”来标注。

3. 质量控制资料

在钢结构工程中，应按表10-4规定的资料项目内容进行逐项核查验收。在核查验收时，能基本反映工程质量情况，达到保证结构安全和使用功能要求，即可通过，在施工单位检查评定栏内写上验收结果或用“√”表示。监理、建设单位经验收合格后，在验收栏内签注“同意验收”字样。

钢结构工程质量控制资料核查记录 **表10-4**

工程名称			施工单位		
序号	项目	资料名称	份数	核查意见	核查人
1	建筑与结构	图纸会审、设计变更、洽商记录			
2		工程定位测量、放线记录			
3		原材料出厂合格证及进场检验报告			
4		施工试验报告及见证检测报告			
5		隐蔽工程验收记录			
6		施工记录			
7		各类构件出厂合格证			
8		地基基础、主体结构检验及抽样检测资料			
9		分项、分部工程质量验收记录			
10		工程质量事故及事故调查处理资料			
11		新材料、新工艺施工记录			
结论： 施工单位项目经理： 年 月 日 总监理工程师： （建设单位项目负责人） 年 月 日					

4. 安全和功能检验（检测）资料核查和抽查

对安全和功能检验（检测）资料的核查应根据表10-5规定的资料项目进行。在核查时要注意，开工前确定的检验、检测项目是否都进行了检验、检测；逐一检查每个检测报告，核查每个检测项目的检测方法、程序是否符合有关标准规定；检测结果是否达到规范的要求；检测报告的审批程序签字是否齐全完整。审查结束后，在施工单位检查评定栏内写出结果，或用“√”表示，由项目经理送监理单位或建设单位。监理或建设单位组织审查符合要求后，在验收意见栏内签注“同意验收”字样。

5. 观感质量的验收

观感质量的验收是按照《钢结构工程施工质量验收规范》(GB 50205—2001)规定的项目内容进行检查。在检查验收时，施工单位应先自行检查合格后，由建设或监理单位来验收。参加验收评价的人员应具有相应的资格。

安全及功能的检验和见证检测验项目 **表 10-5**

工程名称			施工单位			
序号	项目	安全和功能检查项目	份数	核查意见	抽查结果	核、抽查人
1	见证取样送样试验项目	钢材及焊接材料复验				
2		高强度螺栓预拉力、扭矩系数复验				
3		摩擦面抗滑移系数复验				
4		网架节点承载力试验				
5	焊缝质量	内部缺陷				
6		外观缺陷				
7		焊缝尺寸				
8	高强度螺栓施工质量	终拧扭矩				
9		梅花头检查				
10		网架螺栓球节点				
	柱脚及网架支座	锚栓紧固				
		垫板、垫块				
		二次灌浆				
	主要构件变形	钢屋(托)架、桁架、钢梁、吊车梁等垂直度和侧向弯曲				
		钢柱垂直度				
		网架结构挠度				
	主体结构尺寸	整体垂直度				
		整体平面弯曲				
结论： 施工单位项目经理： 年 月 日		总监理工程师： (建设单位项目负责人) 年 月 日				

观感质量验收内容及表的形式见表 10-6 的规定。

经观感验收后，应对观感质量做出评价。评价结论分为“好”、“一般”、“差”三个等级。

好：如果某些部位质量较好，符合标准规定，就可评为好。

一般：如果没有较明显达不到要求的，可评为一般。

差：如果有的部位达不到要求，或有明显的缺陷，但不影响安全和使用功能的，则评为差。评为差的观感项目要进行返修。

凡是影响安全或使用功能的缺陷，不能进行观感质量评价，应进行处理后再评价。

当评价结果出来后，将评价结果填入分部工程质量验收相应的表栏内。

进行观感质量验收时的人数，最少不能低于3个人。

工程观感质量检查记录 **表10-6**

工程名称								施工单位							
序号	项目		抽查质量状况										质量评价		
													好	一般	差
	压型金属板墙面	室外													
		室内													
	压型金属板屋面	室外													
		室内													
	变形缝														
	水落管														
	普通涂层表面														
	防火涂层表面														
	其他设施	钢平台													
		钢梯													
		钢栏杆													
观感质量综合评价															
检查结论	施工单位项目经理：　年　月　日								总监理工程师：（建设单位项目负责人）　年　月　日						

第五节 单位工程质量验收

当单位工程完工后，所进行的工程质量验收，是建设工程质量管理的一项重要内容。对单位工程质量验收的方法，主要从三个方面进行：一是核查质量保证资料，来证明建筑结构性能和使用功能方面的主要技术性能。二是核查施工过程中工序质量的控制，核查施工过程中质量控制效果，补充技术数据的不足，核查其质量管理的准确性。核查质量保证资料和施工过程中工序质量的控制，就是核查所用材料的质量检测资料、试验资料、分项、分部工程质量验收资料，核对其有关数据、检验、检测结论和份数是否齐全。三是对竣工单位工程质量的观感评定。它是根据验收规范对每个点，利用简单测试工具及观感方法，对相关项目的质量进行检查评价，以此来全面评价一个单位工程的外观质量和使用功能质量。它是对单位工程所进行的一次全面的、宏观的、公正的质量检查，也是综合评定单位工程质量的技术应用。

单位工程质量验收的程序，首先是由施工单位检查评定合格后，写出工程竣工验收报告，经监理单位组织验收通过后报请建设单位组织参建单位进行验收。建设单位应在验收前7个工作日，把竣工验收的时间、地点、参加验收单位、主要人员、验收组织和程序等报当地工程质量监督站，监督站届时派相关人员参加竣工验收并进行监督。

我们还以钢结构工程为例对单位工程质量验收作一介绍：

在分部工程中已经说过，纯钢结构工程的分部工程，实际上就属单位工程的范畴，所以对钢结构单位工程的验收，是分部工程质量验收的延伸性、系统性、扩大性、全面性的具体表现。也是为竣工验收备案工作奠定基础。下面我们以实例来说明钢结构单位工程质量验收的内容和方法。

例：德汇公司通过招标方式将轻钢门式结构的缸套车间向外发包，中达轻钢工程公司以优越的条件中标。该工程为单层、三连跨轻钢门式结构，每跨度内设有中级10t的吊车。工程纵向长度为240m，每跨跨度为24m，三跨总长为72m，柱间距6m，结构高度14m。围护结构采用复合彩色压型板。本工程施工内容为±0.000以上的钢结构制作和安装工程。该工程合同开工日期为2004年6月21日，合同竣工日期为2004年10月20日。现来对该单位工程进行质量验收。

一、施工单位的自检与自评

单位工程完成后，施工企业首先对质量保证资料进行了整理和核查，其核查结果见质量保证资料核查表10-7中的内容。

安全及功能的检验和见证检测验项目见表10-8中的内容。

钢结构工程质量控制资料核查记录　　**表10-7**

工程名称		德汇公司缸套车间	施工单位	中达轻钢工程公司	
序号	项目	资料名称	份数	核查意见	核查人
1	建筑与结构	图纸会审、设计变更、洽商记录	12	符合要求	王伟
2		工程定位测量、放线记录	2	符合要求	王伟
3		原材料出厂合格证及进场检验报告	25	符合要求	王伟
4		施工试验报告及见证检测报告	10	符合要求	王伟
5		隐蔽工程验收记录	/	/	/
6		施工记录	1	符合要求	王伟
7		各类构件出厂合格证	16	符合要求	王伟
8		地基基础、主体结构检验及抽样检测资料	4	符合要求	王伟
9		分项、分部工程质量验收记录	10	符合要求	王伟
10		工程质量事故及事故调查处理资料	/	/	/
11		新材料、新工艺施工记录	/	/	/
结论：工程质量控制资料完整有效，符合要求 施工单位项目经理：陈红卫 2004年10月26日			总监理工程师：黄爱财 （建设单位项目负责人） 2004年10月27日		

安全及功能的检验和见证检测验项目 表 10-8

工程名称		德汇公司缸套车间	施工单位		中达轻钢工程公司	
序号	项目	安全和功能检查项目	份数	核查意见	抽查结果	核、抽查人
1	见证取样送样试验项目	钢材及焊接材料复验	8	符合要求		王伟
2		高强度螺栓预拉力、扭矩系数复验	2	符合要求	符合要求	孙小荣
3		摩擦面抗滑移系数复验	2	符合要求		王伟
4		网架节点承载力试验	/			王伟
5	焊缝质量	内部缺陷	12	符合要求	符合要求	孙小荣
6		外观缺陷	10	符合要求		
7		焊缝尺寸	24	符合要求	符合要求	孙小荣
8	高强度螺栓施工质量	终拧扭矩	9	符合要求		王伟
9		梅花头检查	/			
10		网架螺栓球节点				
	柱脚及网架支座	锚栓紧固	9	符合要求		王伟
		垫板、垫块	9	符合要求		王伟
		二次灌浆	9	符合要求		王伟
	主要构件变形	钢屋（托）架、桁架、钢梁、吊车梁等垂直度和侧向弯曲	15	符合要求	符合要求	孙小荣
		钢柱垂直度	15	符合要求	符合要求	孙小荣
		网架结构挠度	/			
	主体结构尺寸	整体垂直度	3	符合要求	符合要求	孙小荣
		整体平面弯曲	3	符合要求	符合要求	孙小荣
结论：符合规范要求 施工单位项目经理：陈红卫 2004年10月26日			总监理工程师：黄爱财 （建设单位项目负责人） 2004年10月27日			

将分项工程全部汇总后填入表 10-9 的分部工程质量验收表中。

观感质量的检查结果可见表 10-10 中内容。

根据对质量保证资料、安全及功能的见证检测报告、分部工程质量验收和观感质量的检查结果，企业自评该单位工程质量“合格”，评定结果见单位工程质量竣工验收记录表 10-11。

主体分部工程质量验收记录表　　　　表 10-9

单位工程名称		德汇公司缸套车间		结构类型及层数		门式单层
施工单位		中达轻钢工程公司	技术部门负责人	任军	质量部门负责人	吴天祥
分包单位		无	分包单位负责人	无	分包技术负责人	无
序	分项工程名称	检验批数	施工单位自评结果		验收意见	
1	零、部件制作	33	√		同意验收	
2	钢构件焊接	30	√			
3	构件组装	24	√			
4	防腐涂料涂装	24	√			
5	单层结构安装	36	√			
6	高强度螺栓连接	18	√			
7	普通螺栓连接	27	√			
8	施工安装焊接	9	√			
9	压型金属板	21	√			
质量控制资料		38	齐全		同意验收	
安全和功能检验、检测报告		26	齐全		同意验收	
观感质量验收		好			好	
验收单位	分包单位		项目经理：　年　月　日			
	施工单位		项目经理：陈红卫　2004 年 10 月 26 日			
	勘察单位		项目负责人：　年　月　日			
	设计单位		项目负责人：刘铁生　2004 年 10 月 26 日			
	监理（建设）单位		总监理工程师：黄爱财 （建设单位项目负责人）　2004 年 10 月 27 日			

观感质量检查记录表　　　　表 10-10

工程名称	德汇公司缸套车间					施工单位		中达轻钢工程公司							
序号	项目		抽查质量状况										质量评价		
													好	一般	差
1	压型金属板墙面	室外	√	√	√	√	√	√	×	√	√	√	好		
		室内	√	√	√	√	√√	√√	√	√	√	√	好		
2	压型金属板屋面	室外	√	√	√	√	√	√	√	√	√	√	好		
		室内	√	√	√	×	√	√	√	√	√	√	好		
3	变形缝														
4	水落管		√	√	√	√	√							一般	
5	普通涂层表面		√	√	√	√	√	√	√	√	√	√	好		
6	防火涂层表面														
7	其他设施	钢平台													
		钢梯													
		钢栏杆													
观感质量综合评价			好												
检查结论	观感质量好 施工单位项目经理：陈红卫 2004 年 10 月 27 日								总监理工程师：黄爱财 （建设单位项目负责人） 2004 年 10 月 27 日						

单位工程质量竣工验收记录表　　　　表 10-11

<table>
<tr><td>工程名称</td><td>德汇公司缸套车间</td><td>结构类型</td><td>门式</td><td>层数/建筑面积</td><td colspan="2">单层/17280m²</td></tr>
<tr><td>施工单位</td><td>中达轻钢工程公司</td><td>技术负责人</td><td>任军</td><td>开工日期</td><td colspan="2">2004.6.21</td></tr>
<tr><td>项目经理</td><td>陈红卫</td><td>项目技术负责人</td><td>朱跃进</td><td>竣工日期</td><td colspan="2">2004.10.20</td></tr>
<tr><td>序号</td><td>项　目</td><td colspan="3">验收记录</td><td colspan="2">验收结论</td></tr>
<tr><td>1</td><td>分部工程</td><td colspan="3">共1分部，经查符合标准及设计要求1分部</td><td colspan="2">同意验收</td></tr>
<tr><td>2</td><td>质量控制资料核查</td><td colspan="3">共40项，经审查符合要求40项，经核定不符合规定要求0项</td><td colspan="2">同意验收</td></tr>
<tr><td>3</td><td>安全和主要使用功能核查及抽查结果</td><td colspan="3">共核查24项，符合要求24项，共抽查10项，符合要求10项，经返工处理符合要求0项</td><td colspan="2">同意验收</td></tr>
<tr><td>4</td><td>观感质量验收</td><td colspan="3">共抽查12项，符合要求12项，不符合要求0项</td><td colspan="2">好</td></tr>
<tr><td>5</td><td>综合验收结论</td><td colspan="5">通过验收</td></tr>
<tr><td rowspan="2">参加验收单位</td><td>勘察单位</td><td>设计单位</td><td colspan="2">施工单位</td><td>监理单位</td><td>建设单位</td></tr>
<tr><td>（公章）
单位（项目）
负责人：

年　月　日</td><td>（公章）
单位（项目）
负责人：
崔国仁
2004年11月1日</td><td colspan="2">（公章）
单位负责人：

徐东生
2004年11月1日</td><td>（公章）
总监理工程师：

黄爱财
2004年11月1日</td><td>（公章）
单位（项目）
负责人：
张卫东
2004年11月1日</td></tr>
</table>

在填写单位工程质量竣工验收记录表时，应注意以下几个问题。

(1) 单位工程质量竣工验收记录表中的“验收记录”栏，由施工单位填写；“验收结论”栏由监理单位填写；“综合验收结论”栏由建设单位填写。

(2) 对所含分部工程的验收，应逐项检查。首先由施工单位的项目经理组织有关人员对所有分部工程逐一进行检查评定。分部工程验收合格后，由项目经理提交验收。

(3) 质量控制资料核查，先由施工单位检查合格，再提交监理单位验收。

(4) 安全和主要使用功能核查和抽查包括两个方面内容。一是在分部工程进行了安全和功能检测的项目，要核查其检验资料是否符合设计要求。在单位工程验收时进行的安全和功能抽测项目，要核查其项目是否与设计内容相一致，检测的程序、方法是否符合验收规范的规定。二是验收时对主要功能项目的随机抽查项目由验收组共同确定。

(5) 观感质量检查的方法同分部工程验收，所不同的是单位工程观感质量检查验收项目比较多，是一个综合性验收。实际是复查各分部工程验收后到单位工程竣工这一阶段的质量变化、成品保护等。

二、资料的核查内容

在上边的各种表格中，均是先由施工单位进行检查后的填写内容，其内容是否具有合法性、代表性和真实性，则必须对之进行核查。这也是单位工程质量竣工验收的一个步骤和程序，决不能简单从事。

(一) 质量保证资料的核查

1. 施工现场质量管理检查记录

我们常说“头戏难扎，末戏难刹”。施工现场质量管理是工程开工前的第一份质量管理表格，是保证开工后顺利进行施工和保证施工质量的基础性工作，这个“头”开好了，万事皆顺。其格式及内容如表 10-12。

在质量管理工作中，我们常说要科学管理，施工现场质量管理表中“有体系、有制度、有标准”的“三有”就是具体的体现，是“完善手段，过程控制”的综合反映，是按照质量管理理论对施工质量进行控制的有效手段和管理措施。

该表由施工单位自行填写后，由总监理工程师核对后签注结论。

经对施工现场质量管理记录表的审查，符合验收标准规定的。总监理工程师在相应的表栏中签注施工现场质量管理体系完整。

2. 图纸会审及设计变更

该工程于 6 月 16 日，已由建设单位组织设计、监理、施工单位进行了图纸会审。图纸会审当场有记录，内容清晰、条理分明，签字齐全，予以认可；设计变更通知单 6 份，

施工现场质量管理检查记录表　　**表 10-12**

<table>
<tr><td>工程名称</td><td></td><td>施工许可证（开工证）</td><td colspan="3"></td></tr>
<tr><td>建设单位</td><td></td><td>项目负责人</td><td colspan="3"></td></tr>
<tr><td>设计单位</td><td></td><td>项目负责人</td><td colspan="3"></td></tr>
<tr><td>监理单位</td><td></td><td>总监理工程师</td><td colspan="3"></td></tr>
<tr><td>施工单位</td><td></td><td>项目经理</td><td></td><td>项目技术负责人</td><td></td></tr>
<tr><td>序号</td><td>项　目</td><td colspan="4">内　　容</td></tr>
<tr><td>1</td><td>现场质量管理制度</td><td colspan="4">①三检制度；②质量例会制度；③奖惩制度；④不合格分项返工处理制度；⑤班前会制度</td></tr>
<tr><td>2</td><td>质量责任</td><td colspan="4">①各岗位责任制；②技术交底制；③临时变更审查制；④质量责任追究制</td></tr>
<tr><td>3</td><td>主要专业工种操作上岗证书</td><td colspan="4">①电焊工 15；②起重工 4；③电工 2</td></tr>
<tr><td>4</td><td>分包方资质与对分包单位的管理制度</td><td colspan="4"></td></tr>
<tr><td>5</td><td>施工图审查情况</td><td colspan="4">审查报告及审查批准书号齐全</td></tr>
<tr><td>6</td><td>地质勘察资料</td><td colspan="4">齐全，在建设单位处保存</td></tr>
<tr><td>7</td><td>施工组织设计、施工方案及审批</td><td colspan="4">施工组织设计、结构吊装施工方案编制、审核、批准齐全</td></tr>
<tr><td>8</td><td>施工技术标准</td><td colspan="4">结构安装技术标准 QJBZZ 6308—2004</td></tr>
<tr><td>9</td><td>工程质量检验制度</td><td colspan="4">①成品、半成品检验；②标准件检验；③材料见证抽样送样；④检验批、分项、分部质量检验</td></tr>
<tr><td>10</td><td>搅拌站及计量设置</td><td colspan="4"></td></tr>
<tr><td>11</td><td>现场材料、设备存放与管理</td><td colspan="4">①有文明施工制；②施工平面布置图；③构件临时存放；④焊接设备现场管理</td></tr>
<tr><td colspan="6">检查结论：
施工现场质量管理体系完整

总监理工程师：黄爱财
（建设单位项目负责人）　　2004 年 6 月 16 日</td></tr>
</table>

上边均盖有设计单位公章，有设计人员、审核、批准人的签名和注册结构师图章。因此，该项审核合格。

3. 钢材出厂合格证

该工程所用钢材有钢板、H 型钢、管材、钢筋、彩板、钢带六个类型。主材钢板有 t6、t8、t10、t14、t16、t20、t22 共七种厚度。出厂合格证共有 20 份。因所用 ϕ12、ϕ20 钢筋在当地钢材市场购买，合格证均为复印件，但盖有销售单位的印章，该证有效。彩色钢板为宝钢生产的 0.46 的镀锌彩板。钢带为生产 C 型钢原材，均是生产厂原材质书。所用钢材品种、规格与设计文件相符，该项资料符合要求。

4. 焊接材料出厂合格证及检测报告

在焊接材料中，从制作到施工现场安装焊接，主要焊接材料有焊丝、焊剂、焊条三种类别，共有出厂合格证 15 份，生产厂家提供的焊接材料检验报告 6 份。经核实，焊接材料出厂合格证和检测报告真实有效。

5. 高强度螺栓出厂合格及检测报告

高强度螺栓连接副，是钢结构工程中的主要紧固件。根据设计要求，该连接副为 10.9S 级的大六角头高强度螺栓。该产品共有 2 份出厂合格证，并有生产厂商提供的检测报告 2 份。其性能和规格均符合设计要求，所以验收合格。

6. 普通螺栓出厂合格证

工程上所用的自攻自钻螺钉、拉铆钉、地脚螺栓等普通紧固件产品共有出厂合格证 8 份，产品规格符合设计要求，该项验收合格。

7. 油漆产品出厂合格证和检测报告

根据设计要求，底层采用铁红酚醛防锈漆，表面为灰色醇酸调和漆。经核查，这两种漆有出厂合格证 8 份，由生产厂提供的检测报告 2 份。该合格证真实有效，并符合要求，同意验收。

8. 施工试验报告及见证检测报告

在本工程中，见证检测内容有钢材的复验、大六角头高强度螺栓复验、摩擦面抗滑移试验、焊缝的探伤检测。经核查，钢材见证检测共有 9 个报告，其代表的批次、炉号、批量均符合要求；大六角头高强度螺栓见证检测 2 次，抽检的数量和批次符合规范规定；摩擦面抗滑移系数设计值为大于 0.4，见证检测值为 0.45，符合设计要求，抽检次数两次，符合批量规定；焊接的 H 型柱、H 型梁和吊车梁的焊缝均为全焊透二级焊缝，共有探伤检测报告 18 份，检测钢柱 32 根，部位有高强度螺栓连接板、牛腿、埋弧焊接；检测钢梁 32 根，主要部位是两端的连接板焊接质量及 H 型钢埋弧焊；检测吊车梁 30 根，主要是上翼缘板的埋弧焊缝、两边的连接板气体保护焊缝质量。对这三种构件做探伤检测时，抽检数量为每种构件总数的 20%，探伤长度均大于 200mm，没有发现内部缺陷。

上述见证检验和检测，均由监理现场见证抽样、送样，并且所代表批量符合规范规定，因此为全部有效，验收合格。

9. 施工记录

施工记录主要有施工日记、焊接材料烘焙记录、首件产品检验记录、巡检记录、构件产品检验记录和结构吊装记录。经对施工日记核查，从开始施工到竣工，内容清晰、全面，能真实反映施工的项目、部位、人员、机械机具的进场等情况，见证抽样和见证检测的时间相吻合，验收通过。其他记录内容完整，签证齐全，为有效施工记录。结构吊装有钢柱、钢梁、吊车梁吊装记录，记录中所用吊装机械的名称、型号、时间，完成的数量均同施工日记记录交圈对口，上面签证齐全，因此同意验收。

10. 构件出厂合格证

本构件出厂合格证主要是钢构件中的钢柱、钢梁、吊车梁、系杆、柱间支撑、C型钢、彩板这几种。经审查，各种构件出厂合格证上的数量、规格符合设计和实际用量的要求，发货人、验收人、检验员签字齐全，上边盖有质检印章，为有效证件。并且，C型钢、彩板的出厂合格证还附带有所用材料的材质证明书，所以，构件出厂合格证真实有效，可以验收。

11. 主体结构验收及抽样检测资料

刚架主体完成后，项目部首先向监理递交了刚架主体验收申请，同时也向当地质量监督部门递交了验收报告。验收时质量监督部门、监理单位、设计单位、施工单位和建设单位均派人进行了验收，并填写了主体结构验收记录表，上边签证齐全，数据完整、定性准确。并且还附带有钢柱、钢梁等构件的垂直度、侧向弯曲和主体结构的垂直度、整体平面弯曲检测资料。这些资料无漏项、数据完整，无不合项，因此主体结构检验与抽检资料合格有效。

12. 分项、分部工程质量验收记录

本工程共有分项工程9个、分部工程1个。经对分项、分部工程质量验收记录的审查和复核，内容完整、签证齐全、定性合理，附带的检验批记录和各种资料符合要求，该项验收通过。

对全部质量控制资料验收后，将验收结论填入到表10-7中。

（二）工程安全和功能检验资料核查

对这一项目进行全面核查的总体要求是：检查该检测的项目是否都进行了验收，不能进行检测的项目应说明原因；检查各项检测记录或报告的内容、数据是否符合要求，包括检测项目的内容，所遵循的检测方法标准，检测结果的数据是否达到规定的要求；核查相关的程序是否合理，公章、签证是否齐全；应按照验收规范规定的检测项目进行检测资料内容、数量、数据及使用的检测方法、标准等进行核查和抽查。

1. 因在核查质量控制资料时已对钢材及焊接材料复验、高强度螺栓预拉力复验、摩擦面抗滑移系数复验、焊缝内部质量、主要构件变形、主体结构尺寸进行了核查，所以这里也就不再重复。仅对没有核查的项目进行核查。

2. 焊缝外观质量缺陷

焊缝外观质量缺陷属于工程安全的范畴，它主要指焊缝外表高低不平，波形粗劣，宽窄不一，余高过高和不足等。这种缺陷除了造成焊缝成型不美观外，还将影响焊缝与基本金属的结合强度。因此，规范规定，“焊缝表面不得有裂纹、焊瘤等缺陷。一级、二级焊缝不得有表面气孔、夹渣、弧坑裂纹、电弧擦伤等缺陷。且一级焊缝不得有咬边、未焊满、根部收缩等缺陷”。经对检验资料核查，共有16份检查记录，检查数量符合规范规定，被检查构件中，每一类型焊缝按条数抽查了5%以上，采用焊缝量规定检查，记录表中内容完整，数据准确、检验人、复查人、审核人签字齐全，日期同施工日记能交圈对口，该资料符合要求。后又抽查了3个构件对焊缝外表质量进行的复查，复查中只发现一个点有电弧擦伤，但不影响其安全性，因此，焊缝外观质量通过验收。

3. 焊缝尺寸

焊缝的尺寸是影响结构安全的主要因素，焊缝尺寸过小会降低焊接接头的承载力，焊缝尺寸过大会增加焊接工作量，使焊接残余应力和焊接变形增加，并会造成应力集中。对此，验收组对焊缝尺寸进行了严格、细致地核查。焊缝尺寸检验资料共计 18 份，主要对埋弧焊的 H 型钢构件进行了重点检查，并对气体保护焊的柱、梁、吊车梁的连接板、牛腿等关键性部位。检查的批量和检查的数量符合验收规范的规定，所填内容完整无缺项，数据清晰，评定结果符合要求，所有人员签字齐全。核查后，又对钢柱的焊缝尺寸进行了量测，共复查构件 3 个，测点达 30 个，其中有 2 个点的焊缝尺寸偏大，但是允许偏差值的 1.2 倍，因此焊缝尺寸验收合格。

4. 高强度螺栓施工质量

在高强度螺栓施工质量中，本工程只有高强度螺栓终拧扭矩这一核查项目。根据规范规定："高强度大六角头螺栓连接副终拧完成 1h 后、48h 内应进行终拧扭矩检查，检查结果应符合规定"。经核查检查记录，共有 9 份扭矩检查记录。其检查时间是在高强度螺栓装配施拧后 1.5h 进行，所用扭矩扳手的扭矩精度为 2%，检验方法为转角法，检查结果比施工时的 555N·m 误差 4%，符合偏差 10% 的规定，所以，该项符合验收规范的规定。

5. 柱脚螺栓的紧固

根据本工程图纸设计要求，地脚螺栓紧固后应将其和盖板进行焊接。经对该项直接进行抽查，所有螺栓安装无缺，螺母与螺栓及盖板均焊接牢固，所以验收合格。

对安全和功能项目抽检完毕后，将验收结果填入表 10-8 相应的表格中。

（三）观感质量的复核

质量验收组组织了 5 个人对观感质量进行复核。在复核时，采用了随机抽样的方法，抽查了 A、B、C、D 轴线上的钢柱、梁和吊车梁作为普通涂层表面质量的检查对象，各构件涂层均匀，无漏涂、脱皮、返锈皱皮、流坠等缺陷，涂层质量合格；又抽查了 D 轴线上的墙板表面质量，压型金属墙板安装平整、顺直、干净，给人以好感；室内墙面干净无污染，验收组 5 人对观感质量一致通过，与施工企业自评相符。验收结论为观感质量：好！并将此结论填入表 10-10 观感质量综合评价栏中。

（四）综合验收结论

当验收组对单位工程中的质量控制资料、安全和功能检测资料、观感质量的复查和对分部工程验收记录核查合格后，在"单位工程质量竣工验收记录"表 10-11 中的"验收结论"栏，由建设单位负责人填写"通过验收"字样。

上述过程全部完成后，参验单位均在表 10-11 的相应栏中盖上公章，各单位项目负责人并应亲自签名，写清验收时间，该单位工程验收结束。

第六节 竣工验收的备案

建设工程的竣工验收备案，是 2000 年 4 月 7 日建设部以 78 号令发布《房屋建设工程和市政基础设施工程竣工验收备案管理暂行办法》后开始的一种新的管理制度。根据暂行办法的规定，没有进行竣工验收备案的工程不准投入使用。

一、竣工验收备案条件及备案程序

(一) 竣工验收备案条件

建设工程竣工验收备案应具备下列条件:

1. 建设单位已组织竣工验收，参建单位均确认工程质量合格。

2. 参加竣工验收的工程质量监督机构已对竣工验收的参加人员资质、组织、程序、执行标准规范情况、工程实体质量等进行审核，评价为符合要求。

3. 施工质量控制资料、安全和功能资料齐全可靠。

4. 需提交的竣工验收备案文件基本齐全。

5. 规划、公安消防、环保部门认可准用。

6. 已采用正式的供水、供电或供气系统。

7. 法规、规章规定的其他文件资料已具备。

(二) 竣工验收备案程序

建设工程竣工验收备案程序主要包括提交备案文件和办理备案手续这两部分。

1. 提交竣工验收备案文件

工程竣工验收合格后15日内，建设单位向工程竣工验收备案管理部门提交下列竣工验收备案文件:

(1)《竣工验收备案表》。建设单位在工程竣工验收合格后应及时到备案管理部门领取"竣工验收备案表"，由建设单位组织填写，准备相应文件，由参建单位签署竣工验收意见，并由单位负责人签字，加盖单位公章。

(2) 工程竣工验收报告。

(3) 工程施工许可证复印件。

(4) 施工图设计审查文件。

(5) 单位工程质量综合验收文件，包括《建筑工程施工质量验收统一标准》(GB 50300—2001)规定的表格填写。单位工程质量竣工验收记录表以及地基基础、主体等工程验收记录表。

(6) 监理单位出具的质量评估报告。

(7) 勘察、设计单位出具的质量检查报告。

(8) 规划许可证、公安消防、环保等部门出具的认可文件或者准许使用文件。

(9) 施工单位同建设单位签署的工程质量保修书。

(10) 法规、规章规定必须提供的其他文件。

2. 办理竣工验收备案手续

(1) 备案管理部门根据工程质量监督机构签署的工程质量监督报告，对建设单位报送的竣工验收备案文件进行审查，符合条件的，给予办理备案手续，填写《工程建设竣工验收备案表》。

(2) 不具备备案条件的应写清不具备备案条件的原因、处理意见和即期整改时间等。

(三) 工程建设竣工验收备案表

工程建设竣工验收备案表由建设部统一印制，其内容格式见表10-13。

(四) 工程竣工验收报告

工程竣工验收报告是由建设单位向质量监督部门所写的文字材料。其内容主要有：

1. 工程概况

主要介绍该工程的特点，名称，结构形式以及一般情况介绍。

2. 工程建设程序

主要包括开工前的地质勘察委托合同、合同编号；规划部门批准的城市规划许可证；以及主管部门颁发的开工许可证。

3. 施工组织领导

工程建设竣工验收备案表 **表 10-13**

××备字〔年号〕编号

工程建设竣工验收备案表

建设单位： ×××单位 （公章）

中华人民共和国建设部制

年 月 日

工程建设竣工验收备案表

<table>
<tr><td colspan="2">建设单位</td><td colspan="3"></td></tr>
<tr><td colspan="2">备案日期</td><td colspan="3"></td></tr>
<tr><td colspan="2">工程名称</td><td colspan="3"></td></tr>
<tr><td colspan="2">工程规模</td><td colspan="3"></td></tr>
<tr><td colspan="2">工程地点</td><td colspan="3"></td></tr>
<tr><td colspan="2">结构类型</td><td colspan="3"></td></tr>
<tr><td colspan="2">工程用途</td><td colspan="3"></td></tr>
<tr><td colspan="2">开工日期</td><td colspan="3"></td></tr>
<tr><td colspan="2">竣工日期</td><td colspan="3"></td></tr>
<tr><td colspan="2">竣工验收日期</td><td colspan="3"></td></tr>
<tr><td colspan="2">施工许可证号</td><td colspan="3"></td></tr>
<tr><td colspan="2">勘察单位</td><td></td><td></td><td></td></tr>
<tr><td colspan="2">设计单位</td><td></td><td></td><td></td></tr>
<tr><td colspan="2">施工图审查单位</td><td></td><td></td><td></td></tr>
<tr><td colspan="2">施工单位</td><td></td><td></td><td></td></tr>
<tr><td colspan="2">监理单位</td><td></td><td></td><td></td></tr>
<tr><td colspan="2">工程质量监督机构</td><td colspan="3"></td></tr>
<tr><td rowspan="5">竣工验收意见</td><td>勘察单位</td><td colspan="3">单位（项目）负责人：
（公章）
年　月　日</td></tr>
<tr><td>设计单位</td><td colspan="3">单位（项目）负责人：
（公章）
年　月　日</td></tr>
<tr><td>施工单位</td><td colspan="3">单位（项目）负责人：
（公章）
年　月　日</td></tr>
<tr><td>监理单位</td><td colspan="3">单位（项目）负责人：
（公章）
年　月　日</td></tr>
<tr><td>建设单位</td><td colspan="3">单位（项目）负责人：
（公章）
年　月　日</td></tr>
<tr><td>工程竣工验收备案目录</td><td colspan="4">1. 工程竣工验收报告；
2. 工程施工许可证；
3. 施工图设计文件审查意见；
4. 单位工程质量综合验收文件；
5. 工程质量评估报告；
6. 勘察、设计文件质量检查报告；
7. 规划验收许可文件；
8. 消防验收文件或准许使用文件；
9. 环保验收文件或准许使用文件；
10. 电梯验收准用证及分部验收文件；
11. 燃气工程验收文件；
12. 施工单位签署的工程质量保修书；
13. 商品住宅的《住宅质量保证书》和《住宅使用说明书》；
14. 法规、规章规定必须提供的其他文件。</td></tr>
<tr><td>备案意见</td><td colspan="4">（公章）
年　月　日</td></tr>
<tr><td colspan="2">备案部门负责人</td><td></td><td>备案经手人</td><td></td></tr>
<tr><td colspan="5">不符合备案条件的，备案部门处理意见：
（公章）
年　月　日</td></tr>
</table>

主要是各参建单位的组织、各项制度的制定、职责范围等。

4. 监理单位

监理单位的名称、资质等级、组织，工作方式。

5. 工程造价

工程投标时的投标价、合同价、增减项目的款项等。

6. 质量管理

是由某质量监督部门监督，监督注册号；技术交底、施工组织设计；各种材料的见证检测等质量管理措施。

7. 建设工期

建设工期中有合同工期，或是未按合同开工的原因；实际开工日期，竣工日期；竣工验收日期。

8. 竣工验收报告

工程竣工验收的时间，验收结论。

9. 工程档案管理

主要介绍施工期间的施工资料是如何管理、收集、确认的。

参 考 文 献

1. 吴新璇编著．混凝土无损检测技术手册．北京：人民交通出版社．2003
2. 尹显奇．轻钢结构施工与监理手册．北京：金盾出版社，2003
3.《建筑施工手册》(第四版) 编写组．建筑施工手册 (第四版)．北京：中国建筑工业出版社，2003
4. 建筑钢结构焊接技术规程．北京：中国建筑工业出版社，2003
5. 马虎臣编著．建筑工程质量监督与控制．北京：中国建筑工业出版社，2004
6. 张其林．轻型门式刚架．济南：山东科学技术出版社，2004
7. 侯军．建设工程制图图例及符号大全．北京：中国建筑工业出版社，2004
8. 北京土木建筑学会．建筑施工现场操作系列丛书 (全套)．北京：经济科学出版社，2005
9. 叶琦主编．焊接技术．北京：化学工业出版社，2005
10. 中国建筑工业出版社编辑．新版建筑工程施工质量验收规范．北京：中国建筑工业出版社、中国计划出版社，2005
11. 刘灿生主编．给水排水工程施工手册 (第二版)．北京：中国建筑工业出版社，2005
12. 腾绍华、张方、胡德均主编．建筑施工技术手册 (第二版)．北京：金盾出版社，2005